Ce titre est destiné au *troisième volume*, contenant les livraisons 169 à 260

(CHIMIE).

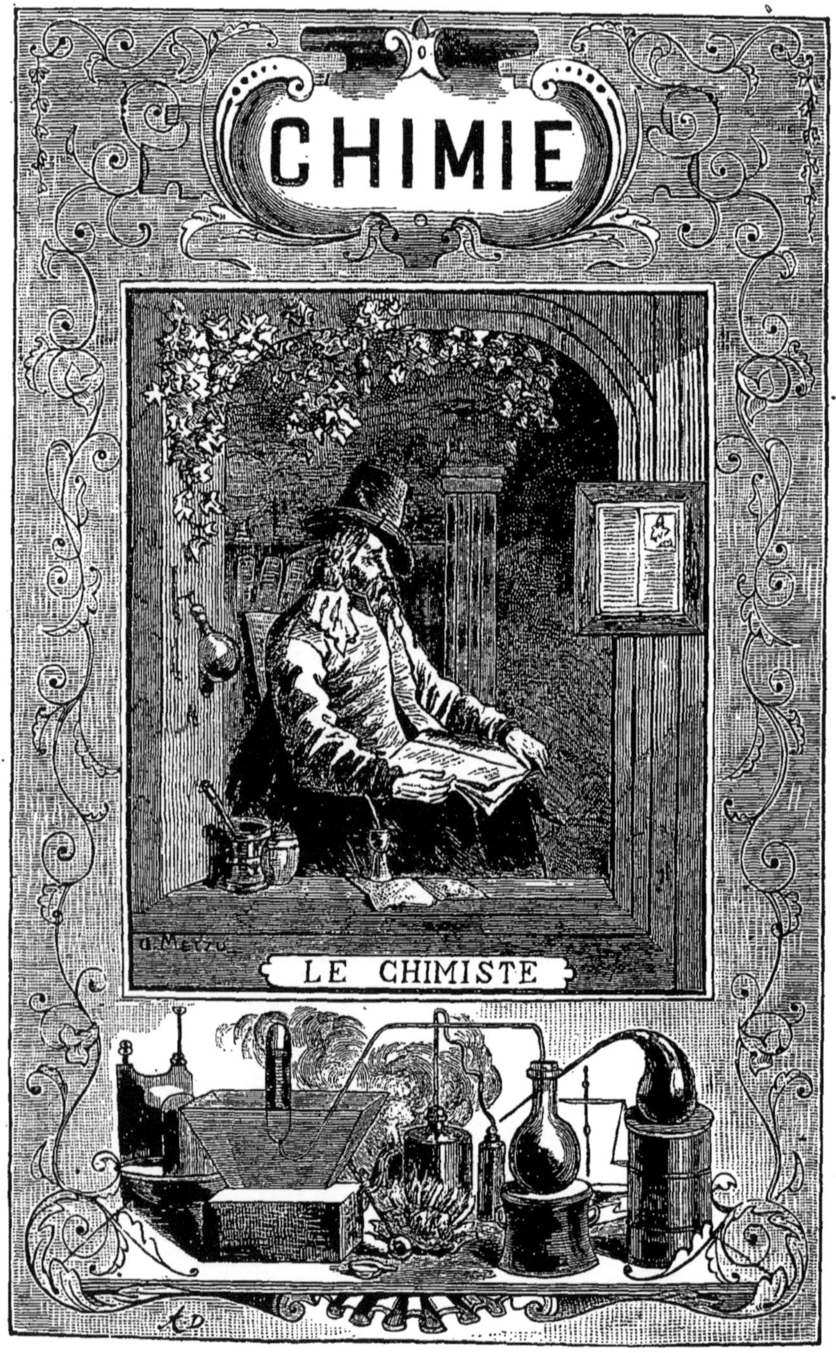
CHIMIE
LE CHIMISTE

SCIENCES MISES A LA PORTÉE DE TOUS

PHYSIQUE ET CHIMIE

POPULAIRES

PAR

ALEXIS CLERC

✶ ✶ ✶

CHIMIE

CE VOLUME CONTIENT

DIX-HUIT GRANDES GRAVURES HORS TEXTE

ET DEUX CENT QUATORZE INTERCALÉES DANS LE TEXTE

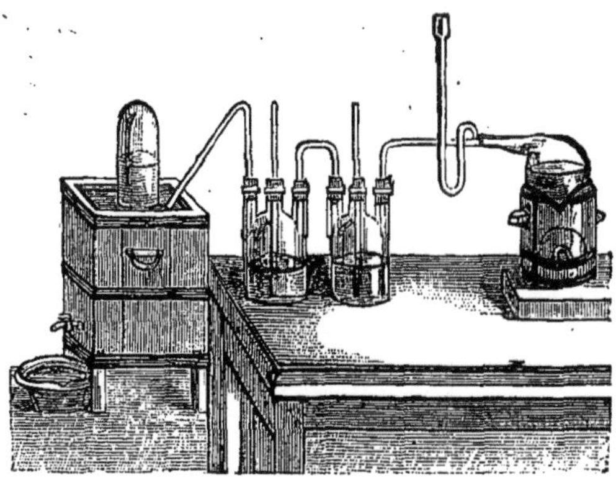

PARIS

JULES ROUFF ET Cie, ÉDITEURS
14, CLOITRE SAINT-HONORÉ, 14

—

SCIENCES MISES A LA PORTÉE DE TOUS

PHYSIQUE ET CHIMIE

POPULAIRES

ÉDITION ILLUSTRÉE

CHIMIE

SCIENCES MISES A LA PORTÉE DE TOUS

LIVRE PREMIER

MÉTALLOÏDES

CHAPITRE PREMIER

PRÉLIMINAIRES

ORIGINES DE LA CHIMIE. — Maintes fois il a été dit que la Chimie était née du jour où les races humaines, se séparant des races animales proprement dites, eurent l'idée de remplacer, pour leur nourriture, la chair crue des animaux tués à la chasse par de la viande bouillie ou grillée, les graines, les baies, les herbes et les fruits sauvages et l'eau claire des sources, par des sucs exprimés et fermentés de ces fruits, par les farines provenant de l'écrasement de ces graines, par la coction et le mélange de ces herbes. La pratique précéda donc, comme toujours, la théorie : c'est ce que montre, entre mille autres exemples, l'antique usage de la fermentation. La théorie de cet important phénomène chimique ne date que d'hier, et, dès les temps les plus anciens, on savait le mettre à profit pour varier le goût des aliments et des boissons. L'antiquité la plus reculée parle du vin ; les Germains connaissaient, dit Tacite, un breuvage fait avec de l'orge et converti par la fermentation en une sorte de vin : c'était de la bière. Dès l'époque des Pharaons, on savait écraser l'olive et se servir de l'huile pour l'éclairage et l'alimentation, et la Bible nous apprend que les Israélites, du temps de Moïse, fabriquaient leur pain avec du levain.

La découverte des métaux, de l'or, de l'argent, du plomb, de l'étain, se perd dans la nuit des temps, et les opérations auxquelles donnent lieu leur extraction et leurs alliages s'exécutaient chez les peuples les plus anciens. Le plomb et l'étain formaient une branche importante du commerce des Phéniciens et des Carthaginois avec l'Espagne et les îles Britanniques, qui tiraient un grand profit de la richesse de leurs mines d'étain. Ces deux métaux étaient employés dans l'affinage de l'or et de l'argent. La *litharge* (oxyde de plomb), résultat de cet affinage, se nommait *chrysitis* ou *argyritis*. Ils fabriquaient du *minium* en calcinant de la galène ou en grillant de la céruse, et s'en servaient, en peinture, comme de la litharge, pour obtenir la couleur rouge; en médecine, pour la préparation des emplâtres. Ils employaient du *stimmi* ou sulfure d'antimoine pour le traitement des plaies récentes et pour noircir les cils, et d'un sulfure arsenical comme pâte épilatoire.

Le *soufre* naturel, si commun autour de l'Etna et du Vésuve, fut recueilli dès la plus haute antiquité; il était regardé comme une condensation de la matière du feu, dont on fit plus tard une singulière entité, sous le nom de *phlogistique* dont nous parlerons en traitant de la combustion (*oxygène*). Les Hébreux préparaient du *borith* (carbonate de potasse) et du *neter* (natron ou carbonate de soude) pour le blanchiment des étoffes. Les médecins de Rome employaient le nitrate de potasse comme diurétique. Le sel, la chaux, l'argile, le cristal de roche, le verre étaient aussi d'un usage journalier. L'art d'embaumer les morts remonte à plus de six mille ans, puisque Hérodote nous a laissé les détails les plus circonstanciés sur les procédés d'embaumer chez les Égyptiens, où le vin de palmier, l'huile de cèdre, la saumure de natron et les aromates de différentes espèces jouaient un grand rôle. Les Hébreux, les héros d'Homère, portaient des robes de pourpre et de couleurs variées, ce qui prouve qu'ils connaissaient l'action que les alcalis, les acides et certains sels métalliques peuvent exercer sur les matières colorantes, et leurs couleurs étaient savamment préparées et combinées. On sait que la science des poisons était très avancée chez les anciens, et qu'ils savaient tirer des substances toxiques des trois règnes de la nature.

Mais, au milieu des nombreux faits dont s'étaient, dès la plus haute antiquité, emparé l'industrie et les arts nécessaires à la vie matérielle de l'homme, on ne voit guère surgir que çà et là quelques vues théoriques, doctrinales, dépourvues de tout lien pratique. La mythologie des Grecs et des Romains renferme, suivant quelques écrivains modernes, tous les secrets de la chimie, sous une forme mystique et allégorique. Ainsi le mythe qui représente Jupiter se changeant en une pluie d'or ferait allusion à la distillation de l'or des alchimistes. Par les yeux d'Argus, convertis en queue de paon, il faudrait entendre le soufre, à cause des différentes couleurs que celui-ci peut prendre sous l'action de la chaleur. La fable d'Orphée cacherait la quintescence de l'or potable. Enfin le mythe de Deucalion et de Phyrrha contiendrait tout le mystère de la chimie, etc. Tous ces rapprochements allégoriques ne sont évidemment que des exagérations de l'esprit de système.

Vers le III° ou le IV° siècle de l'ère chrétienne, apparaît l'*art sacré*, c'est-à-dire la *chimie*, enveloppée de symboles et de dogmes religieux ; mais le nom de *chimie* ne commence à être employé que vers la fin du IV° siècle. Alexandre d'Aphrodisie, célèbre commentateur d'Aristote, parle le premier d'*instruments chimiques* ou plutôt *chyiques*, en traitant de la fusion et de la calcination. Ce mot de *chyique* donne peut-être la véritable clef de l'étymologie de *chimie*, qui viendrait de *cheó* ou *cheuó*, verbe grec qui signifie *couler* ou *fondre*. Quelques auteurs cependant font dériver le mot *chimie* de *Chem* ou *Chim*, par lequel on désignait l'Égypte, véritable berceau de cette science.

« Tout le royaume d'Égypte s'est maintenu, dit Olympiodore, par cet art. Il n'était permis qu'aux prêtres de s'y livrer. La *physique psammurgique* (un peu plus loin l'auteur donne le nom de *chimie*) était l'occupation des rois. Tout prêtre ou savant qui aurait osé propager les écrits des anciens étaient mis hors la loi. Il possédait la science, mais il ne la communiquait point. C'était une loi chez les Égyptiens de ne rien publier à ce sujet. Il ne faut pas en vouloir à Démocrite et aux anciens, en général, s'ils se sont abstenus de parler du grand œuvre...»

Aux adeptes de l'art sacré succédèrent pendant tout le moyen âge, les *alchimites*. Grand fut leur nombre, et il est inutile de parler de leurs vaines spéculations ; l'*art hermétique* n'ayant été, en réalité, d'aucune utilité pratique. Jusqu'à la fin du XVI° siècle, malgré quelques tentatives infructueuses, l'alchimie régna en maîtresse ; mais ce ne fut qu'au XVII° siècle, une fois l'impulsion donnée par les immortels travaux de Lavoisier, que la chimie prit enfin rang parmi les sciences exactes, et acquit ce magnifique développement qu'elle offre aujourd'hui.

Nous dirons, au fur et à mesure de notre étude, et lorsque l'occasion s'en présentera, ce que cependant la chimie moderne doit aux alchimistes et aux savants de l'antiquité et du moyen âge.

DÉFINITIONS. — Rappelons brièvement ici, les définitions que nous avons données au commencement de cet ouvrage (PHYSIQUE, *Notions préliminaires*, pages 25 et suiv.).

Les *corps*, c'est-à-dire tout ce qui occupe une certaine étendue de l'espace, tout ce qui, d'une façon quelconque, frappe un ou plusieurs de nos sens, sont divisés en *corps simples* ou *éléments*, et en *corps composés*.

Les *corps simples* sont ceux qui ne renferment qu'une sorte de matière. Les *corps composés*, au contraire, sont ceux qui renferment au moins deux sortes de matières, c'est-à-dire qui sont formés par plusieurs corps simples combinés ensemble.

Il y a 66 corps simples, en y comprenant le *gallium*, récemment découvert : les *métalloïdes* au nombre de 15, et les métaux au nombre de 51. Nous en avons donné la liste (*Notions préliminaires*, page 24).

La *chimie* a pour objet d'étudier les modifications permanentes et profondes que les corps éprouvent dans leur constitution par le contact mutuel de leurs parties les plus intimes; elle peut aussi ou les détruire ou les recomposer.

Les corps simples eux-mêmes sont composés *d'atomes;* une réunion d'atomes forme une *molécule.* Deux forces, dites *moléculaires*, agissent continuellement sur les atomes : la première, appelée l'*attraction*, tend à les rapprocher; l'autre force qui tend, au contraire, à les écarter sans cesse, est la force d'*expansion*. La force d'attraction prend le nom de *cohésion* lorsqu'elle réunit les atomes d'un corps simple, et d'*affinité* lorsqu'elle réunit les atomes d'un corps composé.

Lorsque dans un corps la cohésion est très grande, le corps est à l'*état solide;* lorsqu'elle est faible, que les différentes molécules sont très mobiles, qu'elles glissent plus ou moins les unes sur les autres, le corps est à l'*état liquide*. Si enfin la cohésion est remplacée par la force d'*expansion*, le corps est à l'état gazeux.

Tous les corps peuvent se présenter tour à tour dans ces trois états.

Nous n'insisterons pas sur les différentes propriétés des corps : *étendue, impénétrabilité, porosité, compressibilité, divisibilité, élasticité, mobilité, inertie* dont nous avons longuement parlé (*Notions préliminaires*, chapitre II, page 32); nous ne reviendrons pas non plus sur la *fusion*, la *solidification*, la *dissolution*, la *vaporisation*, la *liquéfaction*, la *cristallisation*, qui nous sont connues (*Chaleur*, chapitres VI et VII, page 528); ni sur la différence entre les corps *électro-positifs* ou *électro-négatifs* (*Électricité statique*, page 11). Il nous suffira d'expliquer d'abord la signification de quelques termes souvent employés en chimie

L'analyse est l'opération qui a pour but d'isoler les composants d'un corps, de sorte que chacun d'eux reparaisse avec les propriétés qui le caractérisent. Il y a deux sortes d'analyses : *l'analyse par la voie sèche*, qui procède par le moyen de la chaleur, et *l'analyse par la voie humide*, par l'intermédiaire de réactifs. Il y a encore *l'analyse qualitative*, constatant seulement les différentes substances qui forment un composé, et *l'analyse quantitative*, qui en détermine la quantité et le poids. La *synthèse*, opérations contraire, prend chacun des éléments qui composent un corps et le reconstitue.

Tout corps qui permet d'opérer la séparation des parties composantes d'un corps composé est un *agent ;* s'il constate seulement leur présence en faisant apparaître leurs propriétés distinctives, c'est un *réactif,* et les phénomènes qu'il fait ainsi apparaître sont des *réactions chimiques.* Ainsi, si dans l'eau on jette quelques gouttes d'une décoction d'écorce de chêne et que l'on voie cette eau devenir noire, l'écorce de chêne est un *réactif;* une *réaction chimique* s'est produite dans l'eau, décelant en elle la présence du fer, car seul le fer a la propriété de colorer en noir l'écorce de chêne.

On donne le nom de *précipité* à tout solide séparé brusquement d'un liquide en particules infiniment ténues et qui se déposent plus ou moins rapidement au fond des vases par suite de leur insolubilité. Ce phénomène, qui est toujours dû à une action chimique, est ce qu'on appelle *précipitation.*

Lorsque deux corps différents sont unis, ils peuvent l'être par *combinaison* ou par *mélange.* Dans une *combinaison* les corps sont unis de manière à en former un autre qui diffère, par certaines propriétés, des éléments qui ont servi à le former; dans un *mélange* chacun des corps conserve ses propriétés propres. Dans le premier cas, c'est un nouveau corps parfaitement homogène; dans le second, on peut, à l'aide du microscope, reconnaître les divers éléments, et les séparer, à la rigueur. Ainsi l'eau, nous le verrons tout à l'heure, est formée par la *combinaison* des gaz oxygène et hydrogène; rien en elle ne rappelle l'un ou l'autre; elle a des propriétés absolument différentes de l'un et de l'autre. Au contraire, la poudre de guerre, formée de salpêtre, de soufre et de charbon, est un *mélange.* Quelque intime en effet qu'il soit, puisqu'une bonne poudre reçoit plus de 30,000 coups de pilon, quelque difficile qu'il soit de distinguer dans cette poudre impalpable les éléments qui la constituent, il suffit de jeter un peu d'eau sur elle pour enlever d'abord le salpêtre, puis de laver le résidu avec du sulfure de carbone pour séparer le soufre et le charbon.

La combinaison de deux métaux porte le nom d'*alliage* ; si le mercure est un de ces deux métaux, la combinaison s'appelle *amalgame*.

LOIS DES COMBINAISONS. — NOMBRES PROPORTIONNELS. — ÉQUIVALENTS. — Le *poids* d'un corps composé est exactement égal au total du *poids* de chacun des éléments qui le composent : ce caractère persiste toujours. L'évidence de cette loi n'est bien comprise que depuis que Lavoisier, introduisant l'usage de la balance dans les laboratoires, a doté les chimistes d'une méthode véritablement scientifique pour suivre les différentes modifications des corps. De là est venu l'axiome : *Rien ne se crée, rien ne s'anéantit ; mais chaque chose se transforme seulement.* La matière, suivant ses associations ou ses dissociations, revêt tel ou tel aspect ; mais son poids est toujours le même. C'est donc à l'aide des poids que l'on détermine les diverses combinaisons des corps.

La loi qui préside à ces combinaisons, dite *loi des proportions multiples*, ou des *rapports simples*, démontrée par Dalton, en 1807, peut s'énoncer ainsi : *Tous les corps s'associent toujours dans les mêmes proportions multiples.*

Soient en effet deux corps, mis en présence et ayant de l'affinité l'un pour l'autre, la *combinaison* ne s'effectuera que si ces corps sont entre eux dans des *rapports en poids*, rapports toujours les mêmes et qu'il est impossible de modifier. Ainsi, par exemple, l'azote se combine avec l'oxygène en cinq proportions différentes. Pour un même poids 14 d'azote, l'oxygène intervient pour les poids 8, 16, 24, 32, 40, qui sont des multiples de 8. On a ainsi les composés suivants :

Le premier contient : azote 14 et oxygène 8 (1 × 8)
Le second   —   azote 14 — oxygène 16 (2 × 8)
Le troisième   —   azote 14 — ovygène 24 (3 × 8)
Le quatrième   —   azote 14 — oxygène 32 (4 × 8)
Le cinquième   —   azote 14 — oxygène 40 (5 × 8)

D'autres fois les rapports en poids sont un peu plus compliqués ; ainsi le manganèse se combine avec l'oxygène dans les proportions suivantes :

Le premier contient : manganèse 28 et oxygène 8 (1 × 8)
Le second   —   manganèse 28 — oxygène 12 (1 1/2 × 8)
Le troisième   —   manganèse 28 — oxygène 16 (2 × 8)
Le quatrième   —   manganèse 28 — oxygène 24 (3 × 8)
Le cinquième   —   manganèse 28 — oxygène 28 (3 1/2 × 8)

En dehors de ces proportions, la combinaison s'effectuerait encore, il est vrai, mais non pas intégralement ; il resterait un résidu sans emploi de l'un ou de l'autre corps.

Ce rapport invariable n'est généralement pas simple : ainsi le rapport de 8 d'oxygène à 39,2 de potassium (poids de ces deux corps qui s'unissent pour former la potasse) n'est pas un rapport simple. On arrive, au con-

Lavoisier devant le tribunal révolutionnaire (page 539).

traire, à trouver un rapport simple, quand, au lieu des poids, on considère les volumes des corps amenés à l'état gazeux. C'est Gay-Lussac qui, à la suite de nombreuses expériences, a constaté ce fait, qui lui a permis d'établir ces lois :

1° *Quand deux gaz se combinent, les volumes des gaz qui entrent en combinaison sont toujours en rapport simple ;*

2° *Le volume du corps composé, considéré à l'état gazeux, est aussi en rapport simple avec les volumes des composants ;*

3° *Quand les gaz se combinent à volumes égaux, il n'y a généralement pas de contraction ;*

4° *Il y a contraction quand les volumes qui se combinent sont inégaux.*

On a appelé *nombres proportionnels* les nombres indiquant pour chaque corps les poids de ce corps susceptibles de se combiner. Ces nombres ne représentent pas des quantités absolues, mais bien les poids relatifs suivant lesquels les corps se combinent entre eux. On nomme *équivalents* les quantités diverses, en poids, qui peuvent se substituer les unes aux autres pour constituer des combinaisons de même ordre : les *protoxydes*, par exemple, sont des *oxydes* formés par la combinaison d'une molécule d'un corps simple quelconque avec une molécule d'oxygène.

Le *protoxyde d'hydrogène* ou *eau* est formé par la combinaison d'une molécule d'hydrogène et d'une molécule d'oxygène; si nous supposons que la molécule d'hydrogène pèse 1, nous trouvons que la molécule d'oxygène pèse 8. Si nous substituons à l'hydrogène une molécule d'un autre corps, comme le *potassium*, pour produire un autre protoxyde, nous trouvons que 1, poids de la molécule d'hydrogène, sera déplacé par une quantité de ce métal qui pèsera 39,2 pour s'unir à la molécule d'oxygène pesant 8 ; ces 39,2 de potassium équivalent donc à 1 d'hydrogène, et 1 étant supposé le poids de cette molécule ou la valeur de son équivalent, 39,2, qui est le poids de la molécule de potassium, sera de même le poids de l'équivalent de ce métal.

On a donc pu, de cette manière et par différentes méthodes, arriver à déterminer le poids des molécules de tous les corps simples, c'est-à-dire leurs *équivalents*. Nous donnons ci-après (page 547) le tableau des équivalents de tous les corps simples.

Une molécule d'hydrogène, avons-nous dit, pesant 1, forme une molécule d'eau par sa combinaison avec une molécule d'oxygène pesant 8; il en résulte que la molécule d'eau, ou son équivalent, pèse $1+8=9$. D'où il suit que la molécule, ou mieux l'*équivalent* d'un corps composé est formé de la somme des équivalents qui l'ont produit. Par conséquent, l'équivalent du potassium, qui pèse 39,2, s'unissant à l'équivalent de l'oxygène qui pèse 8 pour produire la potasse, l'équivalent de ce corps est $39,2+8=47,2$.

L'observation des réactions a montré qu'un corps quelconque, faisant partie d'un composé, ne pouvait être déplacé que par un corps de même espèce, qu'il soit simple ou composé, et par le même nombre d'équivalents; c'est-à-dire qu'un métal peut être remplacé par un autre métal ou par un métalloïde ayant, comme les métaux, une aptitude électrique positive; un métalloïde, ne peut être remplacé que par un autre métalloïde, à moins qu'il ne soit électro-positif. Dans les sels, l'équivalent d'un acide ne peut être déplacé que par celui d'un autre acide, et, réciproquement, l'équivalent d'une base par celui d'une autre base.

NOMENCLATURE CHIMIQUE. — La *nomenclature* est l'ensemble des règles adoptées pour nommer les corps. De tout temps, on a senti le besoin de désigner par des noms semblables les corps qui ont entre eux de grandes analogies physiques ou chimiques; mais c'est seulement au siècle dernier que des règles précises et rationnelles ont été présentées pour présider à cette nomenclature. C'est à Guyton de Morveau qu'est due l'idée de la classification actuelle; elle a été établie, en 1787, par Lavoisier (1), avec le concours de Guyton, Fourcroy et Berthollet. Cette

(1) LAVOISIER (Antoine-Laurent), l'homme le plus complet, le plus grand homme peut-être, a dit Dumas, que la France ait produit dans les sciences. Né à Paris le 16 août 1743, fils d'un riche négociant, il eut pour maîtres les plus savants hommes du temps, l'abbé de Lacaille pour les mathématiques et l'astronomie, Jussieu pour la botanique, Guettard pour la géologie, Rouelle pour la chimie. A vingt et un ans, il était déjà lauréat de l'Académie des sciences, dont il fut membre à vingt-cinq ans. Il se voua alors exclusivement à la science, et, travailleur infatigable, ce fut surtout pour subvenir à des expériences coûteuses qu'il demanda la place de fermier général. En 1776, il fut appelé à la direction des poudres et salpêtres, et, au prix d'expériences qui faillirent lui coûter la vie, ainsi qu'à Berthollet, il parvint à quintupler la production, délivrant ainsi la France du tribut qu'elle payait à l'Angleterre et à la Hollande. Député suppléant à l'Assemblée nationale, il fut nommé, en 1791, commissaire de la Trésorerie et proposa, pour simplifier la perception des impôts, un nouveau plan sous le titre : *De la richesse territoriale*. Il fit aussi partie de la commission nommée par la Convention pour créer le nouveau système des poids et mesures, et, comme trésorier de l'Académie, il mit de l'ordre dans les comptes et les inventaires. Comme savant, on peut le déclarer le père de la chimie moderne : de ces travaux assidus et merveilleux est sortie la nouvelle doctrine chimique, formulée d'une manière nette et précise dans son *Traité de chimie*, publié en 1789, et c'est seulement à partir de cette époque que cette science a pris les allures d'une science exacte. Mais ce travailleur infatigable, ce savant laborieux, chercheur, universel, fut, en politique et dans les circonstances terribles que traversait alors la France, un coupable. Il eût dû abandonner sa place de fermier général; mais, dit M. Benj. Gastineau, l'insatiabilité paraît avoir été le principal défaut de sa nature. Non seulement il garda des privilèges exorbitants, contre lesquels la Révolution devait nécessairement s'élever, mais on ne le trouva jamais parmi les partisans de la liberté ; il porta dans la politique son esprit autoritaire et affirmatif. Victime de son amour des richesses, il fut compris dans la fournée des vingt-huit fermiers généraux qui, le 8 mai 1794, payèrent de leur vie leurs concussions et leurs actes réactionnaires (*fig.* à la page 545). « Un homme aussi rare, aussi extraordinaire que Lavoisier, a écrit Lalande, aurait dû être respecté par les hommes les moins instruits et les plus méchants ; il fallait que le pouvoir fût tombé entre les mains d'une bête féroce. » S'inspirant de ce réquisitoire, les faiseurs de biographies n'ont pas manqué de reprocher à la Révolution, sur tous les tons, la mort de Lavoisier. « Mais, pour que les plus méchants puissent se raviser, dit M. Hoefer, il faut leur apprendre d'abord ce qu'ils ignorent. Il fallait montrer à cette « bête féroce » qu'elle commettrait un crime de lèse-humanité en immolant un homme qui, par ses travaux et par ses décou-

nomenclature non seulement désigne par des noms semblables les corps qui ont des propriétés analogues, mais encore elle indique, par le nom seul des composés, la nature des éléments qui le composent. Comme, à cette époque, on attribuait à l'*oxygène* une importance à part, justifiée par la récente découverte du rôle que joue ce corps dans les phénomènes de la combustion et de la respiration, on admit pour les corps composés où entre l'oxygène une nomenclature spéciale, et une autre pour les corps dont l'oxygène n'est pas un des éléments.

Il serait impossible de poursuivre l'étude de la chimie, si l'on ne connaissait pas les règles fondamentales de la nomenclature, c'est-à-dire la langue du chimiste. Nous donnerons donc tout de suite ces quelques explications indispensables.

Disons d'abord que, dans un corps composé, il n'entre très fréquemment que deux corps simples, c'est alors un *composé binaire;* quelquefois il y en a trois, c'est un *composé ternaire ;* plus rarement quatre, *composé quaternaire ;* très rarement cinq. Au delà, les composés ne sont plus que de curieuses raretés.

COMPOSÉS OXYGÉNÉS. — Les corps simples qui, en se combinant avec l'oxygène, forment des composés qui ont la saveur du vinaigre plus ou moins intolérable, et qui, solubles, rougissent la *teinture bleue de tournesol* (1), sont des *acides.*

vertes, avait reculé les bornes de la science; il fallait exposer aux regards de tous que Lavoisier consacrait son temps, sa fortune, les revenus de sa charge à produire dans l'ordre intellectuel une révolution aussi grande que celle qui se produisait alors dans l'ordre politique et social; il fallait montrer que ces deux révolutions étaient sœurs, et que ce serait souiller la patrie d'un crime irréparable que de traîner sur l'échafaud un de ses plus glorieux enfants. L'Académie des sciences se serait honorée elle-même, si elle était venue en corps au pied du tribunal révolutionnaire réclamer un de ses membres ; si, par un suprême effort, elle eût tenté d'arracher à l'ignorance populaire et aux passions déchaînées une aussi illustre victime. » Pourquoi n'est-t-elle pas intervenue ? pourquoi Guyton de Morveau, Fourcroy, non seulement ses collègues à l'Académie, mais encore membres de la Convention, n'ont-il pas tenté de le sauver? Peut-être parce qu'il ne pouvait pas être sauvé.

(1) Le *tournesol* est une matière colorante d'un bleu violet que l'on retire d'une espèce d'héliotrope appelée *croton tinctorium* et de certains lichens. Dans le commerce, on le trouve sous deux états, en *drapeaux,* fabriqué avec du croton, ou en *pains,* préparé en Auvergne avec plusieurs espèces de lichens auxquels on mêle la moitié de leur poids de cendres gravelées et que l'on réduit en pâte en les arrosant avec de l'urine. La propriété de changer de couleur en présence d'un acide n'est pas particulière à cette substance; presque toutes les matières colorantes éprouvent des changements plus ou moins profonds. Ainsi la couleur bleue de la plupart des fleurs, et notamment celle des violettes, devient rouge par les acides, et verte par les alcalis. Le suc du chou rouge est dans le même cas. Si l'on fait digérer les fleurs sèches de roses rouges dans l'esprit-de-vin, ces fleurs perdent leur couleur sans colorer sensiblement le liquide. Additionné d'une goutte d'acide sulfurique, celui-ci acquiert aussitôt une teinte rouge magnifique; qu'on y verse un peu d'alcali, il passe au vert.

La couleur du tournesol éprouve ses changements en vertu d'une cause très différente; ils sont dus à de véritables combinaisons entre cette matière colorante et l'agent chimique qui réagit sur elle. Le tournesol en pains du commerce est un composé de matière colorante rouge et d'alcali.

Les corps simples qui, en se combinant avec l'oxygène, forment des composés qui neutralisent les propriétés des acides, et qui, solubles, ramènent au *bleu* la teinture de tournesol rougie par un acide, sont des *oxydes basiques* ou plus simplement des *bases*.

Les corps simples qui, en se combinant avec l'oxygène, forment un composé qui ne présente ni les propriétés des acides ni celles des bases sont des *oxydes neutres*.

Le corps *ternaire* formé par la combinaison d'un acide et d'une base est appelé un *sel*.

Acides. — L'oxygène, en se combinant avec le même corps en différentes proportions, donne naissance à différents acides, qui diffèrent, parfois même beaucoup, à tel point que, dans une même série, l'un des termes peut être un poison, l'autre une substance inoffensive, l'un soluble, l'autre insoluble, etc. Pour distinguer ces différents composés, on est convenu d'ajouter la terminaison IQUE au nom du corps qui, combiné avec l'oxygène, en renfermé le plus, et la terminaison EUX à celui qui en renferme le moins. S'il n'y a qu'un composé, il garde la terminaison IQUE. S'il existe un composé renfermant plus d'oxygène encore que celui terminé en EUX et moins que celui terminé en IQUE, on place devant le nom du corps la préposition HYPO; on place de même cette préposition HYPO devant le composé qui en renferme moins que celui terminé en EUX. Enfin on place la préposition HYPER devant le nom du composé qui renferme plus d'oxygène encore que le composé en IQUE. Ainsi, en prenant pour exemple les cinq acides formés avec l'oxygène par une même quantité de chlore, nous aurons, en suivant l'ordre décroissant de la proportion d'oxygène :

Acide HYPER*chlor*IQUE,
—   *chlor*IQUE,
— HYPO*chlor*IQUE,
—   *chlor*EUX,
— HYPO*chlor*EUX.

Oxydes. — Quand un corps simple ne forme avec l'oxygène qu'un seul oxyde neutre ou basique, on le désigne en faisant suivre le mot

---

Lorsqu'on met ce composé bleu en contact avec un liquide, celui-ci s'empare de l'alcali et met en liberté la matière colorante du tournesol, qui apparaît dès lors avec sa couleur rouge primitive. Si, sur cette couleur rouge, on verse de la potasse, cet alcali, en s'unissant avec elle, reforme le composé bleu qu'un autre acide peut détruire de nouveau, sans que la matière colorante éprouve d'altération.

oxyde du nom du corps simple. Ex.. : *Oxyde de carbone* (oxyde neutre), *oxyde de zinc* (base).

Si le même corps forme plusieurs oxydes différant l'un de l'autre par la proportion d'oxygène, qui varie suivant les nombres 1, 1 1/2, 2, 3, rarement au-dessus, on désigne ces divers oxydes au moyen des termes : PROTO, pour le moins oxygéné, SESQUI (1 1/2); BI ou DEUTO (2) ; TRI (3). Quand on rencontre un oxyde moins oxygéné que le protoxyde, on l'appelle SOUS-OXYDE. On aurait donc, en suivant l'ordre décroissant de la proportion d'oxygène :

TRIOXYDE de manganèse,

BIOXYDE de manganèse,

SESQUIOXYDE de fer,

PROTOXYDE de cuivre,

SOUS-OXYDE de mercure.

Beaucoup d'oxydes sont désignés par les noms sous lesquels ils étaient autrefois connus : ainsi l'on dit *eau* au lieu de *protoxyde d'hydrogène, potasse* au lieu de *protoxyde de potassium, soude* au lieu de *protoxyde de sodium, chaux* au lieu de *protoxyde de calcium, sel marin* au lieu de *chlorure de sodium*, etc., etc.

Sels. — Les sels étant fournis par la combinaison d'un acide et d'une base, leur nom doit rappeler chacun des corps binaires qui les forment. On nomme donc l'acide et la base à la suite l'un de l'autre en les séparant par la préposition DE, en changeant la terminaison EUX de l'acide en ITE, et sa terminaison IQUE en ATE.

Ex. : *L'acide carbon*IQUE forme avec la *chaux* le *carbon*ATE *de chaux; L'acide hyposulfur*IQUE forme avec la *potasse* l'*hyposulfate* de potasse; *L'acide sulfur*IQUE forme avec le *protoxyde de fer* le *sulf*ATE de protoxyde de fer ; *L'acide sulfur*EUX forme avec la *potasse* le *sulf*ITE de potasse ; *L'acide hypochlor*EUX forme avec la *chaux* l'*hypochlor*ITE *de chaux.*

Hydrates. — L'eau joue quelquefois le rôle d'acide vis-à-vis des bases énergiques. On donne aux composés ainsi formés le nom d'HYDRATES ; ainsi l'*hydrate de potasse* est le composé de l'eau avec l'*oxyde de potassium.*

Certains acides se combinent en plusieurs proportions avec une même base; les sels qui en résultent peuvent contenir 1, 1 1/2, 2 ou 3 équivalents d'acide ; on place alors les préfixes *sesqui, bi* ou *tri*, devant le nom de l'acide.

Ex. : *Sesquicarbonate de soude* (pour 1 1/2 équivalent d'acide et 1 équivalent de base).

Bicarbonate de soude (pour 2 équival. d'acide et 1 équival. de base).

Si le sel contient au contraire 1,1 1/2, 2 ou 3 équival. de base pour 1 équival. d'acide, on emploie les mots *sesquibasique, bibasique, tribasique.*

Ex. : *Azotate bibasique de mercure* (pour 2 équivalents de base et 1 équivalent d'acide);

Azotate tribasique de mercure (pour 3 équivalents de base et 1 équivalent d'acide).

Enfin deux sels qui contiennent un même acide avec des bases différentes se combinent quelquefois ensemble; on appelle *sel double* le résultat de la combinaison.

Ex. : *Sulfate double d'alumine et de potasse* (1 équivalent de sulfate d'alumine et 1 équivalent de sulfate de potasse).

COMPOSÉS NON OXYGÉNÉS. — Lorsqu'un métalloïde autre que l'oxygène se combine avec un métal, on donne la terminaison URE au métalloïde, en le faisant suivre du nom du métal. Lorsque deux métalloïdes se combinent ensemble, on donne la terminaison URE, et l'on place le premier, le métalloïde électro-négatif; puis l'on met le métalloïde électro-positif. Quand ils se combinent en plusieurs proportions, le composé contenant 1 équivalent de l'élément électro-positif, on emploie, comme pour les oxydes, les mots PROTO, SESQUI, BI, TRI, TÉTRA, PENTA.

Ex. : *Chlorure d'arsenic* (chlore et arsenic);

Carbure d'hydrogène (carbone et hydrogène);

Protochlorure de fer. (1 équivalent de chlore et 1 équivalent de fer);

Sesquichlorure de fer (1 1/2 équival. de chlore et 1 équivalent de fer);

Bichlorure d'étain (2 équivalents de chlore et 1 équivalent d'étain);

Trisulfure de phosphore (3 équivalents de soufre et 1 équivalent de phosphore);

Tétrasulfure de potassium (4 équivalents de soufre et 1 équivalent de potassium);

Pentasulfure de potassium (5 équivalents de soufre et 1 équivalent de potassium).

Deux composés binaires, ayant le même élément électro-négatif, se combinant, on désigne le composé en ajoutant le mot *double.* Ex. : Le *chlorure de platine* se combinant avec le *chlorure de potassium* forme le *chlorure double de platine et de potassium.*

Hydracides. — Certaines combinaisons d'un métalloïde avec l'hydrogène, entre autres celles du soufre, du fluor, du chlore, du brome, de l'iode, jouissent des propriétés des acides; ils ont la saveur aigre et rougissent la teinture de tournesol. On fait pour eux exception à la règle; on les désigne sous le nom d'*hydracides*, et on les nomme en terminant par IQUE le nom du corps électro-négatif suivi du nom du corps électro-positif.

Ex. : *Acide sulfhydrique* (SULF-HYDR-IQUE), la combinaison du soufre avec l'hydrogène ;

Acide chlorhydrique (CHLOR-HYDR-IQUE), la combinaison du chlore avec l'hydrogène.

Cependant l'usage a adopté les noms d'*hydrogène sulfuré* pour désigner l'*acide sulfhydrique, hydrogène carboné, hydrogène arsénié*, au lieu de *carbure, arséniure d'hydrogène*.

On a également l'habitude d'étendre la règle des hydracides à tous les composés binaires, non oxygénés, qui jouissent de propriétés analogues à celles des acides oxygénés. Ainsi la combinaison du soufre et du carbone, qui joue le rôle d'acide vis-à-vis des sulfures alcalins, s'appelle *acide sulfocarbonique*.

NOTATIONS SYMBOLIQUES. — Les anciens chimistes avaient eu l'idée de remplacer, dans l'écriture, les noms des corps par des signes, pris, pour les métaux, par exemple, dans les signes astronomiques représentant les planètes dont on avait donné le nom aux métaux. Berzélius (1), prenant cette idée, la transforma d'une manière heureuse, en s'appuyant sur la loi des équivalents, et ainsi il compléta la nomenclature de Lavoisier. Il représenta chaque corps par un symbole ou signe abréviatif, qui est ou la première lettre du nom de ce corps, ou celle-ci et l'une de celles qui suivent. Ces symboles ne représentent pas seulement la nature du corps : Berzélius y attacha une idée précise, en désignant aussi leur équivalent réel, de sorte qu'en écrivant O, par exemple, symbole de l'oxygène, on représente exactement l'équivalent de ce corps, ou 8 ; en écrivant H, symbole de l'hydrogène, on représente 1 d'hydrogène ; S rappelle à la pensée 16 de soufre ; C, 6 de carbone, et ainsi de suite, c'est-à-dire l'équivalent de ce corps.

Les formules sont *empiriques* ou *rationnelles*. Les premières expri-

<hr>

(1) BERZÉLIUS (Jean-Jacques), illustre chimiste suédois, un des fondateurs de la chimie moderne, dont il a éclairé et enrichi presque toutes les parties (1779-1848). Fils d'un chapelain, il eut pour maître le chimiste Gahn, qui lui communiqua sa précision, son exactitude et sa sagacité. Bien préparé par l'étude de la médecine et des sciences naturelles, il se plaça au premier rang des analystes et des classificateurs. Pendant quarante ans, ses jugements sur les œuvres de ses contemporains, qu'il formulait dans ses *Rapports annuels des progrès de la chimie*, publiés en sa qualité de secrétaire perpétuel de l'Académie des sciences de Stockholm, étaient attendus avec impatience et acceptés avec respect par le monde savant. Il a joui de son vivant des honneurs que méritait son immense savoir : sa mort a été un deuil pour l'Europe entière. Le nombre de ses travaux est immense. Parmi ses ouvrages didactiques, il faut citer son *Traité de chimie*, traduit en français en 1829.

ment en équivalents la composition des corps; elles sont l'expression de l'analyse de ce corps. Les secondes, au contraire, énoncent la vue théorique suivant laquelle on se représente le mode d'arrangement ou la

LAVOISIER

combinaison des parties constituantes du corps. Ainsi la formule KSO^4 est la formule *empirique* du sulfate de potasse, tandis que KO,SO^3 est la formule rationnelle.

Voici le tableau des corps simples, de leurs symboles et de leurs équivalents, dans lequel les corps qui présentent des propriétés chimiques analogues sont rapprochés pour former des groupes distincts :

MÉTALLOÏDES

NOMS DES CORPS.	SYMBOLES.	O = 100.	H = 1.
Oxygène	O	100	8
Soufre	S	200	16
Sélénium	Se	491	39,75
Tellure	Te	806,05	64,5
Fluor	Fl	239,8	19
Chlore	Cl	443,2	35,5
Brome	Br	978,3	80
Iode	I	1578,2	127

NOMS DES CORPS.	SYMBOLES.	O = 100.	H = 1.
Azote	Az ou N	175	14
Phosphore	Ph	400	31
Arsenic	As	937,5	75
Carbone	C	75	6
Bore	Bo	136,15	11
Silicium	Si	266,7	14
Hydrogène	H	12,5	1

MÉTAUX

NOMS DES CORPS.	SYMBOLES.	O = 100.	H = 1.
Potassium	K	490	39,2
Sodium	Na	287,2	23
Lithium	Li	80,37	7
Thallium	Tl	»	204
Césium	Cs	»	133
Rubidium	Ru	»	85
Calcium	Ca	250	20
Strontium	St	548	45,75
Baryum	Ba	858	68,5
Magnésium	Mg	158	12
Manganèse	Mn	344,7	27,5
Aluminium	Al	170,98	13,75
Glucinium	Gl	87,06	13,8
Zirconium	Zi	420	45
Yttrium	Yt	»	30,85
Thorium	Th	»	57,75
Cérium	Ce	»	47,25
Lanthane	La	»	45
Didyme	Di	»	48
Erbium	Er	»	38
Terbium	Tb	«	115
Pélopium	Pe	»	85
Fer	Fe	350	28
Nickel	Ni	369,7	29,5
Cobalt	Co	369	29,5
Chrome	Cr	328	26,25

NOMS DES CORPS.	SYMBOLES.	O = 100.	H = 1.
Zinc	Zn	406,6	33
Gallium	Ga	»	70
Vanadium	Va	855,8	68,5
Cadmium	Cd	696,8	56
Indium	In	»	56,7
Uranium	Ur	750	60
Tungstène	Tu	1188,4	92
Molybdène	Mo	598,5	48
Osmium	Os	1244,2	99,5
Tantale	Ta	»	91
Titane	Ti	314,7	25
Étain	Sn	735,3	59
Antimoine	Sb	806.5	120
Niobium	Nb	1250	47
Cuivre	Cu	395,6	31,5
Plomb	Pb	1294,5	103,5
Bismuth	Bi	1330	212
Mercure	Hg	1250	100
Palladium	Pd	665,2	53,25
Rhodium	Rh	652,1	52
Ruthénium	Ru	646	52
Argent	Ag	1350	108
Platine	Pl	1232	99,5
Iridium	Ir	1233,2	98,5
Or	Au	1227,8	98,2

Au moyen de ces symboles des corps simples, on obtient la formule d'un corps composé, au double point de vue de la nature des éléments qui le composent et de la proportion en poids de chacun d'eux ; il faut cependant se souvenir d'écrire l'élément électro-négatif le second, tandis que dans le langage on le nomme le premier. Ainsi l'oxyde de plomb, composé d'oxygène et de plomb, s'écrira PbO ; cette formule ne veut pas dire seulement une quantité quelconque d'oxyde de plomb, mais l'équivalent ou $8 + 103,5 = 111,5$ de cet oxyde. Lorsqu'il y a un certain nombre d'équivalents d'une formule simple ou composée, on l'indique par le chiffre qui représente ce nombre, en le plaçant à la gauche de la formule ; ainsi, pour représenter deux équivalents d'eau, on écrira 2 HO ; le chiffre dans ce cas, multiplie tous les symboles de la formule ; mais, lorsqu'un seul des symboles doit être multiplié, on l'indique par le chiffre, placé en *exposant*, à droite, en haut ou en bas du symbole qui doit seul être affecté. Ainsi, un composé de 2 équivalents de manganèse et de 3 d'oxygène s'écrit : Mn^2O^3. Lorsque deux corps composés sont combinés ensemble, les formules de ces corps sont séparées par une virgule, en plaçant le corps électro-négatif le dernier ; mais, si l'un des deux corps composés est seul multiplié, qu'il soit électro-positif ou électro-négatif, on le place le second. Ainsi le bicarbonate de soude, qui contient 1 équivalent de soude et 2 d'acide carbonique, s'écrit $NaO,2CO^2$. Lorsque deux sels sont combinés ensemble pour former un sel double, on écrit à la suite l'une de l'autre les formules des deux sels, entre parenthèses et séparées par une virgule. Ainsi l'alun, qui résulte de l'union du sulfate de potasse avec le sulfate d'alumine, s'écrit : $(KO,SO^3), (Al^2,3SO^3)$.

Pour représenter les réactions que l'on veut produire et les résultats que l'on doit obtenir, on le fait sous forme d'équation ou d'égalité. Ainsi, pour représenter l'action de l'acide sulfurique hydraté sur le chlorure de sodium (sel marin), on écrit la formule de ce sel, et on la fait suivre de celle de l'acide sulfurique, en les séparant par le signe + ; puis, pour indiquer les produits de cette réaction (sulfate de soude et acide chlorhydrique), on écrit la formule de ces deux composés en mettant entre elles le signe d'égalité =, car, dans le scond membre de l'équation, on doit retrouver, et en même quantité, les éléments qui se trouvent dans le premier. On aura donc :

$$NaCl + SO^3,HO = NaO.SO^3 + HCl,$$

formule qui indique non seulement la réaction, mais encore, au moyen de la table des équivalents, les quantités respectives que l'on doit prendre de chaque corps pour obtenir le résultat désiré.

CHAPITRE II

OXYGÈNE — AZOTE — AIR

OXYGÈNE (O. — *Équivalent en poids = 8 ; en volume = 1 ; poids du litre à 0°, à la pression de 0^m,76 = 1^gr,4298.*) Une question souvent agitée est celle de savoir qui de Lavoisier, Priestley (1) ou Scheele (2) a découvert l'oxygène. Si l'on n'entend que le fait pur et simple de la découverte d'un corps aériforme, d'un gaz particulier, ce n'est point à Lavoisier que revient cet honneur ; mais si, à ce fait, on entend associer en même temps le nom de celui qui a donné à un fait nouveau toute sa valeur, qui a su en tirer toutes les conséquences, et qui l'a élevé à la hauteur d'un principe, on ne devra jamais séparer le nom de Lavoisier de la découverte de l'oxygène. En effet, sans le génie fécondant de Lavoisier, les importants travaux de Priestley ne seraient jamais devenus la base d'une chimie nouvelle.

Ce fut cependant Lavoisier qui donna à ce gaz le nom d'*oxygène* (du grec *oxus*, acide ; et *gennaó*, j'engendre), parce que, en se combinant avec un grand nombre de corps, il donne naissance à des *acides*, et que l'on ignorait alors que l'hydrogène possède également la faculté d'en produire.

A son état naturel, l'oxygène est un gaz incolore, insipide, inodore,

---

(1) PRIESTLEY (Joseph), savant anglais, théologien, physicien et chimiste (1733-1804). Il s'était voué à la carrière ecclésiastique, et, au milieu de controverses religieuses fort vives, et tandis que ses opinions libérales lui méritaient le titre de citoyen français et que le département de l'Orne l'envoyait à la Convention, il s'illustrait par ses découvertes en physique et en chimie, quoiqu'il n'eût commencé qu'à trente-deux ans à s'occuper de science. Forcé de s'expatrier, il s'embarqua pour l'Amérique et ne trouva le repos si longtemps cherché que dans une ferme isolée près des sources du Susquehannah. Ses derniers moments furent remplis par les épanchements de cette pitié qui avait animé toute sa vie. Il mourut, empoisonné dans un repas, avec toute sa famille, par une méprise dont on ne s'est jamais rendu compte.

(2) SCHEELE (Charles-Guillaume), célèbre chimiste suédois (1742-1786). Sa courte carrière fut des plus pénibles et des plus laborieuses. Issu d'une famille pauvre, il contracta un mariage avec une veuve qui avait plus de dettes que de dot, et eut beaucoup de peine à devenir propriétaire d'une petite pharmacie à Kyoping. Cependant ses merveilleuses découvertes le firent appeler plus tard à l'Académie royale de Stockholm.

très peu soluble dans l'eau. Jusqu'à ces dernières années, il avait été considéré comme permanent; mais, en 1877, il a été liquéfié par M. Cailletet, puis par M. Pictet (PHYSIQUE, *Chaleur*, page 564). Il n'existe pas à l'état de pureté dans la nature, mais il constitue un des éléments de l'air, de l'eau, de la plupart des corps organiques. Unique agent de la combustion proprement dite et de la respiration des animaux, il est, en conséquence, le plus important de tous les gaz.

On obtient l'oxygène au moyen d'un grand nombre de procédés. Le plus simple est de porter à une forte chaleur rouge (*fig.* 221) de l'*oxyde noir* ou *bioxyde de manganèse*. L'appareil consiste en une cornue en terre ou en fer A, placée dans le *laboratoire* B, ou étage supérieur d'un fourneau C. Le laboratoire est recouvert d'une voûte percée, qu'on appelle le *dôme*, dont l'ouverture E peut être engagée dans un tuyau de tôle, servant de cheminée. Au bec de la cornue est adapté un tube de dégagement, muni d'un appendice SGS, destiné à prévenir l'absorption de l'eau. Ce tube

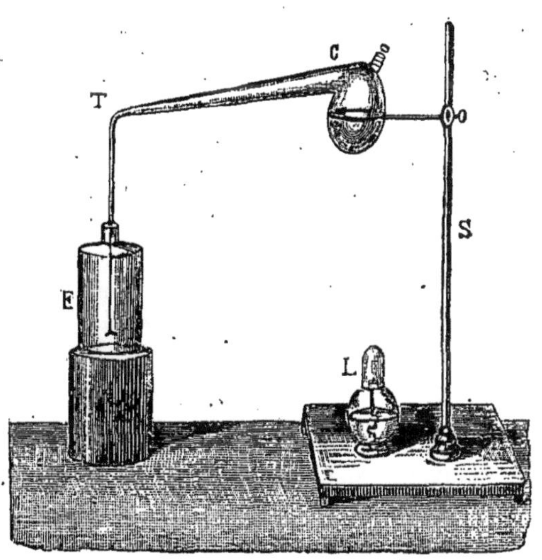

Fig. 221. — PRÉPARATION DE L'OXYGÈNE PAR LE BIOXYDE DE MANGANÈSE.

communique avec une cloche H, pleine d'eau et renversée sur la planchette K de la cuve I. En commençant l'expérience, on met quelques charbons allumés sous la cornue, puis on remplit le fourneau avec du charbon allumé. De cette manière, la cornue s'échauffe graduellement et l'on peut la porter au rouge : alors le bioxyde noir de manganèse abandonne le tiers de son oxygène et se change en oxyde brun de manganèse, indécomposable à cette température. Cette réaction peut s'exprimer par la formule : $3\ MnO^2 = 2O + Mn^3O^4$.

L'oxygène ainsi obtenu est rarement pur, parce que l'oxyde de manganèse contient souvent du carbonate de chaux; pour l'obtenir plus pur, on se sert du *chlorate de potasse*. On introduit ce corps dans une petite cornue de verre (*fig.* 222), à laquelle on adapte, comme toujours, au moyen d'un bouchon, un tube abducteur, en ayant soin qu'aucune parcelle de combustible ne se mêle dans la cornue, ce qui produirait une explosion. On élève graduellement la température : le sel commence par fondre, puis il se décompose, et l'oxygène se dégage. Voici l'équation de la réaction : $KO, ClO^5 = KCl + O^6$. Il reste dans la cornue un sel, du chlorure de potassium.

Boussingault a appliqué à la préparation de l'oxygène un autre procédé ; il l'extrait de l'air, où il se trouve à l'état de simple mélange avec l'*azote* ; mais, comme on ne connaît aucun corps capable de s'emparer uniquement de ce dernier gaz, on est obligé, pour extraire l'oxygène, de le faire entrer d'abord dans une combinaison, d'où l'on puisse le retirer par la chaleur.

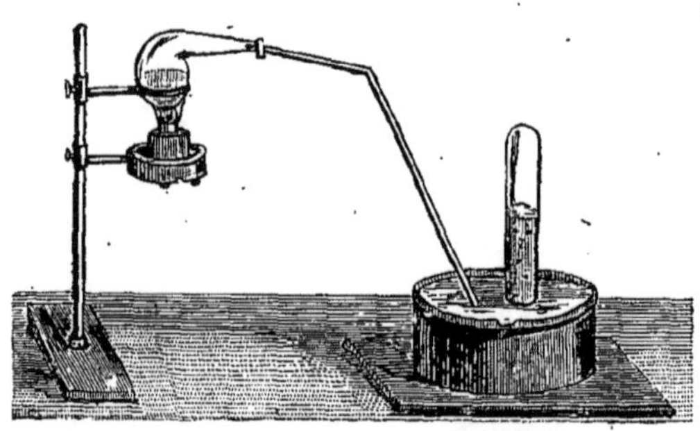

L'oxyde de baryum, ou baryte, BaO, chauffé à la température du rouge naissant, a la propriété d'absorber une quantité d'oxygène égale à celle qu'il contient déjà, et de se transformer ainsi en bioxyde, BaO^2 ; ce bioxyde, étant porté à la température du rouge blanc et même du rouge rose, abandonne cette nouvelle quantité d'oxygène pour redevenir protoxyde. M. Boussingault a eu l'idée de prendre l'oxygène dans l'air pour former le bioxyde, au lieu d'employer l'oxygène pur ; de telle sorte qu'en chauffant modérément un tube rempli de baryte, et en y faisant affluer de l'air préalablement purgé de l'acide carbonique qu'il contient, la transformation s'opère parfaitement ; le bioxyde est formé dès que le gaz qui sort du tube est de l'air non privé d'oxygène, et l'opération est achevée. On ferme alors le robinet du tuyau par lequel on faisait arriver l'air, et de celui par lequel l'azote se dégageait, et l'on ouvre, au contraire, le robinet d'un autre tuyau correspondant à un gazomètre, qui est une sorte de réservoir clos pouvant recevoir du gaz en remplacement de l'eau qu'il contient. Si alors on élève convenablement la température du tube, l'oxygène se dégage, et, lorsque sa décomposition est achevée, on le laisse refroidir pour reformer le bioxyde, et toujours de même alternativement. L'expérience en petit a pu être ainsi reproduite 17 fois ; malheureusement, en grand, le succès n'a pas absolument répondu jusqu'ici à l'attente des industriels.

Citons ici, basés sur ce même principe, les essais d'éclairage par le gaz oxygène entrepris à Paris depuis quelques années. Tout en consta-

tant la beauté de cette lumière, il y a des réserves à faire sur les avantages, si l'on en croit le rapport adressé sur cet objet à la Ville de
Paris. La fabrication était fondée sur l'emploi du *manganate de soude*,
décomposé par un courant de vapeur d'eau surchauffée. Cette réaction
dégage de l'oxygène au rouge cerise. Le manganate est ensuite régénéré
par le passage, à chaud, d'un courant d'air forcé qui revivifie la matière
par suite de la fixation de l'oxygène de l'air. Les opérations devaient se
succéder indéfiniment, ou du moins pendant un temps long, disait M. Tessié
du Motay, l'inventeur. Dans ces conditions, l'oxygène pouvait être pro-

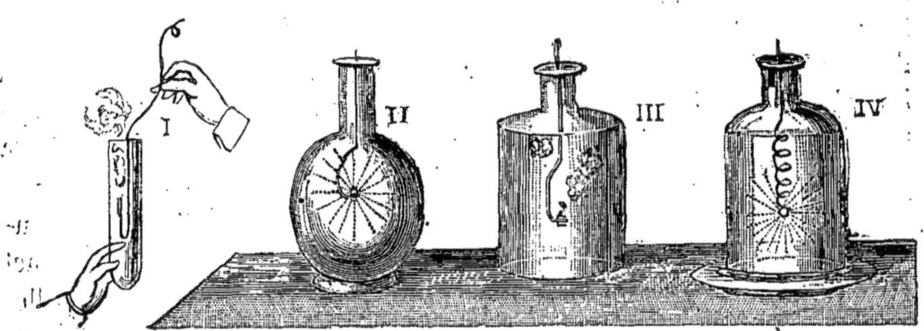

Fig. 223. — COMBUSTION DANS L'OXYGÈNE.

duit à un prix très bas. C'était là le point important : la fabrication de
l'oxygène à bon marché. La lumière elle-même s'obtenait en projetant le
gaz de houille ordinaire et l'oxygène sur un crayon cylindrique en
magnésie comprimée, ou en *zircone*, ou bien en injectant de l'oxygène
dans l'axe d'une flamme obtenue par la combustion du gaz de houille,
préalablement chargé de vapeurs d'huiles volatiles riches en carbone.
Les expériences publiques n'ont point réussi au point de vue pratique;
c'est-à-dire en considérant le prix de revient ; mais il ne faut pas déses-
pérer, ni croire que l'ingénieux procédé de M. Tessié du Motay ne trouve
de sérieuses applications.

Nous avons dit que l'oxygène était l'unique agent de la combustion
et de la respiration. Une bougie, présentant encore quelques points *rouges*,
c'est-à-dire en *ignition*, se rallume en effet avec explosion et instantanément quand on la plonge dans une éprouvette pleine d'oxygène (*fig*. 223, I).
Si, dans un ballon plein d'oxygène (II), on introduit un charbon incandescent, contenu dans une coupelle de terre fixée à l'extrémité d'un fil de
fer, on le voit brûler avec une vive lumière, se consumer rapidement et
enfin s'éteindre peu à peu. Le gaz que contient alors le ballon est devenu
de l'*acide carbonique*, CO^2, dont nous parlerons ci-après.

Dans les mêmes conditions, le soufre brûle avec une flamme bleuâtre très intense, et forme l'*acide sulfureux*, SO^2 ; le phosphore brûle avec une lumière éclatante (III) et produit une poussière blanche qui est l'*acide phosphorique*, PhO^5. Si, au bout d'un fil de fer (IV) tourné en spirale, on place un morceau d'amadou enflammé et qu'on plonge le tout dans une cloche pleine d'oxygène et reposant sur une assiette pleine d'eau, non seulement l'amadou brûlera immédiatement avec vivacité, mais le fil de fer lui-même rougira et brûlera à son tour avec éclat, en lançant de vives étincelles. Dans cette expérience, une des premières faites et due à Ingenhousz, le fer incandescent se transforme en effet en oxyde de fer, Fe^3O^4, fond, et tombe en gouttelettes tellement chaudes qu'elles traversent l'eau de l'assiette et vont s'incruster au fond sur celle-ci. Les parcelles incandescentes qui jaillissent de toutes parts, lorsqu'un forgeron martèle un morceau de fer chauffé au rouge blanc, sont de l'oxyde de fer. Si, au lieu d'un ruban de fer, on se sert d'une spirale de magnésium, il y a combustion avec une flamme d'un grand éclat, et le produit est de la *magnésie*, MgO.

Les phénomèmes d'oxydation qui n'élèvent pas notablement la température des corps sont des combustions lentes. Ainsi le fer, au contact de l'oxygène ou de l'air humide, devient du fer oxydé ou rouille, $2Fe^2O^3,3HO$, par suite d'une combustion. De sorte qu'une oxydation quelconque peut être désignée par le mot *combustion*, désignation parfaitement justifiée, car le degré plus ou moins élevé de température, souvent dépendant de circonstances étrangères aux réactions chimiques, ne suffirait pas pour produire des phénomèmes chimiques analogues.

La respiration des animaux est également un phénomène de combustion lente, ainsi que l'a démontré Lavoisier en 1777 : Le sang veineux abandonné dans les poumons de l'acide carbonique et prend en échange de l'oxygène, qui, circulant avec le sang jusque dans les vaisseaux capillaires des divers organes, y brûle l'excès de carbone qui doit être expulsé. Cette combustion lente est l'origine de la chaleur animale. Quand la respiration est lente, la température suit les variations de la température des corps environnants, ainsi qu'on l'observe dans les animaux à sang froid.

Un corps, en se combinant avec l'oxygène pour former un composé défini, dégage toujours la même quantité de chaleur, quelles que soient les circonstances dans lesquelles se fait la combustion ; mais les corps combustibles dégagent à égalité de poids des quantités de chaleur différentes (*Physique* t. Ier, pages 395 et 610).

Le rôle de l'oxygène dans la combustion n'est connu que depuis

Lavoisier. Jusque-là tous les chimistes, et même les philosophes, expliquaient les phénomènes de combustion par la célèbre théorie du *phlogistique*. Dans cette théorie, tous les corps combustibles renferment un prin-

Les parcelles incandescentes qui jaillissent de toutes parts lorsqu'un forgeron martèle... (page 552).

cipe igné, appelé *phlogistique*. La combustion a lieu, parce que le phlogistique se dégage des corps ; une fois privés de ce principe élémentaire, les corps deviennent incombustibles. Toutes les fois, au contraire, qu'il est absorbé par des corps incombustibles, ces derniers acquièrent de la combustibilité. Le phlogistique, en se dégageant, est affecté d'un mouvement violent de tournoiement, d'où naissent la chaleur et la lumière qui se produisent dans l'acte de la combustion ; la chaleur et la lumière sont donc seulement deux propriétés du phlogistique en mouvement. Les métaux que l'on calcine changent d'aspect et perdent leurs propriétés caractéristiques, parce qu'ils laissent s'échapper le phlogistique qui était combiné à leur propre substance ; ils reviennent à l'état métallique, quand on leur restitue ce principe essentiel, en les chauffant avec du charbon, des graisses ou des huiles, etc. Pendant la combustion des végétaux, il s'échappe en huile volatile, ou bien il reste en partie avec le charbon, s'il n'y a pas eu contact avec l'air, etc. En un mot, les propriétés des corps et les phénomènes qu'ils manifestent dans toutes leurs réactions mutuelles ont pour cause unique l'absence ou la présence, le dégagement ou la fixation de ce phlogistique, sorte d'agent universel.

Il suffisait, pour renverser cette théorie due à Stahl (1), d'examiner attentivement ce qui se passe dans l'acte même de la combustion, et de tenir compte de tous les phénomènes produits. C'est ce que firent Lavoisier et Bayen. L'introduction de la balance dans les laboratoires les mit bientôt sur la voie de merveilleuses découvertes. Dès 1772, Lavoisier constata que le phosphore, le soufre et plusieurs métaux augmentent de poids pendant leur combustion, et il en conclut que, loin de perdre un de leurs principes constituants, comme Stahl le supposait, ils fixent une partie de l'air et augmentent de poids. Bayen (2) démontra ensuite d'une manière rigoureuse, en 1774, que l'oxyde rouge de mercure perd de son poids quand on le calcine en vase clos, sans addition d'aucune substance combustible, et qu'il laisse échapper un gaz particulier qu'il recueillit, mais dont il n'examina pas la nature. Ce fait, inexplicable dans la théorie de Stahl, engagea Lavoisier dans une suite d'expériences ingénieuses qui le conduisirent peu à peu à démontrer que la combustion résulte de l'absorption, non pas de l'air, mais d'un gaz particulier, *l'oxygène*, dont il constata l'existence dans l'air. C'est donc lui l'agent par excellence de

<hr>

(1) STAHL (Georges-Ernest), savant bavarois (1660-1734), médecin du duc de Saxe-Weimar, professeur à l'université de Halle, puis médecin du roi de Prusse. Outre sa théorie du *phlogistique* et ses travaux de chimie, il est surtout célèbre comme physiologiste et auteur du système de *l'animisme* ou *spiritualisme*. Il expliquait tous les phénomènes de l'économie animale par un principe immatériel : l'âme ; mais il reconnaissait que, dans l'exercice de ses facultés, celle-ci n'a pas conscience d'elle-même. En médecine, il combattait donc ceux qui rapportaient tout à des causes chimiques ou mécaniques. Il a laissé de nombreux ouvrages.

(2) BAYEN (Pierre), pharmacien et chimiste (1725-1798), attaché comme pharmacien en chef à l'expédition de Minorque en 1755, puis à l'armée d'Allemagne en 1792, où il rendit les plus grands services. Comme chimiste, il découvrit le mercure fulminant, et s'illustra par ses recherches sur la combustion.

la combustion, lui qui s'unit au corps qui brûle, et le poids du produit de la combustion est égal à la somme des poids du corps combustible et de l'oxygène. Ainsi fut établie la nouvelle théorie de la combustion, que son auteur compléta bientôt après par la découverte du rôle de l'oxygène dans la respiration.

OZONE. — Le fluide électrique joue un grand rôle dans les combinaisons des corps composés, pour les modifier; son action n'est pas moindre sur les corps simples. Peu étudiée d'abord, elle est encore peu connue dans la plupart de ses effets; mais les propriétés particulières reconnues, en particulier, à l'oxygène électrisé, permettent de chercher, avec cette action, la cause d'un grand nombre de phénomènes encore inexpliqués.

La différence qui existe entre l'oxygène électrisé et l'oxygène ordinaire n'a été bien constatée que dans ces derniers temps. Cependant, des observations faites à la fin du siècle dernier avaient permis de reconnaître que l'électrisation communique à l'oxygène des propriétés nouvelles. Ainsi, en 1783, Van Marum, ayant fait passer une série d'étincelles électriques dans un tube rempli d'oxygène, constata que, sous l'influence de l'électricité positive, ce corps contractait une *odeur phosphorée* caractéristique, et entrait avec facilité dans les combinaisons chimiques. Il réussit même à combiner ainsi directement le mercure et l'oxygène. Malgré cela, ce fut en 1840 seulement que Schœnbein, reprenant les expériences de Van Marum, caractérisa le nouveau corps auquel il donna le nom d'*ozone* (du grec *ozè*, odeur). Ce chimiste obtint de grandes quantités d'*ozone* en faisant agir de l'air humide sur des bâtons de phosphore à la température de 20 à 25 degrés. Bientôt la plupart des chimistes firent de l'*ozone* le but de leurs recherches et arrivèrent tous à peu près aux mêmes résultats. MM. Marignac et de La Rive trouvèrent que l'ozone était de l'oxygène dans un état particulier d'activité chimique; Frémy et Becquerel constatèrent cette propriété et reconnurent l'influence du fluide électrique. Ils proposèrent de le désigner sous le nom d'*oxygène actif*, ou *oxygène odorant*, mais le nom d'*ozone* a prévalu.

Au point de vue physique, l'ozone ne présente pas de différence avec l'oxygène, si ce n'est qu'il est électrisé. Ce n'est point une combinaison, c'est un arrangement particulier des molécules de l'oxygène pur, soumis à l'influence de l'électricité. On sait que l'*oxygène naissant* jouit de propriétés particulières. Son affinité est très grande et peut lui permettre de former des combinaisons importantes, par le simple contact, avec la plupart des autres corps. La ressemblance qui existe entre l'oxygène naissant et l'ozone a permis de rapprocher ces deux gaz, et on est arrivé à cette conclusion que l'oxygène naissant et l'ozone étaient une seule même et modification de l'oxygène ordinaire. Quoiqu'il paraisse incolore sous une petite épaisseur, il est en réalité d'un bleu d'azur. Il suffit, pour s'en convaincre, d'interposer, entre l'œil et une surface blanche, un tube de 2 mètres de longueur, traversé par un courant d'ozone. Il a une odeur forte et pénétrante ; sa densité est de 1,6.

L'*ozone* possède un pouvoir oxydant très remarquable. A la température ordinaire, on a pu, par son simple contact, oxyder l'argent en poudre et obtenir du *peroxyde d'argent*, composé que l'on n'obtient qu'avec peine dans les laboratoires sous l'influence des agents d'oxydation les plus puissants.

D'après les travaux de M. Schœnbein, les peroxydes de manganèse, de plomb, d'argent, de nickel, de cobalt, de bismuth, de vanadium, contiennent de l'*ozone*, et ne produisent de l'eau oxygénée dans aucune de leurs réactions. On les a désignés sous le nom d'*ozonides*. Ils décomposent l'eau oxygénée en eau et en oxygène ordinaire. Unis à l'acide chlorhydrique, ces corps donnent un chlorure : du chlore et de l'eau, dont la formule est $MnO^2 + 2\,ClH = ClMn + Cl + 2\,HO$. Ils se reconnaissent facilement en ce qu'ils bleuissent la teinture de gaïac (1). Les peroxydes de baryum, de calcium, de strontium, etc., contiennent de l'oxygène électrisé négativement ; aussi, dans leurs réactions, donnent-ils toujours de l'eau oxygénée. M. Schœnbein les appelle des *antozonides*. Ces corps n'exercent aucune action sur l'eau oxygénée. Unis à l'acide chlorhydrique, ils donnent un chlorure et du bioxyde d'hydrogène : $BaO^2 + ClH = ClBa + HO^2$. Ils ne bleuissent pas la teinture de gaïac, mais ils la décolorent lorsqu'elle a déjà été bleuie par un *ozonide*. Ils jouent le rôle d'éléments électropositifs par rapport aux *ozonides*.

L'*ozone* se trouve dans l'air, mais en quantités restreintes et variables, suivant l'état plus ou moins électrique de l'atmosphère. Pour reconnaître sa présence, on se sert d'un papier imprégné d'une dissolution d'*amidon* et d'*iodure de potassium*. En présence de l'ozone, le potassium s'oxyde et se transforme en potasse ; l'iode s'unit à l'amidon et forme de l'iodure d'amidon qui est d'un beau bleu. Les végétaux, et même l'eau, produisent de grandes quantités d'ozone pendant le jour, mais cette production s'arrête la nuit. Il ne se produit pas la moindre quantité d'ozone, même

---

(1) Le *gaïac* est un arbre des Antilles, à bois très dur, à feuilles opposées, à folioles coriaces très entières, à fleurs bleues supportées par des pédoncules uniflores. La médecine et la chimie utilisent son bois et son écorce. Ces parties renferment une résine, dite *gaïacine*, qui a l'odeur du benjoin, une saveur douce d'abord, puis amère, puis âcre.

pendant le jour, lorsque les végétaux ou l'eau sont soustraits à l'action de la lumière directe. Il peut se produire aussi dans l'air, sous l'influence d'un courant électrique continu ou d'une longue succession d'étincelles. C'est ainsi que les fils de nos télégraphes peuvent devenir une source abondante d'ozone.

On doit à M. Houzeau un nouveau papier pour reconnaître la présence de l'ozone. C'est tout simplement du papier de tournesol, déjà rougi par un acide et imbibé d'une dissolution d'iodure de potassium pur. L'ozone ramène ce papier au bleu. On peut même doser l'ozone au moyen d'une échelle chromatique. Le papier amidonné, étant sensible au chlore et quelquefois à la lumière, n'indique pas toujours d'une manière certaine la présence de l'ozone. Le papier de M. Houzeau est préférable, quoique, dans certains cas, il se laisse influencer par l'ammoniaque.

L'ozone exerce une action destructive sur les miasmes. On a remarqué qu'il était en très faible quantité dans les temps de choléra et d'épidémie, et, en général, dans tous les endroits où se trouve une agglomération de malades. Quoique nécessaire pour la conservation de la santé, l'ozone irrite les poumons et joue un grand rôle dans l'établissement des constitutions catarrhales. Cependant il doit communiquer à l'atmosphère des champs, par son activité propre, des qualités toniques et vivifiantes Ses propriétés décolorantes sont remarquables. Si l'on remplit un flacon de ce gaz, même en le laissant débouché, et qu'après quelques instants, on verse de la teinture d'indigo, le flacon conservera encore assez d'ozone pour décolorer immédiatement cette teinture. Peut-être faut-il attribuer à cela l'influence de l'air des campagnes, chargé d'ozone, sur le blanchissage du linge ; du reste, le linge exposé sur les haies, dans les jardins, conserve bien souvent le parfum de l'ozone.

Pour produire de l'*ozone*, il existe plusieurs procédés : 1° En décomposant de l'eau par la pile, à la condition que l'électrode positive soit d'un métal inoxydable, comme l'or, le platine ou le plomb ; 2° En faisant passer une série d'étincelles électriques à travers de l'oxygène contenu dans un tube où l'on a soudé deux fils de platine, et qui plonge dans une dissolution d'iodure de potassium ; 3° Par l'oxydation lente du phosphore au contact de l'air humide ; 4° En faisant agir de l'acide sulfurique sur du bioxyde de baryum à froid. Ce dernier procédé est dû à M. Houzeau, l'habile chimiste de Rouen. Malheureusement, on n'obtient par tous ces moyens que de faibles quantités d'ozone ; on ne dépasse guère une douzaine de milligrammes par litre d'oxygène odorant. M. Houzeau a réalisé un petit appareil qui permet aujourd'hui de charger chaque litre d'oxygène de 100 et même de 108 milligrammes d'ozone absolu. On obtient ún véritáble courant d'ozone que l'on pourra utiliser pour les usages médicaux. Voici en quelques lignes la description de cet ozoniseur :

Un tube en verre recourbé (*fig.* 224) renferme à l'intérieur un fil de platine long de $0^m,40$ à $0^m,60$, et dont une des extrémités sort au dehors par un petit trou ménagé à la partie supérieure. On a enroulé à la surface du tube un fil semblable, dont l'extrémité vient regarder le bout du fil intérieur. A l'aide de ces deux fils, on peut, par l'intermédiaire d'une petite bobine de Ruhmkorff, faire passer de l'électricité, qui réagit par induction sur les parois du tube de verre. Que l'on dirige dans le tube un courant d'oxygène ou d'air, l'oxygène et l'air en sortent avec toutes les propriétés de l'ozone. On sent immédiatement son odeur caractéristique : sous l'action de la décharge *froide* de l'électricité d'induction, développée entre les parois du verre, l'oxygène se modifie et passe à l'état d'ozone. M. Houzeau a remarqué que la décharge électrique

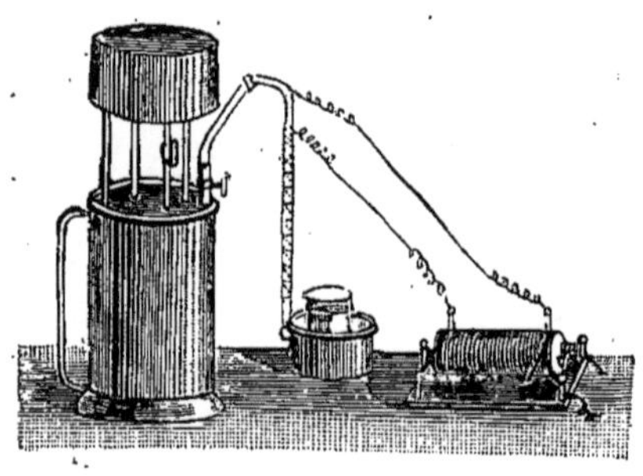

Fig. 224. — Ozoniseur Houzeau.

à forte tension, à température accusée, ne donne pas d'ozone, mais bien de l'*acide nitreux*.

Avec ce petit appareil, on peut faire quelques expériences qui convainquent de l'activité de cet oxygène modifié. L'*hydrogène phosphoré*, sur lequel l'oxygène ordinaire est sans action, brûle immédiatement quand il est mis au contact d'une bulle d'ozone. Un mélange d'*oxygène* et d'*hydrogène phosphoré*, que l'on insuffle dans de l'eau de savon, forme des bulles détonant violemment au contact de l'ozone. On peut s'expliquer ainsi les feux follets qui brillent le soir dans la campagne : il suffit que l'*hydrogène phosphoré*, qui se dégage des marécages, vienne à rencontrer sur sa route un peu d'ozone, pour que l'inflammation ait lieu aussitôt.

En 1880, une communication intéressante a été faite à l'Académie des sciences, par MM. Hautefeuille et Chappuis, sur la liquéfaction de l'ozone en présence de l'acide carbonique refroidi et comprimé. Ces chimistes ont constaté qu'une brusque détente de l'*oxygène ozonisé*, comprimé à d'énormes pressions dans l'appareil de MM. Cailletet et Pictet, destiné à liquéfier l'oxygène, détermine la formation d'un épais brouillard, signe certain d'un changement d'état de l'ozone. Ils ont alors soumis l'ozone à la basse température que l'on obtient en faisant passer un courant d'air sec dans du *chlorure de méthyle*. Cet ozone était, en même temps, comprimé à 200 atmosphères. En le refroidissant à 23 degrés au-dessous de zéro, ils ont reconnu que l'ozone se colore en bleu, de plus en plus foncé à mesure qu'on augmente la pression, mais qu'il ne se produit pas de liquide visible se distinguant du gaz par un ménisque. Si l'on place la partie supérieure du tube capillaire dans lequel se fait l'opération dans du *protoxyde d'azote* liquide, l'intensité de la coloration augmente considérablement dans toute cette partie refroidie à — 88°. La partie inférieure du tube étant maintenue à — 23°, on peut juger de la différence de nuance, et estimer que l'ozone à — 88° est trois ou quatre fois plus coloré que l'ozone à — 23°. L'intensité de la coloration croît donc avec l'abaissement de la température. Au bout de quelques minutes, les températures des deux portions du tube sont peu différentes. Le gaz paraît uniformément coloré en bleu foncé. MM. Hautefeuille et Chappuis ont alors emprisonné l'ozone dans un vase fermé par du mercure solide. Le ménisque de ce métal reste brillant et absolument inattaqué par l'ozone à cette basse température. Dans ces conditions, on peut s'assurer que le tube capillaire ne contient aucune goutte de liquide. De même que la compression d'un mélange d'*oxygène*, d'*acide carbonique* et de *protoxyde d'azote* donne un liquide mixte, formé de deux gaz liquéfiés, de même celle d'un mélange d'*oxygène*, d'*acide carbonique* et d'*ozone* donne un liquide mixte contenant de l'ozone liquéfié ; c'est cet ozone qui colore en bleu le liquide obtenu dans ces expériences.

Ces faits permettaient de prévoir que l'on obtiendrait l'ozone en gouttes liquides, en comprimant à une très basse température le mélange d'ozone et d'oxygène préparé à — 88°, dont la teneur en ozone s'élève à plus de 50 pour 100, et que, dans ces conditions, on aurait un liquide bleu très foncé. L'expérience a confirmé cette prévision.

L'étude comparative des mélanges d'oxygène avec l'ozone et avec l'acide carbonique a montré que le point de liquéfaction de l'ozone est peu différent de celui de l'acide carbonique. On a ajouté ce dernier gaz à l'oxygène ozonisé, parce qu'on n'a pu accroître assez la proportion d'ozone dans le mélange pour diminuer le retard considérable qu'une forte proportion d'un gaz permanent fait éprouver à la liquéfaction. La compression, dans un tube capillaire maintenu à 23 degrés au-dessous de zéro par du *chlorure de méthyle*, d'un mélange d'*acide carbonique* et d'*oxygène ozonisé* à très basse température, donne des résultats analogues à ceux qu'on observe avec les mélanges de plusieurs gaz liquéfiables, mais qui empruntent ici à la coloration de l'ozone une netteté parfaite. Une compression lente permet d'obtenir un liquide se séparant du gaz par un ménisque. Ce liquide n'est pas incolore, comme l'est habituellement l'acide carbonique liquide; il est franchement bleu ; sa nuance ne diffère pas de celle du gaz qui le surmonte. C'est là un état stable qui persiste tant que le gaz reste sous pression. Si l'on vient à détendre légèrement les gaz et à les comprimer immédiatement, on voit au-dessus du mercure une colonne liquide d'un bleu d'azur, beaucoup plus coloré que le gaz. Le froid de la détente a déterminé un nuage abondant, formé d'*acide carbonique* et d'*ozone liquides* ou *solides*, car ce dernier corps est alors refroidi à une température inférieure à son point critique, et l'abondante liquéfaction de l'acide carbonique produite par la compression liquéfie une partie de cet ozone. Ce qui prouve que les choses se passent ainsi, c'est que la coloration du liquide diminue et qu'en quelques minutes le liquide et le gaz reprennent la même nuance. L'ozone recueilli tout d'abord par l'acide carbonique liquide se diffuse, l'atmosphère du tube ne contenant pas la vapeur d'ozone à l'état de saturation (1).

AZOTE ou **NITROGÈNE**. (Az *ou* N. — *Équivalent en poids = 14* ; *équivalent en volume = 2 vol. Densité : 1gr,256.*) — L'azote tire son nom de deux mots grecs signifiant *privant de la vie*, qualité qui lui est cependant commune à tous les autres gaz, excepté l'oxygène ; dans la plupart des pays de l'Europe autres que la France, on appelle ce gaz *nitrogène*, nom qui est beaucoup mieux adapté à ses propriétés spéciales, puisque seul il produit le *nitre* ou *salpêtre*, et que, bien qu'on ait composé les mots *acide azotique*, *azoteux*, *azotate*, on a été forcé de conserver les mots *nitre*, *nitrière*, *nitrification*, etc., que l'on ne peut rendre par aucune modification du mot *azote*. Puisque, remarque fort justement M. Barruel, l'on voulait mettre le langage en rapport avec la nomenclature, il eût été plus convenable de changer quelques dénominations que d'en changer une foule d'autres, passées dans le langage de l'industrie et même vulgaires, car souvent on écrit : « Pour faire de l'*acide azotique*, prenez du nitre. » Il eût été plus rationnel, dans cette phrase, de dire : « Pour faire de l'acide nitrique... »

La découverte de l'*azote* est liée à celle de la composition de l'air atmosphérique. Bergmann (2), le premier, avait émis sur ce sujet une opinion que Scheele devait confirmer : « L'air commun est, disait-il, un

(1) Figuier, *l'Année scientifique et industrielle* (1880).

(2) BERGMANN (Torbern-Olof), chimiste suédois (1735-1784). Professeur à 22 ans à l'université d'Upsal, il occupa dès 1766 la chaire de chimie et de minéralogie de l'université de Stockholm. Étranger à toute jalousie, il fut un des premiers à apprécier et à signaler à l'attention publique le mérite de Scheele, son élève. Il a laissé de nombreux ouvrages.

mélange de trois fluides élastiques, savoir : de l'*acide aérien libre*, mais en
si petite quantité qu'il n'altère pas sensiblement la teinture de tournesol ;
d'un air qui ne peut servir ni à la combustion ni à la respiration des

Analyse de l'air (procédé de MM. Dumas et Boussingault) [page 570].

animaux, et que nous appelons *air vicié* (azote), jusqu'à ce que nous con-
naissions mieux sa nature ; enfin d'un air absolument nécessaire au feu
et à la vie animale, qui fait à peu près le quart de l'air commun, et que
je regarde comme l'*air pur* (oxygène). » Si cette manière de voir avait eu

pour but de renverser les théories régnantes, Bergmann aurait devancé Lavoisier ; mais il n'alla pas jusque-là.

Priestley fut bien plus près encore de toucher à la connaissance de la composition de l'air, dans une expérience mémorable. Cette expérience consistait à suspendre un morceau de charbon dans un vaisseau de verre rempli d'eau jusqu'à une certaine hauteur et renversé dans un autre vaisseau plein d'eau, et à brûler le morceau de charbon au foyer d'une lentille. Il constata ainsi qu'il se produit de l'air fixe, absorbé et précipité en blanc par l'eau de chaux ; qu'après cette absorption, la colonne d'air est diminuée d'un cinquième, et que l'air qui reste éteint la flamme, tue les animaux, et que son volume n'est diminué ni par l'air nitreux, ni par un mélange de fer et de soufre. Le savant anglais ne se doutait guère que ces propriétés, la plupart négatives, appartenaient à un gaz, inconnu encore (l'*azote*), qui, mêlé au gaz absorbable par l'air nitreux, forme l'air atmosphérique. Cette expérience resta stérile entre ses mains, parce qu'aucune conception ne présidait à ses recherches, dans lesquelles le hasard, dit-il lui-même, jouait un grand rôle.

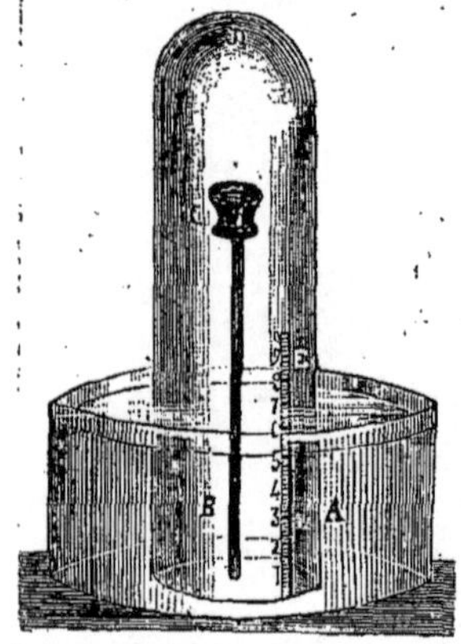

Fig. 225.

EXPÉRIENCE DE SCHEELE.

Ce fut Scheele qui, en même temps que Rutherford en Angleterre, montra définitivement, dans son mémoire intitulé : *Analyse de l'air*, paru en 1777, que « l'air est un mélange de deux fluides élastiques bien distincts, et dont il appelait l'un *air vicié* ou *corrompu* (azote), parce qu'il est absolument dangereux et mortel; soit pour les animaux, soit pour les végétaux ; et l'autre *air pur* ou *air de feu*, parce qu'il est tout à fait salutaire et qu'il entretient la respiration. » Il parvint même, à la suite d'une expérience fameuse, à connaître dans quelles proportions l'air vicié et l'air pur, l'oxygène et l'azote, entraient dans un volume d'air donné. Voici, d'après une figure jointe au mémoire original, et que reproduit M. Hoefer, le procédé d'analyse inventé par Scheele pour résoudre cette question : Au fond d'une cuvette A (*fig.* 225) se trouve fixée, sur un support B, une tige de verre surmontée d'une capsule C, posée sur un petit plateau horizontal. Cette capsule renferme deux parties de limaille de fer et une partie de soufre en poudre, humectées d'eau. Ce mélange était destiné à absorber tout l'oxygène contenu dans l'air atmosphérique que renfermait l'éprouvette D, renversée sur le petit appareil BC dans la cuvette pleine d'eau. A l'extérieur de cette éprouvette était collée une bande de papier E, marquant, par sa longueur, le tiers de la capacité du verre cylindrique. Cette bande était elle-même divisée en 10 parties égales, en sorte que chaque trait de E marquait le trentième du volume de l'air atmosphérique contenu dans l'éprouvette D. On comprend sans peine qu'à mesure que l'oxygène était absorbé, l'eau s'élevait dans l'éprouvette pour combler le vide et que la colonne d'eau, montant graduellement, mesurait la quantité d'oxygène enlevé à l'air par le mélange de soufre et de limaille de fer humecté. Cette analyse, commencée le 1er janvier 1778 et continuée sans relâche jusqu'au 31 décembre de la même année, est le premier exemple d'une analyse de l'air vraiment scientifique. Elle donna pour résultat que l'air, pris dans n'importe quelle localité, contient une quantité à peu près invariable d'oxygène, et que cette quantité est de neuf trentièmes, c'est-à-dire d'un peu plus de 25 pour 100, ce qui ne s'éloigne pas beaucoup du résultat obtenu par des analyses plus récentes; l'azote forme les quatre cinquièmes à peu près en volume.

L'azote est incolore, insipide et inodore; permanent, puisqu'il supporte un froid considérable et une pression énorme sans perdre son état de fluide élastique. L'eau n'en dissout qu'une très faible partie; il faut un peu plus de 52 litres d'eau pour en dissoudre un litre. Il n'a, pour ainsi dire, que des qualités négatives; il n'est pas inflammable; il n'entretient ni la combustion ni la respiration. Si l'on plonge une bougie allumée dans une éprouvette pleine d'azote, elle s'éteint immédiatement; l'acide carbonique a cette même propriété, mais on l'en distingue parce que l'azote ne trouble pas l'eau de chaux. L'azote n'est cependant pas vénéneux, puisque nous le respirons continuellement par l'air qui s'introduit dans nos poumons.

Son rôle dans l'air semble être analogue à celui de l'eau que l'on ajoute au vin pour tempérer son action enivrante; il semble uniquement destiné à modérer l'action comburante de l'oxygène dans la respiration, ainsi que dans tous les phénomènes d'oxydation; mais il intervient en réalité d'une manière beaucoup plus active. Il a une grande importance dans l'acte de la végétation : il est certain que les plantes, pendant une certaine période de leur existence, les légumineuses surtout, prennent dans l'air une partie de l'azote qui est nécessaire à leur organisation, tandis que toutes les plantes, pendant la floraison et surtout la fructification, doivent le prendre dans les produits azotés, gazeux ou solides, résultant de la décomposition des matières enfouies dans le sol comme engrais. Dans le courant de 1876, M. Berthelot a constaté par de nombreuses expériences que l'azote libre est absorbé directement, à la température ordinaire, par les principes immédiats des végétaux, tels, entre autres, que la *cellulose*, la *dextrine*, etc., sous l'influence de l'effluve électrique ou décharge électrique silencieuse, c'est-à-dire de l'électricité sous de très faibles tensions (PHYSIQUE, *Électricité statique*, page 124). « Ces expériences mettent en lumière, dit M. Berthelot, l'influence d'une cause naturelle, à peine soupçonnée jusqu'ici, et cependant des plus considérables sur la végétation. Lorsqu'on s'est préoccupé de l'électricité atmosphérique jusqu'à ce jour en agriculture, ce n'a guère été que pour l'attacher à des manifestations lumineuses et violentes, telles que la foudre et les éclairs. Dans toute hypothèse, on a envisagé uniquement la formation des acides nitrique, nitreux et du nitrate d'ammoniaque ; il n'y a pas eu jusqu'à présent d'autre doctrine relative à l'influence de l'électricité atmosphérique pour fixer l'*azote* sur les végétaux. Or il s'agit, dans mes expériences, d'une action toute nouvelle, absolument inconnue, qui fonctionne incessamment sous le ciel le plus serein, et qui détermine une fixation *directe* de l'azote sur les principes des tissus végétaux. Dans l'étude des causes naturelles capables d'agir sur la fertilité du sol et sur la végétation, causes que l'on cherche à définir par des observations météorologiques, il conviendra désormais, non seulement de tenir compte des différences dans les actions lumineuses ou calorifiques, mais aussi de faire intervenir l'état électrique de l'atmosphère. »

La présence de l'azote dans les matières alimentaires paraît indispensable à la nutrition des carnivores, puisque ces animaux s'affaiblissent progressivement et meurent au bout d'un certain temps, lorsqu'on les nourrit exclusivement avec des matières dépourvues d'azote. Ils empruntent à la chair des herbivores qu'ils mangent l'azote qui leur est nécessaire ; ceux-ci l'ont prise dans les plantes qu'ils paissent ; et les plantes ont emprunté cet azote à l'amosphère, soit directement, soit indirectement, par les engrais, azotés aux dépens de l'air.

L'azote se retire généralement de l'air atmosphérique, en absorbant l'oxygène par un corps combustible. Pour cela, on place un morceau de phosphore dans une petite capsule en terre, soutenue par un flotteur en liège qui nage sur l'eau d'une cuve pneumatique ; on allume le phosphore, puis on recouvre le tout d'une cloche pleine d'air. Le phosphore brûle avec une grande activité tant qu'il y a de l'oxygène, puis il s'éteint ; mais il a laissé un peu d'oxygène libre que l'on absorbe au moyen d'un long bâton de phosphore qu'on y laisse séjourner pendant quelque temps. L'azote n'est pas encore parfaitement pur ; il contient encore l'acide carbonique de l'air et des vapeurs de phosphore, mais il l'est assez pour que l'on puisse en constater les propriétés. En ajoutant sous la cloche quelques bulles de chlore, on forme du chlorure de phosphore qui s'absorbe dans l'eau et débarrassé ainsi des vapeurs de phosphore ; en agitant ensuite le gaz avec une dissolution de potasse, on enlève l'excès de chlore et l'acide carbonique.

On obtient plus facilement l'azote au moyen de copeaux de cuivre portés au rouge et humectés d'acide sulfurique. On dispose ainsi l'expérience (*fig.* 226) : L'air contenu dans un flacon A, à deux tubulures, en est chassé par de l'eau qui arrive, par un tube droit à entonnoir, d'un flacon GI placé au-dessus. Il traverse un tube recourbé B, rempli de potasse, qui lui enlève son acide carbonique, puis il passe dans un tube de verre CD, plein de copeaux de cuivre portés au rouge dans

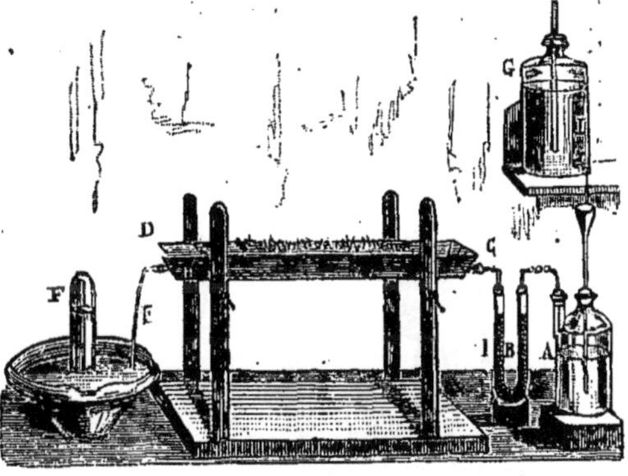

Fig. 226.

PRÉPARATION DE L'AZOTE PAR LE CUIVRE.

le réchaud H. Le cuivre dépouille le gaz de l'oxygène, en devenant de l'oxyde de cuivre, et l'azote pur, traversant le tube E, est recueilli dans la petite cloche F.

Au lieu de retirer l'azote de l'air, on l'extrait quelquefois de l'*azotite d'ammoniaque*, ou d'un mélange de *chlorhydrate d'ammoniaque* et d'*azotite de potasse*. On chauffe l'azotite d'ammoniaque dans une petite cornue de verre (*fig.* 227). L'oxygène et l'hydrogène, abandonnant l'azote, se combinent entre eux et forment de l'eau ; l'azote, mis en liberté, est recueilli dans une petite cloche. Voici la formule de cette réaction : $AzH^3HO, AzO^3 = 2Az + 4HO$

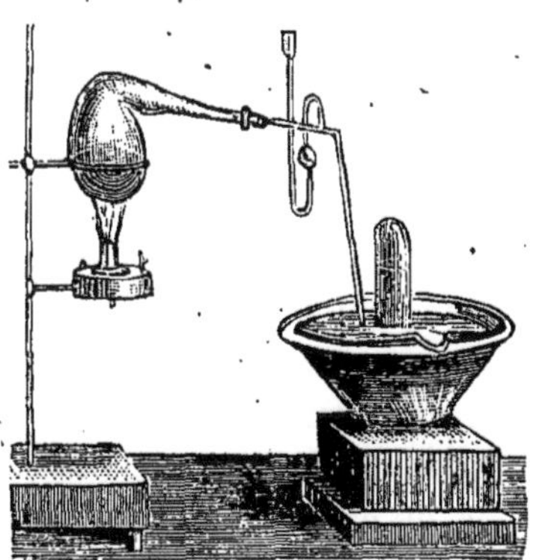

Fig. 227. — PRÉPARATION DE L'AZOTE
PAR L'AZOTITE D'AMMONIAQUE.

AIR ATMOSPHÉRIQUE. — Nous avons longuement parlé de l'*air atmosphérique*, et nous avons insisté sur ses propriétés physiques (PHYSIQUE, *Pesanteur*, ch. x) ; nous ne parlerons donc ici que de sa composition et de ses propriétés chimiques. Nous avons vu comment Lavoisier, en découvrant l'oxygène, avait procédé pour l'analyse de l'air ; on emploie aujourd'hui, pour en déterminer la composition exacte, des méthodes très simples et très précises; les unes sont fondées sur la mesure des volumes, les autres sur la mesure des poids. Toutefois, remarquons que l'air n'est pas rigoureusement un mélange d'oxygène et d'azote seulement, mais que l'on y trouve de l'acide carbonique, de la vapeur d'eau et des traces d'autres gaz, d'ammoniaque, entre autres, qui contribuent aussi à la nutrition des plantes. L'analyse complète d'une portion d'air donné est donc une opération longue, difficile et délicate; mais ordinairement on ne cherche à y déterminer que les quantités d'oxygène et d'azote.

Fig. 228.

ANALYSE DE L'AIR PAR LE PHOSPHORE.

L'analyse la plus simple de l'air en volume se fait par le *phosphore à froid*. Dans un tube de verre exactement gradué en parties égales et rempli d'eau E (*fig.* 228), on introduit 100 divisions d'air et ensuite une baguette de phosphore *b*, asséz longue pour plonger dans l'air de l'éprouvette V. Au bout de quelques heures, l'oxygène de l'air s'est combiné avec le phosphore, en formant de l'*acide phosphoreux*, qui se dissout dans l'eau. Une véritable combustion a eu lieu, comme le prouvent les lueurs que répand le phosphore. Quand on n'aperçoit plus ces lueurs dans l'obscurité, tout l'oxygène est absorbé. Alors on retire le phosphore, on applique la main à l'ouverture de l'éprouvette et l'on agite fortement pour absorber les vapeurs acides fournies; enfin on replonge le tube dans l'eau de manière que le niveau soit le même à l'intérieur et à l'extérieur, et, en mesurant le nouveau volume de gaz, ramené à la pression initiale, on constate qu'il est formé de 79 centimètres cubes d'azote; il a donc disparu 21 centimètres cubes d'oxygène.

L'analyse se fait bien plus rapidement en opérant par le phosphore à chaud. Dans une cloche courbe E (*fig.* 228), on introduit 100 divisions d'air exactement mesurées avec un tube gradué; et, en second lieu, un petit morceau de phosphore *a*, que l'on pousse avec un fil de fer jusque dans la légère dépression que présente le fond de la cloche. On chauffe alors avec une lampe à alcool, d'abord lentement, pour empêcher que le verre ne se brise et pour évaporer le peu d'eau entraînée par le phos-

. phore, puis vivement pour enflammer les vapeurs de phosphore, dès qu'elles se forment. Il ne serait pas prudent de produire l'inflammation alors que la cloche aurait eu le temps de se remplir de ces vapeurs : elles constituent avec l'air un mélange détonant qui, en prenant feu, pourrait occasionner la rupture de la cloche et projeter sur l'expérimentateur de dangereuses éclaboussures de phosphore enflammé. On voit alors une flamme d'un vert pâle s'avancer progressivement en absorbant l'oxygène ; elle sépare l'air qui contient encore de l'oxygène de celui qui n'en contient plus ; quand elle est descendue jusqu'au niveau de l'eau, en *v*, elle s'éteint. On mesure alors le résidu gazeux, et l'on trouve 79 divisions pour l'azote, les 21 volumes d'oxygène ayant été absorbés.

Beaucoup d'autres substances peuvent absorber l'oxygène : la matière colorante du campêche, l'*acide gallique*, et mieux encore l'*acide pyrogallique*, $C^{12}H^6O^6$. En présence d'un excès de potasse, l'acide pyrogallique jouit, en effet, de la propriété de l'absorber à peu près immédiatement. Pour faire l'expérience, on remplit presque complètement d'air une éprouvette graduée, sur une cuve à mercure ; on y introduit ensuite une dissolution de potasse caustique et une dissolution d'acide pyrogallique faite au moment même. On bouche le tube avec le doigt, on agite ; l'oxygène est absorbé instantanément et l'acide se colore en brun. En écartant un peu le doigt sur le mercure, on voit le liquide monter dans le tube, pour combler le vide laissé par l'absorption de l'oxygène. Une fois que le volume ne change plus, l'on transporte le tube sur

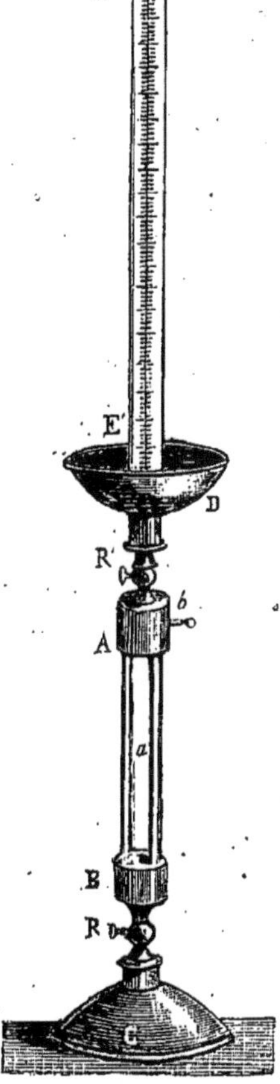

Fig. 229.
EUDIOMÈTRE.

une cuve à eau et l'on ôte le doigt ; la liqueur brune, plus lourde que l'eau, tombe au fond de la cuve ; on agite un instant pour bien laver les parois, et on mesure le gaz après avoir amené le niveau à être le même à l'intérieur qu'à l'extérieur. On trouve encore 79 d'azote pour 100 volumes d'air.

On fait encore l'analyse de l'air par la *méthode eudiométrique*, au moyen de l'*eudiomètre* de Volta, perfectionné par Gay-Lussac. Cet instrument (*fig.* 229) se compose d'un tube en cristal *a* fort épais, garni à ses deux bouts de douilles de cuivre A et B, fermées par des robinets R et R′, et terminées par des entonnoirs C et D, dont l'un sert de pied à l'appareil. Dans la douille supérieure passe un conducteur de cuivre b, pour la transmission du fluide électrique. Les deux montures sont réunies par une règle métallique divisée a, qui sert de corps conducteur à l'électricité. A cet appareil se trouve joint un long tube mesureur EE′, partagé en 200 parties d'égale capacité, et terminé inférieurement par une monture qui peut se visser au centre de l'entonnoir supérieur.

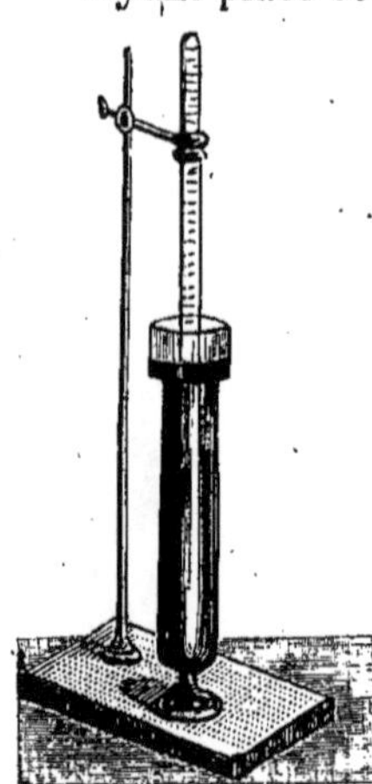

Fig. 230. — JAUGE.

Ayant placé cet appareil sur une cuve pleine d'eau, on introduit, dans l'eudiomètre également plein d'eau, 100 volumes d'air et 100 volumes d'hydrogène, puis on enflamme ce mélange par une étincelle électrique. Une forte secousse est produite dans l'intérieur du tube et l'eau de la cuve remonte aussitôt pour remplir le vide causé par la disparition de l'oxygène de l'air et d'une partie de l'hydrogène employé. Pour mesurer l'absorption produite, on remplit le bassin supérieur D de l'eudiomètre et l'on visse sur son fond le tube EE′ plein d'eau, dont la capacité est égale à deux des divisions de l'eudiomètre proprement dit. On ouvre alors le robinet supérieur R′; le gaz qui se trouve dans l'eudiomètre s'élève dans le tube gradué; on dévisse celui-ci et on bouche l'ouverture avec le doigt, on l'enlève, puis on le plonge dans une longue éprouvette pleine d'eau ou de mercure (*fig.* 230), appelée *jauge*. On abaisse le tube dans le liquide de manière à rendre le niveau intérieur justement égal au niveau extérieur, et on lit sur l'échelle du tube le nombre des divisions occupées par le gaz.

Le résidu est généralement de 137 parties environ; il indique donc une absorption de 63 parties, qui représentent l'eau formée par l'union de l'oxygène de l'air avec une partie de l'hydrogène. Or, l'eau étant toujours composée d'un tiers d'oxygène et de 2 tiers d'hydrogène, il s'ensuit qu'on trouve 21 pour la portion d'oxygène soustrait à l'air soumis à l'analyse. D'après cela, les 137 volumes de résidu gazeux doivent contenir tout l'azote de l'air décomposé et le surplus de l'hydrogène employé dans l'expérience, c'est-à-dire 79 volumes et 58 d'hydrogène. Et l'on reconnaît qu'il en est ainsi en faisant brûler ce résidu dans l'eudiomètre avec la quantité d'oxygène nécessaire pour absorber l'hydrogène qu'il contient, c'est-à-dire avec la moitié de 58 ou 29 volumes d'oxygène pur. Il ne reste plus, en dernier lieu, qu'un résidu gazeux de 79 parties, qui est de l'azote pur.

En opérant avec une cuve à eau, il y a toujours une cause d'inexactitude, provenant de ce que l'air, dissous dans l'eau, s'en sépare au moment du vide produit dans l'intérieur de l'instrument et vient s'ajouter au résidu

L'on fut obligé, au premier instant, de briser les vitres... (page 574).

gazeux de l'expérience. On se met à l'abri de cette cause d'erreur en employant l'*eudiomètre à mercure*. Un des modèles les plus simples et les plus commodes est celui de Bunsen. Il consiste en un tube de verre, divisé en millimètres ee, de $0^m,60$ de longueur sur $0^m,02$ de diamètre et $0^m,002$ d'épaisseur (*fig.* 231). Un support *d*, fixé sur une planchette C, maintient ce tube incliné sur une cuve à mercure *ab*. Deux fils de platine traversent les parties supérieures du tube et y sont soudés; ils se terminent à l'extérieur par un œillet et sont recourbés à l'intérieur, de manière à s'appliquer exactement sur les parois du verre, en laissant entre leurs extrémités un intervalle de $0^m,001$ à $0^m,002$, dans lequel jaillit l'étincelle.

La composition de l'air se déduit, dans les méthodes précédentes, de la mesure des volumes; or cette mesure est très difficile à obtenir, parce qu'il faut ramener les volumes, très petits déjà, à la température, à la pression et à l'état hygrométrique initials. La méthode en poids, par le procédé de MM. Dumas et Boussingault, donne des résultats plus exacts :

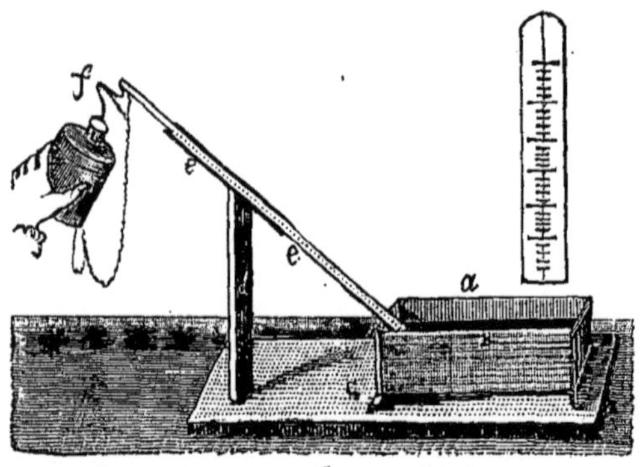

Fig. 231. — EUDIOMÈTRE A MERCURE.

L'appareil se compose (*fig.* à la page 561) d'un tube de verre BB, muni de deux robinets RR′ qui permettent de faire le vide, et contenant des copeaux de cuivre. L'une des extrémités du tube communique avec un ballon à robinet A, et l'autre avec une série de tubes destinés à débarrasser l'air de son acide carbonique et de sa vapeur d'eau. Le tube de Liebig C, placé en avant, contient une dissolution de potasse; les quatre tubes en U qui viennent ensuite sont remplis, les deux premiers avec de la pierre ponce imbibée d'une dissolution concentrée de potasse, et les deux autres avec des fragments de potasse caustique. Le tube de Liebig H contient de l'acide sulfurique concentré, et les derniers tubes en U sont remplis de ponce imbibée de ce même acide. Cette expérience est identique à celle dont nous avons parlé à la page 565, et l'on obtient comme résultat :

En poids $\begin{cases} \text{Oxygène.} \dots & 23.01 \\ \text{Azote} \dots & 76.99 \end{cases}$ 100.   En volume $\begin{cases} \text{Oxygène.} \dots & 20.81 \\ \text{Azote.} \dots & 79.19 \end{cases}$ 100.

« Une question capitale, remarque M. J. Girardin, relative à la constitution chimique de l'air, a été agitée dans ces derniers temps. On s'est demandé si cet air, indispensable à l'existence de tous les êtres vivant actuellement à la surface du globe, demeurerait toujours ce qu'il est; si la permanence de sa composition était assurée dans l'avenir des siècles. Les faits acquis à la science permettent de résoudre affirmative-ment cette question. Depuis le commencement de ce siècle, les rapports de l'oxygène et de l'azote n'ont pas changé. Les analyses de l'air, faites avec le plus grand soin par MM. Dumas et Boussingault en 1841, par MM. Regnault et Reiset en 1847 et en 1848, confirment la composition de l'air admise par les chimistes français depuis 1805, à la suite des belles expériences de de Humboldt et Gay-Lussac, puisqu'à ces trois époques on a trouvé qu'un volume déterminé d'air atmosphérique renferme 1/5 d'oxy-gène et 4/5 d'azote. Preuve plus forte encore : le poids du litre d'air sec, à 0°, ne varie point. En 1805, d'après Biot et Arago, il pesait $1^{gr},2991$; en 1840, d'après MM. Dumas et Stas, $1^{gr},2995$; en 1847, d'après M. Regnault, $1^{gr},2931$. Les légères différences entre ces nombres sont dans les limites des erreurs de pesée. Les analyses faites par Gay-Lussac sur de l'air recueilli dans un voyage en ballon, à 7,000 mètres de hauteur (PHYSIQUE, *Pesanteur*, p. 372) ; par M. Boussingault sur de l'air recueilli sur les montagnes les plus élevées de l'Amérique méridionale ; par M. Brunner, sur de l'air puisé au sommet du Faulhorn, dans les Alpes ; les analyses faites par Dalton, en Angleterre ; plus récemment à Genève, par M. de Ma-rignac ; à Copenhague et à Santa-Fé-de-Bogota, par M. Lewy ; à Bruxelles, par M. Stas ; à Groningue, par M. Verver ; l'analyse de l'air pris au-dessus de la mer du Sud, par MM. Vogel et Krueger, confirment les analyses de MM. Dumas, Boussingault et Regnault, et montrent que partout, dans les latitudes éloignées, à des époques assez distantes et à des hauteurs fort différentes, le rapport de l'oxygène et de l'azote dans l'air est invariable à un millième près. »

Mais, puisque les êtres vivants, animaux et plantes, ne peuvent continuer leur existence sans absorber l'oxygène de l'air, puisque la com-bustion des matières qui servent à nous chauffer et à nous éclairer ne peut avoir lieu sans l'oxygène atmosphérique qui est également absorbé par elles ; puisque la destruction spontanée des matières organiques pri-vées de vie ne peut s'effectuer sans le concours de ce même oxygène, il en résulte qu'à chaque instant, autour de nous, il se fait une énorme con-sommation de ce gaz ; et cependant les proportions ne semblent pas dimi-nuer dans l'atmosphère. C'est qu'à chaque instant aussi les pertes que l'atmosphère éprouve en oxygène sont compensées par de nouvelles quan-tités de ce gaz qui y arrivent, et c'est aux végétaux qu'il a été donné de le régénérer. Il est possible, sans doute, que, dans beaucoup de localités, la reproduction de l'oxygène ne soit pas en rapport avec sa déperdition ; c'est ce qui arrive partout où il s'en fait une grande absorption par la respiration ou la combustion. Mais cet effet ne peut être que partiel et momentané; car la grande mobilité du fluide aérien rétablit bientôt l'équilibre sur tous les points; les vents, qui brassent l'atmosphère en tous sens, en mêlent les éléments, et l'on y trouve partout, et dans des proportions à peu près constantes, les fluides qui la composent. Il n'y a, nous le répétons, ni création ni destruction, dans aucune des opérations de la nature : *Rien ne se crée, rien ne s'anéantit;* il n'y a que des changements, qui se reproduisent périodiquement et uniformément.

La *synthèse* de l'air, c'est-à-dire sa recomposition, s'effectue dans les laboratoires de la manière suivante : Dans une cloche pleine d'eau, placée sur la cuve pneumatique, on introduit 21 volumes d'oxygène et 79 volumes d'azote, ou, plus simplement, 1 mesure d'oxygène et 4 mesures d'azote. Le mélange ainsi obtenu est de l'air, ou plutôt n'en diffère point : une bougie allumée y brûle, un animal y respire comme à l'air libre.

Les nombres donnés ci-dessus ne se rapportent qu'à l'air libre ou extérieur; dans un grand nombre de circonstances, un certain volume d'oxygène est absorbé et remplacé par de *l'acide carbonique*, et il est souvent très important de déterminer par l'analyse la proportion dans laquelle l'un ou l'autre de ces gaz se trouve dans l'air, afin d'établir, par exemple, un système de ventilation convenable (PHYSIQUE, *Chaleur*, p. 454). Dans son état normal, l'air contient toujours une certaine quantité *d'acide carbonique;* de Saussure parvint le premier à déterminer avec une certaine exactitude cette quantité; plus tard, Thenard la fixa avec une précision absolue, en faisant passer l'air à travers une dissolution de baryte; le poids du carbonate de baryte produit donnant celui de l'acide carbonique, et par suite, son volume. Le minimum est, en nombre rond, de 3 dix-millièmes, le maximum 5 1/2, en moyenne de 4. Cette quantité si faible ne peut avoir aucune influence nuisible sur la respiration, et elle suffit au développement des plantes, qui y puisent le carbone constituant en partie leur charpente solide.

Cependant, en 1873, M. Truchot, directeur de la station agronomique du centre de la France, a fait de nouvelles recherches pour connaître exactement la proportion d'acide carbonique contenue dans l'air, depuis que l'industrie déverse tant de fumée dans l'atmosphère. Les analyses ont donné les conclusions suivantes : La proportion d'acide carbonique est plus forte la nuit que le jour; elle est sensiblement la même pour Clermont-Ferrand et la campagne. Dans le voisinage des plantes à feuilles vertes et en pleine végétation, la quantité varie suivant la présence ou l'absence des rayons solaires. En moyenne, elle est de 0,0003. Elle est représentée, par litre d'air, par 814 millièmes de milligramme, la densité de l'acide carbonique étant de 1,524. La proportion d'acide baisse notablement avec la hauteur. Ainsi, à Clermont-Ferrand, altitude 395 mètres, le volume d'acide carbonique à 0°, et 0^m,760 de pression atmosphérique, est de 0,000313. Au sommet du Puy-de-Dôme, altitude 1,446 mètres, le volume est de 0,000203; au sommet du pic de Sancy, 0,000172.

MM. Brunner et Boussingault se sont servis de l'appareil suivant, aussi simple que commode, pour doser l'acide carbonique sur une assez grande quantité d'air, ce qui permet d'obtenir un poids sensible. L'air est mesuré en volume, au moyen de la quantité d'eau qui s'échappe d'un réservoir V (*fig.* 232), exactement cubé et gradué, servant d'aspirateur; le niveau de l'eau dans cet aspirateur est indiqué par celui d'un tube de verre placé en dehors, et communiquant librement par deux tuyaux avec le haut et le bas de l'aspirateur. La pression étant la même dans tous les deux, les liquides peuvent se trouver sur le même plan, ce qui permet de mesurer, par l'échelle verticale appliquée le long de l'appareil, le volume d'air qui y a pénétré. Un thermomètre t, plongé dans le réservoir, en indique la température, pour les corrections à faire sur les

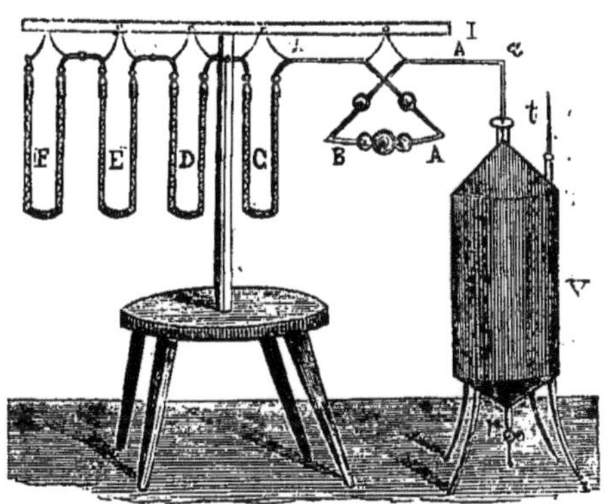

Fig. 232.

DOSAGE DE L'ACIDE CARBONIQUE DE L'AIR.

volumes. L'air pénètre dans l'aspirateur au moyen d'un tube ab, muni extérieurement d'un robinet r, que l'on ouvre avant de commencer l'expérience. Ce tube pénètre à une profondeur que l'on augmente ou diminue à volonté pour avoir un écoulement plus ou moins rapide, mais constant. Quand on ouvre le robinet inférieur r, l'extrémité inférieure du tube ab, étant recourbée, ne permet pas à l'air de remonter; l'eau déplacée s'écoule dans un baquet. Cette disposition, due à Mariotte, fait que la pression n'est exercée que par la hauteur de la colonne d'eau comprise entre la partie inférieure du tube aspirateur et la partie inférieure du tube par lequel s'opère l'écoulement. L'air, en pénétrant dans l'appareil, traverse d'abord une série de tubes en U, FEDC, contenant de la pierre ponce réduite en grains de la grosseur du millet et humectée d'acide sulfurique concentré, laquelle absorbe l'humidité de l'air, puis il passe dans un tube Liebig B, rempli d'une dissolution de potasse concentrée, qui retient l'acide carbonique; de là il arrive dans un dernier tube A, rempli de potasse en fragments, qui retient l'eau que l'air a enlevée du tube Liebig en le traversant. Avant de disposer l'appareil, on a eu soin de peser exactement ensemble le tube à boule et le tube A qui le suit; on les pèse de nouveau quand l'expérience est terminée : l'augmentation de poids de ces tubes représente l'acide carbonique; et le volume d'eau déplacée de l'aspirateur, le volume de l'air qui a été soumis à l'expérience. Les différents tubes sont réunis par des soudures en caoutchouc, solidement attachées au moyen de cordonnet pour qu'il n'y ait aucune fuite d'air.

La proportion d'acide carbonique est bien plus considérable dans les salles qui renferment un grand nombre de personnes. Il sort, en effet, des poumons de l'homme un air contenant 4 pour 100 d'acide carbonique, cent fois plus que l'air libre : pour s'en assurer, il suffit de prendre deux vases contenant de l'eau de chaux, de faire passer dans l'eau d'un de ces vases de l'air extérieur au moyen d'un soufflet muni d'un tube recourbé à angle droit, et dans l'autre, par un tube semblable, l'air sortant des poumons. En quelques minutes, l'eau de chaux de ce second vase est troublée par le carbonate de chaux produit, tandis que l'autre reste claire. C'est pourquoi on ne saurait trop insister sur l'établissement d'une bonne ventilation dans tous les endroits destinés à recevoir beaucoup de monde. On cite souvent, entre autres, les accidents qui survinrent, en 1814, au cours de littérature d'Andrieux au Collège de France, lorsqu'il y succéda à l'abbé Delille : de nombreux auditeurs perdirent complètement connaissance, et l'on fut obligé, au premier instant, de briser les vitres, les portes ne pouvant être ouvertes à cause de l'encombrement (*fig.* à la page 569). C'est pourquoi encore l'on conseille de ne pas placer de plantes dans nos appartements, quoique l'on sache que les végétaux fabriquent de l'oxygène et purifient l'air en le débarrassant de son acide carbonique. Il y a lieu simplement de bien spécifier. Les parties vertes seules, les feuilles, décomposent l'acide carbonique et dégagent de l'oxygène, et seulement sous l'influence de la lumière, même de la lumière diffuse. Donc, dans tous les appartements où pénètre la lumière, les végétaux herbacés, les plantes à larges feuilles dégagent de l'oxygène et jouent un rôle utile; pendant la nuit, au contraire, elles respirent comme les animaux ; elles nous prennent l'oxygène et exhalent de l'acide carbonique ; elles nous diminuent notre provision d'air absolument comme le feraient plusieurs personnes enfermées dans la même pièce. On ne saurait donc trop recommander de les éloigner des chambres à coucher dès la fin du jour. L'équivoque est impossible, et la règle à suivre est bien simple : le jour, les végétaux placés dans nos appartements sont des agents d'assainissement; la nuit, leur présence ne peut être que nuisible; ils deviennent une cause permanente de viciation de l'air.

L'air atmosphérique contient toujours aussi une quantité plus ou moins considérable de vapeur d'eau ; sa moyenne est de 8 1/2 pour 100 ; la quantité maximum absorbée est de 10 ; la quantité minimum de 6. La proportion d'eau contenue dans l'air dépend principalement de la température : l'air en contient d'autant plus qu'il est plus chaud, d'autant moins qu'il est plus froid. (PHYSIQUE, *Chaleur*, page 619). D'autres gaz encore se trouvent dans l'atmosphère, mais en quantité si petite qu'il est très difficile, sinon de constater leur présence, au moins d'en déterminer la proportion. Scheele, puis de Saussure, ont démontré que l'air contenait toujours de l'ammoniaque produite par la respiration des animaux et dont l'action influe sur les végétaux. Il y a aussi, surtout pendant les orages, un peu d'azotate d'ammoniaque, et toujours encore un carbure d'hydrogène, ainsi que l'a constaté M. Boussingault.

Il faut remarquer que, bien que l'air atmosphérique ait une composition constante, c'est un *mélange*, et non point une *combinaison*. En effet : 1° Il n'y a pas un rapport simple entre les volumes de l'azote et de l'oxygène ; 2° En mélangeant l'azote et l'oxygène, il ne se produit ni dégagement de chaleur ni diminution de volume, ce qui existe toujours dans les combinaisons à volumes inégaux ; 3° Quand l'air est mis en contact avec l'eau, chaque gaz se dissout proportionnellement à sa solubilité propre et à sa force élastique, tandis que, s'ils étaient combinés, ils conserveraient leurs rapports comme dans l'air.

HYGIÈNE ATMOSPHÉRIQUE. — Indépendamment de tous ces gaz, d'autres fluides encore, et aussi des corpuscules, existent constamment en suspension dans l'atmosphère ; leur présence a certainement une influence extrême sur la santé publique. Nous résumerons, d'après MM. Le Noir et de Parville, les idées émises à ce sujet.

Qui ne croit à une influence énorme, constante, et des plus multiples de l'air sur la santé du corps humain ? Rien ne saurait amoindrir cette conviction universelle et nous faire relâcher dans les précautions que nous prenons, selon la possibilité de notre situation, pour vivre dans un air pur. La science de l'hygiène atmosphérique en est encore à la position des problèmes ; le sens commun et la persuasion universelle disent qu'une cause de maladie et de santé, aussi puissante et aussi considérable que celle qui résulte de l'alimentation, gît dans l'air qu'on respire ; un jour, la science arrivera à un ensemble de règles spéciales dont l'application épargnera au monde une partie des maux qui lui tombent, comme la pluie, de l'atmosphère dans laquelle l'homme est obligé de vivre.

L'air voyage sans cesse dans nos poumons ; il va s'y mettre en contact avec le sang, qui circule, à son tour, dans tous les intimes recoins de notre économie ; il se marie avec ce sang et consomme avec lui une mystérieuse opération d'échange, d'intusception, de décomposition et de recomposition, de transformation même ; chacune de ses molécules peut devenir notre substance ; il lèche et flaire sans cesse les pores de notre épiderme, pour y pomper les émanations et y distiller de ses quintessences ; il remplit même toutes les parties de nos corps, pour lui véritables éponges toujours imbibées de sa fluidité, comme celles des mers sont imbibées de l'eau salée qui les compose.

L'air, de son côté, est le réceptable complaisant de toutes les choses subtiles, que nos sens perçoivent ou qu'ils ne perçoivent pas : exhalaisons légères, vapeurs asphyxiantes, miasmes délétères, poussières invisibles, émanations de ce qui se décompose, insaisissables essences propres à développer la vie ou à semer la mort ; tout ce qui peut être le plus perfide pour les organismes y trouve un asile ; et il est, de plus, l'arène principale des grandes forces, de l'électricité, du magnétisme, de la chaleur et de la lumière. Comment comprendre que l'air, en venant alimenter sans cesse notre sang et notre vie dans les laboratoires les plus inconnus et les plus profonds de nos organes, n'y porte pas toujours, et en même temps, des poisons mortels ? Il est subtil, mouvant, libre et étendu dans un grand espace ; les germes de la destruction s'y égarent et y perdent leur vertu : voilà, sans doute, le remède ; tout est calculé, dans la nature, pour un grand résultat d'équilibre entre la vie et la mort.

Examinons quels sont les germes que peut contenir l'atmosphère, et qui, par suite de leurs combinaisons simples ou multiples, peuvent y devenir des principes de maladies sous l'empire de l'électricité, de la lumière, du magnétisme, de la chaleur, de la pesanteur ou de la force vitale végétale et animale.

1° *Germes inhérents à la composition chimique de l'air.* L'oxygène et l'azote qui composent l'air peuvent devenir, par certaines combinaisons avec les forces physiques que nous venons de nommer des sortes de ferments de maladies. Nous avons vu que l'*ozone* se forme naturellement dans l'atmosphère, qu'il irrite les poumons, et même, selon M. Maurin, qu'il joue un assez grand rôle dans les constitutions catarrhales. Or, M. Horn, de Munich, affirma, en 1855, avoir découvert que l'azote, à l'état naissant, s'il est saisi au passage et soumis à l'influence d'un courant d'électricité *négative*, devient aussi un autre gaz plus fluide, à odeur fade et nauséabonde. Il l'a nommé *iodosmon* ; ce gaz possède la propriété d'attirer à lui le carbone des corps où il est combiné, et de former avec lui un composé vénéneux. Mais l'ozone et l'iodosmon ne peuvent subsister en même temps : ils sont incompatibles entre eux ; car l'un se forme sous l'action *positive* de la force électrique, l'autre sous son action *négative*, et l'on sait que ces deux actions se combinent et se neutralisent lorsqu'elles sont en

· Les feuilles tombées des arbres ajoutent à l'accumulation des débris organiques... (page 587).

contact ; et, par suite, l'ozone et l'iodosmon, sous l'influence des électricités qui leur correspondent, disparaissent et redeviennent oxygène et azote ordinaires dès que les deux forces se rencontrent.

Cependant de nombreux savants soupçonnent l'*iodosmon* d'être un ferment du choléra, et l'ozone d'en être l'antidote. Si, en effet, l'on respire une faible quantité de ce gaz fétide, on ressent des symptômes momentanés analogues à ceux du choléra. Si l'iodosmon est la cause de cette épidémie, la soudaineté et la bizarrerie de ses attaques s'expliquent, puisqu'elle agira alors, en suivant les courants d'électricité négative, aussi foudroyants et capricieux dans leur marche que le sont les zigzags de l'éclair. Si le choléra se transmet d'individus à individus, on pourra s'en rendre compte en se représentant l'iodosmon jouant le rôle de ferment dissous dans les excrétions, et s'intoxiquant à mesure que l'eau de solution disparaît. L'empoisonnement par l'acide prussique produit des effets semblables à ceux du choléra, tellement qu'un docteur, à la dernière épidémie, eut l'idée de traiter les cholériques par l'acétate d'ammoniaque, qui est l'antidote de l'acide prussique, et guérit dans beaucoup de cas. On a guéri aussi par les purgatifs salins, et par l'acide azotique, en 1834. D'un autre côté, l'ozone est un principe des maladies de poitrine ; or, pendant le choléra, on remarque une diminution notable de ces affections et une marche douteuse de celles qui existent. Enfin un fait étrange, affirmé par un grand nombre de physiciens, quoique nié par d'autres, c'est que les machines électriques ne fournissent presque pas d'électricité pendant les épidémies, ce qui se conçoit, s'il se formait alors beaucoup d'iodosmon, vu que, dans cette hypothèse, il faut que l'azote absorbe l'électricité négative, la rende latente, et refoule par là même l'électricité positive, ce qui ne peut se faire qu'aux dépens du fluide neutre, dont les machines ont besoin pour produire les phénomènes électriques.

Tout cela, jusqu'ici, n'est que des hypothèses, il est vrai ; mais ne trouvera-t-on pas aussi des résultats dans les combinaisons de la force vitale avec les éléments de l'air, consistant dans les productions spontanées de petits animaux, de spermatozoïdes invisibles, qui nous dévoreraient dans certaines contagions ou épidémies ? Il est déjà d'ailleurs des formules générales, très en crédit, sur les contagions et les infections, qui les attribuent toutes aux viciations de l'air.

2° *Germes cosmiques.* — Pourquoi des principes étrangers à notre monde n'afflueraient-ils pas quelquefois jusqu'à notre atmosphère, sous des impulsions ou des attractions, ignorées encore et activées par des forces, ne nous apporteraient-ils pas des maladies ? Des comètes nébuleuses peuvent nous envelopper de leur substance. Un physicien moderne incline à croire que la lumière et la chaleur réfléchies de la pleine lune peuvent exercer une action sur certaines semences, et à plus forte raison sur les organismes délicats de la vie animale, puisqu'elles ont assez de force pour en exercer une sur le papier photographique. Ne peut-on pas supposer que des effluves de principes subtils nous soient lancés, comme des pluies à travers l'espace, de quelques-uns de ces mondes que nous voyons et dont nous pouvons soupçonner les mouvements et les rôles? L'idée en est venue aux masses populaires, qui n'ont guère l'habitude de penser unanimement à l'impossible. Qui oserait dire avec certitude que les développements si étranges et si considérables de végétaux ou d'animaux parasites, tels que ceux de la maladie des pommes de terre et ceux de la maladie de la vigne, ne tiennent pas à des influences de cette espèce? Ne peut-on pas suspecter ce genre de causes dans ces grouillements subits et si extraordinaires d'insectes et autres animaux, que l'on a vus quelquefois par certains états de l'atmosphère, et surtout dans ces pluies d'animalcules qui tombent tout formés, et, selon toutes les apparences, qui sont éclos dans l'air ou dans les nuages, de germes qui y avaient été accumulés on ne sait par quel moyen?

Germes provenant d'émanations terrestres. — Ces germes peuvent être gazéiformes ou pulvériformes, c'est-à-dire sous la forme de gaz ou de poussières. Ils peuvent être odorants ou inodores, infectants ou contagieux, etc. Mais plusieurs de ces caractères ne sont pas faciles à distinguer.

Les *émanations végétales* sont regardées comme pulvériformes, consistant en une poussière invisible par suite de son extrême ténuité. Ce n'est pas qu'il ne s'exhale point aussi des végétaux des matières gazeuses ; mais on est porté, par l'observation et l'induction, à considérer celles dont on sent les résultats comme des poussières subtiles. La pluie paraît les abattre et en diminuer les expansions; les courants d'air les entraînent dans leur direction sans les disperser, comme ils dispersent les gaz ; les huiles odorantes elles-mêmes qu'on en retire sont des corps volatils, mais non gazeux. A en juger par l'action puissante des émanations de certains végétaux bien connus, dont les uns sont odorants et les autres inodores, on est effrayé de l'énorme charge d'éléments de ce genre que doit recevoir l'atmosphère, dans certaines saisons et dans certains pays, des luxuriantes végétations qui couvrent la terre. La science de cet ordre de phénomènes n'est pas établie; elle en est encore aux faits découverts et purement empiriques par lesquels commence toute science de la nature.

Que doit-on dire, si à l'étude de ces germes qui émanent par flots invisibles du règne végétal, on ajoute celle des influences combinées des forces physiques sur ces germes? On ne sait presque rien encore des rapports avec eux du magnétisme et de la force vitale.

Autre point de vue encore à étudier : les végétaux sont sujets à des maladies; nous n'avons parlé que de ce qu'ils exhalent en état de santé; lorsqu'ils sont affectés de ces grandes épidémies dont nous avons vu trop d'exemples, leurs émanations ne changent-elles pas de nature ? Qu'en doit-on penser en météorologie hygiénique? Nouveau mystère.

Les *émanations animales* peuvent provenir d'animaux sains ou d'animaux malades; elles sont odorantes ou inodores; il y en a de vivifiantes et de morbides. Elles s'épandent par l'haleine, par la peau, par toutes les voies que l'économie ouvre aux excrétions qui accompagnent toujours le mouvement de la vie. On a dit que l'odeur des vaches est vivifiante et saine, et que coucher dans une étable avec ces animaux pouvait guérir des maladies de poitrine (1); y a-t-il quelque vérité dans ces affirmations? Que faut-il penser des atmosphères modifiées par tels ou tels animaux, par le cheval, par le mouton, par le porc, par le bouc et la chèvre, par les volailles, dont la respiration double fait voyager sans cesse l'air ambiant dans toute l'économie, et jusque dans leurs plumes, au moyen de tubes ayant, pour cet effet, une ouverture dans les poumons? N'y aurait-il pas, dans cet ordre de questions, des causes de maladies à découvrir ou des remèdes spéciaux pour certaines affections? On ne le sait pas encore; mais on l'étudie, et, comme pour tous les autres objets, on le saura certes un jour.

Quant aux exhalaisons humaines, on sait ou l'on croit savoir que plus l'individu est sanguin, plus son odeur propre est prononcée; que plus il sécrète d'humeur, plus cette humeur est âcre; que celles de la femme sont plus mordantes que celles de l'homme, et qu'enfin celles de la vieillesse sont plus délétères que celles de l'enfance, de la jeunesse et de l'âge mûr. Un fait remarqué par le célèbre Santorius, et exprimé par les croyances populaires, sous des formes plus ou moins exactes ou exagérées, c'est qu'il est mauvais pour la santé des enfants de les faire coucher près de personnes âgées; ils en contractent des dispositions aux diarrhées, aux embarras d'estomac, aux fièvres putrides, et un état maladif qui s'annonce par la pâleur ou la bouffissure du visage. Chaque maladie produit aussi des émanations particulières; et il ne paraît que trop bien démontré qu'un assez grand nombre se transmettent par ces exhalaisons. Beaucoup se distinguent par une odeur propre que le médecin reconnaît. Les gardes-malades sont plus disposées à contracter les maladies régnantes, et leur santé va souvent s'épuisant sous l'influence de leur genre de vie. C'est principalement sur les organes de la digestion

---

(1) Voir notre *Hygiène et médecine des deux sexes* (Rouff, éditeur), ouvrage dans lequel nous insistons sur ce sujet.

que tombent ces influences morbides ; et il en résulte des gastralgies qui détériorent les tempéraments.

Toutes ces exhalaisons animales sont plutôt gazéiformes que pulvériformes, et leurs effets méphitiques, par là même, sont plutôt des infections que des contagions. Mais il existe une autre classe de sécrétions morbides qui jouent le rôle principal dans la transmission des maladies dites contagieuses ; ce sont surtout les affections éruptives de la peau qui les produisent ; il se forme des croûtes d'où s'échappent des poussières que l'air emporte, dissémine et dépose sur les corps vivants, comme des œufs, qui y feront éclore la maladie après un temps d'incubation, quand ces corps y sont prédisposés. Dans tous ces phénomènes, on ne fait que penser, depuis longtemps, à étudier les influences des forces physiques. La chaleur paraît favoriser, en général, le développement des germes, surtout quand elle est accompagnée d'humidité. Il y a des émanations que l'on suppose être décomposées par la lumière ; mais l'on sait peu de chose, jusqu'à présent, de l'action du magnétisme et de l'électricité, qui cependant jouent, en toute chose, sur terre, un rôle important.

Les *émanations inorganiques ou minérales* sont, elles aussi, gazéiformes ou pulvériformes. Les premières s'échappent du sol, après y avoir séjourné, à l'état latent, sous une forme originelle quelconque qui est inconnue. Les secondes sont des poudres métalliques extrêmement fines qui voltigent dans l'atmosphère et l'empoisonnent. Sydenham (1) a cru, avec le vulgaire et beaucoup d'hygiénistes, que les effluves à odeur plus ou moins fétide, qui s'échappent de certains terrains, quand on les remue ou quand la pluie commence, sont les causes de beaucoup de maladies. La terre couve-t-elle donc réellement, dans l'incubation des forces qu'elle recèle, des semences qui attendent l'heure d'une éclosion pour venir s'attaquer à notre santé et à notre vie ?

On a fait aussi des théories tendant à constituer les bases d'une science qui consisterait à établir des règles d'influence des terrains sur les tempéraments. C'est ainsi que l'on a prétendu que les terres argileuses produisent, en loi commune, des tempéraments lourds, les montagnes des tempéraments nerveux et irritables ; les vallons, des tempéraments lymphatiques, à scrofules et à goitres ; les plaines d'Afrique, des constitutions maigres et pâles, mais fortes. Cela est-il vrai ? ou bien les faits

---

(1) SYDENHAM (Thomas), célèbre médecin anglais (1624-1689), s'occupa surtout de l'étude des constitutions atmosphériques, relativement aux épidémies, principalement à la petite variole. Il découvrit le meilleur moyen d'administrer le quinquina, et, faisant grand usage de l'opium, inventa la composition de laudanum qui porte son nom. Ses œuvres, écrites en latin, ont été traduites en français. (Montpellier, 1816.)

empiriques, conformes à ces principes, viennent-ils d'autres causes? La lourdeur des habitants de certaines contrées normandes, angevines et autres, ne viendrait-elle pas plutôt des eaux qu'on y boit, rendues indigestes par les argiles? L'irritabilité des montagnards ne viendrait-elle pas de l'air vif qu'ils respirent, des essences aromatiques qui les saturent, des vastes horizons qui les électrisent? Les goitres de certaines vallées tiennent-ils, comme quelques-uns le croient, à l'absence d'une proportion suffisante d'*iode* dans l'eau et dans les aliments? Est-ce le défaut d'humidité de l'Afrique qui y rend les hommes pâles, maigres et forts?

Toutes ces questions, fort étudiées, ne sont pas encore absolument résolues.

Il y a des poussières naturelles et artificielles qui sont corrosives, et tellement volatiles, d'ailleurs, qu'elles peuvent s'introduire dans notre économie par la respiration et même par les pores de la peau, lorsqu'elles vont se poser dans les cavités microscopiques dont celle-ci est formée. Quelle influence exercent sur ces poussières minérales, aussi bien que sur les gaz terrestres, les forces physiques? Elles doivent les influencer considérablement, et ces poussières doivent elles-mêmes modifier l'état atmosphérique et le prédisposer à l'action des forces; ces effets ne sont pas soupçonnés sans raison, puisque les métaux sont les corps les plus conductibles de l'électricité, les plus conductibles du calorique, les meilleurs réflecteurs de la lumière, etc.; mais la science n'en est encore, sur ces, objets, qu'aux simples soupçons.

Qui ne s'est demandé, en voyant le fourmillement de poussières que rend visibles un rayon de soleil, comment tous ces petits corps peuvent être sans cesse aspirés par nos poumons sans s'y amonceler et les détériorer à la longue? Mais quand on pense aux multitudes de molécules qui voltigent dans l'air sans que nous puissions les apercevoir, à celles qui s'échappent des grandes agglomérations d'hommes et qui doivent couvrir nos cités, à celles qui circulent sans cesse dans les ateliers où tant d'ouvriers travaillent sur des substances souvent malfaisantes, on ne conçoit pas que l'homme puisse respirer tant d'essences étrangères et vivre encore aussi longtemps.

L'air seul, dont ses pores sont pleins, est assez puissant pour ronger, plus rapidement qu'on ne pense, les roches volcaniques les plus dures et former à leur surface, de leur propre substance, une couche végétale qui devient, à la longue, un véritable humus.

Émanations miasmatiques. — Les *miasmes* sont, avons-nous dit, toutes les matières subtiles qui s'échappent, soit sous forme de gaz, soit sous forme de poussière, des débris organiques qui abandonnent la vie, que

saisit la mort et que la vie s'efforce de ressaisir à son tour dans le phénomène de la putréfaction. L'atmosphère reçoit ces miasmes, et beaucoup
de constitutions peuvent en être atteintes. Le mot *miasme* est un mot grec
qui signifie *souillure ;* ce sont, en effet, les souillures de la vie naissante
qui ne peut, dans la nature présente, commencer son règne qu'en s'aidant
du mal et de la mort.

Tous les miasmes sont, jusqu'à présent, insaisissables dans leur
essence originelle et matérielle. Le microscope ne peut en percevoir les
atomes, si atomes il y a ; bien plus, les réactifs chimiques, c'est-à-dire ces
substances sensibles qui accusent les actions sur elles d'autres substances
invisibles, telles que la teinture de tournesol, qui, en rougissant, nous
accuse les acides ; le papier imbibé de nitrate d'argent, qui, en noircissant,
nous accuse tel ou tel degré de lumière ; le papier ozonique, qui révèle
la présence de l'ozone en changeant de couleur, etc., ces réactifs, disons-
nous, n'ont été jusqu'alors, vraiment et sans contestations, influencés par
aucune de ces émanations appelées *miasmes*.

L'odeur des *miasmes* odorants est fade, nauséabonde et se ressemble
toujours ; quant aux effets de ceux-ci, ils sont incontestables ; et, là où il y
a effet, il y a évidemment cause. Les miasmes sont *simples* ou *complexes*.
Les premiers sont les émanations des animaux et des végétaux morts et
entrés en fermentation, celles des cadavres pourris d'hommes ou de bêtes,
celles des fumiers, celles des cimetières, et surtout des exhumations ; les
seconds sont principalement les effluves paludéens ou des marais. Tous
les miasmes considérés dans la nature présentent une complication dans
leurs causes, dans leurs développements et dans leurs effets ; les émanations paludéennes impliquent une multiplicité considérable de causes et
de caractères.

Il y a des émanations de matière végétale en putréfaction qui sont
bienfaisantes. Les annales de la science citent, entre autres, des pays
dont les habitants ne respirent nuit et jour que les effluves de varechs et
végétaux marins, plus ou moins putréfiés et fourmillant d'insectes d'espèces particulières, et qui cependant sont excessivement forts et bien portants. Pour les miasmes cadavériques, Ozanam cite le village de Couham,
près de Bristol, « où trois cents carcasses d'animaux sont mises à macérer
pendant trois mois pour être converties en blanc de baleine, et la santé
des habitants y est cependant des meilleures. » Parent-Duchâtelet constate que la santé des étudiants en médecine ne se ressent guère des
quatre ou cinq heures qu'ils passent chaque jour dans des amphithéâtres
infectés. Cependant il est certain que nous avons moins de pestes et de
maladies infectieuses aujourd'hui qu'on n'en avait autrefois, et que ce

résultat tient aux précautions plus grandes de l'hygiène moderne (1).

Enfin, quelle est l'action des forces naturelles sur les émanations des matières végétales et animales en fermentation? On sait qu'il faut une certaine température, dans une atmosphère chargée d'une certaine humidité, pour favoriser leur développement; mais l'électricité, le magnétisme, la lumière, l'attraction, l'affinité, la force vitale, cachent dans le mystère leurs jeux combinés et contrastés avec ces éléments, que la mort extrait continuellement de la vie pour les lui rendre.

Les *miasmes paludéens* ont beau se cacher devant les efforts de l'analyse chimique, et souvent ne se manifester par aucun signe sensible, il n'est pas facile d'en nier l'existence dans le courant des vapeurs que le calorique dilate et que l'air pompe sans cesse à la surface des terrains mouillés et des eaux stagnantes. Tout le monde a entendu parler des marais Pontins entre Rome et Naples. Il y aurait miracle à ce qu'on y passât la nuit sans contracter cette terrible fièvre. L'histoire atteste pourtant que les Romains avaient construit des villages à moins de 100 mètres de ces marais, et que ce mal était inconnu dans ces villages. Quel moyen, quel genre de construction, quel préservatif employaient-ils? On ne le sait (2); mais cela prouve au moins qu'il y a des remèdes possibles, et que peut-être la seule culture du pays par une civilisation forte peut combattre ces sortes d'influences? La théorie la plus accréditée pour expliquer ces influences est celle-ci :

Le marais produit toujours quelques végétations aquatiques; sous l'action de la lumière, ces végétations laissent échapper une matière verte ou rouge, sorte de limon très fin, qui, s'amassant, finit par tomber au fond; mais, en rendant l'eau sombre, ce limon a favorisé l'éclosion de myriades d'animaux microscopiques, monde innombrable qui naît et meurt sans cesse sous les eaux stagnantes, et y laisse des débris orga-

---

(1) Pour purifier l'air des appartements, voici un moyen économique et facile. Versez du vinaigre commun sur de la craie en poudre, jusqu'à ce qu'il n'y ait plus de bouillonnement. Laissez déposer et décantez le liquide. Faites sécher le résidu, mettez-le dans une terrine ou un vaisseau de verre et versez-y ensuite de l'acide sulfurique aussi longtemps que vous verrez s'en élever une vapeur blanche. C'est cette vapeur qui, condensée à l'état liquide, donne le vinaigre aromatique du commerce. Elle se répand et pénètre partout avec promptitude, ce qui la rend très utile pour purifier l'air. Le peu de dépense que ce moyen occasionne et sa facilité doivent souvent le faire préférer.

(2) Cependant, au commencement de ce siècle, Teulère, étant ingénieur en chef des travaux maritimes à Rochefort, et chargé d'étudier un projet ayant pour but de faire disparaître les causes des fièvres qui désolaient la contrée, causes qui n'étaient autres que les miasmes s'élevant des marais et des terrains mouillés au milieu desquels est placée la ville, eut l'idée de planter des tournesols (soleils ou hélianthes) pour neutraliser l'effet de ces miasmes. Il est avéré que les fièvres disparurent aussitôt et ne reparurent que lorsque, Teulère étant parti, on négligea, puis on détruisit les travaux qu'il avait faits dans ce sens.

Synthèse de l'eau, par Lavoisier et Meusnier (page 600).

niques mêlés à ceux des végétaux. Cependant les eaux se vaporisent pendant la chaleur, et il vient un moment où le fond se trouve assez à nu pour laisser échapper dans l'air les émanations méphitiques résultant de la putréfaction de ces débris. Si le marais est couvert d'arbres, qui, sans baigner, interceptent la lumière, le même effet se produit : les animalcules se développent, et les feuilles tombées des arbres ajoutent à l'accumulation des débris organiques pour la fermentation (*fig.* à la page 577).

Reste encore l'étude des actions électriques, caloriques, magnétiques, vitales, qui sont d'une grande importance. Ajoutons qu'il paraît constaté que l'obscurité favorise le développement de la fièvre; l'homme qui traverse un marais contractera plutôt cette affection la nuit que le jour.

On le voit, la science de l'air, dans ses rapports avec la santé de l'homme, n'a encore fait que poser des problèmes; mais les hygiénistes les résoudront. L'observatoire météorologique de Montsouris a été chargé, par l'administration municipale de Paris, d'organiser, dans les divers quartiers de la ville, un ensemble d'observations de climatologie appliquée à l'hygiène comprenant, entre autres, l'examen des poussières organiques tenues en suspension dans l'air. Il y a un grand intérêt public dans cette étude; et déjà, quoique le service régulier de l'observatoire de Montsouris n'ait commencé définitivement qu'en 1877, des renseignements précieux ont été recueillis.

CHAPITRE III

HYDROGÈNE — EAU

HYDROGÈNE (H. — *Équivalent en poids = 1 ; Équivalent en volume = 2 ; Densité : 0,06932.*) — *L'hydrogène* (du grec *hudor*, eau, et *gennès*, qui produit, parce qu'en brûlant il forme de l'eau) est un gaz incolore, insipide, inodore quand il est parfaitement pur, ce qui est très difficile à rencontrer; aussi, presque toujours il possède une odeur fétide et alliacée, due à la présence des corps étrangers qu'il entraîne en se dégageant. Il est un des plus répandus dans la nature, mais on ne le trouve presque jamais seul; il entre dans la composition de la plupart des végétaux et des animaux, ainsi que des substances qui proviennent des uns et des autres. Il se rencontre dans le mélange des gaz qui se dégagent des volcans, et aussi dans l'estomac et les intestins de l'homme et des animaux, à l'état de santé ou de maladie. Jusqu'à ces dernières années, il avait été considéré comme permanent; mais MM. Cailletet et Pictet ont pu, comme l'oxygène, le réduire à l'état liquide et solide. Il est le plus léger de tous les gaz : il pèse 14 fois 1/2 moins que l'air; mais c'est un des moins solubles : 100 litres d'eau n'en dissolvent que 1 litre 1/2. C'est encore celui qui, en vertu de l'*endosmose* (PHYSIQUE, *Pesanteur*, page 233), passe le plus facilement à travers les pores des corps ou par des fissures si fines qu'aucun autre gaz ne pourrait les traverser. C'est aussi le gaz dont le pouvoir réfringent est le plus grand, c'est-à-dire qui dévie le plus la lumière. Il est inflammable, et conséquemment ne peut entretenir la combustion; en brûlant, il produit une flamme, à peine visible quand il est bien pur, et forme de l'eau en se combinant avec l'oxygène de l'air, mais il donne, par la combustion, une énorme quantité de chaleur. Il est impropre à la respiration; mais il n'est pas vénéneux quand il est pur. Pilâtre de Rozier, qui ne calculait jamais le danger toutes les fois qu'une expérience pouvait ajouter quelque lumière de plus à la masse des connaissances humaines, fut un des premiers à répéter les expériences faites d'abord par Scheele, pour constater jusqu'à quel point un homme peut absorber impunément de l'hydrogène. Il en respira, à l'aide d'une vessie, à six ou sept reprises sans être incommodé. Pour convaincre les spectateurs que c'était véritablement du gaz hydrogène, il en fit sortir des poumons, à travers un long tube qu'il enflamma à l'autre extrémité; il avait ainsi l'air d'une Furie à l'haleine embrasée! Afin de démontrer d'une manière évidente que le gaz n'était point un mélange d'hydrogène et d'air, rapporte M. Girardin, il respira un mélange, fait à dessein de ces deux fluides, qu'il fit également passer à travers un long tube qu'il enflamma à l'autre bout. Mais l'explosion qui eut lieu se prolongea du tube jusqu'à sa bouche; il en ressentit une violente commotion et crut avoir toutes les dents cassées : « Heureusement, dit-il, qu'il ne résulta de cet essai, peut être téméraire, qu'un étonnement pour moi, et une espèce d'admiration pour l'assemblée qui m'entourait. Madame et Monseigneur le duc de Chartres ont exigé que je répétasse jusqu'à trois fois cette expérience. » Ajoutons qu'en 1841, le chimiste anglais Brittan, et en 1849, un savant hollandais, Van Asten, sont morts au bout de quelques heures pour avoir respiré de l'hydrogène pur. Si l'on en introduit dans les poumons une petite quantité, il change la nature de la voix; Mannoir s'amusait un jour avec Paul, de Genève, à respirer du gaz hydrogène pur; il l'aspirait avec facilité et ne s'apercevait pas qu'il produisît sur lui aucun effet sensible. Mais, après qu'il en eut pris une très grande dose, il voulut parler, et fut étrangement surpris du son de sa voix qui était devenu faible, glapissant et même criard, de manière à l'alarmer. Paul, ayant fait la même expérience sur lui, les mêmes effets furent produits. Si l'hydrogène contenait de l'arsenic, ce qui arrive souvent, cette expérience serait mortelle, car il devient alors extrêmement vénéneux.

Longtemps avant d'avoir été reconnu comme un des éléments de l'eau, et caractérisé comme corps simple, l'hydrogène avait été entrevu par les chimistes du XVIe et du XVIIe siècle. Paracelse avait très bien observé l'effervescence qui se manifeste lorsqu'on met de l'eau et de l'huile de vitriol (acide sulfurique) en contact avec du fer; il savait qu'il se dégage un air, et que cet air se sépare de l'eau dont il est un des éléments. Paracelse avait donc touché la vérité sans s'y arrêter. Un siècle plus tard, Robert Boyle parvint à recueillir le gaz produit par cette réaction; mais il ne se douta point que ce fût là un corps simple différent de l'air. En 1703, Turquet de Mayerne reconnut l'inflammabilité de ce gaz, et Mayow le considéra comme différent de l'air commun : on l'appela alors *air inflammable*. Lémery en fit le sujet d'une expérience entièrement neuve, qui lui servait à expliquer le phénomène de l'éclair et du tonnerre; il l'enflammait au moyen d'une bougie, à la sortie du flacon dans lequel il se produisait. Ainsi l'hydrogène avait été préparé, recueilli et brûlé, plus de cent cinquante ans avant d'avoir été décrit comme un élément particulier. En 1766 seulement, Cavendish s'adonna à son étude. Il l'obtint pur en dissolvant du zinc ou du fer dans de l'acide sulfurique étendu d'eau, procédé que l'on suit encore aujourd'hui.

Les propriétés de l'hydrogène sont mises en évidence par quelques expériences (*fig.* 233). Pour démontrer sa légèreté, on gonfle au moyen d'une vessie remplie de ce gaz des bulles de savon, qui s'élèvent rapidement dans l'atmosphère où on les enflamme au moyen d'une bougie. Ou bien on place l'une au-dessus de l'autre deux éprouvettes; l'éprouvette inférieure est remplie d'hydrogène, l'autre d'air. Au bout de quelques secondes, l'hydrogène a rempli l'éprouvette supérieure, ce que l'on constate en enflammant ce gaz.

Pour montrer avec quelle facilité l'hydrogène traverse les membranes, le papier, etc., on remplit une éprouvette de ce gaz, et, pendant qu'elle est encore renversée, on applique, à son orifice, un couvercle de papier. On redresse alors l'éprouvette. Le gaz traverse la cloison de papier, comme s'il n'y avait pas d'obstacle à son issue, ce que l'on constate encore en l'enflammant au-dessus du papier. On s'explique ainsi pourquoi l'hydrogène s'échappe si vite des petits ballons d'enfants gonflés avec ce gaz.

M. Sainte-Claire Deville a mis en évidence cette faculté endosmotique, au moyen de l'expérience suivante : Après avoir introduit un tube de verre poreux (*fig.* 233) dans l'axe d'un tube de verre plus large, on ferme les extrémités avec de bons bouchons, traversés par les tubes a, b, c, d. Si l'on fait alors passer un courant d'hydrogène dans le tube intérieur, et un courant d'acide carbonique dans l'espace annulaire, on constate que, du tube d, par lequel on devait s'attendre à recueillir de l'acide carbonique pur, il se dégage de l'hydrogène, et que par le tube b il sort de l'acide carbonique. Poursuivant l'expérience, M. Sainte-Claire Deville a pu établir que l'hydrogène traversait même le platine et le fer doux chauffés au rouge.

Fig. 233. — PROPRIÉTÉS DE L'HYDROGÈNE.

M. Graham a constaté que l'hydrogène se condense dans les pores des métaux ; il a pu faire absorber par le *palladium* jusqu'à 982 fois son volume de gaz hydrogène. Une lame mince de ce métal, préservée par un vernis sur une de ses surfaces et placée au pôle négatif d'un *voltamètre*, se recourbe bientôt en spirale par suite de l'écartement des molécules du métal par l'hydrogène qui a pénétré dans les pores par la surface libre.

La combustion de l'hydrogène mélangé avec l'air ou l'oxygène se démontre, soit en approchant une bougie d'une éprouvette remplie de gaz, soit au moyen d'un petit appareil, appelé *briquet à hydrogène*, construit sur ce principe que, dans les corps poreux, les gaz se condensent dans les pores, et que la pression qui en résulte pour les gaz condensés développe une grande chaleur. L'appareil (*fig.* 234) se compose d'une cloche, contenant un cylindre de zinc suspendu par un fil et plongeant dans une dissolution d'eau acidulée, qui, au contact du zinc, donne naissance à de l'hydrogène.

Le haut de la cloche communique avec un tube métallique à robinet,

dont la clef s'ouvre et se ferme à l'aide d'un ressort. Devant l'ouverture
de ce tube se trouve une petite cage ouverte contenant de la mousse de
platine. Quand on ouvre le robinet, l'hydrogène s'échappe, se mêle à l'air
et se condense dans la mousse de platine qui s'échauffe et devient incandescente. L'hydrogène s'enflamme alors et met le feu à la mèche d'une
petite lampe que le jeu du ressort a amenée devant l'ouverture du tube.
Si l'on ferme le robinet, l'hydrogène produit par le zinc en contact avec
l'eau acidulée s'accumule sous la cloche, refoule le liquide, et par suite fait
cesser la réaction.

Nous avons signalé la chaleur de combustion due à la combinaison de l'hydrogène et de l'oxygène (PHYSIQUE, *Chaleur*, page 396),
chaleur utilisée non seulement pour la fusion du
platine, mais encore en d'autres circonstances, par
exemple, pour souder des feuilles de plomb sans
interposition d'un mélange étranger, pour former
la *lumière de Drummond*, en dirigeant le dard du
chalumeau sur un cylindre de magnésie ou de
zircone.

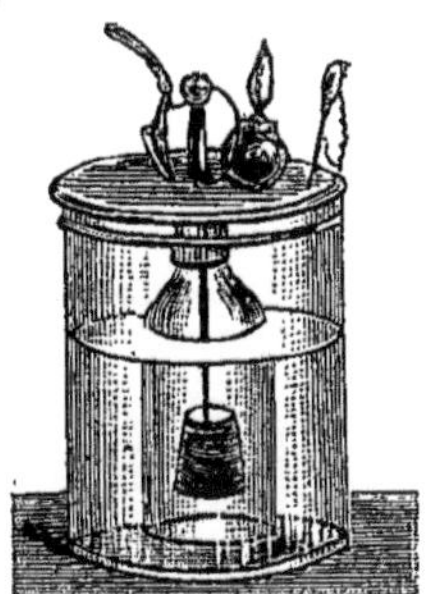

Fig. 234.
BRIQUET A HYDROGÈNE.

Quelques métaux ont assez d'affinité pour l'oxygène pour pouvoir décomposer l'eau à froid, entre
autres le potassium ou le sodium, et l'on a la réaction : K ou Na + HO = KO ou NaO + H ; mais on ne se
sert pas de ces métaux dans ce but, à cause de leur
prix élevé. On emploie de préférence, pour la préparation de l'hydrogène, le zinc ou le fer, en y ajoutant un acide, lequel ayant une grande
affinité pour l'oxyde qui peut se produire, ajoute sa propre affinité à
celle du métal pour l'oxygène, et détermine la réaction. Pour faire cette
opération, on emploie un flacon à tubulures (*fig.* 235), dans lequel on
introduit du zinc en grenailles ou en feuilles coupées, ou du fer, puis on
verse de l'eau jusqu'à la moitié du vase ; au col du flacon on adapte, au
moyen d'un bouchon percé, un tube effilé par le bas, qui plonge presque
au fond, et qui est terminé à la partie supérieure par un entonnoir soufflé,
au moyen duquel on introduit l'acide quand l'appareil est entièrement
monté ; à la tubulure on adapte un tube convenablement recourbé, que
l'on fait plonger dans l'eau sur laquelle on recueille facilement le gaz,
puisqu'il n'y est pas soluble, dans des flacons ou des éprouvettes. Ces
récipients doivent être remplis d'eau, puis retournés sous l'eau pour n'y
pas laisser pénétrer l'air extérieur ; ensuite on les place au-dessus de
l'ouverture pratiquée au milieu du petit support, et par laquelle le gaz
pénètre dans le vase en déplaçant l'eau qui le remplit. Le gaz, plus léger

que l'eau, la déplace peu à peu et finit par les remplir. La formule de ces réactions est :

$$Zn + SO^3,HO = ZnO,SO^3 + H.$$
$$Fe + SO^3,HO = FeO,SO^3 + H.$$

Les métaux qui décomposent l'eau à froid, sous l'influence des acides, le font sans intermédiaire à la température rouge ; mais, comme le zinc fond à cette température, on emploie le fer. La réaction s'opère donc comme celle qui est produite à froid par le potassium ou le sodium ; mais

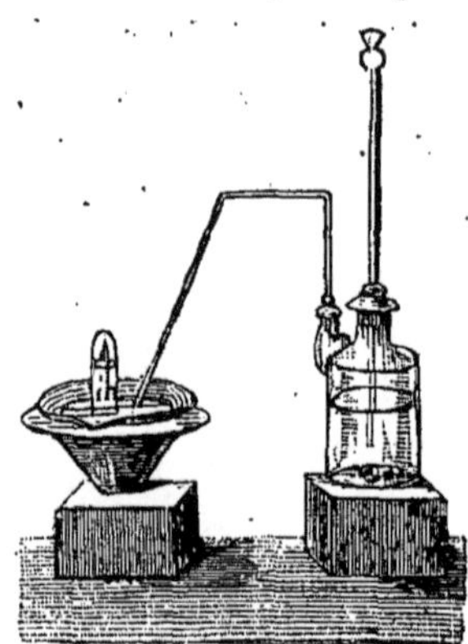

Fig. 235. — DÉCOMPOSITION DE L'EAU PAR LE ZINC.

ce n'est pas un oxyde de la même nature ; celui qu'on obtient a pour composition 3 équivalents de fer et 4 d'oxygène ; il est représenté par la formule Fe^3O^4, et l'on a l'équation $3Fe + 4HO = Fe^3O^4 + 4H$. Pour faire cette expérience, on introduit un faisceau de fils de fer dans un tube de porcelaine placé au milieu d'un fourneau (*fig.* 236). A l'une des extrémités on adapte, au moyen d'un bouchon percé, une petite cornue de verre pleine d'eau ; à l'autre extrémité est un tube conduisant à l'éprouvette destinée à recueillir le gaz. Lorsque le tube de porcelaine est échauffé au rouge, on fait bouillir l'eau de la cornue, la vapeur passant sur le fer se décompose en lui cédant son oxygène, et le gaz hydrogène se dégage.

PURIFICATION DE L'HYDROGÈNE. — L'hydrogène résultant de ces réactions n'est jamais complètement pur ; il a une odeur désagréable, due à la présence d'un peu d'*acide sulfhydrique* et d'*arséniure d'hydrogène*, provenant de ce que le zinc du commerce contient toujours, outre du plomb, une petite quantité de soufre et d'arsenic, et que l'*acide sulfurique* lui-même contient de l'*acide sulfureux*. Une partie de l'arsenic reste dans l'appareil à hydrogène, à l'état d'*hydrure noir d'arsenic*, mêlé avec du plomb. Dans les laboratoires, la purification de l'hydrogène se fait, soit en forçant le gaz à traverser des tubes en U, contenant le premier du nitrate de plomb pour retenir l'acide sulfhydrique, le second du sulfate d'argent destiné à retenir l'arséniure d'hydrogène. Des tubes à potasse caustique, placés à côté de ces premiers tubes, dessèchent le gaz ; ils peuvent, en outre, servir à retenir le carbure et le siliciure d'hydrogène qui se trouvent mêlés à l'hydrogène quand, dans la préparation de ce dernier gaz, on emploie le fer, qui contient toujours un peu de carbone et de silicium. M. Sainte-Claire Deville a indiqué de faire passer le gaz sur du cuivre ou de la mousse de platine chauffée au rouge. Cependant M. Lionel

BERTHOLLET (Claude-Louis)

a remarqué, il y a quelques années, que la purification, tout au moins en ce qui concerne l'*hydrogène arsénié*, peut se faire à froid. Reprenant cette étude, il a pu constater, en 1879, rapporte M. Figuier, les résultats suivants pour quelques métaux. Le cuivre, oxydé, puis réduit par l'hydrogène et la mousse de platine, arrête totalement l'hydrogène arsénié, lorsque ce gaz est en petite quantité, ce qui est le cas ordinaire. En employant de l'hydrogène contenant 7 pour 100 d'ammoniaque, l'absorption est également totale, mais il faut faire passer le gaz très lentement. Le zinc, le plomb, l'étain, le fer, le platine, l'or, l'argent n'arrêtent pas l'hydrogène arsénié, ni à froid ni à + 100°. La forme sous laquelle le cuivre est le plus commode à employer est la toile métallique de cuivre, roulée et placée dans un tube de verre. Si l'hydrogène ne contenait comme impureté que de l'*hydrogène arsénié* et de l'*hydrogène sulfuré*, sa purification pourrait se faire à froid par le cuivre; mais il contient aussi de l'*hydrogène silicié* et de l'*hydrogène phosphoré*, lesquels ne sont pas arrêtés à froid par le cuivre. Il convenait donc de trouver un autre corps capable de les arrêter. Celui qui paraît réunir toutes les conditions voulues est l'*oxyde de cuivre noir*, CuO, qui arrête la plupart des combinaisons de l'hydrogène avec les métalloïdes et les métaux.

Fig. 236. — DÉCOMPOSITION DE L'EAU PAR LE FER ROUGE.

Cet oxyde arrête à froid toutes les combinaisons de l'hydrogène qu'il peut contenir comme impuretés, sauf les hydrogènes carbonés. L'oxyde de cuivre à employer de préférence est celui que l'on obtient en précipitant à chaud le sulfate de cuivre par la potasse que l'on a séchée à + 100°.

M. Schobig emploie de préférence, pour débarrasser l'hydrogène des composés hydrogénés du soufre, de l'arsenic, du phophore, de l'antimoine et du carbone, une solution saturée de *permanganate de potasse* neutre ou acide. Ce sel détruit toute trace d'hydrogène arsénié en formant de l'acide arsénique et pas d'acide arsénieux; il oxyde également le phosphore et l'antimoine; les carbures d'hydrogène, si abondants dans le gaz produit par l'attaque de la fonte au moyen de l'acide chlorhydrique, sont complètement arrêtés par la même solution. L'hydrogène sulfuré est plus difficile à éliminer; il échappe partiellement à l'action du permanganate neutre ou acide, mais le permanganate alcalin le détruit en totalité. De là il résulte que, pour avoir de l'hydrogène parfaitement pur, il suffit de faire passer le gaz impur, préparé à la manière ordinaire, dans un flacon laveur contenant une solution saturée de permanganate de potasse sur une hauteur de 10 centimètres, puis dans un second flacon renfermant de la lessive de soude

Suivant MM. Varenne et Hebré, le bichromate de potasse, en présence de l'eau et de l'acide sulfurique, fournit des résultats aussi satisfaisants et en même temps moins coûteux.

PRODUCTION INDUSTRIELLE DE L'HYDROGÈNE. — Le difficile n'est certes pas de produire de l'hydrogène ; le difficile, c'est de le fabriquer sans manipulation incommode, par grandes masses et réellement à bon compte. Entre bien d'autres inventeurs, l'ingénieur Henry Giffard a entrepris, dans ce sens, des expériences qu'il est bon de signaler. Toute la difficulté consistait à supprimer la dépense du fer à oxyder. M. Giffard l'a trouvée en revivifiant le fer au lieu de le remplacer au fur et à mesure des besoins ; il le désoxyde par l'entremise d'un courant d'*oxyde de carbone ;* de telle sorte que la même quantité de métal peut servir indéfiniment à décomposer l'eau et à générer l'hydrogène. En pratique, l'opération est renversée et se fait en deux temps : 1° un courant d'oxyde de carbone passe sur du minerai de fer et le désoxyde en majeure partie ; 2° un courant de vapeur circule au milieu du métal et l'oxyde en abandonnant l'hydrogène que l'on recueille. Ces deux opérations se poursuivent alternativement, l'oxygène déposé par l'eau sur le métal étant chaque fois enlevé par l'oxyde de carbone.

Industriellement, un premier four est rempli de coke ; la combustion incomplète du charbon engendre de l'oxyde de carbone, qu'un tuyau d'appel amène dans un second four, plein de minerai ou de tournure de fer rouillé.

L'oxyde de carbone, en pénétrant dans la masse, s'empare de l'oxygène pour passer à l'état d'acide carbonique qu'on laisse échapper. La désoxygénation du métal obtenue, on interrompt toute communication entre les deux fours, et l'on introduit au milieu du fer un jet de vapeur. La décomposition se produit, et l'hydrogène formé s'écoule par un tuyau d'échappement dans le gazomètre. Au début, le gaz est chargé d'acide carbonique et d'oxyde de carbone ; mais, au bout de quelques instants, on l'obtient pur avec un pouvoir ascensionnel de 1,000 grammes par mètre cube. Il faut à peine cinq minutes pour revivifier le fer ; aussi la production du gaz est-elle très rapide. La dépense se réduit au chauffage du four et d'une chaudière à vapeur, c'est-à-dire à une simple consommation de houille, à un prix de revient excessivement bas. Ce procédé est dit par *voie sèche.*

Dans ces conditions de production, l'application de l'hydrogène aux aérostats est tout indiquée, ainsi qu'à la production de températures énormes par la combinaison directe de l'oxygène et de l'hydrogène, puissant agent de transformation pour l'industrie (PHYSIQUE, *Pesanteur*, page 369, *Chaleur*, page 396).

M. Giffard a imaginé un autre procédé, dit par *voie humide*. Dans le générateur A, où l'hydrogène prend naissance (*fig.* 237), la tournure de fer est introduite à l'aide du plan incliné B qui bascule à volonté ; elle tombe dans le large conduit C, disposé comme le gueulard d'un haut fourneau, et mis à l'abri de l'air extérieur par une fermeture hydraulique mobile que l'on soulève, au moment du remplissage, à l'aide d'une corde

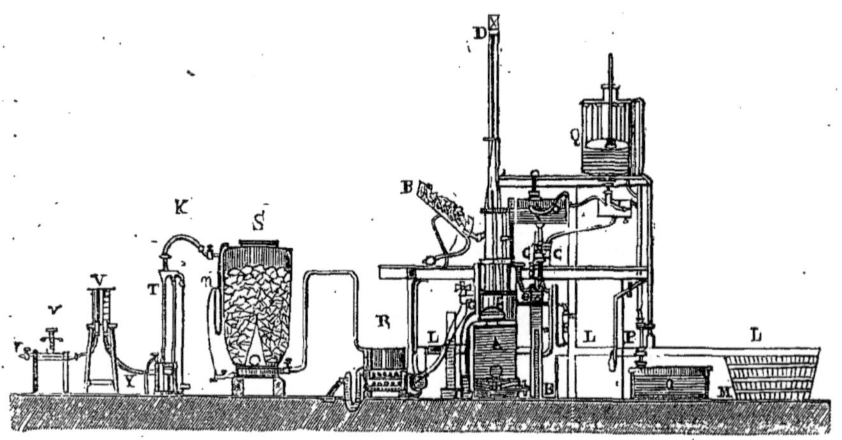

Fig. 237. — APPAREIL DE M. GIFFARD POUR LA PRODUCTION EN GRAND DE L'HYDROGÈNE.

enroulée dans la gorge d'une poulie. La tournure remplit l'espace intérieur du vase A jusqu'à une plaque inférieure, percée de trous et formant un double fond. L'eau, mélangée d'acide sulfurique, arrive par le tube E à la partie inférieure du vase A. Elle s'y élève et dissout avec énergie la tournure ; l'hydrogène produit se dégage avec abondance et s'échappe par le tube G. Le sulfate de fer en dissolution s'écoule par les tubes en U, H, et se déverse par une canalisation LLL dans un grand bac M. L'eau chargée d'acide sulfurique soulève, par bouillonnement, la tournure, et les éléments de la réaction se trouvent constamment en contact si intime, que la production du gaz, à poids égal de substances, est trente fois environ plus considérable que dans l'emploi des appareils ordinaires. Le vase A étant garni d'épaisses feuilles de plomb, sur lesquelles l'acide est sans action, la réaction peut être des plus énergiques, sans qu'il en résulte aucun inconvénient. L'acide sulfurique du commerce, contenu dans le réservoir O, est monté au moyen d'une pompe P, dans le bassin supérieur Q, pourvu d'un flotteur qui en indique le niveau. Un tube inférieur, muni d'un robinet doré (pour éviter les morsures du liquide corrosif), le conduit dans un grand godet *b*. L'eau de la ville est amenée de la même façon dans un autre godet *b'.* L'acide passe du vase *b* dans le vase *c* et l'eau dans le vase *c'*; de ces vases, l'eau et l'acide arrivent, par l'intermédiaire de deux entonnoirs fixés à deux tubes en U, dans le cylindre E, intérieurement garni de *chicanes*, qui, faisant tomber les liquides alternativement à droite et à gauche, en opèrent le mélange intime. Ces liquides arrivent ainsi, en proportions déterminées, dans le générateur A. L'hydrogène produit est dirigé, par le tube G, dans un *laveur* R, qui contient une série de tubes percés de trous et immergés dans l'eau; il traverse ainsi de bas en haut le liquide, qui lui-même tombe méthodiquement en pluie à la partie supérieure de l'appareil, et se déverse au dehors par le tube *p*, contourné en forme d'U. Du laveur, le gaz traverse le *dessiccateur* S, grand cylindre rempli de chaux vive qui arrête la vapeur d'eau entraînée, ainsi que l'excès d'acide qui a échappé à l'eau du laveur; puis il passe par le tube K, dans ce qu'on appelle le *réfrigérant* T, composé de deux cylindres concentriques, dont l'extérieur est parcouru de bas en haut par un courant d'eau froide. L'hydrogène arrive enfin par le tube *y* dans une cloche de verre V, contenant un système nouveau et ingénieux qui permet d'en mesurer le débit, et il se dégage, par le robinet *v*, aussi pur qu'il est possible de l'obtenir dans une opération industrielle, et à un prix tout à fait bas.

C'est avec ce bel appareil, monté dans l'usine de MM. Flaud, près du Champ-de-Mars, à Paris, que M. Giffard a gonflé le grand ballon captif de l'Exposition de 1878 (PHYSIQUE, *Pesanteur*, page 371) et depuis beaucoup d'autres aérostats (1).

EAU (HO = *9; correspond à 2 volumes*). — Est-il rien de plus simple, a remarqué M. Tissandier, que les expériences où la nature de l'eau apparaît nettement et en toute certitude? Cependant il a fallu des siècles pour en arriver là, et la doctrine des quatre éléments (l'eau, la terre, l'air et le feu) a traversé toute une suite de siècles pour n'être anéantie que vers la fin du siècle dernier, sous la puissante impulsion de Lavoisier. C'est qu'autrefois la méthode expérimentale n'était pas fondée; c'est que les Descartes et les Bacon n'avaient pas encore ouvert à l'esprit de nouvelles et fécondes voies; il fallait s'astreindre à penser comme avait pensé le maître, et l'expérience la plus concluante n'était pas toujours capable de persuader tous les esprits. La croyance d'Aristote, relative aux quatre éléments, était pour les anciens analogue à un axiome mathématique

---

(1) Girardin, *Leçons de chimie industrielle;* G. Tissandier, *la Nature*, revue scientifique (1877).

qu'admet forcément la raison : l'opinion de l'illustre précepteur d'Alexandre ne devait être soumise à aucune discussion, et nous la voyons se perpétuer à travers les siècles, sans aucun examen, en arrêtant les progrès de la science, les élans des libres penseurs, astreints à suivre la fausse route qui leur était tracée. Il est inutile d'insister longtemps sur les inconvénients que doit offrir une semblable méthode dans l'étude de la nature.

Boyle, Margraff et les autres chimistes du XVIIe et du XVIIIe siècle, en soumettant l'eau de pluie à la distillation, en retiraient de l'air, de l'eau et de la terre, et ils en concluaient qu'elle était composée de ces trois corps ; mais, comme leurs devanciers, ils admettaient que l'eau élémentaire était indécomposable. Cependant le célèbre médecin chimiste Hoffmann soutint formellement, vers 1700, que l'eau est composée d'un fluide gazeux très subtil et d'un principe salin. C'était là une idée hardie, mais qui n'était fondée sur aucune expérience positive : elle n'eut aucun retentissement. En 1746, Eller, en broyant de l'eau dans un mortier de verre, recueillit une matière terreuse, ce qui le conduisit à penser, comme Boyle, que l'eau se convertissait peu à peu en terre. Rouelle, le premier, reconnut la véritable origine du résidu terreux laissé par l'eau de pluie à la distillation, et il avança que ce résidu, qui n'est qu'un infiniment petit, provient de la poussière qui entre dans les vaisseaux, car l'eau ne laisse, selon lui, aucun sédiment terreux quand on apporte beaucoup d'attention en la distillant. Scheele, puis Lavoisier démontrèrent que la terre ainsi obtenue par les anciens chimistes provenait ou de la matière propre des vaisseaux de verre que l'eau dissout par une ébullition prolongée, ou de l'usure du mortier.

En 1776, Macquer, démonstrateur de chimie au Jardin des Plantes de Paris, ayant placé une assiette de porcelaine blanche sur la flamme du gaz hydrogène pur qui brûlait au goulot d'une bouteille (*lampe philosophique*), observa que cette flamme n'était accompagnée d'aucune fumée proprement dite, qu'elle ne déposait pas de suie. L'endroit de l'assiette que la fumée léchait se couvrit de gouttelettes assez semblables à un liquide, qui, après vérification, fut reconnu pour être de l'eau. Mais Macquer ne s'arrêta pas sur ce fait. En 1781, Warltire imagina qu'une étincelle électrique ne pourrait traverser certains mélanges gazeux sans y déterminer quelques changements. Il fit l'essai sur de l'hydrogène mêlé d'air ; heureusement il prévit qu'il pourrait y avoir explosion, et il renferma son mélange dans un vase métallique. Il observa qu'après la combustion il y avait une perte de poids très sensible, et qu'il s'était formé de l'eau. Cavendish répéta bientôt l'expérience de Warltire, et, comme ce dernier, il reconnut qu'il se forme de l'eau par la détonation d'un mélange d'oxygène et d'hydrogène. Au mois d'avril 1783, Priestley ajouta une circonstance capitale à celles qui résultaient des expériences de ses prédécesseurs. Il prouva que le poids de l'eau qui se dépose sur les parois du vase, au moment de la détonation de l'oxygène et de l'hydrogène, est la somme du poids de ces deux gaz. James Watt, à qui Priestley communiqua cet important résultat, y vit aussitôt, avec la pénétration d'un homme supérieur, la preuve que l'eau n'est pas un corps simple, qu'elle est composée des deux gaz oxygène et hydrogène privés d'une partie de leur chaleur latente ou élémentaire.

Vers le même temps, Lavoisier poursuivait avec Gingembre des expériences sur le même objet, sans pouvoir déterminer la nature du liquide produit par la combinaison de l'oxygène et de l'hydrogène. Il pensait que l'oxygène devait, en brûlant, donner de l'acide vitriolique et de l'acide sulfureux (provenant de l'acide sulfurique employé pour la préparation de l'hydrogène). Il y avait été conduit par une théorie imaginaire suivant laquelle « il se produit, dans toute combustion, un acide ; que cet acide était l'acide vitriolique, si l'on brûlait du soufre ; l'acide phosphorique, si l'on brûlait du phosphore ; l'air fixe, si l'on brûlait du charbon. » D'après cette théorie, l'air inflammable devait, par sa combustion, également produire un acide.

Cependant, rapporte l'historien de la chimie, divers indices le firent douter de l'exactitude de sa théorie, du moins en ce qui concernait la combustion de l'hydrogène. Pour éclaircir ses doutes, il fit construire deux caisses pneumatiques, dont l'une devait fournir l'oxygène, l'autre l'hydrogène en assez grande quantité ; des tuyaux à robinet permettaient de conduire ces deux gaz à volonté dans une cloche où devait se faire la combustion. Cette importante expérience fut faite le 24 juin 1783. Le résultat ne fut pas douteux. « L'eau obtenue, soumise à toutes les épreuves qu'on peut imaginer, parut, raconte Lavoisier, aussi pure que l'eau distillée : elle ne rougissait nullement la teinture de tournesol, elle ne verdissait pas le sirop de violette, elle ne précipitait pas l'eau de chaux, enfin, par tous les réactifs connus, on ne put y découvrir le moindre indice de mélange. » A cette expérience assistaient Laplace, Le Roi, Van der Monde et de Blagden, secrétaire de la Société royale de Londres. « Ce dernier nous apprit, ajoute Lavoisier, que M. Cavendish avait déjà essayé, à Londres, de brûler de l'air inflammable dans des vaisseaux fermés et qu'il avait obtenu une quantité d'eau très sensible. » Mais Cavendish ne lut son mémoire, où il rendait compte de ses expériences à la Société royale de Londres qu'en 1784, tandis que Lavoisier avait lu le sien, le 25 juin 1783, à l'Académie des sciences de Paris, où il proclama que *l'eau n'est point un élément, mais qu'elle est composée d'air inflammable et d'air vital.* Cette différence de dates tranche la priorité en faveur du chimiste français.

Lavoisier et Meusnier répétèrent bientôt leur expérience sur une grande échelle, en se servant d'un nouvel appareil (*fig.* à la page 585). Deux grandes cloches AA sont pleines, l'une d'oxygène, l'autre d'hydrogène ; elles plongent dans des vases de cuivre BB pleins d'eau, et munis de contrepoids, afin qu'ils s'élèvent d'eux-mêmes quand on y introduit du gaz. Des tubes CC, avec robinets, sont destinés à conduire les gaz des gazomètres à un grand ballon de verre D, dans lequel on a commencé à faire le vide au moyen d'un tube F communiquant, avant l'expérience, avec le plateau d'une machine pneumatique. On y introduit alors de l'oxygène ; puis, à l'aide d'une machine électrique que l'on met en communication avec la tige de cuivre E, dont les extrémités sont terminées en boule, et qui est enfermée dans une enveloppe de verre, on établit un courant d'étincelles électriques qui viennent éclater entre la boule G et l'extrémité H du tube amenant l'hydrogène. Ces étincelles enflamment ce dernier gaz qui sort du tube H par une ouverture très petite. Le liquide, qui résulte de la combustion de l'hydrogène au sein de l'oxygène, se condense bientôt en gouttelettes sur les parois du ballon ; au bout d'une heure ou deux, sa quantité s'y élève déjà à une quinzaine de grammes. Lavoisier reconnut ainsi qu'il fallait 85 parties en poids d'oxygène et 15 parties d'hydrogène pour composer 100 parties d'eau.

Cette opération fut reprise encore en 1790 par Fourcroy, Seguin et Vauquelin. Commencée le 13 mai, elle ne fut achevée que le 22 ; la combustion fut maintenue sans interruption pendant 185 heures. Les expérimentateurs ne quittèrent pas un seul instant l'appareil ; ils se reposaient alternativement sur un matelas jeté dans un coin du laboratoire. Ils consommèrent ainsi 515 litres 36 d'hydrogène, 267 litres 30 d'oxygène, et obtinrent 384^{gr},82 d'eau parfaitement pure que l'on conserve au Muséum d'histoire naturelle de Paris. Malheureusement, l'opération, avec cet appareil, est fort longue et donne des résultats peu exacts. Meusnier imagina un appareil différent, pour montrer la formation de l'eau par la combustion de l'esprit-de-vin. 489^{gr},51 d'esprit-de-vin, brûlés sous un serpentin qui condensait exactement toutes les vapeurs, lui fournirent près de 521 grammes d'eau. Son procédé n'est guère plus exact que le précédent.

Après avoir montré la composition de l'eau par la synthèse, Lavoisier la fit voir par l'analyse. Il fut ainsi conduit à décomposer l'eau en la faisant passer sur du fer incandescent. Il constata que, dans cette expérience, le fer s'oxyde, pendant que l'hydrogène se dégage, et qu'on peut inversement régénérer l'eau par l'action de l'hydrogène sur l'oxygène qu'avait absorbé le métal.

... Les affreuses souffrances causées par la soif pendant les longues heures d'un calme plat (p. 615).

Nous avons parlé de l'analyse de l'eau au moyen de la pile voltaïque (PHYSIQUE, *Électricité dynamique*, page 231) et, ci-dessus, nous avons indiqué comment, avec l'*eudiomètre*, on peut vérifier le résultat analytique; mais cet appareil demande une certaine habitude de manipulation, sans laquelle on est presque certain d'arriver à des résultats peu exacts. La composition de l'eau a été plus certainement et plus rigoureusement établie par la synthèse qu'en a faite, en 1842, M. Dumas, en perfectionnant la méthode imaginée, dès 1820, par Berzélius et Dulong.

D'abord, M. Dumas a mis tous ses soins à la purification et à la dessiccation absolue de l'hydrogène, qui, préparé avec les matières du commerce, peut toujours contenir différents gaz. L'acide sulfurique est purifié par des méthodes dont nous parlerons en traitant de ce gaz; il reste donc à détruire les produits résultant de l'impureté du zinc, qui sont un carbure d'hydrogène, de l'acide sulfhydrique et de l'hydrogène arsénié; il y a, en outre, toujours de l'air entraîné. Le gaz passe donc par divers épurateurs, qui sont de longs tubes en U (*fig.* 238), contenant des fragments de verre imprégnés, le 1er de potasse, pour absorber le carbure d'hydrogène; le 2e de nitrate de plomb, pour l'acide sulfhydrique; le 3e de sulfate d'argent, pour l'hydrogène arsénié; le 4e et le 5e d'acide sulfurique, pour la presque totalité de la vapeur d'eau; enfin, le 6e d'acide phosphorique anhydre, qui en enlève les dernières traces : de ce dernier tube, le gaz, absolument pur et sec, arrive dans un ballon de verre d'une fusibilité moins grande que celle du verre ordinaire, et qui est en partie rempli d'oxyde de cuivre parfaitement desséché. Pour opérer, après avoir laissé passer le gaz assez longtemps pour être certain qu'il n'y a plus d'air dans l'appareil, mais seulement du gaz hydrogène, on chauffe fortement le ballon au moyen d'une lampe à alcool. L'hydrogène, dès que la température de l'oxyde est assez élevée, brûle aux dépens de son oxygène, et produit ainsi de l'eau que l'on condense dans un récipient qui a été parfaitement séché, et qui est mis à l'abri de l'humidité de l'air par des tubes desséchants; on refroidit ce récipient pendant tout le cours de l'opération pour y condenser la vapeur d'eau produite. Avant d'achever l'ajustement de l'appareil, on a pesé avec la plus grande précision : 1° le ballon contenant l'oxyde de cuivre; 2° le récipient destiné à recueillir l'eau formée, et avec lui le premier tube desséchant qui le suit et qui doit retenir la vapeur d'eau, nécessairement entraînée par l'excès de gaz hydrogène qui s'échappe. Quand l'opération est achevée, on laisse refroidir l'appareil, puis on chasse l'hydrogène qui se trouve dans le ballon à oxyde de cuivre et dans le récipient de l'eau, au moyen d'un courant d'air parfaitement sec, parce que, les ayant pesés d'abord avec de l'air, si on les pesait pleins d'oxygène, il y aurait, dans la seconde pesée, une erreur égale à la différence de poids de ces deux gaz. On sépare alors le ballon à oxyde et on le pèse; la perte qu'il a éprouvée représente le poids exact de l'oxygène qu'il a perdu, et qui s'est combiné à l'hydrogène; on pèse ensuite, comme avant, le récipient avec le premier tube desséchant qui le suit; l'augmentation de poids représente donc exactement aussi le poids de l'eau produite; et, si l'on en retranche le poids de l'oxygène, on en déduit celui de l'hydrogène. Au lieu de peser les diverses parties pleines d'air, il est plus exact, mais plus embarrassant, de les peser après y avoir fait le vide.

Des nombreuses expériences faites par M. Dumas, au moyen de cet appareil, et dans chacune desquelles il obtenait au moins 50 grammes d'eau, il est résulté que l'eau est composée exactement, en poids, de 8 par-

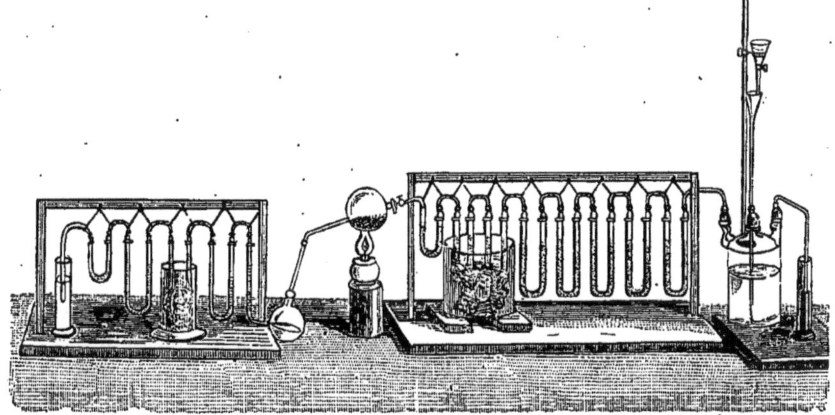

Fig. 238. — SYNTHÈSE DE L'EAU (DUMAS).

ties d'oxygène et 1 d'hydrogène, ou 100 du premier de ces corps et 12,5 du second, c'est-à-dire que 100 parties d'eau contiennent 88,888 de l'un et 11,112 de l'autre. Ces nombres concordent parfaitement avec les résultats calculés d'après la composition en volumes. En effet, l'eau résulte de la combinaison de 2 volumes d'hydrogène et 1 d'oxygène, qui donnent 2 volumes de vapeur d'eau seulement; car les deux gaz, en se combinant, éprouvent une condensation, ce qui arrive toujours quand les gaz se combinent en volumes inégaux. Or, la densité de l'hydrogène étant 0,06926, le double est 0,13852 et celle de l'oxygène de 1,10563, nombres qui sont sensiblement dans le rapport de 1 à 8. On peut de même vérifier par ces nombres la densité de la vapeur d'eau, trouvée égale à 0,622 par l'expérience directe.

En effet, le nombre 0,13852, double de la densité de l'hydrogène par ses deux volumes, ajouté à 1,10563, densité de l'oxygène, donne pour le poids de 2 volumes de vapeur d'eau 1,24415, dont la moitié, pour un seul volume, est 0,622075, nombre qui concorde avec celui trouvé par M. Regnault (PHYSIQUE, *Pesanteur*, page 279).

L'eau est donc un oxyde d'hydrogène; son nom scientifique est *protoxyde d'hydrogène*.

Outre la décomposition de l'eau par la pile, on en obtient la décomposition par la chaleur, ainsi que l'a démontré Grove. Il plongeait dans l'eau une boule de platine fortement chauffée, et il constatait le dégagement autour de cette boule de bulles formées d'un mélange détonant d'oxygène et d'hydrogène. M. Sainte-Claire Deville a démontré depuis que la vapeur d'eau subit, à partir d'environ 1,000°, une décomposition qui est partielle pour cette température de l'eau, et progressive à mesure que la température s'élève. Ce phénomène de *dissociation*, c'est-à-dire ce mode de décomposition partielle, limitée par le phénomène inverse de combinaison partielle à la même température, est démontré au moyen d'un tube de porcelaine poreux, fixé dans l'axe d'un tube de porcelaine vernie et imperméable (*fig.* 239), chauffé au rouge vif. On fait arriver dans le tube intérieur un courant de vapeur d'eau, et, dans l'espace annulaire, un courant d'acide carbonique. Les gaz sortant de l'appareil sont reçus, sur une cuve contenant de la lessive de potasse, dans des tubes de 0^m,01 de diamètre et 1 mètre de hauteur; l'acide carbonique est absorbé et le gaz qui se rassemble au sommet du tube est un mélange d'oxygène et d'hydrogène. Une partie de la vapeur d'eau s'est donc *dissociée* dans le tube de terre poreuse. L'hydrogène provenant de la dissociation a traversé, d'après les lois de l'*endosmose*, le tube poreux plus vite que l'oxygène, et s'est trouvé ainsi séparé, par l'action d'un simple filtre, de ce dernier gaz. Il se dégage avec l'acide carbonique à l'extrémité du tube extérieur, tandis que l'oxygène et un peu d'acide carbonique se dégagent à l'extrémité du tube intérieur.

Il est inutile de revenir sur les propriétés physiques de l'eau, dont nous avons parlé dans différents chapitres de la *Physique*. L'on sait qu'elle est inodore, insipide, incolore sous une petite épaisseur et d'un bleu indigo sous une grande épaisseur; mais, comme elle a un pouvoir dissolvant très grand, qui s'exerce sur presque tous les corps, elle présente souvent des colorations diverses, dues aux matières étrangères, liquides, solides ou gazeuses, qu'elle tient en dissolution. Ce pouvoir dissolvant augmente à mesure que la température s'élève, pour les corps solides ou liquides, et diminue, au contraire, pour les gaz. A la température de fusion du zinc, température que l'on obtient en chauffant l'eau dans une marmite de Papin, elle dissout le verre. Donc, puisque tous les corps sont solubles dans l'eau, et un grand nombre très facilement, on comprend qu'il soit impossible de trouver dans la nature de l'eau parfaitement pure. D'après la variété et la quantité des substances qu'elles renferment, on peut diviser les eaux en trois classes : les *eaux potables, non potables* et *minérales*.

Les *eaux potables* sont celles qui peuvent servir de boisson journalière, sans qu'il résulte de leur emploi aucun trouble dans l'économie animale. On reconnaît généralement qu'une eau est potable, lorsqu'elle est vive, c'est-à-dire bien aérée, fraîche et d'un goût agréable, lorsqu'elle est inodore, incolore, limpide, qu'elle cuit bien les légumes, dissout le savon sans former de grumeaux, conserve sa transparence pendant qu'on la fait bouillir, ne laisse qu'un très léger résidu par l'évaporation, et n'est troublée que très faiblement par les réactifs. Les eaux de pluie, de neige, des fleuves, des rivières et des sources sortant des terrains cristallins, celles de la plupart des fontaines artésiennes, sont celles qui présentent le plus souvent tous ces caractères réunis.

Ici se présente une question d'un haut intérêt pour l'hygiène publique, et qui, malgré les nombreuses recherches auxquelles elle a donné lieu, n'est pas encore parfaitement élucidée ; nous voulons parler de la qualité des *eaux pota-*

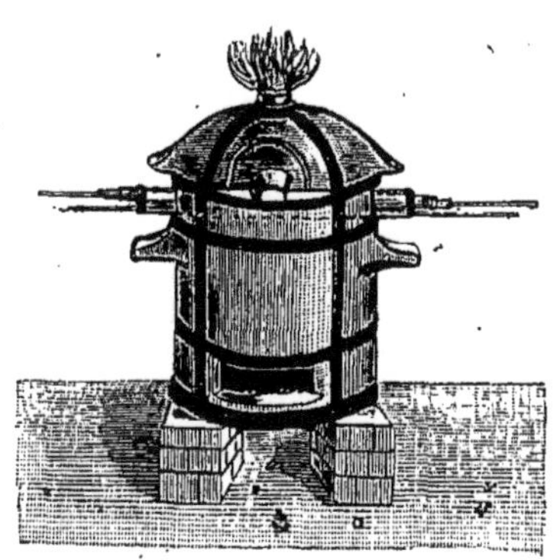

Fig. 239. — DISSOCIATION DE L'EAU.

bles et des causes qui peuvent les rendre insalubres. Le problème est très complexe, comme celui qui est relatif à l'air atmosphérique. L'eau est, en effet, avec l'air, le véhicule le plus habituel des maladies épidémiques : on ne saurait donc trop s'ingénier à trouver le moyen de la rendre inoffensive et de lui conserver dans tous les cas ses propriétés bienfaisantes. On ne peut nier aujourd'hui que l'on voit presque toujours apparaître les fièvres intermittentes, les fièvres typhoïdes, etc., partout où la population fait usage d'une eau souillée par des substances organiques en décomposition. On pourrait multiplier les exemples. Nous résumerons cette question, d'après une étude particulière de M. de Parville et de M. Figuier.

D'après un rapport du *Medical Department*, il est mort en Angleterre, en 1869 et 1870, de la fièvre typhoïde ou maladies analogues, 15,000 personnes. En y ajoutant les cas de typhus et de fièvre simple, on peut évaluer les pertes à 20,000. Ce nombre de morts correspond à environ 200,000 maladies, dont chacune dure au moins trois semaines. C'est, en fin de compte, une perte réelle et une diminution de force vive pour le pays. Or, on fait remonter la cause du mal à l'usage des eaux infectées par le contact des déjections de toute nature. A Guildford (comté de Surrey), un égout laisse pénétrer des infiltrations dans un puits qui° alimente une grande partie de la ville : 330 maisons s'y fournissent d'eau. Dans ces maisons, 154 cas de fièvres entériques éclatent dans une semaine; la semaine suivante, on relève 100 cas nouveaux ; dans les 1,345 autres maisons de la ville, on n'observe pas un seul cas. A Rotherham (comté d'York), plusieurs sources sont utilisées ; il en est une placée dans le voisinage d'une maison dont les fosses n'ont pas d'écoulement suffisant ; tous ceux qui s'y alimentent éprouvent des accidents. Dans une autre ville, à Zerling, une inondation mêle les eaux de source et les eaux de drains; en deux mois, sur une population de 900 personnes, 300 sont atteintes de fièvre typhoïde et 41 périssent.

C'est donc avec raison que les hygiénistes considèrent comme dangereuse toute eau qui renferme des substances organiques en putréfaction, et surtout des substances organiques d'origine animale. En quoi cette matière organique peut-elle être dangereuse? Ce n'est pas qu'elle constitue un élément toxique : le phénomène est plus complexe. La substance organique en solution ou en suspension crée dans l'eau un milieu particulier, propre au développement d'infiniment petits du genre des *vibrioniens*. Ce n'est plus de l'eau seulement, c'est un monde de végétaux microscopiques ou d'animalcules qui naissent, vivent et croissent avec une rapidité vertigineuse (PHYSIQUE, *Optique*, page 449). Ces infusoires trouvent dans le liquide des sels calcaires, magnésiens, ammoniacaux; les voilà admirablement servis, et leur existence est assurée. Buvez une goutte de ce liquide, et vous avalerez des millions de petits êtres! Il ne faut pas en conclure trop vite qu'en ouvrant la porte de votre corps à ces myriades d'infusoires, vous avez laissé pénétrer le poison chez vous. Il est des vibrioniens qui ne sont point malfaisants ; d'autres, au contraire, peuvent déterminer la putréfaction au milieu de nos tissus. Qu'une eau soit mise en contact avec des détritus capables de nourrir ces vibrioniens malfaisants, immédiatement cette eau devient un liquide plus dangereux, plus toxique qu'aucun poison; car le poison, quelle que soit sa puissance, finira par perdre ses propriétés en se diluant dans une grande quantité d'eau; le vibrionien, au contraire, croîtra à l'aise dans ce milieu approprié à sa nature ; il se multipliera sans cesse, il envahira le liquide dans toutes ses parties et il lui communiquera ses propriétés actives. Ainsi de l'eau souillée par de la matière organique n'est nullement un liquide inerte, sali; c'est un liquide actif, vivant, en quelque sorte, qui, dans certains cas, peut porter avec lui la mort.

Nous avons déjà signalé l'insuffisance de la filtration (PHYSIQUE,

Notions préliminaires, page 40) ; ainsi, que l'on filtre de l'eau sucrée, le sucre passera à travers le filtre absolument comme l'eau. Le charbon si vanté ne purifie pas : M. Crace Calvert, l'habile chimiste anglais, a montré que le charbon de bois, le permanganate de potasse, etc., contrairement à l'opinion commune, facilitaient la putréfaction et favorisaient la production des animalcules. M. Davaine avait reconnu que du sang tout à fait putréfié, injecté sous le tissu d'un lapin, était beaucoup moins actif que du sang qui commençait seulement à se putréfier : ce résultat singulier lui suggéra l'idée de traiter le sang putréfié par du charbon pour enlever les gaz de la putréfaction. Après l'action du charbon, le sang reprit une nouvelle activité toxique. Il est probable que les gaz dissous dans le liquide empêchaient le développement des animalcules. Il ressort, en tout cas, de cette observation que le charbon, loin d'enlever au liquide ses propriétés toxiques, leur communique au contraire une nouvelle énergie.

L'infection d'un cours d'eau résulte surtout des décompositions multiples des matières organiques animales ou végétales. Les matières organiques se transforment en *carbure d'hydrogène*, en *acide carbonique*, *ammoniaque, acide sulfhydrique*, etc., et, pour se transformer ainsi, elles enlèvent à l'eau l'air qui s'y trouve dissous. On peut se faire une idée de l'impureté d'une eau d'après la quantité de matière organique qu'elle renferme et d'après son appauvrissement en oxygène. On ne peut s'appuyer ni sur la couleur, ni sur l'odeur, ni sur la saveur, ni même absolument sur l'analyse chimique. Les matières en suspension dans l'eau peuvent être inertes, ne lui retirer aucune de ses bonnes qualités, et cependant modifier sa couleur. L'odeur peut induire en erreur. Une eau qui ne répand aucune odeur peut être très altérée, comme les eaux des papeteries, des féculeries, des sucreries, etc. Une eau exhalant une odeur sulfureuse peut, au contraire, être d'une salubrité incontestable. L'analyse chimique échoue aussi ; car la même eau, enfermée dans une bouteille, peut tour à tour, et seulement par l'action du temps, gagner ou perdre en qualité.

M. Girardin a proposé la définition suivante : « Une eau est saine lorsque les animaux et les végétaux doués d'une organisation supérieure peuvent y séjourner ; une eau peut être considérée avec certitude comme malsaine, quand les poissons ne peuvent y vivre. » Il reconnaît encore la qualité de l'eau ou son altération par le procédé suivant : La flore et la faune d'une eau caractérisent sa pureté. Exemples : le *cresson de fontaine* ne pousse que dans de l'eau excellente ; les *épis d'eau* et les *véroniques* ont besoin, pour se développer, d'eau de bonne qualité ; les *roseaux*, les *patiences*, les *ciguës*, les *menthes*, les *salicaires*, les *scorpes*, les *joncs*, les *nénufars* s'accommodent des eaux médiocres ; les *carex* vivent dans des eaux très médiocres. Parmi les mollusques, le *Physa fontinalis* ne vit que dans de l'eau très pure. Viennent ensuite : le *Valvata piscinalis*, eaux saines ; le *Linnæa ovata* et *stagnalis*, le *Planorbis marginatus*, eaux ordinaires ; le *Cyclas cornea*, le *Bitinia impura* et le *Planorbis cornæus*, eaux médiocres ; aucun mollusque ne vit dans l'eau infectée.

Pour être sûr de boire de l'eau inoffensive, il faut donc avoir un moyen pratique de lui enlever la matière organique solide. Des essais nombreux ont été tentés dans ce but. L'alumine gélatineuse précipite la substance organique dissoute ; l'éponge de fer brûle aussi la matière organique ; la magnésie calcinée l'enlève aussi, mais elle précipite la chaux, ce qui peut offrir des inconvénients. Cependant une seule substance tue radicalement et sans contestation les infusoires et les moisissures, et prévient leur développement ultérieur, c'est l'*acide phénique*, ou mieux, l'*acide crésylique*. On peut encore faire bouillir l'eau pour tuer la vitalité de ses éléments actifs, et comme, privée d'air et d'acide carbonique, cette eau deviendrait indigeste, on la filtrera ensuite sur un peu de café en poudre. Enfin, on est plus sûr d'avoir de l'eau de table réellement purifiée en la faisant filtrer, au moment de la servir, sur un tampon d'éponge de fer ou d'alumine gélatineuse qui fixera les poussières organiques en suspension.

En ce qui concerne l'assainissement général des cours d'eau, on s'est arrêté, après un mûr examen, à préconiser l'action préalable combinée du sol et de la végétation, c'est-à-dire de conduire les eaux en nappes minces sur des surfaces cultivées, où elles perdront les matières organiques qu'elles contiennent en dissolution, se clarifieront, et reviendront par des canaux aux fontaines, après avoir repris toutes leurs qualités normales.

Cette altération des eaux potables est, on le voit, seulement accidentelle ; les eaux, toutefois, répétons-nous, ne sont jamais chimiquement pures, même si des circonstances exceptionnelles ne les rendent pas absolument impropres à tout usage. L'eau tombée sous forme de pluie ou de rosée a dissous dans l'atmosphère de l'oxygène, de l'azote et de l'acide carbonique, ainsi qu'une petite quantité d'ammoniaque et d'azotate d'ammoniaqne ; l'eau des sources contient, outre les gaz dissous, diverses substances empruntées au sol, et qui lui communiquent des qualités différentes, suivant la nature des terrains dans lesquels elle a séjourné. C'est pourquoi l'eau de pluie, recueillie en rase campagne, après les premières ondées, est plus pure que celle recueillie dans les villes au-dessus desquelles flotte une atmosphère remplie de poussières de toutes sortes ; les premières ondées, en effet, en balayant l'atmosphère, ont entraîné avec elles tous les corpuscules flottant dans l'espace, qui, déposant dans les vases où l'on les renferme, communiquent à l'eau une odeur et une saveur plus ou moins désagréables. Ce que le vulgaire

Sous la Restauration, la mode désigna quelques sources thermales (page 618).

ignorant appelle *pluies de cendres, pluies de sang, pluies de soufre, pluies de manne*, etc., et qu'il regardait jadis comme le présage de grands malheurs, sont tout bonnement des pluies, qui, en traversant les couches atmosphériques, ont entraîné dans leur chute de fines poussières minérales noires ou rougeâtres suspendues dans l'air, ou du *pollen* (poussière séminale des plantes en fleur) rouge, jaune ou différemment coloré, ou de petits champignons et lichens. La puissance du vent, rapporte M. J. Girardin, en balayant la surface de la terre, emporte quelquefois à de grandes hauteurs des masses de substances diverses, de petits végétaux qui retombent ensuite avec les eaux du ciel. En avril 1827, il est tombé, en Perse, dans la province de Roucoé, non loin du mont Ararat, une *pluie de manne* ou de *graines*, qui a, dans quelques endroits, couvert la terre d'une couche de $0^m,16$ d'épaisseur. Les moutons en ont mangé, et les hommes en ont fait un pain très passable. Cette prétendue manne n'était qu'un petit lichen, ainsi que l'ont reconnu Thenard et Desfontaines, membres de l'Institut, à qui notre ambassadeur en Russie en avait envoyé. Les *neiges rouges*, qui tombent si souvent dans les Alpes, dans les régions polaires, et si abondamment dans la Nouvelle-Shetland du sud, sont colorées par des globules sphériques, qui sont des petits champignons du genre *uredo*.

Les eaux des sources, des puits, des rivières, contiennent toujours une quantité appréciable de divers sels en dissolution, et quelques-unes en quantité assez considérable pour qu'elles cessent d'être potables et propres aux usages domestiques. Les eaux de Paris sont dans ce cas : elles contiennent une quantité considérable de sulfate de chaux ou de plâtre, qui empêche la cuisson des légumes ; elles décomposent le savon ; elles rendent les digestions difficiles. La présence du calcaire, quoique nuisible pour certains usages, comme les teintureries, est plutôt utile que nuisible lorsque la quantité n'en est pas trop considérable ; car ce corps est nécessaire au développement des os des animaux, et, par cette raison, est préférable, pour la boisson, à des eaux plus pures. Dans quelques localités, les eaux en contiennent une quantité si grande, qu'elles forment assez rapidement des incrustations qui bouchent les tuyaux : lorsqu'on projette ces eaux sur des objets quelconques à plusieurs reprises, laissant sécher entre chaque aspersion, ces objets finissent par être recouverts d'une couche assez épaisse : on remplit ainsi des moules de médaillons qui sont reproduits fidèlement. Ces sortes d'incrustations sont l'objet d'un commerce pour les habitants voisins de *sources pétri-fiantes*, comme à Saint-Allyre, à Royat en Auvergne, aux bains de Saint-Philippe en Toscane.

Les eaux de rivières et de fleuves contiennent principalement des carbonates de chaux, de magnésie, des sulfates de chaux, de magnésie, de soude, des chlorures et même des métaux, quelques sels de potasse, de l'alumine, de l'oxyde de fer, des matières organiques, en quantités appréciables, comme on peut en juger par le tableau comparatif suivant, donnant, en milligrammes, le résidu par litre :

Loire, près de Firminy.	35	Isère, à Grenoble	188
Rhône, à Lyon, en été	107	Vesle, avant Reims	190
Moselle, à Metz	116	Doubs, à Besançon	230
Garonne, à Toulouse	137	Rhin, à Strasbourg	232
Saône, à Lyon	141	Escaut, à Cambrai	294
Seine, avant sa jonction avec la Marne	178	Lys, près de Menin	351
Marne, avant sa jonction avec la Seine	180	Tamise, près de Greenwich	397
		Tibre, à Rome	546

La connaissance de cette composition des diverses eaux a une immense importance. Citons seulement, comme exemple, le mémoire que M. le docteur Demortain, pharmacien en chef de l'armée d'Italie en 1859, adressait à l'Académie des sciences sur la composition des eaux courantes en Lombardie, considérées relativement à l'influence qu'on peut lui attribuer sur la production du *goitre*, affection si commune dans cette province. Une série d'analyses faites avec le plus grand soin forme une échelle de composition des eaux qui servent aux usages des populations parmi lesquelles le goitre est endémique. M. Demortain signale surtout deux faits qui frappent dans ce tableau. Le premier, c'est l'absence complète des sels de magnésie dans les eaux des localités où l'on a observé le plus de goitreux ; le second est l'absence simultanée du chlore ; il y a si peu de chlorures, que, pour en découvrir des traces, il a fallu recommencer plusieurs expériences et agir sur de grandes quantités. Par contre, toutes ces eaux sont *dures*, et, on le savait d'avance, elles cuisent mal les légumes et ne savonnent pas. Toutes, en effet, accusent de notables proportions de carbonate et de sulfate de chaux, et plusieurs, dépouillées de ces sels et d'acide carbonique, ressemblent tout à fait à de l'eau distillée. Enfin beaucoup d'entre elles n'ont donné qu'un très faible volume d'air.

Les réactifs qui servent à reconnaître les sels contenus le plus ordinairement dans les eaux sont : 1° *L'eau de chaux*, pour démontrer la présence de l'acide carbonique libre, cas dans lequel il se produit un trouble ; 2° *l'oxalate d'ammoniaque*, qui décèle la chaux par le précipité blanc qui se produit si l'on fouette la liqueur avec une baguette de verre pour hâter l'action ; 3° le *chlorure de baryum*, qui produit à l'instant un précipité blanc avec l'acide sulfurique des sulfates ; 4° le *nitrate d'argent*, qui décèle facilement les chlorures en produisant du chlorure d'argent, lequel, blanc au moment de sa formation, ne tarde pas à se colorer sous l'influence de la lumière ; 5° le *sulfhydrate d'ammoniaque*, qui décèle immédiatement les métaux proprement dits ; 6° le *chlorure d'or*, qui accuse la présence des corps organiques au moyen de l'ébullition, la liqueur prenant alors une teinte brune très prononcée.

Toutes les eaux, exposées au contact de l'air, en contiennent les éléments. La présence de l'air à l'état de dissolution dans l'eau est indispensable à la respiration des poissons. Si, en effet, on vient à plonger un poisson dans de l'eau que l'on a privée d'air en la faisant d'abord bouillir, puis refroidir à l'abri de l'atmosphère, le poisson périt au bout de quelques instants. Pour recueillir les gaz atmosphériques qu'une eau tient en dissolution, on remplit de cette eau un ballon d'un litre environ, fermé par un bouchon que traverse un tube également plein d'eau et aboutissant sur une petite cuve à mercure. On chauffe l'eau ; elle se dilate et se déverse en partie sur la surface de la cuve : bientôt apparaissent des bulles de gaz, qui partent du fond du ballon. On place alors une éprouvette pleine de mercure au-dessus de l'extrémité du tube : l'air qui se dégage s'y rassemble avec une petite quantité de l'eau chassée du ballon par l'ébullition. Au bout d'environ 20 minutes, l'eau qui a passé dans l'éprouvette est assez chaude pour ne plus dissoudre de gaz. On mesure alors le volume de gaz dégagé ; on en absorbe l'acide carbonique par la potasse, et on analyse le résidu. Les résultats varient selon la nature de l'eau. M. Troost (1) a trouvé, pour un litre d'eau de pluie, 23 centimètres cubes de gaz formés de :

Azote........... 15^{cc} 1 $\Big)$ Azote........... 65^{cc} 66 $\Big)$
Oxygène........ 7 4 $\Big\}$ = 23, ce qui correspond à Oxygène........ 32 15 $\Big\}$ 100,00
Acide carbonique 0 5 $\Big)$ Acide carbonique 2 19 $\Big)$

Un litre d'eau de Seine lui a donné :

Azote........... 21^{cc} 4 $\Big)$ Azote........... 39^{cc} 55 $\Big)$
Oxygène........: 10 1 $\Big\}$ = 54,1, ce qui correspond à Oxygène........ 18 67 $\Big\}$ 100,00
Acide carbonique 22 6 $\Big)$ Acide carbonique 41 78 $\Big)$

Le rapport des volumes de l'azote et de l'oxygène dissous dans l'eau est donc très différent de celui où ils existent dans l'air. Cette différence trouve son explication dans les lois de la solubilité des gaz :

1° *L'eau, en contact avec une atmosphère indéfinie d'un gaz, en dissout un volume qui, ramené à la pression de cette atmosphère, est,*

____

(1) L. Troost, professeur à la Faculté des sciences de Paris, *Traité de chimie.*

pour une température donnée, dans un rapport constant avec le volume du liquide.

Ainsi l'eau à 0°, placée en présence d'une atmosphère indéfinie d'oxygène, en dissout un volume qui est 0,04114 du volume d'eau, c'est-à-dire qu'un litre d'eau en dissout 41^{cc},14 ; en présence d'une atmosphère illimitée d'azote, l'eau à 0° en dissout un volume qui est 0,02035 du volume d'eau, c'est-à-dire qu'un litre d'eau en dissout 20^{cc},35. Ce rapport constant, c'est-à-dire le volume de gaz dissous par un litre d'eau, est appelé le *coefficient de solubilité* du gaz. Il varie avec la température. Il résulte de cette loi, énoncée pour la première fois par Henry de Manchester, en 1805, que le poids du gaz dissous par un volume donné de liquide est proportionnel à la pression que le gaz non dissous exerce sur le liquide. Le gaz dissous devra donc se dégager en totalité, quand on fera le vide au-dessus de la dissolution, et, au contraire, si on augmente la pression du gaz mis en contact avec le liquide, on en pourra dissoudre un plus grand poids.

2° *L'eau, en présence d'une atmosphère formée de plusieurs gaz, dissout chacun d'eux comme s'il était seul, avec la pression qu'il possède dans le mélange.*

C'est ainsi que l'eau, en contact avec l'air atmosphérique, dissout l'azote, comme s'il existait seul, avec une pression égale aux 4/5 environ de la pression totale, et l'oxygène, comme s'il formait à lui seul l'atmosphère, avec une pression égale à 1/5 de la pression totale : aussi le rapport dans lequel ces gaz se trouvent dissous est-il égal à

$$\frac{0,02035 \times \frac{4}{5}}{0,04114 \times \frac{1}{5}} = \frac{0,01628}{0,00823} ;$$

ce qui donne :

$$\left. \begin{array}{l} \text{Azote.} \quad . \ 66,4 \\ \text{Oxygène.} \ 33,6 \end{array} \right\} \ 100.$$

DISTILLATION DE L'EAU. — L'épuration des eaux est une opération souvent nécessaire ; nous avons parlé ci-dessus de l'assainissement des cours d'eau et du liquide destiné aux usages journaliers ; mais, pour les recherches délicates de la chimie, il est indispensable d'amener l'eau à son état de pureté absolue, et l'on ne peut y parvenir qu'au moyen de la *distillation*. Nous avons décrit le procédé ordinaire, au moyen de l'*alambic* (PHYSIQUE, *Chaleur*, page 596) ; mais les distillations en petit qu'exigent les expériences chimiques se font habituellement dans des cornues en verre, en terre cuite ou en porcelaine (*fig.* 240). On met dans une cornue à long col le liquide à distiller ; un ballon de verre sert de récipient à la

liqueur distillée ; entre la cornue et le ballon est interposé un large tube
en verre, renflé dans sa première moitié, qui porte le nom d'*allonge* et
qui sert de réfrigérant ; les vapeurs s'y condensent en très grande partie.
Quand les liquides à distiller sont très volatils, on fait usage de l'appareil

Fig. 240. — DISTILLATION A LA CORNUE.

suivant, qui permet d'opérer une
condensation plus rapide et plus
complète des vapeurs (*fig.* 241).
Le col du ballon ou de la cornue
A, qui renferme le liquide à distiller, s'adapte à un long tube B
qui fait l'office du serpentin de
l'alambic, et dont l'extrémité s'engage dans un flacon de verre C
servant de récipient. Le tube à
condensation, dit *condenseur de*
Liebig, est enveloppé d'un manchon en verre ou en fer-blanc, fermé à
ses deux extrémités par de bons bouchons, et dans lequel on fait arriver
constamment de l'eau froide, d'un
réservoir supérieur D, par le
moyen d'un tube à entonnoir
soudé sur lui ; cette eau, après
avoir servi à condenser la vapeur,
en ressort par un tube recourbé E,
placé à la partie la plus haute du
manchon.

Quand la cornue est exposée
à l'action immédiate du feu, la
distillation est dite *à feu nu ;* quelquefois on distille au *bain-marie,*
c'est-à-dire en plongeant la cornue
dans un bain d'eau bouillante ;
quelquefois encore au *bain de*

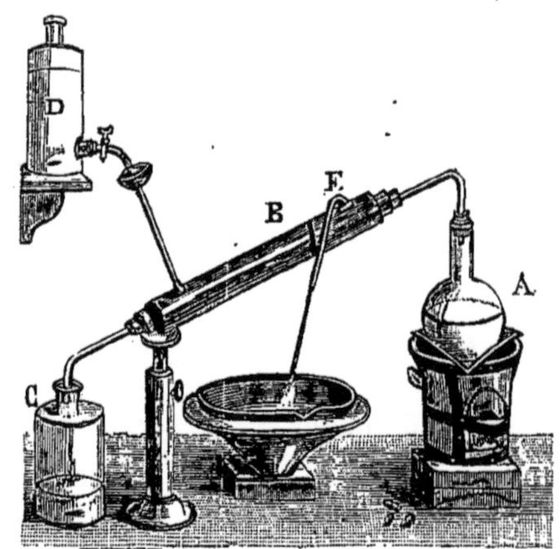

Fig. 241.
DISTILLATION DES LIQUIDES VOLATILS.

sable, en la plaçant dans une chaudière de tôle pleine de grès pulvérisé
et posée sur un fourneau.

La nécessité d'avoir de l'eau potable en mer, pendant de longues
traversées, a, de tout temps, préoccupé les marins. Lorsqu'on renferme
dans des tonneaux l'eau embarquée au moment du départ, la matière
du bois réagit sur les sulfates qui y sont en dissolution, ce qui lui donne
une odeur et une saveur d'œufs pourris ; il s'y développe aussi des
animaux infusoires en grande quantité. Sur les navires de l'État, on la

conservait autrefois dans des caisses en fer ; mais, lorsque des calmes retenaient les bâtiments loin de terre pendant longtemps, la provision d'eau venant à s'épuiser, on n'avait aucun moyen pour s'en procurer, et tout le monde a lu quelque récit des affreuses souffrances causées par la soif endurées par des marins, pendant les longues heures d'un calme plat (*fig.* à la page 601). On avait essayé, sous le soleil brûlant des tropiques, à diverses reprises, la distillation de l'eau de mer, mais sans succès : le liquide que l'on obtenait contenait de l'acide chlorhydrique résultant de la décomposition du chlorure de magnésium, qui se déposait sur les parois de la cucurbite par suite de la diminution de l'eau ; et ces parois, fortement échauffées, produisaient la décomposition de ce sel par la vapeur d'eau, qui, se décomposant elle-même, cédait son oxygène au magnésium et son hydrogène au chlore ; l'oxyde de magnésium restait attaché aux parois ; l'acide chlorhydrique, entraîné par la vapeur d'eau, se combinait avec elle et la rendait impropre à tout usage.

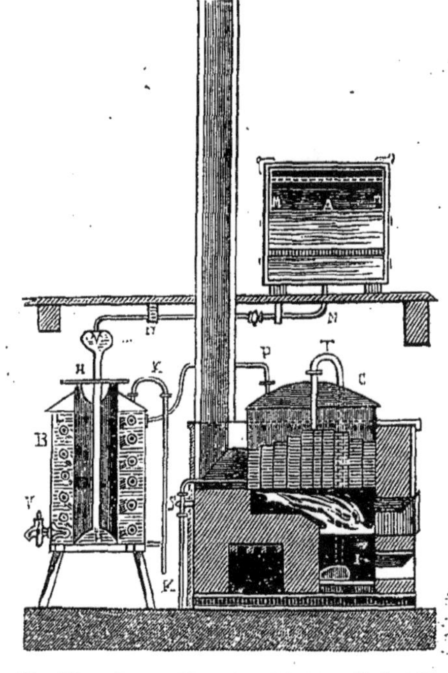

Fig. 242. — APPAREIL DISTILLATOIRE CLÉMENT POUR L'EAU DE MER.

Le capitaine Freycinet, dans son voyage autour du monde, se servit le premier, pour obtenir de bonne eau, de l'appareil construit par ses ordres, sous les yeux du chimiste Clément. Cet appareil (*fig.* 242) se compose d'une chaudière C et d'un réfrigérant B, dans lequel est logé un serpentin L, où circule la vapeur amenée par le tube P. L'eau de mer, avant d'arriver dans la chaudière, passe dans une boîte A formant filtre ; la filtration s'opère à l'aide de toiles métalliques MM ; l'eau clarifiée est dirigée par le tuyau N dans le tube H, qui débouche au fond du réfrigérant. Dans celui-ci, l'eau prend déjà de la chaleur, puis elle est conduite, par le tuyau K dans un réservoir I, placé sous le cendrier, où la température augmente encore. De là, elle monte dans la chaudière par le siphon T qui s'amorce lui-même, parce que sa courbure est à un niveau plus bas que l'eau du réfrigérant. Le siphon descend au centre d'une cloison en spirale

fixée au fond de la chaudière. On purge celle-ci de temps en temps de
l'eau sursaturée de sel, au moyen du tuyau S. L'eau douce, condensée
dans le serpentin, en sort par le robinet V. En laissant cette eau au
contact de l'air pendant quelques jours, elle devient semblable à de l'eau
de rivière.

De nombreux perfectionnéments ont été apportés aux appareils dis-
tillatoires pour la marine; celui de M. Rocher, adopté par un grand
nombre d'armateurs, n'est autre chose qu'une cuisine de navire en cuivre étamé, dans laquelle la chaleur est utilisée pour la cuisson des ali-

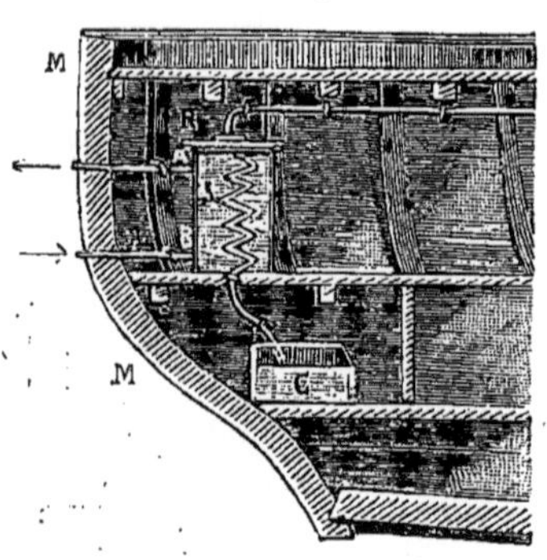

Fig. 243.
APPAREIL DISTILLATOIRE ROCHER.

ments et l'évaporation de l'eau : la caisse
principale de cette cuisine, alimentée par
l'eau de mer, fait office de bain-marie
pour chauffer les compartiments où la
cuisson des mets a lieu, et les vapeurs
qu'elle fournit, à la température de 108°,
s'élèvent dans un chapiteau, dont le col
est en communication avec un conden-
sateur sous-marin (*fig.* 243). Celui-ci est
un serpentin ordinaire S avec réfrigérant
clos R, établi sous le pont du navire et
au-dessous de la ligne de flottaison.
Deux tuyaux métalliques sont placés
horizontalement, l'un à la partie supérieure A, l'autre à la partie inférieure B du réfrigérant, et tous deux percent la coque M du navire.
Lorsque l'eau du réfrigérant s'est échauffée par la condensation de la
vapeur qui circule dans le serpentin, les parties les plus élevées en température montent à la partie supérieure et sortent par le tuyau A pour
s'écouler à la mer, tandis qu'une quantité proportionnelle d'eau de mer
froide entre par le tuyau B; de la naît une circulation qui entretient,
pendant toute la durée de la distillation, l'eau du réfrigérant à une température suffisamment basse pour la condensation, sans qu'il y ait besoin
d'aucune surveillance. L'eau distillée s'écoule dans un réservoir C,
placé dans les parties basses du navire.

EAUX MINÉRALES. — Ce n'est guère que d'hier que l'étude des eaux
minérales est entrée dans une voie véritablement scientifique. Les eaux
minérales elles-mêmes ont subi bien des vicissitudes. Il faut remonter à
des siècles très éloignés pour retrouver quelques traces de la faveur dont
elles jouissent aujourd'hui. Mais les vestiges imposants que nous rencontrons chaque jour des vastes stations qu'avaient créées les Romains ne

nous éclairent pas sur ceci : L'usage qu'ils en faisaient était-il hygiénique ou simplement thérapeutique? Ils avaient bien découvert les principales qualités des eaux naturelles ; mais ces notions, quoique assez exactes,

THENARD

étaient fondées sur des effets observés, et non sur la connaissance des principes constitutifs des eaux. D'ailleurs, à côté de ces saines notions, on trouve, dans leurs écrits, des assertions exagérées, des idées folles et ridicules, qui attestent combien le merveilleux avait de pouvoir sur leurs esprits. C'est ainsi que Pline raconte sérieusement qu'il y a, dans la Béotie, près du fleuve Orchomène, deux sources, dont l'une a la propriété de fortifier la mémoire, et l'autre celle de la faire perdre ; qu'il y a, en Cilicie, une source dont l'eau donne de l'esprit, et qu'une autre, dans l'île de Cos, rend stupide ; qu'enfin, à Cyzique, il y a la fontaine de Cupidon, qui guérit de l'amour ceux qui en boivent. Pendant toute la durée du moyen âge, on a cru fermement à l'existence de l'*eau dé Jouvence*, qui rajeunissait les vieillards. La barbarie et les bouleversements incessants de cette époque avaient, en effet, enfoui jusqu'au souvenir même, des établissements des Romains et de leur objet sérieux. Lorsque l'ordre politique rendit à la société quelque repos, un certain nombre de sources minérales vinrent à être utilisées par les habitants des environs ; la mode bientôt en désigna quelques-unes ; mais elles ne furent hantées, jusqu'à nos jours, que par des hôtes brillants et privilégiés, qui en faisaient surtout un rendez-vous de plaisir d'été, ou par un étroit et humble voisinage (*fig.* à la page 609). Depuis quelques années seulement, les eaux minérales sont entrées dans les habitudes communes et mises à la portée de tous.

Il est facile de déterminer le rôle moderne des eaux minérales et de constater leur utilité dans presque toutes les maladies chroniques. Ces eaux ont-elles des vertus curatives déterminées, applicables spécialement à chaque état morbide? Ceci n'est vrai que jusqu'à un certain point. Toute étude thérapeutique des eaux minérales amène forcément à la proposition suivante : que les eaux minérales guérissent rarement, mais qu'elles aident très souvent à guérir. C'est qu'elles agissent indirectement sur les phénomènes morbides qui déterminent les caractères nosologiques des maladies, mais directement sur l'ensemble de l'organisation pour favoriser et multiplier les efforts salutaires par lesquels l'organisme s'efforce d'obtenir la résolution du mal, ou de combattre et détruire les obstacles qu'il renferme pour obtenir ce résultat. Elles constituent une médication générale, ou stimulante et réparatrice, ou une médication spéciale à tels ou tels états morbides. La première s'oppose à la faiblesse ou à l'insuffisance de l'organisme ; la seconde, aux conditions constitutionnelles ou diathésiques. Elles doivent donc être étudiées sous deux points de vue : 1° médication thermale considérée dans son ensemble (stimulante et réparatrice), ou *hydrothérapie ;* 2° série de médications spéciales empruntant leur caractère à la constitution particulière des eaux minérales. Il est des maladies auxquelles conviennent des eaux minérales variées, d'autres pour lesquelles il faut des eaux minérales spéciales. Dans le premier cas, on invoque les propriétés générales des eaux minérales ; dans le second, on a recours à la spécialisation des eaux. Cette distinction, si souvent méconnue, est nécessaire pour comprendre l'action de ces eaux et la manière d'en faire usage.

Nous n'avons pas à examiner ici la valeur thérapeutique des différentes eaux minérales; nous nous contenterons de donner, d'après le docteur Constantin James, le tableau présentant la classification des eaux minérales d'après l'élément chimique prédominant (1) :

GENRES.	ESPÈCES.	THERMALITÉ.	GISEMENTS PRINCIPAUX.	EXEMPLES.
CARBONATÉES.				
A base de soude.	....	Thermales...	Massif central	VICHY. SAINT-ALBAN. CHATEAUNEUF.
		Froides......	Massif central...............	VALS. PONTGIBAULT. SOULZBACH.
A base terreuse.	Non ferrugineuses et ferrugineuses.	Froides......	Plaines du Nord et du Sud; massif du N.-E. et du N.-O.	CHATELDON. SAINT-PARDONS. OREZZA (Corse). FONCAUDE.
SULFURÉES ET SULFATÉES.				
A base de soude.	Sulfurées ou sulfureuses.	Thermales...	Pyrénées, Alpes, Corse........	BARÈGES. CAUTERETS.
	Sulfatées, sulfureuses et dégénérées.	Thermales...	Pyrénées, Alpes, Corse........	SAINT-GERVAIS (Savoie)
		Froides......	Pyrénées, Alpes, plaines du Midi.....................	MIERS. PRÉCHAC.
A base de chaux.	Sulfatées simples.	Thermales...	Pyrénées, Alpes, plaines du Midi......................	BAGNÈRES-DE-BIGORRE. SAINTE-MARIE.
		Froides......	Les deux régions de plaines..	PROPIAC. BIO (Lot).
	Sulfatées et sulfurées.	Thermales...	Pyrénées, plaines du Midi....	CAMBO. CASTÉRA-VER-JUZAM.
		Froides......	Plaines du Nord.............	ENGHIEN.
A base de magnésie.	Sulfatées.	Thermales...	Rares en France.............	SAINT-AMAND. LOUESCH (Suisse).
		Froides......	Rares en France.............	SEDLITZ. PULLNA (Bohême).
A base de fer.	Sulfatées.	Froides......	Rares en France.............	CRANSAC. PASSY.
CHLORURÉES.				
A base de soude.	Simples.	Thermales...	Vosges.....................	FORBACH. SOULTZ-LES-BAINS.
		Froides......	Jura et Haute-Saône........	BALARUC. AVAILLE.
	Iodurées.	Thermales...	Alpes......................	TERCIS. JOUTRE.
		Froides......	Pyrénées...................	EAU DE MER.

(1) Docteur Constantin James, *Guide pratique des eaux minérales* (Victor Masson, éditeur). Voir aussi notre *Hygiène et médecine des deux sexes* (J. Rouff, éditeur).

BIOXYDE D'HYDROGÈNE ou **EAU OXYGÉNÉE** (HO^2 ou H^2O^4). — C'est en étudiant l'action des acides sur le bioxyde de baryum que Thenard (1), en 1818, découvrit l'*eau oxygénée* ou *bioxyde d'hydrogène*. Au point de vue scientifique, c'est une des découvertes qui offrent le plus d'importance et d'intérêt. Les difficultés que l'on éprouve encore, lorsqu'il s'agit d'obtenir l'eau pure oxygénée, sont une preuve de l'extrême habileté qu'il a fallu pour arriver à ce résultat, qui, pour la première fois, a permis de constater le phénomène nommé *force catalytique, action de présence* ou *effet de contact* (2).

La préparation de ce corps, lorsqu'on veut l'obtenir pur, est, nous le répétons, l'une des opérations les plus difficiles de la chimie, en raison des soins minutieux qu'exigent les diverses réactions qui doivent s'opérer. Dans un verre à pied, on met 200 c. *eau distillée* et 60 gr. *acide chlorhydrique* concentré et fumant; on place ce verre dans un vase pour l'entourer de glace, puis on y ajoute peu à peu, en agitant constamment avec une baguette de verre, 10 gr. de *bioxyde de baryum*, pulvérisé et réduit préalablement en bouillie claire par l'adjonction d'un peu d'eau. Une première réaction s'opère : $BaO^2 + HCl = HO^2 + BaCl$. Mais cette réaction ne donne que peu d'*eau oxygénée;* il faut la répéter. On verse alors goutte à goutte dans la liqueur de l'acide sulfurique qui précipite la baryte et régénère l'acide chlorhydrique: $BaCl + SO^3,HO = HCl + BaO,SO^3$. On filtre, et la liqueur se trouve dans la condition première, mais elle contient une certaine quantité de bioxyde d'hydrogène formé par la première réaction. On recommence donc à traiter par le bioxyde de baryum, puis par l'acide sulfurique, jusqu'à ce qu'on ait fait intervenir 100 à 120 grammes de bioxyde de baryum pour 200 grammes d'eau distillée, ce qui exige sept

(1) Thenard (Louis-Jacques), célèbre chimiste (1777-1857). Fils d'un simple cultivateur, il devint élève de Vauquelin et de Fourcroy, professeur à l'Ecole polytechnique, membre de l'Institut. Ce fut, avec Cuvier, le promoteur le plus actif et le plus intelligent de nos principales institutions scientifiques. Il s'est surtout illustré en appliquant la science à l'industrie. Il a presque toujours travaillé avec Gay-Lussac, et a découvert seul le beau bleu qui porte son nom. Venu pauvre à Paris, il a laissé à son fils une fortune glorieusement acquise par le travail, et le titre de baron que lui avait octroyé Louis XVIII. C'est lui qui a fondé la *Société de secours des amis des sciences*, à laquelle il laissa 20,000 francs. Son village natal, La Louptière (Aube) porte aujourd'hui, par autorisation administrative, le nom de La Louptière-Thenard.

(2) On donne ce nom à la cause inconnue du phénomène, appelé *catalyse* par Berzélius, qui se produit lorsqu'un corps, par sa seule présence, et sans subir lui-même de changements, paraît mettre en jeu certaines affinités chimiques, détruire ou modifier certaines combinaisons du corps. La science actuelle tend à abandonner cette hypothèse d'une cause mystérieuse pour la remplacer par l'observation attentive des conditions dans lesquelles les corps se métamorphosent ou se combinent. Ainsi, le phénomène de la fermentation du sucre et de sa transformation en alcool et en acide carbonique sous l'influence de la levure de bière est aujourd'hui expliqué, grâce aux travaux de M. Pasteur, par la vie même de cette levure, qui est corrélative à son développement physiologique.

à huit opérations de ce genre. On ajoute alors 2 ou 3 grammes d'acide phosphorique, puis un peu plus de bioxyde de baryum qu'il n'en faut pour saturer ce nouvel acide; par ce moyen, on précipite les corps étrangers, les oxydes principalement, qui se trouvaient dans le bioxyde de baryum, afin de ne pas déterminer plus tard la décomposition du bioxyde d'hydrogène. On filtre de nouveau, et l'on a un mélange d'eau ordinaire, d'eau oxygénée et d'acide chlorhydrique. Pour enlever ce dernier, on traite par le sulfate d'argent, qui produit du chlorure d'argent aussi insoluble que le sulfate de baryte, et on substitue de la sorte de l'acide sulfurique à l'acide chlorhydrique (1) :

$$Aq + HO^2 + HCl + AgO,SO^3 = Aq + HO^2 + SO^3,HO + AgCl.$$

L'acide chlorhydrique enlevé, et afin de séparer l'acide sulfurique qu'on lui a substitué, on filtre la liqueur afin de la traiter par une quantité de baryte moindre que celle qui serait nécessaire. On l'humecte dans un mortier d'agate, ce qui produit une grande chaleur, cette base se comportant comme la chaux que l'on éteint, mais avec plus d'énergie; on la broie vivement, on la met par parties dans le liquide, en agitant, puis on achève la saturation au moyen de la dissolution appelée *eau de baryte;* il faut, pour que la saturation soit absolue, qu'il ne reste pas trace d'acide sulfurique sans mettre la plus petite quantité de baryte en excès. On sépare ce dernier sulfate de cette base par une filtration, et l'on évapore l'eau ordinaire pour la concentrer dans le vide sec.

On produit aussi de petites quantités d'eau oxygénée en décomposant l'eau par la pile, et aussi par toutes les oxydations lentes au contact de l'air. Ainsi, quand on agite une lame de plomb amalgamé dans un flacon contenant de l'air et quelques centimètres cubes d'eau acidulée par de l'acide sulfurique, on trouve que l'eau contient, au bout d'un quart d'heure, une quantité sensible d'eau oxygénée. De même, si on abandonne un peu d'éther dans un flacon avec une petite quantité d'eau, l'éther devient acide, et il y a production d'eau oxygénée.

Ce composé est incolore, inodore, et possède, lorsqu'il est fortement mélangé d'eau, une saveur métallique rappelant celle de l'émétique. Si elle n'est point mélangée d'eau, l'eau oxygénée attaque et blanchit l'épiderme. A son maximum de concentration, elle a une consistance sirupeuse et sa densité est 1,452. Elle se solidifie à — 30°; on ne peut connaître son point d'ébullition, parce que, absolument privée d'eau, elle se décompose instantanément à la moindre élévation de température; un peu étendue d'eau ordinaire, elle ne se décompose qu'à + 20°; très

---

(1) L'eau employée comme dissolvant est souvent représentée par Aq, de son nom latin *aqua.*

étendue d'eau, elle atteint sans décomposition +50°. Elle ne joue ni le rôle de base ni le rôle d'acide; en contact avec le papier de tournesol, elle le décolore. Elle est remarquable par son instabilité, et offre cette particularité que, mise en simple contact avec un grand nombre de corps, même à la température ordinaire, par exemple avec les métaux les moins oxydables, réduits en poudre, tels que l'or, le platine, le palladium, l'argent, le charbon, ou même le bioxyde de manganèse et quelques autres oxydes, elle se décompose tout à coup, quelquefois avec explosion, laisse dégager la moitié de son oxygène et se trouve ramenée à l'état d'eau ordinaire ou protoxyde d'hydrogène, sans que le métal, placé au milieu de cet oxygène naissant, en absorbe la moindre quantité. L'eau oxygénée communique encore à certains composés l'instabilité qui la caractérise; ainsi du bioxyde d'argent en poudre, projeté dans de l'eau oxygénée, y produit une vive effervescence et se décompose, tandis qu'elle-même se décompose également. Enfin les corps avides d'oxygène, tels que l'arsenic, le sélénium, le potassium, le sodium, le molybdène, le tungstène, les protoxydes de baryum, de strontium, de calcium, de fer et d'étain; le sous-oxyde de cuivre hydraté; le sulfure de plomb, le sulfure d'arsenic s'approprient immédiatement l'oxygène que perd le bioxyde d'hydrogène en redevenant du protoxyde; il est donc un oxydant énergique.

Thenard a fait une brillante application de cette décomposition du bioxyde d'hydrogène produisant une oxydation. Souvent les parties blanches des vieux tableaux sont noircies par le temps; le *carbonate de plomb* ou *céruse*, dont est faite la couleur blanche, s'est converti en *sulfure de plomb noir* par les émanations sulfureuses. Si l'on passe légèrement sur ces parties noircies un pinceau imbibé d'eau oxygénée, étendue d'eau en assez grande quantité pour ne pas contenir plus de 8 fois son volume d'oxygène, le *sulfure de plomb* devient du *sulfate de plomb* qui est blanc, et la couleur primitive reparaît. Un des plus beaux tableaux de Raphaël a été ainsi parfaitement restauré par Thenard. Ajoutons que le chlore liquide ou gazeux, les chlorures de chaux et de soude, ou mieux encore une dissolution d'acide hypochloreux passent pour agir de la même manière que l'eau oxygénée, et peuvent ainsi la remplacer économiquement pour nettoyer et blanchir les boiseries et les tableaux non vernis.

Les réactifs destinés à reconnaître la présence de l'eau oxygénée doivent être sensibles. Quelques gouttes d'une dissolution à 0,01 d'*acide chromique*, versées dans une liqueur contenant de l'eau oxygénée, prennent une coloration bleue due à la formation d'*acide perchromique*; une dissolution d'*iodure de potassium*, additionnée d'empois d'amidon et d'un peu de *sulfate de protoxyde de fer*, colore également en bleu une liqueur contenant un millionième d'eau oxygénée ; une dissolution de *permanganate de potasse*, acidulée par l'acide sulfurique, se décolore dans ces occasions.

CHAPITRE IV

CARBONE ET SES COMPOSÉS OXYGÉNÉS ET HYDROGÉNÉS

CARBONE. (C. — *Équivalent en poids = 6 ; en volume = 1*.) Le *carbone* est, après l'oxygène, le métalloïde le plus universellement répandu, et qui se présente à nous sous les aspects les plus variés. Les caractères qu'il offre sous chacun de ses états sont si différents qu'il faut étudier séparément ses diverses variétés. Cependant, il est quelques propriétés essentielles qui le caractérisent toujours. C'est un corps solide, infusible et fixe aux températures ordinaires de nos fournéaux : sous l'influence d'une pile de 500 éléments, Despretz a pu, sinon le fondre comme du verre, au moins comme une scorie, et le volatiliser partiellement. Il est insoluble dans tous les liquides, sauf dans la fonte de fer en fusion. Ce liquide, en se refroidissant, laisse déposer le carbone en paillettes d'un gris noirâtre. Comme caractère essentiel, ajoutons qu'il se combine directement avec l'oxygène en formant de l'oxyde de carbone C^2O^2, s'il est en excès, et de l'acide carbonique CO^2, si l'oxygène est au contraire en excès ; avec le soufre, dans les mêmes conditions, en formant du sulfure de carbone CS^2. Dans l'arc voltaïque d'une très forte pile seulement, le carbone se combine directement avec l'hydrogène, en formant de l'*acétylène*, C^4H^2, quoique ces deux corps puissent, combinés indirectement, former ensemble un nombre infini de combinaisons. Il se combine avec l'azote en présence des alcalis. Ainsi un courant d'azote, passant sur des charbons imprégnés de potasse, donne du cyanogène, qui reste uni au potassium, et de l'oxyde de carbone qui se dégage : $3C+Az+KO=KC^2Az+CO$. Combiné en petite quantité avec du fer, le carbone forme de l'acier et de la fonte.

On obtient du carbone pur, non cristallisé, en calcinant au rouge vif du sucre dans un creuset de porcelaine.

Le carbone se trouve dans la nature sous trois états parfaitement distincts : 1° à l'état de pureté et cristallisé (*diamant*, *graphite* ou *plombagine*); 2° à l'état de charbon combustible, non cristallisé (*anthracite*, *houille*, *lignite*); il n'est jamais pur alors, mais les corps étrangers que l'on y trouve lui sont seulement mélangés; 3° à l'état de combinaison dans les minerais; 4° enfin dans tous les corps organiques sans exception.

DIAMANT. — Le diamant est un corps vitreux, généralement incolore, en cristaux plus ou moins parfaits appartenant au système cubique, et offrant un clivage facile parallèlement aux faces d'un octaèdre régulier. On le range quelquefois parmi les corps *hémiédriques*, c'est-à-dire parmi ceux qui affectent surtout les formes relatives au tétraèdre. Ces cristaux sont presque toujours à face bombée et à arêtes courbes; quand ce caractère est très prononcé, le diamant offre presque l'aspect d'un sphéroïde. On en trouve de cristallisés régulièrement en octaèdre et en dodécaèdre rhomboïdal réguliers, rarement en cube; et irrégulièrement en octaèdres simples ou modifiés sur leurs arêtes, réunis deux à deux et presque toujours avec des faces de jonction très élargies (*diamants maclés*), ou en cristaux à arêtes curvilignes (*sphéroïdes*), ou enfin en cristaux groupés, quelquefois très aplatis (*diamants groupés*). Certaines variétés ont une structure fibreuse et non lamellaire; elles sont plus dures que les autres, et ne peuvent se cliver ni se tailler : on les appelle *diamants de nature*.

Le diamant est environ 3 fois et demie plus lourd que l'eau distillée; sa densité varie entre 3,50 et 3,55. C'est le plus dur de tous les corps; il les raye tous et n'est rayé par aucun, si ce n'est peut-être par le *diamant de bore* (bore cristallisé). Il développe par le frottement de l'électricité vitrée. Inattaquable par la plupart des corps, il peut, à l'abri du contact de l'air, supporter sans se fondre la température la plus élevée. Il est un des corps qui réfractent le plus fortement la lumière; c'est à cette puissance de réfraction qu'il doit en grande partie son éclat. Sa phosphorescence est telle que, présenté quelques instants à la lumière du soleil et porté ensuite dans l'obscurité, il répand des jets lumineux pendant un temps plus ou moins long. Les diamants sont, avons-nous dit, généralement incolores; on en trouve néanmoins de diverses couleurs, jaunâtres, enfumés, bruns, noirs, quelquefois opaques. Rarement on en rencontre avec des couleurs décidées et bien vives : tels sont les diamants jaunes, jaune verdâtre, verts, rouges ou roses. Mais, à moins que ceux-ci ne soient

Exploration des mines (page 630).

d'une beauté tout à fait exceptionnelle, c'est toujours la variété incolore et parfaitement limpide, c'est-à-dire d'*une belle eau,* que l'on préfère. Les lapidaires les appellent *diamants de roche.*

C'est dans des dépôts d'atterrissement et de transport que l'on trouve le diamant. Ces dépôts sont superficiels ou recouverts seulement de quelques couches d'argile d'alluvion; ils se composent de cailloux roulés, libres ou réunis en *poudingue* par un sable ferrugineux qui porte le nom, au Brésil, de *cascalhaon* ou *cascalho.* Mais il est évident que le diamant ne s'est pas formé dans ces dépôts; aussi, pour avoir une idée géologique de ce minéral, on devait chercher une roche qui le contînt. On a reconnu sa présence, dans l'Inde, dans un grès qui paraît être de l'époque carbonifère, et dont les débris roulés ont formé des amas au pied des montagnes. A Bornéo, on a reconnu le diamant dans des débris de serpentine, où se trouvent aussi du platine et de l'or, tandis qu'en Sibérie il paraît provenir des dolomies carbonifères. On en exploite aussi au Brésil, depuis quelques années, dans un grès micacé flexible, appelé *itacolumite,* ainsi que dans les grès supérieurs, qui passent à celui-ci par toutes les nuances. Mais l'*itacolumite* étant une roche d'origine arénacée et sédimentaire, rien ne prouve que le diamant y ait pris naissance, car il a très bien pu y être entraîné, lors de la formation du dépôt des éléments qui la constituent et s'y trouver ensuite empâté, lorsque celui-ci a pris sa consistance actuelle.

Les cinq parties du monde possèdent des diamants; mais leur richesse, sous ce rapport, est fort inégale. En Europe, il y en a un gisement dans les monts Ourals, connu seulement depuis une soixantaine d'années : en 1821, de Humboldt, examinant les sables aurifères de cette région, fut frappé de l'analogie de ces sables avec ceux qui, au Brésil, renferment des diamants; les recherches qu'il conseilla furent couronnées de succès, quoique, jusqu'à présent, la valeur des diamants trouvés ne couvre pas les frais de lavage. On a recueilli aussi des diamants dans les environs d'Iékatérinenbourg, de Bissak et de Kuschwinsk, dans les gouvernements de Perm et d'Orenbourg (Russie d'Europe).

L'Asie renferme les gîtes les plus anciennement connus. On a trouvé des diamants en Sibérie, en 1823; mais c'est surtout sur les rives de la Krichna et du Pennar, dans l'ancien royaume de Golconde, au centre du Deccan, et dans les environs de Pannah, dans l'Allahabad, que cette exploitation est très productive. Nous citerons encore les royaumes de Visapour, de Bengale, de Pégu, les bords du Gange, etc. Tous ces gîtes sont fort éloignés de Golconde, qui est seulement le marché principal des diamants de l'Inde et le lieu où l'on les taille. Exploitées vers la fin du xvi° siècle, ces mines, dites de Golconde, connues depuis l'antiquité, occupaient encore en 1622 plus de 30,000 ouvriers. En Amérique, on a signalé des diamants dans quelques rivières, surtout dans celles de la Caroline du Sud. Mais c'est le Brésil qui fournit aujourd'hui la plus grande partie des diamants répandus dans le commerce. Ses mines diamantifères furent découvertes au commencement du xvii° siècle. Elles se trouvent dans un territoire très riche en or, dont les exploitations avaient longtemps empêché de reconnaître qu'elles possédaient des mines de diamants. Les premiers qu'on y trouva étaient regardés comme des cristaux sans valeur, et le gouverneur de Villa-do-Principe s'en servait comme de jetons de jeu. L'ambassadeur de Hollande à Lisbonne les fit examiner par des lapidaires de son pays, qui les reconnurent pour de très beaux diamants. Il informa le gouvernement portugais de sa découverte, et conclut en même temps un traité pour le commerce de ces pierres. L'énorme quantité exportée dans les premières années en diminua promptement le prix en Europe, et on les envoya par la suite dans l'Inde, qui auparavant les avait fournis exclusivement. On exploite les diamants au Brésil aux environs de Tejuco, dans la province de Minas-Geraes, sur un territoire de 16 lieues de long sur 8 de large. La région la plus riche est celle qui s'étend du village d'Itambo jusqu'à Sincora, sur la rivière de Pornagrassu (Bahia). Son affluent, la rivière d'Iquitinhonha est la plus fertile en diamants. On le trouve disséminé dans les dépôts et presque toujours enveloppé d'une croûte terreuse qui y adhère avec plus ou moins de force, et empêche de le reconnaître avant qu'il ait été lavé. Aussi procède-t-on à sa recherche par un lavage à grande eau, capable d'entraîner les parties terreuses ; on enlève les cailloux grossiers, puis on cherche dans le résidu. Ce sont des nègres qui sont chargés de cette recherche. A l'époque des sécheresses, on détourne les eaux des rivières diamantifères, et on recueille le limon, mêlé de cailloux, jusqu'à une hauteur de 2 à 3 mètres. La saison des pluies arrivée, on commence les travaux dans les lavoirs (*fig.* 344). Ceux-ci renferment des auges ou *canoes*, disposées côte à côte et dans chacune desquelles passe un filet d'eau destiné à entraîner les parties terreuses. Quand le *cascalhaon* est complètement débarrassé de la vase, on cherche, en triant le gravier à la main. Le nègre qui a trouvé un diamant se lève et frappe dans ses mains pour avertir l'un des gardiens, qui, placés sur des sièges élevés, surveillent tous leurs mouvements. Ceux-ci prennent les diamants trouvés, et, à la fin de la journée, ils les remettent à l'inspecteur en chef qui en inscrit le poids sur un registre. Des primes sont accordées aux nègres suivant la grosseur des diamants qu'ils trouvent, et, quand ceux-ci atteignent 17 carats 1/2, l'esclave qui en a trouvé un est mis en liberté. Cependant le Brésil ne fournit pas annuellement plus de 6 à 7 kilogrammes de diamants; aussi cette matière, même à l'état brut, est-elle toujours fort chère. Les diamants susceptibles d'être taillés valent aujourd'hui de 70 à 80 francs le carat.

On se sert depuis longtemps, dans le commerce du diamant, d'une unité de poids appelée *carat* ou *karat*, qui vaut 4 grains ou 205 milligrammes 1/2. Ce mot *karat* vient de *kuara*, nom de la graine de l'*Erythrina corrallodendron* du pays des Shangallas, en Afrique, pays où se fait un grand commerce d'or. Com-

Fig. 244. — LAVAGE DU CASCALHAON AU BRÉSIL.

me les semences sèches de cet arbre sont toujours à peu près également pesantes, les indigènes s'en servent depuis un temps immémorial pour peser l'or. Ces fèves ont été ensuite transportées dans l'Inde, où on les a employées pour peser les diamants dans les premiers temps.

Un diamant taillé d'un carat vaut environ 250 francs. On comprend que celui-ci vaille beaucoup plus cher que brut; car, d'un côté, il a coûté du travail et perdu de son poids; de l'autre, on a pu apercevoir beaucoup de défauts qui ont fait rejeter un grand nombre de pierres. Pour les diamants d'un poids notable, *les prix croissent comme les carrés des poids*. Les diamants extraordinaires par leur grosseur, leur beauté ou leur prix, étaient autrefois appelés *parangons*.

En Afrique, quoique l'antiquité ait signalé des mines de diamants dans la partie septentrionale et qu'on en ait, en effet, retrouvé dans la province d'Alger quelques-unes, sans aucune importance d'ailleurs, les champs diamantifères du Cap sont seuls renommés. Ceux en exploitation sont situés sur la limite de la colonie du Cap de Bonne-Espérance et des États libres du fleuve Orange (*Orange Vrij Staat*, république hollandaise), à environ 1,200 kilomètres de la ville du Cap, par 29 degrés de latitude S. et 25 degrés de longitude E., méridien de Greenwich; ils sont élevés de 600 pieds anglais environ au-dessus du niveau de la mer. On les distingue en deux catégories : les mines des rivières et les *dry diggins* (mines sèches). Aux mines des rivières, les diamants se trouvent sur les bords et dans le lit même, au milieu de pierres d'une grande variété : calcédoines, agates, olivines, grenats rouges et verts, aragonites, etc. ; aux mines sèches, ils gisent parmi les ilménites, grenats rouges, granits, feldspaths micacés décomposés, tufs, schistes alumineux contenant des pyrites de fer, etc., etc. Toutes les mines sèches sont situées au milieu de vastes plaines incultes, si plates et si unies que la vue peut s'étendre dans toutes les directions sans rencontrer autre chose qu'une ligne d'horizon qui, par sa régularité, tranche sur le ciel, absolument comme l'horizon de la mer ; c'est à peine si, de loin en loin, on y aperçoit quelques arbres isolés, appartenant invariablement à la famille des *mimosas;* pas d'eau, pas de terre végétale, rien, en un mot, qui puisse donner à penser que ces régions soient faites pour être habitées par l'homme. La terre végétale, terre à briques rouge et fine, sans pierres, a une épaisseur qui varie de six pouces à dix pieds environ, — cette dernière quantité par exception.

Les mines sèches sont au nombre de quatre, situées dans un rayon d'environ 5 kilomètres : *Bultfontein, Du Toit's Pan, Old de Beer's,* et de *Beer's New-Rush.* Cette dernière, la plus importante, tant sous le rapport de la richesse que de la régularité de sa forme et de sa constitution, est un vaste bassin de 630 pieds anglais sur environ 900, qui présente à peu près la forme d'une poire et se terminant à l'O.-N.-O. par un goulot. Ce bassin est entouré d'une ceinture de schiste qui paraît avoir subi l'action du feu et dont les lames, variant d'épaisseur, mais régulièrement superposées, sont très friables, se décomposent à l'air au bout de quelques semaines et se désagrègent avec une grande facilité. Cette ceinture de schiste, tantôt gris, tantôt et plus généralement d'un brun jaune marbré, descend vers le fond en pente irrégulière et donne au bassin l'apparence d'un cratère de volcan. Les terres qui remplissent le bassin, — sables gris et verts, tufs, glaises, terres graveleuses, coraux, terres dures comme de la pierre, d'un bleu gris très tranché comme couleur, — sont déposées en couches parfaitement distinctes et parallèles, ou, du moins, suivent toutes les ondulations les unes des autres, comme cela se voit dans les terrains rapportés par les eaux. Dans une couche assez mince, rencontrée à 7 mètres de profondeur, on a trouvé une écaille d'huître, un œuf d'autruche, un grain de collier en verre bleu et des os d'antilope. On ne saurait donc nier la nouveauté relative de ces terrains, et c'est cependant dans leur épaisseur que sont cachées les pierres précieuses. On découvre des diamants presque à la surface du sol, et les recherches ont été fructueuses pour les mineurs à toutes les profondeurs, jusqu'au fond du bassin. Les diamants sont, la plupart, plus ou moins cassés ; ils sont, en général, d'autant plus colorés en jaune qu'ils sont plus gros. Les plus gros que l'on ait recueillis pesaient 288, 166 et 144 carats. Aucune mine du monde n'a donné d'aussi gros diamants en telle quantité. Le bassin de *New-Rush* seul a fourni, en moyenne, plus de 3,000 diamants par jour pendant plus de huit mois, et la plupart étaient de fortes dimensions.

Un fait extrêmement curieux a été signalé. Les diamants les plus beaux, en raison de la pureté de leur eau, éclatent très souvent après quelques jours de contact avec l'air. Le diamant à forme octaédrique et à surface lisse éclate ordinairement dans le cours de la première semaine; par exception, l'éclatement s'opère encore quelquefois au bout de trois mois. Pour empêcher cet effet de se produire, les mineurs enduisent la pierre d'une couche de suif aussitôt après la découverte. Quelle est la cause de ce phénomène? On ne peut encore évidemment faire que des conjectures à cet égard; mais il y a lieu d'appeler l'attention sur cette singularité. Ce phénomène si simple jettera peut-être quelque lumière sur la constitution intime du diamant. On a remarqué aussi que l'abondance des grenats est un signe fréquent de la richesse du point exploité. Il est très rare de trouver de gros diamants là où l'on en trouve une grande quantité de petits. Dans les environs d'une grosse roche, ou plutôt au-dessous, se rencontre presque toujours un gros diamant. Les couches qui avoisinent intérieurement les parois du bassin sont généralement très riches en diamants, tandis que les pierres précieuses sont distribuées très inégalement dans l'intérieur du dépôt (1).

Ces sables diamantifères ont beaucoup occupé les géologues. M. Stanislas Meunier, du Muséum de Paris, a examiné dernièrement des sables provenant de la célèbre mine sèche de *Du Toit's Pan*. Soumis au triage, les sables ont fourni environ 80 variétés de grains, parmi lesquelles on distingue des roches et des minéraux proprement dits. Comme roches, on peut citer des serpentines très variées, une roche à base de grenat et de smaragdite, une roche voisine de la dibarite, une pegmatite, etc. Parmi les minéraux, il faut mentionner le diamant, la topaze, le grenat, le smaragdite, le bronzite, le quartz, l'ilménite, la trémolite, l'asbeste, le calcite, l'opale, le jaspe rouge, l'agate, la pyrite de fer, la limonite, etc. M. Meunier pense, avec raison, ce semble, que ces sables diamantifères ne proviennent pas, comme on le répète, d'une décomposition de matériaux volcaniques, mais bien d'un apport souterrain par des eaux jaillissantes; c'est ce qu'il

____

1. Desdemaine-Hugon, *Mémoire à l'Académie des sciences* (1873). — De Parville, *Causeries scientifiques.*

nomme des *alluvions verticales*. Ces sables auraient été apportés des profondeurs du globe et charriés par des eaux jaillissantes.

Ce n'est pas d'aujourd'hui que le diamant représente au plus haut degré l'apanage de la richesse et l'idéal du luxe; son emploi, comme pierre d'ornement, date de la plus haute antiquité. S'il n'est pas bien certain que ce soit lui dont Homère ait parlé sous le nom d'*adamas*, il n'en est pas moins vrai que ce minéral était tout aussi estimé des Grecs et des Romains qu'il l'est de nos jours. Pline nous apprend qu'on le trouvait en Éthiopie; il parle de sa cristallisation et il ajoute qu'il raye les pierres précieuses, vraies ou fausses; mais il ajoute qu'il est incombustible, qu'il ne peut même pas être échauffé, et Lucrèce affirme qu'il ne redoute pas le choc du marteau. Les anciens l'avaient même doté du pouvoir de dissiper les terreurs paniques, les insomnies, les enchantements, et même d'entretenir la bonne harmonie dans les ménages. Il ne faut donc pas s'étonner qu'au moyen âge on ait encore attribué au diamant des propriétés merveilleuses. Voici ce qu'en dit le chimiste Bartholomée, l'Anglais, dans son livre *Des propriétés des choses,* traduit en français en 1372 : « Ceste pierre vault moult à celluy qui la porte, contre ses ennemis et contre forcenerie, et contre malvais songes et fantosmes, et contre venin, et contre les diables, etc. » Or ces diables, prenant la figure de l'homme, Bartholomée explique ainsi naturellement pourquoi les femmes ont toujours tant recherché le diamant et en ont fait le plus brillant complément de leur toilette.

Pendant longtemps, ne sachant pas tailler ces pierres, on les portait telles que la nature nous les donne, et l'on attachait un grand prix à celles qui étaient naturellement brillantes et de forme régulière; on appelait *diamants bruts ingenus* et *diamants à pointes naïves* ceux qui offraient une figure pyramidale. C'est du xv⁰ siècle seulement que datent les premières notions sur l'art de tailler les diamants, et on en a attribué à tort l'invention à Louis de Berqueen ; ce Hollandais mathématicien n'inventa, vers 1465, époque à laquelle il vint à Paris, que la distribution géométrique des facettes favorable au plus bel effet de la réfraction de la lumière. Déjà des lapidaires français, qu'on appelait *diamantaires*, taillaient le diamant; les archives de Paris mentionnent, dès l'année 1402, un carrefour nommé *La Courarie*, où s'étaient agglomérés les diamantaires. En 1407, un habile ouvrier, du nom d'Herman, livra les diamants les mieux taillés qu'on eût encore vus. En 1465, une concurrence s'établit à Bruges, et, en 1475, Berqueen, à qui Charles le Téméraire donna ses trois plus gros diamants à tailler, fonda des ateliers à Bruges, à Anvers, à Amsterdam. Alors l'industrie périclite en France. Mazarin la protège ; il fait tailler à Paris les douze plus gros diamants de la couronne, dits maintenant les *douze mazarins*. Il y a alors à Paris 75 diamantaires; mais tout à coup cet art décline, et, en 1775, il n'y en a plus que 7 qui meurent de faim. Sous le

Le valet de chambre fut pillé et assassiné... (page 637).

ministère de Calonne, on établit au faubourg Saint-Antoine 27 moulins; puis Strabracq, qui les dirige, disparaît complètement, et c'en est fait en France de la taille du diamant. Deux ouvriers seuls, Gallin et Lagroux, étaient cependant restés, aimant mieux subir la misère que d'aller travailler à l'étranger. De nos jours, cette industrie est exercée surtout en Hollande; mais nous en recevons de grandes quantités déjà taillés en ce pays, pour être perfectionnés par nous, dans l'harmonique angularité des facettes, de laquelle dépend le bel effet, et il s'est élevé à Paris une concurrence sérieuse aux dix mille ouvriers tailleurs de diamants qu'emploie la Hollande. Notre supériorité dans cet art difficile est prouvée par ce sacrifice que font les joailliers en faisant retailler un diamant; l'opération, en effet, diminue le poids, et dans les petits diamants d'un carat seulement, chaque molécule enlevée par la retaille vaut cinq cents fois plus que ne vaudrait une molécule d'or du même poids.

Pour tailler les diamants, on commence par les décroûter en les frottant l'un contre l'autre, ce qui s'appelle *égriser ;* les parcelles qui s'en détachent sont recueillies pour former la poudre, appelée *égrisée,* qui sert ensuite à tailler et à polir d'autres gemmes. Dans l'Inde, on taille le diamant de manière à lui conserver tout son volume; en Europe, on sacrifie beaucoup du volume pour donner une belle forme à la pierre, et en même temps pour faire disparaître les défauts connus sous les noms de *points, glaces, givres, crapauds, dragonneaux, jardinages,* etc. Les principales formes adoptées pour la taille (*fig.* 345) sont le *brillant* et la *rose.* Le brillant est assez épais, dressé en *table* à sa partie supérieure et formé en *culasse* à la partie inférieure. La rose est d'une faible épaisseur, plate en dessous et recouverte d'une multitude de facettes triangulaires. Le brillant se monte à jour, jette un grand éclat et donne toutes les nuances du spectre solaire. La rose se monte sur une lame métallique blanche et polie, a moins d'éclat que le brillant, et ne fait guère que réfléchir la lumière. Sa valeur est en raison de sa convexité; mais elle est, toutes choses égales d'ailleurs, bien inférieure à celle du brillant. Il arrive souvent que le brillant se fait avec une table en diamant et une culasse en cristal de roche.

Les diamants défectueux, reconnus pour ne pouvoir être taillés, se vendent soit pour faire de l'égrisée, soit pour graver ou tailler les pierres fines, soit pour servir de pivots en horlogerie, soit enfin pour couper le verre. On préfère, pour ce dernier usage, ceux qui sont nettement cristallisés. Ces diamants naturels ont une grande supériorité sur ceux qui sont taillés par l'art : cela tient, d'après Wollaston, à la courbure des arêtes qui coupent nettement le verre au lieu de l'érailler. Ces diamants portent le nom de *vitriers.* Il existe très peu de diamants taillés au-dessus de 100 carats. Les principaux diamants (*fig.* 346) sont :

1° Le *Koh-i-noor* (montagne de lumière), pris par les troupes anglaises lors de l'occupation de Lahore; son poids était de 186 karats 1/16 avant la taille; il pèse actuellement 82 karats 3/4. Il a été cédé à la couronne d'Angleterre par la Compagnie des Indes pour 6 millions. 2° Celui du rajah de Mathan, à Bornéo, qui pèse 307 carats ou 78 grammes. 3° L'*Orlow*, qui est de la grosseur d'un petit œuf de pigeon, ornait autrefois un des yeux de la fameuse idole de Schéringam, dans le temple de Brahma. Ce fut un grenadier français, au bataillon de Pondichéry, qui, ayant déserté et s'étant mis au service du Malabar, trouva moyen d'arracher cet œil précieux et de se sauver à Madras. Il vendit son diamant 50,000 francs à un capitaine de vaisseau; celui-ci le céda pour 300,000 francs à un juif, qui le donna, pour une plus grosse somme, à un marchand grec; enfin ce dernier le vendit, en 1772, à l'impératrice Catherine de Russie, pour la somme de 2,500,000 fr. comptant et 100,000 fr. de rentes viagères. 4° Le *Grand-duc de Toscane*, le premier diamant taillé et poli, appartint au duc de Bourgogne, Charles le Téméraire, qui le perdit à la bataille de Morat; il fut depuis retrouvé et vendu à Henri VIII d'Angleterre, qui en fit don à sa fille, lorsqu'elle épousa le roi d'Espagne Philippe II. Il est jaune et d'une belle forme; il pèse 139 carats 1/2. Son prix est évalué à 2,608,335 francs. 5° Le *Régent*,

Fig. 245.
FORMES DU DIAMANT TAILLÉ.

dont l'histoire est racontée dans les *Mémoires de Saint-Simon* : Un employé des mines de Partéales, dans le Mogol, nommé Pitt, ayant trouvé un diamant d'une grosseur prodigieuse, vint à bout de le cacher en l'introduisant dans ses entrailles. Il arriva en Europe, portant ainsi un trésor précieux. Il fit voir son diamant à plusieurs princes de différentes cours; tous l'admirèrent; mais ils le trouvaient en même temps au-dessus de leurs facultés pécuniaires. Philippe, régent de France pendant la minorité de Louis XV, fut lui-même effrayé du prix, lorsque Law, à qui le propriétaire l'avait présenté, le lui fit voir. Après de grandes concessions de la part du possesseur, le duc régent se détermina à offrir 2 millions de francs et les rognures qui sortiraient de la taille. Ce diamant fut donc acquis à la France. Il surpasse tous les diamants connus par sa perfection, sa limpidité et la beauté de sa forme. Son poids, à l'état brut, était de 410 carats; il exigea deux années de travail pour être taillé en brillant et pèse aujourd'hui 130 carats 3/4. En 1848, il a été porté dans les inventaires pour 8 millions. 6° L'*Étoile du sud*, exposé en 1855 par M. Halphen, joaillier à Paris. Il fut trouvé par une négresse, en juillet 1853, dans la mine de Bogagem, l'un des districts de la province de Minas-

Geraes. C'est le plus gros diamant qui nous vienne du Brésil. Il pesait brut 254 carats 1/2. La taille, qui a duré trois mois, lui a fait perdre la moitié de son poids ; il pèse actuellement 124 carats 1/4 et doit valoir au moins 7 millions. 7° Le *Grand-Mogol*, trouvé dans la mine de Coloure, près de Golconde, vers 1550, qui pesait 793 carats avant d'être taillé et qui fut réduit à 279 carats 2/11 ; il est estimé plus de 11 millions. 8° Le *diamant de Portugal*, trouvé aussi dans les mines du Brésil, ayant la forme

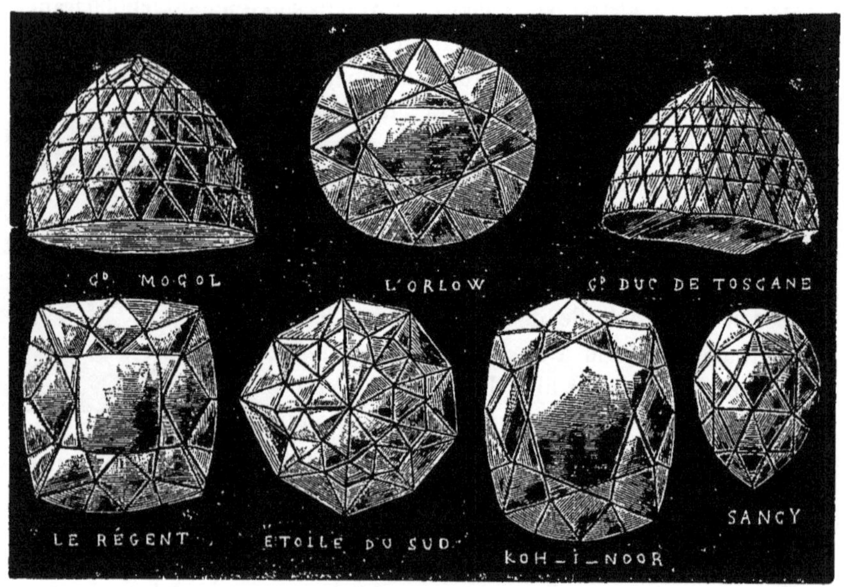

Fig. 246. — DIAMANTS CÉLÈBRES.

d'un octaèdre et pesant 95 carats : il n'a pas été taillé. 9° L'*Impératrice Eugénie*, pesant 51 carats. 10° L'*Étoile polaire*, pesant 40 carats. 11° Enfin, le *Sancy*, du poids de 33 carats seulement et dont l'histoire est curieuse : Il brillait au casque de Charles le Téméraire et fut perdu par lui à la défaite de Granson, en 1476. Trouvé par un Suisse, il fut vendu 1 écu à un curé, qui le revendit 2 florins, puis il disparaît ; on le revoit entre les mains du duc de Florence, puis, en 1589, entre celles de dom Antoine, roi titulaire de Portugal, prieur de Crato, qui, réfugié en France, le donne en gage à Harlay de Sancy, trésorier général de France, pour 100,000 livres tournois. Henri III l'emprunta à celui-ci, afin qu'il servît de gage aux Suisses dont il voulait lever un corps ; mais, ayant laissé ce diamant à Paris, Sancy envoya son valet de chambre le chercher en lui recommandant bien de prendre garde qu'il ne fût volé à son retour par quelques-uns des brigands qui infestaient les routes. Ce qu'avait craint Sancy arriva ; son valet de chambre fut pillé et assassiné. Ne le voyant pas revenir, il se douta de l'événement (*fig.* à la page 633), et, après les plus grandes perquisitions, ayant découvert qu'un homme tel qu'il le désignait avait été trouvé assassiné dans la forêt de Dôle et que des paysans l'avaient enterré, il se transporta aussitôt sur les lieux, fit exhumer le cadavre; après l'avoir reconnu pour celui de son domestique, il le fit ouvrir et retrouva le diamant dans les entrailles de son fidèle serviteur. Plus tard, le baron de Sancy, ambassadeur de France, en disposa en faveur de Jacques II, roi d'Angleterre, réfugié à Saint-Germain, qui le vendit à Louis XIV pour 625,000 livres. Volé en 1792, puis acquis par la Russie en 1815, au prix de 500,000 roubles, il est aujourd'hui, paraît-il, entre les mains de la famille de la princesse Paul Demidoff.

Il n'est pas sans intérêt de connaître les idées que Bernard de Palissy a émises au sujet des diamants. Il dit, dans son *Traité des pierres* : « Le diamant n'est autre chose qu'une eau, comme le cristal ; mais il est congelé par quelque rare espèce de sel, pur et monde, lequel est tellement endurci en sa congélation qu'il est plus dur que nulle des autres pierres ; et faut ici noter que son excellente beauté procède en partie de sa dureté, et ce d'autant que le polissement est plus beau, de tant que la pierre est dure. Les lapidaires disent ainsi : « Voilà un diamant qui « a une belle eau ; » ils parlent bien, mais s'il estoit aussi dur qu'est le diamant, il se trouveroit aussi lumineux et excellent en beauté, comme le diamant, et ne cognoistroit-on aucunement la différence de l'un avec l'autre. »

Vers la fin du XVIIᵉ siècle, Côme III, grand-duc de Toscane, avait favorisé les expériences d'Averami et de Targioni sur la combustibilité du diamant ; on vit cette pierre, brûlée au foyer d'un miroir ardent, se consumer et disparaître, sans laisser aucun résidu. Un des successeurs de Côme, François-Étienne de Lorraine, devenu depuis grand-duc de Toscane, et enfin empereur sous le nom de François Iᵉʳ, répéta à Vienne cette expérience, en 1751. Quinze ans plus tard, Macquer (1), Rouelle (2),

____

(1) Macquer (Pierre-Joseph), chimiste français (1718-1784), professeur de pharmacie à Paris, membre de l'Académie des sciences, directeur de la manufacture royale des porcelaines de Sèvres. Ce fut lui qui, le premier, montra que le diamant perd plus de poids quand on le calcine dans le vide, et qu'il se dissipe, au contraire, quand on le calcine au contact de l'air. Ce fut le début des expériences qui amenèrent à découvrir l'identité du carbone avec le diamant. Macquer a fait en chimie de nombreuses découvertes.

(2) Rouelle (Guillaume-François), chimiste (1703-1770), d'abord pharmacien, puis démonstrateur du cours de chimie de Bourdelin au Jardin du roi, membre adjoint de l'Académie des sciences, est un de ceux qui réussirent le mieux à populariser la chimie en France. Grimm a raconté

Lavoisier, Darcet et Cadet constatèrent que le diamant brûle toutes les fois qu'il est fortement échauffé au contact de l'air, tandis qu'à l'abri de ce contact, la chaleur la plus intense ne produit sur lui aucun effet. Lavoisier s'assura aussi que le diamant, étant brûlé, donne, comme le charbon de bois, du gaz acide carbonique. Il en conclut que le diamant n'est autre que du carbone, résultat confirmé par les expériences de Davy et de Dumas. Petdzoldt, ayant observé dans le diamant des corps étrangers qu'il prit pour des tissus végétaux silicifiés, crut pouvoir lui attribuer une origine organique; cette opinion a été réfutée par Vœhler. En 1781, Fourcroy a montré que le diamant, chauffé dans une coupelle, au feu de moufle, se couvre d'un enduit noirâtre qui lui permet de laisser une trace sur le papier. Ce fait semblait démontrer qu'à une température élevée le diamant se transforme en charbon. De là à l'idée de la transformation inverse, la transition était naturelle. Peut-on transformer le charbon en diamant? Cette question semble avoir été résolue en principe par M. Despretz : l'habile physicien est parvenu, au moyen de l'électricité, à volatiliser le charbon, dont les vapeurs concentrées ont fourni des cristaux microscopiques, à la vérité, mais présentant tous les caractères du véritable diamant. Qui peut affirmer qu'un de ces jours, on ne trouvera pas moyen de faire des cristaux de plus forte dimension?

On obtient facilement de l'alumine cristallisée dans le creuset d'un laboratoire; pourquoi n'obtiendrait-on pas le carbone cristallisé par un moyen analogue? Le carbone, il est vrai, est un corps simple, et on ne lui connaît aucun dissolvant, ni par le feu ni par la voie humide. La cristallisation est donc un problème compliqué, mais dont la difficulté n'effraye pas les chercheurs.

Déjà, le 3 novembre 1828, J.-N. Gannal, rapporte M. Figuier, commu-

beaucoup d'anecdotes sur le compte de Rouelle, qui arrivait à l'amphithéâtre en habit de velours, perruque poudrée, petit chapeau sous le bras. Très calme au début de la leçon, il s'échauffait peu à peu, posait son chapeau sur une cornue, ôtait sa perruque, dénouait sa cravate ; enfin, tout en continuant de parler, il déboutonnait son habit et sa veste, et les quittait l'un après l'autre. Dans ses manipulations, Rouelle était ordinairement assisté de son neveu. Mais l'aide ne se trouvait pas toujours sous sa main, Rouelle l'appelait en criant à tue-tête : « Neveu! éternel neveu! » et l'éternel neveu ne venant pas, il s'en allait lui-même, dans les arrière-pièces de son laboratoire, chercher les objets dont il avait besoin. Cela ne l'empêchait pas de continuer sa leçon, comme s'il était en présence de ses auditeurs. A son retour, il avait ordinairement fini la démonstration commencée et s'écriait: « Oui, messieurs, voilà ce que j'avais à vous dire ! » Alors on le priait de recommencer, ce qu'il faisait de la meilleure grâce du monde, croyant seulement avoir été mal compris. Dans sa pétulance, il décrivait parfois des procédés dont il eût bien voulu dérober le secret à ses élèves, mais qui lui échappaient à son insu dans le feu de l'improvisation, puis il ajoutait : « Ceci est un de mes secrets que je ne dis à personne ! » et c'était là précisément ce qu'il venait de révéler à tout le monde.

niquait à l'Académie des sciences le résultat de ses recherches sur la
production du diamant par le sulfure de carbone et le phosphore. Vauquelin et M. Chevreul furent nommés commissaires; mais aucun rapport
ne fut fait sur ce mémoire, dont le manuscrit même n'est pas resté aux
archives de l'Académie. Cependant divers recueils parlèrent alors du
mémoire de Gannal. Les fils de ce savant ont retrouvé récemment le
brouillon du manuscrit disparu, ainsi qu'une épreuve de ce travail, qui
a été déposée à l'Académie des sciences, et elle fut publiée textuellement
en 1878.

Gannal obtenait le diamant, c'est-à-dire le carbone pur cristallisé,
en traitant le sulfure de carbone par le phosphore. Il préparait d'abord le
sulfure de carbone, comme on l'obtient aujourd'hui, en grand, dans l'industrie; puis il le mettait en contact, à chaud, dans un matras, avec du
phosphore; il prenait à peu près quantités égales des deux matières,
mais un petit excès de phosphore accélère la décomposition. On constate
que, dans le produit de cette réaction, il existe des cristaux assez nombreux, qui ne peuvent être que du carbone pur, c'est-à-dire du diamant,
provenant de la décomposition du sulfure de carbone par le phosphore.
Il s'agit ensuite de séparer du phosphure de soufre qui s'est formé, ainsi
que du phosphore en excès, les points cristallisés. Gannal passe le tout
à travers une peau de chamois. La peau de chamois étant mise dans une
terrine à moitié remplie d'eau, la liqueur du matras, dans lequel on a
traité le sulfure de carbone par le phosphore, est versée sur la peau. On
réunit ses extrémités, et l'on comprime de manière à laisser le phosphure
de soufre. Le phosphure liquide étant séparé, on ouvre peu à peu la
peau, pour laisser dégager la vapeur produite, et l'on plonge dans l'eau
la portion qui a été séchée par l'effet de la pression. On évite ainsi l'inflammation du phosphore demeuré libre. Pour séparer les cristaux,
Gannal fit encore usage d'un autre moyen. Il plaça la peau de chamois
sous une cloche, dont l'air fut renouvelé tous les jours pendant près
d'un mois. La peau put alors être maniée à l'air libre. Quand on l'eut
remise dans ses plis, elle fut lavée dans l'eau pure, puis séchée, et l'examen de sa surface devint facile. Le produit de la réaction présenta de
nombreux cristaux, qui, exposés aux rayons solaires, réfléchissaient
toutes les nuances de l'arc-en-ciel. Vingt de ces cristaux étaient assez
gros pour être enlevés à la pointe d'un canif; trois autres étaient de
la grosseur d'un grain de millet. Ces trois grains furent soigneusement
examinés : ils rayaient l'acier, leur teinte était pure, les feux qui en
jaillissaient étaient des plus vifs. C'étaient, en un mot, des diamants.
Leur cristallisation était celle du dodécaèdre; un seul avait cinq côtés

de l'octaèdre. Un des diamants fut brûlé, et il ne laissa aucun résidu. Un second fut réduit en poudre qui jouissait d'un pouvoir réfringent considérable.

Les expériences de Gannal ne furent pas continuées; mais des travaux sérieux sont, de nos jours, poursuivis dans ce sens, et M. Figuier encore rendait compte, en 1881, dans son *Année scientifique*, des résultats déjà obtenus :

« Tout le monde sait que le carbone résiste à l'action des dissolvants liquides les plus énergiques. M. J.-B. Hannay, savant chimiste anglais de Glascow, a cherché à opérer cette dissolution dans un gaz. Si l'on chauffe de l'hydrogène carboné, sous une forte pression, en présence de certains métaux, l'hydrogène se combine avec le métal et le carbone est mis en liberté. Si l'on fait agir à la chaleur rouge l'hydrogène carboné sur un composé stable contenant de l'azote, et que l'on opère à une pression de plusieurs milliers d'atmosphères, le carbone est séparé de l'hydrogène carboné, et il se transforme alors en diamant, clair et transparent. La difficulté consiste à construire un vase récepteur assez fort pour supporter l'énorme pression de plusieurs milliers d'atmosphères et la température nécessaire pour arriver au résultat désiré. M. J.-B. Hannay a fait usage de tubes construits comme les canons de fusil, avec un ruban de fer forgé, et mesurant un demi-pouce de diamètre intérieur et quatre pouces de diamètre extérieur. Seulement ces tubes éclatent neuf fois sur dix. Le carbone obtenu dans ces diverses expériences est aussi dur que le diamant naturel. Il coupe tous les cristaux et n'affecte pas la lumière polarisée. Les cristaux de ces diamants factices ont des facés courbes, à forme octaédrique. Ils brûlent aisément et sans résidu, si on les place sur une mince feuille de platine, au-dessus de la flamme du chalumeau. Après deux jours d'immersion dans l'acide fluorhydrique, ils n'ont décelé aucune trace de dissolution, même pendant l'ébullition de l'acide. Si l'on chauffe un éclat de ces cristaux dans l'arc lumineux de la pile voltaïque, il devient noir, comme il arrive au diamant naturel. On a également brûlé ce diamant artificiel, en se servant de la méthode en usage pour les analyses organiques. Des cristaux de ces diamants, placés sur une feuille de platine, ont été chauffés par un courant électrique dans un courant d'oxygène et brûlés par ce courant. Le diamant employé pesait 14 milligrammes seulement. Il contenait, d'après cette analyse, 97,85 pour 100 de carbone.

» Les marchands de diamants ne sont pas jusqu'ici fort émus de cette découverte, car le procédé est coûteux et dangereux ; de plus, la quantité de diamant obtenue est si minime, qu'on ne peut y attacher encore qu'une importance scientifique. Il faut ajouter que M. Hannay ne fait pas connaître la nature du composé azoté qu'il emploie.

» Un autre chimiste anglais, qui depuis longtemps s'occupe de la pro-

Fabrication du charbon de bois (page 656).

duction artificielle du diamant, M. James Mactear, aurait, dit-on, également atteint le but si envié. Il assure qu'il n'y a pas grande difficulté à obtenir le charbon cristallisé, en partant d'un composé carboné quelconque et « en modifiant seulement un procédé général, basé sur une grande loi physique. » Le professeur Maskeline, dans une lettre adressée au *Times*, a révoqué en doute la réalité du fait avancé par M. Mactear. D'après l'examen auquel l'éminent chimiste a soumis les échantillons qui lui avaient été adressés par M. Mactear, ce prétendu diamant ne serait que de la *silice-cristallisée*. Cependant le célèbre M. Crookes incline à croire à la réalité de cette découverte. Il a examiné les radiations émises par les produits de M. James Mactear, dans un vide presque parfait, sous l'influence de la décharge électrique, et, sans conclure définitivement à l'identité, il dit : « Si je n'eusse connu l'origine de ces échantillons, je n'aurais pas hésité à les regarder comme des diamants de l'espèce particulière connue sous le nom de *boart*, qui nous viennent du Brésil. »

GRAPHITE, PLOMBAGINE OU MINE DE PLOMB. — Le seul nom qui conviendrait à cette substance serait celui de *graphite*, qui rappelle le principal usage que l'on en fait, la fabrication des crayons (*graphô*, j'écris) ; sa couleur seule, d'un gris d'acier brillant, et sa propriété de laisser sur le papier, comme le plomb, une trace noire, parce que les lamelles qui la constituent se désagrègent et y adhèrent, l'ont fait appeler *plombagine* ou *mine de plomb*, bien qu'elle ne renferme aucune parcelle de plomb. On trouve ce minéral, qui est du *carbone* presque pur, en masses lamellaires, schistoïdes, compactes ou terreuses, quelquefois en cristaux qui sont des tables hexagonales, dans les granits, les gneiss, les micaschistes, etc., en Angleterre, à Borowdale ; en Bavière, à Passaw ; en Bohême, à Schwarzbach ; aux Pyrénées, aux États-Unis, à Barreros, au Brésil. Tout récemment, on en a découvert des gisements puissants en Sibérie, à Krasnoiarsk et à Marinski, à 400 kilomètres d'Irkoutsk, et c'est de là que vient aujourd'hui la plus grande partie du graphite employé en Europe. Sa densité est 2,2. Il est bon conducteur de la chaleur et de l'électricité : il ne brûle dans l'oxygène qu'à une température très élevée. La fonte, saturée de charbon, abandonne, en se solidifiant lentement, une certaine quantité de graphite sous forme de paillettes hexagonales d'un gris noirâtre ; la *fonte grise* doit sa couleur à ces paillettes. Sainte-Claire Deville a reproduit le *graphite cristallisé* en faisant passer un courant de vapeur de *chlorure de carbone* sur de la fonte contenue dans une nacelle de charbon, maintenue au rouge dans un tube de porcelaine : le fer donne, avec le chlore, du *sesquichlorure de fer* volatil ; le carbone se dissout d'abord dans la fonte, d'où il se sépare en cristaux, au fur et à mesure que le fer se volatilise à l'état de chlorure.

On forme artificiellement du graphite toutes les fois que l'on veut produire la lumière électrique dans le vide, au moyen d'une pile puissante dont les pôles sont des crayons de charbon provenant des cornues à gaz d'éclairage : les extrémités des crayons sont toujours transformées en graphite. Le graphite naturel a donc été formé probablement dans des circonstances géologiques dont la température était très élevée, pense M. Barruel. Aussi le trouve-t-on dans les terrains primitifs, c'est-à-dire dans des roches ignées, le granit, le gneiss, les schistes micacés et argileux, le calcaire saccharoïde. On le trouve aussi dans les terrains de transition les plus anciens, qui ont beaucoup de rapport avec les terrains primitifs.

L'incombustibilité à peu près absolue de ce minéral et son infusibilité le rendent propre à la fabrication d'excellents creusets, par un mélange de 1 partie d'argile réfractaire avec 3 ou 4 parties de plombagine. C'est ce mélange qui sert à la fabrication des creusets d'Ips et de Passaw, dans lesquels on peut fondre l'acier ou le cuivre, et dans lesquels on fait l'alliage de cuivre et d'or des monnaies. Réduit en poussière fine et délayé avec un peu d'huile, on l'emploie pour noircir les objets en fer, en tôle ou en fonte, et pour le vernissage des plombs de chasse. Délayé avec des matières grasses, il donne une pâte utilisée pour diminuer le frottement des essieux de voiture, des tourillons, des engrenages, et même de certaines pièces d'horlogerie. Nous avons vu qu'en galvanoplastie on prend de la plombagine pour métalliser les surfaces et les rendre conductrices de l'électricité ou pour empêcher l'adhérence du moule avec le métal déposé. Mais le principal usage que l'on fait de la plombagine est la fabrication des crayons.

Jusqu'à la fin du siècle dernier, pour faire des crayons on sciait la plombagine en petits parallélépipèdes que l'on incrustait ensuite dans des cylindres de bois ; et la France payait un énorme tribut à l'Angleterre et à l'Allemagne pour ce genre de produits. En 1795, Conté (1) prit un brevet pour un procédé qu'il venait d'inventer et qui lui permettait d'obtenir d'excellents crayons avec des mélanges convenables de plombagine réduite en poudre et d'argile bien divisée. La plombagine est rarement pure ; pour la débarrasser des corps étrangers on la broie sous l'eau, où on la laisse déposer pendant un certain temps ; puis on fait écouler l'eau, qui ne retient en suspension que les parties les plus pures et les plus fines, qu'on laisse

(1) CONTÉ (Jacques-Nicolas), savant industriel (1755-1805). Il apprit dans son enfance la peinture sans maître, puis se livra à l'étude des sciences, surtout dans leurs applications. Ce fut lui qui dirigea l'école des aérostiers, fondée à Meudon. Envoyé en Égypte en qualité de commandant des aérostiers, il s'y fit remarquer par son activité, et créa des fabriques de tout genre pour l'armée qui manquait de tout. Ce fut grâce aux encouragements de Monge qu'il put, en revenant d'Égypte, établir cette industrie des crayons qui prit tant de développements. Sées, sa ville natale, lui a élevé une statue en 1852.

déposer à leur tour. On broie de nouveau le dépôt; puis on le délaye dans l'eau, et l'on décante de même, répétant cette opération tant qu'il y a du graphite à retirer. On prépare, d'un autre côté, de l'argile par le même moyen pour l'avoir très fine et purgée entièrement du sable siliceux et des pyrites qui s'y trouvent souvent. Les deux matières séchées sont mêlées en proportions variables, selon l'espèce de crayon que l'on veut obtenir. Le mélange, humecté convenablement, se broie à la molette, ou sous des meules, ou entre des cylindres; et, lorsqu'il est parfaitement opéré, on le comprime en plaques sous une presse hydraulique : ces plaques ont l'épaisseur que doivent avoir les crayons; on les scie en baguettes, on les dessèche au four, puis on les calcine dans des creusets lutés avec soin; on les chauffe d'autant plus qu'on veut avoir des crayons plus durs, et, pour ceux-ci, on choisit ceux dans lesquels la proportion d'argile est plus forte. La *mine de plomb* ainsi préparée est introduite dans des cylindres de bois de cèdre composés de deux parties, dans l'une desquelles on a pratiqué une rainure, au moyen d'une machine inventée également par Conté. Lorsqu'on a introduit la baguette de plombagine dans cette rainure, on applique l'autre partie du cylindre de bois enduite de colle forte. Ces crayons ne sont guère employés pour dessiner la figure parce qu'ils produisent des reflets brillants qui sont nuisibles aux effets. Il y a quelques années, un nommé Fichtemberg, de Paris, a préparé des crayons avec une composition de plombagine, de sanguine et de matière grasse, qui laissent sur le papier une trace graisseuse difficile à effacer.

ANTHRACITE. — L'*anthracite*, appelé aussi *charbon de pierre*, offre beaucoup d'analogies avec la houille, et pendant longtemps on n'a point dû en faire la distinction. Il se présente toujours très mélangé, surtout de silice, d'alumine et d'oxyde de fer, en masses compactes, irrégulières; sa couleur est plutôt noire que grise; il est souvent schisteux, ses feuillets sont alors ordinairement contournés; quelquefois il est terreux. Cette disposition schisteuse nuit beaucoup à son emploi comme combustible; on ne peut s'en servir qu'en grandes masses : l'absence de bitume et sa forte densité variant, selon son degré de pureté, de 1,6 à 2,1, rendent son allumage très difficile; l'eau interposée entre ses feuillets le fait décrépiter fortement et le réduit en fragments de si petites dimensions que le passage de l'air n'est plus assez libre et que la combustion s'arrête. On s'en sert principalement dans les fonderies, et lorsqu'on dispose d'un tirage suffisant : il devient alors très bon combustible, parce qu'il dégage une très grande quantité de chaleur. On en trouve surtout dans le pays de Galles (Angleterre), en Pensylvanie dans l'Amérique du Nord, et en

France, dans le Forez, le Dauphiné, l'Anjou, le Maine et la Savoie. Voici quelques analyses d'anthracite faites par M. Regnault :

CORPS CONSTITUANTS.	PENSYL-VANIE.	ANGLE-TERRE.	MAYENNE	ISÈRE	MACOT	ROLDUC
Carbone..........................	90.45	97.56	91.98	89.77	71.49	91.45
Hydrogène.........................	2.43	3.33	3.92	1.67	0.92	4.18
Oxygène et azote...................	2.45	2.53	3.16	3.99	1.12	2.12
Cendres...........................	4.67	1.58	0.94	4.57	26.47	2.25
	100.00	100.00	100.00	100.00	100.00	100.00
Quantité de coke par 100 parties d'anthracite desséché à 120°............	84.83	89.72	89.96	89.05	88.09	89.05
Puissance calorifique. Celle du carbone étant 7170, et celle de l'hydrogène 34742	7211	7672	7614	7048	5400	7930

HOUILLE. — La *houille* ou *charbon de terre* est une des plus importantes sources de richesses de notre siècle. Elle est le point de départ d'un grand nombre de produits, les uns d'utilité première, les autres ne servant qu'au luxe le plus délicat; du laboratoire du parfumeur à l'atelier du forgeron, de l'art de la teinture à celui de l'agriculture, nous rencontrons partout les produits de la houille. En présence de cette multiplicité d'applications, il est permis de dire qu'il n'est personne qui ne doive au charbon de terre, soit l'aliment de son travail, soit l'élément de ses jouissances.

L'origine de la *houille*, sa formation naturelle est quelque chose de grandiose. Cette formation est due à l'enfouissement de forêts entières, qui d'abord ont éprouvé une modification semblable à celle qui se passe sous nos yeux dans les *tourbières*, puis une modification plus profonde pendant les siècles qui se sont écoulés depuis le jour de l'enfouissement. Ce phénomène se constate dans les grands amas de houille, où nous rencontrons des arbres gigantesques transformés en charbon de terre; ce sont là des témoins d'une vie végétale dont l'existence sur notre globe remonte à des temps qu'il est impossible à l'homme d'envisager sans éprouver le sentiment de l'infini! Ajoutons que ces masses énormes de houille, que recèlent les entrailles de la terre, ont nécessité l'enfouissement de masses cent fois plus considérables encore de végétaux, ce qui n'a pu avoir lieu que par suite de bouleversements généraux de notre planète.

Les premières applications de la houille furent son emploi comme combustible en général, et dans les travaux métallurgiques en particulier; ces premières applications remontent aux temps les plus anciens, et Théophraste d'Érésos, qui vivait 395 ans avant Jésus-Christ, nous dit qu'alors les fondeurs et les forgerons de la Grèce faisaient une grande consommation de *charbons fossiles* qui venaient de la Ligurie et de l'Élide. Les Romains, possesseurs de l'Angleterre, tirèrent un grand parti des houillères du nord de cette île. Mais les mines de Newcastle ne furent ouvertes régulièrement que dans l'année 1272. Enfin, à Saint-Étienne, la houille était également employée au XIIIᵉ siècle. En 1520, la Faculté de médecine de Paris fut consultée par l'administration au sujet de l'emploi de la houille, qui commençait à paraître dans la capitale. La Faculté déclara que ce combustible ne pouvait nuire en aucune façon à la salubrité publique. Ce succès, remporté par une matière nouvelle, qui se trouvait ainsi admise dans l'économie domestique, fut de courte durée, car, 33 ans plus tard, l'administration, ne tenant aucun compte de ce qu'avait déclaré la Faculté de médecine, défendit, sous peine d'amende et de prison, aux maréchaux de la bonne ville de se servir de houille dans les ateliers, et cela à l'occasion d'une maladie épidémique qui régnait alors. Cette injuste rigueur, exercée sur une matière dont l'emploi était très inoffensif, produisit l'abandon presque complet de ce combustible, à tel point que, en 1601, Henri IV dut exempter la houille de la redevance d'un dixième appartenant au roi.

A partir de cette époque, le charbon de terre cessa d'être persécuté par l'administration; mais un autre ennemi lui restait; un ennemi terrible, la *routine* : « Pourquoi, disait-on, faire usage aujourd'hui d'une substance dont nous ne nous servions pas hier? » En 1714, le charbon de bois ayant manqué presque complètement à Paris, on fit venir du Nivernais et du Bourbonnais quelques bateaux de charbon de terre. « Mais, nous disent les auteurs contemporains, la malignité de ses vapeurs et son odeur de soufre ayant dégoûté ceux qui s'en étaient servis, on cessa d'en faire venir. » On désignait par ces vapeurs et cette odeur de soufre le gaz qui nous éclaire et les matières desquelles les chimistes retirent aujourd'hui des parfums et de brillantes teintures. A cette époque, il fallait donc, pour faire admettre l'emploi de la houille, en chasser, par une sorte de cuisson ménagée, les produits volatils et gazeux.

L'Angleterre nous devança dans l'usage en grand du charbon de terre, et, sous le règne d'Élisabeth, on y carbonisait la houille, et on en faisait un combustible, généralement employé de nos jours, et appelé *coke*. En France, on chercha des procédés convenables pour arriver à ce résultat, et, au XVIIIᵉ siècle, Macquer et de Montigny, commissaires de l'Académie des sciences à l'effet d'examiner un procédé de fabrication du coke proposé par M. Gensane, terminent leur rapport par cette phrase : « Une

semblable découverte doit être regardée non seulement comme curieuse
et nouvelle, mais encore comme étant de la dernière importance dans les
pays où les bois et les charbons commencent à devenir rares. » Quoi qu'il
en soit, ce procédé semble n'avoir pas réussi; car, quelques années plus
tard, en 1772, Jars, membre de l'Académie des sciences, importait en
France la méthode suivie en Angleterre pour la préparation du coke. A
partir de cette époque, l'avenir de la houille et de son produit, le coke,
était assuré, au moins comme combustibles, mais il importe de considérer la répugnance qu'ils rencontrèrent; ce ne fut littéralement que
le besoin dans lequel on se trouva par suite du manque absolu de charbon de bois, qui put en faire justice.

Aujourd'hui, la houille, devenue le *pain de l'industrie*, est exploitée
dans des proportions gigantesques. Voici quelques chiffres officiels propres
à donner une idée de l'industrie houillère; ils indiquent la production
relative de quelques pays et son immense accroissement :

	PRODUCTION ÉVALUÉE EN TONNES.	
	EN 1869.	EN 1880.
Grande-Bretagne.	107.506.683	147.000.000
États-Unis d'Amérique.	28.100.000	63.500.000
Allemagne.	26.774.000	42.161.000
France.	13.509.000	18.857.000
Autriche.	4.100.000	6.000.000
Belgique.	12.943.000	14.000.000
Russie.	588.000	2.200.007
Espagne.	550.000	750.000
	194.070.683	294.468.000

De sorte que la quantité totale de charbon extraite dans le monde
entier s'élève, en moyenne, aujourd'hui à 294 millions de tonnes, c'est-à-
dire avec une augmentation, en douze ans, de 100 millions de tonnes
environ, représentant à peu près 2,700,000 francs, chiffre très supérieur
à celui de la valeur des métaux précieux. Cette énorme consommation de
houille peut faire craindre l'épuisement des dépôts de ce combustible;
mais on aura le temps d'aviser d'ici là. Ajoutons que, pour l'extraction
de ces 294 millions de tonnes de houille de l'année 1880, le nombre d'ouvriers a été de 1,219,993, ce qui veut dire, en admettant qu'une famille
composée de 5 membres fournisse en moyenne 1.5 ouvriers, que l'industrie
houillère procure directement les moyens d'existence à plus de 4 millions
d'individus.

La France possède 62 bassins houillers, dont les principaux, ceux de la Loire et du Nord, forment plus de la moitié de la production. Voici une moyenne de la production et de l'importation annuelles :

PRODUCTION.

Bassin houiller de la Loire.	151.570.000	quintaux métriques
— du Nord	29.900.000	—
— du Gard	6.506.359	—
— du Créuzot et des autres	90.593.641	—
	188.570.000	quintaux métriques

IMPORTATION.

De Belgique	30.217.500	quintaux métriques
De Prusse	10.998.600	—
D'Angleterre	10.637.900	—
D'autres pays	52.700	—
	51.956.700	quintaux métriques
La production et l'importation étant de	240.526.700	quintaux métriques
L'exportaation à l'étranger, étant de	2.200.900	—
Il reste pour la consommation intérieure	238.325.800	quintaux métriques

L'exploitation des mines de houille (*fig.* à la page 627) se fait par les mêmes méthodes employées pour l'extraction des autres substances minérales. Quand les couches de houille ont moins de 3 mètres d'épaisseur, et une très grande inclinaison, les mineurs découpent le filon en *gradins*, et ils avancent d'une manière progressive et régulière, pour conserver aux gradins la même disposition relative ; mais, afin de combler le vide que l'extraction de la houille laisserait entre les couches de roches qui l'encaissaient, et qu'on appelle *toit* et *mur* du filon, les ouvriers doivent établir des *boisages*, c'est-à-dire étayer par des poutres les roches qui tendent à s'affaisser, et remplir, au moins en grande partie, les espaces vides par des remblais composés de fragments de pierres que l'on entasse entre le toit et le mur de la couche. Ces remblais sont quelquefois fournis en partie par les roches qui sont mélangées à la houille ; le plus souvent, il faut les apporter de l'extérieur, et c'est ce qui rend cette méthode d'exploitation dispendieuse. Lorsque les couches de houille ont peu d'épaisseur et aussi peu d'inclinaison, on les découpe en grands massifs que l'on circonscrit par des galeries, et que l'on entaille successivement ; on remplace encore la houille par des boisages et des remblais. Suivant la dimension et la configuration qu'on donne à ces massifs, on distingue trois méthodes que nous nous contenterons de nommer : méthodes des *grandes tailles*, des *massifs longs*, et des *massifs courts*. Dans certains cas, l'emploi des

boisages et des remblais deviendrait trop dispendieux. On exploite alors
le gîte par la méthode des *dépilages :* elle consiste à subdiviser le filon en
massifs ; on attaque successivement chacun d'eux, et, tandis qu'on avance,

A chaque page de l'histoire, nous lisons le récit de massacres de juifs... (page 668).

on retire les piliers les plus éloignés qui composent le boisage ; à mesure
qu'on enlève les piliers qui soutiennent les roches, le toit de la couche
vient s'écraser sur le mur, et l'excavation se remplit d'elle-même par les
éboulements successifs qu'on provoque ainsi. On limite par des muraille-

ments solides la propagation de ces éboulements, afin de mettre à l'abri de tout danger les parties de la mine qui restent encore en exploitation. Cette méthode s'applique aux couches d'une puissance très grande. On conçoit que, suivant une foule de circonstances, des modifications sont apportées aux méthodes générales.

Les transports s'exécutent soit par le *portage* à dos d'hommes, dans des hottes ou des paniers ; soit par le *trainage* dans des bennes reposant sur des patins en fer ; soit par le *roulage* au moyen de petits wagons roulant sur des rails en fer. Le travail est réparti entre divers ouvriers qui ont des attributions spéciales. Il y a deux postes de travailleurs : le poste de nuit et le poste de jour. Le premier se compose des *haveurs*, qui préparent l'abatage en découpant une rigole horizontale au-dessus du bloc à abattre, et des *remblayeurs* et *boiseurs*, qui établissent les boisages et entassent le remblai qui soutiendra le toit du filon. Le poste de jour vient ensuite continuer le travail ; les piqueurs abattent, soit au pic, soit à la mine, la couche préparée par le *havage*, et les *rouleurs* chargent les blocs de houille dans les chariots et les transportent, par les galeries de roulage, jusqu'au puits d'extraction. Nous avons parlé des *lampes de sûreté* et de la *ventilation*, nécessaires pour ces travaux (PHYSIQUE, *Chaleur*, pages 475 et 520) ; nous ne reviendrons pas sur ce sujet.

Pour percer les galeries, on emploie les mêmes méthodes que pour entailler les filons. On abat la roche soit à la mine, soit avec le pic, soit par l'emploi simultané des deux procédés. C'est d'ailleurs un travail à peu près semblable à celui du percement des tunnels (PHYSIQUE, *Chaleur*, page 728). Les conditions générales sont les mêmes ; mêmes aussi les méthodes dont on fait usage. Si la galerie s'engage dans un terrain facile à attaquer, on percera d'abord une excavation à la hauteur de la voûte, on y établira un boisage cintré ; puis on enlèvera les portions latérales, et on construira les murs verticaux qui devront soutenir la maçonnerie que l'on bâtira ensuite. Cette voûte se construira par portions, reliées entre elles avec soin. Si le terrain est solide et dur, s'il se compose, par exemple, de roches compactes, on procédera par gradins, en abattant les blocs par des havages et des coups de mine, et on fera le muraillement ensuite, en n'employant les boisages que pour aider à la construction de la voûte et la soutenir pendant son établissement.

Mais si le terrain est sujet aux éboulements, s'il se compose de roches sans ténacité, s'il est sablonneux et aquifère, il faudra garnir tout le fond de la galerie d'un boisage solide, qui prend le nom de *bouclier*, dont l'effet est de maintenir le terrain, en même temps qu'un boisage complet soutient les parois et la voûte de la galerie déjà percée. On est obligé de *murailler* à mesure que le percement avance. On enlève une portion du bouclier; on creuse une excavation de peu de profondeur; on y replace la portion de boisage qui la masquait; on passe alors à la portion voisine sur laquelle on opère de la même manière; de sorte qu'au bout d'un temps plus ou moins long, le bouclier tout entier se trouve avancé, pièce par pièce, d'une certaine quantité.

CLASSIFICATION DES HOUILLES. — La *houille* présente plusieurs variétés; on en distingue cinq principales : 1° les *houilles grasses maréchales*, servant particulièrement aux forgerons et à la production du gaz de l'éclairage; 2° les *houilles grasses et dures*, très estimées pour la fabrication du coke; 3° les *houilles grasses à longues flammes*, plus propres aux foyers domestiques que les houilles grasses maréchales; l'espèce commerciale dite *flenu de Mons* appartient à cette classe; 4° les *houilles sèches à longues flammes* ou *houilles maigres*, qui sont employées pour le chauffage des machines à vapeur et qui produisent moins de chaleur que les précédentes; 5° Les *houilles sèches sans flammes*, qui brûlent difficilement et sont en usage pour la cuisson de la chaux et de la brique, la dessiccation du malt dans les brasseries ou qui servent aux besoins domestiques, etc.

Dans le commerce, les houilles sont connues sous différentes dénominations. En Belgique, on appelle *charbons durs*, les variétés compactes, propres aux verreries, aux fonderies, etc.; *flenu*, les variétés grasses et demi-grasses; *terroulé*, les houilles très chargées de terre de la superficie. Dans le nord de la France, un charbon est dit *houille* ou *gaillette*, *gros à la main*, lorsque ses morceaux sont assez gros pour être pris et chargés à la main; c'est ce qu'on nomme *péra* dans les houillères du Centre et du Midi; *gailleteux* ou *forge gailleteuse*, quand ses morceaux sont moins gros; *chapelé*, dans le Midi; *grêle, grêlasson*, ou *forge braisette,* quand ses morceaux restent sur des cribles dont les barreaux sont écartés de $0^m,03$ à $0^m,04$; *menu* ou *fine forge*, quand ses fragments passent à travers ces cribles; *tout-venant* ou *malbrou*, quand on n'a extrait du charbon que les fragments à la main.

Les différences assez tranchées qu'on constate dans les caractères de ces houilles diverses tiennent surtout aux proportions relatives de carbone, de sels minéraux (*cendres*), de matières volatiles (*bitume*) qu'elles renferment. Plus elles sont riches en bitume, qui n'est en réalité que des carbures d'hydrogène, plus elles sont ramollissables, collantes et fusibles, plus leur coke est *boursouflé;* mais leur pouvoir échauffant est d'autant plus élevé qu'elles renferment plus de carbone.

Nous donnons un tableau de la composition de quelques-unes des houilles principales.

LIEUX de PROVENANCE.	NATURE du COKE PRODUIT.	DENSITÉ.	COKE donné par la CALCINATION.	COMPOSITION ÉLÉMENTAIRE			
				CARBONE	HYDROGÈNE	OXYGÈNE ET AZOTE	CENDRES
ANTHRACITES							
Pensylvanie	Pulvérulent	1.462	89.5	89.21	2.43	3.69	4.67
Pays de Galles	Pulvérulent	1.348	91.3	91.29	3.33	4.80	1.58
Mayenne	Non collé	1.367	90.9	90.72	3.92	4.42	0.94
Rolduc	Légèrement collé	1.343	89.1	90.20	4.18	3.37	2.25
HOUILLES GRASSES ET DURES							
Alais (Rochebelle)	Métalloïde légèrement boursouflé.	1.322	77.7	88.05	4.85	5.69	1.41
Rive-de-Gier	Métalloïde boursouflé	1.315	76.3	86.65	4.99	5.49	2.96
HOUILLES GRASSES MARÉCHALES							
Rive-de-Gier 1	Métalloïde très boursouflé	1.238	68.5	86.25	5.14	6.83	1.78
Rive-de-Gier 2	Un peu moins boursouflé	1.302	69.8	86.59	4.86	7.11	1.44
Newcastle	Boursouflé	1.280	»	86.51	5.24	6.61	1.40
HOUILLES GRASSES A LONGUE FLAMME							
Flenu de Mons 1	Boursouflé	1.276	»	83.51	5.29	9.10	2.10
Flenu de Mons 2	Boursouflé	1.292	»	82.72	5.42	8.18	3.68
Rive-de-Gier (Cimetière) 1	Boursouflé moins brillant	1.294	69.1	83.67	5.61	7.73	2.99
Rive-de-Gier (Couzon) 1	Boursouflé moins brillant	1.298	64.6	81.45	5.59	10.24	2.72
Rive-de-Gier (Couzon) 2	Moins boursouflé	1.311	65.6	80.59	4.99	9.10	5.32
Lavaisse	Boursouflé et léger	1.284	57.9	81.00	5.27	8.60	5.13
Lancashire	Fritté et brillant	1.317	57.9	82.60	5.66	9.19	2.55
Epinac	Métalloïde collé, mais moins brillant	1.353	62.5	80.01	5.10	12.36	2.53
Commentry	Métalloïde fritté	1.319	63.4	81.59	5.29	12.88	0.24
HOUILLES SÈCHES A LONGUE FLAMME							
Blanzy	Faiblement agrégé, non boursouflé	1.362	57.0	75.43	5.23	17.06	2.28
ANTHRACITES							
Lamure	Pulvérulent	1.362	89.5	88.54	1.67	5.22	4.57
Macot	Pulvérulent	1.919	88.9	70.51	0.92	2.10	26.47
HOUILLES (TERRAINS SECONDAIRES, ÉTAGE INFÉRIEUR)							
Obernkirchen	Métalloïde et boursouflé	1.279	77.8	88.27	4.83	5.90	1.00
Céral	Métalloïde fritté	1.294	53.3	74.35	4.74	10.05	11.86
Noroy	Non collé	1.410	51.2	62.41	4.35	14.04	19.80
JAÏET							
Saint-Girons	Métalloïde soudé	1.316	42.5	71.35	5.45	18.53	4.09
Bélestat	Métalloïde soudé	1.305	42.0	74.38	7.59	18.49	8.80

AGGLOMÉRÉS. — On donne le nom d'*agglomérés* à des mélanges de menue houille lavés et de goudron de gaz ou de *brai*, résidu de la distillation de ce goudron, dont nous parlerons ci-après au *gaz d'éclairage*. Ce *brai*, séparé ainsi des huiles qui lui donnaient de la fluidité, est sec et cassant lorsqu'il est refroidi ; on le pulvérise sous des meules avant son mélange intime avec le charbon, qu'on effectue dans les proportions de 1 partie de brai pour 9 de menue houille. On introduit le tout dans des moules en fonte, fermés pour ne pas permettre l'écoulement du gaz, puis on porte ces moules dans un fourneau chauffé à 500° environ, pendant un temps plus ou moins long, dans lesquels la masse éprouve une espèce de fusion pâteuse et tend à se gonfler, tandis que la résistance des moules la comprime fortement. Ces *agglomérés*, ainsi produits, ont aujourd'hui une valeur marchande égale et même supérieure à celle du gros charbon naturel.

On a imaginé récemment de nouveaux appareils mécaniques pour fabriquer les briquettes en agglomérés. Le but de l'inventeur était de diminuer la durée des opérations de préparation des matières, et d'obtenir des produits plus compacts et plus homogènes.

On prend la matière première telle qu'elle est, ou bien, si on la trouve trop sèche, on la mouille et on la fait passer dans un appareil composé de deux récipients en fer chauffés par la vapeur, et que l'on charge alternativement. Elle est remuée dans cet appareil par une vis d'Archimède qui la reçoit à une extrémité et qui la rend à l'autre extrémité. De là elle tombe dans un troisième récipient semblable aux deux premiers. L'action de la vapeur est complétée par celle d'une puissante pompe à air qui enlève l'air, en même temps que les vapeurs aqueuses qui se dégagent sous l'influence de la chaleur. La vitesse des vis est calculée de telle sorte que, pendant ce traitement, la matière subit un commencement de distillation. Il se forme une certaine quantité de goudron qui imprègne la masse et la rend pâteuse. Au sortir du troisième récipient, elle passe dans une presse où elle reçoit le choc d'un pilon qui agit horizontalement. L'action de la pompe à air s'exerce encore dans le cylindre de la presse, de manière à accroître l'efficacité du choc. De plus, ce procédé a l'avantage d'enlever toutes les bulles d'air de la masse comprimée. Les briquettes ainsi fabriquées sont parfaitement pures. Elles résistent aux variations de température et ne sont pas plus cassantes que la houille ordinaire. Complètement privées d'humidité, elles tiennent peu de place pour un poids donné. Ainsi, une tonne de briquettes ne cube que $0^{mc},68$. Six machines suffisent pour fabriquer 100 tonnes de briquettes par journée de dix heures.

LIGNITES. — Les *lignites* constituent un combustible minéral très important que l'on trouve, en France, dans un assez grand nombre de départements, principalement dans l'Aisne, dans l'Isère, les Bouches-du-Rhône, le Gard et la Haute-Saône, à la base des terrains tertiaires. En Thuringe, en Suisse, en Bohême, en Suède, il y en a aussi en assez grande quantité pour les employer au chauffage. Ils se présentent sous deux formes distinctes; quelquefois ils conservent la forme ligneuse parfaitement visible; on peut même souvent distinguer l'écorce d'un corps ligneux proprement dit : on les nomme alors *bois fossiles*. Souvent ils ont l'aspect terreux : dans ce dernier cas, leur couleur est brune; mais on en rencontre qui sont d'un noir éclatant, la cassure est résineuse; ils existent en masses homogènes, quelquefois un peu schisteuses et formant des bancs très épais. Les *lignites* brûlent avec une flamme longue, mais peu chaude, accompagnée d'une fumée noire et d'une odeur particulière et désagréable. Les lignites bruns et friables des environs de Soissons, très chargés de *pyrites*, sont employés, soit pour la préparation de l'*alun* et de la *couperose*, soit, sous les noms impropres de *terre noire de Picardie, cendres pyriteuses, cendres sulfuriques végétales*, pour être répandus sur les terres qu'ils contribuent à fertiliser.

Le *jais* naturel ou *jaïet*, quelquefois appelé *ambre noir*, désigné par les minéralogistes sous les noms de *lignite compact noir, lignite compact piciforme, lignite piciforme polissable,* est une variété de lignite solide, dure, sans odeur, d'une couleur souvent très belle et très foncée, d'une texture compacte et homogène, d'une densité égale à 1,26, susceptible d'être taillée ou tournée et de prendre un beau poli. A cause de ces dernières propriétés, le *jais* a été employé, depuis un temps immémorial, pour fabriquer les bijoux de deuil, boucles d'oreilles, broches, boutons, chapelets, etc. L'Espagne (Asturies, Galice et Aragon), la France (département de l'Aude; à Roquevaire, près de Marseille; à Belestat, dans les Pyrénées), l'Allemagne (Saxe, près de Wittemberg), l'Irlande produisent une quantité assez importante de jais, et, comme nous venons de le dire, l'industrie le transformait autrefois en bijoux; mais la fragilité et l'extrème combustibilité de ce produit lui ont fait préférer, depuis quelques années, le verre noir ou la fonte de Berlin, qui l'imitent parfaitement et n'ont pas les mêmes inconvénients.

Une autre variété de lignite, terreux, terne, d'un rouge noirâtre, se trouve à Brülh, aux environs de Cologne, où il forme des couches fort étendues de 8 à 10 mètres d'épaisseur, qui sont situées sur des plateaux assez élevés. On les exploite avec la bêche, soit pour s'en servir comme combustible, soit, dans la peinture, comme couleur, sous le nom de *terre d'ombre, terre de Cologne* ou **terre de Cassel**. Les Hollandais emploient aussi cette variété de lignite pour falsifier le tabac, auquel elle donne de la finesse et un certain moelleux que l'on y recherche.

Voici la composition des lignites :

LIEUX de PROVENANCE.	NATURE du COKE PRODUIT.	DENSITÉ	COKE donné par la CALCINATION.	COMPOSITION ÉLÉMENTAIRE			
				CARBONE.	HYDROGÈNE	OXYGÈNE ET AZOTE	CENDRES
LIGNITES PARFAITS							
Dax......................	Pulvérulent....................	1.272	49.1	70.49	5.59	18.93	4.99
Bouches-du-Rhône........	—	1.254	41.1	63.88	4.58	18.11	13.13
Mont-Mesiner.............	—	1.251	48.5	71.71	4.85	21.67	1.77
Basses-Alpes	—	1.276	49.5	70.02	5.20	21.77	3.01
LIGNITES IMPARFAITS							
Grèce....................	Ressemblant au charbon de bois.	1.185	38.9	61.20	5.00	24.78	9.02
Cologne	—	1.100	36.1	63.29	4.98	26.24	5.49
Usnach	—	1.167	»	56.04	5.70	36.07	2.19

TOURBE. — La *tourbe* est encore un charbon fossile dont l'origine ne remonte pas au delà de la période quaternaire, et dont le dépôt se forme encore aujourd'hui dans les marécages de certaines contrées, principalement en Hollande, en Bohême, en Westphalie, dans le Hanovre, en Prusse, en Silésie, dans la basse Autriche, en Écosse, en Irlande. La France ne possède que quelques *tourbières :* dans la vallée de la Somme, entre Amiens et Abbeville, près de Beauvais, entre Corbeil et Villeroi dans le département de Seine-et-Oise, à Fox (Bouches-du-Rhône), dans l'Oise, dans l'Aisne, dans le Pas-de-Calais, aux environs de Dieuze (Alsace-Lorraine). La tourbe est le produit de la décomposition et de l'enfouissement au fond des eaux des tiges herbacées ou ligneuses des plantes qui vivent sur les bords de ces marécages. La tourbe est tantôt compacte, tantôt grossière, spongieuse et mélangée de terre ; elle est généralement grisâtre ou roussâtre, brûle facilement avec ou sans flamme, et répand une odeur désagréable ; mais sa température, peu élevée, se soutient longtemps parce que sa combustion se fait lentement. On la carbonise soit en meules, soit dans des cornues semblables à celles dont on se sert pour la fabrication du gaz d'éclairage, ou dans des fours à coke ; elle devient alors un excellent combustible à employer toutes les fois que l'on veut produire une chaleur modérée, égale et longtemps soutenue : par exemple, pour l'usage des fourneaux de cuisine, pour les poêles, pour les évaporations, etc.

CHARBON DE BOIS. — Tous les corps organiques contiennent du charbon, qui est le seul élément constant de leur composition ; mais il est plus abondant dans les corps d'origine végétale ; il constitue même la charpente solide du bois, comme les os constituent celle des animaux. Celui que l'on retire du bois s'appelle *charbon de bois ;* il est le résidu de la distillation du bois, ou de sa combustion incomplète ; il y a donc deux procédés pour en obtenir : 1° par *distillation ;* 2° par *carbonisation en meules.*

Pour préparer le charbon *par distillation,* on chauffe le bois dans des cornues, comme nous verrons ci-après que l'on chauffe la houille pour obtenir le gaz d'éclairage ; on obtient ainsi 27 pour 100 de charbon, très homogène et très combustible. On se sert de ce procédé, surtout pour préparer les bois légers, bourdaine, peuplier, saule, tilleul, coudrier, tremble, employés pour la fabrication de la poudre, ou pour recueillir les produits volatils que l'on utilise industriellement.

Le procédé *des meules* se pratique sur place, au milieu des forêts où le bois a été coupé ; c'est le plus ancien, le plus expéditif, le moins coûteux et conséquemment le plus employé, quoique tous les produits volatils soient perdus et que le rendement en charbon ne soit que de 17 à 18 pour 100.

On dispose un terrain uni, ferme, et le moins humide possible (*fig.* à la page 641), puis on trace au cordeau la circonférence que doit occuper le bois de la meule ; au centre, on plante verticalement une des bûches les plus grosses, et, autour d'elle, trois ou quatre autres, légèrement inclinées, et reposant par le haut sur celle du centre, de façon à former une sorte de cheminée. Autour de ce centre, on place horizontalement les bûches les plus grosses, comme les rayons d'un cercle, ce qui forme le plancher de la meule ; au-dessus, on dispose les bûches dans une position un peu inclinée autour de celles qui forment la cheminée, de manière à figurer un tronc de cône ; on place au-dessus un autre étage, en disposant d'abord au centre une bûche verticale, qui sert de prolongement à la cheminée : les bûches les plus grosses sont toujours placées au centre. On donne quelquefois ausssi à la meule la forme d'un hémisphère. Lorsque la meule est montée, on la recouvre d'une couche assez épaisse d'un mélange de terre et de poussier de charbon provenant d'opérations précédentes, mais on ne recouvre pas le centre supérieur, qui correspond a la cheminée ménagée au milieu de la meule ; quelquefois, on recouvre la meule avec les plaques de gazon : cette couverture doit avoir environ 12 centimètres d'épaisseur. On ménage autour de la base quelques ouvertures nommées *évents,* qui, correspondant aux

bûches posées horizontalement, facilitent l'accès de l'air dans l'intérieur.
Lorsqu'on veut mettre le fourneau en feu, on enlève la bûche placée
au centre; et, dans cette cheminée, on introduit des charbons en-

Grotte Saint-Mart, près de Royat (Puy-de-Dôme) [page 668].

flammés et du menu bois très sec; par ce moyen, la combustion se
propage facilement, et la fumée ne tarde pas à sortir de plus en plus
abondante; puis enfin la flamme paraît; il faut alors recouvrir la cheminée avec une plaque de gazon. L'ouvrier qui conduit le fourneau a

soin de boucher avec soin les fissures qui se forment successivement à la surface de la meule, et même les *évents*. Il garantit également la meule des courants d'air : pour cela, il dispose des claies du côté du vent; autrement la combustion, plus active de ce côté, causerait une perte très sensible. Après un temps plus ou moins long, et qui dépend de la grandeur de la meule, la masse est incandescente, et, dans l'obscurité, l'enveloppe, appelée *chemise*, paraît rouge ; c'est ce que les ouvriers nomment le *grand feu.* Alors la combustion est achevée. La meule s'est affaissée, et, pour étouffer le charbon, on le recouvre promptement d'une épaisse couche de terre.

Quelques heures après, on enlève cette terre pour en mettre une couche nouvelle, afin de refroidir la masse. On ne retire le charbon que quand la meule est tout à fait refroidie. Les meules ont ordinairement 5 mètres de diamètre environ. La durée de l'opération est d'environ six jours, et de quatre seulement pour les petites meules. Cependant, dans les Ardennes et dans la Meuse, on construit des meules qui contiennent de 60 à 90 stères de bois. L'opération dure de sept à douze jours. Elles ont trois rangs de bûches, superposées presque verticalement, et 3 mètres de hauteur.

Les bois employés de préférence pour cette carbonisation sont le chêne, le charme, le châtaignier et le coudrier ; on choisit les branches ayant de trois à cinq ans. La manière dont la carbonisation a eu lieu modifie singulièrement les caractères du charbon. M. J. Girardin, qui en a fait une étude spéciale, donne, dans sa *Chimie industrielle*, les différences entre les diverses qualités. Lorsque la combustion est conduite lentement, le charbon est en moins grande quantité ; mais il est dur, compact, dense, parce qu'il a pu prendre un retrait assez considérable au fur et à mesure que les produits volatils du bois se dégagaient ; il est plus sonore et à cassure luisante. Il est donc très convenable pour les applications économiques, puisqu'il présente, sous le même volume, une plus grande quantité de combustible, et, par la même raison, il produit, à volume égal et même à poids égal, une plus haute température dans la combustion. Lorsque le charbon est trop cuit, il est tendre, friable, nullement sonore et il absorbe facilement l'humidité. Le charbon qui n'est pas assez cuit a une couleur terne, il casse difficilement, n'est pas sonore et brûle avec une flamme blanche en répandant de la fumée ; aussi est-il connu sous le nom de *fumeron.* Lorsque la carbonisation est rapide, ce qui arrive en vase clos, le charbon obtenu est toujours en plus forte proportion ; mais, comme le bois n'a pas eu le temps de prendre beaucoup de retrait, il est plus léger et conserve un plus grand volume. Le charbon étant vendu, chez nous, à la mesure, on conçoit que ce dernier est moins économique, à prix égal, pour le consommateur, que le charbon dur et compact. Mais, d'un autre côté, il a certaines qualités qui le font rechercher pour les usages domestiques. Il s'allume plus facilement et n'exhale pas d'odeur désagréable dans les appartements, parce qu'il ne renferme pas de *fumerons* comme le charbon des forêts : il offre tous les avantages de la *braise de boulanger*, qui est beaucoup plus chère.

Les bois légers, que l'on carbonise par *distillation* pour obtenir des résultats particuliers, sont également carbonisés en *meules* pour donner certains produits. Les *noirs de fusain*, dit *fusains* du commerce, sont le résultat de la carbonisation de bois légers dans des cylindres où ils sont entourés, soit de sable, soit de poussier de charbon. On les a taillés ensuite en forme de baguettes ; mais, comme ils sont très tendres, on leur donne quelquefois un peu de corps en les plongeant dans du suif ou de la cire fondue. De même, en carbonisant avec les mêmes précautions des sarments de vigne, des noyaux de pêche, de jeunes branches de hêtre, les enveloppes vertes et brunes des châtaignes, les rognures de liège, la lie de vin bien lavée, etc., on obtient des *noirs* qui sont les plus beaux pour la peinture et sont connus sous les noms de *noirs de vigne, de pêche, de hêtre, d'Espagne, de Francfort*, etc. En carbonisant un mélange de grappes de raisin, de lie de vin desséchée, de noyaux de pêche, de débris d'os ou de râpures d'ivoire, on obtient le *noir d'Allemagne*, lequel, suivant les proportions dans lesquelles a été fait le mélange, a des reflets bleuâtres ou jaunâtres.

Le *charbon de Paris* est le résultat de l'agglomération de divers charbons en poussière, qui autrefois étaient en grande partie perdus. Cette industrie, aujourd'hui très florissante, a été fondée par M. Papeluy-Ducarre. Les matières employées sont les poussiers de charbon de bois et de tourbe, produits en abondance dans les bateaux et les magasins, les charbons presque pulvérulents qu'on obtient en carbonisant les brindilles, les bruyères et les mauvaises plantes, le tan épuisé et carbonisé, et du poussier de coke.

Le pouvoir condensant du charbon est remarquable : quelques expériences récentes de M. Melsens ont mis cette propriété en évidence. L'absorption du chlore par le charbon de bois peut aller jusqu'à représenter un poids de chlore égal à celui du charbon. La force condensante du charbon peut servir, en conséquence, à réaliser la liquéfaction des gaz non permanents. On sature de chlore sec du charbon placé dans un tube en forme de siphon. Les deux extrémités de ce tube étant scellées ensuite à la lampe, si l'on vient à chauffer la longue branche du tube contenant le charbon dans un bain-marie d'eau bouillante, et si l'on plonge la courte branche dans un mélange réfrigérant, une quantité considérable de chlore abandonne le charbon pour reprendre l'état gazeux, et, sous l'influence de la pression développée, ce gaz se liquéfie dans la courte branche refroidie.

Verse-t-on dans de l'eau une dissolution de sels métalliques, tels que de l'acétate de plomb, du sulfate de cuivre, des sels de mercure, de bismuth, puis vient-on ensuite à plonger un morceau de charbon dans le liquide, au bout d'un temps très court, il n'y a plus trace dans l'eau des métaux dissous : le charbon a tout ramassé et s'en est emparé. C'est là une des propriétés du charbon : il absorbe les sels métalliques et condense les gaz avec une extrême facilité. Les chimistes utilisent cette propriété dans leurs laboratoires pour débarrasser certaines matières organiques des composés de plomb, sans faire intervenir l'acide sulfhydrique. Le charbon enlève également de leur dissolution plusieurs alcaloïdes, la *strychine*, par exemple. On a basé sur cette propriété un procédé facile pour extraire de la bière la strychine qui pourrait y avoir été introduite frauduleusement. Enfin MM. Eulemberg et Vohl ont démontré, dans ces derniers temps, que le phosphore peut être aussi absorbé par le charbon. C'est ainsi qu'ils ont été conduits à essayer dans l'économie l'action du charbon comme antidote du phosphore. Ils l'ont administré à des animaux sous forme de pilules, et les résultats ont été, jusqu'à un certain point, favorables. Le charbon converti en pilules, à l'aide d'un mucilage de gomme adragante, se conserve sans altération pendant plusieurs années.

On utilise encore les propriétés absorbantes du charbon pour désinfecter les eaux qui sortent des amphithéâtres, pour purifier les eaux vaseuses, etc. Une couche de charbon, comprimée entre deux lits de sable, constitue un excellent filtre.

NOIR DE FUMÉE. — Le *noir de fumée* est une poussière fine de carbone presque pur, produit par la combustion incomplète de toute substance brûlant avec une flamme fuligineuse; mais son degré de pureté varie avec la substance, et on lui donne alors, dans le commerce, des noms particuliers.

Pour l'obtenir, on se sert de l'appareil suivant (*fig.* 247). C'est une chambre cylindrique en brique, dans laquelle peut se mouvoir un grand cône en tôle, percé d'un trou à son sommet et servant à la fois de cheminée pendant la combustion et de racloir lorsque l'opération est terminée. Pour cela, la base du cône est à peu près de la largeur de la chambre et ses bords rasent les parois, qui, pour faciliter le dépôt des flocons, sont tapissées de peaux de mouton ou de toiles grossières. Les résines ou les goudrons destinés à fournir le *noir de fumée* sont brûlés dans une marmite de fonte, que l'on chauffe ; on allume les vapeurs, et bientôt les produits de la combustion pénètrent dans la chambre par un conduit horizontal. On a perfectionné cet appareil en forçant la fumée à traverser successivement plusieurs chambres ; le noir le plus fin et le plus pur dépose alors dans la chambre la plus éloignée.

Ce noir de fumée sert pour la peinture en bâtiments, l'encre d'imprimerie ; mais, pour la peinture fine, l'encre lithographique, on calcine d'abord ce noir afin de lui enlever toutes les matières huileuses. En mélangeant le noir de fumée le plus fin avec 2/3 de son poids d'argile, on fabrique des crayons noirs pour le dessin.

On prépare, sous le nom de *noir de lampe* ou *noir de bougie*, un noir de fumée très beau, en brûlant des huiles, dans des quinquets à becs simples placés sur une plaque de métal ; le noir se dépose sur cette plaque, et il suffit de la secouer pour le faire tomber. Il y a encore dans le commerce un *noir de Russie* ou *fumée de Russie*, obtenu en brûlant, sous des tentes, des copeaux de bois résineux.

Fig. 247.
FABRICATION DU NOIR DE FUMÉE.

NOIR ANIMAL. — Le *noir animal*, corps noir, poreux, contenant de 10 à 12 pour 100 de charbon, le reste étant formé de phosphate et de carbonate de chaux, est le produit de la calcination des os en vase clos. Si, chose facile dans les grandes villes, on le prépare avec les os de toutes sortes provenant de la consommation de la viande, il sert surtout, sous le nom de *noir* ou *charbon d'os*, à décolorer, en vertu de la propriété absorbante des charbons, soit le jus de betterave, soit le sirop brut de la canne à sucre, ces sirops ne laissant cristalliser le sucre qu'à la condition d'être dépouillés de leur matière colorante ; et il est employé, pour cet objet, dans toutes les raffineries d'Europe et d'Amérique, ainsi que dans la plupart des sucreries coloniales. Si on le produit avec les rognures d'ivoire mises au rebut par les tabletiers, ou avec des os de pieds de mouton bien nettoyés, il est connu sous les noms de *noir d'ivoire, noir de Cassel,* de *Cologne*, de *velours*, comme matière colorante. Dans l'un ou l'autre cas, il est carbonisé de la même manière, dans des marmites en fonte portées au rouge dans des fours ; puis broyé en poudre plus ou moins fine, selon l'usage auquel il est destiné.

M. Girardin indique deux recettes pour préparer le *cirage anglais*, dont la fabrication réclame d'énormes quantités de *noir d'ivoire*, et dont la consommation est assez considérable (*fig.* 248) pour constituer une des grandes industries de notre époque.

CIRAGE SOLIDE			CIRAGE LIQUIDE	
Noir d'ivoire.	2 kil.	gr.	Noir d'ivoire	125 grammes.
Mélasse.	2	»	Mélasse	125 —
Acide sulfurique.	0	400	Acide sulfurique . . .	32 —
Noix de galle concassées.	0	120	Huile d'olive	2 cuillerées.
Sulfate de fer (couperose)	0	120	Vinaigre.	3/4 de litre.
Eau.	2 litres.			

Pour le cirage solide, voici comment on opère. On verse la mélasse dans une terrine d'une capacité de 10 litres au moins ; on y incorpore peu à peu le noir d'ivoire. D'un autre côté, on fait dissoudre le sulfate de fer dans un litre d'eau ; on mêle la moitié de cette dissolution avec la pâte obtenue, et l'autre moitié est ajoutée à l'acide sulfurique, qu'on mêle à son tour avec la pâte, en agitant continuellement. Il se produit une vive effervescence la masse augmente beaucoup de volume et s'épaissit en même temps. On y ajoute enfin le second litre d'eau qu'on a fait bouillir préalablement sur les noix de galle et qu'on a passé à travers un linge. On obtient ainsi une pâte molle d'un très beau noir.

Pour le cirage liquide, après avoir mélangé le noir à la mélasse, on y incorpore peu à peu l'huile, puis l'acide sulfurique affaibli par une partie du vinaigre, et on délaye la masse dans le restant du vinaigre de manière à avoir une pâte liquide assez homogène. Il est nécessaire de bien agiter ce cirage chaque fois qu'on veut s'en servir, afin de remettre en suspension le dépôt qui ne tarde pas à s'opérer dans les bouteilles en grès.

COMPOSÉS OXYGÉNÉS DU CARBONE. — Le carbone forme, avec l'oxygène, deux composés importants : *l'acide carbonique* et *l'oxyde de carbone*, que nous allons étudier successivement.

ACIDE CARBONIQUE ($CO_2 = 22$; *en volume = 2 ; densité = 1,529*). — La découverte de *l'acide carbonique*, le premier gaz connu, est due à Van Helmont ; elle a eu la plus grande influence sur les progrès de la chimie ;

car le savant médecin, le premier, signalait l'existence des corps gazeux ;
il fut ainsi le précurseur de la chimie pneumatique. M. Hoeffer raconte
en ces termes l'intéressante histoire de cette découverte de corps impal-
pables, quoique matériels, appelés *gaz :*

« Le charbon, et en général les corps qui ne se résolvent pas immédiatement,
dégagent nécessairement, disait Van Helmont, par leur combustion, de l'*esprit sylvestre*. Soixante-deux livres de charbon de chêne donnent une livre de cendres.
Les soixante et une livres qui restent ont formé
l'esprit sylvestre. Cet esprit, inconnu jusqu'ici,
qui ne peut être contenu dans des vaisseaux ni
être réduit en un corps visible, je l'appelle d'un
nouveau nom, *gaz.* Il y a des corps qui renferment
cet esprit et qui s'y résolvent presque entièrement ; il y est alors comme fixé ou solidifié. On
le fait sortir de cet état par le ferment, comme
cela s'observe dans la fermentation du vin, du
pain, de l'hydromel. »

Ainsi l'*esprit sylvestre*, qui est l'*acide carbonique*, fut le premier gaz qu'on eût obtenu. Van
Helmont reconnut aussi l'identité du gaz produit
par la combustion avec celui qui se développe
pendant la fermentation, et il invoque le témoi-
gnage de l'observation pour montrer que c'est ce
gaz qui rend les vins mousseux. « Une grappe

Fig. 248. — APPLICATION
DU CIRAGE ANGLAIS

de raisin non endommagée se conserve et se dessèche ; mais une fois que l'épiderme est déchiré, le raisin ne se conserve plus, en se mettant à fermenter : c'est
là le commencement de sa métamorphose... Le moût de vin, le suc de pommes, des
baies, du miel, etc., éprouvent, sous l'influence du ferment, comme un mouvement
d'ébullition, dû au dégagement du gaz. Ce gaz, étant comprimé avec beaucoup
de force dans les tonneaux, rend les vins pétillants et mousseux. »

Van Helmont fut aussi le premier à constater que le même gaz, qui se développe par la combustion du charbon et de la fermentation, peut provenir encore
d'autres sources, très différentes entre elles, telles sont : 1° *L'action d'un acide
sur des sels calcaires :* « Au moment où le vinaigre distillé dissout des pierres
d'écrevisses (*carbonate de chaux*), il se dégage de l'esprit sylvestre. » 2° *Cavernes,
mines, celliers :* « Rien n'agit plus promptement que le gaz, comme on le voit dans
la grotte du Chien, près de Naples... Très souvent, il tue instantanément ceux
qui travaillent dans les mines. On peut être sur-le-champ asphyxié dans les celliers. 3° *Certaines eaux minérales :* « Les eaux de Spa dégagent du gaz sylvestre :
il y a des bulles qui s'attachent aux parois du vaisseau qui en contient. » 4° *Tube
digestif :* « Tout vent (*flatus*), qui se produit en nous par la digestion ou les excré-
ments, est du gaz sylvestre. »

Vers la fin du XVIII⁰ siècle, on reconnut les principales propriétés de ce gaz, sans pouvoir cependant connaître sa composition. Le chimiste allemand Keir envisagea ce gaz comme un acide et lui donna le nom d'*acide crayeux* ou *acide de la craie;* Bewdly l'appela *air*, *gaz* ou *acide méphitique*, parce qu'il ne peut servir à la respiration; Black vit que ce gaz était absorbé par les alcalis, et qu'alors ils faisaient effervescence, comme les calcaires, lorsqu'on les traitait par les acides. Priestley le trouva dans l'air atmosphérique. Ce fut enfin Lavoisier qui, en 1775, reconnut la nature de ses éléments, et établit sa composition, non par l'analyse, mais par la synthèse. Berzélius ne trouva depuis qu'une différence insignifiante entre ses résultats et ceux de Lavoisier; et MM. Dumas et Stas ont enfin déterminé, en 1840, de la manière la plus rigoureuse, sa composition, qui diffère un peu des résultats de Lavoisier et de Berzélius.

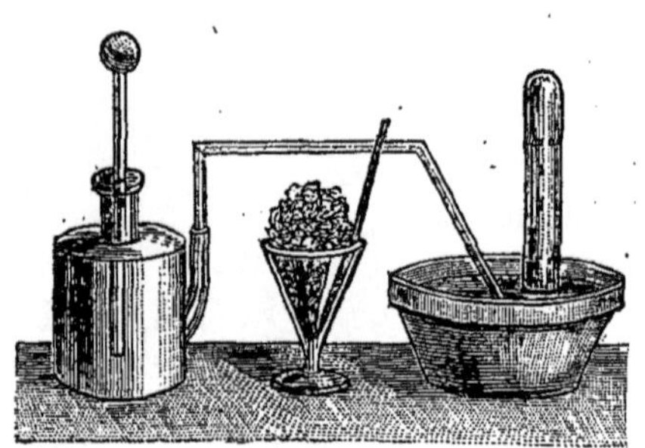

Fig. 249.

PRÉPARATION DE L'ACIDE CARBONIQUE.

Pour préparer l'acide carbonique dans les laboratoires de chimie, il suffit de mettre de la chaux, du marbre ou de la craie en contact avec un acide moins volatil que l'acide carbonique pour déterminer le dégagement de ce gaz, puisqu'il est, à l'état de combinaison, dans ces substances. A cet effet, on met donc dans un flacon (*fig.* 249) du marbre ou de la craie en petits fragments; on ajoute ensuite de l'eau pour remplir à peu près la moitié du flacon; puis on verse peu à peu de l'acide chlorhydrique étendu par le tube droit à entonnoir. Il se produit une vive effervescence, et le gaz qui se dégage est recueilli sur une cuve à eau. La réaction est due à ce que l'acide chlorhydrique, moins volatil que l'acide carbonique, le chasse et forme avec la chaux du chlorure de calcium et de l'eau : $CaO,CO^2 + HCl = CO^2 + HO + CaCl$. Si l'on employait l'acide chlorhydrique concentré, en le jetant sur de la craie placée dans un verre, on aurait un boursouflement tel qu'on ne pourrait régler le dégagement. Dans l'industrie, pour la fabrication des eaux gazeuses, on se sert de la craie et de l'acide sulfurique; celui-ci, grâce à sa fixité, chasse l'acide carbonique et forme du sulfate de chaux :

$$CaO,CO^2 + SO^3,HO = CO^2 + CaO,SO^3 + HO.$$

On doit remuer constamment le mélange, généralement à l'aide d'un agi-

Elles s'asseyaient sur le trépied sacré, et le gaz, pénétrant en elles... (page 667).

tateur mécanique, afin que le sulfate de chaux, très peu soluble, ne puisse encroûter les morceaux de craie, et, en conséquence, arrêter la réaction.

Le gaz acide carbonique est incolore, d'une odeur piquante, d'une saveur légèrement aigrelette. L'eau à 15° dissout son volume d'acide carbonique; à 0°, un litre d'eau en dissout 1ˡ,797. Longtemps regardé comme permanent, nous avons vu qu'il se liquéfie aujourd'hui (PHYSIQUE, *Chaleur*, page 560). Il est impropre à la combustion et à la respiration. Seguin a reconnu, par des expériences faites sur lui-même, que lorsque l'air renferme un cinquième ou un quart d'acide carbonique, il devient irrespirable et détermine l'asphyxie. Il n'agit pas seulement négativement en suspendant la respiration par défaut d'oxygène, mais il a une action directe et délétère sur les nerfs et le cerveau. Lorsque l'asphyxie a lieu dans un local peu resserré, où l'air est moins fortement vicié, il y a toujours du délire et des convulsions : chez certains ouvriers, exposés aux vapeurs du charbon, il naît une prédisposition à la folie. On ne saurait donc trop prendre de précautions pour éviter de respirer ce gaz, et il faut se hâter, lorsqu'une personne est asphyxiée, de la retirer de l'endroit où elle est, pour la porter au grand air. Les maux de tête, les malaises qu'on éprouve parfois, dans des pièces trop hermétiquement closes, ou trop fortement chauffées, proviennent de ce que l'air absorbé a été remplacé par de l'acide carbonique.

Cependant cet acide produit les effets les plus variés et même les plus contraires sur le système nerveux ; car tantôt il cause des spasmes violents, tantôt il paraît plonger les facultés cérébrales dans une atonie complète. Il est à peu près certain que c'est au moyen du gaz acide carbonique que les prêtres de l'antiquité déterminaient les convulsions des pythies chargées, dans le fameux temple de Delphes, entre autres, de prononcer des oracles ; elles s'asseyaient sur le trépied sacré, et le gaz pénétrant en elles, par les parties génitales, déterminait les convulsions qui décelaient la présence du dieu (*fig.* à la page 665). Un fait singulier, c'est qu'en plaçant une blessure récente dans une atmosphère de ce gaz, on parvient à faire cesser la douleur. Depuis quelques années, dans certains établissements thermaux d'Allemagne, notamment à Marienbad, Carlsbad, Mannheim, Eger, Killengen, etc., on a mis à profit cette propriété et l'on administre le gaz qui s'échappe de ces sources sous forme de bains et de douches pour dissiper les douleurs rhumatismales.

L'acide carbonique est un des corps les plus répandus dans la nature. Pendant la fermentation du raisin, il sort, des cuves où se fait le vin, une énorme quantité de ce gaz qui remplit les celliers et peut causer la mort du vigneron qui y pénètre sans précautions. On le trouve presque pur dans un grand nombre de grottes que présentent les pays volcaniques et quelques-uns des terrains calcaires, dans les mines mal aérées, au fond des puits ou des caves profondes, etc. Il y a bien longtemps qu'on a observé ses effets pernicieux : dans les mines, l'extinction des lampes, les accidents d'asphyxie qu'il occasionne étaient attribués, chez les Grecs et les Romains, à des airs irrespirables; mais la superstition des siècles suivants transforma ces airs en démons (PHYSIQUE, *Chaleur,* page 519). L'empoisonnement des puits était aussi une croyance très répandue au moyen âge et, à chaque page de l'histoire, nous lisons le récit de massacres de juifs ou d'hérétiques, dont la cause était, sans nul doute, des accidents d'asphyxie occasionnés par la présence de l'acide carbonique accumulé au fond de certains puits (*fig.* à la page 649).

Il y a un grand nombre de grottes qui renferment de l'acide carbonique. On cite la célèbre *Grotte du Chien*, près de Pouzzoles, ainsi nommée parce que, depuis des siècles, on fait servir un chien aux expériences. Dans tous les pays volcaniques il en est ainsi; en Auvergne, on rencontre partout l'acide carbonique.

À 3 kilomètres de Clermont-Ferrand, à quelques pas du parc de l'établissement thermal de Royat, il existe une grotte d'aspect pittoresque, à l'entrée de laquelle on lit sur une petite affiche rouge : *Phénomène naturel semblable à celui de la grotte du Chien, près de Naples.* Cette grotte s'appelle la grotte Saint-Mart. Elle est très belle (*fig.* à la page 657), elle mesure 18 mètres de largeur, 8 mètres de profondeur et 10 mètres de hauteur; c'est une excavation creusée en grande partie dans la lave des cendres du volcan de Gravenoire qui surplombe Royat. Évidemment cette grotte est plus intéressante que la grotte de Naples, qui a déjà attiré tant de visiteurs et de touristes; à Pouzzoles, l'excavation n'a que 1 mètre de largeur sur 1 mètre et demi de hauteur et 3 mètres de profondeur. Les phénomènes observés sont les mêmes d'ailleurs à Pouzolles et à Royat, plus curieux cependant à Royat, précisément à cause des grandes dimensions de la grotte.

Toute personne qui y pénétrerait sans précaution et y séjournerait serait bien sûre de n'en plus sortir. Un jour d'orage, raconte-t-on, un ivrogne, qui passait d'aventure, trouva la grotte sur son chemin et s'y mit à l'abri; il s'assit sur un rocher, et le lendemain on le trouva étendu sans vie. L'autorité fit murer l'excavation. Depuis 1875, un gardien est préposé à la surveillance de la grotte et guide les étrangers qui viennent y faire des expériences. L'atmosphère en est, en effet, irrespirable, et, pour peu qu'on s'y couche, l'asphyxie ne tarde pas à se produire. A certaines époques, l'atmosphère irrespirable envahit même presque la grotte

entière et il y aurait imprudence à y pénétrer. Cette propriété asphyxiante
que possèdent les grottes de Pouzzoles et de Royat n'est, du reste, pas
isolée. Dans beaucoup de pays volcaniques, on rencontre des excavations
pleines de gaz méphitique. A Clermont et aux environs, un grand nombre
de caves sont quelquefois envahies par des gaz dangereux. Le phénomène est connu de toute antiquité. La grotte de Royat a été décrite
dès 1787 par Legrand dans son *Voyage en Auvergne*. En ce qui concerne
la grotte de Pouzzoles, Pline à écit : « Il existe là un endroit d'où s'exhalent des émanations mortelles. »

La cause de ce phénomène, qui porta autrefois l'effroi parmi les gens
du pays, est bien simple. Il se dégage, en effet, des fissures de la roche
volcanique une quantité très notable d'*acide carbonique;* ce gaz, beaucoup plus lourd que l'air, s'accumule au fond de la grotte, comme ferait
de l'eau qui filtrerait par les interstices du rocher. Si même la grotte
était hermétiquement close, toute la cavité s'emplirait et il serait absolument impossible d'y pénétrer sans appareils spéciaux. Mais l'excavation n'étant fermée que par une porte mal jointe, le gaz s'écoule
sans cesse de l'intérieur à l'extérieur et la couche asphyxiante ne s'élève
guère au delà de 1^m,40. Elle est du reste très inégale. Au fond elle a
un 1^m,40, au milieu, environ 0^m,60, et à l'entrée 0^m,50. Certains jours,
la hauteur de la couche d'acide carbonique augmente; quelquefois, au
contraire, elle diminue très sensiblement au point de ne plus dépasser
quelques centimètres. C'est un effet de pression barométrique et de température. Une température élevée et une baisse barométrique facilitent
le dégagement du gaz par les fissures de la roche; une température basse
et la hausse du baromètre maintiennent le gaz dans les profondeurs et
la source d'acide carbonique débite en très faible quantité. La hauteur de
la couche varie donc sans cesse. Le guide peut même se servir des
variations de hauteur du gaz dans la grotte pour prédire avec succès
les changements de temps, les orages, les tempêtes.

Partout où le terrain a été bouleversé par les commotions volcaniques on trouve des communications souterraines profondes; les eaux
minérales jaillissent par ces fentes et charrient jusqu'à la surface les
matériaux solides et les gaz accumulés dans les profondeurs de l'écorce
terrestre. L'acide carbonique notamment est le gaz le plus commun qu'entraînent les eaux minérales; il s'y trouve en quatité énorme. Aussi est-on
bien certain de rencontrer des dégagements puissants d'acide carbonique
dans toutes les régions où abondent les sources thermales. Dans toute
l'Auvergne, l'acide carbonique se dégage plus ou moins du sol.

Les phénomènes de la grotte Saint-Mart sont très curieux. Un chien maintenu au fond se débat et tombe asphyxié; il suffit de l'exposer rapidement à l'air sain au dehors pour le ramener à la vie. A Pouzolles, le même chien a servi aux expériences pendant des années; il en avait pris son parti et paraissait ne pas s'en trouver plus mal. La lampe qui éclaire les visiteurs brille très bien à 1^m,80 du sol, mais quand on l'abaisse lentement, on la voit donner une flamme fuligineuse; encore quelques centimètres plus bas, elle s'éteint. En avançant avec précaution avec un rat-de-cave allumé, tout danger disparaît pour l'explorateur; il suffit de placer la lumière au niveau du cou; aussitôt qu'on la voit s'éteindre, c'est que l'on atteint la couche asphyxiante. L'acide carbonique peut se puiser et se transvaser comme de l'eau. On en emplit son chapeau dans le fond de la grotte, on porte doucement hors de l'excavation et l'on verse le gaz sur une bougie. Immédiatement elle s'éteint. Une jolie expérience est celle des bulles de savon. Les bulles descendent lentement jusqu'à la couche de gaz et s'assoient en quelque sorte sur la surface gazeuse; elles flottent sur la nappe d'acide carbonique comme un bouchon sur l'eau. On les voit tourner dans la grotte comme suspendues et se diriger doucement jusqu'à la porte d'entrée. La couche d'acide carbonique étant plus élevée au fond qu'à l'entrée, il y a nécessairement un courant gazeux du fond vers la sortie. La fumée des cigares s'étale aussi sur la nappe de gaz et rend visible le plan de séparation de l'acide carbonique et de l'air.

Quand on pénètre dans la grotte Saint-Mart, on n'éprouve aucune sensation désagréable. Cependant, quand on reste un peu longtemps au fond, pour examiner, par exemple, de près les parois de lave et de trachyte, on ressent de la suffocation. Si l'on évite de respirer et que l'on se baisse de façon à plonger la tête dans la couche d'acide carbonique, on éprouve un peu de picotement aux yeux et on sent très bien la saveur aigrelette de l'acide, un peu comme lorsqu'on se place au-dessus d'un verre dans lequel on fait jaillir de l'eau de Seltz. Si maintenant on respire avec précaution, l'étourdissement est rapide. Le cœur bat violemment, on suffoque, inconsciemment; on relève vite la tête et on a hâte de gagner la porte. L'homme est renversé rapidement par trois ou quatre inspirations un peu copieuses d'acide carbonique. Aucune partie de l'organisme n'est atteinte, bien entendu, et, ramené à l'air pur, le sujet reprend immédiatement connaissance. Les animaux sont asphyxiés dans un temps plus ou moins long, selon leur espèce.

La grotte Saint-Mart présente tout autant d'intérêt, sinon plus, avons-nous dit, que la grotte du Chien. Mais n'y aurait-il pas lieu d'en tirer meilleur parti qu'on ne le fait aujourd'hui en répétant devant des touristes quelques expériences classiques de chimie élémentaire? Une source aussi importante d'acide carbonique pourrait être utilisée à des usages médicaux. Le gaz, à Naples, est saturé d'eau ; à Royat, il est presque sec, ou du moins très peu mélangé de vapeur d'eau. Or, l'acide carbonique paraît exercer une influence heureuse dans certaines affections ; des inhalations mitigées et très courtes de ce gaz ont paru bien réussir dans les maladies des voies respiratoires. A Vichy, notamment, on commence à donner sur une assez grande échelle des bains d'acide carbonique. Le sujet se place dans une baignoire tout habillé. Le gaz est amené par un tuyau de caoutchouc au fond de la baignoire. L'acide carbonique emplit le récipient et déborde ; mais, comme la tête est notablement au-dessus de la baignoire, il n'y a aucun danger d'asphyxie. En Allemagne, avons-nous dit, on a établi des salles d'inhalation dans lesquelles on fait respirer de l'acide carbonique soir et matin aux malades. Il serait bien facile de donner aussi à la grotte Saint-Mart une destination utile. Déjà quelques baigneurs, atteints d'affections de poitrine, viennent matin et soir y faire quelques inspirations, et il est avéré qu'ils se trouvent toujours soulagés.

Fig. 250. — SYNTHÈSE DE L'ACIDE CARBONIQUE.

L'origine de l'acide carbonique dans l'atmosphère réside dans des causes nombreuses : les volcans en déversent sans cesse dans l'air ; certaines eaux minérales, telles que celles de Seltz, de Pougues, très chargées de ce gaz, en dégagent constamment ; enfin, comme nous l'avons vu, il sort par les fissures du sol. De plus, tous nos moyens de chauffage et d'éclairage, toutes les décompositions de matières organiques, les fermentations, la respiration des animaux (22 litres à peu près par homme et par heure) en sont une source abondante.

La composition de l'acide carbonique présente un grand intérêt ; elle sert de base à l'analyse des matières organiques. On la détermine plus facilement par la synthèse que par l'analyse. Cette synthèse se fait d'une manière commode et prompte au moyen d'un ballon A (*fig.* 250), garni d'une douille B portant un robinet qui peut être dévissé. On soude un fil de platine terminé par une petite capsule D, du même métal, dans laquelle on place un fragment de charbon de bois récemment chauffé à la température du rouge blanc ; on visse ensuite le robinet, et l'on fait le vide pour remplir ensuite le ballon d'oxygène, après quoi l'on ferme le robinet. On chauffe alors un peu le ballon, et l'on ouvre un instant le robinet pour faire sortir une petite partie de gaz, après l'avoir plongé dans le mercure ; le gaz, en refroidissant, diminue de volume, et le mercure remonte dans le col dès qu'on ouvre le robinet, que l'on ne referme que quand le refroidissement est complet; le mercure a dû remonter à environ la moitié de la longueur du col. On expose alors le charbon qui est dans l'intérieur du ballon au foyer d'une lentille E, qui détermine sa combustion; ou bien on la produit au moyen d'une pile : cette combustion continue ensuite d'elle-même; lorsqu'elle est terminée, on laisse refroidir le ballon pour le reporter sur le bain de mercure, en ayant soin de le disposer de manière que le niveau extérieur soit le même que quand on a fait pénétrer le mercure, afin

Fig. 251. — SYNTHÈSE DE L'ACIDE CARBONIQUE (DUMAS ET STAS).

d'avoir la même pression : on ouvre alors le robinet, et l'on voit que le niveau du mercure ne change pas dans l'intérieur du ballon. Il est évident que le volume du gaz acide carbonique formé est égal à celui du gaz oxygène qui l'a produit; on peut donc en conclure et sa constitution et sa composition; car on connaît la densité de l'oxygène, celle de l'acide carbonique et par suite le poids de chacun d'eux; la différence représente le poids du carbone :

$$
\begin{aligned}
&\text{Si, de la densité de l'acide} \dots\dots\dots\dots\dots \quad 1{,}529 \\
&\text{On retranche la densité de l'oxygène} \dots\dots \quad \underline{1{,}106} \\
&\qquad\qquad\text{Il reste} \dots\dots\dots\dots\dots \quad 0{,}423
\end{aligned}
$$

Ce qui donne pour la composition de l'acide carbonique en centièmes :

$$
\left.
\begin{aligned}
&\text{Carbone} \dots\dots\dots\dots \quad 27{,}6 \\
&\text{Oxygène} \dots\dots\dots\dots \quad 72{,}4
\end{aligned}
\right\} \ 100
$$

Une expérience célèbre de MM. Dumas et Stas fixe plus rigoureusement encore la composition de l'acide carbonique. L'appareil dont se sont servis ces habiles chimistes se compose (*fig.* 251) d'un tube de porcelaine

BC, dans lequel on place une petite nacelle de platine A, destinée à recevoir le graphite ou le diamant que l'on veut brûler. Ce tube est disposé dans un fourneau, qui permet d'élever la température du tube à une forte

Dans l'asphyxie par la combustion du charbon,... c'est l'oxyde de carbone qui tue (page 675).

chaleur rouge; on fait passer dans ce tube l'oxygène contenu dans un flacon D, où l'on fait arriver un courant très lent d'eau de chaux, provenant du vase E; l'oxygène passé à travers un tube FG, contenant, dans son premier tiers, de la ponce humectée d'une dissolution de potasse; au milieu, de la potasse solide en fragments; dans le dernier tiers, de la ponce imprégnée d'acide sulfurique : ces trois sections sont séparées par des couches d'*asbeste*. A la suite de ce tube horizontal, on a disposé un tube H, contenant de la ponce imbibée d'acide sulfurique concentré. La potasse a absorbé l'acide carbonique qui aurait pu se trouver dans l'oxygène; l'acide sulfurique a desséché complètement le gaz avant son arrivée dans le tube BC. Comme il est difficile d'éviter à coup sûr la formation d'une quantité plus ou moins sensible d'oxyde de carbone, le gaz, en sortant du tube de porcelaine, traverse un tube de verre JK contenant de l'oxyde de cuivre chauffé au rouge dès avant le commencement de l'opération; l'oxyde de carbone qui a pu se former s'y transforme en acide carbonique, s'ajoutant à celui qui s'est produit. Le gaz, toujours mêlé d'un peu d'oxygène, passe dans un tube L, contenant de la ponce humectée d'acide sulfurique et destinée à retenir l'eau qui aurait pu provenir de la dessiccation des bouchons par la chaleur; de là, il traverse un tube à boules M, contenant une dissolution concentrée de potasse, puis deux autres tubes N et O, contenant de la ponce alcaline; ensuite, un autre tube P, plein de ponce acide retenant l'eau qui pourrait être entraînée des dissolutions alcalines; enfin, un dernier tube R, dans lequel on a mis de la potasse en poudre grossière, qui empêche l'eau hygrométrique et l'acide carbonique de l'air de venir troubler les résultats. On fait passer le courant d'oxygène lentement, en quantité trois ou quatre fois plus grande qu'il ne serait nécessaire pour brûler la quantité de carbone contenu dans la nacelle de platine; on laisse le fourneau se refroidir lentement, puis on remplace le courant d'oxygène par un courant d'air, pour que les pesées, avant et après l'expérience, se trouvent dans les mêmes conditions. On a pesé exactement, d'une part, l'échantillon que l'on devait brûler; de l'autre, les tubes M, N, O, P, ensemble avant l'expérience; l'augmentation de poids que l'on y trouve représente exactement la quantité d'acide carbonique résultant de l'opération.

A la suite de ces expériences, il a été constaté que la composition de l'acide carbonique est :

$$\left.\begin{array}{l}\text{Carbone} \quad 27.27 \\ \text{Oxygène} \quad 72.73\end{array}\right\} 100. \quad \text{ce qui revient à} \quad \left.\begin{array}{l} 6 \\ 16 \end{array}\right\} 22$$

Les usages de l'acide carbonique sont nombreux. Dissous dans un liquide, il lui donne une saveur piquante et agréable; c'est lui qui rend mousseux le cidre, la bière et le vin de Champagne; aussi l'introduit-on artificiellement dans un grand nombre de liquides pour leur donner à peu près le goût des produits naturels. Les limonades gazeuses, les eaux de

Seltz sont ainsi fabriquées avec lui. Nous avons indiqué (PHYSIQUE, *Pesanteur*, page 304) la fabrication industrielle de cette dernière boisson ; pour en préparer de petites quantités pour l'usage domestique, on se sert surtout de l'appareil Briet (*fig.* 252) composé de deux vases en verre *a* et *b*; dans le vase inférieur, on place un mélange d'acide tartrique (18 grammes par litre d'eau) et de bicarbonate de soude 21 grammes ; on ferme ce vase avec un cylindre creux en étain, traversé par un tube, terminé inférieure-

ment par une espèce de pomme d'arrosoir. On renverse le vase *a* ainsi
fermé, et on le visse sur le vase *b* rempli
d'eau ; on retourne l'appareil : l'eau mouillant le mélange détermine la réaction de
l'acide tartrique sur le bicarbonate de
soude ; il se produit une vive effervescence ; l'acide carbonique traverse de petits trous percés dans le cylindre d'étain
qui sépare les deux vases et vient se dissoudre dans l'eau du vase *b*. Si cette eau
contenait des sirops, on aurait de la limo-
nade gazeuse. Un robinet latéral *i* permet
au liquide de s'écouler.

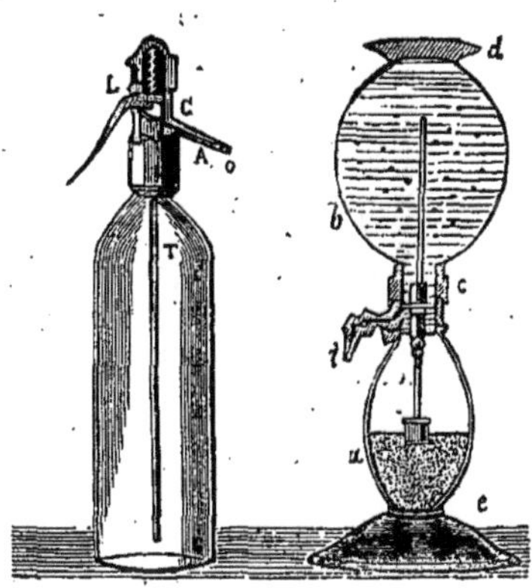

Fig. 252.
APPAREILS A EAU DE SELTZ.

On se sert encore de l'acide carbonique résultant de la combustion du coke, dans la préparation de la céruse.

Enfin l'acide carbonique de l'atmosphère forme les parties vertes des végétaux, sous l'influence de la lumière solaire ; de plus, une masse énorme d'animaux inférieurs, qui vivent au sein des eaux douces et salées, tels que les mollusques à coquilles, les oursins, les crustacés, se recouvrent d'une enveloppe calcaire, dont la moitié au moins est formée d'acide carbonique, introduit dans l'organisme sous forme de carbonate de chaux.

OXYDE DE CARBONE (CO = *14 ; en volume = 2 ; densité = 0,967*). Ce fut Priestley encore qui découvrit l'*oxyde de carbone*. Mais le mérite de ses découvertes doit être bien diminué, si l'on considère que le savant anglais dut plutôt au hasard, comme il le dit lui-même, qu'à une conception générale, cette découverte aussi bien que les nombreuses autres qui font sa gloire. Quand on lit, remarque fort justement M. Hoeffer, les *Observations et expériences* de Priestley sur différentes espèces d'air, on croirait que le savant anglais est, en réalité, le père de la chimie moderne, et que Scheele et Lavoisier ne sont que ses ingrats disciples. Mais on change d'opinion quand on compare les travaux de ces chimistes entre eux, et on remarque que Priestley ne rendait pas toujours aux autres la justice qu'il aurait voulu qu'on rendît à lui-même. Au milieu de la richesse des faits dont il s'était entouré, il fit fausse route, tandis que Lavoisier et Scheele ont reconstruit l'édifice de la science avec des matériaux, qui, entre ses mains, seraient peut-être restés complètement stériles.

L'oxyde de carbone, dont les propriétés principales et la composition ont été déterminées, en 1802, par Cruikshank, est un gaz incolore, inodore, insipide ; la chaleur et l'électricité sont sans action sur lui ; il est très peu soluble dans l'eau ; à 0°, un litre d'eau n'en dissout que 35 ᶜᶜ ; il est inflammable et brûle avec une flamme bleue caractéristique ; il n'entretient pas la combustion, et, non seulement il n'entretient pas la respiration des animaux, mais encore il est très toxique. Dans l'asphyxie par la combustion du charbon en appartement clos, moyen que des désespérés emploient parfois pour sortir de la vie (*fig.* à la page 673), ce n'est pas l'*acide carbonique* qui tue, mais l'*oxyde de carbone*, produit de l'oxydation incomplète du combustible. M. F. Le Blanc a montré, dans un travail resté célèbre, qu'un chien meurt empoisonné par l'oxyde de carbone, dans un mélange produit par la combustion du charbon et renfermant seulement 0,54 pour 100 ou 1/185 d'oxyde de carbone. Claude Bernard a fait voir que l'oxyde de carbone s'unit avec les globules rouges du sang, de telle sorte qu'un volume d'oxyde de carbone se substitue à un volume égal d'oxygène. Les globules n'ont plus leur provision normale et l'asphyxie survient. M. N. Gréhant, en 1877, démontra, par des expériences nouvelles, que la proportion d'oxyde de carbone dilué dans l'air peut être encore de beaucoup diminuée, et que cependant les effets toxiques n'en sont pas moins à redouter. De ces expériences, M. Gréhant conclut ce résultat important à signaler : c'est que l'homme ou l'animal astreint à respirer pendant une demi-heure dans une atmosphère contenant seulement 1/779 d'oxyde de carbone absorbe ce gaz en quantité assez grande, pour que la moitié environ des globules rouges combinés avec l'oxyde de carbone devienne incapable d'absorber l'oxygène. Lorsque l'atmosphère renferme 1/1449 seulement d'oxyde de carbone, un quart environ des globules rouges du sang se combine avec ce gaz.

Ces conséquences ont de la gravité pour ceux qui n'ont aucun désir de quitter ce monde brusquement ; elles font clairement apercevoir l'inconvénient considérable que présentent pour la santé publique le voisinage d'un foyer de charbon et l'usage de certains poêles, notamment des chaufferettes ou des *braseros*. Il n'y a pas de combustion incomplète sans production d'oxyde de carbone, et la combustion est rarement parfaite : $CO^2 + C = CO + CO = 2\ CO$. On ne pourrait donc trop recommander l'emploi d'une ventilation raisonnable dans les lieux habités et dans toutes les pièces où il est indispensable de se servir des foyers pour les usages domestiques. (PHYSIQUE, *Chaleur*, page 462.)

On ne peut s'empêcher, à ce propos, ajoute M. de Parville, de demander si certaines affections, assez communes chez les fumeurs, ont pour origine unique les effets de la *nicotine*. Il arrive souvent que les cigares se fument mal, et, même alors qu'ils se fument bien, il doit se produire dans un grand nombre de cas de l'oxyde de carbone; et, de fait, on en a constaté la présence dans les produits de la combustion du tabac. Cet oxyde de carbone, en si petite dose qu'il soit, doit agir très défavorablement sur les globules sanguins et finir, à la longue, par déterminer des troubles plus ou moins accentués. Ces effets, peu marqués quand on fume au grand air, s'exagèrent naturellement lorsque de nombreux fumeurs restent confinés dans un appartement peu ventilé. Il est bon de signaler cette action très vraisemblable du gaz toxique par excellence sur les globules du sang. Les anémies, dites *narcotiques*, les troubles cardiaques, dits *narcotiques*, etc., pourraient bien aussi, en grande partie, résulter de l'intoxication de l'économie par l'oxyde de carbone. On ne saurait donc trop recommander la prudence aux anémiques, aux personnes affaiblies, qui fument quelquefois sans aucun ménagement. Il serait certes inutile de leur demander d'abandonner la cigarette ou le cigare, mais on doit du moins leur conseiller de ne fumer qu'avec la plus grande circonspection.

Cependant, comme la nature a souvent placé, dans les substances les plus toxiques, un principe bienfaisant, les médecins se sont occupés de savoir si l'*oxyde de carbone* ne pouvait être utilisé en certaines circonstances, et, suivant un grand nombre de savants docteurs, il est parfois un *anesthésique* précieux. On a étudié son action, et l'on a établi que, lorsqu'on le donne par inhalation, il se produit quatre périodes : 1° une période prodromique; 2° une période d'excitation marquée par des contractions et des convulsions; 3° une période anesthésique, caractérisée par l'arrêt partiel, puis absolu de sensibilité; 4° une période de réveil et de mort. La mort subite peut arriver en deux minutes, comme pour le chloroforme. Sur vingt-cinq expériences, elle n'a eu lieu qu'une fois; ce qui donnerait à penser que l'oxyde de carbone est moins dangereux à respirer qu'on ne le croit d'abord, surtout si on le respire mêlé à l'air atmosphérique. Des expériences sérieuses ont montré que l'homme peut être soumis avec prudence à ces inhalations. En opérant sur des lapins et des pigeons, on a constaté l'innocuité du gaz et son action anesthésique, analogue à celle du chloroforme et de l'éther. Un animal peut être anesthésié plusieurs fois de suite, et il se remet, après chaque expérience, promptement et complètement. Cette épreuve peut être répétée plusieurs jours sur le même animal, sans que sa vie soit compromise. Soumis à l'action de l'oxyde de carbone, l'animal est plongé dans une anesthésie complète, qui peut aller jusqu'à la mort apparente : insensibilité, résolution des membres, ralentissement de la respiration; on peut prolonger cet état en continuant l'action du gaz; mais si l'on ne s'arrête pas lorque l'anesthésie est complète, l'animal succombe. La mort peut être brusque, avec cris et convulsions; le plus souvent elle est douce. La transition est insensible du sommeil à la mort; la respiration s'arrête :

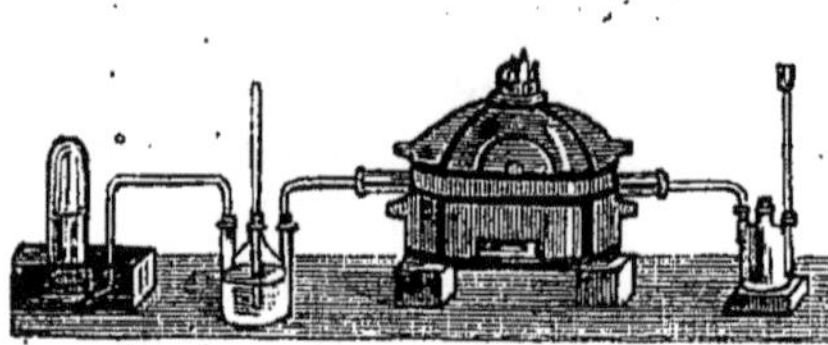

Fig. 253. — Préparation de l'oxyde de carbone par le charbon.

l'oxyde de carbone semble tuer en paralysant les muscles respirateurs. L'observation a constaté que l'homme peut supporter sans périr l'action de l'oxyde de carbone. Dans les hauts fourneaux, où l'oxyde de carbone est employé pour certaines opérations métallurgiques, d'après le procédé d'Ebelmen, on a vu des ouvriers frappés d'asphyxie, c'est-à-dire d'anesthésie subite, revenir promptement à eux. Le 31 décembre 1856, à une des cliniques de la Faculté de Paris, M. Léon Coze, agrégé, employa les douches utérines d'oxyde de carbone sur une femme atteinte de cancer ulcéré de la matrice, et traitée inutilement par les injections d'acide carbonique. Sept douches d'oxyde de carbone ont été successivement appliquées. La malade a éprouvé quelques vertiges; les douleurs ont été adoucies; l'injection n'a pas été suivie d'hémorragie, comme on l'avait observé par l'acide carbonique.

Comprimé sous la pression de 300 atmosphères à —29°, l'oxyde de carbone se condense, au moment où l'on supprime brusquement la pression, en un brouillard résultant de la liquéfaction. C'est un corps neutre; il n'a aucune action sur la teinture de tournesol, il ne trouble pas l'eau de chaux. Il ne diffère de l'*azote* que parce qu'il est combustible. A une très haute température, il se dissocie en donnant du charbon et de l'acide carbonique : $C^2O^2 = CO^2 + C$. Il se combine à volume égal avec le chlore pour former le gaz *oxychlorure de carbone*. Mis en contact avec une dissolution concentrée de potasse à 100° dans un ballon scellé, il donne de l'*acide formique* : $C^2O^2 + KO,HO = KO,C^2HO^3$. Sa propriété chimique caractéristique est son action sur l'oxygène aux températures élevées. L'oxyde de carbone, dégageant une grande quantité de chaleur en se combinant avec l'oxygène (14 kilogrammes dégagent en donnant de l'acide carbonique

34,100 calories), réduit la plupart des oxydes au rouge et les ramène à
l'état métallique, en passant lui-même à l'état d'acide carbonique. Cet
acte chimique s'appelle *réduction*. C'est l'inverse de la combustion; au
lieu d'ajouter de l'oxygène, il en retranche; il *débrûle*, en quelque sorte,
le corps brûlé. Cette propriété de l'oxyde de carbone est d'une haute utilité dans l'industrie métallurgique. Le charbon que l'on mélange au minerai ne sert pas simplement à provoquer la fusion du métal par la chaleur
qu'il développe, il remplit encore un rôle sans lequel la chaleur resterait
inefficace. Dans le minerai, en effet, le métal n'est pas seul; il y est le
plus souvent combiné avec l'oxygène, il
y est à l'état d'*oxyde*, de sorte que le premier effet du traitement qu'on lui fait
subir doit être de lui enlever son oxygène. Le charbon intervient alors comme
source de chaleur, le fer débarrassé de
son oxygène entre en fusion; mais la
chaleur seule serait impuissante à retirer
le métal de son minerai. Pour désoxyder
ce minerai et faire apparaître le fer avec
ses qualités de métal, il faut l'intervention d'un corps réducteur, et c'est là le

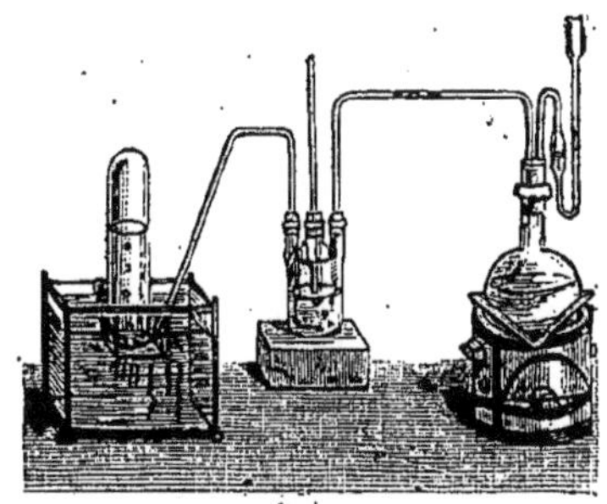

Fig. 251.

PRÉPARATION DE L'OXYDE DE CARBONE
PAR L'ACIDE OXALIQUE.

rôle de l'oxyde de carbone, formé par l'acide carbonique en traversant
les couches incandescentes du charbon.

On peut obtenir le gaz oxyde de carbone par un grand nombre de
procédés. On l'obtient en chauffant au rouge, dans une cornue de grès, un
mélange d'oxyde de zinc et de charbon; c'est par ce moyen que Priestley
l'a découvert. La réaction très simple est : $ZnO + C = Zn + CO$. On
peut aussi le préparer en chauffant du charbon dans un tube de grès ou
de porcelaine (*fig.* 253) et en faisant passer dans le tube un courant faible
de gaz acide carbonique qui se dégage d'un flacon. La réaction est :
$CO^2 + C = 2CO$. Une partie de l'acide carbonique échappant toujours à
la réaction, on fait passer le gaz dans un flacon laveur, contenant une
dissolution de potasse ou de lait de chaux qui absorbe tout l'acide carbonique. On peut aussi chauffer dans une cornue de grès un mélange de
carbonate de chaux (du marbre principalement) en poudre et de charbon
de bois préalablement calciné; le charbon décompose l'acide carbonique
du calcaire quand la cornue est chauffée au rouge; il reste de la chaux
caustique : $CaO,CO^2 + C = CAO + 2CO$.

L'oxyde de carbone ainsi obtenu n'étant jamais pur, le charbon retenant toujours plus ou moins d'hydrogène qui se mêle à l'oxyde de carbone,

Dulong a conseillé d'employer l'*acide oxalique,* ou *sel d'oseille,* mélange de *bi* et de *quadrioxalate* de *potasse* et de le traiter par l'acide sulfurique concentré. Pour cela, on chauffe dans un ballon de verre un mélange d'acide oxalique cristallisé et d'acide sulfurique concentré (*fig.* 224). L'acide oxalique est un de ces acides qui ne peuvent exister sans eau ou sans être combinés avec une base. Si donc on lui enlève ou son eau, ou la base qui est combinée avec lui, il devient libre; mais en même temps il se décompose : sa composition est alors représentée par C^2O^3, qui se dédouble en volumes égaux d'acide carbonique CO^2 et d'oxyde de carbone CO. On a donc un mélange de ces deux gaz seulement, en absor-

ANALYSE DE L'OXYDE DE CARBONE.

bant l'acide carbonique par un alcali, chaux-éteinte en poudre, ou potasse en dissolution, contenue dans un flacon laveur, l'oxyde de carbone seul et parfaitement pur se dégage. A 1 partie d'acide oxalique cristallisé, qui contient 3 équivalents d'eau, on mêle 5 parties d'acide sulfurique concentré, ce qui est beaucoup plus qu'il ne faudrait, car alors on emploie près de 6 1/2 équivalents d'acide sulfurique monohydraté pour 1 d'acide oxalique. En employant un peu moins que moitié de cette quantité, c'est-à-dire 3 équivalents d'acide sulfurique, on a :

$$C^2O^3,3HO + 3SO^3HO = CO + CO^2 + 3(SO^3,2HO).$$

En poids cela donne, pour la composition de l'oxyde de carbone : 42,85 *carbone* + 57,15 *oxygène* = 100, et en volume 1 de vapeur de carbone et 1 d'oxygène sans condensation.

Pour déterminer la composition de l'*oxyde de carbone,* on introduit dans un eudiomètre en cristal à parois très épaisses (*fig.* 255) 2 volumes d'oxyde de carbone et 2 volumes d'oxygène; après le passage de l'étincelle électrique, le gaz se trouve réduit à 3 volumes. Si l'on introduit alors une dissolution de potasse dans l'éprouvette, elle absorbe 2 volumes d'acide carbonique, et laisse 1 volume d'un gaz que l'on reconnaît être de l'oxygène. Donc 2 volumes d'oxyde de carbone exigent 1 volume d'oxygène pour se transformer en acide carbonique. Or, comme l'acide carbonique contient son volume d'oxygène, il en résulte que l'oxyde de carbone contient seulement 1/2 volume d'oxygène. La considération des densités permet d'achever l'analyse en déterminant la quantité de carbone. Si de la densité du carbone, 0,9674, on retranche la demi-densité de l'oxygène, 0,5529, il reste 0,4145, qui représente la demi-densité de vapeur de carbone, d'où l'on peut dire que 2 volumes d'oxyde de carbone sont formés de 1 volume de vapeur de carbone et de 1 volume d'oxygène sans condensation, tandis que l'acide carbonique contient 2 volumes d'oxygène et 1 volume de vapeur de carbone condensés en 2 volumes.

L'*oxyde de carbone* se forme aussi par la vapeur d'eau et le charbon

Ateschsah (*demeure du feu*), près de Bakou, sur les bords de la mer Caspienne (page 685).

incandescent. Que l'on fasse passer la vapeur de l'eau, bouillant dans une cornue, à travers un tube rempli de charbon porté à la chaleur rouge, l'eau se décomposera au contact de ce charbon; son oxygène forme avec le carbone de l'oxyde de carbone, son hydrogène reste libre : $HO + C = CO + H$.

En outre, suivant les conditions de température, il peut se former de l'acide carbonique : $2HO + C = CO^2 + 2H$. Enfin le carbone peut partiellement se combiner avec l'hydrogène et former un *carbure d'hydrogène*, gaz inflammable. Aucun de ces trois gaz combustibles n'a un pouvoir éclairant suffisant pour les applications ; mais, si l'on fait passer la masse gazeuse à travers un liquide riche en carbone, à travers de la benzine, par exemple, on l'imprègne de vapeurs carburées qui lui communiquent le pouvoir éclairant. C'est ainsi que l'eau, décomposée par le charbon incandescent, peut être employée à l'éclairage.

La décomposition de l'eau par le charbon et la formation de l'oxyde de carbone se démontrent en plongeant un charbon rouge sous une cloche pleine d'eau. De nombreuses bulles se dégagent et gagnent le haut de la cloche. Après avoir réitéré plusieurs fois l'opération, le gaz recueilli dans la cloche brûle avec la flamme bleue qui caractérise l'oxyde de carbone. Il contient également d'ailleurs de l'acide carbonique, de l'hydrogène et du carbure d'hydrogène.

Cette production de gaz combustibles par la décomposition de l'eau, au moyen du charbon incandescent, explique pourquoi une petite quantité d'eau, versée sur un brasier, active le feu au lieu de l'éteindre. Le forgeron asperge d'eau son charbon pour en rendre la combustion plus vive.

Il est alors évident qu'une trop faible quantité d'eau lancée sur des matières embrasées d'un incendie aggrave le mal en fournissant à la combustion un nouvel aliment. Le feu ne s'éteint que lorsqu'on peut disposer d'un grand volume d'eau. Il est prudent encore de se rappeler que l'un des produits de l'eau, sur le charbon ardent, est l'oxyde de carbone, et que, par conséquent, il y aurait danger de mort pour une personne qui chercherait à maîtriser un incendie dans un appartement avec un volume d'eau insuffisant.

COMPOSÉS HYDROGÉNÉS DU CARBONE. — ISOMÉRIE. — Quoique l'hydrogène, en se combinant avec le carbone, forme un nombre presque illimité de combinaisons, ces deux corps ne peuvent se combiner directement. La nature fournit quelques-uns de ces composés tout formés : les uns, comme les pétroles (*huiles de pierre*), sortent du sein de la terre ; d'autres existent dans les végétaux, comme le caoutchouc, les essences végétales (*essences de térébenthine, de citron, de rose*, etc.). Un grand nombre, comme l'*éthylène*, l'*acétylène*, la *benzine*, prennent naissance dans la décomposition des matières organiques. Le chimiste ne peut les obtenir qu'en décomposant par la chaleur des matières d'origine animale ou végétale, très riches en carbone et en hydrogène ; il en obtient d'autres, par la décomposition spontanée, la pourriture des mêmes matières, ou bien en faisant agir à chaud une base puissante sur certains acides organiques, ou des substances très avides d'eau, comme l'acide sulfurique sur l'alcool et ses congénères ; d'autres encore sont extraits des combustibles laissés par l'antique végétation du globe, ou des roches que cette végétation a imprégnées des produits de sa décomposition.

Tous les *carbures d'hydrogène* sont décomposables, à une température suffisamment élevée, en carbone qui se dépose, et en hydrogène qui se dégage. Tous brûlent avec une flamme éclairante, en donnant de l'acide carbonique et de la vapeur d'eau. Quand ils sont très riches en carbone, il se peut que l'oxygène de l'air n'arrive pas en quantité suffisante pour déterminer une combustion complète ; alors l'hydrogène brûle le premier, et une partie du carbone reste dans la flamme en lui donnant l'aspect fuligineux.

Bien que les *carbures d'hydrogène* ne diffèrent les uns des autres, au point de vue de leur composition, que par les proportions relatives de leurs éléments, il y a entre eux, dans leurs propriétés physiques ou chimiques, des différences excessivement remarquables ; il y en a de liquides, d'autres de solides, d'autres de gazeux. Leurs applications sont absolument différentes : les uns répandent un suave parfum, les autres une odeur infecte. Bien plus, — et c'est là un des faits les plus curieux découverts par la science moderne, — quelques-uns de ces *carbures d'hydrogène* contiennent les mêmes proportions de *carbone* et d'*hydrogène*, quoique leurs caractères, tant physiques que chimiques, soient fort différents, quelquefois même tout à fait opposés. Par exemple, l'*huile concrète de roses* et le *gaz retiré de la houille* contiennent tous les deux 4 de carbone et 4 d'hydrogène ; l'*essence de citron*, si suave, et l'*essence de copahu*, si infecte, sont également formées de 10 de carbone et 8 d'hydrogène ; l'*essence de térébenthine* et l'*essence de genièvre* contiennent 20 de carbone et 16 d'hydrogène.

Le nombre des corps simples qui présentent cette particularité d'avoir, avec la même composition chimique, des propriétés différentes, s'accroît de plus en plus. On les appelle *corps isomères*.

La différence de disposition moléculaire peut, en effet, modifier profondément les caractères chimiques d'un corps, à tel point qu'on serait tenté de croire que l'on a deux corps complètement différents. Ce genre de modification a reçu le nom d'*isomérie*. On peut se servir de ce fait pour soutenir l'opinion que la plupart des corps simples ne sont que des modifications *isomériques* de quelques autres. L'*isomérie* peut être produite par la chaleur, l'électricité, la lumière. Le changement opéré dans les corps peut quelquefois disparaître spontanément au bout de quelque temps; dans d'autres cas, cet état est permanent et ne peut être changé par aucun procédé; on ne peut alors démontrer l'identité des deux corps que par l'analyse. Lorsque l'état isomérique change la forme d'un corps, ce changement se maintient même dans les combinaisons qu'il peut produire. Quelquefois l'état isomérique consiste dans une condensation des molécules constituantes : alors l'équivalent augmente dans la même proportion; mais les molécules constituantes sont toujours dans le même rapport entre elles.

L'étude des *carbures d'hydrogène* appartient à la *chimie organique;* nous avons donc à nous occuper seulement de deux d'entre eux très importants : le *protocarbure d'hydrogène* et le *bicarbure d'hydrogène.*

PROTOCARBURE D'HYDROGÈNE ($C^2H^4 = 16$; *en volume = 4; densité*, 0,559). — Ce gaz, appelé aussi *hydrogène protocarboné* ou *gaz des marais,* est incolore, inodore, insipide, très peu soluble dans l'eau et tout à fait insoluble dans l'alcool; il a été récemment liquéfié par M. Cailletet; il brûle avec une flamme d'un blanc jaunâtre qui éclaire à peine; il éteint donc les corps en combustion.

Mêlé avec 2 fois son volume d'oxygène, si on le fait détoner, il se forme de l'eau qui se condense, et de l'acide carbonique qui représente le tiers du volume de ce mélange :

$$C^2H^4 + 8O = 2CO + 4HO.$$

Lorsqu'on fait passer une série d'étincelles électriques à travers le *protocarbure d'hydrogène,* il se décompose en hydrogène et en acétylène :.

$$2C^2H^4 = C^4H^2 + 6H.$$

Il est également décomposé par la chaleur rouge en carbone, qui se dépose, et en hydrogène.

Le chlore, mis en contact avec ce gaz, s'y combine avec explosion, même à la lumière diffuse. Si l'on met 3 volumes de chlore avec 1 de protocarbure d'hydrogène, il se forme de l'acide chlorhydrique; le charbon se dépose. Si l'on mêle préalablement le chlore avec de l'acide carbonique, et que l'on fasse arriver lentement ce mélange dans un flacon plein de protocarbure d'hydrogène, il se produit de l'acide chlorhydrique et un chlorure de carbone correspondant à ce gaz :

$$C^2H^4 + 8Cl = C^2Cl^4 + 4HCl.$$

C'est ainsi que le chlore agit généralement sur les corps de cette nature : il enlève l'hydrogène en s'y combinant d'une part; de l'autre, il se met à sa place : c'est ce qu'on nomme *combinaison par substitution.*

Le protocarbure d'hydrogène se rencontre en abondance dans la nature; il provient de la décomposition spontanée des matières organiques. C'est lui qui constitue les *feux naturels;* c'est lui qui se dégage des *salses,* qui se répand dans l'intérieur des houillères, et qui s'échappe de la vase des marais.

Dans une infinité de localités (1), telles que Pietra-Mala, sur la route de Bologne à Florence; Barigazzo, près de Modène; la péninsule d'Apcheron, en Perse; les environs de la mer Caspienne, la Chine, l'Hindoustan, Java, les États-Unis d'Amérique, etc, il sort de terre, lentement, mais d'une manière continue, un gaz qui s'embrase parfois spontanément, le plus souvent à l'approche d'un corps allumé, et donne lieu à des flammes hautes de 1 à 2 mètres, que le vent ne peut éteindre. Parmi ces flammes, les unes sont bleues, invisibles seulement pendant le jour, les autres blanches, jaunes ou rougeâtres, visibles le jour comme le sont celles du bois ou de la paille; elles répandent une odeur légèrement suffocante et une chaleur assez forte pour être sensible à plusieurs mètres. Le terrain environnant est comme calciné et n'offre aucun vestige de végétation. Dans les contrées où ils existent, on met à profit ces feux naturels, en les employant à la cuisson des aliments, à la calcination de la pierre à chaux, à la fabrication des poteries, des briques, etc. Il y a de ces feux qui brûlent depuis les temps les plus anciens; tels sont ceux du mont Chimère, sur les côtes de l'Asie Mineure, cités par Pline et reconnus de nouveau, en 1811, par le capitaine Beaufort. Auprès de Cumana, les jets de gaz sortent par l'orifice de cavernes, et de Humboldt a vu parfois les flammes s'élever à plus de 30 mètres. Mais c'est surtout autour de la mer Caspienne, particulièrement près de Bakou, que ces phénomènes se présentent en grand; la source de feu de Bakou, à laquelle on a donné le nom d'*Ateschsah* (demeure du feu), est l'objet d'une vénération si profonde que l'on a construit un temple exprès pour l'entretenir (*fig.* à la page 681). Les Hindous de la secte des *Parsis*, descendants des *Guèbres* ou *adorateurs du feu*, qui desservent le temple, font du gaz un objet de commerce assez lucratif. Ils le recueillent dans des bouteilles ou des vessies, et l'expédient dans les provinces éloignées de la Perse et de l'Hindoustan. Comme il conserve pendant longtemps sa propriété inflammable, cette espèce de prestige entretient la superstition des adorateurs du feu dans le même degré d'exaltation. Le gaz de Bakou est de l'hydrogène carboné, mêlé à de la vapeur de naphte et à de l'acide carbonique. Presque partout, d'ailleurs, il est accompagné de bitume.

Lorsque le gaz sort de terrains situés au-dessous d'eaux stagnantes ou d'eaux vives, il brûle à la surface du liquide, sans que celui-ci participe en rien à ce phénomène. C'est là l'origine des *fontaines ardentes*, des *rivières inflammables*, dont les anciens ont parlé comme de prodiges inexplicables. On connaît aux États-Unis un grand nombre de sources brûlantes, surtout près de Canandaigua,

(1) J. Girardin, *ubi suprà.*

capitale du comté d'Ontario ; dans la partie N.-O. de l'État de New-York, à Bristol et à Middlesex, à 10 et à 12 milles de Canandaigua. Le gaz apparaît en petites bulles, à la surface de l'eau, et il ne s'enflamme que lorsqu'on en approche du feu ; mais, lorsqu'il sort directement du roc, il donne une flamme brillante et continue que des pluies d'orage peuvent seules éteindre. Il est impossible de voir sans surprise ce feu qui court sur les ondes, comme jadis le feu grégeois. La vive imagination des Grecs n'eût pas manqué de prendre pour le Phlégéthon, le fleuve des enfers, ces ruisseaux américains avec leurs vagues enflammées. Les habitants qui vivent dans le voisinage de ces sources de gaz ont placé à leur orifice des bois perforés ; l'autre extrémité de ces bois vient aboutir au foyer de leur cuisine, et le feu fourni par le gaz suffit pour faire cuire leurs aliments. D'autres tuyaux conduisent le gaz dans le parloir ou salon de compagnie ; la flamme qui en sort donne une lumière égale à celle de quatre ou cinq bougies. Dans les districts de Young-Hian et de Wei-Yuan-Hian, en Chine, il existe de semblables feux qui sortent de puits d'eau salée, répandus en grand nombre sur un rayon de 5 myriamètres environ, et qui sont exploités par les populations industrieuses du voisinage. Les Chinois, comme les Américains, font circuler le gaz inflammable dans de longs tuyaux de bambous, et s'en servent à échauffer et à éclairer les usines employées à l'exploitation des puits salins, ainsi que les rues où ces usines se trouvent. Cet éclairage existe, dit-on, dans ces districts de temps immémorial. C'était un grand pas pour arriver à s'éclairer par des gaz obtenus au moyen de procédés artificiels ; mais les Chinois s'en sont tenus là, et l'industrie de l'éclairage par le gaz, telle qu'elle est pratiquée en Europe, leur est encore presque inconnue.

On a longtemps compté au nombre des *sept merveilles* du Dauphiné la source, appelée vulgairement *Fontaine ardente*, qui coule à 12 kilomètres sud de Grenoble, auprès du village de Saint-Barthélemy. Le phénomène qui l'a rendue célèbre consistait dans des flammes et de la fumée qui s'échappaient des eaux et qui s'élevaient très haut. Doubdan qui, en 1651, à son départ pour Jérusalem, vint à cette source, assure y avoir vu « la flamme sortir de terre, plus de trois pieds de haut, comme d'un fagot au feu. » Aujourd'hui, cette source a beaucoup perdu de son merveilleux ; ce n'est plus elle qui excite la curiosité, mais le champ qui l'avoisine et d'où s'échappent encore, de temps en temps, des lueurs bleuâtres. En creusant le sol à peu de profondeur, on donne issue à un gaz inflammable à l'aide duquel on peut allumer des matières légères, telles que papiers, copeaux, chènevottes, etc.

En 1867, une source ardente a été découverte dans une vaste plaine située sur la rive gauche de l'Aude, près de Salles (arrondissement de Narbonne). C'est en creusant un puits artésien jusqu'à 70 mètres de profondeur, qu'on a vu jaillir une source d'eau purgative, accompagnée d'un dégagement d'*hydrogène carboné*, brûlant avec une flamme rougeâtre et fuligineuse.

On a donné depuis longtemps les noms de *salses*, de *volcans d'air, volcans vaseux, volcans de boue,* à des mares formées par de l'eau salée, reposant sur une couche argileuse plus ou moins imprégnée de matières bitumineuses, d'où il se dégage accidentellement du gaz *hydrogène carboné*. Ce gaz occasionne des éruptions d'autant plus fortes, qu'il a éprouvé plus de difficulté à se faire jour à travers la vase, qui est toujours visqueuse et assez tenace. Il est alors mélangé d'air et d'acide carbonique ; aussi ne peut-il s'enflammer comme dans les fontaines ardentes. Les *salses* sont assez répandues. Il y en a de considérables en Italie, dans le Modénais et le Parmesan ; en Sicile, notamment à Xirbi, Girgenti, Terrapilata, où ces émanations prennent le nom de *macaluba* ; en Crimée, en Perse, dans l'Hindoustan, à Java, etc.

Le gaz qui remplit les galeries des mines de houille est encore de l'*hydrogène carboné*, presque toujours mêlé à un peu d'azote et d'acide carbonique ; aussi ne s'enflamme-t-il pas avec la même facilité que celui des sources ou terrains inflammables. Ce gaz, connu des mineurs

Fig. 256.
MOYEN DE RECUEILLIR LE GAZ DES MARAIS.

sous le nom de *grisou, feu terrou* ou *brisou*, sort de la houille avec un léger bruissement, et quelquefois en telle abondance, qu'on peut le recueillir à l'aide de tuyaux et le faire contribuer à l'éclairage des mines, pendant plusieurs années consécutives. C'est principalement des fentes, ou de ce que les mineurs appellent des *soufflures* ou *cellules*, qu'il s'échappe, surtout dans les houilles très bitumineuses, grasses et friables. L'expérience a démontré que ce sont précisément celles qui donnent ensuite le moins de gaz à la distillation. Souvent le *grisou* devient visible et forme des espèces de bulles, enveloppées de légères pellicules, que les mineurs comparent à des toiles d'araignées. Ils ont soin de les écraser entre leurs mains avant qu'elles parviennent sur la lumière où elles s'enflammeraient.

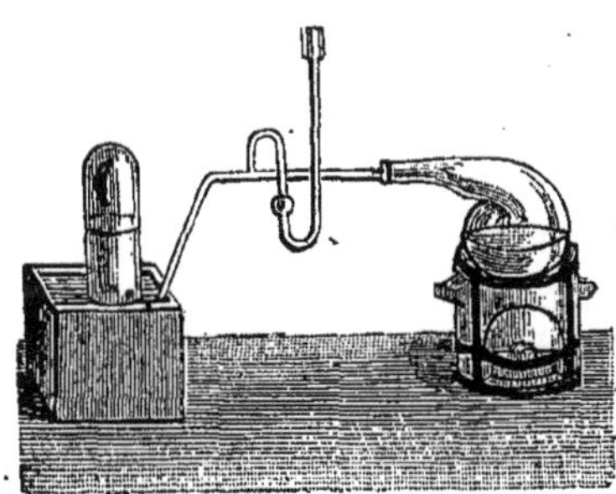

Fig. 257. — PRÉPARATION
DU PROTOCARBURE D'HYDROGÈNE.

Lorsque le gaz s'accumule dans une galerie où l'air est stagnant, de manière à former 1/7 ou 1/8 de la masse, la présence d'une chandelle ou d'une lampe allumée lui fait prendre feu et détermine ces terribles explosions qui sont si fréquentes dans les houillères d'Angleterre, de Belgique et de France (PHYSIQUE, *Chaleur*).

Le gaz *protocarbure d'hydrogène* se rencontre encore dans la vase des marais. Volta, Priestley, Cruikshank ont reconnu qu'il se dégage, pendant les temps chauds, de toutes les eaux stagnantes au fond desquelles se trouvent des matières organiques en décomposition ; il sort également du sein des matières terreuses que le desséchement des marais laisse à nu pendant l'été. En remuant la vase d'une mare avec un bâton, et en posant dessus un flacon, renversé et plein d'eau, dans le goulot duquel on a placé un large entonnoir (*fig.* 256), on peut en recueillir une très grande quantité en quelques instants. C'est là ce qu'on appelle le *gaz des marais ;* mais ce gaz n'est pas pur : il renferme toujours 14 à 15 pour 100 d'un mélange d'azote, d'acide carbonique, d'acide sulfhydrique et parfois d'oxygène. On le purifie en absorbant les deux gaz acides au moyen d'une dissolution de potasse, et l'oxygène à l'aide du phosphore qu'on y fait séjourner pendant plusieurs heures ; mais on ne peut en séparer l'azote.

En 1840, M. Persoz a trouvé un moyen d'obtenir le *protocarbure d'hydrogène,* sans aller fouiller la vase des marais, par la destruction ménagée d'une matière organique, l'*acide acétique,* vulgairement *vinaigre* ($C^4H^3O^3,HO$), par l'action simultanée de la chaleur et d'une base énergique ; en effet, $C^4H^3O^3,HO = C^2H^4 + 2CO^2$. Pour cela, dans une cornue en verre (*fig.* 257), on introduit un mélange de 30 grammes de chaux vive, 20 grammes de potasse caustique et autant d'acétate de soude cristallisé. On chauffe graduellement, et il se dégage, comme produit de la réaction, une quantité notable de protocarbure d'hydrogène. La réaction est due à ce que les acétates alcalins sont facilement décomposables par la chaleur, tandis que les carbonates correspondants résistent à une température très élevée. On peut l'écrire ainsi :

$$NaO,C^4H^3O^3 + NaO,HO = C^2H^4 + 2(NaO,CO^2):$$

La chaux n'intervient que pour maintenir le mélange intime, et faciliter par suite l'action de l'alcali sur l'acétate ; sans elle, la soude fondrait, se séparerait de l'acétate, coulerait au fond de la cornue et attaquerait le verre. Il vaudrait mieux employer la baryte, qui n'est pas fusible dans ces conditions ; mais le prix de cette substance est trop élevé.

L'hydrogène protocarboné est composé, pour 4 volumes, de 2 volumes de vapeur de carbone et 8 volumes d'hydrogène, condensés en 4 volumes, ce qui est vérifiable par la considération des densités. Si, en effet, à la demi-densité de la vapeur de carbone 0,4142, on ajoute 2 fois la densité de l'hydrogène 0,1384, on obtient, à très peu près, celle du protocarbure, 0,5526.

BICARBURE D'HYDROGÈNE ($C^4H^4 = 28$; *en volume* $= 4$; *densité, 0,97*) — Ce gaz a été découvert en 1796 par quatre chimistes hollandais, Deiman, Troostwyk, Bondt et Lauwerenburgh, en faisant agir l'acide sulfurique sur l'alcool ou l'éther ; ils en ont fait connaître la plupart des propriétés. On l'appelle aussi *hydrogène bicarboné*, *éthylène*, *gaz oléfiant*, *élaïle;* il est incolore, d'une odeur légèrement éthérée, inflammable et donnant une belle flamme blanche très éclairante, en produisant de la

Il n'est pas d'usine plus intéressante à visiter qu'une usine à gaz (page 693).

vapeur d'eau et de l'acide carbonique : $C^4H^4 + 12O = 4HO + 4CO^2$. L'eau en dissout seulement 15,3 pour 100 en volume, à la température ordinaire ; l'alcool, trois fois son volume ; l'éther davantage encore. En le soumettant à une forte pression et au froid résultant d'un mélange d'acide carbonique solide et d'éther, Faraday a pu le liquéfier; mais on ne l'a pas encore solidifié. L'électricité et la chaleur le décomposent, comme le protocarbure d'hydrogène, en hydrogène et en carbone; dans un tube de porcelaine chauffé au rouge vif, il se dédouble en *acétylène* et en hydrogène. Si l'on enflamme un mélange de 1 volume de *bicarbure d'hydrogène* et de 3 volumes d'oxygène, il se produit une détonation des plus violentes ; aussi ne faut-il agir que sur une très petite quantité de gaz, dans un flacon très petit, entouré de plusieurs doubles d'un linge épais, car le flacon est toujours brisé en un grand nombre de petits fragments.

Le *chlore* réagit promptement sur le *bicarbure d'hydrogène*. Mélangés en volumes égaux, à la température ordinaire, ils forment une substance liquide, d'apparence huileuse, ayant une odeur éthérée (*chlorure d'éthylène*), qui est connue sous le nom de *liqueur des Hollandais*. La combinaison s'effectue lentement à la lumière diffuse, rapidement à la lumière solaire : $C^4H^4 + 2Cl = C^4H^4Cl^2$. Si l'on met 2 volumes de chlore et 1 volume de bicarbure d'hydrogène dans une éprouvette, et que, le mélange opéré, on l'enflamme, il se produit un abondant dépôt de charbon et de l'acide chlorhydrique, la flamme descendant jusqu'au fond du vase :

$$C^4H^4 + 4Cl = 4HCl + 4C.$$

Le brome et l'iode se combinent aussi avec ce gaz, en produisant des corps ayant une odeur éthérée ; le brome forme un liquide incolore : le *bromure d'éthylène*, $C^4H^4Br^2$; l'iode, sous l'influence des rayons solaires, de l'*iodure d'éthylène*, $C^4H^4I^2$, solide cristallisé.

On prépare le *bicarbure d'hydrogène* en chauffant dans une cornue (*fig.* 258), contenant du sable dépourvu de calcaire, un mélange d'une partie d'alcool et de 5 à 6 parties d'acide sulfurique. La cornue communique avec deux flacons laveurs contenant, le premier, une dissolution de potasse, le second de l'acide sulfurique concentré, destinés à débarrasser le gaz des acides sulfureux et carbonique et des vapeurs d'éther, qui l'accompagnent toujours au moment de sa formation. Par précaution, on fait le mélange de l'alcool et de l'acide sulfurique dans un vase qui peut résister à la température développée par les deux liquides mis en présence ; on verse peu à peu, et en agitant, l'acide sulfurique dans l'alcool, et enfin on introduit le mélange dans la cornue où le sable doit régulariser la formation du gaz et éviter les boursouflements. Sous l'influence de l'acide sulfurique, l'alcool se dédouble, vers 140°, en eau, qui est retenue par l'acide sulfurique, et en *hydrogène bicarboné*, qui se dégage : $C^4H^6O^2 + 2 (SO^3,HO) = C^4H^4 + 2 (SO^3,2HO)$. Cette réaction n'est pas la seule qui se produise, car on voit le mélange noircir; en effet, au-dessus de 160°, le bicarbure, réagissant sur l'acide sulfurique, donne de l'eau, de l'acide sulfureux et du charbon; celui-ci, décomposant un peu d'acide sulfurique, donne de nouvelles quantités d'acide sulfureux et de l'acide carbonique. Au dessous de 160°, l'alcool, en contact avec l'acide sulfurique, donne de l'éther, C^4H^5O; la formule de la réaction est alors :

$$C^4H^6O^3 = C^4H^5O + HO.$$

Jusqu'à ce jour, l'hydrogène bicarboné pur n'a pas reçu d'application; mais, associé avec d'autres gaz combustibles, il remplit un rôle d'une haute importance. Il fait partie du *gaz de l'éclairage* et des matières gazeuzes qui alimentent la flamme des lampes ordinaires, des bougies, des chandelles, etc.

GAZ DE L'ÉCLAIRAGE. — Ce fut un Français, l'ingénieur Philippe Lebon (1765-1804), qui eut le premier l'idée de faire servir à l'éclairage le gaz extrait de la houille. Il fit ses premières recher-ches à peu près vers l'année 1786, et communiqua sa découverte à l'Institut en l'an VII de la République; l'année d'après, il prenait un brevet d'invention pour un appareil qu'il appelait : *Thermolampes, ou poêles qui chauffent, éclairent avec économie, et offrent, avec plusieurs produits précieux, une force motrice applicable à toutes espèces de machines.* D'abord l'inventeur fit fonctionner cet appareil avec du bois, et de nombreuses expériences furent faites par lui au Havre, où il ne trouva que des curieux. Revenu à Paris, en 1804, il substitua la houille au bois, afin d'obtenir un plus bel éclairage.

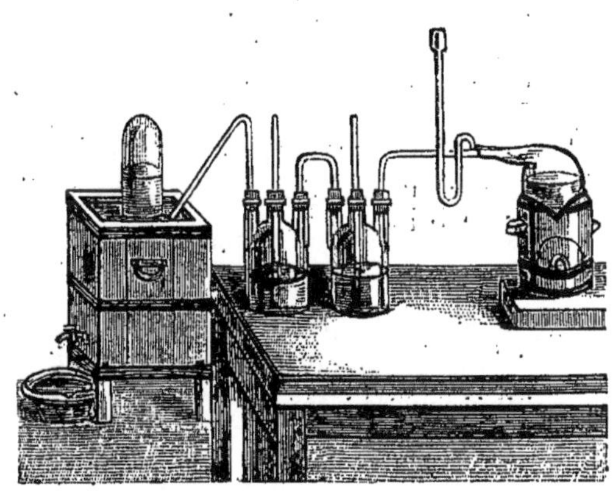
Fig. 258.
PRÉPARATION DU BICARBURE D'HYDROGÈNE.

Il habitait alors l'hôtel Seignelon, rue Saint-Dominique. Il éclaira les appartements et les jardins de cet hôtel par le gaz de houille; malheureusement, le public français était à ce moment si préoccupé des grands événements qui chaque jour se passaient en France et à l'étranger, qu'il porta peu d'intérêt à cette découverte, encore imparfaite, il est vrai. Philippe Lebon avait dépensé tout ce qu'il possédait pour la mener à bonne fin. Il voyait les imperfections qui empêchaient son invention de prendre son essor; mais il lui manquait le nerf indispensable pour atteindre ce but : l'argent lui faisait. défaut. Toutefois, il ne perdit pas courage et alla établir à Versailles, auprès de l'aqueduc de Marly, une distillerie de bois, d'où il retirait du charbon, du goudron et du vinaigre de bois, appelé *acide pyroligneux*, profitant des gaz inflammables qui s'échappaient pour alimenter ses fourneaux.

Cette industrie, créée par Lebon, a pris de nos jours une grande extension ; il est bon de remarquer, en passant, qu'elle se pratique encore telle que l'ingénieur français l'imagina, tant était vaste et remarquable l'intelligence de cet homme presque ignoré. Hélas! la fin de ce savant devait être aussi cruelle que sa vie avait été remplie de peines et de labeurs. Le 3 décembre 1804, un cadavre percé de coups de couteau fut trouvé dans les Champs-Élysées : c'était celui de Lebon! Il était à peine âgé de trente-sept ans. La veille, il avait assisté à Notre-Dame au sacre de Napoléon Ier ; le soir, il était assassiné. On ne chercha même point alors la cause de ce crime, qui est encore absolument inconnue.

Un ingénieur anglais, Murdoch, profitant des travaux de Lebon, s'occupa de l'importante question de l'éclairage au gaz, et, en 1798, il avait éclairé par ce procédé la manufacture de James Watt, à Soho. En 1802, une brillante illumination de Birmingham provoqua l'admiration des habitants. Peu après, il éclairait encore au gaz la filature de lin de MM. Philippe et See, à Manchester; mais là semblent se borner les efforts qu'il fit pour répandre l'usage du gaz de houille pour l'éclairage.

Un Allemand, nommé J.-A. Winglez, de Snaym, conseiller aulique, connu sous le nom de Winsor, avait été frappé aussi de la découverte de Lebon. Il avait traduit en allemand et publié le mémoire de notre ingénieur sur cette question, puis il parcourut l'Allemagne en exécutant des expériences dans les principales villes. Enfin il vint à Londres, et, après avoir vu le résultat obtenu par Murdoch à Birmingham, il prévit l'avenir de cet éclairage. Dès lors, et durant douze ans, il déploya une rare persévérance pour renverser tous les obstacles que rencontrait l'application de cette belle invention, et, à l'aide d'une hardiesse que possède rarement le véritable inventeur, il surmonta toutes les difficultés : le 1er juillet 1816, un bill définitif lui fut accordé et sanctionné par George III. La *Compagnie royale d'éclairage au gaz* s'organisa sous la direction de Winsor, au capital de 10 millions, et trois grands ateliers de fabrication furent établis dans le quartier de Westminster. Quelques années plus tard, en 1823, il existait à Londres plusieurs compagnies puissantes, et celle de Winsor avait déjà posé 200 kilomètres de tuyaux. L'exploitation de cette importante industrie en Angleterre ne suffisait pas toutefois à l'esprit éminemment actif de Winsor. Dès 1815, il était venu en France et avait pris un brevet d'importation ; mais notre pays, en fait d'innovation dans ses habitudes, est beaucoup trop prudent pour accepter promptement une découverte, même la plus utile, et tout le monde fut contre lui, comme d'ailleurs on l'avait été d'abord en Angleterre, où Davy lui-même regardait ce projet d'éclairage comme si ridicule qu'il demandait si l'on avait intention de prendre la cathédrale Saint-Paul pour gazomètre. L'Institut, en première ligne, combattit énergiquement les propositions de Winsor, le prudent Clément Desorme osa dire que « le gaz ne pourrait jamais être adopté en France ; » les caricaturistes et les hommes de lettres l'attaquèrent, et Charles Nodier fut même un de ceux qui montrèrent le plus d'acharnement. A l'École polytechnique, Gay-Lussac disait, dans une de ses leçons : « Si l'on s'était toujours éclairé par le gaz et que quelqu'un se fût présenté avec une bougie, disant : J'ai solidifié le gaz, et je peux porter ma provision de lumière dans ma poche, sans avoir à craindre d'accidents, on aurait été dans l'admiration, et l'on n'aurait pas manqué d'adopter ce nouveau moyen qui permettrait de transporter la lumière où l'on voudrait, au lieu de l'avoir fixée dans une place à demeure. »

Cependant Winsor éclaira à ses frais un salon, dans le passage des Panoramas, et obtint un grand succès. Des offres d'association se présentèrent alors ; mais on lui demanda d'éclairer tout le passage avant de rien arrêter ; il y consentit, et ce travail fut terminé en 1817. Une compagnie se forma alors au capital de 1,200,000 francs, et Winsor reçut des commandes. M. Chabrol, préfet de la Seine, fit éclairer au gaz l'hôpital Saint-Louis, puis le Luxembourg et le pourtour de l'Odéon, une partie du faubourg Saint-Germain. Néanmoins, Winsor fut obligé de liquider la compagnie, dont le matériel fut adjugé à M. Pauwels, qui forma une nouvelle compagnie sous le nom de *Compagnie française,* laquelle, malgré l'aide du gouvernement, liquida de nouveau et se réunit à la *Compagnie anglaise* que M. Manby-Wilson forma alors et qui enfin prospéra.

Aujourd'hui, on est arrivé, dans la fabrication du gaz d'éclairage, à de beaux résultats, et il n'est pas d'usine plus intéressante à visiter qu'une usine à gaz, telle que celle de La Villette, une des sept qui fournissent le gaz à Paris (*fig.* à la page 689).

Extraire le gaz de la houille est une chose bien simple, puisqu'il suffit de chauffer de la houille au rouge ; mais le gaz qu'on obtient ainsi est infect, et produit, lorsqu'on l'enflamme, autant de fumée qu'un lampion : la lumière qu'il fournit n'est pas plus éclairante que celle donnée par cet appareil primitif d'éclairage. En effet, à ce moment, indépendamment des gaz qui doivent, par leur mélange, constituer le gaz propre à l'éclairage, il renferme des gaz acide carbonique et acide sulfhydrique, le premier nuisible au pouvoir éclairant, et le second attaquant, détériorant les métaux et les peintures avec lesquels il se trouve en contact; puis du goudron, des sels ammoniacaux, du sulfure de carbone, des huiles empyreumatiques et des carbures d'hydrogène en vapeurs. Il y a donc des conditions autres à remplir pour arriver au résultat voulu. Voici ordinairement la marche de l'opération, que nous décrivons brièvement :

La houille est placée dans de grandes cornues ou cylindres en terre réfractaire, qu'on chauffe avec du coke; le gaz et les vapeurs qui sortent de ces cornues sont amenés au contact de l'eau, puis promenés dans un grand nombre de tuyaux placés verticalement, et enfin forcés de traverser une grande colonne de fonte remplie d'une matière spongieuse; c'est le coke dont on se sert dans ce cas. L'opération jusqu'ici n'a été que physique : on s'est appliqué à refroidir les gaz et les vapeurs donnés par la houille dans le but de séparer, par leur contact avec l'eau, les goudrons et les carbures d'hydrogène liquides et solides. Il reste maintenant à enlever les acides carbonique et sulfhydrique qui se trouvent unis à l'ammoniaque : c'est le côté chimique de l'opération. Anciennement, la chaux seule était employée; elle purifiait mal et devenait, après avoir servi, un embarras pour les usines. Un professeur de chimie de Saint-Quentin, M. Mallet, perfectionna les procédés de purification en employant les résidus des fabriques d'*eau de javelle* et de *chlorure de chaux*, et aussi le *sulfate de fer* ou *couperose*. Dans ces circonstances, les sels ammoniacaux sont décomposés; il se produit du *chlorhydrate d'ammoniaque* ou *sel ammoniac* du commerce, ainsi que des sulfures et des carbonates métalliques. Si alors on fait passer le gaz sur de la chaux, les acides carbonique et sulfhydrique libres, qu'il pouvait encore entraîner, sont retenus par celle-ci. Plus récemment, on a utilisé à la purification du gaz de la houille les vieux plâtras, débris des démolitions; le carbonate d'ammoniaque est décomposé, et il se forme du *sulfate d'ammoniaque* et du *carbonate de chaux*. Après ce premier traitement par les plâtras, l'épuration se termine à l'aide de la chaux.

Le gaz, convenablement purifié, est amené dans une immense cloche en tôle goudronnée, appelée *gazomètre*, encaissée dans une cuve profonde en maçonnerie, contenant de l'eau à sa partie inférieure. On construit presque toujours aujourd'hui le gazomètre en fonte boulonnée, et, par suite, il peut être maintenu au-dessus du sol, ce qui rend son inspection et ses réparations beaucoup plus faciles, et, par cela même, empêche l'infection des puits voisins de l'usine, accident qui s'est souvent présenté autrefois autour des usines à gaz de Paris.

Le *gazomètre* communique aux tuyaux de distribution placés sous terre dans l'intérieur des villes. Lorsqu'on veut faire arriver le gaz jusqu'aux becs qu'il doit alimenter, on place à la partie supérieure du *gazomètre* un poids plus ou moins lourd, qui vient presser le gaz et le force d'entrer dans les tuyaux. Ces tuyaux sont en fonte ou en tôle étamée, recouverte extérieurement d'un mastic bitumineux ; plus un tuyau doit alimenter de becs, plus son diamètre doit être augmenté ; ainsi, un tuyau de $0^m,17$ alimentera 1,200 becs, tandis qu'avec un diamètre de $0^m,50$ il fournira du gaz à 11,000 becs ; enfin, pour un diamètre de $0^m,65$, 20,000 becs recevront du gaz. Tout le monde sait qu'un tuyau de plomb est fixé au tuyau souterrain pour conduire le gaz dans l'intérieur des habitations.

Les compagnies firent d'abord payer le gaz d'après la durée de l'éclairage ; mais, si le consommateur ouvrait plus ou moins ses becs, il consommait des quantités différentes de gaz dans un même temps ; pour obvier à ce grave inconvénient, on a adopté un *compteur*, c'est-à-dire un appareil qui, placé entre le tuyau distributeur et les becs du consommateur, accuse le volume du gaz qui l'a traversé et, par conséquent, qui a été brûlé ; c'est donc au volume que l'on vend le gaz. Le compteur le plus généralement employé est le *compteur Grafton*. D'une construction simple et d'une marche régulière, cet appareil consiste en un cylindre à augets d'un volume déterminé, pouvant tourner sur un axe horizontal à la hauteur duquel l'eau s'élève ; le gaz arrive par la partie inférieure, remplit l'auget qui se trouve au-dessus ; celui-ci devient plus léger, tend à s'élever, et le gaz s'échappe en le faisant sortir de l'eau, ce qui imprime au cylindre un mouvement de rotation ; un second auget vient prendre la place du premier, se remplit de nouveau, s'élève, et le gaz s'échappe : de là, mouvement continu du cylindre, dont l'axe communique, par une de ses extrémités, à des engrenages disposés de telle sorte qu'ils impriment un certain mouvement à des aiguilles qui indiquent, sur un cadran, le nombre de mètres de gaz qui ont traversé le compteur.

Lorsqu'on commença à employer le gaz à l'éclairage, on eut l'idée de le comprimer dans de petits réservoirs, pouvant être placés chez les consommateurs ; mais on ne tarda pas à reconnaître combien cette méthode présentait d'inconvénients. Le gaz comprimé à 30 atmosphères exigeait des appareils très résistants ; aussi abandonna-t-on ce système, qui présentait trop de dangers.

Quant au gaz non comprimé, que l'on voit transporter dans Paris et dans quelques grandes villes, à l'aide de voitures très volumineuses, et déposer dans des gazomètres que les particuliers possèdent dans leurs caves, il est ordinairement extrait de l'huile ou de la résine : il donne une plus belle lumière que le gaz de houille; mais il coûte beaucoup plus cher.

L'usage du **gaz de houille**, pour les fourneaux de cuisine, pour les foyers des appartements, se généralise de plus en plus; dans les laboratoires, on l'emploie pour chauffer les appareils ou pour travailler le verre; dans l'industrie, pour faire des soudures; dans le chalumeau à gaz, pour remplacer l'hydrogène. Enfin, la chaleur que produit sa combustion, lorsqu'on le mêle convenablement à l'air, communique au mélange une force expansive considérable, que l'on utilise, dans quelques machines, comme moteur.

Les produits de la décomposition de la houille, outre le gaz, sont nombreux. Il y a : 1° le *coke*, qui représente environ les 3/4 du poids de la houille distillée : il est d'ailleurs en quantité d'autant plus grande que celle-ci est moins bitumineuse. On a rendu son extraction plus prompte et moins pénible en le faisant tomber directement, au sortir des cornues, dans un sous-sol largement ventilé, où l'on achève de l'éteindre par aspersion au moyen d'un tube flexible terminé par une pomme d'arrosoir; 2° des *eaux ammoniacales*, provenant du refroidissement, du lavage et de l'épuration du gaz de l'éclairage, et desquelles on extrait l'ammoniaque combinée avec les acides carbonique, sulfhydrique, cyanhydrique, sulfocyanique et chlorhydrique; 3° le *goudron*; substance très complexe, se présentant sous la forme d'un liquide épais, noir, d'une odeur forte et désagréable, et contenant des hydrogènes carbonés liquides et solides, tels que la *benzine* et la *naphtaline*, du charbon très divisé, des corps alcalins, parmi lesquels l'*ammoniaque* et l'*aniline*, et, parmi les acides, l'*acide phénique* ou *carbolique*, et des espèces de résines dites *pyrogénées*. Des huiles extraites du goudron, on retire une grande quantité de substances dont l'industrie s'est emparée. Le beau violet et le rouge orange, dont la teinture des étoffes fait aujourd'hui un si grand usage, proviennent de l'*aniline*.

FLAMME. — *Une flamme est toujours un gaz ou une vapeur en combustion.* C'est pourquoi, lorsqu'un corps est élevé à une haute température, soit par une chaleur étrangère, soit par celle qu'il dégage de lui-même au moment d'une combinaison chimique, il devient lumineux; mais *avec flamme*, si la lumière émane d'une masse gazeuse, et seulement avec *incandescence*, si elle émane d'un corps solide. Ainsi, le coke brûle sans flamme, parce qu'il ne dégage pas de vapeurs; la houille brûle avec flamme, parce qu'elle en dégage. Lorsqu'on allume une lampe, ce n'est pas la mèche qui brûle; l'huile, portée à une haute température, se décom-

pose en un principe volatil. Ce principe volatil, composé exclusivement,
ainsi que l'huile, des mêmes éléments combustibles, c'est-à-dire d'hydrogène et de charbon, emporté mécaniquement à l'état de division extrême

Après avoir absorbé une certaine quantité de protoxyae d'azote, ils rient très fort
sans sujet... (page 701).

par le gaz, ce principe s'enflamme. La combustion de l'hydogène occasionne celle des particules du charbon; la flamme est alors éclairante,
résultat immédiat de la présence de ces particules solides. En effet, l'hydrogène seul ne brûle pas avec éclat, parce que la température nécessaire

pour l'enflammer n'est pas assez élevée. Le contraire a lieu pour les corps solides, tels que le charbon, la chaux, etc. Plus la température est élevée, plus la lumière a d'intensité; aussi arrive-t-on à produire, avec de la chaux, une lumière excessivement vive.

Toutes les fois que d'une lampe ou d'une bougie se dégage de la fumée, c'est que la combustion du principe volatil mis en liberté est incomplète; en effet, en recueillant cette fumée, on voit qu'elle est entiè-

Fig. 259.

CONSTITUTION

D'UNE FLAMME.

rement composée de charbon. Si l'on refroidit la flamme d'une lampe en plaçant un corps froid au milieu de cette flamme, on la fait fumer. Que faut-il alors pour élever la température d'un corps en ignition? C'est de l'air, comme le prouve l'usage des soufflets. Mais, comme l'air n'est pas très riche en oxygène, car c'est cet oxygène qui favorise la combustion, cet air doit arriver en masse dans l'intérieur de la flamme. C'est pourquoi Argand, en inventant sa lampe à *double courant d'air*, a changé absolument le mode d'éclairage d'autrefois.

Nous terminerons ce chapitre par quelques mots de M. Ch. Gaillard, sur la manière de gouverner une lampe avec économie, c'est-à-dire de donner à la flamme le plus d'éclat possible, avec le moins de dépense possible.

Une flamme, produite par une bougie ou par une lampe, est formée de trois cônes se recouvrant exactement (*fig.* 259). Le cône le plus intérieur est sombre, et formé du principe volatil dégagé par le corps gras fondu ou par l'huile; ce principe volatil, faute d'air, ne brûle pas. Arrivé dans la partie *a*, où l'air a déjà plus d'accès, son hydrogène s'enflamme et détermine l'incandescence du carbone qu'il emportait avec lui; là, la lumière produite est éclairante. Ce principe volatil n'est pas pourtant entièrement brûlé, car l'oxygène de l'air n'a pas assez accès dans cette portion *a* de la flamme : aussi n'est-ce que dans l'enveloppe la plus extérieure que la combustion est complète. Le peu de carbone qui reste est aussitôt transformé en acide carbonique, et l'hydrogène seul brûle sans éclat. Si donc on fait arriver l'air de manière à brûler immédiatement le carbone du principe volatil, cette portion *a*, n'ayant plus alors un volume suffisant, sera très faiblement éclairante, quoique vive. Que fait-on donc dans une lampe quand on baisse le verre de manière à amener la mèche et la flamme dans la partie étroite du verre? On diminue le volume de la partie éclairante, et la lumière perd de sa clarté, quoiqu'elle gagne en blancheur ; mais, si la lumière est faible, il n'y en a pas moins beaucoup d'huilé consommée, car l'air qui passe, le courant étant très actif, lèche plus intimement la flamme et la combustion du carbone est complète et presque instantanée.

Élevons maintenant le verre de manière que la flamme soit dans la partie large du verre. Dans ce cas, la partie éclairante de la lumière acquiert plus de largeur et de hauteur ; aussi voit-on très clair : la combustion du *carbure d'hydrogène* ne s'effectue que d'une manière lente et successive, car l'air n'emprisonne plus si étroitement la flamme. Il est évident que, dans ces conditions, la mèche d'une lampe brûlera peu d'huile, quoique donnant une lumière éclairante. Si maintenant nous baissons la mèche de façon qu'une petite quantité d'huile soit consommée, la flamme produite sera à peine éclairante ; car, ne présentant qu'un faible volume, l'oxygène de l'air transformera immédiatement son carbone en acide carbonique. Ici, au peu de lumière correspondra une économie d'huile.

Donc, pour avoir une lumière éclairante, il faut, — la mèche surpassant d'un centimètre la partie supérieure du bec, — élever ou abaisser le verre, de telle sorte que la flamme soit presque sur le point de fumer ; car dans ces conditions, elle possède le plus de volume possible.

CHAPITRE V

COMPOSÉS OXYGÉNÉS ET HYDROGÉNÉS DE L'AZOTE.

COMPOSÉS OXYGÉNÉS ET HYDROGÉNÉS DE L'AZOTE. — Aucun corps simple, se combinant avec l'oxygène, ne donne naissance à une série aussi régulière de composés que le fait l'*azote*. En effet :

Le protoxyde d'azote...... AzO est formé de 14 d'azote pour 8 d'oxygène.
Le bioxyde d'azote........ AzO^2 — 14 — 16 —
L'acide azoteux .... AzO^3 — 14 — 24 —
L'acide hypoazotique...... AzO^4 — 14 — 32 —
L'acide azotique.......... AzO^5 — 14 — 40 —

Ce qui est une vérification de la *loi de Dalton* (CHIMIE, *Métalloïdes,* page 536).

En examinant la composition en volumes, on trouve que :

2 vol. d'azote en se combinant avec 1 vol. d'oxygène donnent 2 vol. de protoxyde d'azote.
2   —   —   2   —   4 vol. de bioxyde d'azote.
2   —   —   3   —   » vol. d'acide azoteux.
2   —   —   4   —   4 vol. d'acide hypoazotique.
2   —   —   5   —   » vol. d'acide azotique.

Ce qui est aussi une vérification des *lois des volumes* ou *lois de Gay-Lussac* (1).

Il n'est pas facile d'enchaîner l'azote dans une combinaison, à cause de son indifférence chimique, de son peu d'affinité pour l'oxygène comme pour les autres corps. Nous en avons un exemple dans l'air atmosphérique. L'air atmosphérique est, nous l'avons vu, un *mélange* d'oxygène et d'azote. Or ce mélange traverse nos fourneaux, nos foyers de chaleur; il se trouve dans des conditions de température excessive, et cependant l'azote ne brûle pas, ne se combine pas avec l'oxygène. Tout au plus, sur le trajet de la foudre, cette immense étincelle électrique, l'azote contracte-t-il combinaison avec l'oxygène en produisant de faibles traces d'*acide azotique,* qui se retrouvent dans les pluies d'orage. Cependant, au moyen de procédés particuliers, on est parvenu à l'unir avec l'oxygène, l'hydrogène, le carbone, le soufre et le chlore. Nous nous occuperons d'abord des composés oxygénés.

PROTOXYDE D'AZOTE (AzO $= 22$; *en volume $= 2$; densité $= 1,527$*). — Le *protoxyde d'azote,* découvert par Priestley en 1776, est un gaz incolore, inodore, ayant une saveur légèrement sucrée. Soumis à une température de 0°, sous une pression de trente atmosphères, Faraday l'a liquéfié en 1823; il peut même être solidifié. 1 litre d'eau à 0° en dissout 1$^{\text{lit.}}$,305; l'alcool absolu à 0° environ 4 fois son volume. Quand on plonge dans ce gaz une allumette présentant encore un point incandescent, elle

---

(1) Nous avons différé jusqu'ici l'énoncé de ces lois, afin de présenter un exemple. Le rapport invariable des *poids* des corps n'est pas toujours simple, tandis que ce rapport est simple si l'on considère les *volumes* des corps amenés à l'état gazeux. Gay-Lussac a ainsi formulé ces lois :

1° *Lorsque deux gaz se combinent, leurs volumes, entrant dans la combinaison, sont toujours très simples.*

2° *Le volume du composé est en rapport très simple avec les volumes des composants.*

3° *Jamais le volume du composé ne dépasse la somme des volumes des composants.*

4° *Si les volumes des composants sont inégaux, il y a contraction, et le volume du composé est moindre que la somme des volumes des composants.*

5° *Si les volumes des composants sont égaux, le volume du composé est égal à la somme des volumes des composants. Il y a toutefois des exceptions à cette règle.*

se rallume. Il n'est pas tout à fait impropre à la respiration, les animaux peuvent y vivre pendant un certain temps; mais il amène bientôt une sorte d'ivresse gaie accompagnée de sensations agréables, ce qui lui a valu le nom de *gaz hilarant, gaz du paradis,* et le fait considérer comme un *anesthésique* précieux. Nous emprunterons à M. F. Soury quelques détails curieux à ce sujet.

Ce fut Humphry Davy qui, dès 1799, découvrit les propriétés physiologiques du *protoxyde d'azote.* Il était alors médecin d'une sorte d'établissement anglais d'aérothérapie, fréquenté surtout par des phtisiques, mais aussi par des hystériques et des paralytiques, tous gens du meilleur monde, une *Medical pneumatic institution,* où l'on traitait les malades par les vertus curatives de ces « airs artificiels » que Cavendish, Priestley et Lavoisier venaient de faire connaître. Humphry Davy essayait d'abord sur lui-même, dans le laboratoire, ces divers gaz. Le *protoxyde d'azote* fut précisément un des premiers qu'il respira. Les effets de ces inhalations lui parurent des plus surprenants; il les consigna par écrit et les publia dès 1800. En même temps, le directeur, docteur Beddoes, faisait respirer le gaz aux gentlemen et aux ladies, ses pensionnaires, et notait les effets qu'il avait observés sur chacun d'eux. Voici Patrick Dwyer et le révérend de Rochemont Barbauld qui, après avoir absorbé une certaine quantité de protoxyde d'azote, rient très fort sans en avoir sujet, par l'effet d' « une sorte d'instinct analogue à celui qui égaye les enfants vifs et bien portants. » D'autres sujets, exubérants de vie et de force, sont terriblement bruyants, dansent et sautent comme des sauvages ivres (*fig.* à la page 697). La bonne et toute gracieuse mistress Beddoes, nullement hystérique et à qui Davy adresse ses plus beaux vers, se sent légère, aérienne, et gravit sans peine la colline de Clifton. Tout ravi des dispositions où ce gaz met ses pensionnaires, le savant et excellent Beddoes disait parfois, avec un fin sourire, que « l'Institut pneumatique pourrait prétendre avec quelque justice à la récompense jadis offerte à tout inventeur d'un plaisir nouveau. »

Mais écoutons comment Humphry Davy décrit lui-même les effets du gaz hilarant : « Le 5 mai, la nuit, je m'étais promené pendant une heure au milieu des prairies de l'Avon ; un brillant clair de lune rendait ce moment délicieux, et mon esprit était livré aux émotions les plus douces. Je respirai alors le gaz. L'effet fut rapidement produit. Autour de moi, les objets étaient parfaitement distincts; seulement la lumière de la lampe n'avait plus sa vivacité ordinaire. La sensation de plaisir fut d'abord locale ; je la perçus sur les lèvres et autour de la bouche. Peu à peu elle se répandit dans tout le corps, et, au milieu de l'expérience, elle atteignit un moment un tel degré d'exaltation, qu'elle absorba mon existence. Je perdis alors tout sentiment. Celui-ci revint cependant assez vite, et j'essayai de communiquer à un assistant, par mes rires et mes gestes animés, tout le bonheur que je ressentais. Deux heures après, au moment de m'endormir, et plongé dans cet état intermédiaire entre le sommeil et la veille, j'éprouvai encore comme un souvenir confus de ces impressions délicieuses. Toute la nuit j'eus des rêves pleins de vivacité et de charme, et je m'éveillai le matin en proie à une énergie inquiète que j'avais déjà éprouvée quelquefois au cours de semblables expériences. »

Après avoir lu ces lignes et celles que nous allons citer, que de gens, ignorant la nature de poète et de philosophe enthousiaste du jeune chimiste anglais, auraient été tentés de s'écrier, non avec quelque ironie : « Le protoxyde d'azote ne fait pas seulement des poètes, il crée des métaphysiciens et des idéalistes à la manière de Berkeley. Qui aurait cru que les rêves les plus sublimes dont s'enchante la raison de l'homme pussent être contenus, au moins en puissance, dans une vessie gonflée de gaz nitreux déphlogistiqué ? »

« Je ressentis immédiatement, a noté Davy, une sensation s'étendant de la poitrine aux extrémités ; j'éprouvai dans tous les membres comme une sorte d'exagération du sens du tact. Les impressions perçues par le sens de la vue étaient plus vives ; j'entendais distinctement tous les bruits de la chambre, et j'avais très bien conscience de tout ce qui m'environnait. Le plaisir augmentant par degré, je perdis tout rapport avec le monde extérieur. Une suite de fraîches et rapides images passaient devant mes yeux ; elles se liaient à des mots inconnus et formaient des perceptions toutes nouvelles pour moi. J'existais dans un monde à part. J'étais en train de faire des théories et des découvertes quand je fus éveillé de cette extase délirante par le docteur Kinglake, qui m'ôta le sac de la bouche. A la vue des personnes qui m'entouraient, j'éprouvai d'abord un sentiment d'orgueil ; mes impressions étaient sublimes, et, pendant quelques minutes, je me promenai dans l'appartement, indifférent à ce qui se disait autour de moi. Enfin je m'écriai, avec la foi la plus vive et l'accent le plus pénétré : *Rien n'existe que la pensée ; l'univers n'est composé que d'idées, d'impressions, de plaisirs et de souffrances !* »

Ces expériences démontraient déjà que le protoxyde d'azote, soit pur, soit mélangé d'air, exerce une action très réelle sur le système nerveux ; l'exaltation de l'intelligence et l'excitation musculaire le prouvaient d'abondance. Mais, étant parvenu à dissiper, par des inhalations de protoxyde d'azote, une violente céphalalgie et de vives douleurs causées par le percement d'une dent de sagesse, Davy constata sur lui-même l'existence d'une propriété nouvelle de ce gaz, celle de diminuer ou même d'abolir la douleur. « La douleur, dit-il, diminuait toujours après les quatre ou cinq premières inspirations ; le chatouillement venait comme à l'ordinaire, et la douleur était pendant quelques minutes effacée par la jouissance. » De là à prédire les avantages qu'on pourrait tirer de cette propriété pour la pratique de l'anesthésie chirurgicale, il n'y avait plus qu'un pas, et ce dernier pas, Davy l'a franchi. Voici ses propres paroles, si dignes de demeurer toujours présentes à la mémoire des hommes : « Le protoxyde d'azote pur paraît jouir, entre autres propriétés, de celle de détruire la douleur. On pourrait l'employer avec avantage dans les opérations de chirurgie qui ne s'accompagnent pas d'une grande effusion de sang. »

Les découvertes de Davy attirèrent à Clifton un grand concours d'étrangers et de savants, Pictet, de Genève, entre autres, qui a laissé une relation curieuse des expériences dont il fut témoin. Ces expériences furent répétées partout : en Suède, par Berzélius ; par Plaff et Warzer, en Allemagne ; par Proust, Vauquelin, Thenard et Orfila en France. Un fait étrange en apparence, tout à l'honneur, selon nous, des chimistes français, eut lieu alors. Seuls en Europe, ces chimistes protestèrent contre la prétendue innocuité absolue du protoxyde d'azote et dénoncèrent les très graves dangers qu'il amenait à sa suite. Ainsi, sous l'influence du gaz, Thenard se trouva mal et perdit connaissance ; Vauquelin suffoqua ; Proust éprouva de l'anxiété, un trouble de la vision, de la diplopie, c'est-à-dire cette lésion de la vue qui fait voir doubles les objets ; Orfila, enfin, souffrit atrocement: « J'ai, dit-il, éprouvé de si vives douleurs dans la poitrine et une telle suffocation, que je suis resté convaincu que si j'eusse continué l'expérience je n'en serais pas revenu. » Berzélius pensait qu'il fallait chercher la cause de ces accidents dans l'impureté du gaz ; il nous semble, au contraire, que le gaz n'était que trop pur, et que tous ces accidents de suffocation et de perte de connaissance, bien connus depuis les belles recherches de Hermann, de Jolyet et de Blanche, sont l'accompagnement de l'asphyxie qu'entraîne fatalement la dissolution dans le sang du protoxyde d'azote respiré pur, asphyxie qui va de pair avec l'anesthésie.

Horace Wells est le héros de la seconde période de l'histoire de l'anesthésie par le protoxyde d'azote. Proscrit d'Europe, en quelque sorte, par les princes de la science française, ce gaz trouva une nouvelle patrie en Amérique, ou plutôt un empire spirituel, car il règne, il domine, de l'autre côté de l'Atlantique, et il partage avec l'éther le glorieux apostolat de soulager et de détruire la douleur dans les opérations chirurgicales.

Horace Wells ne cessa jamais d'étudier les propriétés anesthésiques du protoxyde d'azote, qu'il préférait à l'éther, après avoir comparé les effets respectifs des deux substances. Il parvint même, dans les derniers mois de sa courte existence, à faire adopter l'usage de son gaz favori pour obtenir l'insensibilité dans des opérations de grande chirurgie. Ainsi, le 17 mai 1847, le docteur May, de Westford, opéra une tumeur du testicule, tandis que Wells administrait le gaz ; l'opération dura quinze minutes. De même, le 1er janvier 1848, pour une amputation de cuisse, et, quatre jours plus tard, pour l'ablation d'une tumeur pratiquée sur une femme. Mais, le 14 janvier, Wells s'ouvrait les veines.

Après la mort d'Horace Wells, de 1844 à 1863, le protoxyde d'azote, rejeté dans l'ombre par l'éclatant triomphe de l'éther et du chloroforme, y serait peut-être resté, si le docteur Colton, le même chimiste dont les expériences avaient révélé à Horace Wells la possibilité d'appliquer aux opérations chirurgicales les propriétés anesthésiques du protoxyde d'azote, n'avait définitivement fait entrer ce gaz dans la pratique de la chirurgie dentaire. « Dans une leçon de chimie que je fis à New-Haven en 1863, a-t-il écrit lui-même au docteur Rotteinstein, j'avais eu l'idée de faire précéder mon cours de quelques notions historiques sur la découverte de l'anesthésie. Je racontai notre expérience faite avec Wells en 1844, et j'ajoutai incidemment que, depuis cette époque, il m'avait été impossible de rencontrer un dentiste qui voulût de nouveau appliquer le protoxyde d'azote à l'anesthésie. A la fin du cours, un dentiste de la ville vint à moi et me dit qu'il était prêt à extraire une dent à l'aide du protoxyde d'azote, à la condition que je voulusse administrer moi-même le gaz sous ma propre responsabilité. Je fis connaître cette résolution à mon auditoire, et nous commençâmes à extraire des dents à l'aide de ce procédé anesthésique. Nous obtînmes un tel succès, qu'en moins de trois semaines nous avions pratiqué plus de trois mille extractions dentaires. Ce succès extraordinaire me détermina alors à fonder à New-York un établissement spécialement affecté à l'extraction des dents pendant l'anesthésie protoazotée. Comme mon nom avait été si longtemps identifié avec la découverte de l'anesthésie, je désignai cet établissement sous le nom de *Colton dental association*. Je m'associai dans cette entreprise avec plusieurs des plus éminents dentistes de New-York... Depuis le 4 février 1864 jusqu'à ce jour (21 mai 1877), quatre-vingt-dix-sept mille quatre cent vingt-trois individus ont été anesthésiés dans cet établissement... Le succès de ce nouvel établissement m'engagea encore à en fonder de semblables dans les grandes villes des États-Unis, à Boston, Philadelphie, Baltimore, Cincinnati, Saint-Louis, etc. »

Ce fut le frère même de l'ancien préparateur du docteur Colton qui introduisit en France ce précieux anesthésique. Dès 1866, il présenta à l'Académie de médecine les résultats de sa pratique. Cet habile et ingénieux praticien n'a pas seulement été un homme d'action, de hardie et forte initiative : à son jour, à son heure, sans le savoir, et comme un instrument fatal, il a servi à attirer l'attention d'un physiologiste éminent sur un des problèmes les plus délicats et les plus difficiles de la science, problème aujourd'hui résolu pour le bien général de l'humanité souffrante.

Quel était ce problème de haute physiologie ? Les expériences, exécutées avec toute la rigueur scientifique des méthodes modernes, de L. Hermann en 1864, de Jolyet, de Blanche en 1873, sur les propriétés physiologiques du protoxyde d'azote, avaient établi d'une manière absolue que, loin de servir à la respiration au même titre que l'oxygène, ainsi qu'on l'avait cru, le protoxyde d'azote respiré pur est incapable d'entretenir la vie des animaux et des végétaux, et que si, à un certain moment, il amène l'insensibilité, c'est qu'alors il n'y a plus guère que 2 à 3 0/0 d'oxygène dans le sang artériel, et qu'à ce degré d'asphyxie, l'anesthésie commence toujours à se montrer. Dissous, non seulement dans le sang, mais dans tous les liquides de l'organisme, ce gaz n'y forme aucune combinaison chimique capable de dégager de l'oxygène libre pour entretenir l'hématose. S'il est administré avec une proportion suffisante d'oxygène ou d'air, le protoxyde d'azote n'asphyxie pas, il est vrai, mais il n'anesthésie point.

D'autre part, on aurait grand tort de prétendre, sous prétexte que l'anesthésie va de pair ici avec l'asphyxie, que le protoxyde d'azote n'a aucune action anesthésique qui lui soit propre. Les expériences de Davy, — nous en avons fait la remarque, — prouvaient déjà qu'au contraire le gaz hilarant a une influence incontestable sur les phénomènes d'excitation nerveuse et musculaire qu'on observe souvent au début des inhalations. Mais ce sont surtout des expériences récentes de Zuntz et de Golstein sur l'action physiologique du protoxyde d'azote, comparée à celle d'autres gaz, tels que l'azote ou l'hydrogène, qui démontrèrent d'une manière défi-

Gravure à l'eau-forte, par l'acide azotique (page 720),

nitive que le protoxyde d'azote possède bien en lui-même des propriétés anesthésiques, quoique son action se complique de l'absence d'oxygène, c'est-à-dire d'asphyxie. Des trois phases distinctes que Golstein a notées dans l'asphyxie protoazotée, la première correspond presque complètement à la phase initiale de l'asphyxie ordinaire ; mais, dans la seconde, tandis que la sensibilité des animaux est conservée avec l'asphyxie ordinaire, elle a disparu dans l'asphyxie protoazotée. Dans le premier cas, par exemple, la cornée d'un chien demeure excitable ; dans l'autre, elle ne l'est plus : l'anesthésie est donc obtenue avec le protoxyde d'azote dans cette seconde phase. La mort paraît naturellement pendant la troisième phase.

Le problème consistait donc, si l'on voulait introduire l'usage de ce gaz dans les opérations de grande chirurgie, à conjurer les dangers de l'asphyxie, tout en prolongeant presque indéfiniment la durée de l'anesthésie. L'honneur d'avoir résolu ce problème, un des plus ardus à coup sûr que se soit jamais proposés la raison de l'homme, appartient tout entier à M. le professeur Paul Bert. D'après la méthode de ce physiologiste, le malade respire assez de protoxyde d'azote pour être anesthésié, et, en même temps, une quantité suffisante d'oxygène pour entretenir la vie. Comme toutes les belles découvertes, celle-ci est d'une simplicité admirable, tellement simple, que, avant toute expérience, M. Paul Bert put l'annoncer au monde savant, uniquement appuyé sur ses calculs et sur une suite de raisonnements abstraits, de vues théoriques. En dépit de sa complexité, un problème de physiologie générale fut résolu, cette fois, comme aurait pu l'être une question de mécanique ou de physique mathématique. Mais laissons parler le maître lui-même ; car, aussi bien, on ne saurait s'exprimer avec plus de force et de clarté, avec plus de véritable éloquence.

« L'expérience m'a montré, dit-il (1), que chez un animal qui respire le protoxyde d'azote pur, lorsque l'anesthésie arrive, 100 volumes de sang artériel renferment 45 volumes de protoxyde d'azote. Si donc on fait pénétrer dans le sang 45 volumes de protoxyde d'azote pour 100 volumes de sang, on obtiendra certainement l'anesthésie. D'autre part, si l'on a dans un sac, à la pression ordinaire, du protoxyde d'azote pur, ce gaz est à la tension 100 ; mais si ce sac est renfermé dans une cloche à la pression de deux atmosphères, la tension du gaz sera 200. Et si ce sac, au lieu de renfermer 100 pour 100 de protoxyde d'azote, c'est-à-dire ce gaz à l'état de pureté parfaite, n'en renferme que 50 pour 100, dans la cloche la tension de ces 50 pour 100 de protoxyde d'azote sera juste égale à 100, c'est-à-dire que la quantité de protoxyde d'azote sera exactement celle qui est nécessaire pour amener l'anesthésie. Les autres 50 pour 100 pourront donc être occupés par un autre gaz propre à entretenir la vie, par l'oxygène, et il sera dès lors facile de pratiquer des opérations de longue durée... Le problème est donc résolu. Grâce à la pression, on pourra amener à la tension 100 le protoxyde d'azote que contient un mélange donné de ce gaz et d'oxygène, et on pourra, de la sorte, *produire l'insen-*

____

(1) Paul Bert, *De l'emploi du protoxyde d'azote dans les opérations chirurgicales de longue durée*. Conférence faite le 24 février 1880 à l'hôpital Saint-Louis, recueillie par M. R. Blanchard.

sibilité sans craindre l'asphyxie. Il suffira, pour cela, de se placer dans une cloche semblable à celles qu'on emploie dans les établissements d'aérothérapie. En se plaçant dans les conditions indiquées, l'animal sur lequel on opère tombe bientôt dans le sommeil et dans l'anesthésie la plus profonde. Tout l'appareil de la vie de relation est, pour ainsi dire, annihilé; mais l'appareil sympathique demeure intact : le cœur et la respiration ne sont aucunement influencés par le protoxyde d'azote, et, grâce à cette heureuse circonstance, si la quantité du mélange gazeux que respire l'animal est suffisante, on peut conserver cet animal dans l'anesthésie la plus absolue pendant des heures entières. On peut toucher la cornée ou la conjonctive sans faire cligner l'œil dont la pupille est dilatée, pincer un nerf de sensibilité mis à nu, amputer un membre, sans provoquer le moindre mouvement; la résolution musculaire est vraiment extraordinaire, et l'animal, n'étaient les mouvements respiratoires qui continuent à s'exécuter avec une régularité parfaite, semble frappé de mort. Cependant le sang conserve sa couleur rouge et sa richesse en oxygène, le cœur sa force et ses battements réguliers, la température son degré normal. Une excitation portée sur un nerf centripète provoque, sur la respiration ou la circulation, tous les phénomènes d'ordre réflexe qui se produisent chez l'animal sain. En un mot, tous les phénomènes dits de la vie végétative demeurent intacts, tandis que sont absolument abolis tous ceux de la vie animale. Lorsque, au bout d'un temps quelconque, on enlève le sac qui contenait le mélange gazeux, on voit l'animal, à la troisième ou à la quatrième respiration à l'air libre, recouvrer tout à coup la sensibilité, la volonté, l'intelligence, comme le prouve le désir de mordre que parfois il manifeste aussitôt. Détaché, il s'enfuit, marchant librement, et reprend immédiatement sa gaieté et sa vivacité. »

Depuis deux ans, d'éminents chirurgiens des hôpitaux de Paris, MM. Péan et Labbé les premiers, ont fait des centaines de grandes opérations sur des malades anesthésiés d'après la méthode de M. Paul Bert; et, n'étaient les appareils nécessaires pour administrer le protoxyde d'azote sous pression, appareils dont tous les hôpitaux pourront être munis sans grands frais, l'anesthésie protoazotée possède de tels avantages sur celle du chloroforme et de l'éther, qu'elle serait déjà généralement adoptée. Certes, le chloroforme en France, l'éther en Amérique et en Angleterre, auront longtemps encore des partisans décidés. Ces deux anesthésiques classiques possèdent des qualités que je ne veux pas nier; il y aurait même je ne sais quelle ingratitude à bannir trop durement des amphithéâtres, où ils ont endormi tant d'horribles souffrances, ces divins remèdes de la douleur...

Il fallait, pour administrer le protoxyde d'azote comme anesthésique, arriver à préparer ce gaz à peu de frais et pouvoir en remplir en peu de temps un gazomètre de trois ou quatre cents litres. M. de Mirimonde, chirurgien dentiste à Paris, aussitôt après l'apparition du protoxyde d'azote en Europe, s'occupa de sa préparation sur une grande échelle.

Le ballon en verre dont on se servait pour chauffer le nitrate d'ammoniaque se brisant à chaque instant, il se servit pendant quelque temps d'une cornue en grès. Cette cornue ne présentant pas toutes les garanties de solidité et son emploi n'étant pas sans danger, il dut y renoncer. En effet, au mois de janvier 1878, pendant que M. de Mirimonde et son frère, docteur en médecine de la Faculté de Paris, étaient occupés à la préparation du gaz, la cornue en grès éclata, projetant sur eux du nitrate d'ammoniaque fondu et les brûlant tous les deux grièvement. Il eut l'idée alors de remplacer les cornues par une bouteille à mercure, sur laquelle il fit visser un tube en fer recourbé (*fig.* à la page 713). Ce tube communiquait à un serpentin de même métal qui plongeait dans de l'eau froide. Le gaz, se dégageant de la bouteille chauffée sur un réchaud, passe dans le serpentin où la vapeur d'eau entraînée avec le protoxyde d'azote vient se condenser. Le gaz, séparé de cette vapeur, passe dans une éprouvette dans laquelle se trouve une couche de pierre ponce imprégnée de potasse caustique et une couche de sulfate ferreux, séparées elles-mêmes par une couche intermédiaire de pierre ponce. Le gaz, avant d'arriver dans le gazomètre, passe à travers un flacon à deux tubulures rempli d'eau distillée. De cette façon, on arrive à remplir en peu de temps un gazomètre.

La fabrication de ce gaz en grand n'est pas sans danger et demande beaucoup de soins et d'attention. Le nitrate d'ammoniaque, quoique préalablement fondu, contient toujours une grande quantité d'eau. Il peut arriver qu'une certaine partie de nitrate d'ammoniaque fondu ou dissous dans de l'eau vienne se condenser dans le serpentin et empêcher ainsi le dégagement du gaz et de la vapeur d'eau. Une explosion de la bouteille à mercure est alors inévitable, et l'on ne saurait trop recommander, à ceux qui veulent fabriquer du protoxyde d'azote de cette manière, de toujours bien se rendre compte si le gaz se rend dans le gazomètre et si aucune partie de l'appareil n'est bouchée.

L'explosion d'une bouteille ayant coûté la vie à un des employés de M. de Mirimonde, il est utile de signaler le danger auquel on s'expose en préparant ce gaz à la légère et sans prendre toutes les précautions nécessaires.

Le gazomètre étant un meuble très embarrassant et ne pouvant se placer facilement dans un cabinet, on le met habituellement dans une pièce voisine.

Pour pouvoir se rendre compte si le malade inhale du protoxyde d'azote, M. le docteur de Mirimonde a attaché au gazomètre un fil traversant la cloison qui sépare le cabinet de la pièce voisine. Ce fil glisse sur une petite poulie, et, à son extrémité, est attaché un cylindre de plomb peint en rouge et qui glisse lui-même dans un tube de fer gradué. Quand la partie supérieure du gazomètre descend, elle entraîne avec elle le petit cylindre de plomb; le trajet qu'a fait ce cylindre dans le tube indique la quantité de gaz que le patient a absorbée. Cette petite addition à l'appareil est indispensable, car elle permet à l'opérateur de voir si le malade aspire réellement du protoxyde d'azote, et si rien n'entrave le passage du gaz dans l'inhalateur.

Dans les laboratoires, on obtient le *protoxyde d'azote* en chauffant entre 230° et 250° de l'azotate d'ammoniaque dans une cornue de verre munie d'un tube de dégagement. Le sel fond vers 152°, et se décompose vers 210° en eau et en protoxyde d'azote. Si le sel est pur, il ne doit rien rester dans la cornue :

$$\text{AzH}^4\text{O}, \text{AzO}^5 = 2\text{AzO} + 4\text{HO}.$$

Le protoxyde d'azote est très explosif, nous l'avons vu ; il se décompose à une température élevée en azote et oxygène, avec dégagement de chaleur. Des volumes égaux de protoxyde d'azote et d'hydrogène forment un mélange qui détone à l'approche d'une bougie ou par le passage d'une étincelle électrique :

$$AzO + H = Az + HO.$$

Si l'on fait passer un courant de protoxyde d'azote et un courant d'hydrogène sur la mousse de platine légèrement chauffée, il se forme de l'eau et de l'ammoniaque :

$$AzO + 4H = AzH^3 + HO.$$

L'analyse du *protoxyde d'azote* se fait, soit en le faisant détoner avec de l'hydrogène dans un eudiomètre, au moyen de l'étincelle électrique, comme nous l'avons indiqué ci-dessus, soit au moyen du potassium dans une cloche courbe que l'on chauffe avec une lampe à esprit-de-vin. Le potassium brûle par l'oxygène du gaz, qui est absorbé entièrement ; le potassium devant être en excès, il reste l'azote. La cloche courbe est plongée dans le mélange et non dans l'eau, qui est décomposée par le potassium. Ces deux modes d'analyse donnent pour résultats qu'un volume de protoxyde contient 1 volume d'azote et un demi-volume d'oxygène, ou en poids :

$$\left. \begin{array}{l} \text{Azote} \dots \dots \quad 63,\ 67 \\ \text{Oxygène} \dots \dots \quad 36,\ 33 \end{array} \right\} 100.$$

BIOXYDE D'AZOTE ($AzO^2 = 30$; *en volume = 4 ; densité 1,039*). — Ce gaz, nommé aussi *gaz nitreux*, *gaz rutilant*, fut découvert par Hales en 1792. Il est incolore : on ne peut connaître ni sa saveur, ni son odeur, parce qu'à la température ordinaire, dès qu'il est en contact avec l'air, il en absorbe l'oxygène et se transforme en vapeurs rouges qui sont, soit de *l'acide azoteux*, s'il n'y a qu'un peu d'air, $AzO^2 + O = AzO^3$; soit de *l'acide hypoazotique*, s'il y en a un excès, $AzO^2 + 2O = AzO^4$. Cette propriété d'absorber immédiatement l'oxygène permet de reconnaître immédiatement la présence de ce gaz dans un mélange ; elle le distingue de tous les autres. Il est décomposable par la chaleur ; il donne, au rouge sombre, de l'azote, du protoxyde d'azote et de l'acide hypoazotique ; au rouge vif, il se dédouble complètement en azote et en oxygène ; une série d'étincelles électriques le décomposent de même. Il est très peu soluble dans l'eau, qui n'en dissout que 1/29 de son volume : il a été liquéfié à — 11°, sous la pression de 104 atmosphères, par M. Cailletet. Il n'est pas acide ; car il ne rougit pas la teinture bleue de tournesol. Il n'est pas inflammable ; il n'entretient ni la combustion ni la respiration ; un charbon incandescent s'y éteint ; mais le phosphore, une fois enflammé, continue d'y brûler. Si on le mêle avec de l'hydrogène, il brûle avec une flamme verte, et si, au lieu de l'enflammer, on le fait passer sur la mousse de platine, il se forme de l'ammoniaque et de l'eau : $AzO^2 + 5H = AzH^3 + 2HO$. Les sels de protoxyde de fer l'absorbent en prenant une couleur brune; on se sert de cette propriété pour le séparer des gaz auxquels il peut être mêlé. Il se comporte alors comme l'oxygène pourrait le faire: 2 équivalents de ce protoxyde en absorbent 1 de bioxyde et l'on a :

$$2FeO + AzO^2 = Fe^2 \begin{cases} AzO^2 \\ O^2 \end{cases},$$

analogue pour la constitution au sesquioxyde de fer

$$Fe^2O^3 \text{ ou } Fe^2 \begin{cases} O,Az \\ O^2 \end{cases},$$

O^2 remplaçant O. Il joue donc le rôle d'un corps simple ou d'un radical. Tous les corps composés qui se comportent ainsi sont désignés par le nom de *radicaux composés*.

On obtient le *bioxyde d'azote* en décomposant l'acide azotique par un métal, ordinairement le cuivre. Par un tube à entonnoir (*fig.* 260), on verse peu à peu de l'acide azotique dans un flacon contenant de la tournure de cuivre, et de l'eau destinée à modérer l'attaque, et communiquant par un tube abducteur avec une cloche pleine d'eau : immédiatement, une vive réaction s'opère. Des vapeurs rouges se dégagent tout d'a-

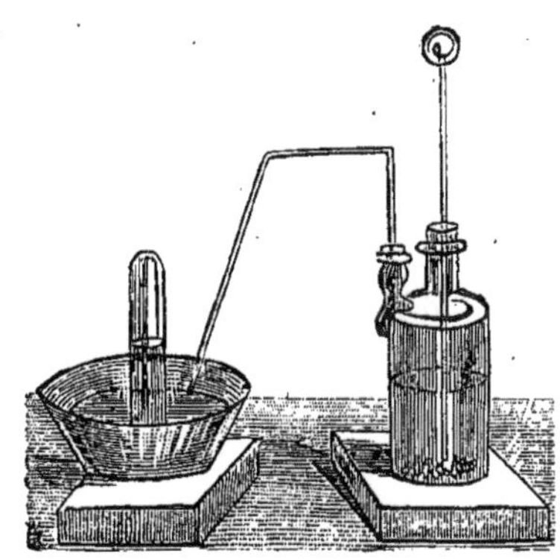

Fig. 260.
PRÉPARATION DU BIOXYDE D'AZOTE.

bord, et quand l'atmosphère est redevenue incolore, on peut recueillir le gaz, qui est du bioxyde d'azote. Pendant la réaction, le liquide du flacon devient bleu, à cause de la formation d'un sel, l'*azotate de cuivre*, qui est doué de cette couleur. Au contact du métal, une partie de l'acide azotique perd les 3/5 de son oxygène et se trouve ramené à du bioxyde d'azote ; tandis que l'oxygène, mis en liberté, se porte sur le cuivre et l'oxyde ; l'autre partie de l'acide azotique se combine avec cet oxyde et forme avec lui l'azotate de cuivre :

$$Aq + 3Cu + 4AzO^5HO = Aq + 3(CuO, AzO^5) + AzO^2 + 4HO.$$

Le flacon doit être maintenu froid, et il vaut mieux mettre peu que beaucoup d'acide, quoique l'opération soit plus lente ; on évite ainsi une réduction plus complète de l'acide azotique, qui donnerait alors du protoxyde d'azote et de l'azote.

En remplaçant le cuivre par le mercure, on évite mieux encore la production de protoxyde et d'azote.

On a utilisé, dans la préparation industrielle de l'acide sulfurique, la facile combinaison de l'oxygène avec le bioxyde d'azote, comme nous le verrons ci-après.

ACIDE AZOTEUX ($AzO^3 = 38$). — *L'acide azoteux* anhydre est très instable. Il se présente d'ordinaire sous la forme d'un liquide de couleur indigo foncé, extrêmement volatil. Il se décompose par la simple ébullition, qui a lieu à une très faible température, et il produit du *bioxyde d'azote* et de *l'acide hypoazotique*. Il se dissout sans altération dans l'eau froide, et cette dissolution, très stable quand elle est étendue, joue le rôle de corps oxydant vis-à-vis des composés avides d'oxygène, comme les sels de protoxyde de fer. Elle est, au contraire, réductrice quand on la fait agir sur des corps qui cèdent facilement leur oxygène; ainsi, elle réduit les sels d'or et les sels de mercure, en mettant le métal en liberté.

On le prépare en faisant arriver dans un tube refroidi à — 40° un mélange de 4 volumes de bioxyde d'azote et d'un volume d'oxygène. Les *azotites* prennent naissance par la décomposition incomplète d'un azotate sous l'influence d'une température modérée. Ainsi, en chauffant dans un ballon de verre de *l'azotate de potasse*, on obtient de *l'azotite de potasse;* le produit calciné est traité par de l'alcool qui dissout l'azotite et laisse l'azotate.

ACIDE HYPOAZOTIQUE. ($AzO^4 = 46$; *en volume* $= 4$; *densité à l'état liquide* $= 1,451$; *à l'état gazeux* $= 1,59$ *à* $22°$; $2,6$ *à* $26°,7$; $2,08$ *à* $60°,2$; $1,58$ *à* $154°$). — Nous avons vu que le *bioxyde d'azote*, en présence de l'air, donne naissance à des vapeurs rutilantes qui sont de *l'acide hypoazotique;* ces vapeurs, convenablement refroidies, donnent un liquide jaunâtre à 0°, jaune rougeâtre à 10°; rouge brun à 20°. Absolument anhydre, il cristallise en primes à — 9°. On ne sait à qui attribuer sa découverte. En 1674, Glauber le désigne sous le nom d'*esprit de nitre rouge;* mais c'est seulement Gay-Lussac et Dulong qui déterminèrent bien sa composition en 1816. Il est très caustique et dangereux à respirer; il jaunit et corrode la peau. Très improprement appelé *acide*, puisqu'il ne se combine jamais avec les bases, on le désigne souvent par un nom spécial, ne faisant pas allusion à une acidité qu'il ne possède pas, celui d'*hypoazotide*. Son caractère le plus remarquable est celui de se dédoubler en acide azotique et en bioxyde d'azote, dès qu'il est mis en contact avec de l'eau à la température ordinaire.

Si l'on ouvre un petit flacon rempli d'*acide hypoazotique*, sous une éprouvette pleine d'eau, le bioxyde d'azote monte dans l'éprouvette dont l'eau devient acide, car elle contient de l'acide azotique ; si l'on verse

Appareil de M. de Mirimonde pour la préparation du protoxyde d'azote (page 708).

tout simplement l'*acide hypoazotique* dans l'eau, elle devient également acide, mais en même temps il se dégage des vapeurs rutilantes. Les résultats varient donc selon que l'acide hypoazotique se décompose dans l'eau à l'abri de l'air ou dans l'eau exposée à l'air. Mais ces différences trouvent leur explication dans la manière dont se compose le bioxyde d'azote. Cette réaction s'exprime par la formule :

$$3\,AzO^4 = 2\,AzO^5 + AzO^2.$$

On prépare l'*acide hypoazotique* par la décomposition de l'*azotate de plomb* préalablement pulvérisé, puis chauffé dans une capsule jusqu'à ce que l'eau en ait été chassée complètement, c'est-à-dire jusqu'au moment où les vapeurs rutilantes commencent à se dégager. Le sel ainsi desséché est introduit dans une cornue en verre vert (*fig.* 261), dont le col s'engage dans un tube en U entouré d'un mélange réfrigérant. Le sel se décompose en oxyde de plomb qui reste dans la cornue, en acide hypoazotique qui se condense dans le tube en U, et en oxygène qui se dégage par l'extrémité de ce tube :

$$PbO,\,AzO^5 = PbO + AzO^4 + O.$$

ACIDE AZOTIQUE OU NITRIQUE. ($AzO^5 = 54$; *monohydraté, densité* $= 1,52$; *quadrihydraté* $= 1,42$). — On attribue à tort la découverte de l'*acide azotique* à Raymond Lulle (1) ; longtemps avant lui, on l'avait employé comme dissolvant ; mais c'est lui qui lui donna le nom d'*eau-forte*, nom encore usité dans le commerce, et qui imagina le *nitre dulcifié*, mélange d'acide azotique et d'esprit-de-vin, employé en médecine.

L'*acide nitrique* pur est un liquide incolore ; quand il est au maximum de concentration, c'est-à-dire quand il contient la plus petite quantité possible d'eau, il est formé d'un équivalent d'acide et d'un équivalent d'eau. Lorsqu'on veut lui enlever cette eau, il se décompose en répandant à l'air des vapeurs blanches, mais peu abondantes, et produit une odeur piquante particulière. C'est l'*hydrate* le plus stable; on l'obtient ainsi toujours en distillant de l'acide nitrique concentré ou faible. L'*acide azotique* est décomposé, à la chaleur blanche, en oxygène et en azote ; à une chaleur moindre, en acide hypoazotique et oxygène. La lumière produit promptement le

---

(1) **Raymond Lulle**, un des plus célèbres alchimistes du moyen âge (1235-1314), né à Palma. Il passa sa jeunesse dans les fêtes et les plaisirs à la cour du roi d'Aragon, Jacques Ier. Éperdument amoureux d'une jeune fille de Majorque, nommée Ambrosia de Castello, il la pressait tellement que celle-ci lui découvrit qu'elle avait un affreux cancer au sein. Frappé d'horreur, Raymond Lulle renonça au monde et entra dans un cloître, à peine âgé de trente ans. Là, il se livra à l'étude des sciences naturelles et de la théologie avec ardeur. Ayant conçu l'idée d'une croisade, il entreprit d'immenses voyages à travers l'Europe, puis en Afrique, où il fut lapidé en prêchant le christianisme. Tout en voyageant, il écrivit sur la chimie, la physique, la médecine et la théologie. On l'avait surnommé le *Docteur illuminé*. En cherchant la pierre philosophale par la voie humide, et en employant la distillation comme moyen, il fixa l'attention sur les produits de la décomposition des corps.

même effet, d'autant plus fortement que l'acide est plus concentré. L'*acide hypoazotique* produit se dissout dans la partie non décomposée et la colore. Si l'acide azotique est étendu d'eau, la lumière n'a plus d'action. L'hydrogène décompose l'*acide azotique* sous l'influence de la chaleur ; il se forme de l'eau, et l'azote devient libre : $AzO^5, HO + 5H = Az + 6HO$; il peut même le décomposer, à la température ordinaire, en donnant de l'eau et de l'ammoniaque : $AzO^5, HO + 8H = AzH^3 + 6HO$. L'iode, le soufre, le carbone, le phosphore, le décomposent également, en produisant un de leurs acides et de l'acide hypoazotique. Les matières organiques le décomposent aussi facilement, en donnant des produits très variables, et, en outre, toujours de l'acide hypoazotique ; c'est pourquoi, lorsqu'il tombe sur la peau ou sur les ongles, ceux-ci jaunissent promptement.

Beaucoup de métaux le décomposent en partie en s'y dissolvant ; mais, contrairement à ce qui arrive généralement avec les métalloïdes, plus il est concentré, moins les métaux sont attaqués énergiquement. Au maximum de concentration, l'acide azotique n'a d'action que sur les métaux très oxydables, comme le potassium, le sodium ou le zinc. Mis en contact avec le fer, non seulement l'acide concentré n'est pas attaqué, mais il fait

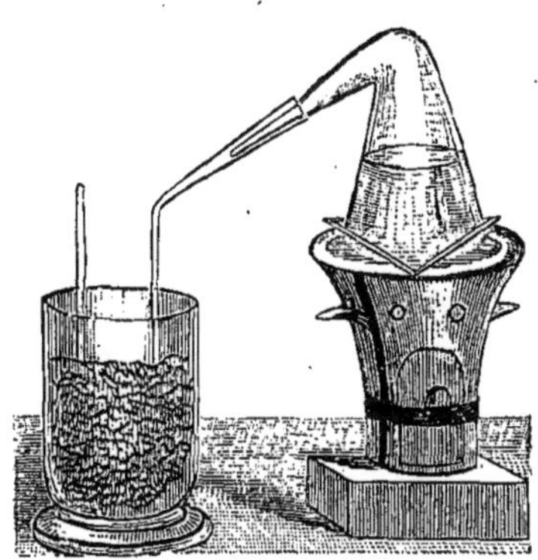

Fig. 261. — PRÉPARATION DE L'ACIDE HYPOAZOTIQUE.

perdre au fer la propriété d'attaquer l'acide étendu. Dans cet état, le fer est dit *passif* ; il redevient actif et attaque violemment l'acide étendu, dès qu'on le touche avec une tige de cuivre.

L'acide du commerce, étendu de son volume d'eau, donne, à la température ordinaire, du bioxyde d'azote et des azotates, avec les métaux qui, comme le cuivre et le mercure, ne décomposent pas l'eau à froid en présence des acides. Cette réaction est utilisée pour la préparation du bioxyde d'azote :

$$3Cu + 4AzO^5 + HO = AzO^2 + 3(CuO, AzO^5) + HO.$$

L'argent n'attaque l'acide que sous l'influence d'une douce chaleur. Quant à l'or et au platine, ils ne réagissent à aucune température. L'étain et l'antimoine, mis en contact avec l'acide azotique étendu, se transforment en oxydes acides, aux dépens de l'acide azotique, qui passe à l'état de bioxyde d'azote, de protoxyde d'azote, ou d'azote, avec formation d'azotate d'ammoniaque. Les métaux qui décomposent l'eau à

froid, en présence des acides, donnent, avec l'acide *étendu de son volume
d'eau,* un azotate et du protoxyde d'azote :

$$4Zn + 5AzO^5 + HO = 4\,(ZnO, AzO^5) + AzO + HO.$$

Si l'acide était très étendu, il pourrait se produire de l'hydrogène, qui
réduirait partiellement l'acide à l'état d'ammoniaque ; ce dernier, s'unissant à l'acide non décomposé, donnerait de l'azotate d'ammoniaque.

L'*acide azotique* oxyde et souvent même détruit les matières organiques ; c'est ainsi qu'il décolore l'indigo. Cette action sert à reconnaître
sa présence dans une liqueur ; il suffit de verser quelques gouttes d'une
dissolution d'indigo dans l'acide sulfurique : la décoloration sera immédiate, s'il y a de l'acide azotique. Il colore en jaune la laine et la soie :
cette propriété est utilisée en teinture. L'acide azotique, en agissant sur
un certain nombre de carbures d'hydrogène, donne lieu à des phénomènes de *substitution.* Un équivalent d'hydrogène du carbure forme de
l'eau avec un équivalent d'oxygène de l'acide azotique, qui est ramené à
l'état d'acide hypoazotique. Ce dernier corps remplace dans le carbure
l'équivalent d'hydrogène enlevé ; ainsi :

$$C^{12}H^6 + AzO^5, HO = C^{12}H^5AzO^4 + H^2O^2.$$
Benzine.   Nitrobenzine.

La *Chimie organique* présente un très grand nombre de ces *substitutions* (1).

L'on ne trouve pas l'*acide azotique* dans la nature, à l'état de pureté ;
mais elle le produit, dans des circonstances difficiles à préciser, combiné
avec des oxydes métalliques, la potasse, la soude, la chaux, la magnésie
ou avec l'ammoniaque. Les pluies, pendant les orages, entraînent des
hautes régions de l'atmosphère de l'azotate d'ammoniaque et même de
l'azotate de chaux, l'acide azotique s'étant produit sous l'influence de la
la foudre. Au sein même de nos habitations, les murs humides des caves,
des rez-de-chaussée, se couvrent de soyeuses efflorescences blanches,
qui sont de l'azotate de chaux. Le mur fournit la chaux ; l'air, avec les
émanations si diverses qu'il reçoit, fournit les éléments de l'acide. Enfin,
dit M. Malagutti, en beaucoup de localités, aux Indes, en Égypte, au
Pérou, le sol lui-même est plus ou moins riche en azotate, que l'on isole
en lessivant les terres. C'est surtout en Amérique, spécialement au Pérou
et au Chili, qu'on en trouve des quantités vraiment prodigieuses. Certains plateaux d'un millier de mètres d'altitude au-dessus du niveau

(1) L. Troost, *Traité de Chimie.*

de l'océan Pacifique, présentent des gisements intarissables d'*azotate de potasse* ou *salpêtre*. Les Péruviens exploitent un mélange naturel de sable, d'argile et d'azotate de potasse, où ce sel se trouve jusqu'à la proportion énorme de 65 pour 100. Le mélange est si dur, qu'il faut le pic et la poudre pour l'attaquer. Une fois en possession de ce sel ou de tout autre azotate, il devient facile d'obtenir l'acide azotique isolé.

Le procédé employé pour se procurer l'*acide azotique* dans les laboratoires est le même que celui indiqué par Basile Valentin au XV° siècle. On traite *l'azotate de potasse* par l'acide sulfurique dans une cornue de verre, dont le col s'engage dans celui d'un ballon tubulé. On introduit l'azotate en poudre grossière dans la cornue, puis on verse l'acide au moyen d'un tube à entonnoir, qui pénètre jusque dans la cornue pour que le col ne contienne pas d'acide sulfurique, qui serait entraîné par l'acide nitrique pendant la distillation ; on ferme en partie la tubulure du ballon, aü moyen d'un entonnoir de verre ; on ne doit pas employer de bouchons de liège, qui, décomposés par les vapeurs de l'acide, l'altéreraient. On fait arriver un léger courant d'eau froide sur le récipient pour faciliter la condensation des vapeurs. La théorie indiquerait que, pour avoir le meilleur résultat, il faudrait employer, pour 1 équivalent d'azotate, 1 équivalent d'acide sulfurique ; mais, lorsqu'on veut opérer ainsi, la réaction marche bien jusqu'à ce que la moitié de l'azotate soit décomposée, puis elle s'arrête ; si l'on chauffe alors plus fortement, la masse fond, puis se boursoufle, et elle dégage d'abondantes vapeurs rouges d'acide hypoazotique résultant de la décomposition de l'autre moitié de l'acide azotique : l'expérience a montré que, pour réussir complètement, il fallait employer, pour 1 équivalent d'azote, 2 équivalents d'acide sulfurique hydraté. Par ce moyen, on dégage tout l'acide azotique, et il reste dans la cornue du bisulfate de potasse :

$$KO, AzO^5 + 2SO^3, HO = (KO, HO, 2\,SO^3) + Az\,O^5, HO.$$

La réaction n'est pas cependant aussi simple dans l'opération : au commencement, tout l'acide sulfurique n'étant pas combiné, retient l'eau avec tant d'énergie que l'acide azotique ne peut en prendre ce qu'il lui en faut ; et comme, à la température de la réaction, il ne peut exister sans eau, il se décompose en oxygène et acide hypoazotique, ce dernier sous forme de vapeurs rouges ; mais, au bout de quelque temps, l'acide sulfurique étant combiné, l'acide azotique peut prendre son équivalent d'eau : sa décomposition s'arrête et les vapeurs rouges disparaissent. Mais, en distillant, l'eau étant libre, l'acide en entraîne plus qu'il ne lui en faut ; et, lorsque l'opération tire à sa fin, l'acide qui reste à distiller, n'en trouvant plus assez, se décompose en partie, comme au commencement. Pendant l'opération, la masse est un peu pâteuse, mais elle ne tarde pas à être tout à fait liquide, et, à la fin, on ne voit plus que quelques bulles fines de vapeurs nitreuses qui se dégagent. Enfin la fusion devient tranquille dès que la décomposition est achevée. La matière qui reste dans la cornue se solidifie et prend un peu l'apparence de la porcelaine ; c'est le *bisulfate de potasse*. L'acide nitrique qui a distillé est coloré par l'acide hyponitrique qui s'y est dissous. Il faut, quand l'opération est terminée, démonter l'appareil et couler le *bisulfate,* pendant qu'il est en fusion, sur une plaque ou dans

Fig. 262. — Préparation industrielle de l'acide azotique.

une capsule de platine ; autrement, on aurait peine à le retirer de la cornue, qui, en outre, casse souvent pendant le refroidissement de la masse.

On voit que, dans cette opération, au commencement et à la fin, le manque d'eau détermine la décomposition d'une partie de l'acide.

Industriellement, on opère par le même procédé, seulement la nature et la forme des appareils diffèrent. M. Girardin décrit ainsi la fabrication actuelle :

« D'abord on remplace le *nitre* ou *azotate de potasse* par le *salpêtre du Chili* ou *azotate de soude,* qui est d'un prix moins élevé. Pour 100 parties de cet azotate, on emploie 65 parties d'acide sulfurique à 66 degrés, qu'on ramène à 62 ou 63 degrés, à l'aide d'une quantité d'eau suffisante. Cette proportion d'acide est plus forte que celle indiquée par la théorie, mais un excès est nécessaire pour obtenir la décomposition complète du sel employé. On effectuait autrefois celle-ci dans des cylindres en fonte, disposés horizontalement dans un fourneau approprié ; mais aujourd'hui on trouve plus d'avantage à faire usage d'une vaste chaudière en fonte,

A (*fig.* 262), dans laquelle on peut charger 400 kilogrammes de sel. Cette chaudière en fonte est placée au centre d'un massif en briques ; sur l'un des côtés se trouve le foyer F ; en *cc,* une ouverture fermée par une plaque de fonte. On lute le couvercle de la chaudière avec de l'argile ; on adapte à sa tubulure B une allonge en verre C, destinée à conduire les vapeurs acides dans des bonbonnes en grès D, D', D″ faisant office de récipients. Ces bonbonnes, au nombre de douze, sont placées les unes à la suite des autres, et communiquent entre elles par des tubes courbes a, a', a'' en grès ; la dernière est en rapport avec une cheminée d'appel qui absorbe tous les gaz non condensés. Dans chacun de ces vases, on introduit par leurs tubulures b', b', b'' le tiers de leur volume d'eau ou d'acide azotique faible, qui facilite la condensation des vapeurs émanées de la chaudière. Ces vapeurs sont assez chaudes pour rectifier et blanchir l'acide du premier récipient. Quant à celui qu'on obtient dans les suivants, il est jaune rougeâtre. On parvient à chasser le chlore et l'acide hypoazotique qui le colorent, en échauffant les bonbonnes par les produits de la combustion qu'on fait passer, à l'aide du registre d qu'on soulève, dans le conduit E, au lieu de les laisser s'engager, comme d'habitude, dans la cheminée rampante G, qui les porte dans une grande cheminée centrale.

» L'acide que l'on retire d'une opération ne marque pas toujours également 36 degrés, comme l'exige le commerce ; il est souvent à un degré supérieur ; on le ramène au degré voulu par des additions d'eau. Théoriquement, l'*azotate de soude* du commerce devrait fournir 134 pour 100 d'acide à 36 degrés ; mais, en pratique, on dépasse rarement le rendement de 127 à 129. On trouve comme résidu, dans la chaudière, du sulfate acide de soude, qu'on utilise à la fabrication de la soude artificielle. »

Sainte-Claire Deville, dès 1849, a réussi à obtenir l'*acide azotique anhydre,* en faisant passer un courant très lent de chlore sec sur de l'azotate d'argent desséché et maintenu, dans un tube en U, à une température d'environ 60° :

$$AgO,AzO^5 + Cl = AgCl + AzO^5 + O.$$

La réaction ne commence qu'à 90°, en donnant de l'acide hypoazotique ; mais elle se continue ensuite à 60°, et l'on obtient de l'acide azotique anhydre cristallisé en beaux prismes. Mais il est tellement instable, qu'on ne peut le conserver, même dans des tubes en verre scellés à la lampe.

L'*acide azotique* a des applications nombreuses, puisqu'on en consomme annuellement, en France, près de 6 millions de kilogrammes. *Monohydraté,* sous l'aspect d'un liquide blanc, d'une odeur désagréable, il est connu sous le nom d'*acide fumant,* parce qu'il répand des fumées blanches au contact de l'air, et attaque profondément les tissus organiques. *Concentre,* c'est un des poisons les plus violents. En 1863, un professeur de chimie à l'Institution d'Édimbourg, M. Stewart, et son aide moururent pour avoir respiré, pendant quelques minutes, les vapeurs d'un flacon, contenant de l'acide fumant, qui s'était brisé par hasard. Comme c'est un des agents les plus souvent employés dans les arts, il est bon de dire que si, par mégarde, une personne avait bu de l'*eau-forte,* il faudrait lui administrer, le plus promptement et le plus abondamment possible, des boissons adoucissantes, du lait, de l'eau gommée, et, comme neutralisant, de la magnésie calcinée, délayée dans l'eau, de l'eau de chaux, ou une dissolution de savon.

La médecine se sert de cet acide concentré pour détruire les petites excroissances de chair, les verrues; pour cautériser les plaies envenimées, les ulcères, etc. Son action oxygénante, qui s'exerce d'une manière si générale, le fait employer pour la préparation industrielle des azotates d'argent, de mercure, de plomb et de cuivre; dans la fabrication de l'acide sulfurique; dans celle de l'acide oxalique par l'oxydation de l'amidon ou du sucre, du précipité rouge, des amorces fulminantes; dans l'essai des huiles, etc. C'est un agent précieux pour attaquer, dissoudre, ou simplement décaper les métaux, faire l'essai des monnaies, opérer l'affinage de l'or et du platine, la dorure sur laiton. Les chapeliers en font usage pour dissoudre le mercure destiné au secrétage des poils; les artificiers pour changer le coton en une poudre excessivement combustible; les teinturiers et les imprimeurs de tissus, pour colorer les foulards de soie en jaune et en orange, pour teindre les lisières de draps en pièces, etc.

La gravure sur cuivre dite *à l'eau-forte* consiste à creuser un métal par l'action de l'*acide azotique* étendu d'eau qui dissout et creuse le cuivre et l'acier (*fig.* à la page 705). Pour graver à l'eau-forte sur le cuivre, on prend une plaque de cuivre pur et bien poli; on la place sur un feu doux, et on la recouvre, au moyen d'un tampon de soie, d'un vernis qui, ramolli par la chaleur, s'étend facilement à sa surface. Ensuite on retourne la planche et on la tient au-dessus d'une bougie qui laisse échapper de la fumée. Le charbon de cette fumée, s'incorporant avec le vernis, lui donne une teinte noire. Cela fait, pour tracer un dessin, la copie d'un tableau, etc., on place sur la planche de cuivre une feuille de papier sur laquelle on a tracé le calque du dessin à exécuter. Alors, au moyen de la *pointe à calquer,* espèce d'aiguille plus ou moins fine, pourvue d'un manche, on suit les traits du calque, de manière à enlever le vernis et à mettre à nu le métal, selon le dessin qu'il s'agit d'obtenir. Après le travail de la pointe sur le cuivre verni, il reste à attaquer la planche par l'*eau-*

forte. A cet effet, on entoure la planche d'un rebord de cire, et, dans le petit bassin ainsi formé, on verse l'acide azotique qu'on laisse agir sur le métal pendant une demi-heure ou une heure, selon la force de l'acide et

ORFILA.

la profondeur qu'on veut donner au creux. Il est des parties de la planche qui doivent être plus profondément attaquées que d'autres, ou être plus ou moins *mordues*, selon l'expression consacrée ; on retire donc l'eau-forte qui couvrait la plaque, on lave cette plaque et on la sèche; on recouvre ensuite les parties qui doivent rester légères, telles que les ciels et les lointains, d'une couche de vernis, afin de les préserver de l'acide, et on soumet le reste à l'action plus prolongée de l'eau-forte. On appelle *eaux-fortes de graveur* les gravures obtenues par l'emploi successif de l'eau forte et du burin. C'est le système presque uniquement suivi de nos jours.

AMMONIAQUE ($AzH^3 = 17$; *en volume* $= 4$; *densité* $= 0,596$). La découverte du *gaz ammoniac* est attribuée à Kunckel, en 1612 ; mais il fut préparé et étudié pour la première fois par Priestley. Scheele reconnut la nature de ses éléments ; mais c'est Berthollet (1) qui, en 1785, donna la composition exacte.

Ce composé binaire est connu généralement dans le commerce sous le nom d'*alcali volatil* ; son nom scientifique est *azoture d'hydrogène* ; son nom vulgaire d'*ammoniaque* est derivé du nom du sel *ammoniac*, ou *chlorhydrate d'ammoniaque* qu'on emploie pour l'obtenir, et qui a pour étymologie celui d'*Ammonie*, vaste contrée sablonneuse à l'ouest de l'Égypte, sur le littoral de la Méditerranée, célèbre dans l'antiquité par un temple dédié à Jupiter Ammon, c'est-à-dire à Jupiter des sables (du grec *ammos*, sable). Dans ces contrées, d'une misérable végétation, le combustible est rare, et l'on utilise, pour l'entretien du foyer, la bouse de chameau, qui, desséchée au soleil, brûle sans flamme, à la manière de l'amadou ou des mottes de vieux tan. La suie provenant de ce combustible, imprégné de matières organiques et de sel, contient du *chlorhydrate d'ammoniaque*. La bouse de nos bœufs, soumis à un régime salé, donnerait le même produit. Cette suie ammoniacale est vendue au Caire, où plusieurs ateliers s'occupent de son traitement. Recueillie et chauffée dans de larges bouteilles de verre ou *matras* de près d'un demi-mètre de hauteur, terminés par un col de quelques centimètres, cette suie laisse se dégager le *sel ammoniac*, qui vient s'attacher en croûte compacte à la voûte de l'appareil distillatoire. L'appareil étant bien refroidi, on casse le récipient et on en retire les pains d'une forme semi-orbiculaire. Jusqu'au commencement de ce siècle, les étameurs et les fondeurs de métaux, les teinturiers, les médecins et les chimistes, faisaient venir ce produit du Caire.

Aujourd'hui, pour obtenir le *gaz ammoniac*, on pulvérise du *sel ammo-*

BERTHOLLET (Claude-Louis), célèbre chimiste (1748-1822) ; d'abord médecin du duc d'Orléans, il abandonna sa profession pour l'étude de la chimie. Successivement membre de l'Académie des sciences, de l'Institut, professeur à l'École normale, sénateur sous l'Empire, pair sous la Restauration, il eut tous les honneurs que méritaient ses travaux. Sous la République, il s'occupa à multiplier les moyens de défense ; pendant l'expédition d'Égypte, il fit de curieuses recherches sur le natron. Il fonda la Société savante d'Arcueil, découvrit les propriétés décolorantes du chlore, l'emploi du charbon pour désinfecter l'eau, imagina plusieurs composés fulminants, etc.

niac et de la chaux séparément; puis on les mêle par parties égales, et l'on introduit le tout dans un petit matras, auquel on adapte un tube recourbé pour recueillir le gaz sur une cuve à mercure (*fig.* 263). Quand l'on a introduit le mélange dans le matras, on met par-dessus une couche de chaux en poudre, qui est destinée à absorber l'eau qui se dégage pendant l'opération. La chaux se décompose, l'acide chlorhydrique aussi; il se forme de l'eau; le chlore s'unit au calcium, l'ammoniaque se dégage :

$$AzH^3,HCl + CaO = HO + CaCl + AzH^3.$$

Mais c'est surtout à l'état de dissolution dans l'eau, ou *ammoniaque liquide*, qu'on emploie ce produit. Pour l'obtenir, on introduit du *chlorhydrate d'ammoniaque* dans une cornue de grès (*fig.* 264), à la suite de laquelle on dispose des flacons à deux tubulures. C'est ce qu'on appelle un *appareil de Woulf*. La cornue de grès A est placée dans un fourneau à réverbère; on y adapte un tube de sûreté B, plongeant au fond du premier flacon, qui ne contient que peu d'eau, et qui, destiné à retenir les impuretés entraînées par le gaz, est nommé *flacon laveur*. On dispose dans le col un tube droit C, qui plonge de 2 millimètres environ dans le liquide; de l'autre, part un tube à deux angles droits, qui ne dépasse le bouchon que de quel-

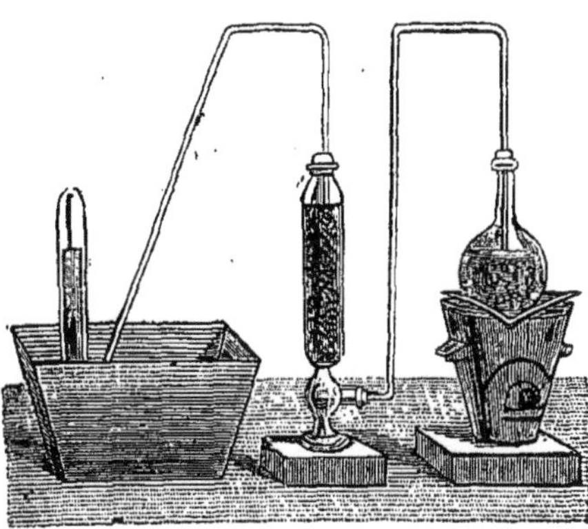

Fig. 263. — PRÉPARATION DU GAZ AMMONIAC.

ques millimètres, et dont l'autre branche, plus longue, se rend au fond du second flacon rempli d'eau à moitié, et disposé d'ailleurs comme le premier. A la suite, on en met un troisième pareil, et le dernier tube plonge dans l'eau d'un vase quelconque destiné seulement à faire pression. Le troisième flacon est également rempli d'eau à moitié. Les tubes droits C, C', C″ sont destinés à établir une communication avec l'atmosphère, pour que l'équilibre de pression puisse toujours se maintenir et faire éviter l'absorption, c'est-à-dire le passage du liquide d'un flacon dans celui qui le précède, par suite d'un changement dans l'élasticité du gaz : c'est pourquoi on les nomme *tubes de sûreté*. Lorsque tout l'air qui se trouvait dans la capacité vide de la cornue et du premier flacon est expulsé, le gaz qui arrive est entièrement retenu, jusqu'à ce que l'eau en soit saturée. Pendant la dissolution du gaz, la température s'élève, et le volume s'augmente d'un tiers environ; la dissolution d'ammoniaque étant plus légère que l'eau, les tubes abducteurs D, D', D″ doivent plonger au fond des flacons.

Habituellement, pour préparer cette dissolution on se sert, de préférence au *chlorhydrate,* du *sulfate d'ammoniaque,* qui est moins cher; mais, comme il est moins pur, on met dans le flacon laveur une dissolution de potasse, destinée à retenir l'acide carbonique provenant du carbonate d'ammoniaque mêlé avec le sulfate. La réaction est:

$$AzH^3, HO, SO^3 + CaO = CaO, SO^3 + HO + AzH^3.$$

Nous avons dit qu'on obtient cette dissolution en soumettant à la distillation avec de la chaux les eaux ammoniacales provenant de la fermentation des urines, ou celles qui proviennent de l'épuration du gaz de l'éclairage ou de la distillation de la houille. Il y a plusieurs manières de traiter ces eaux ammonicales, que rapporte M. J. Girardin.

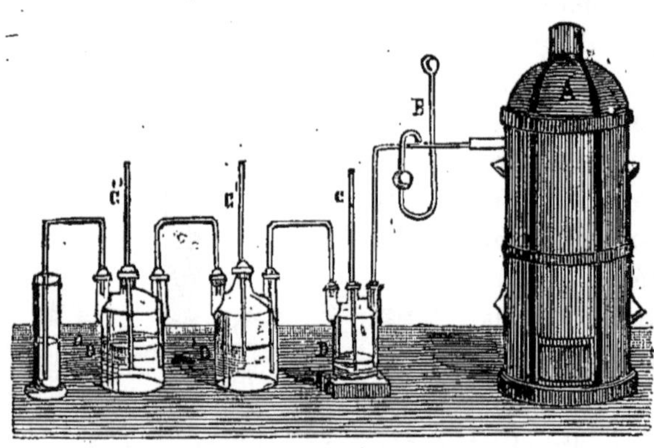

Fig. 264. — PRÉPARATION DE L'AMMONIAQUE LIQUIDE.

Tantôt on les sature dans de grandes cuves en bois par de l'acide sulfurique ou chlorhydrique, de manière à décomposer les différents sels ammoniacaux et à ramener l'alcali à l'état de sulfate ou de chlorhydrate. Tous les acides gazeux ou volatils se dissipent dans l'air: les huiles empyreumatiques ou le goudron et les autres corps étrangers se réunissent au fond des cuves. On tire les liqueurs au clair, et on les concentre à feu nu, dans des chaudières en plomb jusqu'à pellicule; on les abandonne ensuite à la cristallisation. Tantôt, notamment dans les localités où le prix de l'acide chlorhydrique est élevé, on suit une marche plus compliquée, mais très ingénieuse. On filtre, à plusieurs reprises, le liquide ammoniacal de la distillation sur des couches de plâtre en poudre. Par suite d'une double décomposition qui s'effectue, il se forme du carbonate de chaux solide et du sulfate d'ammoniaque qui reste en solution:

$$2AzH^3, 2HO, 3CO^2 + 2(CaO, SO^3) = 2AzH^3, 2HO, 2SO^3 + 2(CaO, CO^2) + CO^2.$$

Sesquicarbonate d'ammoniaque. Sulfate de chaux. Sulfate d'ammoniaque. Carbonate de chaux. Acide carbonique.

On concentre les liqueurs jusqu'à 19° ou 20°; on y ajoute une quantité équivalente de chlorure de sodium, puis on fait bouillir rapidement dans des chaudières. Les deux sels en présence échangent leurs bases et leurs àcides, d'où résultent du sulfate de soude, qui se dépose pour la plus grande partie, et du chlorhydrate d'ammoniaque, très soluble à la température de l'ébullition : $AzH^3,HO,SO^3 + NaCl = AzH^3,HCl + NaO,SO^3$. Lorsque les liqueurs sont suffisamment concentrées, on décante dans des cristallisoirs; le sel ammoniac se sépare et cristallise, tandis que le restant du sulfate de soude demeure dans les eaux mères.

Tantôt enfin, comme en France, on chasse des eaux ammoniacales l'alcali volatil qui s'y trouve, en faisant usage du mode opératoire et de l'appareil imaginé par M. Mallet (*fig.* à la page 729). Deux chaudières en forte tôle, A et B, de 1,200 litres de capacité, sont placées par étages sur un fourneau ordinaire; l'inférieure A repose seule sur le foyer; la supérieure B est chauffée par la chaleur perdue et par la vapeur de la première. Elles communiquent entre elles dans le haut, par un tuyau courbe *c*, destiné à la transmission des vapeurs de l'une dans l'autre, et dans le bas par un autre robinet *d*, qui a pour objet de faire passer les liquides de B en A, d'où ils s'écoulent, après leur épuisement complet, par un tuyau à robinet. On introduit successivement dans ces chaudières les eaux ammoniacales et un lait de chaux, d'où résultent la mise en liberté de l'alcali volatil et la formation de carbonate de chaux, de sulfure, de cyanure, de sulfocyanure et de chlorure de calcium qui restent dans les eaux épuisées. Les eaux ammoniacales à traiter arrivent, déjà chaudes, par le tuyau à robinet *h* du réfrigérant D, fermé de toutes parts et qu'alimente, au moyen du tube à entonnoir *g*, un réservoir E, placé dans le haut de l'atelier. Le lait de chaux est introduit par l'ouverture *e* qu'on rebouche ensuite. Chaque chaudière est munie d'un agitateur *a*, *a'* qu'un ouvrier manœuvre de temps à autre. Un trou d'homme *b* est pratiqué dans le couvercle pour le nettoyage des vases. Le gaz ammoniac qui sort de la chaudière A vient barboter dans le liquide de la chaudière B et se réunit à celui qui se dégage de celle-ci ; de là, il passe dans un laveur C, arrive ensuite dans le serpentin du réfrigérant D, puis dans celui du réfrigérant F, qui est refroidi par de l'eau ordinaire. L'eau qui s'est condensée dans les deux serpentins et le gaz ammoniac arrivent dans le vase G. Une pompe R reprend l'eau saturée et colorée, et la fait passer du vase G dans le laveur C, d'où on la soutire de temps à autre pour l'introduire dans la chaudière C, afin d'en dégager le gaz alcalin une seconde fois. Quant au gaz non condensé, il s'échappe du vase G, et passe successivement dans un *appareil de Woulf*. Le flacon H contient de l'huile d'olive, destinée à retenir certains carbures d'hydrogène; le flacon I renferme de la lessive de soude pour achever de dépouiller le gaz de toute matière odorante étrangère; enfin le flacon K est à moitié rempli d'eau pure. De ce dernier vase laveur, le gaz passe dans un grand cylindre en plomb.L, contenant de l'eau ou des acides, suivant que l'on veut avoir de l'ammoniaque liquide ou un sel ammoniacal. Ce cylindre est refroidi par un courant d'eau continu ; il porte un tube à entonnoir *i* pour l'indroduction de l'eau ou des acides, et un autre tube qui conduit l'excès de gaz dans un flacon M contenant de l'eau. Lorsque cette dernière est saturée, on la fait retomber dans le grand cylindre L, au moyen d'un tube à robinet. En raison du bas prix des matières premières et de la bonne disposition de l'appareil Mallet, les 100 kilogrammes d'ammoniaque à 21° ou 22° ne coûtent que 50 francs. Seulement elle est toujours un peu colorée et conserve une odeur qui rappelle son origine ; mais l'expérience a prouvé qu'elle donne des résultats aussi bons dans les applications industrielles que l'alcali parfaitement pur.

L'*ammoniaque* pure ou *azoture d'hydrogène* est un gaz incolore, d'une odeur pénétrante, vive, caractéristique ; elle ne se trouve qu'en très faible quantité dans l'air ; cependant il s'en produit à chaque instant par suite de la décomposition des matières organiques. Certains oxydes de fer et de manganèse en contiennent ; la rouille qui se forme sur les instruments en fer et en acier en renferme souvent. Jusqu'à cette découverte, on croyait que cette ammoniaque ne pouvait provenir que de la décomposition du sang, résultat d'un crime, et peut-être cette circonstance a-t-elle fait quelquefois condamner un innocent. Il se forme aussi de l'ammoniaque par la respiration des animaux. On peut liquéfier ce gaz en le soumettant à un grand abaissement de température ou à une forte pression ; on peut même le solidifier. Il n'entretient ni la respiration des animaux ni la combustion ; il n'est pas inflammable à l'air ; mais on peut le faire brûler dans l'oxygène : il donne alors une flamme jaune. Quand on le mêle à une quantité convenable d'oxygène dans un flacon, on peut faire détoner le mélange en approchant la flamme d'une bougie.

Il a une réaction alcaline très énergique ; il verdit le sirop de violettes, brunit la teinture jaune de curcuma et ramène au bleu celle de tournesol qui a été rougie par un acide. Si on en approche le bouchon d'un flacon d'acide chlorhydrique, il se produit immédiatement d'épaisses vapeurs blanches. Il est très soluble dans l'eau ; si une éprouvette pleine de ce gaz parfaitement pur est mise en contact avec l'eau, celle-ci s'y précipite avec une telle violence que presque toujours le vase est brisé. Cette solubilité pourrait faire supposer une grande affinité entre les deux corps ; il n'en est rien cependant : aussi ce gaz ne répand-il pas de fumée à l'air, et sa dissolution exposée à l'air finit par perdre toute son ammoniaque.

L'ammoniaque liquide est incolore ; son odeur est celle du gaz ;

toutes ses propriétés chimiques sont les mêmes ; sa saveur est très caustique ; elle se se solidifie à — 40°, mais sans cristallisation distincte ; l'état est même plutôt pâteux que solide.

Les usages de l'ammoniaque liquide sont nombreux ; pour la préparation de l'*orseille,* on en consomme de grandes quantités ; en médecine, sous le nom de *sel volatil d'Angleterre,* on l'emploie pour faire des frictions, surtout en la combinant à des huiles grasses, comme celle d'amandes douces ; contre les piqûres de guêpes, d'abeilles, contre les morsures de reptiles, contre les brûlures, dans les cas de syncope ; à l'intérieur, on en met quelques gouttes dans de l'eau pour faire boire, afin de dissiper les accidents de l'ivresse. Pour les animaux qui sont empansés, c'est-à-dire gonflés après avoir mangé de la luzerne ou du trèfle vert, on mêle de l'ammoniaque liquide avec quatre fois son volume d'eau pour leur en faire prendre quelques cuillerées ; cette liqueur, étant alcaline, absorbe les gaz sulfhydrique ou carbonique qui se sont développés en grande quantité et le gonflement disparaît. Industriellement, on s'en sert pour la production du froid (PHYSIQUE, *Chaleur,* page 578), dans la fabrication des perles fausses, etc.

AMMONIUM ($AzH^4 = 18$). L'*ammonium* n'a jamais été isolé ; mais les divers résultats d'après lesquels on a supposé son existence rendent celle-ci très probable. En effet, l'ammoniaque ramène au bleu le tournesol rougi, aussi bien que le font la potasse et la soude ; elle fait fonction de base énergique, et cependant le gaz ammoniac parfaitement sec et les acides anhydres, en se combinant, engendrent des composés qui ne sont pas des sels. Il n'y a combinaison saline qu'avec l'intervention d'un équivalent d'eau. Tout sel d'ammoniaque, produit par un oxacide, contient les éléments de l'eau. Ainsi, dans la constitution du sulfate d'ammoniaque, donnée pour exemple par M. Malagutti, il entre à la fois le gaz ammoniac AzH^3, l'eau HO, l'acide sulfurique SO^3 ; dans la constitution de l'azotate, il entre pareillement AzH^3, HO et AzO^5. Comment se fait-il que du gaz ammoniac, associé à l'eau, remplisse exactement le même rôle qu'un oxyde métallique, potasse, soude, chaux, etc., et, à la manière de ces composés, se combine avec les oxacides pour constituer des sels qui présentent avec ceux de potasse la plus étroite analogie? Un oxyde résulte d'un métal uni à l'oxygène ; l'association de gaz ammoniac et d'eau, association qui a toutes les allures d'un oxyde, représenterait-elle un métal uni à de l'oxygène? en remplirait-elle le rôle? Les plus puissantes raisons portent à l'admettre. Assemblons en un tout les éléments du gaz ammoniac AzH^3 et les éléments de l'eau HO, nous aurons AzH^4O. C'est ce groupe qui fait fonction d'oxyde et présente avec la potasse les analogies les plus frappantes. La potasse est formulée par KO. Dans les deux formules, faisons abstraction de l'équivalent d'oxygène : la base ammoniacale est ramenée à AzH^4, la base potassique est ramenée à K. Évidemment AzH^4 est analogue à K; malgré son état de corps composé, AzH^4 fait office de corps simple. C'est pour rappeler ces allures de corps simple métallique que les chimistes ont appelé AzH^4 *ammonium*. Dans cet ordre d'idées AzH^4O, association du gaz et de l'eau, est de l'*oxyde d'ammonium*, et le sulfate d'ammoniaque AzH^4O,SO^3 est du *sulfate d'oxyde d'ammonium*.

L'équivalent d'eau n'est plus nécessaire pour que la combinaison s'effectue entre un hydracide et le gaz ammoniac. Que l'on fasse arriver, par exemple, dans un même récipient, du gaz ammoniac et du gaz acide chlorhydrique, l'un et l'autre parfaitement secs; aussitôt d'épaisses vapeurs blanches apparaissent, et il se dépose une poudre blanche qui est du *sel ammoniac*, du *chlorhydrate d'ammoniaque*. Ici reparaît encore le métal théorique, l'*ammonium*. En effet, groupons ensemble les éléments du gaz ammoniac AzH^3 et du gaz chlorhydrique HCl, nous aurons AzH^4Cl, ou l'ammonium AzH^4 associé à un équivalent de chlore Cl. Le sel ammoniac est donc du *chlorure d'ammonium*, tout comme la combinaison du potassium et du chlore est du chlorure de potassium. Avec les autres hydracides, on obtient le *sulfure*, l'*iodure*, etc., d'*ammonium*.

CHAPITRE VI

PHOSPHORE ET SES COMPOSÉS OXYGÉNÉS ET HYDROGÉNÉS. — ARSENIC.

PHOSPHORE (Ph $= 31$; *en volume* $= 1$; *densité* $= 1,83$ *à* $10°$; *en vapeur* $= 4,35$). — L'histoire de la découverte de ce corps est curieuse; nous la résumons d'après M. Hoeffer :

« Un alchimiste arabe, Alchid Bechir, est le premier, paraît-il, qui ait parlé du *phosphore*, sous le nom d'escarboucle (*carbunculus*) et de bonne lune (*bona luna*).

Il l'obtenait par la distillation des urines avec de l'argile, de la chaux et du charbon. Ce procédé est à peu près le même que celui employé au XVIIᵉ siècle par Brandt, le chimiste auquel on attribue généralement la découverte du *phospore de Bau-*

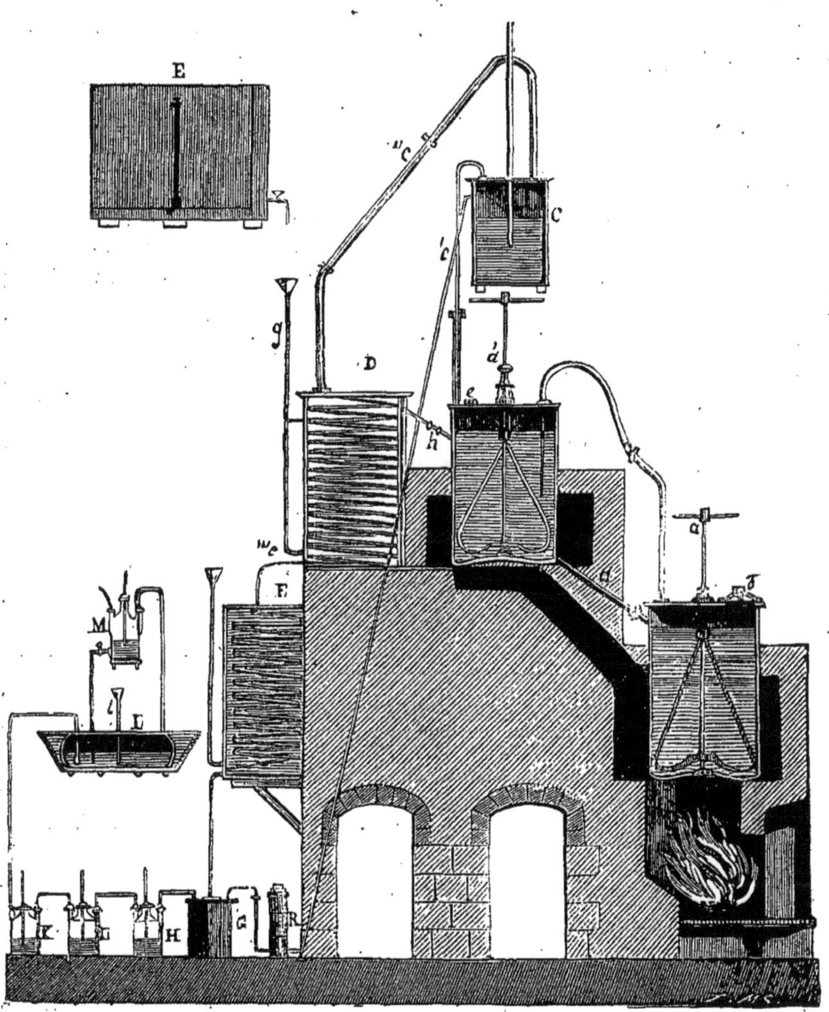

Appareil Mallet pour l'extraction de l'ammoniaque (page 725).

douin, dont le chimiste Kunckel, un de ceux qui peuvent aussi prétendre à cette découverte, a raconté l'histoire.

« Il y eut, dit-il, à Grossenhayn, en Saxe, un savant bailli du nom de Baudouin qui vivait dans la plus grande intimité avec le docteur Früben. Un jour, il leur vint à tous deux l'idée de trouver un moyen de recueillir l'esprit du monde, *spiritum mundi*. A cet effet, ils firent dissoudre de la craie dans l'esprit de nitre et évaporèrent la liqueur jusqu'à siccité. Le résidu attirait fortement l'eau de l'air. Cette eau, ils l'en retiraient par la distillation : c'était là leur *esprit du monde*, qu'ils vendaient fort cher. Tous, seigneurs et vilains, voulaient faire usage de cette eau... C'était le cas de dire que la foi opérait des miracles : car l'eau de pluie aurait été tout aussi bonne... Un jour, la cornue où avait été calciné le nitrate de chaux se brisa ; Baudouin remarqua que le résidu luisait dans l'obscurité, et qu'il n'avait la propriété de luire ainsi qu'après avoir été exposé à la lumière du soleil. Baudouin courut aussitôt à Dresde pour communiquer ce résultat au conseiller de Friesen, à plusieurs ministres de la cour, et enfin à moi. Je fus, je l'avoue, émerveillé de cette singulière expérience ; mais il ne me fut pas permis de toucher la matière de mes mains. Pour obtenir cette faveur, je fis une visite à M. Baudouin, qui me reçut fort poliment et me donna une belle soirée musicale. Bien que j'eusse causé avec lui toute la journée, il me fut impossible d'en apprendre le fin mot. La nuit étant venue, je demandai à M. Baudouin si son *phosphorus*, c'est ainsi qu'il appelait son produit de la cornue, pouvait aussi attirer la lumière d'une bougie, comme il attire celle du soleil. Il se mit sur-le-champ à en faire l'expérience. Toutefois, je n'eus pas encore le bonheur de toucher le produit en question. — Ne serait-il pas, lui dis-je alors, plus convenable de lui faire absorber la lumière à distance au moyen d'un miroir concave? — Vous avez raison, répondit-il. Et il alla aussitôt chercher lui-même son miroir, et cela avec tant de précipitation, qu'il oublia sur la table la substance que j'étais si curieux d'examiner de près. La saisir de mes mains, en enlever un morceau avec les ongles et le mettre dans ma poche, tout cela fut l'affaire d'un instant.

» Baudouin revint : l'expérience commença, mais Kunckel ne dit pas si elle réussit. « Je lui demandai, continue-t-il, s'il ne voudrait pas me faire connaître son secret. Il y consentit, mais à des conditions inacceptables. J'envoyai alors un messager à M. Tutzky, qui avait longtemps travaillé dans mon laboratoire, et le priai de se mettre immédiatement à l'œuvre, en traitant la craie par l'esprit de nitre (car je savais qu'on avait employé ces deux substances pour la préparation de l'*esprit du monde*), de calciner le mélange fortement et de m'informer du résultat de l'expérience par le retour du messager. » L'expérience réussit, comme on pense bien, au delà de toute espérance, et, le même soir, Kunckel offrit à Baudouin un échantillon de son *phosphorus* en retour de sa soirée musicale. Il est difficile d'avoir en même temps autant d'esprit et de sagacité.

« Quelques semaines après la découverte du phosphore de Baudouin, poursuit Kunckel, je fus obligé de faire un voyage à Hambourg. J'avais emporté avec moi un de ces têts luisants, pour le montrer à un de mes amis. Celui-ci, sans paraître surpris, me dit : Il y a dans notre ville un homme qui se nomme le docteur Brandt ; c'est un négociant ruiné, qui, se livrant à la médecine, a dernièrement découvert quelque chose qui luit dans l'obscurité. Il me mit en rapport avec Brandt. Celui-ci, ayant donné à un de ses amis la petite quantité de phosphore qu'il avait obtenu par son procédé, je dus me rendre chez cet ami pour voir ce corps luisant. Mais, plus je me montrais curieux d'en connaître la préparation, plus on se tenait sur la réserve vis-à-vis de moi. Dans l'intervalle, j'envoyai à M. Krafft, à Dresde, une lettre dans laquelle je lui fis part de la nouvelle. Krafft, sans me répondre, se met aussitôt en route, arrive à Hambourg et achète, à mon insu, le secret de la préparation du phosphore pour 200 thalers. »

» De là de grands démêlés de Kunckel avec Krafft, et avec Brandt : ils se jouaient évidemment de lui. Enfin, sachant que Brandt avait travaillé sur l'*urine*, il se mit lui-même à l'œuvre. « Rien ne me coûta, et, au bout de quelques semaines, je fus assez heureux pour trouver à mon tour le phosphore. »

» Ceci se passait de 1668 à 1669, et déjà, en Angleterre, Boyle, sans autre indice que de savoir qu'*il provenait de quelque chose appartenant au corps humain*, l'avait extrait. Krafft, en effet, étant passé en Angleterre, gagnait beaucoup d'argent, en montrant le phosphore comme une curiosité : « Il montra, raconte Boyle, à Sa Majesté (Charles II) deux espèces de phosphore : l'un était solide, semblable à de la gomme jaune; l'autre était liquide; celui-ci me paraissait être une dissolution du premier... Après avoir vu moi-même cette substance singulière, je me mis à songer par quel moyen on pourrait arriver à la préparer artificiellement. M. Krafft ne me donna, en retour d'un secret que je lui avais appris, qu'une légère indication, en me disant que la principale matière de son phosphore était quelque chose qui appartenait au corps humain. » Après bien des tentatives, Boyle parvint à se procurer quelques petits morceaux de ce produit nouveau ; ils étaient de la grosseur d'un pois, transparents, incolores. Il donna à ce corps étrange le nom de *noctiluca glacial* ou de *phosphore* et en indiqua très bien les propriétés, sa réaction avec les acides, le danger de les manier, etc., et il publia son procédé en 1680. Son préparateur, Godfrey Hankwitz, chimiste-apothicaire de Londres, fit le commerce du phosphore qu'il préparait très en grand ; mais son procédé exigeait des opérations longues, pénibles et dispendieuses, puisqu'on ne retirait guère plus de 96 grammes de phosphore de 100 litres d'urine. »

Gahn, chimiste suédois, ayant découvert, en 1769, ce corps dans les os des animaux, Scheele, son compatriote et son ami, trouva bientôt un moyen facile de l'extraire en quantité assez considérable de la cendre de ces matières. C'est depuis cette époque que le phosphore est très commun. Le procédé que l'on suit aujourd'hui dans les fabriques de produits chimiques est celui de Scheele, modifié et perfectionné par les chimistes français.

On retire le *phosphore* du *phosphate de chaux*, qui constitue la partie solide des os, après avoir détruit la matière animale par la combustion, qui ne change rien à la forme; il faut, autant que possible, que cette combustion soit parfaite et que les os soient très blancs. Il est alors facile de les réduire en poudre. Cette cendre d'os est composée de plusieurs sels ;

mais ils contiennent de 85 à 88 pour 100 de phosphate de chaux, 8 à 10 de carbonate de la même base ; le reste consiste principalement en phosphate de magnésie. On délaye 6 parties de ces os calcinés, réduits en poudre fine, avec assez d'eau pour en faire une bouillie très claire, et l'on y ajoute ensuite successivement 4 ou 5 parties d'acide sulfurique à 66° : il faut mêler à chaque nouvelle addition d'acide ; il se produit une vive effervescence, due à la décomposition du carbonate de chaux. Lorsque le mélange est achevé, on laisse la réaction s'opérer à froid pendant vingt-quatre heures. Pour être plus sûr de son achèvement, il est important de mettre une assez grande quantité d'eau, parce que l'acide sulfurique, en s'emparant de toute la chaux du carbonate et des deux tiers de celle qui est combinée avec l'acide phosphorique, produit du sulfate de chaux ou plâtre, qui, absorbant l'eau, pourrait solidifier la masse et gêner ainsi la réaction, laquelle, en mettant à part le carbonate et l'eau qui sert à délayer la masse, est traduite par l'équation :

$$(PhO^5, 3CaO) + 2(SO^3HO) = (PhO^5, CaO, 2HO) + 2(CaO, SO^3)$$

Le *phosphate tribasique de chaux* perd 2 équivalents de chaux, auxquels se substituent 2 équivalents d'eau ; il constitue ainsi du phosphate acide de chaux. Lorsque la réaction est terminée, on traite la masse par l'eau bouillante ; on laisse déposer, on décante, on filtre la liqueur claire ; on renouvelle l'eau bouillante, on agite, et l'on jette le tout sur une toile tendue sur un cadre de bois. Le liquide étant passé, on arrose le dépôt de sulfate de chaux qui est sur la toile, jusqu'à ce que l'eau qui passe ne soit plus sensiblement acide. Ces eaux de lavage contiennent en dissolution tout le phosphate acide de chaux, qui est extrêmement soluble, et une petite quantité seulement de sulfate de chaux, qui l'est très peu. On évapore ces eaux dans une chaudière de plomb ou une capsule de porcelaine ; le sulfate de chaux, qui se dépose pendant l'évaporation, s'attachant au fond, il faut agiter souvent pour éviter cet inconvénient, et enlever ce sel à mesure qu'il se dépose ; il est bon de filtrer quand on a réduit ces eaux au quart de leur volume, avant de continuer la concentration. On réduit alors la dissolution à une consistance sirupeuse ; par le refroidissement, elle se solidifie, prend la consistance du miel, et semble formée de paillettes nacrées. On y ajoute alors le quart de son poids de charbon de bois en poudre fine ; on mêle parfaitement, et l'on chauffe dans une chaudière de fonte en remuant sans cesse, pour éviter une solidification en masse ; on poursuit la dessiccation jusqu'au rouge naissant, moment où la masse commence à se décomposer.

Pour en retirer le phosphore, on introduit la matière dans une cornue de grès, recouverte d'une couche d'environ 5 millimètres d'épaisseur d'un lut réfractaire composé de 1 partie d'argile et de 3 de sable siliceux très fin (*fig.* 265). La cornue A est placée dans le laboratoire d'un fourneau à réverbère; on y adapte une allonge en cuivre B, d'un diamètre assez grand pour que le col de la cornue puisse y entrer sans laisser d'espace libre; cette allonge, courbée presque à angle droit, plonge d'un demi-centimètre dans l'eau qui remplit à moitié un premier flacon C. Un tube de verre D, d'un diamètre d'environ 1 à 2 centimètres, conduit les vapeurs et les gaz dans un second flacon E; il pénètre d'un demi-centimètre seulement dans l'eau de ce flacon, au bouchon duquel on place un tube effilé F, pour le dégagement des gaz. L'allonge est lutée à la cornue avec du plâtre; les bouchons des flacons, de même. L'allonge et le tube D ne pénètrent que peu dans l'eau, pour éviter l'absorption, lors du refroidissement, leur diamètre étant assez grand pour que l'eau, en y pénétrant à une petite hauteur, puisse faire baisser le niveau dans les flacons, de manière à laisser leurs ouvertures libres et permettre ainsi au gaz ou à l'air d'y pénétrer. Lorsque l'appareil est monté, on chauffe la cornue gra-

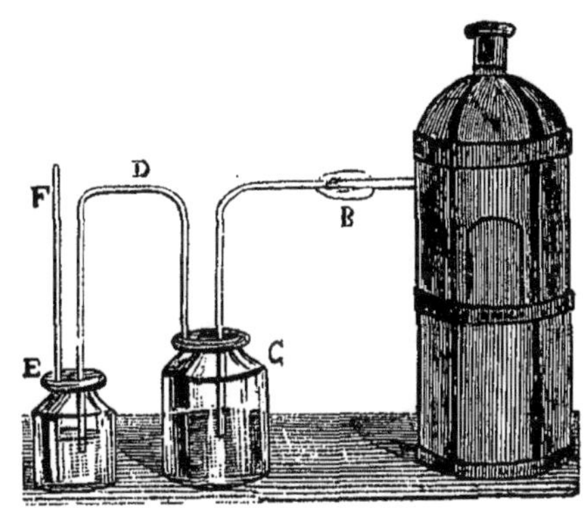

Fig. 265. — Préparation du phosphore.

duellement, pour éviter la rupture, jusqu'au rouge vif; alors la réaction commence. Le carbone s'empare de l'oxygène de la moitié de l'acide phosphorique, et produit de l'oxyde de carbone; le phosphore correspondant se réduit en vapeurs qui distillent et se rendent dans le flacon C; le gaz oxyde de carbone entraîne avec lui cependant de la vapeur de phosphore, qui achève de se condenser presque entièrement dans le flacon E; le gaz enfin sort par le tube F. Quelque excès de charbon que l'on ajoute, la décomposition ne peut aller plus loin :

$$2(PhO^5,CaO) + 5C = PhO^5,2CaO + 5CO + Ph).$$

Le phosphore obtenu est toujours mélangé des matières contenues dans la cornue, et qui sont entraînées mécaniquement. Il faut le fondre pour le faire filtrer à travers une peau chamoisée, qui doit être préalablement lavée et frottée avec soin, jusqu'à ce que l'eau sorte claire; on enveloppe le morceau dans cette peau, dont on fait un *nouet* qu'on lie avec soin, puis on le plonge dans de l'eau chauffée à + 60°, et l'on presse fortement ; le phosphore fondu passe parfaitement transparent à travers les pores de la peau. Cette filtration ne suffit pas pour rendre le phosphore pur ; elle le rend seulement limpide, et ne lui enlève pas le soufre qu'il peut contenir. Lorsqu'on veut le purifier chimiquement, il faut le distiller. (Barruel.)

Industriellement, on opère de même, mais dans un appareil un peu différent (*fig.* 266). On emploie pour chauffer les cornues un *fourneau à alandiers*, construit en briques, alimenté avec du bois ou de la houille, et

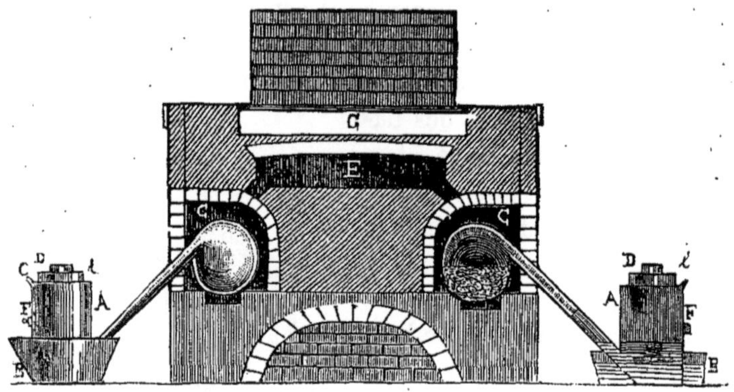

Fig. 266. — PRÉPARATION INDUSTRIELLE DU PHOSPHORE.

dans lequel on place quatre cornues CC de chaque côté. La flamme du foyer, qui est à l'une des extrémités du fourneau, passe tout autour des cornues, s'engage dans la voûte E et sort par le cheminée H. Le phosphore est reçu dans des récipients de cuivre AA ; ils plongent dans des bassins BB, pleins d'eau froide ; ils ont dans le haut une ouverture DD assez large pour y passer le bras ; on la maintient bouchée pendant le cours de l'opération ; une tubulure étroite *ee*, placée à côté, reçoit un tube de verre, qui donne issue au gaz. La tubulure latérale *ff* sert de trop-plein. On remplit à moitié chaque récipient avec de l'eau chaude, sans quoi les premières vapeurs de phosphore se condenseraient sous forme de poudre. Ce n'est généralement qu'au bout de quatre ou cinq heures de feu que la distillation du phosphore commence ; elle dure ordinairement soixante heures.

Le *phosphore* est un corps solide, translucide, incolore ou d'une couleur légèrement ambrée, assez mou pour pouvoir être rayé avec l'ongle comme la cire, s'il est bien pur. Il est sans saveur, mais doué d'une odeur d'ail. Insoluble dans l'eau, il se dissout en petite quantité dans l'alcool et dans l'éther ; il est très soluble dans le sulfure de carbone et dans la benzine, et cristallise par une lente évaporation : le phosphore pulvérulent qu'abandonne cette dissolution prend feu spontanément à l'air. Il fond à 44°; cette fusion doit être faite sous l'eau pour éviter l'inflammation. Si l'on agite vivement pendant qu'elle se refroidit l'eau dans laquelle s'est effectuée la fusion du phosphore, celui-ci se réduit en poudre. Chauffé dans l'eau à 70° et jeté brusquement dans de l'eau à 0°, il devient noir. Chauffé de nouveau pour le laisser refroidir lentement, il reprend son aspect primitif. Dans l'air sec, il se combine lentement avec l'*oxygène* et forme de l'*acide phosphoreux anhydre;* à l'air humide, il produit de l'acide phosphoreux avec un peu d'acide phosphorique. La chaleur dégagée par l'oxydation du phosphore à la température ordinaire est souvent suffisante pour déterminer son inflammation ; de là le danger de le manier. L'inflammation est d'ailleurs d'autant plus facile que le phosphore est plus divisé. Un morceau de papier, imprégné d'une dissolution de phosphore dans le sulfure de carbone, prend feu dès que le liquide s'est évaporé.

Placé dans une coupelle de terre qu'on fait pénétrer dans un flacon plein de chlore, le phosphore s'enflamme spontanément; il se forme alors, avec dégagement de chaleur, un *protochlorure* (Ph Cl³) ou un *perchlorure* (Ph Cl⁵), suivant que le phosphore ou le chlore sont en excès. Le brome et l'iode se combinent de même avec le phosphore, en dégageant chaleur et lumière.

Une partie du phosphore passe alors à l'état de *phosphore rouge,* dont nous allons parler. L'acide azotique étendu d'eau est attaqué violemment par le phosphore ordinaire, sous l'influence d'une douce chaleur; il se forme de l'acide phosphorique, avec dégagement de bioxyde d'azote :

$$3Ph + 5(AzO^5, 2HO) = 5AzO^2 + 3(PhO^5, 3HO) + HO.$$

Le phosphore, chauffé dans une dissolution bouillante d'alcali caustique, donne du phosphure d'hydrogène et un hypophosphite alcalin : on se sert de ce procédé pour enlever le phosphore ordinaire mêlé au phosphore rouge :

$$4Ph + 3NaO + 9HO = PhH^3 + 3(NaO, 2HO, PhO).$$

Lorsque le phosphore est conservé dans des vases de verre exposés à la lumière diffuse, il devient opaque à la surface, qui se transforme en enduit pulvérulent. Si l'action de la lumière est directe et longtemps soutenue, la modification est bien autrement profonde. Le phosphore devient alors rouge cramoisi et ses caractères chimiques sont changés au point d'être méconnaissables. C'est un des cas d'*isomérie* ou d'*allotropie* les plus beaux (1). Ainsi :

PHOSPHORE ROUGE.	**PHOSPHORE ORDINAIRE.**
Rouge cramoisi.	Couleur ambrée ou incolore.
Cristallise seulement vers 580°.	Cristallisable à la température ordinaire.
Densité 1,96 à 2,34.	Densité 1,83.
Insoluble dans le sulfure de carbone.	Soluble dans le sulfure de carbone.
Non phosphorescent.	Lumineux dans l'obscurité.
Inflammable à 260°.	Inflammable à 60°.
Non vénéneux.	Très vénéneux.
Sans odeur.	Odeur d'ail.
S'oxyde difficilement à l'air.	S'oxyde rapidement à l'air ordinaire.

La lumière solaire n'est pas une condition indispensable à cette métamorphose du phosphore. Diverses réactions chimiques la produisent ; mais, pour préparer une grande quantité de phosphore rouge, on fait intervenir la chaleur. On met le phosphore ordinaire dans un vase cylindrique en fonte C (*fig.* 267), qui plonge dans un second vase B, également en fonte et rempli de sable. Ce second vase est plongé dans un troisième A, contenant un alliage de parties égales de plomb et d'étain. Un couvercle en fonte est adapté au vase qui contient le phosphore, et il est maintenu à l'aide d'une vis de pression qui passe dans le milieu d'un étrier. Du couvercle part un tube en cuivre E, dont l'extrémité est plongée dans un récipient *v*, contenant du mercure. Ce tube est muni d'un robinet *r*,

Fig. 267.

PRÉPARATION DU PHOSPHORE ROUGE.

destiné à interrompre la communication et à prévenir l'entrée du mercure dans le vase à phosphore, par suite du refroidissement. Des thermomètres *t,t'* sont plongés dans les vases B et A pour donner la température des deux bains. On chauffe d'abord lentement pour chasser l'air et l'eau, puis on élève peu à peu la température à 240°, où on la maintient pendant dix jours environ. Une petite lampe *l* reste allumée sous le tube E, de manière

(1) Nous avons déjà signalé ce phénomène encore inexpliqué (page 682). Quelquefois on désigne ce changement sous le nom d'*allotropie* pour les corps simples, réservant celui d'*isomérie* pour les corps composés.

à empêcher qu'il ne s'obstrue. Quand on cesse de chauffer, on ferme le
robinet. Après le refroidissement de l'appareil, on trouve le phosphore ordinaire converti en *phosphore rouge*. On le détache, on le broie, on le lave

« Et de cette poudre mets ès potages, viandes et vins.... (page 752),

avec du sulfure de carbone, qui dissout et entraîne les traces du phosphore non métamorphosé.

Le phosphore existe dans la nature à l'état de phosphate ; son rôle
est d'une haute importance dans l'organisation animale et végétale : les

céréales ne pourraient prospérer dans un sol trop pauvre en sels phosphatés. Du sol et des engrais, le phosphate de chaux, dissous dans l'eau, grâce à la présence de l'acide carbonique, passe dans les plantes, puis de celles-ci aux animaux herbivores, qui le transmettent aux carnivores. On en trouve dans les os, dans la substance cérébrale, dans les nerfs, dans l'urine, etc.

ALLUMETTES CHIMIQUES. — La fabrication des allumettes consomme la plus grande partie du phosphore produit : plus de 36,000 kilogrammes de phosphore ordinaire et 2,000 kilogrammes de phosphore rouge ou amorphe, sur les 60,000 kilogrammes qui sont produits.

Depuis les siècles les plus reculés, on connaissait l'*allumette* soufrée par les deux bouts, que l'on enflammait au moyen d'un briquet, d'un silex et d'un morceau d'amadou, et avec laquelle on communiquait la flamme. Mais ce n'est qu'au commencement de ce siècle qu'un industriel, dont le nom est resté inconnu, eut l'heureuse idée d'enduire l'extrémité soufrée des petites allumettes d'un mélange composé de 30 parties de *chlorate de potasse*, 10 parties de *soufre* et 8 parties de *lycopode*, réduit en pâte molle, avec une dissolution légère de gomme arabique : en plongeant ces allumettes dans de l'acide sulfurique concentré, le mélange s'enflammait. On se servit de ces *briquets oxygénés* jusque vers 1831, époque à laquelle on remplaça le mélange des briquets par une composition de 1 partie de *chlorate de potasse* et de 2 parties de *sulfure* d'*antimoine*. Ces nouvelles allumettes, dites *allumettes à friction* ou *congrèves*, s'enflammaient par la pression entre deux surfaces de papier sablé ou verré. En 1833, un industriel, resté aussi inconnu, remplaça le sulfure d'antimoine par le phosphore, et mit dans le commerce les *allumettes phosphoriques* ou *allumettes chimiques allemandes*. Successivement perfectionnées par différents fabricants, principalement par M. Preshel, de Vienne, les allumettes sont enduites aujourd'hui d'une pâte inflammable, dont la composition varie quelque peu, selon la fabrique :

PRESHEL.		DIESEL.		FABRIQUES DE PARIS.				BOETGER.	
Phosphore......	9	Phosphore......	17	Phosphore......	25	Phosphore......	30	Phosphore......	4
Nitre..........	14	Nitre..........	38	Minium	5	Bioxyde de plomb	20	Nitre..........	10
Bioxyde de plomb	16	Minium	34	Colle forte......	20	Gomme adra-		Ocre rouge	3
Gomme	16	Colle forte......	21	Sable fin	20	gante	5	Colle forte......	6
				Vermillon.	1	Sable...........	20	Smalt..........	2

Quelle que soit la recette suivie, on opère de la manière suivante :

La dissolution de gomme ou de colle forte s'effectue dans un vase en cuivre (*fig.* 268), chauffé au bain-marie. Lorsqu'elle est bien fluide, on retire le vase et on y introduit peu à peu le phosphore, qui fond aussitôt; on agite avec une spatule pour qu'il se répartisse également dans toute la solution visqueuse : on replace le vase dans le bain-marie, dont la température est maintenue à 36°, et on incorpore dans la solution phosphorée les autres ingrédients. On procède alors au *chimicage*, c'est-à-dire au trempage des allumettes soufrées dans la pâte inflammable, étalée sur une table de pierre : cette pâte est maintenue chaude quand elle contient de la colle forte; elle est, au contraire, refroidie, quand c'est la gomme qui sert d'épaississant. Les allumettes, en place dans leur cadre, sont posées un instant par leur extrémité soufrée sur la pâte inflammable, portées ensuite pour sécher à l'air, puis dans une étuve.

Le bois de ces allumettes est du tremble, du peuplier blanc ou du pin; ces bois séchés, sont coupés en bûches courtes, qu'on divise ensuite, dans le sens des fibres, à l'aide de couteaux mécaniques, qui permettent à un ouvrier d'en débiter plus de 50,000 par jour.

Fig. 268.

PRÉPARATION DE LA PATE DES ALLUMETTES.

Pour les *allumettes-bougies*, on passe des mèches de coton, non tordues, dans un bain de cire fondue, puis dans une filière qui les rend cylindriques. Mais, comme il est nécessaire que la pâte inflammable qu'elles portent soit très facile à enflammer, afin de ne pas courber la bougie, on y ajoute du *chlorate de potasse*.

Les allumettes ordinaires ont l'inconvénient de s'enflammer quelquefois avec une dangereuse facilité, et de présenter une matière extrêmement vénéneuse, d'où résultent de fréquents incendies et des empoisonnements nombreux. De plus, les émanations phosphorées ont une funeste action sur la santé des ouvriers chargés de les fabriquer. Aussi quelques inventeurs ont proposé de substituer au phosphore ordinaire le *phosphore rouge*, non vénéneux, et qui a l'avantage de ne pas s'enflammer spontanément. D'autres, comme MM. Boëtger, Lundstrœm et Jœnkœping, en

Suède, ont fractionné, pour ainsi dire, l'allumette, en donnant au bois la pâte au chlorate, et en déposant sur la boîte le phosphore rouge. Ce sont là les allumettes *suédoises, amorphes,* que MM. Coignet de Lyon ont popularisées en France.

Il est d'autres applications importantes de *phosphore.* MM. de Ruolz et Fontenay ont montré, dès 1854, que de petites quantités de phosphore ajoutées au cuivre modifiaient considérablement les propriétés du métal ou de l'alliage. La résistance et l'élasticité du bronze phosphoré sont assez augmentées pour que l'on ait songé à fabriquer des canons avec cet alliage. De 1854 à 1856, plusieurs pièces d'artillerie de 12 furent coulées à la fonderie de Douai et une pièce de même calibre à celle de Strasbourg. Depuis, en Angleterrre, en Belgique, en France, on a répété ces essais. L'artillerie, ayant adopté l'acier, MM. de Ruolz et Fontenay, ont cherché à utiliser pour l'industrie leur procédé de préparation en grand du phosphure de cuivre, qui présente une couleur gris d'acier, est susceptible de prendre un beau poli et devient très dur. On s'en sert avec avantage pour faire des coussinets, des tiroirs, toutes les pièces mécaniques soumises à des frottements répétés. Déjà les compagnies du chemin de fer d'Orléans et du Nord l'ont adopté.

Les brûlures par le phosphore sont généralement graves, à cause du produit corrosif de la combustion, l'*acide phosphorique,* qui gagne toujours, plus avant dans la plaie. On amoindrit ces effets en lavant sans cesse la brûlure avec de l'eau dans laquelle on a délayé de la magnésie ; cette base sature l'acide et l'empêche de corroder les tissus.

Le phosphoré est excessivement délétère ; il agit avec une extrême violence sur le système nerveux ; c'est pourquoi il est considéré comme un puissant aphrodisiaque (1), s'il est pris en très petite quantité ; dans le plus grand nombre de cas, il cause la mort. Les ouvriers employés à sa manipulation, et, en particulier, ceux qui travaillent à la fabrication des allumettes chimiques, sont exposés à un certain nombre d'accidents, notamment à une maladie spéciale, toujours très grave, connue vulgairement dans les ateliers sous le nom de *mal chimique,* et désignée par les médecins sous le nom de *névrose phosphorée.* Elle est exclusive aux maxillaires, et son lieu d'origine est invariablement la région alvéolaire. Elle passe d'un alvéole au suivant, amenant très vite la chute des dents, et à sa suite des conséquences souvent fort graves.

On ne connaît pas de contrepoison, véritablement et toujours efficace

____

(1) Voir notre Hygiène et Médecine des deux sexes (*Sciences mises à la portée de tous*). — Jules Rouff, éditeur.

contre les empoisonnements par le phosphore. Cependant on cite le *tartre stibié* comme remède, s'il est administré à temps, et surtout l'*essence de térébenthine*. La médecine légale a de nombreux procédés pour reconnaître la présence du phosphore dans les boissons, aliments, déjections, etc.; cependant M. Hayes a fait connaître, en 1880, un nouveau procédé extrêmement sensible, donnant des résultats bien nets en présence de doses de phosphore tellement minimes que les autres méthodes connues ne les décelaient point. Les matières suspectées sont additionnées d'*acétate de plomb*, pour fixer l'*hydrogène sulfuré*, qui pourrait s'y rencontrer, puis secouées vivement avec de l'éther; on ferme alors le flacon avec un bouchon de liège, auquel on fixe un bout de papier-parchemin humecté de nitrate d'argent. Celui-ci noircit, dans le cas où les produits essayés contiennent du phosphore.

COMPOSÉS OXYGÉNÉS DU PHOSPHORE. — Le *phosphore* forme avec l'oxygène trois composés :

Acide hypophosphoreux	$PhO,3HO$	qui dégage en se formant	37.400 calories.
Acide phosphoreux	$PhO^2,3HO$	—	125.100 —
Acide phosphorique	$PhO^3,3HO$	—.	200.000 —

ACIDE HYPOPHOSPHOREUX. — L'*acide hypophosphoreux* fut découvert par Dulong en 1826; mais sa véritable constitution, ainsi que celle de l'*acide phosphoreux* hydraté, n'est connue que depuis les travaux de M. Wurtz. C'est un liquide incolore, visqueux, fortement acide, très avide d'oxygène; aussi réduit-il à l'ébullition les sels d'argent et de mercure en passant à l'état d'*acide phosphorique*. Avec les sels de cuivre, il y a réduction de l'oxyde et de l'eau avec formation d'un *hydrure de cuivre*, Cu^2H. Chauffé, il se décompose en phosphure d'hydrogène et en acide phosphorique : $2(PhO,3HO) = PhH^3 + PhO^5,3HO$. Il n'est connu qu'à l'état d'hydrate, contenant 3 équivalents d'eau. On ne peut lui faire abandonner cette eau; car, en s'évaporant au delà de la consistance visqueuse, l'eau se décompose et produit de l'*acide phosphorique* et de l'*hydrogène phosphoré;* ce dernier, dans ces deux réactions, contient du phosphore liquide qui le rend spontanément inflammable. Il n'a pu être obtenu cristallisé. Il prend naissance quand on chauffe du phosphore avec un *alcali* ou un *sulfure alcalin.* Pour l'obtenir isolé, on fait d'abord bouillir du phosphore avec une dissolution de *sulfure de baryum;* il se produit de l'*hypophosphite de baryte*, du phosphure d'hydrogène et de l'acide sulfhydrique :

$$4Ph + 3BaS + 12HO = 3(BaO,2HO,PhO) + PhH^3 + 3HS.$$

On ajoute alors à l'hypophosphite dissous dans l'eau de l'acide sulfurique qui précipite la baryte :

$$BaO,2HO,PhO + SO^3,HO = BaO,SO^3 + PhO,3HO.$$

L'acide est évaporé dans le vide en présence de l'acide sulfurique.

ACIDE PHOSPHOREUX. — Cet acide, découvert par H. Davy, peut être *anhydre* ou *hydraté*. Anhydre, il est solide, pulvérulent, blanc, volatil ; il a une très grande affinité pour l'eau, qui le dissout en grande quantité ; exposé à l'air, il absorbe spontanément l'oxygène et le change en acide phosphorique ; si on le chauffe un peu, il donne le même résultat et brûle avec flamme. On le prépare en faisant passer à froid de l'air sec sur du phosphore dans un tube de verre. Hydraté, il est susceptible de se cristalliser sous forme de parallélépipède ; on ne peut le ramener à l'état d'acide anhydre. Pour le préparer hydraté, on introduit une baguette de phosphore dans un tube en verre dont l'extrémité est effilée. A mesure que le phosphore s'oxyde, le produit se liquéfie

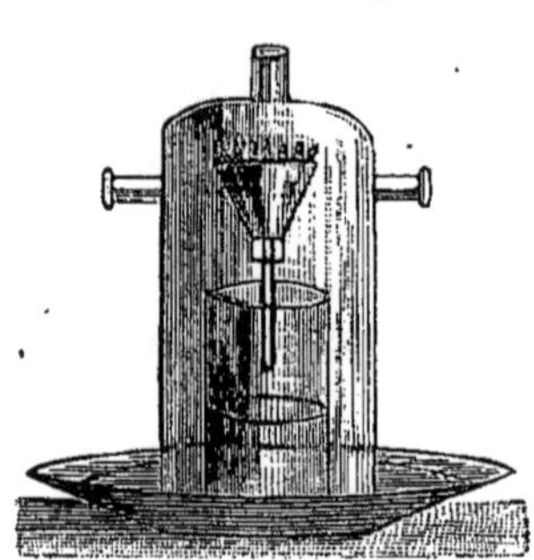

Fig. 269. — PRÉPARATION
DE L'ACIDE PHOSPHOREUX.

au moyen de l'humidité de l'air, et le liquide s'écoule par la pointe effilée du tube. En mettant plusieurs de ces tubes dans un entonnoir et celui-ci sur un flacon, on pourra s'en procurer en abondance (*fig.* 269) ; mais alors il est impur, et contient de l'acide phosphorique. On l'obtient en traitant par l'eau le protochlorure de phosphore :

$$PhCl^3 + 6HO = PhO^3,3HO + 3HCl.$$

L'acide chlorhydrique est chassé par l'ébullition, et l'acide phosphoreux pur cristallise par évaporation lente, à froid. Il retient toujours 3 équivalents d'eau, dont deux seulement peuvent être remplacés par des bases : c'est donc un *acide bibasique*, et sa formule peut s'écrire $PhO^4H,2HO$.

ACIDE PHOSPHORIQUE. — L'acide phosphorique *anhydre* est un corps solide, pulvérulent, blanc ; la chaleur est sans action sur lui ; il peut seulement être volatilisé au rouge blanc, mais sans éprouver de décomposition. Il est déliquescent ; il a une telle affinité pour l'eau qu'il produit un sifflement aigu au contact de ce liquide, et qu'il enlève l'eau de l'acide sulfurique, ce qui le rend utile pour dessécher les gaz d'une manière absolue. A la chaleur rouge, il est décomposé par le carbone et forme de l'oxyde de carbone et du phosphore. On l'obtient aujourd'hui par le procédé suivant :

On opère la combustion du phosphore dans une petite capsule de porcelaine D (*fig.* 270), disposée à peu près au centre d'un grand ballon A, ayant en regard deux tubulures B et C, et un large col E, auquel on adapte un bouchon, traversé par un tube de verre droit FG, de 0^m,012 de diamètre au moins, au-dessous duquel est suspendue la capsule D par des fils de platine retenus au rebord G du tube de verre. A la tubure B on adapte un tube qui est réuni à un tube en U, plein de poudre humectée d'acide sulfurique concentré K. A la tubulure C, on ajuste un large tube, courbé à angle droit, qui pénètre à travers le bouchon du flacon H, lequel est parfaitement sec. A ce bouchon, on ajuste un tube droit en tôle J, portant à la partie moyenne une sorte de galerie creuse, dans laquelle on peut brûler de l'alcool, ou placer quelques charbons rouges pour déterminer un tirage, au moyen duquel l'air pénètre dans le ballon par le tube K, qui est plein de fragments de chlorure de calcium pour le dessécher.

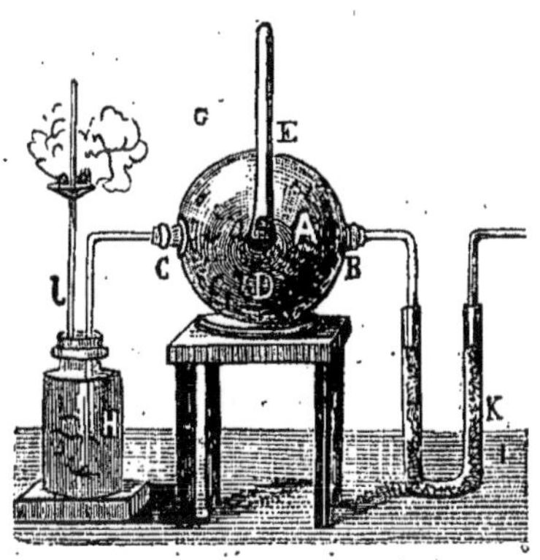

Fig. 270. — PRÉPARATION DE L'ACIDE PHOSPHORIQUE ANHYDRE.

On a maintenu le tube FG bouché, pendant que l'on remplace l'air du ballon par de l'air sec ; puis on enlève le bouchon qui est en F ; on fait glisser par le tube dans la capsule un fragment de phosphore, essuyé avec le plus grand soin dans du papier à filtrer, pour qu'il soit parfaitement sec ; on l'enflamme en le touchant avec une tige fortement chauffée, et l'on replace immédiatement le bouchon en F. Le courant d'air, établi par l'aspiration du tube J, entretient la combustion du phosphore. Une petite portion de l'acide phosphorique est entraînée dans le flacon H et s'y dépose ; la plus grande partie s'accumule dans le ballon A. Dès que le fragment de phosphore est près d'achever sa combustion, on en introduit un autre bien sec, et l'on bouche immédiatement à chaque fois le tube FG ; on continue ainsi aussi longtemps que l'on veut, pour avoir de grandes quantités d'acide.

L'*acide phosphorique* forme avec l'eau trois composés, parfaitement différents par leurs propriétés et la composition des sels qu'ils peuvent produire. Ce sont :

1° L'acide *métaphosphorique*, PHO⁵,HO, *monobasique*.

2° L'acide *pyrophosphorique*, PHO⁵,2HO, *bibasique*.

3° L'acide *phosphorique ordinaire*, $PHO^5,3HO$, *tribasique*.

L'acide métaphosphorique coagule la dissolution d'albumine ; les deux autres ne la coagulent pas. Il précipite en blanc le chlorure de baryum ; les deux autres ne donnent aucun précipité. L'*acide pyrophosphorique* précipite en blanc avec l'azotate d'argent ; l'*acide phosphorique ordinaire* précipite en jaune. En présence des bases, la manière dont ces acides se comportent n'est pas moins profonde. Ainsi l'*acide métaphosphorique*, ne renfermant qu'un seul équivalent d'eau dans son intime constitution, ne peut prendre en échange qu'un seul équivalent de base. Avec la chaux, par exemple, il ne donne qu'un seul sel : CaO,PHO^5.

L'*acide pyrophosphorique* contient deux équivalents d'eau, qu'il peut échanger en totalité ou en partie pour un nombre pareil d'équivalents d'oxyde métallique. Avec la chaux, il produit donc deux sels :

$$(CaO + HO),PHO^5 \quad et \quad 2CaO,PHO^5.$$

Enfin l'acide phosphorique ordinaire, en échangeant les trois équivalents d'eau, produit les trois sels suivants :

$$(CaO + 2HO), PHO^5, \quad et \quad (2CaO + HO) PHO^5 \quad et \quad 3CaO,PHO^5.$$

On prépare l'*acide métaphosphorique* en calcinant au rouge le phosphate d'ammonique du commerce :

$$2AzH^4O,HO,PHO^5 = HO,PHO^5 + 2AzH^3 + 2HO.$$

On prépare l'*acide pyrophosphorique* en décomposant, par un courant d'acide sulfhydrique, le pyrophosphate de plomb insoluble, mis en suspension dans l'eau :

$$2PbO,PhO^5 + 2HS = 2PbS + 2HO,PhO^5.$$

Pour l'*acide phosphorique ordinaire*, le moyen le plus employé consiste à traiter 3 parties de phosphore par 20 d'acide azotique à 20° du pèse-acide de Baumé, dans une petite cornue en verre dont le col s'engage dans un ballon refroidi. On chauffe très doucement jusqu'à ce que la réaction commence, sans quoi l'action serait tellement vive qu'il y aurait à craindre une explosion. Lorsque la moitié de l'acide est passée dans le récipient, on le remet dans la cornue pour le distiller encore. Cette opération, répétée plusieurs fois, est appelée *cohobation*. Lorsque tout le phosphore a disparu, on voit encore des vapeurs rutilantes se former ; car il a été transformé en partie en acide phosphoreux, qui se change en acide phosphorique aux dépens d'un excès d'acide azotique. Il reste dans la cornue une espèce de sirop, mélangé d'acide azotique et d'acide phosphorique ;

Mme Lafarge au tribunal (page 759).

on chasse le premier en concentrant dans une capsule de platine. Le résidu, abandonné à lui-même, cristallise en prismes droits à base rhombe ; c'est de l'acide phosphorique ordinaire.

COMPOSÉS HYDROGÉNÉS DU PHOSPHORE. — Le phosphore forme avec l'hydrogène trois composés :

> Un phosphure gazeux, PhH^3 ;
> Un phosphure liquide, PhH^2 ;
> Un phosphure solide, Ph^2H.

PHOSPHURE D'HYDROGÈNE GAZEUX OU HYDROGÈNE PHOSPHORÉ ($PhH^3 = 35$; *en volume* $= 4$; *densité* $= 1,585$). — Ce gaz, signalé par Boyle en 1669, fut obtenu, en 1783, par Gingembre, en faisant bouillir du phosphore avec une dissolution de potasse. C'est un gaz incolore, répandant un odeur alliacée fétide, qui pénètre les vêtements, les cheveux et persiste longtemps. Il est inflammable seulement par l'approche d'un corps allumé, ou au moins à 100° quand il est pur ; si l'on diminue la pression, il s'enflamme aussi. Quand il contient du phosphore liquide, ce qui a lieu presque toujours, il est inflammable à la température ordinaire. Il est peu soluble dans l'eau, qui en prend l'odeur et ac-

Fig. 271. — PRÉPARATION DE L'HYDROGÈNE PHOSPHORÉ SPONTANÉMENT INFLAMMABLE.

quiert une saveur désagréable ; il l'est davantage dans l'alcool ou l'acide sulfurique. On obtient ce gaz par plusieurs procédés : 1° On fait, avec de la chaux éteinte et un peu d'eau, des boulettes au milieu desquelles on introduit un fragment de phosphore. Ces boulettes sont mises dans un petit ballon (*fig.* 271) qu'on achève de remplir avec de la chaux éteinte, afin qu'il y reste le moins d'air possible ; on adapte ensuite un tube à dégagement et on chauffe lentement. Les premières bulles s'enflamment dans le ballon. On attend que l'inflammation ne se produise plus qu'à l'extrémité du tube abducteur. On plonge alors celui-ci dans l'eau et l'on recueille le gaz dans les éprouvettes. La réaction est :

$$4Ph + 3CaO + 9HO = PhH^3 + 3(CaO,2HO,PhO) ;$$

mais le gaz obtenu est spontanément inflammable, parce qu'il contient de la vapeur de phosphure liquide produit par la réaction :

$$3Ph + 2CaO + 6HO = PhH^2 + 2(CaO, 2HO, PhO) ;$$

2° En suivant le procédé de Gingembre, c'est-à-dire avec une *dissolution de potasse* ou *de soude caustique* avec du phosphore, en remplaçant la dissolution alcaline par de la chaux éteinte, avec un excès de phosphore en très petits morceaux, humectés légèrement. L'appareil est le même dans les deux cas. C'est un petit matras auquel est adapté un tube convenablement recourbé. Les tubes s'enflamment à l'air en produisant des couronnes de fumée. 3° On obtient encore l'hydrogène phosphoré spontanément inflammable en décomposant l'eau par le *phosphure de calcium* Ca^2Ph, que l'on prépare mélangé avec de la chaux et du phosphate de

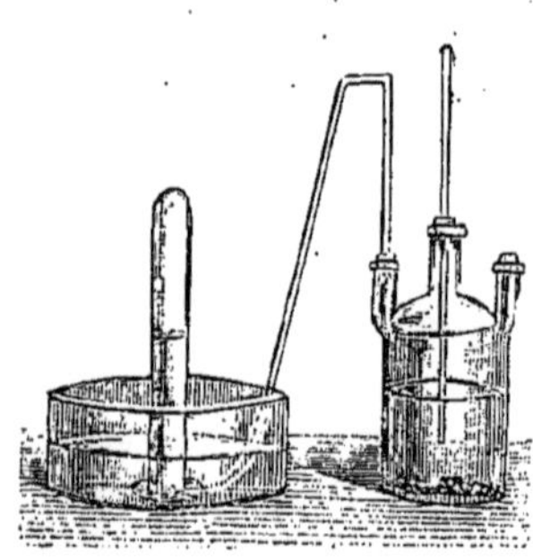

Fig. 272. — PRÉPARATION DE L'HYDROGÈNE PHOSPHORÉ NON SPONTANÉMENT INFLAMMABLE.

chaux, en faisant passer du phosphore en vapeur sur de la chaux vive chauffée au rouge. Ce phosphure de calcium, projeté dans l'eau, donne du *phosphure d'hydrogène gazeux*, mêlé de vapeurs de phosphure liquide et d'hydrogène libre ; il se forme en même temps de l'*hypophosphite de chaux*.

Si l'on veut de l'hydrogène phosphoré non spontanément inflammable, on projette le *phosphure de calcium* non plus dans l'eau, mais dans l'acide chlorhydrique concentré. Un flacon tubulé (*fig.* 272) contient de l'acide chlorhydrique ; on introduit par le tube qui le surmonte du phosphure, après qu'un courant d'acide carbonique a traversé l'appareil, pour en chasser l'air, afin d'éviter les explosions ; on bouche le tube aussitôt après. L'hydrogène phosphoré, à mesure qu'il se produit, chasse devant lui l'acide carbonique et arrive dans l'éprouvette, au moyen d'un tube recourbé. Sous l'influence de l'acide chlorhydrique, il s'est formé du *chlorure de calcium* et du phosphure liquide :

$$Ca^2Ph + 2HCl = 2CaCl + PhH^2 ;$$

mais, au contact de l'excès d'acide chlorhydrique, le phosphure liquide se dédouble en phosphure gazeux qui se dégage, et en phosphure solide qui reste dans le flacon : $5PhH^2 = 3PhH^3 + Ph^2H$.

Le chlore décompose le phosphure d'hydrogène avec chaleur et lumière, et l'expérience pourrait être fort dangereuse. On peut la faire sans danger en introduisant, non pas l'hydrogène dans le chlore, mais le chlore dans l'hydrogène phosphoré et en le faisant passer bulle à bulle.

La composition de l'hydrogène phosphoré est correspondante à celle de l'ammoniaque ; et ce composé présente des propriétés basiques, sinon à beaucoup près aussi énergiques, au moins bien déterminées. En effet, il

se combine de même avec un volume de *gaz iodhydrique* égal au sien;
et le produit cristallise en prismes à base carrée, blancs, indécomposables par la chaleur, mais non solubles dans l'eau qui les décompose. La
chaleur seule ne décompose pas cette combinaison; mais, chauffée au contact de l'air, elle s'enflamme; les *oxacides* puissants la décomposent,
mais les *hydracides* sont sans action sur elle. L'ammoniaque, étant une
base plus énergique que l'hydrogène phosphoré, le déplace. L'hydrogène
phosphoré se comportant vis-à-vis des chlorures d'étain, d'antimoine ou
de titane, comme l'ammoniaque, on donne à ces deux corps des formules analogues; PhH^3 correspondant à
4 volumes, comme la formule du gaz ammoniac.

PHOSPHURE D'HYDROGÈNE LIQUIDE

($PhH^2 = 34$). — Ce phosphure d'hydrogène, obtenu pour la première fois par
M. Paul Thenard, se produit dans la plupart des réactions qui donnent naissance
au phosphure gazeux. C'est un liquide
incolore, insoluble dans l'eau, d'un pouvoir réfringent considérable, spontanément inflammable au contact de l'air et

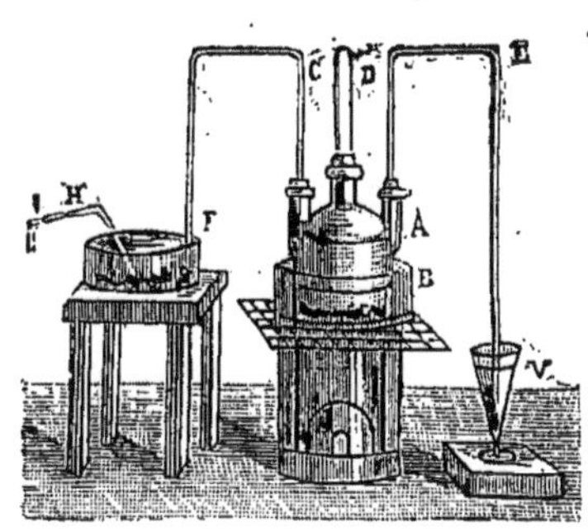

Fig. 273.
PRÉPARATION DU PHOSPHURE
D'HYDROGÈNE LIQUIDE.

brûlant avec une flamme très brillante. Il se décompose sous l'influence
de la lumière diffuse, et très rapidement à la lumière solaire; il se dédouble alors en phosphure gazeux et en phosphure solide :

$$5PhH^2 = 3PhH^3 + Ph^2H.$$

L'appareil pour obtenir le *phosphure d'hydrogène liquide* est composé
d'un flacon à deux tubulures A (*fig.* 273) que l'on remplit aux trois
quarts d'eau. On y adapte un bouchon garni d'un tube droit et large D,
par lequel on fait entrer des bâtons de *phosphure de calcium ;* une des
tubulures est traversée par un tube E, qui plonge dans l'eau et par lequel
les gaz se dégagent tant qu'il y a de l'air, et dans lequel, avant l'opération, on fait passer un courant d'acide carbonique pour chasser l'air du
flacon et prévenir les explosions. L'autre tubulure supporte un tube
recourbé GFHIC, destiné à recevoir et à condenser le phosphure qui se
dégage. Ce tube est plongé dans une auge F, et recouvert d'un mélange
de glace et de sel. Le flacon A est placé dans un bain-marie B, contenant de l'eau à $+ 60°$. Tout étant ainsi disposé, on introduit vivement par
le tube AD deux ou trois fragments de *phosphure de calcium,* après avoir

fermé le tube récipient en C au moyen d'un bouchon. Le gaz, en se dégageant, expulse l'air par le tube E ; quand l'air est entièrement chassé, on bouche ce tube et l'on enlève le bouchon placé en C ; le gaz passe alors par le tube GFHIC ; le phosphure liquide et la vapeur d'eau sont condensés par le mélange réfrigérant, et l'eau est congelée. Le gaz hydrogène phosphoré se dégage, entraînant un peu de phosphure liquide ; c'est pourquoi il s'enflamme en C, en produisant une grande quantité de fumée d'acide phosphorique qui suffoque, parce qu'il faut agir dans l'obscurité. Lorsqu'on a employé environ 30 grammes de phosphure de calcium au moins, on a suffisamment de phosphure dans le tube pour arrêter l'opération. On retire alors avec précaution l'auge dans laquelle est le mélange réfrigérant, on débouche le tube E et l'on replace le bouchon en C ; on fait fondre la glace qui s'est formée dans le tube ; et, en l'inclinant, on fait couler le produit dans l'ampoule HI, formée par le rétrécissement du tube en deux points ; puis on ferme l'ampoule en H au moyen du chalumeau ; enfin, on la ferme en C.

PHOSPHURE D'HYDROGÈNE SOLIDE ($Ph^2H = 65$). — Ce phosphure solide, obtenu d'abord par M. Rose et plus parfaitement par M. Leverrier, s'obtient en faisant arriver du phosphure gazeux spontanément inflammable au fond d'un verre contenant du mercure ; au-dessus duquel on verse de l'acide chlorhydrique, qui dédouble les vapeurs de phosphure liquide en phosphure gazeux et en phosphure solide. Le mercure empêche l'extrémité du tube abducteur d'être obstruée par le phosphure solide.

Le *phosphure d'hydrogène solide* est une poudre d'une belle couleur jaune ; exposé à la lumière, il devient rouge sale ; il a une faible odeur de phosphore ; il est insipide, ne luit pas dans l'obscurité, ne brûle à l'air que si on le chauffe à $+ 150°$. A cette température, il brûle avec autant de vivacité que le phosphore. Il ne se décompose qu'à une chaleur supérieure à $+ 175°$, lorsqu'on ne laisse pas intervenir l'air ; mais alors il se dédouble en hydrogène et en phosphore, qui se met en globules. Il est insoluble dans l'eau et l'alcool ; la lumière le décompose rapidement quand il est en contact avec l'eau ; sans cela, elle le décompose lentement en hydrogène et en phosphore rouge.

FEUX FOLLETS. — Les trois composés hydrogénés du phosphore ne peuvent point exister dans la nature, en raison de l'action énergique que l'air exerce sur eux ; mais ils se produisent spontanément dans les lieux où sont enfouies des matières animales, et surtout dans les marais et les cimetières humides. Le phosphore, nous l'avons dit, est un des éléments

de la matière cérébrale, des nerfs et de quelques autres parties de l'organisme. Par la décomposition lente de ces substances au sein de la terre
humide, une quantité plus ou moins grande de gaz hydrogène phosphoré,
seul ou mêlé de phosphure liquide, prend naissance et vient se répandre
dans l'atmosphère, dès qu'il trouve à se glisser entre les fissures que
présente le sol. Alors il s'enflamme le plus souvent, et produit ces feux
subits et vacillants, que les gens de la campagne voient avec tant d'in-
quiétude et de terreur pendant la nuit et qu'ils ont nommés *feux follets,
feux ardents, flambards* (*fig.* 274). Ces *vapeurs lumineuses sans chaleur,*

Fig. 274. — FEUX FOLLETS.

comme les appelait Newton, apparaissent bien plus souvent en été qu'en
hiver, parce que la décomposition spontanée des matières animales est
plus active dans la première que dans la dernière de ces saisons. Elles
se montrent particulièrement dans les endroits où le sol, sillonné de
crevasses, recouvre des débris organiques enfouis depuis longtemps.
Dans les vastes marais des États-Unis, notamment dans la vallée où
coule le Connecticut, ces lueurs passagères sont bien plus fréquentes que
dans aucune partie de l'ancien continent, et, en Amérique, aussi bien
qu'en Europe, ces *feux follets* sont une source de superstitions populaires,
une cause de déceptions et de périls pour les voyageurs égarés pendant
la nuit dans des contrées marécageuses. Non loin de l'Achéron, appelé
Mauropotamos ou fleuve Noir, dans l'Épire, se trouve le marais Aché-
rusien, où l'on voit voltiger continuellement des flammes phosphorescentes. C'est ce phénomène naturel, dont ils ne pouvaient connaître la
cause, qui avait donné aux anciens l'idée d'entourer les Enfers d'un
fleuve de feu, qu'ils nommaient le *Périphlégéthon.*

La phosphorescence des poissons morts, bien connue de tout le monde, n'est pas plus un prodige que l'apparition des feux follets. Elle est due à l'émission lente d'*hydrogène phosphoré*, qui provient de la putréfaction de leur laite, matière très riche en phosphore. (J. Girardin.)

ARSENIC (As $= 75$; *en volume $= 1$; densité $= 5,7$*). — Les anciens ne connaissaient l'*arsenic* qu'à l'état de sulfures naturels. La *sandaraque* de Vitruve, de Pline, de Dioscoride, était un sulfure arsenical qui portait aussi les noms d'*orpiment* et d'*arsenic*. On l'employait dans la pommade épilatoire ; les Mysiens et les Cappadociens en faisaient un commerce spécial. Ils en faisaient aussi usage comme poison : « Pris en breuvage, dit Dioscoride, il cause de violentes douleurs dans les intestins qui sont vivement corrodés ; c'est pourquoi il faut y apporter en remède tout ce qui peut adoucir le corrosif. » Et il recommande le suc de mauves, la décoction de graines de lin, de riz, des émulsions et des juleps émollients. Au moyen âge, les princes et les rois n'ignoraient pas ce moyen de se débarrasser de leurs ennemis. En 1384, Charles le Mauvais, roi de Navarre, donnait des instructions précises au ménestrel Woudreton, pour empoisonner Charles VI, roi de France, le duc de Valois, frère du roi, et ses oncles, les ducs de Berry, de Bourgogne et de Bourbon.

« Tu vas à Paris ; tu pourras, dit-il, faire grand service si tu veux. Si tu veux faire ce que je te dirai, je te ferai tout aisé et moult de bien. Tu feras ainsi : Il est une drogue qui s'appelle *arsenic sublimat*. Si un homme en mangeait aussi gros qu'un pois, jamais ne vivrait. Tu en trouveras à Pampelune, à Bordeaux, à Bayonne, et par toutes bonnes villes où tu passeras, ès hôtels des apothicaires. Prends de cela et fais-en de la poudre. Et quand tu seras dans la maison du roi, du comte de Valois, son frère, des ducs de Berry, de Bourgogne et Bourbon, tiens-toi près de la cuisine, du dressoir, de la bouteillerie, ou de quelques autres lieux où tu verras mieux ton poinct ; et de cette poudre mets ès potages, viandes et vins, au cas que tu le pourras faire à ta sûreté ; autrement ne le fais point. »

C'est également avec cette substance que la célèbre empoisonneuse Toffana composait, à la fin du XVIIe siècle, le poison avec lequel elle fit périr, dit-on, plus de 600 personnes, entre autres les papes Pie III et Clément XIV. Fort libérale de son eau de mort, la Toffana en donnait, en forme d'aumône, aux femmes qui prévoyaient pouvoir se consoler de la mort de leurs maris. Cette dissolution arsenicale était employée à différents degrés de concentration ; car on mesurait ce qu'on devait donner à proportion du temps pour lequel on voulait obtenir la mort.

Ajoutons que c'est avec la même substance que, de nos jours encore, se commettent la plupart des crimes d'empoisonnement, crimes dont du reste la médecine légale découvre immédiatement les traces, comme nous le verrons ci-après.

Ce fut un chimiste suédois, Georges Brandt (1694-1768), directeur du

Les *Calkeroni*, en Sicile (page 764).

laboratoire de Stockholm, qui, en 1733, révéla que l'arsenic blanc est un oxyde métallique, soluble dans la potasse et précipitable par les acides ; qu'il est fusible et qu'il communique au verre de plomb une couleur rouge ; qu'il est cassant, etc. C'est lui qui obtint le premier régule d'arsenic (arsenic métallique) en chauffant doucement jusqu'au rouge une pâte d'arsenic blanc avec de l'huile.

L'arsenic est un des corps simples les plus répandus ; il accompagne la plupart des minerais métalliques soit à l'état natif, comme à Sainte-Marie-aux-Mines (Alsace-Lorraine), soit à l'état d'acide, de sulfure (réalgar AsS^2, orpiment AsS^3), soit à celui d'alliages ou d'arséniures. Pur, il est en morceaux, en lames ou en aiguilles, solide, cassant, gris de fer et présentant l'aspect de l'acier ; mais bientôt, au contact de l'air, il devient d'un noir grisâtre, par suite d'un commencement d'oxydation ; on lui rend son brillant en le trempant dans de l'eau de chlore. Il commence à se volatiliser vers 180 degrés, mais ce n'est qu'à 300 degrés qu'il se réduit complètement en vapeurs incolores fort lourdes, sans fondre préalablement. Il passe donc de l'état solide à l'état gazeux, à moins qu'il ne soit soumis à une pression supérieure à celle de l'atmosphère. Projeté sur des charbons ardents, l'arsenic brûle avec une flamme blanche, répand des vapeurs épaisses d'acide arsénieux, et exhale une odeur d'ail tellement prononcée, qu'elle peut servir à faire reconnaître la présence des plus petites quantités de ce corps, pur ou mélangé de matières étrangères. Quand on le jette dans le chlore gazeux, à la température ordinaire, il s'y embrase vivement, en produisant du *chlorure d'arsenic*, dont les vapeurs sont délétères. L'arsenic natif est employé dans les arts pour la préparation des télescopes ; ce qu'on appelle dans le commerce *poudre aux mouches*, et, fort improprement, *mine de cobalt*, est de l'arsenic natif noirâtre et pulvérisé. On en met dans une assiette avec un peu d'eau ; une petite quantité, en absorbant l'oxygène de l'air, se transforme en *acide arsénieux*, qui se dissout et rend l'eau vénéneuse ; cet usage présente quelques dangers.

On obtient généralement l'arsenic en chauffant dans des cornues cylindriques du *mispickel* ($FeAs + FeS^2$). Ce corps donne du *sulfure de fer*, qui reste dans la cornue, et de l'arsenic qui se volatilise et vient se déposer dans des cylindres supérieurs. On facilite le départ de l'arsenic en ajoutant un peu de fonte ; puis on le purifie par une distillation avec un peu de charbon : $FeAs + FeS^2 = 2FeS + As$.

ACIDE ARSÉNIEUX ($AsO^3 = 99$; *densité = 3,738*). — Ce corps, plus connu sous les noms d'*arsenic, arsenic blanc, oxyde blanc d'arsenic, mort aux rats*, s'obtient par le grillage des *arséniures de nickel* ou de *colbalt*. Ces minerais, chauffés dans un moufle A en terre réfractaire (*fig.* 275), légèrement incliné, subissent l'action oxydante d'un courant d'air qui entraîne l'acide arsénieux, au fur et à mesure qu'il se produit ; cet acide

va, par le conduit D, se déposer dans des chambres froides. On purifie
ensuite l'acide par une nouvelle distillation dans un cylindre de fonte.

Ces opérations sont excessivement dangereuses. Les ouvriers qui vont
relever l'acide arsénieux des chambres se couvrent la figure d'un masque en peau muni d'œillères en verre; ils revêtent une robe de peau
fermée avec soin. Au-dessous du masque, ils placent une éponge, ou un
linge mouillé, sur les narines et la bouche, afin de purifier l'air nécessaire
à la respiration. Malgré cela, ils succombent, et les bâtiments de condensation, dans les usines de Reichenstein et d'Altenberg, sont appelés *Tours
au poison*. Ce sont, le plus souvent des
condamnés à mort qui exécutent ces
opérations, et on les soumet à des précautions méticuleuses de régime : sup-
pression des boissons alcooliques, administration de deux petits verres d'huile
d'olive par jour, peu de viande, mais des
légumes, accommodés avec beaucoup de
beurre, pour nourriture.

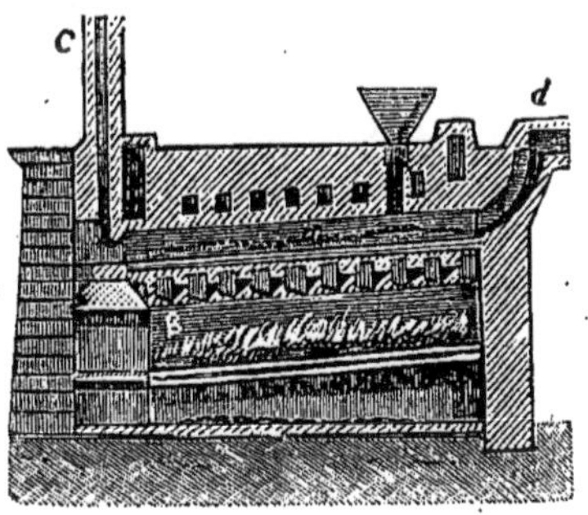

Fig. 275.

PRÉPARATION DE L'ACIDE ARSÉNIEUX.

L'acide arsénieux est un corps solide,
blanc, inodore; sa saveur est nauséabonde et âcre; il excite la salivation ; on
peut l'obtenir sec ou en masse vitreuse, transparente, un peu jaunâtre ;
il est désigné alors sous le nom d'*acide vitreux*. Cette transparence se perd
à la longue, et il devient progressivement opaque de la surface au centre ;
c'est alors de l'*acide porcelanique*. Sa densité n'est pas la même dans les
deux cas ; celle de l'acide vitreux est 3,7385, et celle de l'acide porcelanique 2,699. Ce sont deux états *isomériques* sous lesquels il n'a pas la
même solubilité dans l'eau, qui dissout trois fois plus d'acide vitreux que
d'acide porcelanique. Lorsqu'on broie l'acide arsénieux vitreux, il perd
de sa solubilité; sous l'influence de l'eau, l'acide porcelanique tend à
passer à l'état d'acide vitreux à chaud, et l'acide vitreux en dissolution
passe à l'état d'acide porcelanique à froid.

L'*acide arsénieux* peut cristalliser sous deux formes incompatibles ,
il est donc *dimorphe*. Lorsqu'il cristallise à la température ordinaire,
soit par la condensation de sa vapeur sur une paroi froide, soit par évaporation ou refroidissement de sa dissolution dans l'eau ou dans l'acide
chlorhydrique, il prend la forme d'octaèdres réguliers. Si la cristallisation
a lieu vers 250°, par condensation de la vapeur sur une paroi chaude, il
cristallise en prismes droits à base rhombe.

L'oxygène et l'air n'ont d'action sur l'acide arsénieux ni à chaud ni à froid ; l'hydrogène, surtout à l'état naissant, le réduit. Le charbon, le fer et le zinc le réduisent aussi à chaud. L'ammoniaque le dissout sans se combiner avec lui ; l'acide azotique et surtout l'eau régale le changent en acide arsénique.

L'acide arsénieux est un poison très violent, et d'autant plus dangereux que, réduit en poudre, il peut très bien être confondu avec le sucre pilé. Sous n'importe quelle forme, il développe sur les tissus animaux des taches rouges gangreneuses ; il les ulcère et les détruit complètement, lorsque son séjour a quelque peu de durée. Les symptômes de l'empoisonnement se manifestent ordinairement un quart d'heure après l'introduction de l'acide dans l'estomac ; les victimes succombent en proie aux douleurs les plus vives. Comme contrepoison, il faut employer *l'hydrate de sesquioxyde de fer* ou de la *magnésie*, légèrement calcinée et délayée dans l'eau ; ces substances, se combinant avec l'acide arsénieux, forment des composés insolubles et neutralisent son action.

L'industrie se sert de *l'acide arsénieux* pour la préparation de quelques couleurs : *verts de Scheele*, de *Schweinfurt*; pour le raffinage du verre, la fabrication de l'émail ; dans la teinturerie et l'indiennerie, en l'unissant à la potasse ; pour préserver des insectes la peau des animaux empaillés. L'agriculture l'emploie pour le chaulage des blés, et surtout pour la destruction des rats et des souris en le mélangeant à des noix, du suif, du saindoux ou de la farine. A Buenos-Ayres, les peaux de bœufs pour l'exportation sont plongées pendant quelques jours dans une eau contenant un dixième d'acide arsénieux, afin de les garantir de la corruption pendant le trajet. Enfin, la médecine elle-même utilise ce violent poison dans le traitement des fièvres intermittentes rebelles et des fièvres paludéennes, dans celui des cancers et de diverses maladies cutanées. Il est la base de diverses poudres ou pâtes destinées à ronger les chairs cancéreuses ; la fameuse *poudre escharotique du frère Côme* est composée d'acide arsénieux. Enfin un très grand nombre d'eaux minérales, notamment celles du Mont-Dore, de La Bourboule, de Vichy, de Pougues, de Plombières, de Spa, d'Ems, de Bagnères-de-Bigorre, renferment des quantités très appréciables d'arsenic à l'état salin, et il faut rapporter à la présence de ces composés une partie de leurs propriétés curatives.

Les jeunes villageoises de la Styrie, de la Transylvanie et d'autres parties de l'Allemagne, et, depuis quelques années, des dames de France aussi, dit-on, s'accoutument peu à peu à manger de l'acide arsénieux pour se donner le regard brillant, le teint délicat et un gracieux embonpoint. Cette singulière action de l'acide arsénieux est connue à l'égard des chevaux : les palefreniers de grande maison en ajoutent une bonne prise à l'avoine qu'ils donnent aux bêtes de prix pour leur procurer de l'embonpoint, un poil brillant ; dans les pays montagneux, les charretiers agissent de même pour aider leurs chevaux à gravir les pentes un peu rudes, et les chasseurs du Tyrol et de l'Autriche en mangent aussi pour faciliter la respiration dans les marches ascendantes.

ACIDE ARSÉNIQUE $(AsO^5 = 115)$. — L'acide *arsénique* était connu depuis longtemps à l'état de combinaison lorsque Scheele l'obtint libre. On le trouve dans la nature combiné avec quelques bases, la chaux, les oxydes de fer, de cuivre, de cobalt, de plomb, etc. C'est un corps solide, blanc, inodore. On l'obtient en gros cristaux dans une dissolution de consistance sirupeuse ; il est très soluble dans l'eau et même déliquescent ; sa saveur est fortement acide, âcre et caustique ; il est beaucoup plus vénéneux encore que l'*acide arsénieux ;* cela tient à ce qu'étant plus soluble, son action est plus immédiate ; il rougit le tournesol comme tous les acides énergiques. On peut l'obtenir *anhydre* en le chauffant un peu au-dessous de la chaleur rouge ; à cette température, il se décompose en partie en acide arsénieux et oxygène ; le reste se sublime sans décomposition. L'hydrogène et le carbone le réduisent à chaud. Le soufre le décompose ; l'acide sulfureux le réduit à l'état d'acide arsénieux, lentement à la température ordinaire et rapidement à 100°. L'acide sulfhydrique le transforme lentement en sulfure, tandis qu'il réagit immédiatement sur l'acide arsénieux ; c'est pourquoi, si l'on veut constater la présence de l'arsenic par ce réactif, et qu'il n'y ait pas de réaction immédiate, on fait bouillir la liqueur avec de l'acide sulfureux ou un sulfite pour le ramener à l'état d'acide arsénieux et l'on fait agir de nouveau l'acide sulfhydrique, qui produit immédiatement un précipité jaune de sulfure d'arsenic.

On prépare aujourd'hui l'acide arsénique très en grand, parce qu'il est devenu la matière première de magnifiques couleurs, au moyen de plusieurs dérivés du goudron des usines à gaz, notamment du *rouge d'aniline.*

ARSÉNIURE D'HYDROGÈNE $(AsH^3 = 78 ; en\ volume = 4 ; densité = 2,695)$. — Ce gaz, appelé aussi *hydrogène arséniqué, hydrogène arsénié,* est un poison bien plus subtil encore que les précédents, et qui détermine la mort aux plus petites doses, en agissant sur le système nerveux. Gehlen, chimiste allemand, périt en 1815 après neuf jours d'horribles souffrances, pour en avoir respiré des traces, en cherchant à vérifier si son appareil ne perdait pas. En 1866, dans une fabrique de Paris, de deux ouvriers exposés à un dégagement de ce gaz, l'un périt immédiatement, l'autre éprouva les plus graves accidents.

C'est un gaz incolore, d'une odeur alliacée, nauséabonde; à la température de — 40°, il se liquéfie; il est inflammable et brûle avec une flamme blanchâtre, qui produit de l'eau et de l'acide arsénieux. Si le vase est étroit, ou que l'air n'arrive pas en quantité suffisante, l'hydrogène brûle seul et l'arsenic dépose en poudre noire; la chaleur seule le décompose en hydrogène et en arsenic. Ces deux propriétés servent à reconnaître la présence de l'arsenic, même en quantité extrêmement petite, dans les cas d'empoisonnement. L'eau dissout une petite quantité de ce gaz, un cinquième, sans altération, si elle ne contient pas d'air; mais, si elle est aérée, il se décompose rapidement : l'hydrogène se combine avec l'oxygène de cet air; l'arsenic se dépose. Lorsque ce gaz humide est renfermé dans un flacon imparfaitement bouché, le même phénomène se produit, et l'arsenic, en se déposant sur le verre, y forme un enduit miroitant qui y adhère. Le chlore le décompose instantanément, avec production de chaleur et de lumière. Il faut faire passer le chlore bulle à bulle dans l'hydrogène arséniqué, pour éviter tout danger. Dans ce cas, il se forme de l'*hydrure d'arsenic* et de l'*acide chlorhydrique*. Si l'on fait passer l'hydrogène arséniqué dans le chlore, on aura du chlorure d'arsenic et de l'*acide chlorhydrique*. Le brome, l'iode le décomposent de même; le soufre, le phosphore à +150°. Les métaux alcalins le décomposent à chaud, en dégageant l'hydrogène et en se combinant avec l'arsenic. Quand on décompose l'eau en employant comme électrode négatif un barreau d'arsenic métallique, ce métal se recouvre d'un dépôt brun d'arséniure d'hydrogène solide (As^2H); on obtient également ce corps quand on fait agir l'eau sur l'arséniure de potassium.

On obtient ce gaz au moyen de l'*arséniure de zinc*, que l'on prépare en chauffant, dans une cornue de grès, un mélange de zinc en grenailles et d'arsenic en poudre à parties égales; on traite cet arséniure par trois parties d'eau et d'acide sulfurique : on a du sulfate de zinc et de l'hydrogène arséniqué : $Zn^3As + 3(SO^3HO) = AsH^3 + 3(ZnO, SO^3)$.

MOYEN DE RECONNAITRE L'ARSENIC DANS LES CAS D'EMPOISONNEMENT. — D'après ce que nous venons de dire, on comprend combien il est facile de retrouver les traces de l'arsenic ingéré dans l'estomac ou dans les intestins d'une personne empoisonnée, ou dans les matières vomies par elle. Ce fut un chimiste anglais, James Marsh, qui, en 1836, proposa un appareil propre à découvrir les plus petites quantités d'arsenic dans les substances avec lesquelles il est mélangé. Les toxicologistes se sont empressés d'adopter ce procédé, qui ramène à une simplicité inattendue la recherche de l'arsenic dans les cas criminels. Le procès célèbre de

Mme Lafarge, en 1840, et les débats judiciaires et académiques qui en furent la suite, ont donné un tel retentissement au procédé et à l'appareil de Marsh, qu'il est indispensable d'en parler.

Dans l'origine, cet appareil avait une forme incommode et un peu compliquée. M. Chevallier l'a beaucoup simplifié et réduit à une simple éprouvette à pied, qui porte un bouchon percé de deux trous, l'un donnant passage à un tube à entonnoir pour l'introduction des liquides, l'autre portant un tube recourbé à angle droit et effilé pour la sortie de l'hydrogène. Pour opérer, on introduit du zinc pur en grenailles dans

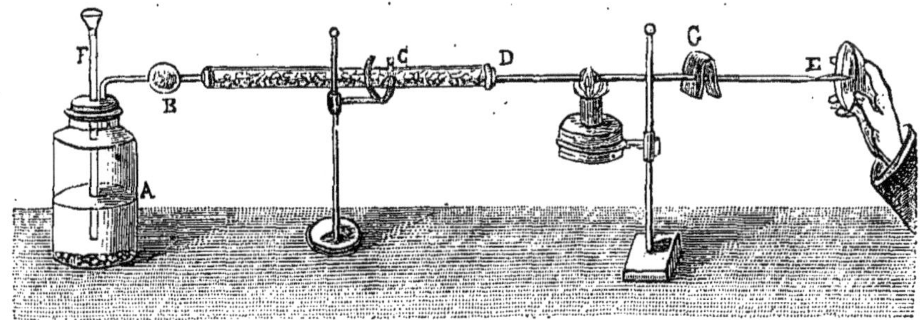

Fig. 276. — APPAREIL DE MARSH DE L'ACADÉMIE.

l'éprouvette; on place le bouchon; puis, par le tube-entonnoir, on verse sur le métal de l'acide sulfurique pur étendu de 7 parties d'eau. Lorsque le dégagement d'hydrogène a duré pendant quelques minutes et qu'il ne reste plus d'air dans l'appareil, on enflamme le gaz et on reçoit la flamme sur une soucoupe de porcelaine. Dans ce cas, cette soucoupe ne se tache pas, et se recouvre seulement d'eau condensée. On verse alors par portions dans le tube-entonnoir le liquide où l'on suppose l'existence d'un composé arsénical. S'il y a, en effet, du poison dans le liquide, bientôt la flamme change de couleur et laisse déposer, sur la soucoupe qu'on approche, des taches métalliques miroitantes, et en quantité d'autant plus grande que le liquide renferme plus d'arsenic en dissolution. Cette méthode est d'une extrême sensibilité ; car l'anneau apparaît, même quand la liqueur ne contient qu'un vingt-millième de poison.

Il y a un autre moyen, ajoute Girardin, de rendre sensibles des quantités d'arsenic qui ne se manifestent pas ou qui apparaissent d'une manière douteuse par les taches : c'est ainsi que Soubeiran a conseillé de chauffer au rouge sombre une partie du tube par lequel s'écoule le gaz arsénié ; celui-ci est décomposé en hydrogène qui s'échappe, et en arsenic métalloïde qui va se condenser, sous la forme d'un anneau, à une certaine distance de la partie du tube soumise à l'action de la chaleur. Aussi l'Académie des sciences a-t-elle donné la préférence à cet appareil perfectionné, pour les recherches de médecine légale.

Dans cet appareil (*fig.* 276), le tube de dégagement porte une boule B, qu'on remplit de coton, pour retenir l'eau et les portions de liqueur que le gaz entraîne avec lui ; il s'engage ensuite dans un autre C, plus large, rempli d'amiante, qui a pour effet d'arrêter toutes les matières étrangères en suspension. Au tube large et horizontal est adapté un tube étroit DE, de plusieurs décimètres de longueur, effilé à son extrémité E et enveloppé d'une feuille de clinquant sur une partie de sa longueur DG. C'est cette partie que l'on chauffe au rouge, au moyen d'une lampe ou de charbons, après avoir posé une lame de cuivre gratté, repliée sur elle-même en guise d'écran, pour empêcher le tube de s'échauffer à une distance trop grande de la partie frappée par la flamme de la lampe. De cette manière, l'arsenic se dépose sous forme d'anneau, en avant de la partie chauffée du tube. On peut, en même temps, mettre le feu au gaz qui sort de l'appareil, et essayer de recueillir des taches sur une soucoupe.

L'emploi de l'appareil de Marsh exige, du reste, pour les opérations de médecine légale, une foule de précautions et de soins particuliers, dans le détail desquels il ne nous appartient pas d'entrer ici.

CHAPITRE VII

SOUFRE ET SES COMPOSÉS. — SÉLÉNIUM. TELLURE.

SOUFRE. ($S = 16$; *en volume = 1 ; densité = 2,087*). — Le *soufre*, si commun autour du Vésuve et de l'Etna, était connu dès la plus haute antiquité. C'est lui que les Romains appelaient *sulfur vivum*, parce qu'il n'avait pas besoin d'être traité par le feu, comme une autre espèce de soufre, nommé *gleba* (minerai de soufre). L'odeur caractéristique qu'il répand par sa combustion (odeur due à la formation de l'*acide sulfureux*), et la flamme livide avec laquelle il brûle, et qui, comme dit Pline, « communique dans l'obscurité, aux figures des assistants, la pâleur des morts, » l'avaient fait choisir de bonne heure pour l'accomplissement de certaines cérémonies religieuses. A raison de sa prétendue origine, on lui supposait aussi une vertu purificatrice; car le soufre passait pour « ren-

Appareil employé dans les hôpitaux pour la guérison de la gale par le soufre.

fermer en lui une grande force de feu. » C'était là seulement une vue théorique. Mais elle fut avidement recueillie et singulièrement commentée : le soufre fut pendant longtemps regardé comme une condensation de la matière du feu, dont on fit plus tard, sous le nom de *phlogistique*, une singulière entité, dont nous avons parlé (CHIMIE, page 553).

C'est surtout auprès des volcans en activité qu'on trouve encore le soufre le plus abondamment. Le Vésuve, l'Etna, les volcans de l'Islande, de Java, de la Guadeloupe, de l'Amérique méridionale, des îles Sandwich, etc., en vomissent constamment. Il y a certains volcans éteints, dont les environs sont tellement imprégnés de soufre, jusqu'à 10 mètres et au delà, qu'on leur a donné les noms de *terres de soufre, solfatares, soufrières;* telles sont les solfatares de Pouzzoles, de la Sicile, de l'Islande, des Antilles, les dômes de soufre du volcan de Pasto, etc.

La présence du soufre dans le règne organique est depuis longtemps connue. On l'a signalé, dès les temps les plus reculés, dans certaines plantes, telles que le raifort, les radis, le cresson, les navets, les semences de moutarde, les oignons; et, depuis peu, l'on sait que les fleurs de sureau, de tilleul, d'oranger et de beaucoup d'autres plantes en contiennent aussi des quantités sensibles, de même que les œufs, la fibre musculaire, le caillé du lait, la laine, les cheveux, les poils, les crins, la matière cérébrale, les limaçons des vignes, etc. Le soufre est donc nécessaire à la constitution des êtres organisés, depuis le zoophyte et l'infusoire microscopiques jusqu'aux mammifères. On a constaté que le corps d'un homme ordinaire représente, en moyenne, 11 kilogrammes de substance organique sèche, renfermant à peu près 1 centième de son poids de soufre, soit 110 grammes.

Le soufre présente des propriétés physiques très singulières. A la température ordinaire, c'est un corps solide, d'une couleur jaune citron; insipide, inodore et acquérant par le frottement l'odeur particulière des corps électrisés. Il est insoluble dans l'eau, très peu soluble dans l'alcool; mais il se dissout facilement dans la *benzine,* les *huiles essentielles* et surtout dans le *sulfure de carbone.* Il est mauvais conducteur de la chaleur et de l'électricité. La chaleur de la main suffit pour produire dans ce corps une dilatation des parties superficielles, et déterminer, par suite, dans les parties intérieures non échauffées, la séparation des cristaux peu adhérents : de là des ruptures indiquées par de petits craquements. Ces craquements deviennent très forts quand on plonge brusquement le *soufre en canons* dans l'eau chaude.

Le point de fusion du soufre est 109°; il entre en ébullition à 460°. A 109°, il est aussi fluide que l'huile; mais, en élevant la température, il se colore de plus en plus, et en même temps il acquiert une viscosité si grande qu'à 260°, s'il est dans un ballon, on peut le renverser sans qu'il coule. Si l'on continue à élever la température, il devient un peu plus fluide, et il entre enfin en ébullition, en produisant des vapeurs rougeâtres. Lorsque l'on chauffe le soufre à 350° et au delà, si on le fait couler en petits filets dans l'eau froide, il ne se solidifie pas entièrement ; il est mou, élastique, brun rouge, transparent, et reste ainsi pendant un temps plus ou moins long, à la fin duquel on le voit reprendre peu à peu la couleur jaune et redevenir friable. Cette transformation s'opère d'autant plus lentement que le soufre a été coulé plus chaud et que le refroidissement a été moins brusque. Quand on le maintient à 400° avant de le faire couler, il conserve sa couleur rouge. Ce *soufre mou* est quelquefois composé de deux variétés de soufre, dont l'une est dans l'état ordinaire, et dont l'autre est connue sous le nom de *soufre amorphe.* Ce dernier n'est pas soluble dans le sulfure de carbone et présente ainsi un cas remarquable d'*isomérie ;* il est soluble dans l'alcool anhydre et sa dissolution laisse déposer par le refroidissement des *cristaux prismatiques* dans le commencement, puis des *octaèdres.* Sa chaleur spécifique est supérieure à celle du soufre ordinaire ; il y a aussi une différence de fusibilité de 11 à

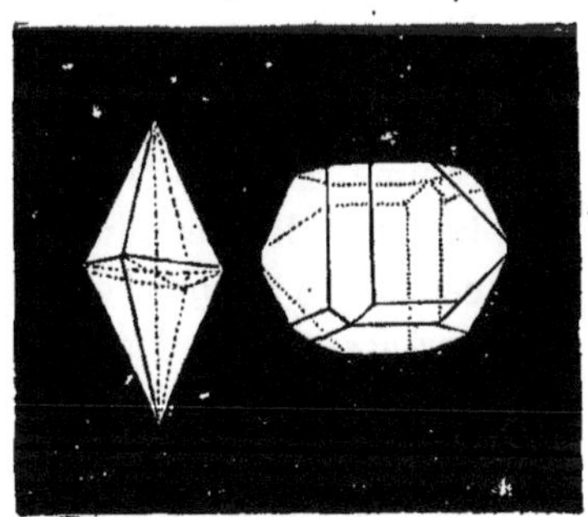

Fig. 277. — CRISTAUX DU SOUFRE.

12 degrés entre les points de fusion de ces deux espèces du même corps. Le soufre mou a de l'analogie avec les corps vitrifiés, et, comme eux, il revient spontanément, et plus vite, sous l'influence de la chaleur, à l'état *cristallin ;* on peut donc le considérer comme du *soufre vitreux.*

Dès que le soufre est seulement fondu, il émet des vapeurs ; ce dont on peut s'assurer en recouvrant le creuset d'une lame de verre : elle ne tarde pas à être couverte d'un dépôt de soufre qui, observé au microscope, montre qu'il est alors sous la forme de globules, nommés *utricules*, formés d'une enveloppe contenant du soufre liquide ; mais si l'utricule est brisé, le soufre liquide ne tarde pas à cristalliser. C'est ce qu'on nomme la *fleur de soufre.*

Le soufre peut donc se présenter sous quatre divers états : *utriculaire, mou, amorphe, cristallisé.*

Il affecte des formes dépendant de deux systèmes cristallins incompatibles : 1° l'*octaèdre droit,* allongé *à base rhombe ;* 2° le *prisme oblique, à base rhombe* (*fig.* 277). Le soufre ordinaire, dissous dans le sulfure de carbone, dans les essences, etc., laisse toujours déposer, par l'évaporation spontanée, à la température ordinaire, des *octaèdres,* souvent modifiés par des *troncatures.* Un soufre quelconque fondu, puis refroidi lentement, laisse, après l'écoulement de la partie centrale qu'on n'a pas laissé solidifier, des cristaux prismatiques. Du soufre récemment fondu et dissous dans le sulfure de carbone présente les deux formes de cristaux ; si l'on opère sur le soufre mou, les cristaux prismatiques sont plus abondants. Une dissolution de soufre, qui donne des cristaux octaédriques par l'évaporation spontanée, donne des cristaux prismatiques lorsqu'on évapore rapidement. Les cristaux prismatiques perdent promptement leur transparence, et l'on voit qu'il s'est produit une sorte de chapelet de cristaux octaédriques laissant des vides entre eux.

Le *soufre*, le *sélénium* et le *tellure*, qui forment une famille naturelle bien caractérisée, ont une analogie parfaite avec l'oxygène ; cependant tous s'y combinent parfaitement ; mais en différentes proportions ; toutes ces combinaisons sont acides. L'hydrogène forme avec le soufre deux combinaisons dont l'une est acide. Les métaux s'y combinent comme avec l'oxygène, et souvent avec production de chaleur et de lumière ; les combinaisons sont tantôt basiques, tantôt acides, comme celles que produit l'oxygène. Ainsi, de même qu'il y a des *oxacides* et des *oxybases*, il y a des *sulfacides*, ce que Berzélius nomme des *sulfides* et des *sulfobases*, auxquelles il conserve le nom de *sulfures*. Ces combinaisons s'unissent pour former des *sulfosels*. Berzélius a appelé *amphigènes* les corps de cette famille (de mots grecs signifiant : *engendrer les deux*), pour indiquer qu'ils produisent des acides et des bases.

EXTRACTION DU SOUFRE. — C'est presque uniquement la Sicile qui alimente aujourd'hui de soufre le marché européen. Les deux cents mines qui y sont exploitées produisent annuellement 250,000 tonnes de soufre brut ; elles sont constituées par des calcaires ou des gypses injectés de soufre en proportions plus ou moins fortes. On y descend par des galeries très inclinées, et l'enlevage des blocs de soufre, obtenus au moyen du pic, a lieu à dos d'enfants. Le traitement du minerai est pratiqué ensuite d'une manière grossière, et sans aucun souci des pertes de soufre qu'il entraîne, puisque c'est une simple fusion, opérée, pour ainsi dire, en plein air ; on ne songe guère d'ailleurs à l'améliorer, parce que le pays manque de combustible. On procède ainsi : sur un plan incliné en maçonnerie (*fig.* à la page 753), on dispose, sous forme de cône légèrement aplati, une quantité de minerai variant de 250 à 600 mètres cubes, qu'on maintient au moyen de murs en calcaire compact de 1ᵐ,50 de hauteur. Avec les plus gros morceaux, on forme, sur le sol du *calkerone*, une voûte ou canal qui aboutit à un trou de coulée situé à la partie la plus déclive, où se trouve une maisonnette dans laquelle on recueille le produit de la fusion. A mesure qu'on élève le tas, on empile le minerai, de plus en plus fin, et

l'on recouvre le tout de poussières, dites *stères*, que l'on tasse légèrement. On allume ce *calkerone* sur plusieurs points à la fois : le feu se
propage à l'intérieur; une partie du soufre fond et gagne la partie inférieure, tandis que le reste brûle et répand dans l'air des masses de gaz
acide sulfureux, au grand dommage de l'agriculture et de la santé des
ouvriers. Le soufre liquéfié s'écoule dans la maisonnette pendant une
quarantaine de jours, par intermittence; les ouvriers le reçoivent dans
des formes en bois, appelées *ballates*, dans lesquelles il se solidifie. Les
pains obtenus pèsent de 55 à 60 kilogrammes. Il faut environ trois mois
pour finir un *calkerone*, depuis la mise en moule jusqu'à l'enlèvement des
résidus. La quantité de soufre recueilli varie naturellement avec la qualité
du minerai ; on en obtient généralement 12 à 15 pour 100 des minerais
qui en contiennent 40 pour 100. Le rendement, avec les plus riches,
s'élève à 18 et 22 pour 100.

Le produit des soufrières arrive à Marseille, au Havre, à Rouen, à
Dunkerque, en blocs ou pains de 30 à 60 kilogr., ayant la forme d'une
pyramide tronquée ; mais, pendant le transport, ces pains se brisent, se
réduisent en poussière et en fragments irréguliers de diverses grosseurs.
C'est là ce qu'on appelle le *soufre brut,* dont la couleur est jaunâtre, verdâtre, brunâtre ou grise ; ces derniers blocs sont distingués par le nom de
soufre vif. Dans cet état d'impureté, le soufre a besoin d'être purifié, ou
raffiné, selon l'expression ordinaire. L'industrie du raffinage se pratique
dans plusieurs villes de France. L'opération s'exécute partout au moyen
d'une distillation, dans un appareil imaginé, en 1815, par M. Michel, et
de la manière que nous avons indiquée (PHYSIQUE, *Notions préliminaires,* page 29, *fig.* 8).

USAGES DU SOUFRE. — SOUFRAGE DES VIGNES. — De tous les me-
talloïdes, il en est peu qui aient autant d'applications que le soufre. On
l'emploie, en effet, pour la fabrication des acides, de la poudre de guerre,
des allumettes chimiques ou ordinaires ; pour le scellement du fer dans la
pierre, la destruction des productions cryptogamiques dans les tonneaux
qui n'ont pas servi depuis quelque temps, la conservation des grains, la
destruction de la gale, le blanchiment du linge et des fleurs, et contre les
feux de cheminée. On en compose aussi un mastic très avantageux
pour fermer les solutions de continuité dans les tubes de fonte. Ce mastic
qui, en se séchant, se gonfle et devient très résistant, se compose de 18 à
20 pour 100 de soufre, auquel on ajoute assez d'eau pour former une
pâte molle de 78 à 80 pour 100 de limaille de fer, et de 2 à 3 pour 100 de
sel ammoniac, qui aide à la combinaison du soufre et du fer. Cette pâte

est fortement enfoncée dans le joint, y gonfle et y sèche en moins d'une demi-heure.

Une des plus belles applications de la *fleur du soufre* est celle qui a été faite à la préservation de la vigne. Il y a une quarantaine d'années, raconte M. Lagarrigue, une maladie extraordinaire s'est répandue sur les vignobles des différentes parties du monde. Le fléau a commencé à sévir dans une contrée où la vigne a peu de vigueur, peut-être même à cause de cette faiblesse de végétation et sous l'influence d'une température humide. C'était dans les serres du comte de Margate, en Angleterre. Un jardinier, du nom de *Tuker*, l'observa le premier, et de là lui vint sa dénomination d'*Oïdium Tukeri*. C'est une moisissure, une sorte de champignon qui en est la cause. D'Angleterre, cette végétation parasite passa en France en 1846, et attaqua d'abord des vignobles d'une médiocre réputation; elle envahit à Suresnes les propriétés de M. Rothschild, et, de là, tout le continent, en y causant d'effroyables ravages. M. Montagne, qui avait étudié la maladie des pommes de terre, porta ses investigations sur ce nouveau fléau. Les désastres furent d'abord si grands, qu'on les jugea irréparables et qu'on les attribua à une dégénérescence de la vigne, comme on l'avait fait pour les pommes de terre; et pourtant cette hypothèse ne paraît pas admissible, si l'on considère la façon dont le fléau se propagea de proche en proche. Les sociétés d'agriculture et d'horticulture se prononcèrent les premières contre cette supposition, et citèrent à l'appui de leur assertion plusieurs exemples de ceps de vigne, dont une moitié était frappée par la maladie et dont l'autre moitié restait intacte; parfois même, cette autre moitié ressentait l'année suivante les atteintes du fléau, tandis que la partie primitivement malade paraissait saine. Cela tenait simplement à la façon, encore inconnue, dont se propageaient les végétaux cryptogamiques. Ces plantes agissent en se posant sur les enveloppes des grains dont elles arrêtent le développement : la partie interne du grain, au contraire, continuant à croître, finit par briser son enveloppe, puis se pourrit.

Un Anglais, M. Kill, a le premier imaginé d'employer contre l'*oïdium*, le *soufre* et les *sulfures*, mais sans indiquer de procédé bien déterminé. C'est surtout dans le nord de la France que l'on s'est préoccupé de cette question, et les noms de MM. Rose-Charmeux, Forey et Gontier se sont attachés à cette grande découverte. Dans le Midi, M. Marès, ingénieur sorti de l'École centrale, popularisa aussi, après mille déboires, les procédés de soufrage. Son procédé, très simple, consiste à répandre, avec un soufflet ordinaire garni d'une pomme d'arrosoir, de la *fleur de soufre* sur la vigne, à trois époques différentes de l'année : 1° dès que les bourgeons se montrent ; 2° pendant la floraison ; 3° lorsque les grains commencent à se former.

Chose importante à considérer, le prix de revient est tellement minime, relativement au gain qui en résulte, qu'on ne saurait comprendre que si longtemps les vignerons aient hésité. Pour 60 francs, en effet, prix moyen du soufre et de la main-d'œuvre nécessaires aux opérations, on peut préserver un hectare de vignobles, c'est-à-dire de 10 à 20 pièces de vin. Le *soufre*, loin de diminuer la force productive de la vigne, semble encore l'activer, et son action sin-gulière se fait même, dit-on, sentir à distance. Ainsi on peut préserver toute une serre, en ré-pandant de la fleur de soufre sur un tube de chauffage de 60 à 70 degrés de température.

COMPOSÉS OXYGÉNÉS DU SOU-FRE. — Le soufre forme avec l'oxygène plusieurs acides, dans lesquels se vérifie la loi des *proportions multiples*. Toutes ces combinaisons dérivent de l'une d'elles, l'*acide sulfureux*.

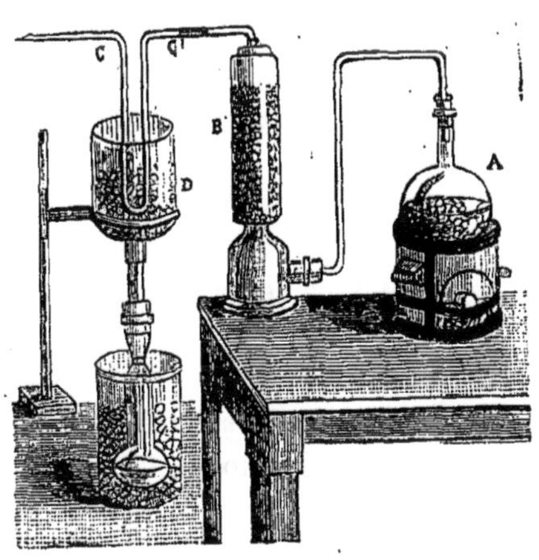

Fig. 278.

LIQUÉFACTION DE L'ACIDE SULFUREUX.

Berzélius a cru devoir séparer cette série en deux groupes ; ses dénominations ne sont pas admises par tous les chimistes français. La première comprend les acides ancienne-ment connus ; la seconde a reçu de Berzélius le nom de *série thionique*, d'un mot grec qui signifie *soufre*, pour la distinguer de l'autre série, dont le nom est tiré du mot latin qui a la même signification :

Acide hyposulfureux......... S^2O^2,HO.	Acide dithionique (hyposulfurique).. S^2O^5.
— hydrosulfureux........ $S^2O^2,2HO$.	— trithionique............ S^3O^5.
— sulfureux .... S^2O^4.	— tétrathionique............ S^4O^5.
— sulfurique........... S^2O^6.	— pentathionique............ S^5O^5.
— persulfurique......... S^2O^7.	

Nous étudierons d'abord l'*acide sulfureux* et l'*acide sulfurique*, les deux plus importants. Remarquons que la formule de ces acides est souvent *acide sulfureux* SO^2, et *acide sulfurique* SO^3 ; mais qu'étant *bibasiques*, on doit leur donner S^2O^4 et S^2O^6.

ACIDE SULFUREUX ($SO^2 = 32$; *en volume* $= 2$; $S^2O^4 = 64$; *en volume* $=$

4 ; densité = 2,234). — Un des premiers acides connus est certainement l'*acide sulfureux*, puisqu'il se forme en abondance dès que le soufre brûle au contact de l'air. Néanmoins, ce n'est que vers le commencement du XVIIe siècle qu'il a été considéré comme un corps particulier par André Libavius, médecin-chimiste de Halle, en Saxe, qui le désigna sous le nom d'*esprit acide de soufre*. Priestley l'obtint le premier à l'état de pureté, en 1774. Sa véritable composition a été indiquée par Lavoisier. Il existe, à l'état naturel, en très grande quantité, dans le voisinage des volcans, surtout pendant et après leurs éruptions ; les *solfatares* en dégagent continuellement. C'est lui qui rend l'approche de ces lieux si dangereuse ; on lui attribue la mort de Pline l'Ancien, qui périt pour avoir voulu examiner de trop près la fameuse éruption du Vésuve de l'an 79 de notre ère, qui ensevelit Pompéi, Herculanum et Stabia sous un déluge de cendres.

L'*acide sulfureux* est un gaz incolore, d'une odeur vive qui provoque la toux ; il éteint subitement les corps en combustion ; de plus, un corps éteint dans ce gaz ne peut se rallumer si on le plonge tout de suite dans l'oxygène. Cela indique le moyen trop peu employé d'éteindre les feux de cheminée avec du soufre. Il suffirait de jeter du soufre en poudre dans l'âtre ; il se forme aussitôt du gaz *acide sulfureux*, qui, s'élevant dans la cheminée, étouffe la suie qui brûle et la refroidit ou la modifie assez pour qu'elle ne puisse se rallumer.

Le gaz *acide sulfureux* se liquéfie à $+15°$ sous la pression d'environ deux atmosphères, et à la température de $-10°$ sous la pression ordinaire. A cet effet, le gaz engendré dans un ballon A (*fig.* 278) est dirigé dans un appareil dessiccateur B, contenant des fragments de *chlorure de calcium*. Le gaz, ainsi dépouillé de toute vapeur d'eau, pénètre dans un tube recourbé C, plongé dans un mélange réfrigérant de sel marin et de glace pilée D. Si l'on veut en préparer une certaine quantité et la conserver, le tube condenseur doit avoir dans la partie inférieure de sa courbure un orifice, que l'on met en rapport avec un ballon à long col étranglé E, plongé lui-même dans un mélange réfrigérant. L'acide sulfureux se liquéfie à mesure qu'il arrive dans le tube froid C, et il s'amasse dans le ballon. Quand celui-ci est suffisamment plein, on dirige le dard d'une flamme sur la partie étranglée et l'on sépare le ballon qui se trouve ainsi hermétiquement clos.

L'acide sulfureux peut être également solidifié par l'action réfrigérante d'un mélange d'*éther* et d'*acide carbonique neigeux*. Liquéfié, il est incolore et très mobile. Il entre en ébullition à $-10°$. En se vaporisant, il produit un froid si intense qu'il congèle le mercure. En effet, il fait

descendre la température à — 60° environ. Pour produire cette expérience,
on met l'acide liquide dans un large tube en verre (*fig*. 279), fixé à l'aide
d'un bouchon dans un grand flacon bien sec. Le bouchon porte lui-même

L'action de l'*acide sulfurique* est instantanée; les ouvriers tombent sans connaissance...

trois petits tubes. Celui du milieu est fermé par en bas, en verre mince,
et descend jusque dans l'acide liquide; c'est dans ce tube qu'on fera arriver le gaz à liquéfier. Le second tube, ouvert aux deux extrémités,
plonge, comme le premier, jusqu'au fond de l'acide sulfureux liquide; il

est en communication avec un bon soufflet. Le troisième tube, muni d'un caoutchouc, entraîne au dehors l'air et l'acide sulfureux vaporisé. Quand on met du mercure dans le tube du milieu, on ne tarde pas à le voir se solidifier : ce métal peut alors être frappé avec un maillet de bois et martelé comme du plomb.

Nous avons cité (PHYSIQUE, *Chaleur*, page 986) une expérience due à l'emploi de l'acide sulfureux et remarquable par son étrangeté.

L'*acide sulfureux* forme avec l'eau trois *hydrates*. Le premier, SO^2HO, s'obtient en refroidissant à 0° une dissolution saturée; le second, SO^2+9HO, s'obtient en faisant passer un courant d'acide sulfureux dans une dissolution saturée et maintenue à — 6°; le troisième, SO^2+14HO, en faisant arriver un courant d'acide sulfureux humide dans un tube entouré d'un mélange réfrigérant.

En présence de l'eau, l'acide sulfureux s'empare de l'oxygène à la température ordinaire ; aussi la dissolution d'acide sulfureux doit-elle être faite avec de l'eau privée d'air par l'ébullition ; on doit, de plus, la conserver dans des flacons pleins et bien bouchés. Si l'eau est aérée, ou s'il y a de l'air en contact avec la dissolution, il se forme de l'*acide sulfurique*. Cette action de l'acide sulfureux sur l'oxygène en présence de l'eau constitue la propriété la plus importante de ce corps ; c'est sur elle que sont fondées ses principales applications. Il peut, non seulement s'emparer de l'oxygène libre, mais encore l'enlever aux composés oxygénés qui n'ont pas une grande stabilité, comme l'*acide azotique*, par exemple. Si l'on verse quelques gouttes d'acide azotique concentré dans une grande éprouvette pleine d'acide sulfureux, ce gaz se change en acide sulfurique, et l'on voit apparaître des vapeurs rutilantes d'acide hypoazotique et les cristaux des chambres de plomb :

$$SO^2+AzO^5,HO = SO^3,HO+AzO^4 \quad et \quad 2SO^2+2AzO^4 = AzO^3+S^2AzO^9.$$

Grâce à ses propriétés réductrices, l'acide sulfureux altère beaucoup de matières colorantes, en s'emparant de leur oxygène; on l'utilise pour enlever sur le linge les taches de vin ou de fruits rouges ; pour cela, on enflamme un peu de soufre sous un cornet de papier faisant l'office de cheminée, et on le place au-dessus de la tache rouge imbibée d'eau ; l'acide sulfureux se dissout et réagit peu à peu ; il suffit ensuite de laver pour enlever les produits formés. L'industrie l'emploie dans le blanchiment d'un certain nombre de tissus. Voici quels sont les moyens :

On blanchit à l'acide sulfureux la soie, la laine, les fibres animales, la paille; mais on ne blanchit jamais le coton, le lin, le chanvre et autres fibres végétales par cet acide. Ce corps les altérerait, ce qui n'a pas lieu avec le chlore et les chlorures décolorants, qui font beaucoup mieux et sont exclusivement employés pour les fibres végétales.

L'acide sulfureux gazeux ou les bisulfites sont employés pour le blanchiment ; l'acide sulfureux dissous peut l'être, mais il fait moins bien que les deux premiers. Pour blanchir à l'acide sulfureux gazeux, on étale sur des perches les *flottes* ou les tissus de laine ou de soie, dans une pièce appelée *soufroir*. Les flottes ou les tissus sont *humides*, sortant des essoreuses. Il est convenable de couvrir les flottes ou pièces avec une doublure en molleton grossier, qu'on lave de temps en temps. Les flottes et pièces pendent librement. Le soufroir étant garni, on allume dans un coin le soufre contenu dans une marmite ou terrine ; puis l'on ferme le soufroir. Tant qu'il y a de l'oxygène dans l'air en quantité convenable, le soufre brûle et l'acide sulfureux se dégage et va se condenser sur les fibres humides. *Au moment de la condensation*, on peut le considérer comme à l'état naissant : c'est alors qu'il blanchit ; c'est ce qui explique pourquoi l'acide sulfureux dissous ne blanchit pas. Préparé à l'avance, il n'est plus à l'état naissant. Crace-Calvert, de Manchester, après bien d'autres, ainsi que M. Raoul Pictet, avait préconisé l'acide sulfureux dissous pour blanchir les laines. La fabrique montée par ses soins pour produire en grand l'acide sulfureux dissous n'eut pas de durée.

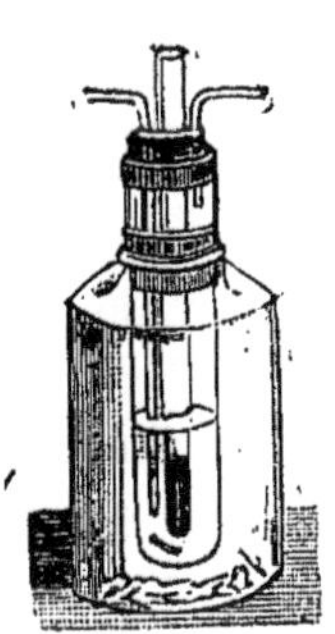

Fig. 270.
SOLIDIFICATION
DU MERCURE.

Selon l'intensité des blancs que l'on veut obtenir, on maintient les fibres douze, vingt-quatre heures et même plus, dans la chambre à soufre. La couverture en molleton sert à empêcher des gouttelettes d'acide sulfurique, se formant au plafond, de tomber sur les flottes ou tissus et de les brûler à la place où elles tombent. Le soufrage étant fini, par un jeu de soupape, on envoie l'air de la chambre dans la cheminée de l'usine, et les flottes ou tissus sont soumis au *désoufrage*, qui se fait en donnant un léger avivage à l'acide chlorhydrique et à tiède ; le blanc s'achève, et, s'il y a des taches jaunes, provenant de la condensation de soufre, elles disparaissent. Quelquefois on donne deux soufres, quand il s'agit des grands blancs. On peut mouiller les fibres avec une solution de carbonate de soude ; dans ce cas, il se produit du bisulfite de soude sur la fibre. Ce procédé est principalement employé pour blanchir les pailles. Le bisulfite de soude (vendu sous le nom de *leucogène*) est employé en grand pour les produits en bourre. Pour cet usage, on fait macérer les laines en bourre quelques heures dans le bisulfite de soude étendu, puis on les serre et on les passe dans un avivage tiède d'acide chlorhydrique. Au moment de l'action de l'acide chlorhydrique sur le bisulfite, il se produit de l'acide sulfureux naissant, qui blanchit instantanément les laines. Or, c'est tellement l'acide sulfureux naissant qui blanchit, que les bains chargés d'acide sulfureux doivent être jetés, car ils sont sans action.

L'*acide sulfureux* s'obtient, dans les laboratoires, en désoxydant partiellement de l'acide sulfurique concentré à l'aide d'un métal. Dans un ballon de verre, on met, par exemple, 50 grammes de mercure avec 200 grammes d'*acide sulfurique*. Le mercure s'empare d'un tiers de l'oxygène et donne de l'acide sulfureux et de l'*oxyde de mercure;* cet oxyde basique s'unit à l'acide non décomposé et forme du *sulfate d'oxyde de mercure :*

$$Hg + 2SO^3,HO = SO^2 + HgO,SO^3 + 2HO.$$

On peut remplacer le mercure par du cuivre. Quand on veut de l'acide sulfureux en dissolution, on remplace avec économie le métal par du charbon, qui, réagissant sur l'acide sulfurique, donne de l'*acide sulfureux* et de l'*acide carbonique :*

$$C + 2SO^3,HO = CO^2 + 2SO^2 + 2HO.$$

On se sert pour cette expérience d'un appareil de Woulf.

En enflammant du soufre au contact de l'air, on obtient aussi de l'acide sulfureux, et c'est ainsi que l'industrie opère toutes les fois que la présence de l'azote et de l'oxygène ne peut nuire à l'action que l'on attend de l'acide sulfureux. Le grillage des *pyrites* par l'air à une température élevée est également employé en grand pour cette production :

$$2FeS^2 + 11O = Fe^2O^3 + 4SO^2.$$

ACIDE HYPOSULFUREUX (S^2O^2,HO). — Ce liquide sirupeux, incolore, inodore, est tellement instable qu'il se décompose presque aussitôt en acide sulfureux et en soufre. On ne le connaît guère qu'à l'état de combinaison saline. Il se produit : 1° toutes les fois que l'on fait agir l'acide sulfureux, en dissolution dans l'eau, sur les métaux qui le décomposent sous l'influence des acides, tels que le fer, le zinc, etc. Dans cette réaction, il se produit toujours un mélange de *sulfite* et d'*hyposulfite:*

$$2Zn + 3SO^2 = ZnO,SO^2 + ZnO,S^2O^2;$$

2° lorsqu'on fait digérer dans un vase clos la dissolution d'un sulfite, comme le sulfite de soude, avec de la fleur de soufre lavée ; 3° en exposant à l'air la dissolution d'un sulfure alcalin au moins *bisulfuré*, jusqu'à ce que la dissolution soit incolore ; il ne se forme que de l'*hyposulfite*, s'il n'est que *bisulfuré*; s'il est tri, quadrisulfuré, le soufre excédant se dépose.

Tous les hyposulfites solubles dissolvent les chlorures, bromures et iodures d'argent. La photographie utilise cette propriété : le papier ou la plaque photographique, imprégnée d'un composé d'argent, est plongée dans une dissolution d'hyposulfite de soude (PHYSIQUE, *Optique*, page 496, 498). Elle utilise également un hyposulfite double d'or et de soude, obtenu récemment :

$$AuO,S^2O^2 + 3NaO,S^2O^2 + 4HO.$$

ACIDE SULFURIQUE. — Cet acide était inconnu des anciens, et c'est sans doute à cette circonstance, dit M. J. Girardin, qu'il faut attribuer le peu de progrès qu'ils firent dans les arts industriels. Il est assez difficile de fixer l'époque précise à laquelle cet agent si précieux a été découvert. Il en est fait mention, pour la première fois, mais en termes obscurs et ambigus, dans les ouvrages d'Abou-Bekr. Au XIII° siècle, Albert le Grand le désigna sous le nom de *soufre des philosophes* et *d'esprit de vitriol romain*. Au milieu du XV° siècle, Basile Valentin exposa parfaitement sa préparation ; mais c'est Gérard Domœus, qui décrivit le premier, en 1730, ses caractères distinctifs.

Il présente un immense intérêt, soit pour le savant, soit pour l'industriel. Son énergie, bien plus puissante que celle de tous les autres composés du même genre, et surtout son bas prix, l'ont rendu l'agent le plus utile et le plus fréquemment employé de la plupart des arts. La fabrication des autres acides, de la soude artificielle, de l'alun, du chlore, du phosphore, des eaux minérales gazeuses, des bougies stéariques ; l'affinage de l'argent, le décapage du fer et d'autres métaux ; la saccharification de la fécule, la dissolution de l'indigo, l'épuration des huiles à brûler, la préparation de la garancine, le débourrage des peaux qu'on doit soumettre au tannage, le blanchiment des toiles, en un mot, presque toutes les opérations des manufactures et des laboratoires réclament son secours.

On le connaît sous deux états : 1° *anhydre* et solide ; 2° *hydraté* et liquide ; mais, liquide, il forme plusieurs *hydrates* à proportions définies, et caractérisées par des propriétés particulières.

ACIDE SULFURIQUE ANHYDRE ($SO^3 = 40$; *en volume = 2 ; densité = 1,97*). — *L'acide sulfurique anhydre* est un corps solide, blanc, cristallisé en longues aiguilles soyeuses et brillant comme de l'amiante, que l'on peut comprimer entre les doigts sans qu'elles brûlent, à condition qu'elles soient bien sèches. Récemment préparé, cet acide fond à 18° et se volatilise vers 35°: Il subit avec le temps une modification moléculaire et ne fond plus qu'à 100°. Il est sans action sur le papier de tournesol bien sec. On ne doit pas en conclure cependant que ce n'est pas un acide; car les réactions, on le sait, ne peuvent s'opérer qu'en présence de l'eau. Le soufre se dissout dans l'acide sulfurique anhydre et produit des dissolutions dont la couleur varie selon les proportions de soufre qu'on ajoute. Ainsi 1 de soufre et 5 d'acide donnent un liquide brun transparent; 1 de soufre et 7 d'acide, un liquide vert; 1 de soufre et 10 d'acide, un liquide d'un beau bleu, susceptible de communiquer sa teinte à une grande quantité d'acide de Nordhausen. Ces combinaisons sont d'ailleurs très peu stables. L'acide anhydre a une si grande affinité pour l'eau que, si l'on en verse dans ce liquide, on entend le même bruit que si l'on y plongeait un fer rouge, tant la chaleur produite est considérable; et si l'on verse de l'acide dans une très petite quantité d'eau, il peut y avoir dégagement de lumière. Les vapeurs qu'il forme au contact de l'air sont dues à cette affinité. En contact avec les corps organiques, il les noircit immédiatement.

On le prépare en faisant passer, dans un tube de porcelaine ou de verre contenant de l'éponge de platine et chauffé à 300°, un mélange de gaz sulfureux, d'oxygène et d'air parfaitement sec. On adapte un récipient que l'on refroidit au moyen de la glace : les vapeurs vont se condenser et cristalliser dans le tube refroidi; pour conserver l'acide ainsi produit, il faut fermer à la lampe les deux extrémités du tube où on l'a recueilli. Mais ce moyen étant fort long, on le prépare habituellement en distillant à une douce chaleur l'*acide de Nordhausen* dans une cornue en verre, à laquelle on adapte un récipient en verre effilé par un bout, bien sec, et entouré de glace.

ACIDE DE NORDHAUSEN ($SO^3 + SO^3,HO$). — Cet acide, appelé aussi *acide de Saxe, acide fumant, acide glacial*, est un liquide brun, d'aspect oléagineux, répandant à l'air des fumées abondantes, et qui n'est autre chose qu'un dissolution d'*acide sulfurique anhydre*, SO^3, dans de l'*acide sulfurique normal*, SO^3,HO. La fabrication en était autrefois localisée à Nordhausen (Saxe), d'où lui vient son nom. Pour l'obtenir, on abandonne longtemps du sulfure de fer naturel (*pyrite*) à l'action combinée de l'air et de l'humidité. En absorbant de l'oxygène, le sulfure se change en *sulfate de protoxyde de fer*. Ce sel est soumis à un grillage qui lui fait perdre la majeure partie de son eau de cristallisation et le transforme en *sul-*

fate de sesquioxyde. Ce dernier produit, soumis à la distillation, laisse pour résidu de l'oxyde rouge de fer ou sesquioxyde, et dégage un mélange de vapeurs d'*acide sulfurique anhydre* et d'*acide monohydraté.* La distillation s'opère dans des cylindres en terre placés, au nombre de 200 et plus, à côté les uns des autres et horizontalement, dans un même fourneau (*fig.* 280). Chaque cylindre communique avec un récipient en grès disposé obliquement hors du four. C'est là que se condense le mélange d'acide anhydre et d'acide hydraté dégagé par l'action de la chaleur. Le

Fig. 280. — FABRICATION DE L'ACIDE DE NORDHAUSEN.

principal emploi de l'*acide de Nordhausen* consiste dans la dissolution de l'indigo ; il en dissout beaucoup plus que l'*acide normal ;* en outre, comme il ne contient jamais de composés oxygénés de l'azote, il a l'avantage de ne pas altérer la couleur, ce que fait souvent l'acide ordinaire ; aussi est-il davantage employé, quoique d'un prix six fois plus élevé. Il cristallise à la température ordinaire ; ses cristaux, dont la formule est

$$2SO^3,HO = SO^3 + SO^3,HO,$$

ne fondent plus ensuite qu'à 35°, lorsqu'ils ont été séparés du reste du liquide. Le sesquioxyde de fer, qui reste dans les cornues de distillation, est connu sous le nom de *colcotar* ou *rouge d'Angleterre* et sert pour le polissage des glaces.

ACIDE SULFURIQUE NORMAL (SO^3,HO ou $S^2O^6,2HO$; *densité à* 15° = *1,842*). — Cet acide est un liquide incolore, inodore. Sa consistance oléagineuse lui avait fait donner le nom d'*huile de vitriol*, parce qu'on le retirait du vitriol vert (*sulfate de fer*). Il rougit fortement la teinture de tournesol ; il entre en ébullition à + 325°, en produisant des vapeurs épaisses, blanches, pesantes, qui provoquent fortement la toux. A — 34°, il se solidifie ; il a une telle affinité pour l'eau qu'on s'en sert souvent pour dessécher les gaz et pour faire les opérations dans le vide sec ; si les flacons dans lesquels on le conserve, et qui doivent être bouchés à l'émeri, parce que le liège serait bientôt brûlé, ne sont pas bouchés bien hermétiquement, l'acide absorbe l'eau hygrométique en peu de temps, et il arrive bientôt à l'état de *bihydrate*, $SO^3,2HO$, qui cristallise à + 4° en gros prismes rhomboïdaux sans que l'on s'en aperçoive ; les touries se fendent, parce qu'il augmente de volume en se solidifiant, et, si on ne le voit pas, l'acide, lorsque la température s'élève, se liquéfiant, se répand au dehors et peut causer des accidents graves, ou, tout au moins, une perte notable. La plupart des métalloïdes le décomposent, ainsi que beaucoup de métaux, en s'emparant de son oxygène ; mais il ne faut pas, pour que l'action ait lieu, que l'acide soit étendu d'eau, car alors il n'agit que sur les métaux qui peuvent décomposer l'eau en sa présence. Quand on mêle de l'eau et de l'acide sulfurique, il se produit une élévation de température qui peut dépasser 100°. On doit verser l'acide lentement dans l'eau, et agiter constamment, pour éviter toute projection. En versant l'eau dans l'acide concentré, on déterminerait de véritables explosions. Dans la combinaison de l'acide avec l'eau, il y a toujours *contraction* : le volume de l'acide étendu est moindre que la somme des volumes occupés par les deux liquides avant le mélange. Le maximum de contraction correspond à la combinaison de l'équivalent d'acide monohydraté avec 2 équivalents d'eau : c'est pour cette raison qu'on regarde $SO^3,3HO$ comme un hydrate défini et non comme un simple mélange.

PRÉPARATION DE L'ACIDE SULFURIQUE NORMAL. — La préparation de d'acide sulfurique repose sur l'oxydation de l'acide sulfureux par les composés oxygénés de l'azote et sur les réactions qui se produisent entre les composés, l'air et la vapeur d'eau. L'acide sulfureux, oxydé par l'acide azotique concentré, donne de l'acide sulfurique et de l'acide hypoazotique : $SO^2 + AzO^5,HO = SO^3,HO + AzO^4$. L'acide hypoazotique formé se convertit, sous l'influence de l'eau, en acide azotique et en acide azoteux :

$$2AzO^4 + 2HO = AzO^3,HO + AzO^5,HO.$$

L'acide azoteux oxyde l'acide sulfureux et donne de l'acide sulfurique et du bioxyde d'azote :

$$AzO^3,HO + SO^2 = SO^3,HO + AzO^2.$$

On s'en sert pour détruire les rats... (page 787).

Enfin le bioxyde d'azote, s'emparant de l'oxygène de l'air, se transforme en acide hypoazotique : $AzO^2 + 2O = AzO^4$. L'acide hypoazotique, formé dans cette dernière réaction, se transformant en présence de l'eau en acide azoteux et acide azotique, les mêmes réactions se produisent.

Pour montrer que l'oxygène fixé sur l'acide sulfureux peut être considéré comme emprunté à l'air, on fait l'expérience suivante. On prend un grand ballon de verre (*fig.* 281) au fond duquel on met un peu d'eau, et dont le col est fermé par un bouchon, traversé par quatre tubes. L'un de ces tubes amène le *bioxyde d'azote* provenant d'un flacon, le second amène l'*acide sulfureux* produit dans un ballon ; un troisième sert à insuffler de l'air. Ces trois premiers tubes descendent jusqu'au centre du ballon. Le quatrième aboutit seulement dans la partie supérieure du col ; il est destiné à donner issue au gaz chassé par l'insufflation. Le bioxyde d'azote arrivant dans le ballon y produit des vapeurs rutilantes qui disparaissent bientôt au contact de l'eau, préalablement chauffée, et du gaz acide sulfureux. Quand les vapeurs rutilantes cessent de se produire, on insuffle de l'air, et les réactions recommencent immédiatement. La formation de l'acide sulfurique se constate facilement, en versant dans l'eau du ballon un sel soluble de baryte, qui donne un précipité blanc et insoluble de sulfate de baryte. Quand on ne chauffe pas l'eau mise au fond du ballon et qu'à l'aide d'une éponge mouillée on refroidit les parois pendant les réactions, une partie de l'*acide hypoazotique*, au lieu de passer à l'état d'*acide azotique*, réagit sur l'*acide sulfureux;* il forme des cristaux, S^2AzO^9, appelés *cristaux des chambres de plomb*, qui déposent sur les parois du ballon :

$$2SO^2 + 2AzO^4 = AzO^3 + S^2AzO^9.$$

Ces cristaux disparaissent en dégageant des vapeurs rutilantes, dès que, en inclinant le ballon, on les met en contact avec l'eau. Leur formation avertit que la préparation de l'acide sulfurique marche mal, faute d'eau ; elle doit être évitée dans l'opération industrielle, car elle entraîne la perte de produits nitreux.

La préparation industrielle de l'*acide sulfurique* se fait aujourd'hui dans un appareil, dit *des chambres de plomb*, imaginé par Jean Holker (1),

(1) HOLKER (Jean), savant industriel anglais, naturalisé français (1718-1786). Il était à la tête d'une filature importante, qu'il abandonna, en 1745, pour rejoindre le prince Charles-Édouard débarquant en Écosse ; il se distingua à la bataille de Culloden, où il fut blessé et reçut une épée d'honneur, puis fut fait prisonnier à Carlisle et condamné à mort. Il parvint à s'échapper et se réfugia en France, où il prit du service dans le régiment irlandais O'Glevy, et mérita le brevet de capitaine et la croix de Saint-Louis. Il quitta le service pour s'occuper d'industrie, et fut nommé inspecteur général des manufactures. Il établit à Rouen, à Sens, à Montereau, à Montargis, à Lyon, des calandres à chaud pour l'apprêt des étoffes, des filatures de coton, monta la teinture en bleu à chaud, fonda des fabriques de plusieurs espèces de coton, particulièrement de velours de coton, alors inconnu. Malgré sa condamnation à mort, il passa en Angleterre, sous un déguisement, pour attirer en France des ouvriers de toute espèce. En 1766, il fonda la première fabrique d'acide sulfurique par le système des chambres de plomb. Son petit-fils, mort à Paris en 1844, perfectionna l'industrie de l'acide sulfurique, et sa méthode, employée dans les fabriques fondées par lui, associé à Darcet et Chaptal, aux Ternes, à Nanterre, est celle usitée aujourd'hui dans tous les grands établissements.

et rendu manufacturier par Holker, Chaptal et Darcet. Voici la description de cet appareil (*fig.* 282). A et A' sont deux fourneaux dans lesquels on brûle le soufre ; ils sont accouplés. Le soufre brûle sur une large plaque en tôle. La chaleur produite par cette combustion est utilisée pour fournir la vapeur d'eau nécessaire à la réaction dans les chambres. A cet effet, une chaudière est placée dans chaque fourneau, immédiatement au-dessus de la sole sur laquelle le soufre brûle. Un tuyau *cd* conduit cette vapeur dans les diverses chambres. A l'extrémité de chacun des deux fours, un gros tube en tôle B porte le gaz de la combustion dans une cheminée commune B', dont la section de passage est égale à la somme des sections des tubes B. Cette cheminée doit avoir au moins une hauteur de 6 à 7 mètres, afin que les gaz acquièrent une force ascensionnelle assez grande pour traverser les diverses parties de l'appareil. Elle conduit le mélange de gaz sulfureux et d'air atmosphérique dans une première petite chambre en plomb C, dite *premier tambour*, où se trouvent disposées des tablettes en plomb inclinées.

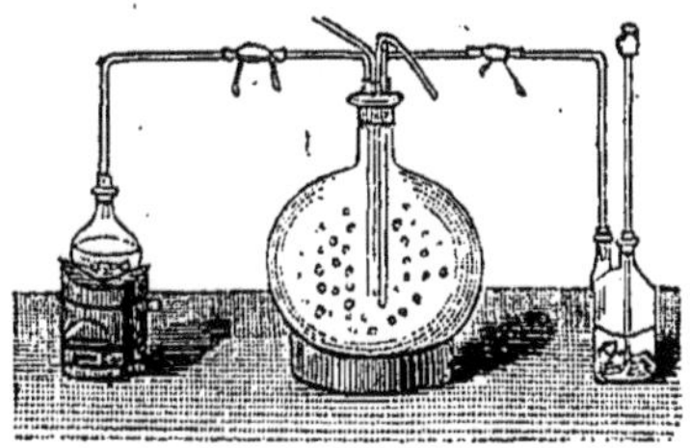

Fig. 281.
THÉORIE DE LA PRÉPARATION
DE L'ACIDE SULFURIQUE.

On fait tomber sur la tablette inférieure un courant continu, et convenablement réglé, d'un acide sulfurique concentré, fortement chargé de produits nitreux. Cet acide est renfermé dans le vase *h*. Il coule, en nappes minces et en cascades, le long des planchettes, et se réunit sur le fond du tambour. Une partie des produits nitreux réagit sur le gaz sulfureux, qu'elle transforme en acide sulfurique ; le reste se dégage au milieu du mélange gazeux d'acide sulfurique et d'air. Une injection de vapeur, lancée par un étroit orifice, dans la direction des gaz qui s'écoulent de la cheminée, concourt au tirage des fours et favorise les réactions indiquées. Le mélange gazeux, poussé par les produits successifs de la combustion du soufre, passe du premier tambour, par un tuyau *a*, dans une chambre en plomb C', dite *deuxième tambour* ou *dénitrificateur*, de 100 mètres cubes de capacité. A l'origine même du tuyau, on fait arriver dans la chambre, par le tube H, un jet de vapeur sous une pression élevée. L'acide sulfurique produit tombe sur le sol de la chambre, où arrive également par un tube en plomb celui qui se réunit au fond du premier tambour. Les gaz se rendent ensuite, par un tuyau, dans un troisième tambour D, de mêmes dimensions que le second. Au devant de l'orifice du tuyau sont placées deux pièces en terre cuite, en grès ou en porcelaine EE, ayant la forme d'un château d'eau à plusieurs cascades, du sommet desquelles on fait tomber un filet continu et convenablement réglé d'acide azotique. Cet acide est renfermé dans des vases en grès I, placés au dehors de la chambre. L'acide azotique est décomposé ; il se forme de l'acide sulfurique, et les gaz nitreux de la réaction se mêlent avec le gaz sulfureux et l'air atmosphérique. L'acide sulfurique produit dans cette chambre est très chargé de composés nitreux ; il tombe sur le sol et coule de là, à l'aide d'un petit tuyau F, dans le troisième tambour, où il se trouve en contact avec des gaz renfermant beaucoup d'acide sulfureux, qui lui enlèvent ses produits nitreux.

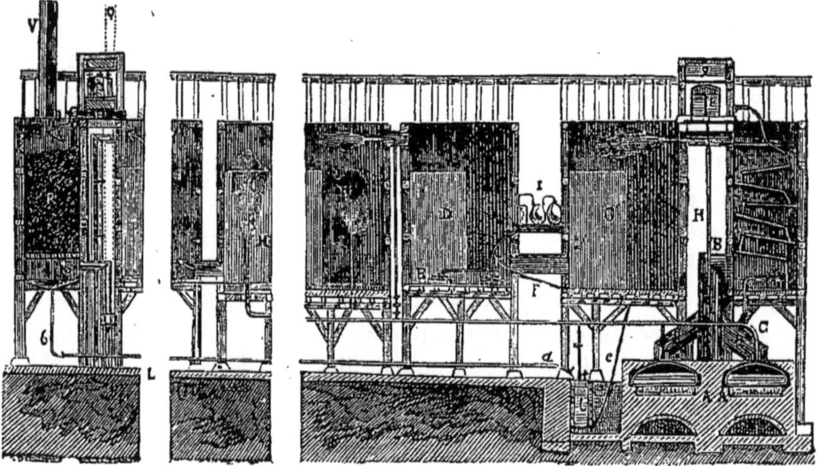

Fig. 282. — CHAMBRES DE PLOMB.

Le sol du troisième tambour est, à cet effet, un peu plus élevé que celui du deuxième. Les gaz, continuant leur route, sont conduits par un autre tuyau dans une quatrième chambre, dite *grande chambre*, qui peut avoir environ 1,000 mètres cubes, et où se passe principalement la réaction des gaz sulfureux, nitreux et oxygène, parce que ces gaz y séjournent longtemps. Des jets de vapeur HH y arrivent sur plusieurs points, y font tourbillonner les gaz et favorisent les réactions. C'est dans cette chambre que se rend tout l'acide sulfurique formé dans les autres ; aussi son niveau est-il inférieur. Au sortir de là, les gaz ne sont pas encore déversés dans l'atmosphère. La température est très élevée dans cette chambre et une portion assez considérable d'acide sulfurique y existe à l'état de vapeur. De plus, les gaz renferment encore des produits nitreux qu'on peut leur enlever, de manière à économiser sur la dépense de l'acide azotique. On fait donc passer encore les gaz à travers deux tambours N, dits *tambours en queue*, de 100 mètres cubes de capacité, qui servent de réfrigérants et dans lesquels sont disposées des tablettes qui interrompent le courant gazeux et facilitent ainsi le dépôt des vapeurs. Les gaz se rendent dans un troisième réfrigérant L, refroidi extérieurement par de l'eau ; enfin ils arrivent dans un *dernier tambour* R, dit *colonne de Gay-Lussac*, qui a pour objet d'absorber les gaz nitreux, et, de là, ils se perdent dans l'atmosphère par le tuyau V. Ce tambour R est rempli de gros fragments de coke, maintenus par un diaphragme S, sur lesquels on fait tomber un courant continu d'acide sulfurique concentré provenant du réservoir *o*, et formant ce qu'on appelle la *cascade de Clément.* Cet acide, à 62 ou 64 degrés, laisse échapper l'azote et l'oxygène, mais absorbe très bien les vapeurs nitreuses. Les gaz non absorbables sortent continuelle-ment par le tuyau V qui surmonte le tambour. Ils constituent un résidu gazéi-forme, inutile au fabricant, tandis que l'acide sulfurique qui filtre sur le coke et descend dans le réservoir *i* ramène avec lui le gaz hypoazotique qu'il a retenu au passage. C'est cet acide sulfurique nitreux que l'on fait remonter dans le vase supé-rieur *gh* pour le faire tomber de là dans le premier tambour, où il se dénitrifie. Une disposition très simple permet d'éle-ver facilement cet acide du réservoir *i* dans le vase *gh :* le haut de celui-ci com-

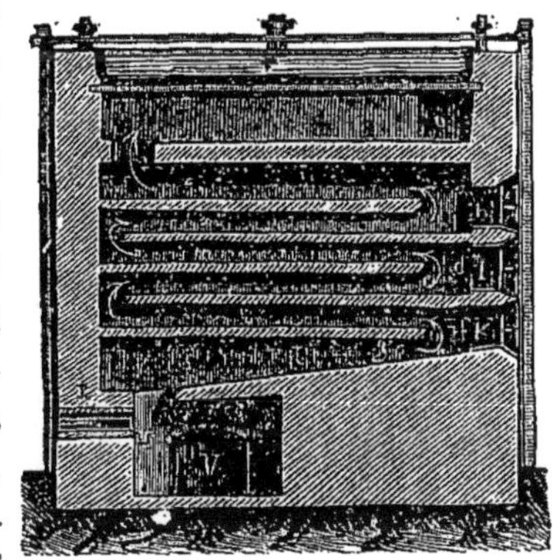

Fig. 283. — FOUR A PYRITES.

munique avec le bas du réservoir *i* par le tuyau *ef ;* ce haut du vase porte un tube à robinet qui s'embranche sur le tuyau général de va-peur *cd.* Pour faire monter le liquide du réservoir *i* dans le vase *gh*, il suffit d'ouvrir le robinet ; la pression de la vapeur dans la chaudière s'exerce alors sur la surface du liquide et le fait monter au niveau *g*. On ferme le robinet quand le vase est plein. (J. Girardin.)

Depuis quelques années, on a remplacé dans un grand nombre d'u-sines le soufre par les *pyrites*, qui, calcinées en présence d'un excès d'air, donnent l'acide sulfureux à très bas prix. Pour cela, la pyrite en poudre est établie sur les tablettes *c, d, e, f, g* d'un four (*fig.* 283), y est grillée par l'air qui, en pénétrant pour l'ouverture *l*, circule successivement sur tous les étages. Au moment de mettre un four en marche, on le chauffe avec un feu de bois placé sur la sole *t*. La chaleur dégagée par la com-bustion du soufre de la pyrite suffit pour entretenir la température né-cessaire au grillage. Toutes les quatre heures, un ouvrier, armé d'un râ-teau, refoule dans le cendrier V la pyrite qui était étalée sur la sole *t ;* puis il fait descendre celle de l'étage *g* sur la sole, celle de l'étage *f* sur l'étage *g*, et continue de même pour les autres étages ; l'étage supérieur;

.devenu libre, reçoit une nouvelle couche de pyrite crue. Grâce à cette manipulation, la désulfuration de la pyrite peut être à peu près complète, la pyrite partiellement grillée .rencontrant constamment de l'air d'autant plus riche en oxygène qu'elle est déjà plus désulfurée. L'acide sulfureux qui en résulte passe, avec l'azote de l'air et l'oxygène non absorbé, dans la chambre *a*, où il dépose les poussières entraînées, et de là se dirige par le conduit O, soit vers les chambres, soit vers l'appareil de concentration.

L'*acide sulfurique*, en sortant des *chambres de plomb*, ne marque guère que 50° à 52° Baumé. Pour certaines fabrications, il est nécessaire de le concentrer. Cette opération se fait en deux périodes. D'abord on l'amène à 57° ou 60° dans des bassins en plomb A peu profonds (*fig.* 284), placés en étages sur un fourneau commun ; mais on ne peut aller plus loin, parce que le plomb serait attaqué par l'acide. Alors on reprend l'opération dans un alambic en platine B. Ces alambics sont d'un prix excessivement élevé, puisque les plus petits coûtent 20,000 francs et que certains vont jusqu'à 70 et 80,000 francs ; ces derniers peuvent concentrer 4,000 kilogrammes en 24 heures. Un petit tube recourbé sert à introduire l'acide ; le chapiteau de l'alambic porte latéralement une allonge, qui conduit les vapeurs distillées dans un serpentin placé dans un réfrigérant qui les condense. Ce liquide condensé est de l'eau contenant une certaine quantité d'acide sulfurique, il retourne dans la chambre de plomb. Un siphon en platine C pénètre par une tubulure au fond de l'alambic ; à sa partie supérieure, il porte des tubes à entonnoir pour l'amorcer. Pendant cette opération, le robinet placé à l'extrémité inférieure du siphon est fermé. Le siphon est plongé dans un réfrigérant D, qui reçoit un courant constant d'eau pour permettre de recevoir dans les touries l'acide complètement refroidi.

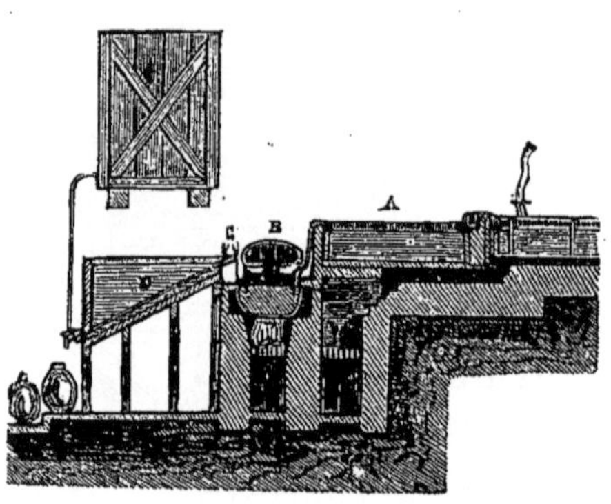

Fig. 284.

CONCENTRATION DE L'ACIDE SULFURIQUE.

Aujourd'hui, on réalise la concentration, dans beaucoup d'usines, dans la *tour de Glover*, qui sert en même temps à dénitrifier l'acide sulfurique nitreux venant de la *colonne de Gay-Lussac*. Cet appareil se compose (*fig.* 285) d'une colonne en briques revêtue intérieurement de briques réfractaires, reposant sur une large base, et fermée à ses deux extrémités par un obturateur en terre réfractaire. On remplit cette colonne de pierre ponce ou de tout autre corps diviseur inattaquable; dans sa partie inférieure sont pratiqués des orifices qui donnent passage à un courant d'air chauffé énergiquement dans un foyer spécial. L'acide coule continuellement par une ouverture percée au centre de l'obturateur supérieur; il se répand sur la pierre ponce et se trouve en contact avec l'air chaud. Au fur et à mesure qu'il descend dans la colonne, il rencontre des couches de plus en plus chaudes; il se concentre dès lors d'une manière continue, et, arrivé à la base, il marque 60° à 62° Baumé.

L'*acide sulfurique* ainsi obtenu n'est jamais absolument pur; il est souvent indispensable d'éliminer les corps étrangers qu'il peut contenir. Pour détruire l'*acide hypoazotique* ou l'*acide azoteux*, on ajoute à l'acide, pendant sa concentration, une petite quantité de *sulfate d'ammoniaque*; les réactions s'opèrent comme l'indiquent l'équation :

$$Az^3O^{12} + 4 (AzH^3, HO, SO^3) = 4SO^3 + 13HO + 7Az,$$

en supposant de l'acide hypoazotique,

et la suivante : $AzO^3 + AzH^3, HO, SO^3 = SO^3 + 4HO + 2Az,$

en supposant de l'acide azoteux.

L'*acide arsénieux*, provenant surtout de la combustion du soufre des pyrites, peut être éliminé au moyen du *sulfure de baryum* :

$$AsO^3 + 3BaS^3 + n\,SO^3 = AsS^3 + 3BaO, SO^3 + n\,SO^3.$$

Pour les autres substances, sulfates de plomb, peroxyde de fer, de chaux, etc., il faut distiller l'acide, opération qui présente quelque difficulté, en raison des soubresauts qui se produisent dès que l'ébullition commence, et qui peuvent briser la cornue dans laquelle s'opère la distillation. Cette cornue doit être de verre, et son col pénétrer dans un ballon sans tubulure; car on ne peut employer ni lut ni bouchon : le col pénètre jusqu'au centre du ballon. En plaçant au fond de la cornue de petits morceaux de fil de platine, on favorise l'ébullition et on la rend plus régulière. On chauffe graduellement la cornue, dans laquelle on a introduit l'acide avec un peu de sulfate d'ammoniaque pour détruire les composés nitreux. Lorsqu'on a distillé environ le dixième de l'acide, il faut changer le récipient par un autre parfaitement lavé à l'eau distillée et bien desséché.

SÉRIE THIONIQUE. — Les acides de cette série se décomposent tous plus ou moins facilement par la chaleur, et quelques-uns même spontané-

ment ; c'est en raison de cette analogie que Berzélius a cru devoir en faire
nne série distincte, qui a été généralement adoptée. Ils sont sans aucune
importance quant à leurs applications.

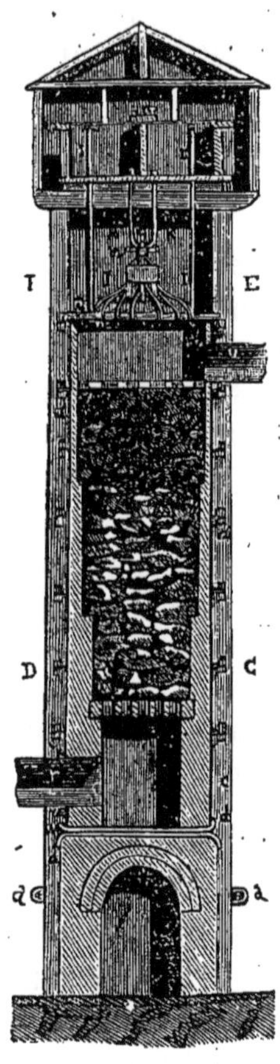

Fig. 285.
TOUR DE GLOVER.

COMPOSÉS HYDROGÉNÉS DU SOUFRE. — ACIDE SULFHYDRIQUE (HS $= 17$; *en volume $= 2$; densité $= 1,1912$*). — Cet acide, nommé quelquefois acide *hydrosulfurique* et très souvent *hydrogène sulfuré,* est un gaz incolore ; sa saveur est acide et sucrée tout à la fois ; son odeur est infecte, identique à celle des œufs pourris, car c'est précisément à sa présence que les œufs, en se décomposant, doivent leur odeur. Une pression de 16 atmosphères le convertit, à 0°, en un liquide incolore, qui se solidifie à — 80° en cristaux transparents. Il fait tourner au rouge vineux la teinture bleue de tournesol ; il éteint les corps en combustion et il brûle avec une flamme pâle en produisant de l'eau par la combustion de son hydrogène, et de l'acide sulfureux par la combustion de son soufre. A la température ordinaire, l'eau dissout environ trois fois son volume d'acide sulfhydrique. On obtient cette dissolution en faisant passer un courant de ce gaz dans de l'eau distillée récemment bouillie, et contenue dans un *appareil de Woulf.* La dissolution possède l'odeur infecte du gaz lui-même ; elle est incolore, mais l'action de l'air la rend facilement trouble et laiteuse. Cet acide est toujours libre dans la nature ; il se dégage continuellement des entrailles de la terre dans les localités volcaniques ; toutes les fois que l'on perce des puits artésiens dans des bancs de marne ou d'argile, il y en a un dégagement abondant. Beaucoup d'eaux, dites *sulfureuses* ou *hépatiques,* en émettent toujours ; c'est aussi un des produits constants de la putréfaction des matières organiques qui renferment du soufre ; c'est pourquoi les fosses d'aisances, les charniers, les égouts, les tas de fumier, la vase des marais et des fossés, la boue noire des villes lui doivent leur odeur infecte. C'est à l'influence de l'*acide sulfhydrique* qu'est dû le développement de la *mal'aria* ou mauvais air, fléau qui rend si malsaines certaines contrées d'Italie, d'Afrique ; c'est aussi à lui qu'il faut attribuer la teinte grise, puis noire, que prennent à l'air toutes les

Les feniens d'Irlande s'en servaient pour incendier les habitations... (page 789).

peintures à l'huile, l'altération de l'or, de l'argent, du cuivre, du plomb, etc. Il est irrespirable et tellement délétère qu'on a peine à concevoir la rapidité de son action. En effet, un oiseau périt dans un air qui en contient seulement 1/1500ᵉ de son volume ; un chien de moyenne taille succombe dans un air qui en renferme 1/1000ᵉ, et un cheval dans une atmosphère qui en est chargée de 1/250ᵉ. Il n'est pas même nécessaire que les animaux le respirent pour être asphyxiés, puisqu'il suffit que leur corps ou seulement un de leurs membres y soit plongé pour qu'ils périssent en moins de 15 à 20 minutes. Quand il se produit subitement, comme, par exemple, au moment de l'ouverture d'une fosse d'aisances, ou d'un égout, où il est mêlé avec du *sulfhydrate d'ammoniaque*, aussi dangereux que lui, son action est instantanée. Les ouvriers tombent sans connaissance, avant d'avoir pu faire un pas pour fuir le fléau, qu'ils appellent *plomb* (*fig.* à la page 769). Pour ranimer les personnes asphyxiées par ce gaz, il faut les exposer au grand air et leur faire respirer, en très petite quantité, du chlore, en mettant du *chlorure de chaux* dans un linge imbibé d'eau acidulée par du vinaigre. Mais il serait préférable d'éviter les malheurs en prenant la précaution de jeter d'abord dans la fosse d'aisances ou l'égout dans lequel on doit descendre une dissolution de sulfate de fer mêlée d'un peu de chaux ; le *sulfate de fer* et le *sulfhydrate d'ammoniaque* donnent du *sulfate d'ammoniaque* et du *sulfate de fer*,

$$AzH^3,HS + FeO,SO^3 = AzH^4O,SO^3 + FeS.$$

La chaux retient l'acide sulfhydrique libre.

L'acide sulfhydrique sert dans les laboratoires pour l'analyse des dissolutions métalliques. Thenard a proposé ce gaz pour détruire les rats, qui dévastent quelquefois avec une rapidité effrayante les grains entassés dans les greniers des fermes. Voici comment il faut procéder (*fig.* à la page 777) : Lorsqu'on a reconnu les trous qui servent d'issue aux galeries souterraines de ces animaux, on y fait dégager de l'acide sulfhydrique. On se sert pour cela de cornues tubulées de demi-litre, dans lesquelles on a mis d'avance un mélange de limaille de fer, de soufre et d'eau. Un tube surmonte leur tubulure : c'est par là qu'on verse peu à peu de l'*acide sulfurique* affaibli. Le col des cornues est engagé dans les trous où on l'assujettit avec du plâtre. Le gaz se dégage en abondance, se répand dans toutes les parties des terriers, et fait périr en peu d'instants les animaux. Au XIVᵉ siècle, un traité sur la chasse indiquait déjà, pour tuer les animaux nuisibles, renards, blaireaux, fouines, qui se réfugient sous terre, de faire brûler, à l'entrée des terriers, un paquet de soufre, d'orpiment et de myrrhe.

Pour obtenir de l'*acide sulfhydrique*, on décompose des sulfures métalliques par certains acides, l'*acide sulfurique* ou l'*acide chlorhydrique*. Le moyen le plus usité consiste à décomposer le *protosulfure de fer*. On met ce sulfure en petits morceaux dans un flacon à tubulures; on remplit d'eau à moitié, on verse l'acide sulfurique par le tube à entonnoir qui surmonte le flacon; le gaz se dégage, il reste du sulfate de fer :

$$FeS + HO + SO^3 = HS + FeO,SO^3.$$

On peut de la même façon décomposer le *sulfure de baryum* par l'acide chlorhydrique; on produit du *chlorure du baryum*, qui est un réactif très employé et qui reste en dissolution dans le flacon :

$$BaS + HCl = BaCl + HS.$$

Lorsqu'on veut recueillir le gaz sur le mercure, on se sert souvent du *sulfure d'antimoine* et d'*acide chlorhydrique fumant;* mais il faut le faire passer dans un flacon laveur : $Sb^2S^3 + 3HCl = Sb^2Cl^3 + 3HS.$

BISULFURE D'HYDROGÈNE ($HS^2 = 33$ *; densité* $= 1,769$). — Le *bisulfure d'hydrogène* est un liquide jaunâtre, d'une odeur fétide, d'une saveur piquante, et qui blanchit immédiatement la langue, comme le *bioxyde d'hydrogène* avec lequel il a beaucoup de rapports. Il est inflammable et forme avec l'oxygène de l'eau et de l'acide sulfureux. Il est peu stable, et se décompose spontanément en un équivalent de soufre et en acide sulfhydrique. Si on l'introduit dans un tube fermé par une extrémité et qu'ensuite on ferme l'autre à la lampe, l'acide sulfhydrique, ne pouvant se dégager, se liquéfie, tandis que le soufre cristallise en octaèdres. Il se décompose lentement à la température ordinaire. La composition de ce corps n'est pas encore établie d'une façon rigoureuse.

SULFURE DE CARBONE ($CS^2 = 38$ *; en volume* $= 2$ *; densité* $= 1,263$ *; de sa vapeur* $= 2,645$). — Le *sulfure de carbone* est un liquide incolore, très mobile, d'une odeur fétide quand il est impur, mais éthérée après plusieurs distillations; il bout à $+ 47°$; il se vaporise rapidement, et occasionne un froid intense; dans le vide, la température descend à $- 60°$; on utilise cette propriété pour la construction des thermomètres destinés à marquer des températures excessivement basses. Il est très combustible, et brûle avec une flamme bleue, pâle, qui répand l'odeur du soufre enflammé, en produisant de l'acide sulfureux et de l'acide carbonique. Sa vapeur forme avec l'oxygène un mélange qui s'enflamme très facilement et détone violemment; aussi sa manipulation est-elle dangereuse. Il dissout facilement les matières grasses, les résines, le caoutchouc, le phosphore, l'iode, le soufre; aussi, depuis que l'industrie le livre à bas prix, son emploi est fréquent. Ainsi les tourteaux d'olives, d'où l'on a extrait tout ce que la pression peut en dégager, renferment encore un peu de matière grasse que leur enlève le sulfure de carbone; on s'en sert pour *vulcaniser* le caoutchouc, c'est-à-dire pour l'imprégner de soufre afin de rendre permanente à toutes les températures l'élasticité de cette matière; pour débarrasser le phosphore rouge du phosphore ordinaire, pour retirer le suint des laines, les corps gras des résidus de la fonte des suifs ou des chiffons qui ont servi au nettoyage dans les filatures ou sur les locomotives, corps gras avec lesquels on fabrique ensuite du savon et des bougies. Une solution de phosphore dans le sulfure de carbone laisse déposer, en s'évaporant sur une large surface, du phosphore dans un grand état de division, et qui, par cela même, s'embrase immédiatement dans l'air. C'est ainsi qu'en projetant quelque peu de ce liquide sur un tas de copeaux, ceux-ci s'enflammeront subitement. On a donné à ce liquide le nom de *feu fenian*,

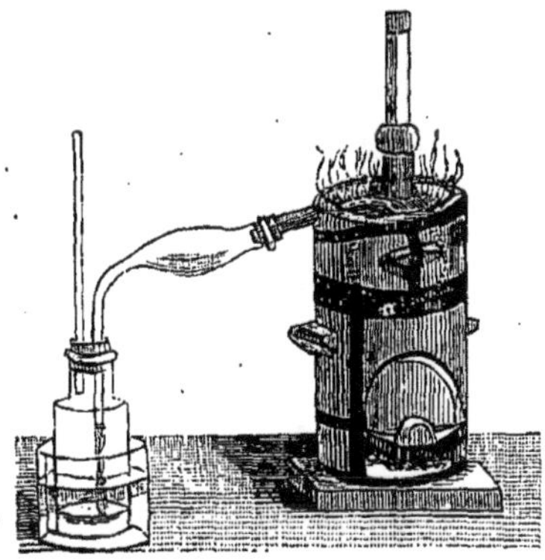

Fig. 286. — PRÉPARATION DU SULFURE DE CARBONE DANS LES LABORATOIRES.

de l'usage qu'en ont fait les fenians d'Irlande pour incendier les habitations de leurs ennemis (*fig.* à la page 785). On s'en est servi aussi dans la dernière guerre d'Amérique.

Une application plus utile du sulfure de carbone est la destruction du *phylloxera vastatrix*, ce fléau de nos vignes. Des savantes expériences auxquelles s'est livré M. Dumas, il résulte que, dans un mélange contenant 9 parties d'eau et 1 de vapeur de sulfure de carbone, les mouches sont tuées en 30 secondes. Avec 24 parties d'eau et 1 de sulfure, une minute suffit; avec 33 parties d'air et 2 de sulfure, elles succombent au bout de deux minutes et demie; avec 75 parties d'air et 1 de sulfure, elles essayent de voler, tombent sur le dos et périssent après 7 ou 8 minutes. Avec 114 parties d'air et 1 de sulfure, elles sont très affaiblies dès les premières minutes, et mortes au bout d'une demi-heure. Avec 254 parties d'air et 1 de sulfure de carbone, les mouches essayent de voler, mais battent des ailes, s'assoupissent dans une sorte de coma et tombent mortes au bout de cinq quarts d'heure. On avait, dans quelques vignobles, pour essayer le sulfure de carbone, adopté un mélange de 6 parties d'air et 1 de vapeur; c'était beaucoup trop. Après avoir délayé la vapeur dans 46 parties d'air, l'atmosphère est encore plus toxique qu'il ne faut; en le délayant au 50°, la vigne résiste très bien à l'action du sulfure de carbone et l'insecte est tué. Ajoutons cependant que M. Dumas recommande plutôt le *sulfo-carbonate de potassium*, qui est déliquescent, glisse facilement dans le sol sous forme liquide, qui offre le sulfure de carbone, sous forme solide, non inflammable, point volatile, et par cela seul transportable et maniable. De plus, par la potasse qu'il forme en se décomposant, il porte à la vigne un des éléments qui lui sont le plus nécessaires. Les expériences sur une assez grande échelle ont d'ailleurs parfaitement réussi.

Pour obtenir, dans les laboratoires, le *sulfure de carbone*, on dispose dans un fourneau légèrement incliné (*fig.* 286) un tube en porcelaine, rempli de charbon concassé. On adapte à l'extrémité supérieure de ce tube un bouchon de liège, et à l'extrémité inférieure une allonge, dont le bec recourbé doit

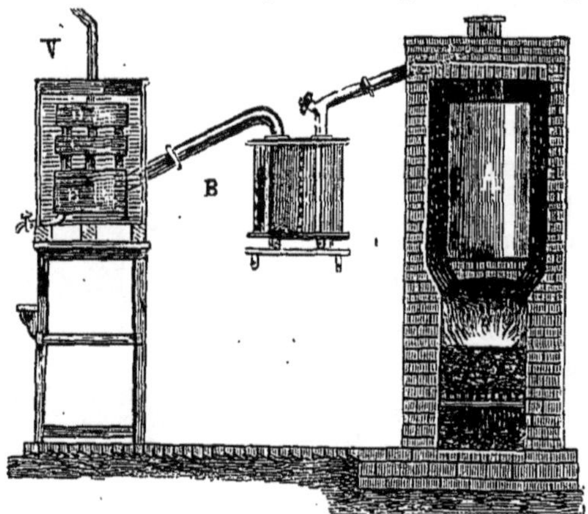

Fig. 287. — PRÉPARATION INDUSTRIELLE
DU SULFURE DE CARBONE.

affleurer l'eau contenue dans un flacon muni d'un tube de sûreté, et, lorsque le tube de porcelaine est devenu rouge, on y introduit de temps en temps des fragments de soufre, en ayant soin chaque fois de remettre le bouchon en place. Un liquide apparaît goutte à goutte dans l'allonge et gagne le fond de l'eau; c'est le sulfure de carbone.

Industriellement, on en produit de grandes quantités au moyen de l'appareil suivant (*fig.* 287) : un cylindre vertical A, en fonte, est rempli de charbon de bois poreux, de braise de boulanger. Il porte à son extrémité supérieure une tubulure qui sert à mettre du charbon, quand la charge primitive a été entraînée en partie combinée avec le soufre; à l'extrémité inférieure existe une autre tubulure qui permet d'introduire peu à peu le soufre. Un tube latéral amène les vapeurs de sulfure de carbone dans un récipient B, où elles se condensent en grande partie. Un canal à robinet dirige ensuite sous l'eau d'un récipient V, refroidi, formé de trois vases cylindriques C,D,E, le sulfure de carbone. Le liquide condensé s'écoule par un robinet placé au bas de l'appareil et est reçu dans des vases en zinc et on le conserve sous l'eau; les gaz non condensés s'échappent par le tube supérieur. Le sulfure de carbone ainsi préparé est coloré en jaune par du soufre dissous ; pour le purifier on le distille au bain-marie dans un alambic en zinc.

SÉLÉNIUM (Se = *39,75 ; en volume = 1 ; densité 4,3*). Le *sélénium* a été découvert en 1818, par Berzélius, dans un dépôt rouge qui s'était formé dans une chambre de plomb où l'on fabriquait l'acide sulfurique, au moyen du soufre retiré des pyrites de cuivre, à Fahlun, en Suède. Ce soufre, très impur, contient en effet du mercure, du cuivre, de l'étain, du fer, du zinc, du plomb, de l'arsenic et du *sélénium*. Il est probable qu'il y a du *tellure*, mais en si petite quantité qu'il a pu échapper aux recherches analytiques. Berzélius avait même pensé, dès le commencement de ses recherches, que c'était du tellure, et non un corps nouveau.

Le *sélénium* n'a pas encore été trouvé à l'état de pureté ; mais il se rencontre, dans plusieurs localités, combiné à quelques métaux, en Suède, en Saxe, au Hartz, formant du *séléniure de plomb* ou de *plomb* et de *cuivre*. Enfin, tous les rares échantillons de *tellure* que l'on a examinés contiennent du *sélénium*, dont les propriétés avaient été attribuées à ce corps.

Le *sélénium*, que Berzélius avait considéré comme un métal, malgré sa grande ressemblance avec le soufre, est un corps solide d'un brun rouge très foncé, d'un éclat presque métallique à la surface ; mais sa cassure, qui est *conchoïde* et offre un peu la couleur du cobalt gris, a un état vitreux. Il est mauvais conducteur de la chaleur et de l'électricité ; il est même électrique par frottement dans l'air, etc. Il est peu dur, cassant et facile à pulvériser ; mis en poudre, il est rouge ; on l'obtient aussi de cette couleur par précipitation. Cette poudre rouge devient noir foncé lorsqu'on fait bouillir longtemps le liquide dans lequel on l'a précipitée. Le *sélénium* fond à +250° ; mais il se ramollit dès + 100° et reste mou pendant assez longtemps ; comme le soufre mou, on peut alors le tirer en fils, qui sont transparents, et qui, par transmission, présentent une couleur rouge-hyacinthe. Si on le chauffe au rouge sombre, il entre en ébullition et donne une vapeur jaune qui se condense en fleurs rouges. Lorsqu'on abandonne au contact de l'air une dissolution de *sélénhydrate d'ammoniaque*, il se forme, à la surface du liquide, une croûte mince dont la surface intérieure est tapissée de lames cristallinés qui semblent appartenir au système du prisme droit à base rectangulaire.

Le sélénium, chauffé au contact de l'air, ne brûle pas facilement. Cependant, si l'on en place un fragment sur un charbon incandescent, il brûle en répandant des fumées rouges et une odeur désagréable de raifort. Quand il est en ébullition, on peut l'enflammer : il brûle alors avec une flamme d'un bleu azur. M. Sace attribue à l'acide sélénhydrique l'odeur que le sélénium en brûlant répand ; car elle ne se produit pas dans l'air ou l'oxygène secs.

Le sélénium est insoluble dans l'eau ; il se dissout dans les huiles fixes, mais non dans les huiles volatiles. L'acide sulfurique le dissout, si l'on ajoute de l'eau ; il se précipite sans altération : la dissolution est verte. L'acide nitrique est sans action sur le sélénium à froid ; mais, à la température de l'ébullition, l'acide nitrique se décompose, et il y a production d'acide sélénieux. L'eau régale produit la même oxydation, mais plus facilement.

On retire le sélénium des séléniures métalliques que nous avons cités. Ces minerais sont pulvérisés, et traités soit par l'acide chlorhydrique étendu d'eau, soit mieux encore par l'acide acétique, pour dissoudre le carbonate de chaux qui les accompagne habituellement. On lave le résidu ; on le sèche, puis on le mêle avec son poids de flux noir, qui est un mélange de carbonate de potasse et de charbon, ou, à son défaut, de carbonate de soude sec et de noir de fumée bien mêlés. On introduit le tout dans un creuset, et l'on chauffe au rouge ; le creuset ne doit être rempli qu'à moitié, et l'on a soin de n'élever la température que graduellement, pour la porter enfin au rouge, que l'on maintient pendant une demi-heure au moins. Si la température a été assez élevée, les métaux doivent former un culot bien fondu au fond du creuset ; sinon ils sont divisés dans la masse retirée du creuset que l'on est obligé de casser : on pulvérise pour traiter par l'eau bouillante, qui dissout le séléniure de potassium ou de sodium formé, et pour séparer les métaux : cette partie de l'opération doit être faite rapidement. On filtre la liqueur, qui est d'un rouge très foncé. Au contact de l'air, le métal s'oxyde et reste en dissolution, tandis que le sélénium se dépose.

Dans cet état, il contient ordinairement du soufre. Pour l'en débarrasser, on lave la masse grise qui s'est déposée, et on la mêle avec du nitrate et du carbonate de potasse pour chauffer au rouge dans un creuset : il se forme ainsi du sulfate et du séléniate de potasse, que l'on dissout dans l'acide chlorhydrique étendu pour décomposer le carbonate de potasse non altéré ; puis on fait passer un courant de gaz acide sulfureux, qui se change en acide sulfurique aux dépens de l'oxygène de l'acide sélénique, dont le sélénium se sépare à l'état de pureté, sous forme de flocons rouges.

Les séléniures étant fort rares, le sélénium est toujours fort cher ; on le trouve, chez les marchands de produits chimiques, sous forme de médaillons ovales portant l'empreinte de la figure de Berzélius, ou en baguettes de quatre ou cinq millimètres de diamètre. Il n'a d'usage naturellement que dans les laboratoires.

**COMBINAISONS DU SÉLÉNIUM AVEC L'HYDROGÈNE. — ACIDE SÉLÉNHY-
DRIQUE** (HSe $= 40,3$; *densité* $= 3,421$). — *L'acide sélénhydrique* est
la seule combinaison connue jusqu'ici : c'est un gaz incolore; son odeur

Les blanchisseuses que l'on voit, à Paris, laver sur des bateaux.... (page 807).

ressemble beaucoup à celle de l'acide sulfhydrique; il est inflammable;
mais l'hydrogène brûle seul : le *selénium* se dépose en poudre rouge, qui
tapisse l'éprouvette. Il est non seulement impropre à la respiration, mais
encore plus vénéneux que l'acide sulfhydrique : quelque peu que l'on en

PHYS. ET CHIM. POPUL. — ALEXIS CLERC.   LIV. 202.

respire, il détruit l'odorat pour un temps plus ou moins long : il rougit le tournesol et précipite la plupart des dissolutions métalliques. L'eau dissout une petite quantité de ce gaz, qui n'a pas été déterminée; elle en prend l'odeur; cette dissolution est promptement décomposée au contact de l'air : le *sélénium* se dépose en poudre rouge, il y a formation d'eau. On obtient l'*acide selénhydrique* en traitant les séléniures de fer ou de potassium par l'*acide chlorhydrique;* ou mieux le *séléniure de phosphore* par l'eau. Dans le premier cas, il se forme un chlorure de fer ou de potassium; dans le second, de l'acide phosphorique, et dans les deux de l'*acide sélénhydrique*. (Barruel.)

COMBINAISONS DU SÉLÉNIUM AVEC L'OXYGÈNE. — Le *sélénium* forme trois combinaisons avec l'oxygène : l'*oxyde de sélénium*, à peine connu, dont l'analyse n'a pu être faite, car on n'est jamais certain de l'avoir pur; l'*acide sélénieux*, $SeO^3 = 55,3$, qui se forme quand le sélénium brûle dans l'air ou dans l'oxygène, ou en chauffant du sélénium avec de l'acide azotique. L'*acide sélénieux* est un corps solide, volatil, très soluble dans l'eau; ses vapeurs sont d'un jaune vert et ont une odeur piquante; il se cristallise en longues aiguilles tétraèdres par condensation; par dissolution, on obtient de gros prismes. C'est un acide bien caractérisé, analogue à l'*acide sulfureux*. Le sélénium forme encore avec l'oxygène l'*acide sélénique* ($SeO^3 = 63,3$), liquide très acide, très avide d'eau; on peut le concentrer jusqu'à ce qu'il entre en ébullition à 290°; une température plus élevée le décompose en oxygène et en acide sélénieux. Il n'est pas réduit par l'acide sulfureux, mais l'*acide chlorhydrique* le ramène à l'état d'acide sélénieux :

$$SeO^3, HO + HCl = SeO^2 + 2HO + Cl.$$

Les *séléniates* sont isomorphes des *sulfates*. Pour les obtenir, on calcine le *sélénium* ou un *séléniure métallique* avec de l'*azotote de potasse;* il se forme du *séléniate de potasse;* ce sel, dissous et mêlé avec de l'*azotate de plomb*, donne un précipité de *séléniate de plomb*, qui, lavé et traité par un courant d'*acide sulfhydrique*, produit du *sulfure de plomb* et met l'*acide sélénique* en liberté.

TELLURE (Te $= 64$; *en volume* $= 1$; *densité* $= 6,25$). — Le *tellure*, découvert en 1782 par Müller de Reichenstein, puis étudié par Klaproth en 1798, fut jadis rangé parmi les métaux, auxquels il ressemble par ses propriétés physiques. Il est analogue au *soufre* et au *sélénium*, et les composés qu'il forme, *acide tellureux* (TeO^2), *acide tellurique* (TeO^3), *acide* *tellurhydrique* (HTe) et *sulfures de tellure* (TeS² et TeS³), sont isomorphes des composés correspondants de ces deux corps. Le *tellure* est un corps solide, presque aussi blanc que l'argent, doué d'un éclat métallique, cristallisable, cassant; il fond au rouge sombre, se volatilise au rouge cerise vif et peut distiller. Chauffé au contact de l'air, il brûle avec une flamme bleue. Il se dissout sans altération dans l'acide sulfurique qu'il colore en rouge; l'acide nitrique, même bouillant, est sans action sur lui. Les dissolutions alcalines, au contraire, s'y combinent comme au soufre et au sélénium; et, lorsqu'on le fond avec les alcalis au moyen d'une forte chaleur rouge, il s'y combine de la même façon, en produisant un *tellurure* et un *tellurite*. Si l'on ajoute du charbon au mélange, il ne se forme que du tellurure, qui est soluble dans l'eau, comme les sulfures et les séléniures alcalins.

L'extraction de ce corps est fondée sur cette dernière réaction. On traite de cette manière les minerais tellurés, bien rares, que l'on trouve dans quelques localités, en Transylvanie et en Hongrie : ce sont des combinaisons de tellure avec de l'or et de l'argent, ou du cuivre et du plomb, ou enfin, dans la seconde localité, avec du bismuth.

On pile ce dernier minerai, les autres sont trop chers, et, après lui avoir fait subir diverses manipulations, en obtient le tellure sous la forme d'une poudre gris brun que l'on fond.

CHAPITRE VIII

CHLORE, BROME, IODE, FLUOR,
ET LEURS COMPOSÉS

CHLORE (Cl $= 35,5$; *en volume $= 2$; densité $= 2,44$*). Parmi les chimistes qui ont entrevu le *chlore*, Glauber, savant allemand (1604-1668) semble être, dit M. Hoeffer, le premier en date. Il dit qu' « en distillant *l'esprit de sel* sur des *chaux métalliques* (cadmie et rouille de fer), on obtient un esprit de couleur jaune, qui passe dans le récipient et qui dissout les métaux et presque tous les minéraux. » Il l'appelait *huile* ou *esprit de sel rectifié*, ou *acide muriatique déphlogistiqué*. « Avec ce produit, ajoute-t-il, on peut faire de belles choses en médecine, en alchimie et dans beaucoup d'arts. Lorsqu'on le fait quelque temps digérer avec de l'esprit de vin *déphlegmé* (concentré), on remarque qu'il se forme, à la surface de la liqueur, une espèce de couche huileuse, qui est l'*huile de vin*, très agréable et un excellent cordial. » Plus tard, Scheele, en examinant une substance minérale dont la nature était encore inconnue, et qu'on appelait alors *magnésie noire*, découvrit le chlore. Il soumettait successivement cette magnésie noire (peroxyde de manganèse) à l'action de tous les acides alors connus ; son attention fut tout à coup appelée sur une réaction singulière que lui offrait l'*acide muriatique*. « Je versai, dit-il, une once d'acide muriatique sur une demi-once de magnésie noire en poudre. Au bout d'une heure, je vis ce mélange à froid se colorer en jaune ; par l'application à la chaleur, il se développa une forte odeur d'*eau régale*... Pour mieux me rendre compte de ce phénomène, je me servis du procédé suivant : J'attachai une vessie vide à l'extrémité du col de la cornue contenant le mélange de magnésie noire et d'acide muriatique. Pendant que ce mélange faisait effervescence, la vessie se gonflait ; l'effervescence ayant cessé, j'ôtai la vessie. Celle-ci était teinte en jaune par le corps aériforme qu'elle contenait, exactement comme par l'*eau régale*. Ce corps n'est point de l'air fixe (acide carbonique) ; son odeur, excessivement forte et pénétrante, affecte singulièrement les narines et les poumons. En vérité, on le prendrait pour la vapeur qui se dégage de l'eau régale chauffée. Quiconque voudra connaître la nature de ce corps devra l'étudier à l'état de fluide élastique. »

C'était bien le *chlore* que l'illustre Suédois venait de découvrir. « Ce fluide élastique corrode, ajoute-t-il, les bouchons des bouteilles où il se trouve renfermé, et les teint en jaune ; il attaque de même le papier, il blanchit le papier bleu de tournesol, et détruit les couleurs rouge, bleu, jaune des fleurs, et même la couleur verte des feuilles. Pendant cette action, il se change, en présence de l'eau, en *acide muriatique*. Les fleurs ou les plantes ainsi altérées ne peuvent recouvrer leurs couleurs primitives, ni par les alcalis ni par les acides. »

Parmi les autres propriétés du chlore, que Scheele fit le premier connaître, il faut citer encore celles de tuer les insectes sur-le-champ, d'éteindre la flamme, d'attaquer tous les métaux ; de donner avec une solution d'or, traitée par l'alcali volatil, un précipité fulminant ; de reproduire enfin, avec la soude, le sel de cuisine, qui décrépite sur les charbons ardents.

Mais il se trompait sur la nature véritable du chlore. Plus tard, Lavoisier et Berthollet, l'envisageant comme de l'acide muriatique surchargé d'oxygène, l'appelèrent *acide muriatique oxygéné*. En 1811, enfin, Gay-Lussac et Thenard, en France, Humphry Davy en Angleterre, démontrèrent que ce corps est un corps simple. Celui-ci lui donna le nom de *chlorine* (du grec *chloris*, jaune pâle), qui fut changé en *chlore*, nom qui a prévalu.

Cette découverte importante renversa la théorie de Lavoisier, qui faisait jouer à l'oxygène un rôle trop exclusif. Elle servit à démontrer que l'oxygène n'est pas l'élément unique de la combustion ; que le chlore peut, dans ses combinaisons, jouer le même rôle que l'oxygène ; enfin, qu'il y a des acides (*hydracides*), des sels (*haloïdes*) et des bases (*chlorobases*), dans la composition desquels il n'entre pas un atome d'oxygène. Malgré l'évidence de ces faits, Davy ne rencontra d'abord que très peu de partisans, et une violente polémique s'engagea en Angleterre sur ce sujet. « Cette polémique, dit Davy, quoique conduite avec une âcreté inutile, ne fut pas cependant tout à fait sans résultats. Elle fit découvrir deux gaz nouveaux : l'*enchlorine* (acide chloreux), composé de chlore et d'oxygène, et le *phosgène*, composé de chlore et d'oxyde de carbone.

Le chlore est un gaz d'un jaune verdâtre, d'une saveur astringente et chaude ; il a une odeur qui n'appartient qu'à lui, odeur forte qui prend à la gorge, cause un sentiment de strangulation et détermine aussitôt une toux violente difficile à calmer. Il exerce une action désorganisatrice sur les poumons, et détermine la sécrétion d'une grande quantité de glaires épaisses et un coryza violent, accompagné de maux de tête et de fièvre, et provoque des crachements de sang, si l'on en respire en quantité un peu forte. Deux chimistes très distingués, Pelletier père, de Bayonne, et l'Irlandais Roë, perdirent la vie en en respirant dans une expérience. Dans les fabriques, on fait boire du lait aux ouvriers, ou bien on leur donne de l'ammoniaque ou de l'alcool sur du sucre. Comprimé jusqu'à ce qu'il occupe le quart ou le cinquième de son état primitif, il se liquéfie. Si, à la pression, on ajoute une basse température, la liquéfaction s'opère avec facilité. C'est alors un liquide de même couleur que le gaz, d'une odeur forte et suffocante, et d'une saveur caustique. Le chlore gazeux est soluble dans l'eau ; le maximum de solubilité a lieu, sous la pression ordinaire, à la température de 8° ; l'eau dissout alors trois fois son volume de chlore. Pour en obtenir une dissolution, on adapte au ballon où le gaz s'engendre un appareil de Woulf, dont le dernier tube de dégagement plonge dans une éprouvette contenant une dissolution de potasse. Cette dissolution a pour effet d'arrêter le peu de chlore qui échappe à l'action dissolvante de l'eau et de l'empêcher de se répandre dans la chambre. Si l'on entoure de glace un des flacons, il s'y forme une foule de petits cristaux d'une nuance jaune verdâtre plus intense que celle de la dissolution. Ces cristaux sont une association de chlore et d'eau, un *hydrate de chlore*. Après les avoir rapidement essuyés avec du papier buvard, on les introduit dans un tube courbé en croissant, que l'on ferme à la lampe. En plongeant l'extrémité vide dans un mélange réfrigérant et l'autre extrémité dans de l'eau à 35°, on décompose cet hydrate, et l'on voit apparaître deux couches de densité différente; la couche inférieure est colorée; c'est du chlore liquéfié par sa propre pression dans un espace clos; la couche supérieure, beaucoup plus claire, est une dissolution faible de chlore. La couche inférieure ne tarde pas à entrer en ébullition, et sa vapeur va se condenser, sous forme liquide, dans l'extrémité refroidie. C'est une véritable distillation du chlore liquide.

Le *chlore* est le corps le plus électro-négatif après l'oxygène; aussi ne se combine-t-il pas directement avec ce gaz; les composés du chlore et de l'oxygène, obtenus indirectement avec absorption de chaleur, ont toujours peu de stabilité. Le chlore se combine, au contraire, en dégageant beaucoup de chaleur, avec les corps combustibles, métalloïdes ou métaux.

Presque tous les métaux sont attaqués par le chlore : pour le constater, nous pouvons prendre le *potassium* ou le *cuivre;* le premier, plongé à la température ordinaire dans le chlore, s'y enflamme spontanément; le second, chauffé au rouge sombre, donne du chlorure que l'on voit tomber en gouttelettes incandescentes au fond du flacon. Cette dernière expérience se fait à l'aide d'une spirale de cuivre, dont on chauffe légèrement l'extrémité inférieure, et qu'on plonge ensuite dans un flacon de chlore : on opère comme pour la combustion du fer dans l'oxygène. Le *mercure* est attaqué par le chlore à la température ordinaire : aussi ne peut-on pas recueillir ce gaz sur la cuve à mercure. L'or et le platine sont attaqués par la dissolution de chlore; ils forment des chlorures, Au^2Cl^3 et $PtCl^2$. On fait l'expérience en mettant dans un verre une dissolution de chlore dans laquelle on abandonne une feuille d'or. Au bout de quelques instants, la feuille d'or a disparu.

Le chlore, dégageant beaucoup de chaleur en se combinant avec l'hydrogène, peut s'emparer de ce gaz, soit qu'il le trouve libre, soit qu'il doive l'enlever à ses combinaisons. Aussi est-ce un des corps les plus importants de la chimie. Lorsque, dans un flacon, on fait un mélange de volumes égaux de chlore et d'hydrogène, on ne peut le conserver que dans l'obscurité complète; car, à la lumière diffuse, la combinaison s'effectue déjà peu à peu; à la lumière solaire, elle est tellement instantanée que le flacon vole en éclats; on doit, quand on veut répéter l'expérience, avoir la précaution de diriger de loin les rayons solaires, à l'aide d'un miroir, sur le flacon préalablement placé à l'ombre. La combinaison instantanée se produit également sous l'influence de la flamme du *magnésium* ou de celle du mélange de *sulfure de carbone* et de *bioxyde d'azote*, ces lumières étant très riches en rayons chimiques.

La décomposition de l'eau est rapide, quand on la fait passer en vapeur avec du chlore dans un tube de porcelaine chauffé au rouge. Pour faire l'expérience, on fait arriver un courant de chlore dans de l'eau contenue dans une cornue, légèrement chauffée; le chlore mêlé à la vapeur d'eau passe dans un tube de porcelaine chauffé dans un fourneau à réverbère : il se dégage de l'acide chlorhydrique qui se condense dans l'éprouvette, et de l'oxygène que l'on recueille sur une cuve contenant une solution de potasse : $Cl + HO = HCl + O$.

Cette réaction, qui met en liberté de l'oxygène, indique comment le chlore joue le rôle de corps oxydant.

Le chlore en dissolution dans l'eau la décompose même à la température ordinaire, sous l'influence des rayons solaires; c'est ce qui nous explique pourquoi, dans les laboratoires, on conserve toujours les dissolutions de chlore dans des flacons noirs. La réaction est ici plus complexe qu'à une température élevée; il se forme de l'acide chlorhydrique et des composés oxygénés du chlore. La décomposition de l'eau s'effectue à la température ordinaire et en l'absence des rayons solaires, lorsque, en même temps que le chlore, on fait agir un corps susceptible de s'emparer de l'oxygène. C'est ainsi qu'en présence de l'acide sulfureux on a la réaction :

$$SO^2 + 2HO + Cl = SO^3,HO + HCl.$$

On obtient des résultats analogues en faisant agir le chlore sur l'eau, en présence des acides arsénieux et phosphoreux.

En présence d'un sel de protoxyde de fer, le chlore décompose également l'eau, et fait passer le protoxyde à l'état de sesquioxyde :

$$2(FeO,SO^3) + HO + Cl = Fe^2O^3,2SO^3 + HCl.$$

Pour mettre cette réaction en évidence, on verse dans deux verres une dissolution de sulfate de protoxyde de fer. On ajoute ensuite, dans l'un de l'eau ordinaire, et dans l'autre une dissolution de chlore; on reconnaît la transformation du sel à l'aide de l'ammoniaque : cet alcali, versé dans le verre où se trouve le *sulfate de protoxyde de fer* inaltéré, donne un précipité blanc verdâtre; il produit un précipité jaune rouille dans le verre où il s'est formé du sulfate de sesquioxyde.

Le chlore décompose l'acide sulfhydrique (le nombre de calories qu'il dégage alors est $22,000 - 3,600 = 18,400$, et met le soufre en liberté :

$$HS + Cl = HCl + S.$$

Cette action est constamment utilisée pour purifier l'air, quand il est infecté par l'acide sulfhydrique.

Le gaz ammoniac est également décomposé par le chlore ; si l'on fait arriver dans un flacon plein de chlore un tube effilé par lequel se dégage du gaz ammoniac, le jet s'enflamme spontanément, il se produit de l'azote et des fumées blanches de chlorhydrate d'ammoniaque :

$$4AzH^3 + 3Cl = Az + 3(AzH^3HCl).$$

Cette réaction peut se faire encore de différentes manières : on peut, dans un tube rempli aux neuf dixièmes d'une dissolution de chlore, verser une dissolution ammoniacale, puis boucher le tube et le renverser dans un verre plein d'eau. L'ammoniaque, plus légère, se mêle au chlore et donne naissance à de très petites bulles d'azote, qui gagnent peu à peu le sommet du tube.

On peut aussi faire passer un courant de chlore dans un flacon contenant une dissolution concentrée d'ammoniaque ; chaque bulle de chlore produit une sorte d'éclair en arrivant dans le liquide.

Enfin, si l'on fait arriver très lentement du chlore dans une éprouvette pleine de gaz ammoniac, chaque bulle détermine une explosion ; cette expérience ne doit être faite ainsi qu'avec de grandes précautions ; il faut éviter la présence d'un excès de chlore, car il se formerait du chlorure d'azote, corps extrêmement détonant. On aurait une réaction analogue en faisant réagir le chlore sur le phosphure d'hydrogène.

Le chlore, mis en contact avec de l'eau et de l'oxyde de mercure, donne du chlorure de mercure et de l'acide hypochloreux, formé par l'union de l'oxygène et du chlore :

$$HgO + 2Cl = HgCl + ClO.$$

Quand on fait réagir le chlore sur un alcali étendu, comme la potasse, il se fait une réation analogue ; mais l'acide, au lieu de rester libre, s'unit à l'excès d'alcali pour donner un hypochlorite :

$$2KO + 2Cl = KCl + KO,ClO.$$

Si la dissolution de potasse est chaude, ou si, par suite de sa concentration, il peut se produire une élévation de température, l'hypochlorite se transforme en chlorate ; on a du chlorure de potassium et du chlorate de potasse :

$$6KO + 6Cl = 5KCl + KO,ClO^5.$$

Ce dernier procédé peut être employé pour obtenir le chlorate de potasse destiné à la préparation de l'oxygène.

Le chlore peut aussi se combiner avec plusieurs corps composés : des

L'efficacité de l'*iode* contre les goitres est aujourd'hui reconnue....

volumes égaux de chlore et d'acide sulfureux secs, exposés dans un flacon aux rayons directs du soleil, donnent l'acide chlorosulfurique. Volumes égaux de chlore et d'oxyde de carbone se combinent sous l'influence des rayons solaires pour donner l'acide chloroxycarbonique. Le chlore se combine encore avec l'éthylène (C^4H^4) et donne $C^4H^4Cl^2$, appelée *liqueur des Hollandais*. Le chlore a une action énergique sur les matières organiques hydrogénées : ainsi, quand on plonge un papier imprégné d'essence de térébenthine dans un flacon de chlore, il y a inflammation spontanée de l'essence, avec formation d'acide chlorhydrique et de noir de fumée.

Le chlore, qui s'empare de l'hydrogène, peut, dans un certain nombre de cas, le remplacer équivalent à équivalent. Ex. : 1° Si l'on a fait réagir très lentement le chlore sec sur le protocarbure d'hydrogène (C^2H^4) sous l'influence des rayons solaires, 1 équivalent de chlore prend 1 équivalent d'hydrogène pour former de l'acide chlorhydrique, et un autre équivalent de chlore se substitue à l'équivalent d'hydrogène enlevé :

$$C^2H^4 + 2Cl = HCl + C^2H^3Cl.$$

En prolongeant l'action du chlore, on peut déplacer ainsi successivement tous les équivalents d'hydrogène et obtenir les corps $C^2H^2Cl^2$, C^2HCl^3 (*chloroforme*) et C^2Cl^4 (*bichlorure de carbone*), qui ne diffèrent du protocarbure d'hydrogène que par la substitution du chlore à l'hydrogène.

2° En faisant agir le chlore sur la liqueur des Hollandais ($C^4H^4Cl^2$), M. Regnault a pu obtenir, par substitution du chlore à l'hydrogène, les composés $C^4H^3Cl^3$, $C^4H^2Cl^4$, C^4HCl^5, et enfin C^4Cl^6 (*sesquichlorure de carbone*) ; tous ces corps ont des densités de vapeur correspondant à 4 volumes.

Remarque. Ces corps, traités par une dissolution alcoolique de potasse, donnent du chlorure de potassium, de l'eau et les composés : C^4H^3Cl, $C^4H^2Cl^2$, C^4HCl^3 et C^4Cl^4 (*protochlorure de carbone*), qui ne diffèrent du bicarbure d'hydrogène ou éthylène que par la substitution du chlore à l'hydrogène. La chimie organique présente un grand nombre d'exemples dans lesquels le chlore se substitue ainsi à l'hydrogène.

Le *chlore* se trouve, dans la nature, combiné avec les métaux ; on le rencontre surtout à l'état de *chlorure de sodium*, que l'on appelle *sel gemme*, quand on le retire du sein de la terre, et *sel marin*, quand on le retire du sein de la mer. Pour préparer le chlore, on se sert encore du procédé que Scheele employait, c'est-à-dire en traitant le *peroxyde de manganèse*, MnO^2, par l'*acide chlorhydrique*, HCl. L'équation suivante représente la réaction : $MnO^2 + 2HCl = 2HO + MnCl + Cl$. Ce procédé est généralement suivi ; mais, lorsqu'on n'a pas d'acide chlorhydrique, on a recours au *chlorure de sodium*, plus commun, et à l'*acide sulfurique hydraté*, qui, par leur action réciproque, produisent de l'acide chlorhydrique et du sulfate de soude ; si donc, à ce mélange, on ajoute le *peroxyde de manganèse*, c'est exactement comme si l'on employait de l'acide chlorhydrique, qui se produit et agit au fur et à mesure de sa formation ; et, si l'on met les quantités voulues par la théorie, on obtient tout le chlore et l'on ne produit pas de chlorure de manganèse. L'équation est :

$$NaCl + 2(SO^3,HO) + MnO^2 = NaO,SO^3 + MnO,SO^3 + 2HO + Cl.$$

Pour faire l'opération (*fig.* 288), on introduit le bioxyde, ou le peroxyde de manganèse, seul ou mélangé au sel marin, dans un ballon du col duquel partent deux tubes ; l'un en S, à boule, sert à verser l'acide que l'on doit employer, et de tube de sûreté ; l'autre, courbé à deux angles droits, est destiné à conduire le gaz du ballon au fond d'un flacon à deux tubulures, contenant un peu d'eau destinée à laver le gaz, en retenant les vapeurs d'acide chlorhydrique qui pourraient être entraînées. Au col, on met un tube de sûreté droit, qui plonge un peu dans l'eau ; à la seconde tubulure, on adapte un tube qui communique avec un autre plus large, plein de chlorure de calcium fondu pour le dessécher, et d'où le gaz se rend, par un tube vertical, dans un flacon destiné à le recueillir. Grâce à

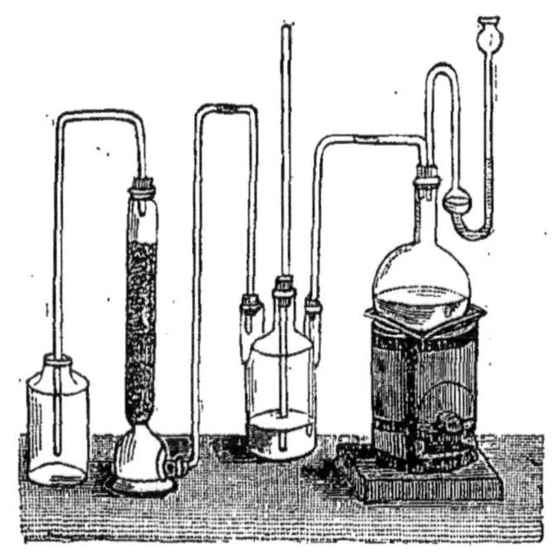

Fig. 288. — PRÉPARATION DU CHLORE.

sa densité, le chlore reste au fond du flacon, soulevant peu à peu l'air, qui, plus léger, sort par l'ouverture ; quand, à la couleur, on juge que le flacon est plein de chlore, on retire doucement le tube et on bouche le flacon. On ne peut recevoir le chlore sur le mercure, comme cela se fait pour tous les gaz secs, parce qu'il attaque ce métal, en formant avec lui un chlorure. Si l'on ne tient pas à avoir le gaz sec, on le recueille sur de l'eau salée, qui en dissout beaucoup moins que l'eau ordinaire.

A l'état gazeux, ou dissous dans l'eau, le *chlore*, mis en contact avec des matières colorantes végétales ou animales, quelle que soit leur nuance, claire ou foncée, détruit immédiatement ces matières et les remplace par une nuance jaune. Ce fut Berthollet qui, le premier, songea à utiliser cette propriété du chlore, en l'appliquant au blanchiment des tissus. Les matières colorantes renferment l'*hydrogène* au nombre de leurs principes constitutifs ; or, nous savons la grande affinité du chlore pour l'hydrogène ; une fois privées de ce corps, les matières colorantes se trouvent donc transformées en de nouveaux composés qui ne sont plus colorés, ou, du moins, qui n'ont plus qu'une faible teinte jaunâtre. Ainsi, c'est en déshydrogénant les couleurs que le chlore les détruit instantanément. Il est constant qu'il se forme toujours beaucoup d'acide chlorhydrique après la réaction du chlore sur une matière organique colorée. C'est ce qu'on peut facilement reconnaître en introduisant un échantillon de fil teint en rouge ou en bleu, dans une cloche remplie de chlore gazeux humide ; après sa décoloration, ce fil est très acide au goût, et l'eau permet d'en extraire une quantité notable d'acide chlorhydrique.

Berthollet employait le chlore à l'état de dissolution ; on préfère aujourd'hui le *chlorure de chaux*, dont le principe utile est l'*hypochlorite de chaux*, CaO,ClO ; l'acide de ce sel, mis en liberté par l'acide carbonique ou tout autre acide, agit à la fois par son oxygène et son chlore. C'est le chlorure de chaux que l'on emploie pour décolorer les chiffons destinés à former la pâte à papier, pour nettoyer les vieilles gravures, enlever les taches d'encre sur les livres, etc.

C'est encore à cause de sa grande affinité pour l'hydrogène que le chlore détruit subitement les matières odorantes, les germes putrides, les miasmes délétères répandus dans l'atmosphère. Hallé, savant médecin, est le premier qui, en 1785, ait signalé la propriété antiseptique du chlore En 1791, Fourcroy le recommanda comme propre à désinfecter les cimetières, les caveaux funéraires, les salles de dissection, les étables dans les cas d'épizootie, à détruire les virus contagieux, etc. Mais c'est Guyton de Morveau qui a popularisé ce moyen de rendre à l'air vicié sa pureté première.

Le chlore, préparé à une faible lumière artificielle, peut rester indéfiniment en contact avec un volume égal d'hydrogène sans s'y combiner, lorsque le mélange est conservé dans l'obscurité ; mais si le chlore est préalablement exposé un certain temps aux rayons du soleil, après l'insolation, il est apte à se combiner avec l'hydrogène même dans l'obscurité. En outre, le chlore insolé dégage plus de chaleur que le chlore non insolé, lorsqu'il agit, à parité de circonstances, sur une dissolution concentrée de potasse. Il y a donc un *état allotropique* du chlore déterminé par l'action de la lumière.

COMPOSÉS DU CHLORE. — Le *chlore* forme avec l'oxygène cinq composés qui vérifient la loi des rapports simples. Ce sont :

L'acide hypochloreux .... ClO.
— chloreux .... ClO^3.
— hypochlorique .... ClO^4.
— chlorique .... ClO^5.
— perchlorique .... ClO^7.

Tous ces composés se décomposent facilement par la chaleur ; une élévation brusque de température les décompose tous avec explosion en chlore et en oxygène. La facilité avec laquelle ils se détruisent en fait des oxydants d'une très grande énergie.

ACIDE HYPOCHLOREUX ($ClO = 43,5$; *en volume = 2 ; densité = 2,977*). — Cet acide, si remarquable par le rôle qu'il joue pour le blanchiment des tissus, a été découvert par M. Balard, en 1834. C'est un liquide rouge foncé, d'une odeur très pénétrante, qui tient de celles du chlore et de l'iode en même temps ; il fond à $+20°$ et produit une vapeur rougeâtre ; il est décomposé par la chaleur, en produisant souvent une détonation ; sa vapeur est très soluble dans l'eau, qui en prend 200 fois son volume et se colore en jaune foncé ; il détruit à l'instant les couleurs végétales ; il attaque fortement la peau. L'acide chlorhydrique le décompose sous l'influence de l'eau ; le chlore des deux acides est mis en liberté, et l'oxygène de l'un s'unit à l'hydrogène de l'autre pour former de l'eau :

$$Aq + ClO + HCl = Aq + 2\,Cl + HO.$$

Il agit sur les matières organiques colorantes et autres par son chlore et par son oxygène : c'est donc un corps oxydant. Beaucoup de corps ayant de l'affinité pour l'oxygène, le phosphore, l'arsenic, l'hydrogène, l'ammoniaque, etc., le décomposent quelquefois en produisant une violente détonation.

Pour obtenir l'*acide hypochloreux*, on introduit dans un flacon bouchant à l'émeri, plein de chlore gazeux, de l'oxyde rouge de mercure, broyé très fin et mêlé avec de l'eau ; on bouche le flacon et l'on agite : il faut de temps en temps déboucher le flacon pour faire rentrer de l'air ; car autrement, le gaz, étant absorbé entièrement, le flacon pourrait être brisé par la pression de l'air, ou du moins on ne pourrait plus le déboucher ; on agite jusqu'à ce que le gaz soit tout à fait décoloré : on doit mettre un excès d'oxyde de mercure, sans quoi il se ferait un *chlorure de mercure* soluble, ce qu'il faut éviter ; il se forme alors un *oxychlorure*, c'est-à-dire une combinaison d'oxyde et de chlorure de mercure insoluble dans l'eau, qui ne retient que l'*acide hypochloreux* produit ; on décante la liqueur pour la distiller dans le vide au bain-marie à $+15°$:

$$Aq + 2Cl + 2HgO = (HgO, HgCl) + ClO + Aq.$$

La dissolution d'*acide hypochloreux* est constamment employée dans les laboratoires comme oxydant énergique. Dans l'industrie, le chlore serait difficile à conserver et à transporter, soit à l'état libre, soit en dissolution dans l'eau; on l'a remplacé, pour le blanchiment, par les *hypochlorites alcalins* ou *alcalino-terreux*, qui, en se décomposant sous l'influence des acides, même les plus faibles, tels que l'acide carbonique, mettent en liberté l'*acide hypochloreux*, qui a le même pouvoir décolorant que le chlore ayant servi à le produire.

Les *hypochlorites* n'ont pas besoin d'être purs; ils sont toujours mélangés avec le chlorure correspondant; on les appelle vulgairement *chlorures de potasse, de soude, de chaux*. On obtient ces *chlorures* en faisant passer, jusqu'à saturation, un courant de chlore gazeux dans une dissolution étendue de potasse, de soude, ou dans un lait de chaux. Le chlore est produit dans l'appareil ordinaire; on le lave avant de l'amener dans une dissolution alcaline qui doit l'absorber. Celle-ci est placée dans l'une ou l'autre des cuves qu'on emploie pour avoir la solution aqueuse du chlore. Dans le *chlorure de potasse*, on sature de chlore une dissolution de 7 parties de carbonate de potasse dans 100 parties d'eau. Dans le *chlorure de soude*, on dissout 20 parties de carbonate de soude cristallisé dans 20 parties d'eau. Dans le *chlorure de chaux*, on délaye, dans l'eau de la cuve, de la chaux délitée en poudre fine, 1 partie pour 50 parties d'eau, et on a soin de faire arriver le chlore très lentement, en en arrêtant le dégagement bien avant que toute la chaux soit dissoute. Afin de maintenir constamment la chaux en suspension dans l'eau, on enferme dans la cuve un agitateur en bois; autrement, la chaux se déposant au fond de la cuve, la solution faible surnageante serait promptement saturée de chlore, et le gaz sortirait ensuite de l'appareil sans avoir agi. La liqueur saturée est tirée à clair; elle marque 9° à l'aréomètre; on la renferme dans des tourilles de grès qu'on a soin de placer dans un endroit frais. Le plus souvent, cependant, on prépare le *chlorure de chaux* à l'état solide, parce qu'il se conserve mieux et est plus facilement transportable. On fait alors arriver le chlore au milieu de la chaux mouillée ou éteinte. Celle-ci se sature de chlore en conservant sa forme :

$$2CaO + 2Cl = CaCl + CaO,ClO.$$

La chaux qui prend le plus de chlore est celle qui a été mouillée avec assez d'eau pour qu'elle pèse un tiers de plus qu'auparavant.

La fabrication des *chlorures décolorants*, rapporte M. J. Girardin, est aujourd'hui très étendue; car ils ne remplacent pas seulement le chlore dans les cas de désinfection et pour tous les emplois en médecine, ils lui sont surtout substitués pour le blanchiment des tissus. L'époque précise de la découverte des *hypochlorites* est incertaine. En 1789, le *chlorure de potasse* était déjà usité dans le blanchiment, sous le nom d'*eau de Javel*, du nom d'un petit village des environs de Paris, où il paraît qu'on le fabriqua d'abord. Sa préparation, tenue secrète pendant de longues années par les manufacturiers, fut ensuite indiquée par Berthollet. C'est ce *chlorure* qu'on emploie de préférence dans les ménages, et dont, afin de s'épargner la fatigue des coups de battoir répétés, abusent, dit-on, les blanchisseuses que l'on voit, à Paris, laver sur les bateaux, au milieu de la Seine (*fig.* à la page 793). L'*eau de Javel* est quelquefois colorée en rose. Cette teinte lui est étrangère; elle lui est donnée par quelques gouttes de la liqueur qui reste dans les ballons où l'on prépare le chlore. La formule de l'*eau de Javel* est :

$$2KO + 2Cl = KCl + KO,ClO.$$

Nous reviendrons sur cette préparation en parlant de la *potasse*.

ACIDE CHLOREUX ($ClO^3 = 59,5$; *densité* $= 2,646$). — Cet acide est un gaz jaune, à odeur de chlore. Il a été liquéfié dans un mélange d'acide carbonique solide et d'éther; il se décompose avec explosion à 57°; l'eau en dissout 5 volumes à la température ordinaire, et cette dissolution décolore le tournesol. On l'obtient en enlevant deux équivalents d'oxygène à l'acide chlorique. Pour cela, on chauffe au bain-marie un mélange de 15 grammes d'acide arsénieux avec 20 grammes de chlorate de potasse finement pulvérisé, et mêlé ensuite avec 60 grammes d'acide azotique pur, et 30 grammes d'eau. L'acide arsénieux passe à l'état d'acide arsénique en ramenant l'acide azotique à l'état d'acide azoteux; il s'empare ensuite de la potasse du chlorate, et met en liberté l'acide chlorique. Cet acide cède alors deux équivalents d'oxygène à l'acide azoteux, qui repasse à l'état d'acide azotique; l'acide chloreux formé se dégage :

$$KO,ClO^5 + AsO^3 + AzO^5,HO = KO,AsO^5 + AzO^5,HO + ClO^3.$$

ACIDE HYPOCHLORIQUE ($ClO^4 = 67,5$; *en volume* $= 4$; *densité de sa vapeur* $= 2,315$. — Cet acide, sans aucun usage d'ailleurs, est un liquide d'un rouge foncé qui donne des vapeurs jaune verdâtre beaucoup plus foncées que le chlore; il a l'odeur très forte, rappelant celle du chlore et du sucre brûlé. On l'obtient, en chauffant très lentement dans un bain-marie, dont la température ne doit pas dépasser 30°, un mélange de *chlorate de potasse fondu* et *d'acide sulfurique*. L'équation suivante donne la théorie de la réaction :

$$3(KOClO^5) + 3(SO^3HO) = 3(KO,SO^3) + 3HO + ClO^7 + 2ClO^4.$$

En effet, $\quad 3ClO^5 = Cl^3O^{15}$ et $ClO^7 + 2ClO^4$ ou $Cl^2O^8 = Cl^3O^{15}$.

ACIDE CHLORIQUE (ClO^5,HO $= 84,5$). — Cet acide, isolé pour la première fois par Gay-Lussac, qui l'a retiré des chlorates découverts par Berthollet, est un liquide incolore, un peu oléagineux, inodore, très soluble dans l'eau, ayant une réaction acide très prononcée, et ne détruisant pas les couleurs végétales. Il n'est d'aucun usage dans les arts, et est rarement employé dans les laboratoires quand il est pur. On l'obtient en décomposant le *chlorate de baryte* par l'acide sulfurique, qui forme avec la baryte une combinaison insoluble que l'on sépare au moyen de la filtration; la liqueur filtrée contient l'acide chlorique dissous dans une assez grande quantité d'eau, que l'on ne peut faire évaporer par la chaleur. Il faut avoir soin de n'ajouter au chlorate de baryte que la quantité d'acide sulfurique strictement nécessaire pour saturer la baryte. Voici l'équation de la réaction :

$$BaO,ClO^5 + SO^3,HO = BaO,SO^3 + ClO^5,HO.$$

ACIDE PERCHLORIQUE (ClO^7,HO $= 91,5$; *densité à 15°,5 $= 1,782$*). — L'*acide perchlorique* est encore un acide sans importance dans les arts, mais qui sert dans les laboratoires pour séparer la potasse de ses sels, le perchlorate étant presque insoluble à froid. C'est un liquide incolore, très avide d'eau, le plus stable de tous les acides du chlore. Anhydre, il est solide et cristallisé, très soluble dans l'eau, inodore, très acide. On le prépare, en décomposant, dans une petite cornue de verre, le *perchlorate de potasse* par l'acide sulfurique hydraté. On chauffe légèrement, et l'*acide perchlorique* distille; on condense les vapeurs dans un ballon tubulé, refroidi, dans le col duquel pénètre celui de la cornue :

$$KO,ClO^7 + 2(SO^3,HO) = KO,HO,2SO^3 + ClO^7,HO.$$

ACIDE CHLORHYDRIQUE (HCl $= 36,5$; *en volume $= 4$; densité $= 1,247$*). — Le *chlore* ne forme avec l'hydrogène que l'*acide chlorhydrique*. Cet acide, très anciennement connu, mais étudié seulement par Priestley, et appelé *esprit de sel, acide marin, acide muriatique*, se rencontre à l'état de liberté parmi les gaz qui se dégagent des volcans et dans les eaux stagnantes de leur voisinage. C'est un gaz incolore, d'une odeur piquante, qui provoque fortement la toux; il répand des fumées blanches, épaisses à l'air, dont il condense la vapeur aqueuse. Il se liquéfie sous une pression de 40 atmosphères à $+10°$, ou à $-80°$ sous la pression ordinaire, et se présente alors sous la forme d'un liquide incolore, s'il a été préparé avec de l'acide sulfurique et du sel marin parfaitement purs; sinon, il est plus ou moins coloré en jaune, parce qu'il contient des matières organiques. Il est impropre à la combustion et à la respiration. L'eau en dissout 464 fois son volume à la température de 9°; on ne peut le recueillir que sur le mercure qui est sans action sur lui. Cette solubilité s'exerce si ra-

Les *eaux amères*, que, chez les Juifs, le prêtre faisait boire à la femme adultère... (page 826).

pidement que, si l'on met en contact l'eau avec une éprouvette pleine d'acide chlorhydrique, elle y pénètre comme dans le vide, et le vase est brisé. Par suite de l'affinité de l'eau et de l'acide chlorhydrique, affinité qui est la cause des vapeurs que produit le gaz au contact de l'air, cette union entre les deux corps est une combinaison intime qui distille sans se décomposer, et dont la densité est 1,094. Lorsque l'eau en est saturée, on le nomme *acide fumant;* sa densité est alors 1,21. Beaucoup de métaux décomposent l'acide chlorhydrique : le potassium, le sodium et quelques autres, si subitement, qu'il y a inflammation ; le fer, le zinc, l'étain, à froid, mais plus tranquillement. Dans tous les cas, le métal s'empare du chlore, l'hydrogène est mis en liberté. Le plomb, le mercure, l'argent, l'or, le platine, et les métaux qui accompagnent ce dernier ne le décomposent pour ainsi dire pas. C'est un acide très corrosif; il rougit fortement la teinture de tournesol. Au contact de l'air humide, il répand d'épaisses fumées dues à ce que le gaz, s'emparant de la vapeur d'eau qui existe dans l'atmosphère, forme avec elle un composé ayant une force élastique très faible, et, par suite, se condensant sous forme de brouillard.

Les usages de l'*acide chlorhydrique* sont nombreux. A l'état de pureté, c'est un des réactifs les plus employés dans les laboratoires, pour déterminer la valeur réelle des oxydes de manganèse du commerce, reconnaître la présence de l'argent, du sous-oxyde de mercure, du plomb, du fer, doser l'ammoniaque, et, par suite, l'azote, etc. En médecine, on l'emploie quelquefois de préférence à la farine de moutarde pour bains de pieds, et comme escarotique pour brûler les fausses membranes du croup et de l'angine couenneuse. L'industrie l'utilise pour la fabrication du chlore et des hypochlorites décolorants, pour la préparation du sel ammoniac et des chlorures d'étain, pour isoler la gélatine des os, et pour obtenir des acides volatils, comme l'acide carbonique et l'acide sulfhydrique; pour enlever le peroxyde de fer qui se trouve sur les toiles de coton, pour faire disparaître les incrustations qui se forment dans les conduits de distribution des eaux calcaires, pour nettoyer les murs des édifices noircis par le temps. Cette dernière application, due à M. Chevallier, est le moyen le plus économique et le plus convenable.

Pour cela, on enlève d'abord la poussière avec un balai, on lave ensuite les murs avec de l'eau, puis avec de l'eau aiguisée d'acide chlorhydrique, dans la proportion de 32 grammes d'acide par litre d'eau; on termine par un lavage à l'eau pure. Ce mode d'opérer rend à la pierre sa couleur naturelle et présente, sur le nettoyage par le grattage, une économie des cinq sixièmes de la dépense.

Pour préparer l'*acide chlorhydrique,* on met dans un ballon de verre du *chlorure de sodium* ou sel marin, dans la proportion de 3 parties de sel calciné, 3 parties d'acide sulfurique étendu de 1 partie d'eau. Un tube recourbé part du ballon jusque sous les cloches pleines de mercure, où on le recueille. Quand on veut en avoir une dissolution, on fait usage d'un *appareil de Woulff*, dont les flacons renferment autant d'eau qu'on emploie de sel marin.

Industriellement, on se sert de deux sortes d'appareils : les *cylindres* et les *fours* ou *bastringues*.

Dans la première méthode, de grands cylindres en fonte A (*fig.* 289) sont disposés par paires dans un fourneau en briques. Ces cylindres ont $1^m,66$ de long sur $0^m,50$ de diamètre et $0^m,03$ d'épaisseur. Ils sont fermés

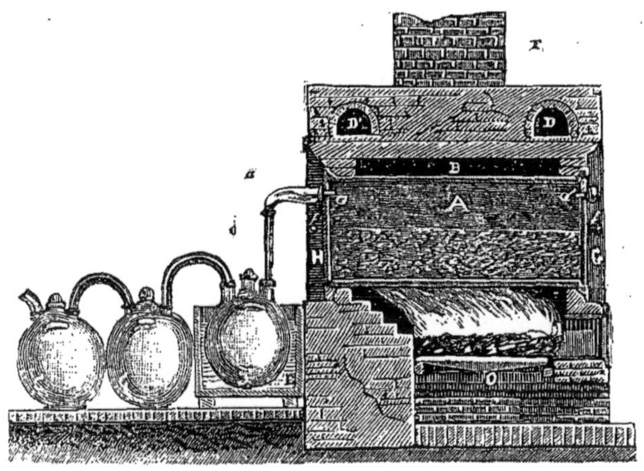

Fig. 289. — FABRICATION DE L'ACIDE CHLORHYDRIQUE DANS LES CYLINDRES.

à leurs deux bouts par des obturateurs en fonte f' s'emboîtant dans une retraite circulaire qu'on lute à l'argile. Chaque obturateur est muni d'un tuyau ; celui de devant, d, permet d'y poser un entonnoir e, pour l'introduction de l'acide quand le cylindre a reçu sa charge de sel ; l'autre tuyau, o, reçoit une allonge a, en grès, luté avec soin, et communiquant, par le moyen du tube en grès b, à une série de grandes bouteilles en grès ou bonbonnes à moitié remplies d'eau C,C',C'',C'''. Ces bonbonnes sont reliées entre elles par des tubes courbes en grès c ; elles ont toutes, dans le bas, un robinet en plomb pour le soutirage de l'acide. Afin de mieux condenser les vapeurs, on multiplie ces bouteilles le plus que l'on peut, la première de chaque série plongeant dans une cuve E, remplie d'eau, et la dernière portant un tube qui va se rendre dans une cheminée, dont le tirage est énergique. Dans chaque cylindre, on met 160 kilogrammes de sel et 130 kilogrammes d'acide sulfurique à 66 degrés. On obtient 208 kilogrammes d'acide liquide à 22 ou 23 degrés à l'aréomètre de Baumé, ce qui fait à peu près 62 kilogrammes d'acide gazeux.

Dans la méthode des *fours* ou *bastringues*, les fours construits en briques réfractaires (*fig.* 290) sont moins attaquables que les cylindres et permettent l'emploi de l'acide sulfurique à 50°, tel qu'il sort des *chambres de plomb*. Le sel marin est placé en A dans une cuvette en plomb qui recouvre la sole; on y verse l'acide nécessaire et on ferme l'ouverture par laquelle ces matières ont été introduites. La réaction est entretenue et activée à l'aide de la chaleur de la flamme, qui, après avoir, en passant en F,G, chauffé la voûte du four, arrive en H,I, sous la sole, puis en K,L, pour s'échapper par la cheminée M. L'acide chlorhydrique produit se dégage par C et va se condenser dans des bonbonnes. Quand le dégagement cesse, on fait passer, à l'aide de pelles, la masse dans le premier compartiment B, et on remet en A une nouvelle charge. La réaction se termine en B, grâce à la haute température de la flamme, pendant qu'une nouvelle attaque se produit en A.

Quel que soit le système de production employé, l'acide recueilli est plus ou moins coloré en jaune par du perchlorure de fer, qui résulte de l'action du gaz sur les cylindres de fonte dans lesquels il se produit; il renferme, en outre, de l'acide sulfurique, de l'acide sulfureux, parfois du chlorure d'arsenic; mais cela ne l'empêche pas de servir aux besoins de l'industrie. D'ailleurs, la fabrication de cet acide n'est qu'une partie accessoire d'une opération plus importante, la préparation de la soude artificielle, de telle sorte que, dans beaucoup de fabriques, il se produit tant d'acide chlorhydrique qu'on ne se donne pas la peine de le recueillir. Dans certains pays, à Amiens, à Chauny (Aisne), à Salindres (Gard), au lieu de bonbonnes en grès, on emploie de grandes tourelles en pierres siliceuses remplies de coke; fermées à la partie supérieure par laquelle arrive de l'eau qui s'écoule en se divisant en forme de pluie, tandis que le gaz chlorhydrique arrive par la partie inférieure; ces tourelles sont souvent juxtaposées au nombre de deux, de manière que l'excédent du gaz qui a servi à produire de l'*acide fort* dans l'une d'elles soit amené, par un conduit en grès, au bas de l'autre et puisse s'y dissoudre complètement en produisant un acide faible.

EAU RÉGALE. — L'*acide azotique* et l'*acide chlorhydrique* purs et incolores, étant mis en contact, le mélange change immédiatement, devient jaune, et dissout l'or, le platine et les métaux analogues qui sont inattaquables par chacun de ces acides en particulier. On a donné à ce mélange le nom d'*eau régale*, c'est-à-dire *eau royale*, parce qu'il est seul susceptible de dissoudre l'or, le roi des métaux. Dans le contact, il s'est formé du chlore qui a dissous le métal :

$$AzO^5,HO + HCl = AzO^4 + Cl + 2HO.$$

L'eau régale du commerce est formée d'une partie d'*acide azotique* à 35°
Baumé et de quatre parties d'*acide chlorhydrique* à 22°; mais on varie ces
proportions suivant l'emploi auquel on destine le liquide.

Il se forme encore, dans ce mélange, deux composés : l'*acide chloro-
azoteux* (AzO^2Cl) et l'*acide chlorohypoazotique* (AzO^2Cl^2).

BROME (Br $= 80$; *en volume $= 2$; densité $= 2,996$*). — Le *chlore*, le
brome et l'*iode* présentent entre eux de telles similitudes que, connaissant
le chlore et ses composés, on connaît ceux du brome et de l'iode. Ils s'accompagnent toujours dans la
nature : c'est principalement
dans les eaux de la mer qu'ils
sont répandus à l'état de
chlorure, de bromure ou d'iodure de métaux alcalins. Ils
ont une odeur commune, forte,
caractéristique, plus exaltée
dans le brome, moyenne dans
le chlore, plus faible dans
l'iode. Ils ont tous les trois
une haute affinité pour les

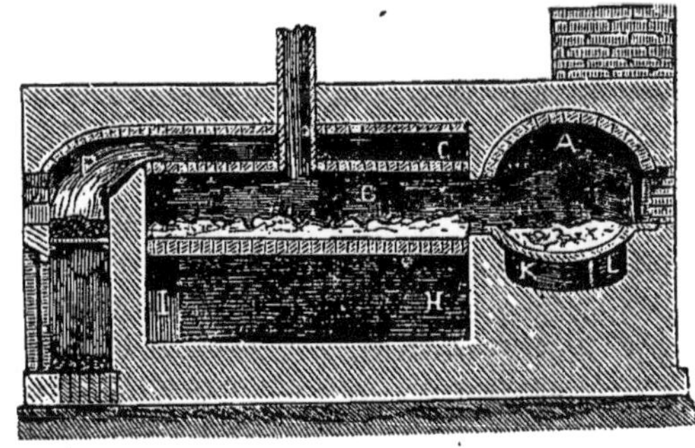

Fig. 290. — FABRICATION DE L'ACIDE CHLORHYDRIQUE
DANS LES FOURS.

métaux, forment des hydracides avec l'hydrogène, ont peu d'affinité
pour l'oxygène, avec lequel ils constituent des composés remarquables
par leur peu de stabilité. Ils se remplacent mutuellement dans les composés, sans en altérer ni la forme cristalline ni la constitution chimique.

Le *brome* est un liquide brun rouge, dont le nom vient d'un mot grec
signifiant *fétidité;* il est extrêmement vénéneux, une goutte tombant sur
la peau y produit l'effet d'une brûlure qu'on ne peut éviter même en
lavant immédiatement à grande eau; aussi ses vapeurs seules perfore-
raient immédiatement les poumons. Il est peu soluble dans l'eau et la
colore; il détruit, comme le chlore, les matières colorantes, mais avec
moins d'énergie.

On retire toujours le brome des eaux mères des marais salants où il
est combiné avec le *magnésium*. On fait passer un courant de chlore jusqu'à ce que la liqueur ait pris une teinte jaune; on y ajoute alors de
l'*éther;* on agite vivement en tenant le vase bouché. L'éther dissout le
brome; et comme la dissolution éthérée est plus légère que l'eau mère,
elle monte en dessus et est colorée en rouge hyacinthe. Les deux liqueurs
étant séparées par décantation, on enlève le brome de la dissolution
éthérée au moyen de la potasse caustique, ce qui produit du *bromate de*

potasse et du *bromure de potassium* qui se déposent. Le mélange des deux combinaisons salines doit être chauffé au rouge pour décomposer le bromate qui perd son oxygène et se transforme en bromure. On pulvérise la masse saline, on la mêle avec du *bioxyde de manganèse* en poudre; on l'introduit dans une cornue tubulée en verre, que l'on adapte à un tube en U effilé à son extrémité, et qui est placé dans un vase pour y être refroidi par un courant d'eau; on ajoute alors, par la tubulure de la cornue, de l'*acide sulfurique* en quantité convenable, et l'on chauffe légèrement. Le brome ne tarde pas à se dégager sous forme de vapeurs rouges, qui se condensent dans le tube récipient avec de la vapeur d'eau, laquelle se condensant aussi, retient en dissolution le *chlorure de brome* qui a pu se produire; le brome se dépose au-dessous. Quand l'opération est terminée, on sépare les deux liquides, et l'on distille le brome sur du *chlorure de calcium* en poudre avec lequel on le laisse en contact pendant quelque temps pour retenir l'eau. Les deux réactions sont expliquées par ces équations :

$$MgBr + Cl = MgCl + Br;$$
$$6Br + 6KO = 5KBr + KO,BrO^5;$$
$$KBr + MnO^2 + 2(SO^3,HO) = KO,SO^3 + MnO,SO^3 + 2HO + Br.$$

Bien que le prix du brome soit très élevé, en 1870, la production s'est élevée à 57,000 kilogrammes; on en consomme d'assez grandes quantités pour la préparation des épreuves photographiques. C'est par son intervention, avec celle de l'iode, qu'on est parvenu à fixer les images si rapidement. Il sert aussi à la fabrication de certaines couleurs du goudron, telles que le *bleu d'Hofmann* et l'*alizarine artificielle*, préparée avec l'*anthracène;* il est de plus très employé dans les recherches de chimie organique. Les médecins recourent très fréquemment à l'emploi du *bromure de potassium* pour le traitement des maladies scrofuleuses, du croup, de l'angine couenneuse, etc. On a reconnu encore que le brome jouit de la propriété d'annihiler l'action toxique du *curare,* poison redoutable des sauvages de l'Amérique méridionale. Pendant la guerre des États-Unis d'Amérique, on s'en est servi dans les hôpitaux comme désinfectant.

COMPOSÉS DU BROME. — On ne connaît encore que trois composés oxygénés du brome, et un composé hydrogéné; ce sont :

Acide hypobromeux	BrO,HO	$= 86,3.$
Acide bromique	BrO^5,HO	$= 118,3.$
Acide hyperbromique	BrO^7,HO	$= 144,3.$
Acide bromhydrique	HBr,HO	$= 79,3.$

Ces acides ne sont d'aucun usage.

IODE (Io $= 127$; *en volume* $= 2$; *densité* $= 4,95$; *de sa vapeur* $= 8,716$).
— La découverte de ce corps fait époque dans la science ; car des applications de la plus haute importance pour l'humanité en sont la conséquence. On connaît ces tumeurs difformes, et souvent très considérables, appelées *goitres*, qui, dans les pays de montagnes en particulier, se développent sous des influences encore peu connues. Dès le xiiie siècle, on essayait de les combattre avec l'*éponge calcinée*, mais presque infructueusement. En 1819, Coindet, médecin de Genève, soupçonnant que la vertu de ce médicament devait dépendre de la présence de l'*iode*, eut l'heureuse idée d'expérimenter avec l'iode lui-même ; les résultats les plus merveilleux confirmèrent ses prévisions, et, aujourd'hui, l'efficacité de ce corps est reconnue par tous les médecins. Mais l'emploi de la *teinture d'iode* exige la plus grande prudence, en raison de l'action remarquable que ce composé exerce sur les glandes : il les dissout promptement, mais il occasionne quelquefois des désordres dans l'économie.

On applique encore l'iode et ses préparations au traitement des maladies scrofuleuses ou syphilitiques, de l'hydrocèle, des affections goutteuses et tuberculeuses, des maladies de la peau, etc. ; c'est à ses propriétés que l'on attribue les bons effets de l'huile de foie de morue et de foie de raie. On l'emploie pour empêcher les effets des poisons actifs, tels que celui des crotales et le curare. Enfin, il est constamment utilisé dans les laboratoires ; la photographie en emploie de très grandes quantités, grâce à la propriété que possède l'*iodure d'argent* d'être, comme le *chlorure* et le *bromure*, attaquable par la lumière et soluble dans l'hyposulfite de soude.

Ce corps, découvert en 1811 par Courtois, salpêtrier de Paris, puis étudié par Davy, et surtout par Gay-Lussac, ne se trouve jamais libre, si ce n'est dans l'air en quantité très petite ; mais il existe à l'état de combinaison dans beaucoup de plantes marines. Son extraction a pris depuis quelques années un grand développement. Cette industrie occupe sur les côtes de Bretagne et de Normandie, pendant une grande partie de l'année, trois à quatre mille familles. Elle consiste à rassembler des *varechs*, pour en opérer l'incinération et en livrer les cendres. Nous verrons ci-après comment on traite ces cendres pour en retirer les sels utiles.

Pour obtenir l'iode et le brome qui se trouvent dans les *eaux mères*, on commence par les faire bouillir, avec une petite quantité d'acide sulfurique, dans une chaudière de fonte, afin de détruire tous les sels étrangers (carbonates, sulfures, hyposulfites et sulfites alcalins) qui s'y trouvent encore ; on laisse refroidir et déposer la liqueur, que l'on soutire ensuite au clair. On ajoute assez d'eau pour que la densité du liquide descende à 25°; on l'introduit dans de grandes touries en grès et on y fait arriver un courant de chlore, afin de décomposer les iodures alcalins et de mettre l'iode en liberté. La réaction se traduit ainsi : $KIo + Cl = KCl + Io$. Le liquide, traversé par les bulles de chlore, se colore fortement, se trouble, et laisse enfin déposer l'iode sous forme de poudre noire. On évite de faire passer un excès de chlore pour ne pas décomposer les *bromures* et ne pas produire du chlorure d'iode soluble et volatil. Lorsque tout l'iode s'est réuni au fond des touries et que la liqueur surnageante est claire, on la fait écouler, on lave le dépôt à plusieurs reprises par décantation, on le fait égoutter dans des entonnoirs en grès, puis on le sèche sur des feuilles de papier non collé, posées sur une couche épaisse de cendres tassées sur une caisse. On le soumet enfin à la sublimation dans des cornues de grès (*fig.* 291), placées en plus ou moins grand nombre des deux côtés d'une grande chaudière en fonte, remplie de sable et disposée sur un fourneau. Les vapeurs d'iode se rendent dans des récipients en grès,

Fig. 291. — PURIFICATION DE L'IODE.

à couvercles mobiles et à faux fonds, percés de trous, par lesquels l'eau condensée s'égoutte. Ces récipients sont munis de tubes, destinés à conduire les vapeurs d'iode non condensées dans une sorte de chambre, où elles se déposent. On fait plusieurs distillations successives avant d'enlever les cristaux des récipients, afin de les avoir plus volumineux.

L'*iode* est un corps solide, d'un gris brunâtre, ayant l'aspect métallique; son odeur, qui ressemble à celle du chlore et du brome, est néanmoins caractéristique; il fond à $+107°$; il entre en ébullition à $+180°$; mais bien avant ce terme, il produit des vapeurs violettes magnifiques, qui lui ont fait donner son nom (du mot grec qui veut dire *violet*). Ces vapeurs sont très intenses, et leur densité est très grande, elle dépasse celle de l'étain et du mercure, puisqu'elle est de 8,716; elles se solidifient par condensation sous forme de cristaux, qui sont des lames rhomboïdales. L'*iode* est peu soluble dans l'eau; cependant il la colore en jaune clair; il est plus soluble dans l'alcool qui se colore en brun, dans l'éther, dans quelques dissolutions de sels, dans le chloroforme. Il ne peut se combiner directement ni à l'oxygène ni à l'hydrogène; cependant il agit sur les matières organiques, car il jaunit immédiatement la peau et est véné-

neux ; mais il ne détruit que faiblement les couleurs végétales. La propriété
caractéristique de l'*iode* est la coloration bleue que les traces de ce corps,
en dissolution dans l'eau, développent à la température ordinaire, au con-

Les paysans ne passaient jamais sans terreur devant les *suffoni*.

tact de l'empois d'amidon : il se produit un composé, l'*iodure d'amidon*
$(C^{12}H^{10}O^{10})^5Io$. La sensibilité de ce réactif est telle, qu'on peut y découvrir,
dans une dissolution, un millionième d'*iode*. Avant 1814, on s'est servi de
cette propriété pour faire une fraude très préjudiciable. A cette époque,

l'indigo était fort cher; on colorait de l'amidon avec de l'iode, on le remettait en pains en le broyant avec l'indigo : il ne fut pas difficile de reconnaître la fraude, dès qu'on put la soupçonner. En effet, cet iodure est soluble dans l'eau bouillante, et si l'on filtre la liqueur, qui est sensiblement incolore, elle redevient bleue en refroidissant, ce que ne fait pas l'indigo.

COMPOSÉS DE L'IODE. — L'*acide iodique* ($IoO^5 = 165,3$; *densité* $= 4,869$) s'obtient en faisant bouillir, avec de l'acide sulfurique étendu, l'*iodate de baryte,* corps cristallisé, très peu soluble dans l'eau; on concentre par évaporation l'acide obtenu :

$$BaO,IoO^5 + SO^3,HO = BaO,SO^3 + IoO^5,HO.$$

C'est un corps solide, incolore, inodore, très soluble dans l'eau et même déliquescent, découvert par Davy en 1813 et qui n'a aucun usage.

L'*acide hyperiodique* ($IoO^7,5HO = 181,3$) ne se rencontre ni libre ni combiné dans la nature; on l'obtient en faisant passer un courant de chlore dans une dissolution d'iodate de soude à laquelle on ajoute de la soude caustique; de telle manière qu'il y ait 1 équivalent d'iodate, 3 de soude et 2 de chlore; 2 équivalents de soude perdent leurs 2 équivalents d'oxygène qui s'ajoutent à l'acide iodhydrique, et les 2 équivalents de sodium, restés libres, se combinent au chlore :

$$NaO,IoO^5 + 3NaO + 2Cl = (NaO)^3,IoO^7 + 2NaCl.$$

Il est sans usage dans les arts; mais, en raison de la presque insolubilité du *periodate basique de soude,* il peut servir, dans les laboratoires, pour caractériser et séparer la soude; il faut seulement, avant de l'employer, rendre la dissolution basique, au moyen de la potasse pure.

L'*acide iodhydrique* ($HIo = 128$; *en volume* $= 4$; *densité* $= 4,443$) est un gaz incolore, qui répand à l'air humide d'abondantes fumées, parce qu'il se combine avec la vapeur d'eau, comme les *acides chlorhydrique* et *bromhydrique;* il est très soluble dans l'eau. Il forme un *hydrate* ($HIo + 11HO$), bouillant à 128°, et ayant pour densité 1,07. Cette dissolution se décompose au contact de l'air en donnant de l'eau et de l'iode; en même temps, elle se colore en brun, parce qu'elle dissout l'iode mis en liberté; elle redevient ensuite incolore par la précipitation de l'iode qui, se déposant lentement, forme de très beaux cristaux. L'*acide iodhydrique* est aussi absolument sans usage.

FLUOR ($Fl = 19$; *en volume* $= 2$). — Ce corps, à l'état de liberté, a des affinités tellement énergiques, qu'il attaque tous les corps avec lesquels il se trouve en contact : ni verre, ni métaux, même le platine, ne résistent à son action. Aussi, à l'état isolé, le *fluor* est-il à peine connu, faute d'appareils pour pouvoir le recueillir sans le dénaturer. On sait seulement que c'est un gaz incolore, odorant, décomposant l'eau à froid et dans l'obscurité, et qui ne blanchit pas les matières végétales. Depuis Ampère, on admet que c'est un corps simple, analogue au *chlore*, au *brome* et à *l'iode;* opinion justifiée par toutes les réactions du *fluorure de calcium.* Ce corps, traité par l'acide sulfurique, donne du *sulfate de chaux* et un gaz fumant à l'air comme les acides chlorhydrique, bromhydrique et iodhydrique ; il forme, avec les métaux, des composés isomorphes des chlorures, bromures et iodures correspondants. Il y a cependant quelques légères différences.

ACIDE FLUORHYDRIQUE (HFl $= 20;$ *en volume* $= 4$). — Cet acide est gazeux à la température ordinaire, s'il est anhydre; monohydraté, c'est un liquide incolore dont la densité est 0,987 à son maximum de concentration; il répand à l'air humide des fumées épaisses, pesantes, blanches ; d'une odeur particulière qui provoque la toux ; son affinité pour l'eau est si grande que, lorsqu'on le verse dans ce liquide, chaque goutte produit le bruissement d'un fer rouge. Il attaque la plupart des corps et particulièrement le verre ; aussi faut-il le conserver dans des flacons de plomb, de platine, d'argent ou de gutta-percha, qui, cependant finissent par le décomposer. Il n'est pas de substance dont l'action sur la peau soit aussi terrible que celle de l'*acide fluorhydrique;* c'est pourquoi il faut prendre beaucoup de précautions si l'on a à s'en servir, et ne le manier qu'avec des gants de caoutchouc. La propriété la plus remarquable de l'acide fluorhydrique hydraté consiste dans son action sur la silice, avec laquelle il forme de l'eau et du fluorure de silicium ; l'acide anhydre n'attaque pas le verre : $SiO^2 + 2HFl = Si\,Fl^2 + 2HO$.

Pour préparer l'*acide fluorhydrique,* on se sert d'une cornue de plomb (*fig.* 292) formée de deux pièces qui s'ajustent. La pièce inférieure est destinée à contenir un mélange de *fluorure de calcium* (*spath-fluor*) et d'acide sulfurique; la pièce supérieure, qui est le dôme et le col de la cornue, doit diriger les vapeurs acides dans un récipient en plomb, formé par un tuyau recourbé qui s'ajuste à frottement sur le col de la cornue; à son extrémité, une petite ouverture livre passage à l'air dilaté. Pendant la préparation, ce récipient doit avoir sa courbure entourée de glace. Le fluorure de calcium, bien pulvérisé, est réduit en pâte un peu liquide en le mêlant, à l'aide d'une baguette de bois, avec de l'acide sulfurique;

puis on ajuste les pièces de l'appareil : on colle du papier autour des jointures, puis on chauffe légèrement le fond de la cornue, qui doit reposer sur un fourneau. La chaleur fait dégager l'acide fluorhydrique qui va se condenser dans la courbure du récipient, d'où on le transvase dans des flacons de gutta-percha : $CaFl + SO^3,HO = CaO,SO^3 + HFl$.

L'action de l'*acide fluorhydrique* sur la silice est utilisée dans les laboratoires pour l'analyse des silicates inattaquables par les autres acides. Dans les arts, l'on s'en sert pour dessiner sur verre, pour graver les divisions sur les tiges des thermomètres ou sur les burettes graduées, pour la gravure des pierres dures, des poteries, des émaux, etc.

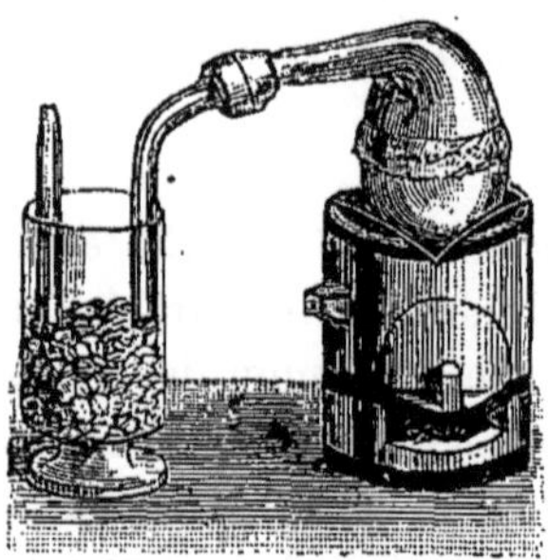
Fig. 292. — Préparation
de l'acide fluorhydrique.

En 1788, Puymaurin fils présenta à l'Académie des sciences une glace dont la gravure représentait la Chimie et le Génie pleurant sur le tombeau de Scheele, qui a tant contribué à l'histoire de l'acide fluorhydrique. Cet ouvrage intéressa doublement l'Académie, par le choix du sujet et par le fini de l'exécution. Voici, d'après M. J. Girardin, comment on s'y prend pour graver sur verre :

On emploie l'acide gazeux ou liquide, selon le but qu'on se propose. Sous le premier état, il donne des traits opaques ; sous le second, il en fournit de transparents. S'il s'agit, non pas de dépolir toute une surface, mais seulement de tracer quelques figures ou dessins, on agit de la manière suivante en employant l'*acide gazeux* : On nettoie le verre, on le sèche bien, on le chauffe et on y verse un vernis fondu que l'on étale en couche homogène. Ce vernis, composé de 4 parties de cire jaune et de 1 partie de térébenthine ordinaire, est assez mou pour qu'il ne s'écaille pas par le refroidissement, et assez translucide pour qu'on puisse calquer un dessin placé au-dessous de la lame de verre. On passe alors une pointe ou un burin sur le vernis, en suivant les traits du dessin, et on entame le vernis jusqu'au verre. Il faut de toute nécessité que, dans tous les endroits où l'on veut que l'acide agisse, le verre soit parfaitement net et bien mis à nu. Quand le dessin est tracé, on expose le verre ainsi préparé à l'action du gaz acide fluorhydrique. Pour cela, on se sert d'une caisse en plomb, d'une forme corrélative à celle du corps que l'on veut soumettre à l'opération. On met dans ce vase du *spath-fluor* pulvérisé, avec le double de son poids d'acide sulfurique concentré, on mêle bien, on place l'appareil sur un feu très doux, et on pose sur son ouverture le verre qu'il s'agit de graver. Au bout de quelques minutes à partir du moment où l'acide a commencé à se dégager, l'opération est terminée. On enlève le verre, on le chauffe légèrement pour fondre le vernis, on le nettoie avec de l'essence ou de l'esprit-de-vin, et on repasse, à l'aide d'un burin, les traits qui ne seraient pas bien venus.

Quand on veut employer l'*acide liquide,* on suit absolument le même procédé que pour la gravure à l'*eau-forte.* (CHIMIE, *Métalloïdes,* p. 720.)

M. Kessler a composé avec l'*acide fluorhydrique* et des *fluorures alcalins* deux encres, qui, lorsqu'on écrit sur verre ou sur cristal, laissent un trait blanc mat indélébile. Le mat, produit par ces divers moyens, vu au microscope, est d'apparence cristalline. Il résulte, en effet, de l'adhérence sur la partie gravée d'un *fluosilicate* alcalin cristallisé, qui fait fonction de réserve pointillée, et qui ne permet à l'acide de creuser qu'entre ses grains : c'est cette succession de petits points en relief et en creux qui produit la dispersion des rayons lumineux nécessaire à l'apparition du mat. On se sert également des mêmes méthodes pour la peinture sur verre, la partie blanche corrodée, pouvant recevoir ensuite, au feu de moufle, des couleurs variées.

Le procédé, aujourd'hui dans le domaine public, mais d'abord et encore maintenant employé dans les cristalleries de Baccarat et de Saint-Louis, consiste à imprimer sur papier, avec une encre composée de 3 parties de bitume de Judée, 2 parties de stéarine et 3 parties d'essence de térébenthine, le dessin qu'on veut réserver sur la pièce, à décalquer ce dessin sur l'objet à graver, puis à plonger cet objet dans un bain d'acide fluorhydrique ; enfin à enlever la réserve à l'aide d'un bain de lessive alcaline ou d'essence. Pendant la gravure, il se forme des fluosilicates alcalins avec le verre, et en outre du fluorure de plomb avec le cristal. Ces corps tendent à s'attacher à la surface vitreuse et à rendre la gravure inégale. Pour éviter ce défaut, on imprime à l'objet placé dans le bain un mouvement de rotation à l'aide d'un mouvement d'horlogerie ou d'une transmission spéciale, qui empêche l'adhérence des sels et permet d'obtenir une gravure aussi transparente que le cristal. On rehausse quelquefois l'effet de cette gravure en matant les parties saillantes à l'aide d'une tôle enduite de sable fin ou d'émeri ; d'autres fois, on teint le creux de la gravure en jaune au moyen du chlorure d'argent.

CHAPITRE IX

CYANOGÈNE, BORE, SILICIUM ET LEURS COMPOSÉS.

CYANOGÈNE ($C^2Az = Cy = 26$; *en volume* $= 2$; *densité* $= 1,8004$). — La découverte du *cyanogène*, faite en 1814 par Gay-Lussac, est une des découvertes qui ont exercé le plus d'influence sur les progrès de la chimie. Le *cyanogène*, en effet, a fourni le premier exemple d'un *radical composé*, c'est-à-dire d'un corps composé qui a toutes les allures des corps simples. Comme ceux-ci, il forme un *hydracide* avec l'hydrogène; avec les métaux, il forme des *cyanures* isomorphes des chlorures, bromures et iodures. Il est cependant composé de carbone et d'azote. A cause de ses fonctions de corps simple, on lui donne un nom spécial, et on le représente par un symbole élémentaire, Cy, dont la valeur est la même que celle de sa véritable formule C^2Az. Le mot *cyanogène* (du grec *kuanos*, bleu; *gennaô*, j'engendre) vient de ce que ce corps est une partie essentielle du bleu de Prusse.

Il n'existe pas à l'état de liberté; il se forme chaque fois que le carbone et l'azote se trouvent à une température élevée, en présence d'un alcali ou d'un carbonate alcalin. Si l'on fait, par exemple, passer un courant d'azote à travers un tube incandescent contenant un mélange de carbonate de potasse et de charbon, il se dégage de l'oxyde de carbone, et il se forme du *cyanure de potassium* qui reste dans le tube :

$$KO, CO^2 + Az + 4C = KCy + 3CO.$$

Il se produit du *cyanhydrate d'ammoniaque* lorsqu'on fait passer du gaz ammoniac sur des charbons chauffés au rouge :

$$2AzH + 2C = AzH^3, HCy + 2H.$$

Une dissolution concentrée et bouillante de *cyanure de potassium*, mêlée à une autre dissolution, également concentrée et chaude, d'*azotate de mercure*, donne naissance à du *cyanure de mercure*, qui se dépose en cris-

taux par le refroidissement du mélange. Ce nouveau composé, chauffé à
son tour dans une petite cornue ou dans un tube, se dédouble en *mercure*, qui se dépose en enduit miroitant sur les flancs de la cornue, et en
cyanogène ; celui-ci, dans les circonstances de sa formation, s'empare du
métal de l'alcali présent; ensuite il l'abandonne pour se combiner au
mercure, dont il se sépare enfin par la chaleur, pour prendre son état
naturel, qui est l'état gazeux.

Le *cyanogène* est un gaz incolore, d'une odeur pénétrante spéciale, agissant fortement sur les yeux, sur le cerveau, et dangereux à respirer. Il
se liquéfie sous une pression de 4 atmosphères, et sa densité devient 0,86;
il ne peut être solidifié que par un froid très considérable; mais il produit, étant liquide, et en s'évaporant à l'air, un froid susceptible de déterminer la solidification de la partie non vaporisée. La chaleur ne le
décompose pas; mais, soumis à une série d'étincelles électriques, ce gaz
produit du *carbone*, qui se dépose, et de l'*azote* qui occupe le même volume
que le cyanogène. Il est inflammable et brûle avec une flamme pourpre
très belle qui le caractérise, comme son odeur. L'eau en dissout environ
4 fois 1/2 son volume; l'alcool, 25 fois; sa dissolution dans l'eau se décompose sous l'influence de la lumière et se colore en brun; elle contient alors
de l'*oxalate d'ammoniaque*, résultant de la fixation de 8 équivalents d'eau
sur 2 équivalents de cyanogène : $2C^2Az + 8HO = 2AzH^4O, C^4O^6$; et réciproquement, l'*oxalate d'ammoniaque*, chauffé avec l'*acide phosphorique
anhydre* donne du cyanogène. Il forme avec l'oxygène un mélange détonant, et se combine avec l'hydrogène vers 500°; il ne se combine directement avec aucun autre métalloïde. Les métaux alcalins se combinent
directement avec lui et produisent des *cyanures* analogues aux *chlorures*.

Le cyanogène libre n'a pas d'usages directs; mais ses combinaisons
sont très employées.

Si l'on chauffe du *cyanure de mercure* jusqu'à ce que le dégagement
gazeux cesse, on reconnait qu'il reste dans la cornue, outre le mercure,
une matière brune solide, qui présente exactement la même composition
que le cyanogène, et qu'on appelle, pour ce motif, *paracyanogène*. Les
deux corps sont formés des mêmes éléments, azote et carbone, et dans les
mêmes proportions; ils n'ont rien pourtant de commun dans leurs propriétés. Ce sont deux corps *isomères*. La quantité de cyanogène qui passe
à l'état isomérique de paracyanogène est variable, selon la manière dont
la chaleur est conduite; mais on ne parvient jamais à éviter complètement
la transformation. Le *paracyanogène* est amorphe, insipide, inodore; il
n'est pas volatil, lorsqu'on le chauffe au rouge; au contact de l'air, il brûle
difficilement et produit de l'acide carbonique seulement. Il est insoluble

dans l'eau ; mais les acides sulfurique et chlorhydrique le dissolvent sans l'altérer, et, si l'on verse peu à peu ces dissolutions dans l'eau, le paracyanogène s'en sépare.

La composition du *cyanogène* peut être facilement établie par l'analyse eudiométrique (*fig.* 293). On introduit dans l'appareil 1 volume de cyanogène et 3 d'oxygène ; au moyen de l'étincelle électrique, on fait détoner le mélange : il se forme de l'acide carbonique, qui reste mêlé avec l'azote et l'oxygène en excès ; on absorbe l'acide carbonique et de son volume on conclut le carbone, puisque ce gaz occupe le volume de l'oxygène qu'il contient ; comme, après l'absorption, il a disparu 2 volumes correspondants à 2 volumes d'oxygène, on voit que le résidu contient 1 volume d'oxygène que l'on peut absorber par le phosphore, et il reste 1 volume d'azote. On peut aussi déterminer sa composition en analysant un cyanure métallique, comme une matière organique. Comme 2 volumes de cyanogène se combinent avec un équivalent de potassium,

ces 2 volumes représentent l'équivalent du cyanogène : on doit donc le représenter par C^2Az, c'est-à-dire 2 volumes de vapeur de carbone plus 2 volumes d'azote, condensés ensemble en 2 volumes. La considération des densités justifie ces conclusions :

Si, à la densité de la vapeur de carbone.......	0.8284
On ajoute la densité de la vapeur de l'azote	0.9720
On obtient la densité du cyanogène......	1.8004

COMPOSÉS OXYGÉNÉS DU CYANOGÈNE. — Le cyanogène forme avec l'oxygène deux composés absolument sans usage : 1° l'*acide cyanique* (C^2AzO, HO), liquide incolore qui n'est stable qu'aux températures inférieures à 0° ; à la température ordinaire, il fait entendre une série d'explosions en se changeant, avec dégagement de chaleur et de lumière, et diminution de volume, en un produit solide blanc, appelé *acide cyanurique insoluble* ou *cyamélide*. Cette transformation est analogue à la transformation allotropique du phosphore ordinaire liquide en phosphore rouge ; sa densité, à —20°, est 1,156.

Les pipes d'écume de mer font une partie importante du luxe ottoman (page 842).

2° L'*acide cyanurique* (C³AzO)³,3HO, acide tribasique, qui s'obtient par la décomposition de l'*urée*, isomère du cyanate d'ammoniaque, par la chaleur : 3(C²H⁴Az²O²) = (C²AzO)³,3HO + 3AzH³ ; l'ammoniaque se dégage, l'acide cyanurique reste dans la cornue. Il se dissout dans l'eau et cristallise en prismes obliques à base rectangle ; sa densité à 0° est de 1,768.

L'*acide cyanurique insoluble*, ou *cyamélide*, est insoluble dans l'eau ; sa densité à 0° est 1,974.

ACIDE CYANHYDRIQUE (*HCy = HC²Az = 27 ; en volume = 4 ; densité à + 7° = 0,706 et à + 18° = 0,697 ; de sa vapeur = 0,9467*). — Retiré par Scheele du *bleu de Prusse*, en 1782, et longtemps connu sous le nom d'*acide prussique* pour cette raison, l'*acide cyanhydrique* existe tout formé dans les feuilles, les fleurs, les amandes de divers végétaux. Les feuilles et les fleurs du pêcher, du laurier-cerise et du laurier-rose, les amandes du pêcher, du cerisier, de l'abricotier, en renferment et lui doivent leur odeur et leur saveur amère. C'est lui encore qui donne leur arome au kirsch, à l'eau de noyaux, au ratafia de cerises, au marasquin de Zara ; et aussi au lait, aux crèmes et autres mets que l'on aromatise en y faisant infuser des feuilles de laurier-cerise.

C'est un liquide incolore, très volatil, d'une odeur pareille à celle des amandes amères : la chimie ne connaît pas de substance dont les effets sur l'organisation de l'homme et des animaux soient plus foudroyants. Lorsqu'on débouche un flacon de cet acide pur sans prendre aucune précaution, on ressent, à l'instant même, un mal de tête, et parfois une forte constriction à la poitrine. Si l'on flaire le flacon pendant quelques secondes, ou si l'on se trouve dans une atmosphère chargée de sa vapeur, on est suffoqué presque subitement, et l'on éprouve des étourdissements, une défaillance avec impossibilité de se mouvoir, des envies de vomir, un resserrement spasmodique de la gorge ; ces effets ne se dissipent qu'au grand air et à la longue. Un oiseau que l'on approche un instant de l'ouverture d'un flacon plein de cet acide tombe mort ; l'odeur seule suffit pour le tuer. Une seule goutte, portée dans la gueule d'un chien, d'après les expériences de Magendie, le fait tomber raide mort, après deux ou trois grandes inspirations précipitées. La même quantité, appliquée sur l'œil de l'animal, ou injectée dans la veine du cou, le tue à l'instant même, comme s'il était frappé de la foudre. La mort produite par cet acide est d'autant plus prompte que la circulation est plus rapide et les organes de la respiration plus étendus. Il agit sur tous les animaux à sang chaud, en détruisant la sensibilité et la contractilité des muscles soumis à la volonté, ainsi que celles du cœur et des intestins.

Les prêtres d'Égypte connaissaient cet acide et l'employaient pour faire périr les initiés qui avaient trahi leurs secrets. Les *eaux amères* que, chez les Juifs, le prêtre faisait boire à la femme accusée d'adultère, et qui tuaient promptement, sans laisser aucune trace de lésion sur le cadavre, étaient sans doute de l'acide cyanhydrique (*fig.* à la page 809). Scheele, qui a tant contribué à éclairer l'histoire de ce redoutable composé, et qui est mort subitement dans le cours de nouvelles recherches sur cet acide, passe pour en avoir été victime. Scharinger, chimiste de Vienne, est mort dans l'espace de deux heures, pour en avoir laissé tomber une goutte sur son bras nu. En 1832, Paris frémit d'épouvante à l'annonce du meurtre de Ramus, auquel son assassin fit boire, avant de dépecer son corps, un mélange d'eau-de-vie et d'acide cyanhydrique.

Cette puissante action délétère rend moins incroyable l'activité prodigieuse des breuvages composés par Locuste, cette matrone gauloise que Néron associait à ses crimes, et qui préparait, avec des plantes de la Phrygie et de la Thessalie, des poisons aussi prompts que le fer. Tous ces empoisonnements subits, dont le souvenir est conservé par l'histoire, s'expliquent. Polonius tua le père d'Hamlet en lui introduisant du poison dans l'oreille (*fig.* à la page 833); la célèbre empoisonneuse napolitaine, Toffana, se servait d'un couteau, dont un seul côté de la lame était empoisonné pour couper un fruit dont la moitié devait faire périr la victime, tandis qu'elle-même mangeait l'autre moitié. Tous ces faits ne sont rien que l'*acide prussique* ne puisse renouveler.

C'est pourquoi l'eau distillée de laurier-cerise, l'huile essentielle d'amandes amères, toutes les amandes des fruits à noyau, les pépins de pommes et de poires sont des poisons, même à de très faibles doses. Le *Journal de chimie médicale* cite plusieurs faits à l'appui de cette assertion.

Les effets formidables de l'acide cyanhydrique peuvent être combattus avec succès par des inspirations de chlore mêlé d'air, par l'ammoniaque, par un mélange de sulfate de protoxyde et de peroxyde de fer associé à du carbonate de soude; mais il faut que l'application du remède succède instantanément à celle du poison.

Ajoutons que la médecine utilise cependant l'acide cyanhydrique, très étendu d'eau, dans les maladies de poitrine et dans toutes celles où la sensibilité est augmentée d'une manière vicieuse.

L'empoisonnement par l'acide cyanhydrique se trahit par l'odeur d'amandes amères que répandent les organes. On peut essayer de le reconnaître (après s'être assuré que l'estomac ne contenait pas de cyanure jaune, corps non vénéneux qui, au contact des sels de sesquioxyde de fer, donne du bleu de Prusse), à l'aide des réactifs suivants : 1° En versant dans la liqueur un excès de potasse, puis un mélange de *sulfate de protoxyde* et de *sulfate de sesquioxyde de fer ;* il se produit, sous l'influence de la chaleur, un précipité bleu de Prusse, mêlé d'*hydrate d'oxyde de fer*. Si on dissout alors cet hydrate en excès par de l'*acide chlorhydrique*, on a un précipité bleu ; 2° la solution d'acide cyanhydrique, chauffée avec un peu de *sulfhydrate d'ammoniaque* jusqu'à ce que la liqueur soit incolore, donne un composé de *sulfocyanure d'ammoniaque* qui, dès qu'on y ajoute une goutte d'un sel de *sesquioxyde de fer,* donne une coloration rouge de sang.

Pour préparer l'acide cyanhydrique, on chauffe doucement dans un petit ballon de verre. (*fig.* 294) 30 grammes de *cyanure de mercure* sec avec 20 grammes d'*acide chlorhydrique*. Il se produit de l'acide cyanhydrique et du chlorure de mercure :

$$HgCy + HCl = HCy + HgCl.$$

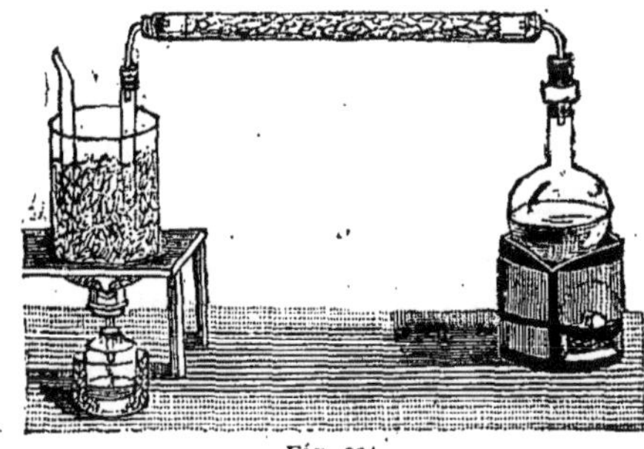

Fig. 294.

PRÉPARATION DE L'ACIDE CYANHYDRIQUE.

L'acide en vapeur passe dans un tube contenant dans sa première moitié des fragments de marbre, et dans sa seconde du chlorure de calcium fondu, destinés à retenir l'acide chlorhydrique et la vapeur d'eau. L'acide va se liquéfier dans un tube en verre entouré d'un mélange réfrigérant. On l'obtient étendu d'eau en chauffant dans un ballon 100 grammes de *cyanure jaune* pulvérisé avec un mélange de 50 grammes d'acide sulfurique et 70 grammes d'eau. Les vapeurs sont refroidies dans un long tube entouré d'eau froide; elles se condensent dans un flacon.

BORE (Bo = *11 ; en volume = 1 ; densité = 2,69*). — Le *bore* a été découvert en 1808 par Gay-Lussac et Thenard, en France; peu de temps après, Davy l'obtenait en Angleterre ; mais l'étude n'en a été faite complètement que par MM. Sainte-Claire-Deville et Vohler, qui, en 1856, rendaient compte de leurs travaux à l'Académie des sciences, en ces termes :

« Il est à remarquer que la plupart des corps simples se présentent à nous sous des formes intéressantes. Le *bore* seul, placé entre le *charbon* et le *silicium,* qui cristallisent tous les deux avec une grande perfection, échappait à cette règle. Nos recherches sur cette matière font cesser cette exception, et nous permettent de démontrer que le *bore* existe à trois états distincts, présentant ainsi les analogies que le *silicium* possède déjà avec le charbon, mais à un degré plus marqué encore.

Bore cristallisé ou diamant de bore. — Cette matière, vraiment curieuse, a été obtenue, sous forme de cristaux transparents, tantôt rouge grenat, tantôt jaune de miel, sans que sa couleur puisse être considérée comme spécifique, car elle pourrait tenir, comme la couleur des pierres précieuses, à des quantités excessivement faibles et variables de matières étrangères, en particulier de *silicium*, *de charbon* ou même de *bore amorphe*. On peut donc espérer que le bore pourra être obtenu incolore. Le *bore* possède un éclat et une réfringence tels que ses cristaux ne sont, sous ce rapport, comparables qu'au diamant. C'est à cette extrême réfringence qu'est dû l'aspect métallique des cristaux trop volumineux pour se laisser traverser par la lumière. Il est à présumer que, si l'on obtenait du bore incolore et en gros cristaux, il présenterait exactement l'aspect du diamant avec tous ses effets de lumière réfléchis et réfractés. Une autre analogie, également importante, se tire de sa dureté. Tout le monde sait que le diamant est de beaucoup la plus dure des matières connues ; qu'il raye le *corindon*, lequel vient, sous ce rapport, immédiatement après lui. Le bore, lui-même, raye le *corindon* avec la plus grande facilité ; si bien qu'un *saphir* taillé, que nous avons soumis à l'action de la poussière de bore, a perdu ses angles, ses arêtes, et a été rayé sur sa surface avec une extrême rapidité. Un diamant taillé, avec lequel nous avons écrasé ces cristaux, sur une surface de *quartz* poli, a été légèrement rodé à tous les points de contact. Cette expérience indique une dureté comparable à celle du diamant.

Le *bore* pulvérulent, qu'il était à peu près impossible d'obtenir pur, a été fondu par M. Despretz, avec la pile. En employant seulement la chaleur développée par le gaz tonnant, je n'ai pu voir d'effet de fusion sensible produite par cette haute température sur le bore cristallisé. Celui-ci, fortement chauffé, résiste à l'action de l'oxygène ; cependant il s'oxyde à la température où le diamant brûle ; mais une petite couche d'*acide borique*, qui se forme à la surface, et qu'on aperçoit facilement, empêche l'action de se propager. Le *chlore*, au contraire, agit avec une énergie remarquable sur le bore, qui s'enflamme au rouge dans une atmosphère de ce gaz et se transforme en *chlorure de bore gazeux ;* il est assez difficile d'avoir du chlore assez sec pour qu'un peu de fumée ne se produise dans cette expérience, où l'on voit aussi se déposer un peu d'acide borique provenant de l'eau et de l'air contenus dans le chlore. Le bore cristallisé brûle sans résidu ; alors on voit se manifester ce gonflement apparent des cristaux qui caractérise la combustion du diamant dans l'oxygène. Chauffé au chalumeau, entre deux lames de platine, il détermine immédiatement la fusion du métal, par suite de la formation d'un *borure* très peu réfractaire. Tous les acides, quels qu'ils soient, purs ou mélangés, n'ont aucune action sur le bore, soit à froid, soit à chaud ; seulement, au rouge vif, le *bisulfate de potasse* le transforme en *acide borique*, avec dégagement d'acide sulfureux. La *soude caustique*, bouillante et concentrée, ne l'altère pas ; mais la *soude monohydratée* et le *carbonate de soude* au rouge le dissolvent lentement. Le *nitre*, à cette température, ne paraît pas agir sensiblement sur le bore cristallisé ; c'est donc le plus inaltérable des corps simples.

On le prépare en fondant ensemble, dans un creuset de charbon, 80 grammes d'*aluminium* en gros morceaux et 100 grammes d'*acide borique* fondu en fragments. Le creuset de charbon est introduit avec de la brasque dans un creuset de plombagine de bonne qualité, et le tout est mis dans un fourneau à vent qui puisse fondre facilement le nickel pur. On maintient la température à son maximum pendant cinq heures environ, en ayant bien soin d'enlever avec un ringard toutes les scories ou le mâchefer qui pourraient embarrasser la grille. Après le refroidissement, on casse le creuset et on y trouve deux couches distinctes : l'une vitreuse, composée d'acide borique et d'alumine ; l'autre métallique, caverneuse, gris de fer, hérissée de petits cristaux de bore qu'on reconnaît facilement : c'est de l'aluminium imprégné dans toute sa masse de bore cristallisé. Toute la partie métallique est traitée par une lessive de soude moyennement concentrée et bouillante, qui dissout l'aluminium, puis par de l'acide chlorhydrique bouillant qui enlève le fer, et enfin par un mélange d'acide fluorique et d'acide nitrique pour extraire les traces de *silicium* que la soude aurait pu laisser mélangé avec le bore. Cependant le bore n'est pas encore pur ; il contient, à l'état de mélange, des plaques d'alumine que l'on peut extraire mécaniquement, mais qu'aucun procédé chimique ne nous permet de séparer du bore. La matière vitreuse que l'on fait bouillir avec l'eau lui cède beaucoup d'acide borique, et une matière gélatineuse, qui est de l'alumine presque pure.

Bore graphitoïde. — L'aluminium dissout peu de bore ; aussi ne l'obtient-on généralement qu'en petite quantité sous cette forme nouvelle que nous appelons *bore graphitoïde*, quand on fait dissoudre un alliage de bore et d'aluminium. Cependant on en obtient un peu dans l'expérience précédente, et on le sépare aisément du bore cristallisé à cause de la facilité avec laquelle il se met en suspension dans l'eau. On peut aussi produire facilement le bore graphitoïde en traitant le *fluoborate de potasse* par l'aluminium, et en ajoutant comme fondant un mélange à équivalents égaux de *chlorure de potassium* et de *chlorure de sodium*. On obtient alors de petits culots de *borure d'aluminium* qui, dissous dans l'acide chlorhydrique, laissent déposer le bore sous sa seconde modification. Ce sont des paillettes souvent hexagonales, un peu rougeâtres, ayant tout à fait l'éclat et la forme du graphite naturel et du silicium graphitoïde. Il est entièrement opaque.

Bore amorphe. — Il se produit aussi dans l'expérience qui donne le bore cristallisé; il suffit pour cela qu'un petit globule d'aluminium se soit trouvé en présence d'une grande masse d'acide borique. Alors la réaction se fait très rapidement; l'aluminium ne peut pas dissoudre le bore au fur et à mesure qu'il est séparé, et l'on obtient, après l'action de la soude et des acides, une substance brun chocolat clair qui a toutes les propriétés que MM. Gay-Lussac, Thenard et Berzélius assignent au bore *amorphe*, tel qu'ils le connaissaient. Quand on recueille sur un filtre le bore amorphe, tout ce qui reste adhérent au filtre bien séché brûle avec une facilité et un éclat remarquables, quand on met le feu au papier. Le *bore graphitoïde*, au contraire, résiste à la température développée par la combustion du papier, et on le retrouve tel quel dans les cendres. Cette expérience très simple permet de faire voir les différences qui existent entre les deux variétés de bore.

Nous concluons de ces faits que le *bore* doit être placé plus près encore que le *silicium* du charbon, dont il se rapproche, surtout par ses propriétés physiques, dans les formes qui correspondent au diamant, au graphite et au charbon ordinaire. »

ACIDE BORIQUE ($BoO^3,3HO = 34,9$; *densité: cristallisé* $= 1,48$; *fondu* $= 1,83$). — On ne connaît que cette combinaison du *bore* avec l'oxygène. L'*acide borique* se trouve dans la nature, libre et combiné; l'acide libre se rencontre dans le voisinage des volcans ou dans les terrains volcaniques récents; dans l'île Vulcano, il est en petites masses cristallines nacrées, qui sont toujours mêlées avec un peu de soufre; et à Sasso, en Toscane, dans des marais et des fossés nommés *lagoni*. On le trouve aussi combiné à la soude dans quelques lacs du Thibet; cette combinaison, qui est du borax impur, est connue sous le nom de *tinkal;* on le trouve encore, combiné avec la magnésie, aux environs de Magdebourg, en cristaux transparents ou opaques parfaitement déterminés; enfin, combiné avec la chaux et la magnésie, dans l'Amérique du Sud, dans le voisinage des bancs de nitrate de soude, et en masses considérables. Mais c'est surtout des *lagoni* de Cherchiajo, de Monte-Cerbero et de Castel-Nuovo, en Toscane, dans lesquels Hœfer et Mascagni le découvrirent en 1776, qu'on le retire, d'abord brut et fort impur, pour les arts. Des fissures du terrain bouleversé, sur une ligne de 40 kilomètres au moins, s'échappent continuellement des vapeurs chaudes qui répandent dans l'air des nuages épais, blanchâtres,

Polonius tua le père d'Hamlet en lui introduisant du poison dans l'oreille (page 828).

tantôt obscurcissant l'atmosphère, tantôt s'élevant comme une colonne immense qui se perd dans les nues. Ces vapeurs, nommées *suffioni* (soufflets ou soufflards) dans la localité, sont accompagnées de gaz azote, d'acide carbonique, d'hydrogène carboné, d'hydrogène, d'acide sulfhydrique, et chargées en outre d'acide borique, de bitume, de carbonate d'ammoniaque, de quelques sels ; elles entraînent, de plus, des matières terreuses ; leur température varie de 92° à 99°. Ces vapeurs se condensent en grande partie au milieu de la vase qui s'accumule autour de ces jets, et y déposent toutes les substances qu'elles entraînent avec elles du sein de la terre. Autrefois, la contrée où ce phénomène naturel s'accomplit, probablement depuis des milliers d'années, était regardée par les paysans comme l'entrée de l'enfer, et sans nul doute cette superstition remontait à une très haute antiquité, car la montagne qui avoisine les plus puissants *suffioni* porte encore le nom de *Monte-Cerbero* (mont Cerbère). Les paysans ne passaient jamais autrefois sans terreur dans cet endroit, disant leur chapelet et invoquant la protection de la Vierge (*fig.* à la page 817).

L'extraction de l'*acide borique* de ces *lagoni* est faite de la manière la plus ingénieuse en utilisant la chaleur des fumerolles qui agissent comme de petits cratères, et dégagent de la vapeur d'eau et des gaz, dont l'analyse a donné la composition suivante :

Acide carbonique.............	57,30	
Azote	34,80	100,00
Oxygène.....................	6,57	
Acide sulfhydrique,...........	1,33	

M. Dumas donne l'explication suivante de l'existence de l'acide sulfhydrique dans ces gaz : en supposant que dans l'intérieur du sol il peut exister des masses de sulfure de bore, qui se trouvent de temps en temps en contact avec l'eau, ce corps se décompose, abandonnant son hydrogène au soufre et son oxygène au bore ; en effet :

$$BoS^3 + 3HO = BoO^3 + 3HS.$$

Cet acide sulfhydrique, se décomposant ensuite sous l'influence de l'air et de l'eau, abandonne le soufre, qui se dispose en cristaux sur les parois des fentes donnant passage aux vapeurs. Ces vapeurs délayent le terrain en s'y condensant : elles forment ainsi des espèces de mares que l'on dispose artificiellement en cuves, dans lesquelles l'eau s'accumule et retient l'acide borique entraîné par les vapeurs qui partent du fond. Ces eaux ne tardent pas à être assez concentrées pour pouvoir cristalliser par leur refroidissement ; cependant on évapore ordinairement ces dissolutions méthodiquement de la manière suivante : sur les pentes des collines où les *suffioni* produisent des mares de vase, on creuse des bassins que l'on garnit de maçonnerie glaisée (*fig.* 295) ; du fond de ces bassins s'échappent les jets de vapeurs qui, en se condensant, finissent par les remplir d'un

liquide qui retient l'acide borique; ces bassins A, B, C, placés par étages,
déversent dans celui qui est immédiatement au-dessous le liquide qui s'y
est rassemblé pendant 24 heures en se concentrant de plus en plus : pour
cela, un peu au-dessus du fond de chacun de ces bassins, on a disposé
des tuyaux, *a*, *b*, *c*, que l'on débouche successivement, en commençant
par le plus inférieur, qui laisse couler le liquide qu'il contient dans les
bassins D, E, où les matières terreuses se déposent; on les y laisse à cet
effet pendant 24 heures aussi. Après ce temps, on fait passer les liqueurs
éclaircies dans un système de chaudières en plomb G, G', G'', etc., placées

Fig. 295. — EXTRACTION DE L'ACIDE BORIQUE DES LAGON'.

par gradins et chauffées par les vapeurs qui s'échappent des *suffioni* et
qui remplacent le combustible dans toute la suite de cette fabrication.
Ces vapeurs passent dans des canaux qui les font circuler sous les chaudières, dont elles élèvent assez la température pour évaporer l'eau ; le
séjour dans chaque chaudière est de vingt-quatre heures, et les liqueurs
passent ainsi successivement de la plus élevée dans la plus basse, d'où
on la fait couler dans des cristallisoirs. L'acide cristallisé est placé dans
des corbeilles pour les laisser égoutter, puis sur le sol d'une étuve; au-
dessous du sol, on fait circuler, par des canaux, les vapeurs d'autres *suffioni*, dont la chaleur suffit pour le sécher. L'eau mère est replacée dans
la première chaudière de concentration.

Les exploitations de la Toscane produisaient plus de 2,000 tonnes,
dans ces dernières années, et elles s'accroissent sans cesse. La demande
de ce produit est si grande en Angleterre, qu'une quantité deux ou trois
fois plus forte serait absorbée par le marché britannique seulement.
C'est pourquoi les gisements de borate de chaux, de magnésie, de soude
de la Californie et de la Nevada, des lacs et des marais de Tach-Marsh et
de Colombie, sont exploités avec ardeur. Une usine établie à Maisons-

Laffite, près de Paris, transforme en borax le borate de chaux, découvert en Asie par l'ingénieur Desmazures; en 1878, cette usine a fabriqué un million de borax, dont le prix est descendu, grâce à cette concurrence, de 2,000 francs à 800 francs la tonne.

L'*acide borique* se présente sous forme de lamelles brillantes, contenant 45,6 pour 100 d'eau. Chauffé, il perd peu à peu son eau; au rouge sombre, il devient anhydre et éprouve la fusion ignée; en se refroidissant, il se prend en une masse vitreuse incolore. La dissolution froide colore la teinture de tournesol en rouge vineux; chaude, en rouge pelure d'oignon, comme les acides forts; elle colore en brun le papier de curcuma, comme les alcalis.

L'*acide borique* est utilisé pour la préparation des émaux; il entre dans la composition de la couverte des poteries, de la porcelaine, dans celle du strass. Il est employé en médecine, principalement pour les aphtes; on en dissout de 4 à 8 grammes dans 100 parties d'eau miellée : on le nomme en médecine, *sel de Homberg;* la pharmacie prépare avec lui la crème de tartre soluble. Une dissolution étendue d'*acide borique,* mêlée d'*acide sulfurique,* est employée pour imprégner les mèches des bougies stéariques; la mèche, ainsi imprégnée, se recourbe en dehors de la flamme, et y brûle; l'acide borique forme, avec les cendres de la mèche, une petite perle vitreuse, qui tombe et disparaît.

SULFURE DE BORE (BoS^3). — Le *sulfure de bore* est un corps solide, blanc, cristallisé en petits filaments soyeux. Obtenu d'abord à l'état amorphe par Berzélius, dans l'action de la vapeur de soufre dans le bore, il a été préparé à l'état cristallin par M. Frémy, en faisant passer un courant de *sulfure de carbone* en vapeur sur un mélange d'*acide borique* et de charbon.

CHLORURE DE BORE ($BoCl^3$), gaz incolore, fumant à l'air; sa densité est de 4,035; il est soluble dans l'eau; mais se décompose en produisant de l'*acide borique* et de l'*acide chlorhydrique.* On le prépare en faisant passer dans le vide un courant de gaz *chlore* sec sur du bore qui n'a pas été chauffé; la combinaison s'opère avec incandescence.

BROMURE DE BORE ($BoBr^3$), présente la plus grande analogie avec le *chlorure* de bore; il se décompose de même par l'eau, et se prépare de la même manière.

FLUORURE DE BORE ($BoFl^3 = 64,9$; *densité* $= 2,3124$). — C'est un gaz très remarquable, incolore, d'une odeur suffocante, réagissant comme un acide énergique, qui n'est décomposé ni par la chaleur rouge ni par l'étincelle électrique. Il répand à l'air des vapeurs extrêmement épaisses et pesantes ; c'est, de tous les gaz, le plus soluble dans l'eau, puisqu'il en dissout 700 fois son volume. Les matières organiques mises en contact avec ce gaz sont plus facilement altérées que par l'acide sulfurique ; les métaux alcalins sont sans action sur lui, même à la chaleur rouge. Pour le préparer, on traite dans un petit ballon de verre, par 12 parties d'*acide sulfurique monohydraté*, un mélange de 2 parties de *fluorure de calcium* et de 1 d'*acide borique vitrifié*, tous deux réduits en poudre fine ; la réaction s'opère à une douce chaleur, et l'on recueille le gaz sur le mercure :

$$BoO^3 + 3CaFl + 3SO^3,HO = 3CaO,SO^3 + 3HO + BoFl^3.$$

On le prépare aussi en chauffant à une température très élevée un mélange de 2 parties de *fluorure de calcium* et de 1 d'*acide borique vitrifié* ; il se forme du *borate de chaux*, dont on peut facilement retirer l'*acide borique* et du *fluorure de bore* :

$$3CaFl + 4BoO^3 = 3CaO,BoO^3 + BoFl^3.$$

SILICIUM (Si = *14 ; en volume = 1 ; densite, cristallisé = 2,49*). — Ce fut Berzélius qui obtint pour la première fois ce corps à l'état de pureté ; mais c'est seulement en 1854 que Sainte-Claire-Deville l'obtint à l'état graphitoïde et à l'état cristallin ; établissant ainsi son analogie physique avec le carbone, dont le rapprochent ses propriétés chimiques.

Le *silicium amorphe* est une poudre brune, conduisant mal l'électricité et la chaleur. Chauffée avec du *chlorure de sodium*, cette poudre se change d'abord en *silicium graphitoïde*, puis, à une température encore plus élevée, elle fond et donne des globules cristallisés.

Le *silicium graphitoïde* est en lamelles hexagonales gris de plomb ; bon conducteur de la chaleur et de l'électricité. Le *silicium cristallisé* se présente en octaèdres réguliers, souvent réunis en chapelets : il est gris de plomb, avec l'éclat métallique ; il fond vers 1,200° ; il est moins dur que le bore et le diamant.

Le *silicium amorphe* s'obtient en décomposant dans un tube de verre le *fluorure double de silicium et de potassium* par le *potassium* :

$$KFl,SiFl^3 + 2K = 3KFl + Si ;$$

ou bien en faisant passer dans un tube de verre un courant de *chlorure de silicium* sur du *sodium* contenu dans des nacelles de porcelaine chauffées :

$$SiCl^2 + 2Na = 2\,(NaCl) + Si;$$

ou bien encore en chauffant du verre bien pur .avec du *sodium* dans un creuset de platine :

$$3SiO^2 + 2Na = 2\,(NaO,SiO^2) + Si.$$

Le *silicium graphitoïde* s'obtient en fondant dans un creuset, à 1,000°, de l'aluminium avec 30 fois son poids de *fluorure double de silicium et de potassium;* la masse métallique est ensuite traitée par l'*acide chlorhydrique* concentré qui dissout l'*aluminium,* et par l'*acide fluorhydrique* qui enlève la *silice.*

Fig. 296.

CRISTAL DE ROCHE.

Le silicium cristallise quand, après s'être dissous dans un métal au moment de sa production à une très haute température, il arrive à être en quantité suffisante pour ne plus pouvoir rester tout entier en dissolution. On l'obtient rapidement en projetant, dans un creuset de terre porté au rouge, un mélange de 3 parties de *fluorure double de silicium* et de *potassium,* avec 1 partie de *sodium* en petits morceaux, et 1 partie de zinc en grenaille. On ajoute, sur ce mélange, dans le creuset, un peu de fluorure double de silicium et de potassium, et on recouvre le creuset. Il se produit une réaction très vive avec un bruit strident, et la masse entre en fusion ; on l'agite alors avec une tige de fer ou d'argile, et on continue à chauffer jusqu'à ce que le zinc commence à se volatiliser. On retire alors le creuset du feu, et, quand il est froid, on dissout le zinc dans l'acide chlorhydrique. On obtient ainsi du *silicium* en très beaux cristaux. (Troost.)

SILICE ou **ACIDE SILICIQUE** ($SiO^2 = 30$). — Il est peu de substances qui se trouvent aussi répandues dans la nature que l'*acide silicique.* Quand il est pur, il constitue le *quartz hyalin* ou *cristal de roche,* qui se présente en beaux prismes incolores à six pans, terminés par des pyramides à six faces (*fig.* 296). Il sert alors à faire des vases d'ornement, des instruments d'optique, des verres de lunettes, qui ont le grand avantage de ne point s'entamer par le frottement, en raison de leur dureté, et qui gardent ainsi leur poli indéfiniment. C'est dans les terrains cristallisés, et surtout dans ces filons qui les traversent, que se montrent les plus beaux et les plus volumineux cristaux de *quartz;* on les retire principalement des Alpes dauphinoises, des montagnes de la Tarentaise et de Madagascar. En Italie, les splendides échantillons de cristal de roche sont connus, dans le commerce, sous le nom de *diamants de la Tolfa,* du nom du pays, près de Civita-Vecchia, où ils se rencontrent (*fig.* 297). Le *quartz hyalin* fait partie essentielle des roches cristallines, telles que le *granit,* le *protogyne,* la *pegmatite,* le *micaschiste,* etc., où il est associé à d'autres espèces minérales, notamment au *feldspath* et au *mica.*

La *silice anhydre cristallisée,* ou *quartz,* présente sur les faces du prisme des stries caractéristiques, perpendiculaires aux arêtes. C'est un corps dur qui raye le verre. Sa densité est 2,6. Quand on le calcine pendant longtemps au rouge, sa densité diminue et devient 2,2. *Amorphe et anhydre,* la *silice* est une poudre blanche, insoluble dans l'eau ; *gélatineuse,* elle est légèrement soluble dans l'eau et les acides étendus. La *silice hydratée* se dissout dans les solutions alcalines à froid ; le *quartz* ne se dissout qu'avec une extrême lenteur dans les acalis maintenus à l'ébullition. Parmi les acides, l'*acide fluorhydrique,* seul, attaque la silice en donnant du *fluorure de silicium ;* réaction utilisée dans la gravure sur verre : $SiO^3 + 2HFl = SiFl^2 + 2HO.$

L'*agate* est une pierre translucide, étincelante sous le briquet, rayant facilement le verre, ornée de couleurs vives et variées. Elle a pour base la *silice.* C'est une variété de *quartz* renfermant tous ceux qui n'ont pas l'aspect vitreux. Son nom vient d'Achates, fleuve de Sicile, sur les bords duquel on trouvait ces gemmes. Elles prennent différents noms, suivant la diversité de leurs couleurs. Lorsqu'elles affectent la belle nuance du rouge cerise, on les appelle *cornalines ;* la couleur orangée plus ou moins foncée leur fait donner le nom de *sardoines* ; lorsqu'elles sont colorées en vert tendre, elles prennent le nom de *prases* et *chrysoprases ;* en vert foncé, celui d'*héliotropes ;* en bleu de ciel, celui de *saphirines ;* on leur donne le nom de *calcédoines* lorsqu'elles sont nébuleuses, blanchâtres, laiteuses ou bleuâtres. On les appelle *herborisées* ou *arborisées* lorsqu'elles offrent dans l'intérieur de leur pâte des représentations d'herbes ou d'arbres, et *mousseuses* lorsqu'elles semblent renfermer de la mousse. Ces phénomènes sont produits par différents métaux à l'état d'oxydes, tels que le fer ou le manganèse, qui, dissous dans un fluide, ont pénétré lentement ces agates lors de leur formation. L'agate se rencontre quelquefois en boules pleines de *quartz hyalin* (cristal de roche) de diverses nuances; sciées transversalement, elles représentent alors des espèces de bastions que leur régularité a souvent fait rechercher pour les collections. L'agate se trouve aussi en boules creuses dont les parois sont tapissées de cristaux colorés, ou remplies d'une substance terreuse ou renfermant un noyau solide de craie; on les appelle *géodes*. Le *jaspe* n'est aussi qu'une agate opaque, colorée par différentes substances, en rouge, jaune ou vert, tantôt uniformément, tantôt par bandes ou taches. On distingue le *jaspe onyx*, le *jaspe sanguin* et le *jaspe panaché*. La Sicile est riche en beaux jaspes; on en trouve en Sibérie une variété rubanée de vert et de violet foncé dont on fait assez de cas. Celui de Baumholder, en Prusse, est jaune avec des herborisations noires. La *pierre de touche* est une sorte de jaspe. Parmi les œuvres d'art que nous a léguées l'antiquité grecque ou romaine, on ne trouve ni colonnes ni grands vases de *jaspe;* aujourd'hui même, les monts Ourals sont seuls en possession de former des pièces de *jaspe* de grandes dimensions. La matière qu'on exploite dans l'Altaï (*Revennaja sopka*) sous le nom de *jaspe* provient d'un magnifique *porphyre rubané*. Le mot lui-même se retrouve dans les langues sémitiques; il a été appliqué aussi à des fragments de *jaspachat* et à une opale jaspoïde, connue des anciens sous le dom de *jasponyx :* Pline range le *jaspe* au nombre des gemmes opaques. Cette matière était si peu commune chez les anciens qu'en parlant d'un morceau de jaspe de onze pouces de longueur, Pline croit devoir affirmer qu'il a vu lui-même cette rareté. D'après Théophraste, la pierre *smaragd* ou *émeraude*, dont on a taillé de grands obélisques, ne serait qu'un *jaspe non rubané*. L'*onyx* (d'un mot grec qui veut dire *ongle*) est une variété d'agate dont la couleur approche de celle de l'ongle. On donne aussi ce nom à celles qui sont remarquables par la vivacité de leurs couleurs ou la régularité de leurs zones, tantôt droites et parallèles, tantôt ondulées ou concentriques. Quelquefois les dispositions des zones donnent à cette pierre une grande ressemblance avec la prunelle de l'œil, et lui font prendre le nom d'*agate œillée*.

On blanchit les agates en les plongeant dans l'*acide hypochlorique* bouillant; on les colore, en les faisant d'abord bouillir dans l'huile, puis dans l'*acide sulfurique*. L'ébullition chasse l'air contenu dans les pores, et l'huile qui s'y est introduite étant brûlée par l'acide, il se développe une belle couleur noire qui règne dans les veines opaques, tandis que les veines transparentes restent sans altération, et que d'autres passent à une blancheur plus éclatante. Les veines opaques se trouvant seules colorées; il paraît qu'elles sont beaucoup plus poreuses que les autres, qui s'opposent à l'introduction de toute couleur.

Le nom de l'*améthyste* vient du grec (*a* privatif et *méthè*, ivresse),

parce que les anciens attribuaient à cette pierre la propriété de préserver
de l'ivresse; c'est pour cela qu'ils gravaient sur les coupes. luxueuses,
faites avec ce précieux minéral, la tête de Bacchus. C'est une gemme

Les chasseurs savent bien que, dans les champs couverts d'*éteules*,
leurs souliers sont coupés.... (page 845)

appartenant au *quartz transparent*, coloré par de l'*oxyde de manganèse*
d'une belle couleur violette pourprée; elle s'harmonise fort bien avec l'or.
Les plus belles viennent des Indes, des Asturies, du Brésil, de la Sibérie;
on en trouve en France, surtout dans les Hautes-Alpes. C'était une des

douze pierres qui composaient le pectoral du grand prêtre des Juifs. Sa couleur est aussi le signe caractéristique de la dignité des évêques de l'Église chrétienne ; elle est adoptée pour orner leur anneau pastoral.

Le *grenat* est essentiellement composé de silice et d'alumine ; mais ces substances sont souvent unies au fer, à la chaux, au manganèse et à la magnésie. Les *grenats* sont la plupart d'un rouge vif et vermeils ; quelquefois coquelicot, orangés, jaunâtres, verdâtres et brun noir. Certains grenats, couleur de sang brun, exposés à la lumière, paraissent comme des charbons embrasés. Le *grenat violacé* est regardé comme le plus parfait. Les *grenats de Bohême* sont d'un rouge vineux de couleur forte, qu'ils ne perdent que très difficilement par le feu. On les emploie, dans la bijouterie, en mettant une feuille d'argent par-dessous, pour leur donner plus de vivacité. Celui qui est d'un rouge de feu très vif est probablement l'*escarboucle* des anciens, qui, disaient-ils, étincelait de lumière dans l'obscurité.

La *topaze* tire son nom du grec *Topazos*, île de la mer Rouge où elle se trouvait. Elle est composée de silice et d'alumine, unies à du fluorure d'aluminium. Cette gemme est vitreuse, brillante, ordinairement d'un beau jaune d'or, quelquefois rosâtre et bleuâtre. Il existe une espèce de topaze, dont la teinte est peu constante et des plus singulières ; lorsqu'on l'expose dans un petit creuset rempli de cendres sur un feu gradué, mais jusqu'à faire rougir le creuset, elle perd sa couleur jaune orangé, et prend une belle teinte rosée ; on la nomme alors *topaze brûlée*. La chaleur, le frottement la rendent électrique. La *topaze* était la deuxième pierre du premier rang sur le *rational* du grand prêtre des Juifs ; on y gravait le nom de la tribu de Siméon. Les anciens la regardaient comme utile contre l'épilepsie, la mélancolie, etc.

Les autres pierres précieuses, dont nous parlerons plus loin, sont composées essentiellement d'autres matières ; mais toutes contiennent plus ou moins de *silice*.

L'*écume de mer* est une substance composée de 3 équivalents de *silice*, 1 de *magnésie* et 2 d'eau. La variété la plus recherchée est compacte, susceptible d'être travaillée et de prendre un beau poli. On l'emploie presque exclusivement à la fabrication des pipes. C'est une substance généralement chère. On trouve cependant quelques filons d'écume de mer dans le bassin de Paris, près de Champigny (Seine-et-Oise), dans le Gard, et près de Madrid ; mais ces variétés ont peu de valeur, parce qu'elles sont trop tendres. Pourtant on en fabrique aussi des pipes, mais de peu de durée et moins coûteuses que celles fabriquées avec l'écume de mer provenant de l'Asie Mineure. Les pipes d'écume de mer sont très en usage

en Turquie et font une partie importante du luxe ottoman (*fig.* à la page 825).
Cette matière s'extrait d'un banc appartenant à un couvent de derviches,
et situé à Kiltschik, près de Konic, en Anatolie. Elle est douce et grasse
au toucher, et devient blanche et dure après son exposition au feu. La
fabrication des pipes d'écume de mer, en Anatolie, se fait par voie de
moulage. On pétrit cette terre et on la façonne dans des moules, à peu
près comme pour les pipes communes ; on les expose au soleil pour les
sécher, puis au feu, jusqu'à leur faire atteindre le rouge cerise pour les
durcir ; enfin, on les fait bouillir dans du lait, on les sèche de nouveau et
on les polit à la prêle. Quelquefois on les colore en les faisant cuire dans
un bain contenant de l'oxyde de fer ou toute autre matière colorante.
Dans le pétrissage de l'écume de mer, on a grand soin d'employer seulement de l'eau de pluie ; les eaux de sources, contenant toujours des sels
calcaires, feraient craqueler la matière à la dernière cuisson. C'est à Konic
que se prépare toute l'écume de mer qui est exportée ; elle est mieux lavée
que celle employée sur place au moulage ; on en façonne des briquettes
que l'on fait sécher et cuire à moitié ; le fabricant y grave sa marque, et
elles sont alors livrées aux industriels de l'Allemagne. C'est par Vienne,
en Autriche, qu'arrivent de la Turquie d'Asie les écumes de mer, et c'est
dans cette ville que les Saxons vont s'approvisionner. C'est l'Allemagne
qui nous fournit les pipes en écume de mer. Les plus recherchées en
France se fabriquent à Rulha, en Saxe. On taille et l'on tourne les pipes
à même les briquettes importées d'Anatolie, et elles reçoivent une dernière cuisson après avoir subi un apprêt au suif et à la cire, lorsqu'on
veut les obtenir blanches ; elles sont alors toujours d'un prix assez élevé,
quand les masses sont fortes. Les pipes jaunes sont apprêtées à l'huile ;
mais elles trouvent moins d'amateurs. Les écumes de Vienne, que certains
connaisseurs prisent plus que celles de Saxe, ne s'apprêtent point au suif,
mais seulement à la cire et très légèrement.

Les pipes dites en *fausse écume* se font avec les copeaux de la véritable écume de mer ; quand on taille dans la masse, ce qui en tombe est
réduit en poudre, dont on fait une pâte qu'on laisse durcir. C'est avec
cette pâte qu'on fait ces pipes. Elles sont plus tendres et de peu de durée,
parce que la première cuisson qu'a subie la matière, lors de la fabrication
en briquettes, lui a fait éprouver une espèce de *frittage* qui s'oppose alors
à une forte cohésion.

La fabrication artificielle de l'écume de mer est très simple. La préparation se fait par voie de double décomposition en précipitant le *trisilicate de potasse* par le *sulfate de magnésie*. La préparation du *trisilicate
de potasse* est longue, mais très facile et peu coûteuse. On obtient ce corps

en faisant fondre ensemble 10 parties de potasse d'Amérique, 15 de quartz réduit en poudre fine et 1 de charbon, dans un creuset d'argile réfractaire, à une chaleur soutenue pendant six heures. Le charbon est ajouté pour décomposer l'acide carbonique du carbonate de potasse que l'acide silicique ne chasse pas sans le secours d'un feu ardent et prolongé. Le résultat de la fusion est un verre plein de bulles et coloré en gris noirâtre par le charbon excédant. Il attire légèrement l'humidité de l'air en se fendillant et en prenant un aspect mat. Plusieurs semaines sont nécessaires pour que ce changement s'opère quand le verre est en morceaux; tandis qu'il ne tarde pas à avoir lieu lorsqu'on expose celui-ci à l'air, après l'avoir pulvérisé. Si, après que le sel s'est combiné avec l'eau de l'atmosphère, on verse dessus de l'eau *froide*, celle-ci dissout les sels étrangers qui se trouvaient dans la potasse et qui, quand le verre est pulvérisé, se présentent librement à l'action dissolvante de l'eau dans laquelle, à *froid*, la masse vitreuse proprement dite est insoluble ou très peu soluble. Ainsi purifié par un dernier lavage à l'eau distillée, le verre se dissout complètement dans 4 à 5 fois son poids d'eau *bouillante*, dans laquelle on projette la poudre de verre par petites portions, en remuant toujours et faisant constamment bouillir la liqueur; si on y jetait toute la poudre à la fois, elle s'agglomérerait et se dissoudrait ensuite plus difficilement. On continue d'entretenir l'ébullition jusqu'à ce que tout ce qui est soluble soit dissous, ce qui exige trois ou quatre heures. On passe la solution à travers une toile, puis l'on fait concentrer; dans les premiers temps, il se forme à la surface du liquide une pellicule qui se dissout dès qu'on la remue. Cette liqueur présente alors la consistance d'un sirop peu épais. Sa pesanteur spécifique est de 1,24 à 1,25. Elle se conserve dans des vases couverts sans être décomposée par l'air. Mais, concentrée, elle est décomposée par l'acide carbonique de l'atmosphère. Elle a une teinte opaline et coule difficilement. Quand sa pesanteur spécifique est de 1,25, elle contient 28 pour 100 de *trisilicate de potasse*. C'est à cette densité qu'il faut l'amener pour la précipitation par le *sulfate de magnésie*. Dans un litre de cette solution marquant 1,25 au pèse-sels, on verse une solution de 220 grammes de sulfate de magnésie cristallisé dans 500 grammes d'eau distillée. La température des deux liquides, au moment du mélange, doit être de 75° centigrades. On obtient alors un magma gélatineux que l'on lave à plusieurs reprises à l'eau ordinaire, dont la température doit être de 50° à 60° pour les premiers lavages, et finalement à l'eau froide. Le précipité lavé est alors versé dans des auges en zinc, où, en séchant à l'air libre et à l'abri de la poussière, il produira une masse compacte qui possède la consistance, la blancheur de l'écume de mer naturelle, donnera à l'analyse chimique une composition complètement identique, celle d'un *trisilicate de magnésie* avec deux atomes d'eau.

Cette *écume de mer* se laisse travailler comme l'écume de mer naturelle, reçoit les mêmes apprêts et le même poli. Elle offre de plus l'avantage, lorsque le précipité est à moitié desséché, de pouvoir se mouler sans éprouver de retrait sensible à la température du rouge sombre, température à laquelle il faut toujours porter les objets sortant de la taille ou du moulage, afin qu'ils puissent recevoir le poli définitif et acquérir une cohésion suffisante qui leur donne la durée.

La *silice*, mélangée simplement de quelques substances étrangères, forme encore les *pierres meulières*, entre lesquelles on écrase le grain et qui souvent servent dans les constructions ; les *cailloux* ou *silex*, avec lesquels on fait les pierres à briquet ; les *grès*, pour le pavage des routes ; les *sables*, qui entrent dans la composition des verres de toutes sortes ; les *tripolis*, qui servent au polissage de certains corps durs, etc.

Toutes les eaux de nos sources, puits et rivières, renferment plus ou moins cet acide, dont on ne peut concevoir la solution qu'en admettant que l'eau s'est trouvée en contact avec lui, au moment où il se séparait d'une de ses combinaisons, et alors qu'il se montrait à l'état de matière *gélatiniforme*, seule circonstance où il puisse se dissoudre sensiblement. Toutes les eaux thermales, surtout, contiennent de la *silice* et souvent dans des proportions si considérables qu'elles en déposent tout autour d'elles des masses énormes, sous forme de concrétions, et qu'elles incrustent tous les objets sur lesquels elles passent. On peut citer comme les plus remarquables sous ce rapport les *geysers* d'Islande (PHYSIQUE, *Chaleur*, page 647) et les sources bouillantes de la Nouvelle-Zélande, entre autres ; elles ont formé autour d'elles d'énormes bassins étagés en amphithéâtre, uniquement constitués par de la silice d'un blanc diaphane. Les bois *pétrifiés* ou *fossiles*, les *coquilles fossiles* doivent aussi leur origine à de la *silice*, ainsi dissoute dans l'eau. Dans le règne organique, c'est encore l'*acide silicique* qui forme les enveloppes protectrices de certains insectes, les carapaces des animalcules aquatiques, les barbes des plumes des oiseaux, et même les *calculs* ou *pierres* qui prennent naissance dans la véssie de l'homme ; il entre en grande proportion dans l'épiderme des graminées, des prêles, des palmiers, dont les feuilles et les tiges sont fermes, consistantes et difficilement altérables. La paille de blé en renferme jusqu'à 70 pour 100 ; c'est à cela qu'elle doit de se tenir debout, droite, et de soutenir un épi, toujours lourd pour un chaume aussi délié. Les chasseurs savent bien que dans les champs couverts d'*éteules*, après la moisson, leurs souliers sont coupés comme par une sorte de verre (*fig.* à la page 841).

Enfin les roches des terrains ignés, telles que les *granites*, les *gneiss*, les *porphyres*, les *basaltes*, les *laves* des volcans, etc., ne sont que des agglomérations de silicates, ainsi que la plus grande partie des *gemmes*, parmi lesquelles nous citerons, outre celles dont nous avons parlé :

Jargon	} Silicates de zircone.
Hyacinthe.	
Disthène.	
Épidote.	Silicates simples ou composés
Grenat	d'alumine.
Tourmaline	
Pyroxène	
Idocrase	Silicates doubles de chaux.
Axinite.	
Émeraude	
Aigue-marine	Silicates doubles de glucyne.
Euclase.	
Péridot.	
Hyperstène	Silicates composés de magnésie.
Saphir d'eau.	
Outremer.	
Jade.	Silicates doubles de soude.
Pierre de Labrador	
Amphigène.	Silates doubles de potasse.
Macle	

COMPOSÉS DU SILICIUM. — Nous citerons quelques-uns des composés du silicium, sans nous arrêter à ceux qui ne présentent qu'un intérêt purement scientifique.

LE SESQUIOXYDE DE SILICIUM (Si^4O^6,H^2O^2). — Corps solide, blanc.

LE PROTOXYDE DE SILICIUM (Si^2O^2,HO). — Corps solide, blanc.

LE SULFURE DE SILICIUM (SiS^2). — Corps solide, blanc, d'apparence terreuse, infusible, à peine volatil, se conservant très bien dans l'air sec ; mais, à l'air humide, il se décompose, en donnant de *l'acide silicique anhydre* et du gaz sulfhydrique :

$$SiS^3 + 3HO = SiO^3 + 3HS.$$

Dans l'eau, la même réaction se produit, avec cette différence que la silice reste dans la dissolution. Cette réaction explique la présence de la silice dans certaines eaux qui contiennent aussi de l'acide sulfhydrique, comme celle des *geysers;* il serait alors le résultat de la décomposition du *sulfure de silicium*. Ce corps, sans importance d'ailleurs, offre de l'intérêt sous le seul point de vue des phénomènes géologiques.

LE BICHLORURE DE SILICIUM ($SiCl^3$). — Corps liquide, très volatil, d'une odeur piquante, acide, provoquant les larmes et irritant fortement la muqueuse nasale. Sa densité est 1, 52 ; celle de sa vapeur, 5,939. Il répand d'épaisses fumées à l'air, en condensant l'humidité atmosphérique qui le décompose, en produisant des acides silicique et chlorhydrique :

$$SiCl^3 + 3HO = SiO^3 + 3HCl.$$

Il rougit fortement le papier de tournesol. Quoique plus pesant que l'eau, si l'on en met une goutte sur ce liquide, elle surnage : la vapeur qui s'en dégage forme une enveloppe qui la soutient. L'eau en dissout une certaine quantité ; mais bientôt le chlorure se décompose et la *silice* fait prendre la liqueur en gelée : c'est le moyen le plus sûr pour avoir l'acide silicique pur.

LE BROMURE DE SILICIUM ($SiBr^3$). — Liquide incolore, répandant d'épaisses fumées blanches à l'air.

LE SESQUIBROMURE DE SILICIUM (Si^4Br^6). — Corps solide, cristallisé en lamelles.

LE FLUORURE DE SILICIUM ($SiFl^2$). — Gaz incolore, d'une odeur particulièrement suffocante, acide. Au contact de l'air, il répand des fumées blanches. Sa densité est 3, 37. Il éteint les corps en combustion, et n'attaque pas le verre. L'eau le décompose en silice et en *acide hydrofluosilicique* :

$$3(SiFl^2) + 2HO = 2(HFl,SiFl^2) + SiO^2.$$

Cette réaction est utilisée pour reconnaître la présence de la silice dans une substance minérale ; on mêle cette matière pulvérisée avec du fluorure de calcium pur et de l'acide sulfurique ; on chauffe dans une petite cornue de platine, et on fait rendre le gaz qui se dégage dans l'eau ; on voit apparaître un dépôt de silice gélatineuse.

L'ACIDE HYDROFLUOSILICIQUE ($HFl,SiFl^2$). — Cet acide n'est connu qu'en dissolution. Il forme avec les alcalis des sels insolubles. Cette propriété est utilisée pour reconnaître les sels de potasse, pour la préparation de l'*acide chlorique* et de l'*acide perchlorique*.

CLASSIFICATION DES MÉTALLOÏDES. — Les métalloïdes ont été divisés en quatre groupes ou familles naturelles (CHIMIE, *Métalloïdes,* page 546). Cette classification, due à M. Dumas et fondée sur la composition et les propriétés des composés qu'ils forment avec l'hydrogène, considéré comme métal, rapproche de la manière la plus heureuse les corps qui présentent des analogies remarquables. Il suffit donc d'étudier en détail un des corps de chaque groupe pour prévoir les réactions que présenteraient, dans les mêmes circonstances, les autres corps de la même famille. Nous résumons ces caractères analogues dans le tableau suivant :

CARACTÈRES ANALOGUES AUX CORPS DU MÊME GROUPE.

1re FAMILLE.

FLUOR.
CHLORE.
BROME.
IODE.

Affinité très grande pour l'hydrogène ; affinité très faible pour l'oxygène. Hydracides énergiques, oxacides peu stables. Grande solubilité dans l'eau, odeur forte qui leur est particulière ; isomorphes, cristallisent en cubes. Ils résultent d'un volume de ces gaz et d'un volume d'hydrogène combinés sans condensation.

2e FAMILLE.

OXYGÈNE.
SOUFRE.
SÉLÉNIUM.
TELLURE.

L'acide sulfurique a pour analogues l'acide sélénique et l'acide tellurique, et de même l'acide sulfureux, les acides sélénieux et tellureux ; l'acide sulfhydrique, les acides sélénhydrique et tellurhydrique. Le soufre est un oxygène solide, et comme lui, brûle les métaux et le charbon. L'acide carbonique a son analogue dans l'acide sulfocarbonique ; aux oxydes correspondent les sulfures. Deux volumes d'hydrogène et deux volumes de ces gaz se combinent. Les acides ont une odeur à peu près commune. Les acides forment des sels isomorphes entre eux ; de même, il y a isomorphisme entre les séléniures, les sulfures et les tellurures.

3e FAMILLE.

AZOTE.
PHOSPHORE.
ARSENIC.

Un équivalent de ces corps, combiné avec trois équivalents d'hydrogène, donne des composés correspondants, tous les trois décomposables avec explosion et lumière par le chlore ; ils ont une odeur vive et nauséabonde. Les acides sont similaires ; enfin les phosphates et les arséniates sont isomorphes et se trouvent constamment associés dans la nature.

4e FAMILLE.

CARBONE.
BORE.
SILICIUM.

Résistance à la chaleur et aux dissolvants ; se trouvent dans les trois états allotropiques du carbone : état amorphe, état graphitoïde, état adamantin. Dureté, forme, éclat analogues à l'état de cristallisation.

L'hydrogène est en dehors de toutes ces familles, parce qu'il doit être considéré, comme nous l'avons dit, plutôt comme un métal que comme un métalloïde.

OR
CUIVRE
FER
ARGENT
LES MÉTAUX
PLATINE

LIVRE II

MÉTAUX

CHAPITRE PREMIER

PRÉLIMINAIRES.

HISTORIQUE. — Avant la découverte des *métaux*, les peuples primitifs se servaient de pierres siliceuses, tranchantes et pointues, ou d'ossements pour leurs armes ou pour tous les outils employés à la fabrication des ustensiles nécessaires aux besoins de la vie. Leurs haches étaient en pierre; la gouge la plus en usage se fabriquait avec l'os d'un avant-bras humain. Pour couteau, ils avaient, soit un coquillage, soit un fragment de jade. Chez les Polynésiens encore, avant l'arrivée des Européens, une dent de requin fixée à un manche de bois fournissait une tarière; un morceau de corail servait de lime, et la peau d'une raie, de polissoir. Leur scie se composait de dents de poisson fixées sur une pièce de bois dur, et la façon de leurs armes n'était pas moins grossière; ils avaient des massues en pierre, des lances et des flèches garnies de silex. Pour construire leurs canots, ils employaient le feu, à l'aide duquel ils creusaient de gros troncs d'arbre. Ils fabriquaient leurs herminettes et leurs tomahawks en frottant l'une contre l'autre deux pierres jusqu'à ce qu'elles eussent reçu la forme voulue; mais, après tant de peine, ils n'obtenaient encore que des outils imparfaits, bientôt émoussés et impropres à tout emploi; il fallait recommencer souvent ce dur travail.

L'absence d'outils a été sans nul doute, remarque M. E. Jonveaux dans son *Histoire de l'industrie du fer*, un grand obstacle au progrès de toutes les nations, avant que l'art de fondre et de travailler les métaux fût connu. Il est très vraisemblable qu'en abordant nos côtes les Phéniciens trouvèrent chez nos ancêtres la même avidité pour le bronze et le fer, que, de nos jours, les sauvages à l'arrivée d'un navire européen. Les sauvages bretons, à la chevelure et au visage couverts d'une teinture bleue, accouraient vers le rivage pour voir les navires et apporter aux étrangers des aliments et des peaux en échange des produits d'une civilisation plus avancée. En effet, les instruments et les armes découverts partout, en Bretagne et en Angleterre, dans les anciens lieux de sépulture, montrent clairement que ces contrées ont aussi traversé, si nous pouvons employer cette expression, l'âge de la pierre et du silex. On a placé, en regard les uns des autres, des armes et des outils européens et des objets analogues apportés des mers du Sud; il y a entre eux une telle ressemblance, qu'il est difficile de croire qu'ils n'ont pas appartenu à la même race et à la même époque, et qu'ils sont l'œuvre de peuples séparés dans l'espace par un hémisphère tout entier, et dans le temps, par plus de vingt siècles. Presque chaque arme d'une collection trouve son pendant dans l'autre : les massues de pierre, les lances en silex ou en jade, les flèches en os, les scies en pierre dentelée, montrent combien l'esprit d'invention, dans des circonstances semblables, a eu recours aux mêmes procédés. Tout progrès, toute civilisation était impossible, disons-nous. Pour abattre un arbre avec une cognée de silex, il aurait fallu en effet, un mois de travail, et pour défricher le moindre espace de terrain destiné à la culture, les efforts réunis d'une tribu entière. La même cause empêchait de construire des maisons, et, par conséquent, la tranquillité domestique, la sécurité, l'étude et les raffinements de la civilisation étaient impossibles. Emerson remarque judicieusement qu'une maison a une influence considérable sur la tranquillité et le développement de l'homme. Dans une caverne ou sous une tente, le sauvage nomade ne laisse pas en mourant un plus riche héritage que le cheval ou le renard; mais, dès qu'il devient capable de ce travail qui nous paraît si simple : construire une maison, il tient à distance ses ennemis; il est à l'abri de la dent des animaux féroces, du froid et des intempéries de l'atmosphère, et ses nobles facultés commencent à produire leurs précieuses récoltes. C'est alors que naissent les inventions et les arts, la politesse des manières et les douceurs de la vie sociale. Mais, pour bâtir une demeure sûre et confortable, en un mot, le foyer de la famille, ce germe de la société, il était indispensable d'avoir de meilleurs instruments que les outils de pierre.

Ainsi s'explique comment la plupart des peuples barbares de l'Europe ont été nomades : d'abord chasseurs, errant de forêt en forêt à la poursuite du gibier, tels que les Indiens d'Amérique ; puis bergers, suivant d'un pâturage à l'autre les troupeaux qu'ils avaient su apprivoiser, se nourrissant de leur lait et de leur chair, et se couvrant de leurs peaux, attachées ensemble par des lanières de cuir. Enfin on invente les instruments de métal sans lesquels il est impossible de se livrer à l'agriculture. Alors cessent les migrations ; les tribus commencent à former des établissements, des hameaux, des villages et des villes.

Une légende scandinave retrace avec bonheur cette dernière période : « Il y avait une géante dont la fille aperçut un jour un cultivateur qui labourait ses champs ; elle courut à lui, le saisit entre l'index et le pouce, le mit, lui, sa charrue et ses bœufs dans son tablier, et vint à sa mère en lui disant : « Quelle est donc cette bête que j'ai trouvée dans le sable ? » La géante lui répondit : « Rejette-la, mon enfant; nous devons quitter cette terre, car voilà notre nouveau roi. »

Quels sont les *métaux* qui furent les premiers connus ? Évidemment, dit M. Hoeffer, ceux qui se rencontrent dans la nature avec leurs propriétés physiques les plus saillantes. L'or natif attire, par sa couleur et son éclat, non seulement l'attention du sauvage, mais encore le regard de certains animaux, tels que les pies, les corbeaux. Dans les idiomes les plus anciens, en phénicien, le mot *zahab*, or, a pour racine le verbe *tzanab*, briller. Du temps de Moïse, et sans doute bien antérieurement à cette époque, on faisait des coupes, des encensoirs, des candélabres, avec de l'or pur : on sait combien l'or, non durci par un alliage, est facile à travailler au marteau. L'argent devait être également connu de bonne heure ; car on le trouve natif, moins souvent cependant que l'or. Les Égyptiens paraissent avoir, les premiers, employé l'or et l'argent comme moyens d'échange et signes de richesse. Ces métaux se vendaient primitivement au poids, comme cela se pratique encore aujourd'hui en Chine. Ce ne fut que postérieurement à Abraham, qui avait, 1900 ans avant J.-C., apporté de l'Égypte le pesage de l'or et de l'argent bruts, que s'établit la coutume de fabriquer avec ces métaux des pièces rondes, carrées ou polygonales, marquées d'empreintes et de signes convenus. Les plus anciennes monnaies portent des figures d'animaux ; particulièrement des vaches et des taureaux, qui étaient des divinités égyptiennes.

Après l'or et l'argent viennent, dans l'ordre d'ancienneté, *le plomb, l'étain, le cuivre, le mercure et le fer*. Ces métaux existent dans la nature, le plus ordinairement à l'état de *minerais*, c'est-à-dire combinés avec *le soufre, l'oxygène, le phosphore*, et d'autres éléments qui en altèrent complètement l'aspect. Le fer brut, en masses non travaillées, était aussi employé, dès la plus haute antiquité, et Homère en parle dans l'*Odyssée*. Le *zinc* n'était connu, sous le nom de *chrysocale* ou *d'aurichalque*, qu'allié avec le cuivre et qu'à l'état d'oxyde, nommé *pompholix*.

Jusqu'au VIIᵉ siècle de notre ère, les *métaux* connus étaient en très petit nombre, et, au moyen âge, les alchimistes, leur attribuant des rapports mystérieux avec les planètes, les représentaient par le symbole de celles auxquelles ils correspondaient et leur en donnaient le nom.

L'or était le *Soleil*, et on le représentait par.....	☉
L'argent, la *Lune*.............................	☾
Le cuivre, *Vénus*.............................	♀
Le fer. *Mars*.................................	♂
L'étain, *Jupiter*.............................	♃
Le plomb, *Saturne*...........................	♄

Ils supposaient la possibilité de la transmutation les uns dans les autres, et, par conséquent, la conversion en or des autres métaux, qui étaient regardés comme des ébauches de celui-ci, et que, pour cette raison, on appelait *métaux vils*, *métaux imparfaits*, *demi-métaux*. De là, la naissance de *l'art sacré*, dont le but principal était la découverte de la *pierre philosophale*, du *mercure des sages*, de la *panacée universelle*, de *la poudre de projection*, qui devaient procurer la richesse et la santé éternellement. Au milieu d'une société qui croyait à l'influence d'êtres invisibles et fantastiques, au pouvoir occulte des démons, des anges bons ou mauvais, etc., il est évident que les idées les plus extravagantes devaient se produire, et elles se produisirent; mais, soumettant les métaux à une foule d'épreuves dans leurs opérations, qui duraient souvent des années entières, les alchimistes devaient forcément aussi obtenir quelques résultats sérieux; et, en effet, ils découvrirent plusieurs de leurs propriétés, formèrent beaucoup de composés nouveaux, et même trouvèrent plusieurs métaux nouveaux, le bismuth, l'antimoine, l'arsenic. Il est vrai que beaucoup de fourbes surgirent aussi, qui, sous le nom de *souffleurs*, exploitèrent la crédulité publique et s'efforcèrent de substituer la fraude à la science. M. Girardin en rapporte quelques exemples intéressants :

« Promettant des richesses incalculables par le moyen de la transmutation des métaux, affirmant pouvoir multiplier l'or et l'argent à l'aide de quelques grains de *poudre de projection*, ils se faisaient remettre de grosses sommes d'argent par leurs crédules clients et ne laissaient dans leurs mains, en se sauvant après les avoir ruinés, que des alliages de cuivre et de plomb. Ils se servaient, pour faire croire à la multiplication de l'or, de petites cannes métalliques creuses, avec lesquelles ils remuaient l'or qu'ils avaient fait mettre dans un creuset rouge de feu, au milieu d'une foule de matières hétérogènes et de la fameuse *pierre philosophale*. Après l'opération, on trouvait effectivement un poids d'or beaucoup plus considérable; mais le surplus provenait de l'or qui remplissait les cannes métalliques, bouchées avec de la cire noire. D'autres fois, c'étaient des charbons creux, remplis de poudre d'or ou d'argent, bouchés avec de la cire, que les souffleurs jetaient subtilement dans les creusets où devait s'opérer le grand œuvre. Quelques-uns enfin se servaient de creusets dont ils garnissaient le fond d'or ou d'argent, amassé en pâte légère; ils couvraient cette couche d'une autre pâte, faite de la poudre même d'un creuset et d'eau gommée, qui cachait l'or ou l'argent; ensuite, ils y jetaient le mercure ou le plomb, et, l'agitant sur un feu ardent, faisaient apparaître à la fin, l'or ou l'argent caché dans le fond du creuset.

» Un des meilleurs tours des souffleurs est celui que joua un rose-croix à Henri Ier, duc de Bouillon, prince souverain de Sedan, vers l'an 1620. « Vous » n'avez pas, lui dit-il, une souveraineté proportionnée à votre grand courage : je » veux vous rendre plus riche que l'empereur. Je ne puis rester que deux jours dans » vos États; il faut que j'aille tenir à Venise la grande assemblée des frères : gardez » seulement le secret. Envoyez demander de la litharge chez le premier apothicaire » de votre ville, jetez-y un grain seul de la poudre rouge que je vous donne; mettez » le tout dans un creuset, et, en moins d'un quart d'heure, vous aurez de l'or. » Le prince fit l'opération (*fig.* à la page 857), et la réitéra trois fois en présence du souffleur. Cet homme avait fait acheter auparavant toute la litharge qui était chez les apothicaires de Sedan, et l'avait fait ensuite revendre chargée de quelques onces d'or. L'adepte, en partant, fit présent de toute sa poudre de projection au duc de Bouillon. Le prince ne douta point qu'ayant fait 3 onces d'or avec 3 grains, il n'en fît 300,000 onces avec 300,000 grains, et que, par conséquent, il ne fût bientôt possesseur, dans la semaine, de 37,500 marcs d'or, sans compter ce qu'il ferait dans la suite. Il fallait trois mois au moins pour faire cette poudre; le philosophe était pressé de partir; il ne lui restait plus rien, il avait tout donné au prince : il lui fallait de la monnaie courante pour tenir à Venise les états de la philosophie hermétique. C'était un homme très modéré dans ses désirs et dans sa dépense; il ne demanda que 20,000 écus pour son voyage. Le duc de Bouillon, honteux du peu, lui en donna 40,000. Quand il eut épuisé toute la litharge de Sedan, il ne fit plus d'or, il ne revit plus le philosophe et en fut pour ses 40,000 écus.

» Toutes les prétendues transmutations alchimiques ont été réalisées à peu près de cette manière. Beckher et Glauber sont les deux derniers chimistes qui aient osé avouer publiquement leurs travaux sur l'alchimie. A compter de ces deux hommes, les arrêts des parlements, et plus encore le ridicule ayant tué l'alchimie, ce n'est que de loin en loin qu'on voit surgir quelques adeptes dévoués qui tentent de faire revivre les folles croyances du moyen âge. C'est ainsi qu'apparaît le marquis de Saint-Germain à la cour de Louis XV, faisant des prodigalités auxquelles la fortune des plus grands seigneurs n'aurait pas suffi. Personne n'a su d'où il venait; personne n'a su où il est allé, ni ce qu'il est devenu. C'est ainsi qu'on voit reparaître un véritable alchimiste dans la personne de Price, en 1783. Price, chimiste distingué, montrait en Angleterre une poudre rouge et une poudre blanche, propres à transformer le mercure en or ou en argent, à volonté. Il avait même fait cette expérience devant nombre de personnes, publiquement, et à sept reprises différentes. Mais, forcé d'opérer devant la Société royale de Londres dont il était membre, Price, poussé dans ses derniers retranchements, s'empoisonna en pleine assemblée, en 1784, avec de l'huile volatile de laurier-cerise (*fig.* à la page 865). Sept ans plus tard, l'on renfermait au fort de San-Leo, prison d'État du saint-siège, le fameux Sicilien Joseph Balsamo, qui, sous le titre de comte de Cagliostro, avait parcouru l'Europe entière, disant qu'il pouvait, grâce à sa science transcendante comme alchimiste, créer de l'or en abondance. Ce fourbe fit beaucoup de bruit en France, à cause de sa complicité dans l'affaire si connue du *Collier de la Reine.* La peine capitale, prononcée contre lui, en 1791, par le tribunal de l'inquisition de Rome, fut commuée en une détention perpétuelle. »

Nous avons dit (CHIMIE, *Oxygène,* page 553), la théorie de Stahl sur les *métaux :* il regardait ces corps comme des composés de *chaux* ou *terre métallique* et de *phlogistique.* Pour chaque métal s'adjoignait, à ces deux composants, en proportions différentes, un troisième principe qu'il appelait *terre mercurielle.* Lavoisier renversa cette théorie.

Le fait le plus saillant de l'histoire des *métaux,* c'est la découverte, en 1807, par Davy, des radicaux métalliques de la potasse, de la soude, de la chaux, de la baryte, de la strontiane, substances considérées jusque-là comme des corps simples et désignées sous le nom d'*alcalis* ou *terres alcalines.* Nous verrons, en parlant du *potassium,* comment il opéra pour arriver à ce résultat.

Une autre découverte non moins considérable que celle de Davy est celle de l'*analyse spectrale* (PHYSIQUE, *Optique,* page 445), agent d'une délicatesse infinie et qui a révélé déjà l'existence de plusieurs métaux nouveaux.

CARACTÈRES DISTINCTIFS DES MÉTAUX. — Les caractères qui distinguent les *métaux* des *métalloïdes* ne sont pas tellement absolus qu'il n'y ait pas souvent lieu de douter si le corps doit être rangé dans l'une ou l'autre de ces catégories; ainsi le *sélénium* a été rangé parmi les métaux, quoiqu'il offre un des caractères qu'ils ne présentent jamais, la transparence sous une certaine épaisseur; d'un autre côté, on range l'*arsenic* parmi les métalloïdes, et cependant il offre une opacité absolue et l'éclat métallique. L'hydrogène, qui est gazeux et transparent, offre par là les caractères métalloïdes les mieux tranchés, et cependant nous l'avons

dit, sa place, par ses propriétés chimiques, serait plutôt parmi les métaux.
Toutefois, la séparation des corps simples en deux classes est consacrée
par l'usage et l'on admet que les caractères généraux qui distinguent les

Un des meilleurs tours des *souffleurs* est celui que joua un rose-croix
à Henri Ier, duc de Bouillon (page 855).

métaux sont les suivants : 1° les métaux forment avec l'oxygène des *combinaisons basiques* susceptibles de produire des *sels* en s'unissant aux
oxacides ; 2° ils sont tous plus ou moins bons conducteurs de la chaleur
et de l'électricité, au contraire des métalloïdes ; pourtant le charbon,

maintenu quelque temps à une température très élevée, devient très bon
conducteur de l'électricité, puisque l'on s'en sert pour en faire un des
éléments des piles Bunsen; 3° l'opacité des métaux peut être considérée
comme presque absolue, quoique, réduits à une très faible épaisseur, ils
laissent passer les rayons lumineux; 4° ils ont un éclat particulier, pourtant cet éclat ne leur appartient pas exclusivement; 5° leur densité est
plus grande que celle des métalloïdes, quoique celle de l'iode, du carbone
pur, entre autres, soit supérieure à celle de quelques-uns, par exemple
à celle du potassium; 6° la couleur des métaux varie peu, en général;
réduits en poudre, ils offrent presque tous une teinte grise, qui paraît
blanche lorsqu'on les frotte sur un corps dur avec un brunissoir; 7° leur
dureté, leur ténacité, leur malléabilité, leur ductilité, quoique très variables (PHYSIQUE, *Notions préliminaires*, page 52), les distinguent encore des
métalloïdes; enfin, ils sont tous fusibles sans exception, et peu volatils.
En passant de l'état liquide à l'état solide, tous les métaux sont susceptibles de cristalliser, mais pas avec la même facilité; ils se présentent
toujours sous la forme du cube ou de l'octaèdre; l'antimoine toutefois a
la forme rhomboédrique.

CLASSIFICATION DES MÉTAUX. — La classification des *métaux* n'a
point été faite encore d'une façon naturelle, analogue à celle établie pour
les *métalloïdes*. Le problème ne pourra être résolu d'une manière complète que le jour où l'on connaîtra parfaitement les propriétés des métaux
appelés *métaux rares*, et qui sont, en général, intermédiaires entre les
métaux communs. Cette classification due à Thenard, et modifiée par
M. Regnault, est présentée dans le tableau ci-contre, dû à M. Troost :

Cette classification (1) ne suffit plus aujourd'hui, bien que, dans le temps où elle
a été faite, elle ait rendu des services réels ; mais, suivant l'expression de M. Wurtz,
elle est à la classification naturelle, fondée sur un ensemble de caractères, ce que,
en botanique, la méthode de Linné est à la méthode naturelle de Jussieu. Nous
allons nous efforcer de montrer les points qui rendent aujourd'hui la classification
de Thenard inacceptable :

1° Dans plusieurs classes figurent des corps qui doivent être rangés parmi les
métalloïdes. La quatrième classe en est composée presque exclusivement, car il
est bien possible que le pélopium doive être placé à côté du tantale, et que le
tungstène, le molybdène et l'osmium passent au rang de métalloïdes. De même,
dans la troisième classe, figure le vanadium, qui, d'après les derniers travaux de

____

(1) En raison de son importance, nous empruntons, malgré sa longueur, cet exposé si
clair des théories chimiques modernes au célèbre *Dictionnaire universel* de P. Larousse.

M. Roscoë, passe, à côté de l'uranium, dans la famille du phosphore et de l'azote.

2° Des corps qui présentent dans leurs propriétés des analogies manifestes sont éloignés les uns des autres, par suite d'une différence observée dans les caractères d'une valeur secondaire. C'est ainsi que certains corps, tels que l'alu-

1re Section.	2e Section.	3e Section.	4e Section.	5e Section.	6e Section.
MÉTAUX décomposant l'eau à froid. Ils s'oxydent dans l'air sec aux températures élevées; leurs oxydes sont irréductibles par la chaleur.	MÉTAUX décomposant l'eau au-dessus de 50°. Ils s'oxydent dans l'air sec aux températures élevées; leurs oxydes sont irréductibles par la chaleur.	MÉTAUX décomposant l'eau au rouge sombre, ou à froid en présence des acides. Ils s'oxydent dans l'air sec aux températures élevées; leurs oxydes sont irréductibles par la chaleur.	MÉTAUX décomposant l'eau au rouge vif, ou à 100° en présence de bases énergiques; ils forment des acides. Ils s'oxydent dans l'air sec aux températures élevées; leurs oxydes sont irréductibles par la chaleur.	MÉTAUX ne décomposant l'eau qu'au rouge blanc. Ils s'oxydent dans l'air sec aux températures élevées; leurs oxydes sont irréductibles par la chaleur.	MÉTAUX ne décomposant l'eau à aucune température pour s'emparer de l'oxygène. Les 4 premiers s'oxydent dans l'air sec aux températures peu élevées; les 4 derniers ne s'oxydent à aucune température. Les oxydes de tous se décomposent sous l'influence de la chaleur.
Potassium (1). Sodium. Lithium. Cœsium. Rubidium. Thallium. — Baryum. Strontium. Calcium.	Magnésium. Manganèse. — Aluminium (2). Glucynium. Cérium. Lanthane. Didyme. Yttrium. Erbium. Terbium. Thorium. Zirconium.	Fer. Zinc. Nickel. Cobalt. Vanadium. Chrome. Cadmium. Indium. Uranium.	Tungstène. Molybdène. Osmium. Tantale. Titane. Étain. Antimoine. Niobium. Ilménium. Pélopium.	Cuivre. Plomb. Bismuth.	Mercure. Palladium. Rhodium. Ruthénium. — Argent. Or. Platine. Iridium.

(1) Dans une classification naturelle, les six premiers métaux formeraient le groupe des métaux alcalins et les trois autres des métaux alcalins terreux.

(2) Ces dix derniers métaux ont été laissés dans cette section, par suite de l'impossibilité où l'on est actuellement de les classer.

minium et le fer, sont éloignés l'un de l'autre, malgré les grandes analogies qui existent entre les composés.

3° Même au point de vue arbitraire où s'est placé son auteur, cette classification doit être refaite. Des corps tels que l'aluminium et le magnésium, qui y figurent comme décomposant l'eau à 100°, ne la décomposent en effet qu'au rouge, ainsi que MM. Sainte-Claire-Deville et Debray l'ont démontré.

La classification rationnelle que M. Naquet a proposée le premier, et qui est aujourd'hui à peu près universellement démontrée, est celle qui groupe les *métaux* d'après leur atomicité. En laissant de côté l'osmium et le pélopium, qui, selon toute apparence, sont des métalloïdes, l'indium et le warium, dont l'atomicité ne saurait être soupçonnée, on peut adopter la classification que nous développons ci-après.

Nous avons déjà dit que l'on observe dans les *métaux* une puissance de combinaison qui est variable et qui se manifeste par le nombre plus ou moins grand d'autres atomes que ces *métaux* peuvent attirer. En les comparant entre eux, on en découvre quelques-uns qui se rapprochent, par leur structure atomique, de leurs combinaisons, et qu'on est autorisé, en conséquence, à réunir en un seul groupe. On arrive ainsi à partager les *métaux* en familles analogues à celles que M. Dumas a établies pour les métalloïdes, et l'on voit que la composition des composés métalliques fournit les éléments d'une classification naturelle des *métaux*.

Il est un certain nombre de *métaux* qui sont incapables de fixer plus d'un atome de chlore, de brome et d'iode. Les composés ainsi formés répondent donc, par leur constitution atomique, aux acides chlorhydrique, bromhydrique, iodhydrique. Si l'on compare le chlorure de potassium ou le chlorure d'argent à l'acide chlorhydrique, on voit qu'un atome de potassium ou un atome d'argent y occupe, pour ainsi dire, la place que l'atome d'hydrogène occupe dans l'acide chlorhydrique. Les atomes du potassium et de l'argent équivalent donc à ceux de l'hydrogène quant à leur puissance de combinaison. Les autres *métaux* alcalins sont dans ce cas et font partie du même groupe. Leurs chlorures, leurs bromures, leurs iodures possèdent des propriétés analogues. Ainsi l'on a : bromure de potassium = KBr, bromure de sodium = NaBr, etc. Il en est de même des oxydes de tous les corps qui correspondent à l'eau et renferment deux atomes de *métal* pour un atome d'oxygène. Leurs sulfures correspondent à l'hydrogène sulfuré. De leurs oxydes et de leurs sulfures, on peut rapprocher leurs hydrates et leurs sulfhydrates qui possèdent une constitution analogue. Ainsi, l'on a :

$$\text{Eau} = \left.\begin{array}{l} H \\ H \end{array}\right\} O\ ;$$

$$\text{Acide sulfhydrique} = \left.\begin{array}{l} H \\ H \end{array}\right\} S\ ;$$

$$\text{Oxydes} = \left.\begin{array}{l} M \\ M \end{array}\right\} O\ ;$$

$$\text{Hydrates} = \left.\begin{array}{l} M \\ H \end{array}\right\} O\ ;$$

$$\text{Sulfures} = \left.\begin{array}{l} M \\ M \end{array}\right\} S\ ;$$

et

$$\text{Sulfhydrates} = \left.\begin{array}{l} M \\ H \end{array}\right\} S.$$

(M représente un *métal* de cette section.)

De même enfin des sels formés par les *métaux* possèdent une composition semblable. Il en est ainsi pour les sulfates et les azotates, que nous prendrons pour exemple. Les sulfates neutres et acides de potassium, de sodium, d'argent et d'hydrogène (acide sulfurique) ont pour formule

$$SK^2O^4, \ SKHO^4 \ ; \ SNa^2O^4, \ SNaHO^4 \ ;$$

$$SAg^2O^4, \ SAgHO^4 \ ; \ SH^2O^4,$$

et les azotates des mêmes éléments répondent aux formules

$$AzKO^3, \ AzNaO^3, \ AzAgO^3 \ et \ AzHO^3.$$

Dans toutes ces combinaisons, comme on le voit, les *métaux* dont il s'agit remplacent l'hydrogène atome par atome ; ils possèdent la même puissance de combinaison que ce gaz : on les qualifie monoatomiques. Ces *métaux*, qui se groupent ainsi auprès les uns des autres, constituent une première famille, la famille des *métaux* monoatomiques. Cette famille renferme : le potassium, le sodium, le lithium, le cérium, le rubidium, et l'argent. On pourrait y joindre le thallium, qui est monovalent dans le plus grand nombre de ses composés, et malgré sa triatomicité absolue, au même titre qu'on réunit l'iode au chlore et au brome, quoiqu'il soit triatomique, au point de vue absolu. Mais, comme les combinaisons au maximum de thallium sont beaucoup plus nombreuses et plus faciles à produire que celles de l'iode, nous préférons le ranger dans les *métaux* triatomiques. Il n'en reste pas moins établi que le thallium est à la famille des *métaux* monoatomiques ce que l'iode est à la famille des métalloïdes de même atomicité.

A côté de ce premier groupe de *métaux* qui manifestent une capacité de saturation égale à 1 s'en trouvent d'autres qui manifestent une puissance de saturation double. Un atome de ces *métaux* est capable de remplacer deux atomes d'hydrogène, et peut se combiner, par conséquent, soit avec deux atomes de brome, de de chlore et d'iode, soit avec un atome d'oxygène ou de soufre. Dans leurs oxydes, les deux atomicités qui résident dans un atome de *métal* sont satisfaites par les deux atomicités qui résident dans un atome d'oxygène. Ces *métaux* sont qualifiés diatomiques ; ils forment une famille naturelle qui renferme : le calcium, le baryum, le strontium, le magnésium, le cérium, le lanthane, le didyme, l'erbium, l'yttrium, le terbium, le thorium, le zinc, le cadmium, le cuivre et le mercure. A côté de ces *métaux* viennent aussi les groupes des *métaux* tétratomiques, qui fonctionnent dans toute une série de combinaisons comme divalents, sans être saturés. Ces *métaux* sont le fer, le manganèse, le cobalt, le nickel, le plomb, le platine et le palladium. Mais, comme ils forment aussi des composés au maximum fort importants, qui nous obligent à les considérer comme tétratomiques, nous les rangeons dans un groupe à part.

Après les *métaux* diatomiques viennent les *métaux* triatomiques, qui peuvent, au maximum, remplacer trois atomes d'hydrogène, c'est-à-dire se combiner à Cl^3, Br^3 ou I^3. Ces *métaux*, en vertu de ce principe, que ce qui peut le plus peut le moins, ne se combinent quelquefois qu'à un seul atome de chlore, brome ou iode, et forment alors des composés au minimum non saturés, par lesquels ils se rapprochent des *métaux* monoatomiques. Dans cette classe on avait rangé l'or, le thallium et le vanadium. Mais un remarquable travail, publié en 1868 par M. Roscoë (*Journal of the chemical society*, XXI, p. 322), a prouvé que le corps que l'on avait considéré jusque-là comme du vanadium était un oxyde de ce *métal*, et que les composés vanadiques avaient une constitution en tout semblable à celle des composés d'uranium, d'antimoine, etc. Ce soi-disant *métal* devient donc métalloïde et va se ranger à côté de l'azote, du phosphore, de l'arsenic, de l'antimoine, du bismuth et de l'uranium, dans la classe des métalloïdes pentatomiques.

Après les *métaux* triatomiques viennent les *métaux* tétratomiques, qui renferment : l'aluminium, le glucinium, le manganèse, le fer, le chrome, le cobalt, le nickel, le plomb, le platine et le palladium. Parmi ces *métaux*, il en est trois, le plomb, le platine et le palladium, que l'on trouve assez facilement unis à quatre radicaux monoatomiques. Parmi eux, le plomb a plus de tendance à fonctionner comme bivalent, tandis que le platine et le palladium offrent, au contraire, une tendance à fonctionner avec leur atomicité maxima, comme dans les chlorures $PtCl^2$ et $PdCl^4$. Pour l'aluminium, le fer, etc., la tendance à former des composés saturés est extrêmement restreinte. Tous (excepté l'aluminium) ont une grande tendance à former des composés dits au minimum, où ils fonctionnent comme bivalents et par où ils se rapprochent des *métaux* diatomiques; mais tous aussi ont la faculté de former des corps bisaturés renfermant deux atomes de *métal* réunis en un groupe hexatomique, comme cela a lieu dans le chlorure ferrique $(Fe^2)^{VI}Cl^6$. On conçoit que deux atomes d'un *métal* tétratomique puissent, en effet, s'unir en échangeant deux atomicités entre eux et donnent un groupe hexatomique.

On ne connaît aucun *métal* pentatomique jusqu'à ce jour, à moins qu'on ne veuille dédoubler la famille de l'azote et transporter l'antimoine, le bismuth, l'uranium et le vanadium parmi les *métaux*, en laissant l'arsenic, le phosphore et l'azote parmi les métalloïdes. Il est évident, en effet, que le vanadium, l'uranium, le bismuth et l'antimoine ressemblent à des *métaux*, tandis que l'azote et le phosphore sont des métalloïdes bien caractérisés. Mais il est impossible de séparer ces corps les uns des autres, et l'on violerait plus encore les analogies en transportant l'azote parmi les *métaux* qu'en transportant le vanadium parmi les métalloïdes. Rien, mieux que cette famille de corps simples, ne montre combien il est absurde de conserver la division des éléments en *métalloïdes* et *métaux*, au lieu de classer les éléments par familles, d'après leur atomicité, en considérant les mots *métalloïdes* et *métaux* comme exprimant des propriétés antagonistes pouvant appartenir au même corps, tout en étant incapables de servir à une classification.

Terminons en disant que, dans une sixième classe, renfermant les *métaux* hexatomiques, on peut ranger le molybdène, le tungstène, l'iridium, le rhodium et le ruthénium. Mais ajoutons aussi que ces *métaux* sont imparfaitement étudiés et que peut-être nous errons en en faisant une classe à part. Ainsi, il est très possible que le molybdène et le tungstène se rapprochent du vanadium. Déjà M. Debray a admis, pour l'anhydride tungstique, la formule W^2O^5, qui place ce corps à côté du phosphore.

La classification que nous venons de donner n'est pas parfaite encore. Elle ne pourra l'être que lorsque l'étude de chaque élément sera assez complète pour que la place ne soit plus douteuse ; mais, dès aujourd'hui, elle rend de grands services et présente un caractère éminemment rationnel. Voici ce qu'en dit M. Naquet, à qui nous l'empruntons, dans ses *Principes de chimie fondée sur les théories modernes* (2ᵉ édit., t. Iᵉʳ, p. 249) :

« Nous disions dans la première édition de cet ouvrage :

» Cette classification est peut-être un peu hardie, plusieurs *métaux* y sont rangés comme tétratomiques, dont on n'a jamais obtenu de composés correspondants à la formule MX^4, mais seulement les composés M^2X^6 ; plusieurs même figurent dans cette classe sans qu'on connaisse jusqu'ici leurs composés de ce dernier ordre. Dans la sixième classe, nous avons placé l'iridium et le ruthénium, dont les hexachlorures et bromures ne sont point connus.

» Mais si l'on admet, comme j'ai été le premier à le faire, que l'atomicité apparente d'un corps doive être distinguée de son atomicité réelle, celle-ci pouvant être empêchée de se manifester par suite de la faiblesse des affinités ; si l'on admet, de plus, que, lorsque deux corps paraissent avoir une atomicité différente, on peut cependant les considérer comme ayant une atomicité égale s'ils présentent de grandes analogies dans leurs propriétés, on n'hésitera plus à accepter la classification qui précède.

» L'azote, en se combinant à l'hydrogène, au chlore et aux autres métalloïdes monoatomiques, forme seulement des composés correspondants à la formule AzX^3, tandis que le phosphore forme avec le chlore le composé PCl^5.

» Supposons que l'on ne connût aucun acide capable de se combiner à l'ammoniaque en complétant le groupe AzX^5, l'azote serait dit triatomique et le phosphore pentatomique.

» Partant, d'ailleurs, de la pentatomicité constatée du phosphore, on pourrait, par analogie, considérer l'azote comme pentatomique, et, de fait, on serait dans le vrai, puisque nous savons, par les sels ammoniacaux, que telle est l'atomicité de ce corps.

» Je suppose que, pour un grand nombre de corps, nous sommes dans la position où nous serions vis-à-vis de l'azote si les sels ammoniacaux étaient inconnus, et j'établis l'atomicité de ces corps en me basant sur les relations qu'ils présentent avec d'autres corps dont l'atomicité n'est pas douteuse.

» Je me base également sur ce fait, que deux atomes d'une atomicité quelconque, en se combinant entre eux, perdent deux unités de leur force attractive, pour affirmer qu'un corps qui donne des composés de l'ordre M^2X^6 est tétratomique. Il est, en effet, nécessaire que M soit au moins tétratomique pour que le groupe M^2 puisse posséder une atomicité égale à 6.

» Je sais que mon raisonnement repose sur des hypothèses ; mais quand n'en fait-on pas dans la science ? La théorie atomique elle-même est-elle autre chose qu'une hypothèse ?

» Mon hypothèse rend bien compte de tous les faits, elle permet de sortir enfin de l'ornière en rejetant la vieille classification des *métaux* et en en adoptant une nouvelle. Cela seul est un titre qui doit la faire prendre en considération. »

Depuis cette première édition, l'expérience est venue justifier l'hypothèse de M. Naquet. M. Nickles, ayant réussi à donner de la stabilité aux chlorures métalliques qui en ont le moins, en les combinant avec les éthers, a démontré l'existence du chlorure de manganèse $Mn^{IV}Cl^4$. La tétratomicité du manganèse est donc aujourd'hui certaine, et l'analogie ne permet plus de douter que les *métaux* du même groupe ne soient au moins tétratomiques comme lui.

Quoique la classification de Thenard ne soit pas satisfaisante au point de vue théorique, elle a du moins le mérite de grouper les corps d'après leurs propriétés les plus importantes pour les applications pratiques journalières. Tout en faisant donc toutes les réserves, c'est d'après elle que nous étudierons les métaux.

Avant de commencer l'histoire des métaux en particulier, il importe de connaître leur constitution, leurs propriétés caractéristiques, les procédés au moyen desquels on peut les obtenir, et les lois qui régissent leur composition, et les réactions qu'ils peuvent exercer les uns sur les autres

ALLIAGES. — Quelques métaux seulement peuvent être employés directement dans l'industrie, à cause de leur résistance à l'oxydation et à la chaleur, de leur dureté, de leur malléabilité, et aussi de leur abondance; ce sont : le fer, le zinc, l'étain, le cuivre, le plomb, l'aluminium, le mercure, le platine et le nickel, auxquels il faut ajouter l'antimoine et le bismuth, qui servent seulement à produire quelques alliages. Ces métaux sont loin de pouvoir suffire aux besoins : les uns sont d'un prix trop élevé; les autres sont, pour certains usages, trop durs ou trop mous, trop fusibles ou trop peu malléables. Mais, par l'association de deux métaux ensemble, par leur *alliage*, on est parvenu à créer en quelque sorte des métaux nouveaux, présentant des propriétés parfois absolument différentes de celles de chacun d'eux en particulier, ou apportant au métal d'heureuses modifications. Ainsi, l'or et l'argent purs, employés pour les monnaies, n'auraient pas de résistance au frottement; les pièces s'useraient vite et perdraient leurs empreintes; tandis qu'en les alliant avec un dixième de cuivre, elles deviennent dures. Le cuivre et le fer sont trop peu fusibles pour prendre nettement l'empreinte des moules qui servent à faire les caractères d'imprimerie : le zinc, l'antimoine et le bismuth sont trop cassants; le plomb serait trop mou et s'écraserait sous la presse; mais, en alliant ce dernier à l'antimoine, on obtient un métal assez tenace pour résister à la presse, assez fusible pour être coulé sans difficulté dans les moules.

On pourrait croire que les alliages sont de simples *mélanges;* il n'en est rien; ce sont de véritables *combinaisons* en proportions définies. En effet, que l'on fonde parties égales de plomb et d'étain, et que l'on coule la masse liquide dans une lingotière, les extrémités du lingot se figent les premières, tandis que le centre se maintient liquide encore quelque temps. En examinant les diverses parties du lingot, on remarque que les extré-

Price s'empoisonna en pleine assemblée de la Société royale (page 856)

més ont un aspect cristallin plus prononcé que le centre, et que leur composition est représentée par un équivalent de chaque métal : 103 de plomb pour 59 d'étain. A mesure que l'on approche du centre, la texture cristalline devient de plus en plus confuse, et la proportion de l'étain augmente. Il est clair que ce composé SnPb, qui est peu fusible, s'est séparé le premier de la masse formée d'étain et contenant une certaine quantité de la combinaison précédente; en d'autres termes, les parties extrêmes du lingot sont aux parties centrales ce que les cristaux qui se déposent d'une dissolution sont au liquide qui leur servait de dissolvant. Enfin, souvent on constate un dégagement de chaleur lorsque les métaux s'allient; on a donc tous les caractères distinctifs d'une combinaison : production de chaleur, composition en proportions définies et propriétés différentes de celles qui appartiennent aux principes constituants.

Pour obtenir un alliage bien homogène, dit M. Malagutti, il faut donc brasser avec soin le bain métallique, et élever la température, afin que les composés définis soient dissous en totalité dans le métal en fusion; il faut enfin provoquer une prompte solidification. Une solidification lente produirait un alliage non homogène, parce que les combinaisons métalliques dissoutes se séparent du dissolvant et se cristallisent. De là l'extrême difficulté d'obtenir de l'homogénéité, quand on opère sur de grandes masses, et que l'alliage est coulé dans des moules non métalliques, et, par conséquent, mauvais conducteurs de la chaleur. On trouve un exemple remarquable de ce fait dans le bronze des canons. Si l'on analyse différentes parties d'un canon qui aurait été fait avec un alliage de 100 parties de cuivre et de 11 d'étain, on trouve pour la proportion de ce dernier métal des différences qui peuvent aller du simple au double. Pour diminuer, sinon pour prévenir cet inconvénient qui amoindrit la ténacité, la dureté de l'alliage, les fondeurs soumettent la matière liquide à une forte pression; ils entravent ainsi, autant que possible, la formation des cristaux. A cet effet, ils coulent, à la partie supérieure des pièces, une masse considérable d'alliage, qu'ils nomment *masselotte*. La portion qui est dans le moule, pressée de la sorte, paraît mieux conserver son homogénéité. Dans quelques cas, cet effet est produit avec plus de certitude par un ébranlement communiqué à la masse fluide, au moment où elle va se figer. Cette espèce de partage qui a lieu dans la masse des alliages fait penser qu'il n'est pas indifférent de préparer ces composés en ajoutant les métaux dans un ordre quelconque. Dans le conflit d'affinités mises en jeu par le contact de plusieurs métaux en fusion, il faut voir l'action naturelle des métaux élémentaires et celle des combinaisons métalliques. L'action chimique des métaux doit être d'une nature aussi complexe que celle des autres agents chimiques. Si l'on allie, par exemple, 90 parties d'étain à 10 parties de cuivre, et qu'on ajoute ensuite 10 parties d'antimoine, on n'obtient pas le même résultat que si l'on commence d'abord par allier l'antimoine à l'étain. La composition des deux alliages est bien la même;

mais les propriétés sont différentes. L'association dans un ordre a éveillé certaines affinités, l'association dans un ordre différent en a éveillé d'autres, et le produit n'est pas le même.

La densité des alliages n'est pas ordinairement la moyenne des densités des métaux qui les composent; les uns ont une densité qui leur est supérieure, et alors leur volume est moindre; tels sont les alliages de cuivre et zinc, cuivre et étain, plomb et bismuth, plomb et antimoine; les autres ont une densité plus faible, et, par conséquent, un volume plus grand, tels que les alliages d'or et argent, or et cuivre, argent et cuivre, étain et plomb, étain et antimoine. La conductibilité pour la chaleur et l'électricité est généralement, pour les alliages, inférieure à celle des métaux qui les composent. Quelques-uns d'entre eux, surtout les amalgames d'étain et de zinc, développent facilement l'électricité par frottement et sont employés pour frotter les coussinets des machines électriques. Quelques alliages sont extrêmement sonores; ce sont surtout ceux de cuivre et de zinc, et plus encore ceux de cuivre et d'étain; leur puissance, sous ce rapport, est supérieure à celle du cuivre même, le plus sonore de tous les métaux.

La fusibilité des alliages est presque toujours plus grande que la moyenne, et quelquefois bien plus que celle du plus fusible des métaux qui le composent. Les alliages de deux métaux, faits en proportions différentes, fondent naturellement aussi à des températures différentes. Lorsqu'on fond deux métaux ensemble, ils se dissolvent l'un dans l'autre en proportions indéfinies; mais, lorsqu'on laisse refroidir, une partie de l'alliage se solidifie lorsque le refroidissement est arrivé à un certain degré; l'autre reste liquide ensuite pendant un certain temps assez long; si l'on sépare la portion restée liquide, quand on la décante, elle ne se solidifie que longtemps après, et l'on voit que les deux alliages, l'un peu et l'autre très fusible comparativement, sont, à proportions définies, souvent tous les deux, mais toujours au moins celui qui se solidifie le dernier, à une température constante. Ce phénomène constitue la *liquation;* il se produit lors de la coulée des canons de bronze; aussi est-on obligé de donner au moule une hauteur beaucoup plus grande que celle du canon; la *masselotte* doit être enlevée, et sert dans une nouvelle fusion.

On observe encore une *liquation* quand on chauffe à une température très inférieure à son point de fusion un alliage solide, en apparence homogène, obtenu en soumettant à un refroidissement brusque un mélange liquide de métaux fondus en proportion quelconque. On voit se séparer du solide un premier alliage défini, dès que la température est assez élevée pour que le composé le plus fusible puisse fondre et couler; si l'on continue à chauffer lentement, on obtient de nouveaux alliages définis qui se séparent successivement de la masse, et il ne reste à la fin qu'une espèce d'éponge formée par le corps le moins fusible. C'est ce qui s'est produit d'une manière inattendue quand on a voulu employer les *plaques de sûreté*, rapporte M. Troost, pour les soupapes des chaudières à vapeur. En se basant sur ce que deux métaux, unis en proportions différentes, donnent des alliages inégalement fusibles, on avait espéré pouvoir faire des alliages susceptibles de fondre à telle température fixe que l'on voudrait. Des rondelles de ces alliages, placées sous la chaudière d'une machine à vapeur, devaient fondre juste au moment où la vapeur trop fortement chauffée acquérait une force élastique dangereuse; leur fusion aurait averti qu'on avait dépassé une température déterminée. Mais on reconnut bientôt qu'avant d'arriver à cette température, l'alliage s'était subdivisé en plusieurs autres, dont les plus fusibles, en s'écoulant, déterminaient des fuites, et dont les moins fusibles résistaient à une température supérieure à celle qu'on se proposait de ne pas dépasser.

Le phénomène de la *liquation* est utilisé, en métallurgie, pour retirer l'argent qui se trouve en petites quantités dans le plomb et le cuivre.

On ne rencontre qu'un petit nombre d'alliages dans la nature; ce sont : celui de mercure et d'argent, qui est souvent cristallisé et que les minéralogistes nomment *mercure argental;* ceux d'or et d'argent, d'iridium et d'osmium, de platine et le rhodium, de palladium, de ruthénium, quelquefois enfin de cuivre et d'argent. Les alliages s'obtiennent toujours par la fusion des métaux que l'on veut unir. Lorsqu'on agit sur des quantités peu considérables, l'opération se fait dans des creusets; lorsque les métaux sont liquéfiés, on les brasse avec une tige de fer au moment de les couler, ou, si le creuset est de grande dimension, comme ceux qui servent pour l'argent que l'on doit monnayer, avec les grandes cuillers de fer ou *poches*, qui doivent servir à les couler. Le brassage est opéré au moment de la coulée, qui se fait, soit dans les lingotières dont la forme est très variable, soit dans des moules en sable. Pour la préparation des alliages qui servent de soudures aux bijoutiers, on ne se contente pas de ce premier coulage, on fond de nouveau l'alliage, pour l'avoir plus homogène. Lorsqu'on fond les alliages en très grande quantité, comme cela est nécessaire pour couler des canons, des cloches, des statues, etc., la fusion est obtenue dans des fours à réverbère spéciaux.

Le cuivre est l'un des métaux qui entrent dans le plus d'alliages; les composés qu'il forme sont constamment utilisés. En combinaison avec les métaux précieux, il leur donne de la dureté, et, par conséquent, leur permet de conserver toute la finesse des empreintes; il n'altère pas leur couleur et leur éclat. Avec l'aluminium, il donne un bronze très dur et très malléable, d'un beau jaune d'or, que sa dureté fait employer pour les coussinets des machines, et que sa belle couleur permet d'utiliser dans l'orfèvrerie. Avec l'étain, il forme le bronze, dont les propriétés varient suivant les proportions dans lesquelles l'un et l'autre de ces corps entrent dans l'alliage. Voici la composition de la plupart des alliages usuels :

Monnaie d'or	Or	900	Bronze des canons	Cuivre	90.1
	Cuivre	100		Étain	9.9
Vaisselles et médailles	Or	916	Bronze des cymbales	Cuivre	80
	Cuivre	84		Étain	20
Bijouterie	Or	750	Bronze des miroirs de télescopes	Cuivre	67
	Cuivre	250		Étain	33
Pièces de 5 fr. (en argent)	Argent	900	Maillechort	Cuivre	50
	Cuivre	100		Zinc	25
				Nickel	25
Pièces de 2 fr., 1 fr., 50 c., 20 c.	Argent	835	Métal anglais	Étain	100
	Cuivre	165		Antimoine	8
Vaisselles et médailles	Argent	950		Bismuth	1
	Cuivre	50		Cuivre	4
Bijouterie d'argent	Argent	800	Caractères d'imprimerie	Plomb	80
	Cuivre	200		Antimoine	20
Bronze des monnaies et des médailles	Cuivre	95	Mesures d'étain	Plomb	10
	Étain	4		Étain	90
	Zinc	1			
Bronze d'aluminium	Aluminium	10			
	Cuivre	90			

OXYDES MÉTALLIQUES. — Les *oxydes métalliques*, naturels ou artificiels, se présentent avec des caractères physiques variés; tous sont solides; leurs couleurs sont différentes, mais le plus ordinairement les premiers sont incolores, les autres sont noirs, jaunes, rouges, verts, etc., et ils communiquent leurs couleurs aux *sels* qu'ils forment. Ils sont généralement fixes, souvent infusibles, tous insolubles, excepté ceux des métaux de la première section et quelques-uns des *oxydes acides;* ils sont mauvais conducteurs de la chaleur et de l'électricité. Beaucoup d'entre eux sont employés dans les arts.

On les divise, d'après leurs propriétés chimiques, en cinq classes

1° Les *oxydes basiques* sont ceux qui peuvent former des *sels* en s'unissant aux *acides;* ceux d'entre eux qui sont solubles réagissent sur le sirop de violettes qu'ils verdissent; on les désigne particulièrement sous le nom d'*oxydes alcalins* ou *alcalis*. Ce sont, en général, des protoxydes, et M désignant un équivalent du métal considéré, leur formule est généralement M O : la potasse, la soude, la chaux, la magnésie, le protoxyde de fer, le protoxyde d'argent, le protoxyde de plomb, sont des oxydes basiques.

2° Les *oxydes acides* ne se combinent que rarement et difficilement avec les autres acides; ils se combinent, au contraire, avec les bases, et quelques-uns d'entre eux forment des genres de sels parfaitement caractérisés par la cristallisation et la neutralité. Il en est des oxydes acides comme des oxydes basiques : les uns sont énergiques, les autres très faibles ; un assez grand nombre de ces acides ont peu de stabilité et sont employés, en conséquence, comme oxydants. Ils renferment au moins deux équivalents d'oxygène, et fréquemment plus de deux.

3° Les *oxydes indifférents* sont les oxydes qui jouent le rôle de bases avec les acides énergiques, et le rôle d'acide avec les bases puissantes. L'*oxyde d'aluminium* ou *alumine*, peut être présenté comme exemple. Il se dissout dans l'acide sulfurique et forme un sel, le *sulfate d'alumine*, dans lequel l'alumine remplit le rôle de base ; mais, dissous dans la potasse, il produit de l'*aluminate de potasse*, composé salin dont l'alumine constitue l'acide. Si l'on considère l'*hydrogène* comme un métal, l'*eau* sera un *oxyde indifférent ;* car, tantôt base, tantôt acide, elle se combine indifféremment avec les acides (*sulfate d'eau* ou *acide sulfurique monohydraté*) ou avec les bases (hydrate de potasse).

4° Les *oxydes salins* sont des oxydes complexes d'un même métal, résultant de la combinaison de deux de ses oxydes, dont celui qui est le moins oxygéné joue le rôle de base, tandis que l'oxyde supérieur joue le rôle d'acide, et qui constituent ainsi de véritables sels. Ainsi l'*oxyde de plomb*, Pb^2O^3, est un *oxyde salin*, composé de $PbO + PbO^2$, que l'on peut facilement séparer l'un de l'autre.

5° Les *oxydes singuliers* ne s'unissent ni aux acides ni aux bases. Mis en présence d'un acide, ils perdent une portion de leur oxygène, deviennent ainsi des bases et se combinent alors avec l'acide. Le *bioxyde de baryum*, par exemple, traité par l'acide sulfurique, dégage la moitié de son oxygène, est ramené à l'état de protoxyde de baryte et forme alors avec l'acide un composé salin, le *sulfate de baryte*. Le *bioxyde de manganèse* est dans le même cas. Ces oxydes peuvent donc être envisagés comme des bases, plus de l'oxygène, qu'ils abandonnent sous l'influence des acides ; et, dans quelques cas, comme des acides, moins de l'oxygène, qu'ils absorbent sous l'influence des bases. Ils sont trop riches en oxygène pour faire fonction de base ; ils sont trop pauvres en oxygène pour faire fonction d'acide. Mais, en présence d'un acide ou d'une base, ils perdent l'oxygène surabondant ou prennent l'oxygène qui leur manque, pour devenir base ou acide.

On trouve dans la nature tous les métaux des cinq premières sections à l'état d'oxydes, jamais ceux de la sixième ; leurs oxydes sont tantôt libres, tantôt combinés, excepté ceux des métaux de la première qui sont toujours à l'état de combinaisons, parce que ce sont des bases trop énergiques pour rester isolées. Ils sont tous décomposés par l'action de la pile ; le métal se rend au pôle négatif et l'oxygène au pôle positif. La chaleur décompose complètement les oxydes des métaux de la sixième section ; les autres ne sont décomposés que partiellement ; par conséquent, la chaleur n'agit sur les oxydes supérieurs que pour les amener à un degré d'oxydation moins élevé.

L'*hydrogène* réduit un grand nombre d'oxydes à la chaleur rouge en produisant de l'eau ; mais il en est un certain nombre qu'il ne peut réduire que partiellément, c'est-à-dire amener à un état d'oxydation moindre ; il est sans action sur les oxydes des deux premières sections. Le *carbone* réduit un plus grand nombre d'oxydes que l'hydrogène ; il les décompose complètement ou pas du tout, à moins que l'on n'élève pas assez la température, seul cas où il puisse ne produire que des réactions partielles. Les autres métalloïdes exercent aussi leur action, plus ou moins complètement, sur les oxydes, en produisant de nouvelles combinaisons, telles que chlorures, sulfures, etc. Nous en parlerons ci-après.

Les principales méthodes pour obtenir des oxydes sont : 1° oxyder le métal dans l'oxygène ou dans l'air ; 2° décomposer un carbonate par la chaleur ; 3° décomposer un azotate par la chaleur ; 4° décomposer certains sulfates, le sulfate de zinc, par exemple, par la chaleur ; 5° oxyder le métal par l'acide azotique ; 6° décomposer un sel soluble dans l'eau par une base soluble.

COMBINAISONS DES MÉTAUX AVEC LES MÉTALLOÏDES. — La composition des *nitrures* ou *azotures* n'a pu encore être déterminée d'une manière assez exacte pour que l'on puisse établir des formules générales. Ils sont tous décomposés par la chaleur, lorsqu'elle est un peu élevée, et cette décomposition s'opère quelquefois avec production de lumière et même avec détonation ; c'est pourquoi, pour les obtenir, il faut prendre quelques précautions.

Les combinaisons des métaux avec le *chlore*, le *brome* et l'*iode* se comportent exactement comme des *sels ;* c'est pourquoi les radicaux de cette famille ont été désignés par Berzélius sous le nom de corps *halogènes,* et leurs combinaisons sous celui de *sels haloïdes*. On doit donc les ranger de préférence avec les sels, puisqu'au contact de l'eau on peut les considérer comme composés d'un acide hydrique et d'un oxyde métallique, et enfin parce que, dans toutes leurs réactions, ils se comportent comme les sels proprement dits, parmi lesquels ils constituent des genres dont nous étudierons d'abord ci-après les propriétés générales.

Les métaux ont une grande affinité pour le *soufre*, et leurs combinaisons ont une grande analogie avec les oxydes, tant par leur constitution que par leurs aptitudes *acides, basiques, indifférentes* ou *salines*. Presque tous les métaux existent, dans la nature, à l'état de *sulfures;* citons, par exemple, le sulfure de mercure ou *cinabre*, le sulfure de plomb ou *galène*, le sulfure de zinc ou *blende*, le sulfure de fer ou *pyrite*, le sulfure double de fer et de cuivre ou *chalcopyrite*, et enfin les sulfures doubles d'arsenic ou d'antimoine et d'argent. Tous ces composés, sauf la pyrite, constituent des *minerais*, d'où l'on extrait les métaux.

Les moyens les plus usités pour obtenir des sulfures métalliques sont les suivants :

1° On chauffe le métal en présence du soufre ou de sa vapeur ;

2° On chauffe l'oxyde métallique mélangé à du soufre : il se produit un *sulfure* et un *sulfate*, ou un *sulfure* et de l'*acide sulfureux*, suivant la section à laquelle appartient le métal.

3° Un *sulfate* est un sulfure plus de l'oxygène. Si donc on enlève son oxygène à un sulfate au moyen d'un corps réducteur, comme le charbon, le résidu sera un sulfure. C'est ainsi qu'en chauffant dans un creuset un mélange de sulfate de potasse et de charbon en poudre, on obtient du sulfure de potassium, que l'on sépare du charbon en excès par la dissolution dans l'eau :

$$KO,SO^3 + 2C = KS + 2CO^2.$$

4° On fait passer un courant d'acide sulfhydrique dans une dissolution saline. Ainsi l'acide sulfhydrique, en passant dans une dissolution de sulfate de cuivre, met l'acide sulfurique en liberté et forme avec le métal un composé noir insoluble, qui est du sulfure de cuivre :

$$CuO,SO^3 + HS = HO,SO^3 + CuS.$$

5° On décompose une dissolution saline par un sulfure soluble, tel que le *sulfure de potassium*. En versant, par exemple, une dissolution de ce sulfure dans une dissolution d'azotate de plomb, la liqueur noircit aussitôt et laisse déposer le sulfure de plomb :

$$PbO,AzO^5 + KS = KO,AzO^5 + PbS.$$

Tous les *sulfures* sont solides, insolubles, excepté ceux des métaux
de la première section; ils sont inodores, lorsqu'ils ne sont pas humides;
ceux qui sont insolubles n'ont pas de saveur sensible; en général, leur

Récolte du varech pour l'extraction du *chlorure de potassium*.

couleur est très variable; quelques-uns ont un éclat métallique très vif.
La chaleur se comporte avec les sulfures comme avec les oxydes, c'est-à-
dire qu'elle est sans action sur ceux des métaux des cinq premières sections, et, de plus, sur ceux de mercure et d'argent, à moins que ce ne soit

pour faire passer les sulfates polysulfurés à un degré moins élvé de sulfuration : ceux d'or, de platine, et des métaux qui accompagnent celui-ci habituellement, sont seuls réduits à l'état métallique; mais cependant il est difficile de chasser les dernières traces de soufre. L'oxygène et l'air agissent fortement sur les sulfures à chaud : la réaction donne des résultats variables, selon la section à laquelle appartient le métal, et selon la température plus ou moins élevée à laquelle on opère. Les diverses réactions obtenues sont utilisées pour la préparation de quelques sulfates, et pour les traitements métallurgiques de beaucoup de minerais métalliques, sous le nom de *grillage*.

L'*hydrogène* réduit quelques sulfures à la chaleur rouge; il se forme de l'acide sulfhydrique qui se dégage, et le métal reste pur. Le *carbone* agit comme l'hydrogène dans la plupart des cas. Le *chlore* décompose tous les sulfures en se combinant avec le métal et le soufre; le *brome* agit presque avec la même énergie; l'*iode*, un peu moins facilement. L'*eau* décompose les sulfures des métaux de la première et de la deuxième section, en les transformant en sulfates; l'hydrogène se dégage seul, avec ceux des métaux de la troisième et de la quatrième section; l'hydrogène se combine avec le soufre en produisant du gaz sulfhydrique qui se dégage et un oxyde métallique. Avec les sulfures des métaux de la cinquième section, il n'y a qu'une partie du soufre qui soit éliminée, tandis qu'une partie du métal s'oxyde; il reste une combinaison d'oxyde, et le sulfure qu'on nomme *oxysulfure*. Avec les sulfures de la sixième section, le soufre est entièrement éliminé, et le métal reste pur. Lorsqu'on fait agir simultanément l'air et l'eau sur les sulfures, leur décomposition s'opère plus rapidement; les sulfures des métaux de la première section, surtout lorsqu'ils sont en dissolution, et qu'ils sont exposés à l'air, sont transformés en *sulfites, hyposulfites, hyposulfites sulfurés*, selon que le sulfure est un *protosulfure* ou un *polysulfure*.

Les métaux réagissent sur les sulfures des métaux des sections qui les suivent. Le procédé à l'aide duquel on extrait une bonne partie du plomb pour le commerce est fondé sur l'action réductrice que le fer exerce sur le sulfure de plomb naturel ou galène :

$$PbS + Fe = FeS + Pb.$$

L'analogie complète qui existe entre le *sélénium* et le *soufre* indique que la plupart des propriétés des *séléniures* sont celles des *sulfures*. Les *tellurures* sont à peine connus; mais leur analogie avec les séléniures fait prévoir qu'ils ne peuvent présenter que de légères différences avec les sulfures.

On ne trouve dans la nature que ceux de plomb, de bismuth, d'argent et d'or, et souvent combinés ensemble.

Lorsqu'on réduit un oxyde métallique à une très haute température en le mêlant avec du charbon dans un creuset, le métal obtenu retient toujours une certaine quantité de carbone ; ce *carbure* s'opère quelquefois, lorsque ces métaux sont chauffés au rouge, seulement au contact du charbon ; ils l'absorbent en se combinant avec lui, mais toujours en très petite quantité. On obtient aussi des combinaisons qui contiennent de grandes quantités de carbone, en décomposant des cyanures métalliques par la chaleur rouge. Dans ce cas, on peut obtenir des combinaisons à équivalents égaux. Les sels métalliques, formés par des acides organiques, qui contiennent toujours une grande quantité de carbone, donnent des résultats semblables dans quelques cas. La présence d'une faible proportion de carbone, combinée avec le métal, suffit pour modifier beaucoup ses propriétés. Un seul métal, le fer, dont les *carbures* sont la fonte et l'acier, présente quelque intérêt.

Le *silicium* a une grande affinité pour le fer, et le *siliciure* de fer seul offre de l'intérêt par le rôle qu'il joue dans la fonte qui contient souvent 3 pour 100 de silicium. Les *phosphures* ne se trouvent jamais dans la nature ; ils sont tous solides, insolubles dans l'eau, cassants, fusibles ; la plupart présentent un éclat métallique assez grand ; leur couleur varie comme celle des sulfures. Les *arséniures* sont tous insolubles dans l'eau, comme les *phosphures* auxquels ils ressemblent beaucoup. On en trouve un certain nombre dans la nature, souvent associés aux sulfures, et constituant alors des *arséniosulfures*.

SELS. — Dans l'origine de la chimie, de l'alchimie même, dit Barruel, on désignait sous le nom de *sels* toutes les substances qui, plus ou moins solubles, avaient une saveur sensible, pouvaient cristalliser et donner ainsi des corps solides et transparents. Depuis Lavoisier, on a donné exclusivement le nom de *sels* à tous les corps résultant de la combinaison de deux composés binaires, l'un électro-négatif, l'*acide*, l'autre électro-positif, par rapport au premier, la *base*, quelle que fût d'ailleurs la composition de ces deux corps, acide et base : de là, les *oxysels*, dont les acides et les bases sont des combinaisons oxygénées, les *sulfosels*, les *chlorosels*, etc., dont les acides et les bases sont des combinaisons sulfurées, chlorurées, etc. Un *sel* est donc non seulement toute combinaison contenant un acide et une base, mais aussi toute combinaison qui, par son union avec l'eau, peut produire un acide et une base en même temps.

Pour obtenir un sel, il suffit donc de faire réagir une *base* sur un *acide* (1). Mais si, par exemple, on verse avec précaution une dissolution de potasse caustique dans de l'acide sulfurique étendu, il arrive un moment où l'acidité de l'acide est neutralisée par l'alcalinité de la potasse. L'acide rougissait le papier de tournesol, la base le ramenait au bleu : la liqueur n'a plus d'action sur le tournesol. On appelle *sulfate neutre* de potasse ce sel dans lequel l'*acide* et la *base* se neutralisent. Mais si, sur ce même acide, on fait réagir un oxyde moins énergique, comme l'oxyde de cuivre ou de zinc, en est-il de même ? Si l'oxyde est en excès ou au moins en quantité suffisante, on obtient encore un *sel* dans lequel l'acide est saturé d'oxyde : c'est le sulfate de zinc ou le sulfate de cuivre ordinaire du commerce; mais le sel rougit toujours la teinture bleue de tournesol. Si donc, on ne considérait que la réaction sur le tournesol, on n'aurait de sulfates neutres que ceux dans lesquels entre une base énergique. Cependant, le sulfate de cuivre et le sulfate de zinc se conduisent dans les réactions chimiques comme les sels de potasse. Ils ont d'ailleurs même composition. Berzélius a trouvé que, dans les uns et les autres de ces sels, la quantité d'oxygène de l'acide est triple de la quantité d'oxygène de la base, et l'on est, en conséquence, convenu d'appeler *sulfates neutres* tous ceux dans lesquels l'acide est ainsi saturé par la base.

Si l'on ne peut pas reconnaître la neutralité des sels, c'est-à-dire l'état de saturation complète de l'acide par la base, au moyen de l'action sur la teinture de tournesol, cela tient à ce que cette teinture est elle-même un sel formé par la combinaison d'un acide organique, l'*acide lithmique*, avec la chaux. Cet acide est rouge; il forme avec les bases énergiques, comme la potasse et la soude, des sels bleus; il donne, au contraire, avec les bases faibles, comme l'oxyde de zinc ou l'oxyde de cuivre, des sels plus ou moins rouges.

Quand on fait réagir sur le tournesol bleu le sulfate neutre de potasse, par exemple, l'acide sulfurique et la potasse dégageant plus de chaleur en se combinant ensemble qu'ils n'en produiraient en se combinant l'un avec la chaux, l'autre avec l'acide lithmique, et n'a aucune action sur le tournesol, qui garde sa teinte bleue. Mais, si l'on fait réagir le sulfate de cuivre sur le tournesol, l'acide sulfurique, dégageant plus de chaleur en se combinant avec la chaux qu'avec l'oxyde de cuivre, s'empare de cette base, et il se forme du sulfate de chaux et du lithmate rouge de cuivre. L'apparition de cette coloration est donc le résultat d'une décomposition analogue à toutes celles que l'on peut obtenir en mettant en contact deux

____

(1) Troost, *Traité de Chimie.*

sels différant par leur acide et par leur base ; l'action de la matière colorante change avec la nature de la base du sel, sans que pour cela l'*état de saturation* de l'acide ait varié.

Pour montrer toute l'insuffisance des caractères que l'on voudrait tirer de l'action sur les matières colorantes végétales, il suffit de remarquer que l'acide borique, qui rougit le tournesol comme les acides, bleuit la solution alcoolique de bois de campêche, comme le font les alcalis.

On peut donc définir la neutralité des sels par les considérations tirées de leur composition et non de leur action sur la teinture de tournesol. On appelle *sulfates neutres* les sulfates dans lesquels la quantité d'oxygène de l'acide est *triple* de la quantité d'oxygène de la base.

Si, au lieu de l'acide sulfurique, on cherche à saturer l'acide azotique par une base énergique, comme la potasse, la soude, la magnésie ou l'oxyde d'argent, on a encore des sels parfaitement neutres aux papiers réactifs. Ces sels contiennent cinq fois plus d'oxygène dans l'acide que dans la base : cette composition est aussi celle des azotates obtenus en *saturant* l'acide azotique par l'oxyde de zinc ou l'oxyde de cuivre, quoique les sels ainsi préparés rougissent la teinture de tournesol. On est donc conduit à appeler *azotates neutres* ceux dans lesquels la quantité d'oxygène de l'acide est quintuple de celle de la base.

Si la teinture de tournesol ne suffit pas pour caractériser les sels neutres, elle a pu, du moins dans le cas des sels à acide énergique, servir pour reconnaître le type des sels neutres ; mais on est obligé de renoncer complétement à son emploi quand il s'agit de sels à acide faible, comme l'acide sulfureux ou l'acide carbonique ; car alors la combinaison de l'acide avec la potasse ou la soude a toujours une réaction alcaline. Dans ce cas, ce n'est que par l'analyse d'un grand nombre de sels trouvés dans la nature, ou obtenus artificiellement, que l'on peut trouver la formule générale des sels dans lesquels l'acide est *saturé* par la base.

Les carbonates naturels de chaux, de magnésie, de manganèse, de fer et de zinc, contiennent deux fois plus d'oxygène dans leur acide que dans leur base ; on doit d'ailleurs admettre que l'acide y est saturé, car ces oxydes ne forment qu'un seul carbonate. On est ainsi conduit à définir comme *carbonates neutres* ceux dans lesquels la quantité d'oxygène de l'acide est *double* de celle de la base. Pour une raison semblable, on appelle *sulfites neutres* ceux dans lesquels la quantité d'oxygène de l'acide est *double* de celle de la base.

Le tableau suivant donne le rapport de la quantité d'oxygène de l'acide à la quantité d'oygène de la base dans les principaux sels neutres :

GENRE DU SEL.	RAPPORT.	FORMULES.	GENRE DU SEL.	RAPPORT.	FORMULES.
Sulfates	3 à 1	MO,SO^3.	Pyrophosphates	5 à 2	$2MO,PhO^5$.
Sulfites	2 à 1	MO,SO^2.	Phosphates ordinaires.	5 à 3	$3MO,PhO^5$.
Azotates	5 à 1	MO,AzO^5.	Carbonates	2 à 1	MO,CO^2.
Chlorates	5 à 1	MO,ClO^5.	Silicates	2 à 1	MO,SiO^2.
Métaphosphates	5 à 1	MO,PhO^5.	Borates	3 à 1	MO,BoO^3.

La loi de composition des sels, dite *loi de Berzélius*, heureusement traduite par les formules symboliques dans le tableau précédent, s'exprime de la manière suivante :

Dans tous les sels neutres, il y a un rapport constant et simple entre le poids de l'oxygène de l'acide et celui de l'oxygène de la base.

D'après ce que nous venons de dire, on voit que l'on doit appeler *sels acides* ceux dans lesquels le rapport de la quantité d'oxygène de l'acide à la quantité d'oxygène de la base est supérieur au rapport établi dans les *sels neutres* du même genre. Quand, au contraire, on trouve un rapport inférieur à celui-là, on a un *sel basique*.

Il faut remarquer que souvent l'eau joue le rôle de base, et que, par suite, beaucoup de sels que nous regardons comme acides peuvent être considérés comme des sels neutres, dans lesquels un équivalent de base métallique est remplacé par un équivalent d'eau basique; c'est ce qui arrive pour le bisulfalte de potasse : $KO,HO,2SO^3$ ou mieux KO,HOS^2O^6.

Dans un grand nombre de sels basiques, l'eau (oxyde indifférent) joue, au contraire, le rôle d'acide. Ainsi le carbonate d'oxyde de cuivre $2CuO,HO, CO^2$ peut être regardé comme une combinaison du carbonate neutre d'oxyde de cuivre avec l'hydrate de cette même base $\begin{cases} CuO,CO^2 \\ CuO,HO \end{cases}$.

L'électricité dynamique décompose tous les sels sans exception; l'action de la pile varie seulement le mode de décomposition selon l'intensité du courant et même le degré de concentration de la dissolution saline sur laquelle on opère. Lorsque le courant est faible, le sel se décompose seul, l'acide se rend au pôle positif, la base au pôle négatif. Si l'on remplace le courant électrique faible par un courant plus énergique, la décomposition est plus complète; non seulement l'acide sera séparé de sa base, mais encore ces deux corps eux-mêmes seront décomposés. L'action de la chaleur sur les sels dépend de la nature de l'acide et de celle de la base. Si l'un de ces deux corps est décomposable par la chaleur, le sel sera décomposé; si l'un des deux est volatil, il en sera de même; mais les résultats sont différents. La chaleur peut fondre un grand nombre de sels de la fusion ignée, sans les décomposer, les uns à une température peu élevée, les autres à la chaleur rouge ; quelques-uns sont vitrifiables.

Beaucoup de sels sont, à différents degrés, solubles dans l'eau ; en général, ils le sont plus à chaud qu'à froid. Les différences de solubilité sont importantes à connaître, car la séparation de leurs mélanges est souvent fondée sur ces différences. En se dissolvant, les sels peuvent quelquefois s'y combiner en même temps, et alors il y a production de chaleur ; lorsqu'il n'y a pas combinaison, il y a, au contraire, production de froid. (PHYSIQUE, *Chaleur*, page 578). L'air et l'oxygène agissent sur quelques sels ; l'oxygène se combine, tantôt avec l'acide, tantôt avec l'oxyde, pour les changer en acides ou en bases plus oxygénées. L'hydrogène est en général sans action à froid, excepté à l'état naissant ; à chaud, son action varie selon le genre et l'espèce de sel. Le chlore, le brome, l'iode agissent de même que l'oxygène, mais indirectement.

Les *sels* des métaux des trois dernières sections sont *précipitables* par les métaux, de la façon indiquée par ce tableau :

Sel d'étain ....
— d'antimoine...........
— de plomb............. } précipités par le fer et le zinc.
— de cuivre ....

Sels de mercure......... } précipités par le fer, le zinc et les métaux
                           des sels qui précèdent.

Sel d'or...............
— d'argent............. } précipités par le fer, le zinc et les métaux
— de platine ....   des sels qui précèdent.

On emploie en métallurgie le fer, le mercure et le cuivre pour précipiter l'argent dans l'affinage des métaux précieux. Les sels des métaux des trois premières sections ne sont pas précipitables par les métaux plus oxydables, parce que ceux-ci décomposeraient l'eau avant d'agir sur le sel. La décomposition des sels de plomb par le zinc donne du plomb cristallisé en lamelles, constituant ce que l'on appelle l'*arbre de Saturne*. Que l'on plonge dans une dissolution très étendue d'*acétate de plomb* une lame de zinc reposant sur plusieurs fils de laiton, destinés à former les branches de l'arbre, le plomb métallique se dépose sur ces fils en lamelles brillantes, semblables à des feuilles de fougère en argent. Si l'on place une goutte de mercure au fond d'un vase contenant une dissolution étendue d'azotate d'argent, le mercure décompose ce sel et donne lieu à un dépôt d'argent qui s'amalgame avec le mercure et cristallise en longues aiguilles, formant ainsi ce qu'on appelle un *arbre de Diane*.

Un acide, une base ou **un autre sel**, agissant sur un sel, tendent à s'emparer d'une partie de la base qu'ils partagent avec l'acide de ce sel. Quand ce nouveau composé est susceptible de s'éliminer de lui-même, par suite de sa volatilité ou de son indissolubilité, la réaction continue jusqu'à ce qu'elle soit complète ; et l'on obtient ainsi des décompositions très nettes et très complètes que l'énergie des corps en présence ne pouvait faire prévoir. Cette influence des circonstances physiques sur les phénomènes chimiques a été reconnue par Berthollet, et résumée dans quelques lois que nous nous contenterons d'énoncer :

1° *La décomposition d'un sel par un acide est complète, quand le nouvel acide est plus fixe que celui du sel ;*

2° *La décomposition d'un sel par un acide soluble est complète, quand l'acide de ce sel est insoluble ;*

3° *La décomposition d'un sel par un acide est complète, quand cet acide peut former avec la base du sel un composé insoluble.*

Les lois relatives aux bases sont analogues.

1° *Un sel dont la base est volatile est décomposé complètement par une base fixe ;*

2° *Un sel dont la vase est insoluble est décomposé complètement par une base soluble ;*

3° *La décomposition d'un sel par une base est complète, quand cette base peut former, avec l'acide du sel, un composé insoluble.*

L'action des sels sur les sels est régie par les lois suivantes :

1° *Deux sels se décomposent complètement lorsque, de l'échange de leurs acides et de leurs bases, peut résulter un sel plus volatil que ceux mis en présence ;*

2° *Deux sels en dissolution se décomposent complètement, quand, de l'échange des bases et des acides, peut résulter un composé insoluble dans les circonstances où l'on opère.*

CARACTÈRES DISTINCTIFS DES DIFFÉRENTS GENRES DE SELS. — CHLORURES, BROMURES, IODURES, FLUORURES, CYANURES. — Le *chlore* est, de tous les corps, celui dont l'action sur les métaux est la plus rapide et la plus énergique : froid et sec, il en attaque un grand nombre ; avec une température un peu élevée, la chloruration est très facile, sauf pour quelques métaux de la dernière section : platine, iridium, rhodium, avec lesquels il ne se combine pas directement. Introduit chaud dans une atmosphère de chlore, le mercure brûle vivement et devient chlorure de mercure. Les *chlorures métalliques* sont, pour la plupart, volatils, ce qui favorise beaucoup, surtout à chaud, l'action du chlore ; car le métal, tou-

jours à nu à cause de la disparition du chlorure formé, est, jusqu'à la fin
de la réaction, en contact direct avec le gaz. Le nombre des *chlorures* est
inférieur à celui des oxydes, et, à plus forte raison, à celui des sulfures.

Explosion du château de l'OEuf, à Naples (azotate de potasse).

On connaît autant de chlorures que d'oxydes basiques ou acides ; ils ont
tous une grande tendance à se combiner entre eux, et leurs propriétés basiques ou acides sont relativement tranchées. De leurs combinaisons,
résultent des *chlorosels* correspondant aux *oxydes salins*. On connaît

enfin des *chlorures indifférents*, faisant tantôt fonction de base, tantôt fonction d'acide; mais on n'en trouve pas qui correspondent aux *oxydes singuliers*. Les chlorures se divisent donc en quatre classes :

1° Les *chlorures basiques*, qui remplissent le rôle de base dans les chlorosels, et qui sont formés, en général, d'un équivalent de chlore pour un équivalent de métal.

2° Les *chlorures acides*, faisant fonction d'acide dans la combinaison saturée de deux chlorures : ils contiennent généralement plus d'un équivalent de chlore pour un équivalent de métal.

3° Les *chlorures salins* ou *chlorosels*, qui sont des associations de deux chlorures, où l'un, moins chloruré, remplit le rôle de base, et l'autre celui d'acide.

4° Les *chlorures indifférents*, qui se combinent indifféremment avec les chlorures basiques et avec les chlorures acides, de sorte que leur fonction est tantôt celle d'un acide, tantôt celle d'une base.

Les *chlorures* sont généralement solides et inodores, sauf quelques-uns qui, liquides à la température ordinaire, répandent une odeur très forte et d'épaisses fumées à l'air. A quelques rares exceptions près, telles que le chlorure d'argent, le protochlorure de mercure, le protochlorure de cuivre, le chlorure de plomb, et quelques autres peu importants, les chlorures sont solubles dans l'eau; ils sont plus ou moins aisément fusibles; tous sont volatils. Ils sont indécomposables par la chaleur, excepté ceux des métaux de la 6° section, qui se réduisent de la même manière que les oxydes; cependant, les chlorures d'argent et de mercure résistent à la décomposition. L'*oxygène*, sous l'influence de la chaleur, décompose tous les chlorures des 2°, 3°, 4° et 5° sections; mais ceux de la 1ʳᵉ et de la 6° résistent à ce traitement; ceux de cette dernière, à cause de la faible affinité de l'oxygène pour ces métaux; ceux de la 1ʳᵉ, à cause de l'affinité énergique entre le chlore et les métaux alcalins. L'*hydrogène*, à cause de sa haute affinité pour le chlore, réduit les chlorures de tous les métaux des quatre dernières sections. Le soufre agit sur ces mêmes chlorures des quatre dernières sections, à cause de son affinité pour le métal et pour le chlore. L'action des métaux se résume, en un mot, en cette règle : qu'un métal décompose les chlorures des métaux appartenant aux sections qui suivent celle à laquelle il appartient lui-même.

En présence de l'eau, certains chlorures changent de couleur. Lorsqu'on écrit avec leurs dissolutions suffisamment étendues, les caractères ne sont pas visibles. Si l'on chauffe le papier, le chlorure devient anhydre; il reprend sa couleur naturelle, dont la nuance est intense, et l'écriture apparaît. Mais les caractères disparaissent dès que le chlorure s'hydrate de nouveau. L'emploi de ces sortes d'encres, appelées *encres sympathiques*, est donc fondé sur la faible nuance de certains chlorures hydratés et sur la nuance intense de ces mêmes chlorures anhydres.

On peut obtenir les chlorures par un grand nombre de procédés :

1° En traitant les métaux par le chlore gazeux et sec. L'affinité est souvent assez grande pour qu'il ne soit pas nécessaire de chauffer le métal ; l'appareil doit être modifié selon le plus ou moins de volatilité du chlorure que l'on veut obtenir.

S'il est peu volatil, on se contente de faire arriver le chlorure sec sur le métal, placé dans un tube de verre posé horizontalement sur une grille, afin de pouvoir chauffer au besoin : le métal est, soit en fils fins, comme pour préparer le chlorure de fer, soit en limaille dispersée dans la longueur du tube : si le chlorure est très volatil, l'extrémité du tube se rend dans un ballon ou dans un flacon séché avec soin, et convenablement refroidi pour condenser toutes les vapeurs. Ce procédé est employé principalement lorsqu'on veut obtenir les chlorures anhydres.

2° Lorsque le métal peut décomposer l'acide chlorhydrique, soit à chaud, soit à froid, on obtient facilement les chlorures par leur réaction mutuelle : le métal s'empare du chlore, et l'hydrogène se dégage. Ce procédé ne peut s'exécuter qu'avec les métaux des première et troisième sections, et l'étain ; il ne sert habituellement que pour le fer, le zinc et l'étain.

3° Quelques chlorures métalliques cèdent facilement tout ou partie de leur chlore à d'autres métaux. Le chlorure de mercure est dans le premier cas ; c'est principalement pour obtenir les chlorures très volatils, comme le bichlorure d'étain, le chlorure d'antimoine, de bismuth, etc., qu'il est employé. Le chlorure de cuivre cède facilement la moitié de son chlore, et cette propriété est utilisée afin de chlorurer l'argent, dans le procédé employé pour l'obtention de ce métal. Dans ce dernier cas, on opère à froid et avec l'intervention de l'eau.

4° Beaucoup d'oxydes sont décomposés par le chlore sec, sous l'influence de la chaleur. Le chlore se substitue à l'oxygène qui se dégage. Ce procédé n'est usité que dans les laboratoires, pour montrer que dans un certain nombre de cas la réaction est possible ; car il ne présente aucun avantage industriel.

5° Un certain nombre de chlorures anhydres ne peuvent être obtenus directement par le chlore sur le métal, soit parce que le métal serait trop coûteux, soit parce qu'il serait trop difficile à préparer. On a, dans ce cas, recours à l'oxyde ; mais beaucoup d'oxydes ne peuvent être décomposés par l'action seule du chlore, dont l'affinité pour le métal n'est pas assez énergique pour détruire sa combinaison avec l'oxygène. Dans ce cas, on fait agir deux affinités, celle du chlore pour le métal, et celle du carbone pour l'oxygène, de la même manière que pour faire le chlorure de silicium : on obtient toujours ainsi ceux d'aluminium, de glucinium, de titane, etc.

6° Les *sulfures métalliques* sont presque toujours décomposables par l'acide chlorhydrique, à moins que ce ne soient quelques persulfures, comme le *bisulfure de fer*. Si l'acide chlorhydrique ne peut agir seul, on doit avoir recours à l'*eau régale*. Lorsque l'on emploie l'acide chlorhydrique seul, le chlore s'unit au métal, et l'hydrogène au soufre ; on obtient presque toujours ainsi le chlorure d'antimoine, et les chlorures de baryum et de strontium. L'opération doit être faite avec quelques précautions. Si l'on ne veut pas recueillir l'acide sulfhydrique, il faut l'enflammer, et agir, en outre, s'il est possible, en plein air.

7° Le petit nombre de chlorures insolubles, chlorure d'argent, sous-chlorure de mercure, chlorure de plomb, peuvent être obtenus par la voie des doubles décompositions.

L'analogie entre le *brome*, l'*iode* et le *chlore* se retrouve dans leurs combinaisons, et l'histoire des *bromures* et des *iodures* n'est guère que la répétition de celle des *chlorures*. Le *fluor* présente quelques différences avec les autres corps de son groupe ; les *fluorures* diffèrent un peu plus des chlorures, bromures et iodures que ceux-ci entre eux. Ainsi beaucoup de ces trois genres, qui sont solubles et même déliquescents, ont leurs correspondants insolubles dans les fluorures ; on obtient des premiers parfaitement neutres, tandis que tous les fluorures solubles ont des réactions ou acides basiques. Ils sont quelquefois liquides, mais plus souvent solubles ; généralement fusibles, quelques-uns seulement sont volatils ; plusieurs sont odorants. Un seul fluorure d'ailleurs est employé, c'est le *fluorure de calcium*, qui sert dans les laboratoires à obtenir tous les autres, et, dans les arts, comme fondant, pour quelques opérations métallurgiques. Quelques belles variétés de *fluorure de calcium* d'Angleterre sont taillées en vases et objets d'ornements.

Les *cyanures* ont plus de rapports avec la famille des chlorures que les fluorures, quant aux propriétés chimiques ; cependant le plus grand nombre d'entre eux est insoluble ou peu soluble. Ceux des quatre dernières sections sont décomposés par la chaleur seule ; ceux de la première sont indécomposables. Tous néanmoins sont décomposés par le contact de l'air quand ils sont en dissolution ou même humides. Ils sont très vénéneux. Les *cyanures de potassium, de fer* et *de mercure, d'argent, d'or*, sont les seuls employés : le premier comme réactif et dans la préparation des bains métalliques pour la dorure, l'argenture, etc. ; le second comme couleur; le troisième, seulement dans les laboratoires, pour obtenir le cyanogène, l'acide cyanhydrique, et pour séparer le *palladium* des métaux avec lesquels il est dissous.

CARACTÈRES GÉNÉRIQUES DES OXYSELS. — *Azotates*. Ils sont solubles dans l'eau quand ils sont neutres; décomposés par la chaleur, ils laissent la base entièrement libre; placés sur des charbons ardents, ils *fusent*, c'est-à-dire qu'en se décomposant ils activent la combustion. Traités par l'acide sulfurique concentré, ils donnent des vapeurs blanches; si on ajoute de la limaille de cuivre à ce mélange, on obtient des vapeurs rouges. On peut reconnaître des traces de leur présence dans une liqueur en y versant de l'acide sulfurique concentré, tenant en suspension des cristaux de sulfate de protoxyde de fer; il se produit une coloration rose, qui devient brune, s'il y a un peu d'azotate.

Azotites. Les caractères des *azotites* sont sensiblement les mêmes que ceux des azotates. Aucun d'eux n'a d'usage, si ce n'est dans les laboratoires.

Chlorates. Ils *fusent* sur les charbons : le résidu est salin et non alcalin, comme cela arrive avec les *azotates* et les *azotites;* traités par l'acide sulfurique, ils se colorent en jaune foncé par l'acide chloreux qui se produit et dont l'odeur est reconnaissable; leurs dissolutions se précipitent par les sels d'argent et ne détruisent pas les couleurs végétales. Ils forment avec les corps combustibles des mélanges qui détonent par la chaleur et par le choc : pendant longtemps les amorces fulminantes ont été faites de cette manière; celles de l'armée anglaise étaient fabriquées au moyen de chlorate de potasse et de sulfure d'antimoine.

Perchlorates. Ils présentent une grande partie des propriétés des chlorates; mais ils détonent moins facilement. Ils fusent sur les charbons, le résidu est salin et alcalin; mais, traités par l'acide sulfurique, il n'y a pas coloration en jaune, mais formation de vapeurs blanches.

Chlorites. Ils ont une faible odeur d'acide chloreux. Ils sont très solubles et leurs dissolutions sont décomposées par la chaleur. Ils jouissent des propriétés décolorantes.

Hypochlorites. Ils sont odorants, décolorent l'indigo et la teinture de tournesol au contact de l'air, par suite de l'action de l'acide carbonique, qui met l'acide hypochloreux en liberté.

Bromates. Ils sont à peine connus, et semblent présenter les mêmes caractères que les chlorates.

Iodates. Ils se comportent à peu près comme les chlorates.

Sulfates. Les sulfates solubles donnent, avec de l'azotate de baryte, du sulfate de baryte, insoluble dans l'eau et dans les acides azotique et chlorhydrique. Les sulfates insolubles, chauffés avec du carbonate de soude, donnent du sulfate de soude double soluble. Chauffés sur un charbon avec du carbonate de soude, au feu de réduction du chalumeau, ils produisent du sulfure de sodium, qui, traité par un acide, dégage de l'acide sulfhydrique. On trouve dans la nature un grand nombre de sulfates. Beaucoup sont employés dans les arts et dans la médecine.

Sulfites. Les sulfites sont peu employés. On les utilise seulement pour arrêter la fermentation des moûts de sucs sucrés ; c'est alors le sulfite de chaux que l'on prend. Pour le blanchiment des toiles ou des papiers, on emploie aussi le sulfite de soude. On les reconnaît principalement au moyen de l'action de l'acide sulfurique qui les décompose en mettant l'acide sulfureux en liberté, sans réagir sur lui et sans produire, en même temps, un dépôt de soufre.

Hyposulfates. On les distingue des sulfates parce qu'ils ne précipitent pas les sels de baryte et qu'ils dégagent de l'acide sulfureux par la chaleur ; des sulfites, parce qu'ils sont tous solubles et que leurs dissolutions sont inaltérables.

Hyposulfites. Ils ont un caractère commun avec les hyposulfates et les sulfites, c'est le dégagement de l'acide sulfureux ; mais, traités par l'acide sulfurique, ils dégagent de l'acide sulfureux, et, en même temps, il se produit un dépôt de soufre. Le nitrate d'argent donne un précipité blanc, comme font les sulfites ; mais ce précipité ne tarde pas à noircir, par la formation du sulfure d'argent.

Séléniates, sélénites. L'histoire des séléniates est presque exactement celle des sulfates, comme celle des sélénites est celle des sulfites. On ne trouve ni l'un ni l'autre dans la nature.

Carbonates. Ils se reconnaissent facilement à l'effervescence qui se produit quand on les traite par un acide, sans qu'il y ait de vapeur ni d'odeur développées. On se sert dans les laboratoires et dans l'industrie d'un grand nombre de carbonates, dont nous parlerons à leur histoire particulière.

Borates. On trouve dans la nature trois borates ; un seul est employé, celui de soude. L'insolubilité de la plupart des borates, leur décomposition par les acides étendus, les font reconnaître. Lorsqu'on verse de l'acide sulfurique sur une dissolution chaude d'un des borates alcalins, seuls solubles dans l'eau, il se produit de l'acide borique en petites paillettes nacrées qui se déposent par refroidissement. Si l'on dissout ces petites paillettes dans de l'alcool, et que l'on enflamme celui-ci, il brûle avec une belle couleur verte.

Silicates. Les silicates alcalins sont solubles dans l'eau ; les autres, chauffés avec du carbonate de soude, donnent du silicate de soude soluble. Où en trouve un grand nombre dans la nature, presque tous multiples et constituant des espèces minérales importantes, et même des terrains considérables ; plusieurs d'entre eux ont des usages importants.

Phosphates. Les phosphates neutres à base alcaline sont seuls solubles. Les autres se dissolvent dans l'acide nitrique sans dégager de gaz ni de vapeurs. Les phosphates anhydres, chauffés dans un tube avec du potassium, donnent du *phosphure de potassium*, qui, très légèrement humecté, produit une odeur alliacée d'hydrogène phosphoré, très caractéristique. Un phosphate soluble donne par les sels de plomb un précipité blanc ; ce précipité séché et chauffé au chalumeau fond en un globule qui, par le refroidissement, prend une forme polyédrique dont les facettes sont très distinctes.

Phosphites. Ils possèdent beaucoup des caractères des phosphates par rapport aux réactions ; mais, jetés sur un charbon rouge, ils produisent une flamme jaune qui les caractérise.

Arséniates. Les arséniates alcalins sont seuls solubles ; les autres, chauffés avec du cabonate de soude, donnent de l'arséniate de soude soluble. On reconnaît les arséniates neutres en dissolution au précipité rouge brique qu'ils donnent quand on y ajoute de l'azotate d'argent. Ces dissolutions, traitées par l'acide sulfhydrique, donnent au bout de quelques heures un précipité jaune.

Arsénites. Les arsénites alcalins donnent avec l'azotate d'argent un précipité jaune d'arsénite d'argent. L'acide sulfhydrique y donne immédiatement un précipité jaune. La présence de l'arsenic dans les arséniates et les arsénites se constate à l'aide de l'appareil de Marsh.

CHAPITRE II

MÉTAUX ALCALINS, POTASSIUM, SODIUM, LITHIUM, CÉSIUM, RUBIDIUM, THALLIUM, COMPOSÉS AMMONIACAUX.

CARACTÈRES GÉNÉRAUX DES MÉTAUX ALCALINS. — Tous les métaux de cette famille ont pour crractères généraux de s'altérer rapidement à l'air humide en formant des oxydes (*alcalis*), solubles dans l'eau, ramenant au bleu la teinture de tournesol rouge, et donnant, avec la plupart des acides, des sels neutres solubles. Ils ne forment qu'une combinaison avec le chlore : ces chlorures n'absorbent pas le gaz ammoniac, et se conduisent comme des corps électro-positifs vis-à-vis des chlorures d'or et de platine. Leur carbonate n'est décomposable par la chaleur qu'aux températures les plus élevées.

POTASSIUM OU KALIUM (K $= 39$; *densité* $= 0,865$). — La *potasse* avait toujours été considérée comme un corps simple : ce fut Davy, qui, en 1807, la décomposa, et découvrit le *potassium* en traitant un fragment de potasse humectée d'eau par un courant électrique. Il vit se former au pôle négatif de petits globules brillants ressemblant au mercure, qui brûlaient dès qu'ils étaient produits. Ces globules étaient le métal de la potasse, le *potassium*. En répétant cette expérience, on met un globule de mercure en contact avec le conducteur négatif d'une pile, dont il forme ainsi le pôle; le *potassium* forme un amalgame dont on peut chasser le mercure par distillation; on obtient alors un petit globule de *potassium*.

On doit à Gay-Lussac et Thenard le premier procédé de préparation chimique de ce métal, et aussi du *sodium*, procédé qui consiste à faire passer la potasse ou la soude sur le fer au rouge blanc; car les piles les plus énergiques ne pourraient donner que de petites quantités de ces métaux.

Le *potassium* est un métal blanc grisâtre, mou comme la cire, et que

l'on peut pétrir entre les doigts; son éclat métallique est très vif; mais il
le perd promptement au contact de l'air, qui l'oxyde si facilement que,
pour le conserver, il faut le mettre dans l'huile de naphte. Il est bon con-

Ce fut lord Congrève qui remit ces fusées en usage, en 1801, pour l'attaque
de la flotte française à Boulogne.

ducteur de la chaleur et de l'électricité. A 0° il est cassant, à + 15° il est
mou, à + 55°, il se liquéfie. Au rouge naissant, dans l'hydrogène ou l'azote,
il se volatilise; sa vapeur est d'une belle couleur verte; lorsqu'on le
chauffe au contact de l'air, il s'enflamme et brûle avec une grande viva-

cité. L'eau est décomposée à la température ordinaire par le potassium, qui s'empare de l'oxygène et dégage l'hydrogène. Comme le *potassium* est plus léger que l'eau, si l'on en jette un morceau sur ce liquide, il reste à la surface : la chaleur qui résulte de son action sur l'eau suffit pour le faire fondre, le faire rougir, et enflammer l'hydrogène qui se dégage. Lorsque tout le potassium est oxydé, la potasse reste sous forme d'un globule vitreux qui éclate au moment où elle se combine avec l'eau. Comme il y a projection, et que le plus petit fragment dans les yeux peut produire des accidents très dangereux, il faut, si l'on fait l'expérience dans un verre, le recouvrir d'un verre plus grand au moment où l'expérience finit. L'eau dans laquelle on a fait cette réaction verdit le sirop de violette, ramène au bleu le tournesol rougi. Le *potassium* brûle lorsqu'on le chauffe, dans tous les gaz qui contiennent de l'oxygène avec lequel il se combine.

Le *potassium* forme avec l'hydrogène un alliage, K^2H, qui a l'éclat et le grain de l'amalgame d'argent. Cet alliage est cassant ; il peut être fondu dans le vide sans subir la moindre décomposition ; il n'abandonne de l'hydrogène qu'au dessus de 200°, et il faut le chauffer à 410° pour que la tension du gaz hydrogène dégagé, — tension de dissociation, — soit égale à la pression atmosphérique.

Le procédé employé aujourd'hui pour obtenir du potassium est celui de Brünner, perfectionné par Donny et Mareska, fondé sur cette remarque qu'en chauffant très fortement un mélange de *carbonate de potasse* et de *charbon* on obtient des vapeurs de *potassium* .

$$KO,CO^2 + 2C = K + 3CO.$$

Brünner chauffait donc dans un bon fourneau une bouteille de fer contenant un mélange intime de charbon et de carbonate de potasse impur, obtenu en calcinant le tartre brut du commerce (*bitartrate de potasse,* mêlé de *tartre de chaux*). Les vapeurs de potassium se condensaient dans un tube de fer réunissant la bouteille à un récipient contenant de l'huile de naphte, et refroidi par un courant d'eau : *l'oxyde de carbone* se dégageait entraînant de la vapeur de *potassium.* Mais le potassium réagit sur l'oxyde de carbone lui-même à une température moins élevée que celle de la cornue, et produit les acides *croconique* et *rodizonique*, qui se combinent à la potasse qui s'est régénérée; cette réaction s'opère pendant le passage du gaz dans le récipient, et ces produits tendent à obstruer le tube qui établit la communication entre la cornue et le récipient, ce qui occasionne une perte de *potassium* et force souvent à arrêter l'opération. C'est pourquoi l'appareil a été perfectionné : le récipient a été modifié de manière à refroidir rapidement le potassium et l'oxyde de carbone. Ce récipient (*fig.* 298) est formé de deux plaques de tôle, dont l'une forme le corps d'une boîte plate, et l'autre le couvercle ; il communique avec la cornue par un tube de fer très court qui est maintenu au rouge vif. Quand un récipient est plein de *potassium,* on le remplace immédiatement par un autre.

Le *potassium* sert seulement dans les laboratoires comme réducteur très énergique pour l'analyse d'un certain nombre de gaz.

Fig. 298. — PRÉPARATION DU POTASSIUM.

COMBINAISONS DU POTASSIUM AVEC L'OXYGÈNE. — Le potassium forme deux combinaisons avec l'oxygène. Le *protoxyde de potassium* (KO = 47,2), oxyde blanc, fusible, plus pesant que l'eau, déliquescent, extrêmement caustique et difficile à obtenir, et qui, au contact de l'air, s'empare de la vapeur d'eau et donne de l'*hydrate de potasse.* On l'obtient en chauffant équivalents égaux de potasse et de potassium :

$$KO,HO + K = 2KO + H.$$

Le *peroxyde de potassium* ($KO^3 = 62,2$), jaune, fusible au rouge sombre, indécomposable par la chaleur, difficilement soluble dans l'eau, se forme toutes les fois que l'on chauffe le potassium au contact de l'air ou de l'oxygène : le potassium s'enflamme et produit ce peroxyde, pourvu que l'oxygène soit en excès.

HYDRATE DE PROTOXYDE DE POTASSIUM OU DE POTASSE (KO,HO = 56,2). — Cet hydrate, connu sous les noms d'*alcali végétal, pierre à cautère, potasse caustique,* ne doit pas être confondu avec le produit appelé *potasse du commerce,* qui n'est autre chose qu'un *carbonate de potasse* impur, dont nous parlerons ci-après.

Cette *potasse caustique,* plus ou moins pure, sert à la préparation des savons mous; pour la médecine, comme rongeur; pour les cautères, on conseille d'y ajouter un peu de chaux vive en poudre avant de la couler, et l'on peut, en outre, la couler en gouttes qui, en se solidifiant, sont hémisphériques : on peut l'employer immédiatement. La présence de la chaux l'empêche de couler aussi facilement, et l'action est plus circonscrite; ce mélange est connu sous le nom de *poudre de Vienne.* Pour les cautérisations locales, on emploie le *caustique de Filhos,* que l'on prépare en chauffant de la potasse à la chaux en poudre dans une cuiller de fer : on y ajoute en plusieurs fois le quart de son poids de chaux; on chauffe jusqu'à ce qu'il ne se dégage plus d'eau, et l'on coule dans des tubes de plomb de 6 millimètres de diamètre et fermés par un bout : on conserve le produit dans un vase contenant de la chaux vive. Pour injections, on dissout la potasse dans 100 fois, et, pour collyre, dans 80 fois son poids d'eau. Enfin, dans les laboratoires, c'est un des réactifs les plus usités pour précipiter les oxydes insolubles.

La *potasse caustique* est solide, blanche, fusible au rouge sombre, et volatile au rouge sans décomposition; soluble dans l'eau en toute proportion en formant un autre hydrate, $KO,HO + 4HO$, qui cristallise. Elle est déliquescente; à l'air, elle en absorbe la vapeur d'eau et se transforme peu à peu en un liquide sirupeux. L'acide carbonique de l'air, intervenant à son tour, forme un carbonate de potasse déliquescent lui-même. La potasse est un caustique énergique, qui ramollit la peau et la dissout peu à peu; elle traverse les muqueuses et perfore les membranes; aussi est-ce un poison très énergique.

On prépare l'*hydrate de potasse* en décomposant par la chaux le *carbonate de potasse* dissous dans l'eau; il se forme ainsi un précipité de carbonate de chaux insoluble, et l'alcali reste dissous :

$$KO,CO^2 + CaO,HO = KO,HO + CaO,CO^2.$$

On l'obtient par deux procédés, l'un donnant la *potasse à la chaux,* l'autre, appelée *potasse à l'alcool,* qui n'est que la première mise en contact avec de l'alcool, lequel dissout la potasse caustique sans dissoudre les sels. Ce dernier procédé a été abandonné à cause du prix trop élevé de l'alcool; on prépare maintenant la potasse pure surtout en traitant du *carbonate de potasse pur* par de la chaux pure.

SULFURES DE POTASSIUM. — Les *sulfures de potassium* sont au nombre de cinq :

1° *Proto* ou *monosulfure de potassium* ($KS = 52,2$). Ce corps, obtenu par voie sèche, est en masse d'un rouge foncé; sa cassure est lamelleuse, cristalline; il a une odeur et une saveur sulfureuses, et est très véné-neux. C'est un réactif très employé dans les analyses. Pour le préparer par la voie humide, on fait un mélange de sulfate de potasse et de charbon que l'on chauffe au rouge dans un creuset couvert; il faut mettre un petit excès de charbon, et même recouvrir le mélange de charbon en poudre; l'acide sulfurique et la potasse sont décomposés : il reste le sulfure, qui fond en masse rougeâtre. Si l'on *porphyrise le sulfure de potasse* avec la moitié de son poids de noir de fumée, et que l'on chauffe dans une cornue jusqu'à ce qu'il ne se dégage plus de gaz par le tube abducteur que l'on y a adapté, on obtient le *sulfure pyrophorique,* qui est connu sous le nom de *pyrophore de Gay-Lussac.* Dès que l'opération est terminée, on enlève le bouchon que porte le tube, et on le remplace par un bouchon fermant hermétiquement la cornue qu'il faut laisser refroidir lentement. Il est né-cessaire, pour bien réussir, de n'élever la température qu'autant qu'il le faut pour opérer la décomposition, pendant laquelle il se dégage de l'oxyde de carbone. La réaction est représentée par :

$$KO,SO^3 + 4C = KS + 4CO.$$

Pour le préparer par la voie humide, seul procédé qui donne du mo-nosulfure pur, on fait passer un excès de gaz sulfhydrique dans la moitié d'une dissolution de potasse caustique ou même de carbonate pur. La réaction est représentée par :

$$KS,HS + KO = 2KS + HO.$$

2° Le *bisulfure de potassium* ($KS^2 = 71,2$).

3° Le *trisulfure de potassium* ($KS^3 = 87,2$).

4° Le *tétrasulfure de potassium* ($KS^4 = 103,2$).

5° Le *pentasulfure de potassium* ($KS^5 = 119,2$) est le *foie de soufre* ordinaire des pharmaciens, qui est employé pour les maladies de la peau; il est d'une couleur jaune verdâtre foncé, attire l'humidité de l'air aussi facilement que les autres sulfures de potassium, et répand alors, comme ces derniers, une odeur d'acide sulfhydrique. On l'obtient impur en faisant bouillir du soufre avec une dissolution de potasse caustique; il se forme, dans ce cas, de l'*hyposulfite de potasse :*

$$3(KO,HO) + 12S = 2KS^5 + KO,S^2O^2 + 3HO.$$

CHLORURE DE POTASSIUM ($KCl = 74,7$). — On trouve depuis quelques années le *chlorure de potassium* à l'état pur et à l'état de *chlorure double* *de potassium* et de *magnésium* dans les mines de Stassfurt, en Prusse, et dans celle de Kaluez (Galicie orientale). Dans ces mines, les différentes couches salines, superposées par ordre de solubilité, montrent qu'on se trouve au milieu d'une masse provenant du dessèchement d'un lac salé, longtemps alimenté par l'eau de la mer. Au-dessus des dépôts très puissants de sel gemme se trouvent d'abord des lits de sulfate de chaux anhydre, qui alternent avec du sel marin; puis, viennent des dépôts de sulfate triple de chaux, de magnésie et de potasse (*polyhalite*). Le sulfate de magnésie (*kiésérite*) et le chlorure de sodium constituent une troisième couche, et enfin le chlorure double de potassium et le magnésium (*carnallite*) avec du chlorure double de calcium et du magnésium (*tachydrite*) et de la boracite, forment la partie supérieure du dépôt salin. C'est exactement l'ordre dans lequel se déposent les sels des eaux mères des marais salants actuels. La masse saline pulvérisée est dissoute dans de grandes cuves en fonte, chauffées par la vapeur d'eau. Quand toutes les matières solubles sont dissoutes, on laisse reposer, puis on décante et on fait cristalliser. Le *chlorure de potassium* cristallise, entraînant avec lui un peu de *chlorure de sodium* et de *chlorure de magnésium*. On le débarrasse du chlorure de magnésium par des lavages à l'eau froide. Cette exploitation du *chlorure de potassium* acquiert chaque jour une importance plus considérable.

On retire encore du *chlorure de potassium* de plusieurs opérations industrielles, telles que l'incinération et le raffinage des *cendres de varech*, le traitement des *vinasses de betteraves*, ou des *eaux mères des marais salants. L'incinération des cendres* des plantes qui croissent sur les plages de la mer ou sur les bords des étangs salés (1), plantes cartilagineuses et bizarrement conformées, connues sous le nom de *fucus, goémons* ou

(1) En Espagne, ce sont des espèces de *barilles* ou *salsola* que l'on utilise pour l'obtention de ce produit; à Ténériffe, c'est principalement une petite plante grasse et charnue, la *ficoïde glaciale* ou *mesembryanthemum cristallinum* des botanistes; sur les bords de la Méditerranée, des *salicors*, des *chénopodiums*, des *arroches;* sur les côtes de Bretagne et de basse Normandie, notamment aux environs de Brest et de Cherbourg, ce sont exclusivement les *varechs*. Tous les ans, des ouvriers, nommés *barilleurs*, viennent récolter les varechs qui couvrent les rochers submergés de Chausey et les brûler. A cet effet, ils se dispersent sur divers points de l'archipel, par ateliers de six hommes; ils construisent, au centre du rayon qu'ils veulent exploiter, une espèce de tanière où ils se retirent pendant la nuit. A mer basse, ils se rendent sur les rochers, les dépouillent de leurs fucus (*fig.* à la page 873), et en forment de grands tas que soutiennent à la surface de l'eau les nombreuses vésicules aériennes de ces plantes marines. Ils dirigent ces espèces de radeaux vers le lieu qu'ils ont choisi, et, après avoir mis leur récolte hors de la portée des vagues, ils l'étendent sur la grève. Lorsque la dessiccation du fucus est complète, ils y mettent le feu et recueillent les cendres dans un petit fourneau où elles se fondent et se prennent en masses, connues dans le commerce sous le nom de *soude de varech*. Les feux des barilleurs, avec leur clarté rougeâtre pendant la nuit, leurs longues colonnes de fumée pendant le jour, produisent au milieu des rochers un effet très pittoresque; mais l'odeur de cette fumée est très désagréable, et on la regarde dans le pays, et bien à tort, comme pouvant engendrer des maladies. (Quatrefages, *Souvenirs d'un naturaliste.*)

varechs, que parfois aussi les eaux rejettent ou découvrent à marée basse,
donne un produit, improprement désigné sous le nom de *soude de varech*,
et qui sert à l'extraction des *chlorures de potassium* et de *sodium*, du *sulfate de potasse* et aussi du *brome* et de l'*iode*. La composition de ce produit est, en effet :

Chlorure de potassium..............	13.48	
Chlorure de sodium	16.02	
Sulfate de potasse .....:...........	10.20	100 »
Iode..............................	0.60	
Brome et sels solubles divers........	2.70	
Matières insolubles.................	57 »	

Lorsque les plantes ont obtenu leur plus grand développement, on les
fait sécher de la même manière que le foin, et on les brûle dans des fosses,
en plein air. On entretient la combustion pendant plusieurs jours, en ajoutant successivement de nouvelles plantes. La chaleur s'élève au point de
fondre la cendre; on laisse refroidir la masse, qui est dure, compacte, à
demi-fondue, colorée en gris ou en brun par du charbon; on la casse
par morceaux pour en faciliter le transport, et on la met en barils. Pendant longtemps, ces produits furent employés seulement à l'état brut
dans les verreries, pour la fabrication des verres communs, des verres à
bouteilles. Au commencement de ce siècle, on les raffina en les soumettant
à des lessivages méthodiques, pour avoir tous les sels solubles qu'on ramenait à l'état solide par évaporation dans des chaudières de tôle. Ce mélange
de sels blancs, connu sous le nom de *sels de varechs*, était vendu aux
fabricants d'alun, aux salpêtriers, aux verriers.

Mais, à partir de 1824, M. Tissier aîné organisa, dans une usine de
Cherbourg, l'isolement de divers sels solubles, pour les faire servir à part
dans les industries qui les réclament. Le procédé pour isoler successivement, des *soudes brutes de varéchs*, chacun des différents sels qu'elles renferment repose sur les différences de solubilité qu'ils présentent à froid
et à la température de l'ébullition; il diffère donc fort peu de celui qu'on
suit pour le raffinage des potasses brutes de betteraves. Voici comment
on opère :

Ces cendres, pilées grossièrement, sont soumises à un premier lessivage méthodique dans une série de cuves en bois de un mètre de hauteur, munies chacune
d'un faux fond en bois ou en en tôle perforée (*fig.* 299). Chacune de ces cuves porte
deux tuyaux à trois ouvertures, permettant d'établir aisément la communication avec
l'une quelconque des cuves qui l'avoisinent. On fait d'abord arriver de l'eau dans
le premier couple de cuves par des robinets supérieurs, et cette eau, après avoir
agi sur la soude, passe dans le second couple, et ainsi de suite jusqu'à ce qu'elle

ait acquis la densité de 15° à 18° à l'aréomètre. De cette manière, on dissout la presque totalité des *chlorures de sodium* et de *potassium*, beaucoup plus solubles que le sulfate de potasse. Si l'on soumet à la concentration et à l'ébullition cette dissolution des deux chlorures, le sel marin se dépose à l'état cristallisé ; on l'enlève au fur et à mesure avec des écumoirs, et l'on fait passer la liqueur dans des cristallisoirs où, par le refroidissement, le *chlorure de potassium* s'isole en cristaux volumineux. En traitant les *eaux mères* de la même manière, on arrive à séparer presque complètement le sel marin à l'ébullition, et le chlorure de potassium par la cristallisation à la température ordinaire. Le marc des cendres est soumis à un

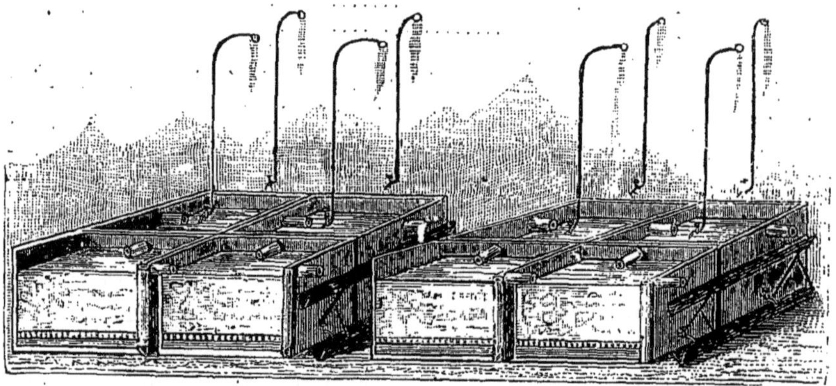

Fig. 299. — APPAREIL POUR LE LESSIVAGE DES CENDRES DE VARECHS.

deuxième lavage méthodique, que l'on prolonge jusqu'à ce que les nouvelles eaux ne marquent plus que 8°. L'eau se charge alors du sulfate de potasse que le premier lessivage n'avait point attaqué. La solution étant évaporée à l'ébullition dans des chaudières plates en tôle, jusqu'à ce que leur densité se soit élevée à 28° ou 30° de l'aréomètre, le sulfate de potasse se dépose à l'état de cristaux très fins que l'on enlève au moyen d'écumoires. L'eau mère, siphonée dans des cristallisoirs, abandonne des chlorures de potassium et de sodium que l'on fait rentrer dans le cours du travail pour les séparer. Les dernières eaux mères qui restent après le dépôt successif du *sel marin* et du *chlorure de potassium*, et qui marquent 55°, peuvent alors servir à l'extraction de *l'iode* et du *brome*.

BROMURE DE POTASSIUM ($KBr = 117,5$). — Le *bromure de potassium* est incolore, inodore, d'une saveur piquante, et d'une densité de 2,415. Il est très soluble, plus à chaud qu'à froid. On le prépare en décomposant par le carbonate de potasse une dissolution de *bromure de fer*. On filtre, puis on concentre la dissolution, qui abandonne par refroidissement le *bromure de potassium* à l'état de cristaux cubiques :

$$6KO + 6Br = KO,BrO^5 + 5K,Br.$$

On s'en sert pour obtenir le brome dans les laboratoires; en médecine, on l'emploie à l'intérieur et à l'extérieur, pour le traitement des
affections scrofuleuses et comme diurétique, mais toujours à faible dose

Extraction en grand du *sodium* par le procédé de M. Sainte-Claire-Deville.

quand c'est à l'intérieur. Le *chlorure de potassium* étant beaucoup moins
cher que le *bromure*, on peut, par fraude, mélanger les deux sels dans
diverses proportions, et même au lieu de chlorure de potassium, c'est du
chlorure de sodium que l'on y mêle, tous ces sels étant isomorphes, et

parce qu'il n'y a pas de procédé bien certain pour reconnaître le chlorure de potassium.

IODURE DE POTASSIUM (KIo = *165,5*). — C'est un composé incolore, inodore quand il est bien proto-ioduré ; il a une saveur salée et âcre ; sa densité est environ 3 ; il est fusible au-dessous de la chaleur rouge ; à cette température il se volatilise ; il est inaltérable à l'air sec, mais il se décompose peu à peu à l'air humide : il se reproduit alors de l'*hydrate de potasse* et de l'*iode* mis en liberté, qui se combine avec l'iodure non décomposé qu'il colore. Il est déliquescent, beaucoup plus soluble dans l'eau que le chlorure et le bromure ; il cristallise en cristaux souvent d'un aspect nacré. L'*iodure de potassium* est employé en médecine pour le traitement des goitres, des affections scrofuleuses et rhumatismales, à l'intérieur et à l'extérieur. On peut obtenir l'*iodure de potassium* par plusieurs procédés. Généralement, on décompose l'iodure de fer ou l'iodure de zinc dissous dans l'eau, par le carbonate de potasse en dissolution bouillante, dont on met un très léger excès ; on filtre pour séparer le carbonate insoluble ; on lave le précipité à l'eau bouillante, et l'on évapore le tout à siccité pour reprendre le résidu par 4 fois son poids d'eau ; on filtre la dissolution bouillante pour faire cristalliser. On l'obtiendrait aussi par la potasse caustique et l'iode : la réaction se passerait comme pour le bromure.

FLUORURE DE POTASSIUM (KFl = *57,2*). — Ce corps inodore, d'une saveur salée et âcre, déliquescent, fortement alcalin, très soluble dans l'eau, cristallisant en lamelles carrées, s'obtient en traitant le potassium par l'*acide fluorhydrique*, dont l'hydrogène se dégage avec explosion. L'expérience est dangereuse ; aussi obtient-on plutôt ce sel en ajoutant de l'*acide fluorhydrique* à une dissolution de carbonate de potasse jusqu'à ce que l'on soit arrivé à saturation. On évapore alors à siccité pour redissoudre dans l'eau et faire cristalliser.

CYANURE DE POTASSIUM (KCy = *65,2*). — Le *cyanure de potassium* se produit par la combinaison de l'acide cyanhydrique avec la potasse ou par la combustion du potassium dans le cyanogène, ou encore en calcinant des matières azotées avec du carbonate de potasse, ou en décomposant en vase clos le *cyanure jaune*, FeK^2Cy^3. On l'obtient en grand par l'action de l'azote sur du charbon de bois imprégné de potasse et chauffé au rouge. On le trouve, dans le commerce, en plaques blanches ; il est inodore quand il est sec ; sa saveur âcre et amère est en même temps alcaline, et laisse un goût d'amandes amères. Il attire l'humidité de l'air, en absorbe l'acide carbonique et répand alors une odeur d'acide cyanhydrique. On doit donc le conserver dans des flacons parfaitement secs et bien bouchés. Le *cyanure de potassium* dissout le *chlorure d'argent*, c'est pourquoi on en emploie de grandes quantités dans la galvanoplastie.

CARBONATE DE POTASSE ($KO,CO^2 = 62,2$). — Ce sel constitue la *potasse* du commerce; on le nommait jadis *alcali végétal, sel de tartre;* il est fourni par l'incinération des végétaux terrestres. Les plantes qui croissent *loin de la mer* renferment de grandes quantités de potasse, combinée avec des acides organiques, comme l'acide acétique, l'acide oxalique ou l'acide tartrique. Aussi, quand on les brûle, laissent-elles un résidu grisâtre, appelé *cendres*, dans lequel la *potasse* se trouve généralement à l'état de carbonate, mêlé avec des chlorures, sulfates, phosphates, ou silicates de différentes bases qu'un lessivage méthodique permet de séparer facilement.

Voici quelques nombres approximatifs (car ils doivent varier selon la nature du terrain, les différentes parties de la plante brûlée, etc.) des quantités de cendres produites par quelques plantes, et la composition de ces cendres.

CENDRES SÈCHES PAR 100 PARTIES DU VÉGÉTAL.

Aune	0.40	Chêne	3.50
Charme	0.60	Chardons	4.03
Peuplier	0.80	Sarments de vigne	4.66
Sapin	0.83	Paille de blé	4.50
Bouleau	1 »	Tiges de pois	11.30
Pin	1.50	Tiges de pommes de terre	14 »

POIDS DE CENDRES ET DE CARBONATE DE POTASSE FOURNIS PAR 100 PARTIES DE BOIS.

Sapin	3.40	Cendres	0.45	Potasse.	Orme	25.50	Cendres	3.90	Potasse.
Hêtre	5.00	—	1.27	—	Saule	28.00	—	2.85	—
Frêne	12.20	—	0.74	—	Vigne	34.00	—	5.50	—
Chêne	13.50	—	1.50	—	Fougère	36.40	—	4.25	—

L'incinération des grands végétaux ligneux et des plantes herbacées sauvages est le mode le plus ancien et le plus général.

Dans les pays encore peu habités, abondants en forêts, ou couverts de steppes immenses riches en plantes sauvages, tels que l'Amérique du Nord, la Suède, certaines parties de l'Allemagne, la Toscane, la Russie, la Pologne, on creuse en terre de grandes fosses où l'on entasse les plantes et les arbres débités que l'on veut brûler. On a soin de n'en pas mettre de trop grandes masses à la fois et de les débarrasser préalablement de toutes les terres adhérentes. On met le feu au tas, et on alimente le foyer au fur et à mesure du besoin, en veillant à ce que l'incinération soit complète dans toutes les parties.

L'opération terminée, on passe les cendres à travers un crible afin d'en séparer les matières seulement carbonisées, et on les soumet à trois lavages successifs dans des tonneaux disposés par bandes. La première lessive est assez riche; elle est mise à évaporer. La seconde, plus faible, est enrichie de matières salines par son passage sur des cendres neuves. La troisième, encore moins chargée, passe sur des cendres déjà lavées une première fois, et achève d'acquérir la densité voulue, 15° ordinairement, en filtrant sur des cendres neuves.

Fig. 300. — FOUR A POTASSE

Les lessives suffisamment concentrées sont mises à évaporer dans des chaudières plates en tôle, jusqu'à ce qu'elles soient arrivées à la consistance de miel; à ce point, on les transvase dans une chaudière en fonte où on les chauffe, en agitant constamment, jusqu'à la dessiccation complète.

C'est alors ce qu'on appelle le *salin*, qui est coloré en brun par des matières organiques et qui retient encore une forte proportion d'eau. Cent kilogrammes de bonnes cendres donnent, terme moyen, dix kilogrammes de salin. Ce *salin* est converti en *potasse* proprement dite par une calcination au rouge sombre dans un four à réverbère (*fig.* 300) à deux foyers latéraux, et avec cheminée d'appel placée au-dessus et en avant de l'ouverture. Les foyers ne pénètrent que jusqu'aux deux tiers de la profondeur de ce four. On le chauffe avec du menu bois; les flammes arrivent sous la voûte pour en sortir en avant et monter dans la cheminée. Le salin est étendu en couche égale sur la soie *a*. On y ajoute parfois un peu de poussier de charbon pour carbonater les portions de potasse caustique qu'il renferme encore. On facilite l'accès de l'air par une agitation fréquente avec un ringard, et on dirige le feu de manière à éviter la fusion. Lorsque toute l'eau s'est dégagée, la matière organique brûle à la surface des morceaux qui blanchissent bientôt. Il faut environ six heures d'une calcination conduite lentement pour rendre la masse bien blanche, sèche et granulée. On la défourne au moyen de râteaux en fer, et on l'enferme encore chaude dans des barriques pour la préserver de l'humidité atmosphérique.

Les plus belles potasses sont parfaitement blanches; on leur donne le nom de *perlasse*, d'une expression anglaise *pearl ashes*, qui signifie *cendres perlées*. Ces

.qualités nous viennent habituellement d'Amérique ; mais, la plupart du temps, les potasses sont colorées, au moins partiellement, en bleu verdâtre, en rouge, en jaune, par un peu d'oxyde de fer et de maganèse, et chaque espèce a, pour ainsi dire, sa nuance particulière, qui forme un de ses caractères distinctifs propre à en faire connaître l'origine ; mais il est tout à fait nul pour en apprécier la qualité ; celle-ci ne peut-être évaluée avec précision que par des moyens chimiques.

Dans le midi de la France, on obtient une variété de potasse, portant les noms spéciaux de *védasse* ou de *cendres gravelées*, en convertissant en carbonate de potasse par la chaleur le bitartrate qui se trouve dans les lies de vin. Ces lies, mises à égoutter dans des chausses de laine (*fig*. 301), sont ensuite soumises à une pression graduée et converties en tourteaux aplatis qu'on laisse sécher à l'air et qu'on incinère sur un sol bien battu entouré de briques posées à sec. On obtient de la sorte des masses légères, boursouflées, poreuses, d'un blanc grisâtre, qu'on livre au commerce : 6,000 kilogr. de lies sèches donnent 1,000 kilogr. de cendres, et ceux-ci fournissent 500 kilogr. de potasse ou de *cendres gravelées*.

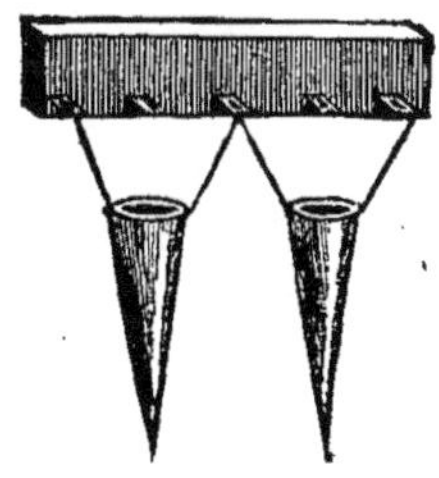

Fig. 301.

ÉGOUTTAGE DES LIES.

On n'employait autrefois que les lies de vin ; mais aujourd'hui on fait concourir à la préparation les marcs, les pépins de raisin, les sarments de vigne ; aussi le produit actuel est-il moins riche en potasse, d'autant plus qu'on y ajoute ordinairement, par fraude, du sable ou de la brique. La bonne cendre gravelée se dissout dans l'eau, en laissant tout au plus 1/16 de résidu, consistant en carbonate et sulfate de chaux.

Dans les départements du Nord et du Pas-de-Calais, où la fabrication du sucre de betteraves est si largement développée, M. Dubrunfaut a introduit, il y a environ trente ans, une industrie nouvelle qui a donné de la valeur aux mélasses épuisées de sucre cristallisable, en les convertissant en deux produits importants : *alcool* et *potasse*.

Les résidus de la distillation, dans lesquels se retrouvent tous les composés salins que la betterave avait puisés dans le sol pendant le cours de sa végétation, et qu'on appelle *vinasses* dans les ateliers, fournissent de 10 à 12 pour 100 d'un salin très riche en alcali. Voici comment on les traite.

On les évapore jusqu'à consistance de sirop, soit dans des chaudières en tôle à fond bombé, soit dans des cuves en bois munies de serpentins en cuivre qui reçoivent de la vapeur surchauffée. Le sirop est ensuite élevé dans un bac placé au-dessus d'un four à réverbère (*fig*. 302), disposé intérieurement comme les *bastringues* qui servent à la fabrication du sulfate de soude. Le liquide s'écoule du bac par un conduit vertical traversant la voûte et vient tomber dans le premier compartiment, où il se concentre et devient pâteux ; de là, au moyen d'un ringard, l'ouvrier fait passer la matière dans le compartiment le plus rapproché du foyer, où s'achève la dessiccation et où commence la destruction des matières organiques.

Lorsque la flamme et l'odeur infecte qui accompagnent cette destruction cessent d'apparaître, on retire la masse du four, on la dispose en petits tas dans une pièce bien aérée, et on l'abandonne à elle-même. La combustion des parties organiques s'achève, et il reste des morceaux plus ou moins poreux et légers, d'un gris cendré ou noirâtre : c'est là le *salin brut de betteraves* du commerce.

La valeur de ce produit suit ordinairement le cours des potasses ; il se vend proportionnellement à son titre alcalimétrique, et, généralement, de 25 à 30 francs les 100 kilogrammes, avec un titre de 40 degrés. Il est hygrométrique. Il contient plus ou moins de matières insolubles.

Leur composition varie singulièrement, puisque l'on doit retrouver dans le salin, en nature ou modifiés par la combustion, tous les sels alcalins solubles de la betterave, de la chaux, du noir animal, du lait ou du sang employés dans les fabriques de sucre. Les soins du producteur peuvent réduire la proportion du résidu insoluble à 10 pour 100 ; ses négligences peuvent l'élever à 30 pour 100 en y faisant apparaître des cendres, de la craie, du sulfate de chaux, etc. Selon les conditions d'emmagasinage, le degré d'humidité peut se modifier. La quantité de soude elle-même est loin de se trouver dans un rapport constant avec la potasse ; on la voit dans les salins normaux de l'arrondissement de Valenciennes dans le rapport de 46 à 100 ; ailleurs, elle devient parfois prédominante.

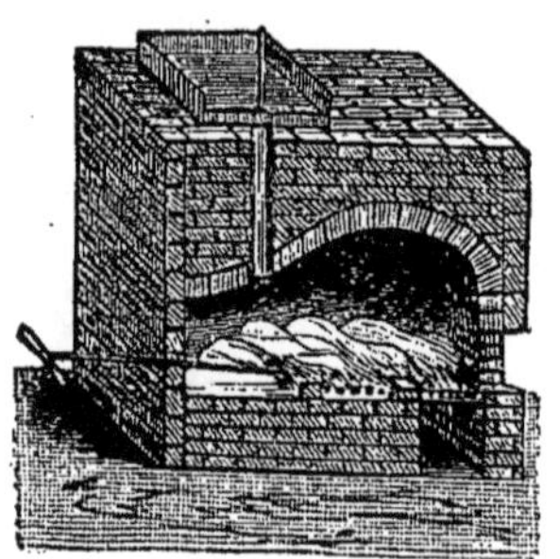

Fig. 302.
CALCINATION DES VINASSES.

Excepté pendant les froids de l'hiver, les fabricants de savons mous utilisent les lessives de salin brut. Ils choisissent de préférence les salins exempts de sulfure, lequel communiquerait à leurs produits une odeur repoussante. Dans la plupart des industries où la potasse est un des éléments du travail, on n'emploie les alcalis de la betterave qu'après leur épuration. Tantôt on se contente de les soumettre à des lavages méthodiques de manière à obtenir des liquides aussi concentrés que possible, et on évapore ceux-ci à siccité dans des chaudières en tôle. La matière qu'on obtient ainsi est d'un blanc grisâtre, et titre 55 à 60 degrés. C'est alors ce qu'on appelle la *potasse de mélasse*. Dans cet état, on l'emploie pour la confection des savons mous ; elle se vend de 80 à 85 francs les 100 kilogrammes. Dans d'autres usines, à Valenciennes, à Lille, à Corbehem, à Saint-Amand, etc., la purification est plus complète. Les lessives sont portées à l'ébullition dans un premier système de chaudières, où elles déposent du sulfate de potasse à mesure qu'elles se concentrent ; on enlève le sel avec des écumoires. Lorsqu'elles ont 40 degrés environ, on les fait écouler dans des vases en tôle, profonds, légèrement coniques. Au bout de trois à quatre jours, il s'est formé sur les parois de ces cristallisoirs une couche de 5 à 6 centimètres de chlorure de potassium. Les eaux mères décantées sont conduites dans un second système de chaudières plates, à fond bombé, à déversoirs, où elles sont entretenues en ébullition. Dans les premières chaudières, il se dépose encore un peu de chlorure de potassium, parce qu'il est complètement insoluble dans les carbonates alcalins concentrés. Dans les chaudières suivantes, il se dépose du carbonate de soude, moins soluble que le carbonate de potasse ; car, à la température de l'ébullition, le carbonate double de soude et de potasse (NaO,CO^2+KO,CO^2+12HO) qui prend naissance par cristallisation à la température ordinaire, ne peut se former. En continuant la concentration, le carbonate de potasse arrive entièrement débarrassé de carbonate de soude dans les dernières chaudières. On le chauffe alors au rouge sombre pour le dessécher et le granuler. On le livre alors au commerce sous le nom de *potasse raffinée de betteraves*. Par cette méthode, on parvient donc à isoler le sulfate, le chlorure, à obtenir la soude presque chimiquement pure, et la potasse à un degré de pureté tel qu'elle entre dans la composition du cristal presque sans traitement préalable.

Voici, d'après M. Pesier, un tableau qui présente la composition moyenne des principales potasses commerciales le plus habituellement employées en France :

PRINCIPES CONSTITUANTS sur 100 parties en poids.	POTASSE DE TOSCANE.	POTASSE DE RUSSIE.	POTASSE D'AMÉRIQUE		POTASSE DES VOSGES.	POTASSE de MÉLASSES DE BETTERAVES.		
			Rouge.	Perlasse.		Salin brut.	Potasse ordinaire épurée.	Potasse raffinée.
Carbonate de potasse	74.10	69.61	68.04	71.38	36.63	35.00	53.00	95.24
Carbonate de soude............	3.01	3.09	5.85	2.31	4.17	16.00	23.17	2.12
Sulfate de potasse	13.47	14.11	15.32	14.38	38.84	5.00	2.98	0.70
Chlorure de potassium.........	0.95	2.09	8.15	3.64	9..6	17.00	19.69	1.70
Eau et substances insolubles ...	8.47	10.10	2.64	8.29	2.20	27.00	0.26	0.24
	100.00	100.00	100.00	100.00	100.00	100.00	99.10	100.00

Ce tableau met en évidence un fait signalé implicitement par Descroizilles et par Berthier dans leurs analyses de cendres, à savoir que toutes les potasses, sans exception, renferment une certaine quantité de soude, qui va de 6 millièmes à 5 centièmes. Quelques-unes en contiennent même jusqu'à 24 pour 100. La présence de cette base dans les potasses s'explique facilement par l'existence dans le sol des sels sodiques en proportions notables.

ALCALIMÉTRIE. — Les parties alcalines étant les seules utiles au blanchisseur, au teinturier, au savonnier, etc., et la valeur commerciale des diverses espèces de potasse étant, toutes choses égales d'ailleurs, en raison directe de la quantité réelle d'alcali pur qu'elles renferment, on a cherché depuis longtemps les moyens de déterminer facilement les proportions qu'elles en contiennent, afin d'établir leur valeur relative et de pouvoir proportionner la quantité qu'on doit employer de chacune d'elles à la nature des matières sur lesquelles on veut les faire agir.

Ce problème a été résolu par Vauquelin. Ce fut lui qui, en 1801, eut recours aux acides, comme le moyen le plus précis et le plus à la portée des commerçants et industriels, de connaître la valeur intrinsèque des potasses. Plus tard, en 1804, Descroizilles, de Rouen, guidé par les travaux de Vauquelin, imagina un instrument particulier, qui a été adopté sous le nom d'*alcalimètre*, et qui peut être considéré comme l'une des plus utiles applications de la chimie aux besoins du commerce et de l'industrie.

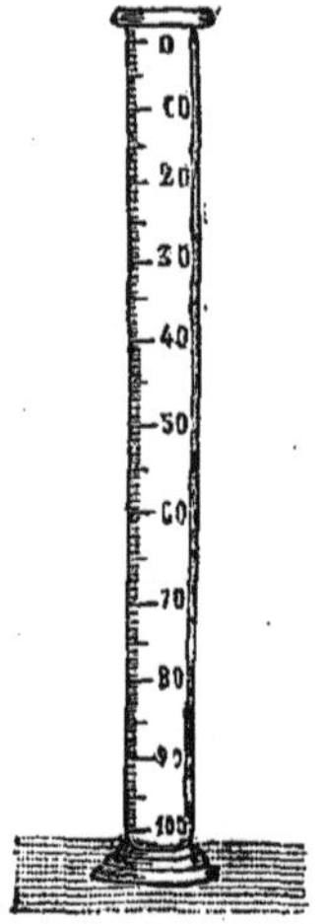

Fig. 303.
ALCALIMÈTRE.

On donne le nom d'*alcalimétrie* à l'essai des alcalis par cette méthode, qui évite de recourir à une analyse complète, laquelle serait, d'ailleurs, assez difficile et fort longue.

L'*alcalimètre* est fondé sur ce principe, que les diverses quantités d'alcali pur ou carbonaté que renferment les potasses du commerce sont proportionnelles aux quantités d'acide qu'elles exigent pour leur saturation. Cet instrument consiste en un tube de verre (*fig.* 303) de $0^m,25$ de hauteur sur $0^m,02$ de diamètre intérieur, porté sur un pied, de manière à pouvoir se tenir verticalement; son bord supérieur est renversé et enduit d'une légère couche de cire, afin d'éviter l'adhérence des liquides. Ce tube est gradué, à partir du haut, en 100 parties ou degrés, dont chacun contient un demi-gramme d'eau distillée et représente une capacité d'un demi-millimètre cube. On emplit ce tube jusqu'au zéro d'une liqueur acide qui porte le nom de *liqueur alcalimétrique*. Voici comment on la prépare :

Dans une carafe (*fig.* 304), contenant un litre jusqu'à un trait gravé sur le col, on verse environ un demi-litre d'eau distillée, puis on y ajoute lentement 100 gr. d'acide sulfurique pur et marquant bien 66 degrés ; on imprime à la carafe un mouvement giratoire, afin de mélanger l'acide à l'eau. On rince, à plusieurs reprises, le vase qui contenait l'acide jusqu'au trait, on agite pour rendre la liqueur homogène, et on la laisse revenir à la température ambiante ; alors on rétablit avec de l'eau le niveau qui s'était abaissé au-dessous du trait, par suite du refroidissement. Cette *liqueur d'épreuve*, qui marque 9° à l'aréomètre, doit être conservée dans un flacon bouché à l'émeri.

Essai des potasses. — Pour *titrer* une potasse, on opère ainsi qu'il suit. Prenons comme exemple le *salin brut de betteraves* comme nécessitant plus de soins dans les manipulations. On prélève d'abord sur la masse totale

Fig. 303.
CARAFE JAUGÉE.

un échantillon commun qu'on réduit en poudre aussi fine que possible sans laisser de résidu. On pèse 10 grammes qu'on met dans un mortier de porcelaine ou de cristal, on verse dessus 40 à 50 centilitres d'eau distillée et on broie la matière avec le pilon. On laisse en contact, pendant cinq heures, pour une potasse peu cuite, poreuse et se lessivant facilement ; pendant douze heures, pour une potasse très cuite ; on ajoute alors 20 à 25 centilitres d'eau, on broie de nouveau pour mettre tout en suspension, et, après une demi-heure, on décante la partie claire

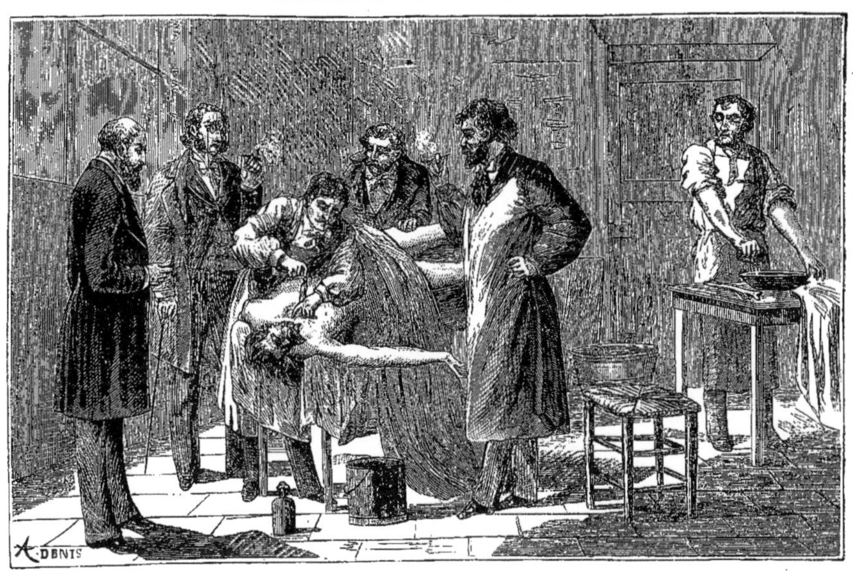

On emploie le *sulfite de soude* dans les amphithéâtres de dissection,
pour conserver les cadavres.

Liv. 216

sur un très petit filtre en papier (*fig.* 305). On remet 20 à 25 centilitres d'eau sur le résidu ; on broie, on décante au bout d'une demi-heure, et on continue de la sorte jusqu'à ce qu'il y ait 120 à 130 centilitres de liquide filtré. A ce moment, on ajoute un peu d'eau au résidu et on décante sur le filtre en y faisant passer peu à peu la poudre insoluble ; on lave le mortier et le pilon avec la nouvelle eau jusqu'à ce que tout soit réuni sur le filtre et qu'on ait obtenu 200 centilitres de dissolution claire. On mêle avec soin toutes les couches du liquide réuni dans le vase, éprouvette ou carafe qui supportait l'entonnoir, en retournant plusieurs fois le vase, dont on soulève le fond d'une main, tandis qu'on applique fortement la paume de l'autre main sur l'ouverture ; on prélève sur la masse, au moyen d'une pipette jaugée, 100 centilitres de la dissolution, qui contiennent exactement la moitié des 10 grammes de potasse, c'est-à-dire 5 grammes. C'est sur cette portion de liquide qu'on opère la saturation au moyen de la *liqueur d'épreuve*. Pour cela, on introduit cette portion de liquide alcalin dans un petit ballon ; on le chauffe jusqu'à l'ébullition après l'avoir légèrement coloré en bleu au moyen de la teinture de tournesol, et on y laisse tomber goutte à goutte l'acide normal de l'alcalimètre. L'acide carbonique se dégage avec effervescence, entraîné par la vapeur d'eau, et, à mesure que l'effervescence diminue, on ajoute la liqueur d'épreuve avec plus de précaution. On reconnaît aisément que la saturation est terminée lorsque la couleur du liquide du ballon passe instantanément du bleu au *rouge pelure d'oignon*. On replace alors l'alcalimètre dans sa position verticale, et l'on observe sur l'échelle graduée le niveau de la liqueur d'épreuve qui reste dans le tube ; la division à laquelle il correspond indique

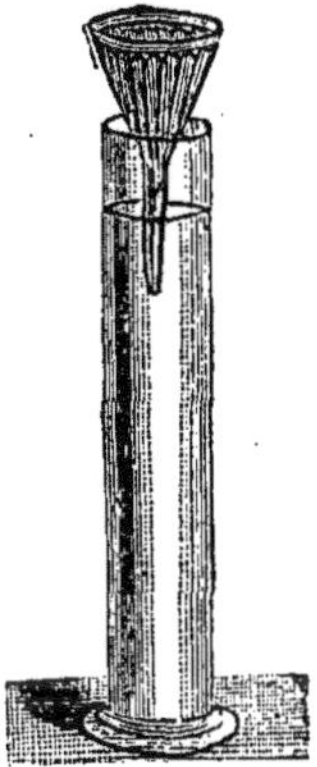

Fig. 305.
ÉPUISEMENT
PAR L'EAU
DE POTASSE.

le *degré alcalimétrique* de la potasse soumise à l'essai. Comme chaque degré de l'alcalimètre, qui contient un demi-centimètre cube de liqueur d'épreuve, contient, par cela même, un demi-décigramme ou un dixième de son poids d'acide sulfurique à 66°, et comme la saturation est effectuée sur 100 centimètres cubes de solution renfermant 5 grammes ou 100 demi-centigrammes de potasse, il en résulte que chaque degré de l'alcalimètre contient en acide sulfurique un centième du poids de la potasse.

Lors donc qu'on trouve qu'une potasse exige, pour sa neutralisation, 60 divisions ou degrés de liqueur alcalimétrique, cela indique qu'elle sature 60/100 d'acide sulfurique à 66°. On dit alors qu'elle marque 60 degrés alcalimétriques.

Si maintenant on veut savoir ce que ces 60 degrés alcalimétriques représentent d'alcali caustique ou carbonaté dans les 5 grammes de la potasse essayée, il suffit de multiplier ces degrés par 0gr,048 ou par 0gr,0707, puisque chaque degré de l'alcalimètre correspond à 0gr,048 de potasse pure ou à 0gr,0707 de carbonate de potasse.

Soit donc une potasse titrant 60 degrés alcalimétriques :

60° × 0gr,048 = 2gr,880 de potasse pure ou pour 100. 57,60

60° × 0gr,0707 = 4gr,242 de carbonate de potasse. 84,84

Ce procédé nécessite un petit calcul pour faire connaître la richesse absolue en alcali ou en carbonate d'une potasse du commerce et, sous ce rapport, il était utile de le perfectionner. C'est ce qu'a fait Gay-Lussac en 1828. L'innovation la plus remarquable qu'ait introduite cet illustre savant dans le procédé de Descroizilles consiste à substituer, au poids de 5 grammes pris arbitrairement par ce dernier pour la potasse, celui de $4^{gr},8$, qui représente la portion d'alcali pur que peuvent exactement saturer 5 grammes d'acide sulfurique à 66°, quantité qui forme comme l'unité de la liqueur alcalimétrique ; si donc la potasse soumise à l'essai était parfaitement pure, elle absorberait complètement les 100 parties de liqueur que contient l'alcalimètre, et si elle renfermait 20 pour 100 de matières étrangères, la saturation n'en exigerait que 80 parties. Le titre de la potasse, dans ce cas, fait connaître immédiatement la proportion d'alcali pur qu'elle contient. D'après cela, une potasse quelconque, essayée sous le poids de $4^{gr},8$, renfermera, au quintal métrique, autant de kilogrammes de potasse pure qu'elle saturera de centièmes d'acide, et ce nombre de kilogrammes exprimera son *titre pondéral*.

Sous ce rapport, le procédé de Gay-Lussac est bien supérieur à celui de Descroizilles. Toutefois, pour le rendre encore plus précis, Gay-Lussac a conseillé plusieurs précautions qu'il est utile d'indiquer.

Ainsi, au lieu de peser $4^{gr},8$ de potasse, on en en pèse dix fois plus, c'est-à-dire 48 grammes, qu'on dissout dans l'eau de manière que le volume de la dissolution soit d'un demi-litre ou de 500 centimètres cubes. Le dixième de ce volume renfermera $4^{gr},8$, quantité qui, comme je viens de le dire, est précisément celle qui doit saturer les 5 grammes d'acide sulfurique ou les 100 degrés de la liqueur d'épreuve, quand la potasse est absolument pure.

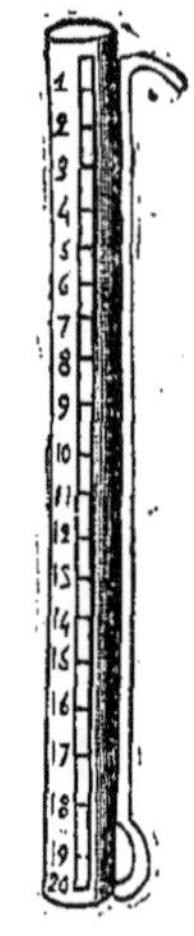

Pour faire commodément la dissolution de la potasse, on se sert d'une éprouvette à pied, contenant un demi-litre d'eau jusqu'à un trait circulaire tracé préalablement sur le verre. On met dans cette éprouvette les 48 grammes de potasse ; on ajoute de l'eau ; on remue avec un tube de verre, et lorsque la dissolution est effectuée, on complète le volume de demi-litre qu'elle doit avoir, en mêlant bien toutes les couches du liquide, afin qu'elles aient la même richesse en alcali. On prélève alors 50 centimètres cubes de la liqueur, au moyen d'une pipette, et cette mesure représente exactement $4^{gr},8$ de potasse. C'est sur elle qu'on procède au moyen de la liqueur d'épreuve, ainsi qu'il a été dit plus haut.

Gay-Lussac a remplacé l'alcalimètre à pied de Descroizilles par une burette en cristal (*fig.* 306), divisée ainsi en 100 parties ou 100 demi-centimètres cubes, à laquelle se trouve adapté un tube très mince, légèrement courbé vers le haut, qui sert à faire couler hors de l'instrument la liqueur d'épreuve. Le bec de ce tube est enduit d'une légère couche de suif ou de cire. Toutes les gouttes qui sortent par ce tube étant sensiblement de même grosseur, on peut subdiviser facilement chaque division en autant de parties qu'elle contiendra de gouttes. On trouve qu'il faut de 6 à 10 gouttes, selon le diamètre du bec, pour faire une division. C'est un moyen d'apporter encore plus de précision dans l'essai.

Voici les titres *alcalimétrique* et *pondéral* des diverses espèces de potasse du commerce, avec la quantité d'alcali pur et carbonaté correspondant à ces titres :

	TITRE ALCALIMÉTRIQUE d'après DESCROIZILLES.	TITRE PONDÉRAL d'après GAY-LUSSAC.	POTASSE PURE sur 100 parties.	CARBONATE DE POTASSE sur 100 parties.
Potasse rouge d'Amérique.........	50° à 63°	48° à 60°.5	57°.15 à 72°.00	78°.40 à 88°.9
Potasse perlasse d'Amérique.......	35 à 60	33.6 à 57 .6	39 .88 à 68 .45	49 .13 à 54 .4
Potasse de Russie...............	54 à 58	51.84 à 55 .68	61 .3 à 66	75 .5 à 81 .4
Potasse de Toscane..............	50 à 63	48 à 60 .5	57 .15 à 72 .0	70 .4 à 88 .7
Potasse des Vosges..............	40 à 45	38.4 à 43 .2	45 .0 à 51	56 .47 à 63 .1
Cendres gravelées...............	30 à 50	28.8 à 48	33 .9 à 57 .15	41 .8 à 70 .4
Salin brut de betteraves..........	34 à 50	32.64 à 48	38 .7 à 57 .15	47 .67 à 70 .4
Potasse de betteraves épurée ordinaire.......................	56 à 60	53.76 à 57 .6	63 .69 à 68 .45	78 .47 à 84 .0
Potasse de betteraves raffinée......	69 à 70	66.24 à 67 .2	78 .6 à 80 .3	97 .5 à 98 .5

En général, les potasses d'Amérique sont caustiques; les autres sont carbonatées.

SULFATE DE POTASSE ($KO,SO^3 = 87,2$). — Le *sulfate de potasse* est incolore; il cristallise en dodécaèdres triangulaires isocèles, translucides, anhydres et très durs, ou bien en aiguilles transparentes, beaucoup moins dures et contenant un équivalent d'eau. Ce sel existe dans l'eau de mer en petite quantité; les plantes marines en absorbent beaucoup et la plus grande partie de celui qu'on trouve en France provient des cendres de varechs et de la purification des potasses. Les usages du *sulfate de potasse* consistent dans la fabrication de la *potasse* et dans celle de l'*alun potassique*. La fabrication du *salpêtre* en consomme d'assez grandes quantités ; la médecine enfin en fait quelquefois usage, principalement comme purgatif léger, et comme fondant sous le nom de *sel fébrifique de Sylvius*.

AZOTATE DE POTASSE ($KO,AzO^5 = 101,2$; *densité* $= 1,933$). — Ce sel est aussi nommé *nitre*, *salpêtre*, dans le commerce, ou *nitrate potassique*. Il était connu des anciens qui le trouvaient tout formé en Égypte; on le rencontre aussi en grande quantité aux Indes orientales, à Ceylan, dans l'Amérique du Sud, dans quelques contrées de l'Europe, surtout en Espagne. En France, il s'en forme dans quelques falaises crayeuses exposées au midi. Dans les pays chauds, il apparaît à la surface du sol, pendant la période de sécheresse qui suit la saison des pluies ; la terre, d'abord noire et humide, devient blanche et pulvérulente ; elle semble cachée sous la neige. Si l'on balaye le terrain et que la sécheresse continue, on voit bientôt apparaître une nouvelle récolte. Dans les régions tempérées, le salpêtre se forme sur le sol et les murs des lieux humides, dans les caves, les écuries et les étables.

L'*azotate de potasse* possède une saveur fraîche, un peu amère ; il est fusible à + 300° ; au delà, il perd une partie de son oxygène et se change en *azotite*, $KO,AzO^5 = KO,AzO^3 + O^2$. Il est inaltérable à l'air et n'en attire l'humidité que lorsqu'il en est saturé ; il est extrêmement soluble dans l'eau bouillante, et très peu à froid. Il est susceptible de cristalliser sous deux formes incompatibles. C'est un corps dimorphe : la forme ordinaire est le prisme hexagonal, terminé par un pointement à six faces et dont les cristaux sont toujours cannelés ; l'autre forme est un rhomboèdre. L'*azotate de potasse*, perdant l'oxygène de son acide très facilement, est un des corps les plus oxydants sous l'influence de la chaleur ; c'est pourquoi il fuse si on le projette sur des charbons rouges.

Pour se procurer le *salpêtre* que contiennent certains matériaux, on pile d'abord ceux-ci grossièrement, on les passe à la claie, puis on les place, avec ou sans mélange de cendres, dans des tonneaux défoncés seulement d'un côté ou des cuviers placés à côté les uns des autres, sur un chantier, au-dessus d'une rigole qui reçoit les eaux du lessivage méthodique auquel on les soumet, pour diminuer la quantité d'eau, et en même temps les frais d'évaporation. Ces matériaux contiennent en moyenne 40 kilogrammes de nitre par mètre cube. Pour mouiller complètement cette masse, il faut y ajouter 500 litres d'eau, quantité beaucoup plus considérable qu'il n'est nécessaire pour dissoudre le nitre. Après 12 heures de contact, on débouche les petites ouvertures qui sont pratiquées au fond pour faire écouler le liquide dans des rigoles ; il en passe ainsi seulement la moitié, c'est-à-dire 250 litres, qui contiennent la moitié du *nitre*, c'est-à-dire 20 kilogrammes ; on ajoute alors une quantité d'eau égale à ce qui s'est écoulé, après avoir bouché les ouvertures pour laisser de même en digestion pendant 12 heures, après lesquelles on fait écouler la même quantité d'eau qui contient de même la moitié du nitre restant. On répète cette manœuvre 6 fois ; on obtient successivement ainsi des eaux de lavage de moins en moins riches. Les deux premières eaux de ces lavages sont réunies, et l'on les verse sur un autre cuvier, chargé de matériaux neufs pour laisser digérer de même pendant 12 heures ; on en fait ensuite écouler la moitié ; sur ce cuvier, on verse une autre lessive, et ainsi de suite. On obtient enfin une lessive qui doit marquer 12° à l'aréomètre Baumé, pour être mise à l'évaporation que l'on nomme *cuite*, dans de grandes chaudières de cuivre ou de fonte (*fig.* 307) ; on ajoute aux lessives du sulfate de potasse, qui décompose l'azotate de chaux, puis du carbonate de potasse qui décompose l'azotate de magnésie. On maintient la lessive en ébullition, et l'on ajoute continuellement de nouvelles quantités de la lessive pour maintenir la chaudière pleine.

Pendant l'évaporation, il se sépare du carbonate et du sulfate de chaux, qui entraînent des matières organiques s'y trouvant toujours, et forment ensemble un dépôt que l'on nomme *boues* ; l'ébullition entraîne à la circonférence supérieure de la chaudière les matières qui retombent au fond et remonteraient incessamment ; mais on les reçoit dans une autre petite chaudière, suspendue à quelques décimètres au-dessus du fond. Lorsqu'elle est pleine, on l'enlève au moyen de la chaîne qui la supporte, et qui passe dans deux poulies : on la vide pour la remplir de nouveau. Bientôt l'ébullition concentre la dissolution au point de marquer 42° à l'aréomètre de Baumé, et alors il se dépose des chlorures de potassium et de sodium, que l'on enlève avec des écumoires tout en continuant l'évaporation. Les salpêtriers reconnaissent qu'elle est arrivée au point convenable, quand une goutte coulée sur un corps froid se prend en masse

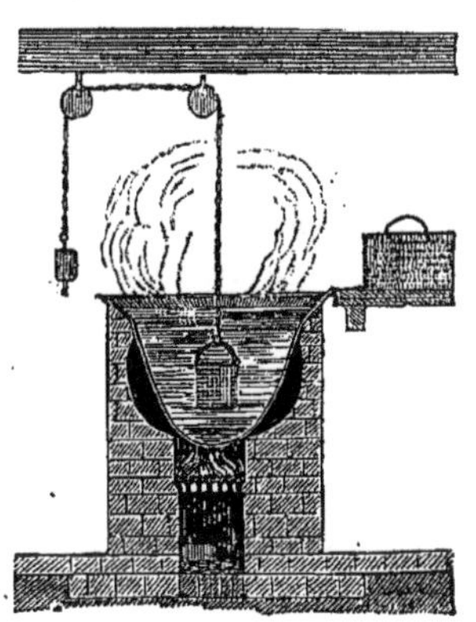

Fig. 307.
CONCENTRATION DU SALPÊTRE.

cristalline ; la dissolution marque alors 45° à l'aéromètre. On arrête le feu, et on laisse reposer la lessive pendant douze heures pour qu'elle s'éclaircisse en laissant déposer les boues qui restent, ainsi que les chlorures qui ont cristallisé ; puis on la fait couler dans des cristallisoirs en cuivre : au bout de quelque temps, le refroidissement détermine la cristallisation que l'on trouble en agitant avec des râbles de bois. On empêche ainsi les cristaux de prendre de l'accroissement, et le *salpêtre* est entièrement sous forme de petits prismes très déliés, que l'on fait égoutter pour séparer l'*eau mère* qui est encore saturée de nitrate. Le sel est désigné sous le nom de *salpêtre brut* ou de *nitre de première cuite*.

Ce *nitre* ne peut être raffiné par les salpêtriers ; ceux-ci doivent le livrer à l'*Administration des poudres et salpêtres*, qui le paye d'après son titre, c'est-à-dire d'après la quantité d'*azotate de potasse* qu'il contient. Le raffinage est fondé sur l'énorme différence de solubilité du *salpêtre* à chaud et à froid, tandis que les *chlorures* qui s'y trouvent mêlés sont presque aussi solubles à froid qu'à chaud. On dissout ce *salpêtre* dans le cinquième de son poids d'eau bouillante. La plus grande partie du sel marin et du chlorure de potassium reste au fond de la chaudière ; on l'enlève avec des râteaux. On étend ensuite la liqueur avec un peu d'eau, et on la clarifie en y ajoutant de la colle forte, qui fait remonter toutes les impuretés à la surface sous forme d'écume. On les enlève au fur et à mesure, et, quand la clarification est complète, on cesse le feu ; on laisse reposer la liqueur, puis on la transvase dans des cristallisoirs très larges, où l'on agite sans cesse, de manière à empêcher la formation de gros cristaux qui emprisonneraient de l'eau mère et, par suite, un peu de chlorure. Le sel, une fois égoutté, subit une dernière opération : on le place dans des caisses munies d'un double fond, percé de trous, et, après l'avoir tassé, on l'arrose avec de l'eau saturée à froid d'azotate de potasse pur ; cette eau ne peut plus dissoudre le nitre ; elle dissout et entraîne les chlorures. On amène ainsi le salpêtre à ne contenir que deux millièmes de sels étrangers. Le séchage du salpêtre raffiné se fait sur les fours qui servent au raffinage.

L'*azotate de potasse* servait jadis en grande quantité pour la fabrication de l'acide sulfurique et l'acide azotique ; mais ce procédé est aujourd'hui abandonné ; on remplace l'*azotate de potasse* par l'*azotate de soude*, beaucoup plus économique. On s'en sert quelquefois en médecine, comme diurétique et rafraîchissant ; il est purgatif à la dose de 15 ou 30 grammes ; à une dose plus forte, il est vénéneux. Mais, de tous les usages de l'*azotate de potasse*, le plus important est la fabrication de la *poudre à tirer*.

POUDRE. — La *poudre* est toujours un mélange d'*azotate de potasse*, de *soufre* et de *charbon de bois*, qui, par l'action d'une température élevée, donne une quantité considérable de gaz. Le soufre est destiné à augmenter l'inflammabilité du mélange ; le charbon, à produire de l'acide carbonique ; le salpêtre, à déterminer la combustion à l'abri de l'air par l'oxygène que l'acide azotique cède au soufre et au charbon ; il contribue, en outre, à l'effet balistique par son azote qui devient libre.

La découverte et l'usage de la *poudre* sont beaucoup plus anciens qu'on ne le croit généralement. Les Chinois, les Indiens et les Mongols connaissaient, depuis les temps les plus reculés, divers mélanges combustibles de naphte, de substances grasses et résineuses, de goudron, d'huiles, de charbon, de soufre, de salpêtre qu'ils appliquaient aux usages de la guerre, et même les pétards, les fusées, les lances de feu, les serpenteaux, les soleils tournants et autres feux d'artifice. Ce n'est qu'au VIIe siècle que ces mélanges incendiaires furent introduits en Europe. Callinicus, architecte d'Héliopolis, qui avait appris à connaître ces substances en Asie, les apporta aux Grecs du Bas-Empire en 673, sous le nom de *feu grégeois*. Cette composition n'était formée que de substances grasses et résineuses, de soufre, des sucs desséchés de certaines plantes et des métaux réduits en poudre ; on la lançait sous forme de fusées et de boîtes d'artifice. Ce n'est que longtemps après

que les Arabes, ayant appris à retirer le salpêtre des terres où il se forme naturellement, eurent l'idée de l'ajouter aux matières primitives du feu grégeois, qu'ils
empruntèrent aux Chinois, avec lesquels ils trafiquaient dès le VII° siècle. Ils per-

Appareil de Soubeiran, pour la préparation du *bicarbonate de soude.*

fectionnèrent ces compositions incendiaires, les appliquèrent surtout aux combats sur terre, et en étendirent l'emploi à toutes les armes, à tous les instruments
de guerre. Enfin ce sont eux qui, en réalité, découvrirent la *poudre.*

La *poudre à canon*, en effet, est mentionnée pour la première fois dans un ouvrage arabe sur les munitions de guerre, ouvrage dont l'auteur vivait en Égypte vers 1249, précisément à l'époque de la croisade de saint Louis dans ces contrées. D'Égypte, la poudre passa en Afrique, puis en Espagne; là, nous la voyons figurer, en 1256, au siège de Niébla. Plusieurs années avant, Roger Bacon avait, dans deux de ses ouvrages, parlé à différentes reprises de la poudre, dont il décrit, en les exagérant toutefois, les résultats qu'on pourrait en obtenir. Néanmoins, la composition de la poudre devait être connue seulement de quelques adeptes, car il ne la donne que sous le voile de l'anagramme. Albert le Grand a aussi connu la poudre, puisque, dans son ouvrage des *Merveilles du Monde*, il en indique les parties constituantes et en indique même les proportions.

C'est encore un auteur arabe qui fait, le premier, mention du canon, employé au siège de Baza, par le roi de Grenade, en 1323. Les habitants de Metz, dès 1324, avaient, dans une sortie, employé avec succès, en rase campagne, le tir de deux canons. Ces mêmes engins figurent, en 1338, au siège de Puy-Guillaume, château d'Auvergne. Les Anglais ne se servirent de l'artillerie en rase campagne qu'en 1346, à la bataille de Crécy. L'emploi des autres armes à feu est de beaucoup postérieur à celui des canons. L'invention du mousquet est attribuée aux Tartares et aux Mongols sous Tamerlan, en 1380. L'arquebuse à poudre date du siège de Parme, en 1521; le pistolet, de 1544. Les Français imaginèrent le fusil à pierre en 1630; les bombes furent employées par les Italiens en 1495; les grenades datent du règne de François Ier.

L'usage des mines était connu des anciens; mais leur importance ne date réellement que de l'invention de la poudre à canon. Autrefois, une mine n'était qu'un canal ou chemin souterrain pour pénétrer sous la muraille d'une ville assiégée; ce fut en 1487 que commença l'usage de charger les mines avec de la poudre. Les Génois assiégeaient alors Serezanella, ville qui appartenait aux Florentins; un ingénieur voulut faire sauter la muraille du château en plaçant de la poudre dessous; mais l'effet n'ayant pas répondu à son attente, cet art fut regardé comme une chimère. Un soldat de fortune, Pierre de Navarre, vit que ce n'était pas la faute de l'art, mais celle de l'ouvrier. Il perfectionna la nouvelle invention et en fit usage contre les Français, en 1503, au château de l'Œuf, citadelle de Naples (*fig.* à la page 881). Pierre de Navarre fit sauter la muraille du château au moyen d'une mine, dans laquelle il enferma une quantité considérable de poudre. Le feu y fut mis au moyen d'une *étoupille* ou mèche préparée de manière à ne produire l'explosion qu'au bout d'un certain temps qui permît de s'éloigner de la mine. L'art de de faire sauter les gens était inventé.

> Avec plus d'art encore et plus de barbarie,
> Dans les antres profonds on a su renfermer
> Des foudres souterrains tout prêts à s'allumer.
> Le soldat valeureux se fie à son courage.
> On voit en un instant des abîmes ouverts,
> De noirs torrents de soufre étendus dans les airs.
> Des bataillons entiers, par ce nouveau tonnerre,
> Emportés, déchirés, engloutis sous la terre.

Depuis cet essai, la construction et l'inflammation des mines ont été portées à un degré de perfectionnement qu'il aurait été impossible de soupçonner alors, et dans les détails duquel il ne nous appartient pas d'entrer ici.

La composition, sur 100 parties en poids, des poudres fabriquées chez les principales nations est résumée dans le tableau suivant :

POUDRE.	NITRE.	CHARBON.	SOUFRE.
De chasse française	78	12	10
De guerre française	75	12.5	12.5
De mine française	62	18	20
De guerre du gouvernement anglais	75	16	9
De guerre de Dartford (Angleterre)	75	17	8
De guerre de Tunbridge (Angleterre)	76	14.5	9.5
— de Hounslow (Angleterre)	78	14	8
A mousquet d'Angleterre	76.5	14.5	9
De chasse d'Angleterre	79.7	12.5	7.8
De guerre d'Autriche,	76	14	10
— de Prusse	75	13.5	11.5
— de Hollande	70	16	14
— de Suède	75	16	9
— d'Espagne	76.5	12.7	10.8
— de Portugal	75.7	13.6	10.7
— de Russie	75	15	10
— d'Italie	76	12	12
— des États-Unis d'Amérique	75	12.5	12.5
— de Bâle et de Berne	76	14	10
— de Chine	75.7	14.4	9.9

PRÉPARATION. — La préparation de la poudre se réduit à petit nombre d'opérations fort simples. La condition indispensable à remplir, afin d'avoir une poudre d'excellente qualité, c'est la pureté du salpêtre et du soufre, c'est la nature du charbon à y mélanger.

Pulvérisation du soufre. — On fait choix du soufre distillé en masse ; on rejette la fleur de soufre brute, parce qu'elle est imprégnée d'acides sulfureux et sulfurique. Sa pulvérisation s'effectue dans des tonnes en bois A (*fig.* 308), de 1ᵐ,10 de long et d'un diamètre de 1ᵐ,30. Elles sont traversées par un axe en fer horizontal BB, qu'une roue hydraulique met en mouvement ; elles sont garnies intérieurement de tasseaux demi-cylindriques *t, t, t,* dans le sens de la longueur, et munies d'une porte *abcd* pour l'introduction des matières.

Dans chaque tonne, on introduit 50 kilogr. de soufre en morceaux et 700 kilogr. de gobilles en bronze de 0ᵐ,01 à 0ᵐ,02 de diamètre ; on ferme la porte et on la fait tourner avec une vitesse de 25 tours par minute. Par cette rotation rapide, les gobilles, en se heurtant, pulvérisent le soufre sous leurs chocs multipliés ; au bout de 3 heures, il est réduit en poudre d'une extrême finesse.

On enlève alors la porte, on la remplace par un cadre en bois muni d'une large toile métallique, et l'on fait tourner lentement la tonne ; les gobilles sont retenues par la toile, tandis que la poussière de soufre passe à travers et tombe dans une maie C. On passe ensuite cette poussière dans un blutoir, comme pour la farine, afin d'en séparer les parcelles de soufre non suffisamment atténuées, ainsi que les grains de sable qui pourraient occasionner plus tard des accidents.

Préparation du charbon. Quant au charbon, il faut qu'il soit sec, sonore, léger, très friable, à cassure nette et lisse, mais non brillante ; qu'il brûle le plus rapidement possible, en ne laissant qu'un très faible résidu. Ce sont les bois légers et tendres, tels que ceux de bourdaine, de peuplier, de saule, d'aune, de tilleul, etc., qui fournissent le charbon réunissant ces diverses qualités au plus haut degré. En France, on fait généralement usage du bois de bourdaine pour la préparation du charbon destiné aux poudres de guerre et de chasse. Pour la poudre de mine, tous les charbons légers peuvent servir.

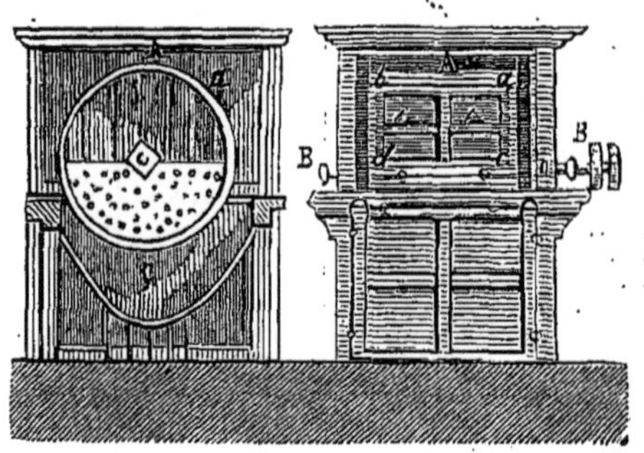

Fig. 308. — TONNES MOBILES POUR LA PRÉPARATION DE LA POUDRE.

Dans tous les cas, on choisit de préférence les jeunes branches de cinq à six ans ; on en sépare l'écorce, parce qu'elle donne trop de cendres, et on opère la carbonisation dans des *fosses*, dans des chaudières ou dans des *cylindres* en fonte.

Dans les *fosses*, cavités circulaires creusées en terre, de 1^m,50 de diamètre et d'une profondeur d'un mètre environ, dont les parois sont revêtues de briques, la combustion est lente et fournit du *charbon noir*, qui brûle avec une flamme courte, très claire et sans trace de fumée. Le produit en charbon est de 18 à 20 pour 100.

Dans les *cylindres* (*fig.* 309), la combustion, ou mieux la distillation sèche, est plus rapide et dure 12 heures ; la température n'atteint jamais le rouge. L'un des fonds des cylindres A A est fermé par un obturateur en fonte BB, percé de quatre ouvertures circulaires dans lesquelles on engage des tubes en tôle *t, t*. Trois de ces tubes reçoivent les baguettes du même bois que l'on carbonise et sont ensuite fermés par des tampons ; le quatrième tube *oo* reçoit à son extrémité un tube de cuivre recourbé *p,* qui sert au dégagement des gaz et des vapeurs formés pendant l'opération ; ceux-ci entrent dans un conduit horizontal fermé C, qui les dirige dans la cheminée centrale.

Ce n'est guère qu'après 4 à 5 heures de chauffe que la distillation est en pleine activité. Les baguettes placées dans les tubes *t, t*, sont retirées de temps en temps, vers la fin de l'opération, pour juger de ses progrès et reconnaître si la chaleur est également répartie dans les cylindres. Lorsqu'il ne sort plus de vapeur du quatrième tube, on ferme les registres des fourneaux, et on ne défourne que le lendemain.

Pour la poudre de chasse, on ne pousse pas la distillation aussi loin ; on obtient ce qu'on appelle du *charbon roux*, qui ne renferme guère que 70 à 72 pour 100 de carbone ; il contient donc encore beaucoup d'oxygène et d'hydrogène : c'est

plutôt du bois torréfié, ou du *fumeron*, qu'un véritable charbon. 100 parties de
bois sec donnent environ 40 parties de ce produit roux, qui brûle avec une longue
flamme accompagnée d'un peu de fumée. Il fournit une poudre très explosive, qui
serait *brisante* dans les bouches à feu ; aussi ne se sert-on jamais de cette espèce
de charbon pour la poudre à canon.

Il résulte de recherches fort intéressantes faites par M. H. Violette, directeur
de la salpêtrerie nationale de Lille, que les charbons généralement employés dans
les poudreries sont d'une richesse très variable en carbone ; que la poudre n'a point

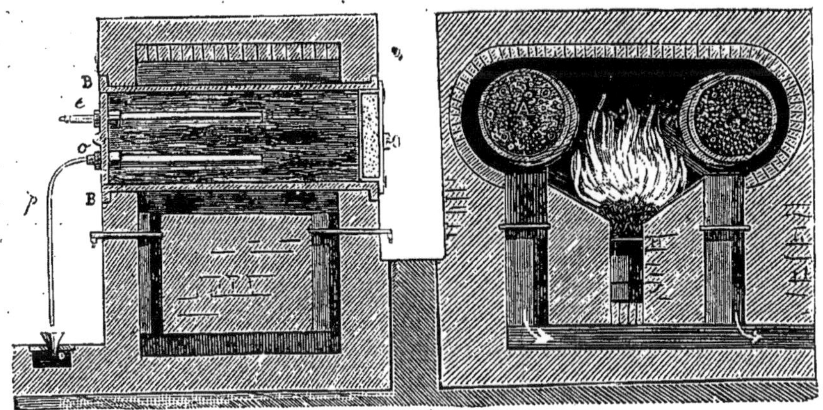

Fig. 309. — CYLINDRES POUR LA CARBONISATION DU CHARBON DE POUDRE DE GUERRE.

dès lors une puissance propulsive uniforme ; que la cause de cet inconvénient
réside dans l'irrégularité de la température employée pour la carbonisation du bois,
et que l'emploi de la vapeur d'eau surchauffée, pour décomposer celui-ci, offre le
notable avantage de donner un produit toujours identique.

L'appareil imaginé par M. Violette pour la carbonisation du bois par la vapeur
d'eau (*fig.* 310) se compose de trois cylindres concentriques en tôle. La charge de
bois est placée dans le cylindre A, percé de trous sur toute sa périphérie, et qui est
au centre du second cylindre intérieur *bb* ; le troisième cylindre extérieur *aa* sert
d'enveloppe aux deux autres : au-dessous, se trouve un serpentin de fer *cc* contourné en spirale, dont l'une des extrémités *d* communique avec une chaudière à
vapeur et l'autre *e* avec le fond du cylindre-enveloppe. Un foyer *f*, alimenté par du
bois ou du coke, chauffe le serpentin au degré convenable. Un tube en cuivre
g, implanté dans le fond du cylindre intérieur, laisse échapper la vapeur, et avec
elle les produits de la distillation. — La charge de bois à carboniser est de 25 à
30 kilogr.

Le foyer étant allumé et le serpentin chauffé à 300°, température la plus convenable pour avoir du charbon roux, on ouvre le robinet *r* d'entrée de la vapeur ;
celle-ci s'élance de la chaudière, circule dans le serpentin, s'y échauffe et pénètre

dans le grand cylindre-enveloppe. Là, elle chemine entre les deux cylindres, s'introduit dans le cylindre percé de trous par sa partie antérieure ouverte, immerge le bois, le pénètre peu à peu, s'insinue dans ses pores, y dépose la chaleur dont

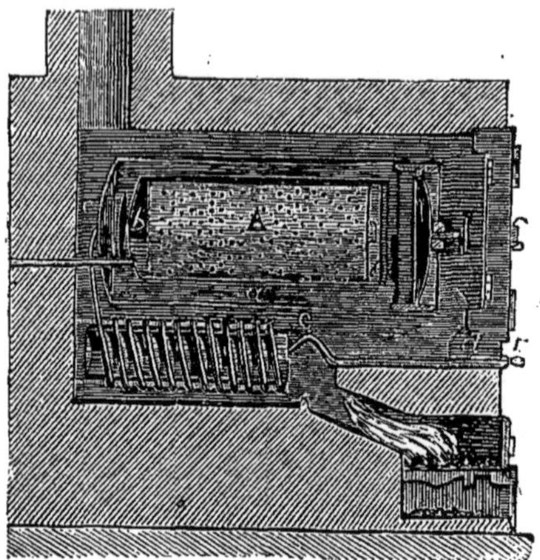

Fig. 310. — APPAREIL DE M. VIOLETTE.

elle est chargée, élève ainsi la température au point de déterminer la carbonisation et s'échappe par le tube en cuivre, en entraînant avec elle tous les produits gazéifiés de la distillation; aucune trace de goudron ne reste à l'intérieur, tout est chassé au dehors par la vapeur, agissant à l'instar d'un piston qui refoule tous les produits de la distillation. L'opération dure de une heure et demie à deux heures.

Le charbon obtenu est d'une très belle qualité, variable avec la température, c'est-à-dire *noir*, *roux* où *brûlot*, suivant que la chaleur a été plus ou moins forte, ou prolongée plus ou moins longtemps. Jamais on ne voit de charbon *verni*, c'est-à-dire couvert d'une couche luisante de goudron séché; charbon regardé comme inférieur et qu'on réserve ordinairement pour la poudre de mine.

L'appareil de M. Violette est établi à la poudrerie d'Esquerdes, près de Saint-Omer, et à celle de Saint-Chamas, près de Marseille. Ce procédé est aussi en usage à la poudrerie de Welteren, en Belgique.

Le charbon, préparé par l'un ou l'autre des procédés ci-dessus indiqués, est pulvérisé de la même manière que le soufre : on l'amène ainsi à un tel état de ténuité, qu'il coule comme de l'huile lorsqu'on le transvase. Comme, dans cet état, il s'enflamme parfois spontanément, on le conserve après le blutage dans des étouffoirs en tôle bien fermés, jusqu'au moment où on le pèse pour le mélanger aux deux composants de la poudre.

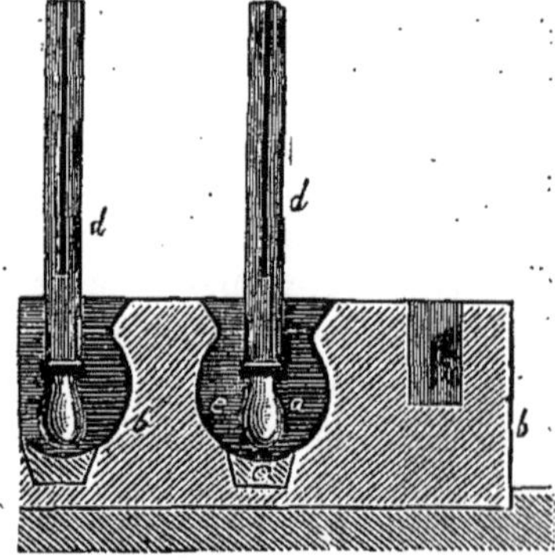

Fig. 311. — MORTIERS ET PILONS.

CONFECTION DE LA POUDRE. — Le mélange des trois ingrédients est opéré dans des mortiers (*fig.* 311), dont les pilons sont mus par une grande roue hydraulique.

Les mortiers *a, a,* d'une forme sphérique, sont creusés dans une pièce de chêne *bb* et leur fond est garni d'un tampon de bois dur *cc;* ils reçoivent chacun

10 kilogrammes de mélange, ainsi composé : 1,250 grammes de charbon, 1,250 grammes de soufre et 7 kilogr. 40 de salpêtre, le tout humecté de 1,250 grammes d'eau.

Chaque pilon *dd* pèse 40 kilogrammes et tombe, de 0^m,40 de hauteur, 55 à 60 fois par minute ; le bas du pilon est garni d'une boîte piriforme en bronze *ee*.

Un moulin à poudre renferme de 16 à 20 mortiers formant deux batteries. En voici une coupe transversale (*fig.* 312). D'après les ordonnances, il marche pendant 11 heures pour le battage de 10 kilogr. de poudre ; seulement, d'heure en heure, on exécute un rechange, c'est-à-dire qu'on transporte les matières d'un mortier dans un autre, pour en favoriser le mélange et empêcher qu'elles ne s'attachent trop fortement au fond des mortiers. De temps en temps, on ajoute une petite quantité d'eau pour que la pâte soit

Fig. 312. — MOULIN A POUDRE.

toujours légèrement humide. Telle qu'on la retire des mortiers, elle est en gâteaux irréguliers, nommés *galettes ;* on les laisse sécher ou *essorer* pendant deux jours, afin qu'il ne reste plus que 8 à 10 pour 100 d'eau, nécessaire à l'opération du *grenage*.

Pour arriver à ce résultat, on met les galettes dans un crible à gros trous, appelé *guillaume*, avec un tourteau ou disque de bois dur alourdi par une calotte de plomb fixée à sa base. Par le mouvement de va-et-vient imprimé à l'ensemble, les galettes se divisent en grains en traversant le crible.

Ces grains irréguliers, mélangés de poussier ou de *pulvérin*, sont passés dans un second tamis, dit *grenoir*, dont les trous sont moindres que ceux du guillaume ; les grains plus petits tombent du grenoir sur un troisième tamis, dit *égalisoir*, qui retient ce qui est encore trop gros, et la *poudre à mousquet* tombe alors sur le *blutoir*, qui ne laisse passer que le poussier. Celui-ci, encore *vert*, c'est-à-dire humide, est réduit en galettes par la compression ou le battage, pour être grené à son tour.

Le séchage des poudres grenées s'effectue soit à l'air libre, au soleil sur des tables garnies de draps, soit dans des boîtes rectangulaires en cuivre dans lesquelles circule un courant d'air chaud à 60°.

Ce dernier mode permet d'agir en tout temps, et de sécher, dans une journée de 10 heures, 750 kilogr. de poudre de guerre en hiver, et jusqu'à 1,000 kilogr. en été.

La poudre de chasse subit en plus une opération connue sous le nom de *lissage*, qui a pour but de donner au grain le poli et le brillant qui sont propres à ce genre de poudre, d'en augmenter la densité et d'assurer sa conservation. Pour obtenir ces résultats, on la remue pendant 8 à 12 heures dans des tonnes AB (*fig.* 313) montées sur un axe CD, mis en mouvement par une roue hydraulique. Elles sont pourvues à l'intérieur de 12 côtes longitu-

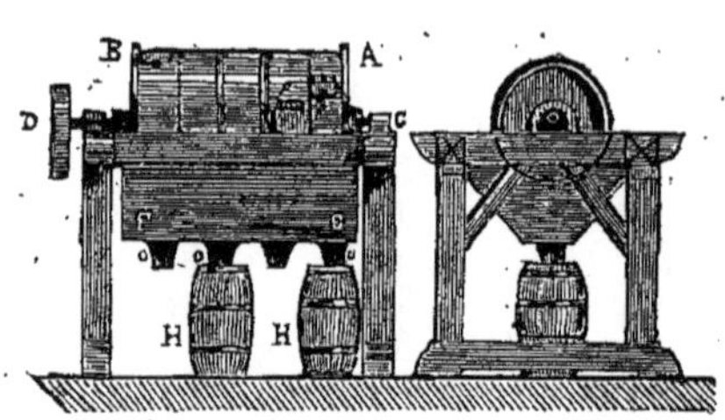

Fig. 313. — LISSAGE DE LA POUDRE DE CHASSE.

dinales en bois, et elles sont divisées par des fonds intermédiaires en 5 compartiments, qui ont chacun une porte *pp*. Lorsque le travail est terminé, on fait tomber la poudre dans la caisse EF, dont les tuyaux en cuir *o, o, o* la dirigent dans les petits tonneaux HH, où on la conserve. On la sèche et on l'époussète comme la poudre de guerre, c'est-à-dire qu'on la passe au tamis pour en séparer le pulvérin qui s'est formé pendant le séchage.

Généralement, aujourd'hui, pour la poudre de chasse, on a remplacé les mortiers et et les pilons par des meules verticales en fonte AA' (*fig.* 314) du poids de 5,000 kilogrammes, qui circulent sur une plate-forme de même nature, mais supportée par un massif de maçonnerie BB'. Avant de soumettre les trois substances à l'action de ces meules, on en opère un premier mélange assez intime en les faisant tourner pendant 12 heures, avec des gobilles de bronze, dans des tonnes pareilles à celles de la figure 308.

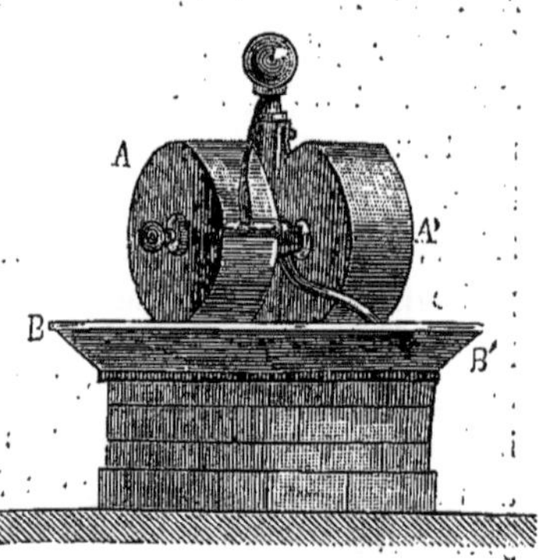

Fig. 314.

MEULES POUR LA POUDRE DE CHASSE.

Au sortir de ces tonnes, dites *mélangeoirs*, la poudre est humectée convenablement et placée sous les meules auxquelles on fait faire 8 à 10 révolutions par minute. Après 2 à 3 heures de trituration et de compression, la poudre est en galettes fort compactes qu'on soumet au grenage.

Pendant la révolution de 1793, où quatorze armées nécessitaient la fabrication d'une énorme quantité de poudre, le mode alors suivi était si rapide que six heures de temps suffisaient pour convertir en poudre à canon les matières premières. Mais cette poudre n'était pas de très bonne qualité. Au lieu des pilons et des meules, on se servait des *mélangeoirs* pendant 2 heures ; on humectait fortement la poudre et on la convertissait en galettes à l'aide d'une presse hydraulique ; on grenait après. (Girardin)

Grotte à stalactites et stalagmites.

Nous indiquerons en terminant la composition de quelques mélanges très employés en pyrotechnie. Pour qu'ils brûlent facilement, il faut que les différents ingrédients aient été séparément bien désséchés ; il faut, en outre, les réduire en poussière très fine. et enfin, après les avoir intimement mélangés, les conserver avec soin à l'abri de l'humidité :

<table>
<tr><td colspan="2">FEU ROUGE.</td><td colspan="2">FEU VERT.</td><td colspan="2">FEU JAUNE.</td></tr>
<tr><td>Azotate de strontiane .</td><td>340</td><td>Azotate de baryte.....</td><td>340</td><td>Azotate de soude .....</td><td>300</td></tr>
<tr><td>Chlorate de potasse...</td><td>200</td><td>Chlorate de potasse...</td><td>200</td><td>Soufre..............</td><td>100</td></tr>
<tr><td>Soufre..............</td><td>100</td><td>Soufre..............</td><td>100</td><td>Sulfure d'antimoine...</td><td>20</td></tr>
<tr><td>Sulfure d'antimoine ..</td><td>40</td><td>Sulfure d'antimoine ..</td><td>20</td><td>Charbon fin..........</td><td>6</td></tr>
<tr><td>Charbon fin..........</td><td>1</td><td>Charbon fin..........</td><td>1</td><td></td><td></td></tr>
</table>

<table>
<tr><td colspan="2">FEU BLEU.</td><td colspan="2">FEU DE BENGALE.</td></tr>
<tr><td>Poudre à canon...................</td><td>400</td><td>Salpêtre ....</td><td>320</td></tr>
<tr><td>Nitre...........................</td><td>200</td><td>Soufre..........................</td><td>80</td></tr>
<tr><td>Soufre.........................</td><td>300</td><td>Antimoine.......................</td><td>120</td></tr>
<tr><td>Zinc...........................</td><td>300</td><td>Minium..........................</td><td>110</td></tr>
</table>

Le mélange de 46,5 de salpêtre et 53,5 de bitume, suif, soufre et sulfure d'antimoine, forme la composition des *fusées à la Congrève*. On sait que ces fusées de guerre, qu'on nommait autrefois *rochettes*, n'ont pris leur nouveau nom que depuis que lord Congrève les a remises en usage, en 1801, pour l'attaque de la flotte française à Boulogne (*fig.* à la page 889). Il suffit, pour avoir une de ces fusées, d'ajouter une grenade, un obus ou des matières incendiaires à l'extrémité antérieure d'une fusée volante de grande dimension.

CHLORATE DE POTASSE (KO,ClO⁵ = *122,7*). — Le *chlorate de potasse*, découvert en 1786 par Berthollet, est incolore ; il cristallise en lames minces, souvent hexagonales, quelquefois rhomboïdales. Il est très peu soluble à froid et beaucoup à chaud. Il fond vers 400° ; si l'on continue à chauffer, il se décompose d'abord en *chlorure de potassium* et en *perchlorate de potasse*, avec dégagement d'oxygène ; une température plus élevée décompose le perchlorate en *chlorure* et oxygène. La facilité avec laquelle il abandonne son oxygène en fait un oxydant très énergique. Il fuse sur les charbons ardents, et lorsqu'on le mêle avec des corps combustibles, il forme des mélanges détonant par le choc : les premières amorces fulminantes étaient composées de ce chlorate et de *sulfure d'antimoine*. L'acide sulfurique, versé sur un de ces mélanges, l'enflamme aussitôt en le décomposant et en donnant naissance à une vapeur jaune verdâtre d'*acide hypochlorique* qui détone par la chaleur.

Le *chlorate de potasse* sert à préparer l'oxygène dans les laboratoires et un certain nombre de poudres pour les feux d'artifice. Nous avons vu qu'il entrait dans la fabrication des allumettes.

Pour le préparer, on fait passer un courant de chlore dans une dissolution concentrée de potasse caustique, au moyen d'un tube très large.

Il se produit d'abord de l'*hypochlorite de potasse* et du *chlorure de potassium ;* mais la température s'élevant, l'hypochlorite, qui n'est stable qu'à la température ordinaire, se dédouble lui-même en chlorure et en chlorate, de sorte que l'on a :

$$6KO + 6Cl = 3(KO,ClO) + 3KCl = KO,ClO^5 + 5KCl.$$

Ce procédé est très coûteux ; on se sert, dans l'industrie, d'un autre procédé fondé sur ce que :

1° L'*hypochlorite de chaux,* n'étant stable qu'à la température ordinaire, se dédouble, à la température de l'ébullition, en *chlorure de calcium* et en *chlorate de chaux :*

$$3(CaO,ClO) = CaO,ClO^5 + 2CaCl;$$

2° Une dissolution concentrée et bouillante contenant du *chlorate de chaux* et du *chlorure de potassium,* mêlés à équivalents égaux, donne, pendant le refroidissement de la liqueur, des cristaux de *chlorate de potasse,* par suite de la faible solubilité de ce sel à froid :

$$CaO,ClO^5 + KCl = KO,ClO^5 + CaCl;$$

le *chlorure de calcium,* très soluble, reste dans la liqueur. Les cristaux, lavés à l'eau froide et redissous dans l'eau bouillante, fournissent du sel pur.

HYPOCHLORITE DE POTASSE $(KO,ClO = 907)$. — On ne connaît ce sel qu'à l'état de dissolution ; la chaleur le décompose facilement ; son odeur rappelle celle du *chlore*. On ne peut obtenir ce sel à l'état de pureté qu'en combinant directement de l'*acide hypochloreux* avec la *potasse ;* dans ce cas, il est sans usage. Mais, pour l'industrie, on l'obtient en faisant passer un courant de *chlore* dans des touries contenant une dissolution de potasse très peu concentrée. Il est connu sous le nom d'*eau de Javel.* Aujourd'hui, pour préparer cette *eau de Javel,* on dissout d'une part 10 kilogrammes de chlorure de chaux dans 120 litres d'eau et on filtre. On dissout, d'autre part, 12 kilogrammes de carbonate de potasse dans 40 litres d'eau chaude, et on verse cette liqueur encore tiède dans la dissolution de chlorure de chaux : il se produit immédiatement une double décomposition, par suite de l'insolubilité du carbonate de chaux qui peut se former :

$$CaO,ClO + KO,CO^2 = KO,ClO + CaO,CO^2.$$

SILICATE DE POTASSE. — L'*acide silicique* et la potasse forment des combinaisons d'une grande importance; car elles entrent dans la composition de plusieurs espèces de verre, ainsi que les *silicates de soude*. En fondant ensemble, dans un creuset réfractaire, 10 grammes de *potasse perlasse*, 15 grammes de *quartz* en poudre fine et 1 gramme de charbon, on obtient un verre soluble dans l'eau bouillante, et longtemps appelé *verre soluble de Fuchs*. Si l'on étend cette dissolution sur des bois ou des tissus, elle laisse, en se desséchant, un enduit vitreux, très peu altérable à l'air humide. Une décomposition lente entre le carbonate de chaux et le silicate de potasse détermine, sur les statues ou ornements en pierre tendre, la formation d'une couche très dure et très résistante de silicate de chaux. Il suffit, pour cette opération, de laver d'abord la pierre à l'eau, puis de l'arroser avec la dissolution de silicate de potasse. Ce mode de conservation a été appliqué aux statues qui décorent le Louvre et aux principaux ornements de l'église Notre-Dame de Paris.

SODIUM (Na = 23; *densité* = 0,970). — Le *sodium* ne peut se rencontrer libre dans la nature; mais on le trouve en abondance à l'état de *chlorure* ou *sel marin*, tant en dissolution dans l'eau des mers et de quelques lacs, qu'en masses considérables dans le sein de la terre ou à sa surface : à l'état de *silicate*, dans beaucoup de minéraux appartenant aux roches primitives, dans les cendres des végétaux où il accompagne les sels de potasse, surtout dans les plantes marines.

Le *sodium* est donc toujours un produit artificiel. Il ressemble beaucoup au potassium par ses propriétés physiques et chimiques : comme lui, c'est un métal mou qui peut se pétrir comme la cire; il est blanc, éclatant; coulé en lingots, sa surface montre très nettement des indices de cristallisation; il se ternit promptement au contact de l'air; mais la coupure fraîche présente de nouveau l'éclat et la couleur de l'argent; on ne peut le conserver que dans l'huile de naphte. Il décompose l'eau à la température ordinaire, presque aussi énergiquement que le potassium, mais sans produire l'inflammation de l'hydrogène.

Il est constamment employé comme réducteur; on s'en sert pour la préparation du *bore*, du *silicium*, etc., et à la préparation industrielle du *magnésium* et de l'*aluminium*. D'un maniement plus facile que le potassium, ses réactions moins violentes, son équivalent plus faible, on comprend qu'on le préfère à ce métal.

Voici, très en abrégé, comment on le prépare dans les usines :

On fait un mélange aussi intime que possible de 100 kilogrammes de carbonate de soude sec, 450 kilogrammes de houille sèche à longue flamme et 150 kilogrammes de craie. On le calcine au préalable, soit dans des pots de fonte, soit dans des cylindres de fer, qu'on enferme dans un four à voûte surbaissée dont on élève la température au rouge vif, afin d'en chasser toutes les matières volatiles et de réduire considérablement son volume. On cesse de chauffer lorsque les gaz plus ou moins carbonés provenant de la houille et qui brûlent en arrivant dans l'air commencent à prendre la teinte jaune caractéristique de la présence du *sodium*. Le mélange, retiré et refroidi, est alors mis en longues cartouches de papier gris, du poids de 18 à 20 kilogrammes. L'opération définitive s'opère dans de gros cylindres de tôle rivée, analogues aux tuyaux de poêle dont ils ont à peu près l'épaisseur (*fig.* à la page 897); ils sont revêtus d'une légère couche de lut réfractaire. Les cylindres sont disposés horizontalement dans un long four à reverbère. Lorsqu'ils sont parvenus à la température du rouge blanc, on y introduit rapidement les cartouches au moyen d'une rigole de tôle, et on ferme immédiatement l'orifice de chargement. Les gaz carbonés provenant de la combustion du papier et de la réaction du charbon sur l'eau que le mélange a absorbée par son contact avec l'air, sortent par le trou d'une bonde antérieure et s'enflamment. Lorsque, après un certain temps de chauffe, la flamme prend la teinte jaunâtre caractéristique du *sodium*, et qu'elle émet d'abondantes fumées de soude, on ajuste les récipients C, et le métal ne tarde pas à se condenser. Le *sodium*, à mesure qu'il se condense dans les récipients, en sort à l'état liquide et coule à l'air libre dans des marmites en fonte V contenant de l'huile de schiste, moins chère que l'huile de naphte. Le rendement est d'autant plus considérable que la calcination se fait plus rapidement. Sa durée varie d'une heure et demie à quatre heures. Ce rendement est d'ailleurs, à très peu de chose près, celui qu'indique la théorie, c'est-à-dire 436 grammes de *sodium* par chaque kilogramme de *carbonate de soude* sec. Le métal n'a besoin que d'être refondu sous une petite couche d'huile de schiste, qu'on décante au moment où le métal est bien liquide, pour acquérir tout le degré de pureté nécessaire à ses diverses applications. On le moule alors dans des lingotières, comme on le ferait pour du plomb ou du zinc. On doit éviter le contact de l'eau et conserver le métal dans l'huile de schiste ou de naphte, ou même tout simplement en lingots dont la surface ne s'oxyde que très légèrement.

PROTOXYDE DE SODIUM OU DE SOUDE ($NaO,HO = 40$; *densité $= 2,0$*). —Le *sodium* forme, avec l'oxygène, deux oxydes : un protoxyde, NaO, et un peroxyde, NaO^3; mais ces corps n'ont pas d'usage. L'*hydrate de protoxyde de sodium* est appelé communément *hydrate de soude* ou *soude caustique*, pour la distinguer de la soude du commerce, qui n'est que du *carbonate* *de soude* impur. On le prépare comme la *potasse caustique*. C'est un solide blanc, à cassure fibreuse, fusible au rouge sombre, volatil au rouge, se dissolvant dans l'eau avec dégagement de chaleur. La *soude*, comme la potasse, est employée à beaucoup d'usages. Ces deux bases peuvent souvent être substituées l'une à l'autre; cependant il est parfois plus avantageux de prendre l'une pour l'autre. Ainsi, pour faire le cristal, on ne peut employer la soude, il faut la potasse; pour les savons durs, il faut la soude et non la potasse. Pour la première opération, la soude donnerait un cristal toujours coloré; pour les secondes, la potasse donnerait toujours un savon mou.

CHLORURE DE SODIUM ($NaCl = 58,5$). — Ce sel est le plus abondant de tous ceux que l'on trouve dans la nature; on le nommait jadis *muriate de soude ;* c'est lui qui constitue le *sel de cuisine*. Quand on l'extrait de la mer, il porte le nom de *sel marin,* et nous avons dit (PHYSIQUE, *Chaleur*, page 571) les différents procédés industriels employés pour cette exploitation. On trouve aussi le *chlorure de sodium* en roche, à la surface ou dans le sein de la terre, et on le désigne alors sous le nom de *sel gemme*.

Il se rencontre ainsi souvent en masses considérables, tantôt à de grandes profondeurs, comme à Wieliczka, en Pologne, tantôt à la surface ou près de la surface de la terre, comme en Espagne, près de Cardona, ou dans l'Amérique du Sud, ou à Iéletskizaschita, près d'Orenbourg, etc. On le recueille, soit comme les minerais dans les mines, soit comme des carrières de pierres, à ciel ouvert. Il se trouve souvent alors mélangé avec des corps étrangers, des oxydes de fer, de l'argile qui le colorent en rouge ou en gris, et alors on l'en sépare facilement en dissolvant le sel, puis en filtrant la dissolution et en laissant ensuite évaporer pour faire cristalliser le sel. Dans quelques cas, il est coloré en bleu par des sels de cuivre. On procède de la même façon, mais avec de grandes précautions.

Nous ne parlerons point des propriétés si connues du *sel,* ni de ses applications innombrables; on sait qu'il entre, soit naturellement, soit artificiellement, dans tous les aliments des hommes et des animaux, et que c'est là, sinon une condition nécessaire de leur existence, au moins une condition essentielle de leur bien-être.

CARBONATE DE SOUDE ($NaO,CO^2 = 53$). — La *soude*, comme la potasse, s'unit à l'*acide carbonique* en trois proportions différentes et forme :

Des carbonates neutres	KO ou NaO, CO^2.
Des sesquicarbonates	$2KO$ ou $2NaO,3CO^2$.
Des bicarbonates	KO ou $NaO,2CO^2$.

Les *carbonates de soude neutre*, carbonates impurs, *soudes du commerce*, sont désignés, suivant leur mode de préparation, par les noms de *soudes naturelles* ou de *soudes artificielles*.

Les *soudes naturelles*, seules connues autrefois, provenaient, soit du *natron*, carbonate impur qui se trouve à la surface du sol des lacs qui se dessèchent pendant l'été, principalement en Égypte, soit de la combustion de certaines plantes marines (CHIMIE, *Métaux*, page 894). Cette dernière opération était pratiquée à Narbonne au moyen du *salicornia annua*, que l'on semait et récoltait pour le brûler. Cette *soude de Narbonne* était très impure ; elle ne contenait que 15 pour 100 de *carbonate de soude* réel au maximum. A Aiguesmortes, on faisait la même opération avec d'autres variétés de *salsola*, de *statice limonium ;* dans le midi de l'Espagne, à Alicante, à Malaga, etc., on obtenait la *soude* au

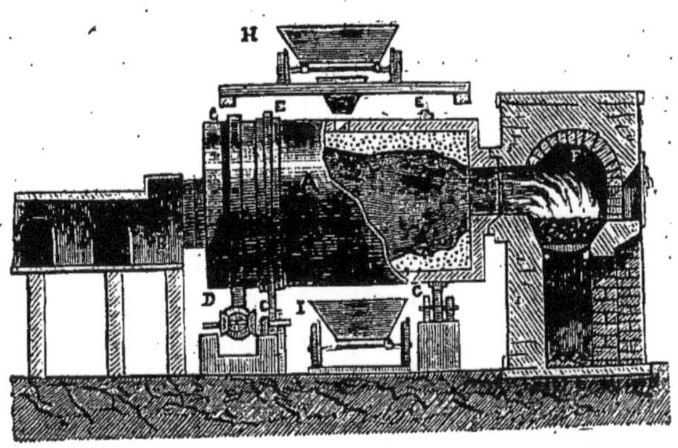

Fig. 315. — FABRICATION DE LA SOUDE.

moyen d'une autre variété de *salsola* que l'on cultivait avec soin, ainsi qu'à Ténériffe, et qui contenait jusqu'à 30 pour 100 de *carbonate de soude*. Les guerres de cette époque empêchant l'arrivage des soudes étrangères, on chercha divers moyens de s'en procurer. On brûla les varechs et fucus des côtes de l'Océan et de la Manche ; mais on obtint des *soudes de varechs* dont nous avons parlé et qui ne contiennent pas plus de 5 pour 100 de carbonate de soude. Enfin le gouvernement proposa un prix pour l'auteur d'un procédé au moyen duquel on pût obtenir industriellement de la soude. De tous les procédés trouvés à cette occasion, celui de Leblanc, élève de Darcet père, est seul resté. Toutefois Leblanc n'a pas su l'exploiter industriellement, et ce n'est qu'en 1804 que, grâce à Darcet fils, la fabrication de la soude artificielle est devenue un art régulier.

Ce procédé consiste à chauffer ensemble dans un four à reverbère un mélange intime de sulfate de soude, de craie et de charbon. Le *sulfate de soude* est d'abord transformé en *sulfate de sodium* à une température peu élevée ; le carbone se dégage à l'état d'*acide carbonique :*

$$NaO,SO^3 + 2C = 2CO^2 + NaS.$$

Le *sulfure de sodium*, réagissant sur le *carbonate de chaux*, donne du *carbonate de soude* soluble et du *sulfure de calcium*, qui, produit par voie ignée, est insoluble ou très peu soluble :

$$NaS + CaO,CO^2 = NaO,CO^2 + CaS.$$

La préparation de la soude pourrait donc se réaliser en mettant en présence 1 équivalent de *sulfate de soude*, 2 équivalents de *carbone* et 1 équivalent de *carbonate de chaux ;* mais il faudrait pour cela que les matières premières eussent été finement pulvérisées et très intimement mélangées ; il faudrait de plus soustraire le mélange à l'action oxydante du gaz du foyer. Dans la pratique, on arrive à un bon résultat en ajoutant au sulfate de soude un excès de charbon et de carbonate de chaux. L'excès de charbon sert en partie à produire de la chaleur en brûlant, et en partie à réduire à la fin de l'opération une certaine quantité de calcaire avec production de *chaux caustique* et d'*oxyde de carbone* dont le dégagement donne à la masse une structure poreuse qui facilite le lessivage. L'excès de calcaire mutiplie les points de contact avec le *sulfure de sodium ;* il donne, de plus, à la fin, un peu de chaux anhydre, qui, pendant le lessivage, donnera, avec le carbonate de chaux, un peu de chaux caustique :

$$CaO,CO^2 + NaO,SO^3 + 2C = NaO,CO^2 + CaS + 2CO^2.$$

Le mélange, composé de 1000 de *sulfate de soude*, 1040 de *carbonate de chaux* et 530 de *charbon*, est aujourd'hui, amené sur un wagon H, versé dans un grand cylindre A, qui tourne sur des galets G, et chauffé par la la flamme d'un four F, puis brassé mécaniquement (*fig.* 315). Une espèce d'arête longitudinale facilite le mélange des matières en leur faisant faire un ressaut à chaque demi-révolution du cylindre. La masse est reçue à la fin de l'opération, dans un wagonnet I. On obtient ainsi la *soude brute* utilisée dans la fabrication des verres à bouteilles et des savons.

Pour extraire la soude de ce mélange, on le pulvérise et on le soumet à un lessivage méthodique. Cette opération se fait dans des caisses en tôle *a* dont les parois sont percées de petits trous, placées dans d'autres caisses en bois A, B, C, D, E, F, G, H, disposées en gradins. L'eau qui a passé sur une première masse de soude est déversée par un tube dans les paniers de la caisse suivante ; elle s'enrichit ainsi de nouveaux matériaux, tandis que les premiers, recevant successivement des eaux de plus en plus pauvres, abandonnent peu à peu toutes les substances solubles. Il reste un résidu insoluble, *marc de soude* ou *charrée de soude*, qui est un *oxysulfure de calcium* inutilisé jusqu'ici. Les eaux, saturées de *carbonate de soude*, sont ensuite évaporées, et l'on obtient un produit blanc, désigné dans le commerce sous le nom de *sel de soude*, et qui contient, outre le *carbonate de soude*, du *chlorure de sodium* et du *sulfate de soude* (*fig.* 316).

En dissolvant de nouveau le *sel de soude* dans de l'eau chaude jusqu'à

Four à plâtre.

ce que la dissolution marque 32° Baumé et la laissant ensuite refroidir, après qu'elle s'est éclaircie par le repos, on obtient les *cristaux de soude* ($NaO,CO^2 + 10\ HO$), que l'on fait égoutter et que l'on met immédiatement en barils, afin d'éviter l'efflorescence. On peut avoir du carbonate de soude très pur en redissolvant ces cristaux de soude dans l'eau chaude et en leur faisant subir une nouvelle cristallisation.

BICARBONATE DE SOUDE (KO ou $NaO,2CO^2$). — Le *bicarbonate de soude*, employé avec succès dans le traitement de la gravelle, ou comme digestif sous le nom de *pastilles de Vichy*, mais qui sert surtout dans la préparation des eaux de Seltz artificielles (CHIMIE, *Métalloïdes*, page 675), a un saveur salée et légèrement alcaline; il n'est pas très soluble dans l'eau, puisque celle-ci n'en dissout à la température ordinaire que le dixième de son poids. On le trouve dans un grand nombre de sources naturelles, notamment dans celles du massif central de la France, dans celles du Mont-Dore et de Vichy principalement.

Dans les fabriques de produits chimiques, on prépare de grandes quantités de *bicarbonate de soude* à la fois, d'après le procédé indiqué en 1830 par le pharmacien américain Smith. Ce procédé consiste à faire arriver du gaz carbonique lavé dans des caisses de bois et de cuivre, ou dans une grande fontaine de grès remplie à l'avance de cristaux de soude. Le gaz ne peut sortir de ces vases qu'en soulevant une colonne d'eau de $0^m,32$ à $0^m,74$; de cette manière, il reste en contact pendant quelque temps avec le carbonate neutre qui s'en sature, sans perdre toutefois sa forme solide et cristalline; mais il devient opaque, poreux, friable, et abandonne les cinq sixièmes de son eau combinée, qui ruisselle sur les parois des caisses. L'*appareil de Soubeiran* (*fig.* à la page 913), est très commode.

A est une bonbonne en grès contenant de la craie délayée dans quatre fois son volume d'eau; *j*, un flacon servant de réservoir à l'acide sulfurique qu'on fait couler de temps à autre dans la bonbonne pour produire un dégagement d'acide carbonique; *c*, un agitateur en bois, maintenu par une vessie, pour favoriser la réaction; *d*, un flacon plein de craie mouillée en fragments pour purifier le gaz; *e*, un autre flacon laveur servant surtout à montrer la vitesse du courant du gaz; *f*, une fontaine en grès remplie de cristaux de soude cassés par morceaux; à quelques centimètres de son fond existe un grillage destiné à recevoir l'eau qui se sépare des cristaux à mesure qu'ils absorbent l'acide carbonique. Ce gaz arrive par le bas de la fontaine, qui est fermée par un couvercle luté sur ses bords. Un tube en plomb, plongeant dans un seau d'eau, afin de faire pression dans l'intérieur de l'appareil, sert à l'issue du gaz non absorbé.

Lorsque l'acide carbonique cesse d'être absorbé et que les cristaux ont perdu toute leur transparence jusqu'au centre, on enlève le *bicarbonate*, on le sèche et l'on recommence une nouvelle opération. Ce procédé, très simple et très expéditif, donne un sel d'une grande blancheur et très pur, car le sulfate de soude et le sel marin contenus dans les cristaux de soude sont entraînés avec l'eau de cristallisation, si bien que, lorsqu'on veut avoir du *carbonate de soude neutre* d'une grande pureté, le moyen le plus sûr, c'est de calciner au rouge dans un creuset d'argent le *bicarbonate de soude* ainsi préparé, qui laisse exhaler la moitié de son acide.

A Vichy, on utilise, pour la fabrication du *bicarbonate de soude*, l'acide carbonique qui se dégage en si grande abondance des eaux minérales. On entoure une des sources d'un puits en maçonnerie (*fig.* 317) dans lequel on fixe une cloche à demeure A; le gaz qui arrive dans cette cloche s'échappe par le tuyau *a* et passe dans un laveur B, d'où il se rend, par le tuyau à robinet *b*, dans une chambre en maçonnerie C, contenant une série de châssis chargés de cristaux de soude. Les châssis inférieurs sont préservés, par de petits toits, des eaux qui dégouttent des châssis supérieurs; le sol, carrelé en briques et suffisamment incliné, permet à toutes les eaux de se rendre dans un réservoir extérieur D, doublé en plomb.

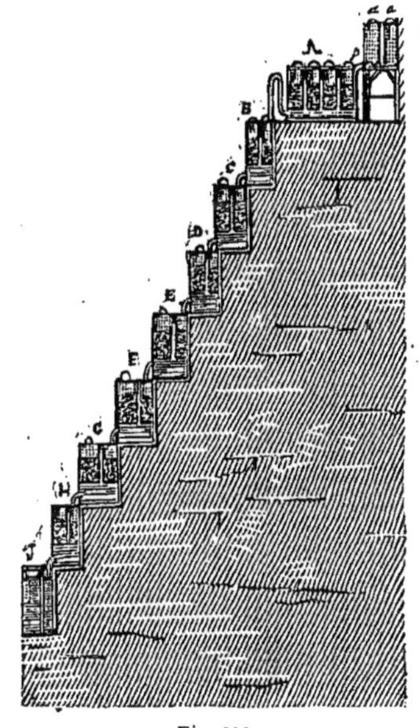

Fig. 316.
LESSIVAGE DE LA SOUDE BRUTE.

SULFATE DE SOUDE ($NaO,SO^3 + 10HO = 71$). — Ce corps est utilisé surtout dans la fabrication de la *soude artificielle*, et il en est employé pour cela d'énormes quantités. Il sert aussi dans la préparation du verre ordinaire; c'est de plus un purgatif employé quelquefois en médecine à la place du *sulfate de magnésie*, sous le nom de *sel de Glauber*. C'est, en effet, à ce savant, qui fit si ardemment la guerre aux médecins dédaigneux de l'étude de la chimie, qu'est due la découverte du *sulfate de soude naturel*, exploité aujourd'hui en Espagne où il existe en de vastes mines :

« Pendant les voyages de ma jeunesse, raconte-t-il, je fus atteint, à Vienne, d'une fièvre violente, appelée dans ce pays *maladie de Hongrie*, qui n'épargne aucun étranger. Mon estomac délabré rendait tous les aliments. Sur le conseil de quelques personnes qui avaient pitié de moi, j'allai me traîner, à une lieue de Neustadt, auprès d'une fontaine située à côté d'une vigne. J'avais emporté avec moi un morceau de pain que je croyais certainement ne pouvoir manger. Arrivé près de la fontaine, je tirai le pain de ma poche, et, en y faisant un grand trou, je m'en sers en guise de coupe. A mesure que je bois de cette eau, je sens mon appétit revenir si bien, que je finis par mordre dans la coupe improvisée et par l'avaler à son tour. Je revenais ainsi plusieurs fois à la source, et je fus bientôt délivré de ma maladie. Étonné de cette guérison miraculeuse, je demandai quelle était la nature de cette eau ; on me répondit que c'était une eau nitrée (*salpeter-wasser*). »

Glauber n'avait alors que vingt et un ans, et, à cet âge, il ignorait encore entièrement la chimie ; cependant le fait de sa guérison inattendue ne lui sortit jamais de la mémoire. Or, un jour, il lui vint l'idée d'essayer l'eau de sa fontaine de santé pour voir si elle était réellement chargée de nitre, comme le prétendaient les gens du pays. A cet effet, il en fit évaporer un peu dans une capsule. « Je vis, dit-il, se former de beaux cristaux longs, qu'un observateur superficiel aurait pu confondre avec des cristaux de nitre ; mais ces cristaux ne *fusaient* pas sur le feu. » Il trouva alors que ce sel avait la plus grande ressemblance avec celui que l'on obtient en dissolvant dans l'eau et en faisant cristalliser le *caput mortuum* de la préparation de l'esprit de sel avec l'huile de vitriol et le sel marin. Or ce résidu était le *sulfate de soude*.

Il lui donna d'abord le nom de *sel admirable*.

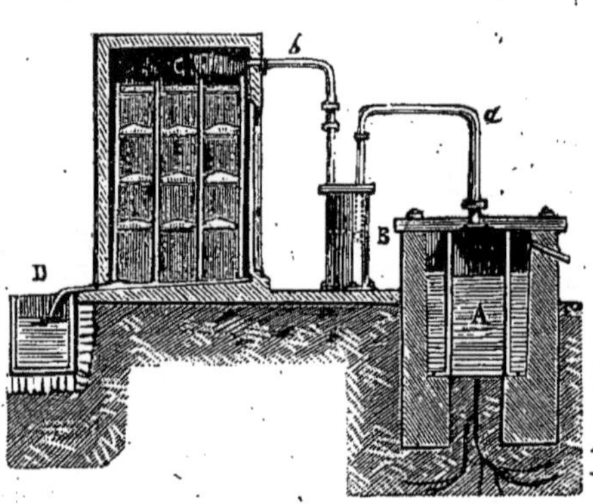

Fig. 317.

APPAREIL DE VICHY POUR LA PRÉPARATION DU BICARBONATE DE SOUDE.

« Ce sel, quand il est bien préparé, a, dit-il, l'aspect de l'eau congelée ; il forme des cristaux longs, bien transparents, qui fondent sur la langue comme de la glace. Il a un goût de sel particulier, sans aucune âcreté. Projeté sur des charbons ardents, il ne décrépite point comme le sel de cuisine ordinaire et ne déflagre point comme le nitre. Il est sans odeur et supporte tous les degrés de chaleur. On peut l'employer avec avantage en médecine, tant extérieurement qu'intérieurement. Il modifie et cicatrise les plaies récentes sans les irriter. C'est un médicament précieux, employé à l'intérieur ; dissous dans l'eau tiède et donné en lavement, il purge les intestins et tue les vers... »

Aujourd'hui, on prépare le *sulfate de soude* en décomposant le *chlo-*

rure de sodium par *l'acide sulfurique;* c'est la principale application industrielle de cet acide :

$$NaCl + SO^3,HO = NaO,SO^3 + HCl.$$

Cette réaction s'opère dans des *cylindres* en fonte, ou plutôt dans des *fours.* Nous avons décrit ci-dessus l'un et l'autre de ces procédés. (CHIMIE, *Métalloïdes,* page 811.)

BISULFITE DE SOUDE $(NaO,2SO^2 = 95)$. — Ce sel a pris, depuis quelques années, une grande importance, parce qu'on en fait usage dans les amphithéâtres de dissection pour conserver les cadavres (*fig.* à la page 905). On injecte dans l'aorte 3 à 4 litres d'une solution marquant 25° à l'aréomètre. On l'emploie encore, sous le nom d'*antichlore,* dans les papeteries, pour enlever le chlore qui reste dans la pâte de chiffons après son blanchiment. On s'en sert aussi dans le mutage des vins et des liquides sucrés. Il remplace souvent l'acide sulfureux dans le blanchiment des fils et tissus de laine, de la paille, etc. On l'obtient dans les laboratoires en faisant passer un courant de gaz sulfureux dans un appareil de Woolf contenant une dissolution de *carbonate de soude.* Dans les fabriques de produits chimiques, on se sert d'appareils spéciaux, dans le détail desquels il ne nous appartient pas d'entrer ici.

HYPOSULFITE DE SOUDE $(NaO,S^2O^2 + 5HO = 63)$. — Ce sel, jadis sans usages, est maintenant employé en assez grande quantité pour les opérations de la photographie. Il cristallise facilement et donne de gros prismes transparents, incolores, dont l'aspect rappelle celui du *sulfate de soude;* ils contiennent 36,15 pour 100 d'eau. Lorsqu'on les chauffe, ils fondent dans leur eau ; la liqueur se prend en masse par le refroidissement. La chaleur le décompose ; quand on le chauffe en vase clos, il dégage un peu de soufre : il reste un mélange de *sulfate de soude* et de *soude* qui est coloré en brun. La dissolution de ce sel, exposée à l'air, se décompose ; il se dépose du soufre qui tapisse les parois des vases, et la liqueur qui a absorbé de l'oxygène est transformée en *sulfate;* à l'abri de l'air, il se dépose de même du soufre au bout d'un temps plus ou moins long ; la dissolution ne contient plus que du *sulfite de soude.*

BORAX OU BORATE DE SOUDE $(NaO,2BoO^3 + 10HO = 100,8)$. — Le *borax* se trouve dans la nature en Transylvanie, en Saxe, en Perse, en Chine, dans la Tartarie thibétaine, dans l'Inde, à Ceylan, au Pérou, etc.; mais c'étaient la Tartarie et l'Inde qui jadis fournissaient le *borax* du commerce. Il était connu sous le nom de *tinkall* et se présentait sous forme de cristaux brisés, jaunâtres, qui avaient besoin d'une purification, qui se faisait en Hollande principalement. Aujourd'hui, le *borax* se produit presque exclusivement au moyen du *carbonate de soude* et de l'*acide borique*, et se présente sous la forme de cristaux en prismes rhomboïdaux obliques, dont la densité égale 1,7 et qui renferment 47 pour 100 d'eau. Le *borax* brut est raffiné par une cristallisation très lente.

Le *borax* paraît devoir présenter de nombreuses et précieuses applications. En 1876, M. Dumas a semblé mettre en évidence ses propriétés antiseptiques, et l'on a même cherché à tirer parti de ces propriétés antiputrides pour la conservation de la viande. M. de Hersen affirme qu'en trempant des quartiers de viande pendant 24 à 36 heures dans une solution renfermant, pour 100 parties de viande, 8 de *biborate de soude*, 2 *d'acide borique*, 3 de *salpêtre* et 1 de *sel*, et en enfermant cette viande dans des tonneaux avec de la saumure, on obtenait une conservation très satisfaisante; et il présenta, en 1876, à l'Académie, des gigots ainsi préparés et envoyés de Buenos-Ayres et qui, après un an de conservation, paraissaient être dans un excellent état. Il suffisait de les tremper pendant 24 heures dans de l'eau ordinaire, et ils étaient prêts à être cuits.

Ajoutons qu'un chimiste éminent, M. Eugène Péligot, de l'Académie des sciences, a émis des idées absolument opposées. Il eut l'idée d'étudier l'action que le *borax* pourrait bien exercer sur les végétaux. Ses expériences furent faites sur des haricots. Douze vases en terre poreuse, de 5 à 6 litres, ont reçu chacun quatre graines; au bout d'un mois, quand la végétation fut devenue uniforme et vigoureuse, on fit plusieurs lots de ces haricots. On arrosa seulement une fois (les pluies ayant été très abondantes pendant l'expérience), à raison de 1 litre d'eau contenant 2 grammes 2/1000 de matières fertilisantes ou de *borate de soude*. Malgré cette très petite dose, les haricots arrosés avec du borate n'ont pas tardé à jaunir; tous les lots traités par les sels fertilisants ou même par l'eau pure ont accompli normalement les différentes phases de leur évolution, tandis que la vie a été complètement supprimée dans les plantes qui ont reçu l'*acide borique* libre ou combiné. Il semble donc que l'acide borique, même à très faible dose, est toxique pour les végétaux. M. Péligot se demande si une substance aussi active sur le végétal est bien d'une parfaite innocuité pour les animaux. Dès lors, on est en droit de s'enquérir si la conservation des viandes fraîches destinées à l'alimentation n'offre pas quelque danger au point de vue de la santé publique. Il est vrai que les viandes ainsi préparées sont lavées à l'eau et débarrassées de leur saumure; mais peut-on débarrasser les tissus de tout le sel qui l'imprègne ?

Tout récemment, M. Widemann a signalé une propriété singulière du borax. Si l'on en introduit dans un creuset après l'avoir calciné, et qu'on le coule en plaque sur du verre ou sur une pierre bien sèche, ce *borax* étant réduit en poudre, il suffit de le placer dans un linge mouillé ou dans du papier non collé pour observer très rapidement une élévation de température, qui finit par atteindre 80° centigrades environ, mais qui ne dépasse jamais cette température. On pourrait profiter de cette propriété pour obtenir instantanément un cataplasme chaud avec de l'eau froide, sans qu'il y ait danger de brûlure ou d'inflammation de la peau. On pourrait peut-être également s'en servir pour chauffer des chaufferettes, les aliments, etc., etc.

Le *borax* jouit de la propriété de dissoudre les oxydes métalliques : on l'emploie journellement pour la soudure des alliages d'or ou d'argent ; il dissout les oxydes qui tendent à se former sur les surfaces à souder. On l'utilise également pour reconnaître, à l'aide du chalumeau, la nature du métal que contient un oxyde. Pour cela, on replie l'extrémité d'un fil

Fig. 318.

ESSAI PAR LE BORAX AU CHALUMEAU.

de platine (*fig*. 318), de manière à lui donner la forme d'un anneau. On le chauffe au chalumeau, puis on le trempe dans le borax pulvérisé. Ce sel y adhère par suite d'un commencement de fusion : on chauffe alors de nouveau, et l'on obtient entre les branches de l'anneau une perle incolore. Si l'on touche avec cette perle un oxyde métallique pulvérisé, de manière que quelques grains y adhèrent, il suffit de chauffer de nouveau pour que la perle prenne une coloration uniforme qui fera reconnaître la nature de l'oxyde. Ainsi, la perle est bleue si l'oxyde est du cobalt ; elle est vert émeraude, si c'est du chrome, etc.

Le *borax* est enfin employé pour la fabrication de certains verres, pour la peinture sur porcelaine et pour l'émail de la porcelaine anglaise.

Pour obtenir ce sel, on dissout 1,200 kilogrammes de cristaux de soude dans 2,000 litres d'eau, dans une cuve en bois A (*fig*. 319), doublée de plomb et chauffée par la vapeur qui sort d'un serpentin *t ;* puis on ajoute à peu près 1,000 kilogrammes d'acide borique, qui chasse l'acide carbonique et se combine à la soude. On concentre la liqueur éclaircie, jusqu'à ce qu'elle marque environ 30° Baumé, et on abandonne ensuite à un refroidissement lent. La dissolution laisse déposer entre 79° et 56° des octaèdres réguliers, dont la densité est 1,815 et qui renferment 31 pour 100 d'eau. Leur composition est représentée par la formule

$$NaO, 2BoO^3 + 5HO.$$

Au dessous de 56°, les cristaux qui se déposent dans les dissolutions très concentrées sont encore des octaèdres réguliers. Ceux qui se déposent au contact d'un cristal à 10 équivalents d'eau, dans une dissolution très légèrement sursaturée, ou spontanément à très basse température, sont des prismes obliques à 10 équivalents d'eau, semblables au borax naturel ou *tinkall*. Il y a donc, pour le borax, comme pour beaucoup d'autres sels, deux formes cristallines correspondant à deux degrés différents d'hydratation.

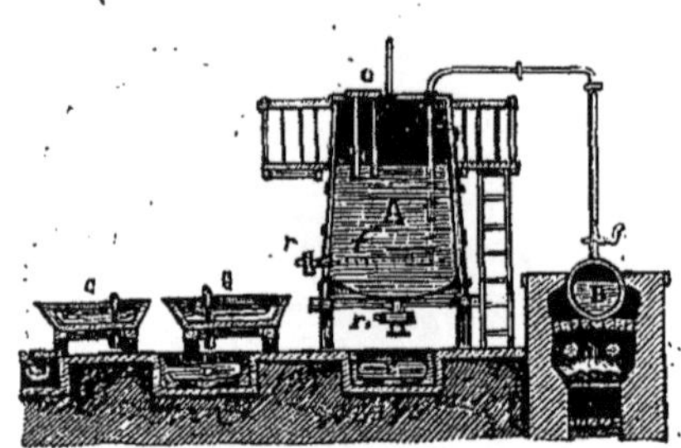

Fig. 319. — PRÉPARATION DU BORAX.

LITHIUM ($Li = 6,4$; *densité* $= 0,5936$). — Le *lithium* a été obtenu pour la première fois par Davy, mais de manière à constater, pour ainsi dire, seulement son existence. Bunsen et Mathiesen l'ont obtenu par la voie électrique en quantité assez considérable pour en reconnaître facilement les propriétés. Ce métal est aussi blanc que l'argent, dont il a l'éclat ; c'est le plus léger des corps solides ; il est très ductile ; au contact de l'air, il s'oxyde rapidement et devient presque noir ; il brûle vivement avec une lumière blanche très éclatante dans l'oxygène ou le chlore. Mis en contact avec l'eau, il la décompose, même à froid, avec un abondant dégagement d'hydrogène. Il n'existe dans la nature qu'en combinaison.

La *lithine* ($LiO = 14,4$) est le seul oxyde de lithium connu ; il existe dans la nature à l'état de combinaison avec l'*acide silicique*, formant des *silicates* multiples. La *lithine* a été découverte, en 1817, par Arfwedson, dans la pétalite, le spodumen, la tourmaline apyre, le triphyllin ; on la trouve aussi dans l'amblygonite, et surtout dans la variété de mica nommée lépidolithe. Cet oxyde est incolore, ressemble à ceux du potassium et du sodium est inodore, absorbe facilement l'acide carbonique de l'air et se transforme ainsi en carbonate, différant de ceux de potassium et de sodium, en ce qu'il est beaucoup moins soluble. Sa propriété caractéristique est d'attaquer fortement le platine ; chauffé au chalumeau sur une lame de platine, il y produit immédiatement une tache noire. On l'obtient en fondant le *lépidolithe* pulvérisé avec 60 pour 100 de chaux vive. Ce

Fabrication des poteries.

verre, réduit en poudre, est traité par l'acide nitrique concentré. On évapore ensuite à siccité, on reprend par l'eau. On précipite la chaux par l'oxalate d'ammoniaque, et on sépare le *chlorure de lithium* par un mélange d'alcool absolu et d'éther.

CÆSIUM, RUBIDIUM, THALLIUM. — Nous avons parlé de l'emploi de *l'analyse spectrale*, qui permit de découvrir ces trois métaux (PHYSIQUE, *Optique,* page 445). Le *cæsium* n'a pas encore été isolé. Le *rubidium* fut isolé par Bunsen, en décomposant par le charbon le *carbonate de rubidium*. C'est un métal blanc d'argent, dont la densité est 1,52; projeté sur l'eau, il la décompose et détermine l'inflammation de l'hydrogène, qui brûle avec une flamme rouge violacé. Ses composés sont isomorphes des sels correspondants du potassium.

Le *thallium*, métal qui a la couleur et la malléabilité du plomb, s'altère rapidement à l'air et forme un oxyde soluble dans l'eau. La plupart de ses sels sont isomorphes de ceux du potassium. Sa densité est 11,9. Isolé par Lamy, il se trouve dans un grand nombre des pyrites employées à la fabrication de l'acide sulfurique : il se dépose dans les chambres où l'on refroidit l'acide sulfureux, avant de le faire arriver dans les chambres de plomb. Ces dépôts, traités par l'eau bouillante, lui abandonnent du *sulfate de thallium* impur : cette dissolution, concentrée et traitée par *l'acide chlorhydrique,* produit un dépôt blanc jaunâtre de *protochlorure de thallium*. Le sel, lavé et chauffé avec l'*acide sulfurique,* donne du sulfate pur, d'où l'on précipite, par une lame de zinc, le *thallium* métallique en paillettes cristallines brillantes.

SELS AMMONIACAUX. — Nous avons déjà signalé (CHIMIE, *Métalloïdes,* page 727) l'analogie de propriétés que présente la dissolution du gaz *ammoniac* avec les *dissolutions de potasse*. Les *sels ammoniacaux* sont, en effet, isomorphes des *sels de potasse*. Comme ces derniers, ils ne précipitent ni par l'*acide sulfhydrique,* ni par les *sulfures,* ni par les *carbonates alcalins*. Ils forment, avec le *bichlorure de platine,* un précipité jaune. On les distingue néanmoins des sels de potasse, parce que, chauffés avec un alcali fixe, ils dégagent du *gaz ammoniac*.

L'*azotate d'ammoniaque* ($AzH^4O, AzO^5 = 80$) cristallise facilement en prismes peu distincts, très longs, striés, ressemblant à ceux de l'*azotate de potasse*. Il est très soluble dans l'eau, et produit alors un abaissement considérable de température. On obtient ce sel directement : il ne sert dans les laboratoires qu'à la préparation du *protoxyde d'azote* et pour les mélanges réfrigérants. En médecine, on l'emploie quelquefois comme diurétique, à la dose de quelques décigrammes. Projeté sur du charbon rouge, il active fortement la combustion en produisant une flamme rougeâtre due à la combustion de l'hydrogène, ce qui lui a fait donner le nom de *nitrum flammans* (nitre inflammable).

L'*azotite d'ammoniaque* (AzH⁴,AzO³ *ou* AzH³,HO,AzO³ = *64*) cristallise en aiguilles; les cristaux ne contiennent pas d'eau de cristallisation; ils sont très solubles; quand on les chauffe, ils fondent et dégagent de l'azote, et il se forme de l'eau : AzH⁴O,AzO³ = 2Az + 4HO. On l'obtient en décomposant l'*azotate de plomb* par le *sulfate d'ammoniaque.*

Le *chlorate d'ammoniaque* (AzH⁴O,ClO⁵ *ou* AzH³,HO,ClO⁵ = *101,5*) cristallise en lames, comme le *chlorate de potasse*, ou en aiguilles; il est beaucoup plus soluble dans l'eau que le *chlorate de potasse;* il est même soluble dans l'alcool. Les cristaux de chlorate d'ammoniaque se décomposent spontanément. Au bout de quelques jours, ils ont jauni; le flacon est plein d'un gaz irritant les yeux et les narines. La chaleur le décompose très facilement. Il ne faut jamais opérer que sur quelques centigrammes et en ménageant beaucoup la chaleur, afin d'éviter une explosion; il se dégage de l'oxygène, de l'azote, du chlore, de l'eau et de l'acide azoteux. Pour le préparer, on traite la dissolution de chlorate de potasse chaude par le silico-fluorhydrate d'ammoniaque ou par du bitartrate d'ammoniaque.

Le *perchlorate d'ammoniaque* (AzH⁴O,ClO⁷ *ou* AzH³HO,ClO⁷ = *117,5*) cristallise en prismes droits, terminés par un biseau, et transparents : ce sel est très soluble dans l'eau pure, mais très peu si elle contient de l'acide perchlorique : il est soluble dans l'alcool; on le prépare directement.

Le *chlorite* et l'*hypochlorite d'ammoniaque* sont peu stables; on les obtient directement; on ne peut les faire cristalliser; ils se décomposent dès que l'on veut concentrer les liqueurs; ils agissent d'ailleurs comme tous les sels ammoniacaux : ils sont décolorants.

Le *bromhydrate d'ammoniaque* (AzH⁴Br *ou* AzH³,HBr = *96,3*) cristallise en prismes droits à bases carrées; ces prismes sont neutres; mais, exposés à l'air, ils jaunissent et deviennent acides. Ce sel se volatilise par la chaleur, sans éprouver de décomposition. On le prépare en ajoutant du brome à une dissolution d'ammoniaque jusqu'à ce qu'elle en soit saturée; la réaction est assez vive : la température s'élève, il y a dégagement d'azote, pour qu'il puisse se produire de l'*ammonium* et de l'*acide bromhydrique*

$$4AzH^3 \quad ou \quad Az^4H^{12} + 3Br = Az^3H^{12},Br^3$$

$$ou\ 3(AzH^4,Br) \quad ou \quad 3(AzH^3,HBr) + Az.$$

Le *bromate d'ammoniaque* (AzH⁴O,BrO⁵ *ou* AzH³,HO,BrO⁵ = *144,3*) ne donne que des cristaux microscopiques, grenus, incolores, d'une saveur fraîche; la chaleur le fait détoner fortement; il produit le même effet spontanément et plus facilement que le chlorate; il est très soluble dans l'eau, à chaud surtout. On l'obtient en traitant les bromates de baryte ou de chaux par le carbonate d'ammoniaque.

L'*iodure d'ammonium ou iodhydrate d'ammoniaque* ($AzH^4,I = 145,3$) est très soluble dans l'eau ; hygrométrique, il cristallise difficilement en cubes ; il est volatil sans décomposition, quand on le chauffe à l'abri du contact de l'air ; mais à l'air il se décompose : il se dégage de l'*ammoniaque*, et le sel prend une couleur brune en se changeant en *biiodure*, NH^4,I^2. Cet effet se produit aussi, mais lentement, sur la dissolution de ce sel qui se colore de plus en plus. On obtient l'iodure directement. Le biiodure une fois formé, quand il est solide, perd la moitié de l'iode qu'il contient, se décolore, et redevient monoiodure par son exposition à l'air.

L'*iodate d'ammoniaque* (AzH^4O,IO^5 *ou* $AzH^3,HO,IO^5 = 193,3$) est très peu soluble dans l'eau à froid ; 100 parties d'eau en dissolvent 2,59 à + 15°, et 14,49 à + 100°. On ne l'obtient qu'en poudre cristalline, par le refroidissement d'une dissolution saturée bouillante ; mais, si la dissolution n'a été faite qu'à une température de + 30 à + 40 degrés, on obtient, par l'évaporation spontanée, de petits cristaux dans lesquels on reconnaît facilement la forme cubique. Il est plus stable que le chlorate et le bromate d'ammoniaque ; il ne se décompose pas spontanément ; à + 150°, il se décompose en produisant de l'oxygène, de l'azote, de l'iode et de l'eau. On le prépare en traitant l'ammoniaque par le chlorure d'iode ou par l'acide iodique. Par le *chlorure d'iode*, il se fait du chlorhydrate et de l'iodate d'ammoniaque ; en agissant à chaud, par le refroidissement de la dissolution, l'iodate se dépose, tandis que le chlorhydrate reste dans l'eau mère.

Le *fluorure d'ammonium* ou *fluorhydrate d'ammoniaque* (AzH^4Fl *ou* $AzH^3, HFl = 36$) cristallise par sublimation en prismes déliés : quand il est sec, on peut le conserver sans altération ; s'il est humide, quand on le sublime, il se dégage de l'ammoniaque, et il se produit du *fluorure acide* ou *fluorhydrate de fluorure d'ammonium*: AzH^4Fl,HFl. Il est soluble dans l'eau et un peu dans l'alcool. Il fond lorsqu'on le chauffe, puis il se sublime. Lorsqu'il est en dissolution dans l'eau, il se forme toujours du *fluorhydrate de fluorure*, qui attaque le verre et qui peut servir à le graver. Berzélius le préparait en chauffant dans une cornue de platine un mélange de chlorure d'ammonium avec le quart de son poids de fluorure de sodium, les deux sels étant secs et en poudre fine ; ou dans un creuset de platine dont le couvercle est creux et que l'on remplit d'eau que l'on renouvelle ; on doit chauffer doucement le fond du creuset.

L'*ammonium* forme plusieurs *sulfures*, comme le potassium et le sodium, mono, bi, tri, quadri, quinti et septisulfure ; tous ont une odeur fétide des plus désagréables : c'est le *sulfure d'ammonium* qui se dégage souvent des fosses d'aisances, et qui répand l'odeur infecte qui se fait sentir surtout dans les temps humides.

Le *monosulfure d'ammonium* ou *sulfhydrate d'ammoniaque* (AzH^4S ou $AzH^3,HS = 34$) peut se préparer par voie humide et par voie sèche ; par ce dernier procédé, on peut l'obtenir en cristaux incolores transparents. Il est très odorant ; son odeur rappelle celle de l'*acide sulfhydrique*, mais elle est beaucoup plus désagréable ; il est très soluble dans l'eau. Lorsqu'on l'a obtenu par voie humide, il peut cristalliser dans le flacon qui a servi à le préparer. Il est, dans les deux modes de préparation, tout à fait incolore, si l'on s'est mis à l'abri du contact de l'air ; mais, si ce gaz est en contact avec le sel produit, il se colore immédiatement, l'acide sulfhydrique absorbe l'oxygène pour produire de l'eau et du soufre ; celui-ci se dissout dans le sulfure, qui perd en même temps de l'ammoniaque qui se forme. Le sel devient ainsi un polysulfure dans lequel la proportion de soufre est d'autant plus grande, et la coloration par suite d'autant plus forte, qu'il y a eu plus d'air à intervenir. Il faut purger d'air les appareils, si l'on veut avoir un produit incolore.

Pour le préparer par la voie humide, on monte un appareil de Woolf, comme pour l'acide sulfhydrique : cet appareil est composé d'un flacon à tubulures dans lequel on dégage de l'acide sulfhydrique au moyen du sulfure de fer, de l'eau et de l'acide sulfurique. Le gaz passe dans un second flacon contenant seulement de l'eau pour le laver et le purifier, puis dans un troisième contenant la moitié d'un volume d'ammoniaque étendu d'eau dont on met l'autre moitié en réserve ; le flacon dans lequel est l'ammoniaque doit être refroidi pour empêcher la volatilisation de l'ammoniaque : on fait passer lentement le gaz sulfhydrique jusqu'à ce qu'il y en ait un excès, puis on ajoute l'autre moitié de l'ammoniaque ; l'opération avait produit du *sulfhydrate de sulfure d'ammonium*, $AzH^3 + 2HS = AzH^4S, HS$; en ajoutant l'autre partie d'ammoniaque, on obtient $2(AzH^4,S)$.

Le *bisulfure d'ammonium* ($AzH^4S^2 = 50$) n'est connu qu'à l'état de dissolution ; il est coloré en jaune clair ; il a la même odeur que le monosulfure ; il ne se comporte pas comme une sulfobase. Pour le préparer, on ajoute à la dissolution du monosulfure de la fleur de soufre bien lavée à l'eau distillée : le flacon doit être bien rempli, puis bouché : on laisse digérer tant qu'il se dissout du soufre. Il ne sert que dans les laboratoires comme réactif.

Le *quintisulfure d'ammonium* (AzH⁴S⁵ = *98*) est volatil, et cristallise en prismes parfaitement nets, à base carrée, et terminés par un pointement ; ils sont colorés en rouge orangé ; ils s'altèrent promptement à l'air, surtout quand il est humide : il se produit du sulfure d'ammonium, de l'hyposulfite d'ammoniaque et du soufre. L'eau le dissout, mais le décompose aussi : 3 équivalents de soufre se déposent, il reste du bisulfure en dissolution. Le soufre qui se dépose est du soufre mou. L'alcool dissout le quintisulfure sans le décomposer immédiatement ; mais on voit bientôt des cristaux de soufre se former ; et il reste, de même qu'avec l'eau, du bisulfure.

On obtient facilement ce quintisulfure en distillant un mélange intime de quintisulfure de potassium et de chlorure d'ammonium :

$$KS^5 + AzH^4,Cl = KCl + AzH^4,S^5.$$

Le *septisulfure d'ammonium* (NH⁴,S⁷ = *112*) est coloré en rouge rubis, sous forme de petits cristaux indéterminés. Il est assez stable ; on peut le conserver facilement dans un flacon, pourvu qu'il en soit rempli, parfaitement bouché et à l'abri de la lumière. Il est insoluble dans l'eau ; l'acide chlorhydrique ne le décompose que lentement. On l'a obtenu en laissant refroidir sous une cloche de verre une dissolution chaude de quintisulfure ; il se volatilise du sulfure d'ammonium, une autre partie reste en dissolution, et le septisulfure se dépose au fond de la dissolution. Ces cristaux se forment aussi par la décomposition spontanée des cristaux de quintisulfure. Il n'a pas d'analogue dans les sulfures de potassium, etc.

On connaît un autre *sulfure d'ammonium* appelé *liqueur fumante de Boyle*, dont la composition n'a pas été déterminée ; c'est un liquide jaune foncé, qui répand d'abondantes fumées quand on le met au contact de l'air : ces fumées épaisses résultent de la décomposition de la vapeur qu'il répand, et que l'oxygène de l'air change en sels non volatils. Pour le préparer, on fait un mélange intime de 1 partie de soufre en fleur, de 2 de chaux vive et de 2 de chlorure d'ammonium parfaitement pulvérisés ; on chauffe dans une cornue à laquelle on adapte un petit ballon tubulé préalablement séché et qu'il faut refroidir.

On connaît encore d'autres combinaisons de ce genre que l'on prépare en faisant passer dans un tube de porcelaine, chauffé au rouge naissant, du gaz ammoniac et de la vapeur de soufre ; il se dépose, dans les parties froides du tube et dans l'allonge que l'on y adapte, de gros cristaux jaunes, qui sont un autre sulfure d'ammonium dont on n'a pas déterminé les proportions. Si l'on portait la température du tube au rouge vif,

on obtiendrait un autre sulfure qui est incolore, qui semble être le monosulfure, mais qui cependant en diffère par une plus grande volatilité.

Le *sulfate d'oxyde d'ammonium* ou *d'ammoniaque* (AzH^4O,SO^3 *ou*
$AzH^3,HO,SO^3 = 66$) cristallise de la même manière que le sulfate de potasse ; il est décomposé par la chaleur ; il se forme de l'eau, de l'azote,
du sulfite d'ammoniaque, qui se condense sur les parois froides du vase
dans lequel on le chauffe ; une petite quantité de sulfate se sublime cependant sans décomposition ; sa saveur est salée, amère, désagréable. L'eau
en dissout la moitié de son poids à la température ordinaire, et son poids
à celle de l'ébullition ; on ne peut obtenir une cristallisation régulière que
par l'évaporation spontanée d'une dissolution saturée à froid. Le *sulfate
d'ammoniaque* est insoluble dans l'alcool anhydre ; mais il se dissout
en petite quantité dans l'alcool dont la densité est 0,905. On le prépare en
grand au moyen des liquides provenant de la distillation des matières
animales, principalement les os dans la fabrication du charbon animal,
de ceux recueillis par la distillation de la houille pour le gaz d'éclairage
et des urines putréfiées. Tous ces liquides contiennent du *carbonate d'ammoniaque*, on peut en obtenir le *sulfate*, soit en les traitant par l'acide
sulfurique ou par le sulfate de fer, ou en filtrant ces liquides à travers de
la pierre à plâtre qui est du sulfate de chaux hydraté : ce sel n'est que peu
soluble ; le carbonate d'ammoniaque, en filtrant à travers, opère une
double décomposition, d'où il résulte du carbonate de chaux insoluble
et du sulfate d'ammoniaque très soluble qui filtre :

$$CaO,SO^3 + AzH^4O,CO^2 = CaO,CO^2 + AzH^4O,SO^3.$$

Le *sulfate d'ammoniaque* ainsi obtenu entraîne avec lui l'huile empyreumatique, qu'on enlève pendant la concentration, cette huile venant
à la surface d'autant plus facilement que la dissolution se concentre davantage. Quand la dissolution est assez concentrée, on la fait couler dans des
cristallisoirs, ou, si l'on veut, on l'évapore à siccité ; puis on chauffe
sur la sole d'un four à réverbère à la température du rouge naissant ; on
chasse ou décompose ainsi les produits pyrogénés qui coloraient le sulfate
d'ammoniaque ; une très petite portion du sel se décompose ; il n'est plus
mêlé qu'avec le charbon qui reste de la décomposition des matières organiques. Lorsqu'on traite ces matières par le sulfate de fer, l'oxyde de fer
entraîne la plus grande partie des produits pyrogénés, de sorte que la
purification est plus facile. Quand le sel a été calciné, on le dissout dans
1 fois $\frac{1}{2}$ son poids d'eau bouillante ; on filtre pour séparer le charbon, et
l'on reçoit dans des cristallisoirs. Quant aux urines putréfiées, on préfère

en dégager l'ammoniaque en les chauffant avec de la chaux comme pour le sel ammoniac; les vapeurs ammoniacales sont reçues dans des vases contenant de l'acide sulfurique à 50 ou 53 degrés au plus. Dans les laboratoires, on le prépare en versant lentement de l'ammoniaque dans l'acide sulfurique, auquel on a ajouté deux fois son volume d'eau, et non l'acide sulfurique dans l'ammoniaque, parce que, la température s'élevant beaucoup par la combinaison, il y aurait une grande partie de l'ammoniaque qui, n'étant pas neutralisée, se dégagerait.

Le *sulfate d'ammoniaque* est employé en grande quantité dans les arts pour la fabrication de l'*alun ammoniacal;* il entre aussi dans la confection des engrais, parce que, au contact du carbonate de chaux, il donne peu à peu du carbonate d'ammoniaque qui se volatilise en partie, et est absorbé en vapeurs par les feuilles, en dissolution par les racines, pour fournir de l'azote aux plantes.

Le gaz ammoniac anhydre peut se combiner avec l'acide sulfurique anhydre; mais le produit, qui a été nommé *sulfamide* ($AzH^3SO^2 = 57$), n'a aucune des propriétés du *sulfate d'ammoniaque*. La combinaison des deux corps s'opère énergiquement; le composé est pulvérulent, soluble dans l'eau; il peut être neutre, ou avoir un excès d'acide correspondant exactement au sulfate acide d'ammoniaque, et est représenté par la formule $3AzH^3,4SO^3$, et souvent on obtient un mélange des deux.

Pour cela, on fait arriver des vapeurs d'acide sulfurique anhydre dans un flacon absolument sec et entouré d'un mélange réfrigérant; ces vapeurs s'y condensent en tapissant les parois de flocons neigeux. Lorsque la quantité d'acide condensé a tapissé toutes les parois d'une couche mince, on cesse de faire arriver les vapeurs acides, et l'on fait passer lentement le gaz ammoniac préalablement séché sur la chaux. Il faut entretenir le mélange réfrigérant, parce que la température s'élève pendant la combinaison qui s'opère rapidement, au commencement de l'opération, jusqu'à ce que l'on ait obtenu le produit acide; une fois arrivé à ce terme, l'absorption de l'ammoniaque ne se fait plus qu'avec une extrême lenteur et beaucoup de difficulté. Pour faciliter l'action, on détache, au moyen d'un fil de platine recourbé et aplati à son extrémité, la couche déposée sur les parois, et l'on recommence à faire passer le gaz ammoniac très lentement; si l'on veut parvenir à convertir le tout en combinaison sans excès d'acide, il faut faire passer le flacon sous une cloche pleine de gaz ammoniac sec sur le mercure : pour cela, on ferme l'ouverture du flacon au moyen d'un fort papier bien desséché ; on maintient l'appareil jusqu'à ce qu'il n'y ait plus d'absorption, ce qui demande plusieurs jours. Le produit que l'on obtient de cette manière est pulvérulent et semble, au micro-

Une verrerie.

scope, composé de granules sphéroïdaux. Il est soluble dans l'eau, et se transforme assez promptement en sulfate d'ammoniaque. Si l'on chauffe la dissolution à une température supérieure à $+ 50°$, la transformation s'opère très rapidement, ce qu'il est facile de reconnaître à la manière dont elle se comporte avec le chlorure de baryum, qui produit alors un précipité de sulfate de baryte, ce que ne fait pas la dissolution de *sulfamide ;* ce résultat montre que, dans ce dernier corps, l'acide sulfurique a changé de nature ou de propriétés. En arrêtant l'opération au moment où l'absorption de l'ammoniaque cesse de se faire rapidement, on obtient la combinaison $3AzH^3,4SO^3$, qui, par la fusion, dans un courant de gaz ammoniac, est pur de la combinaison neutre ; après le refroidissement, le produit se prend en masse cristalline ; pour le fondre, on fait passer un courant de gaz ammoniac, parce que, sans cela, il y aurait contact de l'air et décomposition de ce corps ; il se dégagerait de l'*azote* et du *sulfite d'ammoniaque ;* le sulfate d'ammoniaque acide restant se volatiliserait. Lorsqu'il est pur, il rougit le papier de tournesol ; il est soluble dans l'eau ; la dissolution n'est pas précipitée par le chlorure de baryum rendu acide ; mais, si l'on fait bouillir la dissolution à laquelle on a ajouté ce chlorure, on ne tarde pas à voir du sulfate de baryte se précipiter, cette température déterminant, comme dans le composé neutre, la formation du sulfate d'ammoniaque. L'alcool ne le dissout pas, et le précipite, au contraire, de sa dissolution aqueuse : on ne sait pas cependant si le corps précipité a la même composition. L'acide sulfurique monohydraté le dissout à froid sans décomposition : mais, si l'on chauffe, il y a un fort dégagement d'acide sulfureux. On pourrait tirer de cette réaction une conclusion possible, sinon certaine ; c'est que, dans ce produit qui ne précipite pas la dissolution acide de chlorure de baryum, ce n'est pas de l'acide sulfurique qui existe, mais réellement de l'acide sulfureux : on peut donc assigner hypothétiquement à ce composé deux formules différentes de celle qui a été donnée, AzH^3SO^3. Si c'est de l'acide sulfureux qui s'est produit dans la combinaison, un des équivalents d'oxygène de SO^3 a dû se porter sur AzH^3, puisqu'il ne s'en est pas dégagé, et donner AzH^3O ; mais comment ces trois corps simples sont-ils groupés ? est-ce de l'ammonium $Az\genfrac{}{}{0pt}{}{H^3}{H}$ dans lequel 1 équivalent d'oxygène est substitué à 1 équivalent d'hydrogène et que l'on pourrait écrire $Az\genfrac{}{}{0pt}{}{H^3}{O}$ ou bien de l'amidogène et 1 équivalent d'eau, $AzH^2 + HO$?

Le *sulfite neutre d'ammoniaque* (AzH^4O,SO^3 *ou* $AzH^3,HO,SO^2 = 58,60$)

cristallise en prismes à six pans terminés par un pointement à six faces ;
il a une saveur salée, âcre, sulfureuse ; il est très soluble dans l'eau, qui,
à la température ordinaire, en dissout son poids ; il est beaucoup plus soluble à chaud. Les cristaux contiennent 1 équivalent ou 13 1/2 pour 100
d'eau ; il est insoluble dans l'alcool, qui le précipite de sa dissolution
aqueuse. La chaleur le décompose ; la moitié de l'ammoniaque se dégage ;
il se forme ensuite, en élevant la température, un sublimé qui est du
bisulfite anhydre. Le sulfite neutre se transforme en sulfate par le contact de l'air : ce sulfite a une réaction alcaline ; et, quand il est changé en
sulfate, il est neutre aux réactifs colorés. On le prépare en faisant passer
un courant de gaz acide sulfureux dans de l'ammoniaque liquide ; on se
sert d'un appareil de Woulf. Le flacon dans lequel on opère la combinaison doit être refroidi par un mélange de glace et de sel ; autrement
une grande partie de l'ammoniaque se dégagerait, par suite de l'élévation de température produite par la combinaison. On fait passer le gaz
presque jusqu'à saturation. Le sel finit par cristalliser ; mais, quand l'opération est terminée, en chauffant légèrement le flacon, les cristaux se
dissolvent, et l'on verse la liqueur du flacon dans une capsule que l'on
refroidit pour faire cristalliser de nouveau.

Le *bicarbonate d'ammoniaque* (AzH⁴O,HO,2 CO² = 79) produit des cristaux de la même forme que ceux du carbonate de potasse, qui contiennent
1 équivalent d'eau de combinaison et non de cristallisation : on peut le
considérer comme de l'eau basique dont la proportion est de 11,4 pour
100 du sel. Il est inodore ; sa saveur est piquante ; la chaleur le décompose : il perd 1 équivalent d'eau et le quart de l'acide carbonique, et se
transforme en sesquicarbonate qui se sublime ; il se volatilise spontanément sans décomposition ; quand il est renfermé dans un flacon bien bouché, les vapeurs produites forment des cristaux à la partie supérieure du
vase, comme cela arrive pour le camphre. 100 parties d'eau en dissolvent
16,66 à la température de + 10°. Il serait certainement plus soluble à
chaud, mais on ne pourrait obtenir ainsi une dissolution plus concentrée
qu'en chauffant sous pression dans une atmosphère d'acide carbonique
car, à l'air libre, la dissolution perd de l'acide carbonique dès la température de + 36°. En faisant bouillir pendant un certain temps, le sel finit
par être transformé en sesquicarbonate ; si l'on continue l'ébullition, il ne
reste que le carbonate neutre. Le *bi* et le *sesquicarbonate d'ammoniaque*
s'unissent en diverses proportions ; souvent ces combinaisons variables
se produisent pendant la dissolution à chaud, et cristallisent par le refroidissement. On peut préparer ce sel par divers moyens. Le carbonate ordi-

naire du commerce, qui est le sesquicarbonate, peut être représenté par
1 équivalent de bicarbonate plus 1 de carbonate neutre; si on l'expose à
l'air après l'avoir mis en poudre, il perd peu à peu le tiers de son ammoniaque, et du bicarbonate reste. Si l'on fait une dissolution concentrée de
ce sel, et qu'on y ajoute de l'alcool, le bicarbonate se dépose, et le carbonate neutre reste dissous. On peut aussi le préparer en saturant l'ammoniaque d'acide carbonique, dans un appareil de Woolf.

Sesquicarbonate d'ammoniaque ($2AzH,40,3\,CO^2 = 118$). Cette combinaison est la seule que l'on cherche à obtenir dans l'industrie. On peut
le considérer comme le résultat de la combinaison de 1 équivalent de
bicarbonate avec 1 de carbonate neutre, quand il vient d'être fabriqué;
mais, au bout d'un certain temps d'exposition à l'air, la proportion de
bicarbonate augmente. C'est en grande partie ce carbonate qui se produit
par la distillation des matières animales; mais il serait tout à fait impossible de l'obtenir par ces produits, les huiles empyreumatiques se vola-
tiliséraient en même temps que lui et le souilleraient toujours.

C'est souvent en chauffant un mélange à équivalents égaux de chlorhydrate d'ammoniaque ou chlorure d'ammonium et de carbonate de
chaux (craie) par l'action de la chaleur qu'on l'obtient; il se forme du
chlorure de calcium fixe et du carbonate d'ammoniaque volatil:

$$AzH^4Cl + CaO,CO^2 = CaCl + AzH^4O,CO^2.$$

Mais, sous l'influence de la chaleur, le carbonate neutre qui se forme
perd une partie de son ammoniaque, et c'est du *sesquicarbonate* que l'on
recueille. Pour éviter autant que possible cette perte, on fait arriver avec
pression, dans les appareils de condensation, de l'acide carbonique qui
vient s'ajouter à celui du carbonate neutre pour constituer le sesquicarbonate. L'acide carbonique en excès dans un des vases passe dans le
suivant, et ainsi de suite; la perte d'acide carbonique n'est pas à com-
parer à celle de l'ammoniaque. Ce sel forme dans les récipients une
croûte épaisse, blanche, composée de cristaux entre-croisés qui ne contiennent pas d'eau de cristallisation. Lorsqu'on veut le sublimer, il est nécessaire de ménager beaucoup la chaleur; car, si l'on élève trop la température, les deux gaz se séparent et ne se combinent qu'incomplètement,
quoique en présence l'un de l'autre. (Barruel.)

CHAPITRE III

MÉTAUX ALCALINO-TERREUX. — CALCIUM. BARYUM. — STRONTIUM.

MÉTAUX ALCALINO-TERREUX. — Le *calcium*, le *baryum* et le *strontium*, présentent entre eux de grandes analogies ; ils forment avec l'oxygène un protoxyde à base énergique et un bioxyde neutre. Ils donnent, avec le chlore, un seul chlorure qui absorbe de grandes quantités de gaz ammoniac. Les carbonates de ces trois corps sont *isomorphes*. Ces métaux présentent à l'analyse spectrale de très beaux spectres caractéristiques ; les raies du *calcium* sont orangées, avec une bande verte et une raie bleue ; celles du *strontium* sont plusieurs raies rouges distinctes de celles du *potassium* et du *lithium*, et une raie orangée et une raie bleue. Le spectre du *baryum* se compose d'une série de raies brillantes qui s'étendent depuis la raie C du spectre dans l'orangé jusqu'à la raie H ; les plus belles sont les raies vertes.

CALCIUM (Ca = 20). — Le *calcium* est le métal qui sert de radical à la *chaux* ; pur, c'est un métal précieux, blanc, avec éclat métallique ; il brûle au contact de l'air, pour y prendre de l'oxygène et y devenir la substance même dont il est la base : le *protoxyde de calcium* ou *chaux*. C'est depuis Davy, en 1808, que l'on connait ce métal, car c'est lui qui parvint le premier à l'extraire au moyen de la pile voltaïque. Il y a même une expérience très curieuse à laquelle sa production donne lieu. Quand on jette dans l'eau des morceaux de *phosphure de calcium*, ce composé se décompose pour donner le phosphore qu'il contient à l'hydrogène de l'eau, et former ainsi de l'*hydrogène phosphoré*. Or, cet hydrogène phosphoré s'échappe par bulles qui se succèdent rapidement et vont crever à la surface en prenant feu ; de sorte qu'il semble que c'est l'eau même qui brûle.

Mais, depuis Davy, on ne pouvait encore extraire le *calcium* que par très petites quantités, et seulement par l'action de la pile ; c'est en 1857 seulement que MM. Liès-Bodard et Jobin ont présenté à l'Académie un procédé *chimique* propre à l'extraire en quantités plus grandes. Ce procédé consiste à prendre de l'*iodure de calcium* et à le traiter par le *potassium* dans un creuset de fer bouché par un couvercle à vis. Le *calcium* se dégage et devient libre.

PROTOXYDE DE CALCIUM ou CHAUX $(CaO = 28)$. — La *chaux* se trouve dans la nature à l'état de *carbonate* (craie, marbre, etc.), à l'état de *sulfate* (gypse, pierre à platre), enfin à l'état de *phosphate* et de *silicate*. Ses applications industrielles sont connues.

La *chaux* est blanche, amorphe ; sa densité est 3,3 ; elle est infusible et indécomposable par la chaleur. Elle est très caustique ; quand on verse un peu d'eau sur des fragments de chaux anhydre, le liquide est d'abord absorbé sans aucun autre phénomène apparent ; mais bientôt la chaux s'échauffe et réduit en vapeur une partie de l'eau qui avait pénétré dans ses pores ; en même temps, elle se gonfle, se fendille et tombe en poussière. Le produit ainsi obtenu est de l'*hydrate de chaux*, CaO,HO. La chaleur dégagée dans cette hydratation est extrême et capable d'élever à 300° la température d'un corps plongé dans sa masse. Cette chaux hydratée est appelée *chaux éteinte*, tandis que la chaux anhydre est nommée *chaux vive*. Le *lait de chaux* est de la chaux éteinte, délayée dans un peu d'eau ; si l'on ajoute au lait de chaux une plus grande quantité d'eau, et qu'après avoir agité le mélange on le laisse déposer, on obtient au-dessus de la liqueur déposée une liqueur limpide qu'on appelle *eau de chaux*.

Toutes les variétés de calcaires naturels, même les coquilles et les madrépores vivants, peuvent servir à la fabrication de la chaux. Toutefois, on applique plus particulièrement à cet usage le *calcaire grossier* ou *pierre à chaux*. La décomposition se fait dans des fours, qui, selon leur installation, ont une marche intermittente ou continue. La forme de ces fours est très variable, et chaque fabricant adopte celle qui lui est la plus avantageuse d'après les conditions de pays, de situation, etc., dans lesquelles il se trouve. Il y a les fours à chaux chauffés au bois, chauffés à la houille, à la tourbe ; les fours à chaux continus ou coulants à la houille. Nous décrirons seulement ces derniers, afin de faire comprendre l'opération.

Dans ces fours (*fig.* 320), qui ont une hauteur de 8 à 10 mètres, le combustible est brûlé sur une grille latérale A. La flamme et les produits de la combustion montent par un carneau vertical B, et entrent dans le four par trois ouvertures C, placées à 2 mètres environ au-dessus du sol, sur trois points équidistants dans un plan horizontal. Du côté opposé au

foyer, se trouve une embrasure D, au bas du four, qui sert au défourne-
ment de la chaux cuite. Souvent, au-dessus du gueulard E, on établit une
hotte en tôle F, pour activer et régulariser le tirage ; il y a dans cette
hotte une porte G pour le chargement de la pierre. Lorsqu'on commence
la mise en train, on forme une voûte à sec au-dessus de la sole avec de
grosses pierres, et on remplit le four de pierres concassées de même vo-

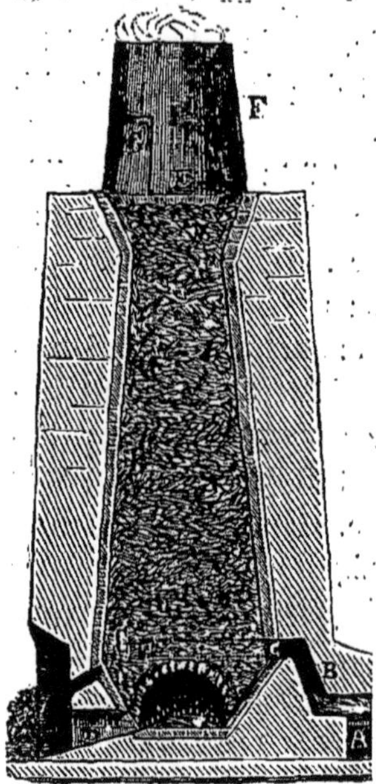

Fig. 320. — Four a chaux
coulant par la houille.

lume ; on fait un feu de bourrées sèches sous
la voûte en D, et, aussitôt que la chaleur est
portée au rouge jusqu'à 2 mètres environ au-
dessus, on cesse de faire du feu en D, mais on
augmente le chauffage par le foyer A. La chaleur dégagée cuit la pierre dans les régions
supérieures du four. Toutes les douze heures,
on enlève la chaux qui se trouve au bas du
cylindre, et on charge par le haut une quantité équivalente de pierres calcaires. On ne
s'arrête que lorsqu'il y a des réparations à
faire. La chaux cuite ainsi n'est pas souillée
par les cendres du combustible et elle offre
plus de régularité dans sa cuisson.

Il est évident que la nature des pierres
soumises à la calcination influe sur celle de la
chaux caustique obtenue. On distingue donc la
chaux, en *chaux aériennes*, c'est-à-dire que
l'on emploie dans les constructions ordinaires,
et qui se subdivisent en *chaux grasses* et *chaux
maigres*, et en *chaux hydrauliques*, c'est-à-dire qui se solidifient promptement sous l'eau.

La *chaux grasse* provient de la calcination des calcaires à peu près
purs ; elle est blanche ; en s'*éteignant*, elle produit un dégagement de
chaleur et double de volume ; elle *foisonne*, dit-on ; elle est douce et onc-
tueuse au toucher ; elle forme avec l'eau une pâte liante et grasse. La
chaux maigre provient des calcaires impurs contenant un peu de magnésie, d'oxyde de fer et d'argile ; elle est grise ; en s'*éteignant*, elle dégage
peu de chaleur et augmente à peine de volume ; elle forme avec l'eau une
pâte courte et peu liante. Les *chaux hydrauliques* sont ordinairement jaunes ; elles s'échauffent peu, se délitent difficilement et augmentent à peine
de volume par l'extinction ; elles forment avec l'eau une pâte courte, qui,
à l'air, ne prend qu'une médiocre consistance, tandis qu'elle durcit considérablement sous l'eau au bout de quelque temps. Ces chaux résultent de

la calcination d'un calcaire contenant de 10 à 30 pour 100 d'argile. Entre ces limites la chaux est d'autant plus *hydraulique*, c'est-à-dire durcit d'autant plus vite qu'elle contient plus d'argile.

La marine américaine utilisa la lumière du *magnésium* pour empêcher de rompre le blocus des ports.

Le *ciment* est une variété de *chaux* qui, mélangée à l'eau, se solidifie en quelques instants, soit à l'air, soit sous l'eau. Il peut être *gâché* et appliqué comme le plâtre. Il s'obtient par la calcination de calcaires qui contiennent de 30 à 60 pour 100 d'argile. Le *ciment de Portland* a été fabriqué pour la première fois en 1824, par Thomas Apsden, de Leeds; mais, quatorze ans avant cette date, M. Vicat avait déjà indiqué les moyens d'obtenir une *chaux hydraulique*, et son procédé avait été appliqué sur une petite échelle à Meudon. La méthode adoptée par les premiers inventeurs, et qui consiste à mélanger de la chaux avec de l'argile et à calciner le produit, ressemble peu à la méthode actuellement usitée. Aujourd'hui, on mélange intimement dans les proportions voulues la pierre calcaire et l'argile; on fait sécher le mélange, puis on opère la cuisson et enfin le broyage. Le *ciment* ainsi obtenu a l'avantage d'être plus homogène, et l'on économise une opération, puisque l'on n'a pas à réduire préalablement la pierre calcaire en chaux.

La composition exacte du *ciment de Portland* n'a jamais été soigneusement déterminée. Nous connaissons bien les proportions des éléments constitutifs, mais nous ne savons pas s'ils se trouvent à l'état de mélange ou à l'état de combinaison chimique. La théorie la plus probable est que, pendant la cuisson, le *silicate d'alumine* est décomposé, l'alumine agissant sur la chaux comme un acide, et prenant la place d'une partie de l'acide carbonique, éliminé par la cuisson, pour constituer un *aluminate de chaux*. La silice libre forme de même du *silicate de chaux*.

On appelle *mortiers* les substances destinées à unir entre eux les matériaux de construction. Ils durcissent avec le temps et contractent une forte adhérence pour les pierres avec lesquelles ils sont en contact. Les *mortiers ordinaires* sont des mélanges de chaux éteinte et de sable; ils durcissent au contact de l'air et prennent en un temps plus ou moins long une grande dureté. Les *mortiers hydrauliques* durcissent sous l'eau; ils résultent du mélange de chaux hydraulique et de sable, ou du mélange de chaux grasse et de matières argileuses cuites, telles que tuiles, poteries, briques pilées ou roches volcaniques, comme les *pouzzolanes*, roches très abondantes près du Vésuve avec lesquelles les Romains formèrent ces mortiers qui, dans leurs monuments, ont résisté aux efforts des siècles.

Le *béton* est un mélange de matériaux hydrauliques avec des cailloux et des petites pierres anguleuses. Fabriqué sur place et appliqué en couches superposées sur un terrain humide, il s'y solidifie et forme un sol imperméable. C'est pourquoi l'on établit sur du béton les piles des ponts, et l'on fait avec lui de gros blocs de pierres factices employées dans les fondations des digues à la mer.

La théorie de la solidification des *chaux* et des *mortiers* est fort simple. Les *mortiers aériens* acquièrent peu à peu une très grande dureté, parce que l'acide carbonique de l'air transforme lentement leur chaux hydratée en carbonate insoluble, qui contracte une grande adhérence pour les grains de sable. La chaux ne peut pas être employée seule pour réunir les pierres d'un édifice, parce qu'en se solidifiant elle subit un retrait qui laisse un vide entre ses différentes parties. Le sable fait disparaître cet inconvénient et détermine une adhérence parfaite entre le mortier et les matériaux. La solidification de la *chaux* et des *mortiers hydrauliques* est due à ce que l'argile qui existe à l'état de division extrême dans ces chaux et ces mortiers hydrauliques a été privée d'eau par la calcination en même temps que le calcaire perdait de l'acide carbonique et se changeait en chaux vive. Au contact de l'eau et de la chaux, elle tend non seulement à s'hydrater, mais à s'emparer de la chaux pour former un *silicate double d'alumine et de chaux*, ou un *silicate de chaux* et un *aluminate de chaux*, composés insolubles et acquérant une grande dureté.

FLUORURE DE CALCIUM ($CaFl = 38$). — Ce corps, appelé aussi *chaux fluatée, spath-fluor*, se rencontre fréquemment et en grande quantité dans la nature ; il est cristallisé en cubes présentant quelquefois les facettes conduisant à l'octaèdre régulier. Il est souvent nuancé de belles teintes jaunes, vertes ou violettes ; sa densité est 3,15. Beaucoup de variétés de cette substance sont phosphorescentes quand on chauffe leur poussière à une chaleur voisine du rouge. Il est insoluble dans l'eau, inaltérable à l'air ; la chaleur ne le décompose pas. Il sert dans les laboratoires à la préparation de l'*acide fluorhydrique;* on l'emploie quelquefois comme fondant en métallurgie parce qu'il fait entrer facilement en fusion les *sulfates de chaux* et de *baryte*, et réciproquement.

CARBONATE DE CHAUX ($CaO,CO^2 = 50$). — Le *carbonate de chaux* est le sel le plus abondamment répandu dans la nature ; il constitue, non seulement des roches, mais des terrains dans tous les âges des formations géologiques, depuis les terrains primitifs jusqu'aux terrains d'alluvion les plus récents, sous forme de *marbres* de différente nature, saccharoïdes ou compacts, de calcaires de toute forme, souvent remplis de débris de coquilles marines, fluviatiles ou terrestres ; la *craie*, les *marnes* sont aussi des calcaires plus ou moins purs. Les coquilles sont presque entièrement composées de *carbonate de chaux*, et, dans beaucoup de contrées maritimes, elles servent à la fabrication de la chaux ; les coraux, etc., le test des crustacés en contiennent, ainsi que les os des animaux vertébrés. Une circonstance assez remarquable, c'est que la quantité de *phosphate de chaux* diminue et celle de *carbonate de chaux* augmente à mesure que les animaux appartiennent à des ordres moins élevés. Les coquilles des œufs des oiseaux sont aussi en *carbonate de chaux*. C'est pourquoi, dans les fermes situées dans les pays dont le sol n'en fournit pas, on met de gros pains de craie que les poules vont becqueter par instinct pour fournir à leurs œufs la matière qui leur est nécessaire. Souvent on **le** trouve en cristaux dont les formes varient beaucoup, quoique dérivant toutes d'une même forme primitive qui est le rhomboèdre, et forme ainsi une première variété qui est la plus abondante et que l'on désigne sous le nom de *spath calcaire*. Toutes les formes secondaires de cette première espèce peuvent être facilement ramenées au rhomboèdre par le clivage. Les belles variétés qui viennent d'Islande, qui sont d'une limpidité et d'une pureté parfaite, et dont les beaux rhomboèdres se vendent fort cher, résultent du clivage de gros cristaux de la forme dodécaèdre scalène (variété nommée *métastatique*); ils servent à des expériences de polarisation, et à montrer le phénomène de double réfraction (PHYSIQUE, *Optique*, page 517). La seconde variété de *carbonate de chaux*, que l'on nomme *arragonite*, en est distinguée par une forme cristalline incompatible avec la précédente. La forme dominante est un prisme hexaèdre, produit par la réunion de prismes droits rhomboïdaux.

Le *carbonate de chaux* est, comme on le voit, un corps dimorphe. L'analyse ayant trouvé dans beaucoup de variétés d'arragonite des quantités sensibles de strontiane, Haüy avait attribué exclusivement à la présence de ce corps la différence de forme; et il est probable qu'il n'avait pas tort. Ces deux variétés diffèrent, en outre, un peu par leur densité : celle du *spath calcaire* étant 2,7, celle de l'*arragonite* est 2,8 à 2,9. La dureté de l'arragonite est beaucoup plus grande que celle du spath calcaire. On peut, en outre, facilement distinguer ces deux variétés par l'action de la chaleur : si l'on expose un fragment d'arragonite à la flamme d'une bougie, il se disperse très facilement en poudre, tandis que si l'on chauffe un morceau de spath, il reste entier; et, si l'on continue l'action du chalumeau, on le transforme en chaux, ce dont il est facile de s'assurer en humectant légèrement le creux de la main pour y mettre le fragment qui a été chauffé : la chaleur produite par la combinaison de la chaux avec l'eau cause un sentiment de brûlure très vif, qui agit immédiatement. Si l'on examine à la loupe les parcelles produites par l'action de la chaleur sur l'arragonite, pourvu qu'on n'ait pas chauffé au rouge, on voit que ces fragments ont la forme rhomboédrique. Ce changement est du même ordre que celui que l'on observe dans le soufre prismatique, qui spontanément se transforme peu à peu en petits octaèdres.

Le *carbonate de chaux* se trouve en dissolution dans la plupart des eaux qui le dissolvent surtout au moyen de l'acide carbonique qu'elles contiennent naturellement ou qu'elles ont pris dans l'air : quelques-unes, très chargées d'acide carbonique, contiennent une assez grande quantité de carbonate de chaux pour être incrustantes. Les eaux chargées de carbonate de chaux, lesquelles, filtrant à travers les terres, rencontrent des espaces vides, comme les grottes, tombent en gouttes, abandonnent peu à peu du carbonate de chaux aux voûtes par leur évaporation, et produisent ainsi peu à peu des cônes pendants, plus ou moins réguliers, que l'on nomme *stalactites.* La portion des gouttes, non évaporée, qui tombe sur le sol, s'évaporant à son tour, forme des dépôts du même genre ; ce sont des cônes ascendants que l'on nomme *stalagmites.* Ces deux cônes, s'allongeant incessamment, finissent souvent par se joindre et produisent ainsi des espèces de colonnes. Ces dépôts, composés de cristaux, reflètent vivement la lumière des torches des visiteurs. Ces grottes sont fréquentes ; les plus voisines de Paris sont celles d'Arcis, près d'Avallon, et de Caumont, près de Rouen. Une des plus célèbres est celle d'Anaparos (*fig.* à la page 924).

Dans le voisinage des sources incrustantes, aux bains de San-Felipe, à Royat, à Saint-Allyre, les habitants moulent des médailles, de petits bas-reliefs, en aspergeant de temps en temps l'intérieur des moules préalablement huilés comme pour le moulage en plâtre ; lorsque l'eau est évaporée, ils recommencent jusqu'à ce que les moules soient remplis. Quelquefois ils aspergent de la même manière des nids d'oiseaux, de petits paniers dans lesquels ils disposent des fruits, du feuillage, et renouvellent l'opération jusqu'à ce que la couche calcaire incrustante ait une assez grande épaisseur pour présenter de la solidité.

Les eaux incrustantes déposent leur carbonate de chaux dans les tuyaux qui servent à les conduire, et finissent par en diminuer tellement le diamètre qu'ils ne fournissent plus la quantité d'eau qu'ils doivent débiter ; c'est ce qui arrive pour les tuyaux qui amènent l'eau d'Arcueil à Paris. On est forcé de démonter les tuyaux et de les remplacer ; car on ne peut en retirer le dépôt calcaire qu'en les brisant. Ce dépôt n'est pas cristallisé comme dans les stalactites, mais en masse concrétionnée, souvent nuancée et susceptible d'un assez beau poli : c'est un véritable albâtre calcaire.

Le *carbonate de chaux* est presque insoluble dans l'eau qui ne contient pas d'acide carbonique ; il est infusible, si ce n'est quand on le renferme dans un cylindre de fer parfaitement fermé : l'acide carbonique, ne trouvant pas d'issue, reste combiné, et la masse entre en fusion. Lorsque l'on ouvre le tube convenablement refroidi, on trouve le carbonate de chaux en masse dont la cassure saccharoïde lui donne tout à fait l'apparence des beaux marbres statuaires. Cette expérience, due à Darcet, a fait penser que les marbres de cette nature devaient avoir été formés par l'action de la chaleur sous pression. Cependant on y trouve souvent des cristaux de bisulfure de fer en dodécaèdres pentagonaux, qui remplissent exactement la cavité d'où on les retire; ces cristaux n'ont pas pu se produire après la formation du marbre, et ils n'auraient pas résisté à la chaleur nécessaire pour opérer la fusion du carbonate de chaux. Dans plusieurs expériences directes faites dans le but de vérifier comment se comporterait le mélange de bisulfure de fer et de carbonate de chaux, nous avons trouvé la masse constamment et également pénétrée de sulfure de fer. Chauffé à vase ouvert, il perd son acide carbonique, il reste la chaux caustique; si le vase est en partie clos comme une cornue munie d'un tube pour recueillir le gaz, la décomposition ne s'opère qu'à une température beaucoup plus élevée. Il est anhydre; M. Becquerel a cependant obtenu des cristaux de carbonate de chaux hydraté en faisant bouillir dans 6 parties d'eau un mélange de 1 partie d'hydrate de chaux pulvérulent et de 3 de sucre. Lorsque la dissolution est opérée, on filtre bouillant. Au bout de quelques jours, on trouve des rhomboèdres très aigus, parfaitement nets, qui contiennent 5 équivalents ou 47,28 pour 100 d'eau. Ces cristaux fondent, à + 30°, dans cette eau de cristallisation, mais la fusion est pâteuse, et peu à peu la matière reste sèche et en poudre blanche. Ces cristaux, placés dans l'alcool bouillant, deviennent d'un blanc de lait, sans se déformer, et perdent 2 équivalents d'eau.

On prépare quelquefois du *carbonate de chaux*, par double décomposition, dans les laboratoires, pour en obtenir de la chaux pure; il est important, dans ce cas, de n'employer que du *carbonate d'ammoniaque* comme précipitant, et du *nitrate de chaux*, et non du *chlorure de calcium;* car autrement on ne serait pas certain d'avoir de la chaux pure. En effet, quand on précipite un sel de chaux dissous par un carbonate alcalin, le dépôt pulvérulent d'abord ne tarde pas à se mettre en petits cristaux, qui ne sont pas hydratés, mais contiennent toujours une petite quantité d'eau mère interposée et que les lavages ne peuvent entraîner. C'est pourquoi, si l'on s'est servi de carbonate de potasse ou de soude, la chaux en contiendra toujours un peu, à l'état de combinaison, avec l'acide du sel de chaux. C'est pourquoi il faut employer le *carbonate d'ammoniaque* dont tous les sels sont décomposés ou volatilisés par la chaleur, mais ce n'est pas suffisant, car, si l'on a versé du carbonate d'ammoniaque dans une dissolution de chlorure de calcium, il s'est produit du *chlorure d'ammonium* ou *chlorhydrate d'ammoniaque* qui, retenu dans l'eau mère interposée, se décompose par le *carbonate de chaux* lorsqu'on vient à commencer à chauffer, en donnant du *chlorure de calcium* qui reste mêlé à la *chaux* et du *carbonate d'ammoniaque* beaucoup plus volatil que le *chlorhydrate* de cette base : $CaO,CO^2 + NH^4Cl = CaCl + NH^4O,CO^2$; et la chaux qui reste après la calcination ne peut pas être pure. Mais, si l'on traite le *nitrate de chaux* par le *carbonate d'ammoniaque*, le *nitrate d'ammoniaque* qui reste dans l'eau d'interposition éprouve la même décomposition que le chlorhydrate par la même raison, et il reste du *nitrate de chaux;* mais ce sel se décompose avant le carbonate de chaux lui-même, et il ne reste alors que de la chaux pure.

Le carbonate de chaux est employé à des usages si connus qu'il n'est pas nécessaire d'en parler ; le plus important est la fabrication de la chaux.

SULFATE DE CHAUX $(CaO, SO^3 + 2HO)$. —Le *sulfate de chaux* se rencontre dans la nature sous deux états: *anhydre*, on le nomme *anhydrite* ou *karsténite;* et *hydraté.* Il constitue, sous cette dernière forme, la *pierre à plâtre* ou *gypse*.

Le *gypse*, qui est très employé dans les constructions, dans les arts, dans l'agriculture même, se trouve sous forme de bancs souterrains d'une grande étendue, souvent même d'une grande épaisseur. Montmartre, Lagny, Triel, sont des endroits justement réputés pour en fournir. C'est une substance cristallisée en fer de lance, et qui se divise facilement en feuillets, et qui n'est autre que de la pierre à plâtre pure, tandis que l'autre renferme toujours un peu plus d'un dixième de pierre à chaux ou *carbonate de chaux*. La différence entre la pierre à plâtre et le plâtre est que la première renferme toujours de l'eau de cristallisation; c'est un *sulfate de chaux hydraté*, et que la seconde, *sulfate de chaux anhydre*, est privée de cette eau de cristallisation. Les propriétés de la première sont d'être dure et inaltérable; celles de la seconde sont d'être très friable et très avide d'eau pour redevenir dure comme la pierre à plâtre. Pour transformer la pierre à plâtre en plâtre, il faut donc la calciner dans un four disposé à cet effet (*fig.* à la page 952).On a construit avec de grosses pierres à plâtre des espèces de petites voûtes semblables aux arches d'un pont, et sur elles on a chargé d'autres pierres, de manière que les plus grosses, celles qui laissent entre elles le plus d'interstices, soient à la partie inférieure ; on place au-dessus les fragments plus petits, puis les poussières. Des feux de fagots ou de broussailles allumés sous les voûtes élèvent peu à peu la température et amènent la dessiccation du plâtre. On conduit les feux de manière que la calcination se produise très lentement; elle dure de 10 à 12 heures. Une fois cuite et refroidie, on pulvérise la pierre à plâtre avec des *battes* en bois, puis on la tamise, soit dans des paniers, ce qui donne du *plâtre au panier,* soit dans un tamis en crin, ce qui donne du *plâtre au sas.* Le *gypse,* à cause de sa pureté, donne des plâtres qui sont employés pour les statues ou les bas-reliefs.

Pour se servir du plâtre, on le *gâche* dans une auge en bois. L'auge étant à moitié pleine d'eau, on verse le plâtre en poudre; on y mêle même quelquefois de la *musique,* mélange de sable et de terre qui lui communique plus de dureté; on agite le mélange avec une truelle, jusqu'à ce qu'on ait obtenu une bouillie bien homogène; cette bouillie est plus ou moins épaisse, suivant les usages auxquels on la destine. Pour sceller les pierres, par exemple, on la prépare épaisse; pour les plafonds, c'est tout le contraire. Cette bouillie s'épaissit peu à peu, en même temps que la température s'élève; puis elle se durcit finalement et redevient pierre à plâtre, mais sous une forme voulue. Peu à peu aussi et à la longue, l'action de l'air humide transforme un grand nombre de points de la surface du plâtre en lames brillantes. Les plafonds qui n'ont pas été passés à la colle subissent la même transformation, et le soir, à la lumière, rien n'est plus joli que ces myriades d'étincelles qu'on aperçoit brillant et disparaissant tour à tour, comme de véritables étoiles.

Le plâtre est légèrement soluble dans l'eau; les eaux qui en contiennent beaucoup sont dites *séléniteuses;* elles sont impropres à la cuisson des légumes et aux savonnages, parce que l'*acide pectique* des légumes se transforme en un *pectate* insoluble qui cuirasse le légume et l'empêche de cuire; l'acide gras des savons se transforme également en un sel calcaire insoluble; les effets du savon sont donc complètement annulés par suite de l'emploi des eaux de puits, qui en renferment des quantités notables. La présence du plâtre dans ces eaux est facilement explicable: les eaux pluviales, pour arriver à la couche d'argile, sont en effet obligées de traverser des couches de pierre à plâtre et elles en dissolvent toujours une certaine quantité.

On comprend que le plâtre étant soluble dans l'eau, les façades des maisons, crépies en plâtre, ainsi que les murs, finissent tôt ou tard par se détériorer complètement; aussi est-il essentiellement utile de préserver l'extérieur des maisons de ces atteintes de l'eau qui fouette, dissout, enlève les couches de plâtre et les détruit rapidement. Pour cela, on devrait toujours les enduire d'une couche de peinture à l'huile, qui d'abord embellirait les habitations et ensuite empêcherait l'eau de pénétrer. Il est vrai que cela coûte assez cher, mais les logements seraient plus sains et le grand nombre de maladies qui prennent naissance dans l'humidité ne surviendraient pas.

Poteries grecques (page 974).

L'industrie des *marbres artificiels* ou *stucs* a pris aujourd'hui un tel développement, qu'il est nécessaire d'en dire quelques mots. Ces *stucs* sont des compositions de *sulfate de chaux* durcies. On les prépare de plusieurs manières. On calcine les plus gros morceaux de gypse dans des fours à réverbère et on les trempe à la sortie du four dans une eau contenant 10 pour 100 d'*alun*. Après un bain de deux ou trois heures, ce plâtre aluné est recuit au rouge vif, puis pulvérisé et tamisé avec soin. Pour s'en servir, il faut le gâcher clair dans l'eau chaude et l'appliquer en ravalement. La couche une fois sèche, on la peint de plusieurs couches du même plâtre délayé très clair. Quelques jours après, le parement ainsi revêtu est poncé et prend le brillant du marbre. On peut préparer plus simplement un plâtre durci en y mêlant de la poussière d'alun très divisée.

On forme encore le *stuc de plâtre* en mêlant à du plâtre cuit, tamisé bien fin, de la poussière de marbre; on gâche ce mélange dans de la *colle forte,* dans de la *gomme arabique* ou dans une décoction de graines ou végétaux mucilagineux; l'application a lieu aussi par ravalement. Le stuc très dur, susceptible d'un beau poli, est préparé en mêlant aussi du marbre en poudre à une bouillie de chaux ou en solidifiant la chaux par l'acide carbonique. On produit différentes colorations dans les *stucs à plâtre* ou *à chaux* en y mélangeant des oxydes et des sels métalliques colorés et en poudre.

PHOSPHATE TRIBASIQUE DE CHAUX $(3\ CaO, PhO^3 = 156)$. Ce phosphate se trouve en abondance dans la nature, quelquefois en beaux cristaux très nets, souvent colorés en belles nuances violette, rouge clair, bleue, verte, jaune, et appelés *apatite*, dont la dureté est très grande. En Espagne, on le trouve en masses compactes. Il est très abondant dans les os des animaux; chez les mammifères, il en forme les quatre cinquièmes, le reste étant du *carbonate de chaux*. Insoluble dans l'eau pure, il se dissout dans l'eau qui contient un acide, et c'est par ce moyen que le *phosphate de chaux* nécessaire à la formation des graines de céréales peut y arriver. Les phosphates naturels contiennent toujours du *fluorure* et du *chlorure de calcium*. On l'utilise en agriculture après l'avoir transformé en *phosphate acide* ou *superphosphate* du commerce.

Pour cela, on broie les *phosphates* sous des meules verticales, puis on les réduit en farine entre des meules horizontales (*fig*. 321). La poudre est amenée par une chaîne B à godets et le tube C; dans un cylindre D, tourne un arbre en fer muni de palettes en hélice. La chaîne B, placée derrière la première, amène une quantité correspondante d'acide sulfurique à 50° Baumé. On fait tourner l'axe, le mélange se fait et est lentement transporté à l'autre extrémité du cylindre, d'où il tombe en pâte, par le tube E, dans une grande chambre G assez spacieuse pour recevoir 5 à 6 tonnes. La masse s'échappe et se solidifie; on la reprend pour la réduire en poudre. Pour enlever les vapeurs d'*acide chlorhydrique* et d'*acide fluorhydrique*, on fait communiquer les chambres par un tube large HI avec une colonne de coke mouillé K, qui condense la plus grande partie de ces vapeurs acides; un aspirateur L envoie dans la cheminée les gaz non condensés. Quand l'acide sulfurique a été employé en quantité suffisante, le phosphate acide obtenu reste indéfiniment soluble et assimilable par les plantes; mais si la quantité d'acide a été insuffisante, il se reforme du *phosphate tribasique* insoluble, par l'action du phosphate acide sur le carbonate qui existe mêlé au phosphate.

CHLORURE DE CHAUX. — Ce que l'on appelle *chlorure de chaux* est un mélange d'*hypochlorite de chaux*, de *chlorure de calcium* et de *chaux*. C'est lui qui remplace constamment le *chlore* dans l'industrie : soit

Fig. 321. — PRÉPARATION DES SUPERPHOSPHATES.

pour détruire les miasmes, pour assainir les ateliers, les prisons, les hôpitaux, les salles de dissection, les égouts, etc.; en un mot, tous les endroits rendus infects ou malsains par la décomposition des matières organiques. Son odeur moins suffocante, sans parler de sa facilité plus grande à être transporté que le chlore gazeux, le font préférer à celui-ci ; de plus, il agit lentement et détruit les miasmes sans agir d'une manière fâcheuse sur l'économie. On l'emploie aussi pour décolorer les chiffons destinés à la fabrication du papier. C'est une matière pulvérulente, blanche, d'une saveur âcre, d'une odeur caractéristique. Pour le préparer, on fait passer un courant de *chlore* sur de la *chaux éteinte*, disposée en couches minces sur des tablettes disposées le long des murs d'une chambre (*fig.* 322). Le chlore est produit dans des touries en grès A, chauffées au bain-marie, et contenant de l'*acide chlorhydrique;* le *bioxyde de manganèse* en morceaux est placé dans des cylindres en terre J, percés de tous côtés d'un grand nombre de petits trous et plongeant dans l'acide. L'attaque de ce bioxyde se fait ainsi très régulièrement et le chlorure de manganèse formé, tombant toujours au fond des touries, laisse l'acide chlorhydrique en contact avec le bioxyde de manganèse. Le chlore, en sortant par le tube B, se lave dans deux bonbonnes D, où il abandonne les traces d'acide chlorhydrique qu'il aurait pu entraîner, et arrive pur dans la chambre, où il rencontre la chaux humide, étendue en couches de 10 à 15 centimètres sur le sol et sur les tablettes qui garnissent les parois. La chaux se transforme en hypochlorite et chlorure de calcium sans changer d'aspect :

$$2Cl + 2CaO = CaO,ClO + CaCl.$$

On laisse toujours un excès de chaux qui facilite la conservation du chlorure de chaux, en absorbant l'acide carbonique de l'air et l'empêchant de réagir sur l'hypochlorite. Le chlore doit arriver par la partie supérieure de la chambre, et très lentement, afin d'éviter toute élévation de température pendant l'absorption du chlore par la chaux, sans quoi l'hypochlorite se changerait en chlorate de chaux et chlorure de calcium. Le produit, ainsi préparé, est immédiatement placé dans des tonneaux doublés intérieurement de papier fort et garnis de plâtre sur le fond.

BARYUM (Ba = *68,5*) **ET SES COMPOSÉS**. — Ce métal doit son nom à la pesanteur de ses combinaisons (du mot grec *barus*, pesant). On le trouve dans la nature à l'état de sulfate (*barytine*) et de carbonate (*withérine*) insolubles. Davy l'a décomposé par la pile, et isolé. C'est un métal ayant l'éclat de l'argent et s'altérant vite au contact de l'air.

Le *sulfate de baryte* (BaO,SO^3) est un minéral qui existe dans une infinité de gîtes métallifères, se présentant sous l'aspect de cristaux volumineux, transparents, le plus souvent en octaèdres à base carrée, cunéiformes, et dont la densité s'élève jusqu'à 4,7. Désigné sous le nom de *spath pesant*, puis sous celui de *barytine*, il est appelé par les chimistes *sulfate de baryte*. Il n'a servi longtemps que comme fondant dans les usines à cuivre pour la fabrication de certains verres, pour allonger la céruse, pour l'apprêt des calicots, et enfin pour l'obtention de la baryte et de ses sels. Mais, aujourd'hui, on le prépare artificiellement, et, sous les noms de *blanc de baryte*, de *blanc fixe*, il sert au satinage des papiers de tenture, à la glaçure des cartes et cartons, à la peinture à la détrempe, à la peinture siliceuse, au blanchiment des plafonds, etc. Sa blancheur et son inaltérabilité à l'air expliquent l'énorme consommation qu'on en fait pour ces dernières applications.

Pour préparer la *baryte* et la plupart de ses sels, on calcine dans un four à réverbère du *sulfate de baryte* avec du *charbon* et du *chlorure de manganèse.* Il se produit du *chlorure de baryum,* du *sulfure de manganèse* insoluble et de l'*oxyde de carbone* :

$$BaO,SO^3 + MnCl + 4C = BaCl + MnS + 4CO.$$

Il suffit de traiter par l'eau la masse calcinée pour isoler le *chlorure de baryum,* qu'on peut ensuite faire cristalliser et qui sert dans les usines pour empêcher les incrustations dans les chaudières à vapeur, et, en médecine, contre les dartres et les maladies scrofuleuses.

Le *carbonate de baryte,* découvert dans des mines de plomb en Angleterre, est un poison pour les animaux; aussi est-il connu en Angleterre sous le nom de *pierre contre les rats.* Comme il n'a ni goût ni odeur, et ne présente aucun danger pour l'homme, il serait à désirer que son usage se répandît en France, où, chaque année, une si importante partie des récoltes est dévorée par les rats, les mulots et les autres rongeurs.

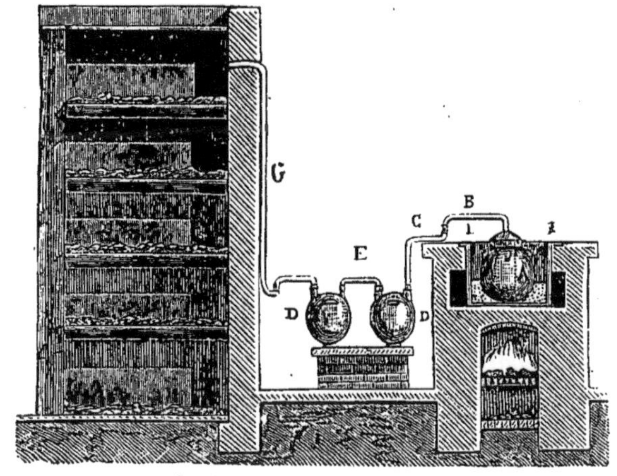

Fig. 322. — PRÉPARATION DU CHLORURE DE CHAUX.

Le *protoxyde de baryum* ou *baryte caustique* (BaO) est un agent industriel d'une grande importance, puisqu'il permet d'isoler des mélasses de betterave le sucre cristallisable. L'affinité de ce corps pour l'eau est très grande; hydraté, il est blanc, caustique, indécomposable par le feu, et, dissous dans 20 parties d'eau froide et 10 parties d'eau bouillante, il devient de l'*eau de baryte.*

STRONTIUM (St = *44*). — Le *strontium* offre les plus grands points d'analogie avec le *baryum,* et son histoire est celle de ce dernier métal. On le trouve dans la nature à l'état de carbonate (*strontianite*) et de sulfate (*célestine*). C'est un métal jaune, dont la densité est 2,5, qui décompose l'eau à froid et s'oxyde à l'air. De tous ses composés, l'*azotate de strontium* est le seul employé. Les artificiers en consomment de grandes quantités, en mélange avec du charbon et du chlorate de potasse, pour produire les belles flammes rouges des feux de Bengale.

CHAPITRE IV

ALUMINIUM, ZIRCONIUM, THORIUM, YTTRIUM, CÉRIUM, LANTHANE, DIDYME, MAGNÉSIUM, ZINC, GALLIUM.

ALUMINIUM (Al = *13,7 ; densité 2,5*). — Jusqu'en 1858, ce métal, découvert par Davy, et décrit pour la première fois par Wohler, n'existait dans les laboratoires de chimie que comme objet de curiosité, pour ainsi dire ; c'était à peine si l'on pouvait montrer quelques grammes d'une poudre grise, fusible seulement à de très hautes températures. Sainte-Claire-Deville trouva le moyen d'en avoir plusieurs centaines de kilogrammes, en masses d'un blanc bleuâtre, inaltérables à l'air, plus facilement fusibles que l'argent, malléables, ductiles, aisées à travailler de toutes les manières. Le minerai qui renferme ce métal est des plus abondants dans la nature, car ce n'est autre chose que l'argile des potiers ; mais jusqu'alors on ne connaissait pas les moyens d'en extraire économiquement de grandes quantités. La difficulté de séparer l'aluminium de l'oxygène ne permettait pas d'employer les procédés usités pour retirer les autres métaux, le fer ou le cuivre, par exemple, de leurs diverses combinaisons. Il fallait donc arriver indirectement, et par l'intermédiaire d'autres corps, au but qu'on voulait atteindre. Après de courageux et persévérants efforts, Sainte-Claire-Deville réussit. Le mode d'extraction qu'il inventa est fondé sur l'emploi d'une matière contenant de l'aluminium à l'état de *chlorure* ou de *fluorure*, que l'on chauffe en présence d'un agent réducteur, le *sodium*, qui s'empare du métalloïde.

Le *fluorure double d'aluminium* et de *sodium*, nommé *cryolite*, est un minéral que l'on trouve en abondance au Groenland. Il est représenté par la formule Al²Fl³,3NaFl ; il est très fusible. On peut en extraire immédiatement de *l'aluminium* en le mélangeant au *sodium*, et en chauffant le tout au rouge cerise. Mais l'opération est plus fructueuse et plus commode en remplaçant le sodium métallique par le *chlorure double d'alumi-*

nium et de *sodium*, Al²Cl³,NaCl, dont la préparation est facile. Pour l'effectuer, on mélange 1 équivalent d'*alumine* avec 1 équivalent de *sel marin* et 3 équivalents de charbon de bois. On agglutine avec un peu d'eau ces matières préalablement pulvérisées, puis on fait sécher à l'étuve la masse humide et comprimée. Si, dans ce mélange, on fait passer un courant de chlore, l'alumine, au contact du charbon et en présence du chlore, perdra son oxygène qui s'unira au charbon pour donner de l'oxyde de carbone et se transformera en chlorure d'aluminium. Celui-ci, rencontrant du sel marin, s'y combinera et produira le *chlorure double d'aluminium et de sodium* :

$$Al^2O^3 + NaCl + 3C + 3Cl = 3CO + Al^2Cl^3,NaCl.$$

Pour opérer la réduction de l'*aluminium*, on prend 10 parties de ce *chlorure double*, 2 parties de *sodium* en lingots, et on y ajoute, comme fondant, 5 parties de *sel marin* desséché et autant de *cryolite*. On introduit rapidement ce mélange grossier dans un four à réverbère, chauffé au rouge blanc, par une ouverture pratiquée dans la voûte en regard du milieu de la sole. On ferme aussitôt après toutes les issues, en même temps qu'on interrompt le passage de la flamme du foyer sur la sole. Un bruit sourd se fait entendre; il annonce la réaction très vive qui se produit entre le sodium et le chlorure double :

$$Al^2Cl^3,NaCl + 3Na = 4NaCl + 2Al ;$$

et, quand elle est terminée, on rétablit le passage de la flamme dans le four, afin de faire fondre la matière et de permettre à l'*aluminium* de se rassembler en une seule masse sur la sole convenablement creusée. On fait alors écouler le sel marin fondu tenant en dissolution du *fluorure d'aluminium*, puis le métal lui-même qui est alors coulé en lingots. Après la coulée, l'*aluminium* brut est maintenu longtemps en fusion dans un creuset au contact de l'air, et brassé avec une sorte d'écumoire en fonte oxydée, pour le débarrasser des scories, qui ont la même densité que lui et qui en altèrent profondément les propriétés. On le coule, et on recommence plusieurs fois le même mode de purification. On reconnaît la pureté du métal à l'aspect qu'il prend au moment où, après avoir été coulé, sa surface se solidifie.

L'*aluminium*, allié au cuivre, forme un alliage, le *bronze d'aluminium*, doué de l'éclat de l'or et de la tenacité du fer, qui a reçu de très nombreuses applications.

ALUMINE ($Al^2O^3 = 51,4$). — L'*alumine* se trouve dans la nature cristallisée en rhomboèdres, et constitue alors des pierres précieuses, connues en minéralogie sous le nom de *corindons*, et par les joailliers, sous celui de *pierres orientales*, dont la couleur fait varier le nom ; on en trouve qui sont incolores, les *saphirs blancs ;* rouges, des *rubis ;* orangé, *hyacinthe ;* bleu d'azur, *saphir ;* jaune, *topaze ;* jaune verdâtre, *chrysolite ;* vert, *émeraude ;* vert bleuâtre, *aigue-marine ;* violet, *améthyste*. Quelquefois, on remarque, sur le plan perpendiculaire à l'axe du cristal, une étoile blanchâtre, à six rayons, qui tombent sur le milieu de chacun des côtés du prisme hexagonal ; c'est ce que les lapidaires appellent *astérie*. Les variétés grossières de cette gemme sont réduites en poudre, et servent, sous le nom d'*émeri*, à tailler et à polir les corps durs.

La *tourmaline* est une pierre précieuse, qui s'appelle aussi *aimant de Ceylan, schorl électrique, aphrisite ;* elle est composée de *silice*, d'*alumine* et d'*oxyde ferrique*, avec des quantités variables d'oxyde borique, de potasse et de magnésie. C'est un des minéraux les plus anciennement connus. Il existe plusieurs variétés de *tourmalines ;* elles sont ordinairement noires : les rouges s'appellent *rubellites ;* les bleues, *indicolites ;* les vertes, *émeraudes du Brésil*. Les tourmalines deviennent électriques quand on les frotte et qu'on les échauffe ; elles présentent alors un fait remarquable : une de leurs extrémités s'électrise positivement, tandis que l'autre s'électrise négativement. Elles polarisent la lumière (PHYSIQUE, *Électricité statique*, page 6, *Optique*, page 520).

La *turquoise* est une pierre précieuse d'un bleu opaque ; elle fut ainsi appelée parce que le bleu est, dit-on, la couleur favorite des Turcs. On en distingue de deux espèces : la *turquoise de vieille roche*, ou *turquoise pierreuse* ou *calaïte*, que l'on trouve en rognons ou en petites veines, et qui se compose de *phosphate d'alumine*, coloré par un peu d'*oxyde de cuivre ;* et la *turquoise de nouvelle roche, turquoise osseuse* ou *odontolite*, qui provient des dents et des os des mammifères enfouis dans le sein de la terre, et accidentellement colorés en bleu verdâtre. Cette dernière est beaucoup moins dure et moins estimée. On imite parfaitement la turquoise par des émaux.

Ces pierres ne sont pas des saphirs, des rubis ni des topazes ; mais on leur donne les noms de gemmes auxquelles elles ressemblent par la couleur et elles sont d'un prix plus élevé, excepté l'émeraude et le rubis, à cause de leur extrême dureté, car le diamant seul est plus dur : aussi gardent-elles parfaitement leur poli.

Depuis fort longtemps on a essayé de produire artificiellement toutes ces pierres, ce qui permettrait à l'horlogerie de trouver à bas prix, pour la construction des pivots, les pierres dures qui sont aujourd'hui si chères. Depuis 1878, M. Frémy, professeur de chimie au Muséum d'histoire naturelle et membre de l'Institut, et M. Feil, fabricant de cristaux pour l'optique, sont arrivés à des résultats sérieux. Voici, d'après M. Figuier, le procédé qu'ils emploient :

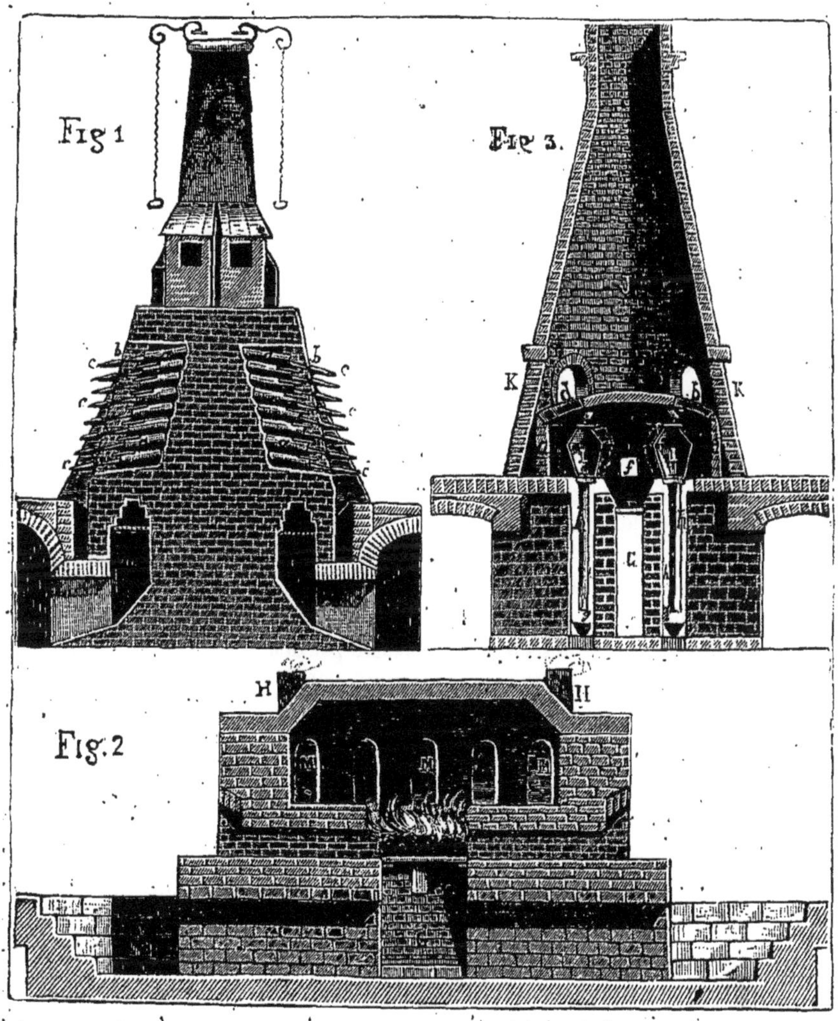

FOURS EMPLOYÉS POUR L'EXTRACTION DU ZINC.
I. *Four belge* (coupe latérale). — II. *Four silésien* (coupe verticale). — III. *Four anglais* (coupe verticale).

Voulant se rapprocher autant que possible des conditions naturelles qui ont déterminé probablement la formation des pierres au sein des roches de l'écorce terrestre, c'est-à-dire voulant soumettre l'*alumine* à la température la plus élevée pour la fondre, et cristalliser ensuite par le refroidissement, MM. Frémy et Feil ont emprunté à l'industrie les fourneaux les plus énergiques, afin de produire une température extrêmement élevée, et de prolonger cette température pendant un temps fort long. Ils ont opéré sur des masses considérables; car ils ont agi sur 20 ou 30 kilogrammes de matières, qu'ils chauffaient sans interruption pendant vingt jours dans des fours spéciaux de l'usine Feil, ou dans les fours à glaces de Saint-Gobain. On commence par former un *aluminate* fusible; on le chauffe ensuite au rouge vif, avec une substance siliceuse. L'aluminate se trouve lentement décomposé; l'*alumine* se dégage de sa combinaison saline, en présence du fondant siliceux. Une fois mise en liberté, cette alumine se cristallise. La cristallisation peut être attribuée à diverses causes, soit à la volatilisation de la base qui était unie à l'alumine, soit à la réduction de cette base par les gaz du fourneau; soit à la formation d'un silicate fusible qui, par la combinaison de la silice avec la base, isole l'alumine; soit enfin à un phénomène de *liquation*, qui produirait un *silicate* fusible et l'*alumine* peu fusible. Quoi qu'il en soit de l'explication théorique, le déplacement de l'alumine par la silice paraît être le procédé le plus sûr pour obtenir de l'*alumine cristallisée*. Plusieurs aluminates fusibles se prêtent à cette décomposition; mais celui qui, jusqu'à présent, a donné les résultats les plus nets est l'*aluminate de plomb*, avec lequel on a obtenu des cristaux blancs d'alumine qui constituent le *corindon*. Pour obtenir des rubis, c'est-à-dire des cristaux roses, on ajoute au mélange d'alumine et de minium 2 à 3 pour 100 de *bichromate de potasse;* pour le *saphir*, on prend une petite proportion d'*oxyde de cobalt*, mélangée à une trace de *bichromate de potasse*, et l'on obtient de magnifiques cristaux bleus. Cependant, MM. Frémy et Feil semblent préférer le fluorure d'aluminium, comme plus efficace. Ils continuent d'ailleurs encore leurs recherches pour la production intéressante des pierres précieuses par des procédés chimiques.

On trouve encore dans la nature l'*alumine hydratée* (*diaspore*, Al^2O^3,HO et la *gibbsite*, $Al^2O^3,3HO$); elle se rencontre unie avec la *silice* dans les *argiles* et les *feldspaths*.

L'*alumine anhydre* pure est blanche, douce au toucher, légère, en poudre, inodore et insipide; elle adhère à la langue et semble avoir alors une saveur astringente; elle est cependant tout à fait insoluble dans l'eau. Elle est infusible au feu de forge; mais, au chalumeau d'hydrogène et d'oxygène, ou par l'action d'une pile énergique, elle fond en un globule qui, par le refroidissement, prend un aspect cristallin. Quand elle est combinée avec l'eau, on ne peut détruire cette combinaison qu'en chauffant l'alumine au rouge; cette affinité si grande de l'*alumine* pour l'eau joue un rôle important dans l'agriculture; elle retient l'eau dans des terrains qui, sans cela, seraient trop secs pour entretenir la végétation; mais, si le terrain est trop alumineux, cette eau, retenue en abondance, fait pourrir les racines et peut détruire les plantes; de là la nécessité de fournir des matières argileuses aux terrains qui en sont dépourvus, et d'ajouter, à ceux qui en contiennent trop, des substances qui, comme le sable, la chaux, peuvent diviser les argiles et permettre aux terrains de se dessécher assez pour que la végétation puisse continuer facilement.

ALUN $(KO,SO^3 + Al^2O^3,3SO^3 + 24\,HO)$. — L'*alun* est un sel incolore, d'une saveur sucrée puis astringente, beaucoup plus soluble à chaud qu'à froid. Les cristaux, faciles à obtenir par refroidissement, sont des octaèdres réguliers (*fig.* 323), quand ils se produisent dans une dissolution acide; ce sont des cubes quand ils se forment en présence d'un excès d'alumine hydratée. Soumis à l'influence de la chaleur, l'*alun* fond dans son eau de cristallisation vers 92°; si on le refroidit alors, il a l'aspect d'une masse vitreuse; on l'appelle *alun de roche*. Si l'on continue à chauffer, il perd peu à peu son eau et devient anhydre au rouge sombre. Pendant cette dessiccation, l'alun se boursoufle et forme une espèce de champignon blanc et spongieux; il est appelé alors *alun calciné*. On désigne sous le nom de *pyrophore de Homberg* un mélange d'alun calciné avec le tiers de son poids

Fig. 323. — Cristaux d'alun.

de charbon très calciné; c'est alors un mélange très poreux d'alumine, de sulfure de potassium et de charbon qui, projeté dans l'air humide, s'enflamme spontanément et brûle en brillantes étincelles, grâce à l'action de l'oxygène et de la vapeur d'eau sur le *sulfure de potassium* très divisé.

L'*alun* est employé dans la teinture à cause de la propriété que possède l'*alumine* de former des laques avec les matières colorantes; dans la conservation des corps par le procédé Gannal; pour préserver les poils et principalement le plumage des oiseaux empaillés. On l'emploie quelquefois en médecine, en potions ou en pilules pour les hémorragies passives; en gargarisme, pour les aphtes, pour les flux hémorroïdaux très violents, pour ronger les chairs baveuses et nettoyer les ulcères, etc.

L'*alun* se prépare d'après différents procédés : 1° par les *argiles*, en traitant celles-ci par l'*acide sulfurique*. On choisit les argiles pures ou *silicates d'alumine*, que l'on calcine légèrement dans un four à réverbère pour les rendre plus facilement attaquables. Cette opération peroxyde la petite quantité de fer qu'elles contiennent. On les pulvérise ensuite, et on les mêle avec 40 pour 100 d'acide sulfurique à 52°; on maintient le mélange pendant plusieurs jours à une température comprise entre 60° et 80°; la silice se dépose; l'alumine se dissout et forme du *sulfate d'alumine* qui, décanté et mélangé avec du *sulfate de potasse*, donne de l'*alun*. 2° Par les *schistes pierreux, schistes alumineux* ou *lignites*, qui contiennent de la *pyrite*, FeS², très divisée *(cendres noires)*. Ces cendres et ces schistes exposés à l'air humide absorbent peu à peu l'oxygène; la pyrite se transforme en *sulfate de fer* et en *acide sulfurique* :

$$FeS^2 + 7O + HO = FeO,SO^3 + SO^3,HO.$$

L'acide sulfurique se combine avec l'alumine des schistes, tandis que le sulfate de fer passe peu à peu à l'état de sulfate de sesquioxyde de fer, en absorbant l'oxygène de l'air. Ce sulfate donne, au contact de l'alumine, de nouvelles quantités de sulfate d'alumine, en même temps que du sous-sulfate de sesquioxyde de fer insoluble. Le *sulfate d'alumine* s'accumule de plus en plus dans les eaux mères. En leur ajoutant du sulfate de potasse, on obtient de l'*alun* octaédrique, que l'on purifie par un lavage à l'eau froide et par une seconde cristallisation. 3° Par l'*alunite*; celle-ci est une pierre naturelle insoluble, composée de *sulfate de potasse* et de *sous-sulfate d'alumine*, mêlés d'un peu de *sesquioxyde de fer*. Pour détruire cette combinaison insoluble et en extraire l'*alun*, on calcine modérément l'*alunite*; on lessive le produit, après l'avoir laissé s'imbiber d'eau. L'*alunite* s'est dédoublée en donnant :

$$2Al^2O^3 + (KO,SO^3 + Al^2O^3,3\,SO^3).$$

Après l'*alun de potasse*, les principaux *aluns* sont :

Alun ammoniacal. . $AzH^4O,SO^3 + Al^2O^3,3\,SO^3 + 24\,HO$, incolore.

Alun de fer. . . . . $KO,SO^3 + FE^2O^3\,3\,SO^3 + 24\,HO$, rose clair.

Alun de chrome. . . $KO,SO^3 + Cr^2O^3,3\,SO^3 + 24\,HO$, violet.

ARGILES. — L'*argile pure* est un *silicate d'alumine* hydraté, dont la composition peut être représentée par la formule $Al^2O^3,2SiO^2 + 2HO$; elle provient de la décomposition du *feldspath*, silicate double d'alumine et de potasse, $KO,Al^2O^3,6\,SiO^2$, qui, sous l'influence prolongée de l'eau, se dédouble en silicate de potasse soluble, en silice et en silicate d'alumine. C'est une terre grasse, molle et ductile, souvent mélangée de matières étrangères, telles que carbonate de chaux et de magnésie, silicate de chaux, oxyde de fer, etc. On la reconnaît au toucher gras et onctueux, au poli que le frottement de l'ongle lui communique et à la propriété de former avec l'eau une pâte qui durcit par la cuisson. Ce dernier caractère rend les *argiles* précieuses pour la confection des poteries de toutes sortes, depuis les plus communes, comme les briques et les carreaux, jusqu'aux plus estimées, comme la porcelaine. Très répandues à la surface de la terre, où elles se trouvent par couches épaisses, les argiles appartiennent à tous les terrains ; leur imperméabilité fait que les eaux pluviales, qui s'infiltrent dans le sol, sont arrêtées par les couches argileuses, coulent à leur surface et donnent ainsi naissance à des sources plus ou moins abondantes aux endroits où ces couches viennent affleurer.

Outre l'*argile commune*, dite *terre glaise* ou *argile figuline*, qu'emploient les potiers et les sculpteurs, on en distingue plusieurs autres espèces; savoir : 1° l'*argile à foulon*, *argile smectique*, argile très tendre qui sert principalement à enlever aux draps l'huile employée dans leur fabrication ; dans certains pays, on en fait usage, en guise de savon, pour nettoyer le linge. Ces argiles contiennent en moyenne 45 pour 100 de silice, 20 d'alumine, avec un peu d'oxyde de fer ; le reste est de l'eau. 2° L'*argile à porcelaine*, *kaolin* des Chinois, qui se rencontre fréquemment dans les pays à montagnes granitiques ; les plus belles variétés blanches servent à faire de la porcelaine. Les environs de Saint-Yrieix, près de Limoges, renferment un gîte de *kaolin* qui est l'objet d'une exploitation très active ; le *kaolin* renferme 31,09 de silice, 34,6 d'alumine et 12,17 d'eau ; le reste est formé de silice libre. 3° L'*argile calcaire*, connue sous le nom de *marne*, mélange naturel et en proportions variables de calcaire, d'argile et de sable, employée surtout pour la fabrication des briques et des poteries, quand elle renferme peu de calcaire. 4° L'*argile plastique*, très tenace et réfractaire, avec laquelle on fait la faïence fine. On a donné ce nom, en géologie, à l'argile située à la base des terrains tertiaires, et qui recouvre immédiatement la craie; telle est l'argile d'Auteuil et de Vaugirard, près de Paris. On cite encore l'argile de Stourbridge, en Angleterre ; la *terre de pipe* de Vollendar, près de Coblentz, et l'argile de Gross-Almerolde, dont on fait les creusets de Hesse. 5° L'*argile plombagine*, argile mélangée de bitume et de charbon, et qui s'emploie avec avantage à la fabrication des creusets pour acier fondu.

L'emploi de l'*argile* pour la fabrication des poteries remonte à la plus haute antiquité. Dans Homère, dans la Bible, on parle des ouvrages des potiers; mais il faut arriver aux Grecs et aux Romains pour trouver l'art de la poterie appliqué aux objets d'un usage journalier et aux objets de luxe. Les premiers objets en terre cuite que l'homme ait su fabriquer, rapporte M. Figuier (1), sont les briques qui servent aux constructions.

(1) Figuier, *l'Alchimie et les alchimistes. — Les Grandes inventions modernes.*

Elles se préparent au moyen d'une argile grossière. Après avoir fait, par l'intermédiaire de l'eau, une pâte avec ces terres argileuses, on donne à cette pâte la forme de briques et on l'expose à la chaleur. Les briques cuites doivent leur couleur rouge à l'oxyde de fer qu'elles contiennent. On les façonne à la main ou dans des cadres rectangulaires saupoudrés de sable. Pour les cuire, on les met en tas, en ménageant çà et là des intervalles où l'on brûle le combustible. On les cuit également dans des fours. Les poteries communes, comme les vases de cuisine, les pots à fleurs, etc., se fabriquent avec des argiles impures qu'on laisse pourrir pendant plusieurs années dans des fosses, afin de les rendre plus plastiques. Le *tour à potier*, qui sert à modeler toutes les poteries, est un des plus anciens instruments de l'industrie humaine (*fig.* à la page 937). Il consiste en un grand disque de bois auquel le pied de l'ouvrier imprime un mouvement de rotation. Un second disque plus petit, qui porte la pâte à travailler, est fixé sur l'extrémité supérieure de l'axe vertical auquel est attaché le grand disque inférieur. Assis sur un banc, l'ouvrier place au centre du petit plateau une certaine quantité de pâte humide et molle, et, faisant tourner le tour avec son pied, il façonne la pâte avec les deux mains, de manière à lui donner la forme voulue.

Les *poteries grecques*, improprement désignées sous le nom de *poteries étrusques*, et les *poteries campaniennes* (*fig.* à la page 961) appartiennent à la classe des poteries tendres lustrées qu'on ne fabrique plus aujourd'hui (1).

La *faïence* est une poterie commune, préparée avec de l'argile que l'on recouvre, après la cuisson, d'un émail opaque composé d'*oxyde de plomb* et d'*étain*. On prétend que les premiers qui se servirent de la faïence furent les habitants de l'île de Majorque. Les Italiens ont tiré de là les premiers échantillons dont ils firent usage; aussi l'appellent-ils encore *majorica* ou *majolica*. Il y a cependant lieu de croire que cette composition était connue des Égyptiens. L'émail qui recouvrait leur poterie était vert ou bleu. Chez nous, le mot *faïence* vient, selon les uns, de Faënza, en Italie, où l'on a commencé à fabriquer de la faïence en 1299, et, selon d'autres, de Fayence, petite ville de Provence, le premier endroit en France où l'on en ait fabriqué. Sous le gouvernement de Guido-

---

(1) Nous devons signaler à l'attention de nos lecteurs l'*Histoire de la Céramique* (1 vol. gr. in-8°. Tours, Mame et fils, éditeurs), dont deux éditions successives sont loin d'avoir épuisé le légitime succès. L'auteur, M. Édouard Garnier, attaché à la direction des Beaux-Arts et ancien conservateur adjoint du musée céramique de Sèvres, a illustré lui-même son livre de gravures et de chromolithographies qui donnent les types exacts des différents produits de l'art de la terre chez tous les peuples et à toutes les époques, en les accompagnant d'un grand nombre de marques qui permettent d'en reconnaître la provenance.

bal II, duc d'Urbino, on peignait la faïence d'après les dessins ou gravures de Raphaël, et c'est la raison pour laquelle on trouve, de ce temps, des vases de cette substance dont les peintures sont recherchées. Plusieurs de nos villes ont porté ce travail à un haut degré de perfection. Les belles figures de Henri II et de Henri III, qui sont appliquées au tombeau de Diane de Poitiers, ont été faites à Écouen. Les manufactures de Sèvres et Poitiers sont renommées dans toute l'Europe. Les *faïences communes* ont l'inconvénient que leur émail se fendille par l'usage, et laisse alors pénétrer par les gerçures, dans l'intérieur, les matières grasses ou autres que l'on ne peut plus chasser et qui finissent par leur donner une mauvaise odeur. Les *faïences fines* sont des poteries à pâte blanche, dite terre de pipe ; c'est avec la même argile que l'on fabrique les pipes.

La *porcelaine* est la plus précieuse des poteries, parce qu'elle est, avons-nous dit, obtenue avec une argile particulière, nommée *kaolin*, qui est d'une pureté absolue. L'art de fabriquer la porcelaine a été connu et mis en pratique, environ deux siècles avant J.-C., en Chine et au Japon, où il existe de très riches gisements de *kaolin*. Le monument célèbre, connu sous le nom de *Tour de porcelaine*, fait comprendre à quel point la porcelaine était commune en Chine dès les temps les plus anciens. Ce n'est pourtant que dans les premières années du xvii° siècle que des voyageurs revenant de l'Orient apportèrent en Europe et firent connaître ce précieux produit céramique. On s'occupa tout aussitôt avec ardeur, en différentes parties de l'Europe, d'imiter et de reproduire cette belle poterie. Les souverains consacrèrent des sommes considérables à provoquer cette découverte qui aurait enrichi leurs États. C'est en 1707 que l'art d'imiter la porcelaine de Chine fut découvert en Saxe, par l'alchimiste Botticher, après de longues recherches. Un gisement de *kaolin*, trouvé près d'Auë, lui avait permis de réaliser cette remarquable découverte. En 1707, l'électeur de Saxe créait à Dresde la première manufacture de porcelaine que l'on ait vue en Europe.

« Depuis longtemps, dit encore M. Figuier, on s'occupait en Europe de chercher à reproduire la porcelaine que la Chine et le Japon avaient le privilège exclusif de préparer, et dont la fabrication était tenue fort secrète dans ces deux pays. Au xvii° siècle, les princes faisaient entreprendre beaucoup de recherches pour trouver la manière de fabriquer ces précieuses poteries, qui étonnaient par leur éclat, leur dureté et leur translucidité. L'électeur de Saxe avait confié au comte Ehrenfried Walther de Tschirnhaus des recherches spéciales dans cette direction. Or, c'est sous la surveillance spéciale du comte de Tschirnhaus que Botticher avait été placé, par ordre de l'électeur, dans la forteresse de Kœnigstein, pour y continuer ses travaux alchimiques. Témoin des essais du comte relatifs à la fabrication de poteries analogues à la porcelaine de Chine, notre adepte fut naturellement conduit à prendre part à ses travaux. Son talent de chimiste et ses connaissances en minéralogie lui donnèrent le moyen d'obtenir, dans ce genre de recherches, d'intéressants résultats. Le comte de Tschirnhaus décida alors Botticher à s'adonner entièrement à ce problème industriel, plus sérieux et plus important que celui dont l'électeur attendait la solution, c'est-à-dire la prétendue fabrication artificielle de l'or par les procédés alchimiques. En 1703, Botticher découvrit la manière d'obtenir la porcelaine rouge, ou plutôt un grès cérame, espèce de poterie qui ne diffère de la porcelaine que par son opacité.

» Ce premier succès, ce premier pas dans l'imitation des porcelaines de la Chine, satisfit beaucoup l'électeur de Saxe, et c'est pour lui faciliter la continuation de ses doubles travaux, c'est-à-dire de ses recherches céramiques et de ses expériences d'alchimie, que, le 22 septembre 1707, ce prince fit transporter Botticher, de la forteresse de Kœnigstein, à Dresde, ou plutôt dans les environs de cette ville, dans une maison pourvue d'un laboratoire céramique que l'électeur avait fait disposer sur le *Jungferbastei*. C'est là que Botticher reprit avec le comte de Tschirnhaus ses essais pour fabriquer la porcelaine blanche. On ne s'était néanmoins relâché en rien de la surveillance dont le chimiste était l'objet; il était toujours gardé à vue. Il obtenait quelquefois la permission de se rendre à Dresde; mais alors le comte de Tschirnhaus, qui répondait de sa personne, l'accompagnait dans sa voiture.

» Nous prions les lecteurs qui seraient tentés de mettre en doute la véracité de ces détails, de vouloir bien se rappeler qu'au XVII° siècle les nombreux essais que l'on fit en Europe pour la fabrication de la porcelaine furent partout environnés du secret le plus rigoureux; — que la première manufacture de porcelaine qui fût établie en Saxe, celle du château d'Albert, était une véritable forteresse avec herse et pont-levis, dont nul étranger ne pouvait franchir le seuil; — que les ouvriers coupables d'indiscrétion étaient condamnés, comme criminels d'État, à une détention perpétuelle dans la forteresse de Kœnigstein, — et que, pour leur rappeler leur devoir, on écrivait chaque mois, sur la porte des ateliers, ces mots : *Secret jusqu'au tombeau.* Ainsi l'électeur de Saxe avait deux motifs de veiller avec vigilance sur la personne de Botticher, occupé, sous ses ordres, à la double recherche de la porcelaine et de la pierre philosophale.

» Le comte de Tschirnhaus mourut en 1708; mais cet événement n'interrompit point les travaux de Botticher, qui réussit, l'année suivante,

à fabriquer la véritable porcelaine blanche, en se servant du kaolin qu'il
avait découvert à Auë, près de Schneeberg. C'est au milieu de l'étroite
surveillance dont il continuait d'être entouré que notre chimiste fut forcé

Découverte de la fabrication du *verre* par des marchands phéniciens (page 980).

d'exécuter les essais si pénibles et si longs qui conduisirent à cette découverte importante. Mais sa gaieté naturelle ne s'alarma pas de ces obstacles. Il fallait passer des nuits entières autour des fours de porcelaine, et,
pendant des essais de cuisson qui duraient trois ou quatre jours non

interrompus, Botticher ne quittait pas la place et savait tenir les ouvriers
éveillés par ses saillies et sa conversation piquante.

« La fabrication de la porcelaine valait mieux pour la Saxe qu'une
fabrique d'or. Fort de l'avantage qu'il venait d'obtenir, Botticher osa
avouer à l'électeur qu'il ne possédait point le secret de la pierre philosophale, et qu'il n'avait jamais travaillé qu'avec la teinture que Lascaris lui
avait confiée. L'électeur de Saxe pardonna à Botticher. La fabrication de
la porcelaine était pour son pays un trésor plus sérieux que celui qu'il
avait tant convoité. Une première fabrique de porcelaine rouge avait été
établie à Dresde en 1706, du vivant du comte de Tschirnhaus; une autre
fabrique de porcelaine blanche fut créée en 1710 dans le château d'Albert,
à Messen, lorsque Botticher eut découvert l'heureux emploi du kaolin
d'Auë. Botticher rentra dans tous ses honneurs et même dans son titre de
baron. Il reçut, en outre, la distinction bien méritée de directeur de la manufacture de porcelaine de Dresde. »

En France, les efforts faits pour arriver à imiter la porcelaine de la Chine et
du Japon finirent également par aboutir à d'heureux résultats. En 1727, on commença à fabriquer en France une poterie blanche, translucide, à couverte brillante,
qui diffère beaucoup, par sa composition, de la porcelaine dure, et qu'on appelle
porcelaine à pâte tendre ou *vieux sèvres*. Mais la fabrication de cette pâte, très
coûteuse et très difficile, cessa dès qu'on eut découvert à Saint-Yrieix, près de
Limoges, un gisement d'une véritable terre à porcelaine. La manufacture royale
de Sèvres fut fondée en 1756, et, l'année suivante, l'impératrice Marie-Thérèse
recevait de Louis XV un service de cette porcelaine. Depuis, un grand nombre de
manufactures s'établirent en France et ailleurs.

L'argile employée aujourd'hui pour la fabrication de la porcelaine à la manufacture de Sèvres est le kaolin de Saint-Yrieix, matière blanche et douce au
toucher ; on y mêle un peu de sable et de craie. On commence par chauffer ces
matières au rouge et on les jette dans l'eau froide ; on les réduit en poudre sous
des meules, puis on les lave pour séparer les grains grossiers. Après les avoir mêlées
et humectées en partie, on obtient une pâte plus solide, qu'un homme piétine en
marchant dessus pieds nus. Toutes ces opérations doivent être faites avec grand
soin. On abandonne ensuite la pâte pendant plusieurs années dans des caves
humides, où elle pourrit, c'est-à-dire que la petite quantité de matière organique
qu'elle peut contenir se détruit par la fermentation. Avant de procéder à la confection des pièces, on malaxe la pâte à la main ; on en forme des boules, qu'on
lance avec force sur la table de travail pour en faire sortir les bulles de gaz qu'elle
peut contenir après la pourriture. Le premier façonnage ou l'*ébauchage* se fait sur
le tour à potier. Mais la pièce ainsi préparée ne saurait être soumise à la cuisson ;
elle est trop imparfaite. On achève de lui donner ses formes dans une seconde
opération : le *tournassage*. On laisse l'objet se dessécher un peu à l'air, puis l'ou-

vrier, mettant le tour en rotation, entame la pièce avec un instrument tranchant
et lui donne l'épaisseur et la pureté des contours nécessaires. Toutes les pièces
ou parties des pièces de porcelaine ne sont pas façonnées par l'ouvrier sur le
tour. Beaucoup d'objets se façonnent par le *moulage* et par le *coulage*.

Dans le *moulage*, la pâte céramique est appliquée dans un moule creux, dont
elle prend la forme. Ce moule est ordinairement en plâtre. Pour les pièces rondes,
comme les anses et les colonnes, on se sert de moules composés de deux moitiés
égales. On moule une moitié de la pièce dans chacune de ces parties, et quand la
pâte est encore molle, on rapproche les deux moitiés du moule. Les tubes et les
cornues de porcelaine, les becs de
théière et beaucoup d'autres pièces
creuses se font par *coulage*. Si l'on
verse dans un moule poreux en plâtre
une bouillie liquide de pâte de porcelaine, le moule absorbe beaucoup
d'eau, et une couche de pâte adhère
à la face intérieure du moule. On
laisse écouler la partie liquide qui
reste et on remplit de nouveau le
moule. Il se forme une seconde couche
de pâte : on continue ainsi jusqu'à ce
qu'on ait obtenu l'épaisseur suffisante.

Les pièces de porcelaine façonnées
par ces diverses méthodes sont dessé-
chées lentement, puis soumises à une

Fig. 324. — PIÈCES DANS LES CAZETTES.

première cuisson dans la partie supérieure du four à porcelaine. Elles prennent
ainsi une certaine consistance, mais elles sont très poreuses et ne sauraient être
employées en cet état aux usages auxquels sont destinées les poteries. Elles portent alors le nom de *biscuit*.

La couverte ou *glaçure*, qui s'applique après cette première cuisson de la
pièce, a pour effet de s'opposer à l'absorption des liquides par la pâte de la poterie, et de lui donner un éclat et un poli agréable à l'œil. La matière qui constitue
la couverte ou vernis de la porcelaine est le *feldspath*, roche naturelle qui a une
grande analogie de composition avec l'argile qui sert à obtenir la porcelaine ; elle
fond à une température inférieure à celle à laquelle le vase se déformerait. La
couverte, réduite en poudre extrêmement fine, est mise en suspension dans l'eau.
Un ouvrier plonge avec adresse la pièce à vernir dans le liquide : l'eau est absorbée
par la pâte poreuse, et la matière vitrescible se dépose à sa surface. Si on voulait
vernir des pièces déjà cuites et non poreuses, il faudrait appliquer la couverte au
pinceau ou par arrosement. Les pièces sont alors prêtes à subir la seconde cuisson.
Pour cela, on les place dans des *cazettes* ou cylindres en terre réfractaire (*fig.* 324)
que l'on empile les uns au-dessus des autres dans les fours. Ces *cazettes* protègent
la surface de la porcelaine contre l'action de la fumée et des matières entraînées.

Le four à porcelaine est à trois étages : l'étage supérieur, où la température est la moins élevée, sert à dégourdir les pièces ; les deux autres étages, où s'opère la cuisson, sont chauffés par quatre foyers extérieurs ou *alandiers*. Lorsque la cuisson est terminée, on laisse le four se refroidir très lentement, puis, pour retirer les objets, on y pénètre par des ouvertures que l'on avait eu soin de murer avec des briques réfractaires au commencement de l'opération.

Quand on veut recouvrir la porcelaine de dorures ou de peintures, c'est-à-dire la *décorer*, on applique, sur la pièce déjà cuite et recouverte de son vernis, de l'or en poudre ou des oxydes métalliques : l'*oxyde de cobalt* pour le bleu, l'*oxyde de cuivre* ou l'*oxyde de chrome* pour le vert, l'*oxyde d'uranium* et le *chromate de plomb* pour le jaune, le *sesquioxyde de fer* pour le rouge, le *pourpre de Cassius* pour les roses et les violets. Ces substances sont mêlées d'un *fondant*, qui est ordinairement le borax, puis ensuite chauffées dans des moufles jusqu'à fusion de la matière vitrifiable.

VERRE. — Pline raconte que des marchands qui voyageaient en Phénicie s'arrêtèrent un soir sur les bords du fleuve Bélus ; l'objet de leur commerce était du *natron* ou carbonate de soude impur. Ils se disposèrent à souper et à passer ensuite la nuit sur le sable du rivage. Pour soutenir les vases où cuisaient leurs aliments, ils placèrent au-dessous de gros morceaux de ce natron. Le souper fini, ils s'endormirent, sans se mettre en peine d'éteindre leurs feux. Le lendemain, à leur réveil, au moment de se mettre en marche et d'emporter leurs vases, ils furent frappés de surprise en trouvant, au lieu des morceaux opaques de natron, des fragments d'une matière solide, et transparente à la fois. Ils remarquèrent qu'une partie du sable où posaient les charbons avait disparu ; la fusion du sable et du natron avait donc produit cette substance inconnue. La composition du verre était trouvée (*fig.* à la page 969).

Les Égyptiens et les Phéniciens conservèrent longtemps le monopole de la fabrication du verre. Ce n'est que vers le i^{er} siècle de l'ère chrétienne que des verreries commencèrent à se fonder dans les Gaules et en Espagne. Cependant, le verre était encore fort cher à Rome, du temps des premiers empereurs, puisque Néron paya deux coupes de verres, assez petites, au prix de 6,000 sesterces (600 francs environ). Les Romains ne se servaient point de verre pour leurs fenêtres, mais de lames légères d'albâtre translucide, ou de feuilles demi-transparentes de sulfate de chaux, ou de petites plaques de marbre artistement réunies et laissant des jours entre elles. Les premiers édifices fermés de vitres enchâssées dans des rainures de bois, retenues par des morceaux de plâtre, furent les églises de Brioude et de Tours, vers la fin du VIe siècle, et la basilique de Sainte-Sophie, à Constantinople, en 627.

Ce n'est que sous Louis XIV, que de grandes verreries s'établirent en France, par les soins de Colbert, qui fit venir, à force d'argent, des ouvriers de la manufacture de glaces établie à Murano, près de Venise.

Le verre est un *silicate* à base de *potasse* ou de *soude*, uni à un *silicate d'alumine*, de *chaux*, d'*oxyde de fer* ou d'*oxyde de plomb*. D'après sa composition, le *verre* présente des propriétés différentes, et conséquemment des applications diverses, qu'indiquent les tableaux suivants, que nous empruntons à M. J. Girardin :

ESPÉCES DE VERRE.	MATIÈRES QUI LE COMPOSENT.	NATURE CHIMIQUE.	USAGES.
VERRE A VITRES ET A GLACES	Sable blanc, sel de soude ou sulfate de soude, rognures de verre blanc, craie ou chaux, oxyde de manganèse.	Silicates de soude et de chaux presque toujours mélangés d'alumine, d'oxydes de fer et de manganèse.	Vitrerie, fabrication des miroirs et des glaces.
VERRE A GOBELETTERIE. — VERRE DE BOHÊME.—CROWN-GLASS.	Mêmes matières ; mais le sel de soude est remplacé par le carbonate de potasse.	Silicates de potasse et de plomb.	Vases à boire, flacons, cornues. Le crown-glass sert à faire les instruments d'astronomie, les lunettes de spectacle, les lentilles grossissantes.
VERRE A BOUTEILLE	Sable ferrugineux, cendres neuves, charrées, soudes brutes de varech, argile jaune et tessons de bouteilles.	Silicates de potasse ou de soude, de chaux, d'alumine et d'oxyde de fer. Sa couleur verdâtre est due au fer et au charbon.	Bouteilles communes.
CRISTAL	Sable blanc, carbonate de potasse purifié, oxyde rouge de plomb ou minium, un peu de nitre ou de borax.	Silicates de potasse et de chaux.	Vases à boire, flacons, etc.
FLINT-GLASS	Idem.	Silicates de potasse et de plomb, plus riches en plomb que le cristal.	Lentilles achromatiques pour lunettes astronomiques, tous les objets d'optique.
STRASS	Cristal de roche ou sable blanc, potasse pure, minium, borax et acide arsénieux.	Silicates de potasse et de plomb, plus riches en plomb que le flint-glass.	Imitation des pierres précieuses.

PROPORTION EN POIDS DES PRINCIPES CONSTITUANTS.

MATIÈRES.	VERRE à VITRES.	VERRE à GLACES.	VERRE à bouteilles.	VERRE de BOHÊME.	CROWN-GLASS.	CRISTAL.	FLINT-GLASS.	STRASS.	ÉMAIL.
Silice	69.65	76.00	45.60	76.00	62.80	61.00	42.50	38.20	31.60
Potasse	»	»	6.10	15.00	22.10	6.00	11.70	7.80	8.30
Soude	15.22	17.50	»	»	»	»	»	»	»
Chaux	13.31	3.75	28.10	8.00	12.50	»	0.50	»	»
Alumine	1.82	2.75	14.00	1.00	2.00	»	1.80	1.00	»
Oxyde de fer	»	»	6.20	»	»	»	»	»	»
— de manganèse	»	»	»	»	0.60	»	»	»	»
— de plomb	»	»	»	»	»	33.00	43.50	53.00	50.30
Acide stannique	»	»	»	»	»	»	»	»	9.80
	100.00	100.00	100.00	100.00	100.00	100.00	100.00	100.00	100.00

La fabrication du verre (*fig.* à la page 947) varie quelque peu, d'après le produit que l'on veut obtenir; mais, pour tous, on mélange d'abord les matières en proportions convenables, et on les met dans des creusets en argile réfractaire, que l'on place dans des fours construits de briques réfractaires et chauffés au bois où à la houille (*fig.* 325). En face de chaque creuset est une ouverture, pratiquée dans la paroi du four et nommée *ouvreau*. La chaleur fait fondre les matières contenues dans les creusets et détermine la formation du verre, qui, à cette température, est une matière liquide, à la surface de laquelle montent quelques impuretés appelées *fiel du verre*, que l'on enlève avec des outils de fer. Puis on laisse la température s'abaisser, de manière à donner au verre la consistance pâteuse qui permet de le travailler.

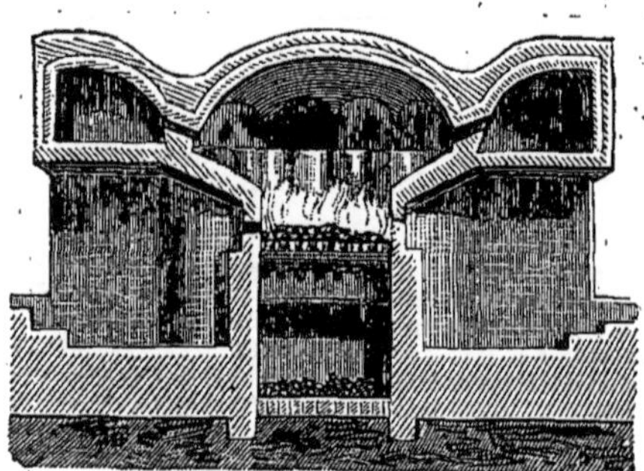

Fig. 325. — FOUR DE VERRERIE.

Pour fabriquer les *vitres* et les *glaces*, on procède ainsi : devant chaque creuset se trouve un plancher en fonte ou en pierre, situé à $2^m,50$ du sol; chaque creuset est desservi par un *souffleur* et par un aide appelé *gamin*. Ce dernier retire une certaine quantité de verre du creuset, en y plongeant un tube creux en fer, nommé *canne*. Ce tube est entouré à sa partie supérieure d'un manchon en bois, qui permet à l'ouvrier de le manier sans se brûler. Le *gamin* passe la canne au *souffleur*, qui, en soufflant dans le tube, gonfle la masse de verre et la fait passer par un certain nombre de formes, jusqu'à ce qu'il obtienne une sorte de manchon cylindrique, qu'il détache de la canne et fend suivant sa longueur. Après cette opération, le manchon est introduit dans un four, où il se ramollit sous l'influence de la chaleur; pendant qu'il est mou, l'ouvrier le force à s'étendre sur une surface plane, en passant sur sa surface une règle en bois, puis une barre de fer terminée par une masse du même métal. On pousse ensuite la feuille dans un second compartiment du four, où la température est moins élevée, où elle se refroidit lentement et prend une constitution moléculaire qui assure sa solidité : c'est ce qu'on appelle le *recuit*. Si le refroidissement avait lieu brusquement, le verre se tremperait et se briserait au moindre choc.

Pour la fabrication des *glaces*, le procédé employé actuellement encore est dû à Abraham Thévenard, qui imagina, en 1688, de couler le verre fondu à la surface de tables plates. Cette coulée est une opération des plus délicates; elle consiste à amener le creuset contenant le verre

en fusion au-dessus d'une table chaude en fonte, puis à renverser le creuset. Le verre coule sur la table, s'y étend et se solidifie. Après la coulée,
la glace, encore rouge et à peine rigide, est poussée dans un four voisin
au moyen d'une large pelle, et y reste plusieurs jours pendant lesquels
elle se recuit. Les glaces sont ensuite polies à l'aide de machines spéciales
qu'il ne nous appartient pas de décrire. Si elles sont destinées à faire des
miroirs, on étame une de leurs faces en posant la glace sur une feuille
d'étain étalée sur une grande table en pierre, et recouverte d'une couche
de mercure. On charge la glace avec des blocs de pierre, qui, par leur
pression, chassent l'excès du liquide et déterminent l'adhérence de la
feuille d'étain alliée au mercure.

Dans la fabrication des bouteilles, le maître verrier ayant reçu la canne,
chargée de la quantité de verre fondu nécessaire, façonne d'abord le goulot sur une plaque en fer, puis donne à la masse vitreuse la forme d'une
poire, en soufflant dans la canne. Il introduit ensuite cette masse dans un
moule, souffle de nouveau, et la bouteille prend la forme et les dimensions
du moule. Le fond de la bouteille est alors façonné avec un petit outil en
tôle.

ZIRCONIUM ($Zr = 33,6$). — Le *zirconium*, découvert par Klaproth en
1789, et isolé par Berzélius en 1805, quoique rangé parmi les métaux, présente de tels caractères extérieurs des métalloïdes, que quelques chimistes ont été portés à le placer à côté du *bore* et du *silicium*. On ne le
connaît encore que sous forme d'une poudre noire ou gris foncé, obtenue
en décomposant le fluorure de zirconium par le potassium, et qui prend
un éclat métallique sous le brunissoir. Il n'a aucune application.

THORIUM ($Th = 59,6$). — Le *thorium* a été découvert par Berzélius,
dans un minéral nommé *thorite*, que l'on trouve dans l'île de Lovon, en
Norvège. Il se présente en poudre noire, d'un aspect métallique, insoluble dans l'eau et peu soluble dans les acides. La *thorite* est un minéral
noir, d'aspect vitreux, qui raye le verre et pèse 4,8.

YTTRIUM ($I = 32,2$). — Ce métal, à peine connu, s'obtient en traitant
son chlorure anhydre par le potassium; cependant, en 1827, M. Woehler
l'a obtenu sous forme de petites paillettes brillantes d'un gris noir. On ne
l'a pas eu encore cependant avec certitude à l'état de pureté; il est toujours accompagné de deux autres métaux : l'*erbium* et le *terbium*. On le
trouve dans plusieurs espèces minérales de Suède et de Norvège, et que
l'on nomme *gadolinite*, *orthite* et *yttrotantalite*.

CÉRIUM (Ce $= 47,3$), **LANTHANE** (La $= 47$), **DIDYME** (D $= 49,6$). — Ces trois métaux sont réunis dans les mêmes minéraux ; leurs propriétés chimiques ont la plus grande ressemblance, et leur séparation absolue est très difficile. Le *cérium* a été découvert, presque en même temps, en 1803, par Klaproth et Berzélius. On l'a trouvé d'abord dans un minéral très pesant, que l'on a nommé *cérite;* mais, depuis, on l'a rencontré dans l'*yttro-cérite,* le *fluorure de cérium,* la *gadolinite,* l'*orthite,* etc.; dans tous ces minéraux, il est accompagné de *lanthane* et de *didyme,* dont les proportions ne sont pas les mêmes dans toutes ces espèces.

Le *cérium,* le *lanthane* et le *didyme,* ne peuvent être obtenus qu'en faisant agir le potassium ou le sodium sur leurs chlorures anhydres. Ce sont alors des poudres d'un brun foncé, qui, sous le brunissoir, prennent l'éclat métallique et une couleur d'un gris plus ou moins foncé.

MAGNÉSIUM (Mg $= 12$; *densité* $= 1,75.$) — Le *magnésium* est un métal d'un gris de fer ou blanc d'argent, ductile, malléable, qui se lime et se brunit; il fond à la température de fusion du zinc. Chauffé à l'air, il s'enflamme et brûle avec un éclat éblouissant. Cet éclat l'a fait appeler le *métal de l'éclairage,* car la lumière qu'il produit dans sa combustion est bien plus intense que celle de tout autre combustible. MM. Bunsen et Roscoë, ont, en effet, constaté qu'un fil d'un tiers de millimètre de diamètre répand en brûlant autant de lumière que 74 bougies ordinaires; que, pour entretenir cette vive lumière pendant une minute, il suffit de brûler un fil de 9 décimètres de long, pesant $0^{gr},12$; qu'un décigramme brûlant au sein de l'oxygène a un éclat égal à celui de 110 bougies. On peut donc se servir avec avantage d'une lampe au *magnésium* pour l'éclairage des mines et des carrières, pour celui des phares, et pour les signaux en mer pendant la nuit. La marine américaine l'a utilisé pour empêcher les navires de rompre le blocus des ports à la faveur de l'obscurité de la nuit (*fig.* à la page 953). Mais son éclat n'est peut-être pas la qualité la plus précieuse de cette lumière; ses propriétés chimiques sont plus curieuses encore, et, depuis quelque temps, elles se prêtent à une importante application. La lumière du *magnésium,* analysée par le prisme, donne un spectre très riche en lumière verte et en lumière bleue; il contient de plus, dans la partie obscure, au delà du violet, beaucoup de rayons qui ont une grande puissance chimique. On a calculé que la lumière que nous envoie le soleil, le jour le plus pur, ne contient que 36 fois autant de rayons chimiques qu'en contiendrait un fil de magnésium, produisant une flamme égale au diamètre apparent du soleil. La lumière du magnésium peut donc être substituée avec avantage à tous les éclairages artifi-

L'administration de l'*antimoine* fut fatale à ces bons religieux.

ciels, dans le cas où l'on a besoin de l'intervention des rayons chimiques. Elle se prête surtout avec une merveilleuse facilité à la photographie; elle agit aussi rapidement que la lumière électrique, sans entraîner toutes les complications de la pile. On peut s'en servir pour reproduire les voûtes accidentées des grottes ou des catacombes, les anciennes sculptures de nos monuments les plus sombres, l'intérieur des cathédrales gothiques, etc. On l'a utilisée pour photographier les chambres des pyramides d'Égypte. Les applications de la lumière du magnésium se multiplieraient bien davantage, si, au procédé actuel de préparation du métal, on arrivait à en substituer un autre plus économique, analogue à celui qui existe pour la préparation du zinc.

OXYDE DE MAGNÉSIUM ou **MAGNÉSIE** $(MgO = 20,6$; *densité = 2,3*). — La *magnésie*, ainsi nommée du latin *magnèes*, aimant, parce que ce corps happe à la langue, qu'il l'attire, pour ainsi dire, comme l'aimant attire le fer, est le seul *oxyde de magnésium*. C'est une poudre blanche, douce au toucher, très peu soluble dans l'eau, sans saveur ni odeur. Elle se trouve abondamment dans la nature, à l'état de combinaisons, avec les acides ou avec quelques oxydes, notamment à l'état de *carbonate*, dans la *giobertite*, la *dolomie; de sulfate* et de *chlorure*, dans les eaux minérales et dans l'eau de mer; de *silicate*, dans la *serpentine*, l'*écume de mer*, la *magnésite*, le *talc*, etc. On prépare la *magnésie* en calcinant le·carbonate de magnésie. On l'emploie, en médecine, pour dissiper les aigreurs de l'estomac, et pour combattre les empoisonnements par les acides et par l'arsenic. Elle forme avec les acides des sels dont les uns sont insolubles et terreux, les autres amers et purgatifs. Le *carbonate* et le *sulfate* sont les plus importants d'entre eux.

On distingue trois *carbonates de magnésie* (MgO, CO_2) : le *carbonate neutre*, le *bicarbonate*, qui fait partie de la composition de plusieurs eaux minérales, et le *carbonate basique* ou *sous-carbonate*, connu aussi sous le nom de *magnésie blanche*. Ce dernier constitue un sel blanc, insoluble dans l'eau, sans saveur, et remarquable par son extrême légèreté : c'est un mélange à proportions variables, suivant sa préparation, de carbonate et d'hydrate de magnésie. Il est fréquemment employé en pharmacie pour la préparation de la *magnésie* et pour l'imitation de certaines eaux minérales acidules. Il entre dans la plupart des formules officinales de poudres et de tablettes absorbantes, usitées contre les aigreurs de l'estomac et autres dérangements chroniques des fonctions digestives.

Le *sulfate de magnésie* (MgO, SO_3), d'une saveur amère, soluble dans l'eau, existe dans la nature en dissolution dans quelques eaux minérales, d'où on le retire quelquefois par leur évaporation : à Sedlitz, à Seidschutz, en Bohême, à Pullna, à Epsom, en Angleterre ; il s'en dépose des cristaux aciculaires très longs, flexibles, dans une source d'eau minérale en Espagne. On le nomme quelquefois *sel d'Epsom* ou de *Sedlitz*, ou *sel amer*. Il existe aussi dans l'eau de mer, et on le retire des eaux mères des marais salants ; il y est toujours mêlé d'une assez grande quantité de chlorure de magnésium. Ce sel est employé comme purgatif (15 à 30 grammes); on l'utilise aussi pour la préparation de la *magnésie blanche*.

ZINC (Zn = *33 ; densité du zinc fondu = 6,87 ; martelé = 7,2*). — Les anciens ne connaissaient pas le *zinc* proprement dit, du moins sous ce nom ; mais ils employaient néanmoins quelques-uns de ses composés, entre autres la *cadmie* ou *calamine*, carbonate et silicate de zinc naturels, le *pompholix*, oxyde de zinc. Ce n'est que depuis la fin du XVIIIe siècle qu'on le prépare en Europe. C'est un métal d'un blanc légèrement bleuâtre, à texture cristalline, cassant à la température ordinaire, mais ductile et malléable entre 100° et 130°. Il fond vers 410° et bout à 1040°. Il est inaltérable à froid et dans l'air sec ; mais, au contact de l'air humide, il se recouvre d'une couche imperméable d'*hydrocarbonate d'oxyde de zinc*, qui préserve de toute altération le reste du métal. Ses usages sont nombreux : réduit en feuilles minces, il sert pour la couverture des toits, pour les gouttières, les bassins, les baignoires. On a essayé de l'employer pour les ustensiles de cuisine, mais on a dû y renoncer, parce qu'avec les acides il forme des sels vénéneux. Aussi faut-il absolument le proscrire de cet usage; tous les liquides alimentaires, eau-de-vie, vin, vinaigre, eau de fleurs d'oranger, huile d'olive, bouillon, lait, eau ordinaire, eau salée, etc., attaquent en effet, en moins de vingt-quatre heures, les vases de zinc et de fer galvanisé, qui renferment alors des sels de zinc en proportions très notables ; le fer galvanisé est plus rapidement et plus profondément attaqué encore que le zinc pur.

Le *zinc* est l'élément électro-positif des piles les plus utilisées dans l'industrie. Allié avec le cuivre et le nickel, il forme le *maillechort ;* avec le cuivre, le *laiton*. Le *fer galvanisé* n'est que du fer recouvert de *zinc* par une simple immersion dans un bain de ce métal, opération communément employée aujourd'hui pour préserver le fer de la rouille.

Le *zinc* n'est jamais dans la nature qu'à l'état de combinaison. Ses minerais les plus répandus sont le sulfure, appelé *blende ;* le silicate et le carbonate, connus sous le nom de *calamine*. On les trouve en différents gîtes métallifères, principalement avec des minerais de plomb et de cuivre ; mais ils forment aussi des amas et même des couches dans les terrains de sédiment. Les mines les plus célèbres sont celles de la Vieille et de la Nouvelle-Montagne, dont les usines d'extraction fournissent la plus grande partie du zinc consommé annuellement.

On opère l'extraction du zinc d'une manière assez simple et par voie de distillation. Dans tous les trois grands centres d'extraction, les procédés ne diffèrent que par la forme des appareils. Dans tous les cas, on commence par calciner la *calamine*, pour en chasser l'eau et l'acide carbonique et pour la diviser plus facilement sous les bocards ; ou par griller la *blende* dans un four à reverbère, afin d'en chasser le soufre et de ramener ce sulfure à l'état d'oxyde. Le minerai étant ainsi préparé, on le mélange avec son volume de houille sèche ou de coke en petits fragments, et on le soumet à la réduction.

Dans toutes les usines du pays de Liège, le mélange est introduit dans de grands tuyaux A A, dits *cornues*, en terre réfractaire (*fig.* I, à la page 969), de 1 mètre de longueur sur $0^m,15$ de diamètre intérieur, fermés par un de leurs bouts, ouverts par l'autre, que l'on place sous une légère inclinaison, au nombre de 48, dans les quatre compartiments d'un immense four voûté. Dans chaque cornue, on insère un petit tuyau en fonte *bb*, qui fait office de condenseur ; on chauffe fortement au-dessus du rouge : la flamme pénètre par les ouvreaux *a* ; bientôt il se dégage une grande quantité d'hydrogène carboné, qui vient brûler à l'orifice des tuyaux avec une flamme jaune rougeâtre ; plus tard, c'est l'oxyde de carbone qui sort, et alors la flamme offre une couleur bleuâtre ; enfin, lorsque la réduction de l'oxyde de zinc s'effectue, comme une certaine quantité de métal en vapeur se mêle au gaz combustible, la flamme acquiert un plus grand éclat, devient d'un blanc verdâtre et émet des fumées blanches d'oxyde de zinc. On emmanche, à ce moment, sur les petits tuyaux en fonte *b*, qui terminent les cornues, des espèces d'allonges en tôle zinguée *cc*, qui sont destinées à condenser autant que possible la vapeur de zinc. Au bout de deux heures de chauffe environ, on enlève ces allonges, qu'on secoue au-dessus d'un récipient pour recueillir la poussière de zinc et d'oxyde qui s'y trouve ; cette poussière, *nommée cadmie des fourneaux*, entre plus tard dans les mélanges de minerai et de charbon, qui doivent alimenter les cornues. Un ouvrier, après avoir, avec une racloire, nettoyé l'orifice des cornues, en fait sortir le zinc réduit et en fusion, qu'un autre ouvrier reçoit dans une poche de fer, pour le couler immédiatement dans une grande lingotière placée à peu de distance du four. On obtient ainsi des plaques rectangulaires de zinc du poids de 30 à 35 kilogrammes.

Les fours employés en Silésie (*fig.* II, à la page 969) ont une autre forme. Les cornues sont remplacées par des moufles M en terre réfractaire, qui reposent à plat sur les deux côtés du four dont le cintre est occupé par le foyer. Leur partie antérieure est fermée par une plaque d'argile cuite qui porte deux ouvertures : l'une, dans le bas, servant à l'enlèvement des résidus, est bouchée par une briquette ; l'autre, dans le haut, reçoit une allonge horizontale en terre, coudée à angle droit et qui est ouverte par le bas ; c'est par cette allonge que sort le métal volatilisé, qui tombe goutte à goutte dans un récipient inférieur.

Le four anglais est tout différent (*fig.* III, à la page 969) ; il ressemble aux fours des verriers. Le minerai est placé dans des creusets I d'assez grandes dimensions, rangés sur une banquette tout autour du foyer central. Le fond de chaque creuset est percé d'un trou dans lequel est engagée l'extrémité supérieure d'un tube en fer *hh*, qui perce la banquette et descend jusqu'à la base du four. Ce tube est fermé dans le haut par un tampon en bois, avant le remplissage des creusets. Ceux-ci sont ensuite fermés par des couvercles lutés à l'argile. Lorsque le four est en feu et que la réduction s'opère, les vapeurs de zinc passent à travers le tampon que la chaleur a carbonisé et réduit, pour ainsi dire, à l'état d'éponge. Les vapeurs descendent par le tube, s'y condensent, et le zinc tombe goutte à goutte dans un récipient en tôle *g*, placé au-dessous ; mais, comme une portion du métal se solidifie dans l'intérieur du tube, et qu'il y aurait bientôt obstruction, on l'en fait tomber de temps en temps avec une tige de fer rouge de feu.

Le *zinc* ainsi obtenu est loin d'être pur ; il renferme, en général, des traces de fer, de cuivre, de plomb, de calcium, d'arsenic, de soufre, de charbon, qui se trouvaient dans le minerai. On l'en sépare par une distillation effectuée en chauffant le zinc impur au rouge blanc dans une cornue tubulée.

PROTOXYDE DE ZINC ($ZnO = 40,5$). — On ne trouve cet oxyde dans la nature qu'à l'état de combinaison avec les acides carbonique, sulfurique, silicique et avec l'alumine ; quand il est pur, il est blanc ; quand on le chauffe à une haute température, il prend une couleur jaune qu'il conserve. Il est soluble dans les acides, dans la potasse, la soude et même l'ammoniaque, qui sert ainsi à s'assurer de sa pureté. Il n'est pas coloré par l'acide sulfhydrique ni les sulfures alcalins : cette propriété, qui est due à ce que son sulfure est incolore, le fait employer de préférence à la *céruse*, principalement pour les peintures intérieures, sous le nom de *blanc de zinc ;* c'est pourquoi on en prépare de très grandes quantités. Cette pensée de remplacer la céruse par l'oxyde de zinc a été proposée, dès 1780, par Courtois, préparateur des cours de chimie de l'Académie de Dijon ; et Guyton de Morveau avait établi cette fabrication sur les mêmes principes que ceux qu'on emploie aujourd'hui ; plus tard, on essaya cette fabrication en Angleterre ; ces essais furent abandonnés. Ce n'est que depuis 1849, que cette industrie a été réellement établie par les soins et la persévérance de M. Leclaire, entrepreneur de peinture à Paris.

Pour préparer l'*oxyde de zinc* dans les laboratoires, on calcine du *carbonate* ou de l'*azotate d'oxyde de zinc*. Les réactions sont :

$$ZnO,CO^2 = ZnO + CO^2 \quad \text{et} \quad ZnO,AzO^5 = ZnO + AzO^4 + O;$$

ou bien l'on chauffe au rouge du zinc métallique dans un creuset ouvert :

la vapeur de zinc brûle au contact de l'air, et l'*oxyde blanc* formé a l'apparence de flocons de laine auxquels on a donné jadis le nom de *pompholix, lana philosophica*, et tapisse les parois du creuset.

Dans l'industrie, c'est toujours par l'oxydation directe du

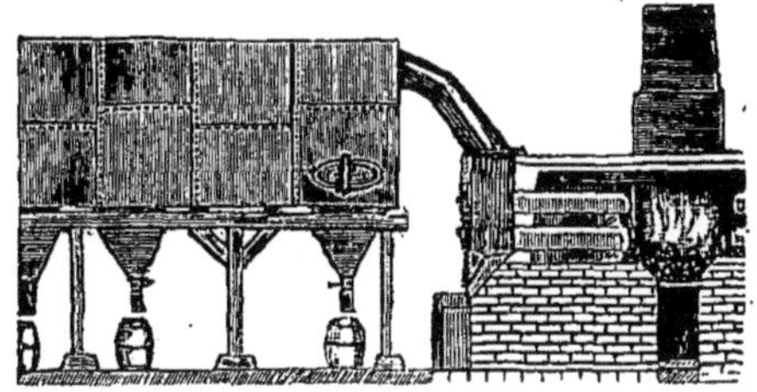

Fig. 326. — FABRICATION DU BLANC DE ZINC.

métal qu'on le prépare. On chauffe dans des cornues en terre (*fig.* 326) le zinc qui se vaporise ; ses vapeurs, brûlées par un courant d'air, donnent de l'*oxyde* qui se dépose dans de grandes caisses. Les parties qui tombent les premières sont pulvérulentes et constituent le *blanc de zinc ;* l'oxyde qui se dépose plus loin est beaucoup plus léger, floconneux et est appelé *blanc de neige*.

SULFATE DE ZINC ($ZnO,SO^3 + 7HO = 80,5$). — Ce sel est aussi connu sous les noms de *vitriol blanc, couperose blanche ;* il est très soluble dans l'eau ; il donne, à la température ordinaire, des cristaux prismatiques qui fondent facilement dans leur eau de cristallisation, et, dans le commerce, on le fond ainsi pour le couler dans des moules, sous forme de plaques carrées d'environ un décimètre d'épaisseur. Le *sulfate de zinc* sert dans les fabriques d'indiennes et comme désinfectant pour les fosses ; sa dissolution est employée dans ce cas à 20° de l'aréomètre. On l'utilise, en médecine, comme astringent et en injections contre la leucorrhée. On prépare le *sulfate de zinc* en dissolvant des rognures de zinc dans l'acide sulfurique étendu ; il constitue le résidu de la préparation de l'hydrogène ; il s'en produit également dans les piles ordinaires. Dans l'industrie, on l'obtient par le grillage du *sulfure de zinc* à basse température.

GALLIUM. — Nous avons déjà parlé (PHYSIQUE, *Optique*, page 446) de la découverte du *gallium* par l'analyse spectrale, caractérisé par deux belles raies violettes. C'est un métal blanc bleuâtre, fondant à + 30°, 15 et dont la densité à 24° est 5,95. On l'obtient en décomposant par la pile une dissolution d'*oxyde de gallium* dans la potasse.

CHAPITRE V

FER, NICKEL, COBALT, MANGANÈSE, CHROME, CADMIUM, VANADIUM, URANIUM, INDIUM.

FER (Fe $= 28$; *densité du fer fondu $= 7,8$*). — A ce que nous avons dit ci-dessus (CHIMIE, *Métaux*, page 853), nous ajouterons quelques lignes de M. Hoeffer, relatives au *fer* :

« L'*arme de fer* dont il est parlé dans le *Pentateuque* et dans le *livre de Job* pouvait n'être qu'une simple massue. Quant au passage du *Lévitique*, où il est question du partage de la victime offerte à la divinité, les prêtres avaient la coutume d'employer, à cet effet, des couteaux en silex; mais un fait certain, c'est que du temps d'Homère, environ mille ans avant notre ère, les outils du forgeron, l'enclume, le marteau et les tenailles, étaient en airain. Avec un pareil outillage, il aurait été impossible de travailler le fer. Cependant le même poète paraît avoir connu la trempe du fer; car, à propos du Cyclope Polyphème, auquel Ulysse creva l'œil avec un pieu pointu, il dit : *Et il se fit entendre un sifflement pareil à celui que produit une hache rougie au feu et trempée dans l'eau froide; car c'est là ce qui donne au fer la force et la dureté.* On sait que les Grecs attribuaient aux Cyclopes, aides forgerons de Vulcain, la découverte du fer, et que les *Chalybes*, peuples du Pont, — d'où vient sans doute le mot latin de *chalybs*, acier, — passaient pour très habiles à le travailler. Plus de mille ans donc avant l'ère chrétienne, on employait le fer concurremment avec le bronze ou l'airain; le premier étant sans doute encore rare, tandis que le second était fort commun. Quoi qu'il en soit, au commencement de l'empire romain, l'usage du fer était déjà fort répandu. On savait que les aciers ne sont pas tous de même qualité, et qu'ils diffèrent entre eux suivant la trempe et le minerai dont ils proviennent. Le

Un haut fourneau (page 996).

fer a le défaut de se rouiller, de s'oxyder. Les anciens ne l'ignoraient pas, et ils cherchaient, comme nous, à y remédier. Le moyen dont ils se servaient le plus souvent était une sorte de vernis, nommé *antipathie* : c'était un mélange de poix liquide, de plâtre et de céruse. La rouille et l'eau ferrée, qu'on préparait en éteignant dans l'eau des clous rougis au feu, étaient employées, bien avant Galien, dans le traitement des pâles couleurs, de l'anémie et de la dysenterie. »

Le fer s'unit avec tous les métalloïdes, excepté avec l'azote. A la température ordinaire, il est inaltérable dans l'air sec; il se transforme lentement dans l'air humide en *rouille* (hydrate de sesquioxyde de fer et ammoniaque), sous l'influence de la vapeur d'eau, de l'acide carbonique de l'oxygène et de l'azote dissous dans l'eau. On prévient son oxydation en le recouvrant d'une couche de zinc (*fer galvanisé*), ou d'une couche d'étain (*fer-blanc*) ou de plusieurs couches de peinture. Chauffé au rouge, le fer brûle en se transformant en *oxyde magnétique;* c'est cet oxyde qui, sous le choc du marteau, se détache du fer incandescent. C'est encore lui qui se forme quand le fer, en poussière impalpable, s'enflamme spontanément au contact de l'air (*fer pyrophorique*), ou quand de petites parcelles métalliques, violemment arrachées d'une lame de fer par le choc d'un silex, brûlent dans l'air en produisant des étincelles.

Le fer est le métal le plus répandu à la surface de la terre; il entre, soit comme principe essentiel, soit comme accessoire, dans presque toutes les roches; on en trouve également une certaine quantité dans les organes des végétaux et des animaux. Un naturaliste très distingué, M. L. Périer, a établi récemment que les vins de Bordeaux sont extrêmement riches en fer, renfermant en moyenne 18 centigrammes de tartrate ferreux par litre, ce qui présente 63 milligrammes de fer. Or, bien peu d'eaux minérales peuvent être mises en parallèle avec ces vins. De plus, le vin jouit, en outre, de l'avantage de conserver longtemps intact son élément minéralisateur. On sait bien que, parmi les éléments constitutifs de notre organisme, le *fer* joue un rôle important, et tel que, si on le supprimait, même momentanément dans le régime alimentaire d'un animal, l'organisme dépérirait et l'animal mourrait infailliblement. D'après M. Boussingault, 100 grammes de sang chez l'homme contiennent 54 milligrammes de fer. Parmi nos aliments, pour 100 grammes de matière, la chair de bœuf donne 5 milligrammes; le veau, 3 ; le merlan, 8 ; les œufs de poule, 6 ; le pain blanc, 5 ; les haricots, 7 ; le vin rouge du Beaujolais, 10 ; le vin blanc, 8 ; l'eau de Seine, 0,4.

Cependant, quoique l'on compte plus de vingt-deux espèces minérales dont il est la base, on ne rencontre jamais le fer à l'état natif et pur ; il n'existe ainsi que dans les *pierres météoriques,* où il est allié au nickel, au cobalt et au chrome.

Les minerais de fer exploités pour l'extraction du métal sont seulement :

1° L'*oxyde de fer magnétique* (Fe³O⁴), appelé aussi *fer oxydulé*, qui constitue la pierre d'aimant, et dont on trouve des montagnes entières en Suède et en Norvège ; c'est généralement le minerai le plus riche ; il contient 71,8 pour 100 de fer.

2° Le *sesquioxyde de fer hydraté* (Fe²O³HO), connu sous les noms de *limonite, fer oolithique, mine de fer en grains, hématite brune, fer hydraté* ou *hydroxydé*, et qui alimente la plupart des nombreuses usines de France, dans la Normandie, le Berry, la Bourgogne, la Lorraine et la Franche-Comté. Quand il est en boules creuses au centre et contenant un noyau mobile, il prend le nom de *pierres d'acyte* et d'*œtites ;* et les anciens lui attribuaient la vertu d'écarter les voleurs et de favoriser l'accouchement. Ce minerai se présente sous forme de masses jaunes ou brunes, et est assez impur.

3° Le *sesquioxyde anhydre* (Fe²O³), *oxyde ferrique*, est quelquefois cristallisé en rhomboèdres très brillants, comme le minerai que l'on trouve à l'île d'Elbe et dans les Vosges, et on l'appelle alors *fer oligiste*. Le plus souvent, il est en masses compactes et terreuses, et connu sous le nom d'*ocre rouge ;* s'il a une structure fibreuse, on l'appelle *hématite rouge*.

4° Le *carbonate de fer* (FeO,CO²), *fer spathique, sidérose*, que l'on rencontre en masses compactes, d'un gris noirâtre, dans les bassins houillers, à Saint-Étienne, dans les Pyrénées, surtout en Angleterre, et qui offre l'avantage immense d'être exploité auprès du combustible nécessaire à sa transformation.

La métallurgie du fer repose sur la réduction de l'*oxyde de fer* par le charbon. Cette réduction se fait facilement au rouge ; mais la nécessité d'agglomérer le fer, qui ne fond qu'à une température très élevée, 1,500°, et de le séparer de la gangue dans laquelle il est disséminé, force à élever la température pour que la gangue siliceuse donne un composé fusible, en se combinant avec un oxyde.

Pour atteindre ce but, on emploie deux méthodes différentes :

1° *Méthode catalane*. Cette méthode, dont on fait remonter l'emploi à l'empire romain, est très expéditive, mais n'est employée que pour le traitement des minerais très fusibles et très riches, et uniquement d'ailleurs dans les pays où le bois est abondant, car c'est avec son charbon que l'on travaille, et les transports difficiles, comme en Corse, dans les Pyrénées, en Sardaigne, en Prusse, en Norvège. Le fourneau catalan est un creuset carré E (*fig.* 327), profond de 0ᵐ,70 à 0ᵐ,80, emprisonné dans un massif de grosse maçonnerie en pierres sèches reliées avec de l'argile. La tuyère D d'une soufflerie est inclinée de 36° à 40° sur l'un des bords du creuset. Dans celui-ci, on fait deux tas distincts : l'un de minerai, l'autre de charbon, ce dernier double du premier, et l'on y met le feu. Le creuset est rempli des deux matières, qui surplombent même de quelques décimètres. On élève progressivement la température, au moyen de la soufflerie que l'on fait marcher de plus en plus fort. A mesure que la combustion marche, les deux tas s'affaissent ; on ajoute de nouveau charbon, et par-dessus de petites quantités de minerai pulvérulent arrosé d'eau. Le charbon, en brûlant sous le vent de la tuyère, produit d'abord de l'*acide carbonique*, mais bientôt celui-ci passe à l'état d'*oxyde de carbone*. C'est cet oxyde de carbone qui, s'élevant à travers la masse du minerai, lui enlève son oxygène, pour reformer de l'acide carbonique, et mettre le *fer* en

Fig. 327. — FOURNEAU CATALAN.

liberté (CHIMIE, *Métalloïdes*, page 679). Mais une partie de ce dernier reste à l'état de protoxyde, qui s'unit aux différents principes de la gangue et donne lieu à des silicates multiples, qui, très fusibles, coulent dans le creuset, d'où on les fait sortir de temps en temps. Ce n'est guère qu'au bout de deux heures de chauffe que le fer métallique commence à se montrer; après la cinquième heure, l'ouvrier rassemble les grumeaux, pour en faire une loupe spongieuse qui est portée sous le martinet et ensuite façonnée en barres. Par cette méthode, 100 parties de minerai ne produisent pas plus de 33 parties de fer, attendu qu'une quantité très notable de métal reste dans les mélanges. De plus, le fer obtenu contient de petits grains d'acier, ce qui permet moins bien de le laminer.

2° *Méthode des hauts fourneaux.* On appelle de ce nom des fours de dimensions considérables (*fig.* à la page 993), représentant deux troncs de cône réunis par leurs bases. Le cône supérieur BC, appelé *cuve*, est en briques réfractaires ; le cône inférieur DE, dit *les étalages*, est formé avec des pierres siliceuses infusibles. L'espace cylindrique CD, qui sépare ces deux troncs de cône, porte le nom de *ventre*. Au-dessous des étalages se trouve une sorte de cylindre EF, en pierres réfractaires, appelé l'*ouvrage;* enfin, tout à fait au bas, est un bassin C, nommé *creuset*, qui sert à recevoir le métal fondu. Sur trois des côtés du creuset, et un peu au-dessus, trois ouvertures reçoivent les tuyères T d'une puissante machine soufflante. Le haut du fourneau B est désigné sous le nom de *gueulard;* il est surmonté d'une cheminée A, dans laquelle sont pratiquées des portes pour permettre le chargement. C'est par le gueulard qu'on projette alternativement le minerai et le charbon; mais on y associe toujours un troisième corps, nommé *fondant*, ayant pour objet de former, avec la gangue terreuse qui accompagne l'oxyde de fer, des silicates fusibles, afin que les particules métalliques, réduites par le charbon, puissent facilement se réunir. Ce fondant est ou de l'argile (*erbue* des ouvriers) ou du carbonate de chaux (*castine*). Lorsque le haut fourneau a reçu la charge complète, on y met le feu, et on fait jouer la machine soufflante qui détermine bientôt une température très élevée ; l'acide carbonique produit et l'oxyde de carbone agissent alors comme dans la méthode catalane, et il résulte du fer métallique très divisé, interposé dans la gangue terreuse. Lorsque le mélange de fer réduit, de gangue, de fondant et de charbon, est peu à peu descendu dans les *étalages*, où la température est si élevée, la *castine*, qui a perdu son acide carbonique dans les régions supérieures et qui ne consiste plus alors qu'en chaux vive, attaque l'argile et les parties siliceuses de la gangue ; elle forme, avec elles et avec les cendres du combustible brûlé, des silicates multiples à base d'alumine, de chaux, de protoxyde de fer et de manganèse. Les nouveaux composés se fluidifient à mesure qu'ils arrivent dans l'*ouvrage*, et tombent dans le *creuset* à l'état liquide : c'est alors ce que les ouvriers nomment du *laitier*. Pendant ce temps, le fer métallique s'unit à une certaine quantité de charbon, passe à l'état de *fonte* et vient tomber à son tour dans le creuset. Les deux liquides se superposent suivant leurs densités respectives : la fonte en bas, le laitier au dessus. Dès que la surface du bain de laitier dépasse le niveau de la paroi du creuset, que l'on appelle *dame* M, le liquide vitreux s'écoule au dehors sur un plan incliné MN, et, en se refroidissant, il forme des plaques vitreuses et colorées qu'on entraîne avec des crochets. Le volume de ce laitier est cinq à six fois plus considérable que celui de la fonte. On s'arrange de manière que celle-ci soit toujours recouverte de laitier ; autrement, l'air lancé par la tuyère pourrait l'oxyder. Ce n'est qu'au bout de 12 à 24 heures que le creuset est rempli de fonte et qu'on peut procéder à la coulée. Pour cela, on enlève un tampon d'argile, qui jusqu'alors bouchait le *trou de coulée*, placé au bas et sur l'un des côtés de la dame ; un ruisseau de métal, rouge de feu, s'élance et se répand dans les sillons triangulaires qu'on a creusés dans le sable qui recouvre le sol de la fonderie. On obtient ainsi des cylindres métalliques, à section demi-circulaire, connus sous les noms de *gueuses* ou de *gueusets*, suivant leur longueur.

FONTES. — Les *fontes* sont des carbures de fer formés d'environ 25 pour 100 de fer, de 2 à 5 de carbone et de quelques autres matières, telles que silicium, phosphore, azote, soufre et manganèse. Leurs propriétés varient avec leur composition ; mais les diverses variétés peuvent se ramener à deux types : la *fonte grise,* dont la couleur varie du gris noir au gris clair, et dont la densité est de 6,79 à 7,05 ; elle fond vers 1,200°, devient très fluide, ce qui la rend propre au moulage ; elle se laisse limer, tourner et forer facilement ; la *fonte blanche,* qui a une couleur-argentine, une cassure brillante et dont la densité varie entre 7,44 et 7,84 ; elle fond vers 1,050° et 1,100°, mais elle reste pâteuse et sert spécialement pour la fabrication du fer et de l'acier ; elle est dure, lamelleuse, cassante et se laisse difficilement limer. La conversion de la fonte blanche en fer, *son affinage,* consiste à déterminer l'oxydation, au contact de l'air, à une température élevée, de la plus grande partie du carbone et des matières étrangères qu'elle contient ; cette opération se fait soit au charbon de bois, dans les *fourneaux comtois,* soit à la houille, dans des fours dits à *puddler.*

ACIER. — L'*acier* ne diffère du *fer* qu'en ce qu'il contient une petite quantité de charbon ; les meilleurs n'en contiennent que 7 à 8 millièmes seulement. Ils renferment aussi du manganèse, du phosphore, du silicium et du magnésium, mais en petite quantité. En ajoutant à l'acier une très petite proportion de rhodium ou d'argent, il devient beaucoup meilleur. L'art de préparer l'acier, que la Bible attribue à Tubalcaïn, et dans lequel excellaient, nous l'avons dit, les Chalybes, fut enseigné aux Européens par les Orientaux ; c'est surtout à partir du xe siècle de notre ère que les armes blanches furent fabriquées avec de l'acier. Les petits instruments, tels que couteaux et ciseaux, ne furent connus que plus tard ; on ne vendit des aiguilles, en Angleterre, que sous la reine Marie, au xvie siècle.

Quand, après avoir fait chauffer l'*acier* au rouge, on le refroidit brusquement en le trempant dans l'eau froide, il devient d'une dureté qui le rend capable de rayer le verre et de résister aux meilleures limes. On a prétendu longtemps que les armes orientales, si célèbres au moyen âge, étaient trempées en se refroidissant dans l'air. Un cavalier saisissait la lame rougie, puis partait dans une course vertigineuse en faisant tournoyer l'arme au-dessus de sa tête (*fig.* à la page 1001). Cela n'est qu'un conte. L'acier trempé se détrempe si on le laisse refroidir lentement après l'avoir fait rougir. Pour distinguer facilement l'*acier* du *fer,* il suffit de déposer sur l'objet à essayer une goutte d'acide sulfurique ou d'acide nitrique : l'acide rougira le métal et mettra le charbon à nu, lorsqu'il en contiendra. L'acier présentera donc une tache noire qui ne se produira pas sur le fer.

Quand on recuit les objets d'*acier trempé,* on proportionne sa dureté aux différents usages auxquels on le destine ; pour cela, on se règle sur les couleurs qu'il prend. Ces couleurs proviennent de la formation d'une mince pellicule d'oxyde, qui réfléchit les couleurs de l'iris. Par suite de cette oxydation, l'acier devient d'abord d'un jaune paille, passe ensuite au jaune doré parsemé de raies pourpres, puis au pourpre, au violet et enfin au bleu ; à la chaleur rouge, toute coloration cesse, et il se forme à la surface une couche épaisse d'oxyde noir. Ces couleurs guident l'ouvrier et lui apprennent à quel moment l'acier doit être retiré du feu, pour le refroidir dans de l'eau ou de la graisse. La première teinte jaune convient aux instruments destinés à travailler le fer ; le jaune doré et commencement de pourpre, aux ustensiles pour le travail des métaux moins durs ; le pourpre, aux couteaux et aux outils pour les ouvrages à la main ; le violet et le bleu, pour les ressorts de montres.

On distingue quatre sortes d'acier : 1° l'*acier naturel*, que l'on obtient directement par l'affinage de la fonte ; on fait avec lui des armes blanches, les scies, les charrues, les ressorts de voitures, la grosse coutellerie ; 2° l'*acier de cémentation*, qui se prépare en échauffant du fer en barre dans un bain de charbon, de suie et de sel marin ; il est propre à la fabrication des limes, cisailles, enclumes, etc.; 3° l'*acier fondu*, que l'on obtient en fondant les espèces précédentes ; on l'emploie pour la coutellerie fine, pour les instruments qui doivent avoir une dureté extrême : les laminoirs, les coins ou moules entre lesquels on frappe les monnaies, les ressorts de montres ; 4° l'*acier damassé*, du nom de Damas, la ville où les Orientaux préparent, de temps immémorial, ces armes si célèbres au moyen âge. Cet acier est moiré, rubané. On ne sait pas précisément quelle est la cause du moirage de l'acier damassé ; on pense qu'il est dû à la diversité des veines du *carbure de fer*, veines qui sont mises à découvert au moyen d'un faible acide. Récemment, un ingénieur anglais, Bessemer, a imaginé un mode de préparation rapide et économique, d'un fer aciéreux. Son procédé consiste à introduire de la fonte siliceuse, maintenue en fusion, dans un grand cubilot mobile autour d'un axe horizontal (*fig.* 328) ; on y injecte ensuite par la partie inférieure, après l'avoir redressé, un fort courant d'air, qui brûle partiellement les éléments étrangers, tels que carbone, silicium, etc. Quand la combustion est suffisamment avancée, c'est-à-dire au bout de vingt minutes environ, on mêle, à la masse incandescente, de la fonte riche en manganèse (*spiegeleisen, ferromanganèse*). Cette fonte débarrasse la première du reste de son silicium par son manganèse et fournit le carbone nécessaire : cinq minutes après l'addition de la fonte riche en manganèse, on coule le tout. On fabrique ainsi en une seule fois jusqu'à 10,000 kilogrammes d'acier. (Troost.)

FABRICATION DU FER-BLANC. — Nous avons dit que le fer-blanc s'obtient en plongeant dans un bain d'étain le fer préalablement décapé et chauffé un peu au-dessus de la température de fusion de l'étain ; dans ces conditions, le fer se recouvre d'une couche d'étain. La difficulté principale réside dans le décapage du fer. Après avoir découpé de la tôle au bois en morceaux rectangulaires aux dimensions voulues, on met ces feuilles dans un bain d'acide sulfurique étendu, ou quelquefois d'acide chlorhydrique. A Pittsburg, la dissolution acide s'emploie chaude, et l'opération dure vingt minutes. Préalablement, les feuilles ont été repliées en forme

Fig. 328.
CONVERTISSEUR BESSEMER.

d'U, de manière à pouvoir être placées debout dans le bain. Après cette opération vient le recuit. Les feuilles sont portées au rouge dans un four où elles restent environ six heures, puis on les laisse refroidir. On les redresse alors et on les lamine à froid entre des cylindres d'acier poli qui les compriment fortement, de manière à leur donner de la douceur et de l'élasticité. Après un second recuit, qui dure sept ou huit heures, mais qui doit se faire à une température beaucoup plus basse que le premier, on procède à un second décapage, pendant dix minutes, dans une dissolution d'acide sulfurique étendu ou d'acide chlorhydrique, et, dans certains cas, on frotte avec du sable. Enfin, après un lavage à l'eau, on plonge les feuilles dans du suif fondu ou de l'huile de palme. C'est seulement après cette série d'opérations préparatoires que commence l'étamâge. Les feuilles de tôle chauffée sont plongées pendant vingt minutes dans un premier bassin rectangulaire en fonte contenant 225 kilogrammes d'étain fondu. Une couche de 10 centimètres de suif pur flotte sur le métal en fusion pour le préserver de l'oxydation. L'opération se complète par des immersions ultérieures moins prolongées dans d'autres bassins plus petits. Enfin, on remet les feuilles dans le suif, on les fait passer encore au laminoir, et il ne reste qu'à les nettoyer en les frottant avec du son et un morceau de cuir.

NICKEL (Ni $= 29,5$; *densité* $= 8,27$). — Le *nickel* a été découvert par Cronstedt, en 1751 ; c'est un métal d'un blanc grisâtre, assez malléable ; on peut facilement le réduire en lames ou en fils ; il est magnétique, il perd cette propriété au-dessus de 400°. Il se conserve à l'air sans s'altérer. Il se combine facilement avec le charbon ; cette combinaison s'appelle *fonte*, parce que, comme la fonte de fer, elle est plus fusible que le métal qui lui a donné naissance. Le *nickel* ne se trouve dans la nature qu'à l'état de combinaison avec le soufre, l'arsenic, etc. L'arséniure, appelé *kupfernickel*, est le minerai duquel on le retire surtout.

Un cavalier saisissait la lame rougie, puis partait dans une course vertigineuse (page 998).

La Nouvelle-Calédonie commence à nous envoyer des minerais de *nickel*, qui fournissent un métal excellent. Ce minerai fut découvert dans notre possession, dès 1863, par M. Jules Garnier. Ce n'est pas un *arsénio-sulfure de nickel*, comme le minerai que l'on exploite aujourd'hui en

Europe; c'est un *hydrosilicate de magnésie* et de nickel. Il résulte de cette différence de composition, que le nickel de la Nouvelle-Calédonie est dépourvu de soufre, d'arsenic et d'antimoine; il est beaucoup plus malléable et beaucoup moins cassant; par suite, plus facile à travailler.

Les applications industrielles du nickel sont devenues nombreuses depuis que les travaux du docteur Fleitmann ont permis d'obtenir ce métal à l'état malléable et soudable. Antérieurement, on ne travaillait que des alliages de nickel et de cuivre ou autres métaux, parce que le nickel pur ne pouvait être ni laminé ni martelé. Cela tenait aux gaz qui sont absorbés par le métal pendant la fusion. Le procédé Fleitmann, pour obtenir du nickel malléable, consiste à ajouter une très petite quantité de magnésium, 1/20 pour 100, que l'on introduit dans le creuset. Le magnésium élimine les gaz, et le nickel devient malléable et soudable. Le nickel pur a sur les alliages l'avantage de conserver son brillant à l'humidité, et de ne pas être attaqué par les acides organiques. Le nickel se soude parfaitement au fer, ce qui permet de substituer un placage d'une certaine épaisseur à la couche mince obtenue par les procédés galvanoplastiques. (PHYSIQUE, *Électricité dynamique*, page 244.) Les propriétés du nickel sont à peu près les mêmes que celles du fer. Son allongement pendant les opérations de forge et de laminage est le même que celui de l'*acier Bessemer* moyennement dur. On peut souder ensemble un lingot d'acier avec deux lingots de nickel, un sur chaque face, et, en passant le tout au laminoir, on peut obtenir des feuilles de n'importe quelle épaisseur, composées d'une feuille d'acier et de deux feuilles de nickel. On peut également obtenir, par les procédés ordinaires d'étirage, du fil de fer entouré de nickel. Le nickel se soude et fond à la même température que l'acier, de sorte que l'acier uni au nickel peut se souder parfaitement.

M. Jules Garnier a fait connaître, de son côté, un procédé nouveau pour rendre le nickel malléable. Il emploie, comme matière destinée à épurer le *nickel*, le phosphore, en se fondant sur ce fait que le nickel retient généralement de l'oxygène, et que le phosphore est l'agent le plus propre à opérer sa désoxydation. Le manganèse avait été préalablement employé dans le même but par M. Garnier, qui donne aujourd'hui la préférence au phosphore. Seulement il ne faut pas dépasser une certaine dose du corps réducteur. En employant 3 millièmes de phosphore, le *nickel* devient doux et malléable; au-dessus de cette dose sa densité s'accroîtrait aux dépens de sa malléabilité. Un des moyens employés par M. Garnier pour incorporer le phosphore au nickel consiste à ajouter au bain de nickel, dans la proportion convenable, un *phosphure de nickel*, qui contient environ 6 pour 100 de phosphore, et qui a été obtenu en fondant un mélange de phosphate de chaux, de silice, de charbon et de nickel. Ce *phosphure de nickel* est blanc, dur et cassant.

M. Garnier a laminé aisément, à chaud et à froid, du nickel à 0,0025 de phosphore, et obtenu sans difficulté des feuilles de 0,00005 d'épaisseur, c'est-à-dire aussi minces qu'il est possible de le faire sans laminer *en paquets*, et tout indique que l'on peut arriver beaucoup plus bas. Ce *nickel au phosphore* étant allié au cuivre, au zinc et au fer, donne des résultats bien supérieurs à ceux qu'on obtient avec le même nickel non phosphoré. Les lingots sont plus denses : ce qui s'explique ; car le phosphore, en s'oxydant dans la masse du nickel, ne donne point de produits gazeux, mais bien des produits solides. Grâce au phosphore, on peut donc allier le nickel et le fer en toutes proportions, et obtenir toujours des produits doux et malléables.

COBALT ($Co = 29,5$; *densité* $= 8,6$). — Le *cobalt*, qui accompagne presque toujours le nickel dans la nature, a été découvert par Brandt en 1733. On le trouve à l'état d'arséniure, $CoAs$ (*smaltine*), et de sulfuro-arséniure, $CoAs$, CoS^2 (*cobalt gris, cobaltine*). On obtient le *cobalt* en opérant comme pour le nickel ; on chauffe l'*arséniure de cobalt* avec du carbonate de potasse et de soufre : il se produit du *sulfo-arséniure de potassium* soluble dans l'eau, et du *sulfure de cobalt*. Ce dernier, lavé et traité par l'acide sulfurique, donne un sulfate d'où la potasse précipite l'*oxyde de cobalt hydraté*. En calcinant cet oxyde avec du charbon, on obtient le métal. Le *cobalt* pur est blanc d'argent, très malléable, aussi peu fusible que le fer, inaltérable à l'air et à froid, mais il s'oxyde au rouge ; il se combine facilement avec le chlore, le soufre et l'arsenic.

Moins précieux que le *nickel* comme métal, le *cobalt* l'est plus comme agent chimique dans la production de ces belles couleurs bleues, comme l'*azur*, le *bleu cobalt*, le *bleu Thenard*.

Le *bleu cobalt* est un *silicate de cobalt*. Lorsqu'on verse une solution de potasse dans un sel soluble de cobalt, on précipite immédiatement un *oxyde de cobalt hydraté*, qui est d'un bleu très intense. Ce fut un vitrier saxon, Christophe Schürer, qui le découvrit en faisant par hasard fondre avec du verre les minerais de cobalt de Schneeberg, jusqu'alors rejetés comme inutiles sous le nom de *Wismuthgraupen*. Il le vendait d'abord comme un émail bleu aux potiers du pays. Ce produit ne tarda pas à être connu des marchands de Nuremberg, qui l'exportèrent à Venise et en Hollande, où il se vendait de 150 à 180 fr. le quintal. Les Vénitiens et les Hollandais apprirent ensuite eux-mêmes la fabrication du *bleu de cobalt*, et l'appliquèrent heureusement à la peinture sur verre, où ils excellaient. Cet oxyde est surtout employé aujourd'hui à la coloration des verres de lunettes pour les personnes qui ont la vue sensible. Le *bleu Thenard*, que tout le monde connaît, s'obtient en calcinant au rouge cerise, dans un creuset ouvert, de l'alumine gélatineuse et du phosphate de cobalt, et réduisant en poudre ensuite. L'*azur*, ou *smalt*, sert à faire les fonds bleus des porcelaines ; il entre dans l'empois employé à donner une légère coloration bleue aux linges fins et aux papiers blancs. Pour l'obtenir, on grille la mine de cobalt, on la pulvérise et on la fond avec du sable et de la potasse ; on obtient ainsi le *smalt*, qui, pulvérisé, donne l'azur. En combinant l'oxyde de cobalt avec l'oxyde de zinc, on obtient un vert magnifique. Ajoutons que le *cobalt* est un poison, qu'on ne saurait prendre trop de précautions contre les effets toxiques de cette matière, employée tous les jours dans les arts et dans l'industrie.

Jusqu'à ce jour, le *cobalt* fut surtout recherché pour les magnifiques couleurs qu'il produit ; mais les nombreuses applications du *nickel* dans l'industrie ont appelé l'attention sur le *cobalt*, comme pouvant le remplacer. La seule cause qui avait empêché son application était son prix élevé ; mais aujourd'hui le *cobalt métallique* se trouve dans le commerce, provenant des mines de la Nouvelle-Calédonie ; aussi l'espoir d'une exploitation commerciale de ce métal a-t-elle engagé récemment quelques industriels à réaliser le *cobaltage* par des procédés analogues à ceux du *nickelage*. L'avenir décidera du bien-fondé de ces espérances.

MANGANÈSE (Mn = *27,6 ; densité = 7,05*). — La première indication précise sur le *manganèse* est de Perez de Vargas, chimiste qui écrivait vers 1569. « Le *manganèse* (peroxyde de manganèse), dit-il, est une rouille noire et ne se fond point seul ; mais, étant mêlé et fondu avec les éléments du verre, il communique à cette substance une couleur d'eau liquide ; il enlève au verre sa couleur verte ou jaune, et le rend blanc et transparent ; les verriers et les potiers s'en servent avec avantage ; c'est pourquoi on l'appelle souvent *savon des verriers*. » Ce fut Sheele, qui, en 1774, signala sa présence dans la *magnésie noire* (bioxyde de manganèse), et Gahn qui l'isola le premier. Mais ses propriétés ne sont bien connues que depuis que Sainte-Claire Deville l'a préparé en décomposant le *carbonate de manganèse* par le charbon à la température du rouge blanc dans un creuset de chaux, entouré de chaux vive, et contenu dans un creuset très réfractaire. C'est un métal d'un blanc grisâtre ; sa texture est cristalline ; il ressemble beaucoup à la fonte de fer ; il est très dur, et néanmoins peut être limé ; il est très cassant et peut être réduit en poudre. C'est un des métaux les plus difficiles à fondre. Il a une très grande affinité pour l'oxygène; aussi ne peut-il être conservé que dans l'huile de naphte ou dans des tubes fermés à la lampe; il décompose l'eau à la température ordinaire. Si on le touche avec les doigts humides, il répand une odeur très désagréable.

OXYDES DE MANGANÈSE. — On connaît plusieurs composés oxygénés du *manganèse* :

1° *Protoxyde de manganèse* (MnO), base énergique, isomorphe de l'oxyde de zinc et de la magnésie, obtenue en réduisant par l'hydrogène le bioxyde de manganèse chauffé dans un tube de verre. Il apparaît alors sous forme de poudre verte;

2° *Sesquioxyde de manganèse* (Mn^2O^3), base faible, isomorphe de l'alumine et du sesquioxyde de fer, existant dans la nature à l'état anhydre (*braunite*) et à l'état hydraté (*acerdèse*);

3° *Oxyde salin* (Mn^3O^4), analogue à l'acide magnétique de fer, Fe^3O^4; il existe dans la nature (*haussmanite*) et se produit en calcinant du bioxyde de manganèse;

4° *Bioxyde de manganèse* (MnO^2), oxyde singulier et quelquefois indifférent, se trouve dans la nature, cristallisé en prismes obliques à base rhombe, qui ont l'éclat de l'acier (*pyrolusite*); sa poussière est noire. Il est ordinairement mélangé avec du sesquioxyde de manganèse hydraté, ou du sesquioxyde de fer, du carbonate de chaux ou de baryte et de la silice. Le *bioxyde de manganèse* est employé pour la préparation de l'oxygène (CHIMIE, *Métalloïdes*, page 549), et, à cause de sa facilité à abandonner son oxygène, dans les verreries, pour décolorer le verre noirci par les matières charbonneuses;

5° *Acide manganique* (MnO^3), acide isomorphe de l'acide chromique. Il présente un exemple remarquable de la propriété qu'ont certains oxydes d'acquérir des propriétés acides en se suroxydant. Si l'on calcine dans un creuset, au contact de l'air, du bioxyde de manganèse et de la potasse ou du nitre, qui peut céder à la fois de l'oxygène et de la potasse, on obtient une masse verte formée de *manganate de potasse*. Le manganate est soluble dans l'eau chargée de potasse; mais, en présence de l'eau pure, il passe au rouge en laissant un précipité brun d'hydrate de bioxyde de manganèse; il s'est formé dans ce cas du *permanganate de potasse* :

$$3(KO,MnO^3) + 3HO = MnO^2,HO + 2(KO,HO) + KO,Mn^2O^7.$$

Les acides dédoublent le manganate de potasse; les alcalis réduisent, au contraire, le permanganate et font repasser la couleur du rouge au vert. Ces changements ont fait donner à la dissolution de manganate de potasse le nom de *caméléon minéral*.

CHROME (Cr $=26,25$; *densité* $=6,6$). — Le *chrome* se rencontre dans la nature à l'état métallique, dans quelques aérolithes; il y est combiné avec le fer, le nickel, etc.; on ne le trouve ailleurs qu'à l'état d'oxyde colorant, un grès quartzeux, ou combiné avec l'oxyde de fer; ou à l'état d'*acide chromique* combiné avec l'*oxyde de plomb*. C'est dans ce dernier minéral, connu sous le nom de *plomb rouge de Sibérie*, que Vauquelin le découvrit en 1797. Le chrome est toujours très difficile à fondre; il est d'un blanc grisâtre, très dur et peut prendre un beau poli; il raye le verre, et est presque inattaquable par les acides les plus énergiques. Pour obtenir le *chrome*, on chauffe à la plus haute température d'un fourneau à vent un mélange intime d'oxyde de chrome et de charbon dans un creuset de chaux; le métal apparaît alors en masse métallique.

SESQUIOXYDE DE CHROME (Cr^2O^3). — Cet oxyde de chrome colore en vert quelques roches granitoïdes; pur, il est d'un beau vert, dont la nuance et l'aspect varient selon le procédé au moyen duquel on l'a obtenu; il est très difficile à fondre; l'hydrogène ne le réduit pas. Il forme un hydrate que l'on obtient en décomposant la dissolution d'un de ses sels par un alcali; cet hydrate est d'un gris verdâtre; il se dissout très facilement dans les acides. Chauffé au rouge avec un alcali ou un oxyde alcalino-terreux, au contact de l'air, il se change en acide chromique et forme des *chromates*.

Le sesquioxyde de chrome est employé dans les arts, anhydre pour colorer en vert les cristaux, les émaux, la porcelaine, etc.; hydraté et sous le nom de *vert Guignet*, il sert dans l'impression des toiles. On peut l'obtenir en chauffant au rouge blanc du bichromate de potasse : la moitié de l'acide chromique perd la moitié de son oxygène et se transforme en oxyde de chrome; il reste du chromate neutre :

$$2(KO,2CrO^3) = Cr^2O^3 + 2(KO,CrO^3) + O^3.$$

Dans la nature on trouve le *fer chromé* (FeO,Cr^2O^3), qui correspond au *fer magnétique*.

ACIDE CHROMIQUE (CrO^3). — L'*acide chromique* est plus important pour les arts que l'oxyde, car ses applications sont beaucoup plus étendues. Il est très soluble dans l'eau ; cependant il peut cristalliser et est alors d'un beau rouge rubis ; quand on le dessèche, il paraît noir ; mais, en attirant l'humidité de l'air, il redevient d'un beau rouge ; sa dissolution est jaune. La chaleur le décompose en oxygène et en oxyde de chrome ; si cette réaction est opérée vivement par une forte chaleur, les cristaux fondent d'abord, puis se décomposent tout d'un coup en produisant une vive lumière. *L'acide chromique* est soluble dans l'alcool. Si l'on expose cette dissolution à la lumière ou à la chaleur, l'acide se décompose en se transformant en sesquioxyde de chrome qui se dépose ; il se produit de l'éther. Il n'est cependant pas entièrement décomposé, car la dissolution filtrée est jaunâtre et l'ammoniaque n'en précipite rien ; par l'évaporation spontanée, l'acide cristallise sans altération. C'est un oxydant très énergique.

CHROMATE DE POTASSE (KO,CrO^3). — Ce sel est isomorphe avec le sulfate ; ses cristaux sont transparents, d'un beau jaune citron ; sa saveur est fraîche, très amère, très persistante ; il est très soluble dans l'eau. Son pouvoir colorant est si grand qu'un quarante-millième suffit pour donner une teinte sensible. On l'utilise dans la fabrication des toiles peintes. Traité par un sel de plomb, il donne le *jaune de chrome* (PbO,CrO^3) employé dans la peinture. Le *jaune de Cologne* est formé de 25 de chromate de plomb, 15 de sulfate de plomb et 60 de sulfate de chaux.

CADMIUM ($Cd = 5,6$; *densité = 86*). — Le *cadmium* se trouve rarement à l'état de sulfure simple ; c'est toujours dans les minerais de zinc qu'on le rencontre. Presque tout le cadmium du commerce provient des usines de Silésie. Il fut découvert en 1817 par Stromyer, dans un oxyde de zinc impur. Ce métal est d'un blanc grisâtre brillant, sa texture est fibreuse ; il cristallise facilement en octaèdres, est très malléable quand il est pur, mais la moindre trace de zinc lui fait perdre cette propriété. Il est mou, se laisse couper facilement, sa texture est fibreuse et crisialine ; il fond vers 400 degrés. Quoique très ductile, il forme des alliages cassants avec l'or, le platine et le cuivre, et, au contraire, des alliages très ductiles et très malléables avec le plomb, l'étain et l'argent.

Les seuls composés du cadmium qui ont quelque utilité sont le *sulfure de cadmium* (CdS), que l'on trouve en cristaux jaune clair, connus sous le nom de *greenokite*, employés dans la teinture ; l'*iodure de cadmium* ($CdIo$), utilisé en médecine et en photographie ; et le *sulfate de cadmium* (CdO,SO^3), qui sert à combattre les maladies des yeux.

VANADIUM (Va = $68,5$). — Ce métal, encore très rare, fut aperçu d'abord en 1801 par Del Rio ; mais c'est dans une mine de fer de Taberg que Sefstrom l'a découvert. Il offre de grands traits de ressemblance avec le chrome ; il est blanc d'argent, n'est pas malléable, et, quoique M. Sainte-Claire Deville ait constaté l'existence de quantités très notables de *vanadium* dans des minerais de fer du midi de la France, il est encore sans utilité industrielle.

URANIUM (Ur = 60). — Il ne se rencontre dans la nature qu'à l'état de combinaison, dans un minerai appelé *pechblende*, où l'a découvert Klaproth en 1789. L'*uranium* n'a pas encore été obtenu en masse fondue ; on ne le connaît qu'en poudre noire ; cependant quelquefois il produit des plaques minces adhérentes aux parois des creusets et qui ont un éclat comparable à celui de l'argent ; sa densité est d'environ 9.

INDIUM (In = $56,7$; *densité* = $7,4$). — C'est un métal blanc, plus mou et plus malléable que le plomb ; il fond à 176°, est inaltérable à l'air. Il a été découvert en 1863 par M. Richter dans la blende (*sulfure de zinc*) de Freiberg.

CHAPITRE VI

ANTIMOINE, BISMUTH, ÉTAIN, TUNGSTÈNE, MOLYBDÈNE, OSMIUM, TANTALE, TITANE, NIOBIUM, PLOMB, CUIVRE.

ANTIMOINE (Sb = 120 ; *densité* = $6,715$). — L'*antimoine*, désigné par les Latins sous le nom de *stibium*, d'où lui vient son symbole, et dans le commerce sous le nom de *régule*, est un des métaux sur lesquels les alchimistes ont le plus exercé leur patience. Son éclat métallique très prononcé, sa couleur blanche, leur avaient fait penser que sa transmutation en argent et en or serait facile. S'ils furent trompés dans leur attente, ils ont néanmoins découvert la plupart de ses composés, qui tous ont fourni à la médecine des remèdes plus ou moins efficaces. Il est surtout deux préparations antimoniales dont l'usage a survécu aux diverses révolu-

Le capitaine fit donner son bâtiment dans les bas-fonds (page 1014).

tions médicales : c'est l'*émétique* (tartrate de potasse et d'antimoine), et le *kermès* (oxyde et sulfure d'antimoine). L'art vétérinaire fait encore aujourd'hui un assez grand usage des autres composés d'*antimoine*.

L'origine du mot *antimoine* viendrait, dit-on, d'une circonstance assez singulière. Basile Valentin (1), qui, le premier, sut extraire le métal pur de son sulfure et le proclama, sous le nom de *Lion oriental*, comme un remède à tous maux, ayant vu des porcs acquérir un embonpoint extraordinaire pour avoir mangé le résidu d'une de ses opérations sur *l'antimoine*, crut que ce métal pourrait rétablir la santé des moines de son monastère, exténués par le jeûne et les mortifications. L'administration de ce nouveau remède fut fatale à ces bons religieux, qui périrent en grand nombre. De là vint le nom *d'antimoine* (*fig.* à la page 985). Cette historiette n'est peut-être pas absolument vraie. Néanmoins, le *sulfure d'antimoine*, introduit à petites doses dans la nourriture des porcs à l'engrais, excite effectivement leur appétit et exerce sur eux des effets favorables; et, pendant longtemps, la médecine s'en servit pour l'homme. On formait, avec *l'antimoine*, de petites balles que les malades avalaient pour se purger; et, comme ces pilules servaient indéfiniment et se transmettaient, pour ainsi dire, en héritage, on les avait appelées *pilules perpétuelles*. On l'alliait aussi à l'étain, pour faire des gobelets dans lesquels on laissait séjourner du vin qui acquérait ainsi une vertu émétique et purgative. D'ailleurs, l'usage des préparations antimoniales a donné lieu à de longues et vives contestations entre les médecins du XVIᵉ siècle. La Faculté de Paris s'opposa à leur emploi et le Parlement les proscrivit. Après une lutte qui ne dura pas moins d'un siècle, la Faculté permit l'usage du *vin émétique*, et le Parlement de Paris autorisa enfin l'emploi de *l'antimoine* en 1666. (J. Girardin.)

Aujourd'hui, on se sert de *l'antimoine* pour la composition des caractères d'imprimerie, afin de donner de la dureté au plomb; dans celle du métal d'Alger, du métal de la Reine, pour la fabrication des couverts, des théières, etc., en l'alliant à l'étain trop mou s'il était seul, etc.

On trouve *l'antimoine métallique* en Algérie, à l'état *d'oxyde* SbO^3 cristallisé. Son principal minerai est la *stibine* (SbS^3), qui existe en filons. Ce sulfure est, par simple fusion, séparé du quartz et des autres roches avec lesquelles il est mélangé; on obtient ainsi une masse grise (*anti-*

(1) VALENTIN (Basile), célèbre alchimiste, né à Erfurt vers 1390. Il vivait, dit-on, retiré dans le couvent de Saint-Pierre, à Erfurt. Ses écrits, dont aucun ne fut imprimé avant le XVIIᵉ siècle, s'échappèrent un jour, d'après la légende, d'une colonne de la cathédrale, où ils avaient longtemps été enfermés. Il s'est surtout occupé de *l'antimoine*. Dans son *Char triomphal de l'antimoine*, il montra qu'il connaissait les différents oxydes d'antimoine et l'émétique. Le procédé d'extraction des métaux par la voie humide remonte à B. Valentin. Dans un de ses traités, il est pour la première fois question de *l'or fulminant*, des *bains minéraux artificiels*, de la préparation de *l'huile de vitriol au moyen du soufre et de l'eau forte*. A propos du *salpêtre*, il exprime des idées qui renferment en germe la découverte de l'oxygène. Selon quelques auteurs, ce personnage n'a jamais existé: son nom, qui veut dire *régule puissant*, dénomination du *mercure* chez les alchimistes, ne serait qu'un voile sous lequel se sont cachés plusieurs alchimistes allemands du XVᵉ siècle.

moine cru), formée d'aiguilles cristallines : on grille ce minerai, de manière à lui faire perdre une partie du soufre, puis on le mélange avec du carbonate de soude et du charbon, et on le calcine fortement; il se forme du sulfure double d'antimoine et de soude, et de *l'antimoine* métallique. On purifie le métal en le fondant avec du carbonate de soude.

OXYDE D'ANTIMOINE (SbO^3). — Cet oxyde se trouve dans la nature à la surface du sulfure naturel ou de l'antimoine natif, cristallisé, soit en octaèdres réguliers (*sénarmontite*), ou en prismes droits à base rhombe (*valentinite*); il est donc isomorphe avec l'*acide arsénieux*. L'oxyde d'antimoine pur est sous forme de petits prismes aciculaires blancs, qui ont un vif éclat presque métallique, quand il est préparé en condensant la fumée produite par l'oxydation de l'antimoine dans un moufle : on lui donne alors le nom de *fleurs argentines d'antimoine*. L'oxyde hydraté se prépare en versant peu à peu du chlorure d'antimoine dans une dissolution bouillante de carbonate de soude : il se précipite en poudre blanche cristalline.

ACIDE ANTIMONIQUE (SbO^5). — Cet acide est pulvérulent, d'un blanc jaunâtre, lorsqu'il est anhydre; il est blanc, s'il est à l'état d'hydrate; dans ce dernier cas, il est désigné sous le nom d'*acide méta-antimonique*. Les sels formés par cet acide, sous les deux modifications, ont des propriétés différentes : le *biméta-antimoniate de potasse* a la propriété de décomposer les sels de soude en produisant un précipité de *méta-antimoniate acide de soude*, qui est presque insoluble dans l'eau; c'est le seul réactif connu qui puisse précipiter cet alcali.

L'*antimoniate de potasse* est employé en médecine sous les noms d'*antimoine diaphorétique* et de *chaux d'antimoine*. Toutes les préparations d'antimoine sont purgatives et vomitives; elles sont en même temps vénéneuses et ne doivent être employées qu'à des doses très faibles.

SULFURE D'ANTIMOINE (SbS^3). — Le *sulfure d'antimoine*, nommé *stibine* par les minéralogistes, est un corps solide, gris de plomb, cristallisant en prismes droits à base rhombe, dont la densité est 4,62, et qui est le seul composé de l'antimoine qui soit assez abondant pour servir à l'extraction du métal. Les Syriens, les Babyloniens, les Arabes, les Hébreux et autres nations orientales de l'antiquité, faisaient un fréquent usage du *sulfure d'antimoine*, comme fard. Job donne à l'une de ses filles le nom de *vase d'antimoine* ou de *boîte à mettre du fard*. Isaïe, dans le dénombrement qu'il fait des parures de Sion, n'oublie pas les aiguilles dont elles se servaient pour peindre leurs paupières, en les trempant dans la poussière noire du minéral en question, qu'elles étendaient même jusque sur les sourcils. Ce cerclé noir autour des yeux donnait à ceux-ci une expression plus langoureuse, en même temps qu'il les faisait paraître plus grands. La mode en était si bien établie, que Jézabel, ayant appris l'arrivée de Jéhu à Samarie, *se mit les yeux dans l'antimoine*, comme disent les Livres saints, c'est-à-dire les peignit avec du fard, avant de se montrer à cet usurpateur dont elle voulait apaiser la colère (*fig.* à la page 1017). Cet emploi du *sulfure d'antimoine* ne finit pas avec les filles de Judée ; il s'étendit et se perpétua partout. Les femmes grecques et romaines l'empruntèrent aux Asiatiques, et nous voyons Tertullien et saint Cyprien déclamer contre cette coutume encore usitée de leur temps en Afrique, et qui s'est continuée jusqu'à nos jours.

On obtient le *sulfure d'antimoine* amorphe, en faisant passer un courant d'acide sulfhydrique dans une dissolution de chlorure d'antimoine. Ce corps est rouge orangé. Le *foie d'antimoine* est un sulfure double d'antimoine et de potasse. Les métaux tels que le fer, le zinc et le cuivre, le réduisent en formant un sulfure et en mettant l'antimoine en liberté. On utilise quelquefois cette propriété pour préparer l'antimoine (*régule d'antimoine martial*).

Chauffé au contact de l'air, le *sulfure d'antimoine* s'oxyde peu à peu en dégageant de l'acide sulfureux ; l'oxyde formé, et mélangé de sulfure non attaqué, fond facilement en une masse vitreuse *d'oxysulfure d'antimoine*, que l'on appelle *verre d'antimoine*. Le *vermillon d'antimoine* et le *safran d'antimoine* sont des oxysulfures de composition variable.

Le *kermès* est un sulfure d'antimoine divisé, combiné ou associé à une petite quantité de sulfure alcalin et retenant, à l'état de mélange, des proportions variables d'oxyde d'antimoine. Il est habituellement d'un rouge brun foncé et d'un aspect velouté.

BISMUTH (Bi = *212; densité = 9,83*). — Le *bismuth* fut longtemps confondu avec l'étain et le plomb ; ce n'est que vers 1520 qu'il a été décrit par Agricola. Il se trouve dans la nature en masses lamellaires ou ramuleuses et cristallisé. Les cristaux appartiennent au système cubique, et il est alors blanc un peu rougeâtre, un peu irisé. On trouve le *bismuth* natif dans des filons en Souabe, en Bohême, en Saxe, dans les Pyrénées ; ses minerais abondent en Bolivie ; le bismuth y est associé à l'étain, à l'or et à l'argent. Les principaux de ces minerais peuvent se diviser en trois groupes : *minerais sulfurés, oxygénés* et *métalliques*. Les minerais sulfurés sont la *bolivite*, la *bismuthine*, le *sulfure double de bismuth et de* *cuivre*, le *bismuth riche en argent ;* les minerais oxygénés sont : la *taznite*, la *daubréite*, l'*oxyde de bismuth hydraté*, le *silicate de bismuth hydraté ;* les minerais métalliques se composent de *bismuth natif* et de *bismuth telluré.*

Le bismuth est un métal blanc grisâtre, lamelleux, fragile, fusible à 250° et communiquant la fusibilité aux métaux avec lesquels on l'allie. On se sert d'un alliage de 5 de bismuth, 3 de plomb et 2 d'étain, alliage qui fond à 92°, pour obtenir des clichés des gravures sur bois. Uni à l'étain, il rend celui-ci plus dur. Il augmente de volume en se solidifiant ; fondu dans un tube de verre, il en détermine la rupture au moment de sa solidification, comme l'eau au moment de son pasage à l'état de glace.

Le seul composé de bismuth ayant reçu quelque application est le *sous-azotate,* appelé autrefois *magistère de bismuth* et dont la connaissance est due a Lemery. On le prépare en dissolvant le métal dans l'acide azotique, puis on évapore la liqueur et, lorsqu'elle est suffisamment concentrée, on la verse dans 40 fois son poids d'eau. Le sel se partage en *sel acide,* qui reste dissous, et en *sous-sel,* qui se précipite en poudre blanche. Si, dans la liqueur éclaircie, on ajoute un peu d'ammoniaque pour neutraliser une partie de l'acide libre, on fait déposer une nouvelle quantité de *sous-azotate.* Les précipités réunis sont lavés par décantation, mis à égoutter sur un filtre et séchés à l'étuve. Le *sous-sel* ainsi obtenu a pour formule $Bi^2O^3,AzO^5,2HO$; c'est une poudre blanche, insipide, incolore, dont les médecins font un grand usage pour combattre la diarrhée ou tuer les vers. Cette dernière préparation, lavée dans l'eau bouillante, afin de lui enlever une partie de son acide, se transforme en un nouveau sous-sel qui, bien lavé et séché, formait autrefois le *blanc de fard* destiné à blanchir la peau des dames, et auquel elles ont renoncé, parce que, comme d'ailleurs la plupart des fards, il finissait par rendre la peau rugueuse. Aujourd'hui, ce *sous-azotate de bismuth* ne sert plus qu'à faciliter la fusion de quelques émaux, et à être mélangé à diverses matières colorantes, de la cire à cacheter ou des peintures sur porcelaine, ou pour remplir certaines qualités des perles fausses, ce qui le fait appeler dans le commerce *blanc de perle.*

ÉTAIN ($Sn = 59;$ *densité* $= 7,3$). — « La connaissance et la mise en œuvre de l'*étain,* presque à l'enfance des sociétés asiatiques, les plus anciennes du monde, n'a rien qui doive surprendre. Il est très abondant, sous forme d'oxyde, en Perse, en Chine et dans les Indes, et il se trouve, comme l'or, dans les terrains d'alluvion, dont l'exploitation est très facile.

De plus, le traitement du minerai n'offre, pour ainsi dire, aucune difficulté, puisqu'il suffit de chauffer avec du charbon, dans un fourneau grossier, pour obtenir promptement un culot métallique. Enfin, il faut si peu de chaleur, 228°, pour fondre celui-ci, que, lorsqu'il est en cet état, on peut le couler sur du papier ou sur du linge sans brûler ces matières organiques. Cette facilité d'extraction et de travail explique très bien comment il se fait que les Espagnols, en pénétrant au Mexique, trouvèrent le même métal dans les mains des indigènes, sous forme de monnaie. Longtemps avant l'ère chrétienne, les navigateurs phéniciens et carthaginois allaient s'approvisionner d'étain, de cuivre et de plomb, aux îles Cassitérides (aujourd'hui îles Scilly, en face du comté de Cornouailles) ; ils en tiraient de grands bénéfices, et ils voulaient, en conséquence, conserver le monopole de ce commerce. C'est pourquoi ils avaient soin de cacher aux autres nations l'endroit où ils s'approvisionnaient. Ils furent une fois suivis, raconte Strabon, par un vaisseau romain qui voulait découvrir où ils allaient. Le capitaine, s'en apercevant, fit donner son bâtiment dans des bas-fonds, où les Romains qui les suivaient furent pris, et d'où le Phénicien s'échappa en faisant jeter à la mer une partie de sa cargaison (*fig.* à la page 1009). Ses concitoyens furent si satisfaits de sa conduite, qu'ils lui firent payer des dommages par le trésor public. Après la destruction de Carthage, ce furent les Phocéens de Marseille qui s'emparèrent de ce commerce, et ils transportèrent l'*étain* anglais à Narbonne, qui devint ainsi l'entrepôt général de cette marchandise. L'Espagne, sous la domination romaine, fournissait aussi à l'Europe et à l'Afrique des quantités considérables d'*étain.* »

L'*étain* ne se trouve dans la nature qu'à l'état d'oxyde, rarement de sulfure ; c'est l'un des métaux qui est le moins généralement répandu ; mais il est très abondant dans les gisements. Sa couleur est blanc d'argent ; son odeur et sa saveur sont particulières et caractéristiques ; il est malléable : on le réduit par le battage en feuilles minces dont on se sert fréquemment pour les comestibles, en particulier le jambon de Lyon, le chocolat, etc. ; sa ténacité est très faible. Quand on courbe une baguette d'étain, il se produit un craquement que l'on nomme *cri de l'étain*, occasionné par la rupture et le frottement des fibres cristallines qui se sont formées pendant le refroidissement, après le coulage. Pur, il fond à +228°. On l'obtient facilement cristallisé par refroidissement. Lorsqu'on veut le réduire en poudre fine, on le coule dans une boîte sphérique, que l'on nomme *boîte à savonnette*, et l'on agite vivement pendant qu'il se solidifie ; on obtient ainsi une partie du métal en poudre très fine ; ou bien, on précipite ses dissolutions par une lame de zinc ; il sert aussi à fabriquer des papiers étamés. L'étain ne s'altère pas sensiblement à l'air, à la température ordinaire ; cependant sa surface se ternit.

Les usages de l'*étain* sont nombreux. L'*étain métallique* sert en médecine, à faible dose, comme vermifuge. Il sert à former des alliages très importants : les divers bronzes, la soudure des plombiers, l'étamage du fer, du cuivre, du laiton, des glaces. On emploie une quantité considérable de ce métal pour produire les chlorures, sulfates, etc., qui servent comme mordants pour la teinture et la préparation de quelques laques.

A propos de l'étamage des ustensiles de cuisine, il importe de signaler une fraude et un moyen de la reconnaître. Il arrive que des étameurs ambulants emploient, au lieu d'*étain*, le zinc qui coûte moins cher. Cette fraude a de grands inconvénients : d'abord l'étamage en zinc est moins solide que l'étamage naturel ; ensuite, le zinc est fortement attaqué par les acides, nous l'avons dit ; enfin, une couche de zinc ne protège pas suffisamment les ustensiles de cuivre contre les dangers bien connus du vert-de-gris. Il existe un moyen bien facile de distinguer le zinc de l'étain pur ; il suffit, quand on vient de faire étamer un vase quelconque, de jeter dedans un peu de vinaigre et de le faire chauffer jusqu'à l'ébullition. Si la surface est en étain, elle restera intacte ; si elle est en zinc, au contraire, elle commencera aussitôt à se décomposer sur divers points.

OXYDES D'ÉTAIN. — L'étain forme deux oxydes simples : 1° le *protoxyde d'étain*, SnO, qui est une base faible et joue quelquefois le rôle d'acide ; c'est pourquoi on l'appelle quelquefois *acide stanneux;* 2° le *bioxyde d'étain*, qui est une base très faible et un acide peu énergique. Ces deux oxydes se combinent en diverses proportions pour former des oxydes salins.

L'*hydrate stanneux* (SnO²H²) est un précipité blanc que fournit l'addition de l'ammoniaque au *chlorure stanneux*, SnCl² ; par la dessiccation, il se convertit en anhydride ou *oxyde stanneux*, SnO, poudre noire ou d'un brun olive, et sans usages. L'*oxyde stannique, bioxyde d'étain* ou *anhydride stannique,* SnO², constitue la *cassitérite* ou *minerai d'étain.* Il se produit aussi par la calcination de l'étain au contact de l'air. C'est une poudre jaune, appelée *potée d'étain* par les faïenciers, qui s'en servent pour la fabrication de l'émail. Le *bioxyde d'étain* est l'anhydride de l'*acide stannique,* SnO³H², poudre blanche que l'on prépare en précipitant le chlorure stannique, SnCl⁴, par l'ammoniaque. Le *stannate de plomb* constitue l'émail des faïences ordinaires. On désigne sous le nom de *pinck-color* un stannate de chrome, de chaux et de potasse, employé dans la peinture de la faïence et qui donne, après la cuisson, une couleur rouge de sang. La *laque minérale* est un stannate de chrome et de potasse, de couleur violette, employé pour la fabrication de papiers peints et la décoration de la porcelaine.

CHLORURES D'ÉTAIN. — Le *chlorure stanneux* ou *bichlorure d'étain*, $SnCl^2$, se prépare par l'action d'un courant de gaz chlorhydrique sur l'étain. Il est cristallisé. Le sel d'étain de l'industrie est du chlorure stanneux hydraté, renfermant $SnCl^2,2H^2O$, qu'on obtient en dissolvant à chaud de l'étain granulé dans de l'acide chlorhydrique concentré. Quand la solution marque 70° Baumé, elle se prend, par le refroidissement, en une masse cristalline formée de petites aiguilles. Le *chlorure stanneux* est un réducteur énergique qui enlève l'oxygène et le chlore à un grand nombre de combinaisons. Ajouté à une solution de chlorure mercurique, $HgCl^2$, il s'empare d'une partie de son chlore pour passer à l'état de *chlorure stannique* et le convertit en *chlorure mercureux* ou *calomel*, Hg^2Cl^2. C'est en raison de cette propriété qu'il est employé par les indienneurs pour former des dessins blancs sur les étoffes teintes au moyen du sexquioxyde de fer ou de manganèse. En imprimant du chlorure stanneux sur des étoffes ainsi colorées, on fait passer l'oxyde métallique à l'état de chlorure soluble dans l'eau et qu'on enlève par des lavages.

Le *chlorure stannique* ou *tétrachlorure d'étain*, $SnCl^4$, est un liquide jaunâtre, fumant à l'air; il se prépare par l'action du chlore sec en excès sur de l'étain légèrement chauffé. Dans l'industrie, on désigne sous le nom de composition d'étain, un hydrate, $SnCl^4,3H^2O$, qui se produit par l'action du chlore sur une solution de bichlorure, $SnCl^2$. Cet hydrate est en masses amorphes, déliquescentes; il est employé comme mordant dans la teinture des laines et des cotons.

SULFURES D'ÉTAIN. — A l'oxyde stanneux correspond un *sulfure stanneux*, SnS, de couleur brun foncé, et à l'oxyde stannique un *sulfure stannique*, SnS^2, jaune pâle, insoluble dans l'eau, soluble dans les alcalis et dans l'acide chlorhydrique bouillant. Il se prépare aussi par voie sèche pour former *l'or mussif*; pour cela, on chauffe au rouge sombre un mélange de 12 parties d'étain, 6 parties de mercure, 7 parties de soufre et 1 partie de chlorure d'ammonium. Il se sublime du sulfure de mercure, du chlorure de mercure, du chlorure d'étain et du sel ammoniac, tandis qu'il reste au fond du matras des paillettes hexagonales, d'un jaune d'or, douces au toucher, d'or mussif. L'*or mussif* sert à bronzer le bois et à enduire les coussins des machines électriques.

TUNGSTÈNE (Tu $= 92$; *densité* $= 17,5$). — Le *tungstène* se trouve dans
la nature à l'état d'*acide tungstique ;* combiné avec la chaux, c'est le *scheelin
calcaire ;* avec les oxydes de fer et de manganèse, il constitue le *wolfram*

Jézabel, ayant appris l'arrivée de Jéhu à Samarie, *se met les yeux dans l'antimoine* (page 1012).

ou *scheelin ferruginé.* On l'obtient par la réduction de son oxyde, soit
par le gaz hydrogène dans un tube de porcelaine, soit par le charbon ; il
est très difficilement fusible ; il se présente sous forme de grains gris de
fer, très durs, car la lime ne les entame pas. Obtenu par le gaz hydrogène,

il est en poudre gris foncé, prenant de l'éclat et de la couleur du fer sous le brunissoir. A la température ordinaire, l'air n'a pas d'action sur lui.

MOLYBDÈNE (Mo $= 48$; *densité* $= 8,62$). — Le *molybdène* ne se trouve dans la nature que sous forme de sulfure, et il avait ainsi été longtemps confondu avec le *graphite* ; c'est dans ce minerai que Scheele le découvrit en 1778 ; il lui donna le nom de *molybdène*, du mot grec par lequel on désigne le graphite : on le trouve aussi à l'état de *molybdate de plomb*. Il est blanc d'argent mat. Il est presque infusible et réfractaire ; assez malléable. Il ne s'altère pas au contact de l'air.

OSMIUM (Os $= 99,5$; *densité* $= 22,47$). — Ce métal, d'une couleur blanche, se trouve dans certains minerais de platine, le plus souvent combiné avec l'iridium et le ruthénium. Il se combine avec l'oxygène et forme deux oxydes et un acide : l'*acide osmique* (OsO²), dont la vapeur est délétère, et qui est remarquable par son odeur forte de raifort ; d'où lui vient son nom d'*osmium* (du grec *osmé*, odeur). Il a été découvert en 1803 par M. Tenant, étudié par Sainte-Claire Deville et Debray ; mais il est encore sans utilité.

TANTALE, TITANE, NIOBIUM. — Le *tantale*, découvert en 1802 par Ekeberg, dans un minéral qu'il nomma *tantalite*, fut trouvé depuis dans un minéral de Colombie, et on lui avait donné le nom de *colombium*. Wollaston, en comparant ces deux métaux, vit qu'ils étaient identiques, et le nom de *tantale* fut adopté. Il ne se trouve jamais à l'état de liberté, mais à l'état de combinaison dans des minéraux provenant en général de la Suède et accompagné de beaucoup d'autres métaux, dont quelques-uns ne sont découverts que depuis quelques années et n'offrent aucune importance : le *niobium*, le *pelopium* et l'*ilménium*. Le *tantalite*, qui se trouve disséminé dans un granit de Finlande, est noirâtre, luisant, à cassure conchoïde, possède un éclat un peu métallique ; il raye difficilement le verre ; sa densité est 7,9.

Le *titane* se trouve dans un minéral connu sous le nom de *rutile*, à cause de sa couleur rouge, et qui est l'*acide titanique* presque pur. On le trouve souvent combiné avec de l'oxyde de fer, et, par suite, dans les scories de hauts fourneaux, dans lesquelles on rencontre quelquefois du titane métallique ; c'est ainsi que, pour la première fois, on trouva ce métal pur en très petits cristaux cubiques, d'un beau rouge clair, brillants, plus durs que le quartz, dans les démolitions du creuset d'un haut fourneau à Merthyr-Tedwill, en 1822. La densité de ces cristaux est 5,3.

Ce métal, découvert par W. Grégor, en Angleterre, dans un sable noir de Ménachan, sable qui est un fer titané qu'il nomma *ménachanite*, fut retrouvé dans le rutile, en 1794, par Klaproth, qui le nomma *titane*.

Le *niobium* fut signalé en 1844, dans la *colombite*. C'est une poudre noire, pesant 6,3. (Barruel.)

PLOMB (Pb = *103,5 ; densité = 11;35*). — Le *plomb* est un métal connu dès les temps les plus anciens. Au temps de Job, on savait déjà le réduire en feuilles très minces : on se servait de la *céruse*, et on n'ignorait pas les propriétés toxiques de ses sels. Le *plomb* est d'une couleur gris bleuâtre; vient-on à le couper, aussitôt il présente un aspect brillant; mais si on le laisse quelques instants à l'air, cet éclat disparaît : le plomb s'est oxydé. Il fond à 325°, et on ne peut le distiller, comme du mercure, par exemple. Le laisse-t-on refroidir, il se produit des cristaux qui ont la forme d'un octaèdre régulier. Quand il est pur, on peut facilement le couper avec un couteau; il est très malléable, et peut s'étirer en fils très fins.

Le *plomb* s'unit avec les acides sulfurique, molybdique, chromique, phosphorique, etc., pour fournir le sulfate de plomb, le molybdate de plomb, le chromate de plomb, le phosphate de plomb, etc. Chacun de ces corps a des caractères communs à tous les sels de plomb, et des caractères particuliers à chacun d'eux. Ainsi, la chaleur seule d'une bougie suffit pour faire fondre le sulfate de plomb; le plomb molybdaté, au contraire, exige l'action du chalumeau pour se réduire; le plomb sulfaté, en fondant, donne un verre transparent qui est jaune tant qu'il est chaud, et devient incolore en se refroidissant; le plomb chromaté donne, avec le borax, un verre de couleur verte. Ce sont là des caractères différentiels qui sont importants pour l'analyse des minerais.

Le minerai de plomb est la *galène* ou *sulfure de plomb*, dont les gisements sont très répandus, principalement exploités en Espagne, en Hongrie, en Silésie, en Saxe et en France, dans les départements du Puy-de-Dôme, de la Lozère, etc. Ce corps est bien plus brillant que le plomb; il est extrêmement aigre; si on vient à racler la surface avec la pointe d'un couteau, la trace métallique est très brillante; de plus, l'insufflation de l'haleine ne ternit pas sa surface : ces deux derniers caractères permettent de le différencier bien vite du *sulfate de zinc* ou *blende*. L'acide sulfurique étendu d'eau n'a pas d'action sur le sulfure de plomb; l'acide azotique l'attaque à chaud et à froid. Si on place la *galène* sur un morceau de charbon pour en faire l'essai au chalumeau, l'acide sulfureux se dégage et le plomb fond. Les potiers de terre s'en servent sous le nom d'*alqui-*

foux pour vernir leur poterie. Le sulfure de plomb existe rarement pur ; il contient presque toujours de l'argent.

Lorsqu'on a découvert un gîte de minerai de plomb, il faut voir si les roches avoisinantes sont tendres, dures ou coriaces. Dans le premier cas, on emploie la pioche, la pelle, le pic, les masses, les coins et les leviers. Si les roches sont calcaires, on se sert de la poudre, du pic à rochers et des pointerolles. Les troisièmes exigent forcément l'emploi de la poudre. Dans quelques mines, lorsque les moyens d'aérage sont faciles, et qu'on pense que la roche ne sera pas trop dure pour résister à ce procédé, on la chauffe au moyen d'une caisse de tôle, qui occupe toute la largeur de la galerie. Quand le roc est suffisamment chaud, on projette à sa surface de l'eau froide. Celle-ci produit ordinairement de petites fissures qui rendent moins pénible la tâche du mineur. La poudre, au contraire, fournit un moyen prompt et sûr de détacher d'énormes blocs de rochers. L'exploitation à ciel ouvert nécessite la formation de puits et de galeries. Ces dernières ne seraient pas en général assez solides par elles-mêmes ; il faut faire des travaux de soutènement. Le moyen le plus employé est le boisage : il consiste à garnir de planches l'intérieur des galeries. Le bois qu'on emploie doit être fort et résistant : le chêne est excellent pour cet usage. L'aérage doit être parfaitement établi.

Le minerai étant extrait, il faut le préparer ; les méthodes varient suivant la nature de la gangue qui l'accompagne. La méthode, dite par réaction, s'applique aux minerais dont la gangue renferme peu de silice. Le minerai brocardé, criblé et lavé, est grillé au contact de l'air ; une partie du sulfure de plomb s'oxyde et se transforme en sulfate et en oxyde, en même temps qu'il se dégage du gaz sulfureux. Après quelques heures de grillage, on ferme toutes les ouvertures qui amenaient l'air dans le foyer et l'on continue à chauffer. Alors le sulfure de plomb non attaqué réagit sur le sulfate et l'oxyde formés ; du gaz sulfureux se dégage, et le métal, mis en liberté, coule dans un bassin de réception :

$$2PbO + PbS = SO^2 + 3Pb \quad \text{et} \quad SO^4,Pb + PbS = 2SO^2 + 2Pb.$$

Les minerais du Harz, riches en silice, ne peuvent être traités de cette manière, parce que le métal passerait en grande partie à l'état de silicate. On extrait le métal en réduisant les minerais par le fer ; on les fond avec 35 0/0 de fonte de fer grenaillée, et l'on reçoit, dans un bassin, le sulfure de fer et le plomb en pleine fusion ; le métal, plus dense, vient occuper la partie inférieure, et le sulfure de fer, plus léger, peut être séparé par décantation.

OXYDES DE PLOMB. — Ils comprennent le *protoxyde*, le *bioxyde* ou anhydride plombique, et le *plombate de plomb* ou *minium*.

Le *protoxyde de plomb*, PbO, est employé en grande quantité dans l'industrie sous le nom de *massicot* lorsqu'il est en poudre, et de *litharge* quand il a été fondu. On le trouve quelquefois cristallisé en rhomboèdres dans les crevasses des fourneaux servant à l'extraction du plomb. On l'obtient aussi par la voie sèche, en le fondant avec de la potasse caustique dans un creuset d'argent et en laissant refroidir très lentement la matière qui est ensuite traitée par l'eau. On dissout la potasse, et l'on trouve l'oxyde de plomb cristallisé en solides approchant du cube ou en tables carrées. On l'obtient aussi en petits cristaux rouges en dissolvant l'oxyde hydraté dans la potasse, la soude ou l'ammoniaque, et en évaporant les dissolutions, ou en versant une dissolution concentrée d'un sel de plomb dans du lait de chaux ou une dissolution de soude caustique bouillante.

Cet oxyde peut être obtenu *anhydre* ou *hydraté*. L'oxyde anhydre est jaune plus ou moins rougeâtre ; quand il est réduit en poudre, il est jaune. Il joue le rôle de base avec tous les acides, même les plus faibles, et forme ainsi des sels parfaitement neutres, nommés quelquefois *plombites*, et employés, surtout ceux de potasse et de chaux, pour la teinture des cheveux ; l'oxyde de plomb agit, dans ce cas, comme les sels d'argent qui servent au même usage : le soufre des cheveux transforme le métal en sulfure noir qui produit la coloration. Le *plombite de chaux* sert encore dans la fabrication de l'écaille artificielle. La *litharge*, c'est-à-dire l'oxyde de plomb fondu, présente diverses nuances selon son mode de préparation, et, dans le commerce, on attache généralement plus de prix à celle qui est rouge.

L'oxyde hydraté est blanc ; il s'obtient en décomposant la dissolution d'un sel quelconque de ce métal par une dissolution alcaline caustique, et surtout de l'ammoniaque. Le *silicate de plomb,* qui se forme facilement lorsque l'oxyde, fondu à la chaleur rouge, est mis en présence de l'acide silicique, est très fusible ; c'est pourquoi l'on s'en sert dans la confection des couvertes des poteries. En pharmacie, on l'emploie à faire des emplâtres, et notamment à composer l'enduit qui constitue le *diachylon.*

Le *bioxyde de plomb* ou *acide plombique,* PbO^2, est pulvérulent, brun, quelquefois noir et éclatant, conduisant bien l'électricité. Son seul emploi industriel est d'entrer dans la composition de la pâte pour les allumettes au phosphore rouge. (CHIMIE, *Métalloïdes*, page 736.)

Le *plombate de plomb*, Pb^2O^3, ou *minium* est une poudre d'un rouge vif, produit par le massicot, PbO, chauffé au contact de l'air à une tempé-

rature de 300 degrés, inférieure à son point de fusion, et ayant absorbé
l'oxygène de l'air. La composition du *minium* n'est pas constante, et varie avec la durée de l'oxydation. Soumis à une forte chaleur, il perd de
l'oxygène et se transforme en *litharge*. Par la calcination ménagée du
carbonate de plomb, on obtient du *minium* présentant une couleur orange :
c'est la *mine orange* du commerce. Il sert à colorer les papiers de tenture,
les cires à cacheter ; il est surtout employé pour la fabrication du cristal
et du strass ; on le préfère à la *litharge*, parce qu'on peut l'obtenir plus
pur et plus exempt des matériaux étrangers qui coloreraient le verre ; de
plus, quand on le chauffe, il dégage de l'oxygène qui brûle toutes les
matières organiques, accidentellement mélangées aux substances employées à la fabrication du cristal.

CHLORURE, IODURE DE PLOMB. — Le *chlorure de plomb* est une poudre
blanche, très peu soluble, employée à faire les jaunes de Cassel, le jaune
de Turner, et le jaune minéral pour la peinture des décors de théâtre et
des voitures. On l'obtient en chauffant de la litharge avec de l'acide chlorhydrique, ou en traitant une solution d'acétate ou d'azotate de plomb par
l'acide chlorhydrique ou un sulfure.

L'*iodure de plomb*, PbI^2, sert en médecine pour certaines pommades
prescrites contre les engorgements scrofuleux ou syphilitiques ; c'est une
poudre d'un beau jaune, soluble dans l'iodure de potassium et très peu
dans l'eau.

CARBONATE DE PLOMB. (CO^3Pb). — Le *carbonate de plomb* se trouve
dans la nature en cristaux présentant la même forme que *l'arragonite*.
On le prépare, à l'état amorphe, en précipitant la solution d'un sel de plomb
par un carbonate alcalin. Il est blanc, pulvérulent, insoluble dans l'eau,
décomposable par la chaleur. On l'emploie dans la peinture sous le nom
de *blanc d'argent*, *blanc de plomb*, ou *céruse*, et il forme la base de presque
toutes les peintures à l'huile. On en fabrique de grandes quantités dans
l'industrie, à l'aide de procédés divers. Le procédé de séparation, dit de
Clichy, est dû à Thenard. Il repose sur ce fait que *l'acétate basique de
plomb* est décomposé par *l'acide carbonique*, qui précipite du *carbonate de
plomb*, tandis qu'il reste en solution de *l'acétate neutre* sur lequel l'acide
carbonique est sans action. En faisant bouillir cet acétate neutre avec de
la *litharge*, on le convertit de nouveau en *acétate basique*, qui, soumis
ultérieurement à l'action de l'acide carbonique, subit la même décomposition une seconde fois. Il s'ensuit que l'acétate neutre de plomb n'est
qu'un intermédiaire à l'aide duquel la litharge est transformée en céruse.

La céruse est ensuite lavée, séchée et broyée avec de l'huile, pour être livrée aux peintres.

Le *procédé hollandais*, plus anciennement connu, consiste à introduire des lames de plomb roulées en spirale dans des vases de terre contenant un peu de mauvais vinaigre, et qu'on range par étages dans une fosse, en les faisant reposer sur des couches alternatives de fumier. Des ouvertures sont ménagées dans la masse pour y permettre la circulation de l'air. Le vinaigre attaque les lames de plomb qui sont partiellement converties en acétate basique ; sur cet acétate réagit l'acide carbonique produit par la fermentation du fumier, et, au bout d'un à deux mois, les lames de plomb sont couvertes d'une couche de céruse, qui est détachée, broyée et lavée. Ces dernières opérations se font dans des moulins bien fermés, de manière à éviter l'existence, dans l'air de l'usine, de poussières riches en plomb qui amèneraient des empoisonnements chroniques de la plus haute gravité.

ACTION DES SELS DE PLOMB SUR L'ORGANISME. — Tous les *sels de plomb* sont vénéneux, et l'empoisonnement se manifeste par une maladie cruelle, connue sous le nom de *colique saturnine* ou *colique de plomb*, qu'elle soit produite par l'absorption du plomb dans les voies respiratoires ou dans les voies digestives. Les malades éprouvent des douleurs abdominales vives, exacerbantes, qui se calment le plus ordinairement par la pression, s'accompagnant de nausées, de vomissements verdâtres, d'une constipation opiniâtre, de lenteur du pouls et souvent de crampes dans les membres. De plus, l'haleine est fétide, la face est grippée, les yeux sont caves, le bord alvéolaire des gencives a une coloration bleuâtre. Cette maladie n'est pas rare ; on la voit régner chez les individus dont la profession exige le contact de ce métal, les peintres, les compositeurs d'imprimerie, les fondeurs, les broyeurs de couleurs, et surtout les ouvriers cérusiers. Il est vrai que dans un grand nombre d'industries, il est difficile de remplacer la *céruse ;* dans le travail des dentelles, par exemple, on a vainement essayé d'employer, au lieu de céruse, le talc de Venise, la magnésie, le sulfate de baryte, etc., rien n'a réussi ; mais, dût-on avoir des dentelles moins blanches, il semble urgent de renoncer à la céruse. Il n'est pas rationnel que des femmes s'empoisonnent pour en orner d'autres. Les vases de plomb, les conduits de plomb pour amener les eaux pluviales offrent également de grands dangers. Toutes les boissons légèrement acides, le cidre, la bière, la piquette, attaquent, oxydent et peuvent dissoudre le *plomb* métallique des tubes et des réservoirs. Le *plomb* est, en outre, attaqué par les eaux de pluie, lorsqu'elles sont recueillies dans des conditions qui les rendent presque aussi pures que l'eau distillée. C'est ainsi que de l'eau de pluie, reçue sur un toit de plomb, peut empoisonner. Les eaux potables de rivière et de source qui contiennent, même en faible quantité, des sels en dissolution, notamment du sulfate et du carbonate de chaux, n'attaquent pas les vases de plomb où elles séjournent ; toutefois, si l'on frotte avec une brosse ou un corps dur le plomb en contact avec ces eaux, le métal est attaqué. Sous l'influence de l'air et de l'acide carbonique contenus dans le liquide, il se produit de l'oyde de plomb hydraté, puis du carbonate de plomb, vénéneux l'un et l'autre.

Un journal scientifique, la *Chronique industrielle*, publiait en 1883 un article que nous croyons devoir reproduire.

On sait que certains ouvriers chargés de la fabrication de la *céruse* et du *minium*, ainsi que les peintres en bâtiments et en voitures et les broyeurs de couleurs, sont sujets à des accidents graves et multiples qui sont dus à l'*intoxication saturnine*. Il en est de même pour les personnes employées à la fabrication des accumulateurs électriques, qui sont forcées de manipuler une grande quantité de matières plombeuses.

Le Conseil d'hygiène s'est ému de cet état alarmant et a chargé M. le docteur Armand Gautier, de l'Académie de médecine, de lui adresser un rapport à ce sujet. Dans ce rapport, M. le docteur Gautier insiste d'abord sur les précautions sanitaires que doivent prendre les ouvriers employés à ces diverses fabrications.

Voici les principales de ces précautions : il faut faire le défournage du *massicot* et du *minium*, de manière que l'ouvrier soit garanti contre les poussières plombeuses provenant de cette opération. Il faut embariller le *minium* sous un hangar simplement couvert, en mouillant les surfaces de la poudre avant le tassement, et dans les barils eux-mêmes préalablement lavés et mouillés au dedans et au dehors. Il faut donner pour le travail, à l'ouvrier, des blouses et des tabliers destinés à préserver les vêtements du contact du plomb et de la poussière. Ces blouses et tabliers seront laissés à la sortie de l'atelier et brossés au moins trois fois par semaine, à l'air libre, en l'absence des ouvriers. A la sortie des ateliers, l'ouvrier devra plonger ses mains dans une solution faible de sulfure alcalin, puis dans la terre à poêle ou du sable fin, après il se rincera à grande eau. Il se lavera ensuite le visage et la bouche. Il épongera autant que possible ses chaussures ou les parties de son vêtement ordinaire qui porteraient des traces de carbonate de plomb ou de minium. Une salle de bains devra être ouverte aux ouvriers qui y prendront des bains sulfureux. Chaque semaine, les ouvriers seront passés à la visite du médecin. Celui-ci renverra momentanément de la fabrique tous ceux chez lesquels on observerait le moindre liséré bleu des gencives, l'acidité fétide de l'haleine, l'insomnie, la colique ou la paralysie au moindre degré. Tout ouvrier qui refuserait d'obéir à ces prescriptions devra être renvoyé. On lavera à grande eau

Le veau d'or était un fétiche en bois, garni de lames d'or.

une fois par mois les ateliers de fabrication de la céruse et deux fois par mois ceux de fabrication du *massicot*, du *minium* et du *mine-orange*.

Enfin, en terminant, M. le docteur Gautier demande au Conseil d'hygiène :

1° Qu'une commission soit chargée de rédiger une note ou avis aussi pratique que possible, indiquant les règles à suivre par les peintres en bâtiments et voitures, les fabricants de céruse et minium, les broyeurs de couleurs, les ouvriers cérusiers, etc., pour éviter l'intoxication saturnine. Ces prescriptions seraient affichées sur tous les ateliers ou chantiers.

2° Que l'Assistance publique, en inscrivant et recevant les saturnins, prévienne immédiatement la préfecture de police, qui ferait vérifier le plus tôt possible si les mesures d'hygiène imposées aux fabriques d'où sortent ces malades sont réellement exécutées.

CUIVRE ($Cu = 31,5$; *densité* $= 8,8$). — Dès l'antiquité la plus reculée, le *cuivre* a été connu et mis en œuvre. Son abondance sur presque tous les points du globe à *l'état natif*, parfois même en masses assez considérables, sa belle couleur rouge, son brillant et sa malléabilité presque aussi grande que celle de l'or et de l'argent, expliquent très bien qu'on ait dû le remarquer presque aussitôt que ceux-ci. En raison de la facilité avec laquelle on peut le travailler au moyen du marteau, à froid comme à chaud, en raison aussi d'une certaine dureté qu'il possède, on ne tarda pas à le substituer au bois, aux os, à la corne, aux pierres dures, aux silex taillés et façonnés, pour en faire des armes et des outils.

Mais le cuivre a deux graves inconvénients, qui ont arrêté son emploi à l'état de pureté : il ne fond qu'à une température très élevée (1092°), et il se solidifie presque instantanément dans les moules. L'*étain*, dont la découverte fut presque contemporaine de celle du cuivre, donna les moyens de remédier aux inconvénients de celui-ci. Les plus anciens peuples de l'Asie, les Aryas, avant leur départ de la Bactriane, découvrirent que, en associant au cuivre une faible quantité d'étain, on obtient un alliage qui est beaucoup plus fusible, plus dur et qui se prête plus facilement au moulage que le cuivre pur. La connaissance de cet alliage, qui porta les noms d'*æs*, de *chalcos*, d'*aurichalque* ou *orichalque*, que nous traduisons indifféremment par *airain*, *cuivre*, *bronze*, *laiton*, remonte donc très haut dans l'histoire des nations ; c'est la dispersion des premières tribus asiatiques qui le répandit dans le reste de l'Orient; de même que l'invasion des Galls ou Celtes, au XVI⁰ siècle avant l'ère chrétienne, dans les pays ibéro-hispaniques, l'apporta en Europe.

Ce sont les Indiens qui reconnurent les premiers que cet alliage, aussi fragile que du verre, lorsqu'il vient d'être coulé, peut être rendu malléable et façonnable au marteau, si, après avoir été fortement chauffé au rouge cerise, il est subitement plongé dans l'eau froide. Cette *trempe*, loin de le durcir, ainsi que cela arrive pour l'acier, lui donne la mollesse, la malléabilité et la ténacité convenables pour être réduit en lames excessivement minces. Si, alors, on le chauffe de nouveau pour le laisser refroidir lentement, il reprend sa dureté première et peut supporter sans se briser des vibrations et des chocs très forts.

C'est après cette importante découverte que le *bronze* remplaça bientôt, à son tour, la pierre, le silex et même le cuivre pur, pour la confection des armes de toute nature, aussi bien que pour celle des instruments et outils des arts mécaniques. Les lames de sabre et d'épée furent elles-mêmes coulées, et ce n'est que pour les rendre tranchantes, qu'on fit intervenir, comme pour tous les autres instruments coupants, le marteau en pierre lisse et dure. Cet usage général du bronze dura pendant une période fort longue chez toutes les nations de l'antiquité et persista chez les Grecs, les Romains, les Gaulois, pendant bien des siècles, jusqu'à l'époque où la métallurgie, ayant fait de grands progrès, put livrer *le fer* en assez grandes quantités et à des prix assez bas pour qu'il devînt à son tour le métal usuel par excellence.

Le *cuivre* se trouve dans la nature à l'*état natif*, soit en petits octaèdres réguliers disséminés au milieu des sables, comme en Bolivie ; soit en amas d'une grande puissance, comme sur les bords du lac Supérieur, aux États-Unis ; il existe aussi à l'état de *sous-oxyde*, Cu^2O, ou de *carbonate*, CuO,CO^2, comme au Pérou, au Chili et dans les monts Ourals. Les minerais les plus abondants, sont le sulfure de cuivre, Cu^2S (*chalkosine*), et le sulfure double de cuivre et de fer, $Cu^2S + FeS^3$ (*chalkopyrite* ou *pyrite cuivreuse*), que l'on trouve en Angleterre, en Allemagne, au Mexique, au Chili, en Chine et au Japon. En France, il n'existe guère que les mines de Chessy et de Saint-Bel, près de Lyon.

Divers procédés sont usités pour l'extraction du cuivre, de la *pyrite cuivreuse*.

Dans le procédé anglais, le plus ordinairement employé, la pyrite cuivreuse, accompagnée de sa gangue siliceuse ou calcaire, est soumise à un premier grillage, effectué sur la sole d'un four à réverbère (*fig.* 329) ; le sulfure de fer, plus oxydable, se transforme en grande partie en oxyde ferrique et en gaz sulfureux. Après le grillage, le minerai, additionné de silice, si sa gangue est calcaire, ou de calcaire si sa gangue est siliceuse, est mélangé avec de la houille et chauffé dans un four à réverbère. La silice et le calcaire donnent un *silicate de calcium* facilement fusible, dans lequel le fer vient se concentrer à l'état de silicate ; en effet, l'oxyde ferrique est réduit par le charbon à l'état de protoxyde, qui s'unit à la silice. La scorie est alors formée de silicate double de calcium et de fer fusible, au-dessous duquel se réunit le sulfure de cuivre, débarrassé de la plus grande partie du fer. Ainsi purifié, le sulfure de cuivre renferme 23 pour 100 de métal; il porte le nom de *matte bronzée*.

Par grillage et fusion à l'air, la *matte bronzée* perd presque tout son soufre, qui s'oxyde, et le produit de ce grillage, appelé *matte blanche*, renferme alors 78 pour 100 de cuivre. La matte blanche est ensuite addi-tionnée de minerais de cuivre exempts de sulfure (*oxyde et carbonate*), grillée et fondue de nouveau; l'oxygène de ces minerais oxyde presque tout ce qui reste de soufre; on obtient le *cuivre brut*. Pour le raffiner et

Fig. 329. — GRILLAGE DE LA PYRITE CUIVREUSE.

lui enlever un peu de soufre et quelques métaux étrangers, on le chauffe dans un four à réverbère, de manière à oxyder une portion du métal. Cette portion oxydée réagit sur ce qui reste de sulfure et sur les métaux étrangers qu'elle oxyde, et on a alors le *cuivre rosette*, mélangé d'*oxyde cuivreux*. On le débarrasse de ce dernier en le fondant sous une couche de charbon et brassant le bain avec une perche de bois vert, qui dégage, pendant sa combustion, des gaz carbonés, au contact desquels les der-nières traces d'oxyde cuivreux se réduisent.

Dans les laboratoires, on se procure du *cuivre* chimiquement pur, en précipitant le *sulfate de cuivre* par des lames de fer bien décapées.

Le *cuivre* a une couleur rouge, une odeur et une saveur sensibles et désagréables; il est très malléable et très ductile, tenace à un degré moindre que le fer.

Il fond vers 1092° et cristallise ensuite par fusion. L'air sec ne l'altère pas à froid; en présence de l'humidité et de l'acide carbonique, il se recouvre d'une couche superficielle de *carbonate de cuivre*, appelé souvent *vert-de-gris*, et qui ne doit pas être confondu avec l'*acétate basique de cuivre*, désigné sous le nom de *vert-de-gris*.

Les usages du *cuivre* sont connus. On en fait des alambics, des chaudières et un grand nombre d'ustensiles de cuisine; réduit en feuilles minces, il sert au doublage des vaisseaux. Mais c'est surtout à l'état d'*alliages* qu'il est employé dans les arts et dans l'industrie; car le cuivre se prête mal au moulage : trop chaud, il présente des soufflures après le refroidissement; si, au contraire, la température n'est pas de beaucoup supérieure à celle de sa fusion, il se refroidit trop rapidement et ne prend pas l'empreinte des moules. Les alliages, au contraire, qu'il constitue sont plus fusibles, plus durs et se prêtent bien mieux au moulage. Les plus usités de ces alliages sont le *laiton* ou *cuivre jaune*, le *bronze* et le *maillechort*.

Le *laiton* est un alliage de cuivre et de zinc qui peut remplacer le cuivre dans presque tous ses emplois ; aussi malléable, aussi ductile que le cuivre pur, il est plus fusible, moins altérable et se prête mieux au travail. Les proportions de zinc dans le *laiton* varient de 30 à 40 pour 100, suivant l'emploi auquel on le destine ; quand il doit être tourné, on y ajoute un peu de plomb et d'étain. Le *laiton* a une foule d'usages ; on en fait des fils, des roues de montres, des ustensiles de ménage, des garnitures d'armes, des ornements, des boutons de portes, des serrures, etc. Mais l'industrie à laquelle sert surtout le *laiton* est la fabrication des épingles. Les épingles sont blanchies, c'est-à-dire étamées, pour empêcher la formation du vert-de-gris à leur surface, et pour éviter l'odeur désagréable que le *laiton* communique aux doigts. Pour cela, on décape les épingles en les faisant bouillir avec une dissolution de tartre, puis on les fait bouillir pendant une bonne heure avec de l'eau, de l'étain en grenaille et un excès de crème de tartre solide. L'étain, décomposant l'eau en présence du tartrate acide de potasse, donne de l'hydrogène qui se dégage, et de l'oxyde d'étain qui se dissout à l'état de tartrate double d'étain et de potasse ; le zinc du laiton, décomposant alors ce sel, en précipite l'étain en couche mince à la surface de l'épingle. La fabrication d'une épingle n'exige rien moins que le concours de quatorze ouvriers entre les mains desquels elle passe successivement, et cependant le prix de revient de trois mille épingles ne dépasse pas un franc. On consomme annuellement en Europe pour soixante-quinze millions de francs d'épingles ; près de la moitié du zinc livré au commerce est employé à cette fabrication.

Le *similor*, le *chrysocale* sont des laitons renfermant 83 à 90 pour 100 de cuivre avec lesquels on fabrique les faux bijoux. Le *bronze* est un alliage de cuivre et d'étain en proportions variables (80 à 90 de cuivre pour 100), qui, à l'inverse de l'acier, devient inaltérable par la trempe. On en fait des canons, des cloches, des cymbales, des statues, des médailles, etc. Nous avons signalé (CHIMIE, *Métalloïdes*, page 740) les modifications qu'apporte au bronze une petite adjonction de phosphore. Le *maillechort* ou *argentan* est un alliage de cuivre, de zinc et de nickel, d'une couleur blanche, peu altérable, avec lequel on fabrique des objets de sellerie, des instruments de physique et la monture de divers instruments de chirurgie.

ACTION PHYSIOLOGIQUE DU CUIVRE. — Le corps humain renferme, comme nous avons déjà eu l'occasion de le montrer, un certain nombre de minéraux : le fer, entre autres, existe en proportion notable dans l'organisme. On croyait jusqu'ici que le cuivre ne s'y rencontrait qu'accidentellement, il faut changer d'opinion, rapporte M. de Parville. En 1875, deux chimistes experts bien connus, MM. Bergeron et Lhôte, ont montré, en effet, que le cuivre existe toujours dans le corps humain. Il est utile que le fait soit bien connu pour que, dans les recherches de médecine légale, l'idée d'un crime ne s'impose pas à la légère, quand on aura trouvé des traces de cuivre dans les organes. Les recherches des deux chimistes ont porté sur quatorze cadavres dont ils connaissaient parfaitement l'origine. Chaque analyse a été opérée sur une masse organique de 800 à 1,000 grammes, comprenant la moitié du foie et un rein ; les expériences ont été faites dans une chambre spéciale où il n'y avait pas de cuivre ; les balances, fourneaux à gaz, robinets, bains-marie étaient en fer ; les réactifs avaient été essayés à blanc. Le cuivre fut précipité à l'état de sulfure et le dosage effectué par une méthode calorimétrique. On a trouvé du cuivre dans les quatorze cadavres. La quantité du métal pour le foie entier et les reins ne s'élève pas au-dessus de deux milligrammes et demi à trois milligrammes, et, dans le plus grand nombre des cas, n'atteint pas deux milligrammes. MM. Bergeron et Lhôte ont aussi recherché le cuivre dans le foie de six fœtus, et, dans tous, ils ont trouvé ce métal. Le cuivre, qui fait partie intégrante de l'organisme , est apporté par l'alimentation, le pain, le kirch, etc., le contact journalier d'objets de cuivre, de monnaie de billon, etc. Pour qu'un empoisonnement par le cuivre soit rendu manifeste, il faut donc que la quantité de ce métal, localisée dans les reins et le foie, dépasse au moins quatre milligrammes.

Nous disons que le cuivre est souvent apporté dans l'organisme par l'alimentation. Dans un rapport au Conseil de salubrité, M. Pasteur signalait, en 1877, les faits suivants :

« Sur quatorze boîtes de conserves de petits pois prises au hasard et achetées chez les marchands des grands quartiers de Paris, dix renfermaient du cuivre, et quelquefois jusqu'à un dix-millième environ du poids total de la conserve, abstraction faite du liquide qui baigne les petits pois. Ce dernier en contient aussi, quand les petits pois en renferment, mais en quantité beaucoup moindre ; le cuivre se fixe particulièrement à l'état insoluble dans la matière solide des petits pois, notamment dans la partie légumineuse, sur l'enveloppe corticale extérieure. Il n'est pas besoin, du reste, d'être chimiste pour savoir si une conserve de petits pois renferme du cuivre. M. Pasteur a reconnu, d'après l'ensemble de ses observations, que les conserves renferment toujours du cuivre toutes les fois qu'elles offrent, même à un faible degré, la teinte verte des petits pois naturels. Les conserves qui n'en renferment pas, ont, au contraire, une teinte jaunâtre, non mélangée de vert. Il n'existe pas, dans l'état actuel de l'industrie des conserves alimentaires, de procédé permettant de fabriquer des conserves de petits pois avec teinte verte sans addition d'un sel de cuivre. Par conséquent, tous pois conservés se rapprochant, par la teinte, des petits pois nouveaux, sont des petits pois additionnés de cuivre. Alors même que la physiologie démontrerait que le cuivre est moins vénéneux qu'on ne l'a supposé jusqu'ici, il n'en serait pas moins exact qu'il y aurait falsification proscrite par la loi. »

A propos, en effet, de cette communication de M. Pasteur, il s'est produit à l'Académie des sciences quelques observations intéressantes. On a demandé si, oui ou non, le cuivre était bien un poison. Les uns ont nié, ou à peu près, la toxicité du cuivre; les autres, l'ont affirmée, peut-être un peu légèrement. La vérité est que la question est encore fort obscure.

L'ingestion de petites quantités de cuivre ne semble pas, en effet, déterminer d'accidents toxiques. L'empoisonnement lent ne paraît pas exister; on ne rencontre plus un cas bien authentique de coliques de cuivre. Les expériences de MM. Bourneville, Yvon, Robin, Rabuteau, s'accordent très bien, sous ce rapport, avec ce que l'on observe tous les jours dans les établissements industriels. Chez les ouvriers employés dans la fabrication du cuivre, l'imprégnation est telle que leurs cheveux, leurs mains, leurs habits sont absolument verts. Et cependant aucun de ces ouvriers ne présente les symptômes que l'on attribue à l'intoxication par le cuivre. Un individu peut donc vivre dans une atmosphère chargée de poussière de cuivre, sans que sa santé soit altérée d'une manière appréciable. Mais si le cuivre est administré à haute dose? C'est ici que la question s'embrouille. D'après les statistiques judiciaires, le cuivre occupe le troisième rang dans l'empoisonnement criminel, et plus de cent cas de ce genre ont été jugés en France, de 1851 à 1868. L'affaire Moreau est connue; l'herboriste de Saint-Denis a été condamné pour avoir causé la mort de sa femme avec du sulfate de cuivre. L'expert n'a pas dit « empoisonné; » sa conclusion était plus prudente et plus scientifique. Les accidents survenus à la suite d'ingestions répétées de fortes doses ont affaibli l'organisme et amené la mort. On pourrait expliquer ainsi les nombreux cas d'empoisonnement par le cuivre consignés dans les *Annales d'hygiène et de médecine légale*. Quoi qu'il en soit, l'opinion des médecins et des physiologistes est loin d'être faite sur la toxicité du cuivre. Par exemple, MM. Tardieu et Roussin considéraient la dose de 60 centigrammes de sulfate de cuivre comme suffisante pour produire un empoisonnement. Werber, d'Erlangen, Hermann de Berlin affirment, au contraire, qu'il ne faut pas moins de 30 grammes de sulfate de cuivre pour tuer un adulte.

L'Indien ou le métis boit de l'eau-de-vie, fume son cigare, et paye en morceaux de pierre.

De nombreuses expériences, M. le docteur Galippe tire ces conclusions :

« Sauf le cas de suicide, l'empoisonnement aigu par les composés de cuivre ne doit être que difficilement réalisable, tant en raison de la

saveur horrible de ces composés que de leurs propriétés émétiques énergiques qui suffisent à faire évacuer le toxique. »

Enfin, M. Bergeron a écrit à l'Académie des sciences : « Dans un
mémoire couronné par l'Institut, nous avons dit et répété qu'à petites
doses les sels de cuivre ne sont pas un poison; mais, si l'on vient à prétendre que les sels de cuivre, vert-de-gris et autres, ne sont pas des poisons; que personne ne s'est jamais empoisonné, que personne n'a jamais
été empoisonné par le vert-de-gris, appuyé par l'expérience, sur l'observation des faits, sur l'opinion unanime de tous ceux qui, en France ou à
l'étranger, se sont occupés de médecine légale, préoccupé des intérêts
de la justice et de la santé publique, ne voulant point que l'on se croie
désormais autorisé à laisser le vert-de-gris se mêler aux aliments, nous
opposons à une affirmation que nous croyons dangereuse le démenti le
plus absolu. »

Tels sont les faits. On le voit, la question n'était pas tranchée; il
fallait absolument cependant qu'elle le fût, et l'on ne pouvait trop réclamer de nouvelles expériences, que les chimistes d'ailleurs s'occupaient à
rendre décisives. Comme toujours, la science trouva, pour l'objet particulier qui nous occupe, une solution au problème. Un professeur du lycée
de Mont-de-Marsan, M. Guillemare, a imaginé un moyen de préparer des
petits pois d'un vert émeraude, sans aucune addition de cuivre.

Les légumes conservés par le procédé Appert sont soumis à deux
opérations successives : le blanchissage et l'ébullition. Dans le blanchissage, on immerge, pendant cinq minutes environ, le légume dans de l'eau
bouillante, puis on le plonge brusquement dans de l'eau froide. Dans
l'ébullition, on introduit à l'intérieur de flacons en verre, ou mieux dans
des boîtes en fer-blanc, le légume blanchi par l'opération précédente,
et on le soumet, sous pression, à une température de 115 degrés. Or la
teinte verte des légumes frais est due à une matière particulière, à la
chlorophylle, qui est détruite, quand elle est en petite quantité, à la température de 110 degrés. Avec elle s'en va la teinte verte des légumes
frais. Dans la pratique actuelle, on remédie à cet inconvénient en ajoutant à l'eau bouillante un peu de sulfate de cuivre; on trouve assez de
substance dans chaque petit pois pour que, d'après M. Pasteur, après un
traitement chimique approprié, une aiguille à coudre plongée dans chacun de ces petits pois cuivrés se recouvre de cuivre métallique sur une
longueur de 1 à 2 centimètres. Puisque c'est la *chlorophylle* qui teint
naturellement en vert les légumes, pourquoi, au lieu de cuivre, n'au-
rait-on pas recours à la chlorophylle elle-même? Telle a été l'idée rationnelle de M. Guillemare. Il a reconnu qu'un légume, qu'un fruit profondé-

ment saturé de *chlorophylle*, en conservait toujours assez après l'ébullition pour présenter encore la belle teinte verte des légumes frais. En conséquence, dans l'opération du blanchissage, il suffit d'ajouter à l'eau une teinture de *chlorophylle*. Le légume s'en sature, et il est mis en boîte aussi vert que si l'on venait de le cueillir. Quant à la *teinture de chlorophylle*, elle s'obtient facilement. On traite des épinards ou le feuillage des légumineuses par des lessives de soude caustique ; la liqueur résultante donne avec l'alun une laque de *chlorophylle*, qu'on lave avec soin et qu'on rend soluble au moyen de phosphate alcalin et alcalino-terreux. Ce composé soluble est instable et cède sa matière colorante au légume sans aucune difficulté ; il n'exerce aucune action sur l'économie ; il peut donc être employé sans danger. On ne fait, en définitive, que restituer ainsi aux légumes la matière colorante naturelle que l'ébullition leur avait fait perdre. Le problème semblerait être ainsi résolu : plus de cuivre, et néanmoins des légumes verts. (De Parville.)

OXYDES DE CUIVRE. — Le *cuivre* produit avec l'oxygène quatre combinaisons, trois oxydes et un acide dont la composition n'est pas bien déterminée encore. Deux seulement des oxydes méritent d'être signalés : le *sous-oxyde de cuivre* (Cu^2O), que l'on rencontre dans certaines mines de cuivre, en cristaux très nets d'un rouge vif ; ce sont des octaèdres réguliers, transparents, ressemblant à des rubis, et facilement fusibles. On obtient souvent cet oxyde artificiellement ; il forme un hydrate jaune, qui absorbe l'oxygène de l'air très rapidement, et passe à l'état de protoxyde. L'oxyde anhydre obtenu artificiellement est pulvérulent, rouge et inaltérable à l'air. Lorsqu'on le dissout dans les acides, il se change immédiatement en protoxyde pour produire des sels. Il est utilisé pour colorer les verres en rouge rubis.

Le *protoxyde de cuivre* (CuO) se rencontre à la surface de quelques minerais de cuivre, sous forme de petits amas ou d'enduits grenus, terreux, noirs, très friables ; on le nomme *mélaconise*. L'oxyde anhydre, obtenu artificiellement, est en poudre d'un beau noir, décomposable à la chaleur rouge. Tous les corps combustibles lui enlèvent facilement son oxygène ; c'est pourquoi on s'en sert avec beaucoup d'avantage dans l'analyse des corps organiques pour doser leur hydrogène et leur carbone sous les formes d'eau et d'acide carbonique. Il forme avec l'eau un hydrate bleu gélatineux qui reste en suspension dans l'eau, et qui a peu de stabilité ; il se décompose sous l'eau à la température de l'ébullition ; l'oxyde anhydre se dépose alors rapidement. Il est employé comme couleur pour les papiers de tenture ; mais, en séchant, sa couleur s'altère quand il est seul; c'est pourquoi l'on y ajoute des oxydes hydratés qui conservent leur eau, comme la chaux et l'albumine, avec de la gélatine ou de l'albumine. A l'état d'hydrate, il absorbe facilement l'acide carbonique de l'air, et prend alors une teinte verdâtre. Il est un peu soluble dans l'ammoniaque; cependant, quand il est parfaitement lavé, il ne s'y dissout pas, car la liqueur reste incolore; mais, si l'on y ajoute une petite quantité d'un sel ammoniacal quelconque, il se dissout à l'instant et produit une dissolution d'un bleu si intense que la lumière la traverse difficilement : d'où l'on tire cette conséquence que, dans cette liqueur, nommée *eau céleste*, ce n'est pas de l'oxyde, mais un sous-sel qui est en dissolution, ou plutôt un sel double ammoniacal. L'oxyde de cuivre dissous dans l'ammoniaque n'est pas réduit par le fer; il ne se dissout pas dans la potasse et la soude caustique par voie humide, à moins qu'on y ajoute des matières organiques; cette dissolution est bleue ou pourpre. L'oxyde hydraté se dissout dans les carbonates et bicabornates alcalins; les dissolutions sont bleues et peuvent cristalliser.

Les acides dissolvent facilement cet oxyde anhydre ou hydraté. Fondu avec les matières vitreuses, il les colore en vert ou en bleu. Le *protoxyde de cuivre* est employé pour colorer le verre et les émaux en vert ou en bleu. Les Romains préparaient leur couleur bleue de cette manière; le verre était broyé et employé comme on fait pour l'azur et les autres couleurs vitrifiées.

SULFURES, CHLORURES DE CUIVRE. — Le *sous-sulfure* (Cu^2S) est gris noirâtre, a l'éclat métallique, fond plus facilement que le cuivre et prend par le refroidissement une texture cristalline. Il existe dans la nature sous le nom de *chalkosine*. Sa densité est 5,7; il fond facilement au chalumeau et donne une odeur d'acide sulfureux.

Le *sulfure* (CuS) est une poudre noire qui recouvre divers minéraux et que l'on ne rencontre guère que dans le cratère du Vésuve.

Les minéralogistes comprennent sous la dénomination de *pyrites de cuivre* des combinaisons de sous-sulfure de cuivre et de sesquisulfure de fer en diverses proportions, et sous les noms de *bourdonite, endellione,* des sulfures multiples qui contiennent du plomb, de l'antimoine et du cuivre.

Le *sous-chlorure de cuivre* (Cu^2Cl) est une poudre cristalline presque insoluble dans l'eau pure, mais soluble dans l'acide chlorhydrique concentré ou dans l'ammoniaque. Ces dissolutions absorbent rapidement l'oxygène de l'air, en se colorant, la première en vert par du chlorure de cuivre, la seconde en bleu par de l'oxyde. Elles absorbent rapidement aussi l'*oxyde de carbone* et l'*acétylène*, et servent à reconnaître ces gaz dans un mélange.

Le *chlorure de cuivre* (CuCl + 2HO), employé en médecine pour le traitement de l'épilepsie, des ulcères vénériens, sous le nom de *liqueur de Kœchlin*, se présente sous forme de cristaux verts, solubles dans l'eau et dans l'alcool. Il forme, avec l'oxyde de cuivre hydraté, un oxychlorure, CuCl + 5CuO,HO (*atakamite*) que l'on reproduit aujourd'hui artificiellement.

CARBONATES DE CUIVRE. — La *malachite* est un *hydrocarbonate de cuivre ;* c'est un minéral d'un beau vert, cristallisé en prismes rhomboïdaux droits ; cependant, à l'état naturel, il est fort rare de le trouver ainsi ; c'est principalement en mamelons et à couches superposées. La *malachite* est surtout exploitée dans les monts Ourals. Lorsqu'elle est en masse assez grande, on en fait de petits objets d'art, ou bien on la réduit en feuilles et elle sert à faire des placages pour des tables et différents meubles qui sont alors d'une beauté remarquable. Broyée avec de l'huile, on l'emploie en peinture sous le nom de *vert minéral.*

L'*azurite,* nommée aussi *bleu de montagne, bleu minéral,* est un autre hydrocarbonate ; il se trouve plus souvent cristallisé que le carbonate vert, et est d'un bleu très beau, et très transparent.

SULFATE DE CUIVRE (CuO,SO³ + 5HO). — Le *sulfate de cuivre* est connu depuis longtemps dans le commerce sous les noms de *couperose bleue, vitriol bleu, vitriol de Chypre.* C'est un des sels les plus importants que produise le cuivre. On le trouve souvent naturel dans les exploitations des pyrites cuivreuses, en croûtes concrétionnées et en cristaux. Ce sel est très soluble, et donne, par l'évaporation spontanée, des cristaux d'un beau bleu saphir, qui sont isomorphes avec le sulfate de fer. Sa solubilité est plus grande à chaud qu'à froid.

On prépare ce sel en assez grande quantité dans les arts : la consommation en est assez grande pour la fabrication de quelques couleurs, comme le *vert de Scheele,* les *cendres bleues ;* on s'en sert aussi pour les teintures en noir, sur soie et sur laine ; il entre aussi dans la fabrication de l'encre ordinaire, pour le chaulage du blé, et en médecine, comme escarotique. On l'a employé avec succès contre le croup ; pour les ulcères, il sert à préparer une pâte caustique qu'on étend sur du sparadrap ou un linge pour l'appliquer sur l'ulcère, en le mêlant, réduit en poudre fine, avec assez de jaunes d'œuf pour lui donner de la consistance. On l'administre encore pour traiter la danse de Saint-Guy, le piétain des animaux.

Le *sulfate de cuivre* est aussi employé dans une opération qui a pour but de rendre les aubiers et les bois tendres durs, solides et susceptibles de se conserver aussi longtemps que le chêne. La Compagnie des chemins de fer du Midi a établi à Labouheyre, dans le département des Landes, un atelier d'injection des bois de pin, qui, en dix ans, a préparé plus de 1,500,000 traverses, 40,000 poteaux télégraphiques, etc., etc.; et c'est un des moindres ateliers qu'ont créés les compagnies de chemins de fer. Le procédé consiste à forcer l'eau, sulfatée dans la proportion de 2 kilogrammes de *sulfate de cuivre* pour 100 litres d'eau, et chauffée à 40 à 45 degrés centigrades, d'entrer dans les pores du bois au moyen du vide et de la pression. Des chariots roulants apportent et introduisent une charge de pièces de bois dans un grand cylindre de $11^m,50$ de longueur et de $1^m,50$ de diamètre. Une locomobile de la force de 10 à 12 chevaux, injecte d'abord un courant de vapeur à travers les bois pendant 15 minutes, pour les échauffer et dilater leurs tissus. On fait passer ensuite un courant d'eau froide par un condenseur que fait jouer la locomobile, puis on fait le vide; on le maintient pendant 15 minutes à la pression de 0,09 à 0,10 de mercure. Et enfin, on ouvre le robinet d'injection de la dissolution de sulfate de cuivre, en portant, au moyen de la pompe foulante, la pression de ce liquide jusqu'à 10 atmosphères, pendant 30 minutes. Alors l'opération est terminée.

La préparation du *sulfate de cuivre* se fait par plusieurs procédés. On en obtient des quantités considérables dans l'opération de l'affinage, en décomposant le *sulfate d'argent* par le cuivre. Le grillage des pyrites de cuivre en produit de grandes quantités; mais il n'est jamais pur. On le prépare aussi en chauffant jusqu'au rouge sombre dans des fours à réverbère, des feuilles de cuivre provenant du doublage des navires; on projette du soufre à leur surface, qui se recouvre de *sulfure de cuivre*. Dès que l'on a introduit le soufre, toutes les portes du four doivent être fermées, pour empêcher l'accès de l'air : celui-ci ferait passer le soufre à l'état d'acide sulfureux, qui se perdrait par la cheminée; on ouvre ces portes lorsque la sulfuration est faite, pour transformer le sulfure en sulfate, ce qui exige un courant d'air assez vif. Pendant cette opération, une partie du soufre se perd à l'état d'*acide sulfureux;* le reste, qui se change en *acide sulfurique*, se combine avec l'*oxyde de cuivre* produit par le grillage du sulfure. Ce sulfate serait bibasique, si tout le soufre se combinait à l'état d'acide sulfurique, mais le sulfate est plus basique. On le détache de sa surface en faisant bouillir ces feuilles avec une grande quantité d'eau, à laquelle on ajoute de l'acide sulfurique, qui fait passer le sulfate basique insoluble à l'état de sulfate neutre qui se dissout : les feuilles retirées des chaudières et lavées, sont traitées de nouveau par le même procédé, jusqu'à ce qu'elles soient réduites à une trop faible épaisseur pour servir de cette manière. On fond ces résidus.

CHAPITRE VII

OR, ARGENT, MERCURE, PLATINE, PALLADIUM, IRIDIUM, RUTHÉNIUM, RHODIUM.

OR ($O = 98,2$; *densité* $= 19,5$). — Les anciens, rapporte M. J. Girardin, tiraient l'or de l'Inde, du pays de Sofala, sur la côte orientale de l'Afrique, de l'Arabie, du Caucase, de la Thrace, de la Macédoine, de l'Espagne, etc. Il était beaucoup plus connu que l'*argent* dans les régions australes de l'Asie, en Judée, etc., et on en fabriquait toute espèce de vases, d'ustensiles, de meubles, de statues. Le *Livre des Rois* nous apprend que Salomon reçut; dans une seule année, 666 talents d'or, ce qui fait 4,199,796 francs de notre monnaie. Le veau d'or qui fut brûlé par Moïse était un fétiche en bois recouvert de lames d'or (*fig.* à la page 1025). Dans le célèbre temple de Jérusalem, dont le plancher, les murs et le toit étaient revêtus de lames d'or, il y avait, outre l'arche sainte, le chandelier aux sept branches, les dix candélabres, les autels, les chérubins en bois d'olivier couvert d'or battu, 10,000 tables d'or chargées de 100,000 vases divers également d'or. Dans le palais de Salomon, dit *la Maison du bois du Liban*, la principale salle renfermait 200 grands boucliers d'or battu, composés chacun de 600 pièces de métal, et 300 autres boucliers fabriqués de la même façon, mais d'une moins grande dimension. Enfin, tous les vases à boire, tous les ustensiles du palais étaient en or pur.

L'or devint de bonne heure le signe représentatif par excellence de la valeur des choses; toutefois, ce ne fut que sous Darius le Mède, de 560 à 536 avant J.-C., qu'il fut monnayé, et ce n'est qu'à l'époque de Philippe de Macédoine que les Grecs commencèrent à avoir des monnaies d'or qui furent connues sous le nom de *statères* et valaient 19 francs. Dans tous les cas, l'or et l'argent, dans toutes les sociétés antiques, n'étaient pas des métaux pur; on les employait tels que la nature les donnait. Les nations, policées à un degré très avancé, qui occupaient les parties de l'Amérique découverte au xvᵉ siècle, faisaient également un emploi considérable des métaux précieux et se livraient à leur recherche. Après les pertes énormes de leur butin dans les combats qu'ils livrèrent aux Mexicains, Fernand Cortez et ses soldats purent encore fondre 2,000 marcs d'or conquis sur les indigènes, sans compter les boucliers qu'ils conservèrent pour Charles-Quint. Au Pérou, la rançon d'Atahualpa produisit, en lingots d'or, 59,890,625 francs. Cet or provenait de la décoration des temples et des palais de l'Inca à Cuzco et à Quito. Le pillage de Cuzco rapporta 70 millions de francs, dont 14 millions pour l'empereur Charles-Quint et le reste pour les 480 conquérants. Fernand Pizarre porta en Espagne, en 1534, pour la part de Charles-Quint, 155,300 pesas d'or (3,882,500 francs) et 5,400 marcs d'argent, outre les vases et ornements d'or et d'argent, destinés au trésor royal, et, pour des particuliers, 499,000 pesas d'or (12,475,000 francs), et 54,000 marcs d'argent.

Au moyen âge, l'or fut l'objet des recherches les plus persévérantes des alchimistes, qui se flattaient de pouvoir le créer dans leurs opérations et d'en obtenir un remède universel. Dès le iiiᵉ siècle de notre ère, Zozime, le principal maître de l'art sacré, écrivait : « Prends du sel et arrose le soufre brillant, jaune ; lie-le pour qu'il ait de la force, et fais intervenir la fleur d'airain, et fais de cela un acide, liquide, blanc. Prépare la fleur d'airain graduellement. Dans tout cela, tu dompteras le cuivre blanc ; tu le distilleras et tu trouveras, après la troisième opération, un produit qui donne de l'*or*. » Démocrite, le *mystagogue,* qui vivait à peu près à la même époque que Zozime, donne un grand nombre de recettes pour faire de l'*or :* « Prenez, dit-il, du mercure, fixez-le avec le corps de la magnésie ou avec le corps du stibium d'Italie, ou avec le soufre qui n'a pas passé par le feu, ou avec l'aphroselinum, ou la chaux vive, avec l'alun de Mélos, ou avec l'arsenic, ou comme il vous plaira ; jetez la poudre blanche sur le cuivre, et vous verrez le cuivre perdre sa couleur. Répandez de la poudre rouge sur l'argent, et vous aurez de l'or ; si vous la projetez sur de l'or, vous aurez le corail d'or corporifié. La sandaraque produit la même poudre rouge, ainsi que l'arsenic bien préparé et le cinabre. La nature dompte la nature. » C'est en fondant leurs opérations sur de pareilles recettes que les alchimistes perdaient leur temps. Le *corail d'or,* qui porte ailleurs le nom de *coquille d'or,* était le chef-d'œuvre de l'art ; car un seul grain de cette espèce de *poudre de projection* devait suffire pour produire immédiatement une grande quantité d'or. Marie la

Juive, à qui l'on doit l'invention du *bain-marie,* parle, pour avoir de l'or,
de la racine de mandragore ayant des tubercules ronds, ce qui paraît
être tout bonnement la pomme de terre.

Potosi (page 1046).

Nous ne pouvons entrer dans les détails immenses des tentatives
insensées des alchimistes du moyen âge et des temps modernes, ni parler
des médecins arabes et de leurs adeptes, pour lesquels l'*or* ou le *soleil*
possédait des propriétés médicales surnaturelles. Ils le faisaient porter en

amulettes pour égayer les mélancoliques et comme préservatif de la lèpre. L'immersion du métal rouge de feu dans les tisanes suffisait pour leur communiquer une vertu cordiale. Pour restaurer les malades épuisés, ils leur administraient le fameux *bouillon d'or*, qui consistait en un ducat cuit pendant vingt-quatre heures avec une vieille poule ou un vieux coq, ou bien ils saupoudraient leurs mets de poudre d'or. On ne saurait croire, en effet, le nombre des préparations dites *solaires*, dont, malgré leur nom et à cause de leur vicieuse confection, l'or ne faisait pas toujours réellement partie. L'une des plus célèbres était la *liqueur d'or* ou les *gouttes d'or* du général Lamotte, si renommées sous Louis XV qu'on les vendait un louis la goutte.

Très répandu dans la nature, l'or ne s'y trouve cependant qu'en petites quantités. On le rencontre à l'état natif dans les sables d'alluvions anciennes ou dans les roches quartzeuses. Quelquefois il est allié à de l'*argent*, du *palladium*, de l'*iridium*, du *tellure ;* l'or brut de la Californie renferme 1 pour 100 d'*iridium*. Certaines rivières charrient de l'or ; telles sont le Rhin, le Rhône et la Garonne ; mais la proportion d'or est tellement minime que l'extraction en est à peine rémunératrice. Cette extraction est d'ailleurs des plus simples, puisqu'elle consiste en un simple lavage, basé sur la grande densité du métal comparée à celle des matières terreuses ou siliceuses qui l'accompagnent. Ce lavage s'exécutait dès l'origine, dans les Indes, puis en Égypte, ainsi qu'on le voit figuré sur les murailles des temples de cette antique région, à l'aide des mêmes moyens que ceux qu'emploient, de nos jours encore, les *orpailleurs* des bords du Rhin, les nègres de l'Afrique et du Brésil, les Cosaques de l'Oural, les chercheurs d'or de la Californie et de l'Australie. En agitant les sables avec de l'eau dans des sébiles de bois ou de corne, d'une forme ovoïde, ou bien en les faisant tomber, avec l'eau, sur des tables inclinées recouvertes de peaux pourvues de leurs poils ou plus simplement de drap (*fig.* 330), l'or s'accumule au fond des sébiles ou s'arrête sur les peaux ou le drap.

Lorsqu'on est engagé dans des roches quartzeuses, il faut les broyer, les réduire en sable pour pouvoir effectuer le lavage. Ce rude travail s'effectue d'une manière bien grossière (*fig.* 331) à la Nouvelle-Grenade et dans les autres régions de l'Amérique du Sud. La *poudre d'or* qu'on obtient par ces lavages retient encore plus ou moins de sable. On l'agite avec six fois son poids de mercure qui dissout le métal précieux. On exprime ensuite l'amalgame isolé pour séparer l'excès de mercure, et on le soumet à la distillation dans des appareils destinés à recueillir les vapeurs mercurielles. L'or qui reste ne contient plus qu'un peu d'argent.

En Californie et en Australie, pour l'exploitation des roches quartzeuses très dures, on se sert de machines qui broient le minerai, le lavent et l'amalgament d'un seul coup.

L'or renferme toujours un peu d'argent, dont on le purifie par l'*af-finage*. On opère l'affinage en traitant l'or dans des vases en platine par l'acide sulfurique concentré et bouillant : il se produit du sulfate d'argent qui reste en dissolution, tandis que l'or n'est pas attaqué. On étend la dissolution d'eau, on laisse déposer l'or et on le fond en lingots. Quant à la solution de sulfate d'argent, elle est traitée par des lames de cuivre qui précipitent tout l'argent, en passant elles-mêmes à l'état de sulfate de cuivre, que l'on isole par concentration et qui est livré au commerce.

L'*or* pur est d'un beau jaune; c'est le plus ductile et le plus inaltérable des métaux; par le battage, on le réduit facilement en feuilles qui ont une épaisseur de un millième de millimètre, et laissent passer la lumière qui

Fig. 330. — LAVAGE DES SABLES AURIFÈRES DU RHIN.

paraît verte; 1 centigramme de ce métal peut donner un fil d'une longueur de $32^m,5$; sa ténacité est assez grande. Il fond à une température de 1,200°; à cette température, il est peu volatil; mais, en chauffant plus fortement, il se réduit assez sensiblement en vapeur pour qu'une lame d'argent maintenue quelques instants au-dessus se trouve dorée.

De tous les métaux, l'*or* est celui qui se contracte le plus en se solidifiant. Il est facilement attaqué par le chlore, le brome, l'iode dans l'acide iodhydrique; il se combine, à l'aide de la chaleur, avec le phosphore et l'arsenic. Les acides ne le dissolvent pas, excepté l'*eau régale*. L'or en coquilles, dont on se sert quelquefois en peinture, s'obtient en broyant les feuilles d'or battu sur une pierre avec une molette, et en le mélangeant avec du miel pour le réunir et favoriser l'opération. Lorsque la division est opérée, on traite par l'eau chaude pour dissoudre le miel; l'or reste en poudre impalpable; on le place alors dans des coquilles de moules, en l'humectant avec une faible dissolution de gomme qui le fait adhérer.

L'*or*, pour être converti en monnaies et en bijoux, doit être allié au cuivre, parce qu'il ne présente pas une assez grande dureté quand il est pur. Les alliages d'or adoptés en France sont faits dans les proportions suivantes :

MONNAIES .. Or, 900. Cuivre 100 avec une tolérance de $\frac{2}{1000}$ au-dessus ou au-dessous.

MÉDAILLES . — 916 — 84 — $\frac{2}{1000}$ —

VAISSELLE..
— 920 — 80 — $\frac{5}{1000}$ —
— 840 — 160 — $\frac{5}{1000}$ —
— 750 — 250 — $\frac{5}{1000}$ —

BIJOUX..... — 750 — 250 — $\frac{5}{1000}$ —

L'essai de ces alliages se fait par *coupellation*. On met dans la coupelle chaude 5 grammes de plomb, puis un morceau de papier contenant $0^{gr},500$ de l'alliage, avec un poids d'argent au moins triple de celui de l'or contenu dans l'alliage ($1^{gr},350$ d'argent pour $0^{gr},500$ des monnaies d'or). Nous dirons, en parlant de la *coupellation de l'argent*, comment se fait l'opération. A la fin de l'expérience, le bouton peut être refroidi sans précaution ; car l'alliage d'or et d'argent ne roche pas. Le bouton, passé au laminoir et réduit en lame, doit être recuit, contourné en cornet et introduit dans un matras d'essayeur (*fig.* 332) avec de l'acide azotique à 22° Baumé. Après dix minutes d'ébullition, on décante la liqueur et on la remplace par de l'acide azotique marquant 32°. On fait bouillir de nouveau, et tout l'argent se dissout. On décante et on lave à l'eau distillée. Le cornet d'or pur qui reste ne peut être manié ; il n'a pas assez de cohésion. Pour lui donner de la solidité, on remplit d'eau le matras, on le recouvre d'un petit creuset renversé et on retourne le tout ; le petit cornet descend lentement dans le creuset ; on retire le matras, on décante l'eau et on chauffe le creuset au rouge ; le cornet d'or peut alors être pris avec des pinces et pesé.

L'essai des bijoux se fait en frottant l'objet sur une pierre siliceuse noire, très dure, nommée *pierre de touche*. De part et d'autre de la trace métallique, laissée par l'alliage, on forme un trait avec des alliages de composition connue, nommés *toucheau*, formant une étoile à cinq branches (*fig.* 333) de titres différents, puis on passe sur les trois traits un bouchon de verre imprégné d'un mélange de 98 parties d'acide azotique avec 2,8 d'acide chlorhydrique. Le cuivre se dissout en colorant la liqueur en vert et laisse l'or. D'après la couleur que prend l'acide et d'après l'épaisseur de la trace d'or qui reste sur la pierre, un essayeur expérimenté peut reconnaître le titre à 1 centième près.

COMPOSÉS DE L'OR. — On ne connaît que deux combinaisons de l'or avec l'oxygène ; elles ne sont basiques ni l'une ni l'autre : la première est un sous-oxyde, Au^2O, et l'autre un sesquioxyde, Au^2O^3, qui est un véritable acide. Ce *sesquioxyde d'or*, mis en présence de l'ammoniaque, donne un précipité jaune, appelé *or fulminant*, qui détone avec une violence extrême à 100° ; l'effet est si instantané que, si l'on opère sur une lame mince de cuivre, elle est percée, et l'on ne doit agir que sur une très petite quantité ; il détone de même par le choc du mar-

teau, par le contact de l'acide chlorhydrique, et même quelquefois spontanément.

Par l'addition d'un mélange de *chlorure stanneux* et de *chlorure stannique* à une solution de *chlorure d'or*, $AuCl^2$, on obtient un précipité rouge, appelé *pourpre de Cassius*, qui a la propriété de colorer le verre et l'émail en un rouge magnifique, et qui est employé pour la fabrication des verres

Fig. 331

rubis et pour la peinture sur porcelaine. Le *pourpre de Cassius*, d'après les travaux de M. Debray, est une laque formée de bioxyde d'étain hydraté, coloré par de l'or pulvérulent.

Outre la dorure par la galvanoplastie, dont nous avons parlé (PHYSIQUE, *Électricité, dynamique*, page 237), on dore les objets par deux procédés. Le plus ancien est celui de la *dorure au mercure ;* on recouvre les pièces, bien décapées et préalablement trempées dans l'azotate de mercure, d'une couche d'amalgame d'or. Les pièces sont ensuite chauffées pour volatiliser le mercure, et restent couvertes d'une couche d'or, à laquelle on donne de l'éclat par le polissage. Ce procédé est dangereux et amène rapidement l'intoxication mercurielle. Dans la *dorure au trempé* ou *par immersion*, on trempe les objets bien décapés dans un bain d'azotate de mercure, puis on les immerge après le lavage dans un bain bouillant de chlorure d'or et de carbonate de potassium, où ils restent une demi-minute. Ce procédé n'exerce aucune influence fâcheuse sur la santé des ouvriers ; mais il ne permet de déposer qu'une mince couche d'or.

ARGENT $(Ag = 108 ; densité = 10,5)$. — L'*argent* existe dans la nature sous différents états : on le trouve assez fréquemment à l'état natif, tantôt en masses amoncelées plus ou moins considérables, d'autres fois cristallisé assez régulièrement. Dans quelques circonstances, il se présente sous forme de fibres plus ou moins contournées; mais, en général, l'*argent natif* est rarement pur.; le plus ordinairement il est allié avec de l'or, du cuivre, du fer, du plomb, etc. L'antimoine, le soufre, l'arsenic, le chlore, etc., sont autant de minéralisateurs de l'argent, et ces minerais portent le nom d'*argent antimonial, argent sulfuré, arsénié*, etc. Souvent

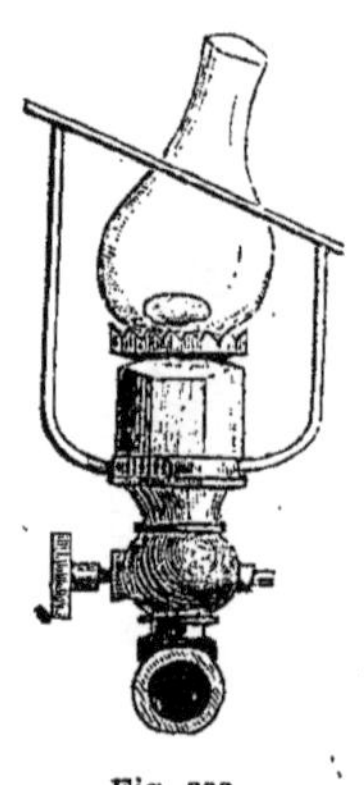

Fig. 332.
MATRAS D'ESSAYEUR.

l'argent fait partie de combinaisons beaucoup plus compliquées, et on ne distingue le plus souvent ces mines que par les couleurs qu'elles affectent : ainsi, on a ce qu'on appelle l'*argent rouge, noir, blanc*, etc.

Le Pérou et le Mexique possèdent des mines d'argent infiniment plus productives que toutes celles de l'ancien continent. Les célèbres montagnes du Potosi (*fig.* à la page 1041) en renfermaient de si riches que les premiers filons, découverts en 1545, n'étaient presque entièrement composés que d'argent; on les exploitait au ciseau. On raconte qu'un Indien nommé Gualpa, courant un jour dans les montagnes à la poursuite d'un gibier, arracha en voulant se soutenir, un arbrisseau dont les racines étaient recouvertes d'un minerai brillant qui fut reconnu être de l'argent; ce furent là les mines de Potosi (*fig.* à la page 1049).

Les mines du Mexique, qui n'ont été découvertes que postérieurement, sont très multipliées et actuellement plus productives que celles du Pérou. Les mines d'argent d'Espagne, si anciennement exploitées et autrefois si nombreuses, ont été réduites à un très petit nombre depuis la découverte de l'Amérique. L'Allemagne compte quelques mines d'argent importantes. En France, les principales sont situées dans le département de l'Isère. La mine de Konisberg, en Norvège, est une des plus remarquables, tant par sa richesse que par la singularité de son site. Des filons puissants, qui ont jusqu'à 1 mètre d'épaisseur, traversent çà et là, dans une certaine étendue, le terrain, qui est formé de bancs presque verticaux et souvent parallèles entre eux. A Sainte-Marie-les-Mines, en Alsace, on a trouvé, dans une terre grasse, des masses de ce métal natif, du poids de 29 kilogrammes.

L'*argent* entre en fusion à une température évaluée à 1,000 degrés environ; il est très peu volatil, et cependant, lorsqu'il est tenu quelque temps en fusion dans les fourneaux de coupelles, il émet des vapeurs et

perd quelque peu de son poids. A une température excessivement élevée,
telle que celle qu'on produit avec le chalumeau à gaz oxygène, la volatilisation est totale, et les vapeurs produites brûlent avec éclat. A aucune
température, l'eau n'est décomposée par l'argent; ce métal est inaltérable,
soit à l'air sec, soit à l'air humide. Il peut même, lorsqu'il est parfaitement
pur, absorber l'oxygène sans qu'il y ait combinaison. Parmi les corps
simples, le soufre et le chlore sont ceux qui ont le plus d'affinité pour
l'argent; il agit sur un grand nombre de composés sulfurés et chlorés,
auxquels il enlève l'un ou l'autre de ces éléments. Lorsqu'il est en contact avec l'*hydrogène sulfuré*, il perd son éclat : ce gaz produit alors un
sulfure d'argent, lequel est de couleur noire. Cet effet
est surtout marqué dans l'argenterie qui est exposée
aux émanations des fosses d'aisances ; les cuillers
d'argent se ternissent aussi au contact des œufs ou
d'autres aliments contenant du soufre. Pour rendre
à ces ustensiles leur beauté première, il suffit de les
frotter avec un peu d'huile, ou de craie, ou de rouge
d'Angleterre, ou encore avec une toile fine imbibée
d'ammoniaque : lorsque la teinte noire persiste, le

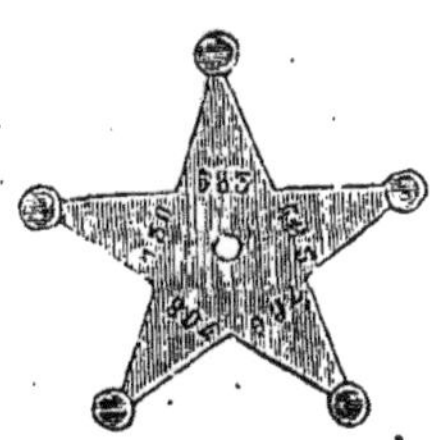

Fig. 333. — Toucheau.

mieux est de les plonger un instant dans l'*acide chlorhydrique* bouillant
ou dans une solution de *caméléon minéral*.

Les procédés que l'on emploie pour extraire l'argent varient singulièrement. Depuis 1545 jusqu'à 1571, les minerais d'argent ne furent
traités à Potosi que par fondage. Les *conquistadores* (les conquérants
espagnols), ayant uniquement des connaissances militaires, ne savaient
pas diriger des procédés métallurgiques. Ils ne réussirent point à fondre
le minerai au moyen de soufflets ; ils adoptèrent la méthode bizarre que
les indigènes employaient dans les mines voisines de Pasco, qui avaient
été travaillées au profit de l'Inca longtemps avant la conquête. On établit
sur les montagnes qui environnent la ville de Potosi, partout où le vent
soufflait impétueusement, des fourneaux portatifs appelés *huayres*. Ces
fourneaux étaient des tuyaux cylindriques d'argile, très larges et percés
d'un grand nombre de trous. Les Indiens y jetaient, couche par couche,
du minerai d'argent, de la galène et du charbon ; le courant d'air, qui
pénétrait par les trous, vivifiait la flamme et lui donnait une grande intensité. Les premiers voyageurs qui ont visité les Cordillères parlent tous
avec enthousiasme de l'impression que leur avait laissée la vue de plus
de 6,000 feux qui éclairaient la cime des montagnes autour de la ville de
Potosi. Les masses argentifères obtenues étaient refondues dans les cabanes
des Indiens, en se servant de l'ancien procédé, qui consiste à faire souffler

le feu par 10 ou 12 personnes à la fois, à travers des tuyaux en cuivre, de 1 à 2 mètres de long, percés, à leur extrémité inférieure, d'un très petit trou.

Les minerais exploités aujourd'hui sont le *sulfure*, le *sulfo-antimoniure* et le *chlorure*. On rencontre aussi l'argent mélangé aux minerais de cuivre et de plomb, et l'on en extrait une notable quantité de plomb argentifère. Deux méthodes principales sont usitées pour le retirer de ses minerais : ce sont la *méthode saxonne* ou de *Freyberg* et la *méthode américaine*.

A Freyberg, on exploite un minerai qui renferme du sulfure de fer, du sulfure de cuivre et du sulfure d'argent. Après avoir été réduit en poudre, le minerai est mélangé avec 10 pour 100 de chlorure de sodium et soumis au grillage dans un four à réverbère. Par la combustion à l'air, les sulfures se convertissent en sulfates qui réagissent sur le chlorure de sodium,

Fig. 334.

DISTILLATION DE L'AMALGAME D'ARGENT
A FREYBERG.

donnent du sulfate de sodium, du chlorure de cuivre, du chlorure de fer et du chlorure d'argent. Après ce grillage, le minerai est passé au crible, réduit en poudre et introduit, avec de l'eau et des lames de fer forgé, dans de grands tonneaux tournant autour d'un axe central. Après une heure de rotation, on verse du mercure dans les tonneaux, qu'on fait tourner de nouveau. Dans la première phase de l'opération, le fer décompose le chlorure d'argent, donne du chlorure de fer et met en liberté le métal précieux. Mais celui-ci est disséminé dans la masse ; c'est pour le réunir qu'on agite le tout avec le mercure avec lequel l'argent se combine. On soutire le mercure, on le filtre sur des toiles ; l'excès de mercure liquide passe, et il reste sur la toile un amalgame solide contenant 17 à 18 pour 100 d'argent. On soumet alors cet amalgame à la distillation. L'appareil dont on se sert pour cela (*fig.* 334) consiste en une espèce de trépied *a*, qui supporte une tige sur laquelle sont enfilées, à différentes hauteurs, 5 à 6 coupes en fer forgé *b*, dont les diamètres vont toujours en diminuant ; c'est dans ces coupes qu'on place des boules d'amalgame, autant qu'elles en peuvent contenir ; le trépied est au centre d'une cuvette en fonte *c*, qu'entoure une forte caisse en bois *d*, dans laquelle un courant d'eau froide est entretenu. Le trépied étant garni, on abaisse, au moyen d'une chaîne *g*, une grande cloche conique *e*, qui le recouvre entièrement et qui plonge dans la cuvette; elle traverse un disque de fonte perforé dans son milieu *ff*, qui forme le foyer du fourneau. C'est, en effet, sur ce

Vue de la montagne et des mines de Potosi (page 1046).

disque, et autour de la partie moyenne et supérieure de la cloche, qu'on fait un feu de tourbe, de manière à porter celle-ci au rouge; le mercure de l'amalgame se réduit alors en vapeurs, et va se condenser dans la partie basse et refroidie de la cuvette. Vers la fin de la distillation, qui dure de

7 à 8 heures, on donne un violent coup de feu avec du charbon. L'*argent* reste sur les plateaux sous la forme de grappes poreuses ; il retient encore environ 28 pour 100 de cuivre et 3 pour 100 de plomb, nickel, arsenic, antimoine et mercure. On le purifie par trois fontes successives au contact de l'air, ce qui oxyde et scorifie les métaux étrangers. On l'amène ainsi à ne plus contenir que 25 pour 100 de cuivre ; il est alors au titre de 750 millièmes. C'est dans cet état qu'on le livre aux hôtels de monnaies.

Dans la méthode américaine, employée au Mexique dès 1557, on brise le minerai, additionné de *sel marin* et de *magistral* (nom que l'on donne au *sulfate de cuivre* impur provenant de la calcination du sulfure double de cuivre et de fer) ; on mêle le tout en y ajoutant du mercure à plusieurs reprises, et, pour opérer un mélange intime, on fait piétiner la masse par des chevaux pendant plusieurs jours. Dans cette opération, il se passe des phénomènes chimiques complexes. Le sulfate de cuivre et le sel marin donnent d'abord, par une double décomposition, du sulfate de soude et du bichlorure de cuivre :

$$CuO,SO^3 + NaCl = NaO,SO^3 + CuCl.$$

La *bichlorure de cuivre* produit réagit à son tour sur le sulfure d'argent et donne naissance à du chlorure d'argent et à du sulfure de cuivre :

$$CuCl + AgS = AgCl + CuS.$$

Le *chlorure d'argent* se dissout à mesure qu'il se forme dans le sel marin en excès, et alors il est attaqué par le mercure ; il se forme par suite du *protochlorure de mercure* et de l'argent métallique ; ce dernier s'amalgame avec le reste du mercure :

$$AgCl + n Hg = Hg^2Cl + (Ag,n Hg).$$

C'est parce qu'une partie du mercure employé passe ainsi à l'état de protochlorure, que, dans la méthode américaine, il y a une perte si considérable de mercure, perte que de Humboldt estimait, au commencement de ce siècle, à 25,000 quintaux de mercure par an (1).

(1) Au Pérou et dans la plupart des districts métallifères de l'Amérique espagnole, les ouvriers qui travaillent dans les mines ne reçoivent pas un salaire fixe ; seulement il leur est permis d'emporter, à la fin de leurs douze heures de travail, un *capacho* rempli de minerai, qui est amoncelé devant la porte de la mine (à peu près 15 kilogrammes de déblais). Ce mode de payement donne lieu à un système d'échange dont on ne trouve d'exemple nulle part. L'Indien ou le métis, à la fin de sa journée, apporte au cabaret son tablier tout rempli de pierres. Là, il boit de l'eau-de-vie, de la *chica*, mange un *chupe*, mâche de la *coca*, fume son cigare et il paye en morceaux de pierres. Il en est de même pour tout ce dont il a besoin, habillement, chauffage, etc. (*fig.* à la page 1033). Chaque marchand ou marchande est donc tenu de faire entrer dans les nécessités de son état la connaissance des minerais d'argent, étude longue et qui demande un coup d'œil éprouvé ; car bien

La *galène* ou *sulfure de plomb* est souvent mélangée de petites quantités de *sulfure d'argent;* le plomb métallique que fournit une telle galène renferme donc de l'argent, qu'il est avantageux de retirer quand la proportion s'élève à 1/5,000°, c'est-à-dire à 1 gramme par 5 kilogrammes. La séparation de cet argent du plomb argentifère se fait par *coupellation*, opération basée : 1° sur ce que l'argent chauffé et maintenu en fusion ne s'oxyde pas à l'air, tandis que les autres métaux, et notamment le cuivre, s'oxydent à cette température; 2° sur ce que le plomb, se combinant à l'oxygène de l'air, donne un oxyde (*litharge*), fusible, qui pénètre par imbibition dans les terres poreuses, en dissolvant et entraînant avec lui l'oxyde de cuivre, infusible à la température à laquelle on opère.

Fig. 335. — Fourneau de coupelle.

Pour faire une coupellation, on emploie un fourneau à réverbère (*fig.* 335), au milieu duquel se trouve un demi-cylindre ou *moufle* en terre réfractaire, fermé à l'une de ses extrémités, et présentant sur ses parois des fentes horizontales. L'air du moufle, attiré vers le foyer à travers ces fentes, se renouvelle sans cesse. Quand le moufle est porté au rouge, on y dépose la *coupelle*, petite capsule épaisse et poreuse, formée avec de la cendre d'os calcinés ; puis, dans cette coupelle, on met du plomb. Aussitôt que le plomb est fondu, on y ajoute l'alliage, enfermé dans un morceau de papier, qui, en se carbonisant, réduit l'oxyde formé à la surface du plomb, et permet à ce métal de se combiner avec l'argent et le cuivre. L'alliage ternaire fondu se trouve soumis à l'action du courant d'air qui traverse le moufle. Le plomb et le cuivre s'oxydent et forment, à la surface du bouton métallique, une pellicule mobile qui se renouvelle au fur et à mesure qu'elle s'infiltre dans la coupelle. Quand l'oxydation du plomb est terminée, la pellicule ne se renouvelant plus diminue d'épaisseur et présente les colorations des lames minces (PHYSIQUE, *Optique,* page 516); puis cette pellicule, se déchirant brusquement, laisse à nu le bouton d'argent métallique, qui apparaît très brillant, grâce à ce que la chaleur dégagée par l'oxydation du plomb et du cuivre a élevé sa température bien au-dessus de celle du moufle; c'est le phénomène de l'*éclair*. Le bouton, revenant à la température du fourneau, cesse bientôt d'être bril-

souvent, au premier aspect, rien ne distingue la pierre, plus ou moins riche en argent, de celle même qui n'en contient pas. Rien n'est plus ordinaire que de voir une marchande de poissons, assise sur la porte de sa boutique, et tout en surveillant le débit de sa marchandise, concasser du minerai, le réduire en poudre, puis le pétrir avec du mercure, le laver, le brûler, enfin le mettre à l'état de lingot. (Comte de Sartigues, *Relation d'un voyage dans l'Amérique du Sud.*)

lant ; on rapproche la coupelle de l'ouverture du moufle, pour que le refroidissement soit lent, et, par suite, ne produise pas de *rochage*, c'est-à-dire une sorte de dégagement brusque, déterminant souvent la projection d'un peu de métal qui formé une espèce de champignon à la surface du bouton métallique. Une fois le bouton solidifié, on le détache de la coupelle et on le pèse : la différence entre son poids et celui de l'alliage donne le cuivre.

Dans les laboratoires, on obtient de l'argent pur en dissolvant l'argent des monnaies dans l'acide azotique : précipitant la solution par le sel marin, recueillant, lavant et séchant le précipité de *chlorure d'argent*, et fondant alors celui-ci au rouge vif avec du charbon et de là craie :

$$2AgCl + CO^3Ca + C = CO^2 + CO + CaCl^2 + 2Ag.$$

L'argent se rassemble au fond du creuset, que l'on casse après refroidissement.

COMPOSÉS DE L'ARGENT. — L'argent forme trois combinaisons avec l'oxygène : un *sous-oxyde*, Ag^2O ; un *protoxyde*, AgO, et un *bioxyde*, AgO^2. Le *protoxyde* est le seul qui ait quelque importance. C'est un corps d'un vert noirâtre, quand il est sec ; hydraté, il est presque noir : pour le dessécher, il faut le placer dans le vide. Il est peu stable quand il est libre, car il se décompose sous l'action de la lumière solaire, et devient noir en dégageant un peu d'oxygène ; la chaleur le décompose facilement, en mettant en liberté tout l'oxygène ; il ne reste que l'argent métallique. A l'état d'hydrate, il est un peu soluble dans l'eau pure, qui ramène au bleu le papier de tournesol rougi ; c'est, en effet, une base des plus énergiques, qui peut produire des sels parfaitement neutres ; il ne se dissout pas dans les dissolutions alcalines, avec lesquelles il ne forme point de combinaisons, si ce n'est avec l'ammoniaque, qui le change en un composé noir, pulvérulent, qui détone avec une extrême violence au moindre contact ou à la moindre élévation de température : c'est l'*argent fulminant*. On obtient le *protoxyde d'argent* en traitant une dissolution de nitrate d'argent par de la potasse caustique, parfaitement pure et en excès, si cet alcali ne contient pas de carbonate ; mais, comme ces dissolutions absorbent facilement l'acide carbonique de l'air, on obtient plus sûrement l'oxyde pur en versant le nitrate d'argent dans la dissolution alcaline, de manière à laisser celle-ci en excès ; le peu d'acide carbonique qu'elle a pu absorber reste ainsi combiné avec l'excès de potasse ou de soude. Cet oxyde est employé pour colorer le verre et les émaux auxquels il donne une couleur jaune ; et l'on prépare une couleur vitreuse, pour peindre sur émail, en fondant 15 parties de litharge, 5 de flint-glass en poudre, humectée avec la dissolution de 1 partie d'argent dans l'acide nitrique ; on mêle le tout, on dessèche, puis on fond dans un creuset ; on coule dans l'eau pour réduire assez facilement en une poudre qui sert à peindre sur émail. Cette peinture, une fois fondue, est exposée à la fumée de matières végétales enflammées, qui fait paraître une belle nuance jaune.

Le soufre et l'argent se combinent directement sous l'influence de la chaleur. Le *sulfure*, AgS, existe dans la nature en octaèdres réguliers et à l'état de sulfure double. Sa densité est 7,2. Il se transforme par un grillage modéré en *sulfate d'argent ;* le *protochlorure de cuivre* le change en *chlorure d'argent,* en donnant du *sulfure de cuivre.* Il se produit encore, par l'action de l'*acide sulfhydrique* sur les sels d'argent ou sur l'argent métallique, en présence de l'humidité. La vaisselle d'argent noircit au contact prolongé des œufs ou de la moutarde, qui contiennent du soufre.

Le *nitrate d'argent*, AgO,NO⁵, peut être obtenu parfaitement neutre, par la fusion des cristaux qui se forment quand on fait une dissolution concentrée d'argent dans l'acide nitrique ; ces cristaux ont toujours une réaction acide et s'obtiennent facilement. Le nitrate fondu et neutre cristallise, au contraire, très difficilement ; il est très soluble dans l'eau et dans l'alcool. Il fond avant la chaleur rouge sans se décomposer, et peut être coulé dans des lingotières en fer, pour le mettre en baguettes qui servent à cautériser, sous le nom de *pierre infernale.*

Par le refroidissement, le sel fondu se prend en masse cristalline. Lorsqu'on le chauffe au rouge sombre, l'acide nitrique se décompose en oxygène qui se dégage, en acide nitreux, lequel reste combiné avec l'oxyde d'argent. A une température plus élevée, l'acide et l'oxyde sont décomposés ; il ne reste que de l'argent métallique.

Le *nitrate d'argent* est rapidement noirci par les rayons solaires, surtout quand il est en contact avec des matières organiques ; quelques chimistes pensent même que c'est à leur présence seule que cet effet est dû ; il noircit fortement la peau : cette tache ne peut être enlevée qu'au moyen d'une dissolution d'hyposulfite ou de cyanure alcalin : il agit de même sur les matières textiles. Comme la marque ainsi produite ne peut être enlevée que par ces deux réactifs, on s'en sert avec avantage pour marquer le linge. Cette opération est très simple : on humecte la partie sur laquelle on veut écrire avec une dissolution faible de carbonate de potasse ou de soude ou avec de l'empois, ou même avec de la colle de Flandre délayée avec ces carbonates, et l'on passe ensuite un fer à repasser un peu chaud pour sécher et unir la place, sur laquelle on écrit avec une plume non métallique, trempée dans une dissolution de *nitrate d'ar-*

gent, que l'on peut épaissir avec un peu de gomme. On prépare aussi une encre semblable qui s'emploie seule. Voici les proportions de ces deux moyens. La liqueur alcaline peut s'obtenir en dissolvant 2 grammes de colle de Flandre et 16 grammes de carbonate de soude cristallisé et pur dans 100 grammes d'eau; la dissolution de nitrate d'argent est faite au moyen de 1 gramme de nitrate d'argent cristallisé, 5 grammes de gomme arabique en poudre et 8 grammes d'eau. L'encre qui sert directement peut être faite au moyen des doses suivantes :

Nitrate d'argent cristallisé	13	grammes.
Carbonate de soude cristallisé. . . .	10	—
Poudre de gomme arabique.	12	—
Ammoniaque.	30	—
Eau.	33	—

On doit conserver cette encre dans un flacon bien bouché et à l'abri de la lumière. Pour marquer, on se sert d'un cachet en bois dont les caractères sont saillants.

Cette propriété du *nitrate d'argent* de colorer en noir les substances organiques le fait servir à teindre les cheveux et la barbe; mais, comme la teinte ainsi obtenue altérerait les poils, on traite ensuite par un sulfure alcalin; c'est alors le sulfure d'argent qui colore, et non l'argent réduit par l'action de la matière organique. Le nitrate d'argent a, selon Berzélius, la propriété d'empêcher l'eau de se corrompre, même lorsqu'on n'en dissout que $\frac{1}{12,000}$. Il est possible que ce sel agisse en absorbant l'acide sulfhydrique qui se produit; mais alors une dose si faible devrait être insuffisante : de quelque manière qu'il agisse, le fait est remarquable, et pourrait être employé à bord des navires qui embarquent leur eau dans des futailles. En se servant de ce procédé, il faut ajouter à l'eau une quantité de sel marin en rapport avec celle du nitrate dissous, et laisser déposer le chlorure avant de s'en servir.

Le *nitrate d'argent* est employé en médecine à l'intérieur et à l'extérieur. On l'a essayé à l'intérieur contre l'épilepsie. On en prépare un collyre contre les ophtalmies purulentes. Pour le traitement des flux intestinaux, on l'administre en lavements.

On prépare le *nitrate d'argent* facilement en traitant le métal pur par l'acide nitrique pur : si l'on opère à froid, il ne se dégage aucun gaz; l'acide nitrique se réduit à l'état d'acide nitreux qui se dissout dans l'acide nitrique non décomposé et colore la dissolution en vert : l'opération continue ainsi jusqu'à ce que le mélange s'échauffe; alors l'acide nitreux se dégage, et la liqueur se décolore; par le refroidissement, le sel cristallise en lames rhomboïdables incolores, anhydres. On peut préparer le *nitrate d'argent* avec l'alliage des monnaies, qui contient du cuivre et même quelquefois un peu de fer provenant des laminoirs : lorsque la dissolution est opérée, on évapore à siccité; puis on chauffe au point de faire fondre le nitrate d'argent; à cette température, qui ne peut le décomposer, les nitrates de cuivre et de fer se décomposent, les oxydes de ces métaux étant des bases beaucoup moins énergiques que l'oxyde d'argent; il est nécessaire de s'assurer de la décomposition complète de ces sels, surtout lorsque le *nitrate d'argent* doit être employé à des usages médicaux, même à l'état de pierre infernale; car alors elle cautérise moins bien et cause une irritation qui peut être dangereuse. Pour reconnaître si le nitrate de cuivre est parfaitement décomposé, on enlève une petite partie de la masse, on la dissout dans l'eau distillée, et l'on y ajoute un petit excès d'ammoniaque qui ne doit pas se colorer en bleu : on dissout alors rapidement à froid; on décante et on évapore de nouveau.

Le *nitrate d'argent* peut former deux combinaisons avec l'ammoniaque : l'une, qui a pour formule $AgO,NO^5 + 2NH^3$, s'obtient en dissolvant à chaud le nitrate d'argent fondu dans l'ammoniaque liquide; par le refroidissement, le nouveau composé cristallise : on doit opérer à l'abri de la lumière, et le produit doit être conservé de même, parce que celle-ci le décompose rapidement. Lorsqu'on fait fondre ce sel dans un ballon de verre parfaitement nettoyé et sec, et qu'on le fait couler sur toute la surface intérieure, l'argent métallique qui se produit adhère au verre en pellicule miroitante; il ne reste, selon M. Kane, que du nitrate d'ammoniaque. L'autre combinaison, qui a pour formule $AgO,NO^5 + 3NH^3$, s'obtient en faisant absorber du gaz ammoniac par le nitrate d'argent fondu.

Il forme aussi avec le nitrate de mercure une combinaison à équivalents égaux. Ce sel double, qui a pour formule $HgO,NO^5 + AgO,NO^5$, cristallise en prismes; il est soluble dans l'eau, sans décomposition.

MERCURE (*Hg = 100; densité à 0° = 13,596; densité à °40° = 14,4; densité de sa vapeur = 6,97*). — Le *mercure* est le seul métal qui soit liquide dans les circonstances ordinaires, et cette propriété le rend précieux pour la construction des instruments de physique et de chimie, thermomètres, baromètres, cuves à mercure, etc. A cause de sa couleur blanche et de sa grande mobilité, on l'appela longtemps *vif-argent*. C'est surtout sur ce métal que s'est exercée la patience des alchimistes. Le regardant comme un état imparfait de l'or et de l'argent, ils pensaient qu'il fallait peu de chose pour le convertir en l'un ou l'autre de ces métaux, et ils mirent tout en œuvre pour opérer cette transformation. Ils pensaient aussi que le mercure est le principe de toutes choses, d'où venait l'hypothèse du *principe mercuriel* ou de la *terre mercurielle*, qui se trouvait dans tous les corps pesants et volatils en même temps. Ces recherches des alchimistes sur le *mercure* leur ont permis d'en connaître les principales propriétés et d'en découvrir la plupart des composés.

Cependant le *mercure* est de tous les métaux celui dont on a le plus négligé l'exploitation, et l'on ne peut s'expliquer cette indifférence. Les gisements mercuriels sont loin d'être rares ; on en connaît en Portugal, en Toscane, en Autriche, en Espagne, au Mexique, au Pérou, en Californie, en Chine ; mais on ne tire parti que de quelques-uns. Les mines d'Almaden, en Nouvelle-Castille, dans les ramifications de la Sierra-Morena, sont encore les plus riches de

Fig. 336. — EXTRACTION DU MERCURE À ALMADEN.

l'univers ; bien qu'exploitées depuis l'antiquité, l'abondance de ces mines ne semble pas devoir s'épuiser et elles continuent à donner la moitié du poids du minerai en mercure pur. Le minerai des mines d'Almaden se compose principalement de *cinabre*, se présentant sous forme de filons. Les mines de mercure que possède l'Autriche se trouvent dans le district d'Idria. Elles sont aussi connues depuis fort longtemps, depuis le XVe siècle, dit-on, et elles ont été exploitées sans interruption depuis cette époque.

A Almaden et à Idria, le mercure est extrait du cinabre par un simple grillage. Le soufre donne, avec l'oxygène de l'air, de l'acide sulfureux, qui se dégage ; on condense la vapeur de mercure : $HgS + 2O = SO^2 + Hg$. La différence essentielle que présentent les deux exploitations consiste dans la forme des appareils réfrigérants où le métal se condense. A Almaden, on place le sulfure de mercure dans la partie supérieure d'un four AB (*fig.* 336) sous la voûte duquel on allume des fagots. Sous l'influence de la chaleur et de l'oxygène de l'air qui passe par les ouvertures de la voûte, la réaction se produit ; l'acide sulfureux et le mercure pénètrent dans une série d'allonges, appelées *aludels*, emboîtées les unes dans les autres et disposées sur deux plans *ab, bc*, inclinés en sens contraire. Le mercure condensé dans les aludels se réunit dans une rigole d'où il coule dans un réservoir X. L'acide sulfureux, entraînant encore des vapeurs mercurielles, passe ensuite dans la chambre C, où il descend jusque près du sol, à la surface d'une cuve *d* pleine d'eau; le reste du mercure s'y condense. L'acide sulfureux, après s'être complètement refroidi dans cette

On se mirait dans le cristal des fontaines (page 1058).

chambre et y avoir abandonné à peu près toute trace de mercure, s'échappe par une cheminée d'appel.

A Idria, le grillage s'effectue sur la sole d'un four à réverbère (*fig.* 337). Le minerai, placé d'abord dans une trémie qui surmonte le four, est dé-

versé sur la sole où on l'étend en couche mince. La flamme oxydante du
foyer détermine la formation d'acide sulfureux et de vapeurs de mercure,
qui passent d'abord dans un premier gros cylindre métallique incliné et
refroidi constamment par une pluie froide. De ce cylindre, les vapeurs
passent dans les quatre chambres de condensation, puis dans un nouveau
cylindre refroidi, où les vapeurs de mercure achèvent de se condenser.

Le *mercure* est opaque et doué d'un grand éclat. Il se solidifie à — 40°,
en cristallisant en octaèdres; solide, il présente la malléabilité du plomb.
Il bout à 360°; mais émet des vapeurs à toutes les températures : on
constate ce fait en maintenant au-dessus de la surface du mercure une
lame d'or qui blanchit par la formation d'une mince couche d'amalgame;
mais ce réactif n'est pas assez sensible pour permettre de constater la
formation de la vapeur mercurielle à de basses températures. On emploie
comme réactif une feuille de papier imprégnée d'un sel d'argent que le
mercure décompose en mettant en liberté de l'argent, qui colore le papier
en noir. On peut aussi démontrer que le mercure émet des vapeurs,
même quand il est solide.

Le *mercure* ne s'altère pas à la température ordinaire; chauffé à 350°
dans l'air ou l'oxygène, il se recouvre d'une pellicule rouge d'*oxyde mercurique*. Le soufre, le chlore, le bronze, l'iode s'y combinent à froid. L'a-
cide azotique l'attaque facilement, ainsi que l'acide bromhydrique, l'acide
sulfurique concentré à chaud, qui donne en même temps du gaz sulfureux.
L'acide chlorhydrique est sans action sur lui.

Agité longtemps à l'air, le *mercure* se divise et donne une poudre
grise sans éclat, autrefois usitée en médecine. Trituré avec de la graisse,
il se divise en colorant la masse en gris. Le mélange de parties égales de
graisse et de mercure constitue la *pommade mercurielle* ou *onguent napo-
litain*. Le mercure métallique sert à l'extraction de l'argent et de l'or par
amalgamation : c'est là son principal emploi.

L'*amalgame d'étain* constitue l'alliage usité pour l'étamage des glaces.
Avant l'emploi de cet amalgame d'étain, on recouvrait le verre d'une
couche de plomb fondu. Les vrais miroirs n'ont été inventés qu'à la fin
du xiiie siècle. Avant cette belle découverte, on se mirait dans des plaques
métalliques ou dans le cristal des fontaines (*fig.* à la page 1057). Pour
mettre une glace au *tain*, on étend sur un plan horizontal une feuille d'é-
tain très mince; on la recouvre de mercure qui adhère, puis on glisse une
glace de manière à couper en deux la couche de mercure, en ayant soin
qu'il ne s'interpose, entre le verre et l'étain, aucune trace d'air ou d'humidité; on charge la glace de poids. L'amalgame s'attache ainsi aux
parois de la glace, et lui communique la propriété de réfléchir les objets.

Le *mercure* est un poison très violent. Absorbé à une forte dose, il peut occasionner une mort rapide ; absorbé lentement, sous forme de vapeurs répandues dans l'atmosphère à la température ordinaire, il occasionne un empoisonnement chronique qui se manifeste d'abord par une salivation abondante, *salivation mercurielle*, puis par le *tremblement mercuriel*. Dans un grand atelier d'étamage de glaces, occupant un local aussi spacieux qu'aéré, et installé dans les conditions les plus avantageuses, M. Merget a pu dernièrement constater que, dans la salle où les glaces reçoivent leur tain, l'atmosphère, depuis le plancher jusqu'au plafond, est en tout temps saturée de vapeurs mercurielles. Les ouvriers, qui y séjournent seulement quatre heures par jour cependant, ont leur peau, leur barbe, leurs cheveux et tous leurs vêtements fortement imprégnés de mercure condensé. M. Boussingault avait déjà remarqué autrefois que les végétaux dépérissaient

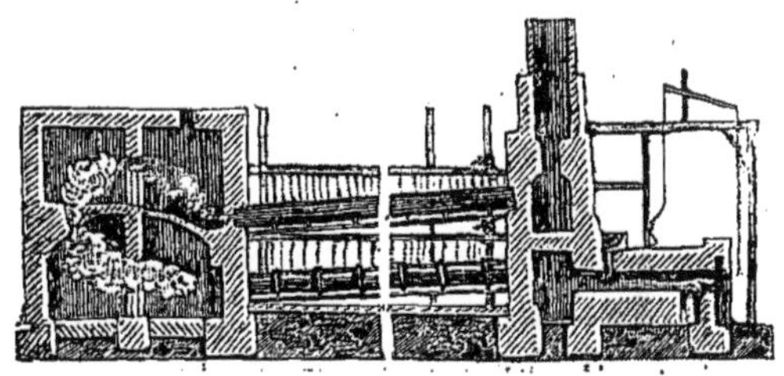

Fig. 337. — EXTRACTION DU MERCURE A IDRIA.

quand on les plaçait dans le voisinage d'une soucoupe de mercure. On a cherché les moyens d'absorber ces vapeurs mercurielles, et les Chinois, paraît-il, parviennent à soustraire les ouvriers à cette influence toxique en brûlant du soufre dans l'atelier ; mais les gaz produits, à odeur pénétrante, désagréable, étaient difficiles à supporter pendant quelques heures. M. Merget a proposé de remplacer le soufre par du *chlorure de chaux*. A la glacerie de Chauny, on emploie un moyen qui a réussi, dit-on, depuis 1868 : c'est de répandre tous les soirs dans les ateliers, après la fin du travail, un demi-litre d'ammoniaque liquide du commerce. L'odeur pénétrante du gaz rend l'atmosphère de l'atelier d'étamage moins fade, moins suffocante. On affirme que pas un seul ouvrier admis dans les ateliers, à dater de l'usage de l'ammoniaque, n'a été atteint d'accidents mercuriels, et que les ouvriers anciens, qui avaient été pris antérieurement de tremblement mercuriel, ont vu leurs accès, malgré la continuation du travail, devenir peu fréquents et sans gravité.

OXYDES DE MERCURE. — Le *mercure* se combine en deux proportions avec l'oxygène : l'une, qui a pour formule Hg^2O, souvent nommée *protoxyde*, doit être considérée comme un *oxydule* ou *sous-oxyde ;* l'autre, dont la formule est HgO, et nommée *bioxyde*, n'est réellement qu'un *protoxyde*, et nous lui appliquerons cette dénomination.

Le *sous-oxyde de mercure* est pulvérulent, noir ; il est peu stable ; il se décompose spontanément, surtout lorsqu'il est exposé à la lumière ; aussi recommande-t-on de le conserver dans des flacons opaques ; il se forme alors du mercure métallique et du protoxyde rouge ; cette décomposition s'opère même par la trituration, et plus facilement à + 100°. Cette facile décomposition avait fait penser que cet oxyde n'existait pas et qu'il n'était qu'un mélange ; mais, comme il produit des sels parfaitement caractérisés, cristallisables, on ne peut le mettre en doute. On obtient cet oxyde en traitant un des sels qu'il forme par la potasse, la soude ou l'ammoniaque caustiques : le précipité produit par les alcalis fixes a une nuance verdâtre ; celui que donne l'ammoniaque est d'un beau noir. On s'en sert quelquefois en médecine.

Le *protoxyde de mercure* est souvent désigné sous le nom d'*oxyde rouge de mercure, de précipité* per se. C'est une poudre d'un rouge qui varie selon le procédé qui a servi à le préparer ; il a souvent une apparence cristalline, quelquefois même il est en paillettes ; lorsqu'il a été préparé par voie humide, il est jaune, quoiqu'il ne soit pas à l'état d'hydrate : cette différence tient probablement à son état de division : sa composition est la même. Il est plus facilement attaqué par le chlore et par les acides que lorsqu'on l'a obtenu par la voie sèche ; mais, sous ces deux états, il est décomposé par la chaleur rouge, qui en dégage tout l'oxygène : l'oxyde jaune est seulement réduit en moins de temps ; il paraît un peu soluble dans l'eau.

On obtient cet oxyde en chauffant longtemps le mercure à la température de son ébullition ; il est nécessaire de se servir d'un matras à fond plat, dont le col soit assez long et assez étroit pour que la vapeur de mercure qui se forme puisse s'y condenser et retomber au fond ; l'oxyde ainsi obtenu est d'un rouge rubis et cristallin : c'est à lui que l'on donne le nom de *précipité per se*. Ce procédé est extrêmement lent : aussi préfère-t-on, pour obtenir cet oxyde, décomposer les nitrates de sous-oxyde ou de protoxyde par la chaleur ; le premier donne un oxyde jaune orangé : le *protoxyde* y est produit par la décomposition de l'acide nitrique, qui cède une partie de son oxygène au sous-oxyde ; celui qui provient du second est cristallin, d'un rouge brique, brillant. Cette décomposition s'opère en chauffant ces nitrates dans des matras placés dans des bains de sable, dont on doit régler la température de manière à ne pas atteindre le rouge naissant qui décomposerait l'oxyde. L'opération réussit plus facilement en se servant d'un creuset de platine que l'on ne recouvre pas : on dirige plus commodément l'opération.

Lorsque l'oxyde a été obtenu à une température trop élevée, il paraît noir pendant qu'il est chaud ; mais il devient de plus en plus rouge par le refroidissement.

Pour l'obtenir par voie humide, on décompose la dissolution de perchlorure, ou sublimé corrosif, par un alcali : on est plus certain du résultat que lorsqu'on se sert du nitrate de protoxyde, qui peut contenir du nitrate de sous-oxyde ; le précipité jaune que l'on obtient doit être lavé à l'eau chaude, puis séché à l'abri de la lumière, enfin légèrement calciné.

Cet oxyde est quelquefois employé en médecine ; il entre dans la composition des pommades de Lyon et du Régent, qui servent pour les inflammations des paupières.

CHLORURES DE MERCURE. — Le *sous-chlorure de mercure* est souvent nommé *protochlorure, calomel, mercure doux*. Il est blanc, volatil : c'est un des sels les plus insolubles dans l'eau ; 1 partie d'acide chlorhydrique étendue de 250,000 parties d'eau donne un trouble très visible par l'addition d'une petite quantité de nitrate de sous-oxyde. On peut l'obtenir cristallisé par sublimation ; il donne des prismes à base carrée, terminés par un pointement à 4 faces, quelquefois assez volumineux et transparents ; sa densité est 6,5. Exposé à la lumière solaire, il noircit promptement ; il s'altère de même à la lumière diffuse, mais lentement : il se dégage du chlore, et du mercure mis en liberté donne une teinte grise au *chlorure*. On doit le conserver dans des vases opaques. Lorsqu'on le traite par l'acide nitrique, il se produit du nitrate de protoxyde et du protochlorure qui se dissout,

$$Hg^2,Cl + 2NO^5 = HgCl + HgO,No^5 + NO^4.$$

L'acide chlorhydrique bouillant le transforme aussi en protochlorure : l'acide cyanhydrique le transforme en mercure métallique, et un mélange de protochlorure et de protocyanure solubles ; les chlorures alcalins produisent le même effet. Le *protochlorure de mercure*, étant un chloracide assez énergique, se forme sous l'influence des chlorures alcalins avec lesquels il se combine ; et la moitié du mercure se dépose à l'état métallique :

$$Hg^2Cl + \left. \begin{array}{c} K \\ Na \\ NH^4 \end{array} \right\} Cl = Hg + Hg + Cl\,Na \left. \begin{array}{c} K \\ \\ NH^4 \end{array} \right\} Cl.$$

Cette transformation est très importante ; car le *sous-chlorure de mercure* est souvent administré comme remède interne ; il est inoffensif ; mais, si l'estomac contient des chlorures, la transformation s'opère, et, à la place d'un corps salutaire, il s'en produit un qui est extrêmement vénéneux. Il est donc nécessaire de n'administrer un pareil remède qu'en l'absence de tout chlorure alcalin ; des cas d'empoisonnements semblables se sont malheureusement présentés, et presque toujours ils sont mortels : on voit par cette raison qu'il est de la plus grande importance de s'assurer si le *sous-chlorure* est bien pur de protochlorure, ce qu'il est facile de vérifier en le traitant par l'alcool, qui dissout le protochlorure, s'il y en a. Dans ce cas, la potasse y produit un précipité jaune ; l'acide sulfhydrique, un précipité noir. On peut aussi le traiter par l'éther, et placer la liqueur claire sur une lame de cuivre bien décapée, en frottant légèrement la place où l'éther s'est évaporé ; la lame paraît blanche, s'il y a du protochlorure.

On prépare le sous-chlorure de plusieurs manières : ordinairement, on fait un mélange de 1 équivalent de sulfate de protoxyde et 1 de mercure métallique ; on y ajoute 1 équivalent de chlorure de sodium : on broie pour que le mélange soit bien intime, et l'on chauffe pour sublimer le sous-chlorure :

$$HgO,SO^3 + Hg + NaCl = NaO,SO^3 + Hg^2Cl.$$

On peut l'obtenir en masse formant, à la partie supérieure du matras dans lequel on fait l'opération, une croûte plus ou moins épaisse, tapissée intérieurement de cristaux prismatiques, transparents, d'un éclat particulier comme les cristaux de nitrate ; ce qui est dû principalement à leur grand pouvoir réfringent. Dans les pharmacies, au lieu de le faire condenser immédiatement à la partie supérieure d'un matras à long col, on se sert d'un matras dont le col est large et très court : le matras est plongé dans un bain de sable jusqu'à la naissance du col, de sorte que les vapeurs ne peuvent pas s'y condenser ; on les fait parvenir dans un récipient de grande dimension pour que les vapeurs puissent se condenser dans l'atmosphère du récipient, et non sur ses parois, de la même manière que l'on prépare plus en grand la fleur de soufre : ce récipient est souvent une fontaine de grès.

On le prépare aussi en chauffant un mélange de 4 parties de protochlorure avec 3 de mercure : on opère de la même manière que pour le procédé précédent.

Dans ces préparations, on n'est jamais certain de n'avoir sublimé que du *sous-chlorure* : on doit toujours le faire bouillir à plusieurs reprises avec de l'eau, pour être certain d'enlever entièrement le protochlorure ; il faut de plus que le sel soit en poudre extrêmement fine.

On peut enfin l'obtenir par double décomposition, en versant du nitrate de sous-oxyde dans une dissolution étendue et froide de chlorure de sodium : le *sous-chlorure* sé précipite en poudre blanche ; il est nécessaire de prendre presque exactement 1 équivalent de nitrate de sous-oxyde et 1 de chlorure de sodium, pour éviter la décomposition du sous-chlorure : en ajoutant de l'acétate de soude au nitrate de mercure, le sous-chlorure ne se précipite pas.

Le *sous-chlorure* ou *calomel* est fréquemment employé en médecine, surtout en Angleterre : c'est un vermifuge énergique ; on en fait des tablettes, des pilules, etc.; on en introduit dans des biscuits, dans du chocolat.

Le *protochlorure de mercure* se rencontre, à l'état naturel, en petites masses ou formant des enduits, dans la plupart des mines de mercure, mais en très faible quantité. Dans la plupart des traités de chimie, on le nomme *bichlorure;* dans les pharmacies et dans le commerce, on lui donne le nom de *sublimé corrosif.* Il est solide, incolore, facile à pulvériser ; sa densité est 6,5 ; il noircit quand il est exposé aux rayons solaires ; lorsqu'on le chauffe, il fond avant de se volatiliser ; sa fusion a lieu à $+265°$, et il bout à $+295°$. Il est soluble dans l'eau : sa solubilité est beaucoup plus grande à chaud qu'à froid.

Lorsqu'on fait bouillir les dissolutions aqueuses, alcooliques ou éthérées, les vapeurs de ces liquides entrainent toujours une petite quantité de *sublimé corrosif,* qui répand une odeur sensible. L'acide azotique le dissout mieux que l'eau, et sans le décomposer ; l'acide chlorhydrique de même ; l'acide sulfurique, même concentré, ne le décompose pas ; les corps organiques, comme le sucre, le réduisent à l'état de sous-chlorure ; cette décomposition s'opère plus rapidement à la lumière ; l'albumine le précipite de ses dissolutions, à l'état de combinaison insoluble : aussi cette substance est-elle le remède le plus certain pour combattre cet empoisonnement. On doit conserver ces dissolutions, alcooliques et éthérées, dans des vases opaques : ce chlorure, mis en contact avec les métaux électro-positifs, leur cède facilement une partie de son chlore ; ainsi le perchlorure d'étain anhydre s'obtient ordinairement au moyen de l'action du *protochlorure de mercure* sur l'étain divisé ; c'est pourquoi, dans les laboratoires, il est fréquemment employé comme un agent de chloruration.

Le procédé de fabrication consiste à chauffer un mélange intime de sulfate de protoxyde et de chlorure de sodium dans un matras à long col placé dans un bain de sable sous une cheminée qui tire bien, pour être à l'abri des vapeurs qui pourraient se répandre et présenteraient un grand danger ; car c'est un des poisons minéraux les plus actifs : $HgO,SO^3 + NaCl = HgCl + NaO,SO^3$. Le matras est plongé dans le sable jusqu'à la naissance du col : on chauffe modérément au commencement, et l'on élève graduellement la chaleur ; lorsque la sublimation est achevée, on chauffe assez pour que la température s'élève au point de commencer à fondre les parties qui sont en contact avec les parois des matras, pour donner plus de cohésion au pain hémisphérique qui y est condensé. On l'obtient encore en traitant le nitrate de sous-oxyde de mercure en dissolution bouillante et concentrée par l'acide chlorhydrique fumant que l'on ajoute jusqu'à ce qu'il ne se produise plus de précipité, qui est dû à la formation du sous-chlorure ; puis on ajoute une quantité d'acide chlorhydrique, égale à celle qui a été nécessaire pour compléter la précipitation ; cet acide chlorhydrique, et l'acide nitrique devenu libre, réagissent l'un sur l'autre par l'ébullition, en produisant du chlore, qui se combine avec le sous-chlorure, et le transforment ainsi en protochlorure qui se dissout à mesure qu'il se forme, puis se dépose par un refroidissement lent en cristaux volumineux.

On se sert du *protochlorure de mercure* en dissolution dans l'alcool, pour détruire les punaises et pour préserver les pièces d'histoire naturelle des insectes qui les détruisent. Les pièces anatomiques, plongées pendant quelque temps dans les dissolutions bouillantes de ce réactif, brunissent un peu, mais deviennent inattaquables par les insectes et imputrescibles. On en fait usage en médecine, presque exclusivement pour le traitement des maladies syphilitiques.

SULFURES DE MERCURE. — Le *sous-sulfure de mercure* correspond au sous-oxyde ; il est aussi peu stable ; une douce chaleur le décompose en mercure et protosulfure : cette transformation se manifeste surtout quand on opère dans une petite cornue de verre ; le mercure se volatilise d'abord, puis le protosulfure : ce résultat se produit même spontanément sous l'eau.

Le *sous-sulfure* est une poudre noire que l'on obtient, soit en faisant passer un courant de gaz acide sulfhydrique dans la dissolution d'un sel de sous-oxyde, soit en versant lentement la dissolution du sel de sous-oxyde dans une autre de sulfure de potassium ou de sodium.

Le *protosulfure de mercure* est aussi connu sous les noms de *cinabre* et de *vermillon* : ce dernier nom est donné seulement à celui qui, préparé par voie humide, présente une magnifique couleur rouge ; celui de *cinabre* est donné seulement à celui qui a été sublimé, et qui est d'une couleur d'un rouge plus ou moins brunâtre ou violacé. Ce sulfure se trouve dans la nature, ordinairement en masses compactes ou terreuses, ou bien cristallisé, quelquefois en prismes hexagonaux ; les cristaux, difficiles à déterminer, dérivent d'un rhomboèdre. Il est rouge foncé, quelquefois brunâtre et d'un éclat métalloïde ; quand il est terreux, il est souvent d'un rouge écarlate. Une variété bitumineuse est presque noire : cependant sa pous-

Les censeurs de Rome faisaient peindre en vermillon la face de la statue de Jupiter (page 1067).

sière est d'un brun rougeâtre. Les cristaux sont translucides, assez éclatants ; sa densité est 8,1 ; c'est la seule combinaison naturelle qui puisse servir pour l'extraction du mercure ; toutes les autres sont seulement accidentelles. On ne le rencontre que dans un petit nombre de gisements ;

mais il y est ordinairement en grande quantité, et toujours dans les terrains secondaires anciens, principalement dans les terrains houillers et le calcaire alpin. Les mines les plus abondantes sont celles d'Idria, d'Almaden en Europe; il est aussi abondant au Mexique, en Californie, en Chine et au Japon.

Le *sulfure de mercure* s'obtient par voie humide et par voie sèche. Lorsqu'on traite la dissolution d'un sel de protoxyde de mercure par un courant de gaz sulfhydrique, il se forme d'abord un précipité blanc; si l'on arrête alors l'opération, on trouve que ce dépôt est formé par une combinaison insoluble de 1 équivalent de sel de mercure avec 2 de sulfure, quel que soit le sel. Ainsi, avec le nitrate, le produit a pour formule $HgO,NO^5 + 2\ HgS$; avec le protochlorure, $HgCl + 2\ HgS$, et ainsi des autres; si, au contraire, on continue le courant de gaz jusqu'à saturation, le dépôt est d'un noir parfait, quoique dans un grand état de division : si on le laisse sous le liquide d'où il a été précipité, il prend, après un temps plus ou moins long, une couleur rougeâtre sans que pour cela la composition change; c'est une simple transformation isomérique du même genre que celle que présente l'iodure jaune, qui passe au rouge sans rien perdre et sans rien gagner.

Le *sulfure rouge vif*, connu sous le nom de *vermillon*, et qui est une des plus belles couleurs qui servent pour la peinture, s'obtient en modifiant le sulfure noir par voie humide. On commence par transformer le mercure en sulfure noir en le triturant avec du soufre, humecté d'une dissolution de potasse caustique : lorsque cette transformation est terminée, on y ajoute de la potasse caustique en dissolution dans l'eau : on chauffe alors vers $+ 45°$, en continuant à triturer sans interruption et en renouvelant l'eau qui s'évapore pendant l'opération; au bout de plusieurs heures la matière rougit et prend bientôt la belle nuance du vermillon. Il faut alors retirer immédiatement du feu, sans quoi le produit brunirait : tel est le principe de l'opération, dont les détails varient un peu.

De quelque procédé que l'on se serve, lorsque le *sulfure* est déposé, on décante la liqueur à part; puis on lave le *vermillon* par décantation, pour le séparer du mercure métallique qui peut s'y trouver mêlé.

La liqueur décantée, évaporée dans une cornue, pour éviter l'action de l'air, laisse déposer des cristaux d'hyposulfite de potasse; si l'on distille de même l'eau mère de ces cristaux pour la concentrer de nouveau, elle donne par le refroidissement de petits cristaux incolores représentés par la formule $KS, HgS + 5\ HO$; c'est donc un sulfosel dans lequel le sulfure de mercure joue le rôle de sulfacide. Si l'on traite par l'eau ces cristaux isolés de l'eau mère, ils se décomposent ; le sulfure de mercure se dépose à l'état de sulfure noir ; le sulfure rouge se comporte, au contraire, comme une sulfobase.

On ne s'est pas rendu compte jusqu'ici d'une manière précise de la cause à laquelle on devait attribuer le changement qui s'opère dans cette transformation du sulfure noir acide en sulfure rouge basique, en présence d'une sulfobase aussi énergique que le sulfure de potassium : à moins de supposer, ce qui est probable, que de l'acide sulfhydrique se produise en même temps que de l'acide hyposulfureux et que la transformation s'opère par sa présence, même éphémère.

Les Grecs connaissaient le *vermillon* sous le nom de *miltos*, les Romains sous le nom de *minium*, et l'employaient comme couleur et comme fard. Les médecins des deux nations le délayaient dans des huiles pour en faire des frictions sur la tête et sur le ventre. Les censeurs de Rome étaient, par leurs fonctions, obligés, les jours de fête, de faire peindre en vermillon la face de la statue de Jupiter, au temple du Capitole, et les généraux romains auxquels on accordait les honneurs du triomphe ne manquaient pas de s'en frotter le corps. On l'employait aussi pour enluminer des caractères tracés sur de l'or ou du marbre, et jusqu'aux inscriptions des pierres funéraires.

On prépare le *cinabre* en sulfurant le mercure par trituration : on mêle 100 de mercure avec 18 de soufre. Quand le *sulfure noir* est formé, ce qui demande plusieurs heures, on l'introduit dans des chaudières de fonte surmontées de chapiteaux en terre, que l'on doit luter avec soin et sur les parois desquels le sulfure sublimé vient se condenser ; il est alors en couches plus ou moins épaisses, d'un rouge violacé, dont la cassure est fibreuse et assez éclatante : c'est principalement à Idria que l'on fabrique ce produit.

Nous avons déjà dit que le *cinabre* constituait une des plus belles couleurs rouges que l'on connaisse : celui qui vient de la Chine est d'une nuance plus riche qu'aucun de ceux que l'on ait obtenu jusqu'ici en Europe ; il se peut que cela ne tienne qu'à un état de division plus grand ; toujours est-il qu'en général, mieux il est divisé, plus sa nuance est belle. On s'en sert pour faire de l'encre rouge pour l'imprimerie, en le broyant avec de l'huile cuite en demi-vernis : il est d'une efficacité parfaite pour la destruction des punaises. Pour obtenir ce résultat, on introduit, dans la chambre infectée de cette vermine, un fourneau chargé de charbons bien allumés, sur lesquels on pose un têt contenant du sulfure de mercure : on ferme la porte avec soin, et l'on colle du papier autour, pour éviter que les vapeurs ne s'échappent ; la vapeur de mercure et l'acide sulfureux, pénétrant dans les fentes et les trous des murailles et des boiseries, font périr non seulement les insectes, mais encore leurs œufs. On en fait usage aussi en médecine en fumigations dans le traitement des maladies syphilitiques. Le malade est parfaitement enveloppé, de sorte que les vapeurs ne puissent pas se perdre : ces vapeurs sont un mélange d'acide sulfureux, de sulfure de mercure et de mercure métallique. On s'en sert aussi pour le traitement des maladies scrofuleuses, et comme vermifuge on prépare un mélange de 1 partie d'iodure de mercure et 2 de fleur de soufre lavée, que l'on triture parfaitement pour l'administrer aux doses de 6 decigrammes à 2 grammes.

Le *sulfure noir*, qui est appelé aussi *éthiops minéral* dans les officines, est quelquefois falsifié avec du noir animal, du charbon en poudre, du graphite : ces substances ne sont pas volatiles ; la fraude est donc facile à reconnaître en chauffant, dans un tube fermé à l'une de ses extrémités, une petite quantité de sulfure suspecté; le *sulfure de mercure* se volatilise seul. On falsifie aussi le *cinabre* et le *vermillon*, principalement avec du *minium ;* on reconnaît cette fraude comme la précédente.

PLATINE (Pl = *99,5 ; densité = 21,5*). — Ce métal était inconnu en Europe avant 1748 ; mais il avait été distingué depuis longtemps par les mineurs de l'Amérique du Sud, rapporte J. Girardin, puisque le gouvernement espagnol avait prescrit à ceux-ci, dans la crainte qu'on ne fît usage de ce métal pour falsifier l'or, de jeter, dans une rivière voisine des mines où on les recueillait, les grains de platine. Les Espagnols du Pérou en faisaient des gardes d'épée, des chaînes de montre et d'autres petits objets d'agrément ; mais ils le regardaient tout simplement comme une sorte d'argent (*platina*, ou petit argent, de l'espagnol *plata*, argent).

Indiqué en 1557 par Scaliger comme un métal infusible qu'on trouvait en Amérique, le platine n'a été signalé avec précision qu'en 1748, par don Antonio de Ulloa. Les premiers chimistes qui entreprirent l'étude des propriétés de ce précieux métal furent Watson, Lewis, Schæffer et Margraff, de 1749 à 1756. Buffon prétendit que ce n'était pas un élément proprement dit, mais un composé d'or et de fer. Cette opinion subsista jusqu'en 1777, époque à laquelle Bergmann démontra que le platine est véritablement un corps simple, doué de propriétés caractéristiques et spéciales.

On rencontre le *platine* toujours à l'état natif, mélangé avec des métaux étrangers : *or, fer, cuivre, iridium, palladium, ruthénium*, etc. On le rencontre dans les sables, alluvions anciennes, à la Nouvelle-Grenade, en Californie et surtout dans l'Oural. On enlève l'or au platine en le traitant par le mercure, qui s'empare de l'or, puis on le dissout dans l'eau régale ; on étend d'eau et l'on ajoute du chlorure d'ammonium à la liqueur filtrée. Il se précipite un chlorure double d'ammonium et de platine qui, par la calcination, laisse un résidu spongieux de platine.

Pour avoir le *platine* pur, on fond au rouge le platine du commerce avec 8 parties de plomb. On attaque le culot par l'acide azotique étendu. Il reste de l'*iridium* et du *ruthénium* cristallisés, inattaquables par l'eau régale concentrée, et un alliage de *plomb*, de *platine* et d'un peu de *rhodium*. Cet alliage se dissout dans l'eau régale faible ; on précipite le plomb par l'acide sulfurique, puis le platine par le chlorhydrate d'ammoniaque. Le *rhodium* reste dans l'eau mère.

Jusque dans ces derniers temps, la mousse, réduite en poudre et délayée avec de l'eau, était fortement comprimée dans un cylindre creux de fer, puis chauffée au rouge blanc et martelée de manière à la réduire en lames. MM. Sainte-Claire Deville et Debray ont substitué à ce mode d'agrégation, long et pénible, le procédé de fusion dans un four en chaux vive que nous avons décrit. (PHYSIQUE, *Notions préliminaires*, page 34 ; *Chaleur*, page 397.)

Le *platine* a une couleur d'un gris d'acier très clair, approchant du blanc de l'argent ; quoique susceptible d'un beau poli, il n'a pas l'éclat de ce dernier métal ; aussi ne peut-il servir comme lui à la fabrication des bijoux. Il est mou, très malléable, très ductile et très tenace. La température de sa fusion est de 2,200° environ. Il se ramollit avant de fondre, et peut se souder à lui-même comme le fer. Il est peu dilatable ; aussi l'emploie-t-on à la fabrication des étalons des poids et mesures, ainsi que nous l'avons dit.

La *mousse* ou *éponge de platine* est le métal spongieux obtenu par la calcination du chlorure de platine et d'ammonium. Le *noir de platine* est du platine très divisé qui se précipite par l'action d'une lame de zinc sur une solution de mercure. La *mousse* et le *noir de platine* déterminent diverses réactions sans y prendre part ; ainsi l'hydrogène et l'oxygène se combinent directement à la température ordinaire ; le gaz sulfureux et l'oxygène se combinent au rouge, quand ils se rencontrent en présence de la *mousse de platine*. Ces divers phénomènes sont dus à ce que le *platine*, très divisé, possède la propriété de condenser les gaz avec dégagement de chaleur.

Le *platine* est inoxydable à toute température, au contact de l'oxygène ou de l'air. Il se combine directement avec le soufre, le phosphore, l'arsenic, le bore ou le silicium, ainsi qu'avec les métaux très fusibles, comme le zinc et le plomb. Il faut tenir compte de ces propriétés quand on emploie des vases de platine au contact des charbons ; car la silice que contiennent ces derniers est réduite à haute température par le charbon, et le silicium mis en liberté se combine au platine : il se produit ainsi un siliciure de platine fusible, et le creuset est percé.

Les usages du *platine* sont nombreux ; ils le seraient cependant bien davantage encore si le prix élevé de ce métal n'en limitait beaucoup les services. On remplace les vases de verre qui servaient jadis à la concentration de l'acide sulfurique par des alambics de ce métal ; on en fabrique des cucurbites pour l'affinage de l'or et de l'argent, et des capsules pour des réactions dans lesquelles on emploie des acides qui attaqueraient les autres vases métalliques. On a frappé, et l'on frappe souvent, en France, des médailles en platine. La première fut présentée à l'Institut par le graveur des monnaies Duvivier, en 1799 ; elle était à l'effigie du premier consul et avait reçu 200 coups de balancier. La Russie a même eu, pendant quelque temps, une monnaie de platine de 3, 6 et 12 roubles ; mais cette monnaie a été retirée de la circulation. En mécanique, il fut employé, pour la première fois, dans l'exécution d'une montre présentée en 1788 à Louis XVI ; les axes et les palettes de la roue de rencontre étaient en platine. Les dentistes s'en servent pour confectionner des bases solides des râteliers.

Parmi les *alliages du platine*, nous citerons un alliage de platine et d'argent employé dans l'horlogerie fine ; un alliage de platine et de cuivre pour les miroirs de télescope, et un alliage de platine et de rhodium qui jouit de la merveilleuse propriété d'être inattaquable par l'eau régale. L'*or blanc* des orfèvres est un alliage de 800 d'or et de 200 de platine.

BICHLORURE DE PLATINE ($PtCl^2$). — De tous les composés du platine, le seul intéressant par les applications est le *bichlorure de platine*. Ce composé est très soluble dans l'eau et dans l'alcool. Lorsque les dissolutions sont très étendues, elles sont jaunes ; elles sont employées comme réactif dans les laboratoires, pour reconnaître la présence de la *potasse* dans les *soudes* et pour la doser. Le *bichlorure de platine* sert aussi à déterminer les proportions d'*ammoniaque* qui se trouvent dans une liqueur, et, par suite, à doser l'*azote ;* il sert surtout à obtenir le *chlorure double de platine et d'ammonium*, au moyen duquel on prépare le platine. Dans les fabriques de porcelaine, on en recouvre certains vases auxquels on veut donner un lustre métallique entre le blanc d'argent et le gris d'acier. Fondu avec du minium, du sable et du borax, il donne, pour la peinture sur porcelaine, des tons d'un gris très fin. En calcinant le précipité jaune orangé que forme l'azotate de protoxyde de mercure dans une dissolution de bichlorure de platine, et en fondant le résidu avec du strass et d'autres matières vitreuses, on obtient un émail noir de toute beauté.

PALLADIUM (Pd $= 52,25$; *densité* $= 11,8$). — Le *palladium* a été découvert en 1803, par Wollaston, dans les minerais de platine de l'Amérique du Sud : il s'y trouve en grains aplatis, blancs, rayonnés, dans lesquels il est presque pur ; il existe, en outre, à l'état de combinaison avec le platine et quelques-uns des métaux qui l'accompagnent. Le *palladium* est plus blanc que le platine, mais moins que l'argent ; il fond un peu plus facilement que le platine ; on peut le souder, comme le fer et le platine, en le brasant ; il est malléable : on peut le réduire en feuilles et en fils fins. Lorsqu'on le chauffe modérément, au contact de l'air, il devient bleuâtre, probablement par suite d'une oxydation superficielle : cette couleur disparaît au rouge blanc. L'acide sulfhydrique est sans action sur lui ; les acides sulfurique et chlorhydrique bouillants l'attaquent à peine ; mais l'acide azotique le dissout facilement.

Le *palladium* n'a encore reçu que peu d'applications ; les dentistes se servent d'un alliage de 9 de *palladium* et 1 d'argent, alliage bien plus facilement fusible que le palladium seul ; si son prix n'était pas si élevé, il serait plus souvent employé pour les échelles graduées des instruments de précision ; on ne s'en est servi jusqu'ici que pour quelques instruments d'astronomie ; le grand cercle mural de l'Observatoire de Paris a son échelle gravée sur un cercle de ce métal qui, étant presque aussi blanc que l'argent, permet de lire facilement les divisions et présente l'avantage de ne pas être noirci par les émanations sulfureuses.

IRIDIUM (Ir $= 98,5$; *densité* $= 22,38$). — Ce métal, blanc grisâtre, susceptible de prendre un beau poli, fut découvert en 1803 par Tennant. Il se trouve combiné avec l'*osmium* dans les grains de platine. Il est très difficile à fondre ; nous en avons parlé ci-dessus, à propos de la fusion du platine. On ne peut le braser comme ce métal. Il est insoluble dans tous les acides, et même dans l'eau régale pure.

L'*iridium* forme un *bioxyde*, $IrO^3,2HO$, bleu indigo, qui, chauffé, devient anhydre et noir, et un *sesquioxyde*, Ir^2O^3.

RUTHÉNIUM (Ru $= 52$; *densité* $= 11,3$). — Ce métal est gris ; il ne fond et ne s'agrège même pas à la chaleur blanche ; il ressemble tellement à l'*iridium*, que longtemps on ne l'en avait pas distingué. Cependant, il est plus infusible encore; il est analogue à l'étain par ses propriétés chimiques. Il s'oxyde facilement au contact de l'air et à une température élevée. Il se dissout dans un mélange de nitre et de potasse. On connaît un *acide ruthénique*, RuO^3, un *acide hyperruthénique*, RuO^4, et un oxyde, RuO^2.

RHODIUM (Rh $= 52$; *densité* $= 12,16$). — Le *rhodium* se trouve dans tous les minerais de platine, qui n'en contiennent que de très petites quantités; il se trouve quelquefois allié à l'or. Ce métal a été découvert en même temps que le *palladium*, par Wollaston, en 1803. Le *rhodium* est gris clair et ressemble beaucoup au platine; il est dur, mais fragile; on le réduit facilement en poudre; moins fusible encore que le platine, il est insoluble dans tous les acides, même dans l'eau régale; il est inaltérable à l'air, même à la température rouge, à moins qu'il ne soit réduit en poudre. Chauffé au rouge dans le chlore, il donne Rh^2Cl^3; on connaît les oxydes RhO, Rh^2O^3, RhO^2 et RhO^3.

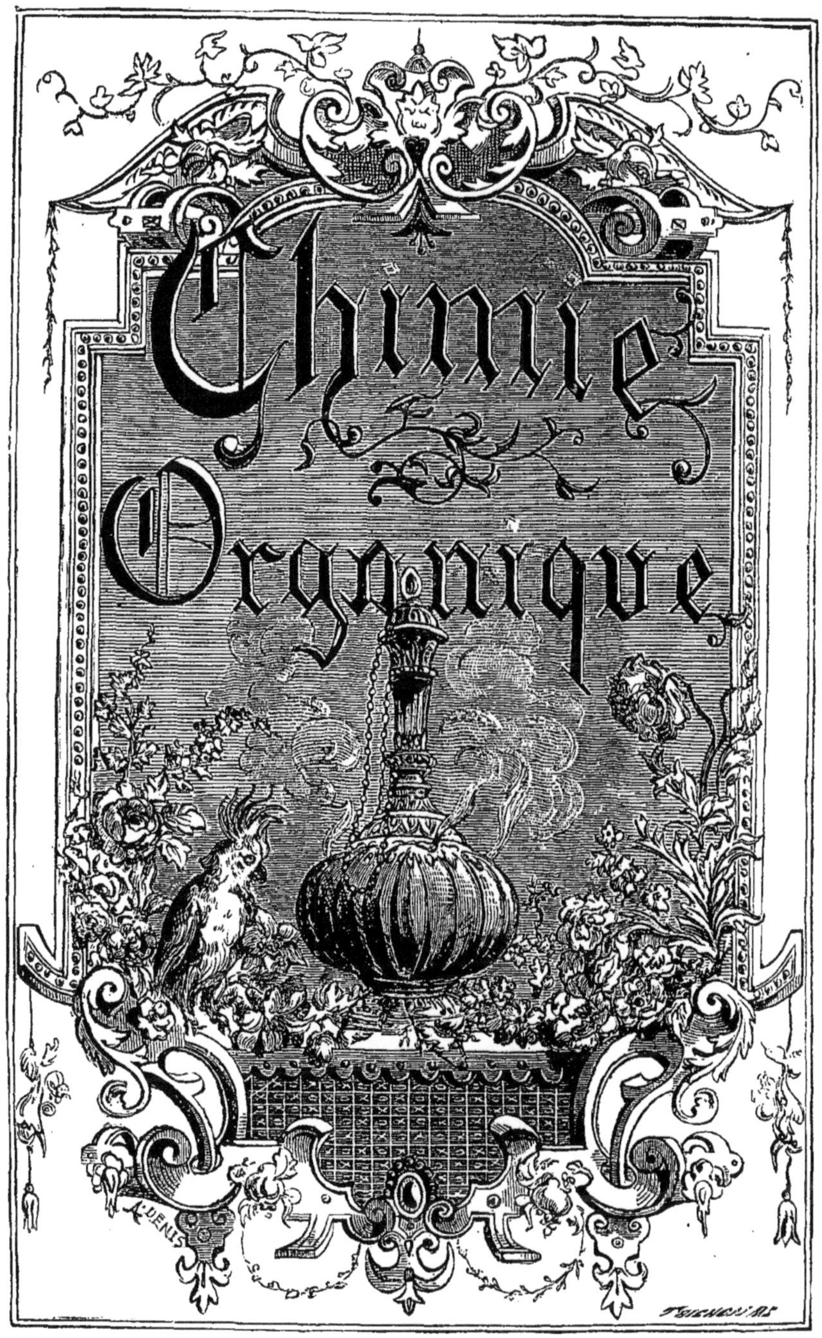
Chimie
Organique

LIVRE III

CHIMIE ORGANIQUE

CHAPITRE PREMIER

PRÉLIMINAIRES

DÉFINITIONS. — Aux débuts de la chimie, on donna exclusivement le nom de *substances organiques* aux substances que l'on pouvait extraire des êtres vivants, animaux ou végétaux. Plus tard, on étendit cette dénomination à tous les corps qui proviennent de transformations subies par les substances *organiques* proprement dites. Ainsi le sucre était une substance *organique*, parce qu'on l'extrait de certains végétaux, et comme le sucre donne de l'alcool sous l'influence des ferments, l'alcool fut aussi une *substance organique*. L'alcool put, à son tour, être converti par l'oxydation en acide acétique et en aldéhyde ; l'aldéhyde et l'acide acétique furent des *substances organiques*. Jusque-là, on n'admettait pas qu'il fût possible de créer des substances *organiques* de toutes pièces. On les croyait formées sous l'empire de forces particulières, les *forces vitales ;* mais la synthèse vint bientôt renverser cette théorie. L'*urée*, les *hydrocarbures*, les *ammoniaques composées*, les *alcools*, les *aldéhydes*, les *acides*, les *corps gras* purent être successivement obtenus par synthèse directe en partant des éléments minéraux. Dès ce moment, il n'y a plus eu deux chimies, mais une seule chimie, un seul ensemble de lois qui se retrouvent partout les mêmes. Mais alors, et puisque le mot est conservé, que doit-on entendre par *composés organiques ?*

Un composé *organique* n'est autre chose qu'un corps dont le *carbone* est l'élément fondamental(1). Autour de chaque élément se groupent un certain nombre de composés qui tous ont le caractère commun de contenir cet élément commun. Aussi les étudie-t-on à côté dudit élément. Ainsi, à côté de l'*azote*, on place les oxydes d'azote, l'ammoniaque, le chlorure d'azote, le bromure d'azote, etc. De même, au *carbone* correspondent des composés dont le carbone est l'élément commun. En bonne logique, ces composés devraient être groupés autour du *carbone;* mais, comme ils sont innombrables, comme leur nombre dépasse celui des dérivés de tous les autres éléments réunis, comme l'élément commun qu'ils contiennent leur donne à tous une certaine ressemblance de famille, comme enfin ils sont assez compliqués pour que leur étude puisse seulement être bien comprise après celle des dérivés plus simples, formés par les autres éléments, on a réuni tous ces corps et on les a étudiés à part sous le nom de *corps organiques.*

Ce nom de *corps organique* leur vient de ce que les corps qui constituent les animaux et les végétaux appartiennent à cette classe. Le *carbone* est, en effet, l'élément qui domine dans la constitution des êtres vivants.

Le nom de *composés organiques* appartient donc à tous les composés carbonés; mais, à côté du *carbone*, ces substances renferment d'autres éléments qui peuvent se ranger par ordre d'importance. Le premier de ces éléments est l'*hydrogène*. L'hydrogène se rencontre dans presque tous les corps *organiques*. Certains corps dans lesquels l'hydrogène est complètement remplacé par du chlore, du bromure, de l'iode, de l'oxygène, etc., font seuls exception. Après l'hydrogène vient l'*oxygène*. Sans doute, l'oxygène se rencontre dans un moins grand nombre de corps *organiques* que l'hydrogène, mais sa présence y est encore très fréquente. Tous les alcools, tous les phénols, tous les acides, toutes les aldéhydes, toutes les amides sont des corps oxygénés. Vient ensuite l'*azote*, qui fait également partie d'un groupe considérable de substances. Après ces quatre éléments, qui sont les constituants principaux des matières organiques, viennent le chlore et ses congénères, le soufre et ses congénères, le phosphore et ses congénères, et enfin les métaux.

En théorie, on conçoit un nombre de composés phosphorés ou arséniés égal au nombre des composés azotés; on conçoit l'existence d'un nombre de composés sulfurés, séléniés ou tellurés égal à celui des com-

---

. (1) Nous empruntons encore ce passage au *Grand Dictionnaire du* xıxᵉ *siècle* de P. Larousse, en raison de la clarté et de l'élégance avec lesquelles sont exposées ces théories quelque peu abstraites, et que l'on peut difficilement présenter d'une façon plus compréhensible pour tous

posés oxygénés ; mais, en fait, la plupart de ces composés sont encore inconnus, et les corps phosphorés, arséniés, antimoniés, sulfurés, séléniés et tellurés forment jusqu'à ce jour une exception. Les corps chlorés, bromés ou iodés actuellement connus sont plus nombreux. Enfin, les métaux entrent comme partie constituante dans les sels à acides *orga_niques*. Quelquefois aussi ils peuvent se substituer à l'hydrogène typique des alcools et des phénols, comme dans l'éthylate de sodium et le phénate de potassium. D'autres fois même, ils se combinent avec les radicaux hydrocarburés, comme c'est le cas pour le zinc dans le zinc-éthyle, pour le potassium dans le potassium-éthyle, pour le mercure dans le mercure-amyle, etc. On donne à ces corps, qui résultent de la combinaison d'un métal avec un hydrocarbure, le nom de composés organo-métalliques.

Une distinction importante est à faire entre les expressions *corps organiques* et l'expression *corps organisés*. Les *corps organiques* sont, comme nous venons de le dire et quelle que soit leur origine, des corps qui appartiennent à la série du *carbone*, mais qui ne se distinguent par aucun autre caractère des diverses substances chimiques. Ils jouissent de toutes les propriétés des combinaisons définies. Solides, ils cristallisent ; liquides, ils présentent un point d'ébullition constant ; ils ne se distinguent en aucune manière des composés minéraux.

Les *corps organisés*, au contraire, sont toujours constitués par le mélange d'un grand nombre de composés. Ils ne présentent jamais de structure cristalline, mais bien une structure fibreuse ou cellulaire. Ils ne peuvent point changer d'état sans se détruire. Enfin, tous sont ou ont été doués de vie. Ce sont des organes ou des portions d'organes dont le chimiste ne réalisera jamais la synthèse, quelque parfaits que soient ses moyens d'action.

L'étude des *corps organisés* n'appartient point au domaine de la *chimie* : elle appartient au domaine de la *physiologie*. Si, en ce point, la physiologie se rapproche de la chimie, c'est uniquement pour lui emprunter des lumières, comme la chimie elle-même en emprunte à la physique, et la physique aux mathématiques, sans que pour cela la physique et la chimie cessent un seul instant d'être des sciences distinctes. C'est uniquement parce que cette distinction n'a point encore pénétré partout que l'on trouve dans presque tous les traités de chimie des articles consacrés au sang, aux muscles, etc.; articles qui, en bonne règle, ne devraient figurer que dans les traités de physiologie.

Avant de quitter ces généralités sur les substances *organiques*, il nous faut encore définir une expression dont on se sert chaque jour sans la défi-

nir le plus souvent, l'expression *principe immédiat*. On entend généralement par principe immédiat une *substance organique* définie, en la comparant au corps organisé dont elle a été extraite. Ainsi, la strychnine est un
des principes immédiats de la noix vomique ; le sucre est un des principes
immédiats de la betterave, etc. Autrefois, quand· on ne savait pas créer
de *substances organiques*, quand toutes les *substances organiques* connues
étaient extraites des animaux ou des végétaux, les mots *substance organique définie, espèce chimique organique* et *principe immédiat* étaient synonymes. Mais comme l'expression *principe immédiat* entraîne une idée d'origine, puisqu'on est principe immédiat de quelque chose, ces mots ont cessé
d'être synonymes aujourd'hui. Une espèce chimique créée de toutes pièces
n'est plus un principe immédiat. Pour bien faire comprendre cette idée
de *principe immédiat,* on nous permettra de citer un passage du livre de
M. Berthelot (*Chimie organique fondée sur la synthèse,* tome Ier, introduction, page XII).

« Plaçons-nous d'abord au point de vue analytique, et commençons par soumettre à nos expériences une matière minérale, le granit, par exemple. On reconnaît à première vue que le granit est formé par l'assemblage de trois substances
distinctes et juxtaposées, savoir : une matière cristalline, blanche et opaque, désignée sous le nom de feldspath ; des paillettes brillantes et feuilletées formées par
le mica ; enfin de grosses aiguilles hexagonales, dures et transparentes, c'est le
quartz ou cristal de roche. Ces trois substances peuvent être divisées les unes des
autres à l'aide de procédés mécaniques, qui détruisent l'assemblage sans faire
subir aucune altération chimique aux corps qui le constituent. En procédant ainsi,
on obtient chacun de ces derniers avec des propriétés constantes et définies. Le
genre de séparation mis en œuvre constitue l'analyse immédiate ; les produits auxquels elle donne naissance sont tels, que leur simple mélange représente la matière minérale primitive. C'est le premier degré dans l'ordre des études analytiques.

» Si l'on veut pousser plus avant, aussitôt se présente un nouveau problème
d'un genre tout à fait différent du premier : il. s'agit maintenant de décomposer
complètement le quartz, le mica, le feldspath et de résoudre ces corps dans leurs
éléments. C'est à quoi l'on parvient en soumettant chacun de ces corps à des actions nouvelles capables de les détruire. Le quartz se résout en deux éléments,
savoir : un gaz contenu dans l'atmosphère, l'oxygène, et une substance solide,
fixe, cristalline et noirâtre, le silicium ; de son côté, le feldspath se décompose
d'abord en silice, en potasse, en alumine, puis la potasse fournit un gaz, l'oxygène,
et un métal, le potassium ; l'alumine fournit un gaz, l'oxygène, et un autre métal,
l'aluminium ; la silice enfin fournit de l'oxygène et du silicium. Tel est le terme
extrême de l'analyse dans l'état présent de nos connaissances chimiques. Ce second
degré est essentiellement distinct du premier. En effet, le feldspath, le quartz, le

mica étaient les composants prochains et visibles du granit ; au contraire, nous n'apercevons plus aucun caractère commun, aucune relation apparente entre le quartz et l'oxygène ou le silicium qui résultent de sa décomposition, entre le feldspath et l'oxygène, le potassium ou l'aluminium, etc., si ce n'est en envisageant la suite des opérations par lesquelles l'analyse nous a conduits de proche en proche jusqu'à son degré définitif.

» Appliquons les mêmes idées à l'analyse chimique des êtres organisés. Examinons un fruit, un citron par exemple. Cette matière n'est pas simple ; de même que le granit, le citron est un agrégat. Ici encore l'analyse procède par phases successives. Exprimons d'abord le citron, nous obtiendrons deux matières nouvelles : l'une liquide, douée d'un goût acide et sucré, c'est le jus du fruit ; l'autre solide et odorante, c'est l'enveloppe du fruit. Étudions-les séparément. En soumettant la partie liquide à l'analyse, de façon à isoler les matières qu'elle renferme sans cependant leur faire éprouver d'altération, nous la résoudrons dans un certain nombre de matériaux primitifs ou *principes immédiats*, tels que l'acide citrique, auquel est due la saveur acide ; le sucre de raisin et le sucre de canne, dans lesquels réside le goût sucré ; une substance analogue à l'albumine, des sels, etc., enfin de l'eau, qui tient en dissolution les matières précédentes. L'acide citrique, le sucre de raisin, le sucre de canne, etc., en un mot chacun des corps isolés par cette première analyse est doué de propriétés constantes et définies ; on ne saurait le séparer en plusieurs substances nouvelles sans faire disparaître toutes ses propriétés.

» L'enveloppe, soumise à une analyse semblable, se résout également en plusieurs substances distinctes, savoir : une huile volatile et essentielle, qui communique au fruit son odeur pénétrante ; un principe jaune, soluble dans l'éther et qui colore en jaune le citron ; une matière ligneuse, dont la masse représente la presque totalité de l'enveloppe, etc. Chacune de ces substances possède encore des propriétés constantes et définies, correspondantes à celles de l'ensemble dont elle résulte. C'est l'assemblage des matériaux que l'analyse sépare du jus de citron et de son enveloppe, c'est-à-dire l'acide citrique, le sucre de raisin, l'eau, l'essence de citron, le ligneux, etc., c'est cet assemblage, dis-je, qui constitue le fruit primitif ; chacune des actions propres que le fruit exerce sur nos sens doit être attribuée, soit à quelqu'un de ces matériaux envisagés isolément, soit à leur association. En les isolant, l'analyse atteint son premier terme.

» C'est alors qu'elle en vient à attaquer le second problème posé tout à l'heure pour le quartz et pour le feldspath, c'est-à-dire qu'elle entreprend de décomposer les principes immédiats eux-mêmes et de rechercher quels sont les éléments qui les constituent. L'analyse résout aisément cette seconde question ; elle établit que l'essence de citron renferme deux éléments : le carbone et l'hydrogène ; que les sucres et l'acide citrique en contiennent trois : le carbone, l'hydrogène et l'oxygène ; enfin que la matière albumineuse est formée de quatre éléments : le carbone, l'hydrogène, l'oxygène et l'azote. Tels sont, en définitive, les éléments fondamentaux des matières organiques contenues dans le citron que nous venons d'examiner.

Dans l'étude de ce fruit, ils marquent le terme extrême de l'analyse chimique.

» Étendons maintenant à tous les êtres matériels, par la pensée et par l'expérience, les résultats particuliers que nous avons déduits de l'étude du granit et de celle du citron, et nous serons conduits à décomposer ces êtres en traversant deux degrés successifs. Nous reconnaîtrons d'abord qu'ils sont formés par l'assemblage d'un certain nombre de *principes immédiats*. Chacun de ces principes possède des caractères définis, invariables, qu'il ne peut perdre sans changer de nature. Tout changement dans l'un de ces principes suffit pour altérer profondément le tout dont il fait partie. Bref, c'est l'agrégation de ces principes, sous des apparences et dans des proportions diverses, qui constitue les minéraux, les végétaux et les animaux.

» Dès que l'analyse est parvenue à ce premier terme, elle porte ses efforts ultérieurs sur les principes immédiats eux-mêmes, et, pénétrant toujours plus profondément, elle finit par les ramener à un certain nombre d'éléments indécomposables; mais la première analyse respectait la nature propre de ces principes naturels; elle se bornait à les isoler, à les séparer les uns des autres, en modifiant seulement leur arrangement et en dénouant aussi subtilement que possible les liens qui les tenaient assemblés. Au contraire, la seconde analyse, celle qui veut atteindre les corps simples, appelant à son secours les agents les plus violents, attaque et dénature les matériaux primitifs; elle en poursuit systématiquement la destruction complète, jusqu'à ce qu'elle ait isolé des éléments, c'est-à-dire des êtres incapables d'éprouver une décomposition nouvelle.

» Analyse immédiate, analyse élémentaire, voilà la double base sur laquelle s'appuie l'étude chimique des décompositions que peuvent éprouver des êtres naturels. »

Ce passage de M. Berthelot explique de la manière la plus claire, la plus nette, ce que l'on doit entendre par *principe immédiat*. Il montre aussi quel est le sens qui doit être attaché à ces mots : *analyse immédiate, analyse élémentaire..*

L'*analyse immédiate* est celle qui a pour but de séparer les uns des autres les principes immédiats dont l'assemblage constitue un corps quelconque.

L'*analyse élémentaire* est celle qui, détruisant complètement les principes immédiats eux-mêmes, en extrait et en dose les éléments. Nous allons étudier les procédés de ces deux genres d'analyse.

ANALYSE IMMÉDIATE. — On peut avoir un mélange de substances solides et fixes, de substances liquides, volatiles ou non, de substances solides volatiles et de gaz. Si les solides ne se dissolvent point dans les liquides, on opérera d'abord la séparation mécanique de ces corps pour appliquer ensuite à chaque espèce les méthodes de séparation appropriées. Si, au contraire, les substances solides et les gaz sont dissous dans les liquides, on devra commencer par soumettre la masse à la distillation. Sous l'influence de la chaleur, les gaz s'élimineront

Dosage du carbone et de l'hydrogène (page 1083).

les premiers et pourront être recueillis sur le mercure ; puis le liquide passera à la distillation et, enfin, la matière fixe restera dans le vase distillatoire. Si le mélange renferme un corps solide volatil, celui-ci passera à la distillation en même temps que les liquides, et devra être ensuite séparé de ces derniers par les procédés qui permettent d'extraire d'un liquide donné les divers principes définis qu'il renferme. Enfin, si l'on avait un mélange de substances liquides et solides qui ne fussent volatiles ni les unes ni les autres, il faudrait leur appliquer une méthode d'analyse commune. Il ne faut pas se dissimuler d'ailleurs que, dans ce dernier cas, la séparation des divers composés définis que contient le mélange est chose toujours fort difficile et quelquefois impossible.

1° *Séparation des divers principes immédiats contenus dans un mélange de corps solides.* On fait d'abord agir sur la matière les dissolvants neutres, tels que l'eau, l'alcool, l'éther, l'esprit de bois, le sulfure de carbone, la benzine, le chloroforme. Ces liquides dissolvent chacun certaines substances et en laissent d'autres comme résidu ; ils ont, de plus, l'avantage de n'en altérer aucune.

Lorsqu'on a ainsi divisé la matière en un certain nombre de parties distinctes, on soumet de nouveau chacune de ces parties à l'action des différents dissolvants neutres. Ainsi, le résidu de la dissolution aqueuse sera soumis à l'action de l'alcool, de l'éther, etc. On ne s'arrête dans ces dernières opérations que lorsqu'on reconnaît que les produits obtenus ont tous une composition définie. Souvent, bien que solubles à divers degrés dans les différents liquides neutres, les substances qui constituent un mélange sont toutes solubles ou toutes insolubles dans chacun d'eux pris isolément. On a alors recours à la dissolution fractionnée ou à la cristallisation fractionnée.

La dissolution fractionnée consiste dans l'action successive de quantités d'un même liquide dont chacune soit insuffisante pour dissoudre en totalité la masse soumise à son action. Il arrive alors que les substances les plus solubles s'accumulent dans les premières solutions, et les parties les moins solubles dans les dernières. En évaporant les solutions et soumettant de nouveau les résidus à des traitements semblables, on finit par séparer les divers principes que le mélange renfermait. Pour fixer les idées, supposons un mélange de deux corps A et B. Supposons de plus que 100 grammes d'eau puissent dissoudre 50 grammes de A et 25 grammes de B ; supposons enfin que A et B se trouvent mélangés par parties égales, et voyons ce qui arrivera si l'on fait agir, sur 200 grammes de ce mélange, des quantités successives de 50 grammes d'eau jusqu'à dissolution complète du mélange. Chaque quantité de 50 grammes d'eau dissoudra 25 grammes de A et 12 grammes de B. Si bien qu'après avoir renouvelé quatre fois le liquide on aura dissous 100 grammes, c'est-à-dire la totalité de A, qui se trouvera ainsi éliminé, tandis que la moitié du corps B seulement aura été dissoute et qu'il restera encore 50 grammes de ce dernier corps à l'état de pureté.

On peut aussi évaporer la solution d'un mélange de corps solides et séparer les cristaux au fur et à mesure qu'ils se produisent. Les matières les moins solubles cristallisent au début, et les plus solubles à la fin. En réitérant un grand nombre de fois ces cristallisations, on arrive à effectuer la séparation désirée ; il est très utile dans ce cas d'examiner avec soin les dépôts cristallins successifs. Lorsque les cristaux obtenus paraissent homogènes, on a lieu de supposer la substance pure.

Lorsque tous les dissolvants neutres laissent un résidu insoluble, on fait agir sur celui-ci : 1° les acides minéraux dilués ; 2° les bases. On transforme de la sorte les acides et les bases *organiques* en sels solubles dans l'eau ; en appliquant ensuite à ces sels les méthodes des dissolutions ou des cristallisations fractionnées, et en en séparant les acides, on obtient ces derniers corps à l'état de pureté. Lorsque les acides ou les bases dont les éléments se trouvent en dissolution peuvent être précipités par des réactifs appropriés, on réussit à en faire l'analyse immédiate en opérant la précipitation par des quantités de réactifs successives et insuffisantes chacune pour tout précipiter. Les sels les moins stables sont décomposés les premiers ; ceux qui sont plus stables le sont ensuite. En appliquant cette méthode, dite des *précipitations fractionnées*, aux sels de l'acide margarique, et en répétant l'opération une quarantaine de fois, M. Heintz est parvenu à montrer que le corps considéré comme acide margarique n'est point un principe immédiat défini, mais bien un mélange de deux autres acides, l'acide palmitique et l'acide stéarique.

2° *Séparation des composés définis contenus dans un mélange de corps liquides*. Comme les liquides ne se mêlent pas toujours entre eux en toutes proportions, on pourrait souvent leur appliquer la méthode des dissolutions fractionnées ; c'est même la seule à laquelle on puisse avoir recours quand le liquide n'est pas volatil. Toutefois, comme ici on ne peut pas s'aider de la forme cristalline pour juger de la pureté des substances, le problème présente de grandes difficultés ; on n'a même plus, comme avec les substances solides cristallisables, le point de fusion pour se guider, et l'on ne peut tirer les indications que de l'analyse élémentaire et de certaines réactions spéciales à chaque cas. Or l'analyse élémentaire ne peut servir à distinguer entre eux des corps isomères, et les réactions spéciales dont nous parlons, qui permettent de distinguer entre eux deux principes immédiats *organiques*, n'existent pas toujours.

Lorsque les liquides distillent sans décomposition, on a recours à la méthode des distillations fractionnées. Cette méthode repose sur ce fait, que tous les liquides purs ont un point d'ébullition constant, tandis que les mélanges de divers liquides commencent à bouillir à une température qui s'élève ensuite à mesure que la distillation approche de sa fin. En recueillant à part les produits qui distillent entre des limites de température rapprochées, et soumettant ensuite de nouveau ces derniers à la distillation fractionnée, on parvient souvent à séparer les uns des autres des liquides dont les points d'ébullition diffèrent. Pour être employée avec succès, cette méthode exige que les liquides mélangés diffèrent au moins dans leur point d'ébullition d'une trentaine de degrés, et que le chimiste puisse disposer d'une assez grande quantité de mélange. Dans l'industrie, on a des appareils qui permettent aux liquides les moins volatils de refluer sans cesse dans le vase où se fait l'ébullition, et au moyen desquels on sépare des liquides à peu près purs par une seule ou tout au plus par deux distillations.

Il arrive quelquefois que deux liquides mélangés, bien que ne réagissant pas chimiquement, exercent cependant l'un sur l'autre une action physique qui s'oppose à leur séparation par distillation fractionnée. Le mélange présente alors un point d'ébulliton constant.

Les *composés organiques* commencent ordinairement à se décomposer vers 400°; il en résulte qu'on ne peut guère appliquer la distillation fractionnée à des liquides qui bouillent au-dessus de cette température. On peut toutefois étendre le champ de cette opération en distillant sous une faible pression, parce qu'on abaisse ainsi notablement le point d'ébullition des liquides.

L'appareil dont on fait usage pour distiller dans le vide peut varier beaucoup dans ses dispositions. Celui qui est le plus convenable consiste dans un ballon où se fait l'ébullition. Ce ballon doit toujours avoir été essayé d'abord, pour s'assurer qu'il ne cassera pas sous l'influence de la pression atmosphérique quand on raréfiera l'air qu'il contient; on le ferme avec un bouchon de caoutchouc dans lequel s'engage un thermomètre d'une part et de l'autre un tube abducteur qui emmène au dehors les vapeurs du liquide. Comme récipient, on se sert d'une espèce de pipette qui communique au ballon dont nous venons de parler par un tube horizontal soudé avec elle et qui communique avec la machine pneumatique par sa partie inférieure. Vis-à-vis du tube horizontal par lequel arrivent les vapeurs se trouve un autre tube semblable, qui plonge dans l'atmosphère, mais qui est hermétiquement fermé par un bon robinet. Un robinet est de même adapté à la partie supérieure de la pipette et à sa partie inférieure. Entre la partie supérieure de l'appareil et de la machine, on place d'abord un grand ballon que l'on pourrait appeler un *récipient de vide*, si ces deux mots ne hurlaient pas de se voir accouplés ; puis une série de tubes remplis de potasse et destinés à absorber les vapeurs acides, le chlore, le brome, etc., qui pourraient, dans certaines opérations, se dégager du ballon, et qui viendraient altérer les diverses pièces de la machine. L'appareil étant monté, le liquide étant dans le ballon, voici comment on opère : On ferme le robinet inférieur de la pipette, ainsi que celui qui plonge dans l'atmosphère, et l'on ouvre celui qui fait communiquer cette partie de l'appareil avec la machine ; puis on fait, aussi complètement que possible, le vide et l'on chauffe le bain d'huile dans lequel le ballon se trouve plongé. Le liquide distille bientôt. Lorsque la température a atteint la limite à laquelle on veut séparer le produit distillé, on ferme le robinet qui faisait communiquer la pipette avec la machine ; on éteint le feu, on ouvre le robinet qui plongeait dans l'atmosphère, afin que la pression atmosphérique se rétablisse dans la pipette, puis enfin on ouvre le robinet inférieur de cette dernière, après avoir placé dessous un tube dans lequel s'écoule le liquide. On referme ensuite les deux robinets qu'on avait ouverts, on ouvre celui que l'on avait fermé, on donne quelques coups de piston pour ramener le vide au point où il était d'abord, puis on rallume le feu, et l'opération recommence. On peut ainsi effectuer facilement un fractionnement.

A la méthode des distillations, il faut ajouter celle des triturations fractionnées, qui peut rendre de vrais services lorsque le liquide est acide ou basique. Voici en quoi consiste cette méthode : Si, à un mélange de deux acides volatils, on ajoute une quantité de base insuffisante pour tout saturer, l'acide le plus énergique se sature le premier. Si l'on emploie plus de base qu'il n'en faut pour le saturer complètement, une portion du deuxième acide se sature aussi, et quand on soumet le mélange à la distillation, la portion non saturée du deuxième acide distille seule et se trouve ainsi isolée à l'état de pureté. Si, au contraire, on emploie moins de base qu'il n'en faut pour saturer l'acide le plus énergique, une partie seulement de ce dernier se sature ; mais il n'entre pas en combinaison la plus petite quantité de l'autre. En distillant, on recueille alors un mélange de deux acides, et il reste dans le vase distillatoire un sel parfaitement pur de l'acide le plus énergique. On voit qu'une seule distillation fournit par ce moyen l'un des produits à l'état de pureté, et qu'avec deux opérations successives on peut les isoler l'un et l'autre. Il suffit, en effet, pour cela, de soumettre le mélange qui reste après la première distillation fractionnée à une saturation fractionnée nouvelle. Ce procédé d'analyse immédiate peut encore être appliqué aux alcaloïdes volatils. Il faut alors saturer en partie par un acide.

3° *Séparation des gaz.* — Nous ne pouvons pas entrer dans le détail des procédés qui servent à faire l'analyse immédiate des gaz. Nous dirons toutefois qu'ici on ne peut plus guère faire usage des moyens physiques, et que c'est surtout en absorbant les divers gaz par des réactifs appropriés qu'on parvient à les séparer.

Le protochlorure de cuivre dissous dans l'ammoniaque, l'acide sulfurique de Saxe, la potasse, le brome, le sulfate ferreux, le permanganate de potassium, le phosphore, sont les réactifs les plus usités.

Le protochlorure de cuivre ammoniacal absorbe l'oxygène qu'il ne perd plus, l'oxyde de carbone qu'il abandonne de nouveau par l'ébullition, et certains carbures d'hydrogène comme l'acétylène ou l'allylène. Il forme avec ces derniers des composés solides insolubles qu'on peut séparer par le filtre et d'où le gaz primitif se dégage ensuite à l'état de liberté sous l'influence de l'acide chlorhydrique.

L'acide sulfurique de Saxe absorbe certains hydrogènes carbonés, tels que l'éthylène et ses homologues; il en est de même du brome. Avec le brome, ces carbures d'hydrogène forment des produits liquides que l'on peut ensuite séparer les uns des autres par la méthode des distillations fractionnées, et qui cèdent leur gaz sous l'influence du sodium.

La potasse absorbe l'anhydride carbonique; le sulfate de fer et le permanganate de potassium absorbent le bioxyde d'azote, et le phosphore absorbe l'oxygène.

4° *Caractères qui servent à déterminer si une matière organique peut être envisagée comme une espèce définie.* — Quand une substance est solide, on reconnaît sa pureté aux caractères suivants : *a*, si elle est susceptible de fondre, la température reste constante pendant tout le temps que dure la fusion; *b*, si elle cristallise, ses cristaux sont tous parfaitement homogènes; *c*, lorsqu'on la soumet à l'action des divers dissolvants, ou elle refuse de se dissoudre, ou elle se dissout en totalité, pourvu que l'on emploie une quantité suffisante de liquide; *d*, lorsqu'on la divise en plusieurs parties par le moyen des dissolutions fractionnées, les poids des résidus provenant de l'évaporation de quantités égales du dissolvant sont égaux; de plus, ces divers résidus présentent les mêmes caractères physiques et l'analyse élémentaire leur assigne la même composition.

Quand la substance est liquide, elle présente un point d'ébullition constant; toutefois, comme nous l'avons dit plus haut, la constance du point d'ébullition ne suffit pas pour que l'on puisse affirmer qu'une substance constitue une espèce définie, puisque certains mélanges jouissent de cette propriété; il faut que cette constance existe sous toutes les pressions. En effet, on observe que le rapport entre les tensions de deux liquides change avec la température. Or, comme en abaissant la pression on abaisse par cela même la température d'ébullition, le rapport entre les forces élastiques des vapeurs des liquides mélangés change, et avec lui changent aussi les quantités de chacun d'eux qui distillent. Il en résulte qu'on peut séparer les uns des autres, par une distillation dans le vide, des liquides qui, à la pression normale, forment un mélange dont le point d'ébullition est constant.

ANALYSE ÉLÉMENTAIRE. — L'analyse élémentaire a pour objet de déterminer les proportions des divers éléments simples qui entrent dans la constitution d'un *corps organique*. Tous les *composés organiques* contenant du *carbone*, et presque tous de l'*hydrogène*, le dosage de ces deux corps, ou tout au moins de l'un d'eux, est toujours nécessaire. En outre, on a souvent à doser le chlore, le brome, l'iode, l'azote, le phosphore, l'arsenic, le soufre et les métaux.

DOSAGE DU CARBONE ET DE L'HYDROGÈNE. — Ce dosage est fondé sur la propriété que possèdent l'oxyde de cuivre et le chromate de plomb de brûler les *substances organiques* en se désoxydant eux-mêmes. Dans cette combustion, le *carbone* de la substance *organique* passe à l'état d'anhydride carbonique, et l'hydrogène à l'état d'eau. On recueille ces corps dans des appareils préalablement tarés et l'on en détermine le poids, duquel on déduit celui du carbone et de l'hydrogène. Cette analyse exige des précautions assez minutieuses. Il faut commencer par chauffer l'oxyde de cuivre au rouge, afin de détruire les poussières *organiques* qui pourraient s'y être déposées et d'en éliminer l'eau hygrométrique; puis, pendant qu'il est encore chaud, on l'enferme dans un vase bien propre et bien sec, que l'on bouche hermétiquement et dans lequel il peut se refroidir sans absorber l'humidité. Généralement, avant de remplir ce vase, on l'agite à deux ou trois reprises avec de l'oxyde de cuivre chaud que l'on rejette ensuite, et ce n'est qu'après ces opérations préliminaires qu'on le remplit. Ce lavage à l'oxyde de cuivre a pour but de dessécher complètement le vase et d'en chasser toutes les poussières.

D'autre part, on prend un tube de verre peu fusible de $0^m,65$ de longueur et de $0^m,015$ de diamètre environ. On effile ce tube à l'une de ses extrémités et l'on recourbe la portion effilée de manière à former une pointe disposée, sinon verticalement, du moins inclinée à 45° sur le tube lui-même. Cette pointe doit être fermée à la lampe. Ce tube, avant d'être étiré, doit avoir été essuyé intérieurement avec une tige de fer enveloppée de papier joseph. Après l'avoir étiré, on le lave à l'oxyde de cui-

vre chaud, puis enfin on le bouche hermétiquement. Il est alors disposé
pour l'analyse.

D'un autre côté, on prépare la substance à analyser. Si celle-ci est
solide, on la pulvérise et on la dessèche dans une petite étuve chauffée
à 100°, jusqu'à ce qu'on n'observe plus de perte de poids dans deux pesées
successives. On en remplit alors un petit tube de verre bien sec, qu'on
bouche et qu'on pèse exactement.

Cela fait, on verse dans le grand tube une certaine quantité d'oxyde
de cuivre jusqu'au cinquième environ de sa hauteur; puis, débouchant
le petit tube qui renferme la substance, on fait tomber celle-ci dans le
grand tube. On ajoute de nouveau de l'oxyde de cuivre et, à l'aide d'une
longue tringle de cuivre, dont la partie inférieure est contournée en spirale, on mêle la substance avec cet oxyde, de façon que le mélange occupe à peu près l'espace compris entre la limite du premier cinquième
et une ligne qui couperait en deux le troisième cinquième. Enfin, au-dessus de ce point, on remplit le tube d'oxyde de cuivre pur; après quoi
on le bouche hermétiquement.

On pèse ensuite le petit tube qui contenait d'abord la substance, et,
en défalquant son poids de celui qu'il avait d'abord, on trouve le poids
de la matière qu'on analyse.

Puis on entoure le tube à analyse d'une feuille de clinquant, afin
que la chaleur ne le déforme pas trop, et, à sa partie antérieure, on le
ferme par un bon bouchon, à l'aide duquel on le met en communication
avec les appareils condensateurs destinés à absorber l'eau et l'anhydride
carbonique.

L'appareil destiné à absorber l'eau (*fig.* à la page 1081) se compose
d'un tube en U plein de pierre ponce imbibée d'acide sulfurique ou de
chlorure de calcium desséché, ou de l'une de ces substances dans une branche et de l'autre dans l'autre branche. Pour que ce tube serve plusieurs
fois, au lieu de placer au haut de chaque branche un simple tube recourbé
à angle droit, destiné à amener et emmener les gaz, on y adapte d'un
côté un tube de cette espèce et de l'autre un tube dans lequel est souf-
flée une petite boule. La plus grande partie de l'eau se condense alors
dans la boule, dont on peut l'expulser à la fin de l'analyse, et les corps
desséchants conservent leur puissance. Le tube qui porte la boule est
mis en communication par son extrémité libre avec le tube à analyser,
et cela par l'intermédiaire d'un bon bouchon.

L'appareil destiné à absorber l'anhydride carbonique est formé de
deux tubes. L'un, appelé tube de Liebig, est un tube recourbé sur lui-
même et dans lequel sont soufflées cinq boules. Ces boules renferment de

la potasse, à laquelle l'anhydride carbonique vient barboter. L'autre est
un tube en U plein de potasse solide et de pierre ponce humectée de
potasse en dissolution concentrée dans l'autre branche. Le gaz passe

La Bible nous montre, presque à la naissance du monde, Noé cultivant
la vigne et faisant du vin.

d'abord sur la pierre ponce, ensuite sur la potasse solide. Ce tube a pour
effet d'arrêter la faible quantité d'anhydride carbonique qui aurait échappé
au tube de Liebig et la vapeur d'eau que le courant gazeux pourrait
avoir enlevée à la solution de potasse et qui tendrait à diminuer le poids.

de l'appareil, si on ne la fixait de nouveau. Le tube de Liebig est uni au tube à chlorure de calcium et au tube à potasse au moyen de petits tubes de caoutchouc. Le tube qui renferme la matière à analyser et l'oxyde de cuivre est placé sur une grille à gaz ou à charbon de bois.

Quand tout l'appareil est monté, avant de commencer l'opération, on chauffe légèrement celle des boules du tube de Liebig qui est en communication directe avec l'intérieur du tube à analyse, de manière à en expulser une certaine quantité d'air; puis on la laisse refroidir. Le vide se fait dans cette boule et il s'y élève une colonne de liquide. Le niveau du liquide dans les deux boules se trouvant dès lors différent, on attend quelques minutes. Si l'appareil perd par quelques points, l'air extérieur y pénètre, la pression externe devient égale à la pression atmosphérique et le liquide reprend dans les deux boules son niveau primitif. Si, au contraire, l'appareil est hermétiquement bouché, la différence de niveau persiste.

Lorsqu'on s'est ainsi assuré que l'appareil ne perd point, on chauffe fortement toute la partie du tube à analyse qui contient de l'oxyde de cuivre pur. Quand cette première portion du tube est rouge, on chauffe l'extrémité postérieure et, petit à petit, on approche le feu jusqu'à ce que l'on arrive au mélange de l'oxyde de cuivre avec la substance. La combustion commence alors et l'on voit se dégager des bulles de gaz à travers le tube de Liebig. Lorsque les bulles deviennent trop rares, on avance de nouveau le feu, et l'on continue de la sorte jusqu'à ce que le tube soit chauffé dans toute sa longueur. Quand la combustion est terminée, l'anhydride carbonique cesse de se dégager et celui qui remplit le tube est absorbé en partie par la solution de potasse; la pression intérieure diminue, le liquide s'élève dans une des boules latérales du tube de Liebig et l'air extérieur pénètre dans l'appareil. On rompt alors la pointe du tube à combustion ; on met cette pointe ainsi ouverte en communication, à l'aide d'un long tube de caoutchouc, avec un gazomètre plein d'oxygène et l'on fait passer au travers du tube à combustion un courant de ce gaz. L'oxygène doit traverser d'abord des appareils remplis d'une solution concentrée de potasse caustique, puis des appareils remplis de chlorure de calcium, afin de le débarrasser de l'anhydride carbonique et de la vapeur d'eau dont il pourrait être souillé.

L'oxygène chasse l'anhydride carbonique dont le tube à combustion était rempli et achève la combustion dans le cas où celle-ci a été incomplète; de plus, il ramène le cuivre à l'état de protoxyde et le rend ainsi propre à servir dans une nouvelle opération. On est averti que l'anhydride carbonique a été totalement expulsé du tube à combustion lorsque le gaz qui se dégage à l'extrémité de l'appareil rallume une allumette qui présente encore quelques points en ignition.

On arrête alors le courant gazeux, on démonte l'appareil et l'on fait passer un courant d'air dans les divers tubes condensateurs en aspirant avec la bouche à l'aide d'un tube de caoutchouc. Cette opération a pour objet de chasser l'oxygène, qui, à raison de sa densité supérieure à celle de l'air, donnerait un excès de poids dans les pesées. Enfin, on pèse le tube en U plein de chlorure de calcium, seul, et les deux tubes à potasse ensemble : l'excès de ces poids sur ceux des mêmes appareils avant l'expérience fait connaître le poids de l'anhydride carbonique et de l'eau qui se sont formés. Soient P et P′ ces poids ; sachant que 11 parties d'anhydride carbonique renferment 3 parties de carbone et que 9 parties d'eau renferment 1 partie d'hydrogène, on calcule, au moyen de deux proportions, les poids de l'hydrogène et du carbone, et enfin, au moyen de deux autres proportions, on rapporte à 100 parties de matière la composition ainsi trouvée.

Quand la substance à analyser est liquide, on la renferme dans une petite ampoule de verre. A cet effet, on chauffe légèrement l'ampoule dans la partie la plus large et l'on renverse dans le liquide le tube effilé qui la termine. Si l'on a eu soin de peser l'ampoule vide, il suffit de la peser pleine pour connaître par différence le poids du liquide qu'elle contient. Quant au tube à analyse, on le remplit comme s'il s'agissait d'une substance solide ; seulement, au lieu de verser la substance solide comme il a été dit, on y jette l'ampoule, après en avoir cassé la pointe, et l'on achève de la remplir avec de l'oxyde de cuivre pur. Si le liquide est peu volatil, on peut craindre qu'il ne se décompose en partie et qu'une petite quantité de carbone non brûlé ne reste dans l'ampoule. Pour obvier à cet inconvénient, on met dans le tube un morceau de verre, et l'on jette l'ampoule avec assez de force pour qu'elle se brise en tombant sur ce morceau de verre ; le liquide se mêle alors intimement avec l'oxyde de cuivre, et toute perte de carbone devient par cela même impossible. Si la substance était chlorée, bromée, iodée ou sulfurée et qu'on l'analysât au moyen de l'oxyde de cuivre, il faudrait placer en avant de cet oxyde une petite colonne de chromate de plomb, sinon il se produirait soit du chlorure, du bromure, de l'iodure de cuivre volatils, qui s'ajouteraient à l'eau dans la pesée, soit de l'anhydride sulfureux, qui s'ajouterait à l'anhydride carbonique. Le chromate de plomb transformant ces divers corps en chlorure, bromure, iodure ou sulfate de plomb fixes, on n'a plus à redouter cet accident.

Quand le tube est plein, on en effile la partie qui se trouve au delà du cuivre et, à l'aide d'un caoutchouc, on la met en communication avec l'un des robinets d'une petite pompe pneumatique; l'autre robinet de la pompe est uni, à l'aide d'un second caoutchouc, avec un tube recourbé dont la portion verticale a au moins $0^m,80$ de hauteur et qui, par sa partie inférieure, amène le gaz dans une cuvette en porcelaine pleine de mercure.

Lorsque tout est disposé comme il vient d'être dit, il faut d'abord s'assurer que les caoutchoucs et les robinets ne perdent pas. A cet effet, on fait fonctionner la petite pompe. Il s'élève dans le tube abducteur une colonne de mercure qui doit rester stationnaire après qu'on a cessé de faire le vide.

Une fois assuré que l'appareil ne perd par aucun point, on doit chasser l'air qu'il renferme; pour y arriver, on fait le vide, puis on chauffe légèrement la partie du tube où se trouve le bicarbonate de sodium. Il se dégage de l'anhydride carbonique, qui rétablit la pression. On refait le vide, et l'on continue ainsi l'opération jusqu'à ce que le gaz qui se dégage du tube pendant qu'on chauffe le bicarbonate soit entièrement absorbable par une solution de potasse.

Lorsque l'air est totalement éliminé, on place au-dessus de l'ouverture inférieure du tube abducteur une cloche graduée remplie de mercure, dans la partie supérieure de laquelle on a introduit une dissolution concentrée de potasse caustique. On chauffe ensuite la partie du tube à combustion qui renferme la tournure de cuivre et celle qui renferme l'oxyde de cuivre pur. Dès que cette partie est rouge, on chauffe l'oxyde de cuivre qui est au voisinage du carbonate sodique et, de proche en proche, on arrive au mélange d'oxyde de cuivre et de substance. On continue à avancer ainsi le feu jusqu'à ce que le tube soit chauffé sur toute sa longueur, en en exceptant toutefois l'extrémité postérieure où se trouve le bicarbonate de sodium. La substance se brûle comme dans l'analyse ordinaire; il se produit du bioxyde d'azote, et ce gaz, au contact du cuivre, passe à l'état d'azote, qui se rend dans la cloche graduée.

Dès que le dégagement gazeux s'arrête, on chauffe le bicarbonate de sodium, afin de produire un courant de gaz carbonique qui balaye l'azote contenu dans le tube. Cette opération terminée, on mesure le gaz contenu dans la cloche; ce gaz consiste en azote pur, l'anhydride carbonique ayant été absorbé par la solution alcaline; pour déterminer son volume, on le transvase dans un tube gradué, de petit diamètre, que l'on place sur la cuve à eau. Le gaz se sature ainsi de vapeurs d'eau, dont il est facile de tenir compte si l'on connaît la température, et l'on évite ainsi d'être obligé de le dessécher.

Quand la substance est azotée, il se forme du bioxyde d'azote pendant la combustion. Ce gaz, au contact de l'oxygène, se convertit en acide azotique, et ce dernier corps se dépose soit dans le tube destiné à recueillir l'eau, à l'état d'acide azotique, soit dans le tube de Liebig, à l'état d'azote et d'azotite alcalins ; l'analyse se trouve ainsi faussée. On remédie à cette cause d'erreur en plaçant à la partie antérieure du tube à combustion une petite colonne de cuivre métallique que l'on chauffe au rouge. Ce métal absorbe l'oxygène du bioxyde d'azote, et le gaz se trouve ramené à l'état d'azote, qui ne peut plus nuire.

M. Piria a introduit une modification dans l'appareil que nous venons de décrire. Le tube à analyse dont il se sert est ouvert à ses deux extrémités et divisé en deux parties par un tampon d'amiante. La partie antérieure, pleine d'oxyde de cuivre, est maintenue au rouge. Dans la partie postérieure, on place une petite nacelle qui renferme la substance à analyser. On chauffe la partie du tube où est placée la nacelle, après avoir établi un courant d'oxygène pur et sec. A la fin de l'opération, le tube doit, comme à l'ordinaire, être chauffé dans toute son étendue. La substance brûle à la fois sous l'influence du courant d'oxygène et de l'oxyde de cuivre. M. Piria conseille, en outre, de terminer l'appareil par un flacon aspirateur qui rende la pression intérieure plus faible que la pression atmosphérique. On n'a pas à craindre alors que l'anhydride carbonique ne s'infiltre entre les pores du bouchon. C'est, au contraire, l'air atmosphérique qui tend à produire cet effet.

Afin de montrer l'utilité de cette précaution, M. Piria a fait voir que, dans les analyses ordinaires, une portion de l'anhydride carbonique est absorbée par le bouchon. De fait, si l'on place le bouchon dans un vase qui contienne de l'eau de chaux et qu'on mette le tout sous le récipient de la machine pneumatique, on voit se dégager un gaz qui blanchit l'eau de chaux.

DOSAGE DE L'AZOTE. — On dose l'azote tantôt en volume, tantôt à l'état d'ammoniaque. Le premier de ces procédés étant seul général, nous ne décrirons que lui.

DOSAGE DE L'AZOTE EN VOLUME. — Pour doser l'azote, on fait usage d'un tube de $0^m,90$ de longueur et de même diamètre que celui que l'on emploie pour le dosage du carbone. Dans le fond de ce tube, on place une certaine quantité de bicarbonate de sodium, puis on y verse un peu d'oxyde de cuivre pur, après quoi l'on y introduit soit la substance solide, que l'on mêle avec une nouvelle quantité d'oxyde de cuivre, soit la substance liquide placée dans une ampoule ; cela fait, on ajoute une colonne d'oxyde de cuivre pur, comme s'il s'agissait d'une analyse ordinaire ; seulement, on fait suivre cette colonne d'une autre colonne de cuivre en tournure.

Lorsqu'on connaît le volume gazeux, il faut ramener ce volume à la température et à la pression normales. On y arrive en faisant usage de la formule suivante, où v représente le volume observé et v' le volume corrigé :

$$v' = \frac{v(\mathrm{H}-f)}{760\,(1+0,00367t)}.$$

Multipliant le volume corrigé par 0,0012562, poids en fractions de gramme de 1 centimètre cube d'azote, on trouve le poids de l'azote recueilli dans l'expérience, poids que l'on rapporte à 100 parties de matière par une simple proportion. La lettre f, dans la formule précédente, représente la tension de la vapeur d'eau. Les valeurs de f ont été calculées par M. Regnault, qui en a dressé des tables, ainsi que celles du dénominateur $760\,(1+at)$. Ces tables comprennent ces diverses valeurs pour toutes les températures comprises entre 0° et 30°.

Le procédé d'analyse que nous venons de décrire comporte une cause d'erreur qu'il importe d'éliminer. Il arrive quelquefois qu'une faible portion du bioxyde d'azote échappe à l'action réductrice du cuivre. Comme ce gaz ne renferme que la moitié de son volume d'azote, on doit toujours s'assurer s'il y en a dans l'éprouvette et, dans ce cas, en déterminer la proportion.

Après avoir mesuré le gaz comme il a été dit, on transporte l'éprouvette dans un vase qui renferme soit du sulfate ferreux, soit du permanganate de potassium. Le bioxyde d'azote est alors absorbé. On mesure l'azote pur qui reste, et la différence entre le nouveau volume et le volume primitif indique la quantité de bioxyde d'azote disparu. On ajoute alors au volume d'azote pur déterminé directement un volume égal à la moitié de celui du bioxyde d'azote et l'on achève le calcul comme il a été dit.

DOSAGE DU CHLORE ET DU SOUFRE. — Pour doser le *chlore* d'une matière organique, on chauffe celle-ci au rouge sombre, avec de la chaux vive bien pure, dans un long tube de verre peu fusible. On plonge ensuite le tube encore chaud dans un verre contenant de l'eau. Le tube se brise, la chaux se délite ; on la dissout dans l'acide azotique étendu et on filtre, puis on ajoute de l'azotate d'argent. Il se forme du *chlorure d'argent* qu'on recueille, qu'on lave et qu'on pèse après l'avoir fondu.

Pour doser le *soufre*, on le fait passer à l'état d'acide sulfurique que l'on combine avec la baryte. Pour cela, on chauffe la matière à 150°, dans un tube scellé, avec de l'acide azotique de densité égale à 1,2; on dissout dans l'eau la matière ainsi chauffée, et on dose dans le liquide l'acide sulfurique à l'état de *sulfure de baryte*.

ÉTABLISSEMENT DE LA FORMULE CHIMIQUE ET DÉTERMINATION DES ÉQUIVALENTS. — L'analyse élémentaire des *composés organiques* d'un corps était certainement un grand progrès dans cette partie de la chimie; cependant il n'en résultait pas qu'on pût tirer de cette composition des conséquences de grande portée; tout ce que l'on avait pu en conclure se réduisait à séparer les composés organiques en classes, distinguées par le rapport qui existait entre l'*oxygène* et l'*hydrogène* : 1° ceux dans lesquels ces deux corps existaient dans des proportions convenables pour former de l'eau; 2° ceux dans lesquels la quantitité d'oxygène était en excès sur ces proportions; 3° enfin ceux dans lesquels c'était, au contraire, l'hydrogène qui se trouvait en excès.

Mais depuis que Berzélius eut imaginé de représenter chaque corps simple par un simple symbole et les composés de ces corps par des formules rationnelles, et que l'on en fit deux *composés organiques*, cette nouvelle voie ouvrit à l'étude de la chimie organique un champ pour ainsi dire sans limites. Ces formules permirent non seulement d'établir des rapports de famille entre les divers composés, mais encore d'apprécier certainement leur constitution réelle, de prévoir les dédoublements que l'on peut opérer dans cette constitution pour produire d'autres corps connus, ainsi que toutes les transformations qu'il est possible de leur faire subir; alors seulement les résultats ont acquis toute leur valeur. Quelques exemples feront mieux sentir ces observations.

On a vu un exemple de ces dédoublements lorsque nous nous sommes occupé de la préparation du gaz des marais où *hydrogène protocarboné* (Chimie, *Métalloïdes*, page 688) : l'*acide acétique* ou *vinaigre* est représenté par la formule $C^4H^3O^3,HO$ ou $C^4H^4O^4$, le *gaz des marais* par C^2H^4; l'*acide carbonique* par CO^2; or

$$C^2H^4 + 2(CO^2) \quad \text{ou} \quad C^2O^4 = C^4H^4O^4;$$

donc, en traitant cet acide par un corps susceptible de s'emparer de l'acide carbonique que peut produire l'acide acétique, et en s'aidant de la chaleur, qui décompose tous les corps organiques, on pourra obtenir le gaz des marais : ce que le raisonnement indiquait d'après l'inspection de la formule, l'expérience l'a vérifié. Sans la formule, l'expérience n'eût pas même été tentée, et l'on en serait encore réduit, pour avoir le gaz hydrogène carboné, à le recueillir en agitant la vase des eaux stagnantes.

L'*essence d'ail* a pour formule C^6H^5S, celle de l'*essence de moutarde* est $C^8H^5NS^2$; or le *sulfocyanogène* est représenté par CyS ou C^2NS : on peut donc, d'après cela, considérer l'essence de moutarde comme le sulfocyanure de l'essence d'ail, ayant pour formule : C^6H^5S,C^2NS. Si le raisonnement est juste, en appliquant ici, comme dans la chimie inorganique, les lois de Berthollet, on pourra obtenir facilement l'essence d'ail, qui est volatile, en traitant celle de moutarde par un sulfobase énergique et fixe, comme le sulfure de potassium. Ces prévisions, déduites de la comparaison des formules de ces deux essences, ont été réalisées par Gerhardt ; l'opération suivante représente la réaction :

$$C^6H^5S,C^2NS + KS = KS,C^2NS + C^6H^5S.$$

Pour trouver l'équivalent d'un composé organique, il faut commencer par déterminer quel est le rapport des équivalents des différents composants des corps organiques, dont l'analyse a donné la composition en centièmes : pour cela, on n'a qu'à diviser les quantités trouvées de chacun de ces corps par le poids de leur équivalent. Prenons pour exemple l'acide acétique, dont nous venons de citer la formule. L'analyse lui trouve la composition suivante :

Carbone.	40.00
Hydrogène	6.67
Oxygène.	53.33
	100.00

En divisant ces nombres par les équivalents correspondants, on trouve pour le carbone $\frac{40.00}{6} = 6,666$, pour l'hydrogène $\frac{6.67}{1} = 6,67$, pour l'oxygène $\frac{53,33}{8}; = 6,66$; d'où il résulte que, dans cet acide, les trois corps sont combinés en équivalents égaux : on pourra donc le représenter par CHO, ou $C^2H^2O^2$, ou $C^3H^3O^3$, etc. Ce calcul indique seulement, comme on le voit, le rapport, en équivalents, des divers composants, mais non pas la formule réelle du composé, puisque l'on pourrait d'après cela prendre l'une quelconque de celles que nous venons de citer sans altérer ce rapport.

Il faut donc autre chose pour choisir celle qui seule doit représenter ce composé, c'est-à-dire son équivalent : on ne peut obtenir ce résultat qu'en déterminant l'équivalent du composé. Les procédés varient selon la nature de la substance : si elle est acide, on agit par l'analyse d'un certain nombre de sels, qui doivent être assez multipliés pour se servir de contrôle, et, en même temps, montrer si l'acide contient ou non de l'eau de

Fabrication du vin (page 1108).

constitution, ou de l'eau d'hydratation, ou enfin de l'eau sous ces deux états. Si la substance est basique, c'est encore au moyen des sels que forme la base avec différents acides que l'on parvient à déterminer son équivalent réel.

Mais si la matière est indifférente, cette détermination est plus difficile ; et il est nécessaire d'avoir recours à des moyens qui varient selon les aptitudes du composé que l'on étudie : quand les composés sont volatils sans décomposition, c'est au moyen de la densité de leur vapeur que l'on peut établir la formule, qui correspond à 2 ou 4 volumes de vapeur. En divisant par 2 ou par 4 la somme des densités des vapeurs ou du gaz qui constituent le composé, on doit arriver à sa densité trouvée par l'expérience, et qui se trouve ainsi contrôlée.

Les meilleurs moyens employés pour trouver la densité des vapeurs ont été imaginés par MM. Gay-Lussac et Dumas.

Nous n'entrerons pas dans le détail de ces procédés, longs et minutieux.

LOI DES SUBSTITUTIONS. — Parmi les réactifs employés dans la transformation des *matières organiques*, le *chlore* est l'un de ceux qui ont conduit aux résultats les plus importants. Nous avons vu, entre autres (CHIMIE, *Métalloïdes*, page 802), qu'en faisant agir le *chlore* sur la *liqueur des Hollandais* ou *chlorure d'éthylène* ($C^4H^4Cl^2$), on peut lui enlever successivement 1, 3, 4 équivalents d'hydrogène, et que chaque équivalent d'hydrogène enlevé est remplacé par 1 équivalent de chlore, de sorte qu'en définitive on a les réactions :

$$C^4H^4Cl^2 + Cl^2 = HCl + C^4H^3Cl^3,$$
$$C^4H^3Cl^3 + Cl^2 = HCl + C^4H^2Cl^4,$$
$$C^4H^2Cl^4 + Cl^2 = HCl + C^4HCl^5,$$
$$C^4HCl^5 + Cl^2 = HCl + C^4Cl^6.$$

Dans tous ces corps, les propriétés physiques et chimiques présentent la plus grande analogie : le point d'ébullition s'élève lentement ; ainsi, tandis que $C^4H^4Cl^2$ bout à 82°5, $C^4H^3Cl^3$ bout à 115° ; $C^4H^2Cl^4$, à 137° ; C^4HCl^5, à 153° ; C^4Cl^6, à 182°.

Sous l'influence d'une dissolution alcoolique de potasse, chacun de ces composés perd de l'acide chlorhydrique et donne un corps qui n'est autre que le gaz oléfiant, C^4H^4, primitivement employé pour la préparation du *chlorure d'éthylène*, $C^4H^4Cl^2$, et dans lequel un ou plusieurs équivalents d'hydrogène ont été remplacés par autant d'équivalents de chlore :

$$C^4H^4Cl^2 = HCl + C^4H^3Cl, \qquad C^4H^2Cl^4 = HCl + C^4HCl^3,$$
$$C^4H^3Cl^3 = HCl + C^4H^2Cl^2, \qquad C^4HCl^5 = HCl + C^4Cl^4.$$

Dans tous ces corps, le *chlore* a perdu la propriété d'être décelé par son réactif ordinaire, l'azotate d'argent.

M. Dumas a, le premier, signalé l'importance de ces réactions ; il en a fixé les règles dans la loi suivante, connue sous le nom de *loi des substitutions :*

Quand un corps hydrogéné est soumis à l'action déshydrogénante du chlore, du brome, de l'iode, etc., pour chaque atome d'hydrogène qu'il perd, il gagne un atome de chlore, de brome, etc.

L'action est la même, soit que le corps contienne de l'oxygène, comme l'*aldéhyde*, soit qu'il n'en contienne pas ; à moins cependant que l'oxygène et l'hydrogène ne s'y trouvent à l'état d'eau, comme dans l'*alcool ;* dans ce dernier cas, l'hydrogène enlevé n'est pas remplacé par du chlore :

$$C^4H^4(O^2) + 6Cl = C^4HCl^3(O^2) + 3HCl \qquad C^4H^4(H^2O^2) + 2Cl = C^4H^4(O^2) + 2HCl$$

Aldéhyde.   Chloral.   Alcool.   Aldéhyde.

CORPS HOMOLOGUES. — Grâce à l'emploi de méthodes générales, on a pu arriver à poser les bases d'une classification fondée sur les fonctions chimiques des corps et sur les relations générales qu'un certain nombre d'entre eux présentent les uns avec les autres. C'est ainsi, par exemple, qu'on a pu grouper avec l'*éthylène*, C^4H^4, un certain nombre de carbures, $C^6H^6, C^8H^8, C^{10}H^{10}$, qui diffèrent les uns des autres par C^2H^2. Les corps dans lesquels on trouve une pareille relation ont des propriétés semblables ; ils sont dits *homologues*, et leur ensemble constitue ce que l'on appelle une *série homologue.*

CLASSIFICATION DES SUBSTANCES ORGANIQUES. — Les substances organiques peuvent se classer, d'après leurs fonctions chimiques, en un certain nombre de groupes qui dérivent d'un petit nombre de corps appelés des *alcools.*

Les *alcools* sont des principes neutres formés de carbone, d'hydrogène et d'oxygène, capables de se combiner directement aux acides avec élimination d'eau, en formant des composés neutres appelés des *éthers.* Les éthers ainsi formés reproduisent, en fixant de l'eau, l'alcool et l'acide qui leur ont donné naissance.

Aux *alcools* se rattachent les *phénols*, qui ont une fonction distincte de celle des alcools proprement dits, mais qui forment comme eux des éthers, en se combinant aux acides avec élimination d'eau. (Troost.)

CHAPITRE II

ALCOOL ET SES DÉRIVÉS, ÉTHERS COMPOSÉS, ÉTHERS SIMPLES, ÉTHERS MIXTES, ÉTHYLÈNE, ALDÉHYDE, ACÉTONE, ACIDE ACÉTIQUE, DÉRIVÉS AZOTÉS.

ALCOOL ($C^4H^6O^2 = C^4H^4(H^2O^2$. *Équivalent en poids = 46; en volume = 4*). — L'*alcool* est un des corps les plus importants de la chimie organique; non seulement à cause de ses nombreuses applications, mais encore parce qu'il est le type d'une classe entière de corps, auxquels on rattache aujourd'hui, soit directement, soit par leurs dérivés, presque tous les composés de la chimie organique.

L'*alcool* se forme dans l'acte dit de la *fermentation*, par la transformation de la *glucose* ou des sucres qui peuvent se convertir en glucose. C'est au XIV° siècle que l'on commença à l'obtenir par la distillation du vin. La synthèse totale de l'*alcool* a été opérée de différentes manières : le *chlorure d'éthyle* peut être transformé en alcool, et comme il s'obtient avec l'*hydrure d'éthyle*, qui, lui-même dérive du *gaz des marais* et que la synthèse de celui-ci a été faite à l'aide du *sulfure de carbone*, de l'*hydrogène sulfuré* et du *cuivre*, on voit que l'alcool peut s'obtenir à l'aide des éléments de la nature minérale. De même, le gaz *éthylène*, C^2H^4, *gaz oléfiant*, une des parties constituantes du gaz d'éclairage, étant agité avec de l'acide sulfurique concentré, finit par s'y combiner; le produit de la réaction, qu'on appelle *acide sulfovinique* ou *éthylsulfurique*, étant distillé avec de l'eau, se dédouble en acide sulfurique et en *alcool*, qui passe à la distillation.

Ces réactions, qui montrent les ressources de la science arrivant à reconstituer des composés produits jusque-là par la nature organisée, n'ont qu'un intérêt scientifique; le procédé par lequel s'obtient l'*alcool* est

celui qu'on connaît depuis longtemps : transformation des matières sucrées en liquides alcooliques, et distillation de ces liquides pour en retirer
l'*alcool* plus ou moins étendu d'eau.

La transformation des jus sucrés en liquides alcooliques a lieu dans
l'acte de la *fermentation*, phénomène encore obscur aujourd'hui, et qui,
depuis longtemps, a exercé la sagacité des chercheurs. Dans l'état
actuel de la science, ce qu'on entend par ce nom ne rappelle en rien
l'origine du mot, qui indiquait seulement un des phénomènes extérieurs
de la métamorphose des sucres en alcool. Il vient, en effet, de *fervere*
(bouillir), et il servait, à l'origine, à désigner le bouillonnement, l'ébullition, pour ainsi dire, occasionnée par le dégagement de gaz qui
accompagne la fermentation.

On doit entendre par *fermentation vraie* une réaction chimique
dans laquelle un *composé organique* (matière fermentescible) se modifie, se
transforme dans un sens déterminé, sous l'influence d'un être organisé,
vivant, végétal ou animal, qu'on appelle le *ferment*, et qui ne fournit
rien de sa propre substance aux produits de la matière fermentescible.
Aussi une petite quantité de ferment peut-elle amener la métamorphose
d'une quantité considérable de substance.

A chaque fermentation correspond un ferment spécial. La fermentation alcoolique a pour agent un être organisé, végétal; comme il se développe facilement dans le moût d'orge fermenté qui sert à préparer la
bière, il est désigné sous le nom de *levure de bière*. Il est constitué par
un amas de cellules de 1/100.de millimètre de diamètre, qui, semées dans
un jus sucré, en présence de phosphate et de sels ammoniacaux, se développent et se multiplient par bourgeonnement; en même temps qu'a lieu
ce développement, la glucose se détruit, et l'acide carbonique et l'*alcool*
apparaissent au sein du mélange. 94 parties de glucose sur 100 se dédoublent ainsi en alcool et acide carbonique :

$$C^6H^{12}O^6 = 2\,(C^2H^6O) + 2CO^2.$$

Les six autres parties contribuent, d'une part, à fournir de la *glycérine*
et de l'*acide succinique*, qui sont des termes constants de la fermentation
alcoolique; d'autre part, à nourrir la levure, qui augmente de poids et
renferme plus de cellulose, dont elle a emprunté les éléments au sucre.
La transformation de la *glucose* en *alcool* est donc corrélative au développement de la levure de bière; néanmoins, celle-ci n'en est pas un agent
indispensable. Si l'on abandonne dans une étuve du sucre de canne ou
de la glucose avec du carbonate de chaux et une matière azotée d'origine
animale, en excluant l'air atmosphérique, on voit se produire de l'*alcool*,

sans que, à un moment quelconque de l'expérience, les globules de levure se manifestent.

Tous les jus sucrés renfermant de la *glucose* ou un sucre transformable en *glucose*, en même temps que des matières azotées, des phosphates, des sels ammoniacaux, étant soumis à une température de 25° à 35°, fournissent de l'*alcool*, de l'acide carbonique, et la levure de bière y apparaît ; tels sont les jus du raisin, de la betterave, de la canne à sucre, le moût obtenu par la saccharification de la fécule. Les liquides alcooliques qui en résultent sont soumis à la distillation pour en retirer l'alcool. Nous avons longuement parlé de cette opération et des appareils qui sont en usage aujourd'hui (PHYSIQUE, *Chaleur*, page 596) ; nous n'y reviendrons pas.

L'*alcool* du commerce contient toujours une quantité plus ou moins considérable d'eau. Lorsqu'il n'en contient que 10 à 15 pour 100 de son volume, on le nomme *esprit-de-vin ;* quand il en a 48 à 50 pour 100, on l'appelle *eau-de-vie*. L'alcool pur ou anhydre est dit *alcool absolu*. Dans cet état, l'alcool est liquide, incolore, d'une odeur faible, mais pénétrante, et qui enivre ; sa saveur est brûlante ; il est très mobile ; il brûle avec une flamme peu visible ; il est très hygrométrique et absorbe rapidement l'eau avec laquelle il se mêle en toutes proportions ; pendant le mélange, la température s'élève un peu ; et le mélange éprouve une diminution de volume qui continue jusqu'à ce qu'on ait ajouté 116 d'eau, en volume, à 100 d'alcool ; puis la contraction cesse.

La chaleur rouge décompose la vapeur d'alcool. Au contact de l'air, l'alcool ne s'altère pas, à moins qu'il ne contienne quelque substance organique altérable ; sa vapeur, en contact avec le noir de platine, absorbe l'oxygène et se change en *aldéhyde* et en *acide acétique ;* si l'on fixe dans la mèche d'une lampe à alcool une spirale de platine, qu'on la laisse échauffer par la flamme pendant quelque temps, et qu'ensuite on l'éteigne, la vapeur d'alcool qui monte brûle lentement et maintient la spirale au rouge : si l'on condense les vapeurs qui résultent de cette combustion, et qui répandent une odeur particulière, on recueille un liquide, mélange d'*aldéhyde*, d'*acides acétique* et *formique*, que l'on avait nommé *acide lampique*.

Le chlore sec, en passant à travers l'alcool absolu, le décompose, en produisant une substance chlorée et enfin du *chloral ;* le brome se dissout dans l'alcool, puis agit de la même manière que le chlore ; l'iode s'y dissout en grande quantité ; en chauffant, il se forme de l'*acide iodhydrique* et de l'*éther iodhydrique* ou *iodure d'éthyle*. L'alcool peut dissoudre de petites quantités de soufre et de phosphore. Les acides produisent plus ou moins facilement des *éthers simples* ou *composés*. Les acides hydriques produisent des *chlorures*, des *bromures*, etc., d'*éthyle*, ou *éthers chlorhydrique*, *bromhydrique*, etc. L'acide nitrique a toutefois une action spéciale, qui varie selon son état de concentration ; ainsi, il peut donner des *éthers nitrique* et *nitreux*, ou des *acides acétique* et *oxalique*.

L'*alcool* dissout les alcalis caustiques ; la dissolution est colorée en brun ; par la chaleur, il se produit toujours un peu d'acétate alcalin et une matière résineuse L'alcool chauffé avec la chaux potassée ou sodée se change en *acide acétique*.

Un certain nombre de sels sont solubles dans l'alcool et peuvent y cristalliser ; quelques-uns retiennent alors plus ou moins d'alcool, qui joue le même rôle que l'eau de cristallisation ; on leur donne le nom d'*alcoolates*. Quelques sels ammoniacaux, chlorhydrate et iodhydrate, chauffés sous pression avec l'alcool à une température élevée, dans des tubes fermés à la lampe, le changent en *éther*, et d'autant plus complètement que la température est plus élevée. Dans ce cas, la dissolution se sépare en deux couches : la couche inférieure est une dissolution aqueuse d'un sel formé par une base complexe que l'on nomme *éthylammoniaque*, tandis que la couche supérieure est de l'éther. Le chlorure de zinc dissous dans l'alcool un peu aqueux donne à la distillation une grande quantité d'*éther ;* mais, si le chlorure est anhydre et l'alcool absolu, la distillation donne en même temps de l'*alcool*, de l'*éther chlorhydrique* et de l'*acide chlorhydrique*.

L'alcool ne dissout pas, en général, les sulfates ni les carbonates ; cependant, s'il est étendu d'une certaine quantité d'eau, quelques sulfates s'y dissolvent. Il dissout facilement les éthers, les résines, les huiles essentielles et même les matières grasses, quoique moins facilement que les autres substances ; il dissout aussi le sucre, tous les alcalis et un grand nombre d'acides organiques.

Lorsqu'on y plonge des substances organisées, des animaux, des fruits, des organes séparés des corps des animaux, etc., l'*alcool* leur enlève l'eau, coagule l'albumine et les conserve en les préservant ainsi de toute altération : c'est par ce moyen que l'on conserve les poissons, les reptiles, les divers organes des animaux, dans les cabinets d'anatomie, et les fruits exotiques dans les collections de botanique. Injecté dans les veines d'un animal, il détermine immédiatement la mort. Pour garder intactes les plantes des herbiers, on les plonge pendant quelque temps dans de l'alcool, dans lequel on a dissous un peu de sublimé corrosif ; on a fait de même pour les insectes dans le but de les préserver également de l'attaque des insectes.

Dans les laboratoires, l'*alcool* est souvent employé pour séparer certains composés et pour les analyser ou pour les extraire; pour purifier la potasse et la soude caustiques, et pour alimenter des lampes, soit à mèche simple, soit à double courant, lorsqu'on a besoin d'une température plus élevée, par exemple lorsqu'on doit faire rougir un creuset de platine ou de porcelaine. En pharmacie, il sert à préparer certaines teintures que l'on nomme *alcoolats* et à préparer les divers *éthers*. Dans les arts, il est employé pour la fabrication du *fulminate de mercure*, pour traiter la *pyroxyline* et en extraire le *collodion* en y ajoutant de l'éther. C'est au moyen de l'alcool que l'on prépare les liquides aromatiques, tels que l'eau de Cologne, l'eau de Botot, etc., les savons transparents, les fruits à l'eau-de-vie, les liquides alcooliques sucrés ou non, etc.

BOISSONS FERMENTÉES : VIN, BIÈRE, EAU-DE-VIE. — Exprimer le suc des raisins et mettre en réserve celui qu'on ne buvait pas immédiatement, c'était là, remarque justement M. Hoeffer, une idée qui pouvait se présenter à l'esprit du premier venu. Or il suffisait de conserver ce suc dans des vases ouverts pour le faire fermenter et le convertir en vin. Aussi la Bible nous montre-t-elle, presque à la naissance du monde, Noé cultivant la vigne et faisant du vin (*fig.* à la page 1089). Une chose digne de remarque, c'est que le mot hébreu qui veut dire *vin* signifie, d'après son étymologie, *produit de la fermentation*, et ce même mot se retrouve, avec de légères modifications, non seulement dans toutes les langues sémitiques (phénicien, syriaque, arabe), mais dans tous les idiomes indo-européens. Le vin, en tant que simple produit de la fermentation alcoolique, s'offrit donc en quelque sorte spontanément à ceux qui en firent les premiers usage. Nous laissons ici, bien entendu, de côté les raffinements qu'y apporta plus tard l'industrie. Mais, pour faire adopter le vin comme boisson, il fallut soumettre l'appareil gustatif à une véritable éducation ; car toutes les choses, même celles qui finissent par flatter le palais, répugnent naturellement à l'homme qui n'en a pas l'habitude. Ainsi l'eau-de-vie ne fut longtemps qu'un médicament; et, pendant plus d'un siècle, on ne put s'accoutumer au goût de la pomme de terre.

. Le jus de la treille eut bientôt ses succédanés. Le suc du palmier et celui d'autres végétaux furent transformés en liqueurs alcooliques par la fermentation. Les céréales ne servaient pas seulement à donner le pain ; on les faisait fermenter dans l'eau pour en retirer une boisson enivrante. La *bière* était une boisson aimée des nations les plus diverses : elle se rencontrait chez les Égyptiens et chez les Gaulois. Les Germains faisaient, au rapport de Tacite, « un breuvage avec de l'orge, converti,

Une brasserie (page 1115).

par la fermentation, en une sorte de vin. » C'était, en effet, de la véritable bière. Hâtons-nous d'ajouter que, le houblon étant d'un emploi récent, la bière des anciens devait facilement tourner à l'aigre.

Nous donnons, d'après le savant livre de M. Maigne (1), l'histoire de la fabrication du vin et de la bière.

Le *vin* proprement dit est la liqueur alcoolique qu'on obtient en faisant fermenter le jus de raisin. « C'est la boisson la plus précieuse et la plus énergique des populations laborieuses. » Son usage modéré épargne la moitié du pain. « Une pièce de vin vaut un sac de farine, » dit un vieux proverbe; mais, plus que le pain, le vin stimule le corps, il échauffe le cœur, développe les idées et l'esprit de sociabilité, et donne l'activité, le contentement dans le travail. Aucune autre boisson ne saurait le remplacer. Aussi viendra-t-il un jour où il constituera la boisson alimentaire des repas de la famille partout où la civilisation étendra ses bienfaits. »

Il existe un nombre infini de variétés de vins, qui diffèrent entre elles par la couleur, la saveur et la force, quoique renfermant en général les mêmes principes constituants, mais en proportions très diverses. Les qualités qui les distinguent proviennent non seulement de la diversité des *cépages*, mais encore d'une foule de circonstances accessoires, telles que le climat, l'exposition, la nature du sol, le mode de culture, la marche des saisons aux époques qui exercent le plus d'influence sur la formation et la maturité du fruit, les procédés de fabrication, etc. Sous ce rapport, la France a été si admirablement dotée par la Providence qu'elle produit des espèces de vins qui, par leur diversité, suffisent à tous les goûts et à tous les besoins, depuis les vins les plus communs à l'usage du pauvre, jusqu'à ces boissons hors ligne, appelées vulgairement *grands vins*, dont le prix, excessivement élevé, en réserve l'usage aux familles les plus opulentes.

Le vin renferme un très grand nombre de substances. La plupart préexistent dans le jus du raisin ou *moût;* les autres sont le résultat de la fermentation. Nous citerons seulement : l'*eau*, l'*alcool*, le *tanin*, l'*acide tartrique*, l'*acide* et l'*éther acétiques*, l'*acide* et l'*éther œnantiques*, la *crème de tartre* et les *principes colorants*. De toutes ces substances, l'eau est la plus abondante : il y en a 878 pour 1,000 dans les bons vins rouges. L'*alcool* provient de la décomposition du sucre contenu dans le raisin. C'est à lui que le vin doit sa force et sa propriété enivrante, et plus il en renferme, plus il est ce qu'on appelle généreux. Sa proportion varie de 5 à 18 pour 100 dans les vins naturels. Le tanin est fourni par la rafle, la pellicule et les pépins du raisin; outre qu'il donne au vin de l'âpreté, il concourt avec l'alcool à lui communiquer la propriété de se conserver et de supporter les transports lointains. L'*acide acétique* et l'*éther acétique* se forment aux dépens de l'alcool, et proviennent presque toujours d'une fermentation trop active ou trop prolongée. L'*acide œnantique* est dû à l'oxydation des matières grasses du moût, et il se transforme en *éther* par sa réaction sur l'alcool : c'est lui qui com-

____

(1) Maigne, *Arts et manufactures.* (E. Belin, éditeur.)

munique au vin l'odeur vineuse si caractéristique. Quant au *parfum* ou *bouquet* spécial propre à chaque cru, ou du moins à certains crus, il a échappé jusqu'à présent aux recherches des chimistes. L'*acide acétique*, l'*acide malique* et la *crème de tartre* donnent de la verdeur au vin; mais, comme le tartre se dépose peu à peu, on comprend pourquoi les vins s'améliorent en vieillissant. La couleur des vins rouges provient d'un principe colorant bleu qui existe dans le moût, et que les acides libres ont fait passer au rouge. Ce principe bleu semble lui-même dériver d'un principe colorant primitivement jaune, qui se modifie peu à peu sous l'action combinée de la lumière et de l'air, et c'est aux proportions respectives de ces deux principes que sont dues les nuances si variées que présentent les différentes sortes de vins. Comme la matière colorante réside dans la pellicule du raisin, on exalte souvent la couleur de certains vins en laissant le moût cuver longtemps sur les pellicules, et en retardant la fermentation par une addition de plâtre. C'est ainsi que, dans les départements du Midi, on obtient ces vins très foncés, presque noirs, qu'on appelle *vins de couleur* ou *vins teinturiers*, et au moyen desquels on colore les vins dont la nuance est trop pâle, et l'on transforme les vins blancs en vins rouges. On sait qu'en avançant en âge les vins se dépouillent de la plus grande partie de leur matière colorante, et qu'ils prennent alors une teinte particulière qu'on désigne sous le nom de *pelure d'oignon*.

La fabrication du vin, ou la *vinification*, a pour objet de transformer au moyen de la fermentation le jus du raisin en vin. Pour que le raisin puisse donner une liqueur spiritueuse, il est indispensable de l'écraser, afin que des champignons microscopiques, qui doivent agir comme ferment et qui sont disséminés à la surface extérieure des grains, puissent se mélanger au moût et rencontrer ainsi le milieu favorable à leur développement. Tel est le but du *foulage*. Cette opération, qui est la première de la vinification, consiste à piétiner la vendange dans de grandes cuves de bois ou de pierre, ou, ce qui est plus économique, plus rapide et plus propre, à la soumettre à l'action de presses à cylindres (*fig.* à la page 1097). Toutefois, dans beaucoup de localités, et généralement partout où l'on veut obtenir des vins de qualité supérieure, on débarrasse préalablement le raisin de son pédoncule ligneux, appelé communément *rafle* ou *râpe*, parce qu'il communique au liquide une trop grande astringence. Cette manipulation se nomme *égrappage* ou *dérâpage*. Pour l'effectuer, on jette les raisins dans un cuvier peu élevé, on les agite circulairement avec une espèce de fourche à trois dents, et l'on enlève les rafles à mesure que les grains en sont détachés. D'autres fois, on met les raisins dans un crible formé de fil de fer, de baguettes d'osier ou même simplement de ficelle, et posé au-dessus d'un cuvier, et on les tourne et retourne en tous sens avec les mains. On conçoit que les grains se séparent et tombent dans le cuvier, tandis que la râpe reste sur le crible.

Le moût étant obtenu et distribué dans de grandes cuves, la fermentation ne tarde pas à s'y établir. On reconnaît qu'elle commence à l'apparition de petites bulles d'acide carbonique qui viennent crever à la surface. Ce premier phénomène est bientôt accompagné de deux autres : une augmentation de chaleur et un trouble qui, partant du centre, se communique de proche en proche à toute la masse. En même temps, l'acide carbonique se dégage en si grande abondance, qu'il en résulte une sorte d'ébullition ; il soulève les débris solides du fruit et une écume épaisse, de sorte qu'il se forme peu à peu, à la surface du liquide, une croûte hémisphérique qu'on nomme le *chapeau*. Enfin, l'effervescence diminue peu à peu et le chapeau s'affaisse. Alors on brise ce dernier, soit avec une perche, soit, ce qui est dangereux, en faisant descendre un homme dans la cuve, afin de piétiner les matières pour les mêler et ranimer la fermentation. Quand il ne se produit plus de bulles, quand le moût ne *bout* plus, comme on dit, la liqueur se trouve colorée en rouge : elle a perdu sa douceur et acquis la saveur vineuse ; en d'autres termes, elle est changée en vin. La durée de cette transformation est très variable. En effet, certains vins ne peuvent supporter la cuve que six à sept jours, tandis que d'autres ne sont pas assez faits après une dizaine de jours. Pour quelques-uns même, on est obligé de provoquer ou du moins d'activer la fermentation. C'est ce qui arrive notamment quand le raisin est trop mûr ou ne l'est pas assez. Dans le premier cas, il ne contient pas une proportion suffisante d'eau, et il faut y en ajouter. Dans le second, il est trop aqueux et ne renferme pas assez de sucre. Il faut alors, ou bien enlever l'excès d'eau en mêlant au moût, soit du plâtre, soit une certaine quantité du même moût réduit par l'évaporation au quart ou au cinquième de son volume primitif, soit une proportion de sucre qui varie de 6 à 10 kilogrammes et demi par hectolitre.

Aussitôt que le vin ne fermente plus, on procède au *décurage* ou *décuvelage*. Cette opération consiste à l'extraire des cuves et à le distribuer dans des tonneaux, placés, autant que possible, dans une cave ni trop sèche ni trop humide, exposée au nord et éloignée de tout ce qui pourrait y produire des trépidations. Toutefois, le vin est encore trouble et sa fermentation n'est pas entièrement terminée, parce qu'il y reste une petite quantité de sucre que son séjour dans la cuve n'a pu faire disparaître. C'est pour cela que, dans les premiers jours de son transvasement, on entend un léger sifflement dû au dégagement de l'acide carbonique, et qu'en même temps il se produit des écumes qui sortent par la bonde. A mesure que ces écumes prennent naissance et s'échappent, le volume du liquide diminue. Aussi, pour qu'elles puissent sortir, est-il indispensable d'introduire du vin dans le tonneau pour qu'il soit toujours plein : c'est en cela que consiste l'*ouillage*. Enfin, la liqueur entre en repos et les matières qui altèrent sa limpidité se déposent peu à peu. Ces matières constituent la *lie*. Pour qu'elles ne puissent se mêler au vin par l'agitation ou par les changements de température, ce qui pourrait le faire tourner à l'aigre, on le distribue dans de nouveaux tonneaux. Cette opération, qui se nomme *soutirage*, se pratique à diverses époques et une ou plusieurs fois, suivant les espèces de vins. Enfin, si le vin n'est pas suffisamment limpide, on achève de le clarifier par le *collage*, c'est-à-dire en y délayant du blanc d'œuf, de la colle de poisson, etc. ; après quoi on le soutire de nouveau.

La fabrication du vin donne deux résidus importants : le *marc* et la *lie*. Le marc se compose des pellicules et des grappes restées au fond de la cuve où le moût a fermenté. On le soumet à plusieurs reprises à l'action de forts pressoirs pour en extraire le vin qu'il renferme toujours en proportion plus ou moins considérable, et qu'on désigne sous le nom de *vin de presse*. Le vin du premier pressurage est considéré comme bon et mêlé généralement à celui qui provient de la cuve. Quant à celui du dernier, on le met à part pour en faire, en y ajoutant de l'eau, des boissons communes qu'on appelle communément *piquettes* ou *demi-vins*. Les marcs servent encore à fabriquer des eaux-de-vie de qualité inférieure. Quant à la lie, c'est un mélange de débris de pulpe, de matière colorante et de plusieurs autres substances parmi lesquelles domine la *crème de tartre* ou *bitartrate de potasse*. C'est à cause de la présence de ce sel qu'on l'emploie, peut-être de temps immémorial, pour la fabrication des *cendres gravelées*.

Les *vins blancs* se fabriquent absolument comme les vins rouges, sauf qu'on laisse fermenter les raisins sans en extraire les rafles. On emploie indifféremment les raisins blancs ou les raisins rouges. Seulement, quand on se sert de ces derniers, au lieu de faire fermenter le moût sur son marc, on le soutire immédiatement après le foulage. Comme le principe colorant du vin se trouve uniquement dans la pellicule extérieure des grains et ne peut se dissoudre qu'à la faveur de l'alcool, il en résulte que si la fermentation a lieu quand cette pellicule est enlevée, il ne peut y avoir de coloration. On croit que l'art de faire du vin blanc avec des raisins rouges remonte au XIIe siècle, et qu'il a été inventé par les Poitevins.

Les *vins sucrés* ou *vins de liqueur* sont de simples boissons de fantaisie ou plutôt de dessert. On les prépare spécialement dans les pays chauds, surtout en Espagne, en Italie, en Portugal et dans quelques-uns de nos départements du Midi. Ce qui les caractérise essentiellement, c'est que les raisins avec lesquels on les fait, et qui sont propres à ces pays, sont tellement riches en sucre qu'une assez forte proportion de ce principe échappe à la fermentation, et reste en dissolution dans le liquide spiritueux. Leur fabrication diffère, du reste, fort peu de celle des précédents. Dans certaines localités, pour augmenter la proportion de sucre, on ajoute au moût, soit du sucre pur, soit un sirop fait avec du sucre et de l'alcool. Dans d'autres, on laisse le raisin se dessécher en partie sur le cep, ou bien, après l'avoir coupé, on le suspend au soleil, et on ne l'emploie que lorsque la moitié de l'eau qu'il renferme s'est évaporée : les vins obtenus par ce dernier procédé sont généralement appelés *vins de paille*, parce que, pour faire sécher les raisins, on les étend quelquefois sur des lits de paille. Enfin, plusieurs vins sucrés sont des *vins cuits*, c'est-à-dire fabriqués avec du moût qu'on a réduit au moyen de l'ébullition.

Les *vins mousseux* doivent leur caractère spécial à la grande quantité d'acide carbonique qu'ils tiennent en dissolution, et qui provient de ce que la seconde fermentation, ou fermentation insensible, s'est effectuée dans la bouteille. Ces vins ne sont guère consommés que les jours de festin. Ils sont blancs, ont une saveur aigrelette très agréable, et ils moussent et pétillent quand on les agite ou au contact de l'air. Quant à leur fabrication, elle exige des soins minutieux et des manipulations délicates, qui modifient singulièrement la nature primitive du vin. Ceux de notre ancienne province de Champagne ont une réputation universelle :

ce sont même les premiers qu'on ait connus. Pour les préparer, on peut employer les raisins noirs ou les raisins blancs; mais on préfère généralement les premiers, parce qu'ils donnent un vin plus aromatique et plus facile à conserver. On évite de briser les grains en les transportant du vignoble à l'atelier de foulage, puis on sépare le moût du marc et des pellicules. Le moût est mis alors dans des tonneaux, qu'il remplit entièrement afin que la fermentation tumultueuse puisse faire sortir aisément les écumes. Après une trentaine d'heures, on soutire dans des futailles soufrées, qu'on maintient également pleines et qu'on ferme avec une bonde hydraulique. On soutire de nouveau, on colle successivement trois fois, à un mois d'intervalle, puis on ajoute au vin un peu d'excellente eau-de-vie et un sirop fait avec du sucre candi et du vin blanc. On laisse reposer pendant quelque temps, on colle une dernière fois, et, après un autre repos, on distribue le vin dans des bouteilles, que l'on ficelle bien, et que l'on couche les unes sur les autres dans des caves voûtées. Au bout de six à huit semaines, la seconde fermentation a lieu; le sucre ajouté se décompose, et l'acide carbonique, ne pouvant s'échapper, reste dans la liqueur et la rend mousseuse. Pendant cette fermentation, le vin se trouble et forme un dépôt plus ou moins abondant, dont on le débarrasse par une opération appelée *dégorgeage*, qui se fait un an après l'embouteillage. Pour cela, on prend chaque bouteille (*fig.* à la page 1113), et la renversant peu à peu jusqu'à ce qu'elle ait le col en bas, on lui imprime un mouvement de rotation qui détache le dépôt et l'amène sur le bouchon. Alors on enlève rapidement ce dernier, et aussitôt le dépôt et une petite quantité de vin sont lancés vivement au dehors. Sans perdre un instant, on achève de remplir la bouteille avec du vin bien clair ou avec un sirop additionné d'eau-de-vie; on bouche de nouveau, on ficelle, et l'on goudronne ou bien on coiffe le bouchon avec une capsule d'étain. Le vin, ainsi préparé, peut être livré au commerce cinq ou six mois après le dégorgeage. On a cru, pendant longtemps, que la propriété de mousser était particulière aux vins de Champagne; mais, depuis qu'on sait que cette propriété est uniquement due à un dégagement d'acide carbonique dissous et comprimé dans le vin, on fabrique des vins façon Champagne en Bourgogne, en Anjou, en Gascogne, en Lorraine et ailleurs. Il suffit, en effet, pour les obtenir, d'embouteiller la liqueur spiritueuse avant que la fermentation soit terminée. Toutefois, ces imitations ne valent jamais les vrais champagnes, bien que certaines en approchent souvent de très près. On donne le nom de *blanquettes* à une variété de vins mousseux qu'on fabrique à Limoux (Aude), et dans quelques autres localités.

Non moins empirique que la viticulture, la fabrication du vin a été, de nos jours, l'objet de plusieurs améliorations importantes. On s'est surtout demandé comment il convenait de diriger la cuvaison. Pour résoudre cette question, on a comparé les diverses pratiques usitées dans les meilleurs pays viticoles, et l'on a été amené à considérer, comme la meilleure, la méthode que voici : 1° fouler les raisins avant de les mettre en cuve; 2° emplir la cuve en un jour jusqu'à 30 centimètres de son bord supérieur; 3° égaliser la surface et ne plus fouler à la cuve; 4° cuver en cuve ouverte, fermée par une simple toile d'emballage; 5° tirer le vin de la cuve aussitôt que la fermentation tumultueuse commence à s'apaiser, c'est-à-dire quand il est trouble et chaud, afin qu'il achève le travail au tonneau ; 6° presser le marc sans délai, et répartir les vins du pressoir en proportions égales dans les vins de la cuve. En outre, l'expérience ayant démontré que plus la chaleur de la fermentation est élevée dans le marc, plus l'opération se complète rapidement, plus le vin a de spiritueux, de couleur et de durée, on a eu l'idée d'obtenir ce résultat en ne mettant en cuve que les raisins chauffés par le soleil et en tenant les celliers clos et chauds. Enfin, pour activer la fermentation pendant les mauvaises années, on a recommandé, soit de verser dans la cuve une certaine quantité de moût chauffé, soit d'y faire passer le tuyau d'un calorifère à eau ou à vapeur. On a aussi proposé, pour le même objet, de préparer un levain en faisant fermenter les meilleurs raisins à part dans un lieu chaud, puis de le distribuer dans les autres cuves, et l'on s'est bien trouvé de cette innovation.

Les vins sont sujets à plusieurs maladies, qu'on désigne sous le nom d'*aigre*, de *pousse*, de *graisse*, de *goût de fût*, etc., et il est à remarquer que ce sont en général ceux des meilleurs crus qui y sont le plus exposés. D'après les récentes recherches de M. Pasteur, elles sont dues presque toutes à la présence de champignons microscopiques dont l'air apporte les germes dans la liqueur sucrée pendant la fabrication. En altérant le vin, ces maladies occasionnent chaque année des pertes énormes aux producteurs et portent un très grand préjudice au commerce d'exportation. Comme elles ne peuvent se manifester lorsque les petits végétaux qui leur donnent naissance manquent complètement ou sont mis dans l'impossibilité de se développer, on s'est livré de bonne heure à la recherche de moyens propres à donner l'un ou l'autre de ces résultats. Parmi les moyens qu'on a proposés, les plus efficaces sont : le *soufrage*, le *plâtrage*, le *sucrage*, le *vinage* et le *chauffage*.

Le *soufrage*, appelé aussi *mutage*, est employé pour les vins susceptibles de s'aigrir, et, par suite, difficiles à garder. Il consiste à imprégner les tonneaux d'acide sulfureux, en y faisant brûler un certain nombre de mèches soufrées. C'est probablement le plus ancien, car les Romains s'en servaient déjà du temps de Caton le Censeur, mort 149 ans avant Jésus-Christ.

Le *plâtrage* s'applique particulièrement aux vins très colorés, chargés d'une forte proportion de crème de tartre, et qui, probablement à cause de cette constitution, ne peuvent, en général, supporter de longs voyages sans perdre notablement de leur qualité. Il consiste à ajouter du plâtre en poudre, soit dans la cuve au moment de la fermentation du moût, soit au vin lui-même quand la fermentation est terminée. Cette pratique a été imaginée on ne sait où. Dans tous les cas, elle existe depuis très longtemps. On lui reproche d'introduire dans le vin des substances qui peuvent être nuisibles à la santé.

Le *sucrage* est surtout appliqué aux vins faits avec des raisins sans maturité et par suite très prompts à se gâter. Il consiste à jeter dans le moût de 6 à 10 kilogrammes de sucre par hectolitre. On croit qu'il a été inventé au siècle dernier, et comme c'est le chimiste Chaptal qui l'a fait adopter, on l'appelle quelquefois *chaptalisation*. Depuis une cinquantaine d'années, son usage s'est répandu dans une foule de pays viticoles; mais, au lieu de se servir de sucre de raisin ou d'excellent sucre de canne, comme l'avait recommandé Chaptal, une économie mal

Fabrication du vin de Champagne (page 1111).

entendue fait généralement employer la glucose, dont la saveur, toujours plus ou moins désagréable, ne peut produire que de fâcheux effets. Tout récemment, un congrès de vignerons, réuni à Dijon, en a recommandé l'abandon, comme dénaturant complètement les vins, notamment ceux de la Bourgogne, auxquels il enlève leur bouquet et leur délicatesse, en même temps qu'il les surcharge d'alcool et y entretient un principe qui nuit à leur bonne conservation.

Le *vinage* consiste à ajouter au vin une certaine quantité d'alcool rectifié. On y a recours, de temps immémorial, dans tout le midi de l'Europe et ailleurs pour les vins faibles ou acides, qui, destinés à l'exportation, ne pourraient supporter les transports lointains pendant l'été. On reproche à cette pratique d'être une source d'abus, parce qu'on l'applique à des vins pour lesquels elle n'est pas nécessaire. Elle a d'ailleurs le grave inconvénient de rendre éminemment dangereuses des boissons naturellement bienfaisantes.

Le *chauffage* du vin, conseillé par Appert au commencement de ce siècle, a été expérimenté de nos jours par M. Vergnette-Lamotte et surtout par le chimiste Pasteur. C'est ce dernier qui l'a fait entrer dans la pratique, circonstance qui a valu à ce procédé le nom de *pasteurisation*, sous lequel il est connu dans toute l'Europe. Ainsi que ce savant l'a constaté, et ses expériences ont été confirmées par les viticulteurs les plus habiles, une chaleur de 50° à 60° suffit pour détruire toute vitalité dans les germes des champignons, et assure ainsi la conservation des vins sans nuire au développement de leurs qualités. On chauffe les vins soit en bouteilles, soit en fûts, au moyen d'appareils dont les dispositions sont excessivement variées. Cette méthode tend à se répandre partout, parce qu'à une efficacité complète elle joint le mérite d'être, hygiéniquement, tout à fait inoffensive.

On peut classer les vins de différentes manières; mais, dans le commerce, on divise ceux qui sont destinés à la consommation usuelle en quatre grandes sections : les *grands vins*, les *vins fins*, les *vins ordinaires* et les *vins communs ;* les *vins mousseux* et les *vins* de *liqueur* forment deux catégories séparées.

Par *grands vins*, on entend ceux qui réunissent au plus haut degré toutes ou la plupart des qualités qui caractérisent les liqueurs de ce genre. La France est le pays du monde qui en donne le plus, et ils proviennent presque tous du Bordelais ou de la Bourgogne. Les plus renommés sont ceux de Château-Laffitte, de Château-Margaux, de Château-Latour, de Château-Haut-Brion, de Château-Yquem, dans la Gironde ; de Romanée-Conti, de Chambertin, de Clos-Vougeot, de Montrachet, de Marsault, dans la Côte-d'Or.

Les *vins fins* se rapprochent plus ou moins des précédents. Le Bordelais et la Bourgogne en produisent d'énormes quantités. Tels sont encore ceux de Côte-Rôtie, dans le Rhône ; de Saint-Péray, dans l'Ardèche ; de Mercurol et de l'Ermitage, dans la Drôme, etc.

Les *vins ordinaires* sont francs de goût et ont plus ou moins de sève et de saveur. Suivant leur qualité, on les divise en *grands ordinaires, bons ordinaires* et *ordinaires*. Presque toutes les contrées viticoles en fournissent de plus ou moins estimés.

Dans la section des *vins communs*, on range tous ceux qui, d'une manière plus ou moins complète, présentent un ou plusieurs des défauts propres aux produits de la vigne. Ce sont les plus abondants et ceux, par conséquent, que fournissent généralement les vignobles de tous les pays. Les meilleurs servent à faire des coupages ou sont livrés à la consommation locale. Les plus mauvais sont presque entièrement employés à la fabrication des eaux-de-vie, ce qui les fait désigner sous le nom de *vins de chaudière*.

Ainsi que nous l'avons vu, les *vins mousseux* les plus estimés sont préparés dans la Champagne. Ils proviennent exclusivement des arrondissements de Reims et d'Épernay, dans le département de la Marne. Au premier rang se placent ceux des communes de Sillery, de Verzy et de Verzenay, aux portes de Reims ; de Cramant, d'Avize et du Ménil, non loin d'Épernay. Suivant leurs qualités, ils se divisent en *grands mousseux, mousseux ordinaires, crémants* et *tisanes*.

Parmi les *vins de liqueur* les plus renommés, nous citerons : 1° en France, les muscats de Frontignan et de Lunel, dans l'Hérault ; le grenache et le rancio, dans les Pyrénées-Orientales ; 2° à l'étranger, ceux de Malaga, d'Alicante, de Xérès, en Espagne ; de Porto, en Portugal ; de Constance, dans la colonie du Cap ; de Madère, aux Açores ; de Malvoisie, en Grèce ; de Tokay, en Hongrie ; de Syracuse, en Sicile ; le lacryma-christi, au pied du Vésuve, dans l'Italie méridionale, etc.

La *bière* est une liqueur alcoolique qu'on prépare essentiellement avec la matière amylacée et le houblon : c'est la boisson par excellence de la plupart des pays où la vigne ne peut être cultivée, où, par conséquent, le vin est rare et cher. Ce qui la différencie des autres liqueurs alcooliques, c'est qu'elle doit être consommée alors qu'elle est encore en fermentation : elle cesse d'être bière aussitôt qu'elle ne fermente plus. Cette boisson a été connue par les anciens. Suivant Pline, les Gaulois l'appelaient *cerevisia*, que l'on transforma plus tard en *cervoise*, nom qu'elle a longtemps porté dans notre langue. Aujourd'hui, sa fabrication constitue une industrie de premier ordre dans toutes les contrées du Nord, plus particulièrement en Angleterre, en Belgique et en Allemagne.

Nous venons de voir que les matières amylacées et le houblon servent de base à la préparation de la *bière ;* la matière amylacée est destinée à donner le sucre nécessaire à la production de l'alcool. Elle peut être fournie par le fruit de toutes les céréales ; mais on choisit de préférence ceux de l'orge, parce que le prix en est ordinairement le moins élevé et que, en outre, ils se laissent travailler avec plus de facilité. Toutefois, dans certaines circonstances, on a également recours à l'avoine, au froment, au maïs, au seigle, même à la pomme de terre. Quant au houblon, il a un double rôle : d'une part, il assure la conservation de la bière ; d'autre part, il communique à cette boisson le parfum et la saveur qui lui sont propres.

La fabrication de la bière se fait dans des établissements qu'on appelle *brasseries*, et l'on donne le nom de *brasseurs* à ceux qui en font leur profession (*fig.* à la page 1105). Elle se compose de deux séries d'opérations, appelées l'une *maltage*, l'autre *brassage*, qui, dans les pays où la production est très considérable, forment des industries entièrement séparées.

Le *maltage* a pour objet de convertir le grain cru en *malt*, c'est-à-dire de préparer le produit qui entrera comme matière première dans les manipulations suivantes, et l'on sait qu'on désigne sous ce nom l'orge germée et desséchée. Les grains doivent être choisis aussi sains que possible, et il faut éviter de mêler ceux de différentes variétés ou qui, bien qu'appartenant à la même variété, ont été récoltés sur des terrains différents ou à des époques différentes. — La préparation du malt comprend : le *mouillage* ou *trempage des grains*, la *germination*, la *dessiccation des grains germés*, la *séparation des radicelles*, la *mouture*.

Chacun sait que les grains secs peuvent se conserver intacts à peu près indéfiniment et que, pour les faire germer, il est indispensable de leur donner une certaine humidité. Le *mouillage* a donc pour but d'introduire dans les grains la quantité d'eau nécessaire pour permettre aux substances qu'ils contiennent de réagir les unes sur les autres. Il sert, en outre, à éliminer les grains vides qui, étant plus légers que les autres, viennent se réunir à la surface de l'eau; on les enlève avec des écumoires, à mesure qu'ils se présentent, ainsi que les diverses impuretés qui accompagnent toujours l'orge. L'opération se fait dans des réservoirs de pierre ou dans des cuves de bois dites *cuves mouilloires*. On les remplit d'eau de manière que les grains en soient recouverts de quelques centimètres, et on la renouvelle à plusieurs reprises, jusqu'à ce qu'elle sorte bien limpide. En même temps, on remue constamment pour que la masse soit humectée uniformément. Le mouillage est terminé lorsque tous les grains, pris au hasard, s'écrasent sous la dent sans craquer, ou bien plient facilement entre les doigts et ne présentent plus une sorte de noyau dur à l'intérieur, ce qui arrive au bout de quarante-huit heures environ. A ce moment, ils ont augmenté de près de moitié de leur poids, et du quart de leur volume primitif.

La *germination* sert surtout à développer dans les grains le principe auquel on a donné le nom de *diastase*, et qui possède la propriété de transformer la matière amylacée en glucose. A cet effet, on porte les grains, préalablement égouttés, dans une chambre dallée et voûtée, nommée *germoir*, dont la température est maintenue constante, et sur le sol de laquelle on les étend en couches de $0^m,30$ à $0^m,50$ d'épaisseur; on les retourne de temps à autre pour qu'ils se trouvent tous dans les mêmes conditions de température et d'aération. Dans ces conditions, ils ne tardent pas à germer. La radicule commence d'abord à sortir; le germe ou plumule qui doit former la tige se gonfle, et, partant du même bout par lequel la radicule s'échappe, s'avance peu à peu sous la pellicule qui enveloppe le grain et se dirige vers le bout opposé. En même temps, la radicule s'allonge et se divise, d'abord en trois, puis en cinq, six ou sept plus petites racines ou radicelles. On reconnaît que la germination est arrivée au point convenable quand la longueur de la plumule est d'environ les deux tiers de celle du grain.

Par la *dessiccation des grains*, on se propose d'arrêter la germination qui, si elle était poussée plus loin, épuiserait les principes utiles de l'orge. Il suffit pour cela d'étendre les grains germés sur le plancher d'un grenier, et de les y laisser exposés à l'air libre jusqu'à ce qu'ils ne mouillent plus les mains quand on les presse. On achève ensuite de les faire sécher en les soumettant à l'action d'un courant d'air chaud dans une étuve diversement disposée, qu'on appelle *touraille*, et dont on élève graduellement la température. En France, en Angleterre et en Bavière, cette étuve est le plus souvent une espèce de tour carrée en bois, de 5 à 6 mètres de côté, chauffée à sa partie inférieure, et dans l'intérieur de laquelle une plate-forme en fer grillagé est destinée à recevoir le grain.

Nous savons que l'orge germée et desséchée constitue le *malt*. Au sortir de la touraillé, on la débarrasse des radicelles qui, ne contenant rien d'utile à la fabrication de la bière, rendraient le travail ultérieur plus dispendieux. Il suffit pour cela, soit de piétiner les grains avec des sabots, puis de les cribler, soit de les faire passer dans un tarare à brosses et à ventilateur, et, comme la dessiccation les a rendues très cassantes, elles se séparent aisément. Si l'on ne procédait pas immédiatement à cette opération, les radicelles, absorbant un peu d'humidité, reprendraient une partie de leur ancienne souplesse et se détacheraient très difficilement. On les ramasse avec soin et on les vend, sous le nom de *touraillons*, pour préparer des engrais. Quant au malt nettoyé, on le conserve avec soin à l'abri de l'humidité.

La *mouture du malt* consiste à soumettre les grains à un broyage grossier, à un simple concassage, afin de faciliter les manipulations suivantes en multipliant les surfaces de contact avec l'eau. On emploie pour cela, soit des moulins ordinaires dont les meules sont plus écartées que pour la mouture du blé, soit des cylindres de fonte disposés l'un au-dessus de l'autre. Dans tous les cas, on ne procède à la mouture qu'au moment où l'on veut employer le malt, et l'on dirige le travail de manière que la pellicule externe du grain ne soit pas brisée, sans quoi la filtration du moût ne se ferait pas convenablement. En général, avant de porter le malt au moulin, on l'expose quelque temps à l'air pour qu'il reprenne un peu d'humidité; sans cette précaution, surtout s'il était trop sec, il produirait beaucoup de folle farine dont il se perdrait une grande partie.

C'est au printemps, particulièrement aux mois de mars et d'avril, que le maltage se fait le mieux, parce que la température étant alors moins variable que dans les autres parties de l'année, la germination du grain parcourt plus régulièrement ses diverses phases. De là le nom de *bière de mars* par lequel on désigne la bière fabriquée dans cette saison.

Le *brassage* est la fabrication proprement dite de la bière. Il se compose des opérations suivantes : l'*empâtage*, la *cuisson du moût avec le houblon*, le *refroidissement*, la *fermentation*.

L'*empâtage*, appelé aussi *trempe*, *démêlage*, *salade* ou *brassage*, a pour but de dissoudre toutes les substances solides qui existent dans le malt, et de déterminer la saccharification de la matière amylacée. Il s'effectue de plusieurs manières différentes, mais qu'on peut ramener à deux méthodes principales : l'une, dite *par infusion*, qui est généralement adoptée en Angleterre, en Hollande, en Belgique et dans nos départements du Nord ; l'autre, dite *par décoction*, qui est employée en Bavière, en Autriche et dans nos départements de l'Est. La première donne généralement des bières plus alcooliques que la seconde; par contre, les boissons que fournit cette dernière sont plus nourrissantes et ont, en outre, l'avantage de se conserver mieux.

1° Le *brassage par infusion* consiste à tenir le malt, pendant un certain temps, dans de l'eau chaude, dont on élève peu à peu la température jusqu'à 70° à 75°, qui est la plus favorable à l'action de la diastase. On opère dans un appareil appelé *cuve-matière*. Dans les petites brasseries, c'est une simple cuve en bois, de 3 à 4 mètres de diamètre, et d'environ 1ᵐ,70 de profondeur. Elle est munie d'un couvercle mobile qui la ferme exactement, et d'un faux-fond criblé de trous, maintenu à 0ᵐ,50 ou 0ᵐ,60 du fond proprement dit. Ce faux-fond sert de filtre pour l'écoulement du moût. Dans l'intervalle compris entre les deux fonds sont adaptés un robinet de vidange et un tube d'arrivée d'eau chande, ce dernier communiquant avec une chaudière placée à un étage supérieur. Après avoir versé dans la cuve de l'eau à 40°, on y ajoute assez de malt pour former une pâte moyennement épaisse, puis on agite le mélange, soit à bras d'hommes, soit par un moyen mécanique, et on l'abandonne à lui-même, pendant une demi-heure, afin que le malt se pénètre uniformément de liquide. On introduit alors une nouvelle quantité d'eau, mais à une température telle que la masse atteigne 60° à 65°; on brasse fortement et on laisse le tout en contact pendant une heure ou deux, en ayant soin de couvrir la cuve. On obtient ainsi une solution sucrée, ou *trempe*, qu'on soutire à l'aide du robinet de vidange, dans une cuve dite *reverdoir*, d'où une pompe l'envoie dans un réservoir nommé *bac à moût*. Cette solution ne contenant pas toute la matière amylacée du malt, on procède aussitôt au complet épuisement de ce dernier. A cet effet, on introduit dans la cuve-matière une quantité d'eau égale à la moitié de celle qu'on a employée précédemment, mais suffisamment chaude pour porter le mélange à une température de 70° à 72°; on brasse vivement, on laisse en repos pendant une heure et on soutire. On répète encore une fois la même opération, toujours en employant moins d'eau et chauffant cette fois jusqu'à 75° à 78°. Les trois trempes sont tantôt réunies et traitées ensemble, tantôt, au contraire, recueillies à part et travaillées isolément; dans ce dernier cas, elles donnent chacune une bière spéciale. Dans les établissements montés sur une grande échelle, les cuves-matières sont de vastes réservoirs carrés, en tôle, garnis extérieurement d'une chemise de bois pour empêcher les pertes de chaleur. Elles sont toujours munies d'un ou de plusieurs agitateurs mécaniques que fait mouvoir le moteur ordinaire de l'usine. Outre le tuyau de vidande, qui dirige le liquide dans le reverdoir, un second tuyau débouche entre les deux fonds : il sert à y introduire de la vapeur pour chauffer le moût.

Dans le *brassage par décoction*, on enlève une portion du moût obtenu par une première infusion; on le fait bouillir; après quoi on le reverse dans la cuve-matière, où il sert de liquide d'infusion, et l'on répète les opérations. Pour commencer le travail, on introduit le malt dans la cuve-matière avec une petite quantité d'eau froide; puis, quand il est mouillé uniformément, on ajoute la quantité d'eau voulue et à une température telle, que la masse totale atteigne 30° à 35°; on brasse énergiquement et on laisse reposer pendant une heure, en ayant soin de couvrir la cuve. Alors on retire au moyen d'une pompe le tiers environ du mélange pâteux, et on le dirige dans une chaudière munie d'un agitateur, où on le chauffe graduellement, sans cesser de le brasser, jusqu'à l'ébullition, que l'on maintient une demi-heure.

Au bout de ce temps, on le fait retourner dans la cuve-matière, tout en le laissant bouillir légèrement, et l'on règle les choses de telle sorte qu'après ce traitement la température de toute la masse ne dépasse pas 40°. On brasse vigoureusement, on laisse reposer et l'on recommence la même série d'opérations jusqu'à trois fois, en élevant progressivement la température qui, dans la dernière, doit arriver jusqu'à 60°. Il n'y a plus alors qu'à abandonner le tout pendant une heure, après quoi on soutire le moût et l'on épuise le résidu par deux traitements successifs à l'eau chaude. On obtient ainsi trois trempes, que l'on travaille ensemble ou séparément comme ci-dessus.

A mesure de leur préparation, les trempes sont dirigées dans une vaste chaudière pour y être soumises à l'ébullition : d'une part, afin d'être amenées au degré de concentration voulu ; d'autre part, afin d'y incorporer le houblon qui, comme nous l'avons dit, est un des éléments essentiels de la bière. C'est en cela que consiste la *cuisson du moût*. En général, on fait bouillir les liqueurs pendant quelque temps avant d'y ajouter les fleurs ou cônes de houblon, et l'on enlève avec soin les écumes qui se forment. La quantité de houblon varie suivant la nature de la bière qu'on veut fabriquer ; mais, plus elle est grande, mieux la liqueur pourra se conserver. La durée de la cuisson est également très variable ; pour une bonne bière de conserve, elle est en général de 2 à 4 heures. Certains brasseurs la font plus courte et ils concentrent le moût par une addition de glucose, de mélasse clarifiée ou de sucre de basse qualité. Dans les brasseries peu importantes, on opère la cuisson dans des chaudières ouvertes. Ces appareils ayant le défaut de faire perdre une partie des principes utiles du houblon, on les a remplacés, dans toutes les brasseries importantes, par des chaudières fermées, munies d'un agitateur mécanique.

Quand la cuisson du moût est terminée, on le fait passer à travers une espèce de filtre ou de passoire, qui retient le houblon et ne laisse couler que la partie liquide. A ce moment, il est encore trop chaud pour que la fermentation puisse s'y établir dans des conditions avantageuses. On est donc obligé de le soumettre à un *refroidissement*. A cet effet, on le verse dans de grands bacs peu profonds, appelés *refroidissoirs*, *rafraîchissoirs* ou *réfrigérants*, qui sont établis sur des greniers parfaitement aérés. Dans les brasseries nouvellement construites, on remplace souvent ces récipients par des appareils formés de compartiments concentriques dans lesquels un courant d'eau froide circule en sens inverse du moût, de manière à produire, entre les deux liquides, un échange de température méthodique. Dans tous les cas, le refroidissement doit être effectué avec le plus de rapidité possible, sans quoi la liqueur ne manquerait pas de s'aigrir. Sa durée varie naturellement d'après les conditions atmosphériques. En été, elle est de 2 à 4 heures, quelquefois de 8 à 10 heures.

La *fermentation*, que les brasseurs appellent *guillage*, a pour objet de transformer le sucre du moût en alcool ; par conséquent, le moût en bière. C'est une opération très délicate et qui réclame une grande expérience, car c'est d'elle que dépend tout le succès de la fabrication. Elle a lieu sous l'influence d'un ferment, la levure, qui provient d'une fabrication précédente, et qui, pendant le travail, s'accroît au point de devenir sextuple. En outre, elle se fait dans de vastes cuves ouvertes, nommées *cuves-guilloires*, qui sont placées dans des caves profondes, construites de façon qu'il n'y ait point de courant d'air brusque, et munies de cheminées d'appel pour conduire au dehors l'acide carbonique. On ne la dirige pas de la même manière dans tous les pays. Sous ce rapport, on distingue deux modes différents de fermentation, c'est-à-dire autant que de modes de brassage; savoir: la fermentation dite *par dépôt*, qui correspond au brassage par décoction, et la fermentation dite *superficielle*, qui correspond au brassage par infusion.

Dans la *fermentation par dépôt*, le moût est envoyé dans les cuves-guilloires quand il est refroidi à 10° ou 12°, et l'on y ajoute la quantité de levure reconnue nécessaire, puis assez de glace pour que la température de la masse ne dépasse pas 5° ou 6°. Après quelques heures, une légère écume se montre à la surface du liquide, des bulles d'acide carbonique commencent à paraître et les deux phénomènes augmentent progressivement jusque vers le cinquième jour, moment où la fermentation est le plus active. Si l'on a soin de maintenir la température très basse, le dégagement du gaz n'est jamais tumultueux, et la levure, au lieu de s'accumuler à la surface de la liqueur, retombe au fond de la cuve, à mesure qu'elle se forme. Au bout de huit à dix jours, tout mouvement apparent a disparu, et l'opération est terminée. On soutire alors le liquide, en ayant soin de le prendre aussi clair que possible et en laissant la levure dans la cuve. La boisson ainsi produite est désignée sous le nom de *petite bière*. Elle doit être consommée promptement, parce qu'elle ne tarderait pas à s'altérer. Si l'on veut pouvoir la conserver plus ou moins longtemps, c'est-à-dire faire ce qu'on appelle de la *bière de garde* ou de *conserve*, une manipulation complémentaire est indispensable. Le produit de la première fermentation est distribué dans des foudres immenses, disposés dans des caves spéciales où, au moyen de la glace, on entretient un froid artificiel permanent, et on l'y abandonne cinq à six mois en moyenne, souvent une année entière. Pendant ce temps, la bière subit une seconde fermentation très lente et constante et s'éclaircit complètement. Quand on juge que cette nouvelle fermentation a produit tout son effet, on transvase la liqueur dans de petits tonneaux nommés *quarts*, et on la livre au commerce.

Dans la *fermentation superficielle*, les choses se passent différemment. En premier lieu, le moût est versé dans les cuves refroidi à 20° ou 25°. En second lieu, la levure n'y est ajoutée qu'après avoir été délayée dans un peu de moût tiède et en pleine fermentation. Presque aussitôt après cette addition, la température du mélange s'élève rapidement, l'acide carbonique se dégage avec abondance, la liqueur se trouble et la levure vient se rassembler à la surface de la cuve, où on la recueille de temps en temps. Pour les petites bières, on transvase le liquide dans les quarts après quelques heures. Pour celles de conserve, on le laisse dans les cuves-guilloires pendant environ deux jours, puis on le distribue dans des tonnes de moindres dimensions, où la fermentation secondaire ne tarde pas à se développer. A mesure qu'elle se produit, la levure sort par la bonde des tonnes et se rend, par des conduits disposés à cet effet, dans des réservoirs spéciaux, et, pour qu'elle soit forcée de s'échapper, car son contact prolongé avec la bière communiquerait un mauvais goût à celle-ci, on a soin de tenir les tonnes constamment

Contrairement à l'opinion des buveurs d'alcool, on n'en vit pas, on en meurt (page 1124).

pleines. Les bières obtenues par ce mode de fermentation sont rarement limpides ; il est presque toujours indispensable de les clarifier, ce que l'on fait ordinairement avec l'*ichtyocolle*.

Nous avons dit que l'on donne le nom d'*eau-de-vie* au produit de la distillation des liqueurs alcooliques, lorsque ce produit contient moins de 50 pour 100 d'alcool. La valeur vénale de l'eau-de-vie dépend cependant moins de sa teneur en alcool que de son ancienneté et de la nature du liquide qui l'a produite. Les meilleures eaux-de-vie proviennent de la distillation des vins blancs fermentés sans la pellicule du raisin et sans la rafle. Telles sont les eaux-de-vie de Cognac qui, provenant de la distillation d'un vin très médiocre, sont recherchées dans le monde entier. Les eaux-de-vie d'Armagnac sont aussi fort estimées. On prépare encore de l'eau-de-vie de cidre en Normandie, et en Bourgogne de l'eau-de-vie de marc, obtenue en humectant d'eau le marc du raisin pressé, abandonnant ensuite à la fermentation et distillant. Au moment où elle est obtenue, l'eau-de-vie est blanche ; elle ne prend une couleur jaune doré qu'en vieillissant dans des tonneaux en bois de chêne, dont elle dissout une petite quantité de tanin et de matières colorantes. On donne artificiellement cette couleur aux eaux-de-vie nouvelles à l'aide du caramel.

ACTION PHYSIOLOGIQUE DE L'ALCOOL. — Appliqué sur la peau dépouillée de l'épiderme, l'*alcool*, suivant son degré de concentration, amène une sensation de brûlure assez forte, suivie d'un état inflammatoire qui le fait employer pour modifier la surface des plaies de mauvaise nature. Introduit dans la circulation, il produit l'*ivresse* en stimulant les centres nerveux.

On sait, toutefois, assez mal ce que devient l'*alcool* ingéré dans l'économie, dit M. de Parville. Les opinions diffèrent notablement : suivant quelques auteurs, il serait partiellement oxydé ; suivant les expériences de MM. Maurice Perrin et Lallemand, en 1875, il serait, au contraire, éliminé tout entier par la sécrétion, sans avoir subi d'altération. Il imprégnerait nos tissus, de préférence certains organes, et sortirait comme il est entré. M. Dupré a repris cette étude importante ; il a recueilli l'alcool éliminé par les reins et par les poumons, et est arrivé aux résultats suivants : 1° la quantité d'alcool éliminé par jour n'augmente pas, bien que l'on continue à ingérer journellement la même dose ; 2° l'élimination de l'alcool peut durer de 9 à 24 jours après l'absorption, selon la dose qui a été journellement prise ; 3° enfin, la quantité d'alcool éliminé par les reins et les poumons n'est qu'une minime portion de l'alcool ingéré. Lieben avait reconnu de son côté, avant M. Dupré, que la quantité d'alcool éliminé n'est pas proportionnelle à la quantité du liquide alcoolique ingéré. Il faut bien conclure de ces recherches que l'alcool est en partie éliminé ; il est probable que ce que ne peut décomposer l'organisme est rejeté par les sécrétions. Les deux opinions contradictoires professées jusqu'ici sur le rôle de l'alcool dans l'économie auraient donc été, chacune de son côté, trop absolues. La vérité tiendrait le milieu, comme il arrive le plus souvent.

L'*Association française contre l'abus des liqueurs fortes* a provoqué des expériences que nous pensons devoir publier de nouveau, afin de démontrer l'action des boissons spiritueuses.

M. le professeur Pupier a eu l'idée d'étudier sur des poulets et des lapins les effets de l'usage prolongé de l'absinthe, du vin rouge, du vin blanc et de l'alcool. Il paraît que les animaux se font très bien au régime alcoolisé et semblent même y prendre goût au bout d'un certain temps, car on laissa les poulets et les lapins absorber leur absinthe à leur gré, et ils ne se firent pas autrement prier ; ils finirent par boire, par jour, jusqu'à $0^m,06$ cubes d'alcool et $0^m,12$ à $0^m,15$ cubes de vin. On expérimenta donc, en définitive, sur des « animaux enclins aux excès alcooliques. »

Les poulets un peu trop amateurs d'absinthe présentèrent bientôt un état de maigreur extrême ; leurs plumes étaient ternes, pendantes ; la lance supérieure du bec dépassait l'inférieure de $0^m,025$; l'ergot présentait deux fois le volume d'un crayon ordinaire et mesurait $0^m,045$ de longueur. Les poulets finirent par mourir réduits à l'état de squelette absolu, tout en buvant leur absinthe jusqu'au dernier jour. A l'autopsie, on constata l'atrophie des muscles, réduits à leur gaine fibreuse ; le foie était dur, rapetissé ; il y avait compression et dégénérescence même des cellules hépatiques. Les poulets qui n'absorbèrent que du vin rouge furent loin de se montrer vigoureux. Dans la crainte de les perdre, on les sacrifia au bout de quelques mois. Les muscles étaient pâles, décolorés ; le foie, d'une couleur jaune clair, était mou et pâteux ; les cellules hépatiques considérablement agrandies, etc. Les poulets soumis au régime du vin blanc ne présentèrent rien de particulier pendant la vie ; mais, à l'examen anatomique, le foie était ratatiné à la face inférieure et il s'était produit une dilatation vasculaire considérable ; les muscles n'offraient pas d'altération notable.

Les lapins présentèrent des différences analogues. M. Pupier, sans pouvoir encore préciser, pense que l'absinthe porte sa lésion primitive sur le *stroma*, sur le tissu enveloppe du foie, tandis que le vin, l'alcool altèrent le *plasma*, le *parenchyme hépatique*.

Quoi qu'il en soit, ces expériences mettent hors de doute ce fait, important à indiquer : c'est que l'abus des boissons alcooliques entraîne l'altération profonde du foie, comme on l'avait d'ailleurs déjà constaté antérieurement sur les hommes adonnés à un régime fortement alcoolisé.

L'analogie ne s'arrête pas là. On sait que, chez l'ivrogne, le nez a une tendance marquée à rougir et à grandir ; le nez des ivrognes est bien connu et porte un nom significatif. La crête des coqs qui absorbent du vin rouge ou blanc ne tarde pas de même à croître démesurément. Le coq buveur se reconnaît à première vue. La crête acquiert trois ou quatre fois son volume normal ; les papilles vasculaires sont tuméfiées au point de recouvrir les yeux des animaux. L'abus du vin marque d'un stigmate ineffaçable aussi bien l'animal que l'homme.

D'un autre côté, un physiologiste anglais, rapporte encore M. de Parville, a entrepris des recherches assez originales, relatives à l'action exercée par l'alcool sur le cerveau ; les déductions de l'auteur ne sont pas à l'abri de la critique, mais elles n'en sont pas moins à signaler ; si les trop chauds partisans du gin et du whiskey voulaient surtout les apprécier à leur juste valeur !

Ce savant a pris des cerveaux de bœuf qu'il a plongés pendant un certain temps soit dans de l'eau, soit dans de l'alcool étendu d'eau à la température ordinaire du corps. Il a ensuite analysé les cerveaux qui avaient séjourné dans les mélanges alcoolisés. Tant que la proportion d'alcool est faible, le liquide n'exerce pas plus d'effet sur le cerveau que l'eau pure ; mais, dès que l'alcool entre en quantité notable, le liquide dissout une partie considérable du tissu cérébral, y compris plusieurs de ses éléments essentiels.

On ne saurait évidemment passer sans plus de scrupule du cerveau mort au cerveau vivant, et appliquer à celui-ci les conditions précédentes. Toutefois, il est peu probable que la présence du sang dans la matière cérébrale empêche l'action observée de se produire plus ou moins. L'alcool doit dissoudre, chez l'animal vivant, la matière cérébrale un peu comme chez l'animal mort, de façon à altérer sa composition et ses propriétés. Du reste, l'autopsie révèle chez tous les buveurs invétérés une hypertrophie bien marquée du tissu connectif du cerveau. Aux autres causes bien connues d'altération de l'organisme par l'alcool, on pourrait donc ajouter celle que vient de mentionner le physiologiste anglais. On ne saurait donc trop le répéter : l'alcool à haute dose est l'un des plus grands perturbateurs des fonctions physiologiques. Contrairement à l'opinion des buveurs, on n'en vit pas, on en meurt (1) (*fig.* à la page 1121).

ÉTHERS COMPOSÉS. — Les *éthers composés* résultent de l'action des

(1) Voir notre HYGIÈNE ET MÉDECINE DES DEUX SEXES. (*Sciences mises à la portée de tous.*) Jules Rouff et Cⁱᵉ, éditeurs.

acides oxygénés sur l'alcool, avec élimination d'eau. Un équivalent d'acide réagit sur 1, 2 ou 3 équivalents d'alcool, suivant que cet acide est monobasique, bibasique ou tribasique :

$$C^4H^3O^3HO + C^4H^6O^2 = C^4H^4(HO,C^4H^3O^3) + H^2O^2$$

Acide acétique. Alcool. Éther acétique.

$$C^4O^6,2HO + 2C^4H^6O^2 = (C^4H^4)^2(2HO,C^4O^6) + 2H^2O^2$$

Acide oxalique. Alcool. Éther oxalique.

$$C^{12}H^5O^{11},3HO + 3C^4H^6O^2 = (C^4H^4)^3(3HO,C^{12}H^5O^{11}) + 3H^2O^2.$$

Acide citrique. Alcool. Éther citrique.

Les acides monobasiques ne forment avec l'alcool qu'un seul *éther;* les acides polybasiques forment des *éthers neutres* et des *éthers acides.* On peut former des éthers composés en chauffant directement l'acide avec l'alcool; mais la réaction de l'acide sur l'alcool, avec élimination d'eau, est rapide avec les minéraux qui dégagent beaucoup de chaleur, tandis qu'elle est lenté avec les acides organiques qui dégagent peu de chaleur. On obtient une éthérification très rapide avec les acides organiques, si l'on ajoute au mélange d'alcool et d'acide à éthérifier une petite quantité d'un acide minéral, comme l'acide chlorhydrique ou l'acide sulfurique.

Les *éthers composés* se dédoublent sous l'influence prolongée de l'eau; ils régénèrent l'alcool et l'acide; la présence des alcalis accélère cette réaction. Cette décomposition par l'eau ou la potasse, qui rappelle la décomposition des corps gras neutres, s'appelle *saponification.* L'ammoniaque, en agissant sur les éthers composés neutres, fournit un procédé général de préparation des *amides* (corps que l'on obtient en enlevant de l'eau par la chaleur aux sels ammoniacaux). Aussi l'ammoniaque, agissant sur l'*éther acétique,* donne l'*acétamide* ·

$$C^4H^4(C^4H^4O^4) + AzH^3 = C^4H^4(H^2O^2) + C^4H^2O^2AzH^3.$$

Éther acétique. Acétamide.

ÉTHER ACÉTIQUE (*Acétate d'éthyle,* $C^8H^8O^4 = C^4H^4(C^4H^4O^4)$). — Le nom de l'*acide acétique* dérive du latin *acetum,* vinaigre; c'est, en effet, à lui qu'il faut rapporter toutes les propriétés de ce dernier. Les alchimistes le connurent à l'état d'une grande concentration sous le nom de *vinaigre radical* ou *glacial.* Son odeur est vive et pénétrante; c'est pourquoi on l'emploie souvent pour rappeler à la vie les personnes qui tombent en syncope, en leur mettant sous le nez un petit flacon renfermant du sulfate de potasse arrosé d'*acide acétique* très concentré. Chauffé avec l'alcool, il s'y combine et produit l'*éther acétique,* très combustible, d'une odeur très agréable, et qui dissout si bien tous les corps gras qu'on devrait surtout l'employer pour détacher les étoffes. C'est à un peu d'*éther acétique* que les eaux-de-vie, de même que les vinaigres de vin, doivent leur arome spécial. Cet éther s'obtient en distillant jusqu'à siccité un mélange de 5 parties d'acétate de soude sec, 6 parties d'alcool à 86° et 4 parties d'acide sulfurique concentré. On agite le produit de la distillation avec une solution de chlorure de calcium additionnée de lait de chaux; on décante l'éther qui surnage, on le déshydrate sur le chlorure de calcium en morceau et on le rectifie au bain-marie. Sa densité est 0,91 à 0°; il bout à 74°; l'eau en dissout un septième de son volume.

ÉTHER AZOTEUX (*azotite d'éthyle*, $C^4H^4(HO,AzO^3)$). — Cet *éther* fut découvert en 1681 par Kunkel; on le prépare en chauffant de l'*acide azotique* avec de l'amidon et dirigeant les vapeurs nitreuses dans un flacon renfermant 2 parties d'alcool à 85° et 1 partie d'eau. Le flacon est entouré d'eau froide et en communication avec un récipient bien refroidi. C'est un liquide jaunâtre, d'une odeur de pomme, entrant en ébullition à 18°. Il sert en médecine, mélangé à son poids d'alcool, sous le nom d'*esprit de nitre dulcifié*, comme diurétique, ou pour administrer le copahu, qui s'y dissout très facilement.

ÉTHERS SIMPLES. — Quand on fait réagir un hydracide sur l'alcool, il se produit un *éther* avec élimination de 2 équivalents d'eau. Citons comme exemple l'*éther chlorhydrique*.

ÉTHER CHLORHYDRIQUE (*chlorure d'éthyle*, C^4H^4,HCl). — On sature l'alcool de gaz chlorhydrique; on abandonne le mélange à lui-même pendant 24 heures, puis on le distille; il se dégage un mélange de *gaz chlorhydrique* et d'*éther chlorhydrique* qu'on fait passer dans un flacon laveur renfermant une solution alcaline et dont la température doit être supérieure à 15° pour que le chlorure d'éthyle, qui bout à 11°, ne s'y condense pas.

Le *chlorure d'éthyle* traverse ensuite un tube rempli de fragments de chlorure de calcium qui le déshydrate, et il est recueilli dans un récipient soigneusement refroidi. Au-dessous de 11°, le chlorure d'éthyle est un liquide incolore, mobile, d'une odeur agréable, soluble en toutes proportions dans l'alcool, peu soluble dans l'eau qui en dissout seulement 1/50 de son poids; il brûle avec une flamme blanche bordée de vert. En faisant arriver dans un grand ballon, au fond duquel se trouve une couche d'eau, un courant de chlore et de chlorure d'éthyle et en exposant le ballon à la lumière solaire, réfléchie par un miroir, on obtient une série régulière de produits de substitution isomères avec ceux que donne l'*hydrogène bicarboné*, mais jouissant de propriétés différentes :

$$C^4H^4Cl^2, \quad C^4H^3Cl^3, \quad C^4H^2Cl^4, \quad C^4HCl^5, \quad C^4Cl^6.$$

ÉTHERS MIXTES. — Si, dans l'alcool C^4H^4,H^2O^2, on remplace H^2O^2 par un alcool tel que $C^2H^4O^2$ ou $C^4H^6O^2$, etc., on obtient un *éther mixte éthyl-méthylique* $C^4H^4(C^2H^4O^2)$ ou *éthylméthylique* $C^4H^4(C^4H^6O^2)$. Ce dernier n'est que l'*éther ordinaire*.

Ces éthers se forment par l'action de l'éther iodhydrique sur un alcoolate alcalin, ou de l'acide sulfurique sur un mélange de deux alcools.

ÉTHER $(C^8H^{10}O^2 = C^4H^4 (C^4H^6O^2) = 74 ; \; densité = 0,75)$. — L'*éther ordinaire* est le type des *éthers mixtes*. La transformation de l'*alcool* en *éther* n'offre aucune difficulté. On fait un mélange de 7 parties d'alcool à 33° et 10 parties d'acide sulfurique à 66°; on l'introduit dans un ballon maintenu entre 140° et 145° (*fig.* 338). Les vapeurs se rendent dans un tube autour duquel circule constamment de l'eau froide, puis dans un flacon également refroidi. Une tubulure du ballon est munie d'un tube à entonnoir plongeant dans le liquide, et où arrive constamment un mince filet d'alcool qui remplace au fur et à mesure celui qui se transforme en éther. L'éther ainsi obtenu est mêlé d'eau, d'alcool et de quelques matières étrangères. On le fait digérer pendant 24 heures avec un lait de chaux caustique, en ayant soin d'agiter de temps en temps, afin de bien mélanger toutes ses parties. L'éther, débarrassé de l'alcool, vient surnager la liqueur alcaline; on le lave à l'eau, on le dessèche ensuite sur du chlorure de calcium et on le rectifie au bain-marie sur du sodium qui enlève les dernières traces d'eau et d'alcool. L'éther médicinal est toujours mélangé d'alcool, et il marque 56° à l'aréomètre.

L'*éther* est un liquide tout à fait distinct de l'alcool qui l'a fourni. En effet, il est bien plus mobile, plus léger ; son odeur est forte, pénétrante et sa saveur brûlante, âcre, amère. Il est si volatil qu'il entre en ébullition à 35°,5 et qu'il se vaporise complètement, en peu d'instants, dans un courant d'air. Il produit, dans ce cas, un abaissement de température qui va jusqu'à —15°. C'est à cause de cela que, versé sur la main, il produit un froid instantané qui, dans certaines circonstances, peut devenir salutaire, par exemple, pour dissiper la migraine ; c'est alors sur le front et les tempes qu'on l'applique. Il est bien plus combustible que l'alcool; il prend subitement feu par l'approche d'une bougie et brûle avec une flamme blanche, fuligineuse, très étendue. Comme la vapeur d'éther se répand très promptement à une assez grande distance dans l'atmosphère et la rend inflammable, il est toujours dangereux de transvaser ce liquide dans un lieu où il y a quelque corps en combustion. Les accidents survenus par imprudence sont loin d'être rares, et il serait désirable que l'on ne pût pénétrer dans les magasins où sont déposés l'éther et d'autres matières si inflammables qu'avec une *lampe de Davy*.

L'*éther* est à peine soluble dans l'eau. La *liqueur anodine minérale d'Hoffmann*, qui est généralement employée pour rappeler à la vie les personnes tombées en syncope, est un mélange à parties égales d'alcool et d'éther. A une dose peu élevée, l'éther cause une sorte d'ivresse, accompagnée de faiblesse générale, mais qui se dissipe promptement. Depuis 1846, on a constaté dans ce liquide une nouvelle et précieuse propriété. Inspirée avec l'air pendant quelques minutes, la vapeur d'éther plonge le cerveau dans un état d'inertie, connue sous le nom d'*anesthésie*, et dont nous avons parlé au *protoxyde d'azote* (CHIMIE, *Métalloïdes*, page 701), qu'on lui substitue quelquefois, ainsi que le *chloroforme*. Mais, comme nous l'avons dit, l'administration de ces agents *anesthétiques* exige la plus grande prudence; car la promptitude avec laquelle ils opèrent sur les centres nerveux fait bien vite franchir la faible distance qui sépare la période de stupéfaction de la période d'asphyxie, et l'on cite un grand nombre de cas de mort produits par l'inspiration de l'éther ou du chloroforme. Girardin raconte l'anecdote suivante :

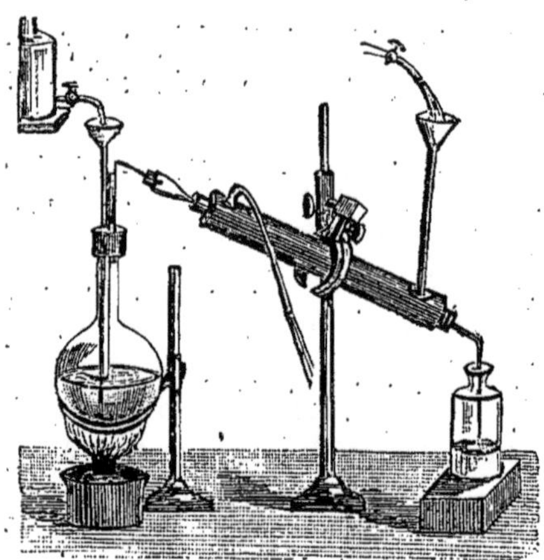

Fig. 338. — PRÉPARATION DE L'ÉTHER.

« Un négociant de Grosswardin (Hongrie) avait, en 1860, confié à un voiturier plusieurs caisses de drogues et d'épices arrivées de Vienne, pour les conduire jusqu'à Klausenbourg, Il lui avait surtout recommandé une des caisses où se trouvaient des bouteilles. Cet homme s'imagina qu'elle contenait d'excellentes liqueurs, et, pendant une halte, il l'ouvrit et en tira une bouteille pleine de chloroforme. Il en goûta, en fit goûter à six autres paysans, dont deux, qui en avaient pris davantage, s'endormirent à l'instant même. Croyant que c'était de l'eau-de-vie très forte, il en offrit à d'autres personnes. Celles qui en buvaient peu tombaient dans un engourdissement dont elles sortaient bientôt; la simple odeur suffisait même à en étourdir quelques-unes. Mais deux des individus qui en avaient pris le plus étaient des cadavres moins de deux heures après. Voyant cela, le voiturier repartit en

On le ramena très malade lui-même.... (page 1129).

hâte pour Klausenbourg; mais la justice se mit à sa poursuite, et on le ramena très malade lui-même, le visage rouge, les oreilles écarlates, les yeux pâles et ternes, au village où son imprudence avait causé ce malheur. Il ne put être jugé, car il mourut quelques heures après.

La grande votalité de l'*éther* et la force élastique de sa vapeur ont été mises à profit par un ingénieur français, M. du Tremblay, pour remplacer la vapeur d'eau dans les machines des navires. Au lieu de condenser la vapeur d'eau sortant du cylindre d'une machine ordinaire et qui se perd sans utilité, M. du Tremblay l'amène en contact avec les parois· d'un récipient contenant de l'éther : celui-ci absorbe la chaleur, la condense et fournit une masse de vapeur qui va faire mouvoir un piston dans un cylindre particulier, dont le travail vient s'ajouter à celui de la vapeur première. Les machines mues par ce procédé portent le nom de *machines à vapeur* combinées. Ajoutons que l'*éther*· a été remplacé sur un grand nombre de navires par le *chloroforme* et que l'on a proposé l'*aldéhyde* comme présentant encore des avantages plus grands encore.

SULFITE ACIDE D'OXYDE D'ÉTHYLE ou **ACIDE ÉTHYLSULFUREUX** ($C^4H^5O,HO,2SO^2$ ou $C^4H^6S^2O^6$). — Cet acide est un liquide huileux, inodore, d'une saveur fortement acide, désagréable, qui ressemble à l'hydrogène phosphoré, d'une densité de 1,3. Par le refroidissement, cette huile dépose des cristaux transparents : l'*acide éthylsulfureux* est soluble en toutes proportions dans l'eau et dans l'alcool; il attire l'humidité de l'air. On obtient ce composé en traitant le sulfhydrate d'éthyle par l'acide nitrique d'une densité de 1,23 : on chauffe doucement, la réaction est très vive; on évapore au bain-marie pour chasser l'excès d'acide nitrique, on étend d'eau, puis on ajoute du carbonate de plomb en excès; on filtre et concentre pour faire cristalliser l'éthylsulfite de plomb, qu'on redissout pour le décomposer par l'acide sulfhydrique; on filtre et on évapore au bain-marie.

Cet acide forme des sels qui ont pour formule $C^4H^5O,MO,2SO^2$.

ÉTHER SULFURIQUE ou **SULFATE D'OXYDE D'ÉTHYLE** (C^4H^5O,SO^3). — Le *sulfate d'oxyde d'éthyle* est un liquide huileux, incolore quand il est pur, d'une saveur brûlante, de l'odeur de la menthe poivrée; sa densité est de 1,12; il bout vers + 140°; il est très difficile de le distiller sans qu'il se décompose, au moins en partie : il donne alors du gaz acide sulfureux, de l'alcool et même du gaz oléfiant. Il se dissout presque instantanément dans l'eau, surtout lorsqu'on le chauffe : si on le fait bouillir, il distille de l'alcool et il reste un acide vinique, que l'on suppose être de l'acide méthionique. Le sulfate d'oxyde d'éthyle absorbe le gaz ammoniac sec : la liqueur s'échauffe; il reste du sulféthamate d'ammoniaque, dont la formule est $NH^4O,C^{16}H^{22}O^4S^4O^{12}$. L'acide nitrique dissout cet éther sans l'altérer; le chlore ne le décompose pas à froid; le sulfhydrate de potasse le transforme en sulfhydrate d'éthyle : il se dépose du sulfate de potasse.

Pour obtenir cet éther, on met de l'éther pur dans un ballon qu'on plonge dans un mélange de glace et de sel : puis on y fait passer des vapeurs d'acide sulfurique anhydre : le liquide devient sirupeux; on l'agite avec son volume d'éther et quatre fois son volume d'eau. Il se forme deux couches : on décante la couche inférieure, qui est très acide; on agite l'autre avec un lait de chaux pour saturer l'acide sulfureux qu'il contient; on filtre et on chauffe dans une cornue au bain-marie pour chasser l'éther ordinaire; on lave le résidu avec un peu d'eau, qu'on enlève au moyen de bandes de papier à filtre, et on dessèche dans le vide.

ALDÉHYDE ($C^4H^4O^2$). — L'*aldéhyde* a été obtenue par Dœbereiner; Gerhardt lui donne le nom d'*hydrure d'acétyle*, d'un radical hypothétique auquel il donne pour formule $C^4H^3O^2$ et qu'il suppose devoir être gazeux. L'*aldéhyde* est un liquide incolore, d'une odeur particulière, suffocante; sa densité est de 0,79 à $+18°$. Il entre en ébullition à $+221°,8$; la densité de sa vapeur est de 1,532. Son équivalent, $C^4H^4O^2$, correspond à 2 volumes de vapeur. Ce liquide est extrêmement mobile; il s'enflamme facilement et brûle avec une flamme faible et non fuligineuse; il se dissout dans l'alcool et dans l'éther.

L'*aldéhyde*, mêlée avec de l'eau, absorbe assez facilement l'oxygène de l'air et finit par se changer en acide acétique; au contact du noir de platine, cette oxydation est très rapide. En présence de l'ammoniaque, cette altération de l'aldéhyde est plus prompte, mais moins complète; il se dégage à un certain moment une forte odeur de punaise. Le composé ammoniacal qui en résulte est cristallisable : on le nomme *aldéhydate d'ammoniaque;* on suppose ainsi l'existence de l'*acide aldéhydique*, qui aurait pour formule $C^4H^4O^3$ et serait le passage obligé de l'*aldéhyde* à l'*acide acétique*, dont la formule est $C^4H^4O^4$. La combinaison ammoniacale cristallisée tendrait à confirmer cette hypothèse si l'on y trouvait en effet un équivalent d'oxygène de plus; mais sa composition est $C^4H^4O^2,NH^3$. Gerhardt pense que cet *acide aldéhydique* n'est qu'un mélange à équivalents égaux d'aldéhyde et d'acide acétique :

$$C^4H^4O^2 + C^4H^4O^4 = C^8H^8O^6 \text{ ou } 2(C^4H^4O^3).$$

MÉTALDÉHYDE. — L'*aldéhyde* se modifie spontanément ou sous des influences que l'on ne connaît pas et produit ainsi trois isomères. Lorsqu'elle est conservée dans un tube fermé à la lampe, on voit se former des cristaux prismatiques allongés, transparents, très éclatants, inodores, insipides, insolubles dans l'eau, solubles dans l'alcool; à $+120°$, ces cristaux se réduisent, sans fondre, en vapeurs qui se condensent en flocons légers. Cette modification a été nommée *métaldhéyde*. Le même composé paraît se former quand on ajoute à l'aldéhyde, étendu de la moitié de son volume d'eau, des traces d'acide sulfurique ou d'acide nitrique; si l'on plonge le mélange dans la glace, il ne tarde pas à se déposer des aiguilles prismatiques.

PARALDÉHYDE. — Les cristaux de *métaldéhyde* sont recouverts d'un liquide transparent, incolore, d'une odeur agréable, d'une saveur brûlante, qui bout à + 120° et distille sans s'altérer; la densité de sa vapeur est de 4,583. Ce nouveau corps, auquel on donne le nom de *paraldéhyde*, se change au contact de l'air en un acide particulier, formant avec les alcalis des sels cristallisables qui réduisent facilement les sels d'argent : chauffée avec des traces d'acide sulfurique, la *paraldéhyde* redevient *aldéhyde*.

ÉLALDÉHYDE. — L'*aldéhyde* se transforme quelquefois spontanément par le froid en un autre isomère, très différent de la *métaldéhyde*, qui cristallise en longues aiguilles, transparentes, incolores, car ces cristaux fondent à + 2° et entrent en ébullition à + 94°, en produisant une vapeur dont la densité est de 4,457. Ce composé ne brunit pas par la potasse, ne se combine pas avec l'ammoniaque et ne réduit pas les sels d'argent ; on le nomme *élaldéhyde*. Les densités des vapeurs de la *paraldéhyde* et de l'*élaldéhyde* étant sensiblement 3 fois celle de l'*aldéhyde*, leur formule doit être celle de ce composé multiplié par 3, c'est-à-dire $C^{12}H^{12}O^6$, également pour 2 volumes de vapeur.

Le chlore en dissolution dans l'eau et l'acide nitrique convertissent rapidement l'aldéhyde en acide acétique. Le chlore gazeux et la vapeur de brome agissent vivement sur ce corps et le changent en *chloral* et en *bromal*, dans lesquels 3 équivalents d'hydrogène sont éliminés et remplacés par des quantités équivalentes de ces corps, ce qui donne

$$C^4HCl^3O^2 \text{ et } C^4HBr^3O^2.$$

L'oxychlorure de carbone en agissant sur la vapeur d'aldéhyde dans un ballon donne lieu à un abondant dégagement de gaz chlorhydrique et de gaz carbonique, qui entraînent des vapeurs ; en condensant ces dernières dans un récipient refroidi avec de la glace et du sel, on obtient un liquide qui cristallise en lames, fusibles à 0° ; le liquide bout à + 45; la densité de sa vapeur est 2,1887.

Les acides sulfurique et phosphorique concentrés mêlés avec l'*aldéhyde* produisent un liquide épais, qui se charbonne. L'acide chlorhydrique gazeux et sec est absorbé par l'aldéhyde pure placée dans un mélange réfrigérant ; il se produit alors deux couches incolores : celle qui est inférieure n'est que de l'eau saturée d'acide chlorhydrique ; la supérieure doit être immédiatement décantée, parce que les deux liquides réagissent l'un sur l'autre. Cé produit, rectifié plusieurs fois sur du chlorure de calcium, bout à + 117° ; la densité de sa vapeur est de 5,08. Son odeur est un mélange de celles de l'aldéhyde et de l'acide chlorhydrique. Sa formule, comparée à celle de l'aldéhyde, est C^4H^4ClO, c'est-à-dire qu'un équivalent d'oxygène a été remplacé par un de chlore.

L'acide sulfhydrique produit avec l'aldéhyde un composé dans lequel les 2 équivalents d'hydrogène sont remplacés par 2 de soufre :

$$C^4H^4O^2 + 2HS = C^4H^4S^2 + 2HO.$$

Gerhardt nomme ce composé *hydrure de sulfacétyle*. On pourrait le désigner plus simplement par le nom de *sulfaldéhyde ;* on le nomme aussi *mercaptan acétylique*. La potasse et la soude caustiques chauffées avec la dissolution aqueuse d'aldéhyde produisent, comme avec l'alcool, le composé connu sous le nom de *résine d'aldéhyde*, et en outre un liquide huileux, qu'on peut séparer, et qui se convertit rapidement à l'air en une autre résine, d'un jaune orangé, soluble dans l'alcool et l'éther, et seulement un peu soluble dans l'eau. Pendant cette action, l'acide se change en un mélange d'acétate et de formiate alcalins. L'ammoniaque se combine facilement avec l'aldéhyde en produisant une sorte de sel, que l'on nomme aldéhydate d'ammoniaque ; il cristallise très facilement. M. Liebig en a tiré parti pour obtenir, plus facilement que par tout autre procédé, l'aldéhyde parfaitement pure. Ces cristaux sont des rhomboèdres aigus, incolores, brillants, transparents, fusibles vers + 75° ; ils distillent sans altération à + 100°, en produisant une vapeur inflammable, qui a un peu l'odeur d'essence de térébenthine. Ces cristaux sont très solubles dans l'eau, un peu dans l'alcool et à peine solubles dans l'éther : la dissolution verdit le sirop de violette et brunit le curcuma.

L'aldéhydate d'ammoniaque s'altère à l'air ; il brunit et répand une odeur de matières animales brûlées. En dissolution dans l'alcool, il absorbe le gaz acide sulfureux, donne un composé cristallisable en aiguilles incolores, si l'on a soin de refroidir convenablement la dissolution : ce composé est très soluble dans l'alcool absolu ; il a une faible réaction acide ; il s'altère lentement à l'air. Sa composition est $C^4H^4O^2,NH^3,2SO^2$.

Quand on traite *l'aldéhyde* par l'oxychlorure de carbone, en la faisant passer en vapeur dans un ballon, la réaction se manifeste par un fort dégagement d'acide chlorhydrique ; les produits gazeux étant conduits dans un récipient fortement refroidi, il s'y condense un liquide qui ne tarde pas à se cristalliser en lames allongées, fusibles à 0° environ, comme on l'a déjà dit, et qui bout à + 45° lorsqu'il a été purifié par plusieurs distillations. Son analyse a conduit à la formule C^2H^3Cl, qui est confirmée par la densité de sa vapeur. On nomme *chloracétène* cet isomère de l'éthylène chloré : il est plus pesant que l'eau, au fond de laquelle il se réunit et y prend la consistance du beurre ; si on le chauffe, il se dissout en se décomposant : la liqueur est liquide et contient de l'aldéhyde et de l'acide chlorhydrique.

L'*aldéhyde* est le résultat d'une déshydrogénation de l'alcool au moyen de l'oxygène, qui en enlève 2 équivalents pour produire de l'eau. En effet,

$$C^4H^6O^2 + O^2 = C^4H^4O^2 + 2HO.$$

Le nom de ce composé n'est que l'abrégé d'alcool déshydrogéné. L'alcool n'est pas cependant le seul corps dont on puisse retirer l'aldéhyde par voie d'oxygénation : la caséine, la fibrine, la salicine, etc., en produisent aussi, de même que la distillation sèche de l'acide lactique et de quelques lactates, comme, par exemple, celui de cuivre.

Le procédé le plus ordinairement employé pour obtenir l'aldéhyde consiste à distiller un mélange de 6 parties d'acide sulfurique, 4 d'eau, 4 d'alcool à 80° de l'alcoomètre, et 6 de bioxyde de manganèse réduit en poudre très fine : on prend une cornue d'une capacité relativement très grande, parce qu'il se produit, surtout au commencement de l'opération, un boursouflement très considérable ; les vapeurs doivent traverser un réfrigérant autour duquel passe un courant d'eau froide, et le récipient est entouré de glace, ou mieux d'un mélange de glace et d'un peu de sel marin. Quand l'opération est terminée, on met le produit distillé dans une autre cornue, avec du chlorure de calcium fondu, et l'on distille de nouveau : cette opération n'a pour but que de lui enlever l'eau qu'elle contient, car les éthers acétique et formique qui l'accompagnent distillent ensuite avec elle. Pour la purifier, on la dissout dans l'éther ; on place le vase qui contient ce liquide dans un mélange réfrigérant pour le saturer de gaz ammoniac sec. L'aldéhydate d'ammoniaque qui se produit cristallise : on décante le liquide ; on lave les cristaux avec de l'éther, puis on les dessèche à l'air. Quand l'éther est évaporé, on dissout les cristaux dans leur poids d'eau ; on y ajoute de l'acide sulfurique étendu d'eau, en quantité un peu plus considérable qu'il ne faut pour neutraliser l'ammoniaque ; on distille au bain-marie, en faisant passer les vapeurs par un réfrigérant dans lequel coule de l'eau très froide : le récipient doit être entouré de glace mêlée de sel ; on rectifie en distillant sur du chlorure de calcium avec les mêmes dispositions, mais au moyen d'un bain-marie qui ne doit pas être à plus de 30°.

CHLORAL ou **ALDÉHYDE TRICHLORÉ** ($C^4HCl^3O^2$). — Ce composé a été découvert par Liebig en 1832, en faisant passer du chlore à travers l'alcool absolu, refroidi d'abord à 0° ; puis, lorsque l'absorption est achevée peu à peu réchauffé jusqu'à l'ébullition. C'est un liquide incolore d'une odeur pénétrante. Les alcalis aqueux le transforment en *formiate* et en *chloroforme*. Avec de l'eau, il forme un *hydrate de chloral* qui, introduit dans l'estomac ou dans les intestins à la dose de 1, 2, 3, 4 ou 5 grammes au plus, agit comme anesthésique. Son action est plus longue à se déclarer que celle du chloroforme, mais elle dure plus longtemps. On l'a employé contre les douleurs de goutte, les coliques néphréti-ques, etc. C'est le premier anesthésique qui ait été ainsi employé à l'intérieur.

ACÉTONE (C^3H^6O). — L'*acétone* ou *esprit pyroacétique* est un liquide incolore, d'une odeur empyreumatique, inflammable, qui se produit dans la distillation sèche des acétates, ainsi que du sucre, de l'acide tartrique, de l'acide citrique, etc. Il fut découvert en 1754 par Courtenvaux et étudié par les frères Derosne. Les *acétones* dérivent des aldéhydes par la substitution d'une molécule hydrocarbonée à une molécule d'hydrogène. Elles s'obtiennent en distillant les valériates et les butyrates de potassium ou de sodium.

COMPOSÉS ORGANO-MÉTALLIQUES. — Unis à des métaux, les radicaux alcooliques donnent des composés dits *organo-métalliques*. Ces corps sont nombreux ; le type est le *zinc-éthyle*, fréquemment employé pour introduire le radical *éthyle* dans les molécules.

Le *zinc-éthyle* ($C^3H^{10}Zn^2$) s'obtient en traitant l'*iodure d'éthyle* par la tournure de zinc, en présence d'une petite quantité d'alliage de zinc et de sodium qui détermine la réaction. On introduit le tout dans un ballon chauffé au bain-marie et mis en communication avec un réfrigérant de Liebig, disposé en sens inverse, pour permettre aux vapeurs de refluer dans l'appareil. Quand tout l'iodure d'éthyle est transformé, on distille en recueillant le *zinc-éthyle* dans un récipient à long col, où l'on a préalablement remplacé l'air par du gaz d'éclairage. C'est un liquide incolore, mobile, très réfringent, bouillant à 118°, s'enflammant aussitôt qu'il arrive

au contact de l'air, en produisant des vapeurs blanches d'oxyde de zinc.
L'eau le décompose.

On a aussi préparé le *zinc-méthyle*, le *zinc-amyle*, le *mercure éthyle*,
le *plomb éthyle*.

ACIDE ACÉTIQUE ($C^4H^4O^4$). — *L'acide acétique* existe tout formé à l'état
d'acétate de potasse, de soude ou de chaux, dans la sève de presque toutes
les plantes et dans plusieurs liquides de l'économie animale. Il se forme
dans la distillation sèche d'un grand nombre de substances organiques,
le bois, l'amidon, etc. Il se produit dans l'oxydation de l'alcool contenu
dans le vin, la bière ou le cidre, au contact de l'air et d'un champignon
microscopique appelé *mycoderme*, et il prend alors le nom de *vinaigre*. Tout
liquide contenant de l'alcool, ou susceptible de devenir alcoolique par la
fermentation, peut servir à la fabrication du vinaigre. Cette acétification
de l'alcool se représente par la formule

$$C^4H^6O^2 + 4O = H^2O^2 + C^4H^4O^4.$$

Le *vinaigre* se prépare par les trois procédés différents suivants :

1° *Procédé d'Orléans.* Dans un atelier où la température peut être
maintenue à + 25 et 30°, on dispose plusieurs rangées de tonneaux par
étages, en les plaçant sur leur fond. On choisit de préférence ceux qui
ont déjà servi à la fabrication, parce qu'ils sont imprégnés de ferment, et
on les nomme *mères de vinaigre*. Ils sont percés de deux ou trois trous à
leur fond supérieur, l'un pour l'introduction du liquide, l'autre pour le
dégagement de l'air. On verse d'abord dans chaque tonneau une certaine
quantité de vinaigre bouillant, puis, tous les huit jours, on y introduit,
jusqu'à une hauteur indiquée par la pratique, 10 à 12 litres de vin géné-
néreux et clair qui a filtré sur des copeaux de hêtre. En moins de quinze
jours, l'acétification est complète. On soutire alors la moitié du vinaigre
de chaque tonneau et on recommence l'opération avec du nouveau vin.
Le vinaigre de vin blanc est le plus estimé ; on peut d'ailleurs décolorer
le vinaigre de vin rouge par le charbon animal, préalablement lavé à
l'acide chlorhydrique ; enfin on enlève une partie de la couleur, en même
temps que l'on clarifie le vinaigre, en versant, dans une pièce de 230 litres,
un litre de lait écrémé, en agitant vivement, puis laissant déposer.

Dans le Nord, on acidifie la bière non houblonnée ; dans les pays à
cidre, on acidifie le cidre et le poiré, en abandonnant quelque temps ces
différentes liqueurs dans des tonneaux percés de trous à leur partie supérieure ; mais les vinaigres obtenus ne valent jamais les vinaigres de vin.

2° *Procédé allemand.* — On mêle à de l'eau-de-vie marquant 22 à 25°

un millième environ d'une matière fermentescible quelconque, soit du
suc exprimé de betterave, de pomme de terre, de topinambour; soit du
moût fermenté d'orge ou de seigle, soit du miel ou même du vinaigre

L'encens servait à parfumer les temples, coutume que l'Église catholique à adoptée.

ordinaire. On fait couler ce mélange lentement, mais d'une manière continue dans un tonneau rempli de copeaux de hêtre, trempés à l'avance
dans du vinaigre fort (*fig.* 339). Ce tonneau est percé vers le bas de
petits trous et muni de tubes à son couvercle, afin d'entretenir dans l'in-

térieur un courant d'air non interrompu ; l'un des tubes sert à l'introduction du liquide, l'autre au dégagement de l'air. Le liquide, en se
répandant uniformément sur les copeaux, présente à l'air une très
grande surface ; il absorbe l'oxygène avec une telle rapidité que la température s'élève jusqu'à + 30°, et il est transformé à moitié en vinaigre ; il
suffit de le verser sur un nouveau tonnneau pour opérer en entier
l'acétification, qui est terminée en quelques heures. Le liquide acidifié
s'écoule du tonneau par un robinet placé à la partie inférieure.

3° *Procédé Pasteur*. — Le nouveau procédé de M. Pasteur, qui est
applicable à tous les liquides alcooliques, est quatre fois plus rapide et
par conséquent plus économique que les autres procédés.

Les meilleurs vases à employer sont des cuves en bois, rondes ou
carrées, peu profondes et munies de couvercles. Aux extrémités se trouvent
des ouvertures de petites dimensions pour le mouvement de l'air. On
introduit dans chacune de ces cuves de l'eau ordinaire contenant
2 pour 100 de son volume d'alcool et 1 pour 100 d'acide acétique provenant d'une opération précédente, et, en outre, quelques dix millièmes de
phosphates d'ammoniaque, de potasse ou de magnésie. On sème à la
surface de ce liquide de la *fleur de vinaigre* au moyen d'une baguette de
verre trempée dans une cuve en fonction et où le *mycoderme* est en
pleine végétation. La petite plante se multiplie et recouvre bientôt la
surface du liquide sans qu'il y ait la moindre place vide. En même temps
l'alcool s'acétifie. Dès que l'opération est bien en train, que la moitié,
par exemple, de la quantité d'alcool employée à l'origine est transformée
en *acide acétique*, on ajoute chaque jour de l'alcool par petites portions,
ou du vin, ou de la bière alcoolisée, à l'aide de tubes de gutta-percha,
fixés sur le fond de la cuve et percés latéralement de petits trous qui
évitent de soulever les planches du couvercle ou de déranger le voile de
mycoderme de la surface. On continue ces additions jusqu'à ce que la
cuve ait reçu assez d'alcool pour que le vinaigre marque le titre commercial désiré. On soutire alors ce dernier, et la cuve est de nouveau
remise en travail. Une cuve de 1 mètre carré de surface renfermant
50 à 100 litres de liquide fournit par jour l'équivalent de 5 à 6 litres de
vinaigre. Les avantages de ce procédé sont d'autant plus sensibles qu'on
opère dans des vases plus grands, parce que la température y est plus
basse. Un thermomètre donnant les dixièmes de degré, dont le réservoir
plonge dans le liquide et dont la tige sort de la cuve par un trou prati-
tiqué au couvercle, permet de suivre avec facilité la marche de l'opération.

COMPOSÉS AZOTÉS. — A l'alcool correspondent des *composés azotés*, les uns basiques, les autres neutres. Les composés basiques (*ammoniaques composées*) peuvent être représentés par la combinaison de 1 équivalent d'alcool ($^4H^4(H^2O^2)$) avec un équivalent d'ammoniaque AzH^3 et élimination de H^2O^2. Les composés neutres (*amides et nitriles*) peuvent être représentés par la combinaison de l'équivalent d'acide avec l'équivalent d'ammoniaque de H^2O^2 et de $2H^2O^2$.

AMMONIAQUES COMPOSÉES (AMINES). — Certaines ammoniques composées se produisent par la distillation sèche de diverses matières azotées; le sang, la corne, la peau fournissent de la *méthylamine*, de la *butylamine*; la *triméthylamine* existe dans la saumure des harengs, etc. Nous signalerons seulement les propriétés de quelques-unes d'entre ces *amines*.

La *méthylamine* s'obtient à l'état de pureté par l'action de la potasse sur le cyanate de méthyle (*éther méthylcyanique*). Ses propriétés sont presque identiques à celles de l'ammoniaque. C'est un

Fig. 330. — FABRICATION DU VINAIGRE.

gaz incolore, d'une odeur ammoniacale, très soluble dans l'eau qui en dissout, à 12°, 1,153 fois son volume. La solution aqueuse présente les caractères de la solution d'ammoniaque; sa saveur est caustique, sa réaction fortement alcaline. Elle précipite les oxydes métalliques et dissout l'oxyde de cuivre, en se colorant fortement en bleu; elle donne des fumées blanches de chlorhydrate lorsqu'on en approche une baguette de verre mouillée d'acide chlorhydrique; à tous ces caractères, on pourrait confondre la *méthylamine* avec l'*ammoniaque*, si l'on se contentait d'un examen superficiel. Néanmoins, on arrive à séparer ces deux bases en les transformant en chlorhydrates, reprenant ceux-ci par l'alcool absolu, dans lequel le chlorhydrate de *méthylamine* est soluble.

La *diméthylamine* et la *triméthylamine* sont des liquides incolores, fortement alcalins.

L'*éthylamine* est liquide, très caustique, elle bout à 18°; ses propriétés la rapprochent de la méthylamine.

L'*hydrate de tétréthylammonium* s'isole par l'action de l'oxyde d'argent humide sur l'iodure correspondant, obtenu en traitant la *triéthyla-mine* par *l'iodure d'éthyle*. Cet hydrate est une masse blanche, cristalline, déliquescente ; il est aussi caustique, aussi énergique que la potasse, dont il offre l'aspect ; il absorbe l'acide carbonique de l'air et n'est pas déplacé de ses sels par la potasse. Par l'action de la chaleur, il se décompose en eau, *gaz éthylène* et *triéthylamine*.

L'*hydrate de tétraméthylammonium* a le même aspect et les mêmes propriétés.

CHAPITRE III

HUILES ESSENTIELLES, GOMMES, RÉSINES, BAUMES, VERNIS, CAOUTCHOUC, GUTTA-PERCHA.

HUILES ESSENTIELLES. — Un certain nombre de corps volatils exis-tent dans les principes odorants contenus dans les différents organes des végétaux. On désigne quelquefois ces principes volatils sous le nom d'*huiles essentielles* ou *essences*, et on les distingue des *huiles fixes* par leur propriété de laisser une tache translucide comme celle des huiles fixes, mais susceptible de disparaître sous l'influence de la chaleur. Ces corps, doués d'une odeur vive et pénétrante, entrent en ébullition aux en-virons de 150° ; ils ont une saveur brûlante, ils sont peu solubles dans l'eau, mais ils se dissolvent dans l'alcool, dans l'éther et dans les huiles grasses. Les *essences* brûlent à l'air avec une flamme fuligineuse.

Ces *essences* forment un groupe très artificiel, car il contient des corps doués de fonctions chimiques très différentes ; ainsi où on y trouve :

1° Des *carbures d'hydrogène :* essence de térébenthine, de citron, de bergamote et isomères, stryolène, etc. ;

2° Des *alcools* tels que le bornéol, le menthol, etc. ;

3° Des *aldéhydes .* essences d'amandes amères, de cumin, de can-nelle, de camomille romaine, etc, ;

4° De *acides :* acide benzoïque, acide cinnamique;

5° Des *éthers* simples ou composés : essences d'ail, de moutarde, styracine, etc.

Ces *essences* sont mêlées, dans les sucs végétaux, soit avec des matières albuminoïdes, soit avec des produits d'oxydation (résines acides). On extrait quelques *essences* par simple pression, mais le plus grand nombre s'obtient en mêlant avec de l'eau les parties du végétal ou les sucs qui les contiennent, en soumettant le tout, dans un alambic, à l'action d'un courant de vapeur d'eau. La tension de vapeur des *essences* est assez grande à 100° pour qu'elles soient entraînées par la vapeur d'eau ; on les reçoit dans des *récipients florentins* (*fig.* 340), où l'huile se rassemble à la partie supérieure, si elle est plus légère que l'eau, et s'écoule par le tube recourbé, pendant que l'eau, gagnant le fond, sort par le col de cygne. Cette eau garde l'odeur de l'essence et est employée en pharmacie sous le nom d'*eau distillée*, par exemple : *eau distillée d'amandes amères*. Le résidu de la distillation constitue les résines sèches.

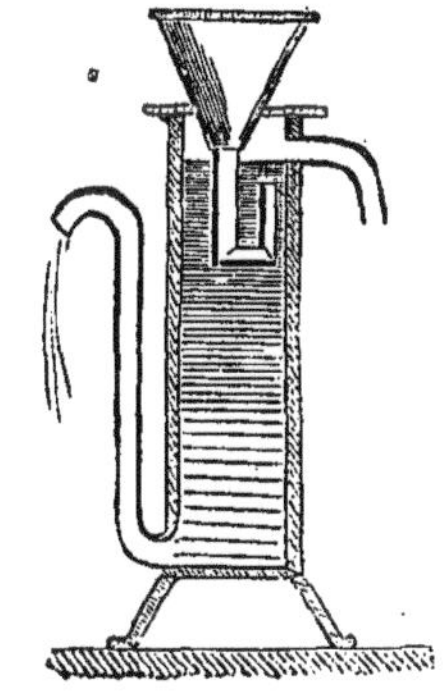

Fig. 340.
RÉCIPIENT FLORENTIN.

GOMMES, RÉSINES, BAUMES, VERNIS. — On désigne sous le nom de *gommes* une substance solide, blanche, jaune ou rougeâtre, incristallisable, d'une cassure vitreuse et d'une saveur fade, qu'exsudent naturellement beaucoup d'arbres, et particulièrement nos arbres fruitiers, sous la forme d'un liquide épais et visqueux qui bientôt se durcit à l'air. Souvent on détermine cette exsudation au moyen d'incisions pratiquées sur l'écorce des arbres. On trouve en outre des principes gommeux dans la plupart des végétaux.

On rencontre dans le commerce : 1° la *gomme arabique* et la *gomme du Sénégal*, en petites masses arrondies, tantôt blanches, tantôt rousses ou rouges, solubles dans l'eau froide ; elles proviennent de différentes espèces de *mimosas* qui croissent en Égypte, en Arabie et au Sénégal ; 2° la *gomme adragant*, en rubans entortillés, qu'on tire de petits arbrisseaux appelés *astragales* et qui viennent à l'île de Crète et aux îles environnantes ; 3° les *gommes* dites *de pays*, notamment la *gomme de France*, qui découle dans nos contrées, à l'époque de la maturité des fruits, des abricotiers, amandiers, cerisiers, pruniers, pêchers, etc. Ces *gommes* ne sont jamais des corps purs, mais des mélanges, en proportions variables, de deux substances, ou plutôt de deux genres de substances, l'une soluble, qui est la gomme proprement dite et qui est un *gummate de chaux* ou *de potasse* ayant pour formule $C^{12}H^{22}O^{11},CaO$; l'autre, qui ne se dissout pas dans l'eau, mais s'y gonfle seulement beaucoup et que l'on appelle *muci-lage*. C'est cette portion qui se trouve surtout dans la *gomme de pays* et dans la *gomme adragant*. Sa composition $C^{12}H^{20}O^{10}$ est celle de l'*amidon*. Les gommes diffèrent d'ailleurs très peu de cette substance : par les ferments agissant en quantité, et surtout par l'action des acides, elles peuvent donner une glucose fermentescible. Les substances dites *arabine* (de la gomme arabique), *césarine* (de la gomme du pays), *bassorine* (de la gomme de Bassora) ne sont que des mélanges. Les gommes sont précipitées par l'alcool. La *gomme arabique* est particulièrement recherchée à cause de sa grande solubilité dans l'eau froide.

NOMS.	VÉGÉTAL.	CONTRÉE.
RÉSINES.		
Mastic	Pistacia lensticus	Ile de Chio.
Sandaraque,	Thuya articulata	Barbarie.
Copal	Hymenœa verrucosa	Indes.
Résine élémi	Amyris elemifera	Amérique méridionale.
Laque	Crotton lacciferum	Indes.
Colophane	Pinus, abies, larix	Europe.
Succin	Lignites	Europe.
Gaïac	Gayacum officinale	Antilles.
Jalap	Racine de convolvulus jalapa	Nouvelle Espagne.
BAUMES.		
Baume du Pérou	Myroxylon perniferum	San-Salvador.
Baume de Tolu	Écorce du toluifera balsamum	Amérique méridionale.
Baume de Styrax	Liquidembar styraciflua	Mexique, Virginie.
Baume de Benjoin	Styrax benjoin	Sumatra, Java.
Baume de la Mecque	Amyris opobalsamum	Judée, Égypte.
GOMMES-RÉSINES.		
Assa-fœtida	Racine du ferula assa-fœtida	Perse.
Euphorbe	Euphorba officinalis	Afrique.
Galbanum	Bubon galbanum	Éthiopie.
Encens	Amyris	Indes, Afrique.
Myrrhe	Balsamodendron myrrha	Arabie, Abyssinie.
Gomme-gutte	Stalagmistis cambogioïdes	Presqu'île de Cambodge.
Gomme ammoniaque	Heracleum gummiferum	Égypte.
Sagapenum	Ferula persica	Égypte.
Scammonée	Convolvulus scammonea	Alep, Smyrne.

On emploie les *gommes* dans les arts pour fabriquer l'encre et le cirage, épaissir les couleurs, apprêter et lustrer les étoffes, faire de la colle, apprêter le feutre. Les médecins prescrivent les gommes pour leurs propriétés adoucissantes ; elles entrent dans la composition de beaucoup de sirops, de pastilles, de potions, etc. ; les pâtes de guimauve et de jujube ne sont que des mélanges de *gomme arabique* et de sucre, aromatisés avec le jus de ces plantes.

Les sucs résineux du commerce sont des mélanges ordinairement assez complexes. On y trouve réunis des huiles essentielles, des acides organiques, quelques sels à bases de chaux et de potasse, souvent de la gomme, de la cire, de l'amidon, et toujours un ou plusieurs principes insolubles dans l'eau, mais très solubles dans l'alcool bouillant; c'est à ceux-là qu'on donne le nom de *principes résineux* ou de *résines* proprement dites. Lorsque, dans le mélange, la gomme est en assez forte proportion pour que le suc soit en partie soluble dans l'eau, à laquelle il communique un aspect laiteux et opaque, les naturalistes l'appellent improprement *gomme-résine.* Il prend le nom spécial de *baume,* lorsque la résine est accompagnée d'acide benzoïque ou d'acide cinnamique faciles à isoler par une douce chaleur.

On peut raisonnablement considérer les sucs résineux comme des huiles volatiles plus ou moins pures, épaissies par suite de l'action de l'air ou plutôt de l'oxygène. Ce qu'il y a de certain, c'est que, par un contact prolongé avec ce gaz, les huiles volatiles finissent par se concréter et acquérir l'aspect et les principales propriétés des sucs résineux. Ceux-ci paraissent, en général, dériver de carbures d'hydrogène qui, en absorbant l'oxygène, se résinifient. C'est ainsi, par exemple, que l'*essence de térébenthine,* $C^{20}H^{16}$, se transforme en *colophane,* $C^{20}H^{16}O^2$, en fixant 2 équivalents d'oxygène.

Au reste, tous les sucs résineux renferment encore beaucoup d'huile essentielle, qui paraît les tenir en dissolution dans les vaisseaux des plantes. Qu'on chauffe, en effet, avec de l'eau, dans un appareil distillatoire, une matière résineuse quelconque, on en extraira de l'huile volatile en plus ou moins grande quantité, et le résidu sera dur, sec et très friable. A Mont-de-Marsan (Landes), à Bordeaux, on distille la térébenthine dans de très grands alambics du cuivre; elle fournit ainsi près de 15 pour 100 de son poids d'essence. Le résidu est ce qu'on appelle *brai sec, arcanson, colophane* ou *colophone.* Les deux derniers noms de cette matière résineuse viennent de Colophon, ville d'Ionie, d'où les anciens la tiraient presque exclusivement. C'est avec elle que les musiciens frottent le crin de leurs archets, afin que, étant ainsi poissé, il fasse mieux vibrer les cordes des violons et autres instruments analogues. On la leur vend, pour cet usage, en petits cylindres coulés dans des étuis en papier.

C'est à la forte proportion d'huile volatile qu'ils renferment encore que la *térébenthine,* le *baume de copahu,* le *baume de la Mecque,* le *baume du Pérou,* le *styrax* doivent leur mollesse ou leur liquidité.

En faisant agir successivement sur le même suc résineux divers agents, comme l'eau, l'alcool faible ou fort, froid ou bouillant, puis l'éther et les solutions alcalines, on parvient à isoler les uns des autres les différents principes qui y sont à l'état de simple mélange.

Lorsque les résines n'exsudent pas d'elles-mêmes des végétaux, on met les parties végétales qui en sont les plus riches en digestion avec de l'alcool qui s'en charge. Si l'on ajoute de l'eau à la dissolution et qu'on la chauffe pour éloigner l'alcool, la résine vient surnager à l'état fondu.

Les principes résineux ont une série de caractères communs qui les lient à un même type.

Presque tous sont durs, cassants et très friables, transparents ou translucides, à cassure vitreuse. Ils s'offrent en masses amorphes, en larmes ou en grains détachés.

Ils sont souvent colorés en brun ou en rouge, mais il est probable que, dans l'état de pureté, ils sont incolores; on est parvenu à décolorer complètement, au moyen du charbon, les résines de scammonée et de jalap.

Leur saveur est presque toujours forte, âcre ou amère, chaude et brûlante. Leur odeur est généralement très développée, parfois douce et suave (*baumes de benjoin, de Tolu, de la Mecque, élémi, mastic*, etc.), mais très souvent aussi désagréable (*térébenthine, copahu, sagapenum, galbanum, assa fœtida*, etc.). L'*assa fœtida* exhale une odeur alliacée si fétide, que les anciens l'avaient nommée *fiente du diable*; et cependant les Orientaux l'emploient à l'assaisonnement de leurs mets. L'odeur si agréable du citron était bien en exécration chez la plupart des peuples anciens ! Jamais dicton populaire ne fut plus sensé que celui qui dit qu'il ne faut pas disputer des goûts et des couleurs.

Dans l'Amérique du Nord, les chasseurs ont reconnu depuis longtemps que l'odeur de l'assa fœtida produit sur les renards une espèce de paralysie qui leur ôte l'usage de toutes leurs facultés. Lorsque les chasseurs font une battue, ils sont armés de brandons de résine ordinaire à laquelle on a ajouté de l'assa fœtida. La fumée qui s'exale de leurs torches, fortement imprégnée de l'odeur de cette substance, suffit pour ôter aux renards jusqu'à la volonté de s'enfuir.

Les sucs résineux étant, comme les huiles volatiles, fort riches en hydrogène et en carbone, sont, par cela même, très combustibles. Ils s'enflamment par l'approche d'une bougie et brûlent avec une flamme forte et jaune, en répandant beaucoup de fumée. C'est en conduisant cette fumée dans des chambres ou dans des sacs qu'on obtient le *noir de fumée* (Chimie, *métalloïdes*, page 661).

Les résines donnent, par la distillation sèche, des produits très complexes. Il apparaît d'abord des gaz carburés qui brûlent avec une flamme

Récolte du caoutchouc (page 1156).

brillante, et dont on s'est servi, dans quelques localités, comme gaz d'éclairage. Entre $+$ 108°. et 150°, il se volatilise des huiles, dites *vive essence*, qui sont principalement formées de deux carbures d'hydrogène, nommés *rétinaphte* ($C^{14}H^8$) et *rétinyle* ($C^{18}H^{12}$). A partir de $+$ 280°, il passe à la distillation une huile, dite *huile fixe* ou *lourde*, qui est un autre carbure d'hydrogène, appelé *rétinole* ($C^{32}H^{16}$). A $+$ 350°, il se fige dans les récipients une matière d'un brun noirâtre ou bleuâtre, qu'on nomme dans les ateliers *matière grasse*, et dans les laboratoires *rétistérine* ou *métanaphtaline* ($C^{20}H^8$). Enfin, il reste dans la cornue ou la cucurbite un charbon brillant. Dans les usines, on retire moyennement de la colophane 3,75 pour 100 de *vive essence*, 34 pour 100 d'*huile lourde* et 60 pour 100 de matière grasse et goudron.

La *vive essence* remplace l'essence de térébenthine dans quelques-unes de ses applications. L'*huile lourde*, décolorée et clarifiée par le contact d'une lessive de soude à 41°, sert dans la peinture en bâtiments, pour certaines encres d'imprimerie, et pour fabriquer des mélanges ou *graisses noires*, qui remplacent avec économie les corps gras ordinaires, pour lubrifier les roues de voiture, les engrenages de métiers et de machines, etc.

M. Krafft obtient une huile volatile incolore, très propre à l'éclairage, non congelable, sans action sur les métaux, en soumettant la *vive essence* et l'*huile lourde* à une rectification sur 15 pour 100 de chaux éteinte. Le produit distillé est mis en contact, pendant une heure, à deux reprises différentes, avec de l'acide sulfurique; on le décante, on le lave à l'eau chaude et on le distille une seconde fois, mais sur du noir animal. Cette nouvelle huile représente 40 pour 100 de la résine employée. Elle est bien supérieure aux huiles de schiste et de houille.

En faisant arriver un jet de vapeur surchauffée à la surface de la résine fondue, MM. Hunt et Pochin en effectuent la distillation intégrale, sans qu'il se forme aucun des produits dont il a été question précédemment. La *résine* ainsi distillée est à peu près incolore, presque inodore, et elle est bien supérieure à la résine ordinaire pour la fabrication des savons et des vernis.

A l'exception des résines désignées sous les noms de *copal dur* et de *copal demi-dur*, toutes les autres se dissolvent dans l'alcool froid, et à plus forte raison dans ce liquide bouillant, et en quantités d'autant plus grandes qu'il est plus rectifié. Ces dissolutions sont connues, depuis longtemps, sous le nom impropre de *teintures*. L'eau en précipite sur-le-champ les principes résineux et leur donne l'apparence du lait, parce que ces principes se séparent en flocons blancs et opaques, qui restent longtemps en suspension. La *teinture alcoolique du benjoin* ou du *baume de Tolu*, mélangée avec l'eau, forme le *lait virginal* des parfumeurs, auquel ils attribuent la propriété de nettoyer et d'adoucir la peau.

Après l'alcool, les meilleurs dissolvants des *résines* sont : l'esprit de bois, la benzine et autres hydrocarbures, l'alcool caprylique, l'éther, le chloroforme, le sulfure de carbone, les huiles grasses et volatiles, les huiles de pétrole, les acides acétique et chlorhydrique.

Les solutions alcooliques ou éthérées d'un grand nombre de résines rougissent le papier de tournesol.

On a constaté, en 1862, un fait curieux qui rentre dans cette classe de phénomènes moléculaires qui s'accomplissent sous la double influence de la chaleur et de la pression. Les résines *copal* et leurs congénères, ainsi que le *succin*, qui ne sont pas naturellement solubles dans les différents dissolvants cités plus haut, y deviennent solubles, à froid ou à chaud, lorsqu'elles ont été préalablement exposées, en vases clos, à une température variable entre + 350° et 400°, jusqu'à ce qu'elles aient perdu à peu près 25 pour 100 de leur poids en matière volatile. Après ce traitement, ces résines n'ont point changé de nature, mais elles ont pris un autre arrangement moléculaire qui leur donne des propriétés nouvelles et les transforme, pour ainsi dire, en des corps nouveaux. Elles sont alors très propres à servir à la fabrication des vernis à l'essence ou des vernis gras.

L'acide sulfurique et surtout l'acide azotique attaquent les sucs résineux avec énergie et les convertissent en une substance particulière qu'on appelle *tanin artificiel*, à cause de certains rapports de propriétés qu'elle offre avec le tanin des végétaux.

A part quelques *résines* qui refusent de se combiner aux alcalis, toutes les autres se dissolvent facilement, surtout à l'aide de la chaleur, dans les lessives caustiques ou même carbonatées, et donnent naissance à de véritables sels dans lesquels l'alcali est quelquefois complètement neutralisé. Les *résinates* de potasse et de soude moussent avec l'eau et peuvent être employés comme les savons ordinaires. De là est venu l'usage, d'abord en Amérique, puis en Angleterre et en France, d'introduire dans certains savons communs, notamment dans les savons de suif, une certaine proportion de résine, 18, 20 et même 30 pour 100, en sus du poids du corps gras, afin d'avoir des produits moins chers.

Les savons de résine ne sont pas précipités par le sel marin, comme les savons formés uniquement par les corps gras; aussi sont-ils employés de préférence à ces derniers à bord des navires. Voici comment on les fabrique le plus généralement.

On introduit dans une chaudière autoclave :

Suif .... 350 kilogr.
Résine sèche ou arcanson 150   —
Huile de palme....................................... 150   —
Lessive caustique (contenant 115 gr. de soude par kilogr.). 600   —

On chauffe soit directement, à feu nu, soit à l'aide d'une double enveloppe recevant la vapeur d'un générateur; on porte rapidement la température à + 150°, et on la maintient à ce terme pendant une heure. La saponification est alors complète; on fait couler le savon dans des moules.

Le savon de résine bien préparé a la composition suivante :

Soude   9
Acides gras   48
Résine....................   13
Eau   30
                            ————
                            100

En France, dans ces dernières années, on a tellement abusé de la résine et si mal fabriqué les savons dits *économiques*, que ces derniers sont tombés dans le plus grand discrédit.

En ayant égard à leur manière de se comporter avec les alcalis et le tournesol, on peut donc partager les résines en deux classes.

Les résines sont très employées en médecine. Plusieurs servent de matières colorantes aux peintres et aux teinturiers, telles que la *gomme-gutte*, le *sang-de-dragon* et la résine dite improprement *gomme-laque*. — La *sandaraque*, réduite en poudre fine, est d'un usage général pour donner du corps au papier qui a été aminci ou déchiré par le grattoir et pour l'empêcher de boire l'encre. Les Arabes l'appliquèrent, dans des temps fort antérieurs, à la fabrication des vernis, pour lesquels on fait aussi intervenir les résines *animé*, *élémi*, la *térébenthine*, etc.

Les résines aromatiques, et notamment les *baumes* de *benjoin*, de *styrax*, de *Tolu*, du *Pérou*, etc., servent à composer différents aromates et des pastilles odorantes pour parfumer l'air; ils entrent aussi dans plusieurs mélanges pharmaceutiques : l'*eau hémostatique de Pagliari* n'est autre chose qu'une forte décoction de benjoin additionnée d'alun.

Le *baume de La Mecque*, qu'on récolte dans l'Arabie Heureuse et l'Égypte, au moyen d'incisions qu'on pratique à la tige d'un petit arbre appelé *Amyris opobalsamum*, est si estimé chez les Turcs, comme parfum, que le Grand Seigneur l'envoie en cadeau aux souverains.

Chez les Orientaux, les femmes font un continuel usage de la résine dite *mastic,* qu'elles mâchent pour se fortifier les gencives et communiquer à leur haleine une odeur agréable. On s'en sert quelquefois chez nous pour remplir les cavités des dents cariées ; pour cela, après avoir nettoyé et séché l'intérieur de la dent, on y introduit une boule de coton imprégnée d'une solution saturée de mastic dans l'éther ; celui-ci s'évapore, la boule adhère à la dent sans coller à la joue.

L'*oliban* ou l'*encens,* gomme-résine apportée de tout temps de l'Arabie, servait, dès l'antiquité la plus reculée, à parfumer les temples, coutume que l'Église catholique a adoptée (*fig.* à la page 1137). C'était la nécessité de masquer l'odeur désagréable qu'exhalaient les animaux sacrifiés dans les temples qui fit naître l'usage de brûler de l'encens ; car alors on ne connaissait pas d'autre moyen de purifier l'air et de le désinfecter. En Italie et en Sardaigne, on fait des fumigations dans les chambres de malades avec la *résine d'olivier,* qu'on jette sur une plaque de fer chauffée ; les vapeurs qui s'en exhalent ont une odeur de benjoin et de girofle.

C'est avec le brai sec qu'on prépare les torches si commodes pour les chemins de fer, ainsi que les *boules pyrogènes* ou *pyrophyles,* généralement employées à Paris, dans les ménages, pour allumer rapidement le feu. Ces boules ne sont autre chose que des copeaux de menuiserie trempés dans un mélange de brai sec et de graisse. On les vend 1 fr. 50 le cent. On s'en sert à bord des navires. Les usages industriels les plus étendus des résines sont, sans contredit, la préparation des *cires à cacheter* et celle des *vernis.*

CIRES A CACHETER. — VERNIS. — Les matières résineuses spécialement employées pour faire les cires à cacheter sont la résine-laque et la térébenthine ; on remplace une partie de la première, dans les cires communes, par de la colophane. On fond les matières à une douce chaleur ; on y incorpore la substance colorante, qui est ordinairement une poudre minérale, puis on coule la masse dans des moules de fer-blanc dont l'intérieur est enduit d'huile ; après le refroidissement, on donne le poli aux bâtons en les passant rapidement à travers la flamme d'un fourneau ou d'une lampe à alcool.

On emploie comme colorant les poudres suivantes :

Pour le rouge.......	cinabre ou vermillon ;
le noir..........	noir de fumée ;
le jaune	jaune royal ou oxychlorure de plomb ;
le brun........	ocre rouge ;
le bleu	bleu minéral, outremer ;
le vert........	vert-de-gris.

On aromatise les belles cires avec le benjoin, le tolu, le baume de Pérou.

Voici la recette d'une bonne cire à cacheter de couleur rouge :

Résine-laque en écaille...............	18 parties.
Térébenthine de Venise...............	12 —
Baume du Pérou.....................	1 —
Vermillon.........................	36 —

Les Indiens, qui récoltent dans leur pays la résine-laque, furent les inventeurs de la cire à cacheter. Les premiers échantillons de cette cire qui parvinrent en Europe furent portés à Venise, de là en Portugal, et enfin en Espagne. Ce dernier peuple en fit un grand commerce ; voilà pourquoi cette composition porte encore le nom de *cire d'Espagne*. Ce n'est que sous le règne de Louis XIII que cette matière adhésive est devenue d'un usage un peu général. C'est en France qu'on prépare actuellement la meilleure cire à cacheter.

La *cire à sceller*, bien différente de la précédente, puisqu'elle s'applique à froid sur le papier, les tissus, le bois, qu'on veut recouvrir d'un cachet, est préparée avec 4 parties de cire blanche et 1 partie de térébenthine de Venise, qu'on fond ensemble et qu'on colore avec du vermillon. Avant d'appliquer cette matière plastique, on la ramollit en la malaxant.

VERNIS. — Quant aux *vernis*, ce sont des liquides qui, étendus en couches minces sur les corps solides, donnent à leur surface un aspect brillant et agréable, tout en les préservant de l'action de l'humidité et de l'air qui pourrait les altérer.

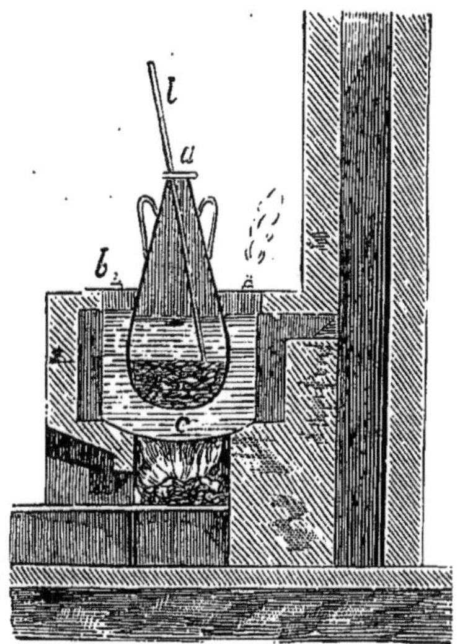

Fig. 341.
FABRICATION DES VERNIS A L'ALCOOL.

Ces vernis sont des dissolutions de résines, de gommes-résines ou de baumes dans l'alcool, l'essence de térébenthine ou l'huile de lin cuite. On peut les partager en trois grandes classes, suivant la nature du dissolvant : *Vernis à l'alcool, vernis à l'essence, vernis gras.*

Vernis à l'alcool. — Ces vernis, qui ne sont employés que dans les intérieurs, pour faire l'office de glace, sont en général brillants, souples et très siccatifs ; mais ils ont peu de corps et de consistance. Ils conviennent aux objets de toilette, cartons, découpures, étuis, boîtes et meubles amovibles. Ils jaunissent bien vite, surtout ceux qui contiennent beaucoup de térébenthine, et n'ont pas tous le même degré de solidité.

L'alcool qui sert de véhicule doit avoir de 95° à 96° alcoométriques à + 12° centigrades. Les matières résineuses qui sont utilisées sont surtout : la sandaraque, le mastic, le copal tendre, la colophane, le galipot, la laque en écailles ou en grains, la térébenthine, le benjoin, l'élémi, l'animé. Comme matières colorantes, on a recours à la gomme-gutte, au sang-de-dragon, au safran, au santal, au rocou, à la cochenille.

Le mode opératoire est fort simple. Les résines sèches, réduites en poudre, sont mélangées avec du verre blanc pilé grossièrement et introduites avec l'alcool dans un matras en cuivre à col court *a* (*fig.* 341), muni d'un support circulaire *b*, dit *panache*, à l'aide duquel le matras repose sur le bord d'une chaudière en fer montée sur un fourneau et servant de bain-marie. On porte l'eau à l'ébullition qu'on maintient pendant une heure ou deux, en ayant soin d'entretenir la matière dans un mouvement de rotation par le moyen d'un bâton de bois blanc *d*, arrondi par le bout. A l'aide de cette agitation et de l'interposition du verre pilé, on empêche la résine de s'agglomérer en une seule masse, ce qui favorise une plus prompte solution. Lorsque celle-ci est opérée, on ajoute la térébenthine, quand celle-ci entre dans la composition du vernis ; on laisse encore le matras pendant une demi-heure dans l'eau, et on le retire enfin, en continuant d'agiter le filtre au coton pour lui faire acquérir la plus grande limpidité possible et on le renferme dans des bouteilles de grès bien bouchées et tenues à la cave : sans ces dernières précautions, il y a déperdition d'alcool, épaississement et coloration du vernis.

Voici quelques formules de vernis à l'alcool :

VERNIS A DÉCOUPURES, A BOIS DE SPA, etc.

Sandaraque lavée deux fois	5 kil.
Térébenthine suisse............	4,5
Alcool à 95°...................	18 lit.

VERNIS POUR ÉTIQUETTES.

Sandaraque	60
Mastic en larmes	180
Térébenthine de Venise........	90
Alcool à 95°..................	1000

VERNIS POUR INSTRUMENTS A CORDES.

Sandaraque	150
Laque en grains	70
Mastic en larmes	70
Élémi........................	35
Térébenthine	70
Alcool à 95°.................	1000

VERNIS POUR TEINTE D'OR SUR LAITON.

Laque en branches............	150
Gomme-gutte..................	150
Sang-de-dragon	150
Rocou	150
Safran.......................	32
Alcool à 95°.................	1000

Vernis à l'essence. — Ces vernis sont meilleurs, plus résistants à l'air, moins faciles à se fendiller, à éclater sous les chocs, que les précédents ; ils se polissent mieux et supportent mieux les dilatations, les contractions alternatives, que les variations de la température opèrent sur tous les corps. Ils sont donc plus propres que les vernis à l'alcool pour certains usages, et (si leur odeur ne les faisait pas trop souvent exclure) pour tous les cas où il s'agit d'appliquer un vernis plus durable. Ils conviennent surtout pour la peinture sur toile ; ils servent aussi à

Le *chromodurophane,* au moyen duquel les frotteurs rendent brillant le parquet
de nos appartements... (page 1154).

broyer et à détremper les couleurs ; on les emploie encore pour l'intérieur des appartements.

Les disolvants sont : l'essence de térébenthine, plus rarement les essences de lavande et de spic, les huiles légères de pétrole. Les matières résineuses sont surtout : la térébenthine, le galipot, les diverses espèces de copal, la sandaraque, le mastic, la laque. Les colorants sont la gomme-gutte, le sang-de-dragon, le rocou, le curcuma. Le camphre est quelquefois employé.

La confection de ces vernis s'effectue aussi facilement que celle des vernis à l'alcool, et dans les mêmes appareils. Ils s'améliorent avec le temps, à l'encontre de ces derniers, qui perdent peu à peu leurs qualités. On les conserve en cave, dans des bouteilles bien bouchées.

Voici quelques formules de ces sortes de vernis :

VERNIS POUR TABLEAUX A L'HUILE.

Copal tendre	500
Camphre	40
Essence de térébenthine distillée	1000

VERNIS MUTATIF POUR MÉTAUX ET BOIS.

Laque en grains	124
Sandaraque ou mastic	124
Sang-de-dragon	16
Térébenthine	62
Gomme-gutte	2
Curcuma	2
Essence de térébenthine	1000

VERNIS DIT DE HOLLANDE, POUR DÉTREMPER LES COULEURS.

Galipot en larmes récent	100 kil.
Essence de térébenthine	150 à 225 —

VERNIS POUR CARREAUX D'APPARTEMENT.

	I.	II.
Laque en grains	160	Galipot. 112
Cire jaune	1	Arcanson 112
Alcool à 90°	640	Essence de térébenthine 144

Ces deux compositions se font à part ; on les mêle ensuite intimement et on passe le tout au tamis. On colore ce vernis, en rouge avec le rouge de Prusse, en jaune avec l'ocre de rue, en couleur de noyer avec la terre d'ombre. Ces matières doivent être finement broyées et surtout bien privées d'eau, sans quoi le vernis serait décomposé. C'est ce vernis qu'on désigne dans le commerce sous le nom de *siccatif brillant*, *chromodurophane*, au moyen duquel les frotteurs rendent brillant le parquet de nos appartements.

Vernis gras. — Ceux-ci peuvent être considérés comme des vernis à l'essence, auxquels on ajoute une huile grasse préparée, pour les rendre plus souples, plus résistants, plus solides. Ils ont, en effet, ces qualités à un haut degré, mais ils sèchent moins vite, sont moins siccatifs. On les destine aux objets qui sont sujets à des frottements, ou à la rencontre des corps durs, par exemple, à la décoration des voitures ; on les applique surtout sur les objets extérieurs, portes, croisées, volets, exposés aux intempéries de l'air.

Les matières employées sont en petit nombre, telles que : huile de lin cuite, huile d'œillette, huile de noix, huile de chènevis, essence de térébenthine, essence de spic, térébenthine, les diverses variétés de copal, succin, asphalte, caoutchouc.

La résine *copal* est la substance la plus importante dans l'art du fabricant de vernis gras ; les variétés désignées dans le commerce sous les noms de *copal dur* et de *copal demi-dur*, qui donnent les meilleurs vernis, offrent une très grande résistance à l'action des dissolvants, et ce n'est qu'après les avoir soumis à une sorte de torréfaction qu'on est parvenu à les rendre miscibles aux huiles et aux essences.

Le procédé ordinaire de fabrication est le suivant : on commence par fondre le copal à feu nu dans un matras en cuivre ; on y ajoute la moitié de son poids d'huile de lin, et lorsque le mélange est bien fait, on y verse avec précaution de l'essence de térébenthine en quantité variable, suivant la consistance que doit avoir le vernis. Cette opération exige de grandes précautions pour éviter la coloration du mélange, qui se produit invariablement dès que la température dépasse 360°, cause des pertes considérables s'élevant parfois à 50 pour 100, et répand des vapeurs épaisses et irritantes qui empoisonnent l'air et ont fait classer ces établissements parmi les plus insalubres et donné lieu à de fréquents incendies.

Tous ces inconvénients graves sont évités par le procédé qu'a indiqué M. H. Violette. Il consiste : 1° à fondre préalablement le copal en vases clos à 360°, en lui faisant perdre seulement par la chaleur de 20 à 25 pour 100 de son poids ; 2° à dissoudre à 100°, dans un mélange convenable d'huile et d'essence, ce même copal fondu.

Voici l'un des appareils que ce chimiste a proposés pour cette opération (*fig.* 342).

a est un récipient cylindrique en cuivre argenté intérieurement, de 1 mètre de diamètre et de $0^m,70$ de hauteur, recevant 100 kilogr. de copal. Il est encastré dans un fourneau en maçonnerie. Il est traversé dans son centre par un agitateur *b* pour renouveler les surfaces du copal. On introduit celui-ci par l'orifice *o*. Le tube *c* est destiné à conduire les vapeurs huileuses dans un refrigérant *d*. Il faut environ deux heures pour opérer la transformation de la matière en *copal soluble*. Le tube *e*, fermé avec une tige en bois, sert à vider le copal suffisamment distillé et bien fluide : on le coule en plaques.

Avec ce copal ainsi préparé, la fabrication des vernis gras est aussi simple que celle des autres vernis. Dans un récipient cylindrique étamé, chauffé par un serpentin à vapeur, on introduit :

Copal préparé	100 kilogr.
Essence de térébenthine	300 —
Huile de lin cuite	100 —

La dissolution se fait rapidement, et on obtient environ 5 hectolitres d'un vernis très beau, de bonne consistance, sans aucune perte et sans aucune main-d'œuvre.

Voici deux autres vernis gras sans copal :

BEAU VERNIS POUR LES PEINTRES.		VERNIS JAUNE.	
Sandaraque	120	Résine blanche ou galipot	60
Mastic	30	Sandaraque	60
Térébenthine	6	Aloès	30
Huile de lin cuite	750	Huile de lin cuite	500
Essence de térébenthine	90	Essence de térébenthine	Q. S.

Vernis ou enduits hydrofuges. — On désigne sous les noms de *vernis*, de *mastics*, d'*enduits hydrofuges*, des mélanges de cire, de résines, de corps gras, d'huile de lin cuite, qu'on utilise dans toutes les circonstances où l'on veut rendre imperméable l'intérieur des magasins, des caves, des appartements, préserver les murs de l'humidité. Ces compositions empêchent ainsi la détérioration des peintures sur pierre et sur plâtre et arrêtent la formation du salpêtre qui, on ne le sait que trop, détruit rapidement les murs, même les plus épais et en apparence les plus solides. Ces sortes de compositions ont été inaugurées par Thenard et Darcet en 1813. On les fait pénétrer dans les plâtres au moyen d'une chaleur très intense. Une belle application en a été faite à la coupole du Panthéon de Paris, et depuis que cette coupole a été pénétrée du *mastic hydrofuge*, les belles peintures de Gros n'ont pas éprouvé la moindre altération. (Girardin.)

CAOUTCHOUC. — GUTTA-PERCHA. —

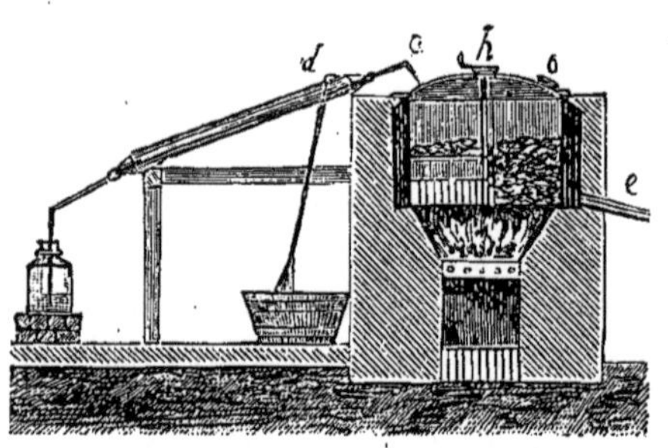

Fig. 342. — FUSION ET MODIFICATION DU COPAL.

Le *caoutchouc* et la *gutta-percha* sont deux substances qui ont acquis depuis une cinquantaine d'années seulement une très grande importance.

Le *caoutchouc,* connu longtemps sous le nom de *gomme élastique,* est un principe immédiat, contenu dans le suc laiteux de quelques arbres de l'Amérique méridionale et des Indes orientales. Ce sont surtout des arbres de la famille des euphorbes, des asclépias, tels que le *siphonia cahuchu, hevea Guyanensis, jatropa elastica,* qui donnent le caoutchouc le plus estimé, dont la majeure partie vient de la Guyane et du Brésil (province de Para) ; dans l'Inde, à Java, à Singapour, à Penang, on extrait le caoutchouc du *ficus elastica* et de quelques autres figuiers très grands qui forment d'immenses forêts. La Condamine est le premier qui, en 1736, ait envoyé à l'Académie des sciences un échantillon du *caoutchouc.* Ce produit, alors mal étudié, ne reçut que des applications très bornées.

La récolte du *caoutchouc* (*fig.* à la page 1145) se fait d'une manière simple et facile. Quand l'arbre a acquis assez de vigueur, on commence à faire au bas de l'écorce une entaille profonde qui pénètre jusqu'au bois ; on pratique ensuite une gouttière longitudinale, depuis la partie supérieure de l'arbre jusqu'à l'entaille ; puis, de distance en distance, on fait des incisions latérales, inclinées de manière à venir déverser dans le grand canal longitudinal le suc qui s'écoulera, de telle façon que le suc laiteux vient, de toutes les parties de l'arbre, aboutir à l'entaille inférieure, que l'on garnit d'une calebasse ou d'une feuille de bananier roulée, pour conduire le liquide dans un vase placé au pied de l'arbre. On peut renouveler cette opération tous les quinze jours sans inconvénients pour l'arbre ;

on choisit de préférence la saison d'hiver, afin de ne pas arrêter la végétation pendant l'été.

Le suc fraîchement récolté a presque l'aspect et la consistance de la crème. Les premières portions qui s'écoulent de l'arbre donnent à peu près 20 pour 100 de caoutchouc solide, les autres peuvent donner jusqu'à 37 pour 100. Faraday a trouvé dans le suc frais du *siphonia cahuchu*, sur 100 parties :

Caoutchouc pur	31.00	
Albumine	1.90	100.00
Substances azotées	10.73	
Eau de végétation, un peu acide	56.37	

Pour séparer le caoutchouc du suc laiteux qui le contient, on fait bouillir, en agitant avec soin, et le caoutchouc s'isole promptement du liquide sous forme de grumeaux qui se réunissent en une masse spongieuse ; la séparation est facilitée par l'addition d'une certaine quantité de rhum ; on passe la masse entre les plis d'un tissu grossier pour en séparer les substances étrangères ; c'est ainsi que s'obtiennent les caoutchoucs d'Assam et de Java, qui sont blancs et inodores. Plus généralement, quand le suc est encore bien fluide, on y plonge à plusieurs reprises des moules en terre glaise en forme de poires, et on retire ainsi, couche par couche, une masse de caoutchouc, que l'on durcit à un feu de branches résineuses, d'où lui vient la couleur brune ou noire qu'on lui voit ordinairement. En laissant tremper dans l'eau les poires de caoutchouc ainsi fabriquées, la terre glaise s'humecte et sort facilement par l'espèce de goulot ménagé à la partie supérieure.

Le *caoutchouc* pur est sans odeur ni saveur ; sa densité varie entre 0,919 et 0,942 ; il est mou, flexible, inaltérable à l'air. Il peut brûler en répandant une fumée épaisse et une odeur désagréable. Il entre en fusion à + 255° ; après son refroidissement, il reste onctueux et gluant. Soumis à la distillation, il donne divers carbures d'hydrogène, entre autres la *caoutchine*, huile empyreumatique, remarquable par la facilité avec laquelle elle peut dissoudre le caoutchouc normal. Il est soluble dans l'éther, le sulfure de carbone, l'essence de térébenthine, les huiles empyreumatiques, telles que la benzine. Cette propriété donne lieu à la fabrication des tissus imperméables, dont nous nous occuperons ci-après. Mis en présence du *soufre*, à une température suffisamment élevée, le *caoutchouc* acquiert des propriétés nouvelles ; c'est le *caoutchouc vulcanisé* qui, depuis quelques années, a rendu tant de services dans des applications aussi utiles que variées et ingénieuses.

Le *caoutchouc*, arrivé dans nos fabriques à l'état de *blocs* ou de *poires*, subit une première préparation qui a pour objet de le ramollir. A cet effet, les morceaux de caoutchouc sont placés dans un cuvier plein d'eau qu'un jet de vapeur échauffe et maintient à la température de 55° centigrades. Quand l'immersion a été suffisamment prolongée, le caoutchouc ramolli est décomposé à l'aide d'un couteau mécanique, formé d'un disque d'acier, non denté, auquel on communique un mouvement de rotation très rapide. On a soin de faire tomber constamment sur le tranchant un mince filet d'eau froide pour empêcher l'échauffement et l'adhérence du caoutchouc. Après le découpage, on fait passer le caoutchouc entre deux cylindres polis ; les morceaux sont ainsi étirés et pétris, puis réduits en feuilles. On les plonge alors pendant quelque temps dans une lessive alcaline pour enlever les matières grasses qui nuiraient à l'homogénéité. En sortant de cette lessive, le caoutchouc est soumis à une titruration plus complète, qui rend son agglomération plus facile. On le fait passer dans un appareil, appelé *loup* ou *diable*, destiné à le dévorer, pour ainsi dire, comme son nom l'indique. C'est un cylindre en fonte, hérissé de saillies en forme de dents, qui tourne dans une enveloppe également cylindrique ; le caoutchouc, déchiré par les dents, prend lui-même un mouvement de rotation dans l'appareil ; il se trouve broyé, malaxé parfaitement, et finit par acquérir une grande adhérence. On le retire alors et on le soumet à une presse qui lui donne, au moyen d'un moule disposé à cet effet, la forme d'un gros cylindre.

Pour fabriquer, avec ce cylindre ainsi obtenu, des feuilles ou des lanières de caoutchouc, on le fait passer entre deux laminoirs ; à mesure que les bandes se forment, on les enroule sur une bobine, en les saupoudrant de talc pour les empêcher d'adhérer entre elles. Les bobines, recouvertes de ces lanières, sont soumises à la vulcanisation, d'après l'un des procédés dont nous parlerons ci-après. On peut obtenir aussi des lames assez minces au moyen d'un découpage mécanique. A cet effet, on installe le cylindre en caoutchouc sur une espèce de tour, en disposant son axe horizontalement, et on lui imprime un mouvement rapide de rotation : un couteau, animé d'un mouvement de va-et-vient, découpe la bande de caoutchouc qui s'enroule sur une bobine. Les lanières ainsi obtenues peuvent être divisées en un nombre quelconque de bandes, de largeur voulue ; au moyen d'un couteau mécanique, on les tranche facilement, et on peut les réduire à une largeur égale à leur épaisseur : c'est ainsi qu'on arrive à former ces fils de caoutchouc, dont on fabrique des tissus élastiques.

La fabrication des tissus imperméables est fondée sur la dissolution du caoutchouc dans certaines huiles essentielles, dans les éthers, le sulfure de carbone. Le dissolvant le plus généralement employé est l'essence de térébenthine, chimiquement pure. Le caoutchouc écrasé est placé dans des vases hermétiquement clos, avec trois fois son poids d'essence de térébenthine ; après 48 heures environ, la pâte ainsi obtenue est soumise à une distillation qui enlève l'excès d'essence. Pour rendre la masse plus homogène, on force le caoutchouc à passer dans un vase à trois fonds, formé de trois tamis, dont les trous sont de plus en plus fins. De cette façon, on divise la pâte et on facilite le mélange intime. On opère la malaxation d'une manière plus complète encore dans les *broyeuses*. Ces broyeuses sont composées de cinq cylindres, disposés horizontalement et tournant dans une sorte de cuve où l'on met la pâte, avec quatre parties de fleur de soufre, et des matières colorantes, si l'on veut colorer le mélange.

Pour enduire l'étoffe, on la coud sur une toile sans fin, tournant avec une vitesse de 10 mètres par minute ; la pâte, préparée et amenée sur une plaque au contact de l'étoffe, est entraînée par le mouvement de rotation ; une lame de bois, qu'on abaisse plus ou moins à l'aide d'une vis de pression, sert de racloir, pour régler l'épaisseur de la couche de caoutchouc qui doit s'étendre sur l'étoffe.

On procède aussi d'une façon différente pour la fabrication des tissus imperméables. Le dissolvant employé est la *benzine*, et comme elle est très volatile, pour en éviter la déperdition, on se sert d'un appareil condenseur. Le tissu que l'on veut rendre imperméable est entraîné par deux rouleaux ; il se déroule d'une bobine pour aller, après s'être enduit de la couche de caoutchouc, s'enrouler sur une autre bobine tournant en sens contraire. Le caoutchouc en pâte est attiré et étendu sur l'étoffe par l'effet de son mouvement rapide, comme dans l'autre procédé ; seulement la bande de tissu va passer au-dessus d'une boîte à vapeur qui la chauffe et la sèche, en hâtant la volatilisation de la benzine. Au-dessus de cette boîte à vapeur se trouve une espèce de toit bien clos, avec deux gouttières intérieures ; un courant d'eau froide tombe extérieurement sur cet appareil pour en rafraîchir les parois ; la benzine qui se condense coule dans les gouttières et se recueille dans un récipient ; de cette façon, l'opération se fait presque sans perte de benzine ; et, grâce aux deux bobines sur lesquelles est roulée l'étoffe, on peut préparer de plus longues bandes de tissus que par le procédé précédent.

La *vulcanisation* du caoutchouc donne à celui-ci de nouvelles propriétés, avons-nous dit : sans rien perdre de son élasticité, il est devenu plus résistant, moins adhésif ; il ne se soude plus à lui-même avec la même facilité ; plus tenace, il résiste mieux aux efforts d'extension. Le *caoutchouc* ne se combine pas en toutes proportions avec le *soufre ;* ce dernier n'entre que pour 2 à 3 pour 100 environ dans la combinaison ; l'excès de soufre resteinterposé dans la pâte broyée ; on l'enlève ordinairement en ajoutant au mélange de la chaux vive pulvérisée.

Il y a plusieurs procédés pour vulcaniser le caoutchouc. Le premier consiste à immerger ou humecter au pinceau le caoutchouc avec du *chlorure de soufre,* auquel on a ajouté une certaine quantité de *sulfure de carbone.* L'action du sulfure est ici purement mécanique ; il ramollit et dissout partiellement le caoutchouc et facilite, par cela même, l'action chimique que doit exercer le chlorure de soufre. Ce chlorure, facilement décomposable en ses deux éléments, abandonne le soufre qui, se trouvant à l'état naissant, se combine immédiatement au caoutchouc. Le second procédé est plus simple que le premier. On plonge le caoutchouc dans un bain, à 150° ou 140° de température, formé d'une dissolution de *polysulfure de potassium ;* cette substance se décompose en donnant naissance à une certaine quantité de potasse, qui reste en dissolution dans l'eau et met en liberté le soufre, dont l'union avec le caoutchouc s'opère alors facilement.

Dans l'industrie, ces deux procédés ont été remplacés par un autre d'une application plus générale et plus commode. Il est pratiqué dans la plupart des fabriques de caoutchouc. Dans l'instrument, appelé *loup* ou *diable,* dont nous avons parlé précédemment, on ajoute à 100 parties de caoutchouc, que l'on veut broyer, 50 parties de chaux vive et 4 parties de soufre en fleur. La chaux s'empare de l'excès de soufre qui n'entrerait pas dans la combinaison. La pâte sortie du loup est ensuite soumise aux diverses opérations mécaniques que nous avons décrites ; on la réduit en feuilles, en lanières, en fils, en tubes de dimensions variables. Ces objets ainsi préparés sont enfermés dans un cylindre en fonte, où un jet de vapeur vient élever la température au degré suffisant pour que la combinaison du soufre et du caoutchouc puisse s'effectuer. Ainsi les bandes et les fils sont enroulés sur des bobines en tôle, creuses, disposées sur des espèces de petits chariots que l'on introduit dans le cylindre en fonte.

Fabrication du caoutchouc durci.— Ce produit n'est qu'une modification du *caoutchouc vulcanisé.* On le prépare de la même manière ; seulement, pour 100 parties de caoutchouc, en en met 50 de soufre pulvérisé et passé à un tamis d'une certaine grosseur. Le soufre pulvérisé agit, dans ce cas, autrement que la fleur de soufre, et, après l'opération, le caoutchouc acquiert une très grande dureté et ne conserve presque rien de l'élasti-

cité que la vulcanisation ordinaire lui laisse toujours. La pâte préparée
est réduite à l'état de plaques, d'épaisseur variable ; ces plaques, grais-
sées de saindoux, sont placées sur des plateaux de fer-blanc et disposées

La tour du Moulin-de-Pierre servait de point de repère aux fédérés des canonnières (page 1171).

sur des chariots que l'on introduit dans un cylindre tout à fait analogue
à celui qui a été décrit pour la vulcanisation.

Le *caoutchouc durci* peut être scié, poli comme du bois ; quand on
veut en faire des objets à forme courbée, il suffit de l'immerger pendant

quelques instants dans l'eau chaude; il se ramollit, et, lorsqu'on veut ensuite lui rendre sa dureté primitive, on lui fait subir une sorte de trempe, en le plongeant dans l'eau froide.

Avec le *caoutchouc durci*, on fabrique des peignes, des plaques pour panneaux de voitures, des rouleaux pour l'impression, des étoffes, des boutons, des baleines de corsets et de parapluies, etc. Quant aux applications du *caoutchouc vulcanisé*, elles sont jusqu'ici plus nombreuses que celles du caoutchouc durci. Outre les bandes, les tubes, les appareils chirurgicaux, les bretelles, on peut citer les coussins élastiques, les tampons de wagons et locomotives, des bandes de billard, des planches ondulées pour savonnage, des soupapes de pompe, des garnitures de pistons pour machines à vapeur, des rouleaux contre-presseurs pour l'impression des tissus, des bateaux et des ceintures de sauvetage, etc., etc.

GUTTA-PERCHA. — La *gutta-percha* n'est connue en Europe que depuis 1842; c'est le docteur Montgomery qui, le premier, en envoya un échantillon au jury médical de Paris; deux ans plus tard, cette découverte lui valut une médaille de bronze à Londres. Cette substance se récolte principalement dans l'île de Singapour et dans quelques-unes des îles voisines.

Analogue au caoutchouc par sa composition élémentaire, elle provient, comme lui, de la sève de certains végétaux, et en particulier de la sève descendante de l'*isonaudra percha*, plante de la famille des *sapotées*. Pour la recueillir, on abat l'arbre et on enlève l'écorce; le suc qui coule alors en abondance est reçu dans des callebasses et traité absolument comme celui dont on extrait le caoutchouc.

La *gutta-percha* présente une grande ténacité et peut donner des lanières très résistantes; sa densité varie de 0,975 à 0,980; beaucoup moins élastique que le caoutchouc, elle conduit aussi mal que lui la chaleur et l'électricité, comme tous les produits résineux en général. Elle n'est pas attaquée par les alcalis, ni par les acides faibles. La grande sécheresse, l'influence de la lumière ou du calorique sont les principales causes qui l'altèrent; elle devient alors d'un blanc jaunâtre et très friable. Comme le caoutchouc, elle est composée de plusieurs éléments que l'on peut ranger ainsi :

Gutta pure $C^{40}H^{32}$ 75 à 82 pour 100, fusible à 130 degrés centigrades.
Albane $C^{40}H^{32}O^4$ 19 à 14   —   175   —
Fluaville $C^{40}H^{32}O^2$ 6 à 04   —   110   —

L'*albane* isolée présente un aspect cristallin, des houppes soyeuses très déliées; elle est presque insoluble dans l'alcool froid, ce qui fournit

un moyen pour la séparer des deux autres éléments. La *fluaville*, au contraire, est fluide et soluble dans l'alcool. La *gutta* pure est insoluble dans
l'alcool anhydre chauffé à 78°, tandis que les deux autres substances
unies à elle sont parfaitement solubles ; de là le seul moyen de l'isoler.

La *gutta-percha* nous est apportée en blocs plus ou moins épais qu'il
faut diviser. Pour cela, on emploie des scies ou lames circulaires,
pareilles à celles qui ont été décrites pour le caoutchouc ; puis on sou-

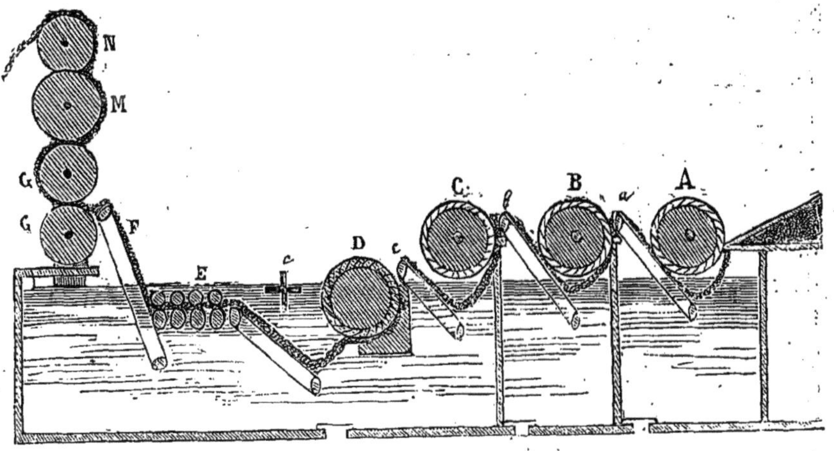

Fig. 343. — COUPE DE L'APPAREIL POUR BROYER LA GUTTA-PERCHA.

met les morceaux découpés à un disque portant trois rabots qui, par un
mouvement rapide de rotation, viennent découper en petits copeaux la
matière qui leur est présentée. On passe alors ces copeaux sous les râpes
qui achèvent leur division, au moyen de l'appareil suivant (*fig.* 343) :
Les râpes sont des cylindres armés de dents aiguës ; une première
râpe A prend les copeaux de *gutta-percha*, les divise et les laisse retomber dans la cuve pleine d'eau placée au-dessous d'elle ; là, une toile
sans fin *a*, animée d'un mouvement de rotation dans le sens de la flèche,
les reçoit et les amène devant la seconde râpe B ; un rouleau de bois,
placé au-dessus, facilite leur accès ; cette seconde râpe agit comme la
première, et les morceaux broyés tombent sur la seconde toile sans fin *b*,
qui les élève jusqu'à la troisième râpe C ; ici, même disposition, même
travail pour la toile sans fin et la râpe D ; enfin la *gutta*, tout à fait
broyée, tombe sur la toile *d*, et un moulinet *e* facilite son mouvement
ascensionnel vers les rouleaux E, entre lesquels elle passe pour être
malaxée complètement ; la toile F la reçoit et l'entraîne entre les rou-

leaux GG, qui, faisant fonction de cylindres lamineurs, amènent à l'état de bande la matière broyée, laquelle va ensuite serpenter autour des rouleaux M et N, d'où elle sort enfin en lanière pour être recueillie par les mains d'un ouvrier.

On donne aussi aux râpes une autre disposition : on les compose avec des scies circulaires dont on alterne les dents ; à l'aide de cet appareil, on réduit la *gutta* en une sorte de pulpe qu'on soumet ensuite à l'épuration. La *gutta-percha*, sortie de l'appareil diviseur, entre dans une série de trois cuviers remplis d'eau chaude, où elle se purifie des matières étrangères et se dispose à se souder et à acquérir plus d'homogénéité ; de là, elle passe entre deux cylindres qui la réduisent en bandes minces, presque toujours transparentes, où l'on peut facilement voir les corps étrangers qui restent encore à extraire. On laisse sécher à l'air ces bandes presque entièrement, et on achève leur dessiccation dans une chaudière à double fond, chauffée par la vapeur ; l'eau s'évapore, la *gutta* devient alors pâteuse. Dans les chaudières est un pétrisseur, formé de deux cylindres cannelés, malaxant parfaitement la pâte et la ramenant toujours vers la surface, de telle façon que les outils, sortes de spatules, qu'on emploie pour la retirer, ne puissent être entraînés entre les deux cylindres. La pâte ainsi préparée est ensuite moulée ou travaillée suivant les divers usages auxquels on la destine. Quand on veut obtenir des courroies pour transmission de mouvement, on la réduit en bandes au moyen de cylindres ; et de même pour des feuilles, des plaques plus ou moins épaisses. Si l'on veut des tubes cylindriques ou des fils d'une certaine grosseur, on se sert pour travailler la pâte d'une presse tout à fait analogue à celles qui servent pour faire le vermicelle et le macaroni. Pour des vases, des statuettes, on emploie le moulage ordinaire. La pâte enfin se prête aux diverses manipulations qu'on veut lui faire subir ; elle prend les formes les plus variées, les empreintes les plus délicates.

Les applications de la *gutta-percha* sont beaucoup moins nombreuses que celles du caoutchouc. On en fait des courroies pour transmissions de mouvement, des rondelles pour soupapes et des chaussures imperméables ; on l'emploie pour faire des empreintes d'une grande perfection : il suffit pour cela de la ramollir sous l'eau à 50°, puis de l'appliquer avec pression sur les médailles que l'on veut reproduire ; la *gutta* pénètre dans tous les détails de la pièce et en reproduit exactement toute la finesse. Ces moules, frottés avec de la plombagine, sont employés en galvanoplastie. On utilise encore la *gutta-percha* à cause de sa propriété d'être un corps mauvais conducteur de l'électricité, pour isoler les fils des câbles télégraphiques.

CHAPITRE IV

ALCOOL TRIATOMIQUE : GLYCÉRINE, CHLORHYDRINE, ACÉTINE, NITROGLYCÉRINE, DYNAMITE, STÉARINE. MARGARINE, OLÉINE.

GLYCÉRINE ($C^6H^8O^6 = C^6H^2(H^2O^2)^3$). — La *glycérine*, que l'on nommait autrefois *principe doux* des huiles, fait partie de la composition des graisses, dans lesquelles elle est ordinairement combinée comme une base avec les acides qu'on en extrait. Elle a servi de point de départ pour la formation d'une suite de composés que l'on a nommés *glycols*. Elle produit un composé $C^6H^4O^2$, qu'on nomme *acroléine*, sorte d'aldéhyde qui, en se combinant avec 2 équivalents d'oxygène, donne l'*acide oxylique*, $C^6H^4O^4$, de même que l'alcool devient de l'aldéhyde, $C^4H^4O^2$, puis de l'acide acétique, $C^4H^4O^4$.

La *glycérine* est un liquide sirupeux, souvent un peu jaunâtre, qu'on peut cependant obtenir parfaitement incolore ; elle est inodore ; sa saveur est un peu sucrée ; sa densité est de 1,28 à $+15°$; elle est soluble en toutes proportions dans l'eau et dans l'alcool, et insoluble dans l'éther ; elle absorbe rapidement l'humidité de l'air. La chaleur la décompose et elle donne à la distillation des gaz combustibles, de l'*acide acétique* et de l'*acroléine* ; on peut néanmoins la distiller sans altération, en opérant sur une très petite quantité.

La *glycérine* s'obtient toujours en saponifiant les huiles ou les graisses ; dans les laboratoires, on la prépare en employant parties égales de massicot en poudre fine et d'huile d'olive : on chauffe avec de l'eau dans une bassine de cuivre, en remplaçant par de l'eau chaude celle qui s'évapore pendant l'ébullition, et l'on agite sans interruption, afin d'empêcher la matière de s'altérer en s'attachant au fond de la bassine. Quand l'emplâtre est fait, on ajoute de l'eau chaude, on décante, on filtre la liqueur, dans laquelle on fait passer un courant d'hydrogène sulfuré pour précipiter l'oxyde de plomb que la glycérine tient en dissolution ; on filtre pour évaporer d'abord à feu nu, puis au bain-marie.

La fabrication des acides gras par la chaux donne comme produit accessoire de grandes quantités de *glycérine,* qui reste en dissolution dans l'eau dont le savon calcaire s'est séparé ; on évapore cette eau à consistance sirupeuse ; on vérifie si la liqueur est acide ; dans ce cas, on doit y ajouter un peu de carbonate de chaux pur et en poudre fine ou un peu de carbonate de soude pur ; puis on chauffe dans une capsule jusqu'à 120°. Pour achever de chasser l'eau, on laisse refroidir le liquide, qui est sous forme d'un sirop plus ou moins brun, et on le traite par l'alcool à 90°; on agite dans un flacon bouché ; l'alcool sépare les sulfates et les carbonates et on laisse déposer ; on filtre le liquide et on chasse l'alcool par la distillation au bain-marie.

Enfin, on retire la *glycérine* des huiles au moyen de l'acide chlorhydrique. On dissout l'huile de ricin dans l'alcool absolu ; on chauffe légèrement, et l'on fait passer à travers la dissolution un courant de chlore sec, jusqu'à ce que le gaz ne soit plus absorbé. On agite alors avec de l'eau distillée ; on laisse reposer l'émulsion, qui se partage en deux couches ; on décante au moyen d'un siphon la liqueur aqueuse qui est en dessous, et au-dessus de laquelle s'est réunie une couche huileuse, composée des acides gras. La dissolution aqueuse, très acide, est évaporée au bain-marie, pour chasser l'acide chlorhydrique ; on traite par l'éther le liquide sirupeux qui reste, afin de dissoudre les éthers des acides gras qui se sont formés, ainsi que de la *chlorhydrine :* cette dissolution, plus légère que la glycérine, est séparée par décantation ; on lave une fois la glycérine à l'éther, et l'on chauffe au bain-marie pour chasser l'éther qui reste après une dernière décantation. Cette glycérine retient un peu d'acide chlorhydrique ; on l'agite avec un peu d'oxyde d'argent, puis on ajoute de l'eau ; on l'agite encore, on filtre de nouveau et l'on concentre. La *glycérine* ainsi préparée est pure.

On emploie de grandes quantités de *glycérine* pour adoucir les vins de qualité médiocre : on y ajoute de 1 à 3 pour 100 de glycérine : cela s'appelle *schéelizer* les vins. Elle est aussi utilisée pour maintenir humides l'argile à modeler, les cuirs non tannés, les ciments, les mortiers, l'encollage des tisserands, etc. En Amérique, en Angleterre, comme en France, du reste, depuis plusieurs années, on conseille l'emploi de la glycérine dans plusieurs maladies, notamment dans le diabète sucré. Récemment, le docteur Catillon a communiqué à l'Académie des sciences le résultat de ses recherches sur les propriétés physiologiques et thérapeutiques de la *glycérine.*

A faible dose, la *glycérine* amène une action favorable sur la nutrition. Des cobayes, à la nourriture desquels on mélangeait 50 centigrammes
de glycérine pure par jour, ont subi, dans l'espace d'un mois, une augmentation de plus d'un cinquième à un dixième de leur poids primitif.
La glycérine est brûlée dans l'organisme ; elle diminue la désassimilation
en fournissant un aliment à la combustion respiratoire. Donc, pour
engraisser, il suffirait d'absorber de la *glycérine*. L'ingestion modérée de
cette substance diminue la production de l'*urée ;* cette diminution s'est
montrée, chez l'homme, de 6 à 7 grammes par jour, sous l'influence de
30 grammes de *glycérine* étendue de 8 à 10 parties d'eau et prise en trois
fois au début du repas. Une dose plus élevée n'a pas amené une diminution plus considérable de l'excrétion de l'urée. Quand la dose est très forte,
elle est éliminée partiellement dans l'urine. On trouve 14 grammes d'urée,
après une dose de 60 grammes de glycérine ; celle-ci ne séjourne pas
dans le sang : elle doit être en grande partie brûlée au fur et à mesure
qu'elle y pénètre. Dans le sang des chiens soumis depuis longtemps à la
glycérine à très haute dose, M. Catillon a constaté une diminution notable
de la proportion du sucre ; mais cette influence ne semble s'exercer qu'à
des doses ultra-thérapeutiques ; l'auteur est porté à croire qu'il faut attribuer l'explication des effets favorables que la *glycérine* peut produire
chez les diabétiques à son action remarquable sur la production de l'urée
et sur les fonctions digestives.

La *glycérine* possède des propriétés laxatives manifestes, qui n'augmentent pas d'ailleurs au delà d'une dose de 30 grammes. A dose considérable, la *glycérine* introduite dans l'estomac peut agir de deux manières
bien différentes, selon qu'elle est ingérée brusquement ou par fractions.
Dans le premier cas, quand la proportion atteint 15 grammes par kilogramme du poids du corps, on peut voir se développer des accidents mortels, et l'on trouve des lésions comparables à celles de l'alcoolisme aigu.
Dans le second cas, il ne se manifeste d'autre symptôme qu'une élévation
de température.

CHLORHYDRINE ($C^6H^7ClO^4$). — On nomme aussi cette combinaison
chlorhydrate de glycérine, en supposant que cette substance a perdu deux
équivalents d'eau, et on la représente alors par la formule $C^6H^6O^4,HCl$. La
chlorhydrine est une huile d'une odeur éthérée, d'une saveur d'abord
sucrée, mais qui devient piquante ; elle bout à 227°. Elle se dissout dans
l'eau et l'éther ; elle est neutre ; on peut la saponifier au moyen de l'oxyde
de plomb ; on remet ainsi la glycérine en liberté.

ACÉTINES. — L'acide acétique forme, avec la glycérine, trois éthers :
la *monoacétine*, dont la densité est 1,2 ; la *diacétine*, dont la densité
est 1,184, et la *triacétine*, dont la densité est 1,174. On obtient la *monoacétine* en chauffant la glycérine avec de l'acide acétique pendant 114 heures
à 100°. En chauffant 3 heures à 200°, il se produit un mélange analogue,
mais contenant un excès d'acide : on a la *diacétine*. On prépare la *triacétine*
en chauffant à 250° la diacétine avec 20 volumes d'acide.

$$C^6H^2(H^2O^2)(H^2O^2)(H^2O^2) + C^4H^4O^4 = H^2O^2 + C^6H^2(H^3O^2)(H^2O^2)(C^4H^4O^4)$$
Glycérine.   Monoacétine.

$$C^6H^2(H^2O^2)(H^2O^2)(H^2O^2) + C^4H^4O^4 = 2H^2O^2 + C^6H^2(H^2O^2)(C^4H^4O^4)(C^4H^4O^4)$$
Glycérine.   Diacétine.

$$C^6H^2(H^2O^2)(C^4H^4O^4)(C^4H^4O^4) + C^4H^4O^4 = C^6H^2(C^4H^4O^4)(C^4H^4O^4)(C^4H^4O^4) + H^2O^2$$
Diacétine.   Triacétine.

NITROGLYCÉRINE. — **DYNAMITE.** — La *nitroglycérine*, découverte
en 1847 par M. Sobrero, s'obtient par l'action de l'*acide azotique* concentré sur la *glycérine ;* l'acide se combine, et il se sépare de l'eau :

$$C^6H^8O^6 + 3(AzO^5) = C^6H^5O^3 3(AzO^5) + 3HO.$$

Il est indispensable que l'acide azotique agisse dans un état de grande
concentration. Aussi, pour une préparation continue, faut-il songer à
enlever constamment l'eau qui se sépare, et l'on y parvient en mélangeant à l'acide azotique de l'acide sulfurique. La fabrication pratique de
la *nitroglycérine* se fait en soumettant la glycérine à l'action d'un mélange
d'acide nitrique et d'acide sulfurique concentrés. On emploie les deux
acides dans des proportions et à des degrés de concentration divers, et la
glycérine est ajoutée suivant un grand nombre de méthodes différentes.
De là une première différence entre les divers modes de préparation. La
formation de la *nitroglycérine* produit un énorme dégagement de chaleur,
dont il faut, autant que possible, éviter l'influence, afin de ne pas amener
d'explosion par une élévation considérable de température. Les méthodes
pour empêcher l'échauffement varient beaucoup aussi entre les mains des
différents préparateurs. Enfin, la *nitroglycérine* formée doit être séparée
des acides, lavée et soigneusement neutralisée, et ces opérations se font
elles-mêmes de diverses manières.

La *dynamite* est un mélange mécanique de *nitroglycérine* avec de la
silice poreuse. Le mélange le plus riche contient en poids 75 pour 100 de
nitroglycérine et 25 pour 100 de silice. Cette silice s'extrait à Oberlohe,
près d'Unterlass, en Hanovre. C'est une silice soluble qui forme une masse
blanche, se réduisant facilement en poussière quand elle est sèche et

présentant l'aspect de la farine. Elle est constituée par l'enveloppe siliceuse d'une variété d'algues, les *diatomacées*, qui forment une quantité
innombrable de petites cellules, possédant une très grande solidité et

L'armée de Versailles fut appelée à faire usage de la *dynamite*... (page 1172).

conservées en très bon état, malgré les milliers d'années que compte leur
gisement.

Cette silice présente un énorme pouvoir absorbant pour les liquides ;
les particules offrent une très grande résistance aux chocs et à la pres-

sion, de sorte qu'elles conservent bien leur forme, même après de longs transports. Propriétés importantes à réunir.

Presque tous les accidents causés par la *nitroglycérine* sont dus à l'extravasion de l'huile explosible, lors de son emballage, hors des trous de mine, etc.; c'est-à-dire à un inconvénient difficile à éviter dans la pratique et inhérent à la liquidité même de la substance. En donnant à la *nitroglycérine* la forme solide de la *dynamite*, on fait ainsi disparaître un de ses inconvénients les plus importants; mais on atteint en même temps un autre but non moins intéressant. La *nitroglycérine*, à part le cas d'échauffement à 180°. de toute sa masse, ne peut faire explosion que par un choc violent contre un corps dur ou par de violentes vibrations communiquées à toutes les portions du liquide. L'absorption de la nitroglycérine dans les grains de silice place les plus petites particules du liquide dans les interstices d'une matière poreuse, susceptible de mobilité et ne transmettant pas les chocs, même les plus violents. Les petits canaux de cette silice forment chacun comme un petit vase d'emballage de l'huile explosive, mais un vase dans lequel le liquide n'est maintenu que par l'action de la capillarité. Des chocs violents, appliqués à de grandes masses de *dynamite*, produisent une compression des grains l'un contre l'autre, un dérangement, peut-être un écrasement des petits vaisseaux pleins d'huile, sans que le choc nécessaire à l'explosion atteigne les particules du liquide explosif lui-même.

Pour déterminer l'explosion de la *dynamite* lorsqu'elle est jugée nécessaire, on emploie certains modes d'action. Le plus souvent, la dynamite est enveloppée dans des cartouches de papier, auxquelles se rattache une mèche de mine aboutissant à une capsule fulminante logée dans la cartouche. La mèche brûle lentement, communique le feu à la capsule, dont la détonation provoque l'explosion de la cartouche. Ce n'est que par la simultanéité d'un choc intense et d'une température élevée que l'explosion peut se produire, et c'est à cette condition spéciale que la *dynamite* doit son innocuité dans les circonstances ordinaires.

La *dynamite*, qui a eu quelque peine à conquérir droit de cité en France, est employée aujourd'hui couramment dans tous les grands travaux publics. Elle donne des résultats très supérieurs à ceux de la poudre : pour le percement du Saint-Gothard, on a adopté l'emploi exclusif de la *dynamite*, qui n'avait été acceptée qu'à titre d'essai au mont Cenis.

Une des applications les plus remarquables de la *dynamite* est certainement celle que l'on a faite à l'enlèvement des glaces en rivière. Déjà, pendant le siège de Paris, on s'était servi avantageusement du nouvel explosif, au Port-à-l'Anglais, pour se débarrasser des glaces qui encombraient la Seine et emprisonnaient nos canonnières. Un ingénieur, M. Gobin, a récemment fait connaître tout le parti qu'il en avait tiré sur le Rhône et sur la Saône. En un jour, il est parvenu à débarrasser les deux cours d'eau de 50,000 mètres cubes de glace, avec cinq hommes et moyennant une dépense de 40 francs. Le cas vaut certes la peine d'être signalé. La Saône et le Rhône présentaient à la surface une couche de glace de 0^m,18 à 0^m,20 d'épaisseur. On pratiqua dans la glace, une rainure longitudinale de 0^m,05 de profondeur, dans laquelle on logea un boudin de *dynamite* de 0^m,90 de longueur, qu'on recouvrit d'une légère couche de sable. Avec 210 grammes de dynamite n° 3, on obtint une fissure de 160 mètres de longueur, et une autre, à 14 mètres de la première, de 58 mètres. Pour diviser les morceaux, on fit des trous dans lesquels on descendit des cartouches pesant 35 grammes et 17 grammes 1/2 jusqu'à 1 mètre de profondeur dans l'eau. Il se produisait à chaque explosion un soulèvement conique de celle-ci ; la glace oscillait pendant plus d'une minute en se fissurant en tous sens. Les morceaux furent divisés assez complètement pour être entraînés par le courant, et le fleuve fut rendu à la navigation en quelques heures.

Les explosions sous l'eau n'ont plus d'effet qu'à la surface. L'écueil à éviter est la congélation de la dynamite, qui se solidifie à 7° au-dessus de zéro. Les cartouches gelées ratent quelquefois ; aussi a-t-on recours maintenant à des cartouches amorces qui ne gèlent pas ; elles sont formées de nitroglycérine et de coton-poudre ou encore de fulminate. En rivière, la dynamite a seulement l'inconvénient de maltraiter les poissons. L'explosion les étourdit à de grandes distances et tue souvent les plus petits jusqu'a 20 ou 25 mètres.

En 1871, l'armée de Versailles, pour rentrer dans Paris, utilisa à plusieurs reprises la *dynamite*. La tour du Moulin-de-Pierre, placée près d'une batterie d'attaque et se profilant sur le ciel, servait de point de repère aux fédérés des canonnières (*fig.* à la page 1161). Leurs projectiles devenant très gênants, on résolut la destruction de cet édifice. M. le commandant Faurel fut chargé de cette opération ; M. Barbe l'accompagna, ainsi que le capitaine Quinivet. Le mur avait 1^m,70 d'épaisseur à la base ; de solides planches, placées de deux mètres en deux mètres, augmentaient considérablement la solidité de l'édifice.

Attaquer la tour par l'extérieur nécessitait l'emploi d'une grande quantité de matière explosive, mais permettait de masquer les travailleurs. Malgré l'insuffisance de la *dynamite* disponible, on essaya de faire brèche en mettant de côté les quelques kilogrammes nécessaires pour poser un pétard à l'intérieur et compléter la destruction si nécessaire. On voulait également constater à quelle distance on pouvait espacer les paquets de *dynamite* les uns des autres, tout en assurant la simultanéité des explosions provoquées par la mise à feu d'un seul d'entre eux. Le mur, au contact de la dynamite, fut broyé sur $0^m,60$ de profondeur, et tout ce qui surplombait s'écroula, laissant ainsi subsister un muraillement de 1 mètre d'épaisseur environ.

On pénétra alors dans la tour et, sur un des planchers le long du mur, on plaça les cartouches mises en réserve; quelques plâtras furent jetés par-dessus comme bourrage; le feu fut donné. La partie du mur attaqué s'écroula, ainsi que celle qui lui était diamétralement opposée. La toiture s'effondra. La tour, sans être complètement détruite, ce qu'on aurait pu faire après l'arrivée d'un nouvel approvisionnement de poudre, avait perdu assez de sa hauteur pour se confondre avec les constructions voisines. On avait atteint le but qu'on s'était proposé.

En attachant avec une ficelle, à quelques centimètres l'une de l'autre, une série de cartouches de *dynamite*, suspendant ensuite ce chapelet à un clou fixé à un mur et provoquant la détonation, on fit des ouvertures de 50 centimètres. De là une nouvelle application pour s'ouvrir rapidement une communication d'une maison à une autre. Pratiquement, on fit des chapelets de 60 cartouches, soit 4 kilogrammes de *dynamite* environ. Puis, fixant deux clous à $1^m,80$ du sol et à 59 centimètres l'un de l'autre, on y attacha les deux extrémités du chapelet, dont la courbure inférieure se trouva à peu près à $0^m,80$ du plancher. L'effet de l'explosion étant essentiellement local et ne s'étendant pas à plus de $0^m,25$ ou $0^m,30$ de part et d'autre des cartouches, on put créer des ouvertures de $1^m,30$ à $1^m,50$ sur 1 mètre de largeur, sans détruire le plancher. Il est d'autant plus important de remplir cette dernière condition que, la plupart du temps, c'est toujours dans les étages supérieurs des maisons qu'il convient d'établir ces communications, et qu'en détruisant le plancher on aurait créé un précipice devant l'ouverture à franchir.

Un autre exemple. Après l'entrée des troupes dans Paris, le lieutenant Feuilhos, du 3° régiment du génie, fut appelé à faire usage de la *dynamite* dans les circonstances suivantes (*fig.* à la page 1169).

Un bon nombre de maisons de la rue Royale avaient été incendiées, et, en particulier, celle qui fait le coin nord-est de la rue Saint-Honoré. L'incendie avait fait crouler les murs en moellons de cette maison, mais avait respecté, chose singulière, la chaîne de pierre qui subsistait, comme une sorte de colonne, sur toute la hauteur de la maison, ainsi que les corniches couronnant les façades et formant des arceaux, qui, suspendus dans l'espace, reliaient la colonne d'angle aux maisons voisines. Cette corniche avait encore à supporter le poids des fenêtres que le feu n'avait pas détruites. On craignait avec forte raison que cet ensemble de la colonne d'angle et des corniches, ne présentant pas des conditions de stabilité suffisantes, ne tombât d'un moment à l'autre sur la tête des passants.

La facilité avec laquelle un *saucisson de dynamite*, entourant un arbre le coupe en deux, faisait naturellement songer au bon effet que produirait sans doute un saucisson de dynamite enroulé autour de la colonne de pierres d'angle. On prépara à cet effet un saucisson de 1^m,50 de longueur environ, chargé de 3 kilogrammes de *dynamite*, et on l'enroula autour de la colonne, qui présentait en un point un rétrécissement, l'incendie ayant plus particulièrement rongé et fait éclater la pierre à cet endroit. On alluma le morceau de mèche qui aboutit à l'amorce fulminante ; mais le feu, se communiquant à la *dynamite* avant d'être parvenu à l'amorce, la dynamite se contenta de brûler tranquillement sans faire explosion, comme elle fait toujours en pareil cas. On fut obligé de recommencer et de placer l'amorce avec beaucoup de soin, de façon à éviter que cette cause d'insuccès ne se reproduisît. L'explosion eut lieu cette fois. Les corniches et la colonne tout entière, tant la partie au-dessous du saucisson que la partie au-dessus, s'écroulèrent avec fracas.

Industriellement, on a fait récemment un grand usage de la *dynamite*. Un navire de commerce, échoué, encombrait le port de La Nouvelle ; il fallait faire disparaître rapidement cet obstacle. L'entrepreneur chargé de ce travail se contenta d'immerger, à quelques mètres de la coque, des paquets de cartouches, dont l'une était amorcée et munie d'une mèche Bickford en gutta-percha. Le feu était mis avant l'immersion. Après quelques explosions, le navire fut complètement brisé et la passe déblayée.

A peu près à la même époque, c'est-à-dire vers 1872, semblable opération permit de débarrasser le lit de la Gironde d'un navire coulé à fond. On l'emploie encore pour diviser les gros blocs de fonte qui se rencontrent en quantité dans les grandes usines et dont il est si difficile de tirer parti qu'ils restent d'ordinaire abandonnés. Quelques trous de petit calibre avec de faibles charges de dynamite suffisent pour transformer des blocs énormes en éclats utilisables.

STÉARINE [C^{6}H^2 (C^{36}H^{36}O^4)^3] — La *stéarine* est solide ; elle cristallise en paillettes noires ; quand elle a été profondément purifiée, elle fond à 64°,2 ; par le refroidissement, elle se prend en une masse cireuse. Elle est insoluble dans l'eau, soluble dans l'alcool, plus à chaud qu'à froid ; par le refroidissement, elle se dépose d'une solution bouillante sous forme de flocons blancs ; elle est très soluble dans l'éther bouillant, qui, à 15°, n'en retient plus que 1/225 de son poids ; à la distillation sèche, elle se décompose sans noircir, en donnant de l'acide stéarique, de l'acroléine et des carbures d'hydrogène liquides et gazeux.

On retire la *stéarine* des huiles et des graisses végétales et animales, principalement des huiles de bœuf et de mouton, parce qu'elle y est plus abondante ; on peut aussi la retirer de la partie solide du beurre de cacao.

La séparation absolue de la *stéarine* et de l'*oléine* est presque impossible, malgré des traitements successifs par l'alcool bouillant. Cependant, voici le procédé employé : On fait fondre le suif au bain-marie dans un matras à large ouverture ; quand la fusion est complète, on retire le bain du feu et on mêle le suif fondu avec son poids d'éther ; on bouche le matras et l'on agite ; on ajoute alors une nouvelle quantité d'éther égale à la première, et on agite de nouveau après avoir bouché. On recommence ainsi à ajouter de l'éther jusqu'à ce que la masse refroidie ait la consistance du saindoux. L'éther retient en dissolution l'oléine, la margarine et une petite quantité de stéarine ; on fait écouler la partie liquide, on presse le résidu entre plusieurs papiers à filtre, et on trouve la *stéarine* en masse grenue ; on la dissout dans l'éther bouillant pour la faire cristalliser ; on recommence plusieurs fois, et on ne la considère comme pure que quand elle fond à + 62°. La dernière liqueur éthérée dans laquelle elle a cristallisé laisse par l'évaporation un résidu qui fond à la même température.

On reproduit la *stéarine* pour l'union directe de l'acide et de la *glycérine*. On obtient ainsi trois combinaisons : la *monostéarine*, la *distéarine* et la *tétrastéarine*. La *monostéarine* s'obtient en chauffant la glycérine et l'acide stéarique en parties égales à + 200° pendant 26 heures. On enlève la partie solidifiée par le refroidissement ; c'est un mélange d'acide stéarique et de monostéarine ; on fait fondre, on ajoute de l'éther, puis de la chaux qui se combine à l'acide libre ; l'éther ne dissout que la *monostéarine* qui, par le refroidissement, cristallise en aiguilles biréfringentes, fusibles à + 61°, et a pour formule $C^{41}H^{42}O^8$.

La *distéarine* s'obtient en chauffant le mélange à + 100° pendant 114 heures ; on la purifie de même ; elle est grenue et fond à + 58°. Sa formule est $C^{78}H^{78}O^{12}$.

La *tétrastéarine* s'obtient en chauffant à + 270° pendant quelques heures la monostéarine avec 20 fois son poids d'acide stéarique ; il y a encore dans cette opération élimination d'eau ; on purifie de la même manière. Sa formule est $C^{180}H^{146}O^{16}$.

MARGARINE [$C^6H^2(C^{34}H^{34}O^4)^3$]. — La *margarine* naturelle est une *tri-margarine;* elle existe dans la graisse humaine, l'huile d'olive. On comprime l'huile d'olive refroidie, on épuise le résidu par l'alcool bouillant et on fait cristalliser plusieurs fois dans l'éther la partie insoluble dans l'alcool. La *margarine* fond à 61°; elle présente le phénomène de la surfusion et se solidifie à 46°. La synthèse se réalise comme pour la stéarine.

OLÉINE [$C^6H^2(C^{36}H^{34}O^4)^3$]. — L'*oléine,* que l'on retire des diverses matières grasses, ne peut être obtenue tout à fait pure; aussi ne présente-t-elle pas des propriétés constantes; cependant on doit toujours l'obtenir incolore, inodore et insipide; elle est insoluble dans l'eau, très soluble dans l'alcool absolu et dans l'éther; elle brûle avec une flamme très vive; sa densité est 0,90 à 0,92. On la prépare en faisant figer de l'huile d'olive à 0°, et en séparant l'*oléine* restée liquide; mais il faut répéter successivement l'opération plusieurs fois, et, après plusieurs refroidissements et décantations, on l'obtient à peu près pure. Dans le principe, M. Chevreul a obtenu l'*oléine* en plaçant de la graisse sur plusieurs doubles de papier à filtre, renouvelant le papier jusqu'à ce qu'enfin la matière grasse n'y produisît plus de tache, puis en traitant ces feuilles de papier par l'alcool bouillant, filtrant et distillant au bain-marie. Il indique un autre procédé. On fait bouillir de la graisse d'homme, de bœuf, de mouton, de porc, d'âne avec de l'alcool; on laisse reposer pendant vingt-quatre heures; on filtre et on concentre par distillation au bain-marie, puis on ajoute de l'eau; l'*oléine* vient à la surface; on la décante et on la refroidit à 0°, pour solidifier la stéarine et la margarine; en pressant, on exprime l'*oléine*.

LÉCITHINES. — La *glycérine* forme avec deux équivalents d'*acide stéarique* et un équivalent d'*acide phosphorique* tribasique un éther *distéarino-phosphorique,* qui est en même temps acide bibasique. On a des *lécithines* analogues dérivées de l'*acide margarique* ou de l'*acide oléique.* Ces *lécithines* existent dans le cerveau, les nerfs, le jaune d'œuf, dans la laitance des carpes, dans le sang, dans le lait, etc. On obtient des *lécithines* en traitant le jaune d'œuf par l'éther, évaporant ensuite et épuisant le résidu par l'alcool. Ce sont des sphéroïdes à structure régulière, qui, au microscope polarisant, montrent le phénomène optique de la croix. Sous l'influence des alcalis, elles se décomposent en *acides gras, acide phospho-glycérique* et *névrine :*

$$C^{88}H^{90}AzPhO^{18} + 3H^2O^2$$

$$= 2(C^{36}H^{36}O^4) + C^6H^2(H^2O^2)^2(PhO^8H^3) + C^4H^2(H^2O^2)(C^2H^2)^3AzH^4O,HO$$

CHAPITRE V

CORPS GRAS NEUTRES : HUILES, SUIFS, BOUGIES STÉARIQUES, SAPONIFICATION, SAVONS.

CORPS GRAS. — Les *graisses animales*, les *beurres*, les *huiles* solides ou liquides, provenant des animaux ou des végétaux, sont de même nature, quelle que soit leur origine; aussi a-t-on pensé que la graisse des animaux n'était pas produite par eux, mais qu'ils s'assimilaient celle qu'ils trouvent toute formée dans les végétaux, dont les herbivores se nourrissent. Leur constitution étant la même, les applications ne diffèrent pas; la différence dans la dénomination ne tient qu'à leur état physique : les graisses liquides forment les *huiles;* celles d'une consistance un peu molle, les *beurres ;* celles enfin qui sont plus solides, les *graisses*.

Les *graisses végétales* se retirent principalement par expression, entre des plaques métalliques, sous une presse très puissante, à froid d'abord, ce qui donne les *huiles vierges*, puis entre des plaques chauffées, qui en donnent une nouvelle quantité, mais de qualité inférieure. Quand ces huiles sont solides à la température ordinaire, comme celles de muscade, de palme, de cacao, il faut toujours presser à chaud et même quelquefois écraser les semences et les faire bouillir dans l'eau : les cellules déchirées laissent alors sortir la matière huileuse, qui vient à la surface. Quelques graines oléagineuses, comme celles de lin, renferment du mucilage en assez grande quantité pour rendre difficile l'extraction de l'huile; on le détruit par une légère torréfaction avant de les soumettre à la presse.

Les huiles exprimées à chaud contiennent toujours une certaine quantité de parenchysme en suspension, et un peu de mucilage : on se contente de filtrer celles qui ne sont pas destinées à l'éclairage; mais si elles doivent avoir cet usage, une simple filtration ne suffit pas; elles brûleraient mal, éclaireraient peu, leur flamme serait plus fuligineuse et les mèches des lampes se charbonneraient. On les épure en les traitant

par quelques centièmes de leur poids d'acide sulfurique, avec lequel on
les agite fortement.

Les *graisses animales* sont toujours enveloppées dans une membrane,

On employa longtemps des chandelles tenues par des domestiques (page 1188).

qui les retiendrait si on ne la brisait pas ; l'action mécanique ne pouvant
pas lacérer complètement les cellules de cette membrane, on ajoute
presque toujours de l'acide sulfurique à l'eau dans laquelle on veut faire
fondre ces graisses ; l'acide désagrège la membrane, et la matière grasse

fondue vient à la surface du bain en passant à travers un seau percé de trous qui recouvre la matière brute : les débris de membrane y sont retenus ; quand on a enlevé la graisse qui surnage, on retire les débris du tissu adipeux, qu'on presse pour en faire sortir une nouvelle quantité de graisse ; ce qui reste sous forme de pain est ce qu'on nomme *pain de cretons*.

Tous ces *corps gras* sont peu odorants quand ils sont froids et récemment préparés ; quand, au contraire, ils sont un peu anciens, il s'y forme avec le temps des odeurs particulières, qui sont dues à la présence d'acides divers.

Ces substances sont généralement incolores, quand elles sont pures ; leurs couleurs sont quelquefois dues à des corps étrangers ; elles sont toutes plus légères que l'eau ; leur densité ne dépasse pas 0,93. Les corps gras sont presque insolubles dans l'eau, peu solubles dans l'alcool froid, excepté l'huile de ricin ; ce qui reste liquide est l'*oléine*. A chaud, ils sont plus solubles ; l'éther et le sulfure de carbone en sont les dissolvants par excellence.

Les *argiles* absorbent très facilement les *corps gras ;* on s'en sert avantageusement pour détacher les étoffes, et surtout le papier, le bois et la pierre : pour opérer, on délaye l'argile, sèche et en poudre, avec un peu d'alcool ; on l'applique en couche un peu épaisse sur la partie tachée, et on la laisse sécher. Pendant ce temps, l'argile absorbe la graisse, si la tache n'est pas trop ancienne, parce qu'en vieillissant l'huile s'altère par le contact de l'air et ne peut plus être absorbée. On peut même employer l'argile sèche et en poudre pour les étoffes : on pose par-dessus une feuille de papier, et on passe un fer chaud, qui facilite la liquéfaction et l'absorption de la graisse.

Quoique les graisses et les huiles soient composées d'éléments à peu près semblables, il y a cependant entre elles quelques différences, parce que ces éléments ont eux-mêmes quelques petites différences : d'où cette distinction en *huiles siccatives* et en *huiles non siccatives*. Les premières se dessèchent au contact de l'air, dont elles absorbent l'oxygène et finissent par se transformer en une matière solide, transparente, jaunâtre ; telles sont les huiles de lin, de noix, d'œillette, de chènevis, de ricin, etc., qui sont en usage dans la peinture à l'huile et dans la fabrication des vernis gras. Les huiles non siccatives, telles que l'huile d'olive, d'amandes, de colza, de navette, de faîne, deviennent rances, prennent une saveur âcre, rougissent le tournesol, se décolorent et perdent peu à peu leur fluidité.

HUILES. — Nous passerons en revue les principales huiles, en commençant par les huiles siccatives.

Huile de lin. — On extrait l'*huile de lin* de la graine du *linum usitatissimum ;* on en retire 22 pour 100 de son poids ; celle qui est extraite à froid et qui est plus pure est d'un jaune clair. Sa densité est 0,93 ; elle se soldifie à — 27°. Elle contient toujours de petites quantités d'albumine végétale et de mucilage ; elle est d'ailleurs composée de glycérine, d'un acide gras différant de l'acide oléique ordinaire, qu'on nomme *linéolique*, et d'acide margarique. Elle est soluble dans 40 fois son poids d'alcool froid, dans 5 fois son poids d'alcool bouillant et dans 1,6 d'éther. Elle absorbe rapidement l'oxygène de l'air et se solidifie.

L'*huile de lin* est une de celles qui ont le plus d'applications dans les arts. On en fait les vernis gras, et elle sert à préparer les couleurs à l'huile. On la rend plus siccative en la faisant bouillir avec de la litharge, ou de l'oxyde de zinc, ou de l'oxyde de manganèse, ou bien en y ajoutant une très faible proportion de borate de manganèse pour la peinture au blanc de zinc. Elle entre aussi dans la fabrication de l'encre d'imprimerie et des crayons gras qui servent pour la lithographie. On commence par cuire l'huile de lin à consistance de vernis, puis on y ajoute le noir de fumée préalablement calciné, et l'on broie avec soin, soit à la molette, soit entre des cylindres. Quelques fabricants y ajoutent un peu d'indigo ou un peu de bleu de Prusse. L'*huile de lin lithargirée* sert à fabriquer les taffetas gommés, les toiles cirées, les cuirs vernis, etc.

Huile de noix. — On extrait par expression l'*huile de noix* du fruit *juglans regia.* Cette huile, quand elle est fraîche, est d'un goût agréable et peut être employée comme comestible : elle est alors verdâtre ; mais, en vieillissant un peu, elle devient d'un jaune pâle et d'un goût désagréable. Les noix peuvent rendre 50 pour 100 d'huile, dont la densité est de 0,9283 ; cette huile se solidifie en une masse blanche ; elle est plus siccative que l'huile de lin et sert pour la peinture.

Huile d'œillette. — Cette huile se retire par expression des graines de pavot, *papaver somniferum ;* elle ressemble à l'huile d'olive, dont elle a l'aspect et la saveur ; elle n'a pas les propriétés narcotiques de l'opium. Sa densité est de 0,9249 ; elle se solidifie à — 18°, et ce n'est qu'après un temps assez long qu'elle redevient liquide à — 2°. L'alcool en dissout 4 pour 100 à froid, et près de 17 pour 100 à l'ébullition ; l'éther la dissout en toutes proportions.

Huile de chènevis. — C'est également par expression qu'on extrait l'*huile de chènevis ;* on la tire de la graine de chanvre, *cannabis sativa.*

Quand cette huile est fraîche, elle est d'un jaune verdâtre, mais elle devient jaune avec le temps ; sa saveur est fade et son odeur désagréable ; elle se concrète à — 27°,5. La graine n'en donne que 25 pour 100. Cette huile sert pour l'éclairage, quoiqu'elle ait l'inconvénient de déposer sur le bord des lampes une sorte de vernis qu'on a de la peine à enlever. Berzélius dit qu'on a essayé de parer à cet inconvénient en y faisant fondre 1/4 de son poids de beurre pour la rendre moins siccative. Elle sert à faire des vernis et le savon vert.

Huile de cameline. — Ce sont les graines du *myagrum sativum*, nommé aussi *camelina sativa*, qui fournissent cette huile, qui est presque insipide et inodore, et dont la densité est de 0,9252 : elle est très siccative ; elle se fige à — 18° ; elle sert aussi à l'éclairage. On la mêle souvent avec l'huile de colza, qui est d'un prix plus élevé.

Huile de ricin. — L'*huile de ricin* s'extrait des graines du *ricinus communis;* elle est quelquefois incolore, mais ordinairement jaunâtre ; elle est peu fluide ; elle est inodore, purgative et employée comme telle en médecine. Quand l'huile de ricin est fraîche, sa saveur est fade ; mais cette saveur devient âcre lorsque l'huile vieillit. On s'habitue cependant à cette huile par l'usage, et alors elle ne produit plus d'effet, car, en Chine, elle est employée comme aliment. On attribue ses qualités purgatives à une résine qu'elle tient en dissolution. L'huile de ricin rancit au contact de l'air ; elle s'épaissit et finit par se dessécher ; mais elle est moins siccative que les huiles précédentes.

L'huile de ricin se saponifie aisément ; parmi les acides gras qu'elle produit se trouve l'acide *ricinolique* ou *élaïodique*. Chauffée avec l'hydrate de potasse fondu, elle donne de l'alcool caprylique et de l'acide sébacique ; avec l'acide nitrique, elle donne de l'acide œnanthylique, qui distille, et de l'acide subérique. L'acide hyponitrique la concrète ; en faisant passer un courant de gaz chlorhydrique dans une dissolution d'huile de ricin dans l'alcool absolu, il s'opère une séparation de la glycérine et il se produit des éthers éthyliques avec les acides gras. L'ammoniaque en dissolution dans l'alcool ou dans l'eau agit sur l'huile de ricin en produisant de la *ricinolamide*.

Huile de croton. — L'*huile de croton* se retire des semences du *croton tiglium*, par expression, ou en les traitant par l'alcool ou l'éther : l'éther en retire 60 pour 100 ; elle est d'un jaune de miel, a une saveur âcre et produit une vive irritation à la gorge ; elle a l'odeur de la résine de jalap. On l'emploie en médecine comme purgatif ou vomitif extrêmement violent ; car une ou deux gouttes suffisent pour déterminer de fortes évacuations ; elle est extrêmement vésicante : ces propriétés paraissent dues à l'*acide crotonique* qu'elle contient, acide oléagineux, qui se volatilise sensiblement dès la température de +2°, en répandant une odeur nauséabonde, qui irrite fortement les yeux et le nez, cause des inflammations et agit comme un poison énergique. On peut extraire cet acide en saponifiant l'huile qu'on fait bouillir avec une lessive de potasse caustique; puis on décompose le savon par l'acide tartrique, on filtre et on distille : on sature le liquide distillé par la baryte; on évapore la dissolution saline à siccité et on traite le sel barytique par l'acide phosphorique sirupeux dans une cornue dont le récipient est entouré d'un mélange réfrigérant.

Huile d'olive. — L'*huile d'olive* est la plus importante des huiles non siccatives; on l'extrait du péricarpe du fruit de l'*olea europæa* (1). On en trouve de plusieurs qualités dans le commerce : l'*huile vierge*, qui est la plus estimée pour la table, s'obtient en exprimant à froid les olives récemment cueillies; elle a une odeur et une saveur agréables d'olive, que quelques personnes n'aiment cependant pas. La pulpe qui reste après cette expression étant délayée avec de l'eau bouillante et pressée de nouveau donne encore de l'huile, mais cette huile, d'une qualité inférieure, rancit facilement, parce qu'elle contient des parties mucilagineuses; cependant elle est préférée à l'autre pour les teintures en rouge des Indes; on l'emploie à préparer, sous le nom d'*huile tournante*, les bains blancs qui servent à cette teinture; on se sert aussi de cette seconde qualité pour la cuisine. La pulpe qui a été pressée, traitée une seconde fois par l'eau bouillante et pressée de nouveau, donne une troisième qualité d'huile, mais très inférieure à la seconde. Les eaux qui, dans ces deux opérations, s'écoulent en même temps que l'huile se rendent dans des citernes qu'on nomme *enfers;* l'huile qu'elles retiennent en suspension se réunit avec le temps à la surface et se nomme *huile d'enfer.* Ces deux dernières qualités ne servent que pour l'éclairage, la fabrication des savons et celle des draps : pour ce dernier usage, on la remplace souvent par l'acide oléique, qui provient des fabriques d'acide stéarique. Quand l'*huile d'olive* est pure, elle a une saveur douce, une odeur agréable très faible; quand elle n'est pas pure, elle a goût de fruit. Sa densité est de

---

(1) Dans les pays où l'on cultive l'olivier, chaque producteur met sa récolte en traitement d'après des pratiques qu'une routine traditionnelle lui a rendues familières, et qui varient, quant aux détails, d'une contrée à l'autre. Malheureusement, ces pratiques sont très souvent grossières et imparfaites, et de cette circonstance proviennent les qualités et les défauts des huiles des différents pays. Les olives sont mûres dans le mois de novembre, on les cueille un peu avant qu'elles soient parfaitement mûres si l'on veut obtenir de l'huile fine ayant le goût d'olive. Si l'on attend la maturité complète, on a une huile aussi bonne, mais dépourvue de la saveur du fruit. On les cueille à la main, ou bien on les abat avec une gaule (*fig.* à la page 1185) ; mais, si ce dernier procédé est très expéditif, il a l'inconvénient de meurtrir les fruits, ce qui oblige à les traiter immédiatement, sans quoi ils s'altéreraient et ne fourniraient plus que de l'huile de mauvais goût.

0,9192 à + 12°. Elle contient 28 pour 100 de margarine et 72 d'oléine ; elle
se fige à quelques degrés au-dessus de 0° : celle qui a été exprimée à
chaud contient plus de margarine.

L'*huile d'olive* pure est souvent employée par les horlogers, parce
qu'elle devient plus difficilement rance et s'épaissit moins que les autres
huiles. Berzélius indique le procédé suivant comme celui qui donne la
meilleure qualité lubrifiante : on introduit l'huile dans un flacon avec
une lame de plomb (le flacon doit être plein) ; on le bouche et on l'expose
au soleil. L'huile se couvre d'une couche caséeuse, qui tombe peu à peu
au fond du flacon, et elle perd sa couleur ; quand cette couche n'augmente
plus, on décante l'huile limpide et incolore, et même on la filtre.

Huile d'amandes. — L'*huile d'amandes* provient des amandes douces
(*amygdalis communis*) ou des amandes amères : elle est d'un jaune clair,
très fluide, inodore, d'une saveur agréable ; refroidie à — 10°, elle donne
24 pour 100 de margarine ; elle se solidifie entièrement à 25° ; sa densité
est de 0,918 à + 15° ; 100 parties d'alcool en dissolvent 4 à froid, et près
de 17 à l'ébullition ; elle est soluble en toutes proportions dans l'éther.
L'*huile d'amandes* n'est employée que pour la pharmacie et la parfumerie.

Huile de colza. — On extrait l'*huile de colza* des graines de *brassica
campestris oleifera*. Elle est jaune ; sa densité est de 0,9136 ; à — 6°,25,
elle se solidifie ; elle sert principalement pour l'éclairage ; les graines en
donnent 39 pour 100 de leur poids. C'est un mélange de deux glycérides
donnant par la saponification deux acides gras particuliers : l'un, l'acide
brassique, fusible à + 33°, cristallisant en longues aiguilles dans l'alcool ;
l'autre, un acide oléique particulier, qui ne donne pas l'acide sébacique
par sa distillation.

Huile de navette. — On retire cette huile des graines des *brassica
napus* et *rapa ;* la première en donne 33 pour 100, la seconde beaucoup
moins. L'huile de navette est jaune ; elle a une odeur particulière ;
à — 3°,75, elle se prend en une masse jaune. Sa densité est de 0,9128 ; à
la distillation sèche, elle donne de l'*acroléine*, des acides gras volatils et
des carbures d'hydrogène huileux. Traitée par l'acide nitrique, elle donne
des acides œnanthylique, caprylique, caproïque, valérique, propionique
et acétique, enfin une matière nitrogénée particulière. L'huile de navette
sert à fabriquer les savons mous ; on l'emploie pour l'éclairage, le foulage
des étoffes de laine, la préparation des cuirs.

Huile ou beurre de cacao. — On extrait le *beurre de cacao* des semences du *theobroma cacao*, soit en exprimant à chaud, soit par l'ébullition
avec de l'eau : ce dernier procédé est inférieur au premier. Le beurre de
cacao est jaunâtre ; en l'agitant avec de l'eau chaude, on le rend presque

incolore ; il a la consistance du suif, et il fond à + 30° ; sa densité est de
0,91 ; il a l'odeur du cacao. Ce beurre ne rancit que très difficilement :
Berzélius en cite un qui, après dix-sept ans de conservation, n'avait pas
subi d'altération. Le beurre de cacao ne sert qu'en pharmacie : on pourrait certainement s'en servir avec avantage pour les préparations de parfumerie qui doivent être expédiées au loin.

Beurre de coco. — On extrait cette huile du *cocon butyracea*, en
faisant bouillir la pulpe intérieure du coco avec de l'eau ; elle est jaunâtre ;
elle blanchit par son exposition au soleil ; elle a une odeur de violette ;
elle fond à + 20° ; elle rancit facilement. On s'en sert comme d'un aliment
quand elle est fraîche. On en fait des savons durs, surtout en Angleterre ;
elle sert aussi à la fabrication des bougies ; peut-être pourrait-on l'employer pour l'éclairage.

Beurre de muscade. — Cette huile ressemble au suif ; on l'extrait des
noix du *myristica officinalis*, surtout en Hollande, d'où elle vient sous
forme de gâteaux carrés plats.

Le beurre de muscade se dissout dans 4 fois son poids d'alcool
bouillant ; cette propriété permet de reconnaître facilement une fraude
souvent pratiquée, et qui consiste à faire fondre du suif avec de la noix
muscade en poudre et à colorer le produit avec un peu de rocou ; mais ce
mélange ne se dissout pas dans 4 parties d'alcool bouillant, puisqu'il en
faut 44 pour le suif de mouton et 40 pour le suif de bœuf. L'enveloppe,
ou *arelle*, d'un rouge un peu orangé, qui recouvre les noix muscades, et
qu'on nomme *macis*, contient une huile essentielle d'une odeur agréable,
qui fait employer cette substance dans la fabrication des liqueurs alcooliques ; et, en outre, deux huiles grasses, dont l'une, qui est rouge et colore
le macis, est soluble dans l'alcool, tandis que l'autre, qui est jaune, n'est
soluble que dans l'éther. Cette huile complexe distille à + 316°, sans altération bien sensible.

Huile de baleine. — Les *huiles de baleine* du commerce viennent in-
distinctement de la couche de lard qui se trouve sous la peau des divers
cétacés, des phoques, etc. Ces huiles ont toujours une odeur de poisson
très désagréable. L'huile de baleine est brunâtre ; sa densité est de 0,927.
Refroidie à 0°, elle laisse déposer de la margarine ; elle se saponifie facilement, et produit des margarates, oléates et des sels formés par des acides
odorants ; elle donne enfin 7 pour 100 de glycérine. On se sert de cette
huile pour l'éclairage, pour la préparation des cuirs et pour la fabrication
des savons mous. Comme elle est d'un prix moins élevé que celui des
huiles de graines, on la mélange souvent avec elles.

Huile de foie de morue et de foie de raie. — Depuis un certain nombre d'années, les *huiles de foie de morue* et de *foie de raie* ont été employées en médecine pour le traitement des affections goutteuses et rhumatismales, pour celui des scrofules, et principalement pour combattre le rachitisme; c'est, à ce qu'il paraît, le meilleur remède qui ait encore été trouvé pour détruire cette terrible maladie; on croit que ces huiles, employées en frictions sur la peau, agissent aussi contre la phtisie laryngée. Elles contiennent de l'oléine, de la margarine, une petite quantité d'acide butyrique et d'acide acétique libres, une matière brune nommée *gaduine*, les principes de la bile, quelques sels, tels que chlorure, bromure et iodure de potassium. On a retiré $0^{gr},15$ d'iodure de potassium de 1 litre d'huile de foie de morue et $0^{gr},18$ de 1 litre d'huile de foie de raie. La première est jaune ou brune, d'une odeur putride, d'une saveur désagréable; sa densité varie de 0,923 à 0,929 : la seconde rappelle celle de l'huile de baleine; elle est jaune clair; sa densité est de 0,928. On obtient ces huiles en abandonnant les foies à la putréfaction, pendant laquelle l'huile se sépare d'elle-même et coule. Quand on chauffe l'huile de foie de morue avec de l'acide sulfurique concentré, elle répand une odeur d'essence de rue, et, si l'on distille avec de l'eau, on obtient une huile jaunâtre qui a la même couleur et qui bout à $+300°$.

Huile de pied de bœuf. — L'huile connue sous le nom d'*huile de pied de bœuf* se retire des pieds du bœuf et de ceux du mouton : on enlève la corne, le poil; on détache les os, et l'on fait bouillir avec de l'eau, à la surface de laquelle l'huile vient surnager; à 0°, elle laisse déposer une graisse solide, qu'on peut séparer en filtrant. La partie liquide filtrée sur du noir animal est incolore; on s'en sert pour graisser les machines, les rouages d'horloge, les pièces des batteries d'armes à feu; on la falsifie souvent. On a trouvé dans une huile semblable une notable proportion d'acide oléique, fraude qui est facile à découvrir : on agite l'huile avec une dissolution faible et froide de carbonate de soude pur, qui s'empare promptement de l'acide oléique et laisse l'huile seule.

Suif. — On retire le *suif* des pannes du bœuf et du mouton au moyen de l'eau, à laquelle on ajoute souvent de l'acide sulfurique et quelquefois de l'alun. Le suif est composé de stéarine, de margarine et d'oléine; celui du bœuf fond à $+39°$; il est soluble dans 40 fois son poids d'alcool, d'une densité de 0,821 bouillant. Le suif du mouton fond à une température un peu plus élevée que celle qui fond le suif du bœuf; il ne se dissout que dans 44 fois son poids d'alcool bouillant; il offre la même composition que celui du bœuf, mais il contient une plus forte proportion de stéarine. Les *suifs* servent principalement à la fabrication des chandelles, à celle de l'acide stéarique pour faire les bougies; ils ser-

La récolte des olives (page 1181).

Liv. 251.

vent aussi à la fabrication des savons durs, etc. La matière grasse de la
moelle du bœuf, qui sert dans la parfumerie, ne fond qu'à + 45°; elle contient plus de stéarine que le suif.

Graisse de porc. — Cette graisse, qui est blanche, est moins ferme
que le suif; elle renferme de la stéarine, de la margarine et de l'oléine;
la margarine y est en plus grande quantité et la stéarine y est moins
abondante que dans les graisses du bœuf et du mouton; l'oléine s'y trouve
de même en plus grande proportion; sa densité est de 0,938. Quand la
graisse du porc a été fondue, elle se fige à + 30°. Elle se dissout dans
36 fois son poids d'alcool bouillant.

Graisse humaine. — La graisse humaine contient principalement de
la margarine et très peu d'oléine. D'après M. Chevreul, elle contient en
outre une matière jaune, amère, qui a l'odeur et la saveur de la bile.
Selon M. Geintz, à la saponification, elle donne de l'acide margarique, un
peu d'acide palmitique et d'acide stéarique et très peu d'acide oléique, une
très faible quantité d'un acide volatil et de la glycérine. Selon le même
chimiste, la graisse humaine conservée dans un vase mal bouché se transforme en acides gras et en glycérine, par suite du dédoublement des
divers glycérides dont elle est composée. (Barruel.)

BOUGIES STÉARIQUES. — Des branches de différents bois résineux,
c'est-à-dire des *torches,* furent le premier moyen dont les hommes firent
usage pour s'éclairer. Aujourd'hui, chez différentes peuplades sauvages,
la torche est encore le seul moyen employé pour se procurer de la lumière.
Dans l'antiquité, l'huile et la cire remplacèrent ce mode primitif d'éclairage. Les peuples indiens, les Égyptiens et les Hébreux ont fait usage de
lampes servant à la combustion de *l'huile.* On possède les modèles d'un
nombre considérable de formes variées de lampes provenant des Égyptiens, des Romains et des Grecs : tous ces appareils sont fondés sur le
même principe, la combustion de l'huile au moyen d'une mèche de coton
plongeant dans ce liquide, qui s'élevait le long de la mèche par l'effet de
la *capillarité.*

Les *chandelles de cire* ou *cierges* datent également de la plus haute
antiquité; les Hindous, les Japonais et les Chinois en faisaient usage. Ces
derniers, qui savaient extraire une matière grasse concrète des semences
de l'euphorbe arborescente, *croton sebiferum* ou *arbre à suif,* se servaient de cette matière grasse clarifiée pour en confectionner des chandelles; mais, comme celles-ci n'auraient pu conserver leurs formes pendant l'été, ils les enveloppaient d'une mince couche de cire d'abeilles
ordinairement colorée en jaune, en rouge, en vert ou en bleu. Nos mar-

chands, qui entourent d'une pellicule liquide stéarique le suif ou la graisse moulés, qu'ils vendent impunément sous le nom de *bougies stéariques*, sont les tardifs plagiaires des industriels chinois.

En Grèce, on fabriquait des *cierges* au moyen de joncs en roseaux recouverts d'une couche de cire. On allumait ces cierges autour des corps qu'on exposait dans le vestibule des maisons avant l'inhumation ou l'incinération. Les Romains et les Gaulois employaient aussi cette sorte de luminaire. Le nom de cierge vient du latin *cerceus, cerci;* la dénomination de *bougie* apparaît pour la première fois dans une ordonnance de Philippe le Bel, en 1313, par laquelle il défend de mêler du suif à la cire ; mais les chandelles de suif étaient depuis longtemps en usage. Dès l'année 1061, les artisans qui les fabriquaient étaient réunis en communauté, du moins à Paris ; leur marchandise se vendait en boutique et se colportait aussi dans les rues, où on l'annonçait par ce cri :

> Chandoile de coton, chandoile
> Qui mieux ard (brûle) que nulle estoile.

Pour illuminer les vastes salles des châteaux pendant les festins, on employa longtemps des *chandelles* tenues par des domestiques. Cet usage existait au ve et au vi^e siècle. Quoique, plus tard, les chandeliers fussent devenus assez communs, les grands continuèrent à éclairer les convives de cette manière : c'était pour eux l'occasion de faire parade d'un grand nombre de serviteurs. Sous le règne de Charles V, chez le comte de Foix notamment, le plus magnifique seigneur de ce temps, cet usage avait lieu (*fig.* à la page 1177).

Ce ne fut que vers 1831 que l'on commença à faire usage en France, et bientôt dans toute l'Europe, de la *bougie stéarique*. Imaginé, dans l'origine, pour servir à l'éclairage des salons, ce nouveau produit, fabriqué à plus bas prix, devint bientôt d'un usage général dans les ménages. Il a remplacé la bougie de cire, que l'industrie ne fabrique plus aujourd'hui, et même la *chandelle*, dont l'usage est si désagréable et que son bas prix oblige seul à conserver encore.

La première idée de cette industrie toute française appartient à Chevreul et à Gay-Lussac, qui prirent, le 5 janvier 1825, un brevet d'invention pour l'emploi des *acides stéarique* et *margarique* dans l'éclairage. Mais, avons-nous dit, ce n'est qu'en 1831 que le problème assez difficile d'obtenir économiquement en grand ces acides gras concrets a été industriellement résolu par MM. de Milly et Motard, qui ont fondé la première usine de bougies stéariques, à Paris, dans le voisinage de la barrière de l'Étoile; de cette circonstance est venu le nom de *bougies de l'Étoile,* connu dans l'Europe entière.

Depuis cette époque, de nombreux perfectionnements, de nouveaux procédés de fabrication ont été découverts, et l'industrie stéarique a pris un immense développement en France et dans le monde entier; chaque grand centre de population a eu des fabriques de bougies, et l'on en rencontre aujourd'hui dans les points les plus reculés du globe.

Il y a plusieurs procédés pour fabriquer la *bougie stéarique.* Nous rappelons le principe qui préside à cette fabrication et qui est connu sous le nom de *saponification.*

Les principes immédiats des corps gras neutres, étant des *éthers composés,* se dédoublent à une température élevée, sous l'influence de l'eau, en deux substances : l'une acide (*acide gras*), et l'autre neutre (*glycérine*), qui n'y existaient pas toutes formées, mais qui n'avaient besoin, pour se régénérer, que de fixer les éléments de l'eau. La séparation se fait à une température moins élevée, quand on fait intervenir une base

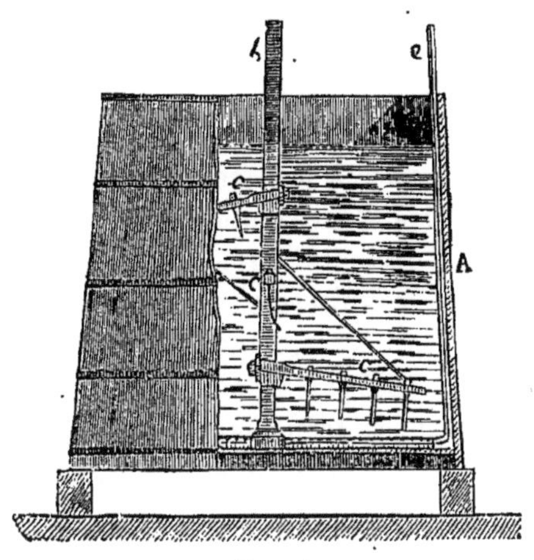

Fig. 344.

CUVE POUR LA SAPONIFICATION CALCAIRE.

énergique capable de s'unir à l'acide, ou un acide fort, comme l'acide sulfurique qui forme, avec la glycérine, l'*acide sulfoglycérique.* De là trois procédés différents pour produire cette *saponification,* ce dédoublement des corps gras en acide gras et en glycérine.

1° *Procédé par voie humide ou par saponification calcaire.* — C'est le plus ancien procédé, celui qui a été imaginé par MM. de Milly et Motard. Voici comment on opère :

Dans une cuve en bois légèrement conique AA (*fig.* 344), de la contenance de 2,300 litres environ, on introduit 500 kilogr. de suif de bœuf ou de mouton, avec 1,000 litres d'eau; on chauffe au moyen d'un tube circulaire *e* placé dans le fond de la cuve et qui lance de la vapeur par une multitude d'orifices. Quand le suif est fondu, on ajoute peu à peu 75 kilogr. de chaux bien délayée, et on laisse à la combinaison le temps de s'effectuer, en ayant soin toutefois d'agiter fortement la masse.

Cette agitation est produite par un arbre en fer *b,* portant plusieurs bras *c, c, c* armés de dents; il reçoit le mouvement d'un engrenage communiquant avec la machine à vapeur. Au bout de six à huit heures, la saponification est opérée. On soutire la partie liquide qui entraîne en dissolution la glycérine, et on extrait de la cuve le stéarate, le margarate et l'oléate de chaux, sous la forme de savon très dur.

Après avoir concassé ce savon, on le porte dans une cuve en bois doublée en plomb, contenant 135 à 140 kilogr. d'acide sulfurique à 66°, étendu de 20 fois son volume d'eau. On fait arriver de la vapeur dans cette cuve; l'acide sulfurique s'empare de la chaux pour former du sulfate de chaux et met en liberté les acides gras. Au bout de trois heures, on laisse reposer la masse; les acides gras viennent surnager le liquide, le sulfate de chaux se précipite au fond de la cuve; on soutire les premiers au moyen d'un robinet placé au-dessus du dépôt, dans une cuve de bois chauffée à la vapeur, où les dernières traces de chaux sont enlevées à l'aide d'une solution à 20° d'acide sulfurique. On opère un second lavage à l'eau pure, et l'on fait rendre les acides gras ainsi purifiés dans de petites caisses en fer-blanc où, en se refroidissant, ils prennent la forme de pains jaunâtres.

Ces pains, du poids de 2 kilogr., sont divisés mécaniquement au moyen d'un couteau; la râpure est enveloppée en couches minces dans une serge et soumise à l'action progressive d'une bonne presse hydraulique verticale, qui en expulse une grande partie de l'acide oléique liquide, simplement interposé entre les cristaux des deux acides solides, stéarique et margarique.

Pour chasser les dernières portions de cet acide oléique, qui est coloré par plusieurs substances étrangères qu'il tient en dissolution, on est obligé de recourir à une nouvelle pression, au moyen d'une presse hydraulique puissante, disposée horizontalement et dans laquelle les pains d'acides gras sont placés verticalement dans des sacs de crin séparés les uns des autres par des plaques de fer creuses, chauffées jusqu'à 40° au moyen d'un courant de vapeur.

Les acides solides qui restent après ces deux pressages sont durs, cassants, d'une grande blancheur; ils forment les 45 centièmes du suif employé. Le raffinage qu'on leur fait subir, pour les avoir tout à fait purs, consiste à les fondre sur de l'eau acidulée par l'acide sulfurique, à les laver à deux ou trois reprises avec de l'eau bouillante, à les clarifier à l'aide de blancs d'œufs délayés dans de l'eau acidulée par l'aide oxalique, enfin à les laver une ou deux fois à l'eau chaude; après repos, on les soutire dans des moules. On obtient ainsi des pains très blancs, que l'on expédie aux fabricants établis dans les villes; ceux-ci se bornent à les convertir en bougies.

Cette dernière opération diffère peu du moulage des chandelles. Les acides en pains sont mis d'abord en fusion, à la plus basse température possible, dans une chaudière à double fond, plaquée en argent et chauffée à la vapeur. On leur ajoute ordinairement de 3 à 5 pour 100 de cire, qui rend la cristallisation plus confuse et empêche les bougies, ainsi que les stalactites qui se forment sur elles, d'être trop friables. On brasse continuellement, et lorsque les acides sont sur le point de se solidifier, on les coule dans des moules légèrement échauffés, en fer étamé, garnis à leur centre d'une mèche convenablement tendue. Ces moules sont ordinairement réunis et rangés, au nombre de vingt-quatre à trente, dans un entonnoir commun, qui plonge dans une caisse où l'on fait arriver de la vapeur.

En agissant ainsi, il en résulte une sorte de pâte liquide, qui se congèle dans les moules avec assez de rapidité pour prendre une texture confuse, à grains fins et sans effets de cristallisation.

Les mèches qui servent pour les bougies stéariques sont tressées à trois brins, disposition ingénieuse imaginée, en 1826, par M. Cambacérès, et qui évite la nécessité de moucher continuellement; car, par suite du tressage, la mèche, au fur et à mesure que la bougie brûle, se détourne et se recourbe légèrement du même côté, de sorte que, son extrémité se trouvant en contact avec l'air extérieur, il ne peut s'y former de ces résidus de charbon qui sont la cause de l'abaissement de la lumière dans les chandelles et les bougies ordinaires.

Cette précaution de tresser les mèches ne suffit pas, car les matières minérales que retiennent les acides gras les mieux lavés engorgeraient les fils et diminueraient leur capillarité, si l'on ne prenait le soin de les plonger dans de l'eau renfermant 1/1000° d'acide sulfurique et 1/300° d'acide borique. Celui-ci, au fur et à mesure que la combustion s'accomplit, forme, avec la chaux et les cendres de la mèche, un verre fusible qui se porte continuellement, sous forme de gouttelette ou de perle, vers l'extrémité de la mèche. Ce perfectionnement appartient à M. de Milly.

On blanchit les bougies par l'exposition à la lumière et à la rosée; on les polit en les plongeant dans une dissolution faible de carbonate de soude et en les faisant passer sous des cylindres garnis de drap qui, par leurs mouvements de va-et-vient en tournant sur leurs axes, les exposent à des frictions répétées.

2° *Procédé par la voie sèche ou par saponification sulfurique et distillation.*— Ce procédé, qui repose sur des données scientifiques émises isolément par MM. Chevreul, Frémy et Dubrunfaut, n'est exploité d'une manière régulière que depuis 1844, époque à laquelle quatre chimistes anglais, notamment M. G. Wilson, puis en France, MM. Masse et Tribouillet, ont su en combiner industriellement les différentes phases. Ce qu'il offre d'avantageux, c'est qu'il est applicable à toutes les matières grasses, de quelque qualité qu'elles soient, dont on ne pourrait tirer parti par le procédé de la saponification calcaire. On emploie principalement les huiles de palme, de coco, de cotonnier, les graisses communes, telles que : *graisses de Reims* et *de Tourcoing*, extraites des eaux savonneuses, *graisses d'os, graisses vertes, flambart, graisses dites de boyaux, résidus et dépôts d'huile d'olive, de morue, de baleine,* etc.

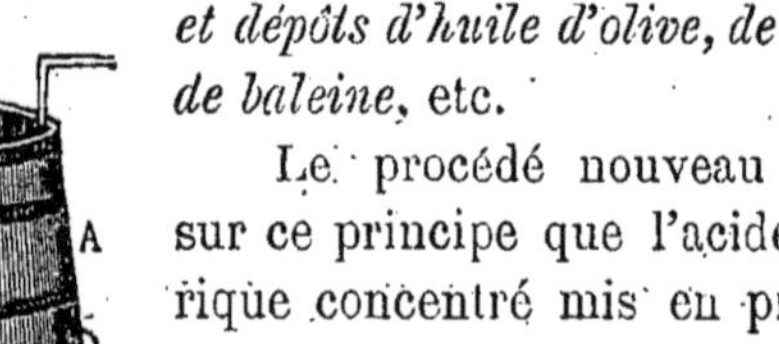

Le procédé nouveau repose sur ce principe que l'acide sulfurique concentré mis en présence des corps gras en détermine la saponification, c'est-à-dire qu'il convertit les principes neutres de ces corps en acides gras et en glycérine, absolument comme le fait la chaux ; seulement les acides gras et la glycérine procréés forment avec l'acide sulfurique des acides doubles ou complexes qu'on désigne sous les noms d'acides *sulfostéarique, sulfomargarique, sulfoléïque, sulfopalmitique, sulfoglycérique.*

Fig. 345. — SAPONIFICATION SULFURIQUE PAR FRACTIONNEMENT.

Ces composés sont solubles dans l'eau froide ; mais ils sont décomposés par l'eau bouillante, qui dissout l'acide sulfurique et la glycérine, et laisse surnager les acides stéarique, margarique, oléique, palmitique.

On opère en grand cette curieuse métamorphose de plusieurs manières. La plus avantageuse est celle que M. Knab a fait adopter dans beaucoup d'usines sous le nom de *méthode par fractionnement.* Voici en quoi elle consiste :

Les corps gras sont contenus dans un vaste récipient en briques surmonté d'une hausse en bois plombé A (*fig.* 345), dans le centre duquel se trouve un serpentin de vapeur qui maintient une température de 90°. A côté est placée une grande cuve B, dite *cuve à décomposer,* au tiers remplie d'eau qu'une injection de vapeur porte à 100°. Sur cette cuve repose un réservoir C, plein d'acide sulfurique, maintenu à 90° par un serpentin de vapeur, et sur l'un des bouts une caisse oblongue D, doublée de plomb, pouvant basculer de manière à verser son contenu dans la

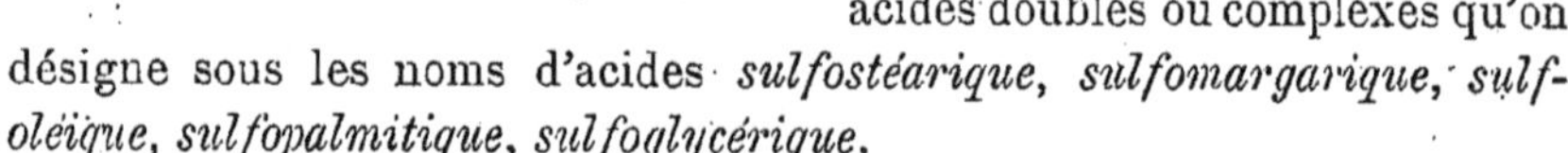

cuve. Un ouvrier fait couler dans la caisse, au moyen du robinet r, 50 kilogr. de matière grasse liquéfiée, puis verse sur celle-ci 15 kilogr. d'acide sulfurique provenant du réservoir C; il agite vivement le mélange au

Pour fabriquer les *savons*, on fait bouillir les matières grasses dans de grandes chaudières (page 1197).

moyen d'un râteau, et, après une minute ou deux de contact, lorsque le liquide tourne au noir, indice que les acides *sulfogras* sont déjà formés, il vide la caisse dans la cuve à décomposer et recommence un nouveau mélange.

L'eau bouillante opère immédiatement la décomposition des acides complexes ; l'acide sulfoglycérique et l'acide sulfurique, mis en liberté, se dissolvent dans l'eau, tandis que les acides gras surnagent. Au moyen de robinets convenablement placés, on décante les acides gras d'un côté et le liquide sulfurique d'un autre. Ce dernier est dirigé dans une vaste citerne où, après repos, les dernières portions d'acides gras, tenus en suspension, montent à la surface et peuvent être réunis à ceux qu'on a décantés.

Ces acides, fortement colorés en noir, sont lavés trois fois à l'eau chaude. On les soumet à la distillation sous l'influence de la vapeur surchauffée, soit dans un alambic en fonte, de forme lenticulaire, pouvant recevoir de 1,000 à 1,500 kilogr. de matière ; soit dans une espèce de cloche en fonte qui plonge dans un bain de plomb maintenu entre 328ª et 330°, et dans laquelle on laisse couler un filet d'acides gras, soit dans une vaste cornue en cuivre ou en fonte, assise dans une construction solide en maçonnerie, comme on le voit dans la figure 346. Quelle que soit, au reste, la forme de l'appareil, on fait traverser les acides par un jet abondant de vapeur d'eau surchauffée à 350° ou 380°, qui les vaporise et les entraîne rapidement. L'opération dure douze heures.

En A est le fourneau dans l'intérieur duquel est logé un serpentin en fer destiné à surchauffer la vapeur qui entre par le tube *a*, venant d'un générateur ; cette vapeur arrive dans la cornue B, placée en dehors du fourneau, par un tube terminé en pomme d'arrosoir et qui plonge jusque près du fond de la cornue qu'on a remplie aux trois quarts de sa capacité d'acides gras fondus à l'aide des tubes *b*, *b* en communication avec un réservoir supérieur. Le tube C, qui est adapté au col de la cornue, relie celle-ci à un serpentin en fer *c*, entouré d'eau, placé dans une caisse en tôle D. Les produits de la distillation, eau et acides gras, se réunissent dans un récipient *d* que surmonte un long tuyau métallique F, qui porte au dehors les gaz et vapeurs combustibles.

Les produits distillés, convenablement refroidis, sont soumis à une pression à froid et à une pression à chaud, quand on veut fabriquer les bougies de première qualité. Celles-ci sont toujours un peu moins solides et plus fusibles que celles qui proviennent de la saponification calcaire.

Pour faire certaines bougies, nommées *composites*, on ne soumet à aucune pression les acides gras distillés, surtout quand on a opéré sur l'huile de palme, qui ne fournit que très peu d'acide gras liquide.

En Angleterre, on ajoute aux acides comprimés de la même huile le produit solide obtenu par la compression de l'huile de coco. Ces bougies brûlent sans qu'il soit besoin de les moucher, mais elles sont moins consistantes et plus fusibles que les bougies de première qualité. Quelquefois, on leur donne un aspect plus agréable et un toucher plus sec, en les revêtant d'une mince couche d'acide comprimé d'huile de palme. A cet effet, on emplit les moules de cet acide et on les vide presque aussitôt; leurs parois se recouvrent ainsi d'acide gras, et c'est dans cette enveloppe que l'on coule la composition pour bougies.

La saponification calcaire du meilleur suif produit au maximum 47 pour 100 d'acides concrets. La saponification acide du même suif fournit, en moyenne, 62 pour 100; il y a donc une augmentation de produits égale à 15 pour 100. Dans des acides gras ainsi produits, il n'y a plus d'acide stéarique, comme dans le premier cas; il n'y a que des acides margarique et élaïdique. Les bougies qu'on

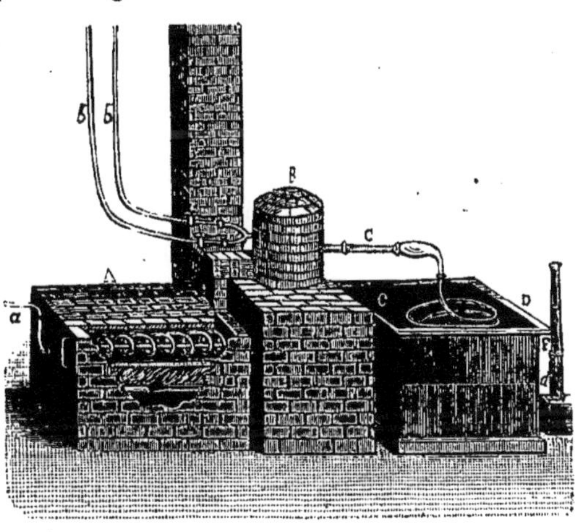

Fig. 346. — DISTILLATION DES ACIDES GRAS.

en fabrique devraient donc être nommées *bougies margariques*. — L'acide solide de l'huile de palme est spécial; on le nomme *palmitique* : il fond à + 58°.

Les bonnes *bougies de l'Étoile* ou *bougies stéariques* fondent à + 55°,5 ;

Les *bougies palmitiques* fondent à 51°,3,

Et les *bougies margariques composites*, entre 40° et 44°.

Les bonnes bougies doivent être dures, sonores, blanches, légèrement diaphanes, exemptes d'odeur et ne graisser ni le papier qui les enveloppe, ni les doigts qui les touchent.

On les vend en paquets d'un demi-kilogr., enveloppées dans un papier de soie, puis dans un gros papier blanc, portant ordinairement l'étiquette de la fabrique.— Les paquets en contiennent 5 ou 8.— Les bougies de 5 au paquet sont les plus employées pour l'éclairage ordinaire, c'est-à-dire pour les lustres, chandeliers et candélabres de cheminée, etc. Celles de 8 au paquet, de même grosseur que les précédentes, mais plus courtes, sont plus particulièrement destinées aux bougeoirs portatifs et à ceux qui sont fixés au pianos ou aux pupitres des musiciens.

Depuis 1866, plusieurs innovations dans les procédés de fabrication ont été introduites dans un certain nombre d'usines. Nous allons en dire quelques mots.

1° *Saponification par le chlorure de zinc.* — MM. Krafft et Tessié du Mottay ont reconnu que le chlorure de zinc anhydre, chauffé entre 150° et 200°, en présence des corps gras neutres, en opère la saponification à la manière de l'acide sulfurique.

En effet, si on lave plusieurs fois à l'eau chaude, et mieux avec de l'eau aiguisée d'acide chlorhydrique, le produit de la réaction, et si on le soumet à la distillation sous l'influence de la vapeur d'eau surchauffée, on obtient des acides gras identiques à ceux que fournit la saponification sulfurique : 8 à 12 pour 100 de chlorure de zinc suffisent pour acidifier les corps gras ; et comme ce sel reste intact dans les eaux de lavage, il peut servir indéfiniment, pour ainsi dire, à la même transformation.

On entrevoit tous les avantages de cette substitution du chlorure de zinc à l'acide sulfurique, dans les pays où ce dernier n'est pas fabriqué et où, par conséquent, son transport, toujours dangereux, en élève considérablement le prix.

2° *Saponification par l'acide sulfurique sans distillation.* — M. de Milly est parvenu à rendre pratique un procédé indiqué en 1855 par M. Frémy, qui cherchait à éviter la distillation des acides gras obtenus par la saponification sulfurique. Cet habile industriel chauffe les corps gras à 118° ou 120° et les fait ensuite couler dans une baratte en fonte où l'on introduit 6 pour 100 d'acide sulfurique à 66°. Le contact, favorisé par l'agitation, est maintenu pendant deux minutes. Ce mélange est ensuite dirigé dans une cuve contenant de l'eau en ébullition. Les acides gras sont lavés de manière à ne pas conserver trace d'acide sulfurique ; ils sont ensuite moulés en tourteaux à la manière ordinaire, puis pressés à froid et à chaud. Une seconde pression à chaud procure des tourteaux d'une blancheur éclatante. Les bougies qu'on en obtient ont toutes les qualités de celles que fournit la saponification calcaire.

3° *Saponification hydrique en vases clos.* — En soumettant les corps gras à l'action de la vapeur forcée jusqu'à 14 atmosphères, M. Frémy a constaté qu'on en détermine la saponification. Ce système, désigné sous le nom de *procédé Renner*, inventeur des appareils qui y sont consacrés, est installé chez MM. Perré et fils, à Elbeuf : il donne d'excellents produits en acide stéarique et en glycérine ; il fait une économie totale de la chaux et de l'acide sulfurique, ce dernier ne devenant nécessaire que pour les lavages, absolument comme ils se pratiquent après la saponification calcaire.

4° *Saponification calcaire en vases clos.* — Enfin, chez MM. Viallon et Gémier, de Lyon, on saponifie le suif en autoclave, sous une pression de 5 atmosphères, en n'employant que 11 pour 100 de chaux au lieu de 14. On obtient des produits de la plus belle qualité, aussi bien en acide stéarique qu'en acide oléique et en glycérine.

La saponification en vases clos, avec ou sans chaux, est destinée à remplacer la saponification à air libre, en raison de l'économie et de la bonté des produits.

SAVONS. — On donne le nom de *savons* à toute combinaison des acides gras avec les bases métalliques, alcalins ou non ; les premières donnent des *savons* solubles, les autres des savons insolubles qui ont été proposés pour colorer, car ils ont les mêmes couleurs que les autre sels de ces bases. Mais les savons proprement dits sont les savons à base de soude, ou *savons durs*, et les savons à base de potasse ou *savons mous*.

Pour fabriquer les *savons*, on fait bouillir dans de grandes chaudières (*fig.* à la page 1193) les matières grasses avec des lessives de potasse ou de soude caustique. La lessive dont on se sert pour commencer étant faible, on ajoute plusieurs fois une lessive plus forte ; on favorise la combinaison par un brassage continuel. La première combinaison est une sorte d'émulsion, formée par un savon contenant un excès d'acides gras, que la lessive forte qu'on ajoute ensuite sature progressivement. Quand la *saponification* est achevée, on ajoute une lessive chargée de sels étrangers, comme du sel marin, pour séparer le savon, qu'elle ne dissout pas ; on fait écouler la liqueur aqueuse contenant en dissolution la glycérine, les sels qui ont opéré la séparation du savon et l'excès d'alcali ; on remplace ce liquide écoulé par une lessive plus forte, et on fait bouillir jusqu'à ce qu'elle ait une densité de 1, 2. Alors, après avoir laissé reposer, on enlève le savon qui surnage, et on le coule dans des moules qu'on nomme *mises*, dans lesquels il se solidifie. Ces savons durs se font avec l'huile d'olive, l'huile de palme, le suif, etc. Le *savon* est d'autant plus dur que la matière grasse fond à une température plus élevée.

On fait deux variétés de savons durs : le *savon blanc* et le *savon marbré*, le premier pouvant contenir de très grandes quantités d'eau ; le second, qui doit sa marbrure à des savons insolubles d'alumine et de fer, ne peut pas contenir plus de 30 pour 100 d'eau. On transforme d'ailleurs très facilement en savons blancs les savons marbrés qui, dans certains cas, ne pourraient servir. Cette transformation s'opère en délayant le savon marbré peu à peu, avec une lessive faible, à une douce chaleur ; on laisse reposer dans la chaudière couverte : les savons insolubles, plus pesants, se déposent; le savon blanc vient à la surface, et on le coule dans des *mises*.

On fabrique en Belgique et dans le nord de la France des *savons mous* avec des huiles de colza, d'œillette, de chènevis, etc., en les faisant bouillir avec une lessive de potasse caustique. Quand l'opération est achevée, le savon est transparent; on évapore, afin de lui donner la consistance convenable, puis on le coule dans des tonneaux. Dans cette fabrication, il n'y a pas moyen de faire écouler la portion de lessive qui est en excès. On colore toujours ce savon en vert ou en noir, soit avec de l'indigo, soit avec des sulfates de fer ou de cuivre, et de la noix de galle ou du bois de campêche.

Les *savons de toilette* se font comme les savons blancs ordinaires, mais avec des matières plus pures; ils doivent être aussi neutres que possible.

Un bon *savon* doit se dissoudre dans l'alcool sans donner plus de 1 pour 100 de résidu. S'il y a un résidu notable, c'est que le savon a été fraudé, généralement, par de la craie, du sable, du talc, du sulfate de baryte ou des fécules. Pour doser les acides gras qu'un savon renferme, on met 10 grammes de savon avec de l'eau distillée dans une capsule; en chauffant, on sature peu à peu les alcalis par l'acide sulfurique étendu, jusqu'à ce que la liqueur reste acide. Les acides gras surnagent; on ajoute alors 10 grammes d'acide stéarique sec, et, après quelques minutes d'ébullition, on laisse refroidir. Les acides gras se solidifient, on décante le liquide, on sèche les acides gras à 110° et on pèse.

Pour doser les alcalis, on dissout 10 grammes de savon et on décompose par l'acide sulfurique titré, comme dans les essais alcalimétriques ordinaires.

COMPOSITION DES SAVONS.	ACIDES GRAS.	ALCALI.	EAUX.
Savon marbré de Marseille	60 à 64	6.0	35 à 30
Savon blanc de Marseille	50.0	4.5	45.5
Savon micolore d'Elbeuf	67.7	7.3	26.5
Savon vert de Picardie	41.8	9.0	58.0

CHAPITRE VI

GLUCOSES, SACCHAROSES, TANIN,
TANNAGE DES PAUX,
ENCRE, SUCRE, MIEL, OPIUM, TABAC.

GLUCOSES, LÉVULOSE, SORBINE, JUOSITE, SACCHAROSES. — Les *glucoses*, les *sucres*, les matières amylacées étaient désignées autrefois sous le nom d'*hydrates de charbon*. En effet, le nombre des équivalents d'hydrogène y est double de celui de l'oxygène; ces corps représentent plusieurs équivalents d'eau unis à plusieurs équivalents de carbone : $C^6H^{12}O^6$, *glucose;* $C^{12}H^{22}O^{11}$, *sucre de canne*, etc. Toutes les *glucoses* sont neutres; toutes agissent sur la lumière polarisée et de dévier, soit à droite, soit à gauche, le plan de polarisation. Tous ces corps sont, ou des *aldéhydes d'alcools hexatomiques*, ou des produits de condensation de ces aldéhydes; aussi fonctionnent-ils comme *alcools polyatomiques*.

Sous le nom de *glucoses*, on réunit un certain nombre de substances sucrées $(C^6H^{12}O^6)$, qui ont un ensemble de propriétés communes. Ces corps fermentent directement en présence de la levure de bière; ils sont rapidement altérés par les alcalis; ils réduisent les sels de cuivre en présence de la potasse. Les corps principaux de cette série sont la *glucose* proprement dite, ou sucre de raisin, la *lévulose*, ou sucre incristallisable des fruits, et la *galactose*, provenant du sucre de lait.

La *glucose* ordinaire reste dans les fruits, mélangée avec son isomère, la *lévulose;* on la trouve dans l'urine des diabétiques et dans quelques autres liquides de l'économie animale, tels que le sang, la lymphe, l'œuf de poule, dans le foie. Lorsque le sucre de canne est soumis à l'ébullition avec des acides étendus, il se transforme en une matière sucrée qui est un mélange de *glucose* et de *lévulose* et qu'on appelle *sucre interverti;* ce sucre interverti existe dans le miel et les fruits.

La *glucose* se produit dans l'action de l'acide sulfurique étendu sur l'amidon et la cellulose. Un grand nombre de substances cristallisées, comme la *salicine*, l'*amygdaline*, la *phloorrhizine*, en s'assimilant les éléments de l'eau, se dédoublent et fournissent, entre autres produits, de la *glucose*, $C^6H^{12}O^6$; les corps qui sont ainsi constitués sont appelés *glucosides*. Telle est le *salicine* dont le dédoublement peut être représenté par l'équation :

$$C^{13}H^{18}O^7 + H^2O = C^7H^8O^2 + C^6H^{12}O^6.$$

Salicine.   Eau.   Saligénine.   Glucose.

Cette transformation des *glucosides* se produit, soit par l'action à chaud des acides étendus, soit sous l'influence des ferments.

On se procure de la *glucose* en l'extrayant du miel, mélange de *glucose* et de *lévulose*. On délaye le miel dans un peu d'alcool froid, qui dissout la *lévulose*; après avoir décanté la partie liquide, on exprime le résidu ; on lave une seconde fois avec de l'alcool froid, puis on dissout encore la *glucose* colorée dans de l'eau bouillante additionnée de noir animal. La *glucose* pure cristallise par refroidissement de la solution filtrée.

On extrait la *glucose* de l'urine des diabétiques, en concentrant l'urine dans une étuve jusqu'à consistance sirupeuse, ajoutant de l'alcool et laissant cristalliser ; on la purifie comme précédemment par lavage à l'alcool, expression et cristallisation dans l'eau chaude.

Industriellement, on prépare la *glucose* par l'action des acides sur l'amidon; à un mélange d'eau et d'acide sulfurique chauffé par des jets de vapeur, on ajoute de la fécule délayée dans l'eau, et on maintient l'ébullition pendant une demi-heure ou trois quarts d'heure. Après ce laps de temps, la saccharification est d'ordinaire terminée: on reconnaît qu'elle est complète à ce que la liqueur ne bleuit plus par l'iode et ne précipite plus par l'alcool. On sature l'acide sulfurique par la craie, on passe à travers des toiles pour séparer le sulfate de chaux, et l'on évapore jusqu'à ce que le liquide marque 31° à 33° Baumé ; il se dépose, après une semaine environ, des cristaux mamelonnés de *glucose* qu'on égoutte et qu'on sèche (*glucose granulée* du commerce). En concentrant le sirop à 41° Baumé, les cristaux s'agglomèrent en une masse blanche et dure (*glucose en masse*).

La *glucose cristallisée* dans l'eau est en mamelons blancs, qui renferment une molécule d'eau, $C^6H^{12}O^6 + H^2O$. Ils fondent un bain-marie et deviennent anhydres à 100°; la *glucose* se dépose sans eau de cristallisation de sa solution dans l'alcool absolu ; elle est alors cristallisée en aiguilles. A 170°, la *glucose* se détruit et donne du *caramel*. Celui-ci se dissout dans 1 partie 1/3 d'eau froide ; il est soluble dans l'alcool ordinaire bouillant, insoluble dans l'éther. Par une ébullition prolongée avec les acides minéraux étendus, la *glucose* s'altère et se convertit en matières brunes et amorphes. Chauffée en vase clos avec les acides acétique, benzoïque, stéarique, la *glucose* s'y combine comme le font les alcools polyatomiques, en donnant de l'eau et produisant des sortes d'éthers. Les bases alcalines

Les soldats ayant mangé du miel deviennent insensés (page 1238).

et alcalino-terreuses la détruisent à l'ébullition : la liqueur devient jaune, puis brune. Le *chlorure de sodium* et la *glucose* forment une combinaison cristallisée en prismes rhomboïdaux droits, se produisant par l'addition d'une solution de chlorure de sodium à une solution concentrée de *glucose*.

Mise en contact avec des matières minérales putréfiées, avec du vieux fromage, la *glucose* subit d'abord la fermentation lactique, et ultérieurement se forme un acide butyrique. Lorsqu'à une solution de sulfate, d'acétate ou de tartrate de cuivre, on ajoute un excès de *glucose*, le sel ne précipite plus d'oxyde de cuivre par l'addition de la potasse; mais, si l'on fait bouillir le mélange, il commence par verdir, puis il se décolore et dépose un précipité rouge d'oxyde cuivreux : c'est la *glucose* qui, sous l'influence de la potasse, s'est oxydée aux dépens de l'oxyde cuivrique et l'a fait passer à l'état d'oxyde cuivreux. Cette réaction est une des plus employées pour la contestation et le dosage de la *glucose*.

L'action réductrice de la *glucose* s'effectue sur d'autres corps, comme l'oxyde de bismuth, le bichlorure d'étain, etc., qui sont aussi usités pour déceler la *glucose* dans les liquides où sa présence est soupçonnée.

C'est surtout dans les urines où la *glucose* apparaît souvent en quantités notables, comme chez les diabétiques, qu'il importe au médecin de la reconnaître et de la doser.

Plusieurs procédés, qu'il est bon de contrôler les uns par les autres, permettent d'arriver à ce résultat. Voici quelques-uns de ces procédés :

1° On ajoute à 4 ou 5 centimètres cubes d'urine quelques gouttes d'une solution de tartrate cupro-potassique (liqueur de Fehling ou de Barreswil), et l'on porte le mélange à l'ébullition. La liqueur bleue se décolore en partie ou en totalité, tandis qu'il se sépare de l'oxyde cuivreux jaune ou rouge. Nous verrons plus loin que cette même liqueur, dont nous donnerons la préparation, sert aussi à doser la glucose.

2° On ajoute à de l'urine son volume d'une solution de carbonate de soude (1 partie de carbonate solide pour 3 parties d'eau); puis une pincée de sous-nitrate de bismuth indique la présence du sucre de diabète. Ce procédé est très sensible et très pratique.

3° L'urine étant introduite dans un tube d'essai et additionnée de son volume de potasse caustique, on chauffe à l'ébullition. La coloration jaune, puis brune du mélange, est l'indice de la présence de la *glucose*. M. Bouchardat préfère la chaux éteinte à la potasse; à 50 grammes d'urine, il ajoute 2 grammes de chaux et fait bouillir. Quand l'urine renferme de la *glucose*, elle prend une couleur caramel d'autant plus foncée que la proportion de sucre est plus forte. On doit bien s'assurer avant d'employer la chaux qu'elle ne s'était pas transformée en carbonate.

4° Un procédé plus long, mais dont la certitude ne laisse rien à désirer, consiste à soumettre l'urine glucosique à la fermentation alcoolique. Dans un petit tube d'essai plein de mercure et renversé sur la cuve à mercure, on introduit, à l'aide d'une pipette recourbée, l'urine suspecte mélangée de levure de bière récemment levée. On abandonne le tout pendant deux jours à une température de 25° à 38° centigrades. Si l'urine renferme du sucre, celui-ci fournit de l'alcool, et de l'acide carbonique, qui s'accumule à la partie supérieure du tube et dont on constate la nature en y faisant arriver, à l'aide de la pipette, un peu de potasse caustique qui absorbe tout le gaz.

Les réactions précédentes permettent de constater la présence de la *glucose* dans une urine. Voyons maintenant comment on arrive à la doser.

On peut, à cet effet, avoir recours, soit à la fermentation alcoolique, soit à une solution titrée de tartrate cupro-potassique.

On sait qu'une molécule de *glucose*, $C^6H^{12}O^6$, donne, par la fermentation alcoolique, deux molécules d'*acide carbonique*, CO^2; par conséquent, si l'on connaît la quantité d'acide carbonique fournie par un poids donné d'urine glucosique abandonnée à la fermentation, on saura la proportion de *glucose* contenue dans cette urine. Pour le dosage de la *glucose* par fermentation, on se sert d'un petit matras fermé par un bouchon percé de deux trous; dans l'un est introduit un tube vertical, descendant jusqu'au-dessous du niveau du liquide; dans l'autre se fixe un tube en U plein de ponce sulfurique. Dans le ballon, on verse 30 à 40 centimètres cubes d'urine avec un peu de levure de bière et on pèse le ballon, après quoi on ferme le tube vertical avec un caoutchouc dans lequel on introduit un bout de baguette de verre. Au tube à ponce sulfurique s'adapte un tube horizontal plein de chlorure de calcium, et destiné à empêcher l'accès de l'humidité dans l'appareil. Le tout est abandonné pendant vingt-quatre à quarante-huit heures dans un endroit chaud, jusqu'à ce que le dégagement du gaz carbonique ait cessé; on débouche ensuite le tube vertical, on y fait passer un courant d'air sec pour balayer tout l'acide carbonique, puis on enlève le tube à chlorure de calcium, et l'on pèse de nouveau le ballon. La différence de poids indique le poids d'acide carbonique dégagé, d'où l'on déduit le poids de *glucose* qui a fermenté, et qui était contenu dans les 30 à 40 centimètres cubes de l'urine analysée.

On a rarement recours à ce procédé, qui est très exact, mais trop long pour les essais cliniques; on se sert d'ordinaire de la solution cupropotassique, appelée liqueur de Fehling ou de Barreswil, et titrée de telle sorte que 10 centimètres cubes sont réduits par 5 centigrammes de *glucose* supposée anhydre, $C^6H^{12}O^6$.

Pour doser le sucre dans une urine à l'aide de la liqueur de Fehling, on mesure 10 centimètres cubes de celle-ci; on les étend de 40 centimètres cubes d'eau distillée environ, et l'on chauffe, dans un petit ballon, à une température voisine de l'ébullition. A l'aide d'une burette graduée, on ajoute, goutte à goutte, l'urine suspecte dont on a pris 10 centimètres cubes étendus de dix fois leur volume d'eau. Lorsque le précipité a pris une coloration rouge intense et que la liqueur elle-même est devenue incolore, c'est qu'on a ajouté une quantité d'urine contenant 5 centigrammes de *glucose*; lisant alors sur la burette graduée le nombre de centimètres d'urine employés, on calcule la richesse de celle-ci en sucre de diabète.

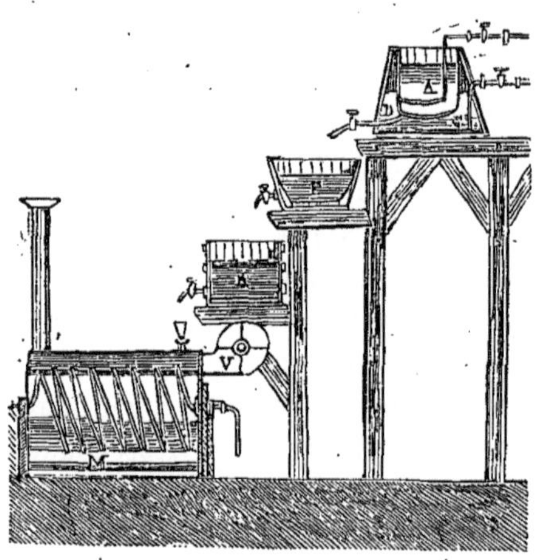

Fig. 347. — APPAREIL POUR LA FABRICATION DU SIROP DE BLÉ.

Quand on a constaté la présence de la *glucose* dans une urine, on peut déterminer approximativement la quantité qui en est excrétée dans les vingt-quatre heures, en connaissant et la densité de l'urine et le nombre de litres émis dans le même laps de temps.

On y arrive en multipliant par 2 les chiffres supérieurs à 1,000, indiqués par le densimètre, et ce produit par le nombre de litres d'urine, en tenant compte, en prenant la densité, de la température du liquide. Ce mode opératoire, qui a été contrôlé par des procédés rigoureux, donne des approximations très suffisantes pour la clinique. Toutes les urines d'une densité supérieure à 1,040 renferment du sucre.

Il y a plusieurs modes de préparation de la *glucose*. Le mélange de *glucose* et de *dextrine*, spécialement destiné aux confiseurs et aux brasseurs et connu sous le nom de *sirop de blé* ou *dextrine sucrée*, se prépare ainsi : Dans une chaudière à double enveloppe A, chauffée à la vapeur (*fig.* 347), on introduit 400 à 550 kilogr. d'eau qu'on porte immédiatement à l'ébullition à 25° ou 30° par un jet de vapeur dans le bain-marie C; on y délaye 5 à 11 kilogrammes d'orge germée moulue, *malt*, et on continue à chauffer jusqu'à 75°; alors on ajoute peu à peu 100 kilogrammes de fécule; en agitant, on maintient la température du liquide au même point pendant une vingtaine de minutes. De visqueux, opaque et filant qu'il était, il paraît bientôt fluide comme de l'eau; lorsque la teinture d'iode versée dans un peu de ce liquide retiré de la chaudière A et refroidi ne développe plus qu'une teinte rouge, on arrête l'action de la diastase

en portant rapidement la température à 100° par une injection directe de
vapeur au moyen du tube C. Après quelque temps d'ébullition, on fait
écouler le liquide, par le tuyau à robinet D, dans un filtre Dumont rempli
de noir animal F, qui le rend, limpide et incolore, dans un récipient commun R. On concentre enfin, jusqu'à consistance sirupeuse, dans une chaudière M, où se meut un serpentin en hélice que parcourt un courant de
vapeur et dans lequel l'évaporation est encore accélérée par un .ventila-
teur V qui entraîne au dehors les vapeurs aqueuses au fur et à mesure de
leur formation. Le sirop ainsi produit est incolore, d'une saveur agréable
et tellement visqueux, quand il est froid, qu'on ne peut y faire flotter un
aéromètre. De là le nom de *sirop impondérable* qu'on lui donne dans le
commerce.

Le *sirop de fécule* saccharifie au moyen de l'acide sulfurique faible ;
on le garde d'abord dans des tonneaux pour qu'il laisse déposer le sulfate de chaux qu'il tient en dissolution, puis on le filtre sur du noir animal : il est alors clair et très beau ; mais il a une saveur désagréable, due
à du sulfate de chaux et à une huile essentielle qui se produit sous l'influence de l'acide sulfurique.

En concentrant ce sirop jusqu'à 40° ou 41° Baumé et le coulant, lorsqu'il est suffisamment refroidi dans le tonneau, il se prend en une masse
d'un blanc jaunâtre et tellement dure qu'il faut le casser à coups de marteau ou de hache pour l'enlever. Ce sirop et cette *glucose* en masse sont
achetés par les brasseurs et par les vignerons pour l'amélioration des
vins de qualité inférieure.

Si le sirop décoloré et cuit à 32° est introduit et conservé pendant une
huitaine de jours dans des tonneaux dont le fond est percé de petits trous
bouchés par des faussets en bois, il cristallise en agglomérations tuberculeuses. Lorsque la masse s'est solidifiée en majeure partie, on enlève
les faussets pour que la mélasse s'écoule ; on place le sucre sur des plaques de plâtre dans un séchoir chauffé à 25°, et, quand il sec, on le passe
au crible, afin de l'avoir en petits grains détachés ressemblant à ceux de
la cassonade blanche. La *glucose granulée* est préférable à la glucose en
masse.

La *lévulose*, $C^6H^{12}O^6$, longtemps considérée comme incristallisable,
existe dans le miel, dans les fruits sucrés. Lorsque le sucre de canne est
chauffé avec des acides étendus, il s'assimile une molécule d'eau et se
transforme en un mélange d'une molécule de *lévulose* et d'une molécule
de *glucose,* ce que l'on appelle le *sucre interverti*. On en extrait la *lévulose* en triturant le sucre avec dix fois son poids d'eau et la moitié de son
poids de chaux. La masse devient pâteuse et renferme du glucosate de

chaux liquide et du lévulosate solide; on l'exprime fortement dans des toiles, on recueille le lévulosate de chaux qu'on délaye dans l'eau et qu'on décompose par l'acide oxalique; la *lévulose* reste en solution.

La *galactose* est produite par l'action de l'acide sulfurique étendu sur la *lactose* ou sucre de lait; cette glucose se présente en mamelons formés d'aiguilles microscopiques très solubles dans l'eau. Elle se rapproche de la glucose par l'ensemble de ses propriétés, mais elle en diffère par deux réactions essentielles : avec les agents d'oxydation, elle donne de l'*acide mucique* et non de l'*acide saccharique;* traitée par l'amalgame de sodium, elle fixe de l'hydrogène pour donner de la *dulcite*, tandis que la glucose ordinaire donne de la *mannite*. Ces trois dernières glucoses, auxquelles on peut joindre la *mannitose,* produit d'oxydation de la *mannite*, jouissent de la propriété caractéristique de subir directement la fermentation alcoolique au contact de la levure de bière.

On rapproche des *glucoses* plusieurs substances de même composition, mais qui représentent des fonctions différentes, car elles ne subissent pas la fermentation alcoolique; ce sont :

La *sorbine*, $C^6H^{12}O^6$, en gros cristaux incolores sucrés, retirée du sorbier; l'*inosite*, $C^6H^{12}O^6 + 2H^2O$, très répandue dans l'organisme et qui est identique avec la matière cristallisée trouvée dans les haricots verts, et appelée *phaséomannite*. Elle est en prismes incolores qui s'effleurissent à l'air sec et perdent complètement leurs deux molécules d'eau de cristallisation à 100 degrés; l'*eucalyne*, $C^6H^{12}O^6$, liqueur sirupeuse qui provient du dédoublement d'un sucre, la *mélitose.*

TANIN OU ACIDE TANIQUE $(C^{24}H^{22}O^{21})$. — Le *tanin* pur est un corps solide d'un blanc jaunâtre, sans odeur, d'une saveur très astringente, soluble dans l'eau et incristallisable. Sa dissolution précipite la plupart des matières animales, telles que la gélatine, l'albumine, etc. Elle forme, avec la peau des animaux, une combinaison imputrescible. L'*acide tanique* existe dans la plupart des arbres et, en particulier, dans l'écorce du chêne, de l'orme, du marronnier, dans la noix de galle, etc. Tous ces *tanins* ne sont pas identiques, mais tous coagulent les matières albuminoïdes et la solution de gélatine; ils produisent une coloration noire avec les sels de sesquioxyde de fer.

Pour extraire le *tanin* de la noix de galle, qui en contient la moitié de son poids, on emploie un *appareil à déplacement*, formé d'une allonge en verre dont le col s'engage dans le goulot d'un flacon. On place dans l'allonge d'abord un tampon d'amiante, puis de la noix de galle pulvérisée, et on achève de remplir avec de l'éther ordinaire; on ferme avec un bouchon à l'émeri la partie supérieure de l'allonge. L'eau de l'éther dissout peu à peu le *tanin*, en filtrant à travers la noix de galle, et on obtient au fond du flacon deux couches de liquide; la couche inférieure, sirupeuse, de couleur ambrée, chargée de *tanin*, et au-dessus un liquide moins coloré, qui est de l'éther privé d'eau. On lave le liquide sirupeux avec de l'éther, puis on évapore dans le vide ou à une température inférieure à 100°.

Au contact de l'air, l'*acide tanique* subit la fermentation gallique, sous l'influence d'un ferment végétal, le *pennicillium glaucum* ou l'*aspergillus niger*, et se dédouble en *glucose* et en *acide gallique*.

$$C^{54}H^{22}O^{34} + 4H^2O^2 = 3(C^{14}H^6O^{10}) + C^{12}H^{12}O^{12}.$$

Acide tanique.   Acide gallique. Glucose.

Quand la fermentation gallique est terminée, la *glucose* subit la fermentation alcoolique et disparaît à son tour.

La peau desséchée sans aucune préparation se pourrit aisément, s'imprègne d'eau avec facilité, et se détruit par un frottement répété. On remédie à tous ces inconvénients, et on la rend propre à la confection de nos chaussures, en tirant parti d'une propriété qui lui est commune avec presque tous les autres tissus des animaux : c'est de pouvoir s'unir intimement au tanin.

Qu'on plonge un morceau de peau dans une dissolution aqueuse de tanin, ou dans la décoction d'une substance astringente quelconque, il enlève peu à peu ce principe à l'eau, qui, au bout d'un temps suffisant, n'en renferme plus aucune trace. Le composé ainsi produit est très dur, tout à fait insoluble, imputrescible, et peut supporter les alternatives de sécheresse et d'humidité sans absorber l'eau. Cette réaction vous indique la théorie du *tannage*, nom que l'on donne à l'opération qui convertit les peaux des animaux en cuir.

Cet art a été pratiqué de toute antiquité, mais c'est seulement depuis la fin du siècle dernier qu'il a fait des progrès immenses, grâce au secours de plusieurs chimistes, de Séguin entre autres. Cette industrie, à laquelle on fait, en général, peu d'attention, est cependant très importante; elle fournit à la fois les instruments et la matière première à une multitude de travailleurs, et satisfait également les besoins du luxe et ceux de la médiocrité. Dans les manufactures, dans les exploitations rurales, dans les habitations du simple particulier, partout vous rencontrerez ses produits déguisés sous mille formes, mais toujours nécessaires, souvent indispensables. Pour vous donner une idée du mouvement de capitaux que cette industrie entraîne, je ne parlerai que d'un de ses produits les plus communs. Il y a quelques années, M. Say estimait que le nombre de souliers fabriqués en France s'élevait à 100 millions de paires, et que le salaire des ouvriers était de 300 millions de francs, somme énorme que la valeur de la matière première doit, au moins, doubler.

Toutes les plantes astringentes qui renferment du tanin en assez forte proportion, celles que le teinturier utilise pour obtenir des couleurs brunes ou noires,
telles que le sumac, les écorces de chêne, de châtaignier, des mimosas, les gousses
de bablah, de dividivi, les excroissances ou galles des arbres, le cachou, la noix
d'arec, etc., peuvent servir à la conservation des peaux, c'est-à-dire à leur transformation en cuir. Mais en France, en Angleterre, en Belgique, en Suisse, où le
chêne abonde, c'est son écorce qui est presque exclusivement employée à cet
usage, notamment celle du *chêne à trochets* ou *à petits glands* (*Quercus glome-*

rata des botanistes), l'une des variétés du *chêne rouvre* ou *roure*
(*Quercus robur*). Les autres pays d'Europe et d'outre-mer,
moins favorisés, ont recours en grande partie aux autres substances astringentes ci-dessus indiquées; mais elles donnent au
cuir un aspect terreux et moins de souplesse.

Chez nous, l'écorce de chêne est réduite en poudre grossière
sous des meules; dans cet état, elle porte le nom de *tan*. C'est de
ce vieux mot que dérivent ceux de *tannerie, tannage, tanneur*.

Le tanneur exerce son art sur les peaux fraîches des animaux de boucherie et sur les peaux qui arrivent sèches, salées ou
non, de plusieurs États d'Amérique, notamment de Bahia et de
Buenos-Ayres.

Lorsqu'on opère sur les peaux fraîches, après les avoir dépouillées des chairs et des cornes, on les met à tremper dans l'eau
pendant deux à trois jours pour les bien laver. Quand on agit sur
les peaux exotiques, qui sont sèches et racornies, on les fait macérer dans l'eau, souvent même dans l'eau de chaux ; puis, pour les
ramollir, on les piétine et on les étire en tous sens.

Fig. 348.
APPAREIL
A DÉPLACEMENT.

Parlons d'abord de la fabrication des cuirs mous. Elle comprend quatre opérations distinctes :

La première, dite *pelanage*, consiste à passer les peaux successivement dans
quatre ou cinq cuves (nommées *pelains* dans les ateliers), contenant un lait de
chaux, de plus en plus riche en chaux récente. Cette macération, qui dure de trois
semaines à un mois, a pour but d'ouvrir les pores de manière que les poils puissent
être enlevés facilement.

La deuxième opération, nommée *épilage* ou *débourrage*, consiste à enlever le
poil qui les recouvre. A cet effet, chaque peau est étendue sur un chevalet du côté
de la chair, et un ouvrier en racle la surface pileuse avec un couteau émoussé, dit
couteau rond.

On les jette à l'eau au fur et à mesure, puis on les reporte sur le
chevalet, où, avec un couteau tranchant à lame circulaire, on enlève les chairs
encore adhérentes, l'épiderme qui ne se combine pas au tanin, les bords et les
portions de peau inutiles. Avec une pierre de grès, pareille aux pierres à faux, on
adoucit le *grain de la fleur*, c'est-à-dire le côté du poil, en faisant disparaître les
petites protubérances qui s'y montrent; enfin on passe de nouveau le couteau cir-

culaire sur les deux faces de la peau jusqu'à ce que l'eau de lavage n'entraîne plus d'impuretés.

Dans ces dernières années, M. Félix Boudet a grandement amélioré les deux

On rend la peau propre à la confection des chaussures (page 1207).

opérations précédentes en substituant la soude caustique à la chaux, pour le *pela-nage*. Il reste toujours de cette dernière, quoi qu'on fasse, dans les pores de la peau; aussi, lorsqu'on met celle-ci en présence du tanin, il se forme un tannate de chaux insoluble, qui ralentit considérablement l'absorption du tanin par la peau, et qui, dans tous les cas, diminue beaucoup la souplesse du cuir. Avec la soude, ces inconvénients ne sont plus à craindre ; le pelanage s'effectue en quelques jours ; le travail sur le chevalet est rendu plus facile, et le tannage s'opère ensuite en moitié moins de temps.

La troisième opération, qu'on appelle *gonflement*, a pour but d'ouvrir autant que possible les pores de la peau afin de faciliter l'absorption du tanin. On arrive à ce résultat en tenant les peaux plongées pendant plusieurs jours, à la température ordinaire, dans de la *jusée*, qui n'est autre chose que de l'eau aigrie par son contact avec de la *tannée* ou tan usé. On commence par des liqueurs faibles ; on relève les peaux chaque jour, pendant les trois ou quatre premiers, en ajoutant à chaque immersion un à deux paniers de tannée ; on laisse en repos pendant quelques jours, puis on les porte dans une infusion de tan neuf, marquant $0°,9$, dans le sein de laquelle elles restent pendant une quinzaine de jours. Lorsqu'elles ont acquis une couleur blonde, elles sont prêtes à subir la quatrième opération.

Celle-ci est le *tannage* proprement dit, ou la *mise en fosses*. On superpose les peaux dans de grandes cuves de bois ou de maçonnerie imperméable, qu'on appelle *fosses*, avec du tan dont les couches ont quelques centimètres d'épaisseur. Chaque fosse peut contenir de 600 à 700 peaux. On termine par une couche épaisse de tan neuf, puis de tannée ; on recouvre le tout de planches et de pierres, et on fait arriver de l'eau de manière à abreuver toute la masse. Le tanin de l'écorce se dissout et est successivement absorbé par les peaux, qui se durcissent. Au bout de quelques mois, on renouvelle le tan et on replace les peaux en sens inverse, celles de dessus au fond et réciproquement ; on laisse séjourner pendant le même temps, en sorte que le tannage n'est complet qu'au bout du sixième ou du huitième mois, selon l'épaisseur des peaux. Celles-ci sont alors du *cuir* qu'on nettoie et qu'on livre aux corroyeurs.

Le tannage des peaux destinées à fournir des cuirs forts ne présente que de légères différences. Au lieu du *pelanage* à la chaux ou à la soude, on empile les peaux dans une chambre chauffée à $20°$ ou $25°$, pour déterminer dans la masse une légère fermentation putride, ou bien on les expose pendant vingt-quatre heures à l'action de la vapeur à cette température. Pour le *gonflement*, on ajoute à la jusée un peu d'acide sulfurique. La *mise en fosses* dure de dix-huit mois à deux ans, en remplaçant deux ou trois fois le tan durant ce laps de temps. Au sortir des fosses, on fait sécher lentement les cuirs à l'ombre, puis on les martèle sur des tables de pierre ou de marbre, afin qu'ils restent le moins spongieux possible. Dans certains établissements, on remplace le *martelage* par le *foulage* au moyen de cylindres lamineurs très lourds qu'on fait rouler sur les cuirs étendus sur des tables chauffées à la vapeur.

Les peaux, tannées convenablement, ont une couleur jaune plus ou moins foncée dans toute leur épaisseur. On ne consomme pas beaucoup moins de 300 kilogr. de tan pour 100 kilogr. de peau fraîche, et le poids de celle-ci s'élève à 150 kilogr. par le tannage.

La longueur de ces procédés a fait rechercher des méthodes plus expéditives.

Dans quelques localités, on coud les peaux comme des sacs, on les remplit d'eau et de tan, puis on les tient plongées dans une infusion de cette dernière substance. Par ce moyen, dit *tannage au sippage* ou *à la danoise*, les cuirs sont confectionnés en deux mois.

Armand Séguin, chargé, en 1792, de procurer des cuirs au gouvernement dans un instant où les besoins de cet objet, si essentiel aux armées, étaient urgents, parvint à tanner en vingt-cinq jours non seulement les baudriers, mais même les cuirs les plus forts. Son procédé consistait à tremper les peaux dans des infusions de tan, d'abord très faibles en tanin, puis de plus en plus chargées de ce principe, et à mettre en fosses pendant quelque temps pour terminer le tannage. Mais les cuirs ainsi obtenus n'étaient pas de très bonne qualité. Cependant, tout médiocres qu'ils étaient, ils n'en rendirent pas moins de grands services à la République, en lui donnant les moyens de fournir des chaussures à ses soldats victorieux, mais nu-pieds.

Depuis une trentaine d'années, des modifications plus ou moins importantes ont été apportées à l'ancien procédé par MM. Félix Boudet, Ogereau, Sterlingue, William Drake, Turnbull, Knowlys, Dnesbury, Durand Chancerel, Pelletreau, Vauquelin et autres ; mais le temps n'a pas consacré la bonté des améliorations proposées, qui ne sont encore, pour ainsi dire, qu'à l'état d'essais dans quelques ateliers. D'ailleurs, la pratique a démontré que le tannage ne peut être parfait qu'à la condition d'opérer d'une manière très lente la combinaison du tanin avec le tissu animal. Je me bornerai à vous apprendre que, par l'emploi de machines appropriées et par la substitution de l'infusion de tan à l'écorce sèche en nature, le tanneur Vauquelin opérait le tannage complet des peaux de bœuf en quatre-vingt-dix jours, celui des peaux de vache en soixante, et des peaux de veau en trente jours.

Je ne dois pas vous laisser ignorer que, d'après Knapp, qui a fait un grand nombre d'expériences pour éclairer la théorie du tannage, il n'intervient aucun effet chimique dans cette opération. Pour lui, un cuir tanné est une peau dont les fibres se trouvent enveloppées d'une matière astringente qui empêche le collage des fibres en les maintenant à distance et en permettant ainsi leur glissement l'une sur l'autre, cause de la souplesse des cuirs. Le rôle de la matière tannante se bornerait donc à maintenir cet isolement des fibres, en enveloppant chaque filament comme une gaine au lieu de s'y unir chimiquement.

Les cuirs, une fois préparés par le tanneur, sont soumis à divers apprêts, colorés, vernis, cirés par le *corroyeur*. Le vernis, pour les cuirs destinés à la chaussure et à la sellerie de luxe, est une dissolution de bitume de Judée et de vernis gras au copal dans de l'essence de térébenthine et de l'huile de lin lithargirée ; on en applique plusieurs couches sur les cuirs, qui ont déjà été imprégnés à l'avance d'huile de lin lithargirée, colorée avec du noir d'ivoire broyé très fin. Ce vernis est brillant, toujours propre, car un simple lavage suffit pour le nettoyer : il est imperméable à l'eau et rend le cuir plus beau et plus durable.

L'industrie des cuirs vernis a été créée en France depuis le commencement de ce siècle ; elle a pris une très grande extension dans ces dernières années, grâce surtout aux efforts de Plummer de Pont-Audemer, et de Nys et Longagne, qui ont singulièrement perfectionné la fabrication des cuirs vernis pour la carrosserie et pour la chaussure. On exporte partout nos produits en ce genre, même en Angleterre (1).

Les peaux de bœuf, de buffle, etc., servent particulièrement à préparer des cuirs forts pour semelles et bottes fortes; avec celles de vache, de veau, de cheval, etc., on confectionne les cuirs mous pour les tiges de bottes fines et de souliers minces, pour les harnais, etc.

Le *maroquin* est de la peau de chèvre tannée et mise en couleur du côté de la fleur ou de la chair. On teint le rouge avant, et le jaune, le bleu ou le vert après le tannage. C'est du Maroc que l'art d'apprêter ces sortes de cuirs a été importé en Europe. La France a ravi à l'Orient son industrie des maroquins, vers le milieu du siècle dernier, grâce surtout au chirurgien Granger, qui publia, en 1735, la description complète de l'art du maroquinier, tel qu'il l'avait vu pratiquer dans le Levant. C'est surtout depuis une soixantaine d'années que la maroquinerie a pris de grands développements chez nous; on ne peut rien voir de plus parfait que les peaux maroquinées qui sortent des fabriques parisiennes, et notamment de la belle manufacture de MM. Fauler, à Choisy-le-Roi, qui présentaient déjà de très beaux produits à l'exposition de l'an IX (1801). L'exportation du maroquin français en Belgique, en Italie, en Suisse et en Amérique, s'élève à plus d'un million de francs par an.

La couleur rouge est donnée aux peaux avec la cochenille ou le kermès et le sel d'étain; le bleu, avec la cuve à la couperose; le violet et la nuance pensée, avec la cochenille mise sur peau déjà teinte en bleu; le noir est obtenu avec l'acétate de fer; le jaune et tous ses dérivés, avec la graine d'Avignon ou la racine d'épine-vinette. On commence à utiliser, d'après les indications de M. Springmuhl, les couleurs d'aniline et les dérivés de la naphtaline, parce qu'elles possèdent à un haut degré la qualité essentielle, pour cette teinture, de se dissoudre à une basse température, et qu'à cet avantage décisif elles joignent un grand pouvoir tinctorial et une beauté de teinte qu'on n'avait pas encore atteinte; malheureusement, elles ne sont pas très résistantes à l'air et à la lumière.

Le *cuir de Russie*, remarquable par sa souplesse, son inaltérabilité à l'air humide, son imperméabilité à l'eau, et surtout son odeur particulière, qui en

(1) Voici un nouvel exemple qui montre comment la chimie peut, par un simple détail, exercer sur une branche d'industrie une heureuse et considérable influence. Jusqu'ici, on était fort gêné, dans la fabrication des cuirs vernis, par une difficulté : pour que le vernis soit bien adhérent, il faut que le cuir, une fois préparé dans les ateliers, soit séché à l'air libre, au grand soleil. Or si, pendant qu'il est étendu en plein air, un peu de pluie survient, chaque goutte d'eau y fait une tache. Sous le climat de Paris, où s'exerce surtout avec succès l'industrie en question, c'était une source d'ennui, d'embarras et de perte. Pendant des mois entiers, pendant tout l'hiver les produits s'entassaient sans pouvoir recevoir du soleil leur dernière façon. Il y avait ainsi un énorme capital d'absorbé. On a demandé à la chimie un vernis qui dispensât de l'intervention solaire : il paraît certain qu'un des exposants français de l'exposition universelle de Londres de 1862, M. Courtois, de Pantin, près de Paris, a résolu le problème. Tout se passera désormais entre quatre murs et à volonté; il faudra être moins millionnaire pour fabriquer le cuir vernis.

éloigné les insectes, doit ses qualités à l'huile empyreumatique du bouleau, dont on l'imprègne.

Le plus ordinairement, les maroquins sont grainés. Pour cela, on les roule, la

Une caravane.

fleur en l'air, sous des paumelles garnies de peau de chien marin qui, faisant gonfler la fleur, y déterminent la formation du grain ; ou bien on imprime le grain sur la fleur au moyen de roulettes cannelées, mais ce grain est moins beau que celui qu'on obtient par le premier procédé.

Tous les cuirs colorés sont tannés avec le sumac ou la noix de galle. Mais ceux qui doivent rester blancs, tels que les peaux minces de chevreau, de mouton, d'agneau, destinées à des ouvrages délicats, et qui, par conséquent, n'ont pas besoin d'avoir une grande résistance, sont rendus imputrescibles par leur séjour dans une solution d'alun et de sel commun, après avoir été préalablement décharnés et débourrés. Il se produit un chlorure d'aluminium qui se combine au tissu animal et le rend inaltérable à l'air. C'est là ce qui constitue l'*art du mégissier*.

Depuis une quarantaine d'années, les mégissiers font un fréquent usage du réalgar, sous le nom impropre d'*orpin*, pour le débourrage des peaux de mouton; ils le mettent en pâte avec de l'eau et de la chaux vive, qu'ils appliquent sur la chair pour en faire tomber la laine; cela évite l'immersion des peaux dans un bain de chaux, ainsi qu'on le fait en suivant l'ancien procédé.

M. Félix Boudet, ayant constaté, en 1850, que le résultat obtenu est dû au sulfure de calcium naissant, formé par la réaction de la chaux sur le sulfure d'arsenic, a proposé avec raison de substituer à ce composé si dangereux une pâte faite avec 3 parties de sulfure de sodium, 10 parties de chaux vive et 10 parties d'amidon. L'action de cette pâte est si prompte qu'après deux à trois minutes de contact avec une peau brute, la surface cutanée se trouve entièrement dépilée; mais le haut prix du sulfure de sodium a retardé jusqu'ici l'abandon du sulfure d'arsenic.

M. Bénard, professeur de chimie à Amiens, a prouvé, en 1860, que le sulfhydrate de sulfure de calcium, qu'on peut obtenir à peu de frais en faisant usage de résidus sans valeur, produit d'une manière infiniment plus économique le débourrage complet.

Le *chamoiseur*, qui s'occupe de la préparation des peaux de chamois, de daim, de buffle, de bouc, de chèvre, pour la fabrication des gants, se borne à les priver de leur humidité et à les *passer en huile*, c'est-à-dire que, à l'aide de manipulations multipliées, il parvient à les pénétrer de matières huileuses qui n'en altèrent pas la force et qui leur donnent du moelleux et de la souplesse. On commence depuis peu à tanner légèrement les peaux dans une infusion d'écorce de saule avant de les chamoiser.

La fabrication des gants est une industrie très importante, qui a pris en France un accroissement prodigieux depuis 1827. On fabrique aujourd'hui, dans la seule ville d'Annonay, 6 millions de peaux, qui ont une valeur de 18 à 20 millions, et qui, transformées en gants, donnent un chiffre de 33 à 35 millions. Les fabriques de Lunéville occupent, à elles seules, 10,000 ouvriers. Vendôme prépare exclusivement les gants communs; Rennes, les gants de daim; Annonay, les gants de chevreau, et Niort, les gants de castor; Grenoble, Paris, Chaumont et plusieurs autres villes du Nord concourent aussi à cette production. Cette belle industrie, si intelligemment traitée en France, a trouvé des débouchés dans toutes les parties du monde civilisé; l'Angleterre ne demande pas moins de 1,500,000 paires de gants chaque année, quoique Londres et plusieurs autres villes en fabriquent des quantités considérables.

Enfin, on obtient le parchemin, dont l'usage, vous le savez, est si ancien, en dépilant les peaux de mouton ou de chèvre, les passant en chaux, les étendant sur des cendres pour les décharner et les réduire à l'épaisseur convenable, et en les frottant avec une pierre ponce pour les adoucir.

Le *vélin* ou *parchemin vierge*, qui est plus fin et plus blanc, se fait avec les peaux de veau, de chevreau ou d'agneau mort-né.

Les parchemins pour les caisses de tambours se font avec les peaux d'âne, de veau, et de préférence avec les peaux de loup; ceux pour les timbales, avec les peaux d'âne; ceux pour les cribles, avec les peaux de veau, de chèvre et de bouc; enfin, ceux pour les coffres et les livres d'église, avec des peaux de porc.

La plupart des ouvrages de sellerie sont confectionnés avec ces dernières sortes de peaux. La sellerie française jouit d'une très grande réputation à l'étranger; il ne se vend pas, dans l'Amérique du Sud, une selle de luxe qui n'ait été fabriquée à Paris. Cette seule branche d'industrie fournit à l'exportation une somme de plus de 2,000,000 de francs.

FABRICATION DE L'ENCRE. — On emploie encore la noix de galle pour préparer l'encre ordinaire. Chaque fabricant a un procédé de fabrication; mais le procédé qui sert de base consiste à faire dissoudre 1 kilogramme, par exemple, de noix de galle pulvérisée dans 14 litres d'eau; on filtre et on ajoute à la liqueur claire d'abord 500 grammes de gomme arabique, puis une dissolution de 500 grammes de sulfate de fer (couperose verte) dans deux litres d'eau. On agite le mélange à l'air, et on l'abandonne jusqu'à ce qu'il ait pris, par oxydation, une belle teinte noire.

Si l'on en croit les écrivains contemporains, ce serait le rabbin Meir, qui, au IVe siècle de l'ère chrétienne, aurait inventé cette encre et rendu ainsi à l'humanité un grand service.

Voici quelques recettes d'encres plus nouvelles, dont la noix de galle forme la base :

	ENCRES.		
	DE LEWIS.	DE RIBEAUCOURT.	DE ROBINSON.
Noix de galle	96 gr.	86	96
Bois de campêche en copeaux	24	32	33
Couperose verte	32	32	32
Couperose bleue	32	10.7	»
Gomme arabique	32	32	64
Sucre	»	10.7	»
Eau	2 litres.	2	2

L'encre violette, devenant noire en séchant, est formée de

Campêche en copeaux.......	750 grammes.
Alun de Rome.............	32 —
Gomme arabique..........	32 —
Sucre candi.	16 —

Voici une autre formule, indiquée par le professeur Runge. On fait bouillir 625 grammes de bois de campêche dans une quantité d'eau suffisante pour obtenir 5 litres de décoction. A celle-ci on ajoute, après le refroidissement, 5 grammes de chromate jaune de potasse, et on agite vigoureusement. Cette encre est d'un prix très peu élevé; elle est très bonne pour écrire avec les plumes d'acier; mais elle a un défaut grave : c'est de s'épaissir souvent, après la préparation, comme du lait caillé. Quelques gouttes d'une solution de *sublimé corrosif* s'opposent à cet effet. 25 centigrammes de ce composé suffisent pour une bouteille d'encre ; non seulement alors elle devient plus fluide et se conserve intacte, mais sa couleur passe au noir pur, de bleu indigo foncé qu'elle était auparavant.

SACCHAROSES OU SUCRES. — Les *saccharoses* ou *sucres* proprement dits ont pour formule $C^{12}H^{22}O^{11}$; ils représentent deux molécules de glucoses isomères, combinées avec élimination d'une molécule d'eau. Ils ne fermentent pas directement ; mais, sous l'influence des ferments, ils se dédoublent d'abord en glucoses, et ce sont celles-ci qui subissent la fermentation alcoolique. Nous empruntons les détails relatifs à l'industrie du sucre au livre de M. Maigne, que nous avons déjà cité.

SUCRE ORDINAIRE. — Le *sucre ordinaire* est celui qui possède la propriété sucrante la plus agréable et la plus intense. Il est très abondant dans le règne végétal. On le trouve surtout dans la canne à sucre, la betterave, le maïs, le sorgho, les châtaignes, les melons, les citrouilles, les patates, les carottes, les navets, les dattes, les figues d'Inde, la sève des palmiers, des érables, des bouleaux, etc. Au Canada ou dans l'Amérique du Nord, on en extrait, pour la consommation locale, d'importantes quantités d'une espèce particulière de la famille des érables. Dans l'Inde et dans la Malaisie, on exploite pour le même objet plusieurs palmiers. Partout ailleurs, le sucre est fourni par la canne et la betterave, et c'est celui provenant de ces deux plantes qui alimente exclusivement le commerce : de là le nom de *sucre commercial* qu'on lui donne aussi quelquefois ; mais, qu'il provienne de la canne ou de la betterave, il possède absolument les mêmes propriétés.

Ancien moulin pour la canne à sucre (page 1220).

La *canne à sucre* est une plante de la famille des graminées, qui, originaire de la Chine et de l'Inde, est cultivée aujourd'hui dans toutes les contrées chaudes de l'ancien continent et du nouveau. Elle renferme un assez grand nombre de variétés ; les meilleures sont celles que l'on désigne sous les noms de *canne d'O'Taïti, canne de Batavia, canne à rubans* ou *canne créole, canne violette de Java*. Sa tige, qui atteint parfois une hauteur de 4 à 6 mètres et un diamètre de 40 à 50 millimètres, a la forme d'un roseau présentant des nœuds ou anneaux de distance en distance. Elle contient un tissu spongieux, rempli en grande partie d'un suc très doux dans lequel se trouve le sucre. La canne se multiplie au moyen de boutures ou de rejetons. Suivant le terrain ou le climat, elle exige de 12 à 20 mois pour atteindre sa maturité. Quand le moment de la récolte est arrivé, on la coupe en biseau près du pied, puis on la porte dans des magasins appelés *parcs aux cannes*, où on la conserve jusqu'au moment de l'emploi. On a soin de retrancher les feuilles et les quatre ou cinq derniers nœuds du sommet, parce qu'il sont très peu sucrés. On met également de côté les tiges brisées ou entamées par les animaux, parce que le jus qu'elles donneraient pourrait gâter celui des cannes saines. Les pays où la culture de cette plante est actuellement le plus developpée sont : 1° en Amérique, toutes les Antilles, le Brésil, la Louisiane, le Mexique, l'ancienne Colombie ; 2° en Asie, la Chine, le Japon, l'Inde anglaise, l'Indo-Chine, les Philippines ; 3° en Afrique, les îles Maurice et de la Réunion, les colonies de Port-Natal et de Libéria, l'Égypte ; 4° en Océanie, les possessions hollandaises de Java et de Sumatra, les îles Sandwich. En Europe, elle n'existe guère, et encore en proportion très restreinte, que dans les provinces méridionales de l'Espagne.

Parmi les nombreuses variétés que présente la *betterave*, quelques-unes seulement sont propres à la fabrication économique du sucre. Comme nous l'avons dit ailleurs, on emploie de préférence la *betterave blanche de Silésie*, à collet vert ou à collet rose, parce que c'est la plus riche en matière sucrée, la plus facile à travailler et celle qui se conserve le mieux après la récolte. Le sucre qu'on en retire est dit *indigène*, parce qu'il provient d'une plante de notre propre sol. La culture de la betterave est particulière à l'Europe. Néanmoins, depuis quelques années, on s'efforce de l'introduire aux États-Unis, où elle semble devoir se développer beaucoup, surtout en Californie. En Europe, c'est en France qu'elle occupe le plus de terrain. Elle y est à peu près concentrée dans 24 départements, en tête desquels se placent ceux du Nord, de l'Aisne, du Pas-de-Calais, de l'Oise et de la Somme. Après notre pays viennent la Belgique, l'Allemagne, l'Autriche et la Russie.

La fabrication du sucre se compose de deux groupes d'opérations bien distinctes : l'*extraction* et le *raffinage*.

Comme leur nom l'indique, elles ont pour objet de retirer la matière sucrée des plantes qui la contiennent. On ne procède pas de la même manière pour la canne et la betterave.

Le *traitement des cannes* comprend l'*écrasage des cannes*, la *défécation*, l'*évaporation*, la *concentration* ou *cuite du jus sucré*, la *cristallisation* et l'*égouttage*.

1. Dans les anciennes sucreries, l'*écrasage* des cannes se fait au moyen d'une espèce de grossier laminoir, appelé *moulin*, qui remonte à l'origine même des sucreries américaines. Cet appareil (*fig.* à la page 1217) consiste en trois rouleaux de pierre ou de bois disposés verticalement sur une table horizontale entourée d'une rigole. Ces rouleaux sont cannelés et traversés par un arbre ou axe tournant, en fer. Celui du milieu est mû par une force quelconque, ordinairement par des animaux, et, au moyen d'engrenages, il communique le mouvement aux deux autres, mais en sens contraire. Un ouvrier présente un paquet de cannes entre deux de ces rouleaux : elles s'y engagent, s'écrasent, et le suc qui en découle, tombant sur la table, s'accumule dans la rigole circulaire d'où il se rend dans une cuve. Pour mieux épuiser les cannes, un second ouvrier, placé derrière le moulin, les reçoit à mesure qu'elles se présentent et les fait passer de l'autre côté du rouleau du milieu. Dans les établissements bien organisés, le moulin est remplacé par des *presses à cylindres* beaucoup plus énergiques, qui se composent généralement (*fig.* 349) de trois gros cylindres de fonte A B C, creux, montés horizontalement sur un bâti solide et pouvant être rapprochés les uns des autres à l'aide de vis de pression II. Comme ci-dessus, un moteur, qui le plus souvent est une machine à vapeur, fait tourner l'un des cylindres, et le mouvement est transmis aux autres par des roues dentées. Quand l'appareil fonctionne, les cannes sont amenées par un tablier sans fin sur une plaque ou *table*, D, qui les livre aux cylindres. Elles éprouvent un premier écrasage entre les cylindres AC, puis un second, beaucoup plus fort, entre les cylindres BC, qui, pour cela, sont plus rapprochés que les précédents. Le suc s'écoule dans un bassin de réception G, par les trous d'une gouttière en tôle E, placée entre les cylindres inférieurs, et les cannes épuisées tombent sur un plan incliné F, qui les rejette au dehors. Dans certaines usines, au lieu de presses à trois cylindres, on fait usage de presses à cinq cylindres. Il y en a aussi où l'on chauffe l'intérieur des cylindres au moyen de la vapeur. Dans tous les cas, par l'ancien système, on obtenait à peine 45 à 50 pour 100 de jus, tandis que par le nouveau on en retire jusqu'à 80 pour 100.

2. La canne ainsi exprimée s'appelle *bagasse;* on la fait sécher, puis on l'emploie comme combustible. Quant au suc, on 'e nomme *vesou.* On peut le considérer comme une dissolution aqueuse de sucre à peu près pure, car l'analyse chimique n'y a fait découvrir, outre l'eau et le sucre, que des quantités à peine appréciables de substances étrangères. Toutefois, si minime que soit la proportion de ces substances, elle serait suffisante pour provoquer l'altération du vesou. si l'on n'avait soin de le soumettre immédiatement aux opérations destinées à en isoler le sucre.

A cet effet, on le fait passer successivement dans cinq chaudières de cuivre ou de fonte A, B, C, D, E (*fig.* 350), soutenues par une maçonnerie, placées à la suite l'une de l'autre, et communiquant deux à deux par un conduit. Ces chaudières se nomment, en allant de la première, qui est la plus vaste, à la cinquième, qui est la plus petite, la *grande,* la *propre,* le *flambeau,* le *sirop,* la *batterie;* et leur ensemble forme ce qu'on appelle un *équipage.* Le vesou est d'abord introduit dans la grande.

Fig. 349. — PRESSE À CANNES.

On le chauffe avec quelques centièmes de chaux jusqu'à 60 degrés environ. A mesure que la température augmente, les corps étrangers contenus dans le liquide montent à la surface sous la forme d'écumes abondantes qu'on enlève aussitôt. Cette manipulation a donc pour objet la clarification du vesou ; dans les établissements sucriers, on la désigne sous le nom de *défécation.*

3. Au sortir de la *grande,* le vesou passe dans la *propre,* où on le fait bouillir jusqu'à ce qu'il marque 25° à l'aréomètre. L'*évaporation* commence dans cette chaudière. Pendant l'ébullition, il se produit encore quelques écumes provenant de particules étrangères non éliminées par la défécation. Le jus subit ainsi une seconde dépuration, et c'est de là que vient le nom de la chaudière. Il pénètre ensuite dans le *flambeau,* où l'on continue à le concentrer. Cette chaudière a reçu ce nom, parce qu'on y reconnaît, à la couleur et à la limpidité du liquide, si la défécation a été complète et, dans le cas contraire, quelle quantité de lait de chaux il faut ajouter pour la compléter. Le jus passe alors dans la chaudière nommée *sirop* parce qu'on y pousse l'évaporation de manière qu'il acquière une

consistance sirupeuse. Enfin il arrive dans la *batterie*, où il achève de se concentrer. Cette chaudière est ainsi appelée à cause du bruit que fait entendre l'ébullition de la liqueur, surtout au moment où l'opération approche de sa fin. C'est dans le sirop et la batterie qu'a lieu la *cuite* proprement dite.

4. Quand le sirop est convenablement concentré, on procède à la *cristallisation* ; en d'autres termes, on le fait passer à l'état solide. En conséquence, on le porte dans un réservoir où on l'abandonne à lui-même. Par le refroidissement, le sucre dissous dans la liqueur se transforme en une masse confuse de petits cristaux irréguliers. Cette opération a lieu

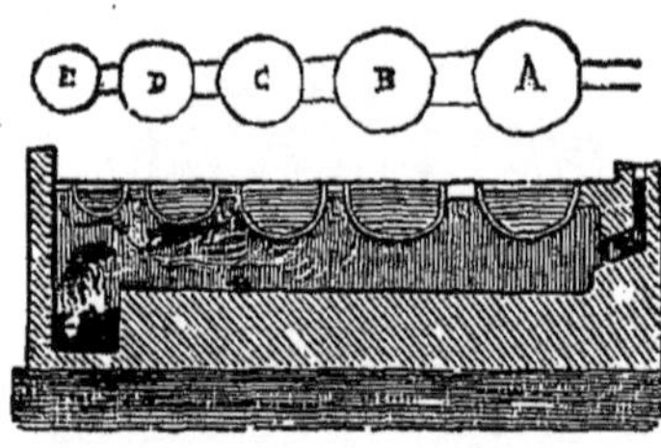

Fig. 350. — ÉQUIPAGE.

dans un atelier appelé *purgerie*. Aussitôt que le contenu du réservoir n'a plus qu'une température de 45° à 50°, on le distribue dans des caisses ou des tonneaux posés debout et dont le fond est percé de petits trous momentanément bouchés. Dans ces vaisseaux, la portion cristallisable achève de prendre la forme solide, tandis que le sirop non susceptible de recevoir cette forme s'égoutte peu à peu au travers des cristaux. Quand on juge le travail terminé, on ouvre les trous pour faire écouler le sirop resté liquide ; puis on recueille le sucre solide, on le laisse sécher, et enfin on le livre au commerce, renfermé dans de grands tonneaux appelés *boucauts*. Quant au sirop, on le cuit de nouveau, et à plusieurs reprises, jusqu'à ce qu'il ne donne plus de cristaux. Il est alors épais et d'une couleur brune très foncée : dans cet état, on lui donne le nom de *mélasse*, et on l'utilise principalement pour la fabrication du rhum.

En opérant comme nous venons de le dire, on ne retire guère que 5 à 6 pour 100 de sucre cristallisable, bien que la canne en renferme près de 20 pour 100 ; le reste se trouve dans les bagasses et dans la mélasse. Cet énorme déficit est dû au mauvais mode d'extraction employé, qui provient lui-même de l'organisation vicieuse de la fabrication. En effet, dans les pays sucriers, les mêmes personnes sont à la fois propriétaires du sol, cultivateurs de cannes et producteurs de sucre. De là un nombre prodigieux de petites usines où chacun applique servilement les pratiques imparfaites transmises par la routine des âges, sans pouvoir, faute de ressources, profiter des enseignements de la science, dont l'adoption aurait le triple résultat de diminuer les frais de production, d'augmenter le rendement et d'améliorer la qualité. Un pareil état de choses, s'il se maintenait, amènerait à la longue la ruine des sucreries coloniales. Heureusement, il existe un moyen infaillible d'y remédier : c'est la séparation absolue du travail agricole du travail manufacturier. Dans ce système, pendant que les uns s'occuperont exclusivement de cultiver la canne, de préparer le sol, d'en tirer le meilleur parti possible, les autres, se livrant à une fonction purement industrielle, achèteront les récoltes aux planteurs et les soumettront, dans de grandes usines centrales, pourvues de l'outillage des sucreries betteravières, au traitement le plus rationnel et le moins dispendieux. Cette transformation est déjà en voie de se réaliser, et, depuis quelques années, il existe à la Martinique et à la Guadeloupe, qui en ont pris l'initiative, de vastes établissements organisés sur le nouveau principe, et où le rendement dépasse 10 pour 100, sans compter l'économie de main-d'œuvre et de frais généraux, qui sont très considérables. Ajoutons encore que les sucres de ces usines sont toujours plus beaux et plus purs, et qu'ils peuvent, pour certains usages, entrer directement dans la consommation.

Traitement des betteraves. — Les betteraves sont livrées aux fabricants par les cultivateurs. Arrivées à l'usine, on les soumet successivement aux opérations suivantes : le *lavage*, le *râpage*, le *pressage*, la *défécation*, la *filtration*, l'*évaporation*, la *cuite*, la *cristallisation*, l'*égouttage*.

Par le *lavage*, on débarrasse les tuburcules de la terre et du sable qui y adhèrent. Pour cela, on les fait passer dans un *laveur mécanique*, grand cylindre à claire-voie et un peu incliné, qui tourne avec une vitesse de 12 à 15 tours par minute dans une caisse à moitié pleine d'eau. On remplace quelquefois cet appareil par un tambour en tôle criblé de trous.

Le *râpage* a pour objet de déchirer les petites cellules qui renferment le suc. La machine avec laquelle on l'effectue est généralement un cylindre de $0^m,30$ à $0^m,40$ de diamètre intérieur, qui tourne avec une vitesse de 700 à 800 tours par minute, et qui est garni de lames de scie parallèles à l'axe. A mesure que les betteraves se présentent, des organes spéciaux les poussent contre ces lames, dont la saillie ne dépasse pas 1 millimètre. Un filet d'eau, qui tombe constamment, délaye la *pulpe* et l'empêche d'encrasser trop facilement les dents des scies.

La pulpe est une bouillie composée de parties liquides et de matières solides. Elle est d'un blanc rosé au sortir de la râpe ; mais elle ne tarde pas à brunir au contact de l'air, ce qui indique un commencement d'altération. Il est donc important de la soumettre au plus tôt au *pressage*, afin d'en extraire le jus sucré. En conséquence, on s'empresse d'en remplir des sacs de laine ou de crin. On place ces sacs les uns sur les autres en les séparant par des claies métalliques ; puis on les porte, ainsi empilés, sur la plate-forme d'une presse hydraulique très puissante qui, après deux ou trois pressions successives, en fait sortir 70 à 80 pour 100 de jus et même plus, suivant la qualité des betteraves employées. La pulpe épuisée qui reste dans les sacs ressemble à des gâteaux plats bien secs : on l'emploie à la nourriture du bétail, pour lequel elle constitue un excellent engrais.

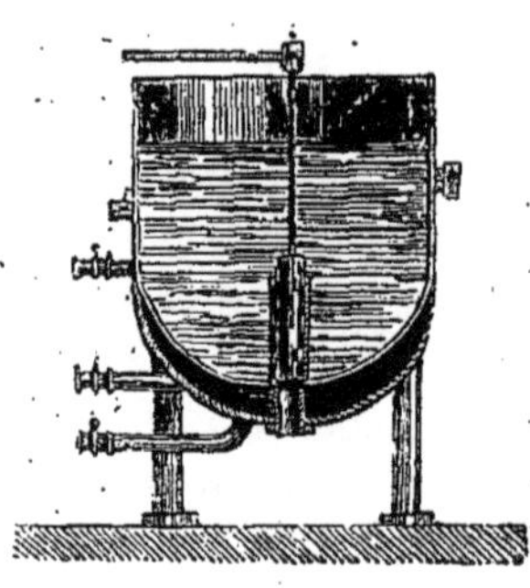

Fig. 351.
CHAUDIÈRE À DÉFÉQUER.

Le jus, tel qu'il est fourni par la presse, est trouble et beaucoup plus chargé que le vesou de substances étrangères fermentescibles. Il y a donc nécessité à procéder immédiatement à sa *défécation*. On se sert pour cela de chaudières à double fond (*fig.* 351), chauffées par la vapeur. Après avoir porté le liquide à la température de 60° à 85°, on y ajoute une quantité de chaux éteinte qui varie suivant la nature et la qualité des betteraves, et l'on chauffe jusqu'à 90° et 95°. Sous l'influence de la chaleur, les substances étrangères se combinent avec la chaux et montent à la surface, où elles forment des écumes boueuses, épaisses et compactes, qu'on enlève pour les livrer à l'agriculture qui les emploie comme engrais.

Le jus déféqué est limpide, mais d'une couleur ambrée. Il renferme, en outre, une petite proportion de chaux libre. On le décolore et, en même temps, on le débarrasse de cette chaux par la *filtration*. On commence par le chauffer dans une seconde chaudière à déféquer semblable à la première, et dans laquelle on fait arriver un courant d'acide carbonique, qui s'empare de la chaux. On le dirige ensuite dans de grands bacs, appelés *débourbeurs*, où le carbonate de chaux se dépose rapidement. Enfin on l'envoie dans des filtres remplis de noir animal en grains qui a déjà servi à filtrer du jus à 25°. Ces appareils (*fig.* 352), qu'on appelle *filtres Dumont*, du nom de leur inventeur, sont de grands cylindres verticaux en tôle ayant au moins 1 mètre de diamètre et de 2 à 9 mètres de hauteur. Ils sont munis à leur partie inférieure d'un double fond AA, percé de trous, sur lequel on étend une toile humide, et, sur cette toile, on place,

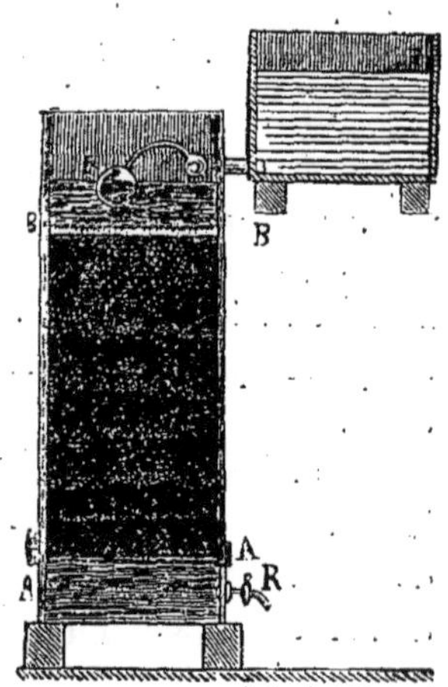

Fig. 352. — FILTRE DUMONT.

couche par couche, en le tassant, le noir humecté d'avance. Quand ils
sont presque remplis, on recouvre le noir d'une toile humide, puis d'un
couvercle BB criblé de trous, et l'on fait arriver le jus sur ce dernier, au

Fumeurs d'opium.

moyen d'un robinet à flotteur R. La liqueur traverse ainsi, et de haut en
bas, la colonne filtrante et arrive au robinet de sortie R' limpide et presque décolorée. Dans les grandes usines, on emploie généralement une
batterie de trois filtres semblables, qui communiquent deux à deux par

des tuyaux, et que le jus parcourt successivement. De cette manière, il subit une triple filtration, ce qui permet de pousser le blanchiment aussi loin que le permettent les propriétés décolorantes du charbon.

Aussitôt après la filtration commence la concentration du jus : c'est en cela que consiste l'*évaporation*. Beaucoup d'inventions ont été faites pour l'effectuer ; mais, depuis une vingtaine d'années, dans les fabriques les plus importantes, on opère à basse température et dans le vide, au moyen d'un appareil dit à *triple effet*, dont l'idée paraît due à un ingénieur américain du nom de Rillieux, et qui a été très amélioré par M. Fr. Cail, mécanicien à Paris.

L'évaporation terminée, on fait passer le sirop sur des filtres au noir, afin de le décolorer davantage ; puis on procède à la *cuite*. Cette opération, qui n'est à proprement parler que la continuation de la précédente, a pour objet, comme nous l'avons vu en parlant du traitement des cannes, de concentrer le jus au degré voulu pour que les particules sucrées puissent cristalliser. C'est de la manière dont elle est conduite que dépend en grande partie la qualité du sucre et le rendement du sirop. Pour l'effectuer, on se sert de chaudières semblables à celles qu'on emploie pour l'évaporation. On reconnaît qu'elle est achevée au moyen d'un essai qu'on appelle la *preuve* et dont il existe plusieurs sortes, chacune correspondant à un degré différent de concentration. Dans les établissements sucriers, on n'emploie guère que la preuve *au filet*, qui est la première de toutes, et la preuve *au crochet*, qui vient immédiatement après. Pour connaître à quel point est la cuite, on prend une goutte de sirop entre le pouce et l'index ; si alors, écartant vivement les doigts, on obtient un fil délié, le sirop est cuit au filet ; si le fil se casse et forme, en remontant, un petit crochet, on a la cuite au crochet. On évapore jusqu'à l'une ou l'autre de ces preuves suivant la nature des jus.

Le sirop se trouvant suffisamment concentré, on le soumet à la *cristallisation*. Pour cela, on le verse, encore bouillant, dans de grands bacs appelés *rafraichissoirs*. On laisse la cristallisation commencer, et, lorsque quelques grains se sont formés, on agite la masse afin de les y bien répartir. Enfin, aussitôt que la température du liquide est descendue, par le refroidissement, vers 50° ou 55°, on procède à ce qu'on appelle l'*empli*, c'est-à-dire qu'on distribue le sirop dans de grands vases coniques (*fig.* 353), où il achève de se cristalliser, ce qui a lieu au bout de 24 à 36 heures. Ces vases sont en terre cuite, en tôle galvanisée ou en cuivre étamé, posés sur leur pointe et percés, à l'extrémité inférieure, d'un trou qu'on a bouché avec un tampon de linge mouillé ; on les désigne sous le nom de *formes*.

Après la cristallisation vient l'*égouttage*. Il est destiné à débarrasser le sucre des portions de sirop qui ne se sont point cristallisées, et qui constituent la *mélasse*. Il se fait dans un atelier appelé *purgerie*. A mesure que les formes arrivent dans cet atelier, on enlève les tampons qui bouchent leurs pointes, on perce avec une alêne, nommée *prime* ou *manille*, l'extrémité conique de chaque pain, afin de faciliter l'écoulement de la mélasse ; enfin, on les place, la pointe en bas, dans un égal nombre de pots, ou mieux, comme l'usage en devient de plus en plus général, on les range sur de larges bancs percés de trous, au-dessous desquels règne une gouttière de zinc qui conduit toutes les mélasses dans un réservoir commun. Dès que l'égouttage est terminé, on renverse toutes les formes sur la base pour en faire sortir les pains, et l'on aide ceux-ci à se détacher en donnant de petites secousses, ce qu'on appelle le *lochage*. Il ne reste plus alors qu'à

Fig. 353. — FORME.

mettre les pains à l'étuve pour les dessécher, après quoi on les brise grossièrement, s'ils sont trop gros, et on les expédie aux raffineries.

Depuis quelques années, l'usage s'est introduit dans les grandes fabriques d'abandonner les formes, que l'on trouve dispendieuses et incommodes. Dans ce cas, quand le sirop est cuit au degré convenable, on le verse dans un *réchauffoir*, c'est-à-dire dans une chaudière à double fond dont on élève la température, au moyen de la vapeur, à 78° ou 80°. On agite de temps en temps pour obtenir une cristallisation grenue, puis, lorsque le sucre est pris en masse, on le porte dans des caisses en tôle galvanisée dont le fond est tantôt criblé de trous et tantôt formé d'une toile métallique. De cette façon, l'égouttage

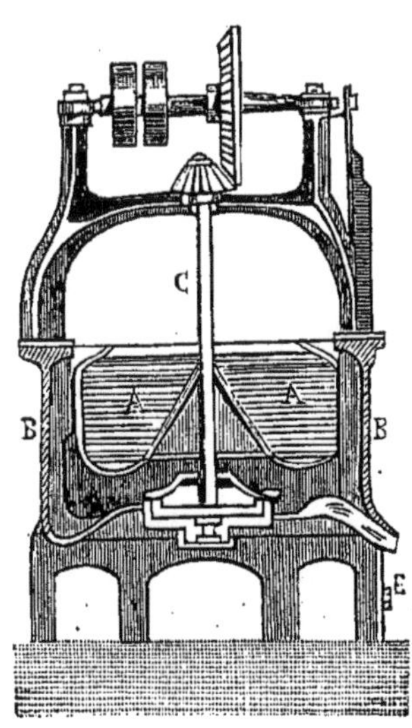

Fig. 354. — TURBINE.

est très rapide. On procède avec une vitesse encore beaucoup plus grande au moyen du *turbinage*, c'est-à-dire en se servant d'un appareil à force centrifuge semblable à celui qu'on emploie pour essorer les tissus. Cet appareil (*fig.* 354), appelé *diable*, *turbine* ou *toupie*, consiste en une cage de toile métallique AA, placée au centre d'une enveloppe de fonte BB et attachée à la base d'un arbre vertical C qui fait 1,200 tours par minute. Le sucre brut est introduit dans la cage après avoir été réduit en pâte liquide avec du sirop blanc ou *clairce*, à la température d'environ 60°. Quand la machine marche, la matière pâteuse est projetée par les effets de la force centrifuge contre les parois latérales de la cage, et les parties liquides qu'elle renferme, s'échappant par les mailles de la toile, s'écoulent au dehors par le bec E. En même temps, la clairce, en dissolvant la mélasse et lavant les cristaux de sucre, contribue singulièrement à blanchir ce dernier. On réussit ainsi à égoutter le sucre en quelques minutes, et, en outre, on lui donne une blancheur qu'on ne pourrait obtenir par les anciens procédés.

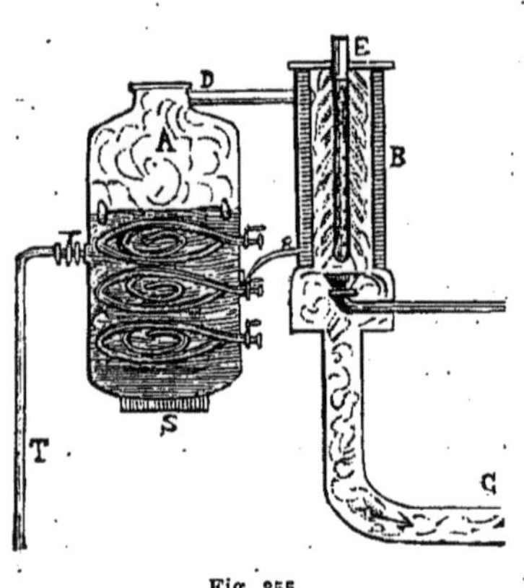

Fig. 355.

Les sirops brunâtres ou mélasses qui s'écoulent des formes, des caisses ou des toupies, sont recuits, soit directement, soit après avoir été étendus d'eau et passés au noir en grains. On les concentre ensuite un peu plus que la première fois, et l'on en extrait, par la cristallisation, du sucre dit *de second jet*, par opposition à celui du travail précédent, qu'on appelle sucre de *premier jet*. On peut encore, en traitant des mélasses de ces seconds sucres, fabriquer du sucre de *troisième jet*. Appliquée au travail de ces sirops, la toupie permet d'obtenir en moins d'une heure des résultats qu'on ne produisait autrefois qu'au bout de plus d'un mois. Enfin, autre progrès, depuis quelques années, on emploie dans beaucoup d'usines un appareil (*fig*. 355) qui, tout en opérant la cuite dans le vide, permet de faire cristalliser le sirop dans l'appareil même. Cet appareil se compose d'un chaudière A, dans laquelle se trouvent trois serpentins superposés *a b c*, destinés à recevoir de la vapeur, et qui, par un tube D, communique avec un condenseur B, où l'on fait le vide au moyen d'une pompe aspirante C et par une injection d'eau froide. Le sirop arrive par le tuyau T. Quand il remplit la chaudière jusqu'au-dessus du serpentin *a*, on lâche la vapeur dans ce serpentin et dans le serpentin *b*, et on ne l'introduit dans le serpentin inférieur *c* que lorsque l'évaporation a fait descendre le niveau du liquide jusqu'en *b*. Aussitôt qu'il est cuit au filet, on fait, par le tuyau T, sans arrêter la vapeur, de fréquentes aspirations de jus, en maintenant toujours la masse du sirop au point de cuite. Au bout de 25 à 30 minutes, les grains commencent à se former ; ils sont d'abord très petits, mais ils grossissent peu à peu. Une heure après environ, on laisse entrer le jus d'une manière continue, et l'on ne ferme le robinet du tuyau T qu'au moment où l'on juge la chaudière suffisamment pleine. Il n'y a plus alors qu'à continuer à faire bouillir, mais en diminuant la pression de vapeur. La cuite est terminée, quand une petite quantité de

Le tabac est devenu d'un usage général en Europe..... (page 1239).

sirop, prise sur le pouce et trempée brusquement dans l'eau froide, se prend en une boule très ferme. A ce moment, on arrête la pompe, on rend l'air, et, par la soupape S, on fait tomber la masse cuite dans un réservoir inférieur, d'où on l'extrait, après 10 à 12 heures de repos, pour la soumettre au turbinage. De cette manière, les deux opérations se font à la fois, et il suffit ensuite de turbiner les grains pour les avoir suffisamment secs et dépouillés de la mélasse.

Le sucre, tel qu'il nous arrive des colonies ou qu'il sort des fabriques indigènes, est le *sucre brut* du commerce ou la *cassonade*. Il est presque toujours sous forme de poudre sableuse ou granulée, plus ou moins colorée en jaune ou en brun. En outre, il est imprégné de mélasse et contient de 3 à 4 pour 100 de substances étrangères, terre, sable, débris ligneux, sels divers, etc., qui lui donnent un goût désagréable et la propriété de s'altérer très facilement. On l'emploie quelquefois dans cet état ; mais, en général, il n'entre dans la consommation qu'après avoir été *raffiné*, c'est-à-dire amené par des opérations spéciales à l'état de *sucre blanc* et *en pains*.

Le *raffinage* se fait de la même manière pour le sucre de canne et le sucre de betterave. Presque toujours même, les raffineurs les mêlent, en les assortissant d'après leur coloration et leurs différentes qualités.

Les barriques contenant le sucre sont vidées sur une pièce dallée nommée *bac à sucre*, et l'on a soin de mettre de côté, pour les traiter à part, les agglomérations résistantes qu'on y trouve ; c'est en cela que consiste le *dépotage*. On lave ensuite les barriques, à l'aide d'un jet de vapeur, pour en détacher les dernières particules sucrées, manipulation qui s'appelle *dégraissage*.

Le raffinage ne commence véritablement qu'après le dégraissage. Il comprend les opérations suivantes : la *fonte*, la *clarification*, la *filtration*, la *cuite*, la *cristallisation*, l'*égouttage* ou *purgeage*, le *terrage* ou *clairçage*, l'*étuvage*, l'*apprêt*.

La *fonte* consiste à passer le sucre au crible, puis à le dissoudre avec environ la moité de son poids d'eau, dans une chaudière à double fond semblable à celle que l'on emploie pour la défécation du jus de betteraves. Quand il est bien dissous, on procède à la *clarification*. A cet effet, on y délaye 5 pour 100 de noir animal fin, et, quand l'ébullition va commencer, on y verse 1/2 pour 100 de sang de bœuf battu dans quatre ou cinq fois son volume d'eau, en agitant vivement de bas en haut avec un instrument approprié. L'albumine de ce sang enveloppe les matières étrangères et les réunit sous forme d'écume. Après quelques bouillons, on retire le sirop, qui prend alors le nom de *clairce*, et on le filtre.

La *filtration* s'effectue à l'aide d'un appareil d'une disposition spéciale, qu'on appelle *filtre Taylor*, du nom de son inventeur. C'est une caisse rectangulaire en bois, doublée intérieurement de cuivre, et ayant ordinairement 2 mètres de longueur sur 1 mètre de largeur et de hauteur. Dans cette caisse sont tendus verticalement par leurs deux bouts vingt à vingt-cinq sacs en coton pelucheux, chacun contenant une claie d'osier pour maintenir ses parois écartées. Le sirop est versé dans l'espace libre qui sépare les sacs; il pénètre peu à peu dans ces derniers, les remplit et, enfin, s'écoule, par une ouverture ménagée à leur partie inférieure, dans un double fond, d'où un robinet permet de l'extraire. Le traitement de 350 kilgrammes de clairce demande à peine 20 minutes. En sortant de cet appareil, le sirop n'est pas encore entièrement décoloré. On complète sa décoloration en le faisant passer sur un filtre Dumont.

La *cuite*, ou *concentration*, se fait dans un appareil à cuire dans le vide, et on le dirige de la même manière que dans la fabrication du sucre brut. Elle n'exige que 14 à 16 minutes, et une température d'environ 60° à 69°.

Le sirop concentré est amené dans un *réchauffoir*, appareil dont nous avons déjà parlé, que l'on chauffe à 80°, et où la *clarification* s'effectue. On l'agite plus ou moins, suivant qu'on veut produire des sucres poreux ou des sucres compacts, et lorsque les grains vont se former, on procède à l'*empli*. Cette opération, nous le savons déjà, consiste à verser le sirop dans des vases coniques appelés *formes*, dont le bout est muni d'un trou préalablement bouché avec un tampon de linge mouillé. Les formes sont placées debout sur la pointe, celles des filés extérieures soutenues par des pièces de fonte. On les abrite des courants d'air, et l'on maintient la température de l'atelier à 30° ou 35°. Bientôt, il se produit à la surface des formes une couche de cristalline, qu'on brise et qu'on mêle à la masse : sans cette manipulation, dite *opalage*, la cristallisation ne se ferait pas régulièrement.

Au bout de 8 à 12 heures, la partie cristallisable du sirop s'étant suffisamment solidifiée, on porte les formes dans des chambres spéciales nommées *greniers*. Là, on les débarrasse de leurs tampons ; puis, après avoir percé les pains avec la prime, on les range, la pointe en bas, sur des coffres percés de trous et munis par-dessous d'une gouttière pour recevoir la mélasse : alors a lieu l'*égouttage;* il dure six à sept jours. Dans certaines fabriques on l'effectue en 25 à 30 minutes en se servant d'un appareil appelé *sucette*. C'est une pompe aspirante qui communique avec des tuyaux de cuivre ou de fonte, d'un faible diamètre, placés horizontalement près du sol de l'atelier et portant de courtes tubulures verticales munies de robinets. (PHYSIQUE, *Pesanteur*, *fig.* 152, page 303.) Ces tubulures se terminent par des entonnoirs, dans chacun desquels on engage la pointe d'une des formes à égoutter, et un anneau métallique dont ils sont pourvus rend la fermeture tout à fait hermétique. Quand la pompe fonctionne, elle fait le vide dans les tuyaux et aspire le sirop, qui se rend dans un réservoir commun. Au lieu de la sucette, on emploie quelquefois un appareil construit sur le même principe que la toupie, mais disposé différemment. Il consiste en un tambour en fonte percé de nombreuses ouvertures, et tournant avec une vitesse de 250 à 300 tours par minute. Les formes sont placées dans les ouvertures, la pointe en dehors, et il suffit d'une vingtaine de minutes pour qu'elles soient complètement égouttées.

L'égouttage terminé, il s'agit d'extraire des particules de mélasse qui adhèrent très fortement aux cristaux et qu'il n'a pu expulser. C'est à cela que sont destinés le *clairçage* et le *terrage*, lesquels sont une seule et même opération exécutée de deux manières différentes. On commence par racler la base de chaque pain afin d'en enlever la croûte superficielle qui est fort dure, puis on remplace cette croûte par ce qu'on appelle un *fond*, c'est-à-dire par une couche de sucre-blanc en poudre, provenant des débris d'opérations antérieures, et qu'on tasse fortement avec une truelle. Le travail peut alors être continué suivant deux procédés, en terrant ou en tierçant. Dans le premier cas, on verse sur la base, ou *patte*, des pains une bouillie d'argile d'environ 3 centimètres d'épaisseur. En se saturant du sucre du fond, l'eau de cette bouillie forme un sirop blanc qui, filtrant lentement à travers la masse, pousse devant lui le sirop coloré et le fait sortir par le trou de la prime. On laisse l'argile en place pendant sept à huit jours, après quoi on la renouvelle au moins deux ou trois fois, et, chaque fois, on rétablit le fond. C'est de cette façon que les pains acquièrent toute leur blancheur. Quand on préfère claircer, on verse sur la base des pains, et à deux ou trois reprises, des claircés, ou sirops de sucre blanc. Ces sirops produisent le même effet que l'argile, mais d'une manière beaucoup plus rapide. Ainsi, tandis qu'avec le terrage le blanchiment exige vingt à vingt quatre heures, il est terminé, avec le clairçage, au bout de sept à huit ; il peut même l'être au bout de deux ou trois, si l'on emploie la sucette pour l'égouttage des claircés.

Au blanchiment succèdent le *plamotage* et le *lochage*. La première de ces opérations consiste à nettoyer la patte des pains, la seconde à les extraire des formes. Les pains étant lochés, on les recouvre d'un cône en papier fort ou en carton mince, pour que leur *robe*, ou surface, ne puisse se salir, et on les expose à l'air pendant vingt quatre heures avant de les porter à l'étuve.

Au point où il est arrivé, le sucre est humide et friable. On le rend sec et solide par l'*étuvage*. Les étuves dont on se sert généralement sont des espèces de grandes cheminées rectangulaires, chauffées par des courants d'air chaud, et divisées en plusieurs étages par des planchers à claire-voie. La température y est élevée graduellement jusqu'à 50°, maxi-

Santeul fut empoisonné avec du tabac à priser (page 1239).

mum qu'elle ne pourrait dépasser sans qu'il en résultât de graves inconvénients. La dessiccation est complète en six à huit jours, suivant la grosseur des pains. On juge qu'elle est arrivée au terme convenable lorsque, frappé avec un corps dur, une clef, par exemple, le sucre rend un son plein. On laisse alors les pains se refroidir lentement, et on ne les retire de l'étuve que lorsqu'ils sont parfaitement secs. Enfin on les pèse et on les enveloppe de papier, opérations qui constituent l'*apprêt*.

Le sucre raffiné est habituellement livré au commerce en pains de différentes dimensions. Quelquefois, c'est sous forme d'une poudre fine, qu'on désigne sous le nom de *cassonade blanche* pour la distinguer de la cassonade ou sucre brut. Dans ce dernier cas, après la clarification, quand il est pris en masse, au lieu de distribuer le sirop dans des formes, on le porte du réchauffoir dans les caisses de tôle, à fond criblé de trous, dont nous avons parlé, et l'on achève de l'égoutter par le turbinage.

Les usages du sucre sont tellement connus qu'il serait inutile de les énumérer. Dans la pharmacie et dans l'économie domestique, on l'emploie pour rendre plus agréables une multitude de préparations. Les arts du chocolatier, du confiseur et du liquoriste n'existeraient pas sans lui. Comme il préserve de toute altération les matières animales et végétales, on y a journellement recours pour conserver les viandes et les fruits. Sous ce rapport, en ce qui concerne les viandes, il est même préférable au sel, parce qu'il possède la propriété de n'en pas changer l'aspect.

Les résidus les plus importants de l'industrie sucrière sont la *pulpe* épuisée des betteraves, les *écumes* provenant des défécations, le *noir* des filtrations et les *mélasses* ou portions de sirop qui n'ont pu cristalliser. La pulpe est vendue aux cultivateurs qui l'emploient à la nourriture du bétail. Les écumes et les noirs sont utilisés pour la préparation de plusieurs engrais. Quant aux mélasses, comme elles contiennent encore une très forte proportion de sucre cristallisable, on en fait divers usages, suivant qu'elles proviennent du traitement des cannes ou de celui des betteraves. Les mélasses de canne, ayant fort bon goût, sont consommées en Europe par les fabricants de pain d'épice et les brasseurs, tandis que, dans les pays de production, on les utilise pour la confection du rhum, du tafia et de plusieurs liqueurs. Celles de betteraves ne peuvent pas recevoir la même application, parce qu'elles ont une saveur désagréable ; mais, au moyen de procédés ingénieux, l'on est parvenu à en extraire la plus grande partie de la matière sucrée, innovation remarquable qui est exploitée sur une grande échelle dans des usines spéciales. Le reste est livré aux distillateurs, qui en retirent une variété d'alcool.

Bien que la consommation du sucre ait prodigieusement augmenté depuis le commencement de ce siècle, elle est encore fort loin d'avoir atteint, surtout en France, le développement réclamé par les hygiénistes dans l'intérêt de la santé publique. Il est très désirable que l'emploi de ce produit puisse entrer dans les habitudes des gens de la campagne, pour lesquels il serait très utile : il rendrait plus salubres, plus agréables et plus faciles à conserver les fruits dont ils se nourrissent. C'est d'ailleurs un fait incontestable que le sucre est un des agents les plus propres à compléter les propriétés digestives d'une foule de substances alimentaires.

MIEL. — Le miel n'est point une espèce distincte de sucre. Tel qu'on le trouve dans les *rayons* ou *gâteaux* des ruches, construits par les abeilles, il est liquide, et alors il est presque en totalité constitué par du *sucre interverti*, associé à une quantité de sucre de canne. Quelque temps après qu'il a été extrait des rayons, ou dans les rayons mêmes, si l'on tarde trop à l'enlever, il se prend en masse par la cristallisation de la *glucose*.

Le *miel* renferme, de plus, un principe aromatique particulier, mais variable, et quand il est moins pur, de la *cire*, une matière résineuse, nommée *prépolis*, un acide, de la *mannite* et même du *couvain*, ensemble des œufs, des larves et des nymphes contenus dans la ruche, et autres matières azotées.

Les plantes ont une influence très marquée sur la nature et les propriétés du *miel*. En effet, les abeilles qui butinent sur les plantes aromatiques de la famille des labiées produisent des miels excellents, tandis qu'elles n'en donnent que de colorés, liquides ou désagréables, comme les miels de Bretagne, lorsqu'elles vont se nourrir sur les fleurs de bruyère et de sarrasin. Les plantes vénéneuses, la jusquiame, l'aconit, etc., fournissent des miels qui causent le vertige et même le délire à ceux qui en mangent. Xénophon rapporte que des soldats, ayant mangé d'une espèce de miel qu'on récoltait aux environs d'Héraclée, furent malades et présentèrent les uns tous les symptômes de l'ivresse, d'autres ceux de la folie furieuse, beaucoup ceux de l'empoisonnement (*fig.* à la page 1201).

Si le miel est le résultat d'une sécrétion animale ou s'il existe tout formé dans les fleurs, c'est là une question fort obscure encore. Toutefois, dans le *nectar* ou suc visqueux et sucré des fleurs, on ne trouve pas le *miel* tout formé ; mais la proportion du sucre de canne est bien plus forte dans certaines fleurs.

Le *miel* est aussi fréquemment employé de nos jours comme médicament que comme aliment. Associé au vinaigre, il en résulte un sirop nommé *oxymel*. Si on le délaye dans l'eau et qu'on laisse fermenter le liquide, on obtient une boisson très agréable, ressemblant au vin muscat, qui est connue depuis longtemps sous le nom d'*hydromel*, et dont on fait beaucoup d'usage en Russie, en Pologne et dans tout le nord de l'Europe. C'est la première boisson fermentée connue ; elle était généralement répandue dans les régions asiatiques et en Grèce. De nos jours, le *miel* est employé dans la fabrication du pain d'épice et de diverses autres friandises. C'est dans le *miel* que les anciens faisaient confire leurs fruits. La confiture des Grecs, qui s'est transmise jusqu'à nos jours dans toute sa naïveté, se composait de pois chiches torréfiés, édulcorés avec du miel cuit. C'était l'embryon de nos *nougats* et de notre *croquante*. Mais, à Athènes, l'art de la confiserie se perfectionna et produisit mieux que cela. On faisait également usage du miel dans la pâtisserie et les ragoûts. Les vins miellés étaient très estimés.

ALCALIS ORGANIQUES. — GÉNÉRALITÉS. — Il est un certain nombre d'*alcalis organiques* que l'on connaît depuis longtemps, mais dont on ignore encore la place. Ces alcalis naturels existent, combinés avec des acides végétaux, dans les papavéracées, les solanées, les ombellifères, etc. Ils ont une action énergique sur l'économie animale ; ce sont des poisons très violents ; certaines plantes doivent à leur présence leurs propriétés vénéneuses ; la médecine en utilise plusieurs qui, à très faible dose, agissent d'une manière heureuse dans certaines maladies. Citons, parmi ces alcalis organiques, la *morphine*, tirée de l'opium ; la *nicotine*, dans le tabac ; la *strychnine*, dans la noix vomique ; la *quinine* et la *cinchonine*, dans l'écorce des quinquinas, etc.

Tous ces alcalis se comportent comme l'ammoniaque ; ils peuvent s'unir directement aux *hydracides ;* mais ils se combinent aux *oxalides* seulement en prenant un équivalent d'eau.

Les sulfates, azotates, acétates et chlorhydrates de ces alcalis sont solubles ; ils forment, au contraire, des sels neutres insolubles avec les acides oxalique, tartrique, gallique et tanique. De là l'emploi du *tanin* et du *thé* comme contrepoison de ces corps.

Ils sont généralement solides et fixes ; quelques-uns cependant sont liquides et volatils, comme la *nicotine*. Ceux qui sont liquides et volatils ne contiennent pas d'oxygène. Ils sont peu solubles dans l'eau, mais très solubles dans l'alcool bouillant : leur solubilité dans l'éther, le sulfure de carbone et la benzine varie de l'un à l'autre : ils ont une saveur âcre et amère. Ils contiennent tous de l'azote ; aussi se décomposent-ils sous l'influence de la chaleur seule, ou en présence de la potasse, en dégageant des vapeurs d'ammoniaques ordinaires ou d'ammoniaques composées. Leur constitution est inconnue ; on suppose qu'ils se rattachent au type ammoniaque, et qu'ils présentent une constitution analogue à celle de la *névrine* ou *choline*.

Quant à l'extraction de ces alcaloïdes, il suffit, pour les alcalis fixes insolubles dans l'eau, de les combiner avec un acide, comme l'acide chlorhydrique, qui forme avec eux un sel soluble, et de précipiter l'alcali par l'ammoniaque ou un carbonate alcalin, puis de les purifier. Pour ceux qui sont solubles dans l'eau, il faut les combiner avec un acide produi-

A Java, les indigènes trempent leurs flèches dans le curare (page 1240).

sant avec eux un sel insoluble ou facilement cristallisable, puis combiner l'acide avec une base formant un sel insoluble dans l'eau ou dans l'alcool.

Quant aux alcalis volatils, on traite directement la plante dont on les extrait par une dissolution alcaline, et l'on distille, puis on purifie.

ALCALIS DE L'OPIUM. — L'*opium* est le suc des capsules du pavot blanc ; on l'obtient en incisant ses capsules vertes ; il apparaît d'abord sous la forme d'un liquide d'un blanc laiteux, qui bientôt brunit par exposition à l'air et se dessèche à la manière des gommes. On en forme des petits pains qu'on enveloppe dans des feuilles de *rumex* ou de *pavot*. C'est ainsi qu'il arrive de Smyrne, de Constantinople, de Perse, des Indes, etc. Les propriétés narcotiques et stupéfiantes de l'opium ont été connues dès la plus haute antiquité. En Europe, il n'est jamais employé que comme médicament, à faibles doses et avec une extrême circonspection ; mais tous les peuples de l'Orient, depuis la Turquie et l'Égypte jusqu'au Japon et aux îles de la mer Bleue, le mâchent ou le fument pour se procurer une sorte d'ivresse qui les plonge dans un état d'extase malheureusement suivi d'une prostration de forces et d'un abrutissement physique et moral qui aboutit à la mort.

L'*opium* est la base du *sirop diacode*, du *landanum*, etc., que les médecins prescrivent si fréquemment pour calmer les douleurs et provoquer le sommeil.

Il existe dans l'*opium* une série de principes qui jouissent de propriétés distinctes et qu'il importe de faire agir séparément sur l'économie. Ainsi, la *thébaïne*, qui est la plus toxique des bases de l'*opium* chez les animaux, ne l'est plus chez l'homme, au même degré du moins. L'homme peut, en effet, ingérer sans danger jusqu'à 15 centigrammes de chlorhydrate de thébaïne. La *codéine*, par exemple, qui est moins dangereuse que la thébaïne pour l'animal, l'est au contraire davantage pour l'homme. La *narcéine*, qui est la plus soporifique des bases de l'*opium* chez l'animal, l'est moins que la *morphine* chez l'homme. Mais le sommeil qu'elle procure est calme et réparateur et fatigue moins que celui que donne la *morphine*. Claude Bernard a démontré que la morphine n'occupe chez les animaux que le quatrième rang dans l'ordre toxique ; au contraire, elle serait la plus active des bases opiacées pour l'homme. En somme, d'après des travaux récents du docteur Rabuteau, on peut classer les alcaloïdes de l'opium de la manière suivante, d'après leurs effets sur l'homme.

Ordre soporifique : *morphine, narcéine, codéine*. Les autres alcaloïdes ne produisent pas de sommeil.

Ordre d'activité tonique : *morphine, codéine, thébaïne, papavérine, narcéine, narcotine*.

Ordre analgésique : *narcéine, morphine, thébaïne, papavérine, codéine*. La *narcotine* ne paraît pas émousser la douleur.

Ordre anoxosmotique : *morphine, narcéine*. Les autres bases sont sans action sur les sécrétions de l'estomac.

On voit que, lorsqu'on administre l'opium pour calmer les irritations de la muqueuse intestinale et arrêter la diarrhée, deux seuls principes agissent : la *morphine* et la *narcéine*. Il sera donc plus simple et l'effet plus certainement obtenu de n'avoir plus recours qu'à la base la plus active, à la *morphine*. C'est le spécifique à préférer.

TABAC. — Le tabac, qui est devenu d'un usage si général et forme l'un des plus sûrs revenus de l'État, auquel il rapporte près de trois cents millions de francs, présente un double intérêt : agricole et industriel. Sa culture est pratiquée dans un grand nombre de pays, en Europe, en Asie, en Afrique, et surtout en Amérique ; les qualités varient beaucoup selon les terrains dans lesquels on le récolte, plus que selon le climat : ceux qui contiennent beaucoup de *nicotine* sont employés de préférence pour fabriquer le tabac à priser ; les autres le sont pour le tabac à fumer.

Parmi les tabacs étrangers, ceux de la Havane, de Java sont employés pour la fabrication des cigares ; le debreczin de Hongrie, le maryland, pour le tabac à fumer ; le Kentucky est employé pour toutes les fabrications. Le virginie le hollande, (amer, fort) servent pour le tabac en poudre. Les tabacs de France sont également, suivant leur richesse en *nicotine*, employés pour l'un et pour l'autre usage. Ceux des départements du Lot, du Lot-et-Garonne, du Nord, d'Ille-et-Vilaine, qui est le moins avantageux, servent pour le tabac en poudre ; ceux du Nord et de l'Alsace pour le tabac à fumer. La force du tabac dépend de la quantité de *nicotine* qu'il contient ; son montant tient à la proportion d'ammoniaque et dépend de la fermentation qu'on lui a fait subir ; si elle a été faible, il en contient peu. Le parfum, qui n'est dû ni à la nicotine ni à l'ammoniaque, se produit pendant la fermentation en masse.

On sait que le tabac est un poison violent. Santeul, chanoine régulier de l'abbaye Saint-Victor, à Paris, et qui s'est rendu célèbre par ses poésies latines, est mort, en 1697, empoisonné avec du tabac à priser. Il était un des familiers de la maison de Condé. Un soir, à Dijon, pendant la tenue des états, à un souper chez M. le duc de Condé, ce dernier se divertit à pousser Santeul de vin de Champagne, et, de gaieté en gaieté, il trouva plaisant de verser sa tabatière, pleine de tabac d'Espagne, dans un grand verre de vin et de le faire boire à Santeul pour voir la grimace qu'il ferait. Il ne fut pas longtemps à attendre ; les vomissements et la fièvre prirent le malheureux poète, qui en deux fois vingt-quatre heures mourut dans des douleurs de damné (*fig.* à la page 1233).

CURARE. — C'est depuis la découverte des *alcaloïdes* qu'on a pu se rendre compte de la prodigieuse activité des sucs et extraits avec lesquels les Indiens empoisonnent leurs flèches. Nous citerons seulement le terrible *curare* qui « tue tout bas », comme disent les sauvages, et qui est composé des sucs réunis de quatre espèces de lianes.

Le *curare* est sous la forme d'un sirop épais, d'un brun foncé, qui peut se conserver sans rien perdre de sa force. Il suffit d'y tremper une seule fois les flèches à leur extrémité pour atteindre le but qu'on se propose. Comme frappé de stupeur, dès qu'il est touché par le trait redoutable lancé d'une sarbacane, le volatile ou le singe, but ordinaire des coups de l'Indien, conserve à peine assez de force pour faire quelques mouvements. L'action du poison est surtout d'une rapidité inouïe chez les oiseaux ; sur les mammifères, elle retarde de quelques secondes ; sur les reptiles, elle ne se manifeste qu'au bout de quelques heures. Le *curare* offre la même particularité que le venin des serpents, il peut être mangé et ingéré dans l'estomac sans que sa présence incommode en rien celui qui a commis cette imprudence ; tandis que, d'un autre côté, si, par malheur, on se pique aussi peu que possible avec une aiguille trempée dans un solution de curare, on meurt foudroyé. Humboldt a tenté cette expérience sur les bords de l'Orénoque ; il a mangé impunément de ce poison, qui n'est redoutable, en définitive, que lorsqu'il se mêle directement à la masse du sang.

TABLE DES MATIÈRES

CONTENUES DANS LE TROISIÈME VOLUME

Comprenant les livraisons 169 à 260 (CHIMIE).

LIVRE PREMIER. — MÉTALLOÏDES.

LIVRE II. — MÉTAUX.

Chapitre VII. — Or, Argent, Mercure, Platine, Palladium, Iridium, Ruthénium, Rhodium.

LIVRE III. — CHIMIE ORGANIQUE.

Chapitre premier. — Préliminaires.

Chapitre II. — Alcool et ses dérivés, Éthers composés, Éthers simples, Éthers mixtes, Éthylène, Aldéhyde, Acétone, Acide acétique, Dérivés azotés.

Chapitre III. — Huiles essentielles, Gommes, Résines, Baumes, Vernis, Caoutchouc, Gutta-percha.

Chapitre IV. — Alcool triatomique : Glycérine, Chlorhydrine, Acétine, Nitroglycérine, Dynamite, Stéarine, Margarine, Oléine.

Chapitre V. — Corps gras neutres : Huiles, Suifs, Bougies stéariques, Saponification, Savons.

Chapitre VI. — Glucoses, Saccharoses, Tanin, Tannage des peaux, Encre, Sucre, Miel, Opium, Tabac.

FIN DE LA TABLE DES MATIÈRES DU TROISIÈME ET DERNIER VOLUME.

Paris. — Imp. Vᵉ P. Larousse et Cⁱᵉ, rue Montparnasse, 19.